RUSANOV

Phasengleichgewichte und Grenzflächenerscheinungen

A. I. RUSANOV

PHASENGLEICHGEWICHTE UND GRENZFLÄCHENERSCHEINUNGEN

Herausgegeben von

Prof. Dr. Wolfgang Schirmer

Berlin

Mit 53 Abbildungen und 3 Tabellen

AKADEMIE-VERLAG · BERLIN

1978

А. И. РУСАНОВ,
„Фазовые равновесия и поверхностные явления“

—Völlig überarbeitete und auf den neuesten wissenschaftlichen Stand gebrachte Fassung dieser Ausgabe —

Übersetzt von Dr. rer. nat. Martin Bülow

Erschienen im Akademie-Verlag, 108 Berlin, Leipziger Straße 3—4

Lizenznummer: 202 · 100/482/78
Einband und Schutzumschlag: Rolf Kunze
Gesamtherstellung: VEB Druckhaus „Maxim Gorki“, 74 Altenburg
Bestellnummer: 762 226 1 (6321) · LSV 1215
Printed in GDR
DDR 90,— M

Vorwort des Herausgebers zur deutschsprachigen Ausgabe

Obwohl die grundlegenden Arbeiten von J. W. Gibbs mehr als hundert Jahre zurückliegen, hat die Thermodynamik der Grenzflächen auch in jüngster Zeit eine ständige Entwicklung durchgemacht. Die erhöhte Aufmerksamkeit, die Physikochemiker und vor allem Thermodynamiker gerade der wissenschaftlichen Bearbeitung von Grenzflächen schenken, hat nicht nur theoretische Bedeutung, sie wird vor allem ständig durch die technische Praxis angeregt. Leistungsfähige selektive Stofftrennprozesse haben in die chemische Verfahrenstechnik Eingang gefunden. Sie sind wissenschaftlich nur dann zu beherrschen, wenn auch die thermodynamischen Grundlagen der hierbei auftretenden heterogenen Systeme ausreichend genau bekannt sind. Die stürmische Entwicklung der Polymerisationsverfahren sowohl nach dem Emulsions- als auch nach dem Dispersionsprinzip brachte für die wissenschaftlichen Grundlagen und die technologische Ausführung umfassende Aufgaben mit sich. Die Bedeutung der Grenzflächenfilme hat nicht nur in der fotografischen Industrie, sondern auch in der organisch-chemischen Synthese und bei der Herstellung von Zwischenprodukten stark zugenommen.

Ich erachte es deshalb als aktuell und zweckmäßig, die seit einigen Jahren in russischer Sprache vorliegende Monografie von *A. I. Rusanov* über Phasengleichgewichte und Oberflächenerscheinungen auch in deutscher Übersetzung herauszubringen, so daß dieses Standardwerk einem größeren Kreis deutschsprechender Wissenschaftler und Studenten zugänglich gemacht werden kann. Das Werk untersucht vor allem die thermodynamischen Erscheinungen an Grenzflächen zwischen fluiden Systemen. Es enthält aber auch Kapitel, die die Adsorption an Festkörperoberflächen behandeln.

Von den grundlegenden Gibbsschen Arbeiten ausgehend entwickelt der Verfasser die thermodynamischen Gleichungen, die die Beziehungen zwischen den Parametern der betrachteten Systeme und den sich dabei ergebenden Grenzflächenerscheinungen betreffen. Den Grenzflächenschichten, der Thermodynamik der Filme und den Benetzungs- und Dispergierungsproblemen wird die erforderliche Aufmerksamkeit geschenkt. Dadurch, daß der Autor für zahlreiche Systeme Untersuchungen über die thermodynamische Stabilität anstellt, leistet er wertvolle Beiträge für die Lösung von Aufgaben aus der technischen Praxis. Diese Feststellung gilt auch für den Abschnitt „Energetik der Bildung neuer Phasen“. *Rusanov* behandelt Grenzflächenschichten von endlicher Dicke, was eine Analyse der Anwendung des Phasenbegriffs auf adsorbierte Systeme einschließt. Schließlich werden Probleme der Anwendbarkeit der Thermodynamik auf kleine Objekte untersucht, wodurch die Grenzen der Gültigkeit konventioneller thermodynamischer Beziehungen in unser Blickfeld gerückt werden.

Gegenüber der in der Sowjetunion erschienenen Ausgabe enthält die vorliegende deutsche Fassung zusätzliche Kapitel, nämlich die Kap. 8. „*Thermodynamik der Stofftrennung durch Anreicherung an Phasengrenzen*" und Kap. 17. „*Benetzung und Dispergierung*". Gerade in diesen beiden Kapiteln werden zahlreiche aktuelle Probleme, die auch im Zusammenhang mit der technischen Anwendung stehen, dargestellt. Auch die Kap. 1. „*Grundbegriffe*" und Kap. 15. „*Grenzflächenerscheinungen in Festkörpern*" sind für diese Herausgabe völlig überarbeitet worden.

Die vorliegende Monografie behandelt die Probleme der Thermodynamik an Phasengrenzen umfassend und mit der erforderlichen Vertiefung. Ich bin überzeugt, daß durch die Herausgabe dieses Werkes in deutscher Sprache eine bisher bestehende Lücke im Angebot wissenschaftlicher Publikationen geschlossen wurde.

Möge das Werk eine gute Aufnahme bei Wissenschaftlern und Praktikern finden!

Prof. Dr. Wolfgang Schirmer

Vorwort des Autors zur deutschsprachigen Ausgabe

Die erste (russischsprachige) Ausgabe dieser Monographie war 1967 erschienen. Für die vorliegende Ausgabe ist sie beträchtlich erweitert worden. Die meisten Kapitel wurden durch Ergebnisse von Arbeiten der letzten Jahre ergänzt, dabei haben die Kap. 1. und 15. eine Neufassung erfahren. Neu wurden in das Buch die Kap. 8. und 17. aufgenommen.

Kap. 8. ist den Problemen der Stofftrennung mit Hilfe von Schäumen, Kap. 17. der Theorie von Benetzung und Dispergierung gewidmet. Infolge dieser Ergänzungen haben wichtige Probleme, die in der ersten Ausgabe des Buches nicht berührt worden waren, die erforderliche Betrachtung erfahren. Auch ist das Literaturverzeichnis wesentlich ergänzt worden.

Eine umfangreiche Arbeit für die Vorbereitung der deutschen Ausgabe dieses Buches ist von den Herren *Prof. Dr. rer. nat. habil. W. Schirmer* und *Dr. rer. nat. M. Bülow* aus dem Zentralinstitut für physikalische Chemie der Akademie der Wissenschaften der DDR geleistet worden, denen der Autor hiermit herzlich dankt.

Dem Akademie-Verlag gebührt Dank für die Herausgabe des Buches.

Leningrad, Frühjahr 1976 *A. I. Rusanov*

Vorwort zur russischsprachigen Ausgabe

Das Hauptziel diese Buches ist eine Beschreibung der Phasengleichgewichte in makro- und mikroheterogenen Systemen unter strenger Berücksichtigung von Grenzflächenerscheinungen. Im wesentlichen erfolgt dies mit Hilfe der Thermodynamik.

Obwohl die GIBBSsche Thermodynamik der Phasengleichgewichte unter Berücksichtigung von Grenzflächenerscheinungen gegenwärtig ein bemerkenswertes Stadium erreicht hat, spiegeln die auf diesem Gebiet vorliegenden Monographien und Übersichten (darunter auch das relativ vollständige Werk von R. DEFAY und I. PRIGOGINE „Tension superficielle et adsorption", Liege, 1951)[1] den Inhalt der GIBBSschen Originalarbeiten nur unvollständig wider. Bei der Niederschrift dieses Buches war der Autor keineswegs bestrebt, diese Lücke auszufüllen, ist er doch fest davon überzeugt, daß für eine ernsthafte Beschäftigung mit Grenzflächenerscheinungen das Studium des GIBBSschen Werkes notwendig und unumgänglich ist. Daher wurde die Aufmerksamkeit auf die Ausarbeitung jener Probleme gerichtet, die von GIBBS und seinen Schülern entweder nicht oder nur unzureichend behandelt worden sind. Gleichzeitig stellt diese Monographie eine hinreichend vollständige Behandlung der Theorie für Phasengleichgewichte unter Berücksichtigung von Grenzflächenerscheinungen dar, die auch jenen Lesern zugänglich sein dürfte, die nicht im Detail mit den GIBBSschen Originalarbeiten vertraut sind.

Für die Darstellung der Grenzflächenerscheinungen wird im vorliegenden Buch als Hauptmethode die Vorstellung von der Grenzflächenschicht endlicher Dicke benutzt. In Verbindung damit, daß gegenwärtig effektive Dicke und Struktur von Grenzflächenschichten zu unmittelbaren Untersuchungsobjekten aufgerückt sind, ist diese Methode der GIBBSschen, in deren Rahmen der Begriff Grenzflächenschichtdicke und somit auch die hiermit verknüpften Eigenschaften von Grenzflächenschichten nicht auftreten, vorzuziehen. Auch vom praktischen Gesichtspunkt ist die Methode der endlichen Schichtdicke vorteilhafter, da sie mit realen, über einen einfachen physikalischen Sinn verfügenden Größen operiert. Dies verringert die Wahrscheinlichkeit von Fehlinterpretationen und erleichtert die Anwendung des ursprünglich für Raumphasen entwickelten thermodynamischen Apparates auf Grenzflächenerscheinungen.

Im Buch treten die strengen thermodynamischen Beziehungen vorwiegend in Form von Differentialgleichungen und -ungleichungen auf. Es sei darauf hingewiesen, daß eine Behandlung der Stabilitätsbedingungen und der mit diesen verbundenen thermodynamischen Ungleichungen in der Regel in Monographien zu Grenzflächenerscheinun-

---

[1] Ergänzte Ausgabe: „*Surface Tension and Adsorption*" von R. DEFAY, I. PRIGOGINE unter Mitarbeit von A. BELLEMANS und D. H. EVERETT, ed. by LONGMANS, Green and Co., 1966.

gen (auch in dem eingangs erwähnten Werk von DEFAY und PRIGOGINE) fehlt. Die Analyse dieser Beziehungen führt zu einer Reihe thermodynamischer Gesetzmäßigkeiten, die die Änderung der Grenzflächeneigenschaften von Lösungen und die Richtung von Adsorptionsprozessen bestimmen. Die Kenntnis dieser Gesetzmäßigkeiten ist für die Untersuchung und praktische Nutzung von Grenzflächenerscheinungen ebenso wertvoll, wie die Kenntnis der Gesetze von KONOVALOV, VREVSKI u. a. für die Betrachtung von Raumphasenprozessen vonnöten ist.

Die abgeleiteten strengen thermodynamischen Beziehungen bilden eine feste Grundlage sowohl für weitere theoretische Untersuchungen als auch für die Anwendung verschiedenartiger Modelle, in denen bestimmte Voraussetzungen über die Struktur von Grenzflächenschichten enthalten sind.

Schließlich sei auf den Gebrauchswert der im vorliegenden Buch betrachteten Beziehungen hingewiesen. Sie enthalten einige auf die Grenzflächenschicht bezogene Größen, deren experimentelle Bestimmung mit unterschiedlichem Schwierigkeitsgrad behaftet ist, so daß bestimmte Größen ausgehend von anderen berechnet werden können. Daß die Beziehungen in differentieller Form formuliert sind, dürfte für Berechnungen ohne Belang sein, da bei der getroffenen Auswahl der Variablen die Werte aller totalen Differentiale experimentell leicht bestimmbar sind.

Der Autor betrachtet es als angenehme Pflicht, Akademiemitglied P. A. REHBINDER und Prof. K. P. MIŠČENKO seinen Dank für wertvolle Hinweise bei der Durchsicht des Manuskriptes auszusprechen.

A. J. Rusanov

Inhalt

Symbolverzeichnis

Symbol	
A	Flächeninhalt der Diskontinuitätsfläche
a	Fläche pro 1 Mol Grenzflächenschicht
a_0	Fläche pro 1 Mol Gesamtsystem
a_i	partielle Molfläche der Komponente i
a_{0i}	Molfläche der reinen Komponente i
d	mittlerer zwischenmolekularer Abstand in der Raumphase
E	Elastizitätsmodul einer Grenzflächenschicht oder eines Filmes, E. M. K.
e_{ik}	Komponenten des Deformationstensors
F	freie Energie; volle Varianz; FARADAYsche Zahl
f	Varianz
f_i	Aktivitätskoeffizient der Komponente i
G	GIBBSsches thermodynamisches Potential
g	molares GIBBSsches thermodynamisches Potential; Erdbeschleunigung
$g_{ik} \equiv \dfrac{\partial^2 g}{\partial x_i \, \partial x_k}$	
$\lvert g_{ik} \rvert_j$	Determinante der Ordnung j, bestehend aus den Elementen g_{ik}
H	Enthalpie
h	molare Enthalpie; Abstand zur Begrenzungsfläche; Hubhöhe im Schwerefeld
I	Gesamtzahl der intensiven Parameter
i	Zahl der immobilen Komponenten
k	Zahl der mobilen Komponenten
L	Länge der Diskontinuitätslinie
l	molare Länge der Diskontinuitätslinie; Zahl der Typen von Diskontinuitätsflächen
M	Molekulargewicht; Zahl der Kanten eines Monokristalles
m	Masse, ausgedrückt über die Molzahl
$\overline{m}$	Masseüberschuß in der Grenzflächenschicht
m_i	Masse der Komponente i
$\overline{m}_i$	Masseüberschuß der Komponente i in der Grenzflächenschicht
N	LOSCHMIDTsche Zahl ($6{,}023 \cdot 10^{23}$)
n	Zahl der Komponenten; Zahl der Monoschichten in der Grenzflächenschicht
P	Druck
P_{ik}	Komponenten des Drucktensors
P_i	Partialdruck der Komponente i
p	Zahl der Grenzflächenphasen
Q_{jk}	differentielle molare Wärme für den Übergang aus Phase j in Phase k
R	Gaskonstante
r	Krümmungsradius der Trennfläche oder -linie; Zahl der Raumphasen
S	Entropie
$\overline{S}$	überschüssige Entropie in der Grenzflächenschicht
s	molare Entropie
s_i	partielle molare Entropie der Komponente i
s_v	Entropiedichte der Raumphase
s_{jk}	differentieller molarer Eutropieeffekt für den Übergang aus Phase j in Phase k
T	absolute Temperatur
U	innere Energie
$\overline{U}$	überschüssige innere Energie in der Grenzflächenschicht
u_v	Dichte der inneren Energie der Raumphase
V	Volumen

v	Molvolumen
v_i	partielles Molvolumen der Komponente i
v_{0i}	Molvolumen der reinen Komponente i
V_α, V_β	Volumina jener Teile der Grenzflächenschicht oder des Gesamtsystems, die durch die Trennfläche voneinander getrennt sind und an die Phasen α bzw. β grenzen
$v_\alpha^{(\sigma)}$, $v_\beta^{(\sigma)}$	den Größen $V_\alpha^{(\sigma)}$ bzw. $V_\beta^{(\sigma)}$ proportionale Teile des Molvolumens der Grenzflächenschicht
v_{jk}	differentieller Molvolumen-Effekt für den Übergang aus Phase j in Phase k
W	für die Realisierung des betrachteten Prozesses erforderliche Arbeit
x_i	Molenbruch der Komponente i
Y	generalisierte Kraft; äußere Kraft
y	generalisierte Koordinate; äußere Koordinate; relative Flüchtigkeit
z_i	Wertigkeit des Ions i
Γ	summare Adsorption (adsorbierte Menge) der Komponenten
Γ_i	absolute Adsorption (adsorbierte Menge) der Komponente i
$\Gamma_{i(j)}$	relative Adsorption (adsorbierte Menge) der Komponente i
γ	Filmspannung; Molflächenquotient für die Komponenten eines binären Systems
ε	Gesamtenergie der Ecken eines Monokristalles; Wechselwirkungsenergie
θ	Benetzungsrandwinkel
Θ	Ladung der Grenzflächenphase
$\varkappa$	lineare Spannung
μ_i	inneres chemisches Potential der Komponente i
$\bar{\mu}_i$	vollständiges chemisches Potential der Komponente i
Π	Spaltdruck
π	Spreitungsdruck
ϱ	Dichte
ϱ_i	Dichte der Komponente i
σ	Grenzflächenspannung
$\bar{\sigma}$	mittlere Grenzflächenspannung eines Monokristalles
σ_i	Grenzflächenspannung der reinen Komponente i bzw. der Kante i eines Monokristalles
τ	Dicke der Grenzflächenschicht bzw. eines Filmes
$\varphi_k^{(\alpha\beta)}$, $\varphi_k^{(\alpha\sigma)}$	gemäß Gl. (6.3) definierte Größen
χ	isotherme Kompressibilität
$\psi^{(j)}$	elektrisches Potential der Phase j
Ω	großes thermodynamisches Potential

hochgestellte Indizes beziehen sich auf:

α, β, γ	koexistierende Raumphasen
α	Keim einer neuen Phase (siehe Kap. 18.)
σ	Grenzflächenschicht
f	Film
ω, ε	zweidimensionale oder Grenzflächenphasen
$\varkappa$	Diskontinuitätslinie
k	kritischen Zustand
jk	Grenze zwischen den Raumphasen j und k bzw. den Übergangsprozeß $j \to k$

tiefgestellte Indizes beziehen sich auf:

i	Komponente i
k	kritischen Zustand
jk	Übergangsprozeß $j \to k$

1. Grundbegriffe

1.1. Terminologie

Es besteht die Aufgabe, heterogene Vielkomponenten-Systeme zu betrachten. Für die Kennzeichnung der Zusammensetzung eines Systems sollen stets unabhängige Komponenten benutzt werden. Ihre Zahl ist bekanntlich durch die Differenz zwischen der Anzahl chemisch unterschiedlicher Stoffe und der Anzahl der Bindungsgleichungen gegeben. Als Bindungsgleichungen können z. B. Gleichungen unabhängiger chemischer Reaktionen, sofern diese ablaufen, angesehen werden. Mobile und immobile Komponenten sollen solche Komponenten sein, die entweder frei zwischen dem betrachteten System und dem äußeren Medium wechseln können bzw. dazu nicht in der Lage sind.

Unter einer Phase werden wir in Übereinstimmung mit den modernen Vorstellungen, die auf den Ideen von VAN DER WAALS beruhen, ein solches Teil eines Systems verstehen, dessen Zustand von einer bestimmten funktionellen Abhängigkeit zwischen den Zustandsparametern charakterisiert wird (der sogenannten „Phasengleichung", die eine beliebige der GIBBSschen Fundamentalgleichungen darstellen kann). Diese Definition erlaubt eine exakte Formulierung des Begriffes Phase auch dann, wenn sich diese innerhalb eines beliebigen komplizierten Systems in einem fein verteilten Zustand befindet. Des weiteren können mit ihrer Hilfe auch solche Phasen voneinander unterschieden werden, die nicht miteinander koexistieren.[1] Der Ausdruck Phase schlechthin wird in der Regel für Raumphasen verwendet werden, die Termini Grenzflächenphase oder zweidimensionale Phase werden wir lediglich für die Behandlung zweidimensionaler Phasenumwandlungen gebrauchen.

Das heterogene Gebiet zwischen einander berührenden Phasen werden wir Diskontinuitätsfläche nennen. Es ist wesentlich, daß hier die Heterogenität in Bereichen auftritt, die sich in der Größenordnung der für die Phasen charakteristischen zwischenmolekularen Abstände erstrecken. Im Gegensatz hierzu sei auf die Heterogenität eines Systems in einem Gravitationsfeld oder einem anderen äußeren Kraftfeld verwiesen. In diesem Sinne ist es möglich, von einer sprunghaften Änderung (Unstetigkeit oder Diskontinuität) einer Reihe von Eigenschaften an der Grenze zwischen zwei Phasen zu sprechen. Bei der Behandlung der Diskontinuitätsfläche als einer Grenzfläche, die über exakte Begrenzungen und eine durchaus bestimmbare Dicke verfügt (diesen Begriff werden wir in Abschn. 1.5. ausführlich betrachten), werden wir außerdem den Ausdruck Grenzflächenschicht gebrauchen.

---

[1] Ausführlicher siehe hierzu [1, 2].

In Anlehnung an GIBBS [3] werden wir als Trennfläche jene geometrische Fläche bezeichnen, die sich innerhalb oder in Nähe der Diskontinuitätsfläche befindet und deren Gesamtheit von Punkten in analoger Weise bezüglich der einander berührenden Phasen angeordnet ist. Aus dieser Definition folgt, daß eine Trennfläche über die Form der Diskontinuitätsfläche verfügt und zu dieser parallel verläuft. Der tatsächliche Verlauf der Trennfläche bezüglich der Diskontinuitätsfläche ist jedoch in bestimmten Grenzen willkürlich.

Enthält auch nur eine der Phasen Komponenten, die in der anderen Phase nicht löslich sind (z. B. wenn eine der Phasen ein Adsorbens darstellt), so ist es stets möglich, eine hinreichend deutliche Grenze zu finden, die die Grenzflächengebiete der benachbarten Phasen voneinander abgrenzt. Wir werden diese als Begrenzungsfläche bezeichnen. Im Falle einer unbehinderten Verteilung der Komponenten zwischen den Phasen wird sich die lokale Konzentration der Komponenten, allgemein ausgedrückt, beim Übergang von einer Phase in die andere durch die Diskontinuitätsfläche ändern. Für diesen Fall kann man die Vereinbarung treffen, daß die Begrenzungsfläche durch den geometrischen Ort des maximalen Gradienten der lokalen Konzentration (bzw. einer anderen lokalen Eigenschaft) verläuft, womit sie prinzipiell eine spezielle Lage der Trennfläche verkörpert.

Die betrachteten Systeme sollen in offene, partiell offene, geschlossene und isolierte eingeteilt werden. Ein offenes System sei dadurch gekennzeichnet, daß all seine Komponenten mit der Umgebung austauschbar sind. Unter einem partiell offenen System verstehen wir ein solches, das mit seiner Umgebung nur einen Teil seiner Komponenten austauscht. Solch ein System ist als ein in eine verformbare oder starre semipermeable Hülle eingeschlossenes System vorstellbar. Ein geschlossenes System sei dadurch gekennzeichnet, daß kein Austausch der Komponenten mit der Umgebung stattfindet. Dieses System ist als ein von einer verformbaren oder starren, für die Komponenten undurchlässigen Hülle umgebenes System denkbar. Es ist offensichtlich, daß ein offenes System nur aus mobilen und ein geschlossenes System nur aus immobilen Komponenten besteht. Unter einem isolierten System verstehen wir ein solches, das in eine starre, für Stoffe und Wärme undurchlässige und nicht dem Einfluß äußerer Kräfte ausgesetzte Hülle eingeschlossen ist.

Ein beliebiges System wird durch Zustand und Massen der in dieses System eingehenden Phasen charakterisiert. Die Zahl der Freiheiten eines Systems ohne Berücksichtigung der Phasenmassen werden wir als Varianz des Systems bezeichnen. Diese Größe gibt stets die Zahl der unabhängig voneinander veränderlichen Zustandsparameter wieder. Werden in die Zahl der Variablen auch die Phasenmassen einbezogen, so bestimmt die Gesamtzahl der unabhängigen Variablen die volle Varianz des Systems. Mit Hilfe dieser Größe ist es möglich, eine umfassendere Beschreibung der in Raum- und Grenzflächenphasen sowie zwischen Raum- und Grenzflächenphasen ablaufenden Prozesse zu geben.

Wir wollen uns nunmehr der Behandlung zweier bedeutsamer Begriffe der Theorie von Grenzflächenerscheinungen, und zwar der Spannung und Dicke von Grenzflächenschichten, zuwenden.

1.2. Spannung einer ebenen Schicht

Der mechanische Zustand eines beliebigen heterogenen Systems wird durch die Angabe des Drucktensors $\hat{P}$ für jeden Punkt des Systems charakterisiert. Im allgemeinen Fall kann der Drucktensor eine willkürliche Funktion der Raumkoordinaten x, y, z sein. Befindet sich das System jedoch in einem Zustand des inneren mechanischen Gleichgewichtes, so hat diese Funktion der Bedingung zu gehorchen, daß die gesamte auf ein beliebiges Teil dieses Systems wirkende Kraft gleich Null ist. Für den speziellen Fall, daß sich das System in einem äußeren Feld befindet, muß die Kraft, die auf ein beliebig kleines Volumenelement durch dessen Grenzfläche seitens des übrigen Systems wirkt, durch jene Kraft kompensiert werden, mit der das äußere Feld auf die in diesem Volumen eingeschlossene Masse wirkt. Diese Bilanzbedingung wird durch die Gleichung

$$\operatorname{Div} \hat{P}(x, y, z) = -\varrho(x, y, z) \cdot \operatorname{grad} U_s(x, y, z) \tag{1.1}$$

ausgedrückt, wobei $\varrho(x, y, z)$ die lokale Dichte und $U_s(x, y, z)$ das Potential des äußeren Feldes bedeutet.

Im weiteren werden wir nur solche Systeme behandeln, die sich im mechanischen Gleichgewicht befinden und der Bedingung (1.1) genügen. Bei Abwesenheit eines äußeren Feldes nimmt die Bedingung (1.1) die folgende Form an:

$$\operatorname{Div} \hat{P}(x, y, z) = 0 \tag{1.2}$$

bzw.

$$\left.\begin{aligned} \frac{\partial P_{xx}}{\partial x} + \frac{\partial P_{xy}}{\partial y} + \frac{\partial P_{xz}}{\partial z} &= 0 \\ \frac{\partial P_{yx}}{\partial x} + \frac{\partial P_{yy}}{\partial y} + \frac{\partial P_{yz}}{\partial z} &= 0 \\ \frac{\partial P_{zx}}{\partial x} + \frac{\partial P_{zy}}{\partial y} + \frac{\partial P_{zz}}{\partial z} &= 0. \end{aligned}\right\} \tag{1.3}$$

In den Gleichheiten (1.3) treten die Komponenten des Drucktensors auf. Aus der Bedingung, daß das vollständige Moment der auf ein Volumenelement wirkenden Tangentialkräfte gleich Null ist, folgt, daß unter Gleichgewichtsbedingungen der Drucktensor symmetrisch ist ($P_{ik} = P_{ki}$). Es ist bekannt, daß ein beliebiger symmetrischer Tensor durch Auswahl eines geeigneten orthogonalen gekrümmten Koordinatensystems q_1, q_2, q_3 auf seine Diagonalform

$$\hat{P} = \begin{pmatrix} P_{11} & 0 & 0 \\ 0 & P_{22} & 0 \\ 0 & 0 & P_{33} \end{pmatrix} \tag{1.4}$$

zurückgeführt werden kann. In diesem Koordinatensystem nimmt die Bedingung (1.3) die folgende Form an:

$$\left.\begin{aligned}
\frac{\partial P_{11}}{\partial q_1} + (P_{11} - P_{22})\frac{\partial \ln h_2}{\partial q_1} + (P_{11} - P_{33})\frac{\partial \ln h_3}{\partial q_1} = 0 \\
\frac{\partial P_{22}}{\partial q_2} + (P_{22} - P_{33})\frac{\partial \ln h_3}{\partial q_2} + (P_{22} - P_{11})\frac{\partial \ln h_1}{\partial q_2} = 0 \\
\frac{\partial P_{33}}{\partial q_3} + (P_{33} - P_{11})\frac{\partial \ln h_1}{\partial q_3} + (P_{33} - P_{22})\frac{\partial \ln h_2}{\partial q_3} = 0 .
\end{aligned}\right\} \tag{1.5}$$

Die Größen h_1^2, h_2^2, h_3^2 sind als Diagonalkomponenten des metrischen Tensors bekannt. Sie lassen sich leicht aus der Bedingung

$$dl^2 = h_1^2\, dq_1^2 + h_2^2\, dq_2^2 + h_3^2\, dq_3^2 \tag{1.6}$$

bestimmen, wobei dl die Länge des Elementarbogens darstellt.

Der allgemeine Ausdruck für die Arbeit einer mechanischen Deformation δW, die von äußeren Körpern gegenüber einem System ausgeübt wird, lautet

$$\delta W = -\iiint\limits_{(V)} dV \sum_{i,k} P_{ik} \delta e_{ik} . \tag{1.7}$$

Es sind P_{ik}, e_{ik} die Komponenten des Druck- bzw. Deformationstensors sowie V das Systemvolumen.

Wir wollen diesen Ausdruck auf eine ebene Schicht der Dicke τ und Fläche A anwenden, die in Richtung der zur Schicht lotrechten Achse z heterogen ist und sich bei Abwesenheit eines äußeren Feldes im Zustand des mechanischen Gleichgewichtes befindet. Es ist leicht einzusehen, daß im vorliegenden Fall das kartesische Koordinatensystem x, y, z für eine Diagonalisierung des Drucktensors geeignet ist ($h_1 = h_2 = h_3 = 1$). Unter der Annahme, daß sich die Schicht in den Richtungen x und y sehr weit erstreckt, erhalten wir aus den Symmetriebedingungen

$$\left.\begin{aligned}
&P_{xy} = P_{yx} = P_{xz} = P_{zx} = P_{yz} = P_{zy} = 0 \\
&P_{xx} = P_{yy} .
\end{aligned}\right\} \tag{1.8}$$

Daraus folgt, daß im gegebenen Fall der Drucktensor durch zwei Größen hinreichend charakterisiert ist: die Tangentialkomponente P_T sowie die Normalkomponente P_N. Ihre Definitionen lauten folgendermaßen:

$$\left.\begin{aligned}
&P_T \equiv P_{xx} = P_{yy} \\
&P_N \equiv P_{zz} .
\end{aligned}\right\} \tag{1.9}$$

Entsprechend den Bedingungen (1.9) und (1.3) ist die Normalkomponente des Druckes für das gesamte betrachtete System eine konstante Größe; seine Tangentialkomponente hängt jedoch nur von z ab. Substituiert man in Gl. (1.7) die Komponenten des Drucktensors mit Hilfe der Ausdrücke (1.8) und (1.9), so folgt

$$\begin{aligned}
\delta W &= -\iiint\limits_{(V)} dV [P_T(\delta e_{xx} + \delta e_{yy}) + P_N \delta e_{zz}] \\
&= -P_N \delta V + \iiint\limits_{(V)} (P_N - P_T)\,(\delta e_{xx} + \delta e_{yy})\, dV .
\end{aligned} \tag{1.10}$$

Da die Komponenten des Deformationstensors e_{xx} und e_{yy} für geringe Deformationen relative Änderungen der linearen Abmessungen entlang den entsprechenden Koordinaten darstellen, kann Gl. (1.10) auf den Ausdruck

$$\delta W = -P_N \delta V + \delta A \int_0^\tau (P_N - P_T)\, dz \tag{1.11}$$

zurückgeführt werden.

Wir führen nun die Größe σ als

$$\sigma \equiv \int_0^\tau (P_N - P_T)\, dz \tag{1.12}$$

ein (Bakker-Gleichung [4]) und bezeichnen sie als Schichtspannung. Somit nimmt Gl. (1.11) ihr endgültiges Aussehen an:

$$\delta W = -P_N \delta V + \sigma \delta A\,. \tag{1.13}$$

Aus Gl. (1.13) ist ersichtlich, daß eine Spannung nur dann auftreten kann, wenn innerhalb der betrachteten Schicht Abweichungen vom Pascalschen Gesetz vorliegen. Für homogene Flüssigkeiten oder Gase ist $P_T = P_N \equiv P$, $\sigma = 0$ und

$$\delta W = -P \delta V\,. \tag{1.14}$$

Wir wollen nun die Definition (1.12) auf eine Diskontinuitätsfläche anwenden. Es ist offensichtlich, daß die Integrationsgrenzen so zu wählen sind, daß Anfangs- und Endpunkte innerhalb der jeweiligen homogenen Phase liegen. Andererseits aber wird für homogene Phasen der Integrand gleich Null, mithin ist die exakte Kenntnis der Integrationsgrenzen von untergeordneter Bedeutung. Somit kann für ein Zweiphasensystem formuliert werden:

$$\sigma \equiv \int_{-\infty}^{+\infty} (P_N - P_T)\, dz\,. \tag{1.15}$$

Bezieht sich die Größe σ auf eine Diskontinuitätsfläche, so wird sie als Grenzflächenspannung bezeichnet. Der Ausdruck (1.13) behält natürlich auch für diesen Fall seine Gültigkeit, wobei P_N den physikalischen Sinn des Druckes P in den Raumphasen annimmt. Aus Ausdruck (1.13) folgt, daß die Deformation einer heterogenen Schicht oder Diskontinuitätsfläche stets in Form einer allseitigen Kompression oder Dilatation des homogenen Körpers mit gleichem Volumen und gleichem Druck P_N bei gleichzeitiger Kompression oder Dilatation des zweidimensionalen Filmes mit der Spannung σ dargestellt werden kann.

1.3. Spannung einer gekrümmten Grenzflächenschicht. Spannungsfläche

Wir wollen zu Ausdruck (1.7) zurückkehren und diesen auf eine im Gleichgewicht befindliche kugelförmig gekrümmte Grenzflächenschicht anwenden, die sich zwischen den Phasen α und β befindet und unter dem Winkel ω von konzentrischen Flächen mit den Radien r_α und r_β begrenzt wird (Abb. 1.1.). Das in diesem Falle den Drucktensor diagonalisierende natürliche Koordinatensystem ist das Kugelkoordinaten-System:

$$\left.\begin{aligned} q_1 &= r, & q_2 &= \theta, & q_3 &= \varphi \\ h_1 &= 1, & h_2 &= r, & h_3 &= r\sin\theta \end{aligned}\right\} \tag{1.16}$$

Aus der Symmetrie des betrachteten Systems erhalten wir für die Komponenten des Drucktensors in den Kugelkoordinaten r, θ, φ die folgenden Bedingungen:

$$\left.\begin{aligned} &P_{rr} \equiv P_N \\ &P_{\theta\theta} = P_{\varphi\varphi} \equiv P_T \\ &P_{r\theta} = P_{\theta r} = P_{r\varphi} = P_{\varphi r} = P_{\theta\varphi} = P_{\varphi\theta} = 0, \end{aligned}\right\} \tag{1.17}$$

wobei P_N und P_T von θ sowie φ nicht abhängen.

Durch Einsetzen von Gl. (1.16) in Ausdruck (1.5) für die Bedingung des mechanischen Gleichgewichtes erhält man die Beziehung [5]

$$\frac{d(r^2 P_N)}{d(r^2)} = P_T. \tag{1.18}$$

Diese Beziehung zeigt, daß nicht nur P_T, sondern auch P_N eine Funktion von r ist, folglich unterscheiden sich die Drücke in den Phasen α und β voneinander. Bezeichnen wir sie mit $P^{(\alpha)}$ und $P^{(\beta)}$, so kann Bedingung (1.18) in integraler Form geschrieben werden:

$$P^{(\beta)} r_\beta{}^2 - P^{(\alpha)} r_\alpha{}^2 = 2 \int_{r_\alpha}^{r_\beta} P_T r \, dr. \tag{1.19}$$

Berücksichtigen wir in (1.7) die Bedingungen (1.17), so folgt

$$\delta W = -\iiint_{(V)} [P_N \delta e_{rr} + P_T(\delta e_{\theta\theta} + \delta e_{\varphi\varphi})] \, dV. \tag{1.20}$$

Für kleine Deformationen stellen e_{rr}, $e_{\theta\theta}$ znd $e_{\varphi\varphi}$ die relativen Längenänderungen der linearen Elemente entlang der den Koordinaten r, θ und φ entsprechenden Achsen dar. Wird angenommen, daß im Ausgangszustand die Deformation gleich Null ist, so folgen

$$\left.\begin{aligned} \delta e_{rr} &= \frac{\delta\, dr}{dr} \\ \delta e_{\theta\theta} &= \frac{\delta(r\, d\theta)}{r\, d\theta} \\ \delta e_{\varphi\varphi} &= \frac{\delta(r \sin\theta\, d\varphi)}{r \sin\theta\, d\varphi}. \end{aligned}\right\} \tag{1.21}$$

Werden diese Ausdrücke in Gl. (1.20) eingesetzt, so erhalten wir

$$\delta W = -\omega \int_{r_\alpha}^{r_\beta} P_N r^2 \delta dr - \omega \int_{r_\alpha}^{r_\beta} P_T \delta r \, d(r^2) - \delta\omega \int_{r_\alpha}^{r_\beta} P_T r^2 \, dr. \tag{1.22}$$

Vertauschen wir nunmehr im ersten der in Gl. (1.22) rechts stehenden Integrale die Symbole δ und d und nehmen eine partielle Integration vor, so erhalten wir für die Deformationsarbeit nach Anwendung der Bedingung (1.18) den nachstehenden Ausdruck:

$$\delta W = -\omega(P^{(\beta)} r_\beta^2 \delta r_\beta - P^{(\alpha)} r_\alpha^2 \delta r_\alpha) - \delta\omega \int_{r_\alpha}^{r_\beta} P_T r^2 \, dr . \qquad (1.23)$$

In Abschn. 1.2. wurde gezeigt, daß die Deformation einer ebenen Grenzflächenschicht stets als allseitige Kompression oder Dilatation eines homogenen Systems mit gleichem Volumen bei gleichzeitiger Kompression oder Dilatation einer gewissen Grenzfläche mit der Spannung σ darstellbar ist. Nun werden wir uns davon überzeugen, daß dies auch

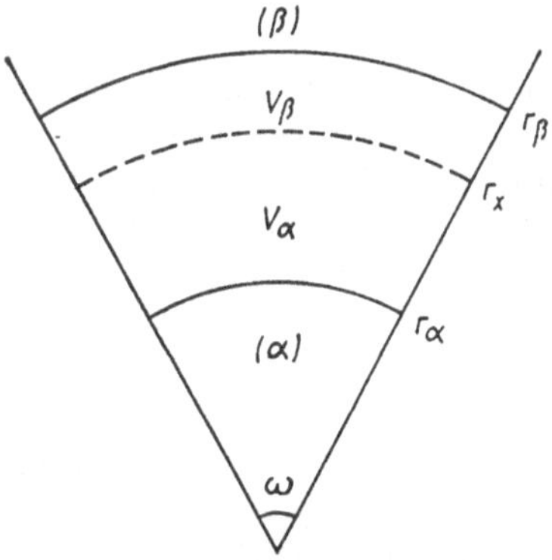

Abb. 1.1. Schematische Darstellung einer gekrümmten Grenzflächenschicht

für den Fall einer gekrümmten Grenzflächenschicht gültig bleibt. Stellen wir uns innerhalb dieser eine gewisse die Grenzflächenschicht in zwei Teile mit den Volumina V_α bzw. V_β trennende Trennfläche mit dem Inhalt A und der Spannung σ vor (siehe Abb. 1.1.), so läßt sich die Deformationsarbeit in der Form

$$\delta W = -P^{(\alpha)} \delta V_\alpha - P^{(\beta)} \delta V_\beta + \sigma \delta A \qquad (1.24)$$

ausdrücken.

Betrachten wir zunächst die Tangentialdeformation, deren Arbeit durch das letzte Glied in Gl. (1.23) gegeben ist. Ausdruck (1.24) geht hierfür in den folgenden über:

$$\delta W_T = -\frac{1}{3} \delta\omega [P^{(\alpha)}(r_x^3 - r_\alpha^3) + P^{(\beta)}(r_\beta^3 - r_x^3)] + \sigma_x r_x^2 \delta\omega , \qquad (1.25)$$

wobei Index x anzeigt, daß sich die Größen r_x und σ_x auf eine beliebige, willkürlich gewählte Trennfläche beziehen. Ein Vergleich der Beziehung (1.25) mit dem letzten Glied von Gl. (1.23) ergibt, daß diese äquivalent werden, sofern die Spannung einer beliebigen Trennfläche als

$$\sigma_x = \frac{1}{r_x^2} \left\{ \frac{1}{3} [P^{(\alpha)}(r_x^3 - r_\alpha^3) + P^{(\beta)}(r_\beta^3 - r_x^3)] - \int_{r_\alpha}^{r_\beta} P_T r^2 \, dr \right\} \qquad (1.26)$$

oder [6]

$$\sigma_x = \frac{1}{r_x^2}\left[\int_{r_\alpha}^{r_x} (P^{(\alpha)} - P_T)\, r^2\, dr + \int_{r_x}^{r_\beta} (P^{(\beta)} - P_T)\, r^2\, dr\right] \tag{1.27}$$

formuliert wird.

Diese Ausdrücke lassen erkennen, daß die Grenzflächenspannung einer gekrümmten Grenzflächenschicht nicht eindeutig bestimmt ist: sie hängt von der Lage (im betrachteten Fall vom Radius) der Trennfläche ab. Diese Abhängigkeit läßt sich vorteilhaft in differentieller Form wiedergeben. Hierfür sind die linke und rechte Seite des Ausdrucks (1.26) nach r_x bei Konstanz aller anderen rechts stehenden Größen zu differenzieren. Als Ergebnis erhalten wir die Gleichung

$$\left(\frac{d\sigma_x}{dr_x}\right)^* + \frac{2\sigma_x}{r_x} = P^{(\alpha)} - P^{(\beta)} \tag{1.28}$$

(das Sternchen verweist darauf, daß sich die Ableitung nicht auf einen realen physikalischen Prozeß, sondern auf eine im Gedankenexperiment vorzunehmende Verschiebung der Trennfläche bezieht). Gl. (1.28) wurde erstmalig von Kondo [7] aus den Gibbsschen Fundamentalgleichungen hergeleitet. Sie beschreibt die Abhängigkeit der Grenzflächenspannung vom Radius, die durch das Auftreten eines einzigen Minimums der Grenzflächenspannung bei $r_x = r_0$ (Abb. 1.2.) charakterisiert wird. Für diese spezielle Lage der Trennfläche geht Gl. (1.28) in die Beziehung

$$\frac{2\sigma_0}{r_0} = P^{(\alpha)} - P^{(\beta)} \tag{1.29}$$

über. Diese stimmt ihrer Form nach mit der Gleichgewichtsbedingung eines elastischen Films (z. B. eines Gummifilms) mit der Spannung σ_0, der Flüssigkeiten oder Gase mit den Drücken $P^{(\alpha)}$ und $P^{(\beta)}$ trennt, überein. Daher auch bezeichnete Gibbs diejenige Trennfläche, die sich in der durch Gl. (1.29) gekennzeichneten spezifischen Lage befindet, als Spannungsfläche.

Aus Gl. (1.27) und (1.29) erhalten wir eine Beziehung, welche die Lage der Spannungsfläche bestimmt:

$$\frac{1}{2}\,(P^{(\alpha)} - P^{(\beta)})\, r_0^3 = \int_{r_\alpha}^{r_0} (P^{(\alpha)} - P_T)\, r^2\, dr + \int_{r_0}^{r_\beta} (P^{(\beta)} - P_T)\, r^2\, dr. \tag{1.30}$$

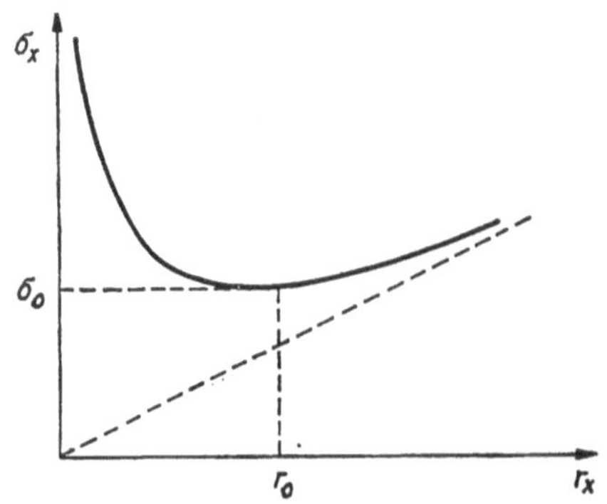

Abb. 1.2. Abhängigkeit der Grenzflächenspannung einer gekrümmten Grenzflächenschicht von der Lage der Trennfläche

Dem Minimum der Grenzflächenspannung entspricht die Spannungsfläche

Sie läßt sich unter Berücksichtigung von Bedingung (1.19) auch folgendermaßen formulieren [6]:

$$\int_{r_\alpha}^{r_0} (P^{(\alpha)} - P_T)\, r(r - r_0)\, dr + \int_{r_0}^{r_\beta} (P^{(\beta)} - P_T)\, r(r - r_0)\, dr = 0. \tag{1.31}$$

Der Ausdruck (1.27) ist für jede beliebige Trennfläche, mithin auch für die Spannungsfläche gültig. Mit Hilfe von Beziehung (1.31) läßt er sich allerdings in eine solche Form bringen, die nur für die Spannungsfläche gilt [6]:

$$\sigma_0 = \frac{1}{r_0}\left[\int_{r_\alpha}^{r_0} (P^{(\alpha)} - P_T)\, r\, dr + \int_{r_0}^{r_\beta} (P^{(\beta)} - P_T)\, r\, dr\right]. \tag{1.32}$$

Die Beziehungen (1.30) und (1.31) erlauben, die Lage der Spannungsfläche bei vorgegebener Funktion $P_T(r)$ zu finden. Mit Hilfe von Gl. (1.18) kann ein analoger Ausdruck unter Verwendung der Normalkomponente $P_N(r)$ des Druckes hergeleitet werden:

$$\int_{r_\alpha}^{r_\beta} P_N r^2\, dr = \frac{1}{3}\,[P^{(\alpha)}(r_0^3 - r_\alpha^3) + P^{(\beta)}(r_\beta - r_0)^3]. \tag{1.33}$$

Eine besonders einfache Form erhält diese Beziehung bei Verwendung der Größen V, V_α und V_β:

$$\int_{(V)} P_N\, dV = P^{(\alpha)} V_\alpha + P^{(\beta)} V_\beta. \tag{1.34}$$

In Verbindung mit Gl. (1.31) zeigt Gl. (1.32), daß die Spannungsfläche einer realen Grenzflächenschicht sowohl hinsichtlich der Spannung als auch des mechanischen Moments äquivalent ist.[1]

Wir haben somit gezeigt, daß für den Spezialfall einer Tangentialdeformation der Ausdruck (1.24) bei beliebiger Lage der Trennfläche anwendbar ist und die entsprechende Spannung durch die Beziehungen (1.26) bis (1.27) bestimmt wird. Es ist jedoch notwendig zu prüfen, ob dieser Ausdruck seine Gültigkeit auch für die vollständige Deformation, deren Arbeit durch die Beziehung (1.23) gegeben ist, behält. Zu diesem Zweck bringen wir Gl. (1.28) in die Form

$$\left(\frac{d\sigma_x}{dr_x}\right)^* \omega r_x^2 \delta r_x + \omega \sigma_x \delta r_x^2 - (P^{(\alpha)} - P^{(\beta)})\, \omega r_x^2 \delta r_x = 0 \tag{1.35}$$

und addieren Gl. (1.23). Das endgültige Resultat lautet:

$$\delta W = -P^{(\alpha)} \delta V_\alpha - P^{(\beta)} \delta V_\beta + \sigma_x \delta A_x + A_x \left(\frac{d\sigma_x}{dr_x}\right)^* \delta r_x. \tag{1.36}$$

Beziehung (1.36) ist bei einer beliebigen Wahl der Lage für die Trennfläche gültig. Sie läßt sich vereinfachen, wenn die mit einem Sternchen indizierte Ableitung gleich

[1] Andere Formulierungen der Beziehungen für die Spannungsfläche kann der Leser in der Übersicht [6] finden.

Null gesetzt wird:

$$\delta W = -P^{(\alpha)}\delta V_\alpha - P^{(\beta)}\delta V_\beta + \sigma_0 \delta A_0. \tag{1.37}$$

Gl. (1.37) ist mit Gl. (1.24) identisch. Mithin gilt Gl. (1.24) im Falle gekrümmter Grenzflächen lediglich für die Spannungsfläche. Folglich darf auch die Vorstellung von der mechanischen Äquivalenz einer Grenzflächenschicht und eines zweidimensionalen gespannten Filmes, die für die Betrachtung ebener Grenzflächen benutzt wurde, nur dann auf gekrümmte Grenzflächen angewendet werden, wenn als Trennfläche die Spannungsfläche auftritt. Daher dürfte bei strenger Betrachtung selbst der Ausdruck „Grenzflächenspannung" nur auf jene Größe bezogen werden, die unmittelbar die Spannungsfläche beschreibt.

Es ist notwendig, darauf hinzuweisen, daß Gibbs die Spannungsfläche in einer anderen, nicht mit Gl. (1.28) gekoppelten Weise gedeutet hat. Nach Gibbs entspricht der Spannungsfläche eine solche Lage der Trennfläche, bei welcher eine Krümmung der Grenzflächenschicht unter Konstanz der äußeren Parameter die Grenzflächenenergie nicht beeinflußt. Dies bedeutet, daß sich nach Gibbs Spannungsflächen dadurch auszeichnen, daß in ihnen die Ableitung $\partial\sigma_x/\partial r_x$ gleich Null wird. Diese Ableitung ihrerseits bezieht sich hier nicht auf einen rein gedankenexperimentellen, sondern auf einen physikalischen Prozeß bei vorgegebener Lage der Trennfläche und vorgegebenen äußeren Bedingungen. Wird Gl. (1.26) unter diesen Bedingungen differenziert, so erhalten wir bei Beachtung von Gl. (1.22)

$$\frac{\partial\sigma_x}{\partial r_x} = -\frac{2\sigma_x}{r_x} + P^{(\alpha)} - P^{(\beta)}. \tag{1.38}$$

Dies ist jenem Resultat äquivalent, welches auf dem Wege einer gedanklichen Verschiebung der Trennfläche bei festgelegtem physikalischem Zustand des Systems erhalten wurde (im Ausdruck (1.28) fehlen die Variationen der Größen r_α und r_β, da diese konstant gesetzt wurden; im Ausdruck (1.38) heben sich die Beiträge, die von den verschiedenen in Gl. (1.26) enthaltenen Gliedern geliefert werden, wegen $P_T = P^{(\alpha)}$ bei $r = r_\alpha$ und $P_T = P^{(\beta)}$ bei $r = r_\beta$ gegenseitig auf). Aus Gl. (1.28) und (1.38) erhalten wir die Beziehung

$$\frac{\partial\sigma_x}{\partial r_x} = \left(\frac{d\sigma_x}{dr_x}\right)^*, \tag{1.39}$$

aus der folgt, daß die Definitionen der Spannungsflächen nach Gibbs und Kondo einander adäquat sind.

Abschließend sei auf zwei Aspekte der Formeln (1.36) und (1.37) hingewiesen. Zum ersten sei ausgeführt, daß unsere Betrachtungen für eine Grenzflächenschicht endlicher Dicke vorgenommen wurden, deren Grenzen durch die Bedingungen

$$P_N = P_T = P^{(\alpha)} \quad \text{bei} \quad r = r_\alpha \qquad \text{und}$$

$$P_N = P_T = P^{(\beta)} \quad \text{bei} \quad r = r_\beta$$

festgelegt wurden. Offenbar werden diese Bedingungen bei einer Verschiebung der Schichtgrenzen innerhalb der homogenen Raumphasen α und β nicht verletzt. Daher erstreckt sich die Gültigkeit der Beziehungen (1.36) und (1.37) über die Grenzflächenschicht hinaus auf das gesamte Zweiphasensystem. Zum zweiten sei darauf hingewiesen, daß diese Beziehungen lediglich für kugelförmige Grenzflächen abgeleitet wurden. Werden aber die Hauptkrümmungsradien R_1 und R_2 der Grenzflächenschicht gegenüber der Schichtdicke groß, so wird diese Einschränkung bedeutungslos, und die Beziehungen (1.36) und (1.37) können auf Grenzflächen beliebiger Form angewendet werden. In diesem Falle ist unter r_x jene Größe zu verstehen, die gemäß

$$\frac{1}{r_x} = \frac{1}{2}\left(\frac{1}{R_1} + \frac{1}{R_2}\right) \tag{1.40}$$

der mittleren Krümmung der Trennfläche reziprok ist.

Allerdings sind bei einer strengen Behandlung gekrümmter Grenzflächen, einschließlich sehr kleiner Krümmungsradien, die Beziehungen (1.36) und (1.37) nur auf kugelförmige Grenzflächen anwendbar.

1.4. Adsorption

Wie oben gezeigt wurde, ist die Grenzflächenspannung die der Differenz des lokalen Tangentialdruckes und des in der homogenen Raumphase herrschenden Druckes entsprechende integrale Eigenschaft. Eine analoge integrale Eigenschaft, jedoch bezüglich der lokalen Konzentrationsdifferenz, stellt die Adsorption dar. Für eine ebene Grenzfläche ist der Wert der absoluten Adsorption Γ_i der Komponente i mit ihrer lokalen Konzentration $\varrho_i(z)$ in der Raumphase über die Beziehung

$$\Gamma_i \equiv \int_{-\infty}^{z_0} [\varrho_i(z) - \varrho_i^{(\alpha)}]\, dz + \int_{z_0}^{\infty} [\varrho_i(z) - \varrho_i^{(\beta)}]\, dz \tag{1.41}$$

verknüpft, wobei $\varrho_i^{(\alpha)}$, $\varrho_i^{(\beta)}$ die Raumphasenkonzentration der Komponente i in den angrenzenden Phasen α und β sowie z_0 die Koordinate einer beliebigen Trennfläche darstellen (die Achse z ist von Phase α zu Phase β gerichtet).

Teilt die Trennfläche das Systemvolumen V in entsprechende Volumina V_α und V_β auf, so kann der Ausdruck für die Adsorption als

$$\Gamma_i \equiv \frac{m_i - \varrho_i^{(\alpha)} V_\alpha - \varrho_i^{(\beta)} V_\beta}{A} = \frac{m_i - \varrho_i^{(\beta)} V + (\varrho_i^{(\beta)} - \varrho_i^{(\alpha)})\, V_\alpha}{A} \tag{1.42}$$

geschrieben werden, wobei m_i die Gesamtmasse der Komponente i im System bezeichnet.

In dieser Form ist die Definition der absoluten Adsorption bei Anwesenheit einer Grenzfläche beliebiger Form gültig.

Aus Ausdruck (1.42) ist ersichtlich, daß die absolute Adsorption bei $\varrho_i^{(\alpha)} = \varrho_i^{(\beta)}$ (z. B. für ein Azeotrop) nicht von der Lage der Trennfläche abhängt und somit ein eindeutiger physikalischer Parameter ist. Jedoch wird im allgemeinen Fall die absolute Adsorption nicht nur durch den physikalischen Zustand des Systems, sondern auch durch die Lage der Trennfläche bestimmt. Daher ist bei Behandlung der absoluten Adsorption stets der Hinweis, auf welche Lage der Trennfläche sie sich bezieht, erforderlich.

Wir wollen zunächst die Adsorption für einige spezielle Lagen der Trennfläche untersuchen. Definieren wir die Lage der Trennfläche derartig, daß die Adsorption einer der Komponenten gleich Null wird:

$$\Gamma_j \equiv \frac{m_j - \varrho_j^{(\beta)} V + (\varrho_j^{(\beta)} - \varrho_j^{(\alpha)})\, V_\alpha}{A} = 0. \tag{1.43}$$

Indem wir den aus dieser Gleichung erhältlichen Ausdruck für V_α in Gl. (1.42) einsetzen, erhalten wir für die Adsorption einer beliebigen anderen Komponente die Beziehung

$$\Gamma_{i(j)} \equiv \frac{1}{A}\left[m_i - \varrho_i^{(\beta)} V - (m_j - \varrho_j^{(\beta)} V)\, \frac{\varrho_i^{(\alpha)} - \varrho_i^{(\beta)}}{\varrho_j^{(\alpha)} - \varrho_j^{(\beta)}}\right]. \tag{1.44}$$

Unschwer läßt sich zeigen, daß das gleiche Resultat erhältlich ist, wenn die Größe Γ_j nicht gleich Null gesetzt, sondern mit dem Betrag $(\varrho_i^{(\alpha)} - \varrho_i^{(\beta)})/(\varrho_j^{(\alpha)} - \varrho_j^{(\beta)})$ multipliziert und anschließend von Γ_i subtrahiert wird. Mithin gilt

$$\Gamma_{i(j)} = \Gamma_i - \Gamma_j \frac{\varrho_i^{(\alpha)} - \varrho_i^{(\beta)}}{\varrho_j^{(\alpha)} - \varrho_j^{(\beta)}}. \tag{1.45}$$

Infolgedessen ist ersichtlich, daß die Kombination der in Gl. (1.45) rechts stehenden Größen bezüglich der Lage der Trennfläche invariant ist und einen Wert annimmt, der mit dem der absoluten Adsorption Γ_i für jene Trennfläche, bei der die Adsorption Γ_j gleich Null wird, identisch ist. Die Größe $\Gamma_{i(j)}$ wird als die relative Adsorption der Komponente i bezeichnet.

Die Größen ϱ_i und $\Gamma_{i(j)}$ stellen Zustandsparameter dar. Bleibt der Zustand des Systems unverändert und werden des weiteren die Größen V und m_j konstant gehalten, so ändern sich gemäß Gl. (1.44) die Größen m_i und A proportional zueinander. Unter diesen Bedingungen ist die Beziehung

$$\Gamma_{i(j)} = \left(\frac{dm_i}{dA}\right)_{V,m_j} \tag{1.46}$$

gültig [8]. Sie gestattet eine unmittelbare experimentelle Bestimmung der relativen Adsorption.

Definieren wir nunmehr die Lage der Trennfläche derartig, daß die summare Adsorption aller Komponenten gleich Null wird:

$$\sum_i \Gamma_i = 0. \tag{1.47}$$

Durch Einsetzen von Gl. (1.42) in (1.47) erhalten wir die Beziehung

$$m - \varrho^{(\beta)} V + (\varrho^{(\beta)} - \varrho^{(\alpha)})\, V_\alpha = 0, \tag{1.48}$$

in der $m \equiv \sum_i m_i$ die summare Masse aller Komponenten des Systems sowie $\varrho \equiv \sum_i \varrho_i$ die Dichte der Raumphase wiedergibt.

Gl. (1.48) kann ohne Bedenken für die Bestimmung der Größe V_α verwendet werden, so daß wir mit ihrer Hilfe diese in Gl. (1.42) substituieren wollen. Im Ergebnis dessen erhalten wir den folgenden Ausdruck für die absolute Adsorption:

$$\Gamma_i^{(N)} = \frac{1}{A}\left[m_i - \varrho_i^{(\beta)}V - (m - \varrho^{(\beta)}V)\frac{\varrho_i^{(\alpha)} - \varrho_i^{(\beta)}}{\varrho^{(\alpha)} - \varrho^{(\beta)}}\right]. \tag{1.49}$$

Lassen wir den Zustand des Systems bei gleichzeitiger Festlegung der Größen V und m unverändert, so ändern sich gemäß Gl. (1.49) die Größen m_i und A proportional zueinander. Unter diesen Bedingungen ist die Beziehung

$$\Gamma_i^{(N)} = \left(\frac{dm_i}{dA}\right)_{V,m} \tag{1.50}$$

gültig [8]. Diese erlaubt eine unmittelbare experimentelle Bestimmung der Adsorption $\Gamma_i^{(N)}$.

Die der Bedingung (1.43) genügende Trennfläche war bereits von Gibbs eingeführt worden [3]. Die durch die Beziehung (1.47) definierte Trennfläche wurde erstmals von Guggenheim und Adam untersucht [9]. Es sei darauf hingewiesen, daß in diesem Falle die Lage der Trennfläche davon abhängt, in welcher Form die Stoffmenge (als Masse oder Molzahl) ausgedrückt wird. Wird die Stoffmenge als Molzahl oder Zahl der Moleküle angegeben, so wird die durch Gl. (1.47) definierte Teilungsfläche auch äquimolekulare Fläche genannt. Logischerweise ist die äquimolekulare Fläche nicht mit jener Fläche identisch, für die der gesamte Massenüberschuß aller Komponenten gleich Null wird.

Nunmehr wollen wir Beziehungen angeben, welche die Werte der Adsorption für die unterschiedlichen Trennflächen miteinander verknüpfen.

Offensichtlich ist die Zahl der Flächen, die der Bedingung (1.43) genügen, gleich der Zahl der Komponenten im System. Die Adsorption an einer dieser Flächen ist mit derjenigen für eine andere über die Beziehung

$$\Gamma_{i(j)} = \Gamma_{i(k)} - \Gamma_{j(k)}\frac{\varrho_i^{(\alpha)} - \varrho_i^{(\beta)}}{\varrho_j^{(\alpha)} - \varrho_j^{(\beta)}} \tag{1.51}$$

verknüpft.

Der Übergang von der Adsorption $\Gamma_i^{(N)}$ zur relativen Adsorption $\Gamma_{i(j)}$ sowie vice versa wird mit Hilfe der Gleichungen

$$\Gamma_{i(j)} = \Gamma_i^{(N)} - \Gamma_j^{(N)}\frac{\varrho_i^{(\alpha)} - \varrho_i^{(\beta)}}{\varrho_j^{(\alpha)} - \varrho_j^{(\beta)}} \tag{1.52}$$

$$\Gamma_i^{(N)} = \Gamma_{i(j)} - \frac{\varrho_i^{(\alpha)} - \varrho_i^{(\beta)}}{\varrho^{(\alpha)} - \varrho^{(\beta)}}\sum_k \Gamma_{k(j)} \tag{1.53}$$

vollzogen.

Wird Phase β durch ein verdünntes Gas (oder Dampf) ($\varrho_i^{(\beta)} \approx 0$) verkörpert, so nehmen diese Beziehungen die folgende Form an [10]:

$$\Gamma_{i(j)} = \Gamma_{i(k)} - \Gamma_{j(k)}\frac{x_i^{(\alpha)}}{x_j^{(\alpha)}} \tag{1.54}$$

$$\Gamma_{i(j)} = \Gamma_i^{(N)} - \Gamma_j^{(N)}\frac{x_i^{(\alpha)}}{x_j^{(\alpha)}} \tag{1.55}$$

$$\Gamma_i^{(N)} = \Gamma_{i(j)} - x_i^{(\alpha)}\sum_k \Gamma_{k(j)}. \tag{1.56}$$

In diesen Gleichungen stellt x_i den gemäß $x_i \equiv \varrho_i/\varrho$ definierten Anteil der Komponente i dar. In der Arbeit [9] sind speziell die für das binäre System „flüssige Lösung — Dampf" gültigen Beziehungen dieser Art angegeben. Für diesen Fall ist von GUGGENHEIM und ADAM die der Bedingung

$$\sum_i \Gamma_i v_i^{(\alpha)} = 0 \tag{1.57}$$

genügende Trennfläche betrachtet worden, wobei $v_i^{(\alpha)}$ das partielle Volumen der Komponente i in der flüssigen Lösung darstellt.

Diese Trennfläche wurde von den Autoren als „physikalische" Fläche (d. h. Begrenzungsfläche) bezeichnet, obwohl dies bei strenger Betrachtung nur für eine völlig inkompressible Flüssigphase richtig ist. Die mit $\Gamma_i^{(v)}$ bezeichnete Adsorption für diese Fläche kann ebenfalls mit den Größen $\Gamma_{i(j)}$ und $\Gamma_i^{(N)}$ verknüpft werden. Für den Fall einer Vielkomponenten-Lösung haben die folgenden Beziehungen [10] Gültigkeit:

$$\Gamma_i^{(v)} = \Gamma_{i(j)} - \frac{x_i^{(\alpha)}}{v} \sum_k v_k \Gamma_{k(j)} \tag{1.58}$$

$$\Gamma_i^{(v)} = \Gamma_i^{(N)} - \frac{x_i^{(\alpha)}}{v} \sum_k v_k \Gamma_k^{(N)} \tag{1.59}$$

$$\Gamma_{i(j)} = \Gamma_i^{(v)} - \Gamma_j^{(v)} \frac{x_i^{(\alpha)}}{x_j^{(\alpha)}} \tag{1.60}$$

$$\Gamma_i^{(N)} = \Gamma_i^{(v)} - x_i^{(\alpha)} \sum_k \Gamma_k^{(v)}. \tag{1.61}$$

Schließlich seien die Beziehungen gegeben, welche die Adsorption mit der über das Gesamtvolumen des Systems gemittelten Zusammensetzung verbinden. Der Ausdruck für die absolute Adsorption (1.49) kann zu

$$\Gamma_i^{(N)} = \frac{V}{A} \left[\varrho_i^0 - \varrho_i^{(\beta)} - (\varrho^0 - \varrho^{(\beta)}) \frac{\varrho_i^{(\alpha)} - \varrho_i^{(\beta)}}{\varrho^{(\alpha)} - \varrho^{(\beta)}} \right] \tag{1.62}$$

umgeformt werden, wobei $\varrho_i^0 \equiv m_i/V$ die mittlere Raumkonzentration der Komponente i im Gesamtsystem sowie $\varrho^0 \equiv m/V = \sum_i \varrho_i$ die summare mittlere Raumkonzentration aller Komponenten des Systems darstellt.

Wird Gl. (1.62) für jede der Komponenten als Beziehung für ϱ_i^0 betrachtet, so kann mit ihrer Hilfe jede Größe ϱ_i^0 eindeutig bestimmt werden, sofern deren Summe ϱ^0 (oder eine beliebige andere Bindungsgleichung) vorgegeben ist. Demzufolge ergibt sich

$$\varrho_i^0 = \frac{\Gamma_i^{(N)} A}{V} + \varrho_i^{(\beta)} + (\varrho^0 - \varrho^{(\beta)}) \frac{\varrho_i^{(\alpha)} - \varrho_i^{(\beta)}}{\varrho^{(\alpha)} - \varrho^{(\beta)}} \tag{1.63}$$

bzw. bei Berücksichtigung von Gl. (1.53)

$$\varrho_i^0 = \frac{A}{V} \left[\Gamma_{i(j)} - \frac{\varrho_i^{(\alpha)} - \varrho_i^{(\beta)}}{\varrho^{(\alpha)} - \varrho^{(\beta)}} \sum_k \Gamma_{k(j)} \right] + \varrho_i^{(\beta)} + (\varrho^0 - \varrho^{(\beta)}) \frac{\varrho_i^{(\alpha)} - \varrho_i^{(\beta)}}{\varrho^{(\alpha)} - \varrho^{(\beta)}}. \tag{1.64}$$

Stellt Phase β ein verdünntes Gas (oder Dampf) dar ($\varrho_i^{(\beta)} \approx 0$), so nehmen Gl. (1.63) und (1.64) die folgenden einfachen Formen an:

$$x_i^0 = x_i^{(\alpha)} + \frac{\Gamma_i^{(N)} A}{m} \tag{1.65}$$

$$x_i^0 = x_i^{(\alpha)} + \frac{A}{m} \left[\Gamma_{i(j)} - x_i^{(\alpha)} \sum_k \Gamma_{k(j)} \right]. \tag{1.66}$$

In diesen Gleichungen kennzeichnet x_i^0 den gemäß $x_i^0 = \varrho_i^0/\varrho^0$ definierten mittleren Anteil der Komponente i im System. Wird des weiteren Gl. (1.61) beachtet, so läßt sich eine zusätzliche Beziehung formulieren:

$$x_i^0 = x_i^{(\alpha)} + \frac{A}{m} \left[\Gamma_i^{(v)} - x_i^{(\alpha)} \sum_k \Gamma_k^{(v)} \right]. \tag{1.67}$$

1.5. Begriff der Grenzflächenschichtdicke

Bevor wir eine Definition für die Dicke einer Grenzflächenschicht vornehmen, wollen wir versuchen, uns ein reales Bild von der Grenze zwischen zwei Phasen vorzustellen. Wir werden das Gleichgewicht der Phasen α und β, die eine flüssige Lösung bzw. einen Dampf darstellen mögen, betrachten. Wir wollen die Änderung irgendeiner lokalen Eigenschaft im Übergangsgebiet zwischen diesen Phasen α und β verfolgen. Als solche möge die lokale Konzentration ϱ_i der Komponente i, ausgedrückt durch die Zahl der Moleküle oder Mole pro Volumeneinheit, dienen. Mit $\varrho_i^{(\alpha)}$ bzw. $\varrho_i^{(\beta)}$ seien die Werte von ϱ_i in den homogenen Phasen α bzw. β bezeichnet. Es ist offensichtlich, daß sich die Größe ϱ_i im Übergangsgebiet zwischen den Phasen α und β von $\varrho_i^{(\alpha)}$ zu $\varrho_i^{(\beta)}$ ändert, wobei das lokale Konzentrationsprofil eine unterschiedliche Form haben kann. Ist die Komponente i z. B. schwerflüchtig und grenzflächeninaktiv, so ist das lokale Konzentrationsprofil vom Typ 1. Wenn jedoch die schwerflüchtige Komponente i grenzflächenaktiv ist, so gehört das Konzentrationsprofil zum Typ 2 (siehe Abb. 1.3.).

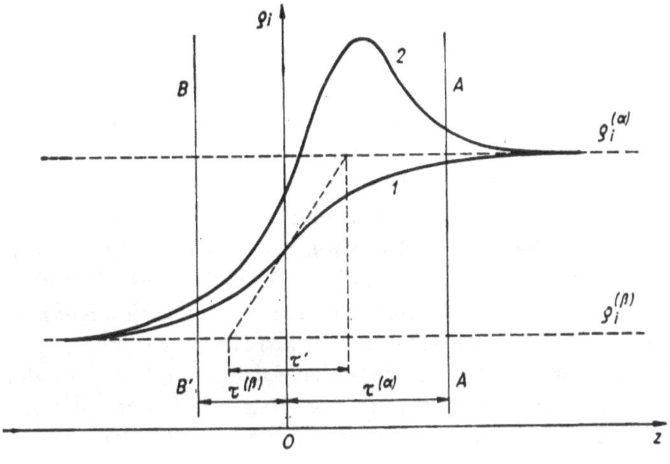

Abb. 1.3. Lokales Konzentrationsprofil im Übergangsgebiet

Da sich die lokale Konzentration ebenso wie andere lokale Eigenschaften asymptotisch ihren Raumphasenwerten nähert, existiert kein exakter Wert für die Dicke der Übergangsschicht zwischen den zwei Phasen. Offenbar darf lediglich von einer effektiven Schichtdicke gesprochen werden. Diese umfaßt die Breite jener Zone, in der die wesentlichen Änderungen der lokalen Eigenschaften erfolgen. Für das Vorhandensein einer effektiven Schichtdicke spricht, daß bei einer ausreichenden Entfernung in Richtung des Inneren einer Raumphase die auftretende Abweichung der betrachteten lokalen Eigenschaft von ihrem Raumphasenwert so klein wird, daß sie vollständig von den Fluktuationen überdeckt ist.

Der Begriff effektive Dicke einer Grenzflächenschicht ist eng mit der Form des Profils der lokalen Eigenschaften verbunden. Allerdings bereitet die unmittelbare experimentelle Untersuchung der lokalen Eigenschaften einer Grenzflächenschicht erhebliche Schwierigkeiten. In der Regel werden integrale Charakteristika der Grenzflächenschicht, z. B. Grenzflächenspannung, Adsorption, Intensität und Elliptizitätskoeffizient des reflektierten Lichtes u. a. m., betrachtet.

Ursprünglich war versucht worden, die Dicke einer Grenzflächenschicht mit den integralen und nicht mit den lokalen Eigenschaften in Zusammenhang zu bringen. So hat Bakker [4] eine der ersten Definitionen für die Grenzflächenschichtdicke eines Einkomponentensystems vorgeschlagen. Unter der Annahme, daß die Grenzflächenschicht eine endliche Dicke τ besitze (damit ist $P_N = P_T$ für alle Werte von z mit Ausnahme eines Intervalles der Breite τ), erhielt er aus Gl. (1.12) den Ausdruck

$$\sigma = (P_N - \bar{P}_T)\,\tau\,, \tag{1.68}$$

wobei $\bar{P}_T$ der Mittelwert der Tangentialkomponente des Druckes in der Grenzflächenschicht ist. Aus einem Vergleich der Beziehungen (1.12) und (1.68) folgt, daß die Größen τ und $\bar{P}_T$ bei strenger Betrachtung nicht unabhängig voneinander bestimmt werden können. Bakker hatte daher den Versuch unternommen, die Größe $\bar{P}_T$ auf separatem Wege zu berechnen. Er verwendete hierfür eine Zustandsgleichung und nahm an, daß die Dichte der Grenzflächenschicht eines Einkomponentensystems dem arithmetischen Mittel der Raumphasendichten gleich sei. Diese Methode ist jedoch zu grob und unzureichend begründet.

Von Bakker wurde des weiteren die Beziehung

$$\tau = \frac{(\varrho^{(\alpha)} - \varrho^{(\beta)})^2}{\sigma} \cdot \mathrm{const} \tag{1.69}$$

vorgeschlagen, welche die Grenzflächenschichtdicke als thermodynamischen Parameter definiert.

Eine Bestimmung der Grenzflächenschicht über die Untersuchung der lokalen Eigenschaften ist von Cahn und Hilliard [11] vorgenommen worden. Bei der Untersuchung des Profils der lokalen Dichte oder lokalen Konzentration vom Typ 1 (Abb. 1.3.) in Nähe des kritischen Punktes sollte ihrem Vorschlag gemäß die Grenzflächenschichtdicke entweder aus einer vorgegebenen Abweichung der lokalen Dichte bzw. lokalen Konzentration (z. B. für die lokale Dichte aus dem vorgegebenen Verhältnis $(\varrho^{(\alpha)} - \varrho)/(\varrho^{(\alpha)} - \varrho^{(c)})$ mit $\varrho^{(c)}$ als Dichtewert im Wendepunkt, der mit der kritischen Dichte identisch ist) oder aus dem Schnittpunkt der im Wendepunkt angelegten Tangenten mit Geraden, die den Dichte- bzw. Konzentrationswerten der Raumphasen entsprechen, gefunden werden

(Abb. 1.3.). CAHN und HILLIARD selbst benutzten für ihre Berechnungen den zweiten Weg, der (beschritten für die lokale Dichte) folgendermaßen fixiert werden kann:

$$\tau' = (\varrho^{(\alpha)} - \varrho^{(\beta)})/(d\varrho/dz)^{(c)} \tag{1.70}$$

die Ableitung $(d\varrho/dz)^{(c)}$ wird im Wendepunkt gebildet.

Es ist offensichtlich, daß die nach Gl. (1.70) bestimmte Schichtdicke wesentlich geringer als die effektive Dicke einer Grenzflächenschicht ist (siehe Abb. 1.3.), sie kann als charakteristische Grenzflächenschichtdicke bezeichnet werden.

Eine etwas andere Definition stammt von HUANG und WEBB [12]:

$$\tau = \frac{8}{\varrho^{(\alpha)} - \varrho^{(\beta)}} \int_0^\infty [\varrho^{(\alpha)} - \varrho(z)]\, dz \tag{1.71}$$

mit $z = 0$ bei $\varrho = \varrho^{(c)}$. In ihrem Rahmen erfolgt eine Substitution des Realprofils der lokalen Dichte durch ein lineares Profil mit einem solcherart gewählten τ-Wert, daß der Wert des Integrals unverändert bleibt.

Die Benutzung der Definitionen (1.70) und (1.71) setzt ein bekanntes Profil der lokalen Dichte voraus. So benutzten CAHN und HILLIARD das von der VAN DER WAALSschen Theorie [13] gegebene Profil und erweiterten dieses für den Fall eines binären Systems. Für die lokale Dichte in Nähe des kritischen Punktes nimmt dieses die folgende Form an:

$$\varrho(z) = \varrho^{(c)} + (\varrho^{(\alpha)} - \varrho^{(c)}) \tanh [b(T_c - T)^{1/2} z], \tag{1.72}$$

wobei T die Temperatur, T_c die kritische Temperatur und b eine Konstante darstellt sowie z vom Wendepunkt an gezählt wird. Eine analoge Beziehung für den lokalen Molenbruch eines binären Systems ist von CAHN und HILLIARD hergeleitet worden.

Eine Voraussetzung der quasithermodynamischen Theorie von VAN DER WAALS besteht darin, daß die Abhängigkeit der lokalen Eigenschaften (z. B. der freien Energie) von den lokalen Dichte- bzw. Konzentrationsgradienten höherer Ordnung (höher als zweiter Ordnung) vernachlässigt werden kann. Aus diesen und weiteren Gründen trägt die klassische VAN DER WAALSsche Theorie Näherungscharakter.

Kompliziertere Beziehungen für das Dichteprofil werden in den Arbeiten [14, 15] aufgeführt, ihre Anwendung wird in [12] behandelt. Jedoch ebenso wie Gl. (1.72) sind sie nur für die Nähe des kritischen Punktes vorgesehen.

Einer Untersuchung des Profils der lokalen Dichte sind des weiteren quasithermodynamische Berechnungen von HILL [16] sowie Betrachtungen von Gittermodellen [17]···[21] gewidmet. Hierzu ist einschränkend zu bemerken, daß Gittermodelle selbst bereits eine wesentliche Vereinfachung darstellen. Im Grunde bleibt die Bestimmung des Profils der lokalen Eigenschaften in Grenzflächen bis zur Gegenwart eine ungelöste Aufgabe der statistischen Mechanik. Dies erschwert allerdings die Benutzung der durch die Beziehungen (1.70) und (1.71) gegebenen Definitionen.

Es ist augenscheinlich, daß die Gleichungen (1.70) und (1.71) nicht für jede Form des Dichteprofils geeignet sind (so z. B. sind sie nicht auf den in Abb. 1.3. gezeigten Typ 2 anwendbar). Des weiteren liefern sie stets zu niedrige Werte. Sinnvoller wäre die Bestimmung der effektiven Schichtdicke als Breite jener Übergangszone, die einer bestimmten relativen Differenz irgendeiner lokalen Eigenschaft entspricht. Diese Differenz kann stets ausreichend klein gewählt werden, so daß das Gebiet der wesentlichen Änderung einer betrachteten Eigenschaft berücksichtigt wird.

In der Arbeit [22] wurde die Dicke $\tau_L^{(\alpha)}$ der Grenzflächenzone einer Phase α in bezug auf irgendeine lokale Eigenschaft L aus der Bedingung

$$\left| \frac{L(\tau_L^{(\alpha)}) - L^{(\alpha)}}{L^{(\alpha)}} \right| = C_L \tag{1.73}$$

bestimmt, wobei $L^{(\alpha)}$ den Wert der Eigenschaft L in der homogenen Raumphase und C_L eine hinlänglich klein wählbare Konstante darstellt. Ist die Abhängigkeit $L(z)$ bekannt, so ist die Dicke $\tau_L^{(\alpha)}$ der Grenzzone von Phase α als jener Wert von z gegeben, welcher der Bedingung (1.73) genügt. Beispielsweise folgt als Dicke einer adsorbierten Schicht jener Abstand von der Adsorbensgrenzfläche, der die Bedingung (1.73) erfüllt. In analoger Weise sucht man die Dicke $\tau_L^{(\beta)}$ der Grenzzone von Phase β auf. Die Dicke der gesamten Grenzflächenschicht zwischen den Phasen α und β stellt die Summe $\tau_L^{(\alpha)} + \tau_L^{(\beta)}$ dar ($\tau_L^{(\alpha)}$ und $\tau_L^{(\beta)}$ werden ausgehend von der Begrenzungsfläche gemessen).

In einer Reihe von Fällen (z. B. in Nähe des kritischen Punktes) ist es nicht sinnvoll, die Schichtdicke über das Kriterium (1.73) aufzusuchen. Hier sollte man eine andere Definition benutzen:

$$\left| \frac{L(\tau_L^{(\alpha)}) - L^{(\alpha)}}{L^{(\beta)} - L^{(\alpha)}} \right| = C_L . \tag{1.74}$$

In ihrem Rahmen wird die Differenz der Eigenschaft L von ihrem Raumphasenwert nicht mit diesem selbst, sondern mit der Differenz ihrer Werte für die beiden homogenen Raumphasen verglichen. Ihrerseits ist Bedingung (1.74) in jenem Fall unbrauchbar, daß die Raumphasenwerte einer betrachteten Eigenschaft identisch sind. Dies ist z. B. für die lokale Spannung bzw. die lokale Gemischzusammensetzung eines Azeotropes der Fall.

Die Dicke einer Grenzflächenschicht kann weiterhin als Breite jener Zone definiert werden, für die der integrale Wert der Abweichung einer lokalen Eigenschaft von ihrem Raumphasenwert der experimentell bestimmten vollständigen integralen Charakteristik M dieser Eigenschaft gleich wird. Damit können die effektiven Grenzzonenbreiten der Phasen α und β folgendermaßen bestimmt werden:

$$\left| \frac{1}{M} \int\limits_{\tau_L^{(\alpha)}}^{\infty} [L(z) - L^{(\alpha)}]\, dz \right| = \left| \frac{1}{M} \int\limits_{-\infty}^{-\tau_L^{(\beta)}} [L(z) - L^{(\beta)}]\, dz \right| = C_L \tag{1.75}$$

mit

$$M = \int\limits_{-\infty}^{0} [L(z) - L^{(\beta)}]\, dz + \int\limits_{0}^{\infty} [L(z) - L^{(\alpha)}]\, dz \tag{1.76}$$

und mit C_L als einer wählbaren kleinen positiven Größe. Wird als lokale Eigenschaft die Dichte betrachtet, so verkörpert M die Adsorption (adsorbierte Menge); tritt jedoch die Differenz $P_N - P_T$ als lokale Eigenschaft auf (ein Beispiel für den Fall $L^{(\alpha)} = L^{(\beta)}$), so stellt M die Grenzflächenspannung dar. Weitere Beispiele ließen sich anführen. Im Vergleich mit den Beziehungen (1.73) und (1.74) ist (1.75) die allgemeinere Bedingung.

Für die Ermittlung der Dicke von Grenzflächenschichten ist sowohl unter Benutzung der Bedingungen (1.73)···(1.75) als auch mit Hilfe der Definitionen (1.70) und (1.71) die Kenntnis des Profils einer lokalen Eigenschaft in der Grenzflächenschicht erforderlich. Allerdings unterscheidet sich das Vorgehen auf beiden Wegen insofern wesentlich, als bei Benutzung der Definitionen (1.70) und (1.71) das Profil einer lokalen Eigenschaft im mittleren Abschnitt einer Grenzflächenschicht, d. h. im Gebiet der deutlichsten Eigenschaftsänderung, bekannt sein muß. Arbeitet man andererseits mit den Bedingungen (1.73)···(1.75), so muß das Profil der lokalen Eigenschaften in den peripheren Abschnitten der Grenzflächenschicht, d. h. in Gebieten sehr schwacher Eigenschaftsänderungen, in denen die Eigenschaften der Grenzflächenschicht mit denjenigen der Raumphasen nahezu übereinstimmen, bekannt sein. Die Aufgabe, lokale Eigenschaften in den peripheren, diffusen Gebieten einer Grenzflächenschicht zu untersuchen, ist wesentlich einfacher als die Bestimmung des Gesamtprofils lokaler Eigenschaften. Sie wurde mit den Methoden der statistischen Mechanik bereits für eine Reihe einfacher Fälle gelöst [23]···[28].

Wir wollen als Beispiel eine Flüssigkeit mit VAN DER WAALSscher Wechselwirkung der Moleküle über große Distanzen betrachten (ohne elektromagnetische Retardation). Die asymptotische Formel für die Abhängigkeit der lokalen Dichte von dem Abstand h bis zur Begrenzungsfläche hat das folgende Aussehen (hier wird lediglich das asymptotische Hauptglied wiedergegeben):

$$\varrho(h) = \varrho^{(\alpha)} + \frac{\pi(\varrho^{(\alpha)})^2\,\chi^{(\alpha)}(-B^{(\alpha)}\varrho^{(\alpha)} + B^{(\alpha\beta)}\varrho^{(\beta)})}{6h^3}. \tag{1.77}$$

Es stellen $\chi^{(\alpha)}$ die isotherme Kompressibilität der Raumphase α sowie $B^{(\alpha)}$, $B^{(\alpha\beta)}$ die Konstanten des Potentials der effektiven paarweisen Wechselwirkung [29] der Flüssigkeitsmoleküle untereinander bzw. mit den Molekülen der benachbarten Phase dar.

Die Formel für die lokale Konzentration in einem Vielkomponentensystem ist von analogem Aussehen. Gl. (1.77) ist für Abstände $h \gtrsim 10$ Å verwendbar. Die mit ihrer Hilfe durchgeführten Berechnungen zeigen, daß bereits nach Entfernungen, die nur wenigen mittleren zwischenmolekularen Abständen in der Flüssigkeit entsprechen, die relative Dichtedifferenz zwischen Diskontinuitätsfläche und Raumphase sehr klein wird. So ergibt sich z. B. für die freie Oberfläche von Tetrachlorkohlenstoff bei 20 °C, daß in einer Entfernung von $h = 10$ Å der Betrag von $[\varrho^{(\alpha)} - \varrho(h)]/\varrho^{(\alpha)}$ weniger als 1% ausmacht. Wird berücksichtigt, daß der mittlere zwischenmolekulare Abstand in Tetrachlorkohlenstoff etwa 5,4 Å beträgt, so kann die Schlußfolgerung gezogen werden, daß die wesentliche Dichteänderung in der Oberflächen-Monoschicht auftritt.

Ein analoger Ausdruck liegt für die Tangentialkomponente des Druckes vor:

$$P_T(h) = P + \frac{\pi\varrho^{(\alpha)}(-B^{(\alpha)}\varrho^{(\alpha)} + B^{(\alpha\beta)}\varrho^{(\beta)})}{8h^3}. \tag{1.78}$$

Da die Kompressibilität von Flüssigkeiten sehr gering ist, zeigt ein Vergleich der Beziehungen (1.77) und (1.78), daß sich der Drucktensor in der Diskontinuitätsfläche bedeutend langsamer als die Dichte ändert. In diesem Falle sind bereits mehrere

Dutzend zwischenmolekularer Abstände in die Betrachtung einzubeziehen. Nichtsdestoweniger sind vom makroskopischen Standpunkt her auch diese Distanzen ausreichend klein.

Setzen wir nun Ausdruck (1.77) in Gl. (1.74) ein, so erhalten wir

$$\tau_{\varrho}{}^{(\alpha)} = \left[\frac{\pi(\varrho^{(\alpha)})^2\,\chi^{(\alpha)}(B^{(\alpha\beta)}\varrho^{(\beta)} - B^{(\alpha)}\varrho^{(\alpha)})}{6(\varrho^{(\beta)} - \varrho^{(\alpha)})\,C_{\varrho}}\right]^{1/3} \tag{1.79}$$

bzw.

$$\tau_{\varrho}{}^{(\beta)} = \left[\frac{\pi(\varrho^{(\beta)})^2\,\chi^{(\beta)}(B^{(\alpha\beta)}\varrho^{(\alpha)} - B^{(\beta)}\varrho^{(\beta)})}{6(\varrho^{(\alpha)} - \varrho^{(\beta)})\,C_{\varrho}}\right]^{1/3}. \tag{1.80}$$

Die Gleichungen (1.79) und (1.80) bestimmen die Grenzflächenschichtdicke in bezug auf die Dichte einer Flüssigkeit mit VAN DER WAALSscher Wechselwirkung. Es ist offensichtlich, daß die Konstante C_{ϱ} stets ausreichend klein vorgegeben werden kann, so daß die Schichtdicke das Gebiet der wesentlichen Änderungen auch aller übrigen Eigenschaften umfaßt. Es kann angenommen werden, daß außerhalb der Grenzen einer solchen Schicht alle Eigenschaften praktisch mit den Eigenschaften der Raumphasen übereinstimmen. Es ist wichtig zu betonen, daß hiermit die Dicke einer Grenzflächenschicht als Zustandsparameter definiert wird und eindeutig mit anderen thermodynamischen Größen verknüpft werden kann.

Literatur

[1] И. Д. ВАН ДЕР ВААЛЬС, Ф. КОНСТАММ: „*Курс термостатики*" (russ.; „Kursus der Thermostatik"), т. 1, ОНТИ (1936) (dt. Ausgabe: „Lehrbuch der Thermodynamik", Leipzig, Amsterdam 1908–1912)

[2] А. В. СТОРОНКИН: ЖФХ **30**, 206 (1956); ЖФХ **32**, 937 (1958)

[3] J. W. GIBBS: „*Thermodynamische Studien*", Leipzig, Verlag Wilhelm Engelmann (1892); „*Термодинамические работы*", Госхимиздат (1950) стр. 288–421

[4] G. BAKKER: „*Handbuch der experimentellen Physik*", Bd. VI: „*Kapillarität und Oberflächenspannung*", Wien-Harms, Leipzig (1928)

[5] F. P. BUFF: J. Chem. Phys. **23**, 419 (1955)

[6] S. ONO, S. KONDO: „*Handbuch der Physik*", Bd. X; „*Molecular Theory of Surface Tension in Liquids*", Springer-Verlag Berlin–Göttingen–Heidelberg (1960); „*Молекулярная теория поверхностного натяжения в жидкостях*", ИЛ, 1963

[7] S. KONDO: J. Chem. Phys. **25**, 662 (1956)

[8] C. WAGNER: Nachrichten d. Akad. d. Wissenschaften in Göttingen, II. Math. Phys. Klasse, N 3, 37 (1973)

[9] E. A. GUGGENHEIM, N. K. ADAM: Proc. Roy. Soc. **A 139**, 218 (1933)

[10] В. Ф. ЛИТВИНОВ: Кандидатская диссертация, ЛГУ, 1974

[11] J. W. CAHN, J. E. HILLIARD: J. Chem. Phys. **28**, 258 (1958)

[12] J. S. HUANG, W. W. WEBB: J. Chem. Phys. **50**, 3677 (1969)

[13] J. D. VAN DER WAALS: Z. Phys. Chem. Stöchiom. Verwandtschaftslehre **13**, 657 (1894)

[14] F. P. BUFF, R. A. LOVETT, F. H. STILLINGER: Phys. Rev. Lett. **15**, 621 (1965)

[15] S. FISK, B. WIDOM: J. Chem. Phys. **50**, 3219 (1969)

[16] T. L. HILL: J. Chem. Phys. **19**, 261 (1951); **20**, 141 (1952)

[17] S. ONO: Mem. Fac. Eng., Kyushu Univ. **10**, 195 (1947)

[18] M. KURATA: Busseiron Kenkyu **39**, 77 (1951)

[19] J. E. Lane: Aust. J. Chem. **21**, 827 (1968)
[20] Н. А. Смирнова: Колл. ж. **35**, 1090 (1973)
[21] Е. Н. Бродская, Н. А. Смирнова: Колл. ж. **36**, 19, 63 (1974)
[22] А. И. Русанов, Ф. М. Куни: Докл. АН СССР **176**, 876 (1974)
[23] F. M. Kuni, A. I. Rusanov: Phys. Lett. **A25**, 577 (1967)
[24] Ф. М. Куни, А. И. Русанов: ЖФХ **42**, 849, 1723 (1968)
[25] А. И. Русанов, Ф. М. Куни: ЖФХ **42**, 1189, 2563, 2877 (1968)
[26] Ф. М. Куни, А. И. Русанов: ЖФХ **43**, 1261, 1546 (1969)
[27] Ф. М. Куни, А. И. Русанов, Е. Н. Бродская: ЖФХ **44**, 553 (1970)
[28] А. И. Русанов, Ф. М. Куни, Е. Н. Бродская: ЖФХ **44**, 756, 766, 1231 (1970)
[29] O. Sinanoğlu: „*Modern Quantum Chemistry*“, Acad. Press, 1965; „*Современная квантовая химия*“, т. II, Изд. Мир, Москва, 1968

2. Anwendung der Thermodynamik auf Grenzflächenschichten und heterogene Systeme

2.1. Fundamentalgleichungen für heterogene Systeme

Da wir über die Ausdrücke für die Deformationsarbeit verfügen, kann nunmehr mit der Herleitung der thermodynamischen Fundamentalgleichungen begonnen werden. Die Kombination zwischen 1. und 2. Hauptsatz der Thermodynamik kann für ein beliebiges offenes Vielkomponentensystem folgendermaßen formuliert werden:

$$dU = T\,dS + \delta W + \sum_j Y_j\,dy_j + \sum_i \bar{\mu}_i\,dm_i\,, \tag{2.1}$$

wobei die verwendeten Symbole folgende Bedeutungen haben:

U — gesamte innere Energie; T — absolute Temperatur; S — Entropie; — W mechanische Deformationsarbeit; $Y_j\,dy_j$ — jede andere Arbeit, die gegenüber dem System durch äußere Körper verrichtet wird (Y_j — generalisierte Kraft, y_j — generalisierte äußere Koordinate); $\bar{\mu}_i$ und m_i — vollständiges chemisches Potential bzw. Masse (Zahl der Mole) der Komponente i.[1]

Wird in Gl. (2.1) δW gemäß Gl. (1.7) substituiert, so erhalten wir die allgemeine Fundamentalgleichung

$$dU = T\,dS - \iiint_{(V)} dV \sum_{i,k} P_{ik}\delta e_{ik} + \sum_j Y_j\,dy_j + \sum_i \bar{\mu}_i\,dm_i\,. \tag{2.2}$$

Unter Benutzung der Ausdrücke (1.13), (1.14) und (1.36)[2] sind für eine Reihe von Sonderfällen Gleichungen zugänglich:

— für die Gesamtheit eines Zweiphasensystems in Gegenwart einer ebenen Diskontinuitätsfläche:

$$dU = T\,dS - P_N\,dV + \sigma\,dA + \sum_j Y_j\,dy_j + \sum_i \bar{\mu}_i\,dm_i \tag{2.3}$$

— für die Gesamtheit eines Zweiphasensystems in Gegenwart einer gekrümmten Diskontinuitätsfläche:

$$dU = T\,dS - P^{(\alpha)}\,dV_\alpha - P^{(\beta)}\,dV_\beta + \sigma_x\,dA_x + \left(\frac{d\sigma_x}{dr_x}\right)^* A_x\,dr_x + \sum_j Y_j\,dy_j + \sum_i \bar{\mu}_i\,dm_i \tag{2.4}$$

---

[1] Der Klarheit wegen werden wir die Masse über die Molzahl ausdrücken, wenn auch bekanntlich die thermodynamischen Beziehungen bei einer beliebigen Wahl der Maßeinheit für die Masse gültig bleiben. Im allgemeinen Fall sind anstelle der unten eingeführten molaren Größen die auf eine Masseeinheit bezogenen zu verstehen.

[2] Der einheitlichen Form wegen werden wir fortan für das Zeichen δ das Symbol d benutzen.

— für ein homogenes System:

$$dU = T\,dS - P\,dV + \sum_j Y_j\,dy_j + \sum_i \bar{\mu}_i\,dm_i. \tag{2.5}$$

Die Gln. (2.2)···(2.5) sind des weiteren Folge und Ausdruck des GIBBSschen Gleichgewichtsprinzips, dem gemäß das Differential der gesamten inneren Energie eines im Gleichgewicht befindlichen Systems gleich Null sein muß, und zwar für alle nur möglichen Zustandsänderungen bei Konstanz der Entropie und Massen der Komponenten sowie unveränderlichen Grenzen des Systems und aller weiteren äußeren Koordinaten:

$$(dU)_{S,(V),y_j,m_i} = 0. \tag{2.6}$$

Die tiefgestellten Indizes bei dU kennzeichnen die Konstanz der Größen S, y_j ($j = 1, 2, \ldots$), m_i ($i = 1, 2, \ldots$); der Index (V) weist auf die Unveränderlichkeit der Systemgrenzen hin. Wir wollen betonen, daß diese Bedingung im allgemeinen Fall nicht mit der Bedingung eines konstanten Systemvolumens identisch ist. Letzteres gilt nur für homogene Systeme.

Kann die Arbeit der äußeren Kräfte Y_i bei einer betrachteten Veränderung gleich Null gesetzt werden, so lassen sich die Gln. (2.3)···(2.5) vereinfachen:

$$dU = T\,dS - P_N\,dV + \sigma\,dA + \sum_i \mu_i\,dm_i \tag{2.7}$$

$$dU = T\,dS - P^{(\alpha)}\,dV_\alpha - P^{(\beta)}\,dV_\beta + \sigma_x\,dA_x + \left(\frac{d\sigma_x}{dr_x}\right)^* A_x\,dr_x + \sum_i \mu_i\,dm_i \tag{2.8}$$

$$dU = T\,dS - P\,dV + \sum_i \mu_i\,dm_i. \tag{2.9}$$

In diesen Gleichungen bezeichnet μ_i das chemische Potential der Komponente i (exakter das „innere" chemische Potential im Gegensatz zu dem vollständigen chemischen Potential in den Gln. (2.2)···(2.5) in Gegenwart eines äußeren Feldes). Die Gln. (2.7)···(2.9) können als Folge des Gleichgewichtsprinzips bei seiner Anwendung auf ein einzelnes, durch keinerlei äußere Felder beeinflußtes System betrachtet werden.

Wir wollen nun die durch die Gln. (2.7)···(2.9) gekennzeichneten Systeme in Übereinstimmung mit ihrer Symmetrie in identische Elementarteile zerlegen. Auf jedes dieser Teile werden sodann die Gleichungen angewendet. Nach Integration über das gesamte Volumen erhalten wir die entsprechenden Beziehungen:

$$U = TS - P_N V + \sigma A + \sum_i \mu_i m_i \tag{2.10}$$

$$U = TS - P^{(\alpha)} V_\alpha - P^{(\beta)} V_\beta + \sigma_x A_x + \sum_i \mu_i m_i \tag{2.11}$$

$$U = TS - PV + \sum_i \mu_i m_i. \tag{2.12}$$

Aus den Beziehungen (2.7) und (2.10) folgt für eine ebene Grenzflächenschicht oder, mit anderen Worten, die Gesamtheit eines Zweiphasensystems in Gegenwart einer ebenen Diskontinuitätsfläche die Gleichung

$$A\,d\sigma = -S\,dT + V\,dP_N - \sum_i m_i\,d\mu_i. \tag{2.13}$$

In analoger Weise liefern die Beziehungen (2.8) und (2.11) für eine gekrümmte Grenzflächenschicht oder die Gesamtheit eines Zweiphasensystems in Gegenwart einer gekrümmten Diskontinuitätsfläche die Gleichung

$$A_x\, d\sigma_x = -S\, dT + V_\alpha\, dP^{(\alpha)} + V_\beta\, dP^{(\beta)} - \sum_i m_i\, d\mu_i + \left(\frac{d\sigma_x}{dr_x}\right)^* A_x\, dr_x. \tag{2.14}$$

Schließlich erhalten wir für ein homogenes System aus den Gln. (2.9) und (2.12)

$$V\, dP = S\, dT + \sum_i m_i\, d\mu_i. \tag{2.15}$$

Betrachten wir nun die Definitionen und Fundamentalgleichungen der weiteren charakteristischen Funktionen, die gemeinsam mit der Energie die Gruppe der grundlegenden thermodynamischen Potentiale bilden. Zu ihnen gehören die freie Energie F, die Enthalpie H, das Gibbssche thermodynamische Potential G sowie das große thermodynamische Potential Ω. Diese Funktionen sind i. a. folgendermaßen definiert:

$$F \equiv U - TS \tag{2.16}$$

$$H \equiv U - \iiint_{(V)} \delta W \tag{2.17}$$

$$G \equiv U - TS - \iiint_{(V)} \delta W \tag{2.18}$$

$$\Omega \equiv U - TS - \sum_i \mu_i m_i. \tag{2.19}$$

Entsprechend erhalten wir für eine ebene Grenzflächenschicht oder die Gesamtheit eines Zweiphasensystems in Gegenwart einer ebenen Diskontinuitätsfläche:

$$F = -P_N V + \sigma A + \sum_i \mu_i m_i \tag{2.20}$$

$$dF = -S\, dT - P_N\, dV + \sigma\, dA + \sum_i \mu_i\, dm_i \tag{2.21}$$

$$H \equiv U + P_N V - \sigma A = TS + \sum_i \mu_i m_i \tag{2.22}$$

$$dH = T\, dS + V\, dP_N - A\, d\sigma + \sum_i \mu_i\, dm_i \tag{2.23}$$

$$G \equiv U - TS + P_N V - \sigma A = \sum_i \mu_i m_i \tag{2.24}$$

$$dG = -S\, dT + V\, dP_N - A\, d\sigma + \sum_i \mu_i\, dm_i \tag{2.25}$$

$$\Omega = -P_N V + \sigma A \tag{2.26}$$

$$d\Omega = -S\, dT - P_N\, dV + \sigma\, dA - \sum_i m_i\, d\mu_i. \tag{2.27}$$

Für eine gekrümmte Grenzflächenschicht oder die Gesamtheit eines Zweiphasensystems in Gegenwart einer gekrümmten Diskontinuitätsfläche ergeben sich:

$$F = -P^{(\alpha)} V_\alpha - P^{(\beta)} V_\beta + \sigma_x A_x + \sum_i \mu_i\, dm_i \tag{2.28}$$

$$dF = -S\,dT - P^{(\alpha)}\,dV_\alpha - P^{(\beta)}\,dV_\beta + \sigma_x\,dA_x + \left(\frac{d\sigma_x}{dr_x}\right)^* A_x\,dr_x + \sum_i \mu_i\,dm_i \tag{2.29}$$

$$H \equiv U + P^{(\alpha)}V_\alpha + P^{(\beta)}V_\beta - \sigma_x A_x = TS + \sum_i \mu_i m_i \tag{2.30}$$

$$dH = T\,dS + V_\alpha\,dP^{(\alpha)} + V_\beta\,dP^{(\beta)} - A_x\,d\sigma_x + \left(\frac{d\sigma_x}{dr_x}\right)^* A_x\,dr_x + \sum_i \mu_i\,dm_i \tag{2.31}$$

$$G \equiv U - TS + P^{(\alpha)}V_\alpha + P^{(\beta)}V_\beta - \sigma_x A_x = \sum_i \mu_i m_i \tag{2.32}$$

$$dG = -S\,dT + V_\alpha\,dP^{(\alpha)} + V_\beta\,dP^{(\beta)} - A_x\,d\sigma_x + \left(\frac{d\sigma_x}{dr_x}\right)^* A_x\,dr_x + \sum_i \mu_i\,dm_i \tag{2.33}$$

$$\Omega = -P^{(\alpha)}V_\alpha - P^{(\beta)}V_\beta + \sigma_x A_x \tag{2.34}$$

$$d\Omega = -S\,dT - P^{(\alpha)}\,dV^{(\alpha)} - P^{(\beta)}\,dV_\beta + \sigma_x dA_x + \left(\frac{d\sigma_x}{dr_x}\right)^* A_x\,dr_x - \sum_i m_i\,d\mu_i\,. \tag{2.35}$$

Für ein homogenes System gehen die Ausdrücke (2.20)···(2.35) in die bekannten Beziehungen über:

$$F = -PV + \sum_i \mu_i m_i \tag{2.36}$$

$$dF = -S\,dT - P\,dV + \sum_i \mu_i\,dm_i \tag{2.37}$$

$$H \equiv U + PV = TS + \sum_i \mu_i\,dm_i \tag{2.38}$$

$$dH = T\,dS + V\,dP + \sum_i \mu_i\,dm_i \tag{2.39}$$

$$G \equiv U - TS + PV = \sum_i \mu_i\,dm_i \tag{2.40}$$

$$dG = -S\,dT + V\,dP + \sum_i \mu_i\,dm_i \tag{2.41}$$

$$\Omega = -PV \tag{2.42}$$

$$d\Omega = -S\,dT - P\,dV - \sum_i m_i\,d\mu_i\,. \tag{2.43}$$

Es ist offensichtlich, daß die identischen Gleichheiten (2.38) und (2.40) auch auf inhomogene Systeme angewendet werden können. In einem solchen Falle definieren sie neue charakteristische Funktionen. Für eine ebene Grenzflächenschicht oder die Gesamtheit eines Zweiphasensystems in Gegenwart einer ebenen Diskontinuitätsfläche lauten diese wie folgt:

$$\tilde{H} \equiv U + P_N V = TS + \sigma A + \sum_i \mu_i m_i \tag{2.44}$$

$$d\tilde{H} = T\,dS + V\,dP_N + \sigma\,dA + \sum_i \mu_i\,dm_i \tag{2.45}$$

$$\tilde{G} \equiv U - TS + P_N V = \sigma A + \sum_i \mu_i m_i \tag{2.46}$$

$$d\tilde{G} = -S\,dT + V\,dP_N + \sigma\,dA + \sum_i \mu_i\,dm_i\,. \tag{2.47}$$

Für eine gekrümmte Grenzflächenschicht oder die Gesamtheit eines Zweiphasensystems in Gegenwert einer gekrümmten Diskontinuitätsfläche ergeben sich

$$\tilde{H} \equiv U + P^{(\beta)}V + TS = (P^{(\alpha)} - P^{(\beta)})\, V_\alpha + \sigma_x A_x + \sum_i \mu_i m_i \tag{2.48}$$

$$d\tilde{H} = T\,dS - (P^{(\alpha)} - P^{(\beta)})\,dV_\alpha + V\,dP^{(\beta)} + \sigma_x\,dA_x + \left(\frac{d\sigma_x}{dr_x}\right)^* A_x\,dr_x + \sum_i \mu_i\,dm_i \tag{2.49}$$

$$\tilde{G} \equiv U - TS + P^{(\beta)}V = -(P^{(\alpha)} - P^{(\beta)})\, V_\alpha + \sigma_x A_x + \sum_i \mu_i m_i \tag{2.50}$$

$$d\tilde{G} = -S\,dT - (P^{(\alpha)} - P^{(\beta)})\,dV_\alpha + V\,dP^{(\beta)} + \sigma_x\,dA_x + \left(\frac{d\sigma_x}{dr_x}\right)^* A_x\,dr_x + \sum_i \mu_i\,dm_i \tag{2.51}$$

Bei ihrer Anwendung auf gekrümmte Grenzflächen bestimmen die Beziehungen (2.38) und (2.40) die Funktionen $\tilde{H}$ und $\tilde{G}$ nicht eindeutig, da für das Glied PV entweder $P^{(\alpha)}V$ bzw. $P^{(\beta)}V$ oder $P^{(\alpha)}V_\alpha - P^{(\beta)}V_\beta$ gesetzt werden kann. Wir wollen uns mit den Funktionen (2.48) und (2.50), in denen für P der äußere Druck $P^{(\beta)}$ steht, was ihrer Vorzugsstellung bei der praktischen Anwendung entspricht, begnügen. Im weiteren werden wir uns davon überzeugen, daß diese Gleichungen für die Berechnung der bei der Bildung neuer Phasen geleisteten Arbeit sehr wertvoll sind.

Eng verbunden mit den Fundamentalgleichungen ist der Begriff der partiellen molaren Größe. Für die weiteren Ausführungen definieren wir diese folgendermaßen:

— für ebene Grenzflächen:

$$q_i \equiv \left(\frac{\partial Q_i}{\partial m_i}\right)_{T,P_N,\sigma,m_{j\neq i}} \tag{2.52}$$

— für gekrümmte Grenzflächen:

$$q_i \equiv \left(\frac{\partial Q_i}{\partial m_i}\right)_{T,P^{(\alpha)},P^{(\beta)},\sigma_0,m_{j\neq i}} \tag{2.53}$$

Mit dem Symbol q_i wird die partielle molare Größe einer beliebigen extensiven Eigenschaft ausgedrückt. Aus diesen Definitionen und den Gl. (2.25) sowie (2.33) folgt, daß die chemischen Potentiale stets partielle molare Größen des Gibbsschen thermodynamischen Potentials sind.

2.2. Gibbssche Methode, Gibbssche Fundamentalgleichungen

Von Gibbs [1] wurde eine Methode zur Behandlung von Grenzflächenerscheinungen vorgeschlagen, die an keinerlei Voraussetzungen bezüglich der Grenzflächenschichtdicke gebunden ist. Gemäß Gibbs wird das reale Zweiphasensystem durch die Gesamtheit zweier Phasen mit einer exakt gekennzeichneten und zwischen diesen Phasen verlaufenden geometrischen Grenze ersetzt, der die Spannung σ zugeschrieben wird und auf die symbolisch die Überschüsse von Energie, Entropie, Massen sowie anderen extensiven Eigenschaften bezogen werden. Wir wollen uns mit einer kurzen Darstellung der Grundzüge dieser Methode begnügen.

Es wird ein Zweiphasensystem betrachtet, welches über das Volumen V, die Energie U, die Entropie S sowie die Masse m_i der Komponente i ($i = 1, 2, \ldots$) verfüge. Die Trennfläche nehme eine willkürliche Lage ein; sie trenne das Volumen V in zwei Teilvolumina V_α und V_β:

$$V = V_\alpha + V_\beta. \tag{2.54}$$

Stellen wir uns nunmehr vor, daß V_α bzw. V_β vollständig mit Stoff der Phase α bzw. β gefüllt seien, so nimmt die Energie eines derartigen Systems offensichtlich den Betrag

$$u_v^{(\alpha)} V_\alpha + u_v^{(\beta)} V_\beta \tag{2.55}$$

an, wobei $u_v^{(\alpha)}$ und $u_v^{(\beta)}$ die Energiedichte der Phasen α bzw. β darstellen. Die Differenz zwischen der Energie U und dem durch den Ausdruck (2.55) gegebenen Wert wollen wir mit $\overline{U}$ bezeichnen:

$$\overline{U} \equiv U - u_v^{(\alpha)} V_\alpha - u_v^{(\beta)} V_\beta. \tag{2.56}$$

In analoger Weise seien die Größen $\overline{S}$ und $\overline{m}_i$ definiert:

$$\overline{S} \equiv S - s_v^{(\alpha)} V_\alpha - s_v^{(\beta)} V_\beta \tag{2.57}$$

$$\overline{m}_i \equiv m_i - \varrho_i^{(\alpha)} V_\alpha - \varrho_i^{(\beta)} V_\beta \qquad (i = 1, 2, \ldots). \tag{2.58}$$

In den Gln. (2.57)⋯(2.58) stellen $s_v^{(\alpha)}$, $s_v^{(\beta)}$ die Entropiedichten sowie $\varrho_i^{(\alpha)}$, $\varrho_i^{(\beta)}$ die Dichten in den Phasen α bzw. β dar. Die durch die Beziehungen (2.56)⋯(2.58) definierten Größen $\overline{U}$, $\overline{S}$ und $\overline{m}_i$ stellen Überschußgrößen dar, deren Existenz mit dem Auftreten einer Diskontinuitätsfläche verbunden ist. Ist ein System homogen, so werden diese Größen durchweg gleich Null. Vermittels Gl. (2.54) können die Ausdrücke (2.56) bis (2.58) zu

$$\overline{U} = U - u_v^{(\beta)} V + (u_v^{(\beta)} - u_v^{(\alpha)})\, V_\alpha \tag{2.59}$$

$$\overline{S} = S - s_v^{(\beta)} V + (s_v^{(\beta)} - s_v^{(\alpha)})\, V_\alpha \tag{2.60}$$

$$\overline{m}_i = m_i - \varrho_i^{(\beta)} V + (\varrho_i^{(\beta)} - \varrho_i^{(\alpha)})\, V_\alpha \qquad (i = 1, 2, \ldots) \tag{2.61}$$

umgeformt werden. Von allen in den Beziehungen (2.59)⋯(2.61) rechts stehenden Größen hängt lediglich V_α von der Lage der Trennfläche ab. Da im allgemeinen die Dichten der Energie, Entropie und Komponenten in den koexistierenden Phasen unterschiedliche Werte annehmen, folgt aus den Gln. (2.59)⋯(2.61), daß die Größen $\overline{U}$, $\overline{S}$ und $\overline{m}_i$ ($i = 1, 2, \ldots$) nicht nur von dem physikalischen Zustand des Systems, sondern auch von der gewählten Lage der Trennfläche abhängen.

Unter Verwendung der Beziehungen (2.59)⋯(2.61) erhalten wir aus den Gln. (2.8) und (2.9) die Grundgleichung der Gibbsschen Kapillaritätstheorie:

$$d\overline{U} = T\, d\overline{S} + \sigma_x\, dA_x + \left(\frac{d\sigma_x}{dr_x}\right)^* A_x\, dr_x + \sum_i \mu_i\, d\overline{m}_i \tag{2.62}$$

bzw. auf die Spannungsfläche angewendet,

$$d\bar{U} = T\,d\bar{S} + \sigma_0\,dA_0 + \sum_i \mu_i\,d\bar{m}_i\,. \tag{2.63}$$

Bei dem Übergang auf eine ebene Grenzfläche führt Gl. (2.62) wiederum zu Gl. (2.63). Mithin liefert die GIBBSsche Methode bei Benutzung der Spannungsfläche eine einheitliche Fundamentalgleichung für ebene und gekrümmte Grenzflächen.

Aus den Gln. (2.62) und (2.63) gehen weitere Fundamentalgleichungen hervor:

$$\bar{U} = T\bar{S} + \sigma_x A_x + \sum_i \mu_i \bar{m}_i \tag{2.64}$$

$$A_x\,d\sigma_x = -\bar{S}\,dT + \sum_i \bar{m}_i\,d\mu_i + \left(\frac{d\sigma_x}{dr_x}\right)^* A_x\,dr_x \tag{2.65}$$

$$A_0\,d\sigma_0 = -\bar{S}\,dT - \sum_i \bar{m}_i\,d\mu_i\,. \tag{2.66}$$

Werden die Gln. (2.65) und (2.66) beidseitig mit dem Flächeninhalt der Trennfläche dividiert, so ergeben sich die Gln.

$$d\sigma_x = -\frac{\bar{S}}{A_x}\,dT - \sum_i \Gamma_i\,d\mu_i + \left(\frac{d\sigma_x}{dr_x}\right)^* dr_x \tag{2.67}$$

$$d\sigma_0 = -\frac{\bar{S}}{A_0}\,dT - \sum_i \Gamma_i\,d\mu_i\,, \tag{2.68}$$

in denen die absolute Adsorption Γ_i der Komponente i figuriert. Gl. (2.68) wird als „GIBBSsche Adsorptionsgleichung" bezeichnet, Gl. (2.67) stellt die „verallgemeinerte GIBBSsche Adsorptionsgleichung" dar.

Im Falle ebener Grenzflächen ist infolge der Bedingung (1.29) der Druck in den koexistierenden Phasen identisch. Für den Gleichgewichtszustand sind des weiteren Temperatur und chemische Potentiale gleich (siehe Abschn. 2.4.). Daher folgt bei Anwendung von Gl. (2.15) auf jede der Phasen unter gleichzeitiger Beachtung von Gl. (2.68)

$$\left.\begin{aligned} d\sigma &= -\frac{\bar{S}}{A}\,dT - \sum_i \Gamma_i\,d\mu_i \\ dP &= s_v^{(\alpha)}\,dT + \sum_i \varrho_i^{(\alpha)}\,d\mu_i \\ dP &= s_v^{(\beta)}\,dT + \sum_i \varrho_i^{(\beta)}\,d\mu_i\,, \end{aligned}\right\} \tag{2.69}$$

was nach Eliminierung von dP und einer der Größen $d\mu_i$, z. B. $d\mu_j$, zu der Beziehung

$$d\sigma = -\left(\frac{\bar{S}}{A} - \Gamma_j\,\frac{s_v^{(\beta)} - s_v^{(\alpha)}}{\varrho_j^{(\beta)} - \varrho_j^{(\alpha)}}\right) dT - \sum_{i \neq j}\left(\Gamma_i - \Gamma_j\,\frac{\varrho_i^{(\beta)} - \varrho_i^{(\alpha)}}{\varrho_j^{(\beta)} - \varrho_j^{(\alpha)}}\right) d\mu_i \tag{2.70}$$

führt. Wird der bei dT stehende Klammerausdruck mit $\left(\frac{\bar{S}}{A}\right)_{(j)}$ bezeichnet sowie weiterhin die Beziehung (1.45) berücksichtigt, so nimmt Gl. (2.70) die klare Form

$$d\sigma = -\left(\frac{\bar{S}}{A}\right)_{(j)} dT - \sum_{i \neq j} \Gamma_{i(j)}\, d\mu_i \tag{2.71}$$

an. Diese Beziehung, in der nunmehr die relative Adsorption auftritt, wird ebenfalls als „Gibbssche Adsorptionsgleichung“ bezeichnet.

Die beschriebene Herleitung zeigt anschaulich, daß der Gebrauch der relativen Adsorption in der Theorie der Grenzflächenerscheinungen sowie auch bei praktischen Berechnungen über einen tieferen Sinn verfügt als jenen einer einfachen Auswahl der Lage der Trennfläche, stellt er doch die Berücksichtigung der Gleichgewichtsbedingungen für eine ebene Grenzflächenschicht mit den angrenzenden Phasen dar. Darüber hinaus ist es möglich, bei Benutzung von Gl. (1.44) und eines analogen Ausdrucks für $\bar{S}/A$ die Beziehung (2.71) so umzuformen, daß sie in keiner Weise mehr mit irgendeiner Vorstellung über Trennflächen verbunden ist. Durch Eliminierung der verschiedenen Größen aus dem Gleichungssystem (2.69) ist es möglich, einen Satz von Beziehungen zwischen solchen Größen, die das Zweiphasensystem als Gesamtheit charakterisieren, zu erhalten. Diese Möglichkeit zur Formulierung der Thermodynamik von Grenzflächenerscheinungen wurde von Goodrich [2] untersucht. Es darf allerdings nicht übersehen werden, daß die auf diesem Wege resultierende Theorie in bedeutendem Maße jene Anschaulichkeit, die den geometrischen Ansatz von Gibbs auszeichnet, einbüßt.

Die aufgeführten Gleichungen für die überschüssige Energie erlauben, Fundamentalgleichungen auch für die weiteren Überschußfunktionen herzuleiten. Schreiben wir diese zunächst für die überschüssige freie Energie $\bar{F} \equiv \bar{U} - T\bar{S}$ nieder:

$$\bar{F} = \sigma_x A_x + \sum_i \mu_i \bar{m}_i \tag{2.72}$$

$$d\bar{F} = -\bar{S}\, dT + \sigma_x\, dA_x + \left(\frac{d\sigma_x}{dr_x}\right)^* A_x\, dr_x + \sum_i \mu_i\, d\bar{m}_i. \tag{2.73}$$

Eine andere Schreibweise für Gl. (2.72) ist

$$f = \sigma_x + \sum_i \mu_i \Gamma_i \tag{2.74}$$

in der $f \equiv \bar{F}/A_x$ den auf die Einheit der Trennfläche bezogenen Überschuß der freien Energie ausdrückt (spezifische freie Grenzflächenenergie).

Für ein Einkomponentensystem sowie eine äquimolekulare Trennfläche folgt aus Gl. (2.74) die Bedingung

$$f = \sigma_x. \tag{2.75}$$

Sie gestattet, der Größe σ_x einer reinen Flüssigkeit die einfache Interpretation als der überschüssigen freien Energie je Flächeneinheit der äquimolekularen Trennfläche zu geben.

Für Lösungen ist Gl. (2.75) nicht gültig.

Weitere Gleichungen für Überschußfunktionen werden nachstehend aufgeführt:

$$\bar{H} = T\bar{S} + \sum_i \mu_i \bar{m}_i \tag{2.76}$$

$$d\overline{H} = T\,d\overline{S} - A_x\,d\sigma_x + \left(\frac{d\sigma_x}{dr_x}\right)^* A_x\,dr_x + \sum_i \mu_i\,d\overline{m}_i \tag{2.77}$$

$$\overline{\overline{H}} = T\overline{S} + \sigma_x A_x + \sum_i \mu_i \overline{m}_i \tag{2.78}$$

$$d\overline{\overline{H}} = T\,d\overline{S} + \sigma_x\,dA_x + \sum_i \mu_i\,d\overline{m}_i \tag{2.79}$$

$$\overline{G} = \sum_i \mu_i \overline{m}_i \tag{2.80}$$

$$d\overline{G} = -\overline{S}\,dT - A_x\,d\sigma_x + \left(\frac{d\sigma_x}{dr_x}\right)^* A_x\,dr_x + \sum_i \mu_i\,d\overline{m}_i \tag{2.81}$$

$$\overline{\overline{G}} = \sigma_x A_x + \sum_i \mu_i \overline{m}_i \tag{2.82}$$

$$d\overline{\overline{G}} = -\overline{S}\,dT + \sigma_x\,dA_x + \left(\frac{d\sigma_x}{dr_x}\right)^* A_x\,dr_x + \sum_i \mu_1\,d\overline{m}_i \tag{2.83}$$

$$\overline{\Omega} = \sigma_x A_x \tag{2.84}$$

$$d\overline{\Omega} = -\overline{S}\,dT + \sigma_x\,dA_x + \left(\frac{d\sigma_x}{dr_x}\right)^* A_x\,dr_x - \sum_i \overline{m}_1\,d\mu_1 . \tag{2.85}$$

Der Ausdruck (2.84) erlaubt eine einfache thermodynamische Interpretation der Größe σ_x für den allgemeinen Fall eines Vielkomponentensystems. Es darf festgestellt werden, daß σ_x das auf die Flächeneinheit einer beliebigen Trennfläche bezogene überschüssige große thermodynamische Potential darstellt. Aus Gl. (2.84) geht hervor, daß im Falle einer ebenen Fläche das überschüssige große thermodynamische Potential nicht von der Lage der Trennfläche abhängt.

2.3. Methode der Grenzflächenschicht endlicher Dicke

Bereits Gibbs [1] hat auf die Existenz eines Übergangsgebietes zwischen aneinander grenzenden Phasen hingewiesen. Seine Ausdehnung in Normalrichtung sah er infolge der geringen Reichweite der zwischenmolekularen Wechselwirkungen als gering an. Der Begriff Grenzflächenschichtdicke wurde allerdings von Gibbs nicht eingeführt und wird folglich in der Gibbsschen thermodynamischen Theorie der Grenzflächenerscheinungen nicht betrachtet. Dies ist natürlich, da im Rahmen der Gibbsschen Methode, die mit einer geometrischen Grenzfläche und Überschußgrößen operiert, die Frage nach der Dicke und den mit einer solchen Eigenschaft verbundenen Größen einer Grenzflächenschicht von vornherein ausgeklammert wird. Eine derartige Betrachtungsweise erlaubte es Gibbs, die einfachste und mathematisch rationellste Variante einer Theorie zu formulieren, die vollständig von Struktur und Dicke des Übergangsgebietes abstrahiert. Dies ermöglicht einerseits, die Theorie in der Praxis ohne irgendwelche Informationen über jene Eigenschaften erfolgreich anzuwenden. Werden jedoch Dicke und Struktur von Grenzflächenschichten zum unmittelbaren Untersuchungsobjekt, so ist es für die Lösung einer ganzen Anzahl von Problemen wünschenswert, über eine Theorie zu verfügen, in der eine Voraussetzung über die Grenzflächenschichtdicke figuriert.

Die Aufgliederung eines Zweiphasensystems in homogene Phasen und eine Grenzflächenschicht war für die Ausarbeitung der Theorie heterogener Systeme von großer

Bedeutung. Dabei ist insbesondere erwähnenswert, daß diese Vorstellung die Behandlung realer endlicher Systeme erlaubt. Auch für die Thermodynamik von Grenzflächenerscheinungen ist es aus mehreren Gründen vorteilhaft, die Vorstellung von einer endlichen Grenzflächenschichtdicke zu benutzen. So ermöglicht dies vor allem, einen detaillierten thermodynamischen Formalismus, der dem für Raumphasen ähnelt, zu entwickeln. Dies ist gleichbedeutend damit, daß die Theorie der Grenzflächenschichten und Raumphasen nach einem übereinstimmenden Verfahren aufgebaut wird, was wiederum die Anwendung der Thermodynamik auf heterogene Systeme bedeutend erleichtert. Als Folge davon können für Grenzflächenschichten qualitative Gesetzmäßigkeiten hergeleitet werden, die Analoga von Raumphasensätzen darstellen (z. B. der GIBBS-KONOVALOVschen Sätze). Des weiteren eröffnet die Einführung der endlichen Grenzflächenschichtdicke einen breiten Raum für die Ausarbeitung und Nutzung von Modellen, denen unterschiedliche Voraussetzungen über die Struktur der Grenzflächenschicht zugrunde liegen. Und schließlich ist jener nicht unbedeutende Vorteil zu erwähnen, der sich im Gegensatz zur GIBBSschen Theorie bei der Interpretation derjenigen Resultate ergibt, die aus der Anwendung des Modells einer endlichen Grenzflächenschichtdicke folgen, wobei die Grenzflächenschicht als ein realer physikalischer heterogener Körper angesehen wird.

Die Entwicklung der thermodynamischen Vorstellungen von einem realen Übergangsgebiet zwischen den Phasen ist vor allem mit den Arbeiten von VAN DER WAALS [3]···[5], BAKKER [6] und VERSCHAFFELT [7] verbunden. In seiner Kritik der Kapillaritätstheorie von LAPLACE zeigte VAN DER WAALS, daß die Vernachlässigung der zwischen den Phasen existierenden Übergangszone zu Widersprüchen in der Theorie führt. VAN DER WAALS betonte, daß, obwohl bei strenger Behandlung eine sich unendlich erstreckende Übergangszone zu berücksichtigen wäre, die Abweichungen der Eigenschaften von ihren Raumphasenwerten bereits in gewissen endlichen Entfernungen vernachlässigbar klein werden. Im Einklang mit dieser Auffassung haben VERSCHAFFELT und später auch GUGGENHEIM [8] eine thermodynamische Theorie für vielkomponentige ebene Grenzflächenschichten endlicher Dicke als eine neue, zu der GIBBSschen Theorie alternative thermodynamische Methode für Grenzflächenerscheinungen formuliert.

Eine detaillierte Ausarbeitung dieser Methode unter Einbeziehung auch gekrümmter Grenzflächen und Behandlung thermodynamischer Ungleichungen wurde von RUSANOV [9] vorgenommen. ERIKSSON hat in seinen Arbeiten [10] auf eine strenge Begründung der Methode der Grenzflächenschicht endlicher Dicke Gewicht gelegt und eine allgemeine Variante der thermodynamischen Theorie behandelt, in der die überschüssigen extensiven Eigenschaften auf beliebige Schichtdicken bezogen werden.

Wir wollen ein im Gleichgewicht befindliches Zweiphasensystem betrachten, dessen Zustand durch die thermodynamische Gl. (2.8) gekennzeichnet ist:

$$dU = T\,dS - P^{(\alpha)}\,dV_\alpha - P^{(\beta)}\,dV_\beta + \sigma_x\,dA_x + \left(\frac{d\sigma_x}{dr_x}\right)^* A_x\,dr_x + \sum_i \mu_i\,dm_i.$$

Verlegen wir die Trennflächen AA' bzw. BB' seitens der Phasen α bzw. β in einem zunächst beliebigen Abstand τ voneinander (siehe Abb. 1.3.). Nehmen wir an, daß sich die homogene Raumphase α, deren Zustand durch die Gleichung

$$dU^{(\alpha)} = T\,dS^{(\alpha)} - P^{(\alpha)}\,dV^{(\alpha)} + \sum_i \mu_i\,dm_i^{(\alpha)} \tag{2.86}$$

beschrieben wird, bis zu der Fläche AA' erstreckt. In analoger Weise erstrecke sich die Phase β, deren Zustand durch die Gleichung

$$dU^{(\beta)} = T\,dS^{(\beta)} - P^{(\beta)}\,dV^{(\beta)} + \sum_i \mu_i\,dm_i^{(\beta)} \tag{2.87}$$

charakterisiert wird, bis zur Fläche BB'. Subtrahieren wir die Gl. (2.86) und (2.87) aus Gl. (2.8), so erhalten wir

$$d\overline{U} = T\,d\overline{S} - P^{(\alpha)}\,dV_\alpha^{(\sigma)} - P^{(\beta)}\,dV_\beta^{(\sigma)} + \sigma_x\,dA_x + \left(\frac{d\sigma_x}{dr_x}\right)^* A_x\,dr_x + \sum_i \mu_i\,d\overline{m}_i \tag{2.88}$$

In Gl. (2.88) ist jede überstrichene extensive Größe auf das Volumen $V^{(\sigma)} = V_\alpha^{(\sigma)} + V_\beta^{(\sigma)}$ bezogen und gibt die Summe des jeweiligen realen Betrages für dieses Volumen und der Überschußwerte für die Flächen AA' sowie BB' seitens der Raumphasen wieder. Beispielsweise gilt

$$\overline{m}_i = m_i^{(\sigma)} + (\Gamma_i^{(\alpha)} + \Gamma_i^{(\beta)})\,A_x, \tag{2.89}$$

wobei $m^{(\sigma)}$ die reale Masse der Komponente i in der Grenzschicht mit der Dicke τ sowie $\Gamma_i^{(\alpha)}$, $\Gamma_i^{(\beta)}$ die Werte der absoluten Adsorption der Komponente i seitens der Phasen α bzw. β und bezogen auf die Flächen AA' bzw. BB' darstellen.

Die Werte für die Adsorption sind durch die folgenden Ausdrücke gegeben:

$$\Gamma_i^{(\alpha)} = \frac{1}{A_x} \int\limits_{(V_\alpha^{(\sigma)})} (\varrho_i - \varrho_i^{(\alpha)})\,dV \tag{2.90}$$

$$\Gamma_i^{(\beta)} = \frac{1}{A_x} \int\limits_{(V_\beta^{(\sigma)})} (\varrho_i - \varrho_i^{(\beta)})\,dV. \tag{2.91}$$

Es ist offensichtlich, daß das Aussehen von Gl. (2.88) nicht von der Position der Flächen AA' und BB' sowie von der Größe τ abhängt. Eine von Eriksson durchgeführte Analyse hat ergeben, daß auch die weiteren thermodynamischen Grundgleichungen invariant gegenüber der Position der Trennflächen sind. Infolgedessen kann ein von dem tatsächlichen Wert der effektiven Grenzflächenschichtdicke unabhängiger thermodynamischer Formalismus hergeleitet werden.

Diese auf Gl. (2.88) basierende Methode für die Entwicklung einer Thermodynamik von Grenzflächenerscheinungen ist allgemeiner als die Gibbssche Methode, in die sie bei $\tau = 0$ übergeht. Allerdings ist sie bei willkürlicher Auswahl von τ nicht weniger formal und birgt dann nicht weniger Interpretationsschwierigkeiten als die Gibbssche Methode. Wählt man jedoch ausreichend große τ-Werte, so daß die Überschußgrößen vernachlässigbar klein werden, so werden alle in die Gl. (2.88) eingehenden extensiven Größen zu realen Charakteristiken der Grenzflächenschicht endlicher Dicke. So z. B. ergibt sich nach Gl. (2.89) $\overline{m}_i \cong m_i^{(\sigma)}$ bei $|\Gamma_i^{(\alpha)} + \Gamma_i^{(\beta)}| \cdot A/m_i^{(\sigma)} \ll 1$.

Der konkrete Wert einer Grenzflächenschichtdicke wird von der Genauigkeit vorgegeben, mit der wir die Abweichungen der Eigenschaften von ihren Raumphasenwerten zu bestimmen wünschen. Dieser Bestimmung dienen die in Abschn. 1.5. behandelten Kriterien.

Zur Illustration dieser Darlegungen wollen wir in einem Rechenbeispiel das Gleichgewicht zwischen flüssigem Tetrachlorkohlenstoff und seinem Dampf bei 20 °C für eine ebene Grenzfläche betrachten. Unter Verwendung von Gl. (1.77) können wir mit Hilfe von Gl. (2.90) die Größe $\Gamma^{(\alpha)}$ als Funktion von $\tau^{(\alpha)} \equiv V_\alpha^{(\sigma)}/A$ berechnen. Analog ist es möglich, mit Hilfe von Gl. (1.78) den Betrag $\Delta\sigma^{(\alpha)}$ abzuschätzen, der von eben diesem Teil der Grenzflächenzone seitens der Phase α zu dem vollständigen Wert der Grenzflächenspannung σ beigetragen wird:

$$\Delta\sigma^{(\alpha)} = \int_{\tau^{(\alpha)}}^{\infty} [P^{(\alpha)} - P_T(h)]\, dh\,. \tag{2.92}$$

In Tab. 2.1. sind die relativen Größen $\Gamma^{(\alpha)}/\Gamma$ bzw. $\Delta\sigma^{(\alpha)}/\sigma$ aufgeführt (bei den Berechnungen wurde die Konstante des effektiven paarweisen Wechselwirkungspotentials $B^{(\alpha)} = 1{,}7 \cdot 10^{-57}$ erg · cm^6 verwendet; die Gl. (1.77) und (1.78) wurden unter Berücksichtigung des Korrekturgliedes gebraucht).

Tabelle 2.1. Beiträge unterschiedlicher Gebiete der Grenzflächenschicht für Adsorption und Grenzflächenspannung (CCl_4, 20 °C)

$\tau^{(\alpha)}$ [Å]	$\frac{\Gamma^{(\alpha)}}{\Gamma} \cdot 100$	$\frac{\Delta\sigma^{(\alpha)}}{\sigma} \cdot 100$
10	3,8	5,5
20	0,92	1,3
30	0,42	0,58
40	0,23	0,32
50	0,15	0,21

Aus diesen Angaben folgt, daß der relative Beitrag tieferer Flüssigkeitsschichten für die Grenzflächenspannung größer als für die Adsorption ist. Soll die Grenze der Grenzflächenschicht derartig festgelegt werden, daß die Abweichung der Adsorption bzw. Grenzflächenspannung jeweils ein Prozent nicht übersteigt, so ist die Fläche AA' in einer Entfernung von ≈ 20 Å (entspricht etwa der vierten Monoschicht) bzw. von ≈ 25 Å (entspricht etwa der fünften Monoschicht) zu der Begrenzungsfläche zu fixieren.

Werden ausreichend große Abstände $\tau^{(\alpha)}$ und $\tau^{(\beta)}$ gewählt, so daß die Adsorption $\Gamma_i^{(\alpha)}$ und $\Gamma_i^{(\beta)}$ sowie die weiteren Überschußgrößen vernachlässigbar kleine Werte annehmen, so darf Gl. (2.88) mit hoher Zuverlässigkeit in der Form

$$dU^{(\sigma)} = T\, dS^{(\sigma)} - P^{(\alpha)}\, dV_\alpha^{(\sigma)} - P^{(\beta)}\, dV_\beta^{(\sigma)} + \sigma_x\, dA_x + \left(\frac{d\sigma_x}{dr_x}\right)^* A_x\, dr_x + \sum_i \mu_i\, dm_i^{(\sigma)} \tag{2.93}$$

geschrieben werden, in der sich alle mit dem hochgestellten Index (σ) gekennzeichneten Größen auf eine reale Grenzflächenschicht der Dicke τ beziehen.

Für den Sonderfall einer ebenen Grenzfläche geht Gl. (2.93) in

$$dU^{(\sigma)} = T\, dS^{(\sigma)} - P\, dV^{(\sigma)} + \sigma\, dA + \sum_i \mu_i\, dm_i^{(\sigma)} \tag{2.94}$$

über.

Aus den Gln. (2.93) und (2.94) ist der gesamte thermodynamische Formalismus für Grenzflächenschichten mit endlicher Dicke herleitbar. Es sei daran erinnert, daß diese Gleichungen der Form nach mit den analogen Beziehungen (2.8) und (2.7) für die Gesamtheit eines Zweiphasensystems (siehe Abschn. 2.1.) übereinstimmen. Daher sind auch alle weiteren in Abschn. 2.1. aufgeführten thermodynamischen Fundamentalgleichungen auf eine Grenzflächenschicht endlicher Dicke anwendbar. Die einzige hierbei zu beachtende Bedingung ist die Auswahl einer ausreichend großen Schichtdicke.

2.4. Gleichgewichtsbedingungen für heterogene Systeme

Die allgemeine Bedingung des mechanischen Gleichgewichtes (1.1) ist für ein beliebiges inhomogenes System, somit auch für Vielphasensysteme, gültig. Aus ihr folgt, daß bei Anwesenheit eines äußeren Feldes der Druck innerhalb einer jeden Raumphase bzw. die Spannung innerhalb einer jeden Diskontinuitätsfläche konstant sein muß:

$$\operatorname{grad} P = 0 \tag{2.95}$$

$$\operatorname{grad} \sigma = 0. \tag{2.96}$$

Für gekrümmte Grenzflächen wurde die Bedingung des mechanischen Gleichgewichtes in Form der Beziehungen (1.28) und (1.29) formuliert. Aus diesen ist zu erkennen, daß bei dem Übergang zu ebenen Grenzflächen die Drücke in den koexistierenden Phasen identische Werte annehmen. Infolgedessen gilt für ein Zweiphasensystem mit ebener Grenzfläche:

$$P^{(\alpha)} = P^{(\beta)} = P_N. \tag{2.97}$$

Um zu der zusätzlichen Bedingung des chemischen und Wärmegleichgewichtes zu gelangen, brauchen lediglich die Änderungen der Entropie und Massen der Komponenten für irgendeinen Teil des Systems anhand der Fundamentalgleichungen (2.7)$\cdots$(2.9) betrachtet und das Gleichgewichtsprinzip (2.6) auf das Gesamtsystem angewendet zu werden. Man kann sich leicht davon überzeugen, daß bei konstanter Gesamtentropie nur in jenem Falle die Entropieänderungen der einzelnen Systemteile keinen Einfluß auf die innere Energie des Gesamtsystems ausüben, wenn die Temperatur in allen willkürlich gewählten Systemteilen gleich ist:

$$\operatorname{grad} T = 0. \tag{2.98}$$

In gleicher Weise bleibt nur dann der Massenübergang zwischen einzelnen Teilen des Systems ohne Einfluß auf dessen innere Energie, wenn die chemischen Potentiale der Komponenten überall gleich sind:

$$\operatorname{grad} \mu_i = 0 \qquad (i = 1, 2, \ldots). \tag{2.99}$$

Mithin nehmen die Größen T und μ_i, die in den Fundamentalgleichungen als auf das Gesamtsystem bezogene Größen auftreten, auch den Charakter lokaler Größen an, die für einen willkürlich kleinen Teil des Systems den Gleichgewichtszustand kennzeichnen. Die Bedingungen (2.98) und (2.99) gelten für beliebige Gleichgewichtssysteme; somit also auch für heterogene Systeme. Daher darf festgestellt werden, daß im Gleichgewichtszustand Temperatur und chemische Potentiale einer Diskontinuitätsfläche die Werte der sie umgebenden Raumphasen annehmen.

In Gegenwart eines äußeren Feldes bleiben die Entropieänderungen unbeeinflußt, weshalb die Bedingung (2.98) auch in diesem Falle ihre Gültigkeit bewahrt. Betreffs Bedingung (2.99) ist festzustellen, daß diese lediglich für die innere Energie eine Folge des Gleichgewichtsprinzips ist und sich somit nur auf die „inneren" chemischen Potentiale bei Abwesenheit eines äußeren Feldes bezieht. Tritt in Gegenwart eines äußeren Feldes ein Massentransport auf, so ist das Gleichgewichtsprinzip gemäß Gl. (2.2) auf den vollständigen Ausdruck der inneren Energie anzuwenden. Die Gleichgewichtsbedingung lautet dann

$$\operatorname{grad} \bar{\mu}_i = 0 \qquad (i = 1, 2, \ldots), \tag{2.100}$$

wobei $\bar{\mu}_i$ das vollständige chemische Potential der Komponente i darstellt, das sich aus dem „inneren" Anteil μ_i und einem durch das Potential des äußeren Feldes bestimmten Anteil zusammensetzt. Beispielsweise ergibt sich bei Berücksichtigung des Gravitationsfeldes

$$\bar{\mu}_i = \mu_i - M_i g h \tag{2.101}$$

mit M_i als dem Molekulargewicht der Komponente i, g der Erdbeschleunigung und h der überwundenen Höhendifferenz.

Steht ein System geladener Teilchen unter dem Einfluß eines elektrischen Feldes, so beeinflußt dieses auch die chemischen Potentiale, da elektrische Ladung und Masse nicht trennbar sind. Das vollständige chemische Potential nimmt in diesem Falle die Form

$$\bar{\mu}_i = \mu_i - z_i F \psi \tag{2.102}$$

an, wobei z_i die Wertigkeit der Komponente i, F die FARADAYsche Zahl und ψ das elektrische Potential ausdrücken. Die Größe (2.102) ist von GUGGENHEIM eingeführt und als elektrochemisches Potential bezeichnet worden.

Die Anwesenheit eines äußeren Feldes beeinflußt weiterhin die Bedingungen des mechanischen Gleichgewichtes eines Systems. In allgemeiner Form wird dies durch die Gl. (1.1) berücksichtigt. Wir wollen jedoch die Gleichgewichtsbedingungen über die Phasendrücke und Grenzflächenspannungen ausdrücken. Zunächst haben wir uns zu vergewissern, inwiefern sich die Bedingungen des inneren mechanischen Gleichgewichtes der Raumphasen und der Diskontinuitätsflächen in Gegenwart eines äußeren Feldes verändern. Betrachten wir Gl. (2.5) (der Einfachheit halber beschränken wir uns auf eine äußere Kraft Y und ihre konjugierte äußere Koordinate y) und integrieren diese über eine infinitesimal dünne Schicht, die einer konstanten äußeren Koordinate entspricht. Als Ergebnis erhalten wir

$$U = TS - PV + \sum_i \bar{\mu}_i m_i, \tag{2.103}$$

was zu

$$V\,dP = S\,dT + \sum_i m_i\,d\bar{\mu}_i - Y\,dy \tag{2.104}$$

führt.

Wenden wir nun Gl. (2.104) auf einen Verlagerungsvorgang im Phaseninneren an, so folgt aus obenstehenden Darlegungen, daß Temperatur und vollständige chemische Potentiale keine Veränderung erfahren. Infolgedessen erlangt die Bedingung des inneren mechanischen Gleichgewichtes einer Raumphase in Gegenwart eines äußeren Feldes das endgültige Aussehen:

$$V\,dP = -Y\,dy. \tag{2.105}$$

In analoger Weise erhalten wir aus Gl. (2.4) die Bedingung

$$A_0\,d\sigma_0 = Y\,dy, \tag{2.106}$$

wobei sich die äußere Koordinate y auf die Trennfläche bezieht. Steht für das äußere Feld das Gravitationsfeld, so gehen die Gln. (2.105) und (2.106) in die bekannten GIBBSschen Beziehungen über [1]:

$$\frac{\partial P}{\partial h} = -g \sum_i M_i \varrho_i \tag{2.107}$$

$$\frac{\partial \sigma_0}{\partial h} = g \sum_i M_i \Gamma_i. \tag{2.108}$$

Die Bedingung (2.107) folgt unmittelbar aus Gl. (1.1).

Gehen wir nun zu der Bedingung des mechanischen Gleichgewichtes eines heterogenen Systems in Gegenwart eines äußeren Feldes über. Aus der Beziehung (2.4) sowie dem Gleichgewichtsprinzip folgt

$$-P^{(\alpha)}\,dV_\alpha - P^{(\beta)}\,dV_\beta + \sigma_0\,dA_0 + Y\,dy = 0 \tag{2.109}$$

bzw. für den speziellen Fall des Gravitationsfeldes

$$-P^{(\alpha)}\,dV_\alpha - P^{(\beta)}\,dV_\beta + \sigma_0\,dA_0 + g\,dh \sum_i M_i m_i = 0. \tag{2.110}$$

Wir wenden die Beziehung (2.110) auf die Verlagerung eines infinitesimal kleinen Bereiches der Grenzfläche von Phase (α) zu Phase (β) hin an, und zwar um den Betrag dN in Richtung der mit der Vertikalen den Winkel θ bildenden Normalen. Dabei wird vorausgesetzt, daß sich das Systemvolumen nicht verändert. In einem solchen Fall entspricht die Arbeit der Gravitationskräfte einer Überwindung der Höhendifferenz $dh = dN \cos\theta$ durch den Massenüberschuß $\sum_i M_i m_i$. Die Änderungen von Volumina und Grenzfläche sind durch die Beziehungen

$$\left.\begin{aligned} dV_\alpha &= -dV_\beta = A_0\,dN \\ dA_0 &= \left(\frac{1}{R_1} + \frac{1}{R_2}\right) A_0\,dN \end{aligned}\right\} \tag{2.111}$$

verknüpft. So erhalten wir aus der Bedingung (2.110) für das Gleichgewicht im Gravitationsfeld eine andere bekannte Gleichung, die bereits von GIBBS hergeleitet worden war [1]:

$$P^{(\alpha)} - P^{(\beta)} = \sigma_0 \left(\frac{1}{R_1} + \frac{1}{R_2}\right) + g \cos\theta \sum_i M_i \Gamma_i. \tag{2.112}$$

Der Einfluß des Gravitationsfeldes auf die Gleichgewichtsbedingungen heterogener Systeme ist bei einer ganzen Reihe von Problemen unbedingt zu berücksichtigen. Zu diesen gehört beispielsweise die Betrachtung der Form großer Flüssigkeitstropfen und die damit verbundenen Methoden zur Bestimmung der Grenzflächenspannung. Andererseits ist es jedoch möglich, einen breiten Kreis von Fragen der Theorie von Grenzflächenerscheinungen auch ohne Berücksichtigung des Gravitationsfeldes zu behandeln, da letzteres in der Regel nur geringe Zustandsänderungen der Phasen und Grenzflächen bewirkt. Bei strenger Behandlung gekrümmter Grenzflächen sind die Krümmungsradien und betrachteten Objekte so klein, daß der Einfluß des Gravitationsfeldes auf die Grenzflächenform unwesentlich wird. Werden andererseits die Objekte sehr groß, nimmt z. B. — falls dies möglich ist — die Diskontinuitätsfläche eine horizontale Lage an, so wird auch damit der Einfluß des Gravitationsfeldes beschränkt, da seine Wirkung auf Grenzflächen- bzw. Raumphasen-Grenzflächen-Prozesse im Falle einer ebenen Grenzfläche verschwindend gering ist. Daher ist es bei der Analyse ebener Grenzflächen ausreichend, einen Formfaktor zu postulieren und alle weiteren Einflüsse der Gravitationskräfte außer Acht zu lassen. So werden auch wir im weiteren vorgehen.

Abschließend wollen wir die Bedingung des mechanischen Gleichgewichtes für die Schnittlinien von Diskontinuitätsflächen formulieren. Die räumliche Fortpflanzung dieser Linien kann sich unabhängig von anderen Veränderungen vollziehen und bleibt im Gleichgewicht ohne Einfluß auf die Energie des Systems. Dies wird für ein jedes Element einer Schnittlinie von Diskontinuitätsflächen durch die Gleichung

$$\sum_k \sigma_{0k}\, dN_k = 0 \tag{2.113}$$

ausgedrückt [1], in der dN_k die Fortpflanzung der Linie entlang der Grenzfläche k bezeichnet.

Die Gibbssche Bedingung (2.113) ist der Neumannschen Vektorgleichung

$$\sum_k \vec{\sigma}_{0k} = 0 \tag{2.114}$$

äquivalent. Weiterhin entspricht ihr die von Young für die Benetzung eines Festkörpers formulierte Gleichung

$$\sigma_{01} = \sigma_{02} + \sigma_{03} \cos\theta\,, \tag{2.115}$$

in der σ_{01}, σ_{02} bzw. σ_{03} die Grenzflächenspannungen an den Phasengrenzen fest—gasförmig, fest—flüssig bzw. flüssig—gasförmig sowie θ den Randwinkel ausdrücken (anstelle eines Gases kann eine weitere Flüssigkeit auftreten).

2.5. Varianz und vollständige Varianz heterogener Systeme

Die Kenntnis der Fundamentalgleichungen und der Gleichgewichtsbedingungen erlaubt, die Varianz heterogener Systeme zu bestimmen, was seinerseits sowohl für die Theorie der Phasenprozesse als auch für eine richtige Versuchsdurchführung erforderlich ist. Im vorliegenden Abschnitt werden wir Beziehungen erhalten, die eine Verallgemeinerung der bekannten Gibbsschen Phasenregel für den Fall eines beliebigen heterogenen Systems unter Berücksichtigung der Grenzflächenerscheinungen und äußeren Bedingungen, darunter auch für disperse und Kapillarsysteme, darstellen.

Offene Systeme: Wir wollen heterogene Systeme betrachten, die nicht nur mehrere Raumphasen und Diskontinuitätsflächen, sondern auch in jeder Grenzfläche mehrere Grenzflächenphasen enthalten können. In Analogie zu den Raumphasen setzen wir voraus, daß die Grenzflächenspannungen der Grenzflächenphasen einer Grenzfläche dann gleich seien, wenn die Grenzflächenphasen durch geodätische Linien voneinander getrennt sind (Geraden für den Fall einer ebenen Grenzfläche). Die Grenzflächenspannungen seien andererseits unterschiedlich, wenn die Begrenzungslinien willkürlich gekrümmt sind.[1] Als Zustandsvariablen wählen wir Temperatur, Druck, Grenzflächenspannung (der Spannungsfläche) und die chemischen Potentiale. Diese Variablen sind miteinander für jede Raumphase gemäß Gl. (2.15) bzw. für jede Grenzflächenphase gemäß Gl. (2.66) gekoppelt. Die Gleichungen für unterschiedliche Phasen sind infolge der Definition einer Phase voneinander unabhängig. Daher liefert die Differenz zwischen Gesamtzahl der genannten Variablen und Anzahl der Gleichungen die Anzahl der unabhängigen Zustandsparameter, mithin die Varianz des Systems.

Betrachten wir ein von n Komponenten gebildetes Gleichgewichtssystem, das aus r Raumphasen, l Diskontinuitätsflächen und p Grenzflächenphasen besteht. In diesem Fall beträgt die Gesamtzahl der Gleichungen der Typen (2.15) und (2.68) $r + p$. Die Zahl der Variablen hängt von der Form der Phasengrenzen ab. Sind alle Grenzen gekrümmt, so besitzt jede Phase ihren eigenen Druck bzw. ihre eigene Grenzflächenspannung, weshalb die Gesamtzehl der Variablen mit $n + r + p + 1$ ($\mu_1, \ldots, \mu_n$; $P^{(1)}, \ldots, P^{(r)}$; $\sigma^{(1)}, \ldots, \sigma^{(p)}$; T) gegeben ist. Sind in dem System z räumliche Gebiete vorhanden, von denen ein jedes aus r_i Raumphasen, die ihrerseits durch ebene Grenzflächen getrennt sind, besteht, so liegt für ein jedes dieser Gebiete auch nur ein Druck vor, und die Anzahl der Variablen verringert sich um

$$\sum_{i=1}^{z} (r_i - 1) = r_0 - z,$$

wobei r_0 die Gesamtzahl der Phasen, die an ihrer Grenze mindestens eine ebene Grenzfläche besitzen, darstellt.

Besteht des weiteren die Grenzfläche i aus y_i Gebieten, von denen ein jedes p_j sich berührender Grenzflächenphasen mit ein und derselben Grenzflächenspannung umfaßt, so verringert sich die Anzahl der intensiven Variablen der Grenzfläche i, verglichen mit dem Fall, daß eine jede Grenzflächenphase durch ihre eigene Grenzflächenspannung gekennzeichnet wird, um die Anzahl $\sum_{j=1}^{y_i} (p_j - 1)$. Infolgedessen beträgt die Verringerung der intensiven Variablen für alle Grenzflächen

$$\sum_{i=1}^{l} \sum_{j=1}^{y_i} (p_j - 1) = p_0 - y,$$

wobei p_0 die Gesamtzahl der Grenzflächenphasen, die jeweils über mindestens eine geradlinige Grenze verfügen (d. h. die Gesamtzahl der in die Gebiete y_i eingehenden Grenzflächenphasen), darstellt. Mit y wird die Gesamtzahl der vielphasigen Grenzflächengebiete, die definierte Werte der Grenzflächenspannung besitzen, bezeichnet. Sind die

[1] In Kap. 16. wird dies streng bewiesen.

Phasengrenzen innerhalb einer Grenzfläche durchweg gekrümmt, so folgt $p_0 = 0$ und $y = 0$. Gehen keine Grenzflächenphasen-Prozesse vonstatten (alle Grenzflächen sind einphasig), so folgen ebenfalls $p_0 = 0$ und $y = 0$. Für beide Fälle gilt mithin $p_0 - y = 0$.

Die Gesamtzahl der Variablen ist somit durch

$$n + r + p + 1 - \sum_{i=1}^{z} (r_i - 1) - \sum_{i=1}^{l} \sum_{j=1}^{y_i} (p_j - 1)$$

gegeben. Wird von ihr die Anzahl der Bindungsgleichungen subtrahiert, so erhalten wir eine allgemeine Beziehung für die Bestimmung der Varianz f eines offenen Systems, das sowohl über ebene als auch gekrümmte Grenzflächen, die ihrerseits neben linearen auch nichtlineare Phasengrenzen besitzen, verfügt [12]:

$$f = n + 1 - \sum_{i=1}^{z} (r_i - 1) - \sum_{i=1}^{l} \sum_{j=1}^{y_i} (p_j - 1) = n - r_0 - p_0 + z + y + 1. \quad (2.116)$$

Um den Gebrauch der Formel (2.116) zu veranschaulichen, betrachten wir ein von n Komponenten gebildetes System, das aus zwei Raumphasen bestehe, die ihrerseits durch die in Abb. 2.1. gezeigte ebene Grenzfläche getrennt seien.

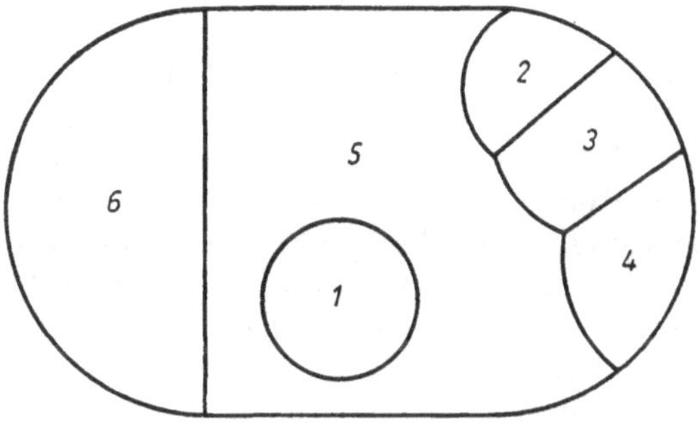

Abb. 2.1. Verteilung von Grenzflächenphasen auf einer ebenen Grenzfläche

Aus Abb. 2.1. geht hervor, daß diese Grenzfläche sechs Grenzflächenphasen enthält von denen fünf (die Phasen 2, 3, 4, 5 und 6) sowohl lineare als auch nichtlineare Grenzen haben. Die Grenzflächenphase 1 verfügt über keine lineare Begrenzung und muß somit bei der Berechnung von p_0 außer Betracht bleiben. Im untersuchten Falle gilt also $p_0 = 5$. Aus Abb. 2.1. ist weiterhin ersichtlich, daß die Grenzfläche zwei mehrphasige Gebiete 2—3—4 bzw. 5—6 besitzt, die durch jeweils einen Wert der Grenzflächenspannung charakterisiert werden, mithin ist $y = 2$. Die Raumphasen werden voneinander durch eine ebene Grenzfläche getrennt, daher folgt $r_0 = 2$. Damit ist des weiteren begründet, daß im gesamten System ein einziger gemeinsamer Druck herrscht, somit ist $z = 1$. Durch Einsetzen der erhaltenen Werte in Gl. (2.116) bekommen wir schließlich $f = n - 3$. Demzufolge hat das betrachtete System aus nicht weniger als drei Komponenten zu bestehen.

Betrachten wir einige Sonderfälle von Gl. (2.116):

— nur ebene Grenzflächen und lineare Grenzen sind vorhanden:

$$f = n - r + 2 - (p - 1); \quad (2.117)$$

— nur gekrümmte Grenzflächen und Grenzen in Form geodätischer Linien sind vorhanden[1]:

$$f = n + 1 - (p - 1); \tag{2.118}$$

— nur ebene Grenzflächen und nichtlineare Grenzen sind vorhanden:

$$f = n - r + 2; \tag{2.119}$$

— nur gekrümmte Grenzflächen und nichtlineare Grenzen sind vorhanden:

$$f = n + 1. \tag{2.120}$$

Laufen keine Grenzflächenphasen-Prozesse ab und stimmt die Anzahl der Grenzflächenphasen mit der Anzahl der Grenzflächen überein, so nimmt Gl. (2.116) die Form

$$f = n - r_0 + z + 1 \tag{2.121}$$

an [9]. Sonderfälle dieser Gleichung wie auch der Gln. (2.117) und (2.118) sind für ebene und gekrümmte Grenzflächen wiederum Gl. (2.119) bzw. (2.120). Gl. (2.119) ist mit der GIBBSschen Phasenregel identisch, deren Gültigkeit somit auch bei Berücksichtigung von Grenzflächenerscheinungen erhalten bleibt, sofern die auftretenden Diskontinuitätsflächen eben sind und keine Gernzflächenphasen enthalten, die voneinander durch lineare Grenzen getrennt werden.

Die Anwendung der Phasenregel auf disperse und Kapillarsysteme stößt in der Praxis zumeist auf Schwierigkeiten beim eigentlichen Erkennen der dispersen Phasen und der Festlegung ihrer Anzahl. Zudem zeigt Gl. (2.121), daß in diesem Fall die Phasenregel eine andere Gestalt annimmt. Speziell geht aus dieser Beziehung hervor, daß die Anzahl der dispersen Phasen die der Freiheiten des Systems nicht beeinflußt. Für die Mehrheit der in der Praxis untersuchten Kapillarsysteme ist $z = 1$. In diesem Falle nimmt die Phasenregel ihre traditionelle Form an, sofern unter der Zahl der Phasen die Zahl der Mikrophasen des Systems, deren Diskontinuitätsflächen mit hinlänglicher Genauigkeit als eben angesehen werden dürfen, verstanden wird.

Wir wollen uns nunmehr der vollständigen Varianz F zuwenden. Sie kennzeichnet die Anzahl der unabhängigen Variablen, wenn neben den Zustandsparametern auch die Massen der Phasen berücksichtigt werden. Offensichtlich gilt für ein offenes System:

$$F = f + r + p. \tag{2.122}$$

Unter Benutzung der Gln. (2.116) und (2.122) läßt sich die vollständige Varianz eines offenen Systems als

$$F = n + r + p - r_0 - p_0 + z + y + 1 \tag{2.123}$$

formulieren. Für einige Sonderfälle liefert Gl. (2.123) die folgenden Ausdrücke:

— Systeme mit ebenen Grenzflächen:

$$F = n + p - p_0 + \gamma + 2; \tag{2.124}$$

[1] Die Gln. (2.117) und (2.118) wurden erstmals von R. DEFAY erhalten [13].

– Systeme mit ebenen Grenzflächen und linearen Grenzen zwischen den Grenzflächenphasen:

$$F = n + l + 2; \tag{2.125}$$

– Systeme mit gekrümmten Grenzflächen und nichtlinearen Grenzen zwischen den Grenzflächenphasen:

$$F = n + r + p + 1; \tag{2.126}$$

– Systeme, in denen keine Grenzflächenphasen-Prozesse ablaufen:

$$F = n + r - r_0 + z + l + 1. \tag{2.127}$$

Partiell offene und geschlossene Systeme: Ein unvollständiger Komponentenaustausch zwischen einem partiell offenen System und seiner Umgebung führt zum Auftreten einer bestimmten Anzahl von Bindungsgleichungen, die den Systemvariablen auferlegt werden. Bei Abwesenheit chemischer Reaktionen können diese Bindungsgleichungen in Form von Bedingungen für die Massenkonstanz der immobilen Komponenten ausgedrückt werden. Laufen andererseits chemische Reaktionen ab, so treten stöchiometrische Bedingungen als Bindungsgleichungen auf.

Das Erscheinen zusätzlicher Bindingsgleichungen beeinflußt unmittelbar die vollständige Varianz F eines Systems, wirkt sich jedoch nur in dem Fall auf die Varianz f aus, wenn die Anzahl der Gleichungen die Anzahl der Phasen übersteigt.[1] Dies folgt daraus, daß die Bindungsgleichungen sowohl Zustandsvariable als auch die Quantität der Phasen, z. B. ihre Massen, charakterisierende Variable enthalten. Solange z. B. die Anzahl der Bindungsgleichungen nicht größer als die Anzahl der Phasenmassen wird, ist nicht anzunehmen, daß diese Gleichungen den Zustandsvariablen irgendwelche Bindungen auferlegen. Übersteigt die Anzahl der Gleichungen jedoch die Anzahl der Phasen, so werden den Zustandsparametern Bindungen auferlegt. Unter diesen Bedingungen können die Massen der Phasen durch Zustandsparameter ausgedrückt und, infolgedessen, selbst in die Anzahl der letzteren einbezogen werden. Aus diesem Grunde ist in einem solchen Fall die Varianz mit der vollständigen Varianz identisch.

Bei Berücksichtigung von Grenzflächenerscheinungen ist die Gesamtzahl der Phasen gleich der Summe aus der Zahl der Raumphasen und der Zahl der Grenzflächenphasen bzw. der Grenzflächen, wenn alle Grenzflächen einphasig sind. Daher können Varianz und vollständige Varianz eines partiell offenen Kapillarsystems mit Hilfe der folgenden Formeln bestimmt werden:

$$\left.\begin{aligned} f &= f_{\text{offen}} \\ F &= F_{\text{offen}} - i \end{aligned}\right\} \qquad (i \leqq r + p) \tag{2.128}$$

$$f = F = F_{\text{offen}} - i \qquad (i \geqq r + p). \tag{2.129}$$

In diesen Gleichungen stellt i die Anzahl der Bindungsgleichungen (Anzahl der immobilen Komponenten) dar; f_{offen} und F_{offen} sind durch die Beziehungen (2.116) bzw. (2.123) bestimmt. Die in Gl. (2.129) auftretende Gleichheit von Varianz und vollständiger Varianz besagt, daß jedweder Raumphasen-, Grenzflächenphasen- oder Raum-Grenzflächenphasen-Prozeß von einer Veränderung der Zustandsparameter begleitet wird.

---

[1] Dieses Resultat wurde für Raumphasen zuerst von A. V. STORONKIN erhalten [14].

Unter Benutzung der Gln. (2.116) und (2.123) können die Gln. (2.128) und (2.129) in der Form

$$\left.\begin{aligned} f &= n - r_0 - p_0 + z + y + 1 \\ F &= k + r + p - r_0 - p_0 + z + y + 1 \end{aligned}\right\} \quad (i \leqq r + p) \tag{2.130}$$

$$f = F = k + r + p - r_0 - p_0 + z + y + 1 \quad (i \geqq r + p) \tag{2.131}$$

geschrieben werden, wobei $k \equiv n - i$ die Zahl der immobilen Komponenten ist.

Für ein geschlossenes System gelten $i = n$ sowie $k = 0$, so daß die Gln. (2.130) und (2.131) das Aussehen

$$\left.\begin{aligned} f &= n - r_0 - p_0 + z + y + 1 \\ F &= r + p - r_0 - p_0 + z + y + 1 \end{aligned}\right\} \quad (n \leqq r + p) \tag{2.132}$$

$$f = F = r + p - r_0 - p_0 + z + y + 1 \quad (n \geqq r + p) \tag{2.133}$$

annehmen. Die erhaltenen Ausdrücke zeigen, daß die vollständige Varianz geschlossener Systeme nicht von der Komponentenzahl abhängt. Als Beispiel wollen wir ein geschlossenes Vielphasensystem mit ebenen einphasigen Grenzflächen betrachten: $r = r_0$, $p = l$, $p_0 = 0$, $y = 0$, $z = 1$.

In diesem Falle erhalten wir:

$$\left.\begin{aligned} f &= n - r + 2 \\ F &= l + 2 \end{aligned}\right\} \quad (n \leqq r + l) \tag{2.134}$$

$$f = F = l + 2 \quad (n \geqq r + l) \tag{2.135}$$

Aus den Gln. (2.134) und (2.135) folgt, daß für das betrachtete System die Phasenregel in ihrer traditionellen Form wirksam bleibt, sofern die Komponentenzahl nicht die Gesamtzahl der Raumphasen und Grenzflächen übersteigt.

Enthält andererseits ein System nur gekrümmte einphasige Grenzflächen ($r_0 = 0$, $p = l$, $p_0 = 0$, $y = 0$, $z = 0$), so leiten sich aus Gl. (2.132) und (2.133) die Ausdrücke

$$\left.\begin{aligned} f &= n + 1 \\ F &= r + l + 1 \end{aligned}\right\} \quad (n \leqq r + l) \tag{2.136}$$

$$f = F = r + l + 1 \quad (n \geqq r + l) \tag{2.137}$$

ab.

Partiell offene und geschlossene Systeme in starrer Hülle: Eine Vorgabe von Zustand und Massen der Raum- und Grenzflächenphasen bestimmt vollständig alle Parameter eines Systems, mithin auch die Entropie, das Volumen und die Flächeninhalte der Grenzflächen. Folglich ist jede dieser Größen für das Gleichgewicht eine Zustandsfunktion sowie Funktion der Raum- und Grenzflächenphasenmassen. Damit haben die Konstanzbedingungen dieser Größen zum Auftreten von Bindungsgleichungen jenes Typs zu führen, wie sie infolge der Bedingungen für die Massenkonstanz der immobilen Komponenten auftreten, d. h. zu Gleichungen, die die Zustandsparameter und Massen verknüpfen.

Für ein partiell offenes System, das von einer starren Hülle umgeben ist, wächst infolge der Bedingung der Volumenkonstanz die Zahl der Bindungsgleichungen um den Wert Eins und nimmt somit den Betrag $i + 1$ an, worin i die Zahl der immobilen Komponenten bedeutet. Daher werden Varianz und vollständige Varianz eines solchen Systems durch die Ausdrücke

$$\left.\begin{aligned} f &= f_{\text{offen}} \\ F &= F_{\text{offen}} - (i + 1) \end{aligned}\right\} \qquad (i + 1 \leqq r + p) \tag{2.138}$$

$$f = F = F_{\text{offen}} - (i + 1) \qquad (i + 1 \geqq r + p) \tag{2.139}$$

bestimmt. Setzen wir in diese Ausdrücke die Formeln für offene Systeme (2.116) und (2.123) ein, so erhalten wir

$$\left.\begin{aligned} f &= n - r_0 - p_0 + z + y + 1 \\ F &= k + r + p - r_0 - p_0 + z + y \end{aligned}\right\} \qquad (i + 1 \leqq r + p) \tag{2.140}$$

$$f = F = k + r + p - r_0 - p_0 + z + y \qquad (i + 1 \geqq r + p). \tag{2.141}$$

Für geschlossene Systeme in starrer Hülle nehmen die Gleichheiten (2.140) und (2.141) die folgende Form an:

$$\left.\begin{aligned} f &= n - r_0 - p_0 + z + y + 1 \\ F &= r + p - r_0 - p_0 + z + y \end{aligned}\right\} \qquad (n + 1 \leqq r + p) \tag{1.142}$$

$$f = F = r + p - r_0 - p_0 + z + y \qquad (n + 1 \geqq r + p). \tag{2.143}$$

Als Beispiel wollen wir ein geschlossenes System in starrer Hülle mit ebenen Grenzflächen bei Abwesenheit von Grenzflächenphasen-Umwandlungen betrachten. Für diesen Fall gilt: $r = r_0$, $p = l$, $p_0 = 0$, $y = 0$, $z = 1$. Somit gehen die Gln. (2.142) und (2.143) in

$$\left.\begin{aligned} f &= n - r + 2 \\ F &= l + 1 \end{aligned}\right\} \qquad (n + 1 \leqq r + l) \tag{2.144}$$

$$f = F = l + 1 \qquad (n + 1 \geqq r + l) \tag{2.145}$$

über. Die Ausdrücke (2.144) und (2.145) zeigen, daß die Phasenregel in ihrer traditionellen Form für das betrachtete System anwendbar ist, solange die Zahl der Komponenten nicht die um Eins verminderte Gesamtzahl der Raumphasen und Grenzflächen übersteigt. Für den speziellen Fall eines Zweiphasensystems ($r = 2$, $l = 1$) erhalten wir $f = 1$, $F = 2$ bei $n = 1$ sowie $f = F = 2$ bei $n \geqq 2$. Unter isothermen Bedingungen wird das Gleichgewicht eines Einkomponentensystems nonvariant, wobei jedoch die vollständige Varianz ungleich Null bleibt, was auf die Möglichkeit des Ablaufes irgendeines Phasenprozesses hinweist. Es ist leicht vorstellbar, daß dieser Prozeß kein reiner Raumphasenprozeß sein kann, da Varianz und vollständige Varianz eines zweiphasigen Einkomponentensystems ohne Berücksichtigung von Grenzflächenerscheinungen (d. h. bei $l = 0$) unter den genannten Bedingungen gleich Null werden. Voraussetzungsgemäß treten jedoch keine Grenzflächenphasen-Prozesse auf, so daß folglich als einzige Annahme zulässig ist, daß im System ein Raum-Grenzflächen-Phasenprozeß abläuft, der von einer Veränderung der Diskontinuitätsflächengröße begleitet wird. Ein entsprechender Prozeß findet z. B. beim Neigen eines geschlossenen zylinderförmigen Gefäßes statt, wenn dieses eine mit ihrem Dampf im Gleichgewicht stehende Flüssigkeit enthält (siehe Abb. 2.2.). Es ist denkbar, daß dabei die Grenzfläche im wesentlichen zu Lasten einer der Phasen aufgebaut wird, wonach sich der durch die Thermostatentemperatur vorgegebene Gleichgewichtsdruck entweder über Verdampfung oder Kondensation der Flüssigkeit einstellt. Somit gestattet das System unbeschadet seiner Nonvarianz den Ablauf eines Raum-Grenzflächen-Phasenprozesses.

Für ein geschlossenes System mit gekrümmten Grenzflächen in Abwesenheit von Grenzflächen-Phasenprozessen (d. h. $r_0 = 0$, $p = l$, $p_0 = 0$, $y = 0$, $z = 0$) erhalten wir aus den Gln. (2.142) und (2.143) die Beziehungen

$$\left.\begin{aligned} f &= n + 1 \\ F &= r + l \end{aligned}\right\} \qquad (n + 1 \leqq r + l) \tag{2.146}$$

$$f = F = r + l \qquad (n + 1 \geqq r + l). \tag{2.147}$$

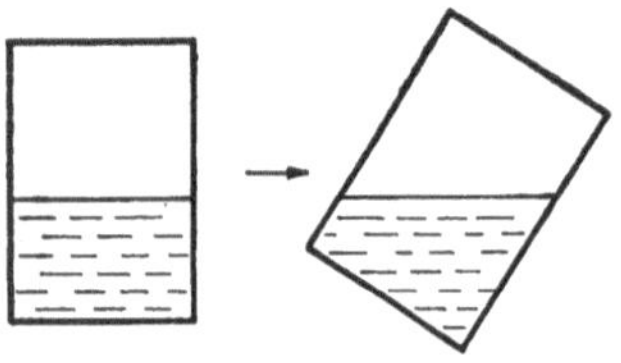

Abb. 2.2. Raum-Grenzflächen-Phasenübergang in Gegenwart einer ebenen Grenzfläche

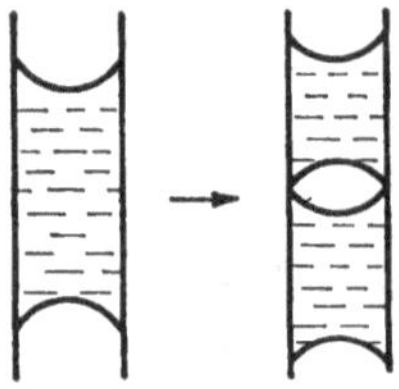

Abb. 2.3. Raum-Grenzflächen-Phasenübergang in Gegenwart einer gekrümmten Grenzfläche

Für ein Zweiphasensystem ($r = 2, l = 1$) sind $f = 2$, $F = 3$ bei $n = 1$ sowie $f = F = 3$ bei $n \geqq 2$. Im Falle eines Einkomponentensystems wird $F > f$, woraus analog zu dem oben betrachteten Beispiel die Möglichkeit eines Phasenprozesses in einem nonvarianten System folgt. Sind Temperatur und Grenzflächenkrümmung (z. B. infolge von Randbedingungen) fixiert, so kann ein Raum-Grenzflächen-Phasenprozeß beispielsweise bei der Zerteilung einer in einer Kapillare eingeschmolzenen Flüssigkeit ablaufen (Abb. 2.3.) (es sei daran erinnert, daß die Varianz eines Systems in keiner Weise an Stabilität oder Instabilität irgendwelcher Gleichgewichtszustände gebunden ist).

Die charakteristische Eigenschaft der Beziehungen (2.138)···(2.147) besteht im Auftreten von Bindungsgleichungen, die ihrerseits aus der Konstanz des Systemvolumens herrühren. In gleicher Weise treten zusätzliche Bindungsgleichungen bei Konstanz der Entropie oder der Inhalte der Diskontinuitätsflächen auf, die in analoger Art berücksichtigt werden können. Demzufolge können die im vorliegenden Abschnitt erhaltenen Gleichungen auf partiell offene und geschlossene Systeme angewendet werden, die einer dieser Bedingungen genügen.

Geschlossene Systeme in starrer adiabatischer Hülle: In der Regel wird ein geschlossenes, von einer starren adiabatischen Hülle umgebenes System als isoliert und keinerlei Veränderungen unterworfen angesehen. Dieser Sachverhalt ändert sich jedoch bei Berücksichtigung von Grenzflächenerscheinungen. Das betrachtete System zeichnet sich durch Konstanz der Entropie, des Volumens und der Komponentenmassen aus, was zu lediglich $n + 2$ Bindungsgleichungen, die gleichzeitig den Zustandsparametern sowie den Massen der Raum- und Grenzflächenphasen auferlegt werden, führt. Daher sind Varianz und vollständige Varianz eines solchen Systems mit Hilfe der Formeln

$$\left.\begin{aligned} f &= f_{\text{offen}} \\ F &= F_{\text{offen}} - (n+2) \end{aligned}\right\} \qquad (n + 2 \leqq r + p) \tag{2.148}$$

$$f = F = F_{\text{offen}} - (n+2) \qquad (n + 2 \geqq r + p) \tag{2.149}$$

zu bestimmen. Werden in diese die durch die Gln. (2.116) und (2.123) gegebenen Ausdrücke für f_{offen} und F_{offen} eingesetzt, so erhalten wir:

$$\left.\begin{aligned} f &= n - r_0 - p_0 + z + y + 1 \\ F &= r + p - r_0 - p_0 + z + y - 1 \end{aligned}\right\} \qquad (n + 2 \leqq r + p) \tag{2.150}$$

$$f = F = r + p - r_0 - p_0 + z + y - 1 \qquad (n + 2 \geqq r + p). \tag{2.151}$$

Für Systeme mit ebenen Grenzflächen nehmen bei Abwesenheit von Grenzflächenphasen-Prozessen ($r = r_0$, $p = l$, $p_0 = 0$, $y = 0$, $z = 1$) die Beziehungen (2.150) und (2.151) folgende Form an:

$$\left.\begin{aligned} f &= n - r + 2 \\ F &= l \end{aligned}\right\} \qquad (n + 2 \leqq r + l) \tag{2.152}$$

$$f = F = l \qquad (n + 2 \geqq r + l). \tag{2.153}$$

Diese Ausdrücke zeigen, daß Varianz und vollständige Varianz des Systems ausschließlich durch die Anwesenheit von Grenzflächen verursacht werden: werden bei der Betrachtung des Gleichgewichtes keine Grenzflächenerscheinungen berücksichtigt, so folgen $l = 0$ und $f = F = 0$. Dieser Sachverhalt ist die Ursache dafür, weshalb in der üblichen Theorie der heterogenen Gleichgewichte die Eigenschaften isolierter Systeme nicht behandelt werden.

Als einfachstes Beispiel wollen wir ein Zweiphasensystem mit einer ebenen Diskontinuitätsfläche betrachten. In diesem Falle erhalten wir für beliebige Werte von n $f = F = 1$, d. h., es liegt eine Freiheit vor, und, infolgedessen, ist ein Raum-Grenzflächen-Phasenprozeß des Stofftransportes möglich. Um diese Möglichkeit zu erläutern, kehren wir zu dem in Abb. 2.2. dargestellten Beispiel zurück, wobei jedoch die Gefäßwände mit adiabatischen Eigenschaften zu versehen sind. Unseren Ausführungen zufolge muß eine Vergrößerung oder Verkleinerung der Grenzfläche mit einer Veränderung der Zustandsparameter einhergehen: einem jeden Neigungswinkel des Gefäßes entsprechen eigene Werte der Temperatur, des Druckes, der Grenzflächenspannung sowie aller weiteren Systemparameter.

Aus den Gln. (2.150) und (2.151) ergeben sich für Systeme mit gekrümmten Grenzflächen bei Abwesenheit von Grenzflächenphasen-Prozessen ($r_0 = 0$, $p = l$, $p_0 = 0$, $y = 0$, $z = 0$) die folgenden Ausdrücke:

$$\left.\begin{aligned} f &= n + 1 \\ F &= r + l - 1 \end{aligned}\right\} \qquad (n + 2 \leqq r + l) \tag{2.154}$$

$$f = F = r + l - 1 \qquad (n + 2 \geqq r + l). \tag{2.155}$$

Für den speziellen Fall eines isolierten Zweiphasensystems erhalten wir $f = F = 2$ bei beliebigen Werten von n. Werden Diskontinuitätsflächen aus der Betrachtung ausgeschlossen ($l = 0$), so werden Varianz und vollständige Varianz des Systems keineswegs zu Null ($f = F = 1$), was auf die Möglichkeit des Ablaufes eines reinen Raumphasenprozesses verweist. Ein derartiger Prozeß sollte als Krümmung der Grenzfläche unter der Bedingung ihres konstanten Flächeninhaltes vorstellbar sein. Die zweite Freiheit des betrachteten Systems ist mit der Möglichkeit eines Raumphasen-Grenzflächen-Überganges verbunden. Man kann sich diesen bei Konstanz der Grenzflächenkrümmung, jedoch begleitet von einer Änderung ihres Flächeninhaltes zu Lasten der Raumphasenmasse vorstellen (Abb. 2.3.). In beiden Fällen wird der Phasenprozeß von einer Änderung der Zustandsparameter des Systems begleitet.

2.6. Stabilitätsbedingungen für Grenzflächenschichten und heterogene Systeme

Die thermodynamischen Gleichungen, welche die Bedingungen und Verschiebungen von Gleichgewichten beschreiben, stellen nur eine Seite der Gleichgewichtsthermodynamik dar. Die andere, nicht weniger wichtige Seite wird von den Stabilitätsbedingungen verkörpert, die in der Regel in Form von thermodynamischen Ungleichungen formuliert sind. So hat Gibbs das Gleichgewichtsprinzip durch das Stabilitätskriterium

$$\Delta U > 0 \tag{2.156}$$

ergänzt, das bei beliebigen unter Konstanz der Entropie, der Komponentenmassen und der äußeren Koordinaten einschließlich der Grenzen des betrachteten Systems auftretenden Änderungen erfüllt sein muß. Das Symbol Δ kennzeichnet den exakten Zuwachs, so daß die Bedingung (2.156) das Auftreten eines bedingten Energieminimums für den stabilen Gleichgewichtszustand ausdrückt. Für den Zustand eines indifferenten Gleichgewichtes ist die Bedingung

$$\Delta U = 0 \tag{2.157}$$

erfüllt, und für den Zustand eines instabilen Gleichgewichtes gilt die Bedingung

$$\Delta U < 0. \tag{2.158}$$

Es sei daran erinnert, daß zwei Arten der durch Ungleichung (2.156) ausgedrückten Stabilität zu unterscheiden sind: Stabilität in bezug auf infinitesimal kleine und Stabilität in bezug auf endliche Änderungen der Zustandsparameter. In den weiteren Darlegungen wollen wir unter Stabilität jene in bezug auf infinitesimal kleine (stetige) Änderungen verstehen. Ist ein Zustand stabil in bezug auf infinitesimal kleine Änderungen, jedoch instabil in bezug auf endliche Änderungen, so wird er als metastabil bezeichnet. Instabile Zustände sind praktisch nichtrealisierbar, da bereits geringste Fluktuationen das System aus dem Gleichgewichtszustand bringen. Demzufolge erlauben die Stabilitätsbedingungen reale Systeme auszusondern und jene Fälle von der Betrachtung auszuschließen, die nicht von praktischem Interesse sind.

Im Verlaufe seiner Untersuchungen der Stabilität von Diskontinuitätsflächen hat Gibbs [1] Bedingungen gefunden, die es erlauben, von allen möglichen Flächen, die zwischen vorgegebenen koexistierenden Phasen existieren können, die stabilste auszuwählen. So z. B. wurde von GIBBS festgestellt, daß jene Fläche von all denen, die zwischen Phasen größeren Volumens existieren können, die stabilste ist, welche über die geringste Grenzflächenspannung verfügt. Dabei ist bei Festlegung des Umfanges der Grenzflächen und der Raumphasenvolumina die Grenzfläche mit dem minimalen Flächeninhalt am stabilsten. Werden allerdings Diskontinuitätsflächen als Schichten endlicher Dicke betrachtet, so tritt das Problem der Stabilität in Verbindung mit der Existenz der Diskontinuitätsfläche als der eines realen physikalischen Körpers auf. Diese Frage werden wir im vorliegenden Abschnitt untersuchen.

Wir wollen einen Prozeß betrachten, der ein gewisses Element einer gekrümmten Grenzflächenschicht aus dem ursprünglichen Gleichgewichtszustand mit der Energie U_0 in einen diesem nahegelegenen Nichtgleichgewichtszustand in bezug auf die angrenzenden Phasen und die übrige Grenzflächenschicht überführt. Seine Energie sei U, doch Entropie, Volumen, Flächeninhalt und Krümmung der Grenzfläche sowie die Komponentenmassen des Gesamtsystems sollen unverändert bleiben. Die Energiewerte des Anfangs- bzw. Endzustandes des betrachteten Grenzflächenelementes sind durch die folgenden Ausdrücke gegeben:

$$U_0 = T_0 S_0 - P_0^{(\alpha)} V_{\alpha 0} - P_0^{(\beta)} V_{\beta 0} + \sigma_0 A_0 + \sum_{i=1}^{n} \mu_{i0} m_{i0} \tag{2.159}$$

$$U = TS - P^{(\alpha)} V_\alpha - P^{(\beta)} V_\beta + \sigma A + \sum_{i=1}^{n} \mu_i m_i . \tag{2.160}$$

Wir setzen voraus, daß die Krümmung des betrachteten Elementes unverändert bleibt, weshalb Änderungen der Größen V_α und V_β lediglich Änderungen des Grenzflächenschichtvolumens widerspiegeln.

Da die Änderung von Entropie, Volumen, Fläche und Komponentenmassen des betrachteten Grenzflächenelementes zu Lasten des restlichen Teiles der Grenzflächenschicht und seiner Umgebung erfolgt, ist die Energieänderung $\Delta U'$ des Systems unter Berücksichtigung des betrachteten Elementes durch den Ausdruck

$$\Delta U' = -T_0(S - S_0) + P_0^{(\alpha)}(V_\alpha - V_{\alpha 0}) + P_0^{(\beta)}(V_\beta - V_{\beta 0}) - \sigma_0(A - A_0) - \sum_{i=1}^{n} \mu_{i0}(m_i - m_{i0}) \tag{2.161}$$

gegeben. Durch Addition der Beträge $U - U_0$ und $\Delta U'$ erhalten wir die vollständige Energieänderung des Systems:

$$\Delta U = (T - T_0) S - (P^{(\alpha)} - P_0^{(\alpha)}) V_\alpha - (P^{(\beta)} - P_0^{(\beta)}) V_\beta + (\sigma - \sigma_0) A + \sum_{i=1}^{n} (\mu_i - \mu_{i0}) m_i . \tag{2.162}$$

Diese muß ein positives Vorzeichen tragen, da der Ausgangszustand des Gesamtsystems in bezug auf den betrachteten Prozeß als stabil angesehen wird.

Die Bestimmung der Größe ΔU kann auch auf einem anderen Wege erfolgen, und zwar dem einer Reihenentwicklung der Differenz $U - U_0$, ausgedrückt durch die Differenzen von Entropie, Volumina, Flächen und Komponentenmassen bei Konstanthaltung von wenigstens einem der extensiven Parameter (z. B. der Masse einer Komponente), und anschließender Summation mit der Beziehung (2.161). Als Ergebnis dieser Operation erhalten wir

$$\Delta U = \left(\frac{1}{2!}\, d^2U + \frac{1}{3!}\, d^3U + \cdots\right)_{m_n} \geq 0, \tag{2.163}$$

woraus sich die Stabilitätsbedingungen

$$(d^2U)_{m_n} \geqq 0, \tag{2.164}$$

$$\left[\frac{D(T, -P^{(\alpha)}, -P^{(\beta)}, \sigma, \mu_1, \ldots, \mu_{n-1})}{D(S, V_\alpha, V_\beta, A, m_1, \ldots, m_{n-1})}\right]_{m_n} \geqq 0, \tag{2.165}$$

$$\left(\frac{\partial Y_i}{\partial y_i}\right)_{Y_1 \text{ oder } y_1, \ldots, Y_{i-1} \text{ oder } y_{i-1}, Y_{i+1} \text{ oder } y_{i+1}, \ldots, Y_{n+2} \text{ oder } y_{n+2}, y_{n+3}} \geqq 0 \tag{2.166}$$

ergeben. In der Bedingung (2.166) stellen Y_i und y_i im Zähler bzw. Nenner der JAKOBIschen Funktionaldeterminanten (2.165) stehende Größen dar. Für eine ebene Grenzflächenschicht nimmt die Bedingung (1.165) die folgende Form an:

$$\left[\frac{D(T, -P, \sigma, \mu_1, \ldots, \mu_{n-1})}{D(S, V, A, m_1, \ldots, m_{n-1})}\right]_{m_n} \geqq 0. \tag{2.167}$$

Aus der Bedingung (2.164) folgt des weiteren, daß nicht nur die Determinanten (2.165) und (2.167) selbst, sondern auch ihre Hauptunterdeterminanten und Elemente der Hauptdiagonalen positiv sein müssen. Zustände, für die in den Bedingungen (2.165) und (2.167) das Gleichheitszeichen erfüllt ist, liegen auf der Stabilitätsgrenze (Indifferenzkurve); zu diesen gehört beispielsweise der kritische Zustand.

Für die Herleitung der Ungleichung (2.165) haben wir als charakteristische Funktion die gesamte innere Energie benutzt. Analoge Betrachtungen können auch für die weiteren charakteristischen Funktionen vorgenommen werden, von denen in der Thermodynamik der Vielkomponentensysteme dem gemäß Gl. (2.18) definierten GIBBSschen thermodynamischen Potential die größte Bedeutung beigemessen wird. Wird bei der Betrachtung eines unter Konstanthaltung von Temperatur und Druck ablaufenden Prozesses, der eine Grenzflächenschicht zwar aus ihrem Gleichgewicht bringt, nicht aber den Wert der Grenzflächenspannung verändert, die über das GIBBSsche thermodynamische Potential ausgedrückte Stabilitätsbedingung für das Gleichgewicht des Gesamtsystems angewendet, so erhalten wir die Stabilitätsbedingung für die Diskontinuitätsfläche in der folgenden Form:

$$(d^2G)_{T, P^{(\alpha)}, P^{(\beta)}, \sigma, m_n} \geqq 0, \tag{2.168}$$

aus der sich die Ungleichung

$$\left[\frac{D(\mu_1, \ldots, \mu_{n-1})}{D(m_1, \ldots, m_{n-1})}\right]_{T, P^{(\alpha)}, P^{(\beta)}, \sigma, m_n} \geqq 0 \tag{2.169}$$

bzw. für den Sonderfall einer ebenen Grenzflächenschicht

$$\left[\frac{D(\mu_1, \ldots, \mu_{n-1})}{D(m_1, \ldots, m_{n-1})}\right]_{T, P, \sigma, m_n} \geqq 0 \tag{2.170}$$

ergibt.

Die Vorgabe der Masse der Einzelkomponenten ist äquivalent einer Vorgabe der Gesamtmasse m und der Molenbrüche x_i, die über die Beziehungen

$$m = \sum_{i=1}^{n} m_i; \qquad x_i \equiv \frac{m_i}{m} \qquad (i = 1, 2, \ldots, n) \tag{2.171}$$

definiert sind. Bei Verwendung dieser Variablen nehmen die Bedingungen (2.165) und (2.169) für gekrümmte sowie die Bedingungen (2.167) und (2.170) für ebene Grenzflächenschichten die folgende Form an:

$$\frac{D(T, -P^{(\alpha)}, -P^{(\beta)}, \sigma, \mu_1, \ldots, \mu_{n-1})}{D(S, V_\alpha, V_\beta, A, x_1, \ldots, x_{n-1})} \geqq 0 \tag{2.172}$$

$$\left[\frac{D(\mu_1, \ldots, \mu_{n-1})}{D(x_1, \ldots, x_{n-1})}\right]_{T, P^{(\alpha)}, P^{(\beta)}, \sigma} \geqq 0 \tag{2.173}$$

$$\frac{D(T, -P, \sigma, \mu_1, \ldots, \mu_{n-1})}{D(S, V, A, x_1, \ldots, x_{n-1})} \geqq 0 \tag{2.174}$$

$$\left[\frac{D(\mu_1, \ldots, \mu_{n-1})}{D(x_1, \ldots, x_{n-1})}\right]_{T, P, \sigma} \geqq 0. \tag{2.175}$$

Die Bedingungen (2.173) und (2.175) können auch als

$$|g_{ik}|_{n-1} \geqq 0 \tag{2.176}$$

geschrieben werden, wobei eine aus den Elementen

$$g_{ik} \equiv \frac{\partial^2 g}{\partial x_i \, \partial x_k} = \frac{\partial(\mu_i - \mu_n)}{\partial x_k} \tag{2.177}$$

gebildete Determinante der Ordnung $(n - 1)$ auftritt ($g \equiv G/m$ ist das molare Gibbssche thermodynamische Potential; für das partielle Differential gelten die an den Ungleichungen (2.173) und (2.175) vermerkten Konstanzbedingungen). Positiv haben auch hier die Hauptunterdeterminanten und Elemente der Hauptdiagonalen der Determinanten (2.176) zu sein. Die Bedingung (2.166) bleibt in Kraft für $y_{n-3} = m$, dabei können anstatt der Massen die Molenbrüche der Komponenten verwendet werden.

Bei der Herleitung der Stabilitätsbedingungen für eine Grenzflächenschicht haben wir keinerlei Voraussetzung bezüglich ihrer Schichtdicke getroffen. Daher bleiben alle Überlegungen und abgeleiteten thermodynamischen Ungleichungen auch für die Gesamtheit eines Zweiphasensystems gültig (analoge Beziehungen sind des weiteren für beliebige heterogene Systeme erhältlich), sofern die mit der Varianz verbundenen zusätzlichen Einschränkungen berücksichtigt werden. Dies bezieht sich speziell auf den Satz Indizes an Ungleichung (2.166). In Übereinstimmung mit den Ergebnissen des vorstehenden Paragraphen hängt die Varianz eines Systems, das der Konstanzbedingung für i extensive Parameter gehorcht, vom Verhältnis der Anzahl i zu der Gesamtzahl der Raum- sowie Grenzflächenphasen ab und ist durch die allgemeinen Beziehungen

$$\begin{aligned} f &= I - r - p - \alpha \qquad && (i \leqq r + p) \\ f &= I - i - \alpha \qquad && (i \geqq r + p) \end{aligned} \tag{2.178}$$

gegeben. Es bedeutet I die Gesamtzahl der intensiven Parameter, i die Anzahl der fixierten extensiven Parameter, r die Anzahl der Raumphasen, p die Anzahl der Grenzflächenphasen (die nicht notwendigerweise mit der Anzahl der Grenzflächen identisch zu sein hat), α die Anzahl der zusätzlichen Bindungen, die den intensiven Parametern auferlegt werden.

Im untersuchten Fall stellt α die Anzahl der fixierten intensiven Parameter dar, wobei für Ungleichung (2.166) die Bedingung

$$\alpha = I - i - 1 \tag{2.179}$$

herrscht.

Setzen wir Ausdruck (2.179) in (2.178) ein, so folgt $f \leqq 0$ bei $i < r + p$ bzw. $f = 1$ bei $i \geqq r + p$. Hieraus ist ersichtlich, daß die in Ungleichung (2.166) für heterogene Systeme auftretenden Ableitungen den folgenden zwei Bedingungen gehorchen müssen:

1. Sie müssen sich auf einen univarianten Prozeß beziehen;
2. Die Anzahl der fixierten extensiven Parameter darf keinesfalls kleiner als die Gesamtzahl der Raum- und Grenzflächenphasen sein.

Für $\sigma = 0$ gehen die hergeleiteten Ungleichungen in die Stabilitätsbedingungen für homogene Systeme über. Die Hauptungleichung lautet sodann:

$$\left[\frac{D(T, -P, \mu_1, \ldots, \mu_{n-1})}{D(S, V, m_1, \ldots, m_{n-1})}\right]_{m_n} \geqq 0 \tag{2.180}$$

bzw.

$$\frac{D(T, -P, \mu_1, \ldots, \mu_{n-1})}{D(S, V, x_1, \ldots, x_{n-1})} \geqq 0. \tag{2.181}$$

Für homogene Systeme bleiben offensichtlich die folgenden Bedingungen erhalten: positive Determinante (2.176), positive Hauptunterdeterminanten und Elemente g_{ii} sowie Bedingung (2.166), in der unter Y_i und y_i die in den Funktionaldeterminanten (2.180) oder (2.181) stehenden konjugierten Parameter sowie unter y_{n-3} m_n oder m zu verstehen sind. In Ungleichung (2.166) entsprechen in diesem Falle die Ableitungen den während eines Gleichgewichtsprozesses auftretenden Eigenschaftsänderungen des betrachteten selbständig existierenden homogenen Systems.

Eine analoge Interpretation kann den in Ungleichung (2.166) stehenden Ableitungen bei ihrer Anwendung auf eine Grenzflächenschicht nicht gegeben werden, da sie losgelöst von den sie umgebenden Phasen nicht existieren kann. Infolgedessen können diese Ableitungen nicht auf einen realen Gleichgewichtsprozeß bezogen werden. Sie charakterisieren das Sichentfernen der Grenzflächenschicht aus dem Zustand des Gleichgewichtes mit den sie umgebenden Phasen, beziehen sich aber auf den ursprünglichen Gleichgewichtszustand. Von besonderem Interesse ist die für die Grenzflächenschicht spezifische Ableitung $\partial\sigma/\partial A$. Wäre eine Grenzflächenschicht auch nach ihrer Abtrennung von den sie umgebenden Phasen fähig, selbständig zu existieren und würde alsdann einer Dilatation oder Kompression unterworfen werden, so kennzeichnete diese Ableitung die Gleichgewichtselastizität dieser Grenzflächenschicht unter den verschiedenen

Bedingungen. Demzufolge kann vereinbart werden, die Größe

$$E \equiv A \left(\frac{\partial \sigma}{\partial A}\right)_{T,P,m_1,\ldots,m_n} > 0 \tag{2.182}$$

bzw.

$$E \equiv a \left(\frac{\partial \sigma}{\partial a}\right)_{T,P,x_1,\ldots,x_n} > 0, \tag{2.183}$$

wobei $a \equiv A/m$ die Molfläche darstellt, auch als „Elastizitätsmodul" der Grenzflächenschicht anzusehen.

Unter den Bedingungen des Kontaktes zwischen Grenzflächenschicht und angrenzenden Phasen wird die Größe der Molfläche nicht nur infolge einer Änderung der Gesamtfläche, sondern auch infolge einer Massenänderung der Grenzflächenschicht beeinflußt. Daher darf die in Ungleichung (2.183) stehende Ableitung als die einer realen Massenänderung der Grenzflächenschicht entsprechende Größe, und zwar infolge des Stoffüberganges aus den Raumphasen in die Grenzflächenschicht bzw. vice versa bei Konstanz von Zusammensetzung und Flächeninhalt der Grenzflächenschicht, interpretiert werden. Dies kann aber nur ein solcher Vorgang sein, der mit einer Änderung der Grenzflächenschichtdicke bei vorgegebener Zusammensetzung einhergeht. Daraus folgt, daß Ungleichung (2.183) die Stabilitätsbedingung in bezug auf die Dicke von Grenzflächenschichten ausdrückt.

Somit weisen die Stabilitätskriterien auf die Existenz einer spezifischen „Elastizität" von Gleichgewichts-Grenzflächenschichten hin. Diese „Elastizität" ist als das Bestreben der Grenzflächenschichten, unter vorgegebenen Bedingungen eine bestimmte Schichtdicke zu bewahren, zu verstehen.

2.7. Reduziertes Prinzip von Le Chatelier und Braun

Das reduzierte LE CHATELIER-BRAUNsche Prinzip stellt eine zusätzliche Gruppe thermodynamischer Ungleichungen zur Verfügung, die Beziehungen zwischen den Ableitungen gleichen Typs der Stabilitätsbedingungen herstellen. In Anwendung auf homogene Systeme wird dieses Prinzip durch Ungleichungen der Art

$$\left(\frac{dY_i}{dy_i}\right)_{Y_k} \leqq \left(\frac{dY_i}{dy_i}\right)_{y_k} \tag{2.184}$$

ausgedrückt [15]···[17][1], wobei Y_i und Y_k sowie y_i und y_k die generalisierten Kräfte bzw. ihre konjugierten Koordinaten darstellen. In dem vorliegenden Abschnitt werden wir die Anwendung des reduzierten LE CHATELIER-BRAUNschen Prinzips auf Grenzflächenschichten und heterogene Systeme behandeln.

Kehren wir zu dem Ausdruck (2.162) zurück und untersuchen seine Größe in Abhängigkeit von den Bedingungen des Ablaufes eines Prozesses. Es folgt zunächst aus

---

[1] Erst kürzlich wurde gefunden [18], daß die erste strenge Herleitung des LE CHATELIER-BRAUNschen Prinzips für homogene Systeme in der Arbeit „Über das Gleichgewicht heterogener Stoffe" von GIBBS enthalten ist.

Gl. (2.162) selbst und seinem Differential

$$d\,\Delta U = (T - T_0)\,dS - (P^{(\alpha)} - P_0^{(\alpha)})\,dV_\alpha - (P^{(\beta)} - P_0^{(\beta)})\,dV_\beta + (\sigma - \sigma_0)\,dA + \sum_{i=1}^{n} (\mu_i - \mu_{i0})\,dm_i\,, \qquad (2.185)$$

daß ΔU den minimalen aller seiner möglichen Werte (d. h. den Wert Null) dann annimmt, wenn alle intensiven Parameter ihre Ausgangswerte beibehalten. Der betrachtete Prozeß repräsentiert in diesem Falle eine Änderung der Maße des betrachteten Grenzflächenelementes, ohne von einer Zustandsänderung begleitet zu werden. Stellen wir uns nunmehr vor, daß eine Zustandsänderung dieses Elementes bei Konstanz gewisser extensiver Parameter y_i vonstatten geht, wobei die diesen konjugierten intensiven Parameter Y_i bestimmte Änderungen erfahren. In einem solchen Falle folgt aus Gl. (2.162) und (2.185), daß ΔU einen minimalen (von Null verschiedenen) Wert annimmt, sofern die übrigen intensiven Parameter $Y_{j \neq i}$ während des Prozesses unverändert bleiben. In dieser Weise führt die zusätzliche Konstanthaltung einer beliebigen weiteren intensiven Größe während des Prozesses zu einer Verringerung von ΔU.

Die Größe ΔU kann leicht mit den die Stabilitätsbedingungen charakterisierenden Ableitungen verbunden werden. Betrachten wir beispielsweise eine Änderung der Grenzflächenspannung und des Flächeninhaltes eines gewissen Grenzflächenelementes unter Konstanz von T oder S, $P^{(\alpha)}$ oder V_α, $P^{(\beta)}$ oder V_β, μ_i oder m_i ($i = 1, 2, \ldots, n$), so erhalten wir aus der Beziehung (2.185)

$$\Delta U \approx \frac{1}{2}\left(\frac{\partial \sigma}{\partial A}\right)_0 (A - A_0)^2, \qquad (2.186)$$

woraus folgt, daß eine Änderung der Bedingungen des Prozeßablaufes zu einander symbaten Änderungen der Größen ΔU und $(\partial\sigma/\partial A)_0$ führt. Demgemäß muß die Festsetzung intensiver Parameter nicht nur die Größe von ΔU, sondern auch die der Ableitung $(\partial\sigma/\partial A)_0$ verringern, weshalb wir schreiben können [19]:

$$\left(\frac{\partial \sigma}{\partial A}\right)_{S,V_\alpha,V_\beta,m_1,\ldots,m_n} \geqq \left(\frac{\partial \sigma}{\partial A}\right)_{T,V_\alpha,V_\beta,m_1,\ldots,m_n} \geqq \left(\frac{\partial \sigma}{\partial A}\right)_{T,P^{(\alpha)},V_\beta,m_1,\ldots,m_n} \geqq \left(\frac{\partial \sigma}{\partial A}\right)_{T,P^{(\alpha)},P^{(\beta)},m_1,\ldots,m_n}$$
$$\geqq \left(\frac{\partial \sigma}{\partial A}\right)_{T,P^{(\alpha)},P^{(\beta)},\mu_1,m_2,\ldots,m_n} \geqq \cdots \geqq \left(\frac{\partial \sigma}{\partial A}\right)_{T,P^{(\alpha)},P^{(\beta)},\mu_1,\ldots,\mu_{n-1},m_n}$$
$$\geqq \left(\frac{\partial \sigma}{\partial A}\right)_{T,P^{(\alpha)},P^{(\beta)},\mu_1,\ldots,\mu_n} = 0. \qquad (2.187)$$

Analoge Ungleichungsketten können für alle weiteren Paare konjugierter Größen, die den Zustand der Grenzflächenschicht charakterisieren, aufgeschrieben werden. Sie stellen ohne Ausnahme eine wesentliche Ergänzung der Stabilitätsbedingungen dar und drücken das auf Grenzflächenschichten angewendete reduzierte Le Chatelier-Braunsche Prinzip aus.

Von Interesse ist gleichfalls die Anwendung dieses Prinzips auf heterogene Systeme unter Berücksichtigung von Grenzflächenerscheinungen. Befindet sich ein gewisses heterogenes Subsystem im Zustand des inneren Gleichgewichtes, so wird seine Energie durch Summation der entsprechenden Energieausdrücke für die einzelnen Phasen und

Grenzflächen bei Konstanz von Temperatur und chemischen Potentialen bestimmt. Als Resultat erhalten wir

$$U = TS - \sum_j P^{(j)} V_j + \sum_k \sigma_k A_k + \sum_i \mu_i m_i , \tag{2.188}$$

wobei V_j das Teilvolumen des Subsystems mit dem Druck $P^{(j)}$ sowie σ_k, A_k die Grenzflächenspannung bzw. den Flächeninhalt der Grenzfläche k darstellen, und sich die übrigen Größen auf die Gesamtheit des Subsystems beziehen. Der Ausdruck (2.188) enthält gegenüber (2.160) eine größere Anzahl von Variablen, jedoch können auf ihn ähnliche Überlegungen angewendet werden, wie sie bereits zur Formulierung des reduzierten LE CHATELIER-BRAUNschen Prinzips geführt haben. Das sich ergebende Resultat wird sich nur in den folgenden Punkten unterscheiden:

1. alle Ableitungen beziehen sich auf einen univarianten Gleichgewichtsprozeß;
2. infolge der durch die Varianzregel (siehe Abschn. 2.6.) auferlegten Einschränkungen ist die Ungleichungskette kürzer.

In allgemeiner Form kann für heterogene Systeme das reduzierte LE CHATELIER-BRAUNsche Prinzip wie folgt geschrieben werden:

$$\left(\frac{dY_i}{dy_i}\right)_{y_1,\ldots,y_{i-1},y_{i+1},\ldots,y_I} \geqq \left(\frac{dY_i}{dy_i}\right)_{y_1,\ldots,y_{i-1},y_{i+1},\ldots,y_{I-1},Y_I} \geqq \cdots \geqq \left(\frac{dY_i}{dy_i}\right)_{y_1,\ldots,y_{i-1},y_{i+1}\ldots y_{r+p+1},Y_{r+p+2},\ldots,Y_I}$$
$$\geqq \left(\frac{dY_i}{dy_i}\right)_{y_1,\ldots,y_{i-1},y_{i+1}\ldots y_{r+p},Y_{r+p+1},\ldots,Y_I} = 0 \tag{2.189}$$

mit I als der Gesamtzahl der intensiven Parameter, r der Anzahl der Raumphasen und p der Anzahl der Grenzflächenphasen.

2.8. Chemische Potentiale unendlich verdünnter, idealer und realer Grenzflächenschichten

Im vorliegenden Abschnitt wollen wir versuchen, unter Nutzung der Gleichgewichts- und Stabilitätsbedingungen Informationen über die Abhängigkeit der chemischen Potentiale der Grenzflächenschichten von der Zusammensetzung zu erhalten. Einfachheitshalber sei eine binäre ebene Grenzflächenschicht betrachtet. Auf diese wenden wir Gl. (2.13) bei Konstanthaltung von Temperatur, Druck und Grenzflächenspannung (GIBBS-DUHEMsche Gleichung) sowie die Bedingung (2.175) an:

$$m_1\, d\mu_1 + m_2\, d\mu_2 = 0 \qquad (T, P, \sigma = \text{const}) \tag{2.190}$$

$$\left(\frac{\partial \mu_1}{\partial x_1}\right)_{T,P,\sigma} \geqq 0; \qquad \left(\frac{\partial \mu_2}{\partial x_2}\right)_{T,P,\sigma} \geqq 0. \tag{2.191}$$

Dividieren wir Gl. (2.190) durch die Gesamtzahl der Mole beider Komponenten, so erhalten wir

$$x_1\, d\mu_1 + x_2\, d\mu_2 = 0 \qquad (T, P, \sigma = \text{const}) \tag{2.192}$$

bzw.

$$x_1 \left(\frac{\partial \mu_1}{\partial x_1}\right)_{T,P,\sigma} = x_2 \left(\frac{\partial \mu_2}{\partial x_2}\right)_{T,P,\sigma}. \tag{2.193}$$

Nun wollen wir die Größe x_1 so verringern, daß wir zu einer unendlich verdünnten Grenzflächenschicht übergehen. Strebt x_1 gegen Null, so strebt x_2 gegen Eins, und die Größe der rechten Seite von Gl. (2.193) wird durch den Grenzwert der Ableitung $(\partial \mu_2/\partial x_2)_{T,P,\sigma}$ bestimmt. Gemäß Bedingung (2.191) kann dieser Grenzwert nur für jene Zustände zu Null werden, die sich auf der Stabilitätsgrenze (z. B. für kritische Phasen) befinden. Erweist sich jedoch dieser physikalische Grenzzustand einer Grenzflächenschicht als durchaus stabil, so muß die Ableitung $(\partial \mu_2/\partial x_2)_{T,P,\sigma}$ einen positiven und im physikalischen Sinne endlichen Wert aufweisen. Kennzeichnen wir diesen Grenzwert mit dem Buchstaben B, so können wir die Bedingungen für eine unendlich verdünnte Grenzflächenschicht in der folgenden Form darstellen:

$$\left.\begin{aligned} x_1 \left(\frac{\partial \mu_1}{\partial x_1}\right)_{T,P,\sigma} &= B \\ x_2 \left(\frac{\partial \mu_2}{\partial x_2}\right)_{T,P,\sigma} &= B. \end{aligned}\right\} \tag{2.194}$$

Die Integration dieser Beziehungen führt zu den Ausdrücken

$$\mu_1 = \mu_1^*(T, P, \sigma) + B \ln x_1 \tag{2.195}$$

$$\mu_2 = \mu_2^0(T, P, \sigma) + B \ln x_2, \tag{2.196}$$

wobei μ_1^* und μ_2^0 die von T, P und σ abhängenden Integrationskonstanten (Standardanteile der chemischen Potentiale) darstellen. Ihrem physikalischen Sinn nach ist die Größe μ_2^0 das chemische Potential der reinen zweiten Komponente in der Grenzflächenschicht. Demgegenüber stellt μ_1^* den hypothetischen Wert des chemischen Potentials der reinen ersten Komponente in der Grenzflächenschicht dar, der auf dem Wege einer Extrapolation der Gl. (2.195) über den gesamten Konzentrationsbereich zugänglich ist. Ihrer Herkunft nach kann die in die Gl. (2.195) und (2.196) eingehende Größe B von T, P und σ abhängen. Da jedoch bei $\sigma = 0$ die Gln. (2.195) und (2.196) ihrem Aussehen nach in die bekannten Ausdrücke der chemischen Potentiale für unendlich verdünnte Lösungen

$$\mu_1 = \mu_1^*(T, P) + RT \ln x_1 \tag{2.197}$$

$$\mu_2 = \mu_2^0(T, P) + RT \ln x_2 \tag{2.198}$$

übergehen müssen, in denen der bei $\ln x_i$ stehende Koeffizient wohl von der Temperatur, nicht aber vom Drucktensor abhängig ist, sollte auch die Konstante B über die gleiche Eigenschaft verfügen, mithin setzen wir $B = RT$. Nunmehr können die Gln. (2.195) und (2.196) die folgende Form annehmen:

$$\mu_1 = \mu_1^*(T, P, \sigma) + RT \ln x_1 \tag{2.199}$$

$$\mu_2 = \mu_2^0(T, P, \sigma) + RT \ln x_2. \tag{2.200}$$

Sie treten als Grenzbeziehungen für beliebige unendlich verdünnte Grenzflächenschichten auf. Stellt man sich nun eine solche Grenzflächenschicht vor, für die diese Beziehungen über den gesamten Konzentrationsbereich ihre Gültigkeit uneingeschränkt bewahren, so kann diese Grenzflächenschicht in Analogie zu einer idealen Lösung, für die im gesamten Konzentrationsbereich die Beziehungen (2.197) und (2.198) erfüllt sind, als ideale Grenzflächenschicht bezeichnet werden. In diesem Falle wird die Konstante μ_1^* gleich μ_1^0 und verkörpert das chemische Potential der reinen ersten Komponente. A. A. Žuchovickij hat darauf hingewiesen [20], daß die Wahrscheinlichkeit des Auftretens einer idealen Grenzflächenschicht an der Grenze zwischen einer flüssigen Lösung und ihrem Dampf höher als die der Bildung einer idealen Raumlösung sei, da die Moleküle an der freien Oberfläche der Lösung über zusätzliche Freiheiten verfügen. Wenn dies der Fall ist, so sollten die Gln. (2.199) und (2.200) häufiger als (2.197) und (2.198) gebraucht werden.

Die in den Ausdrücken (2.199) und (2.200) enthaltenen Standardanteile der chemischen Potentiale können weiter präzisiert werden. Zu diesem Zweck benutzen wir die aus Gl. (2.25) folgende Beziehung

$$\left(\frac{\partial \mu_i}{\partial \sigma}\right)_{T,P,m_1,\ldots} = -a_i\,, \tag{2.201}$$

in der a_i die partielle Molfläche der Komponente i darstellt. Die Integration von (2.201) ergibt

$$\mu_i = \mu_i'(T, P, x_1, \ldots) - \int_0^\sigma a_i\, d\sigma\,, \tag{2.202}$$

wobei die Integrationskonstante $\mu_i'(T, P, x_1, \ldots)$ von der Temperatur, dem Druck und der Zusammensetzung der Grenzflächenschicht abhängt. Ein Vergleich der Beziehungen (2.199), (2.200) und (2.202) führt zu dem Zusammenhang

$$\mu_i = \mu_i''(T, P) - \int_0^\sigma a_i\, d\sigma + RT \ln x_i\,, \tag{2.203}$$

in welchem $\mu_i''(T, P)$ eine neue, nunmehr lediglich von Temperatur und Druck abhängige Funktion ist.

Schließlich kann die Größe $\mu_i''(T, P)$ für den Fall einer isotherm-isobaren Zusammensetzungsänderung (ein in der Praxis häufig auftretender Vorgang) über die Ausdrücke (2.197) und (2.198) mit dem Standardanteil des chemischen Potentials einer idealen Lösung verbunden werden. Für den Gleichgewichtszustand sind die chemischen Potentiale der Lösung und der Grenzflächenschicht gleich, weshalb auch die rechten Seiten der Gln. (2.197) und (2.198) sowie die ihnen entsprechenden Ausdrücke (2.203) identisch sind. Bei Anwendung dieser Gleichungen auf die reinen Komponenten folgt

$$\mu_i''(T, P) = \mu_i^0(T, P) + \int_0^{\sigma_i} a_i\, d\sigma \tag{2.204}$$

mit σ_i als Grenzflächenspannung der reinen Komponente i. Der Zusammenhang (2.203) nimmt somit die folgende Form an:

$$\mu_i = \mu_i^0(T, P) - \int_{\sigma_i}^\sigma a_i\, d\sigma + RT \ln x_i\,. \tag{2.205}$$

Bis zu dieser Stelle sind unsere Überlegungen von allgemeinem thermodynamischen Charakter gewesen. Die weitere Vereinfachung der Beziehungen (2.203) und (2.205) ist mit einem bestimmten Modell für die Grenzflächenschicht verbunden. Wenn wir annehmen, daß die Grenzflächenschicht absolut starr sei und über einen unendlichen Wert ihres oben definierten „Elastizitätsmoduls" verfüge (d. h. gemäß Gl. (2.183) sei $E = \infty$), so bleibt der Wert der partiellen Molfläche von Spannungsänderungen unbeeinflußt. Im Rahmen dieses Modells stimmen die partiellen Molflächen mit den Molflächen der Komponenten überein, und der Gesamtflächeninhalt der Grenzfläche ergibt sich additiv aus den Molflächen a_{0i} der Komponenten:

$$A = \sum_i a_{0i} m_i; \qquad a = \sum_i a_{0i} x_i. \tag{2.206}$$

Ziehen wir in den Ausdrücken (2.203) und (2.205) die Größe a_{0i} vor das Integral, so erhalten wir im Rahmen des Modells einer starren Grenzflächenschicht

$$\mu_i = \mu_i''(T, P) - \sigma a_{0i} + RT \ln x_i \tag{2.207}$$

$$\mu_i = \mu_i^0(T, P) - (\sigma - \sigma_i)\, a_{0i} + RT \ln x_i. \tag{2.208}$$

Ungeachtet des außerordentlich geringen Wertes der Kompressibilität von Flüssigkeiten ist die Anwendbarkeit des beschriebenen Modells der Grenzflächenschicht auf diese von vornherein nicht offensichtlich. In der Tat, die Bedingung $E = \infty$ drückt die Unveränderlichkeit der Grenzflächenschichtdicke bei Spannungsvariation aus, doch dies bedeutet eine zweidimensionale Inkompressibilität der Grenzflächenschicht, währenddessen für Flüssigkeiten die dreidimensionale Kompressibilität klein ist. Bekannterweise sind polymolekulare Schichten selbst absolut inkompressibler Flüssigkeiten infolge von Spannungseinwirkung leicht zu dehnen und zu verdünnen. Für eine monomolekulare Schicht jedoch ändert sich das Bild: eine kondensierte Monoschicht verfügt innerhalb eines bestimmten Spannungsintervalls tatsächlich über eine praktisch konstante Schichtdicke. Daher ist für das beschriebene Modell die Voraussetzung über eine monomolekulare Schichtdicke der Grenzfläche natürlich. In diesem Sinne wurde auch in den Theorien von Butler [21] und Žuchovickij [20] sowie bei der Herleitung der Formeln (2.207) und (2.208) verfahren.

Es hat sich erwiesen, daß das Modell der starren Grenzflächenschicht bei seiner Anwendung auf Grenzflächen kondensierter Phasen, die weit vom kritischen Zustand entfernt sind, eine relativ gute Näherung darstellt. Die Anwendung der Gl. (2.208) auf flüssige Lösungen, deren Verhalten nahezu ideal ist, führte zu einer guten Übereinstimmung mit experimentellen Ergebnissen [20, 22].

Gehen wir zu dem allgemeinen Fall über, der auch reale und konzentrierte Grenzflächenschichten umfaßt, so können wir Grenzflächenaktivitätskoeffizienten f_i einführen, die über die folgenden Beziehungen definiert werden:

$$\mu_i = \mu_i^*(T, P, \sigma) + RT \ln f_i x_i \tag{2.209}$$

$$\mu_i = \mu_i''(T, P) - \int_0^\sigma a_i \, d\sigma + RT \ln f_i x_i \tag{2.210}$$

bzw.

$$\mu_i = \mu_i''(T, P) - \sigma a_{0i} + RT \ln f_i x_i \tag{2.211}$$

$$\mu_i = \mu_i^0(T, P) - (\sigma - \sigma_i)\, a_{0i} + RT \ln f_i x_i. \tag{2.212}$$

Als Standardzustand kann der Zustand unendlicher Verdünnung oder der Zustand der reinen Komponente in der Grenzflächenschicht ausgewählt werden.

In Form einer allgemeinen Bemerkung soll darauf hingewiesen werden, daß wir bei den Darlegungen dieses Abschnittes von der Fundamentalgleichung (2.13) und der Stabilitätsbedingung (2.175) ausgegangen sind und diese nicht nur auf die Grenzflächenschicht allein, sondern auch auf die Gesamtheit eines Zweiphasensystems angewendet haben. Daher können in den erhaltenen Ausdrücken für die chemischen Potentiale unter den Größen x_i bzw. a_{0i} der bruttomolare Anteil der Komponente i (d. h. der mittlere Molenbruch für das Gesamtsystem) bzw. die bruttomolare Fläche der Komponente i (d. h. die auf die Gesamtmolzahl der Komponente i im Zweiphasensystem bezogene Fläche) verstanden werden. In diesem Falle sind auch die Aktivitätskoeffizienten als mittlere Größen für das Gesamtsystem zu interpretieren.

Abschließend seien die Ausdrücke für die zweiten Ableitungen des GIBBSschen thermodynamischen Potentials nach den Molenbrüchen für binäre und ternäre ideale Systeme aufgeführt, die für die weiteren Ausführungen benötigt werden. Es folgen aus den Gln. (2.177) und (2.209) unter $f_i = 1$ für ein binäres System

$$g_{11} = \frac{RT}{x_1(1 - x_1)} \tag{2.213}$$

bzw. für ein ternäres System

$$\left.\begin{aligned} g_{11} &= RT\left(\frac{1}{x_1} + \frac{1}{x_2}\right) \\ g_{12} &= \frac{RT}{x_3} \\ g_{22} &= RT\left(\frac{1}{x_2} + \frac{1}{x_3}\right). \end{aligned}\right\} \tag{2.214}$$

Die Beziehungen (2.213) und (2.214) sind gleichlautend für eine ideale Raumphase, eine ideale Grenzflächenschicht sowie ein ideales Gesamtsystem.

Literatur

[1] J. W. GIBBS: „*Thermodynamische Studien*", Verlag Wilhelm Engelmann, Leipzig. 1892

[2] F. C. GOODRICH: in „*Surface and Colloid Science*", Vol. 1, ed. E. MATIJEVIČ, Wiley, N. Y., 1969, p. 1

[3] J. D. VAN DER WAALS: „*Thermodynamische Theorie der Capillarität*", Verh. Kon. Akad. Wetensch., Amsterdam 1893

[4] J. D. VAN DER WAALS: Z. Phys. Chem., Stöchiom. Verwandtschaftslehre **13**, 657 (1894)

[5] J. D. VAN DER WAALS, PH. KOHNSTAMM: „*Lehrbuch der Thermostatik*", Bd. 1, Johann Ambrosius Barth, Leipzig 1927

[6] G. BAKKER: „*Kapillarität und Oberflächenspannung*", „*Handbuch der Experimentalphysik*", Bd. 6 Wien — Harms, Leipzig, 1928

[7] J. E. VERSCHAFFELT: Bull. Cl. Sci., Acad. Roy. Belg. **22**, 373, 390, 402 (1936)

[8] E. A. GUGGENHEIM: Trans. Faraday Soc. **36**, 398 (1940)

[9] А. И. РУСАНОВ: „*Термодинамика поверхностных явлений*" (russ.; „Thermodynamik von Grenzflächenerscheinungen") Изд. ЛГУ, Ленинград 1960

[10] J. C. Eriksson: Ark. Kemi, **25**, 331, 343; **26**, 49, 117 (1966)
[11] Е. А. Гуггенгейм: „*Современная термодинамика*“ (russ.; „Moderne Thermodynamik“), Госхимиздат, 1941
[12] А. И. Русанов: Колл. ж. **27**, 428 (1965)
[13] R. Defay: „*Etude thermodynamique de la tension superficielle*“, Paris 1934
[14] А. В Сторонкин: Вестн. Ленингр. ун-та, N 16, 74 (1956)
[15] P. Ehrenfest: J. Russ. Phys. Soc. **41**, 349 (1909)
[16] P. Ehrenfest: Z. phys. Chem. **77**, 227 (1911)
[17] П. С. Эпштейн: „*Курс термодинамики*“ (russ.; „Kursus der Thermodynamik“), Госхимиздат, 1948
[18] А. И. Русанов, М. М. Щугьц: Вестн. Ленингр. ун-та N 4, 60 (1960)
[19] А. И. Русанов: ЖФХ **41**, 312 (1967)
[20] А. А. Жуховицкий: ЖФХ **18**, 214 (1944)
[21] J. A. V. Butler: Proc. Roy. Soc. **A 145**, 348 (1932)
[22] R. Defay, I. Prigogine: „*Tension superficielle et adsorption*“, Liége 1951

3. Gleichgewicht zweier Phasen in Gegenwart einer ebenen Diskontinuitätsfläche

Im vorliegenden Kapitel sowie auch in den Kap. 4. bis 6. werden wir das einfachste System, in dem Grenzflächenerscheinungen auftreten können, behandeln: ein Zweiphasensystem mit einer ebenen Diskontinuitätsfläche. Obwohl die ebene Grenzfläche nur einen Sonderfall einer Grenzfläche beliebiger Krümmung verkörpert, ist die getrennte Betrachtung von ebenen und gekrümmten Grenzflächen physikalisch völlig gerechtfertigt, da dies den grundsätzlichen Unterschied zwischen makro- und mikroheterogenen Systemen widerspiegelt.

3.1. Bedingungen eines Zweiphasengleichgewichtes

Wir werden ein aus n Komponenten gebildetes System betrachten, das aus zwei Phasen α und β sowie einer Grenzflächenschicht besteht; letztere wollen wir mit dem Symbol σ kennzeichnen. Gemäß Gl. (2.15) wird das innere Gleichgewicht der Phasen durch folgende Gleichungen beschrieben:

$$V_\alpha \, dP^{(\alpha)} = S^{(\alpha)} \, dT^{(\alpha)} + \sum_{i=1}^{n} m_i^{(\alpha)} \, d\mu_i^{(\alpha)} \tag{3.1}$$

$$V_\beta \, dP^{(\beta)} = S^{(\beta)} \, dT^{(\beta)} + \sum_{i=1}^{n} m_i^{(\beta)} \, d\mu_i^{(\beta)}. \tag{3.2}$$

Den Zustand des inneren Gleichgewichtes der Grenzflächenschicht charakterisiert gemäß Gl. (2.13) die Beziehung

$$A \, d\sigma = -S^{(\sigma)} \, dT^{(\sigma)} + V_\sigma \, dP_N - \sum_{i=1}^{n} m_i^{(\sigma)} \, d\mu_i^{(\sigma)}. \tag{3.3}$$

Stehen des weiteren beide Phasen und die Grenzflächenschicht miteinander im Gleichgewicht, so sind in Übereinstimmung mit Gl. (2.97)···(2.99) die folgenden Bedingungen erfüllt:

$$T^{(\alpha)} = T^{(\beta)} = T^{(\sigma)} \tag{3.4}$$

$$P^{(\alpha)} = P^{(\beta)} = P_N \tag{3.5}$$

$$\mu_i^{(\alpha)} = \mu_i^{(\beta)} = \mu_i^{(\sigma)} \qquad (i = 1, 2, \ldots, n). \tag{3.6}$$

Andererseits wird laut Gl. (2.13) das Gleichgewicht des Gesamtsystems mit Hilfe der Gleichung

$$A\,d\sigma = -S\,dT + V\,dP_N - \sum_{i=1}^{n} m_i\,d\mu_i \tag{3.7}$$

beschrieben. In dieser Gleichung beziehen sich alle Größen auf die Gesamtheit des betrachteten Systems. Gl. (3.7) kann durch direkte Summation von Gl. (3.1)···(3.3) bei Berücksichtigung der Beziehungen (3.4)···(3.6) erhalten werden.

Die dargestellten Gleichungen charakterisieren das Gleichgewicht des betrachteten Zweiphasensystems vollständig, allerdings haben sie einen gemeinsamen Nachteil, der ihre praktische Anwendung wesentlich erschwert: in ihnen treten als unabhängige Variablen die chemischen Potentiale der Komponenten, die in experimentellen Untersuchungen Funktionen (dabei häufig unbekannte) von Temperatur, Druck und Phasenzusammensetzung sind, auf. Vom praktischen Standpunkt her wäre es wünschenswert, über Gleichungen zu verfügen, welche die Grenzflächenspannung als Funktion von Temperatur, Druck und Zusammensetzung der koexistierenden Phasen darstellen.

Im weiteren wählen wir als Hauptvariablen Temperatur, Druck, Grenzflächenspannung und Molenbrüche der Komponenten in den Phasen α und β sowie in der Grenzflächenschicht bzw. im Gesamtsystem aus. Die unabhängigen Variablen T und P wollen wir durch die Bedingungen (3.4) und (3.5) charakterisiert wissen. Die chemischen Potentiale betrachten wir als für die einzelnen Phasen unterschiedliche Funktionen von Temperatur, Druck, Grenzflächenspannung und Zusammensetzung. Die oberen Indizes in der Gl. (3.6) sollen damit auch diese unterschiedlichen funktionellenAbhängigkeiten wiedergeben. Mithin wird auch die Größe μ_i in Gl. (3.7) eine neue Funktion von Temperatur, Druck, Grenzflächenspannung und den Brutto-Molenbrüchen sein, so daß sie in die Gleichheitskette (3.6) einzubeziehen ist:

$$\mu_i^{(\alpha)} = \mu_i^{(\beta)} = \mu_i^{(\sigma)} = \mu_i \qquad (i = 1, 2, \ldots, n). \tag{3.8}$$

Die Gleichheiten (3.8) können nunmehr als Gleichungen angesehen werden, die die Hauptvariablen, von welchen die chemischen Potentiale abhängen, miteinander verknüpfen.

Infolge des Überganges von den Massen zu den Molenbrüchen können anstelle der chemischen Potentiale die partiellen Ableitungen des molaren GIBBSschen thermodynamischen Potentials g nach den Molenbrüchen verwendet werden. Aus dem Ausdruck (2.25) für eine Grenzflächenschicht oder die Gesamtheit des Zweiphasensystems erhalten wir

$$\left(\frac{\partial g}{\partial x_i}\right)_{T,P_N,\sigma} = \mu_i - \mu_n \qquad (i = 1, 2, \ldots, n-1). \tag{3.9}$$

Für ein homogenes System folgt aus Gl. (2.41)

$$\left(\frac{\partial g}{\partial x_i}\right)_{T,P} = \mu_i - \mu_n \qquad (i = 1, 2, \ldots, n-1). \tag{3.10}$$

Infolge der Bedingungen (3.8) haben im Zustand des Gleichgewichtes ebenso wie die chemischen Potentiale auch die partiellen Ableitungen des GIBBSschen thermodynamischen Potentials nach den Molenbrüchen für Grenzflächenschicht und Raumphasen gleich zu sein. Daher können anstelle von (3.8) die äquivalenten Bedingungen

$$\left(\frac{\partial g}{\partial x_i}\right)^{(\alpha)} = \left(\frac{\partial g}{\partial x_i}\right)^{(\beta)} = \left(\frac{\partial g}{\partial x_i}\right)^{(\sigma)} = \frac{\partial g}{\partial x_i} \qquad (i = 1, 2, \ldots, n) \tag{3.11}$$

geschrieben werden, wobei die partielle Differentiation für die Raumphasen bei Konstanz der Temperatur, des Druckes und $(n - 2)$ Molenbrüchen bzw. für die Grenzflächenschicht oder das Gesamtsystem des weiteren bei Konstanz der Grenzflächenspannung erfolgt. Die nichtindizierte Ableitung bezieht sich auf das Gesamtsystem.

3.2. Herleitung der Differentialgleichungen, welche die Verschiebung eines Zweiphasengleichgewichtes beschreiben

Erfolgt die Zustandsänderung eines Zweiphasensystems unter Beibehaltung des Gleichgewichtes, so haben außer den Bedingungen (3.8) und (3.11) die folgenden Gleichheiten Gültigkeit:

$$d\mu_i^{(\alpha)} = d\mu_i^{(\beta)} = d\mu_i^{(\sigma)} = d\mu_i \qquad (i = 1, 2, \ldots, n) \tag{3.12}$$

$$d\left(\frac{\partial g}{\partial x_i}\right)^{(\alpha)} = d\left(\frac{\partial g}{\partial x_i}\right)^{(\beta)} = d\left(\frac{\partial g}{\partial x_i}\right)^{(\sigma)} = d\left(\frac{\partial g}{\partial x_i}\right) \qquad (i = 1, 2, \ldots, n). \tag{3.13}$$

Sehen wir die chemischen Potentiale und partiellen Ableitungen des Gibbsschen thermodynamischen Potentials nach den Molenbrüchen als Funktionen der von uns ausgewählten Variablen (Temperatur, Druck, Grenzflächenspannung und $(n - 1)$ Molenbrüche) an, so können diese Gleichheiten als Differentialgleichungen betrachtet werden. In Übereinstimmung mit der Phasenregel verfügt das untersuchte System über n Freiheiten. Infolgedessen müssen für die genannten Variablen jeweils zwei unabhängige Gleichungen für jeden der vier Fälle existieren, wenn als die die Zusammensetzung charakterisierenden Größen die Molenbrüche der Phase α, der Phase β, der Grenzflächenschicht bzw. die Brutto-Molenbrüche des Gesamtsystems gewählt werden. Diese Gleichungen sollen gefunden werden.

Für ihre Herleitung dividieren wir zunächst beide Seiten von Gl. (3.3) durch die Gesamtmasse der Grenzflächenschicht, was zu

$$a\ d\sigma = -s^{(\sigma)}\ dT + v^{(\sigma)}\ dP - \sum_{i=1}^{n} x_i^{(\sigma)}\ d\mu_i^{(\sigma)} \tag{3.14}$$

führt. In Gl. (3.14) stellen a die Molfläche, $s^{(\sigma)}$ die molare Entropie, $v^{(\sigma)}$ das Molvolumen sowie $x_i^{(\sigma)}$ den Molenbruch der Komponente i in der Grenzflächenschicht dar. Es ist zu beachten, daß die Größen $s^{(\sigma)}$, $v^{(\sigma)}$, $x_i^{(\sigma)}$ $(i = 1, 2, \ldots, n)$ mittlere Größen sind, die sich auf die Grenzflächenschicht als Ganzes beziehen. Dies folgt daher, daß die lokalen Dichten von Entropie und Masse der einzelnen Komponenten in unterschiedlichen Punkten der Grenzflächenschicht im allgemeinen unterschiedliche Werte annehmen.

Berücksichtigen wir nun die Bedingungen (3.12), so erhalten wir zwei unabhängige Gleichungen:

$$\left.\begin{aligned} a\,d\sigma &= -s^{(\sigma)}\,dT + v^{(\sigma)}\,dP - \sum_{i=1}^{n} x_i^{(\sigma)}\,d\mu_i^{(\alpha)} \\ a\,d\sigma &= -s^{(\sigma)}\,dT + v^{(\sigma)}\,dP - \sum_{i=1}^{n} x_i^{(\sigma)}\,d\mu_i^{(\beta)}. \end{aligned}\right\} \tag{3.15}$$

Für den Übergang von den chemischen Potentialen zu den partiellen Ableitungen des GIBBSschen thermodynamischen Potentials nach den Molenbrüchen verwenden wir die in der Lösungsthermodynamik gebräuchliche Transformation [1][1]:

$$\left.\begin{aligned} d\mu_i &= -s\,dT + v\,dP - \sum_{j=1}^{n-1} x_j\,d\left(\frac{\partial g}{\partial x_j}\right) + d\left(\frac{\partial g}{\partial x_i}\right) \qquad (i = 1, 2, \ldots, n-1) \\ d\mu_n &= -s\,dT + v\,dP - \sum_{j=1}^{n-1} x_j\,d\left(\frac{\partial g}{\partial x_j}\right). \end{aligned}\right\} \tag{3.16}$$

Wenden wir sie auf die Phasen α und β an, so erhalten wir nach Einsetzen in Gl. (3.15) die folgenden Gleichungen:

$$\left.\begin{aligned} a\,d\sigma &= (s^{(\alpha)} - s^{(\sigma)})\,dT - (v^{(\alpha)} - v^{(\sigma)})\,dP + \sum_{i=1}^{n-1} (x_i^{(\alpha)} - x_i^{(\sigma)})\,d\left(\frac{\partial g}{\partial x_i}\right)^{(\alpha)} \\ a\,d\sigma &= (s^{(\beta)} - s^{(\sigma)})\,dT - (v^{(\beta)} - v^{(\sigma)})\,dP + \sum_{i=1}^{n-1} (x_i^{(\beta)} - x_i^{(\alpha)})\,d\left(\frac{\partial g}{\partial x_i}\right)^{(\beta)} \end{aligned}\right\} \tag{3.17}$$

Für die Herleitung der Gl. (3.17) sind wir von der Fundamentalgleichung (3.3) ausgegangen. Analoge Betrachtungen können gleichfalls für Gl. (3.7) vorgenommen werden, deren Größen sich nicht auf die Grenzflächenschicht, sondern ausschließlich auf das Gesamtsystem beziehen. Als Ergebnis erhalten wir

$$\left.\begin{aligned} a_0\,d\sigma &= (s^{(\alpha)} - s)\,dT - (v^{(\alpha)} - v)\,dP + \sum_{i=1}^{n-1} (x_i^{(\alpha)} - x_i)\,d\left(\frac{\partial g}{\partial x_i}\right)^{(\alpha)} \\ a_0\,d\sigma &= (s^{(\beta)} - s)\,dT - (v^{(\beta)} - v)\,dP + \sum_{i=1}^{n-1} (x_i^{(\beta)} - x_i)\,d\left(\frac{\partial g}{\partial x_i}\right)^{(\beta)} \end{aligned}\right\} \tag{3.18}$$

mit $a_0 \equiv A/m,\ s \equiv S/m,\ v \equiv V/m,\ x_i \equiv m_i/m,\ m \equiv \sum_{i=1}^{n} m_i$

Sowohl aus den Gln. (3.17) als auch den Gln. (3.18) können wir nun das gesuchte Gleichungssystem, das Temperatur, Druck, Grenzflächenspannung und Molenbrüche verknüpft, erhalten. Hierfür benutzen wir die Bedingung (3.13) sowie die Ausdrücke für die totalen Differentiale der partiellen Ableitungen des GIBBSschen thermodynamischen Potentials nach den Molenbrüchen. Diese lauten für die Raumphasen

$$d\left(\frac{\partial g}{\partial x_i}\right) = -\frac{\partial s}{\partial x_i}\,dT + \frac{\partial v}{\partial x_i}\,dP + \sum_{k=1}^{n-1} g_{ik}\,dx_k \qquad (i = 1, 2, \ldots, n-1) \tag{3.19}$$

[1] Beziehung (3.16) folgt aus den Ausdrücken (2.40), (2.41) und (3.10).

bzw. für die Grenzflächenschicht oder das Gesamtsystem

$$d\left(\frac{\partial g}{\partial x_i}\right) = -\frac{\partial s}{\partial x_i}\,dT + \frac{\partial v}{\partial x_i}\,dP - \frac{\partial a}{\partial x_i}\,d\sigma + \sum_{k=1}^{n-1} g_{ik}\,dx_k \qquad (i = 1, 2, \ldots, n-1). \quad (3.20)$$

Beziehen wir zu Beginn die Größen $(\partial g/\partial x_i)$ in den Gln. (3.17) auf Phase α, und wenden wir auf diese Phase auch Ausdruck (3.19) an, so erhalten wir ein System von Differentialgleichungen, das Temperatur, Druck, Grenzflächenspannung und Zusammensetzung von Phase α verbindet:

$$\left.\begin{aligned} a\,d\sigma &= -s_{\alpha\sigma}\,dT + v_{\alpha\sigma}\,dP + \sum_{i,k=1}^{n-1} (x_i^{(\alpha)} - x_i^{(\sigma)})\, g_{ik}^{(\alpha)}\, dx_k^{(\alpha)} \\ a\,d\sigma &= (s_{\alpha\beta} - s_{\alpha\sigma})\,dT - (v_{\alpha\beta} - v_{\alpha\sigma})\,dP + \sum_{i,k=1}^{n-1} (x_i^{(\beta)} - x_i^{(\sigma)})\, g_{ik}^{(\alpha)}\, dx_k^{(\alpha)}. \end{aligned}\right\} \quad (3.21)$$

Zugunsten einer gedrängten Darstellung werden hier die folgenden Beziehungen verwendet:

$$\left.\begin{aligned} s_{\alpha\beta} &\equiv s^{(\beta)} - s^{(\alpha)} - \sum_{i=1}^{n-1} (x_i^{(\beta)} - x_i^{(\alpha)}) \left(\frac{\partial s}{\partial x_i}\right)^{(\alpha)} \\ s_{\alpha\sigma} &\equiv s^{(\sigma)} - s^{(\alpha)} - \sum_{i=1}^{n-1} (x_i^{(\sigma)} - x_i^{(\alpha)}) \left(\frac{\partial s}{\partial x_i}\right)^{(\alpha)} \\ v_{\alpha\beta} &\equiv v^{(\beta)} - v^{(\alpha)} - \sum_{i=1}^{n-1} (x_i^{(\beta)} - x_i^{(\alpha)}) \left(\frac{\partial v}{\partial x_i}\right)^{(\alpha)} \\ v_{\alpha\sigma} &\equiv v^{(\sigma)} - v^{(\alpha)} - \sum_{i=1}^{n-1} (x_i^{(\sigma)} - x_i^{(\alpha)}) \left(\frac{\partial v}{\partial x_i}\right)^{(\alpha)}. \end{aligned}\right\} \quad (3.22)$$

Ihrem physikalischen Sinn nach stellen die Größen $s_{\alpha\beta}$ bzw. $Ts_{\alpha\beta}$ den differentiellen molaren Entropieeffekt bzw. die differentielle molare Wärme des Phasenüberganges $\alpha \to \beta$ dar, was gleichbedeutend mit der Entropieänderung bzw. dem Wärmeeffekt bei der Bildung eines Mols der Phase β aus einer unendlich großen Menge der Phase α ist. In Analogie hierzu verkörpern die Größen $s_{\alpha\sigma}$ bzw. $Ts_{\alpha\sigma}$ den differentiellen molaren Entropieeffekt bzw. die differentielle molare Wärme des Überganges zwischen Phase α und Grenzflächenschicht, d. h. die Entropieänderung bzw. den Wärmeeffekt bei der Bildung eines Mols der Grenzflächenschicht aus einer unendlich großen Menge der Phase α. Die Größen $v_{\alpha\beta}$ und $v_{\alpha\sigma}$ sind die differentiellen molaren Volumeneffekte für die Übergänge $\alpha \to \beta$ bzw. $\alpha \to \sigma$, d. h. die Volumenänderungen des Systems bei der Bildung von jeweils einem Mol der Phase β bzw. der Grenzflächenschicht zu Lasten einer unendlich großen Menge der Phase α.

Beziehen wir nunmehr die Größen $(\partial g/\partial x_i)$ in den Gln. (3.17) auf Phase β und wenden auf diese Phase auch Ausdruck (3.19) an, so erhalten wir ein System von Differentialgleichungen, das Temperatur, Druck, Grenzflächenspannung und Zusammensetzung der Phase β verbindet:

$$\left.\begin{aligned} a\,d\sigma &= (s_{\beta\alpha} - s_{\beta\sigma})\,dT - (v_{\beta\alpha} - v_{\beta\sigma})\,dP + \sum_{i,k=1}^{n-1} (x_i^{(\alpha)} - x_i^{(\sigma)})\, g_{ik}^{(\beta)}\, dx_k^{(\beta)} \\ a\,d\sigma &= -s_{\beta\sigma}\,dT + v_{\beta\sigma}\,dP + \sum_{i,k=1}^{n-1} (x_i^{(\beta)} - x_i^{(\sigma)})\, g_{ik}^{(\beta)}\, dx_k^{(\beta)} \end{aligned}\right\} \quad (3.23)$$

mit

$$\left.\begin{aligned}
s_{\beta\alpha} &\equiv s^{(\alpha)} - s^{(\beta)} - \sum_{i=1}^{n-1} (x_i^{(\alpha)} - x_i^{(\beta)}) \left(\frac{\partial s}{\partial x_i}\right)^{(\beta)} \\
s_{\beta\sigma} &\equiv s^{(\sigma)} - s^{(\beta)} - \sum_{i=1}^{n-1} (x_i^{(\sigma)} - x_i^{(\beta)}) \left(\frac{\partial s}{\partial x_i}\right)^{(\beta)} \\
v_{\beta\alpha} &\equiv v^{(\alpha)} - v^{(\beta)} - \sum_{i=1}^{n-1} (x_i^{(\alpha)} - x_i^{(\beta)}) \left(\frac{\partial v}{\partial x_i}\right)^{(\beta)} \\
v_{\beta\sigma} &\equiv v^{(\sigma)} - v^{(\beta)} - \sum_{i=1}^{n-1} (x_i^{(\sigma)} - x_i^{(\beta)}) \left(\frac{\partial v}{\partial x_i}\right)^{(\beta)} .
\end{aligned}\right\} \tag{3.24}$$

Die Größen $s_{\beta\alpha}$ und $s_{\beta\sigma}$ sowie $v_{\beta\alpha}$ und $v_{\beta\sigma}$ stellen die differentiellen molaren Entropie- bzw. Volumeneffekte für die Übergänge $\beta \to \alpha$ bzw. $\beta \to \sigma$ dar, d. h. die Effekte, welche die Bildung jeweils eines Mols der Phase α bzw. der Grenzflächenschicht aus einer unendlich großen Menge der Phase β begleiten. Es sei daran erinnert, daß die differentiellen molaren Effekte der Übergänge hin und zurück nur in dem Falle gleiche Absolutwerte annehmen, wenn die Zusammensetzung beim Übergang unverändert bleibt (z. B. für den Raumphasenübergang in einem azeotropen Punkt). Da die Numerierung der Phasen willkürlich ist, können die Gln. (3.23) auch aus den Gln. (3.21) durch einfache Umordnung der Indices α und β erhalten werden.

Beziehen wir in den Gln. (3.17) die Größen $(\partial g/\partial x_i)$ auf die Grenzflächenschicht und wenden wir auf diese die Gl. (3.20) an, so erhalten wir ein System von Differentialgleichungen, das Temperatur, Druck, Grenzflächenspannung und Zusammensetzung der Grenzflächenschicht verbindet:

$$\left.\begin{aligned}
&\left[a + \sum_{i=1}^{n-1} (x_i^{(\alpha)} - x_i^{(\sigma)}) \left(\frac{\partial a}{\partial x_i}\right)^{(\sigma)}\right] d\sigma = s_{\sigma\alpha}\, dT - v_{\sigma\alpha}\, dP \\
&\qquad + \sum_{i,k=1}^{n-1} (x_i^{(\alpha)} - x_i^{(\sigma)})\, g_{ik}^{(\sigma)}\, dx_k^{(\sigma)} \\
&\left[a + \sum_{i=1}^{n-1} (x_i^{(\beta)} - x_i^{(\sigma)}) \left(\frac{\partial a}{\partial x_i}\right)^{(\sigma)}\right] d\sigma = s_{\sigma\beta}\, dT - v_{\sigma\beta}\, dP \\
&\qquad + \sum_{i,k=1}^{n-1} (x_i^{(\beta)} - x_i^{(\sigma)})\, g_{ik}^{(\sigma)}\, dx_k^{(\sigma)}
\end{aligned}\right\} \tag{3.25}$$

mit

$$\left.\begin{aligned}
s_{\sigma\alpha} &\equiv s^{(\alpha)} - s^{(\sigma)} - \sum_{i=1}^{n-1} (x_i^{(\alpha)} - x_i^{(\sigma)}) \left(\frac{\partial s}{\partial x_i}\right)^{(\sigma)} \\
s_{\sigma\beta} &\equiv s^{(\beta)} - s^{(\sigma)} - \sum_{i=1}^{n-1} (x_i^{(\beta)} - x_i^{(\sigma)}) \left(\frac{\partial s}{\partial x_i}\right)^{(\sigma)} \\
v_{\sigma\alpha} &\equiv v^{(\alpha)} - v^{(\sigma)} - \sum_{i=1}^{n-1} (x_i^{(\alpha)} - x_i^{(\sigma)}) \left(\frac{\partial v}{\partial x_i}\right)^{(\sigma)} \\
v_{\sigma\beta} &\equiv v^{(\beta)} - v^{(\sigma)} - \sum_{i=1}^{n-1} (x_i^{(\beta)} - x_i^{(\sigma)}) \left(\frac{\partial v}{\partial x_i}\right)^{(\sigma)} .
\end{aligned}\right\} \tag{3.26}$$

Ihrem physikalischen Sinn nach stellen die Größen $s_{\sigma\alpha}$ und $s_{\sigma\beta}$ sowie $v_{\sigma\alpha}$ und $v_{\sigma\beta}$ die differentiellen molaren Entropie- bzw. Volumeneffekte für die Übergänge $\sigma \to \alpha$ bzw. $\sigma \to \beta$ dar, d. h. die Effekte, welche die Bildung jeweils eines Mols der Phase α bzw. β aus einer unendlich großen Menge der Grenzflächenschicht begleiten. Die Größen $Ts_{\sigma\alpha}$ und $Ts_{\sigma\beta}$ verkörpern die differentiellen molaren Wärmen der Übergänge $\sigma \to \alpha$ bzw. $\sigma \to \beta$. Vereinbaren wir, jeden Massenübergang aus einer Raumphase in eine Grenzflächenschicht mit Adsorption bzw. den umgekehrten Prozeß mit Desorption zu bezeichnen, so sind die durch die Gln. (3.22) und (3.24) bzw. (3.26) definierten Größen die bei der Adsorption bzw. Desorption auftretenden jeweiligen differentiellen molaren Effekte.

Bei der Herleitung der Gleichungssysteme (3.21), (3.23) und (3.25) waren wir von den Beziehungen (3.17) ausgegangen. Über ein analoges Vorgehen können aus den Beziehungen (3.18) ebenfalls drei Gleichungssysteme entwickelt werden, die die Änderungen von Temperatur, Druck, Grenzflächenspannung und Molenbrüchen verknüpfen. Das erste dieser Systeme koppelt analog zu (3.21) Temperatur, Druck, Grenzflächenspannung und Zusammensetzung der Phase α (somit haben wir diese Abhängigkeit in zwei Varianten dargestellt):

$$\left.\begin{aligned} a_0\, d\sigma &= -s_{\alpha 0}\, dT + v_{\alpha 0}\, dP + \sum_{i,k=1}^{n-1} (x_i^{(\alpha)} - x_i)\, g_{ik}^{(\alpha)}\, dx_k^{(\alpha)} \\ a_0\, d\sigma &= (s_{\alpha\beta} - s_{\alpha 0})\, dT - (v_{\alpha\beta} - v_{\alpha 0})\, dP + \sum_{i,k=1}^{n-1} (x_i^{(\beta)} - x_i)\, g_{ik}^{(\alpha)}\, dx_k^{(\alpha)} \end{aligned}\right\} \tag{3.27}$$

mit

$$\left.\begin{aligned} s_{\alpha 0} &\equiv s - s^{(\alpha)} - \sum_{i=1}^{n-1} (x_i - x_i^{(\alpha)}) \left(\frac{\partial s}{\partial x_i}\right)^{(\alpha)} \\ v_{\alpha 0} &\equiv v - v^{(\alpha)} - \sum_{i=1}^{n-1} (x_i - x_i^{(\alpha)}) \left(\frac{\partial v}{\partial x_i}\right)^{(\alpha)}. \end{aligned}\right\} \tag{3.28}$$

Das zweite dieser Systeme verbindet analog zu Gl. (3.23) Temperatur, Druck, Grenzflächenspannung und Zusammensetzung der Phase β (somit liegt auch diese Abhängigkeit in zwei Varianten vor):

$$\left.\begin{aligned} a_0\, d\sigma &= (s_{\beta\alpha} - s_{\beta 0})\, dT - (v_{\beta\alpha} - v_{\beta 0})\, dP + \sum_{i,k=1}^{n-1} (x_i^{(\alpha)} - x_i)\, g_{ik}^{(\beta)}\, dx_k^{(\beta)} \\ a_0\, d\sigma &= -s_{\beta 0}\, dT + v_{\beta 0}\, dP + \sum_{i,k=1}^{n-1} (x_i^{(\beta)} - x_i)\, g_{ik}^{(\beta)}\, dx_k^{(\beta)} \end{aligned}\right\} \tag{3.29}$$

mit

$$\left.\begin{aligned} s_{\beta 0} &\equiv s - s^{(\beta)} - \sum_{i,k=1}^{n-1} (x_i - x_i^{(\beta)}) \left(\frac{\partial s}{\partial x_i}\right)^{(\beta)} \\ v_{\beta 0} &\equiv v - v^{(\beta)} - \sum_{i,k=1}^{n-1} (x_i - x_i^{(\beta)}) \left(\frac{\partial v}{\partial x_i}\right)^{(\beta)}. \end{aligned}\right\} \tag{3.30}$$

Und schließlich verknüpft das dritte Gleichungssystem Temperatur, Druck, Grenzflächenspannung und Brutto-Zusammensetzung des Gesamtsystems:

$$\left.\begin{aligned} \left[a_0 + \sum_{i=1}^{n-1} (x_i^{(\alpha)} - x_i) \frac{\partial a_0}{\partial x_i}\right] d\sigma &= s_{0\alpha}\, dT - v_{0\alpha}\, dP + \sum_{i,k=1}^{n-1} (x_i^{(\alpha)} - x_i)\, g_{ik}\, dx_k \\ \left[a_0 + \sum_{i=1}^{n-1} (x_i^{(\beta)} - x_i) \frac{\partial a_0}{\partial x_i}\right] d\sigma &= s_{0\beta}\, dT - v_{0\beta}\, dP + \sum_{i,k=1}^{n-1} (x_i^{(\beta)} - x_i)\, g_{ik}\, dx_k \end{aligned}\right\} \quad (3.31)$$

mit

$$\left.\begin{aligned} s_{0\alpha} &\equiv s^{(\alpha)} - s - \sum_{i=1}^{n-1} (x_i^{(\alpha)} - x_i) \frac{\partial s}{\partial x_i} \\ s_{0\beta} &\equiv s^{(\beta)} - s - \sum_{i=1}^{n-1} (x_i^{(\beta)} - x_i) \frac{\partial s}{\partial x_i} \\ v_{0\alpha} &\equiv v^{(\alpha)} - v - \sum_{i=1}^{n-1} (x_i^{(\alpha)} - x_i) \frac{\partial v}{\partial x_i} \\ v_{0\beta} &\equiv v^{(\beta)} - v - \sum_{i=1}^{n-1} (x_i^{(\beta)} - x_i) \frac{\partial v}{\partial x_i}. \end{aligned}\right\} \quad (3.32)$$

Von d en hergeleiteten sechs Gleichungssystemen verfügen jene über die größte praktische Bedeutung, in denen als Variable die Molenbrüche der Komponenten in den Raumphasen auftreten. Diese Größen können unmittelbar experimentell bestimmt werden. Da die Numerierung der Phasen willkürlich ist, sind die Gln. (3.23) und (3.29) den Gln. (3.21) bzw. (3.27) durchaus äquivalent und bedürfen daher im weiteren keiner gesonderten Betrachtung. Das Gleichungssystem (3.25) ist für die Theorie von besonderem Interesse, da es die Abhängigkeit der Grenzflächenspannung von der Zusammensetzung der Grenzflächenschicht beschreibt und als Prüfstein für jene theoretischen Ansätze dienen kann, im Rahmen derer diese Abhängigkeit in irgendeiner Form postuliert wird. Des weiteren kann das System (3.25) für die Konsistenzprüfung von Ergebnissen einer nach anderen Formeln erfolgten Berechnung der Zusammensetzung von Grenzflächenschichten verwendet werden.

Die Gln. (3.31) sind bei ihrer Anwendung auf Systeme des Typs Flüssigkeit—Dampf insofern von Intersse, als sie in beiden Seiten unmittelbar experimentell bestimmbare Größen enthalten und infolgedessen die Möglichkeit geben, die Gibbssche Adsorptionsgleichung experimentell zu überprüfen, ohne daß mit Hilfe irgendeines Vorgehens die Grenzflächenschicht von den Raumphasen getrennt zu werden braucht. Für einen solchen Zweck sind die Größen x_i vorzugeben und die Größen σ sowie $x_i^{(\alpha)}$ experimentell zu bestimmen. Die Effektivität dieser Methode wird nur von der Genauigkeit der Experimente, mit denen Grenzflächenspannung und Zusammensetzung der Raumphase bestimmt werden, beeinflußt. Allerdings ist das Gleichungssystem (3.31) auf die in der üblichen Praxis auftretenden Fälle, bei denen eine Grenzfläche zwischen Flüssig- und Dampfphase stets bei gleichzeitiger Existenz anderer Grenzflächen (z. B. der Gefäßwände) in Erscheinung tritt, nur dann anwendbar, wenn die summare Adsorption an diesen zusätzlichen Grenzflächen gegenüber der Adsorption an der untersuchten Grenzfläche vernachlässigbar klein ist. Aus diesem Grunde verfügt für Systeme der Typen Flüssig—Dampf und Flüssig—Flüssig, deren Grenzflächenspannung experimentell leicht zugänglich ist, das Gleichungssystem (3.21) über die größere Bedeutung.

3.3. Aus Gleichungssystem (3.21) folgende thermodynamische Grundgleichungen

Über die Eliminierung jeweils einer der Größen σ, T, P können aus dem Gleichungssystem (3.21) drei thermodynamische Grundgleichungen erhalten werden, die das Zweiphasengleichgewicht in Anwesenheit einer ebenen Diskontinuitätsfläche charakterisieren. Eliminieren wir $d\sigma$, so folgt die Gleichung

$$v_{\alpha\beta}\, dP = s_{\alpha\beta}\, dT + \sum_{i,k=1}^{n-1} (x_i^{(\beta)} - x_i^{(\alpha)})\, g_{ik}^{(\alpha)}\, dx_k^{(\alpha)}, \tag{3.33}$$

in der keine die Grenzflächenschicht kennzeichnenden Größen enthalten sind. Gl. (3.33) ist mit der verallgemeinerten VAN DER WAALSschen Differentialgleichung identisch, die in der Thermodynamik heterogener Gleichgewichte einen zentralen Platz einnimmt. Die verallgemeinerte VAN DER WAALSsche Differentialgleichung wurde erstmals von STORONKIN [1, 2] unter der Voraussetzung hergeleitet, daß der Einfluß von Grenzflächenerscheinungen auf die Bedingungen heterogener Gleichgewichte vernachlässigbar sei. Das von uns erhaltene Ergebnis zeigt jedoch, daß diese Gleichung, mithin alle sich aus ihr ergebenden Konsequenzen, auch bei strenger Berücksichtigung von Grenzflächenerscheinungen in Kraft bleiben, solange die Diskontinuitätsfläche eben ist. Diese Schlußfolgerung ist für die Thermodynamik der Grenzflächenerscheinungen von wesentlicher Bedeutung, da sie erlaubt, die ohne Berücksichtigung von Grenzflächenerscheinungen erhaltenen grundlegenden Resultate der Theorie heterogener Systeme zu übernehmen.

Eliminieren wir aus Gln. (3.21) dP, so erhalten wir die folgende Beziehung:

$$a\, d\sigma = \left(s_{\alpha\beta} \frac{v_{\alpha\sigma}}{v_{\alpha\beta}} - s_{\alpha\sigma}\right) dT + \sum_{i,k=1}^{n-1} \left[(x_i^{(\beta)} - x_i^{(\alpha)}) \frac{v_{\alpha\sigma}}{v_{\alpha\beta}} - (x_i^{(\sigma)} - x_i^{(\alpha)})\right] g_{ik}^{(\alpha)}\, dx_k^{(\alpha)}. \tag{3.34}$$

Schließlich ergibt sich bei der Eliminierung von dT die Gleichung:

$$a\, d\sigma = \left(v_{\alpha\sigma} - \frac{s_{\alpha\sigma}}{s_{\alpha\beta}} v_{\alpha\beta}\right) dP + \sum_{i,k=1}^{n-1} \left[(x_i^{(\beta)} - x_i^{(\alpha)}) \frac{s_{\alpha\sigma}}{s_{\alpha\beta}} - (x_i^{(\sigma)} - x_i^{(\alpha)})\right] g_{ik}^{(\alpha)}\, dx_k^{(\alpha)}. \tag{3.35}$$

Die Gln. (3.34) und (3.35) geben die Abhängigkeit der Grenzflächenspannung von Temperatur, Druck und Zusammensetzung einer der koexistierenden Phasen wieder. Sie sind von großem praktischem Interesse und können als Grundlage einer Thermodynamik der Grenzflächenerscheinungen bei Anwesenheit ebener Diskontinuitätsflächen zwischen den koexistierenden Phasen dienen. In den folgenden Kapiteln werden wir eine detaillierte Analyse der Gln. (3.34) und (3.35) vornehmen. Bevor wir uns jedoch diesen zuwenden, wollen wir noch jene Grundbeziehungen für das Zweiphasengleichgewicht in Gegenwart einer ebenen Diskontinuitätsfläche betrachten, zu welchen die GIBBSsche Methode führt.

3.4. Nach der Gibbsschen Methode hergeleitete Grundgleichungen für die Verschiebung eines Zweiphasengleichgewichtes in Gegenwart einer ebenen Diskontinuitätsfläche

Als Ausgangspunkt für die Herleitung der Gl. (3.21) diente die Beziehung (3.13), doch all unsere Überlegungen können mit gleichem Erfolg auch auf die GIBBSsche Gleichung (2.68) angewendet werden. Die dabei resultierenden Beziehungen haben formal das gleiche Aussehen wie Gl. (3.21):

$$\left.\begin{aligned} \bar{a}\, d\sigma &= -\bar{s}_{\alpha\sigma}\, dT + \bar{v}_{\alpha\sigma}\, dP + \sum_{i,k=1}^{n-1} (x_i^{(\alpha)} - \bar{x}_i^{(\sigma)})\, g_{ik}^{(\alpha)}\, dx_k^{(\alpha)} \\ \bar{a}\, d\sigma &= (s_{\alpha\beta} - \bar{s}_{\alpha\sigma})\, dT - (v_{\alpha\beta} - \bar{v}_{\alpha\sigma})\, dP + \sum_{i,k=1}^{n-1} (x_i^{(\beta)} - \bar{x}_i^{(\sigma)})\, g_{ik}^{(\alpha)}\, dx_k^{(\alpha)}. \end{aligned}\right\} \quad (3.36)$$

Die in (3.36) eingehenden Größen sind wie folgt definiert:

$$\bar{a} \equiv \frac{A}{\overline{m}} = \frac{1}{\Gamma} \quad (3.37)$$

$$\bar{s}_{\alpha\sigma} \equiv \frac{\bar{S}}{\overline{m}} - s^{(\alpha)} - \sum_{i=1}^{n-1} (\bar{x}_i^{(\sigma)} - x_i^{(\alpha)}) \left(\frac{\partial s}{\partial x_i}\right)^{(\alpha)} \quad (3.38)$$

$$\bar{v}_{\alpha\sigma} \equiv -v^{(\alpha)} - \sum_{i=1}^{n-1} (\bar{x}_i^{(\sigma)} - x_i^{(\alpha)}) \left(\frac{\partial v}{\partial x_i}\right)^{(\alpha)} \quad (3.39)$$

$$\bar{x}_i^{(\sigma)} \equiv \frac{\overline{m}_i}{m}. \quad (3.40)$$

Hierbei stellt $\overline{m}$ den summaren Massenüberschuß und Γ die summare absolute Adsorption aller Komponenten dar:

$$\overline{m} \equiv \sum_{i=1}^{n} \overline{m}_i; \qquad \Gamma \equiv \sum_{i=1}^{n} \Gamma_i. \quad (3.41)$$

Aus den aufgeführten Beziehungen ist allerdings ersichtlich, daß die Größen $\bar{a}$, $\bar{s}_{\alpha\sigma}$ $\bar{v}_{\alpha\sigma}$, $\bar{x}_i^{(\sigma)}$ einen gänzlich anderen physikalischen Sinn als die ihnen in Gl. (3.21) entsprechenden Größen haben. Beispielsweise beschreiben die Größen $\bar{s}_{\alpha\sigma}$ und $\bar{v}_{\alpha\sigma}$ keinen realen physikalischen Vorgang. Da $\overline{m}$ sowohl positiv als auch negativ sein kann, haben die in Gl. (3.36) stehenden Größen $\bar{x}_i^{(\sigma)}$ keineswegs mehr den physikalischen Sinn von Molbrüchen, aus deren Eigenschaften sie lediglich über

$$\sum_{i=1}^{n} \bar{x}_i^{(\sigma)} = 1$$

verfügen.

Benutzen wir die Ausdrücke (3.37)⋯(3.40), um die Gl. (3.36) in eine handlichere Form zu bringen:

$$\left.\begin{aligned} d\sigma &= \left[s^{(\alpha)}\Gamma + \sum_{i=1}^{n-1}(\Gamma_i - x_i^{(\alpha)}\Gamma)\left(\frac{\partial s}{\partial x_i}\right)^{(\alpha)} - \frac{\bar{S}}{A}\right] dT \\ &\quad - \left[v^{(\alpha)}\Gamma + \sum_{i=1}^{n-1}(\Gamma_i - x_i^{(\alpha)}\Gamma)\left(\frac{\partial v}{\partial x_i}\right)^{(\alpha)}\right] dP - \sum_{i,k=1}^{n-1}(\Gamma_i - x_i^{(\alpha)}\Gamma)\, g_{ik}^{(\alpha)}\, dx_k^{(\alpha)} \\ d\sigma &= \left[s^{(\beta)}\Gamma + \sum_{i=1}^{n-1}(\Gamma_i - x_i^{(\beta)}\Gamma)\left(\frac{\partial s}{\partial x_i}\right)^{(\alpha)} - \frac{\bar{S}}{A}\right] dT \\ &\quad - \left[v^{(\beta)}\Gamma + \sum_{i=1}^{n-1}(\Gamma_i - x_i^{(\beta)}\Gamma)\left(\frac{\partial v}{\partial x_i}\right)^{(\alpha)}\right] dP - \sum_{i,k=1}^{n-1}(\Gamma_i - x_i^{(\beta)}\Gamma)\, g_{ik}^{(\alpha)}\, dx_k^{(\alpha)}. \end{aligned}\right\} \quad (3.42)$$

Es ist leicht einzusehen, daß die Gln. (3.42) auch in dieser Fassung für eine praktische Anwendung den Gln. (3.21) an Handlichkeit nachstehen, weshalb wir von einer detaillierten Betrachtung Abstand nehmen wollen. Dessen ungeachtet muß betont werden, daß in prinzipieller Hinsicht das Gleichungssystem (3.42) dem System (3.21) vollkommen äquivalent ist und nötigenfalls für die Lösung beliebiger Probleme der Theorie heterogener Systeme in Gegenwart ebener Diskontinuitätsflächen eingesetzt werden kann.

Aus dem Gleichungssystem (3.42) können Beziehungen für verschiedene Sonderfälle hergeleitet werden. Eine davon ist wiederum Gl. (3.33). Eliminieren von dP aus Gl. (3.42) führt zu einem (3.34) analogen Zusammenhang:

$$\begin{aligned} d\sigma = &-\left\{\frac{\bar{S}}{A} + \frac{s_{\alpha\beta}}{v_{\alpha\beta}}\left[v^{(\alpha)}\Gamma + \sum_{i=1}^{n-1}(\Gamma_i - x_i^{(\alpha)}\Gamma)\left(\frac{\partial v}{\partial x_i}\right)^{(\alpha)}\right] - s^{(\alpha)}\Gamma\right. \\ &\left.- \sum_{i=1}^{n-1}(\Gamma_i - x_i^{(\alpha)}\Gamma)\left(\frac{\partial s}{\partial x_i}\right)^{(\alpha)}\right\} dT - \sum_{i,k=1}^{n-1}\left\{\frac{x_i^{(\beta)} - x_i^{(\alpha)}}{v_{\alpha\beta}}\left[v^{(\alpha)}\Gamma\right.\right. \\ &\left.\left.+ \sum_{j=1}^{n-1}(\Gamma_j - x_j^{(\alpha)}\Gamma)\left(\frac{\partial v}{\partial x_j}\right)^{(\alpha)}\right] + (\Gamma_i - x_i^{(\alpha)}\Gamma)\right\} g_{ik}^{(\alpha)}\, dx_k^{(\alpha)}. \end{aligned} \quad (3.43)$$

Man kann sich leicht davon überzeugen, daß die in Gl. (3.43) bei dT und $dx_k^{(\alpha)}$ stehenden Koeffizienten invariant bezüglich einer Verschiebung der Trennfläche sind.

Eine besonders einfache Form nehmen die Gln. (3.42) und (3.43) für den Fall der äquimolekularen Trennfläche ($\Gamma = 0$) an. Die Gleichungen des Systems (3.42) werden identisch und gehen in

$$d\sigma = \left[\sum_{i=1}^{n-1}\Gamma_i^{(N)}\left(\frac{\partial s}{\partial x_i}\right)^{(\alpha)} - \frac{\bar{S}}{A}\right] dT - \left[\sum_{i=1}^{n-1}\Gamma_i^{(N)}\left(\frac{\partial v}{\partial x_i}\right)^{(\alpha)}\right] dP - \sum_{i,k=1}^{n-1}\Gamma_i^{(N)} g_{ik}^{(\alpha)}\, dx_k^{(\alpha)} \quad (3.44)$$

über. Diese Gleichung ist im Zusammenhang mit der verallgemeinerten VAN DER WAALSschen Differentialgleichung zu betrachten. Das resultierende Gleichungssystem ist dem System (3.42) äquivalent.

Über die Größen $\Gamma_i^{(N)}$ ausgedrückt, läßt sich Gl. (3.34) wie folgt formulieren:

$$d\sigma = -\left\{\frac{\bar{S}}{A} + \sum_{i=1}^{n-1} \Gamma_i^{(N)} \left[\frac{s_{\alpha\beta}}{v_{\alpha\beta}} \left(\frac{\partial v}{\partial x_i}\right)^{(\alpha)} - \left(\frac{\partial s}{\partial x_i}\right)^{(\alpha)}\right]\right\} dT$$
$$- \sum_{i,k=1}^{n-1} \left[\Gamma_i^{(N)} + \frac{x_i^{(\beta)} - x_i^{(\alpha)}}{v_{\alpha\beta}} \sum_{j=1}^{n-1} \Gamma_j^{(N)} \left(\frac{\partial v}{\partial x_j}\right)^{(\alpha)}\right] g_{ik}^{(\alpha)}\, dx_k^{(\alpha)}. \tag{3.45}$$

Literatur

[1] A. B. Сторонкин: „*Об условиях термодинамического равновесия многокомпонентных систем*“ (russ.; „Über die Bedingungen des thermodynamischen Gleichgewichtes von Vielkomponentensystemen“), Verlag der Leningrader Universität, Leningrad 1948

[2] A. B. Сторонкин: „*Термодинамика гетерогенных систем*“ (russ.; „Thermodynamik heterogener Systeme“), Verlag der Leningrader Universität, Leningrad 1967

4. Abhängigkeit der Grenzflächenspannung von der Temperatur

4.1. Allgemeine thermodynamische Beziehungen

Die Bedingungen, unter denen ein Zweiphasensystem betrachtet wird, bestimmen die Form der Abhängigkeit der Grenzflächenspannung von der Temperatur.

Ist die Zusammensetzung einer der Phasen während des Betrachtungszeitraumes konstant (z. B. wenn bei verschiedenen Temperaturen die Grenzflächenspannung einer flüssigen Lösung ein und derselben Zusammensetzung gemessen wird), so hat diese Abhängigkeit gemäß Gl. (3.34) das Aussehen

$$a \left(\frac{d\sigma}{dT}\right)_{x_1^{(\alpha)},\ldots,x_{n-1}^{(\alpha)}} = s_{\alpha\beta} \frac{v_{\alpha\sigma}}{v_{\alpha\beta}} - s_{\alpha\sigma}. \tag{4.1}$$

Unter diesen Bedingungen ist das System univariant, und mit der Temperatur ändern sich die weiteren Zustandsparameter des Systems: Druck, Zusammensetzungen der angrenzenden Phase, Grenzflächenspannung, Grenzflächenschichtdicke usw. Die Druckänderung, welche prinzipiell ebenfalls zu einer Änderung der Grenzflächenspannung führt, läßt sich mit Hilfe der CLAUSIUS-CLAPEYRONschen Gleichung

$$\left(\frac{dP}{dT}\right)_{x_1^{(\alpha)},\ldots,x_{n-1}^{(\alpha)}} = \frac{s_{\alpha\beta}}{v_{\alpha\beta}} \tag{4.2}$$

beschreiben, die aus der verallgemeinerten VAN DER WAALSschen Differentialgleichung (3.33) hervorgeht. Eine Änderung der Zusammensetzung von Phase β beeinflußt gleichfalls die Grenzflächenspannung. Somit existieren unter den betrachteten Bedingungen neben dem direkten Einfluß der Temperatur zumindest zwei wesentliche zusätzliche Faktoren, die eine Änderung der Grenzflächenspannung bewirken: die Änderung des Druckes bzw. der Zusammensetzung von Phase β. Sind der Druck und die Dichte von Phase β gering (z. B. für den Fall, daß die Phasen α und β eine flüssige Lösung bzw. ein verdünntes Gas darstellen), so wird der Einfluß der zusätzlichen Faktoren im Vergleich mit dem Temperatureinfluß vernachlässigbar gering. Sind hingegen der Druck und die Dichte von Phase β hoch, so wird der Einfluß der zusätzlichen Faktoren bedeutend. Damit läßt sich erklären, daß die Temperaturabhängigkeit der Grenzflächenspannung in Nähe des kritischen Punktes bzw. in weiterer Entfernung von diesem einen qualitativ unterschiedlichen Charakter trägt.

Anders geartete Beziehungen gelten unter der Bedingung der Druckkonstanz. In diesem Falle nimmt Gleichungssystem (3.21) die folgende Form an:

$$\left.\begin{aligned} a\left(\frac{d\sigma}{dT}\right)_P &= -s_{\alpha\sigma} + \sum_{i,k=1}^{n-1} (x_i^{(\alpha)} - x_i^{(\sigma)})\, g_{ik}^{(\alpha)} \left(\frac{dx_k}{dT}\right)_P^{(\alpha)} \\ a\left(\frac{d\sigma}{dT}\right)_P &= s_{\alpha\beta} - s_{\alpha\sigma} + \sum_{i,k=1}^{n-1} (x_i^{(\beta)} - x_i^{(\sigma)})\, g_{ik}^{(\alpha)} \left(\frac{dx_k}{dT}\right)_P^{(\alpha)}. \end{aligned}\right\} \tag{4.3}$$

Daraus ist zu ersehen, daß eine Temperaturänderung stets auch eine Änderung der Zusammensetzung nach sich zieht. Die Änderung der Zusammensetzung tritt hier als zusätzlicher Faktor auf, der — neben dem in gleicher Richtung wirkenden Temperatureinfluß — eine Änderung der Grenzflächenspannung nach sich zieht. Als Beispiel können polytherme Messungen der Grenzflächenspannung einer flüssigen Lösung an ihrer Grenzfläche mit irgendeinem Fremdgas angeführt werden, sofern die Temperaturänderung zu einer Änderung der Löslichkeit des Gases und infolgedessen zu einer Zusammensetzungsänderung der Lösung führt. Bei weiter Entfernung vom kritischen Punkt kann der Einfluß der Zusammensetzungsänderung der Lösung auf die Temperaturabhängigkeit der Grenzflächenspannung vernachlässigbar klein werden, nicht aber in Nähe des kritischen Punktes.

Auf Einkomponenten-Systeme sind die Gln. (4.3) nicht anwendbar, da diese bei konstantem Druck nonvariant sind.

Aus der Zahl der den Temperatureinfluß auf die Zusammensetzung von Phase α beschreibenden Ableitungen können sich in den rechten Seiten der Gln. (4.3) nur $(n - 2)$ Ableitungen unabhängig voneinander ändern. Eliminiert man eine dieser Ableitungen, z. B. die Ableitung $(dx_{n-1}/dT)_P^{(\alpha)}$, so führt dies zu einer Gleichung, welche die Temperaturabhängigkeit der Grenzflächenspannung bei $P = \text{const}$ charakterisiert:

$$\begin{aligned} a\left(\frac{d\sigma}{dT}\right)_P &= -s_{\alpha\sigma} + X s_{\alpha\beta} \\ &\quad + \sum_{i=1}^{n-1}\sum_{k=1}^{n-1} [X(x_i^{(\beta)} - x_i^{(\alpha)}) + x_i^{(\alpha)} - x_i^{(\sigma)}]\, g_{ik}^{(\alpha)} \left(\frac{dx_k}{dT}\right)_P^{(\alpha)} \end{aligned} \tag{4.4}$$

mit

$$X \equiv \sum_{i=1}^{n-1} (x_i^{(\sigma)} - x_i^{(\alpha)})\, g_{i,n-1}^{(\alpha)} \Big/ \sum_{i=1}^{n-1} (x_i^{(\beta)} - x_i^{(\alpha)})\, g_{i,n-1}^{(\alpha)}. \tag{4.5}$$

4.2. Abhängigkeit der Grenzflächenspannung reiner Flüssigkeiten von der Temperatur

Die Abhängigkeit der Grenzflächenspannung reiner Flüssigkeiten von der Temperatur ist bereits vielfach untersucht worden. Diese Arbeiten haben zur Aufstellung einer Reihe von Regeln sowie empirischen und halbempirischen Gleichungen geführt (z. B. die Gleichungen von Ramsay und Shields [1], Eötvös [2], Katayama [3], Bačinski [4] und Herz [5]).[1] Die Eötvös-Katayamasche Gleichung kann in der Form

$$\frac{d}{dT}\left[\sigma\left(\frac{1}{v^{(\alpha)}} - \frac{1}{v^{(\beta)}}\right)^{-\frac{2}{3}}\right] = \text{const}$$

---

[1] Siehe z. B. [6] ··· [9].

geschrieben werden, wobei $v^{(\alpha)}$ und $v^{(\beta)}$ die Molvolumina der Flüssigkeit bzw. des Dampfes bedeuten. In ausreichender Entfernung von der kritischen Temperatur, d. h. sobald $v^{(\alpha)} \ll v^{(\beta)}$ wird, geht diese Beziehung in die EÖTVÖS-RAMSAY-SHILDSsche Gleichung über.

Von den Gleichungen, welche die Temperaturabhängigkeit der Grenzflächenspannung in expliziter Form wiedergeben, hat die von VAN DER WAALS vorgeschlagene Beziehung

$$\sigma = K(T_k - T)^{1+r} \tag{4.6}$$

in der K eine Konstante sowie r eine positive Größe, deren Wert < 1 ist, darstellen, die weiteste Verbreitung gefunden. Analog anderen empirischen Beziehungen drückt Gl. (4.6) eine Abnahme der Grenzflächenspannung bei Temperaturerhöhung aus. Eine von FERGUSON [20, 21] vorgenommene experimentelle Überprüfung dieser Gleichung hat für eine Reihe von Stoffen für die Größe r zu einem mittleren Wert von $r = 0{,}210 \pm 0{,}015$ geführt. Die Konstante K in Gl. (4.6) ist negativ. Eine theoretische Analyse [9]···[13] zeigt allerdings, daß K in Wirklichkeit eine komplizierte Funktion der Temperatur ist. In der Praxis äußert sich dies darin, daß Gl. (4.6) lediglich in einem mittleren vom kritischen Punkt weit entfernten Temperaturbereich näherungsweise erfüllt und nicht auf alle Flüssigkeiten anwendbar ist. In engen Temperaturbereichen erhält man häufig das experimentelle Resultat einer linearen Abnahme der Grenzflächenspannung bei wachsender Temperatur.

Eine weite Verbreitung hat auch die empirische Gleichung von BAČINSKI gefunden (später wurde die gleiche Beziehung von MCLEOD [14] erhalten), die durch SUDGEN [15] als Konstanz des Parachors

$$\mathscr{P} \equiv \sigma^{1/4} \left(\frac{1}{v^{(\alpha)}} - \frac{1}{v^{(\beta)}} \right)^{-1}$$

formuliert worden ist.

Aus experimentellen Ergebnissen ist jedoch bekannt, daß der Parachor nur in grober Näherung konstant ist, wobei bestimmte Unterschiede von Stoff zu Stoff auftreten. Auch Versuche einer theoretischen Behandlung des Parachors [7], [16]···[19] zeigen, daß die Regel vom konstanten Wert des Parachors sehr willkürlich und für den gesamten Temperaturbereich nur unzureichend begründbar ist.

Betrachten wir nunmehr jene aus den Gleichungen des vorstehenden Abschnitts folgenden thermodynamischen Gesetzmäßigkeiten, welche die Abhängigkeit der Grenzflächenspannung von der Temperatur berühren. Es soll die Änderung der Grenzflächenspannung reiner Flüssigkeiten an ihrer Grenzfläche zur Dampfphase in weiter Entfernung vom kritischen Punkt untersucht werden.

Für ein Einkomponenten-System nimmt Gl. (4.1) infolge der Beziehungen

$$\left.\begin{aligned} s_{\alpha\beta} &= s^{(\beta)} - s^{(\alpha)} \\ s_{\alpha\sigma} &= s^{(\sigma)} - s^{(\alpha)} \\ v_{\alpha\beta} &= v^{(\beta)} - v^{(\alpha)} \\ v_{\alpha\sigma} &= v^{(\sigma)} - v^{(\alpha)} \end{aligned}\right\} \tag{4.7}$$

die nachstehende einfache Form an:

$$a\,\frac{d\sigma}{dT} = \frac{s^{(\beta)}\,(v^{(\sigma)} - v^{(\alpha)}) + s^{(\alpha)}(v^{(\beta)} - v^{(\sigma)})}{v^{(\beta)} - v^{(\alpha)}} - s^{(\sigma)}. \tag{4.8}$$

Sind die Flüssigkeit α und der Dampf β weit vom kritischen Zustand entfernt, so übersteigt das Molvolumen des Dampfes $v^{(\beta)}$ das Molvolumen der Flüssigkeit $v^{(\alpha)}$ um ein Vielfaches:

$$v^{(\beta)} \gg v^{(\alpha)}. \tag{4.9}$$

Es kann nicht vorausgesetzt werden, daß eine analoge Bedingung auch für die Größen $s^{(\beta)}$ und $s^{(\alpha)}$ erfüllt ist. Aus experimentellen Untersuchungen folgt, daß für die Mehrzahl der Fälle die Größen $s^{(\beta)}$ und $s^{(\alpha)}$ innerhalb einer Größenordnung liegen, obwohl $s^{(\beta)}$ stets größer als $s^{(\alpha)}$ ist:

$$s^{(\beta)} > s^{(\alpha)}. \tag{4.10}$$

Bei einer Analyse von Gl. (4.8) unter Berücksichtigung der Bedingungen (4.9) und (4.10) ist zu beachten, wie sich die Eigenschaften der Grenzflächenschicht von jenen der koexistierenden Phasen unterscheiden. Zunächst wollen wir voraussetzen, daß das Molvolumen des Dampfes jenes der Grenzflächenschicht um ein Vielfaches übertrifft:

$$v^{(\beta)} \gg v^{(\sigma)}. \tag{4.11}$$

Diese Voraussetzung ist eine Folge der Ungleichung (4.9) sowie der geringen Reichweite der molekularen Wechselwirkungskräfte, welche die Schichtdicke der Diskontinuitätsfläche bestimmen. Weiterhin wollen wir annehmen, daß der Zustand der Grenzflächenschicht (hinsichtlich Zusammensetzung und Eigenschaften) im Vergleich mit den Zuständen der koexistierenden Phasen eine gewisse Zwischenstellung einnimmt, d. h. es gelten die Ungleichungen

$$\left.\begin{aligned} s^{(\beta)} > s^{(\sigma)} > s^{(\alpha)} \\ v^{(\beta)} > v^{(\sigma)} > v^{(\alpha)}. \end{aligned}\right\} \tag{4.12}$$

Diese Voraussetzung ist lediglich für Einkomponenten-Systeme gültig, da sich in Mehrkomponenten-Systemen Zusammensetzung und Eigenschaften der Grenzflächenschicht infolge der selektiven Wirkung der Adsorption wesentlich von der Zusammensetzung und den Eigenschaften der koexistierenden Phasen unterscheiden.

Mit Hilfe der Bedingungen (4.9) und (4.11) kann Gl. (4.8) wesentlich vereinfacht werden, so daß sich die folgende Näherungsbeziehung[1] ergibt:

$$a \frac{d\sigma}{dT} \approx s^{(\alpha)} - s^{(\sigma)}. \tag{4.13}$$

Die Beziehung (4.13) ist bei weit von der kritischen Temperatur entfernten Temperaturen gültig. Das Experiment zeigt, daß in diesem Temperaturintervall die Ableitung $d\sigma/dT$ häufig einen konstanten Wert annimmt. Dies ist gleichbedeutend damit, daß die Größen $s^{(\alpha)}$ und $s^{(\sigma)}$ fast gleichartig von der Temperatur abhängen.

Wenden wir nunmehr die Bedingungen (4.12) an, so folgt die Ungleichung

$$\frac{d\sigma}{dT} < 0.$$

---

[1] Beziehung (4.13) wurde zuerst von GUGGENHEIM erhalten [6].

Diese Ungleichung ist ebenfalls aus Untersuchungen der Temperaturabhängigkeit der Grenzflächenspannung gut bekannt. Somit bekräftigt das Experiment, daß die Entropie der Grenzflächenschicht einer reinen Flüssigkeit größer als die Entropie im Inneren der flüssigen Raumphase ist. Dies folgt aus der Verringerung der Dichte (siehe Gl. (1.77)) und einer Zunahme der mittleren zwischenmolekularen Abstände innerhalb der Grenzflächenschicht. Dies führt zu einem Anwachsen der Bewegungsfreiheit der Flüssigkeitsmoleküle innerhalb der Grenzflächenschicht und somit zu einer entsprechenden Entropieerhöhung.

Es kann angenommen werden, daß die Verringerung der Grenzflächenspannung mit Temperaturerhöhung für reine Stoffe eine allgemeine Regel ist. Das mögliche Auftreten extremaler Abweichungen von dieser Regel ist — sofern methodische Fehler ausgeschlossen werden können — zumeist auf die Anwesenheit von Verunreinigungen zurückführbar.

Abschließend sei die Formel für die Ableitung $d\sigma/dT$ durch die überschüssigen Größen ausgedrückt, sie ergibt sich unmittelbar aus Gl. (2.71):

$$\frac{d\sigma}{dT} = -\frac{\bar{S}}{A} \tag{4.14}$$

In der rechten Seite dieser Gleichung steht die auf die äquimolekulare Trennfläche ($\Gamma = 0$) bezogene Dichte der überschüssigen Entropie der Grenzflächenschicht.

4.3. Temperaturabhängigkeit der Grenzflächenspannung von Lösungen

Für eine flüssige aus mehreren Komponenten bestehende Lösung α, die sich im Gleichgewicht mit ihrem Dampf β befindet, kann die Gültigkeit der Ungleichungen

$$\left.\begin{aligned} s_{\alpha\beta} &> 0 \\ v_{\alpha\beta} &> 0 \end{aligned}\right\} \tag{4.15}$$

vorausgesetzt werden.

Die Größen $s_{\alpha\sigma}$ und $v_{\alpha\sigma}$ können im betrachteten Falle ein beliebiges Vorzeichen tragen, doch kann auch angenommen werden, daß — wie auch im vorstehenden Abschnitt — das Molvolumen der Gasphase um ein Vielfaches jenes der Grenzflächenschicht übertrifft, so daß die Bedingung

$$\frac{|v_{\alpha\sigma}|}{v_{\alpha\beta}} \ll 1 \tag{4.16}$$

erfüllt ist.

Gl. (4.1) nimmt in diesem Falle das folgende Aussehen an:

$$a\left(\frac{d\sigma}{dT}\right)_{x_1^{(\alpha)},\ldots,x_{n-1}^{(\alpha)}} \approx -s_{\alpha\sigma}. \tag{4.17}$$

Da die zweite Voraussetzung, die im vorstehenden Abschnitt über den Zustand der Grenzflächenschicht getroffen wurde, für Lösungen nicht gerechtfertigt ist, sind zwei die unterschiedlichen Zustände der Grenzflächenschicht charakterisierende Fälle gesondert zu betrachten.

1. Die Adsorption in der Grenzflächenschicht ist gering, so daß Zusammensetzung und Eigenschaften der letzteren gewisse mittlere Werte zwischen jenen der koexistierenden Phasen annehmen. In diesem Falle ist

$$s^{(\sigma)} - s^{(\alpha)} > 0$$

und — sofern diese Differenz nicht allzu klein ist —

$$s_{\alpha\sigma} > 0,$$

weshalb die Bedingung

$$\left(\frac{d\sigma}{dT}\right)_{x_1^{(\alpha)},\ldots,x_{n-1}^{(\alpha)}} < 0 \tag{4.18}$$

erfüllt ist.

2. Die Adsorption in der Grenzflächenschicht ist groß, wobei eine starke selektive Wirkung auftritt. In diesem Falle können in der Grenzflächenschicht Stoffe angereichert werden, die in der Lösung praktisch nicht mehr auffindbar sind, so daß die Grenzflächenschicht über eine dichtere Struktur verfügen kann. Infolgedessen kann die Größe $s_{\alpha\sigma}$ negativ werden, was zu der Ungleichung

$$\left(\frac{d\sigma}{dT}\right)_{x_1^{(\alpha)},\ldots,x_{n-1}^{(\alpha)}} \geq 0 \tag{4.19}$$

führt.

Das Auftreten dieser Möglichkeit beim Übergang von reinen Stoffen zu Gemischen ist mit einer Umverteilung der Gemischkomponenten zwischen Grenzflächenschicht und Raumphasen verbunden, die bei einer Temperaturänderung unvermeidlich ist. Der Austritt des grenzflächenaktiven Stoffes — sofern dieser im System zugegen ist — aus der Grenzflächenschicht infolge einer Temperaturerhöhung kann innerhalb eines gewissen Temperaturintervalls zu einem Anstieg der Grenzflächenspannung führen. Allerdings wird bei weiterer Temperaturerhöhung und Annäherung an den kritischen Punkt, wo die Diskontinuitätsfläche verschwindet und die Grenzflächenspannung gegen Null geht, schließlich Ungleichung (4.18) erfüllt sein. Als Folge hiervon müssen in derartigen Systemen Extrema der Grenzflächenspannung auftreten. Diese Erscheinung ist erstmals von Rehbinder und Taubman bei der Untersuchung der Lösungen von p-Toluidin und p-Kresol beobachtet und erklärt worden [22]. Symbate Temperaturabhängigkeiten und Maxima der Grenzflächenspannung sind des weiteren für binäre metallische Schmelzen (Sn—Tl [23], Cu—Al [24], Sn—Bi [25], Sn—Pb [26], Sn—Au [27], Cu—Pb [28] u. a.) und kompliziertere Systeme (in bestimmten binären metallischen Schmelzen können sich Verbindungen bilden, was diese auch hinsichtlich ihrer Zusammensetzung komplizierter gestaltet) beobachtet worden.

Die thermodynamische Bedingung für das Auftreten eines Extremums der Grenzflächenspannung bei Temperaturänderung folgt unmittelbar aus Gl. (4.1). Wird vorausgesetzt, daß die differentiellen molaren Entropie- und Volumeneffekte verschieden von

Null sind, so erhalten wir, wenn die linke Seite von (4.1) gleich Null gesetzt wird, die Gleichung

$$\frac{s_{\alpha\sigma}}{s_{\alpha\beta}} = \frac{v_{\alpha\sigma}}{v_{\alpha\beta}}. \tag{4.20}$$

Gl. (4.20) ist die für das Auftreten eines Extremums der Grenzflächenspannung notwendige Bedingung und auf beliebige einschließlich kondensierte Systeme anwendbar.

4.4. Temperaturabhängigkeit der Grenzflächenspannung eines binären Systems bei konstantem Druck

Es ist vorteilhaft, die thermodynamische Analyse von Gl. (4.4) mit der Behandlung einfachster Systeme zu beginnen. Da ein einkomponentiges Zweiphasensystem bei konstantem Druck nonvariant ist, stellen für eine Analyse von Gl. (4.4) binäre Systeme den einfachsten Fall dar. Für ein binäres System nimmt Gl. (4.4) die folgende Form an:

$$a\left(\frac{d\sigma}{dT}\right)_P = -s_{\alpha\sigma} + \frac{x_1^{(\sigma)} - x_1^{(\alpha)}}{x_1^{(\beta)} - x_1^{(\alpha)}} s_{\alpha\beta}. \tag{4.21}$$

Werden die Größen $s_{\alpha\sigma}$ und $s_{\alpha\beta}$ gemäß Gl. (3.22) substituiert, so vereinfacht sich Gl. (4.21) zu

$$a\left(\frac{d\sigma}{dT}\right)_P = s^{(\alpha)} - s^{(\sigma)} + \frac{x_1^{(\sigma)} - x_1^{(\alpha)}}{x_1^{(\beta)} - x_1^{(\alpha)}} (s^{(\beta)} - s^{(\alpha)}). \tag{4.22}$$

Aus Definitionsgründen soll im weiteren die Phase β über die größere molare Entropie verfügen, so daß die rechtsseitig in Gl. (4.22) eingehende Differenz $s^{(\beta)} - s^{(\alpha)}$ stets positiv ist. Aus Gl. (4.22) folgt, daß die Abhängigkeit der Grenzflächenspannung von der Temperatur in gravierender Weise mit der Verteilung der ersten Komponente zwischen den koexistierenden Phasen und der Grenzflächenschicht verknüpft ist. Bezüglich der Verteilung der ersten Komponente können drei Grenzfälle betrachtet werden.

A. Die Konzentration der ersten Komponente in der Phase β und der Grenzflächenschicht ist sehr gering ($x_1^{(\alpha)} \gg x_1^{(\beta)}, x_1^{(\sigma)}$).

Für Systeme der Art „flüssige Lösung—Dampf“ entspricht zum Beispiel diesem Fall die Gegenwart eines nichtflüchtigen grenzflächeninaktiven Salzes in der Lösung. In diesem Falle wird der in Gl. (4.22) bei $s^{(\beta)} - s^{(\alpha)}$ stehende Faktor eine positive, gegen den Wert Eins strebende Größe. Das Vorzeichen der in Gl. (4.22) linksseitig stehenden Ableitung ergibt sich aus dem Vergleich der Größen $s^{(\beta)}$ und $s^{(\sigma)}$:

$$a\left(\frac{d\sigma}{dT}\right)_P \approx s^{(\beta)} - s^{(\sigma)}. \tag{4.23}$$

Übereinstimmend mit unserer Annahme hat Phase β eine höhere Entropie als Phase α. Ist außerdem die Bedingung $s^{(\beta)} \geq s^{(\sigma)}$ erfüllt, was für Systeme „flüssige Lösung—

Dampf" stets zutrifft, so wächst die Grenzflächenspannung gemäß Gl. (4.23) mit der Temperatur. Für dieses auf den ersten Blick paradox erscheinende Ergebnis läßt sich eine einfache physikalische Begründung geben.

Aus experimentellen Untersuchungen folgt (siehe auch Abschn. 6.2.), daß der Zusatz eines nichtflüchtigen grenzflächen-inaktiven Salzes zu einer Lösung stets zum Anwachsen ihrer Grenzflächenspannung führt. Eine Temperaturerhöhung unter Druckkonstanz hat die Verdampfung eines Teiles des Lösungsmittels zur Folge und wirkt somit in gleicher Richtung wie das Versetzen der Lösung mit Salz: der Salzgehalt der Lösung

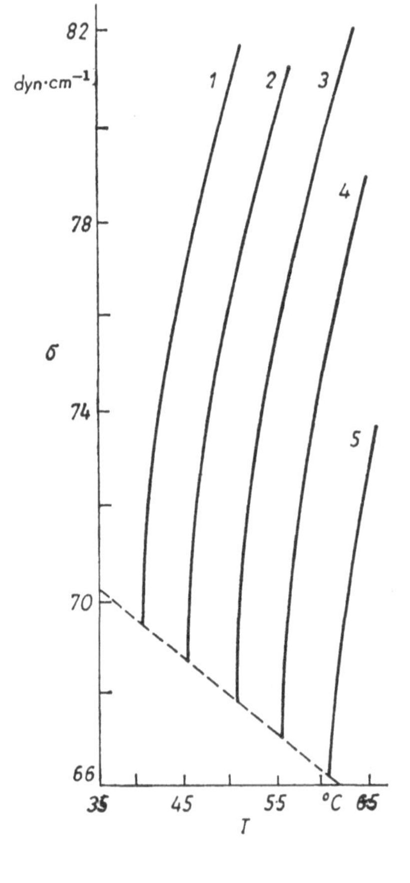

Abb. 4.1. Grenzflächenspannungsisobaren einer wäßrigen Natriumbromidlösung [30]

Druck in Torr: *1* – 55,3; *2* – 71,9; *3* – 92,5; *4* – 118,0; *5* – 149,4

und somit auch ihre Grenzflächenspannung nehmen zu. Zur Verdeutlichung dieses Falles ist in Abb. 4.1. die Temperaturabhängigkeit der Grenzflächenspannung einer wäßrigen NaBr-Lösung für unterschiedliche konstante Drücke dargestellt.

B. Die Konzentration der ersten Komponente in der Phase α und der Grenflächenschicht ist sehr gering $(x_1^{(\beta)} \gg x_1^{(\alpha)}, x_1^{(\sigma)})$

Als Beispiel für eine solche Komponente kann ein in der betrachteten Flüssigkeit schwachlösliches Gas dienen, das bei der Messung der Grenzflächenspannung dieser

Flüssigkeit zugegen ist. In diesem Falle erlangt Gl. (4.22) das Aussehen:

$$a\left(\frac{d\sigma}{dT}\right)_P \approx s^{(\alpha)} - s^{(\sigma)}. \tag{4.24}$$

Das Vorzeichen der Ableitung $(d\sigma/dT)_P$ ergibt sich in diesem Falle aus dem Größenvergleich von $s^{(\alpha)}$ und $s^{(\sigma)}$. Da die Konzentration der ersten Komponente in der Grenzflächenschicht sehr klein ist, nähert sich die Zusammensetzung der Grenzflächenschicht jener für Phase α. Daher kann schwerlich die Bildung einer dichteren Struktur in der Grenzflächenschicht, die zu einer Entropieverringerung führen würde, erwartet werden. In der Mehrzahl der Fälle ist $s^{(\sigma)}$ größer als $s^{(\alpha)}$, so daß die Grenzflächenspannung bei Temperaturerhöhung sinkt.

Mit dem Ansteigen des Druckes und der gegenseitigen Löslichkeit der Phasen verliert diese Schlußfolgerung natürlich ihren thermodynamischen Sinn, so daß unter diesen Bedingungen eine entgegengesetzte Abhängigkeit beobachtet werden kann.

Eine interessante Illustration stellen hierfür die Daten von Bolšakov und Levčenko [31] für Wasser, Methanol und Benzol in Kontakt mit Kohlendioxid dar. Diese zeigen unter ausreichend hohen Drücken ($>$ 45 at) mit Temperaturerhöhung den Übergang von einer Abnahme zur Zunahme der Grenzflächenspannung.

Interessant ist weiterhin, daß Gl. (4.24) mit Gl. (4.13) übereinstimmt. Letztere ist unter völlig anderen physikalischen Voraussetzungen hergeleitet worden. Gl. (4.13) beschreibt die Änderung der Grenzflächenspannung einer Flüssigkeit, die — eingeschlossen in irgendeinem Gefäß — mit ihrem eigenen Dampf im Gleichgewicht steht. Hierbei wird eine Temperaturänderung stets von einer Druckänderung im System begleitet. Gl. (4.24) ihrerseits beschreibt das Verhalten der Grenzflächenspannung mit der Temperatur für eine solche Flüssigkeit, die bei Anwesenheit eines Fremdgases (z. B. Luft) unter konstantem Druck (z. B. Atmosphärendruck) mit ihrem Dampf im Gleichgewicht steht. Da eine experimentelle Untersuchung der Temperaturabhängigkeit der Grenzflächenspannung unter den Bedingungen einer vollständigen Isolation des Systems wesentlich komplizierter als eine solche bei Anwesenheit eines schwachlöslichen und schlechtadsorbierbaren Gases ist, gewinnt die Identität dieser Gleichungen für die Praxis große Bedeutung. So kann z. B. die Grenzflächenspannung einer großen Anzahl von Flüssigkeiten in Gegenwart von Luft bei atmosphärischem Druck vermessen werden.

C. Die Konzentration der ersten Komponente in der Grenzflächenschicht ist viel größer als ihre Konzentrationen in beiden koexistierenden Phasen ($x_1^{(\sigma)} \gg x_1^{(\alpha)}, x_1^{(\beta)}$)

Ein Beispiel für eine solche Komponente ist ein stark grenzflächenaktiver Stoff. In diesem Falle kann Gl. (4.22) näherungsweise als

$$a\left(\frac{d\sigma}{dT}\right)_P \approx \frac{x_1^{(\sigma)}}{x_1^{(\beta)} - x_1^{(\alpha)}} \left(s^{(\beta)} - s^{(\alpha)}\right) \tag{4.25}$$

geschrieben werden. Da gemäß unserer Voraussetzung die Differenz $s^{(\beta)} - s^{(\alpha)}$ positiv ist, folgen aus Gl. (4.25) die Bedingungen

$$\left(\frac{d\sigma}{dT}\right)_P \gtrless 0 \quad \text{bei} \quad x_1^{(\beta)} \gtrless x_1^{(\alpha)}. \tag{4.26}$$

Verbal lauten diese Bedingungen wie folgt:

Die Grenzflächenspannung eines binären Zweiphasensystems, das einen grenzflächenaktiven Stoff enthält, wächst unter konstantem Druck mit Temperaturerhöhung, wenn die Konzentration des grenzflächenaktiven Stoffes in der Phase mit der höheren Entropie größer als die Konzentration dieses Stoffes in der Phase mit der geringeren Entropie ist. Ist jedoch die Konzentration des grenzflächenaktiven Stoffes in der Phase mit der höheren Entropie kleiner als die Konzentration dieses Stoffes in der Phase mit der geringeren Entropie, so nimmt die Grenzflächenspannung mit wachsender Temperatur ab.

Diese Regel kann für Systeme der Art „flüssige Lösung—Dampf“ wie folgt variiert werden:

Die Grenzflächenspannung wächst mit Temperaturerhöhung, wenn der grenzflächenaktive Stoff im Dampf verglichen mit der flüssigen Lösung angereichert ist; sie verringert sich, sofern bei Temperaturerhöhung eine Abreicherung des grenzflächenaktiven Stoffes im Dampf gegenüber der flüssigen Lösung auftritt.

Im speziellen Fall, wenn der grenzflächenaktive Stoff im Dampf nicht vorhanden ist, nimmt die Grenzflächenspannung bei Temperaturerhöhung ab. Tritt jedoch der umgekehrte Fall — d. h. der grenzflächenaktive Stoff stellt keine Komponente der flüssigen Lösung dar — in Erscheinung, so wird mit Temperaturerhöhung auch die Grenzflächenspannung zunehmen. Es ist zu erwähnen, daß die Temperaturabhängigkeit der Grenzflächenspannung in Gegenwart eines grenzflächenaktiven Stoffes im System wesentlich stärker als in den bisher untersuchten Fällen ausgeprägt ist. Die Ursache hierfür besteht darin, daß der Absolutwert der Differenz $x_1^{(\beta)} - x_1^{(\alpha)}$ bedeutend kleiner als die Größe $x_1^{(\sigma)}$ ist. Somit ist der rechtsseitig in Gl. (4.25) bei $s^{(\beta)} - s^{(\alpha)}$ stehende Koeffizient sehr groß.

In diesem Abschnitt haben wir verschiedene Fälle der Temperaturabhängigkeit der Grenzflächenspannung betrachtet, wobei wir sie mit der Verteilung der Komponenten gekoppelt haben. Es ist gezeigt worden, daß sich die Grenzflächenspannung mit Temperaturerhöhung in Systemen des Typs „flüssige Lösung—Dampf“ nicht nur verringern, sondern auch erhöhen kann. Es sind weiterhin Fälle möglich, für die diese verschiedenen Arten der Abhängigkeit ineinander übergehen und somit das Durchlaufen der Grenzflächenspannung durch ein Extremum nach sich ziehen. Die allgemeine Bedingung für das Auftreten eines Extremums der Grenzflächenspannung lautet:

$$\frac{s^{(\sigma)} - s^{(\alpha)}}{s^{(\beta)} - s^{(\alpha)}} = \frac{x_1^{(\sigma)} - x_1^{(\alpha)}}{x_1^{(\beta)} - x_1^{(\alpha)}}. \tag{4.27}$$

Sie folgt aus Gl. (4.22).

Abschließend sei darauf hingewiesen, daß sich die dargelegten Schlußfolgerungen ausschließlich auf solche Phasenzustände beziehen, die weit vom kritischen Zustand entfernt sind. Die Abhängigkeit der Grenzflächenspannung von der Temperatur in Nähe des kritischen Punktes unter der Bedingung konstanten Druckes wird in Abschn. 4.7. dargestellt.

4.5. Thermodynamische Beziehungen für ternäre Systeme. Das System binäre Lösung — schwachlösliches, schlechtadsorbierbares Gas

Für den Fall ternärer Systeme läßt sich Gl. (4.4) nach einfachen Umformungen in folgender Form schreiben:

$$a\left(\frac{d\sigma}{dT}\right)_P = -s_{\alpha\sigma} + \frac{\varphi_2^{(\alpha\sigma)}}{\varphi_2^{(\alpha\beta)}}\, s_{\alpha\beta} + \frac{\Delta |g_{ik}|_2^{(\alpha)}}{\varphi_2^{(\alpha\beta)}} \left(\frac{dx_1}{dT}\right)_P^{(\alpha)} \tag{4.28}$$

mit

$$\left.\begin{aligned} \varphi_2^{(\alpha\sigma)} &\equiv (x_1^{(\sigma)} - x_1^{(\alpha)})\, g_{12}^{(\alpha)} + (x_2^{(\sigma)} - x_2^{(\alpha)})\, g_{22}^{(\alpha)} \\ \varphi_2^{(\alpha\beta)} &\equiv (x_1^{(\beta)} - x_1^{(\alpha)})\, g_{12}^{(\alpha)} + (x_2^{(\beta)} - x_2^{(\alpha)})\, g_{22}^{(\alpha)}. \end{aligned}\right\} \tag{4.29}$$

Die Größe $|g_{ik}|_2^{(\alpha)}$ ergibt sich als Einzelfall der Determinanten (2.176):

$$|g_{ik}|_2^{(\alpha)} \equiv \begin{vmatrix} g_{11}^{(\alpha)}, & g_{12}^{(\alpha)} \\ g_{21}^{(\alpha)}, & g_{22}^{(\alpha)} \end{vmatrix} > 0. \tag{4.30}$$

Gemäß den Stabilitätsbedingungen ist die Größe $|g_{ik}|_2^{(\alpha)}$ stets positiv. Die in Gl. (4.28) eingehende Größe Δ ist ebenfalls eine Determinante zweiten Ranges:

$$\Delta \equiv \begin{vmatrix} x_1^{(\alpha)} - x_1^{(\sigma)}, & x_2^{(\alpha)} - x_2^{(\sigma)} \\ x_1^{(\beta)} - x_1^{(\sigma)}, & x_2^{(\beta)} - x_2^{(\sigma)} \end{vmatrix}. \tag{4.31}$$

Für eine Diskussion der Eigenschaften dieser Determinanten sei die Zusammensetzung eines ternären Systems betrachtet. Werden in ein Konzentrationsdreieck (siehe Abb. 4.2.) die Figurativpunkte der Zusammensetzungen zweier koexistierender Phasen und der Grenzflächenschicht eingetragen und linear miteinander verbunden, so erhält man ein Dreieck (in Abb. 4.2. schraffiert gezeichnet. Aus der analytischen Geometrie folgt, daß die Fläche dieses Dreiecks mit dem halben Absolutwert der Determinanten Δ gegeben ist. Somit wird, wenn die Größe Δ gleich Null ist, auch die Fläche des in der dargestellten Weise gebildeten Dreiecks zu Null. Dies kann für zwei Fälle zutreffen:

1. Die Zusammensetzungen der koexistierenden Phasen und der Grenzflächenschicht sind gleich und ihre Figurativpunkte koinzident.
2. Die Figurativpunkte der Zusammensetzungen der koexistierenden Phasen und der Grenzflächenschicht liegen auf einer Geraden.

Die zweite dieser Varianten kann speziell dann auftreten, wenn die Zusammensetzung der Grenzflächenschicht zwischen denjenigen der koexistierenden Raumphasen liegt. Unter Benutzung dieser Eigenschaft von Δ läßt sich Gl. (4.28) für jenen Fall formulieren, daß keine Adsorptionsselektivität vorliegt, d. h. die Zusammensetzung der Grenzflächenschicht einen mittleren Wert jener der koexistierenden Phasen annimmt:

$$a\left(\frac{d\sigma}{dT}\right)_P = -s_{\alpha\sigma} + \frac{\varphi_2^{(\alpha\sigma)}}{\varphi_2^{(\alpha\beta)}}\, s_{\alpha\beta}. \tag{4.32}$$

Die gleiche Beziehung ergibt sich unmittelbar aus Gl. (4.28) auch für den Fall, daß die

Änderung der Temperatur bei Konstanz des Druckes und Molenbruches der ersten Komponente in Phase α erfolgt.

Gl. (4.32) vereinfacht sich insbesondere dann, wenn Phase α eine ideale Lösung oder ein ideales Gasgemisch darstellt. Dann nämlich sind die Größen $g_{11}^{(\alpha)}$, $g_{12}^{(\alpha)}$ und $g_{22}^{(\alpha)}$ durch die Beziehungen (2.214) gegeben. Ihre Substitution in Gl. (4.32) liefert:

$$a\left(\frac{d\sigma}{dT}\right) = -s_{\alpha\sigma} + \frac{x_2^{(\sigma)}(1 - x_1^{(\alpha)}) - x_2^{(\alpha)}(1 - x_1^{(\sigma)})}{x_2^{(\beta)}(1 - x_1^{(\alpha)}) - x_2^{(\alpha)}(1 - x_1^{(\beta)})}\, s_{\alpha\beta}. \tag{4.33}$$

Wir wollen als Beispiel den in der Praxis häufig auftretenden Fall betrachten, daß das ternäre System aus einer binären flüssigen Lösung und einem schwachlöslichen, schlecht-adsorbierbaren Gas (das als Komponente (1) gelte) besteht. Die Gasphase α enthält

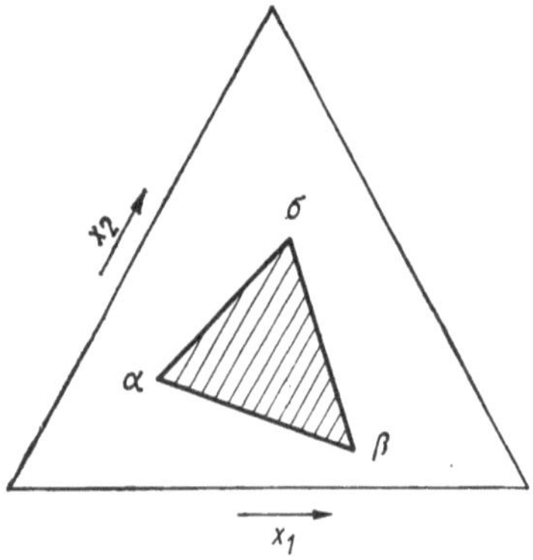

Abb. 4.2. Lage der Figurativpunkte für die Zusammensetzungen der koexistierenden Phasen α, β und der Grenzflächenschicht σ im Konzentrationsdreieck

somit alle drei Komponenten, die Flüssigphase β und die Grenzflächenschicht praktisch nur die Komponenten (2) und (3), da die Größen $x_1^{(\beta)}$ und $x_1^{(\sigma)}$ verglichen mit dem Wert Eins vernachlässigbar klein sind. Verhält sich Phase α hinlänglich ideal, so ist eine Temperaturänderung bei konstantem Druck und konstantem Molenbruch der Komponente (1) in Phase α damit verbunden, daß auch die Summe der Partialdrücke p der beiden anderen Komponenten unverändert bleibt. Angewendet auf diesen Fall kann daher Gl. (4.33) folgendermaßen beschrieben werden:

$$a\left(\frac{d\sigma}{dT}\right)_{p,x_1^{(\alpha)}} = -s_{\alpha\sigma} + \frac{x_2^{(\sigma)}(1 - x_1^{(\alpha)}) - x_2^{(\alpha)}}{x_2^{(\beta)}(1 - x_1^{(\alpha)}) - x_2^{(\alpha)}}\, s_{\alpha\beta}. \tag{4.34}$$

Dabei darf die Entropie von Phase α, die in die Größen $s_{\alpha\sigma}$ und $s_{\alpha\beta}$ eingeht, über die bekannte Beziehung für die Entropie eines idealen Gasgemisches,

$$s^{(\alpha)} = \sum_{i=1}^{3} x_i^{(\alpha)}(s_i - R \ln x_i^{(\alpha)}), \tag{4.35}$$

ausgedrückt werden; in dieser steht s_i für die molare Entropie der reinen Komponente (i) bei dem Druck P.

Nunmehr wollen wir für Phase α die relativen Molenbrüche einführen:

$$x_i'^{(\alpha)} \equiv \frac{x_i^{(\alpha)}}{1 - x_i^{(\alpha)}}; \qquad (i = 2, 3) \tag{4.36}$$

diese geben das Verhältnis zwischen den Molzahlen der Komponenten (2) und (3) wieder. Wie man sodann unter Benutzung der Beziehung (4.35) leicht sieht, sind infolge der Kleinheit der Größen $x_1^{(\sigma)}$ und $x_1^{(\beta)}$ die Beziehungen

$$\left.\begin{aligned} s_{\alpha\sigma} &\approx s'_{\alpha\sigma} \\ s_{\alpha\beta} &\approx s'_{\alpha\beta} \end{aligned}\right\} \tag{4.37}$$

erfüllt.

In diesen bedeuten

$$\left.\begin{aligned} s'_{\alpha\sigma} &\equiv s^{(\sigma)} - s'^{(\alpha)} - \left(\frac{\partial s'}{\partial x_2}\right)^{(\alpha)} (x_2^{(\sigma)} - x_2'^{(\alpha)}) \\ s'_{\alpha\beta} &\equiv s^{(\beta)} - s'^{(\alpha)} - \left(\frac{\partial s'}{\partial x_2}\right)^{(\alpha)} (x_2^{(\beta)} - x_2'^{(\alpha)}) \end{aligned}\right\} \tag{4.38}$$

$$s'^{(\alpha)} = \sum_{i=2}^{3} x_i'^{(\alpha)}(s_i' - R \ln x_i'^{(\alpha)}) \tag{4.39}$$

$$s_i' = s_i - R \ln (1 - x_1^{(\alpha)}) \qquad (i = 2, 3). \tag{4.40}$$

Alle apostrophierten Größen beziehen sich auf ein binäres Gemisch, das nur aus den Komponenten (2) und (3) bei dem Druck P besteht; mithin kennzeichnen sie ein System, das aus dem betrachteten ternären System infolge eines gedankenexperimentellen Ausschlusses des schwachlöslichen und schlechtadsorbierbaren Gases erzeugt werden kann. Die Größe s_i' ist die molare Entropie der Komponente (i) bei dem Druck P (differierende Werte für s_i und s_i' folgen auf Grund der unterschiedlichen Drücke, bei denen sie betrachtet werden).

Die Größe $s'^{(\alpha)}$ ist die molare Entropie des idealen binären Gasgemisches, die Größen $s'_{\alpha\sigma}$ und $s'_{\alpha\beta}$ stellen die differentiellen molaren Entropieeffekte für die Desorption bzw. Verdampfung dar. Werden nun die Ausdrücke (4.36) und (4.37) in Gl. (4.34) eingesetzt, so ergibt sich

$$a\left(\frac{d\sigma}{dT}\right)_{p,x_1^{(\alpha)}} \approx -s'_{\alpha\sigma} + \frac{x_2^{(\sigma)} - x_2'^{(\alpha)}}{x_2^{(\beta)} - x_2'^{(\alpha)}}\, s'_{\alpha\beta} \tag{4.41}$$

Die erhaltene Gleichung ist bis auf die Numerierung der Komponenten mit Gl. (4.21) identisch. Die letztere war für ein einzeln betrachtetes binäres System hergeleitet worden. Somit kann festgestellt werden, daß die Temperaturabhängigkeit der Grenzflächenspannung bei Konstanz des Gesamtdruckes und der Summe der Partialdrücke zweier Komponenten in einem ternären System, das als dritte Komponente ein schwachlösliches und schlechtadsorbierbares Gas enthält, praktisch mit der analogen isobaren Abhängigkeit eines einzeln betrachteten binären Systems in Abwesenheit des schwachlöslichen und schlechtadsorbierbaren Gases übereinstimmt.

Wir wollen jetzt annehmen, daß in dem betrachteten ternären System, das ein schwachlösliches und schlechtadsorbierbares Gas enthält, die Temperaturabhängigkeit der Grenzflächenspannung bei konstantem Druck und konstanter Zusammensetzung der flüssigen Lösung untersucht wird. Dabei ist es vorteilhaft, die Lösung als Phase α sowie das schwachlösliche und schlechtadsorbierbare Gas als Komponente (2) anzusehen. Aus Gl. (4.28) erhalten wir bei konstantem $x_1^{(\alpha)}$ erneut Gl. (4.32). Hiernach berücksichtigen wir die Kleinheit der Größen $x_2^{(\sigma)}$ und $x_2^{(\alpha)}$. Phase α ist hinsichtlich der Komponente (2) eine stark verdünnte Lösung, weshalb die Größe $g_{22}^{(\alpha)}$ einen sehr hohen Wert annehmen muß. Strebt $x_2^{(\alpha)}$ gegen Null, so geht die Größe $g_{22}^{(\alpha)}$ gegen ∞, doch die Produkte $x_2^{(\alpha)}g_{22}^{(\alpha)}$ und $x_2^{(\sigma)}g_{22}^{(\alpha)}$ nehmen weiterhin endliche Werte an. Daraus folgt, daß das Verhältnis $\varphi_2^{(\alpha\sigma)}/\varphi_2^{(\alpha\beta)}$ sehr klein sein muß, und der zweite Term auf der rechten Seite von Gl. (4.32) vernachlässigt werden kann. Im Ergebnis dieser Überlegungen erhalten wir

$$a\left(\frac{d\sigma}{dT}\right)_{P,x_1^{(\alpha)}} \approx -s_{\alpha\sigma}. \tag{4.42}$$

Diese Gleichung ist mit Gl. (4.17), die für einzelnes binäres System bei Abwesenheit eines schwachlöslichen und schlechtadsorbierbaren Gases gilt, identisch. Die Größe $s_{\alpha\sigma}$ ist offensichtlich für binäre und ternäre Systeme von gleicher Bedeutung, da gemäß unserer Voraussetzung die Komponente (2) weder in Phase (α) noch in der Grenzflächenschicht vorliegt.

Die in diesem Abschnitt erhaltenen Beziehungen zeigen, daß sich die Anwesenheit eines schwachlöslichen und schlechtadsorbierbaren Gases in der Temperaturabhängigkeit der Grenzflächenspannung von Lösungen kaum widerspiegelt. Diese Schlußfolgerung ist von großer praktischer Bedeutung, da sie in sehr vielen Fällen den Experimentator der Notwendigkeit enthebt, das untersuchte System vollständig isolieren zu müssen. So können nichtoxydierende Systeme häufig ohne Luftausschluß studiert werden, da die Löslichkeit von Luft in Flüssigkeit unter atmosphärischem Druck vergleichsweise gering ist (für Wasser und wäßrige Lösungen liegt ihr Molenbruch im Größenordnungsbereich 10^{-5}). Nach den Angaben der Arbeit [24] ist auch die Adsorption des Luftsauerstoffes an der Oberfläche von Wasser und wäßrigen Lösungen relativ klein und ohne wesentlichen Einfluß auf die Struktur der Grenzflächenschicht.

4.6. Berechnung von Zusammensetzung und Entropie der Grenzflächenschicht aus Werten für die Temperaturabhängigkeit der Grenzflächenspannung

Die untersuchten funktionellen Zusammenhänge geben die Möglichkeit, Berechnungsformeln für die Zusammensetzung und Entropie der zwischen flüssiger Lösung und Dampf gelegenen Grenzflächenschicht aus experimentellen Daten für die Temperaturabhängigkeit der Grenzflächenspannung herzuleiten. Betrachten wir diese für den Fall eines binären Systems, wobei mit α und β die Flüssig- bzw. Gasphase bezeichnet seien. Für weit vom kritischen Punkt entfernte Zustände darf Gl. (4.2) als

$$s_{\alpha\beta} \approx v^{(\beta)}\left(\frac{dP}{dT}\right)_{x_1^{(\alpha)}} \tag{4.43}$$

formuliert werden. Wird dieser Ausdruck mit den Gln. (4.17) und (4.21) kombiniert, so erhalten wir Berechnungsformeln, die sowohl für ein einzelnes binäres System allein als auch für ein solches System in Gegenwart eines schwachlöslichen, schlechtadsorbierbaren Gases Gültigkeit haben:

$$x_1^{(\sigma)} \approx x_1^{(\alpha)} \frac{v^{(\sigma)}(x_1^{(\beta)} - x_1^{(\alpha)})}{\tau v^{(\beta)}} \left(\frac{dT}{dP}\right)_{x_1^{(\alpha)}} \left[\left(\frac{d\sigma}{dT}\right)_P - \left(\frac{d\sigma}{dT}\right)_{x_1^{(\alpha)}}\right] \tag{4.44}$$

$$s^{(\sigma)} \approx s^{(\alpha)} + (x_1^{(\sigma)} - x_1^{(\alpha)}) \left(\frac{\partial s}{\partial x_1}\right)^{(\alpha)} - \frac{v^{(\sigma)}}{\tau} \left(\frac{d\sigma}{dT}\right)_{x_1^{(\alpha)}}. \tag{4.45}$$

Hierbei benutzen wir die Beziehung $a = v^{(\sigma)}/\tau$, in der $v^{(\sigma)}$ das Molvolumen darstellt, welches ebenfalls eine Funktion der Zusammensetzung der Grenzflächenschicht ist. Wir werden diese Abhängigkeit in der Form

$$v^{(\sigma)} = v_{01}x_1^{(\sigma)} + v_{02}(1 - x_1^{(\sigma)}) + \Delta v \tag{4.46}$$

darstellen, in welcher die ersten zwei Glieder der Additivitätsbeziehung (2.206) entsprechen und Δv eine Korrektur für die Abweichung des Molvolumens von der Additivität darstellt.

Für flüssige Lösungen darf das Korrekturglied in erster Näherung vernachlässigt werden. Somit bilden die Gln. (4.44)···(4.46) ein geschlossenes Gleichungssystem bezüglich der Größen $x_1^{(\sigma)}$, $s^{(\sigma)}$ und $v^{(\sigma)}$ und erlauben bei vorgegebener Schichtdicke τ die Berechnung von Zusammensetzung und Entropie der Grenzflächenschicht. Die Korrekturen, mit denen die berechneten Werte zu versehen wären, lassen sich aus der Abhängigkeit des molaren Mischungsvolumens Δv der Lösung von der Zusammensetzung ermitteln (da die zu erwartenden Korrekturwerte klein sind, kann angenommen werden, daß diese Abhängigkeit für die Lösung in Näherung mit jener für die Grenzflächenschicht übereinstimmt). Hierfür sucht man mit Hilfe des erhaltenen $x_1^{(\sigma)}$-Wertes den entsprechenden Δv-Wert auf. Danach werden unter Benutzung der Formeln (4.44)···(4.46) Zusammensetzung und Entropie der Grenzflächenschicht in zweiter Näherung berechnet.

Mithin ist es erforderlich, für die Berechnung von Zusammensetzung und Entropie der Grenzflächenschicht nach Gl. (4.44)···(4.46) die Grenzflächenschichtdicke vorzugeben. Ist diese charakteristische Größe von vornherein nicht bekannt, so werden die Rechnungen zunächst bei Annahme unterschiedlicher Schichtdicken (z. B. für mono-, bi-, trimolekulare Schichten usw.) und Berücksichtigung der möglichen Molekülorientierungen vorgenommen. Ein Vergleich der erhaltenen Ergebnisse ist sodann für die Diskussion von Dicke und Struktur der Grenzflächenschichten nützlich.

Ausdruck (4.45) zeigt, daß vor einer Entropieberechnung die Berechnung der Zusammensetzung der Grenzflächenschicht nach Formel (4.44) oder irgendeiner anderen Methode (siehe z. B. Abschn. 7.6.) zu erfolgen hat.

Im Ausdruck (4.45) stehen auch die Entropie der flüssigen Lösung und ihre partielle Ableitung nach der Zusammensetzung. Diese Größen sind über kalorimetrische Untersuchungen der Lösung zugänglich. In einer Reihe von Fällen ist allerdings die Benutzung dieser Größen und die Notwendigkeit kalorimetrischer Untersuchungen nicht erforderlich. Für diese kann zur Berechnung der Entropie der Grenzflächenschicht ein vereinfachtes Schema, in dessen Rahmen die Entropie des Dampfes berücksichtigt wird, angewendet werden.

Betrachten wir z. B. die Entropie der Grenzflächenschicht einer Lösung irgendeines grenzflächeninaktiven Stoffes (diesen Stoff bezeichnen wir als Komponente (1), das

Lösungsmittel als Komponente (2)). Da solchenfalls die Größen $x_1^{(\sigma)}$ und $x_1^{(\beta)}$ sehr klein sind, geht die Beziehung

$$s_{\alpha\sigma} - s_{\alpha\beta} = s^{(\sigma)} - s^{(\beta)} - \left(\frac{\partial s}{\partial x_1}\right)^{(\alpha)} (x_1^{(\sigma)} - x_1^{(\beta)}) \tag{4.47}$$

unter Benutzung von Gl. (4.17) und (4.43) in die folgende Form über:

$$s^{(\sigma)} \approx s^{(\beta)} - a\left(\frac{d\sigma}{dT}\right)_{x_1^{(\alpha)}} - v^{(\beta)}\left(\frac{dP}{dT}\right)_{x_1^{(\alpha)}}. \tag{4.48}$$

In der rechten Seite von Gl. (4.48) steht die molare Entropie des Lösungsmitteldampfes über der Lösung, die häufig tabelliert vorliegt oder aus anderen tabellierten Größen berechnet werden kann.

Das dargestellte Berechnungsschema beruht auf der Anwendung von thermodynamischen Beziehungen für Grenzflächen endlicher Schichtdicke. Es ist allerdings auch möglich, von einem allgemeineren Schema auszugehen. Dabei werden zunächst die Überschußgrößen berechnet, von denen im weiteren mit Hilfe der entsprechenden Beziehungen (z. T. sind diese in Abschn. 1.4. aufgeführt) der Übergang zu den Größen der Grenzflächenschicht endlicher Dicke vorgenommen wird. Nachdem die relative Adsorption mit Hilfe der Gibbsschen Gleichung berechnet worden ist, kann die Zusammensetzung der Grenzflächenschicht mit Hilfe einer der folgenden, einander äquivalenten Beziehungen

$$x_1^{(\sigma)} = x_1^{(\alpha)} + \frac{v^{(\sigma)}\Gamma_{1(2)}}{\tau}(1 - x_1^{(\alpha)}) \tag{4.49}$$

oder

$$x_1^{(\sigma)} = x_1^{(\alpha)}\left(1 - \frac{v^{(\sigma)}\Gamma_{2(1)}}{\tau}\right) \tag{4.50}$$

bestimmt werden. Beide Beziehungen resultieren als Schreibweisen der Gl. (1.66) bei ihrer Anwendung auf eine Grenzfläche endlicher Schichtdicke für den Fall einer binären Lösung.

Die für die Berechnung der überschüssigen Entropie notwendige Formel ist leicht erhältlich, sofern, wie in Abschn. 3.4. gezeigt wurde, die Beziehung (4.45) über die Überschußgrößen dargestellt wird (hierfür sind Gl. (3.37) und (3.40) zu benutzen):

$$\frac{\bar{S}}{A} = s^{(\alpha)}(\Gamma_1 + \Gamma_2) + [\Gamma_1 - x_1^{(\alpha)}(\Gamma_1 + \Gamma_2)]\left(\frac{\partial s}{\partial x_1}\right)^{(\alpha)} - \left(\frac{d\sigma}{dT}\right)_{x_1^{(\alpha)}}. \tag{4.51}$$

In Gl. (4.51) treten die absoluten adsorbierten Mengen für eine beliebige Lage der Trennfläche auf. Gehen wir zu den relativen adsorbierten Mengen über, so läßt sich Beziehung (4.51) in den folgenden Formen darstellen:

$$\left(\frac{\bar{S}}{A}\right)_{(1)} = \Gamma_{2(1)}\left[s^{(\alpha)} - x_1^{(\alpha)}\left(\frac{\partial s}{\partial x_1}\right)^{(\alpha)}\right] - \left(\frac{d\sigma}{dT}\right)_{x_1^{(\alpha)}} \tag{4.52}$$

$$\left(\frac{\bar{S}}{A}\right)_{(2)} = \Gamma_{1(2)}\left[s^{(\alpha)} + (1 - x_1^{(\alpha)})\left(\frac{\partial s}{\partial x_1}\right)^{(\alpha)}\right] - \left(\frac{d\sigma}{dT}\right)_{x_1^{(\alpha)}}. \tag{4.53}$$

Die Größen $(\bar{S}/A)_{(1)}$ und $(\bar{S}/A)_{(2)}$ sind die Entropieanaloga der relativen adsorbierten Menge. Ihre gegenseitige Bindung ist aus (4.52) und (4.53) ersichtlich:

$$\left(\frac{\bar{S}}{A}\right)_{(2)} - \left(\frac{\bar{S}}{A}\right)_{(1)} = s^{(\alpha)}(\Gamma_{1(2)} - \Gamma_{2(1)}). \tag{4.54}$$

Die Beziehung (4.51) ist auch in der Form

$$\left(\frac{\bar{S}}{A}\right)^{(N)} = \Gamma_1^{(N)} \left(\frac{\partial s}{\partial x_1}\right)^{(\alpha)} - \left(\frac{d\sigma}{dT}\right)_{x_1^{(\alpha)}} \tag{4.55}$$

darstellbar, wobei $\bar{S}^{(N)}$ die überschüssige Entropie für die äquimolekulare Trennfläche verkörpert.

Die molare Entropie der Grenzflächenschicht eines binären Systems steht mit der überschüssigen Entropie in der folgenden aus der Definition der Überschußgrößen herrührenden Beziehung:

$$s^{(\sigma)} = \frac{v^{(\sigma)}}{\tau}\left(\frac{\bar{S}}{A}\right)_{(1)} + \frac{\varkappa(x_1^{(\alpha)}s^{(\beta)} - x_1^{(\beta)}s^{(\alpha)})\, v^{(\sigma)}/v^{(\alpha)} + (s^{(\alpha)} - s^{(\beta)}\varkappa)\, x_1^{(\sigma)}}{x_1^{(\alpha)} - x_1^{(\beta)}\varkappa} \tag{4.56}$$

Gemäß $\varkappa \equiv \varrho^{(\beta)}/\varrho^{(\alpha)} = v^{(\alpha)}/v^{(\beta)}$ stellt $\varkappa$ den Quotienten der Dichtewerte oder Molvolumina der Phasen dar. Es sei daran erinnert, daß übereinstimmend mit Gl. (2.70) die Größe $(\bar{S}/A)_{(1)}$ durch den folgenden Ausdruck definiert ist:

$$\left(\frac{\bar{S}}{A}\right)_{(1)} \equiv \frac{\bar{S}}{A} - \Gamma_1 \frac{s_v^{(\alpha)} - s_v^{(\beta)}}{\varrho_1^{(\alpha)} - \varrho_1^{(\beta)}}. \tag{4.57}$$

Gehen wir zu dem System Lösung — Dampf über und vernachlässigen die Dampfdichte ($\varkappa \to 0$; d. h. Behandlungsgegenstand des vorliegenden Abschnitts), so reduziert sich die Beziehung (4.56) zu der nachstehenden Form:

$$s^{(\sigma)} = s^{(\alpha)} + \frac{v^{(\sigma)}}{\tau}\left[\left(\frac{\bar{S}}{A}\right)_{(1)} - \Gamma_{2(1)}s^{(\alpha)}\right]. \tag{4.58}$$

Bei der Anwendung der Beziehungen (4.45), (4.52), (4.53), (4.55) und (4.58) für die Berechnung der molaren und überschüssigen Entropie der Grenzflächenschicht anhand experimenteller Werte von $(d\sigma/dT)_{x_1^{(\alpha)}}$ wird zunächst die molare Entropie der Lösung $s^{(\alpha)}$ mit Hilfe der folgenden Formel ermittelt:

$$s^{(\alpha)} = s_1 x_1^{(\alpha)} + s_2(1 - x_1^{(\alpha)}) + \frac{\Delta h - \Delta g}{T}. \tag{4.59}$$

Hierin bedeuten Δh die molare Mischungswärme (zugänglich über kalorimetrische Untersuchungen) sowie Δg die molare freie Gibbssche Mischungsenthalpie. Die letztere Größe ist als

$$\Delta g = RT[x_1^{(\alpha)} \ln (f_1 x_1)^{(\alpha)} + x_2^{(\alpha)} \ln (f_2 x_2)^{(\alpha)}] \tag{4.60}$$

gegeben, wobei f_i den Aktivitätskoeffizienten der Komponente i in der Lösung darstellt.

Als Beispiel für die Benutzung der dargestellten Beziehungen seien Ergebnisse von Berechnungen verschiedener Grenzflächeneigenschaften des Systems $NaBr-H_2O$ auf

Tabelle 4.1. Werte der Adsorption, der überschüssigen und molaren Entropie des Systems $NaBr-H_2O$ bei 25 °C

$x_1^{(\alpha)}$	$\Gamma_{2(1)} \cdot 10^{10}$	$-\Gamma_{1(2)} \cdot 10^{11}$	$\bar{S}_{(1)} \cdot 10^{9}$	$\bar{S}_{(2)} \cdot 10^{10}$	$s_{\alpha\beta}$	$s^{(\alpha)}$	$s^{(\beta)}$	$s_{\alpha\beta}$	$s^{(\sigma)}$, E.e./Mol; $\tau = 5$ Å nach Gl.		
	Mol/cm²	Mol/cm²	E.e./cm²	E.e./cm²	E.e./Mol	E.e./Mol	E.e./Mol	E.e./Mol	(4.47)	(4.45)	(4.58)
0	—	—	—	—	—	16,75	52,00	1,40	18,15	18,15	18,15
0,017	21,2	3,6	39,4	20,9	34,9	17,1	52,05	1,35	18,6	18,3	18,3
0,034	15,4	5,4	29,8	20,0	34,9	17,3	52,15	1,35	18,8	18,5	18,4
0,050	11,8	6,2	23,7	20,6	34,8	17,4	52,25	1,35	19,0	18,6	18,6
0,065	9,5	6,5	19,9	18,8	34,8	17,5	52,35	1,35	19,1	18,7	18,7
0,080	8,9	7,7	19,0	19,7	34,9	17,6	52,45	1,30	19,0	18,8	18,8
0,095	7,8	8,2	17,2	19,4	34,8	17,6	52,60	1,30	19,2	18,8	18,9
0,109	6,9	8,4	15,6	18,8	34,9	17,6	52,70	1,30	19,2	18,9	18,9
0,123	6,5	9,0	15,3	18,0	34,9	17,6	52,85	1,30	19,3	18,9	19,1
0,136	6,1	9,5	14,2	—	34,8	17,7	52,95	1,30	19,4	19,0	19,0

der Grundlage experimenteller Daten zur Grenzflächenspannung bei 25 °C aufgeführt [22, 25]. In Tab. 4.1. bzw. Abb. 4.3. werden die Ergebnisse der Berechnung von adsorbierten Mengen und entropischen Größen bzw. der Grenzflächenzusammensetzung für eine Schichtdicke von $\tau = 5$ Å dargestellt. Wie aus der Tabelle ersichtlich ist, verringert sich die relative adsorbierte Wassermenge mit steigendem Salzgehalt der Lösung, bleibt jedoch im gesamten Konzentrationsbereich positiv. Demgegenüber ist die Adsorption des Salzes negativ, was mit den erhaltenen Daten zur Zusammensetzung der Grenzflächenschicht in Einklang steht. Die in Abb. 4.3. dargestellte Abhängigkeit des Molenbruchs der Grenzflächenschicht $x_1^{(\sigma)}$ von dem der Lösung zeigt, daß in einer

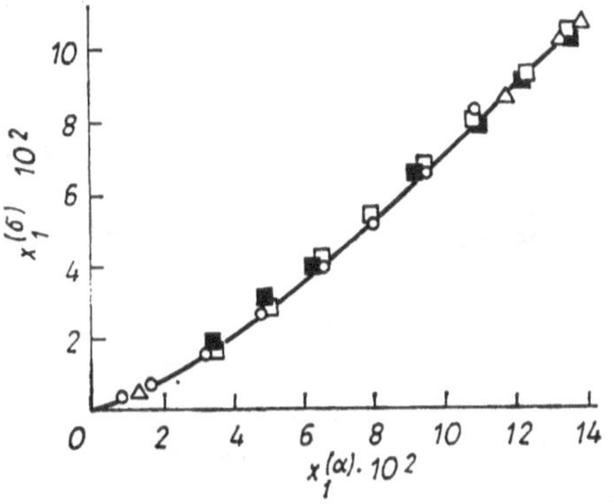

Abb. 4.3. Abhängigkeit der Grenzflächenschichtzusammensetzung von der Lösungszusammensetzung im System $NaBr-H_2O$ ($\tau = 5$ Å)

Schicht mit der Dicke $\tau = 5$ Å die Salzkonzentration wesentlich niedriger als in der Lösung ist. Aus der Tabelle folgt, daß die Werte der überschüssigen Entropie $\bar{S}_{(1)}$ und $\bar{S}_{(2)}$ positiv sind und mit steigender Konzentration der Lösung kleiner werden. Dieser Befund entspricht den Erwartungen, sofern man berücksichtigt, daß die erstere der Trennflächen $\Gamma_1 = 0$ bzw. $\Gamma_2 = 0$ niedriger gelegen ist.

Die erhaltenen Ergebnisse zeigen weiterhin, daß bei vorgegebener Zusammensetzung der Lösung die Entropie der Grenzflächenschicht größer als die der Lösung ist. Offenbar haben jedoch in diesem Falle Lösung und Grenzflächenschicht eine voneinander verschiedene Zusammensetzung.

Daher sollten die Entropiewerte bei gleicher Zusammensetzung von Lösung und Grenzflächenschicht miteinander verglichen werden. Es ergibt sich, daß bei $x_1^{(\sigma)} = x_1^{(\alpha)}$ in allen Fällen $s^{(\sigma)} > s^{(\alpha)}$ ist.

Dies bedeutet, daß der höhere Entropiewert der Grenzflächenschicht gegenüber dem der Lösung nicht nur mit einer „Abreicherung" von Salz in der Grenzflächenschicht sondern auch mit bestimmten strukturellen Veränderungen in dieser Schicht im Zusammenhang steht.

4.7. Beziehungen in Nähe des kritischen Punktes

In den vorstehenden Abschnitten haben wir die Abhängigkeit der Grenzflächenspannung von der Temperatur bzw. dem Druck unter jener Voraussetzung behandelt, daß der Zustand der Phasen weit von dem kritischen Zustand entfernt sei. Nun wollen wir uns der Untersuchung dieser Abhängigkeit in unmittelbarer Nähe des kritischen

Punktes[1] zuwenden. Nach GIBBS entspricht der kritische Punkt dem Zustand der Identität zweier koexistierender Phasen und somit auch ihrer Grenzflächenschicht. Bei Annäherung an den kritischen Zustand nähern sich auch Zusammensetzung und Eigenschaften der koexistierenden Phasen mehr und mehr einander an. Daher verringert sich auch die Grenzflächenspannung stets in dieser Richtung, um schließlich im kritischen Punkt gleich Null zu werden. Infolgedessen müssen im kritischen Punkt die folgenden Bedingungen erfüllt sein:

$$\left.\begin{aligned} s_{\alpha\beta} &= 0 \\ v_{\alpha\beta} &= 0 \\ s_{\alpha\sigma} &= 0 \\ v_{\alpha\sigma} &= 0 \end{aligned}\right\} \tag{4.61}$$

$$\sigma = 0. \tag{4.62}$$

Da die Bedingung eines positiven Wertes der Grenzflächenspannung eine der Stabilitätsbedingungen für die Diskontinuitätsfläche ist, ist Gl. (4.62) eine Gleichung für die Stabilitätsgrenzen, welche den kritischen Zustand charakterisieren.

Entsprechend der verallgemeinerten CLAUSIUS-CLAPEYRONschen Gleichung (4.2) strebt der Quotient $s_{\alpha\beta}/v_{\alpha\beta}$ bei dem Übergang zum kritischen Zustand gegen einen endlichen Wert, der gleich dem der Ableitung $(dP/dT)_{x_1^{(\alpha)},\ldots,x_{n-1}^{(\alpha)}}$ im kritischen Punkt ist.

So erhalten wir aus Gl. (4.1) bei ihrer Anwendung auf den kritischen Zustand die folgende Bedingung:

$$a\left(\frac{d\sigma}{dT}\right)^{(k)}_{x_1^{(\alpha)},\ldots,x_{n-1}^{(\alpha)}} = 0 \tag{4.63}$$

(mit dem Index (k) seien die auf den kritischen Zustand bezogenen Größen bezeichnet). Aus Bedingung (4.63) folgt, daß im kritischen Punkt entweder die Molfläche a oder die Ableitung der Grenzflächenspannung nach der Temperatur gleich Null wird. Es ist leicht vorstellbar, daß der Übergang zum kritischen Zustand stets so vorgenommen werden kann, daß der Wert der Molfläche endlich bleibt, wenn nur das betrachtete System über endliche Ausmaße verfügt. In diesem Fall erhalten wir aus der Gleichheit (4.63) die Bedingung

$$\left(\frac{d\sigma}{dT}\right)^{(k)}_{x_1^{(\alpha)},\ldots,x_{n-1}^{(\alpha)}} = 0. \tag{4.64}$$

Betrachten wir nun die Änderung der Grenzflächenspannung in unmittelbarer Nähe des kritischen Punktes unter der Bedingung eines konstanten Druckes. Diese Bedingung wird in der Praxis gewöhnlich bei der Untersuchung kritischer Erscheinungen in Vielkomponenten-Systemen realisiert.

---

[1] Wir werden die Bezeichnung „kritischer Punkt" (obwohl dem kritischen Zustand eines Vielkomponenten-Systems stets ein Ensemble von Punkten entspricht) immer im Sinne irgendeiner univarianten Zustandsänderung des Systems, die zu dem kritischen Zustand (kritischen Punkt) führt, gebrauchen.

Wenden wir uns zunächst Gl. (4.22) für ein binäres System zu. Beim Übergang zum kritischen Punkt werden die folgenden Bedingungen erfüllt:

$$\left.\begin{aligned} &s^{(\sigma)} - s^{(\alpha)} \to 0 \\ &x_1{}^{(\sigma)} + x_1{}^{(\alpha)} \to 0 \\ &\frac{s^{(\beta)} - s^{(\alpha)}}{x_1{}^{(\beta)} - x_1{}^{(\alpha)}} \to \left(\frac{ds}{dx_1}\right)^{(k)} \end{aligned}\right\} \tag{4.65}$$

Die Ableitung $(ds/dx_1)^{(k)}$ kennzeichnet den Verlauf der Koexistenzkurve der Phasen (in den Koordinaten $s - x_1$) im kritischen Punkt. Diese Ableitung nimmt i. a. einen endlichen Wert an. Infolgedessen ergibt sich aus Gl. (4.22) und den Bedingungen (4.65) die Beziehung

$$\left(\frac{d\sigma}{dT}\right)_P^{(k)} = 0, \tag{4.66}$$

die gemeinsam mit Bedingung (4.62) die Temperaturabhängigkeit der Grenzflächenspannung in der unmittelbaren Umgebung des kritischen Punktes eines binären Systems charakterisiert.

Untersuchen wir nunmehr die Bedingungen, welche den kritischen Zustand in ternären Systemen kennzeichnen. Zu diesem Zwecke ist es notwendig, die Veränderung der rechten Seite von Gl. (4.28) beim Übergang zum kritischen Zustand zu verfolgen. Da sich der kritische Zustand durch die Identität aller Eigenschaften der koexistierenden Phasen und der Grenzflächenschicht auszeichnet, müssen die folgenden Bedingungen bei Annäherung an den kritischen Zustand erfüllt sein:

$$\left.\begin{aligned} &s_{\alpha\sigma} \to 0 \\ &s_{\alpha\beta} \to 0 \\ &\varphi_2{}^{(\alpha\sigma)} \to 0 \\ &\varphi_2{}^{(\alpha\beta)} \to 0 \\ &\Delta \to 0 \end{aligned}\right\} \tag{4.67}$$

Diese Bedingungen sind durch die Gleichung für die Stabilitätsgrenze zu ergänzen:

$$|g_{ik}|_2{}^{(k)} = 0. \tag{4.68}$$

Letztere ist eine jener Gleichungen, die den kritischen Zustand beschreiben. Gemäß den Bedingungen (4.67) verschwindet der erste Term in der rechten Seite von (4.28) bei Annäherung an den kritischen Zustand, der zweite Term wird unbestimmt. Zur Beseitigung dieser Unbestimmtheit benutzen wir die sich aus Gl. (3.33) ergebende Beziehung

$$\frac{\varphi_2{}^{(\alpha\beta)}}{s_{\alpha\beta}} = -\left(\frac{dT}{dx_2}\right)^{(\alpha)}_{P,x_1{}^{(\alpha)}} \tag{4.69}$$

und schreiben den zweiten Term der rechten Seite von Gl. (4.28) in Form des Verhältnisses

$$\varphi_2^{(\alpha\sigma)} \Big/ -\left(\frac{dT}{dx_2}\right)^{(\alpha)}_{P,x_1^{(\alpha)}}.$$

Wir werden zeigen, daß die Ableitung $(dT/dx_2)^{(\alpha)}_{P,x_1^{(\alpha)}}$ im kritischen Punkt i. a. einen endlichen und von Null verschiedenen Wert annimmt. Hierfür betrachten wir das Zweiphasen-Gleichgewichtsdiagramm eines ternären Systems (siehe Abb. 4.4.).

In Abb. 4.4. ist ein Netz von Isothermen-Isobaren für die Koexistenz beider Phasen dargestellt, das jene isobare Zweiphasen-Gleichgewichtsfläche kennzeichnet, in der die kritische Kurve KL verläuft. Wählen wir irgendeinen Punkt K auf der kritischen Kurve aus und verlegen durch diesen vertikal zur Koordinatenebene $x_1 - x_2$ Ebenen, so erhalten wir eine Reihe von Schnitten der isobaren Koexistenzfläche der Phasen. Eine

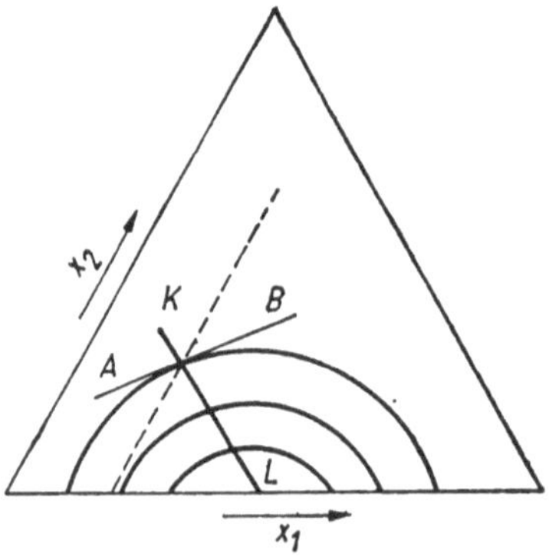

Abb. 4.4. Isotherme-Isobare für die Phasenkoexistenz und kritische Kurve KL in einem ternären System

jede dieser Schnittebenen besitzt offensichtlich einen eigenen Wert der Ableitung dT/dx_2. Aus der Theorie der kritischen Erscheinungen in ternären Systemen [34] ist bekannt, daß ein Temperaturextremum für den Schnitt

$$\frac{dx_2}{dx_1} = K \tag{4.70}$$

erkannt werden kann; hierbei ist k der Anstieg der an die Koexistenzkurve bei $T = \text{const}$ und $P = \text{const}$ im kritischen Punkt angelegten Tangenten (dieser Schnitt ist in Abb. 4.4. durch die Gerade AB verkörpert). Da die Bedingung (4.70) i. a. nicht mit der Bedingung $x_1 = \text{const}$ (punktierte Gerade in Abb. 4.4.) koinzidiert, muß die Ableitung $(dT/dx_2)^{(\alpha)}_{P,x_1^{(\alpha)}}$ i. a. einen von Null verschiedenen Wert annehmen. Trifft dies zu, so muß das zweite Glied in der rechten Seite von Gl. (4.28) gemäß den Bedingungen (4.67) bei Annäherung an den kritischen Zustand verschwinden. Bezüglich des dritten Gliedes ist festzustellen, daß seine Größe davon abhängt, auf welche der vorstehend untersuchten Schnitte sich die Ableitung $(dx_1/dT)_P^{(\alpha)}$ bezieht.

Wir wählen den extrem ungünstigen Fall aus und setzen voraus, daß dieser Schnitt von Gl. (4.70) vorgegeben sei, so daß die Bedingung

$$\left(\frac{dT}{dx_1}\right)^{(\alpha)}_{P,\,\frac{dx_2}{dx_1}=K} = 0 \tag{4.71}$$

erfüllt ist. In einem solchen Fall läßt sich das dritte Glied in zwei Faktoren zerlegen:

$$\Delta/\varphi_2{}^{(\alpha\beta)} \qquad \text{und} \qquad |g_{ik}|_2{}^{(\alpha)} \Big/ \left(\frac{dT}{dx_1}\right)^{(\alpha)}_{P,\,\frac{dx_2}{dx_1}=K}.$$

Ein jeder dieser Faktoren ist nach Gl. (4.67) und (4.71) im kritischen Punkt unbestimmt. Um für den zweiten dieser Faktoren diese Unbestimmtheit aufzuheben, werden Zähler sowie Nenner längs der Koexistenzkurve, die im betrachteten Schnitt verläuft, nach x_1 differenziert. Die Differentiation von $|g_{ik}|_2{}^{(\alpha)}$ liefert den Ausdruck:

$$\left(\frac{d\,|g_{ik}|_2}{dx_1}\right)^{(\alpha)}_{P,\,\frac{dx_2}{dx_1}=K} = \left(\frac{\partial\,|g_{ik}|_2}{\partial x_1}\right)^{(\alpha)} + \left(\frac{\partial\,|g_{ik}|_2}{\partial x_2}\right)^{(\alpha)} \left(\frac{dx_2}{dx_1}\right)^{(\alpha)} + \left(\frac{\partial\,|g_{ik}|_2}{\partial T}\right)^{(\alpha)} \left(\frac{dT}{dx_1}\right)^{(\alpha)}.$$

Beim Übergang zum kritischen Punkt nimmt dieser Ausdruck nach Beachtung von Gl. (4.71) die folgende Form an:

$$\left(\frac{d\,|g_{ik}|_2}{dx_1}\right)^{(k)}_{P,\,\frac{dx_2}{dx_1}=K} = \left(\frac{\partial\,|g_{ik}|_2}{\partial x_1}\right)^{(k)} + K\left(\frac{\partial\,|g_{ik}|_2}{\partial x_2}\right)^{(k)}. \tag{4.72}$$

Ein Vergleich des Ausdrucks (4.72) mit der Gleichung der Koexistenzkurve der Phasen bei T = const und P = const im kritischen Punkt [34]

$$K = -\frac{\left(\dfrac{\partial\,|g_{ik}|_2}{\partial x_1}\right)^{(k)}}{\left(\dfrac{\partial\,|g_{ik}|_2}{\partial x_2}\right)^{(k)}} = -\frac{g_{12}^{(k)}}{g_{22}^{(k)}} \tag{4.73}$$

überzeugt uns davon, daß die in (4.72) links stehende Ableitung gleich Null ist. Was die zweite Ableitung von T nach $x_1{}^{(\alpha)}$ entlang der betrachteten Kurve betrifft, so nimmt sie bekanntlich [34] im kritischen Punkt einen endlichen und von Null verschiedenen Wert an. So führt die Auflösung der betrachteten Unbestimmtheit zu der Schlußfolgerung, daß bei Annäherung an den kritischen Punkt die Bedingung

$$\frac{|g_{ik}|_2{}^{(\alpha)}}{\left(\dfrac{dT}{dx_1}\right)^{(\alpha)}_{P,\,\frac{dx_2}{dx_1}=K}} \to 0 \tag{4.74}$$

erfüllt ist.

Untersuchen wir nunmehr den ebenfalls unbestimmten Faktor $\Delta/\varphi_2{}^{(\alpha\beta)}$. Um auch seine Unbestimmtheit aufzuheben, haben wir die Größen Δ und $\varphi_2{}^{(\alpha\beta)}$ entlang der betrachteten Kurve zweifach nach $x_1{}^{(\alpha)}$ zu differenzieren. Der sich anschließende Übergang zum kritischen Zustand zeigt, daß der Quotient der zweiten Ableitungen dieser Größen eine endliche Größe darstellt.

Somit ist zu konstatieren, daß das dritte Glied der rechten Seite von (4.28) bei Annäherung an den kritischen Punkt insgesamt gegen Null strebt; das ist auch dann der Fall, wenn die Ableitung $(dT/dx_1)_P{}^{(k)}$ den Wert Null annimmt. Daher strebt dieses Glied auch bei beliebigen anderen Werten von $(dT/dx_1)_P{}^{(k)}$ gegen Null. Mithin können wir jetzt die Bedingung für ternäre Systeme als

$$\left(\frac{d\sigma}{dT}\right)^{(k)}_{P,(x)} = 0 \tag{4.75}$$

niederschreiben. Neben der Konstanz des Druckes kann in dieser eine beliebige andere Bedingung (x), die mit der Art der Zusammensetzungsänderung verbunden ist, verstanden werden.

Die Beziehung (4.75) wahrt ihre Gültigkeit auch für Systeme mit einer beliebigen Komponentenzahl. In diesem Fall bleibt sie für eine beliebige univariante Änderung, die unter Druckkonstanz vonstatten geht, in Kraft.

Die erhaltenen Beziehungen (4.64), (4.66) und (4.75) zeigen in Verbindung mit der Bedingung (4.62), daß die Abhängigkeit der Grenzflächenspannung von der Temperatur in Nähe des kritischen Punktes nicht linear sein kann. Gemäß Gl. (4.64) muß sogar im Falle eines Einkomponentensystems die lineare Abhängigkeit der Grenzflächenspannung von der Temperatur, falls eine solche beobachtet wird, bei Annäherung an den kritischen Punkt in eine lichtlineare, konvex zur Temperaturachse gekrümmte Kurve übergehen. Mit dieser thermodynamischen Schlußfolgerung stehen die experimentellen Ergebnisse in völliger Übereinstimmung.

Wir wollen Gl. (4.6) benutzen und sie für die Nähe des kritischen Punktes in der folgenden Form schreiben:

$$\sigma \sim (T_k - T)^{\mu'}. \tag{4.76}$$

Der Exponent μ' wird als kritischer Index der Grenzflächenspannung bezeichnet. Aus obigen Darlegungen folgt $\mu' > 1$. Analoge Formeln werden in der Regel auch für viele andere Größen benutzt, die im kritischen Punkt gegen Null oder Unendlich streben, z. B. für die Dichtedifferenz koexistierender Phasen, die spezifische Wärmekapazität, die Kompressibilität, den molekularen Korrelationsradius. Für jede dieser Größen existiert ein eigener kritischer Index. Die gegenseitige Verknüpfung dieser kritischen Indizes erfolgt über die Theorie der Maßstabsinvarianz (scaling theory), die zum gegenwärtigen Zeitpunkt breite Anerkennung gefunden hat. Für Einkomponentensysteme ist sie bereits ausreichend gut ausgearbeitet worden (siehe z. B. die Übersichten [35] bis [37]). Beispielsweise steht der kritische Index μ' in einem bekannten Zusammenhang mit den Exponenten der Koexistenzkurve

$$\varrho - \varrho_k \sim (T_k - T)^{\beta'} \tag{4.77}$$

bzw. der kritischen Isotherme

$$\varrho - \varrho_k \sim (\mu - \mu_k)^{1/\delta}. \tag{4.78}$$

Dieser Zusammenhang ist durch die folgende Beziehung gegeben [38]:

$$\mu' = \frac{2\beta'(\delta + 1)}{3}. \tag{4.79}$$

Neben anderen Größen beansprucht der molekulare Korrelationsradius

$$L \sim (T_k - T)^{-\nu} \tag{4.80}$$

in der Theorie der Grenzflächenerscheinungen ein besonderes Interesse, da er die Schichtdicke einer Grenzfläche abzuschätzen erlaubt. Die Schichtdicke einer Grenzfläche wird im allgemeinen von zwei Faktoren bestimmt: von der Stärke des äußeren Feldes, das die Bildung einer Grenzflächenschicht verursacht, und vom Korrelationsradius, der ihre Struktur und Ausdehnung entscheidend beeinflußt. In Nähe des kritischen Punktes wächst der Korrelationsradius stark an und wird für die Grenzflächenschichtdicke, die sich ebenfalls stark vergrößert, zur bestimmenden Größe. Demzufolge ist es möglich, in Nähe des kritischen Punktes die Beziehung (4.80) für die Untersuchung der Schichtdicke einer Grenzfläche und ihrer Temperaturabhängigkeit zu verwenden.

Die klassische VAN DER WAALSsche Theorie (siehe Gl. (1.72)) liefert einen Wert von $\nu = 0{,}5$, sowie für den kritischen Index der Grenzflächenspannung $\mu' = 1{,}5$. Diese Werte werden durch experimentelle Resultate (z. B. auch optische Untersuchungen) [39]···[45] nicht bestätigt, sie liefern Werte von $\nu = 0{,}6 \div 0{,}7$ bzw. $\mu' = 1{,}2 \div 1{,}3$. Die Größen μ' und ν sind Bestandteile eines Systems kritischer Indizes, die nach den Beziehungen der „Scaling"-Theorie berechnet werden können, sofern bestimmte andere Indizes bekannt sind. So kann z. B. mit Hilfe der Beziehung (4.79) bei Verwendung der gegenwärtig allgemein anerkannten Indizes $\beta' \approx 1/3$ und $\delta \approx 5$ der Wert $\mu' \approx 4/3$ erhalten werden. Es ist interessant, daß die klassischen Werte $\beta' \approx 1/2$ und $\delta \approx 3$ zu dem gleichen Resultat führen. Es sei darauf hingewiesen, daß die Berücksichtigung äußerer Felder, insbesondere des Gravitationsfeldes, für die experimentelle Bestimmung der kritischen Indizes von großer Bedeutung ist. Das Gravitationsfeld kann auch die Grenzflächenspannung einer Flüssigkeit in Nähe des kritischen Punktes beeinflussen [46].

Von Interesse ist, den Zusammenhang zwischen Grenzflächenspannung und GIBBSschen Überschußgrößen in Nähe des kritischen Punktes zu untersuchen. Es ist bereits festgestellt worden, daß alle mit Hilfe der GIBBSschen Methode hergeleiteten Gleichungen formal das gleiche Aussehen wie jene aus dem System (3.21) folgenden Gleichungen haben. Daher kann Beziehung (4.1) nach wie vor als Ausgangspunkt für den Grenzübergang im kritischen Punkt dienen, wobei zu berücksichtigen ist, daß die Größen a, $v_{\alpha\sigma}$ und $s_{\alpha\sigma}$ in Übereinstimmung mit Gl. (3.37)···(3.39) definiert sind. Dabei ist zu erwarten, daß wir in der rechten Seite von Gl. (4.1) eine endliche Größe erhalten. So ist z. B. für Einkomponentensysteme der Übergang zum kritischen Punkt durch die Bedingungen

$$\left.\begin{aligned} &\bar{v}_{\alpha\sigma} \to -v^{(k)} \\ &\bar{s}_{\alpha\sigma} \to (\bar{s}^{(\sigma)})^{(k)} - s^{(k)} \\ &s_{\alpha\beta}/v_{\alpha\beta} \to (dP/dT)^{(k)} \end{aligned}\right\} \tag{4.81}$$

gekennzeichnet, und die rechte Seite von (4.1) bleibt endlich. Die linke Seite von Gl. (4.1) stellt das Produkt $\dfrac{1}{\Gamma}\left(\dfrac{d\sigma}{dT}\right)$ dar. Da im kritischen Punkt $\Gamma = 0$ ist, folgt aus der Endlichkeitsbedingung dieses Produktes, daß die Ableitung $(d\sigma/dT)^{(k)}$ gleich Null ist. Des weiteren liefert die Endlichkeitsbedingung des Produktes $\dfrac{1}{\Gamma}\left(\dfrac{d\sigma}{dT}\right)^{(k)}$ die Aussage, daß die Größen Γ und $d\sigma/dT$ als kleine Größen ein und derselben Ordnung gegen Null streben. Wird angenommen, daß die Temperaturabhängigkeit der Grenzflächenspannung durch Formel (4.76) gegeben ist, so kann die Temperaturabhängigkeit der Adsorption in Nähe des kritischen Punktes als

$$\Gamma \sim (T_k - T)^{\mu'-1} \tag{4.82}$$

ausgedrückt werden. Bei einem Wert von $\mu' \approx 4/3$ erhalten wir für den kritischen Index der Adsorption den Wert 1/3.

Abschließend ist festzustellen, daß alle in diesem Paragraphen erhaltenen thermodynamischen Schlußfolgerungen — streng betrachtet — nur für ebene Diskontinuitätsflächen gültig sind und die gegenseitige Dispergierung der Phasen in Nähe des kritischen Punktes nicht berücksichtigen. Um Beziehungen herzuleiten, die für eine Beschreibung der real beobachtbaren kritischen Erscheinungen (in der Regel unter starker Durchmischung) geeignet wären, ist es erforderlich, die Abhängigkeit der Grenzflächenspannung von der Krümmung der Diskontinuitätsfläche zu kennen und diese Abhängigkeit in den allgemeinen Beziehungen zu berücksichtigen.

Literatur

[1] W. Ramsay, J. Shilds: Z. phys. Chem. **12**, 433 (1893)
[2] R. Eötvös: Ann. Phys. **27**, 448 (1886)
[3] M. Katayama: Sci. Rep. Tôhoku Univ. **4**, 373 (1916)
[4] А. И. Бачинский: Изв. Физ. ин-та при Моск. научн. ин-те **11**, 60 (1922)
[5] W. Herz: Z. anorg. Chem. **129**, 265 (1923)
[6] E. A. Guggenheim: „*Thermodynamics*“, Amsterdam 1957
[7] В. К. Семенченко: „*Поверхностные явления в металлах и сплавах*“ (russ.; „Grenzflächenerscheinungen in Metallen und Legierungen“), Гостехиздат, Москва 1957
[8] С. Оно, С. Кондо: „*Молекулярная теория поверхностного натяжения в жидкостях*“ (russ.; „Molekulare Theorie der Oberflächenspannung von Flüssigkeiten“), ИЛ, Москва 1963
[9] J. F. Padday: in „*Surface and Colloid Science*“, vol. 1, ed. E. Matijević, Wiley, N. Y. 1969
[10] M. Born, R. Courant, V. Jung: Physik. Z. **14**, 731 (1913); Z. phys. Chem. **127**, 281 (1926)
[11] Я. И. Френкель: „*Кинетическая теория жидкостей*“ (russ.; „Kinetische Theorie der Flüssigkeiten“) Изд. АН СССР, М.-Л. 1945, стр. 292
[12] S. Ono: Mem. Fac. Eng. Kyushu Univ. **10**, 195 (1947)
[13] K. Schäfer: Z. Elektrochem. **59**, 233 (1955)
[14] D. B. McLeod: Trans. Faraday Soc. **19**, 38 (1923)
[15] S. Sugden: „*The Parachor and Valency*“, London 1930
[16] R. H. Fowler: Proc. Roy. Soc. A **159**, 229 (1937)
[17] В. В. Демченко: ЖФХ **36**, 2524 (1962)
[18] В. В. Демченко: ЖФХ **37**, 2299 (1963)
[19] А. И. Бурштеин: Докл. АН СССР **205**, 615 (1972)
[20] A. Ferguson: Trans. Faraday Soc. **19**, 407 (1923)
[21] A. Ferguson: Proc. Phys. Soc. [London] **52**, 759 (1940)
[22] П. А. Ребиндер, А. Б. Таубман: ЖПФ **7**, 2 (1930)
[23] Н. Л. Покровский, Д. С. Тиссен: Докл. АН СССР **128**, 1228 (1959)
[24] Ю. В. Найдич, В. Н. Еременко, Л. Ф. Кириченко: Ж. Неорг. Хим. **7**, 333 (1962)
[25] Х. И. Идрагимов, Н. Л. Покровский, П. П. Пугачевич, В. К. Семенченко: Докл. АН СССР **155**, 75 (1964)

[26] Х. И. Ибрагимов, Н. Л. Покровский, П. П. Пугачевич, В. К. Семенченко: в. сб.: ,,*Поверхностные явления в расплавах и возникающих из них твёрдых фазах*'' (russ.; ,,Grenzflächenerscheinungen in Schmelzen und aus ihnen entstehenden Festphasen") Изд. КБГУ, Нальчик 1965, стр. 269
[27] Н. Л. Покровский, П. П. Пугачевич, Х. И. Ибрагимов: Докл. АН СССР **172**, 829 (1967)
[28] J.-C. Joud, N. Eustathopoulos, P. Desré: J. chim. phys. et phys.-chim. biol. **71**, 559 (1974)
[29] H. Y. Jennings, G. H. Newman: Soc. Petrol Eng. J. **11**, 171 (1971)
[30] А. И. Русанов, Э. А. Фактор: Колл. ж. **27**, 869 (1965)
[31] П. Е. Большаков, Г. Т. Левченко: Труды ГИАП № 2, 33, 46 (1953)
[32] R. M. Hurd, G. M. Schmid, E. S. Snavely: Science, **135**, 791 (1962)
[33] Э. А. Фактор, А. И. Русанов: Колл. ж. **35**, 681 (1973)
[34] А. И. Русанов: Вестн. ЛГУ № 4, 84 (1958)
[35] L. P. Kadanoff: Rev. Mod. Physics **39**, 305 (1967)
[36] А. З. Паташинский, В. Л. Покровский: Усп. Физ. Наук **94**, 127 (1968)
[37] М. А. Анисимов: Усп. Физ. Наук **114**, 249 (1974)
[38] B. Widom: J. Chem. Phys. **43**, 3892 (1965)
[39] G. H. Gilmer, W. Gilmore, J. Huang, W. W. Webb: Phys. Rev. Lett. **4**, 490 (1965)
[40] F. P. Buff, R. A. Lovett, F. H. Stillinger: Phys. Rev. Lett. **15**, 621 (1965)
[41] J. S. Huang, W. W. Webb: J. Chem. Phys. **50**, 3677 (1969)
[42] B. Chu, D. Thiel, W. Tscharnuter, D. V. Fenby: Colloqu. int. CNSR, Nr. 202, Cl-111 (1972)
[43] J. Zollweg, G. Howkins, I. W. Smith, M. Giglio, G. B. Benedek: Colloqu. int. CNRS, Nr. 202, Cl-135 (1972)
[44] M. A. Bouchiat, J. Meunier: Colloqu. int. CNRS, Nr. 202, Cl-141 (1972)
[45] E. S. Wu, W. W. Webb: Colloqu. int. CNRS, Nr. 202, Cl-149 (1972)
[46] В. Г. Баранцев, В. Л. Кузьмин, А. И. Русанов: Колл. ж. **36**, 632 (1974)

5. Abhängigkeit der Grenzflächenspannung vom Druck

5.1. Allgemeine thermodynamische Beziehungen

Der Fall einer gleichzeitigen Änderung von Druck und Temperatur ist im vorangehenden Kapitel behandelt worden. Nunmehr sollen in einer speziellen Betrachtung des Druckeinflusses auf die Grenzflächenspannung nur isotherme Gleichgewichte untersucht werden. Bei konstanter Temperatur nimmt das Gleichungssystem (3.21) folgende Form an:

$$\left.\begin{aligned} a\left(\frac{d\sigma}{dP}\right)_T &= v_{\alpha\sigma} + \sum_{i,k=1}^{n-1} (x_i^{(\alpha)} - x_i^{(\sigma)})\, g_{ik}^{(\alpha)} \left(\frac{dx_k}{dP}\right)_T^{(\alpha)} \\ a\left(\frac{d\sigma}{dP}\right)_T &= v_{\alpha\sigma} - v_{\alpha\beta} + \sum_{i,k=1}^{n-1} (x_i^{(\beta)} - x_i^{(\sigma)})\, g_{ik}^{(\alpha)} \left(\frac{dx_k}{dP}\right)_T^{(\alpha)} . \end{aligned}\right\} \tag{5.1}$$

Hieraus erhalten wir über Eliminierung einer der Ableitungen $(dx_k/dP)^{(\alpha)}$, z. B. der Ableitung $(dx_{n-1}/dP)_T{}^{(\alpha)}$, eine Gleichung für die Abhängigkeit der Grenzflächenspannung vom Druck bei $T = \text{const}$:

$$a\left(\frac{d\sigma}{dP}\right)_T = v_{\alpha\sigma} - Xv_{\alpha\beta} + \sum_{i=1}^{n-1} \sum_{k=1}^{n-2} [X(x_i^{(\beta)} - x_i^{(\alpha)}) + (x_i^{(\alpha)} - x_i^{(\sigma)})]\, g_{ik}^{(\alpha)} \left(\frac{dx_k}{dP}\right)_T^{(\alpha)} . \tag{5.2}$$

Die hier auftretende Größe X ist durch den Ausdruck (4.5) gegeben.

Infolge der Temperaturkonstanz wird das einkomponentige Zweiphasensystem zu einem nonvarianten System, weshalb Gl. (5.2) auf Systeme anwendbar wird, die aus mindestens zwei Komponenten bestehen. In solchen Systemen führt jedoch die Druckänderung unausweichlich zu einer Änderung der Zusammensetzung der koexistierenden Phasen sowie der Grenzflächenschicht. Eine Druckerhöhung ruft eine erhöhte wechselseitige Mischbarkeit der Phasen hervor (z. B. verstärkt sie die Löslichkeit von Gasen in Flüssigkeiten oder der Komponenten einer flüssigen Lösung im Gas). Dies zieht zwangsläufig eine Änderung der Grenzflächenspannung nach sich. Der Einfluß des Druckes auf die Grenzflächenspannung in Vielkomponenten-Systemen ist — wie Gl. (5.2) zeigt — komplizierter Natur: neben dem direkten Druckeinfluß wirkt ein weiterer mit der Umverteilung der Stoffe zwischen den Phasen und der Grenzflächenschicht verbundener Mechanismus. Dieser Mechanismus tritt insbesondere in Nähe des kritischen Punktes hervor, was zu einem qualitativ unterschiedlichen Verhalten der Druckabhängigkeit der Grenzflächenspannung in Nähe bzw. fern vom kritischen Punkt führt. Im zuletzt genannten Falle ist die Druckabhängigkeit der Grenzflächenspannung deutlicher, wenn eine der Phasen gasförmig ist (im Gegensatz zu Systemen, die nur aus kondensierten Phasen bestehen).

5.2. Druckabhängigkeit der Grenzflächenspannung eines binären Systems bei $T = \text{const}$

Die Druckabhängigkeit der Grenzflächenspannung ist bisher nur in wenigen Arbeiten untersucht worden [1]···[13]. Dies dürfte mit den Schwierigkeiten derartiger Experimente verbunden sein. Auch die Anzahl theoretischer Betrachtungen dieses Problems ist klein [14]···[18]. Untersuchungsobjekte waren im wesentlichen binäre Systeme des Typs „Flüssigkeit—Gas". In der Arbeit [9] ist eine empirische Gleichung angegeben worden, die für eine Reihe von Systemen die Druckabhängigkeit der Grenzflächenspannung in expliziter Form beschreibt:

$$\sigma = \sigma_0 - B(P - P_0) - C(P - P_0)^2$$

mit

σ_0 — Grenzflächenspannung bei dem Druck P_0 (z. B. bei atmosphärischem Druck)
B, C — positive systemspezifische Konstanten.

Gemäß dieser Gleichung nimmt bei relativ niedrigen Drücken die Grenzflächenspannung linear mit Druckerhöhung ab. Es muß jedoch sofort hinzugefügt werden, daß diese Gleichung nicht allgemein gültig ist, da selbst die Verringerung der Grenzflächenspannung mit wachsendem Druck nicht in jedem Fall thermodynamisch gesetzmäßig ist. Darauf ist im weiteren näher einzugehen.

Betrachten wir die thermodynamischen Beziehungen für die isotherme Druckabhängigkeit der Grenzflächenspannung binärer Systeme.

Bei $n = 2$ nimmt Gl. (5.2) die folgende Form an:

$$a\left(\frac{d\sigma}{dP}\right)_T = v_{\alpha\sigma} - \frac{x_1^{(\sigma)} - x_1^{(\alpha)}}{x_1^{(\beta)} - x_1^{(\alpha)}}\, v_{\alpha\beta}. \tag{5.3}$$

Substituieren wir die Größen $v_{\alpha\sigma}$ und $v_{\alpha\beta}$ gemäß (3.22), so geht Gl. (5.3) in

$$a\left(\frac{d\sigma}{dP}\right)_T = v^{(\sigma)} - v^{(\alpha)} - \frac{x_1^{(\sigma)} - x_1^{(\alpha)}}{x_1^{(\beta)} - x_1^{(\alpha)}}\, (v^{(\beta)} - v^{(\alpha)}) \tag{5.4}$$

über.

Der Klarheit wegen setzen wir voraus, daß Phase β über die geringere Dichte verfüge, und die Differenz $v^{(\beta)} - v^{(\alpha)}$ eine positive Größe sei. Dies beeinträchtigt in keiner Weise den allgemeinen Charakter der Schlußfolgerungen. Für Systeme des Typs „flüssige Lösung — Dampf" kann Gl. (5.4) stark vereinfacht werden, sofern der bei $v^{(\beta)} - v^{(\alpha)}$ stehende Konzentrationsfaktor nicht allzu klein wird. Dann ist es nämlich möglich, mit Hilfe der Ungleichungen (4.9) und (4.11) von (5.4) zu der Näherungsbeziehung

$$a\left(\frac{d\sigma}{dP}\right)_T \approx -\frac{x_1^{(\sigma)} - x_1^{(\alpha)}}{x_1^{(\beta)} - x_1^{(\alpha)}}\, v^{(\beta)} \tag{5.5}$$

überzugehen.

Nach Gl. (5.5) wird das Vorzeichen der Ableitung $(d\sigma/dP)_T$ vom Vorzeichen des Konzentrationsfaktors bestimmt. Im speziellen Fall, wenn die Zusammensetzung der

Grenzflächenschicht einen zwischen den Zusammensetzungen der koexistierenden Phasen liegenden Wert annimmt, ist dieser Faktor stets positiv, und die Grenzflächenspannung verringert sich mit Druckerhöhung. Eine dieser Tendenz entsprechende Druckabhängigkeit der Grenzflächenspannung wird für Lösungen häufig experimentell beobachtet [1]···[9].

Bei weiterem Druckanstieg verdichtet sich die Gasphase zunehmend, und die Ungleichungen (4.9) sowie (4.11) werden unwirksam. Erreicht jedoch die Grenzflächenschicht eine dichtere Struktur (d. h. $v^{(\sigma)} < v^{(\alpha)}$) oder nehmen die Größen $v^{(\sigma)}$ und $v^{(\alpha)}$ ausreichend nahe beieinander liegende Werte an, so daß ihre Differenz das Vorzeichen der rechten Seite von (5.4) nicht beeinflußt, so bleibt die Ableitung $d\sigma/dP$ nach wie vor negativ. Nach Angaben von Bolšakov und Levčenko [5] verringert sich die Grenzflächenspannung für eine Reihe von Systemen „Flüssigkeit—Gas" mit Druckerhöhung in einem sehr breiten Intervall (1—800 at). Bei Druckerhöhung werden die Differenzen $v^{(\sigma)} - v^{(\alpha)}$ sowie $v^{(\beta)} - v^{(\alpha)}$ kleiner, so daß in Übereinstimmung mit (5.4) auch der Absolutwert der Ableitung $d\sigma/dP$ kleiner werden muß. Dies läßt sich gleichfalls mit Hilfe experimenteller Werte stützen [5, 8, 9].

Gl. (5.4) zeigt, daß die Abhängigkeit der Grenzflächenspannung vom Druck mit einer Umverteilung der Komponenten zwischen den koexistierenden Phasen und der Grenzflächenschicht verbunden ist. Wir wollen die drei wesentlichen Grenzfälle der Komponentenverteilung betrachten:

A. Die Konzentration von Komponente (1) in Phase β und der Grenzflächenschicht ist sehr gering ($x_1^{(\alpha)} \gg x_1^{(\beta)}, x_1^{(\sigma)}$).

Für diesen Fall, der durch die Lösung eines nichtflüchtigen, grenzflächeninaktiven Salzes repräsentiert werden kann, ist die Abhängigkeit der Grenzflächenspannung vom Druck durch die Näherungsbeziehung

$$a\left(\frac{d\sigma}{dP}\right)_T \approx v^{(\sigma)} - v^{(\beta)} \tag{5.6}$$

gegeben.

Für Systeme des Typs „flüssige Lösung—Dampf" darf die Größe $v^{(\sigma)}$ im Vergleich mit $v^{(\beta)}$ vernachlässigt werden. Ist des weiteren der Druck nicht allzu hoch, so ist die Annahme, daß sich der Dampf nach dem idealen Gasgesetz

$$v^{(\beta)} = RT/P$$

verhält, berechtigt, so daß Gl. (5.6) folgendermaßen geschrieben werden kann:

$$a\left(\frac{d\sigma}{dP}\right)_T \approx -\frac{RT}{P}. \tag{5.7}$$

Zwecks Vereinfachung setzen wir voraus, daß der Wert der Molfläche a im Anwendungsbereich von Gl. (5.7) konstant bleibt. Somit führt die Integration von Gl. (5.7) zu der folgenden Abhängigkeit der Grenzflächenspannung vom Druck:

$$\sigma = \frac{RT}{a} \ln \frac{P_0}{P}. \tag{5.8}$$

Die durch Gl. (5.8) gegebene σ-P-Abhängigkeit ist in Abb. 5.1. dargestellt. Die in Gl. (5.8) stehende Größe P_0 (Integrationskonstante) besitzt keinen realen physikalischen Sinn. Sie stellt jenen hypothetischen Druck, unter dem σ gleich Null werden würde, behielte die Abhängigkeit (5.8) auch bei hohen Drücken ihren physikalischen Sinn, dar. Aus den Gln. (5.7) und (5.8) sowie Abb. 5.1. folgt deutlich, daß die Druckabhängigkeit der Grenzflächenspannung im Gebiet kleiner Drücke relativ deutlich zutage tritt.

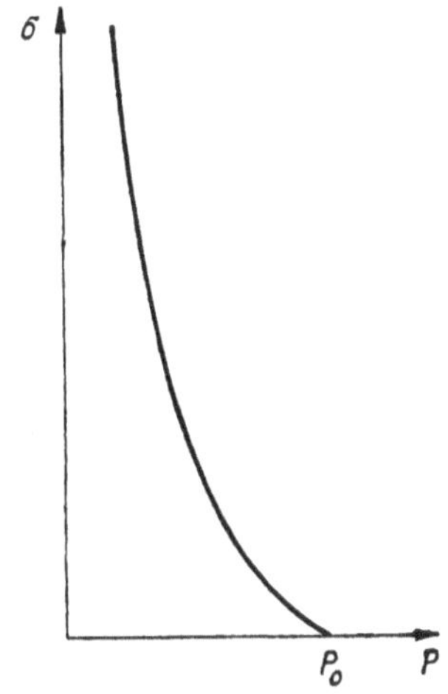

Abb. 5.1. Abhängigkeit der Grenzflächenspannung vom Druck gemäß Gl. (5.8) (T = const)

B *Die Konzentration von Komponente (1) in Phase α und der Grenzflächenschicht ist sehr gering* ($x_1^{(\beta)} \gg x_1^{(\alpha)}, x_1^{(\sigma)}$).

In diesem Fall kann Gl. (5.4) in der Näherung

$$a\left(\frac{d\sigma}{dP}\right)_T \approx v^{(\sigma)} - v^{(\alpha)} \tag{5.9}$$

geschrieben werden. Dem entspricht z. B. eine Bestimmung der Druckabhängigkeit der Grenzflächenspannung einer reinen Flüssigkeit in Gegenwart eines nur geringfügig löslichen Gases bei konstanter Temperatur. Gemäß unserer Voraussetzung ist $v^{(\beta)} > v^{(\alpha)}$. Da sich die Zusammensetzung der Grenzflächenschicht sehr wenig von jener der Phase α unterscheidet, wird in den meisten Fällen das Molvolumen der Grenzflächenschicht dasjenige der Phase α übertreffen, und die Grenzflächenspannung wird mit Druckerhöhung anwachsen, obwohl allerdings diese Abhängigkeit nur sehr schwach ausgedrückt zu sein braucht. Es ist zu betonen, daß Gl. (5.9) ihre Gültigkeit für Systeme des Typs „flüssige Lösung—Dampf" nur dann beibehält, wenn $x_1^{(\sigma)}$ und $x_1^{(\alpha)}$ außerordentlich klein sind und die Bedingung

$$\left|\frac{x_1^{(\sigma)} - x_1^{(\alpha)}}{x_1^{(\beta)} - x_1^{(\alpha)}}\right| \ll \left|\frac{v^{(\sigma)} - v^{(\alpha)}}{v^{(\beta)} - v^{(\alpha)}}\right| \tag{5.10}$$

erfüllt ist.

Wachsen die Größen $x_1^{(\sigma)}$ und $x_1^{(\alpha)}$, so kann sich Bedingung (5.10) bereits bei noch hinreichend kleinen Werten von $x_1^{(\alpha)}$ und $x_1^{(\sigma)}$ umkehren, da die in Ungleichung (5.10) rechtsseitig stehende Größe sehr kleine Werte annimmt. Erfolgt dies, so tritt Gl. (5.5) in Kraft, und unsere Schlußfolgerung bezüglich einer Erhöhung der Grenzflächenspannung mit steigendem Druck wird ungültig.

Darauf ist zurückzuführen, daß die durch Gl. (5.9) vorgegebene Abhängigkeit bei Anwendung auf Systeme „Flüssigkeit—Gas" experimentell lediglich für Helium — das Gas mit der niedrigsten Löslichkeit — beobachtet worden ist [7, 10, 11]. Für mehrere andere Systeme ist ein schwacher linearer Anstieg der Grenzflächenspannung mit Druckerhöhung bis zu 100 at gefunden worden.

C. Die Konzentration von Komponente (1) in der Grenzflächenschicht ist sehr viel größer als die Konzentration in beiden koexistierenden Phasen ($x_1^{(\sigma)} \gg x_1^{(\alpha)}, x_1^{(\beta)}$).

Für diesen Fall nimmt Gl. (5.4) das folgende Aussehen an:

$$a\left(\frac{d\sigma}{dP}\right)_T \approx -\frac{x_1^{(\sigma)}}{x_1^{(\beta)} - x_1^{(\alpha)}}\left(v^{(\beta)} - v^{(\alpha)}\right). \tag{5.11}$$

Entsprechend unserer Bedingung ist die Differenz $v^{(\beta)} - v^{(\alpha)}$ positiv, weshalb sich aus Gl. (5.11) die folgenden Ungleichungen ergeben:

$$\left(\frac{d\sigma}{dP}\right)_T \gtrless 0, \qquad \text{wenn} \qquad x_1^{(\beta)} \lesseqgtr x_1^{(\alpha)} \tag{5.12}$$

Diese Ungleichungen drücken die folgende Regel aus:

Die Grenzflächenspannung eines binären Zweiphasensystems, das einen grenzflächenaktiven Stoff enthält, nimmt bei konstanter Temperatur mit steigendem Druck zu, wenn der Gehalt des grenzflächenaktiven Stoffes in der Phase mit der höheren Dichte größer als jener in der Phase mit der niedrigeren Dichte ist. Ist jedoch der Gehalt des grenzflächenaktiven Stoffes in der Phase mit höherer Dichte geringer als in der Phase mit niedrigerer Dichte, so verringert sich die Grenzflächenspannung mit Druckerhöhung.

Auf Systeme „flüssige Lösung—Dampf" angewendet, kann diese Regel folgendermaßen formuliert werden:

Die Grenzflächenspannung an der Phasengrenze eines Systems „flüssige Lösung — Dampf" erhöht sich mit steigendem Druck, wenn der Dampf im Vergleich mit der flüssigen Phase ärmer an grenzflächenaktivem Stoff ist; sie verringert sich, sofern der grenzflächenaktive Stoff im Dampf vergleichsweise zur flüssigen Phase angereichert ist.

5.3. Bestimmung der Eigenadsorption und Grenzflächendichte von Flüssigkeiten aus Daten zur Abhängigkeit der Grenzflächenspannung vom Druck

Der im vorangegangenen Abschnitt behandelte Fall des Gleichgewichtes einer Flüssigkeit mit einem schwachlöslichen und schlecht adsorbierbaren Gas ist insofern von Interesse, als er die Möglichkeit liefert, aus experimentellen Daten zur Abhängigkeit der Grenzflächenspannung vom Druck die Eigenadsorption und Grenzflächendichte von Flüssigkeiten zu bestimmen. Angesichts seiner praktischen Relevanz wollen wir dieses Problem näher untersuchen.

Es sei vereinbart, daß die Indizes α und β sowie 1 und 2 die flüssige bzw. Gasphase resp. die betrachtete Flüssigkeit bzw. das anwesende Gas kennzeichnen. Substituieren wir in formaler Weise die molaren Größen für die Grenzflächenschicht durch Überschußgrößen (siehe (3.37) und (3.40)), so läßt sich Gl. (5.4) in der folgenden Form schreiben:

$$\frac{1}{\Gamma_1 + \Gamma_2}\left(\frac{d\sigma}{dP}\right)_T = -v^{(\alpha)} - \frac{\dfrac{\Gamma_1}{\Gamma_1 + \Gamma_2} - x_1^{(\alpha)}}{x_1^{(\beta)} - x_1^{(\alpha)}}\,(v^{(\beta)} - v^{(\alpha)}). \tag{5.13}$$

Gehen wir für die untersuchte Flüssigkeit von den Absolutwerten der Adsorption zu den relativen Werten $\Gamma_{1(2)}$ sowie von den Molvolumina zu den molaren Dichten ($\varrho = 1/v$) über, so nimmt Gl. (5.13) folgendes Aussehen an:

$$\frac{1}{\Gamma_{1(2)}}\left(\frac{d\sigma}{dP}\right)_T = -\frac{\varrho_2^{(\beta)} - \varrho_2^{(\alpha)}}{\varrho_1^{(\alpha)}\varrho_2^{(\beta)} - \varrho_1^{(\beta)}\varrho_2^{(\alpha)}}. \tag{5.14}$$

Gl. (5.14) zeigt, daß die Abhängigkeit der Grenzflächenspannung vom Druck durch die relative Größe der Werte für $\varrho_2^{(\alpha)}$ und $\varrho_2^{(\beta)}$ bestimmt wird: bei $\varrho_2^{(\alpha)} > \varrho_2^{(\beta)}$ verringert sich die Grenzflächenspannung mit steigendem Druck; bei $\varrho_2^{(\alpha)} < \varrho_2^{(\beta)}$ wächst sie mit dem Druck. Mithin bestimmt die Löslichkeit des verwendeten Gases in der untersuchten Flüssigkeit den Charakter der σ-P-Abhängigkeit. Für hinlänglich gut lösliche Gase sollte somit eine antibate und für sehr schwach lösliche Gase eine symbate σ-P-Abhängigkeit auftreten.

Es wurde bereits darauf hingewiesen, daß die überwiegende Mehrheit der experimentellen Daten eine Verringerung der Grenzflächenspannung mit wachsendem Druck wiedergibt, die entgegengesetzte Tendenz ist lediglich für Helium beobachtet worden. Tatsächlich ist Helium das am wenigsten lösliche Gas, so wurden für das System Wasser—Helium bei 20°C und $P \leqq 1$ at die folgenden Werte gefunden: $\varrho_2^{(\alpha)} = 4{,}06 \times 10^{-7}$ Mol/cm³, $\varrho_2^{(\beta)} = 4{,}15 \cdot 10^{-5}$ Mol/cm³ (für ein ideales Gas). Somit gilt $\varrho_2^{(\alpha)} \ll \varrho_2^{(\beta)}$, bei höheren Drücken ist die Bedingung $\varrho_2^{(\alpha)} < \varrho_2^{(\beta)}$ ebenfalls erfüllt. Gemäß Gl. (5.14) sollte somit in diesem Falle eine gleichsinnige Änderung der Grenzflächenspannung und des Druckes erfolgen.

Bei der Untersuchung der Grenzflächeneigenschaften von Flüssigkeiten kann die Löslichkeit eines anwesenden Gases unerwünschte Folgen bewirken, da Fremdmoleküle eine Störung oder Umgruppierung der Struktur sowohl der Flüssigkeit als auch ihrer Grenzschicht nach sich ziehen. Daher werden für Untersuchungen der Dichte oder Eigenadsorption einer Flüssigkeit in ihrer Grenzschicht mit Hilfe der σ-P-Abhängigkeit schwerlösliche Gase empfohlen. Die beste und oft auch einzige Möglichkeit ist der Einsatz von Helium.

Für den Fall, daß $\varrho_2^{(\alpha)} \ll \varrho_2^{(\beta)}$ ist, kann Gl. (5.14) als einfache Berechnungsformel dargestellt werden:

$$\Gamma_{1(2)} = -\varrho_1^{(\alpha)}\left(\frac{d\sigma}{dP}\right)_T, \tag{5.15}$$

mit deren Hilfe aus experimentellen Werten zur σ-P-Abhängigkeit die Größe $\Gamma_{1(2)}$ auffindbar ist. Es sei darauf hingewiesen, daß Formel (5.15) ihre Gültigkeit auch für die Phasengrenze zweier wechselseitig nur geringfügig löslicher Flüssigkeiten bewahrt. Für

$\Gamma_{1(2)}$ gilt der Ausdruck:

$$\Gamma_{1(2)} = \Gamma_1 - \Gamma_2 \frac{\varrho_1^{(\alpha)} - \varrho_1^{(\beta)}}{\varrho_2^{(\alpha)} - \varrho_2^{(\beta)}} \approx \Gamma_1 + \Gamma_2 \frac{\varrho_1^{(\alpha)}}{\varrho_2^{(\beta)}}. \tag{5.16}$$

In dem Falle, daß das Gas in der Flüssigkeit unlöslich ist und auch an der Flüssigkeitsoberfläche nicht adsorbiert wird, folgt gemäß Gl. (5.16) $\Gamma_{1(2)} \approx \Gamma_1$ (hier bezieht sich Γ_1 auf die Begrenzungsfläche zwischen Flüssigkeit und Gas). Dies ist gleichbedeutend damit, daß eine Berechnung nach Gl. (5.15) zu dem Wert der Eigenadsorption der Flüssigkeit führt. Gl. (5.4) liefert in diesem Fall

$$\varrho_1^{(\sigma)} = \varrho_1^{(\alpha)} \left[1 - \frac{1}{\tau}\left(\frac{d\sigma}{dP}\right)_T\right], \tag{5.17}$$

worin $\varrho^{(\sigma)}$ die mittlere Dichte der Flüssigkeitsgrenzschicht von der effektiven Dicke τ ist. Formel (5.17) stellt lediglich eine andere Schreibweise von Formel (5.9) dar.

Um bei der Verwendung der Formeln (5.15) und (5.17) für praktische Berechnungen jene Fehler ausschließen zu können, die mit dem Einfluß der Gaslöslichkeit verbunden sind, ist es erforderlich, die notwendigen Werte für $d\sigma/dP$ bei ausreichend kleinen Drücken zu wählen. Am sichersten ist die Benutzung des Grenzwertes der Ableitung $d\sigma/dP$ bei $\varrho_2^{(\beta)} \to 0$. Angesichts der notwendigerweise hierfür erforderlichen hohen Meßgenauigkeit lassen sich $d\sigma/dP$-Werte bei kleinen Drücken experimentell nur schwer ermitteln. Daher ist man gezwungen, den genannten Grenzwert durch Extrapolation zu bestimmen. Häufig liegt eine lineare σ-P-Abhängigkeit vor; solchenfalls kann für die Berechnungen der unmittelbar experimentell gefundene $d\sigma/dP$-Wert benutzt werden.

Bei $\varrho_2^{(\beta)} \to 0$ geht Gl. (5.14) in

$$\frac{1}{\Gamma_{1(2)}}\left(\frac{d\sigma}{dP}\right)_T^{(0)} = -\frac{1 - K_2^{(\alpha\beta)}}{\varrho_1^{(\alpha)} - \varrho_1^{(\beta)} K_2^{(\alpha\beta)}} \tag{5.18}$$

über, worin $K_2^{(\alpha\beta)}$ die NERNSTsche Verteilungskonstante für das Gas darstellt und der hochgestellte Index (0) den Grenzwert der Ableitung kennzeichnet. Bei $K_2^{(\alpha\beta)} \ll 1$ geht Gl. (5.18) ihrerseits in die Beziehung (5.15) über. Auf entsprechende Weise läßt sich Ausdruck (5.16) bei $\varrho_2^{(\beta)} \to 0$ in die folgende Form bringen:

$$\Gamma_{1(2)} = \Gamma_1 - K_2^{(\sigma\beta)} \frac{\varrho_1^{(\alpha)} - \varrho_1^{(\beta)}}{K_2^{(\alpha\beta)} - 1} \approx \Gamma_1 + K_2^{(\sigma\beta)} \varrho_1^{(\alpha)}. \tag{5.19}$$

Hierin ist $K_2^{(\sigma\beta)}$ die HENRY-Konstante für die Adsorption des Gases an der Flüssigkeitsoberfläche. Diese Konstante ist über theoretische Berechnungen zugänglich, sofern das Adsorptionspotential $U_2(z)$ bekannt ist (z — Abstand von der Flüssigkeitsoberfläche). Beispielsweise kann die Konstante $K_2^{(\sigma\beta)}$ für kugelsymmetrische Moleküle nach der Beziehung

$$K_2^{(\sigma\beta)} = \int_0^\infty \left[\exp\left(-\frac{U_2(z)}{kT}\right) - 1\right] dz \tag{5.20}$$

berechnet werden (k — BOLTZMANN-Konstante). Ist die Konstante $K_2^{(\sigma\beta)}$ sehr klein, so folgt gemäß Ausdruck (5.19) $\Gamma_{1(2)} \approx \Gamma_1$.

Wie Berechnungen gezeigt haben, ist die Konstante $K_2^{(\sigma\beta)}$ für Helium tatsächlich sehr klein [18], so daß die Bedingung der Gleichheit zwischen Eigenadsorption der reinen Flüssigkeit und relativer Adsorption der selbigen Flüssigkeit an ihrer Grenzfläche mit Helium in guter Näherung erfüllt ist.

Mit Hilfe der dargelegten Methode sind zum gegenwärtigen Zeitpunkt die Eigenadsorption und Grenzflächendichte einer ganzen Reihe von Flüssigkeiten bestimmt worden [18] (siehe Tab. 5.1.). Erwartungsgemäß ist die Eigenadsorption negativ, ihr

Tabelle 5.1. Eigenadsorption und Verringerung der relativen Dichte in Grenzflächenschichten bei 20 °C

Flüssigkeit	$\Gamma_{1(2)} \left[\frac{\text{Mol}}{\text{cm}^2}\right]$	$\frac{\varrho^{(\sigma)} - \varrho^{(\alpha)}}{\varrho^{(\alpha)}} \cdot 100\%$
CCl_4	$-3{,}2 \cdot 10^{-11}$	5,7
Benzol	$-3{,}5 \cdot 10^{-11}$	6
Chlorbenzol	$-3{,}8 \cdot 10^{-11}$	7
Brombenzol	$-3{,}6 \cdot 10^{-11}$	7
Nitrobenzol	$-1{,}8 \cdot 10^{-11}$	3
Wasser	$-2{,}5 \cdot 10^{-10}$	15

absoluter Wert wird mit steigender Temperatur kleiner. Die Dichte der Grenzflächenschicht ist geringer als die der Raumphase. Dieser Effekt ist am stärksten für Wasser ausgeprägt (12% bei 20°, bezogen auf eine Monoschicht). Es ist interessant, daß die Grenzflächendichte des Wassers im Unterschied zu der anderer Flüssigkeiten bei Temperaturerhöhung ein Maximum durchläuft. Allerdings liegt dies bei einer wesentlich höheren Temperatur als 4 °C, der Temperatur für die maximale Raumphasendichte des Wassers.

5.4. Thermodynamische Beziehungen für ternäre Systeme

Für ternäre Systeme kann Gl. (5.2) nach einfachem Umformen in die folgende Form gebracht werden:

$$a\left(\frac{d\sigma}{dP}\right)_T = v_{\alpha\sigma} - \frac{\varphi_2^{(\alpha\sigma)}}{\varphi_2^{(\alpha\beta)}}\, v_{\alpha\beta} + \frac{\Delta\, |g_{ik}|_2^{(\alpha)}}{\varphi_2^{(\alpha\beta)}} \left(\frac{dx_1}{dP}\right)_T^{(\alpha)}, \tag{5.21}$$

wobei die Größen $\varphi_2^{(\alpha\sigma)}$ und $\varphi_2^{(\alpha\beta)}$ durch die Ausdrücke (4.29) sowie die Determinanten Δ und $|g_{ik}|_2^{(\alpha)}$ durch die Ausdrücke (4.31) bzw. (4.30) gegeben sind. Da die Determinante $|g_{ik}|_2^{(\alpha)}$ auf Grund der Stabilitätsbedingungen eine positive Größe ist, verschwindet der dritte in Gl. (5.21) rechts stehende Term entweder dann, wenn der Gehalt der Komponente (1) in Phase α konstant bleibt oder aber die Bedingung $\Delta = 0$ erfüllt ist. Die zuletzt genannte Möglichkeit ist dann gegeben, wenn die Zusammensetzung der Grenzflächenschicht irgendeinen mittleren Wert zwischen den Zusammensetzungen der koexistierenden Phasen annimmt (siehe Abschn. 4.5.).

In beiden Fällen nimmt Gl. (5.21) das folgende Aussehen an:

$$a\left(\frac{d\sigma}{dP}\right)_T = v_{\alpha\sigma} - \frac{\varphi_2^{(\alpha\sigma)}}{\varphi_2^{(\alpha\beta)}}\, v_{\alpha\beta}. \tag{5.22}$$

Gl. (5.22) läßt sich weiter vereinfachen, wenn Phase α als ideale Lösung oder ideales Gasgemisch vorliegt. Dann nämlich kann Gl. (5.22) unter Benutzung des Ausdruckes (2.214) folgendermaßen geschrieben werden:

$$a\left(\frac{d\sigma}{dP}\right)_T = v_{\alpha\sigma} - \frac{x_2^{(\sigma)}(1 - x_1^{(\alpha)}) - x_2^{(\alpha)}(1 - x_1^{(\sigma)})}{x_2^{(\beta)}(1 - x_1^{(\alpha)}) - x_2^{(\alpha)}(1 - x_1^{(\beta)})}\, v_{\alpha\beta}. \tag{5.23}$$

Die erhaltene einfache Gleichung zeigt sehr anschaulich, daß auch im Falle ternärer Systeme die isotherme Abhängigkeit der Grenzflächenspannung vom Druck nicht nur von Volumeneffekten bestimmt, sondern auch durch die relative Verteilung der verschiedenen Stoffe zwischen den Phasen und der Grenzflächenschicht beeinflußt wird.

5.5. Abhängigkeit der Grenzflächenspannung vom Druck in Nähe des kritischen Punktes

Hier sollen jene Bedingungen untersucht werden, welche die isotherme Abhängigkeit der Grenzflächenspannung vom Druck bei dem Übergang zum kritischen Punkt bestimmen. Wenden wir uns zunächst der Gl. (5.4) für ein binäres System zu. Der Übergang zu dem kritischen Punkt ist mit der Gültigkeit der folgenden Bedingungen verbunden:

$$\left.\begin{aligned} &v^{(\sigma)} - v^{(\alpha)} \to 0 \\ &x_1^{(\sigma)} - x_1^{(\alpha)} \to 0 \\ &\frac{v^{(\beta)} - v^{(\alpha)}}{x_1^{(\beta)} - x_1^{(\alpha)}} \to \left(\frac{dv}{dx_1}\right)^{(k)}. \end{aligned}\right\} \tag{5.24}$$

Hier kennzeichnet die Ableitung $(dv/dx_1)^{(k)}$ den Verlauf der Koexistenzkurve der Phasen (in den Koordinaten $v - x_1$) im kritischen Punkt. Diese Ableitung nimmt i. a. einen endlichen Wert an. Daher folgt aus Gl. (5.4) und den Bedingungen (5.24) die Beziehung

$$\left(\frac{d\sigma}{dP}\right)_T^{(k)} = 0, \tag{5.25}$$

die gemeinsam mit der Bedingung $\sigma = 0$ die Abhängigkeit der Grenzflächenspannung vom Druck in Nähe des kritischen Punktes eines binären Systems beschreibt.

Es ist bemerkenswert, daß eine schnelle Verringerung des Wertes für die Ableitung $d\sigma/dP$ bei Annäherung an den kritischen Punkt erst in dessen unmittelbarer Nähe beobachtbar wird, was die experimentelle Behandlung dieser Erscheinung sehr erschwert.

Als Beispiel mögen die im Gebiet sehr kleiner Grenzflächenspannungen (bis zu 0,001 dyn cm^{-1}) erhaltenen Daten für das System Methan—n-Pentan [19] dienen (siehe Abb. 5.2.).

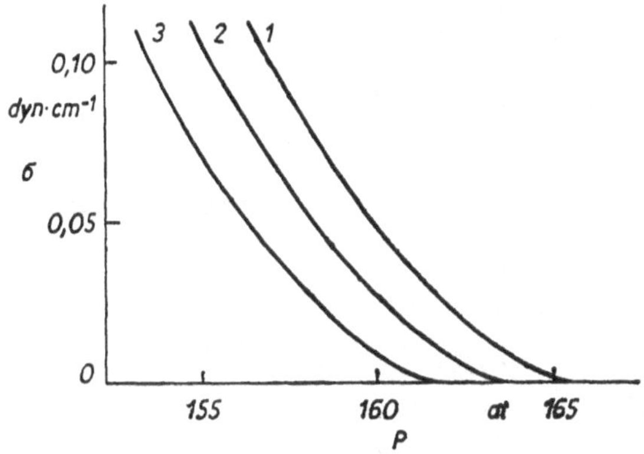

Abb. 5.2. Abhängigkeit der Grenzflächenspannung vom Druck in Nähe des kritischen Punktes für das System Methan—n-Pentan [19]

Temperatur in °C: *1* — 65,6; *2* — 71,1; *3* — 76,7

Für ternäre Systeme haben bei einem Übergang zum kritischen Punkt die folgenden Bedingungen Gültigkeit:

$$\left.\begin{aligned} &v_{\alpha\sigma} \to 0 \\ &v_{\alpha\beta} \to 0 \\ &\varphi_2^{(\alpha\sigma)} \to 0 \\ &\varphi_2^{(\alpha\beta)} \to 0 \\ &\Delta \to 0 \\ &|g_{ik}|_2^{(\alpha)} \to 0 \end{aligned}\right\} \tag{5.26}$$

Ihre Anwendung auf Gl. (5.21) führt für beliebige univariante Prozesse zu der folgenden Beziehung:

$$\left(\frac{d\sigma}{dP}\right)_{T,(x)}^{(k)} = 0; \tag{5.27}$$

das Symbol (x) kennzeichnet die hierbei gewählte Art der Zusammensetzungsänderung. Ein Beweis von Gl. (5.27) kann analog zur Herleitung der Bedingung (4.75) für die Temperaturabhängigkeit der Grenzflächenspannung erfolgen. Die Beziehung (5.27) bleibt auch für Systeme mit einer beliebigen Anzahl von Komponenten in Kraft und ist bei einer willkürlichen univarianten Änderung bei $T = \text{const}$ gültig.

Literatur

[1] A. Kundt: Ann. phys. Chem. **12**, 538 (1881)
[2] T. W. Richards, E. K. Carver: J. Am. Chem. Soc. 827 (1921)
[3] L. Z. Pollara: J. Phys. Chem. **46**, 1163 (1942)
[4] E. W. Hough, B. B. Wood, R. J. Rzasa: J. Phys. Chem. **56**, 996 (1952)

[5] П. Е. Большаков, Г. Т. Левченко: Ттуды ГИАП, № 2, 33, 46 (1953)
[6] C. L. Cutting, D. C. Jones: J. Chem. Soc. **1955**, 4067
[7] E. J. Slowinski, E. E. Gates, C. E. Waring: J. Phys. Chem. **61**, 808 (1957)
[8] J. Gielessen, W. Z. Schmatz: Z. phys. Chem. N. F. **27**, 157 (1961)
[9] W. L. Masterton, J. Bianchi, E. J. Slowinski: J. Phys. Chem. **67**, 615 (1963)
[10] А. И. Русанов, Н. Н. Кочурова, В. Н. Хабаров: Докл. АН СССР **202**, 380 (1972)
[11] В. Н. Хабаров, Н. Н. Кочурова, А. И. Русанов: Вестн. ЛГУ, № **4**, 126 (1974)
[12] B. Lefrancois, Y. Bourgeois: Chem. et ind. — Gén. chim. **105**, 989 (1972)
[13] M. Lin, P. Mansoura, R. Merigoux: C. r. Acad. sci. **277**, B 325 (1973)
[14] O. K. Rice: J. Chem. Phys. **15**, 333 (1947)
[15] А. И. Русанов: „*Термодинамика поверхностных явлений*" (russ.; „Thermodynamik von Grenzflächenerscheinungen"), Изд. ЛГУ (1960)
[16] J. C. Eriksson: Acta chem. Scand. **16**, 2199 (1962)
[17] А. И. Русанов, Н. Н. Кочурова, В. Н. Хабаров: в сд.: „*Поверхностные явления в жидкостях и жидких растворах*" (Sammelbd.; russ.; „Grenzflächenerscheinungen in Flüssigkeiten und flüssigen Lösungen"), Изд. ЛГУ (1972), вып. 1, стр. 90
[18] В. Н. Хабаров, А. И. Русанов, Н. Н. Кочурова: Колл. ж. **37**, 92, 407 (1975)
[19] G. L. Stegemeier, E. W. Hough: Prod. Monthly **25**, 6 (1961)

6. Abhängigkeit der Grenzflächenspannung von der Zusammensetzung der koexistierenden Phasen

6.1. Allgemeine thermodynamische Beziehungen

Die Untersuchung der Abhängigkeit der Grenzflächenspannung von der Zusammensetzung einer der Phasen kann sowohl bei $T = \text{const}$ als auch bei $P = \text{const}$ erfolgen. Sind mehr als zwei Komponenten zugegen, so ist des weiteren auch eine Untersuchung isotherm-isobarer Bedingungen möglich.

Die Gleichung der Grenzflächenspannungsisothermen ist aus Gl. (3.34) bei $dT = 0$ erhältlich:

$$a\, d\sigma = \sum_{i,k=1}^{n-1} \left[(x_i^{(\beta)} - x_i^{(\alpha)}) \frac{v_{\alpha\sigma}}{v_{\alpha\beta}} - (x_i^{(\sigma)} - x_i^{(\alpha)}) \right] g_{ik}^{(\alpha)}\, dx_k^{(\alpha)}. \tag{6.1}$$

In diesem Falle wird der Druck als variierbar vorausgesetzt.

Die Gleichung der Grenzflächenspannungsisobaren kann aus Gl. (3.35) bei $dP = 0$ hergeleitet werden:

$$a\, d\sigma = \sum_{i,k=1}^{n-1} \left[(x_i^{(\beta)} - x_i^{(\alpha)}) \frac{s_{\alpha\sigma}}{s_{\alpha\beta}} - (x_i^{(\sigma)} - x_i^{(\alpha)}) \right] g_{ik}^{(\alpha)}\, dx_k^{(\alpha)}. \tag{6.2}$$

In diesem Falle wird die Temperatur zur Veränderlichen. Zur Herleitung der Gleichung für die Isotherme-Isobare der Grenzflächenspannung läßt sich in günstiger Weise das Gleichungssystem (3.21) als Ausgangsbeziehung benutzen. Werden in den Gleichungen dT sowie dP gleich Null gesetzt und die Bezeichnungen

$$\left.\begin{aligned} \varphi_k^{(\alpha\sigma)} &\equiv \sum_{i=1}^{n-1} (x_i^{(\sigma)} - x_i^{(\alpha)})\, g_{ik}^{(\alpha)} \\ \varphi_k^{(\alpha\beta)} &\equiv \sum_{i=1}^{n-1} (x_i^{(\beta)} - x_i^{(\alpha)})\, g_{ik}^{(\alpha)} \end{aligned}\right\} \tag{6.3}$$

eingeführt, so können die Gl. (3.21) in der folgenden Weise geschrieben werden:

$$\left.\begin{aligned} a\, d\sigma &= -\sum_{k=1}^{n-1} \varphi_k^{(\alpha\sigma)}\, dx_k^{(\alpha)} \\ a\, d\sigma &= \sum_{k=1}^{n-1} (\varphi_k^{(\alpha\beta)} - \varphi_k^{(\alpha\sigma)})\, dx_k^{(\alpha)}. \end{aligned}\right\} \tag{6.4}$$

Wird aus den Gln. (6.4) eine der Größen $dx_k^{(\alpha)}$, z. B. $dx_{n-1}^{(\alpha)}$, ausgeschlossen, so erhalten wir eine Gleichung für die Isotherme-Isobare der Grenzflächenspannung:

$$a\, d\sigma = \frac{1}{\varphi_{n-1}^{(\alpha\beta)}} \sum_{k=1}^{n-2} (\varphi_k^{(\alpha\beta)} \varphi_{n-1}^{(\alpha\sigma)} - \varphi_k^{(\alpha\sigma)} \varphi_{n-1}^{(\alpha\beta)})\, dx_k^{(\alpha)}. \tag{6.5}$$

Die Gln. (6.1), (6.2) und (6.5) zeigen, daß die Art der Abhängigkeit der Grenzflächenspannung von der Zusammensetzung eng mit der Verteilung der Komponenten zwischen den koexistierenden Phasen und der Grenzflächenschicht verbunden ist. Im weiteren werden wir eine Analyse dieser Gleichungen für einfachste Fälle vornehmen. Für die Gln. (6.1) und (6.2) werden diese durch binäre Systeme, für die Gl. (6.5) durch ternäre Systeme verkörpert.

6.2. Grenzflächenspannungsisotherme eines binären Systems

Für den Fall eines binären Systems nimmt Gl. (6.1) ihre einfachste Form an:

$$a \left(\frac{d\sigma}{dx_1^{(\alpha)}}\right)_T = \left[(x_1^{(\beta)} - x_1^{(\alpha)}) \frac{v_{\alpha\sigma}}{v_{\alpha\beta}} - (x_1^{(\sigma)} - x_1^{(\alpha)})\right] g_{11}^{(\alpha)}. \tag{6.6}$$

Gl. (6.6) stellt die Isothermengleichung der Grenzflächenspannung eines binären Systems dar. Die Größe $g_{11}^{(\alpha)}$, welche in die rechte Seite dieser Gleichung eingeht, ist entsprechend den Stabilitätsbedingungen stets positiv. Da die Größe a definitionsgemäß ebenfalls positiv ist, folgt aus Gl. (6.6), daß das Vorzeichen der Ableitung $(d\sigma/dx_1^{(\alpha)})_T$ stets mit dem Vorzeichen der durch eckige Klammern eingeschlossenen Größe identisch ist. Für diese Größe wiederum wird das Vorzeichen erstens von der Verteilung der Komponenten zwischen den koexistierenden Phasen und der Grenzflächenschicht und zweitens von den Vorzeichen und der relativen Größe der Volumeneffekte $v_{\alpha\sigma}$ und $v_{\alpha\beta}$ bestimmt. Aus Definitionsgründen werden wir im weiteren annehmen, daß Phase β über eine geringere Dichte als Phase α verfüge und die Größe $v_{\alpha\beta}$ stets positiv sei. Für Systeme des Typs „Flüssigkeit—Dampf" ist in weiter Entfernung vom kritischen Zustand $v_{\alpha\beta} \gg v_{\alpha\sigma}$, und somit ergibt sich aus Gl. (6.6) — sofern die Differenz $x_1^{(\alpha)} - x_1^{(\sigma)}$ nicht sehr klein ist — der folgende Zusammenhang:

$$a \left(\frac{d\sigma}{dx_1^{(\alpha)}}\right)_T \approx -(x_1^{(\sigma)} - x_1^{(\alpha)})\, g_{11}^{(\alpha)}. \tag{6.7}$$

Aus dieser Beziehung ergeben sich die Ungleichungen:

$$\left(\frac{d\sigma}{dx_1^{(\alpha)}}\right)_T \gtrless 0, \quad \text{wenn} \quad x_1^{(\alpha)} \gtrless x_1^{(\sigma)}, \tag{6.8}$$

die die nachstehend formulierte bekannte Regel ausdrücken:

Ist die Grenzflächenschicht einer flüssigen Lösung, die im Gleichgewicht mit ihrem Dampf steht, im Vergleich zur Flüssigphase mit einer Komponente angereichert, so ruft das weitere Hinzufügen dieser Komponente zu der Lösung eine Verringerung der Grenzflächenspannung hervor. Ist aber andererseits die Grenzflächenschicht bezüglich einer Komponente vergleichs-

weise zur Flüssigphase abgereichert, so führt die Hinzugabe dieser Komponente zu der Lösung zu einer Erhöhung der Grenzflächenspannung.

Wenden wir uns nun einer Untersuchung der Abhängigkeit der Grenzflächenspannung von der Zusammensetzung für die wichtigsten Varianten der Komponentenverteilung zu.

In Analogie zur Temperatur- bzw. Druckabhängigkeit der Grenzflächenspannung werden wir drei wesentliche Verteilungsmöglichkeiten der Komponenten zwischen den koexistierenden Phasen und der Grenzflächenschicht analysieren.

A. Die Konzentration von Komponente (1) *in Phase* α *ist viel größer als in Phase* β *und der Grenzflächenschicht* $(x_1^{(\alpha)} \gg x_1^{(\beta)}, x_1^{(\sigma)})$

Für diesen Fall läßt sich Gl. (6.6) als

$$a \left(\frac{d\sigma}{dx_1^{(\alpha)}}\right)_T \approx x_1^{(\alpha)} \left(1 - \frac{v_{\alpha\sigma}}{v_{\alpha\beta}}\right) g_{11}^{(\alpha)} \tag{6.9}$$

schreiben. Die Abhängigkeit der Grenzflächenspannung von der Zusammensetzung der Phase α gehorcht den folgenden Bedingungen:

$$\left(\frac{d\sigma}{dx_1^{(\alpha)}}\right)_T \gtreqless 0, \quad \text{wenn} \quad \frac{v_{\alpha\sigma}}{v_{\alpha\beta}} \lesseqgtr 1. \tag{6.10}$$

Speziell für Systeme des Typs „flüssige Lösung—Dampf" muß die Ableitung $(d\sigma/dx_1^{(\alpha)})_T$ stets größer Null sein. Tatsächlich ist aus Experimenten gut bekannt, daß die Grenzflächenspannung zunimmt, wenn eine Lösung mit einem nichtflüchtigen grenzflächeninaktiven Salz versetzt wird.

B. Die Konzentration von Komponente (1) in Phase β *ist viel größer als in Phase* α *und der Grenzflächenschicht* $(x_1^{(\beta)} \gg x_1^{(\alpha)}, x_1^{(\sigma)})$

In diesem Fall darf folgende Näherungsgleichung geschrieben werden:

$$a \left(\frac{d\sigma}{dx_1^{(\alpha)}}\right)_T \approx x_1^{(\beta)} \frac{v_{\alpha\sigma}}{v_{\alpha\beta}} g_{11}^{(\alpha)}. \tag{6.11}$$

Unserer Voraussetzung gemäß ist $v_{\alpha\beta} > 0$, so daß das Vorzeichen der Ableitung $(d\sigma/dx_1^{(\alpha)})_T$ durch das Vorzeichen von $v_{\alpha\sigma}$ bestimmt wird:

$$\left(\frac{d\sigma}{dx_1^{(\alpha)}}\right)_T \gtreqless 0, \quad \text{wenn} \quad v_{\alpha\sigma} \gtreqless 0. \tag{6.12}$$

Es ist zu beachten, daß die Bedingung (6.12) für Systeme des Typs „flüssige Lösung—Dampf" nur in jenem Falle ihre Gültigkeit beibehält, wenn die folgende Ungleichung erfüllt ist

$$\left|(x_1^{(\beta)} - x_1^{(\alpha)}) \frac{v_{\alpha\sigma}}{v_{\alpha\beta}}\right| > |x_1^{(\sigma)} - x_1^{(\alpha)}|. \tag{6.13}$$

Ist jedoch diese Ungleichung nicht erfüllt, so wirken die Bedingungen (6.8). Somit ist festzustellen, daß sich die Bedingungen (6.8) und (6.12) für Systeme „flüssige Lösung—Dampf" gegenseitig ergänzen.

C. *Die Konzentration von Komponente (1) in der Grenzflächenschicht ist viel größer als in beiden koexistierenden Phasen,*

d. h. die Komponente (1) ist ein grenzflächenaktiver Stoff ($x_1^{(\sigma)} \gg x_1^{(\alpha)}, x_1^{(\beta)}$). In diesem Fall ergibt sich aus Gl. (6.6)

$$a \left(\frac{d\sigma}{dx_1^{(\alpha)}}\right)_T \approx -x_1^{(\sigma)} g_{11}^{(\alpha)} < 0. \tag{6.14}$$

Ausdruck (6.14) besagt, daß sich die Grenzflächenspannung bei Konzentrationserhöhung der Komponente (1) im System stets verringert. Auch experimentelle Untersuchungen zeigen, daß der Zusatz grenzflächenaktiver Stoffe zu Lösungen eine Verringerung der Grenzflächenspannung nach sich zieht.

Die untersuchten Fälle der Komponentenverteilung sind Grenzfälle, die nur durch wenige experimentelle Resultate (begrenzte Anzahl untersuchter Systeme) belegt werden können. Da unsere Schlußfolgerungen allerdings nur qualitativer Art sind, darf angenommen werden, daß diese auch in ausreichend weiten Zusammensetzungsbereichen ihre Gültigkeit behalten.

Bei der Zusammensetzungsänderung eines binären Systems und der ihr entsprechenden Druckänderung kann die Verteilung der Komponenten zwischen den koexistierenden Phasen und der Grenzflächenschicht merkliche Änderungen erfahren. Daher kann der Fall eintreten, daß sich die Abhängigkeit der Grenzflächenspannung von der Zusammensetzung einer der Phasen für verschiedene Zusammensetzungsintervalle qualitativ unterscheidet, was zu einem Verlauf der Grenzflächenspannungsisothermen durch ein Extremum führt. Derartige Extrema sind für verschiedene Systeme beobachtet worden (siehe z. B. [1]···[3]).

Ist der Zustand eines betrachteten Zweiphasensystems weit vom kritischen Zustand entfernt, so ist die in Gl. (6.6) rechts stehende Größe $g_{11}^{(\alpha)}$ verschieden von Null, und die für das Auftreten eines Extremums auf der Grenzflächenspannungsisothermen notwendige Bedingung lautet:

$$(x_1^{(\beta)} - x_1^{(\alpha)}) \frac{v_{\alpha\sigma}}{v_{\alpha\beta}} = x_1^{(\sigma)} - x_1^{(\alpha)}. \tag{6.15}$$

Dieser Zusammenhang (6.15) kann für zwei Fälle zutreffen:

1. Die Zusammensetzungen der koexistierenden Phasen und der Grenzflächenschicht sind identisch. In diesem Fall treten die Extrema der Grenzflächenspannung und des Druckes gemeinsam auf, da nach der van der Waalsschen Differentialgleichung [1]

$$\left(\frac{dP}{dx_1^{(\alpha)}}\right)_T = \frac{(x_1^{(\beta)} - x_1^{(\alpha)})\, g_{11}^{(\alpha)}}{v_{\alpha\beta}} \tag{6.16}$$

gilt, und bei $x_1^{(\beta)} = x_1^{(\alpha)}$ die Ableitung $(dP/dx_1^{(\alpha)})_T$ gleich Null wird. Ein Vergleich der Ausdrücke (6.16) und (6.6) zeigt, daß die Gleichheit der Zusammensetzungen beider koexistierender Phasen, die dazu führt, daß die Ableitung $(dP/dx_1^{(\alpha)})_T$ gleich Null wird, noch nicht ausreichend dafür ist, daß auch die Ableitung $(d\sigma/dx_1^{(\alpha)})_T$ den Wert Null annimmt. Hierfür ist notwendig, daß nicht nur die Zusammensetzungen der koexistierenden Phasen, sondern außerdem auch die der Grenzflächenschicht identisch sind.

2. Die Zusammensetzungen der koexistierenden Phasen und der Grenzflächenschicht sind verschieden, doch ist die Bedingung

$$\frac{v_{\alpha\sigma}}{v_{\alpha\beta}} = \frac{x_1^{(\sigma)} - x_1^{(\alpha)}}{x_1^{(\beta)} - x_1^{(\alpha)}} \tag{6.17}$$

erfüllt. Diese Bedingung läßt sich zu

$$\frac{v^{(\sigma)} - v^{(\alpha)}}{v^{(\beta)} - v^{(\alpha)}} = \frac{x_1^{(\sigma)} - x_1^{(\alpha)}}{x_1^{(\beta)} - x_1^{(\alpha)}} \tag{6.18}$$

vereinfachen. In diesem Falle wird ein Extremum der Grenzflächenspannung von keinem Druckextremum begleitet, da alle in Gl. (6.16) rechts stehenden Größen verschieden von Null sind.

Experimentelle Ergebnisse haben gezeigt, daß Extrema von Grenzflächenspannung und Druck in der Regel getrennt auftreten: im Extremum der Grenzflächenspannung ist die Ableitung $(dP/dx_1^{(\alpha)})_T$ i. a. verschieden von Null, und, im Gegensatz hierzu, nimmt die Ableitung $(d\sigma/dx_1^{(\alpha)})_T$ im Extrempunkt des Druckes (z. B. für Azeotrope) von Null verschiedene Werte an (siehe Abb. 6.1.). Dies tritt auf, obwohl in verschiedenen Fällen dem Azeotrop ein sehr kleiner Wert der Ableitung $(d\sigma/dx_1^{(\alpha)})_T$ entspricht und infolgedessen die Zusammensetzungen von Azeotrop und Grenzflächenschicht sehr nahe beieinander liegen können (dies ist z. B. für das System Äthanol—n-Hexan beobachtet worden, siehe Abb. 6.1.). Für binäre Systeme, in denen Extrema von Grenzflächenspannung und Druck (die gewöhnlich nicht bei gleichen Zusammensetzungswerten liegen) festgestellt worden sind, liegt in der Literatur eine empirische Regel vor. Diese besagt, daß die Extrema entgegengesetzten Typs sind: einem Dampfdruckmaximum entspricht ein Minimum der Grenzflächenspannung (z. B. in den Systemen Essigsäure—Tetrachlorkohlenstoff, Essigsäure—Toluol, Schwefelkohlenstoff—Methyliodid) bzw. vice versa (z. B. in den Systemen Essigsäure—Pyridin, Ameisensäure—Pyridin, m-Kresol—o-Toluidin] [1, 3, 5, 6].

Diese Regel läßt sich im Rahmen der Theorie regulärer Lösungen begründen (siehe Abschn. 6.4.). Allerdings folgt aus dem Vergleich von Gl. (6.7) und (6.16), daß sie keine allgemeine thermodynamische Gesetzmäßigkeit, sondern nur jener Feststellung gleichwertig ist, daß bei ausreichend niedriger Konzentration die Komponente mit der höchsten Flüchtigkeit auch die grenzflächenaktive Komponente ist. In Systemen, für die die genannte Regel nicht zutrifft (z. B. Aceton—Methanol), wird der entgegengesetzte Sachverhalt beobachtet. Von A. A. Žuchovicki [7] wurde gefunden, daß entgegengesetzte Extrema von Druck und Grenzflächenspannung für eine ideale Grenzflächenschicht unter den Bedingungen gleicher Grenzflächenspannungen, gleichen molekularen Platzbedarfes und gleicher Dampfdrücke der reinen Komponenten zu beobachten sind (in solchen Fällen treten Extremwerte von Druck und Grenzflächenspannung bei gleicher Zusammensetzung auf). Dies kann leicht mit Hilfe von Gl. (2.208) gezeigt werden. Bei nicht allzu großen Abweichungen von diesen Forderungen ist die Gültigkeit einer allgemeineren Regel zu erwarten, nach der positiven Abweichungen vom RAOULTschen Gesetz konkave sowie negativen Abweichungen konvexe Grenzflächenspannungsisothermen entsprechen (dabei ist das Auftreten von Extrema nicht unbedingt notwendig) [5]. Allerdings gibt es auch von dieser Regel abweichende Systeme (z. B. Chloroform—Methanol [8]).

Im nächsten Abschnitt soll gezeigt werden, daß für völlig ideale Systeme, die über eine lineare Druckisotherme verfügen, die Grenzflächenspannungsisotherme stets konvex zur Konzentrationsachse verläuft. Bereits hieraus folgt, daß für Systeme, deren Abweichungen von der Idealität nicht allzu groß sind, beliebige Kombinationen der Vorzeichen für die Krümmungen von Druck- und Grenzflächenspannungsisothermen möglich sind.

Gehen wir nunmehr auf einige Besonderheiten der Grenzflächenspannungsdiagramme

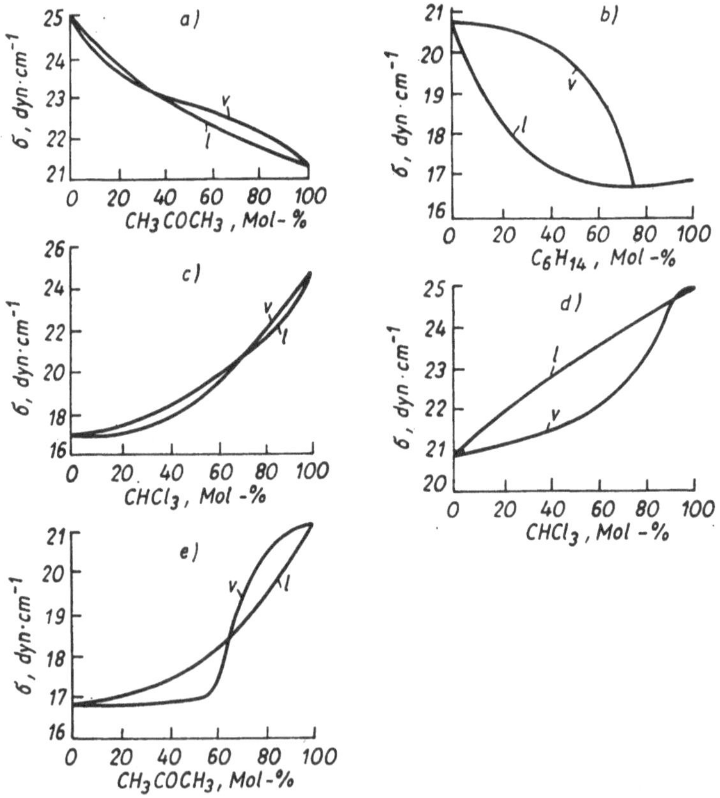

Abb. 6.1. Grenzflächenspannungsdiagramme für binäre Systeme bei 35 °C [21]

a) Chloroform—Aceton
b) Äthanol—n-Hexan
c) n-Hexan—Chloroform
d) Äthanol—Chloroform
e) n-Hexan—Aceton
l — Kurve für die flüssige Lösung; *v* — Kurve für den Dampf

ein. Anhand experimenteller Daten besteht die Möglichkeit, zwei Grenzflächenspannungsisothermen zu konstruieren, und zwar als Funktionen der Zusammensetzung von Phase α bzw. Phase β. Da im Gleichgewichtszustand die Phasenzusammensetzungen eindeutig miteinander gekoppelt sind, sind die beiden Isothermen im thermodynamischen Sinne gleichwertig und stellen Zustandscharakteristiken des Systems dar. Gleiches gilt für Systeme des Typs „flüssige Lösung—Dampf", obwohl für diese die Grenzflächenspannung in weiter Entfernung vom kritischen Punkt im wesentlichen vom flüssigen Teil der Grenzflächenschicht erzeugt wird. Daher ist es stets möglich, bei Kenntnis der Zusammensetzungsisothermen des Dampfes die Grenzflächenspannungsisotherme in den Variablen der Dampfphasen-Zusammensetzung zu konstruieren (siehe Abb. 6.1.). Die auf diesem Wege erhältlichen Grenzflächenspannungsdiagramme erinnern an analoge Diagramme für die Temperatur bzw. den Druck. Dabei tritt jedoch der Unterschied auf, daß die oberhalb und unterhalb der Grenzflächenspannungsisothermen liegenden Gebiete physikalisch nicht gedeutet werden können, da ein beliebiges Grenzflächenspannungsdiagramm nur auf ein Zweiphasen-Gleichgewicht bezogen werden kann. Die Grenzflächenspannungsisotherme als Funktion der Dampfzusammensetzung kann in vorteilhafter Weise für die Bestimmung der Zusammensetzung von Grenzflächenschichten benutzt werden (siehe Abschn. 7.6.), da der Dampf häufig als ideal angesehen werden darf, was die thermodynamischen Berechnungen stark vereinfacht. Ist auch die Zusammensetzung der Grenzflächenschicht als Funktion der Zusammensetzung von Lösung und Dampf gefunden, so kann schließlich die dritte Isotherme der Grenzflächenspannung, d. h. ihre Funktion von der Zusammensetzung der Grenzflächenschicht, konstruiert werden. Die Eigenschaften dieser Isothermen werden wir in Abschn. 6.7. untersuchen.

Abschließend soll Gl. (6.6) über die Überschußgrößen ausgedrückt werden. Hierfür substituierten wir $a, v_{\alpha\sigma}$ und $x_1^{(\sigma)}$ durch ihre Überschuß-Analogen gemäß (3.37), (3.39) und (3.40). Als Ergebnis erhalten wir

$$\left(\frac{d\sigma}{dx_1^{(\alpha)}}\right)_T = [(\Gamma_1 + \Gamma_2)\,(x_1^{(\alpha)}v^{(\beta)} - x_1^{(\beta)}v^{(\alpha)}) - \Gamma_1(v^{(\beta)} - v^{(\alpha)})]\,\frac{g_{11}^{(\alpha)}}{v_{\alpha\beta}}. \tag{6.19}$$

Gl. (6.19) nimmt eine gedrängte Form an, sobald wir zur relativen Adsorption $\Gamma_{2(1)}$ bzw. zur Adsorption $\Gamma_1^{(N)}$ für die äquimolekulare Fläche übergehen:

$$\left(\frac{d\sigma}{dx_1^{(\alpha)}}\right)_T = \frac{\Gamma_{2(1)}(x_1^{(\alpha)}v^{(\beta)} - x_1^{(\beta)}v^{(\alpha)})\,g_{11}^{(\alpha)}}{v_{\alpha\beta}} \tag{6.20}$$

$$\left(\frac{d\sigma}{dx_1^{(\alpha)}}\right)_T = -\frac{\Gamma_1^{(N)}(v^{(\beta)} - v^{(\alpha)})\,g_{11}^{(\alpha)}}{v_{\alpha\beta}}. \tag{6.21}$$

Nähert sich Phase β dem Vakuum ($v^{(\beta)} \to \infty$), so nehmen die Gln. (6.20) und (6.21) ein noch einfacheres Aussehen an:

$$\left(\frac{d\sigma}{dx_1^{(\alpha)}}\right)_T = \Gamma_{2(1)}x_1^{(\alpha)}g_{11}^{(\alpha)} \tag{6.22}$$

$$\left(\frac{d\sigma}{dx_1^{(\alpha)}}\right)_T = -\Gamma_1^{(N)}g_{11}^{(\alpha)}. \tag{6.23}$$

In diesem Fall wird ein Extremum der Grenzflächenspannung offenbar stets von einem zu Null werdenden Wert der Adsorption begleitet.

6.3. Grenzflächenspannungsisotherme einer idealen binären Lösung

Üblicherweise wird bei der Betrachtung von Grenzflächenspannungsisothermen einer idealen Lösung vorausgesetzt, daß sich die Grenzflächenschicht ebenfalls ideal verhält [3, 7]. In diesem Abschnitt wollen wir einen allgemeineren Ansatz, der auch für nichtideale Grenzflächenschichten idealer Lösungen verwendbar ist, gebrauchen.

Beschränken wir uns auf die Behandlung des Systems „ideale binäre flüssige Lösung—Dampf" in weiter Entfernung vom kritischen Zustand. Wir gehen von Gl. (6.7) aus, die für ideale Lösungen gemäß (2.213) folgende Form annimmt:

$$\left(\frac{d\sigma}{dx_1^{(\alpha)}}\right)_T = \frac{RT(x_1^{(\alpha)} - x_1^{(\sigma)})}{a x_1^{(\alpha)}(1 - x_1^{(\alpha)})} \tag{6.24}$$

oder

$$\left(\frac{d\sigma}{dx_1^{(\alpha)}}\right)_T = \frac{RT\tau(x_1^{(\alpha)} - x_1^{(\sigma)})}{v^{(\sigma)}(1 - x_1^{(\alpha)})\, x_1^{(\alpha)}}, \tag{6.25}$$

wobei τ und $v^{(\sigma)}$ die Dicke bzw. das Molvolumen der Grenzflächenschicht verkörpern. Im weiteren nehmen wir bei der Integration von Gl. (6.25) einfachheitshalber an, das Molvolumen der Grenzflächenschicht ergebe sich additiv aus den Molvolumina v_{01} und v_{02} der Grenzflächenschichten der reinen Komponenten bei der gleichen Temperatur:

$$v^{(\sigma)} = v_{01} x_1^{(\sigma)} + v_{02}(1 - x_1^{(\sigma)}). \tag{6.26}$$

Bleibt die Dicke der Grenzflächenschicht bei Änderung ihrer Zusammensetzung konstant, so ist die Bedingung (6.26) der Additivität der Molflächen ihrer Komponenten äquivalent.

Wird Bedingung (6.26) in Gl. (6.25) berücksichtigt, so ergibt sich

$$\left(\frac{d\sigma}{dx_1^{(\alpha)}}\right)_T = \frac{RT\tau(x_1^{(\alpha)} - x_1^{(\sigma)})}{x_1^{(\alpha)}(1 - x_1^{(\alpha)})\,[v_{02} + (v_{01} - v_{02})\, x_1^{(\sigma)}]}. \tag{6.27}$$

Rechtsseitig stehen in Gl. (6.27) nunmehr lediglich zwei unbekannte Funktionen $\tau(x_1^{(\alpha)})$ sowie $x_1^{(\sigma)}(x_1^{(\alpha)})$. Bei Vorgabe der Schichtdicke verbleibt lediglich eine unbekannte Funktion $x_1^{(\sigma)}(x_1^{(\alpha)})$; diese charakterisiert den Verlauf der Zusammensetzungsisothermen der Grenzflächenschicht. Mithin zeigt Gl. (6.27) die eindeutige Übereinstimmung zwischen den Isothermen der Grenzflächenspannung und der Zusammensetzung der Grenzflächenschicht einer idealen Lösung. Diese Übereinstimmung ist jener analog, welche die Gibbssche Gleichung für eine ideale Lösung

$$\left(\frac{d\sigma}{dx_1^{(\alpha)}}\right)_T = -\frac{RT\Gamma_{1(2)}}{x_1^{(\alpha)}} \tag{6.28}$$

zwischen den Isothermen der Grenzflächenspannung und der Adsorption ausdrückt. Nach Erscheinen der Arbeiten von Langmuir [9] und Frumkin [10] ist das Verfahren zum Auffinden einer dieser Isothermen anhand der vorgegebenen anderen vielfach in der Literatur angewendet worden. Hierbei ist nicht immer berücksichtigt worden, daß ein Gleichsetzen des Wertes für die relative Adsorption $\Gamma_{1(2)}$ mit der tatsächlichen Molzahl in der Grenzflächenschicht je Flächeneinheit als Näherung nur in Sonderfällen möglich ist (z. B. in Gegenwart einer schwachlöslichen Monoschicht oder für die Adsorption an der Oberfläche eines unlöslichen Festkörpers).

Die korrekte Anwendung der GIBBSschen Gleichung für die Bestimmung einer Grenzflächenspannungsisothermen anhand einer Adsorptionsisothermen setzt die Umrechung von $\Gamma_{1(2)}$, entsprechend ihrer Definition, in Größen, die auf die reale Grenzflächenschicht bezogen sind, voraus, was eben zu Gl. (6.27) führt.

Betrachten wir einige Sonderfälle der Isothermen von Grenzflächenspannung und Zusammensetzung der Grenzflächenschicht. Das Experiment zeigt (siehe z. B. Abschn. 7.3.), daß im Anfangsbereich der Isothermen die Abhängigkeit zwischen den Größen $x_1^{(\sigma)}$ und $x_1^{(\alpha)}$ linear ist:

$$x_1^{(\sigma)} = k x_1^{(\alpha)}. \tag{6.29}$$

Für $k > 1$ ist eine positive, für $k < 1$ eine negative Adsorption von Komponente (1) festzustellen (wir müssen $k \neq 1$ voraussetzen, da sonst Gl. (6.7) unwirksam wird und auf Gl. (6.6) zurückgegangen werden müßte). Wird die Abhängigkeit (6.29) in Gl. (6.27) eingesetzt und diese bei konstanter Grenzflächenschichtdicke integriert, so erhalten wir

$$\sigma = \sigma_2 + \frac{RT\tau(1-k)}{v_{02}[1+(\gamma-1)\,k]} \ln \frac{1+(\gamma-1)\,k x_1^{(\alpha)}}{1-x_1^{(\alpha)}}, \tag{6.30}$$

wobei σ_2 die Grenzflächenspannung der reinen Komponente (2) an ihrer Phasengrenze mit ihrem Dampf darstellt und γ durch den Ausdruck

$$\gamma \equiv \frac{v_{01}}{v_{02}} = \frac{a_{01}}{a_{02}} \tag{6.31}$$

definiert ist. Da die Größe $x_1^{(\alpha)}$ sehr klein ist, kann Gl. (6.30) zu

$$\sigma = \sigma_2 + \frac{RT\tau(1-k)\,x_1^{(\alpha)}}{v_{02}} \tag{6.32}$$

umgeformt werden.

Für die Herleitung einer Abhängigkeit der Grenzflächenspannung von der Zusammensetzung der Lösung im gesamten Konzentrationsbereich ist es erforderlich, zunächst die hier gültigen Adsorptionsisothermengleichungen zu untersuchen. Einer ausführlichen Analyse obliegt dieses Problem im folgenden Kapitel, jetzt sollen lediglich einige allgemeine Überlegungen beachtet werden. Die einfachsten Funktionen, welche den Bedingungen

$$x_1^{(\sigma)}(x_1^{(\alpha)})|_{x_1^{(\alpha)}=0} = 0, \quad x_1^{(\sigma)}(x_1^{(\alpha)})|_{x_1^{(\alpha)}=1} = 1 \tag{6.33}$$

genügen, sind die Potenzfunktion

$$x_1^{(\sigma)}(x_1^{(\alpha)}) = (x_1^{(\alpha)})^n \tag{6.34}$$

mit $n > 0$ sowie die gebrochen-lineare Funktion

$$x_1^{(\sigma)}(x_1^{(\alpha)}) = \frac{k x_1^{(\alpha)}}{1 + (k - 1)\, x_1^{(\alpha)}} \tag{6.35}$$

mit k als Konstante. Die Abhängigkeit (6.34) ist der bekannten Adsorptionsisothermengleichung von FREUNDLICH [1] analog. Nimmt n Werte größer 1 bzw. kleiner 1 an, so haben wir es mit negativer bzw. positiver Adsorption der Komponente (1) zu tun.

Die Abhängigkeit (6.35) ist ein Analogon der bekannten Adsorptionsisothermengleichung von LANGMUIR [9, 11], die häufig mit einer monomolekularen Adsorption verbunden wird. Nimmt die Konstante k Werte größer 1 an, so ist die Adsorption von Komponente (1) positiv, bei Werten kleiner 1 ist sie negativ. Wir wollen für alle Fälle voraussetzen, daß die Größen n und k ungleich Eins sind, anderenfalls verliert Gl. (6.7) ihre Aussagekraft.

Durch Einsetzen der Ausdrücke (6.34) und (6.35) in Gl. (6.27) erhalten wir die einfachsten Gleichungen für die Grenzflächenspannungsisotherme einer idealen binären Lösung in expliziter Form. Betrachten wir als Beispiele anhand Gl. (6.34) für $n = 2$ den Fall der negativen Adsorption sowie für $n = 0{,}5$ den Fall der positiven Adsorption. Zwecks Vereinfachung nehmen wir an, daß die Molvolumina der Komponenten gleich seien. Nimmt bei vorgegebener Schichtdicke τ' und $n = 2$ die Zusammensetzungsisotherme der Grenzflächenschicht die Form einer Parabel an, so liefert Gl. (6.27) eine lineare Abhängigkeit der Grenzflächenspannung von der Zusammensetzung der Phase α:

$$\sigma = \sigma_2 + \frac{RT\tau'}{v_{01}}\, x_1^{(\alpha)}. \tag{6.36}$$

Bleibt diese Abhängigkeit über das gesamte Zusammensetzungsintervall in Kraft, so muß die Grenzflächenspannung σ bei $x_1^{(\alpha)} = 1$ den Wert σ_1 für die reine Komponente (1) annehmen. Somit erhalten wir eine Hilfsbeziehung

$$\tau' = \frac{(\sigma_1 - \sigma_2)\, v_{01}}{RT}, \tag{6.37}$$

die den Zusammenhang des vorgegebenen Wertes für die Grenzflächenschichtdicke (im vorliegenden Falle ist dies eine Konstante) mit weiteren Systemkonstanten herstellt. Durch Einsetzen von (6.37) in (6.36) kommen wir mit

$$\sigma = \sigma_1 x_1^{(\alpha)} + \sigma_2 (1 - x_1^{(\alpha)}) \tag{6.38}$$

zu der Aussage, daß im untersuchten Fall die Änderung der Grenzflächenspannung einer idealen binären Lösung der Additivitätsregel genügt.

Betrachten wir nun den Fall einer positiven Adsorption der Komponente (1). Es mögen in einem gewissen Zusammensetzungsbereich bei vorgegebener Dicke der Grenzflächenschicht die Größen $x_1^{(\sigma)}$ und $x_1^{(\alpha)}$ über eine potentielle Abhängigkeit bei $n = 0{,}5$ miteinander verbunden sein. In diesem Falle folgt aus Gl. (6.27)

$$\sigma = -\frac{2RT\tau'}{v_{01}} \ln\left(1 + \sqrt{x_1^{(\alpha)}}\right) + C_1. \tag{6.39}$$

Nähert sich der betrachtete Zusammensetzungsbereich dem Wert $x_1^{(\alpha)} = 0$, so darf die Konstante C_1 durch die Grenzflächenspannung der reinen Komponente (2) ersetzt werden. Wenn Gl. (6.39) im gesamten Zusammensetzungsbereich gültig ist, so erhalten wir unter Benutzung der Bedingung $\sigma = \sigma_1$ bei $x_1^{(\sigma)} = 1$ die Beziehung

$$\tau' = \frac{(\sigma_2 - \sigma_1)\, v_{01}}{2RT \ln 2}. \tag{6.40}$$

Einsetzen von (6.40) in (6.39) führt zu dem Ausdruck

$$\sigma = \sigma_2 - \frac{\sigma_2 - \sigma_1}{\ln 2} \ln \left(1 + \sqrt{x_1^{(\alpha)}}\right). \tag{6.41}$$

Betrachten wir nunmehr, zu welchem Resultat die Anwendung von Gl. (6.35) führt. Wird diese in Gl. (6.27) eingesetzt, so führt dies zu einer Gleichung für die Grenzflächenspannungsisotherme, die nach Integration folgendes Aussehen annimmt:

$$\sigma = -\frac{(k-1)\, RT\tau}{v_{01}k - v_{02}} \ln \left[v_{02} + (v_{01}k - v_{02})\, x_1^{(\alpha)}\right] + C_2. \tag{6.42}$$

Ist diese Gleichung im gesamten Konzentrationsbereich gültig, so müssen die nachstehenden Beziehungen gelten:

$$C_2 = \sigma_2 + \frac{(k-1)\, RT\tau \ln v_{02}}{v_{01}k - v_{02}} \tag{6.43}$$

$$\sigma_1 = \sigma_2 - \frac{(k-1)\, RT\tau \ln (\gamma k)}{v_{01}k - v_{02}}. \tag{6.44}$$

Mit Hilfe dieser Korrelationen läßt sich Gl. (6.42) in die folgende Form bringen:

$$\sigma = \sigma_2 - \frac{\sigma_2 - \sigma_1}{\ln (\gamma k)} \ln \left[1 + (\gamma k - 1)\, x_1^{(\alpha)}\right]. \tag{6.45}$$

Dem Aussehen nach stimmt Gl. (6.45) mit der bekannten empirischen Szyszkowski-Gleichung [12] überein, sie ist über den gesamten Konzentrationsbereich verwendbar. Mithin führt die Benutzung der Abhängigkeit (6.35) zur Szyszkowski-Gleichung für beliebige Konzentrationen.

Besonders einfache Beziehungen ergeben sich, wenn die Grenzflächenschicht der idealen Lösung als ideal und starr angesehen werden darf. In diesem Falle erhalten wir unmittelbar aus den Gln. (2.197), (2.198) und (2.208) Gleichungen, welche die Verläufe der Grenzflächenspannungs- bzw. Zusammensetzungsisothermen der Grenzflächenschicht beschreiben [7]:

$$\sigma = \sigma_1 + \frac{RT}{a_{01}} \ln \frac{x_1^{(\sigma)}}{x_1^{(\alpha)}} \tag{6.46}$$

$$\frac{x_1^{(\sigma)}}{(1 - x_1^{(\sigma)})^{\gamma}} = \frac{k x_1^{(\alpha)}}{(1 - x_1^{(\alpha)})^{\gamma}} \tag{6.47}$$

mit

$$k \equiv \exp \frac{(\sigma_2 - \sigma_1)\, a_{01}}{RT}. \tag{6.48}$$

Die Größe γ ist durch den Ausdruck (6.31) definiert. Aus (6.46) und (6.47) ist ersichtlich, daß ein Extremum der Grenzflächenspannung im Falle eines idealen Systems nicht möglich ist.

Bei $\gamma = 1$ entspricht die Form von Gl. (6.47) der von Gl. (6.35), und die Gleichung der Grenzflächenspannungsisothermen darf als

$$\sigma = \sigma_2 - \frac{RT}{a_{01}} \ln\left[1 + (k-1)\, x_1^{(\alpha)}\right] \tag{6.49}$$

geschrieben werden. Hieraus folgt, daß die Grenzflächenspannungskurve konvex zur Konzentrationsachse verläuft und somit negative Abweichungen von der Additivität zeigt. Bei k-Werten nahe Eins stimmt Gl. (6.49) mit einer Genauigkeit bis zu kleinen Größen zweiter Ordnung bezüglich der Differenz $\sigma_2 - \sigma_1$ mit der Additivitätsformel (6.38) überein, und die durch sie beschriebene Abhängigkeit ist nahezu geradlinig. Eine streng lineare Abhängigkeit für $\gamma = 1$ ist nur bei $\sigma_1 = \sigma_2$ zu beobachten.

Eine Änderung der Größe γ beeinflußt ebenfalls in merklicher Weise die Form der Grenzflächenspannungsisothermen. Verfügt der grenzflächenaktive Stoff über die größeren Moleküle ($k > 1$, $\gamma > 1$), so werden die negativen Abweichungen von der Additivität der Grenzflächenspannung noch größer als für $\gamma = 1$ sein. Besitzt andererseits der grenzflächenaktive Stoff die kleineren Moleküle ($k > 1$, $\gamma < 1$), so zeigt das ideale System in Abhängigkeit von γ entweder negative (aber kleinere als bei $\gamma = 1$) oder positive Abweichungen von der Additivität für den Verlauf der Grenzflächenspannung von der Lösungszusammensetzung. Hieraus folgt, daß bei deutlichen Unterschieden zwischen den Grenzflächenspannungen der reinen Komponenten nahezu lineare Grenzflächenspannungsisothermen in jenen idealen oder fast idealen Systemen gefunden werden können, in denen der grenzflächenaktive Stoff die kleineren Moleküle besitzt. Als Beispiel hierfür mag das System Benzol—Biphenyl dienen, in dem bei 70 °C die Differenz der Grenzflächenspannung 13,15 dyn cm^{-1} beträgt, der grenzflächenaktive Stoff Benzol ist, und die Grenzflächenspannungsisotherme nahezu linear verläuft [13].

6.4. Einfluß der Abweichungen von der Idealität auf die Form der Grenzflächenspannungsisothermen

Bekanntlich treten in einer idealen Lösung keine bevorzugten Wechselwirkungen irgendwelcher Molekülarten auf, beliebige paarweise Molekülkombinationen sind energetisch gleichwertig. Betrachten wir nunmehr den Fall, daß diese Bedingung gestört ist, und untersuchen den Einfluß der Abweichungen von der Idealität der Lösung auf die Isothermenform der Grenzflächenspannung in einem binären System.

Eine durch chemische Wechselwirkung hervorgerufene Abweichung von der Idealität kann selbst im Rahmen der Theorie idealer Lösungen berücksichtigt werden, sofern vorausgesetzt wird, daß das im Ergebnis der Reaktion entstehende Gemisch ideal ist. Betrachten wir als Beispiel das binäre System $B_1 - B_2$, in dem die Reaktion $B_1 + B_2 \rightleftharpoons B_{12}$ abläuft.

Es mögen x_1 und $1 - x_1$ die Molenbrüche von B_1 bzw. B_2 im Ausgangsgemisch sowie x_1', x_2' und x_{12} die Molenbrüche von B_1, B_2 bzw. B_{12} nach Erreichen des Gleichgewichtes darstellen. Letztere seien folgendermaßen verknüpft:

$$\frac{x_{12}}{x_1' x_2'} = K \tag{6.50}$$

$$x_1' + x_2' + x_{12} = 1. \tag{6.51}$$

Hierbei ist K die Konstante des chemischen Gleichgewichtes, sie hängt von der Temperatur und dem Drucktensor ab.

Aus den stöchiometrischen Bedingungen erhalten wir außerdem

$$\frac{x_1' + x_{12}}{x_2' + x_{12}} = \frac{x_1}{1 - x_1}. \tag{6.52}$$

Die Beziehungen (6.50)···(6.52) stellen eine eindeutige Übereinstimmung zwischen den Molenbrüchen der Komponenten im Ausgangs- bzw. Gleichgewichtszustand her, so haben wir für die Komponente B_1

$$x_1 = \frac{(K + 1)\, x_1'}{1 + 2K x_1' - K x_1'^2}. \tag{6.53}$$

Da das im Ergebnis der Reaktion entstehende ternäre Gemisch als ideal angesehen wird, können wir bei der Herleitung der Isothermengleichungen für die Grenzflächenspannung und die Grenzflächenschichtzusammensetzung erneut die Ausdrücke (2.197), (2.198) und (2.208) benutzen.

Im Ergebnis dessen erhalten wir

$$\sigma = \sigma_1 + \frac{RT}{a_{01}} \ln \frac{x_1'^{(\sigma)}}{x_1'^{(\alpha)}} \tag{6.54}$$

$$\frac{x_1'^{(\sigma)}}{x_2'^{(\sigma)}} = k \frac{x_1'^{(\alpha)}}{x_2'^{(\alpha)}}. \tag{6.55}$$

Die Größe k ist gemäß (6.48) definiert (einfachheitshalber sei $\gamma = 1$). Unter Benutzung von (6.50) und (6.51) können wir Gl. (6.55) als

$$\frac{x_1'^{(\sigma)}}{1 - x_1'^{(\sigma)}} = \frac{k x_1'^{(\alpha)}}{1 - x_1'^{(\alpha)}} \cdot \frac{1 + K^{(\alpha)} x_1'^{(\alpha)}}{1 + K^{(\sigma)} x_1'^{(\sigma)}} \tag{6.56}$$

schreiben.

Die Größen $K^{(\alpha)}$ und $K^{(\sigma)}$ sind die Konstanten des chemischen Gleichgewichtes in Phase α bzw. der Grenzflächenschicht; $K^{(\sigma)}$ ist eine Funktion von Temperatur, Druck und Grenzflächenspannung. Bei gemeinsamer Betrachtung charakterisieren die Gln. (6.54), (6.56) und (6.53) die Abhängigkeit der Grenzflächenspannung von der Ausgangszusammensetzung des binären Systems $B_1 - B_2$ vollständig. Diese Abhängigkeit darf nunmehr mit der idealen Isothermen (6.49) verglichen werden.

Aus den Beziehungen (6.56), (6.47) bei $\gamma = 1$ und (6.53) erhalten wir die Ungleichungen

$$\frac{\dfrac{x_1'^{(\sigma)}}{x_1'^{(\alpha)}}}{\left(\dfrac{x_1^{(\sigma)}}{x_1^{(\alpha)}}\right)_{\mathrm{id}}} \gtrless 1\,, \text{ wenn}$$

$$\frac{1 + K^{(\alpha)} x_1'^{(\alpha)}}{1 + K^{(\sigma)} x_1'^{(\sigma)}} \gtrless \frac{1 - \dfrac{K^{(\alpha)}}{K^{(\alpha)} + 1} (1 - x_1'^{(\alpha)})^2}{1 - \dfrac{K^{(\alpha)}}{K^{(\alpha)} + 1} (1 - x_1'^{(\alpha)})\,(1 - k x_1'^{(\alpha)})} < 1$$

(der Index „id“ zeigt an, daß sich diese Größe auf ein ideales binäres System bezieht). Diese Ungleichungen sagen sofort aus, daß bei $K^{(\sigma)} \approx 0$, $K^{(\alpha)} \neq 0$ sowie $K^{(\alpha)} \approx 0$, $K^{(\sigma)} \neq 0$ die Grenzflächenspannung nach Gl. (6.54) größer bzw. kleiner als jene nach Gl. (6.46) für ein ideales binäres System wird. Für den Fall $K^{(\sigma)} = K^{(\alpha)}$ folgt aus diesen Ungleichungen und Gl. (6.56), daß die Grenzflächenspannung nach Gl. (6.54) größer als die für ein ideales System ist.

Infolgedessen läßt sich für den Fall, daß eine chemische Wechselwirkung in der Grenzflächenschicht im Vergleich zu der Raumphase schwächer oder ähnlich stark ausgeprägt ist, feststellen, daß die Grenzflächenspannungsisotherme entweder geringere als für ein ideales System negative bzw. positive Abweichungen von der Additivität aufweist. In diesem Falle kann bei Anwesenheit einer starken Wechselwirkung das Auftreten eines Maximums der Grenzflächenspannung erwartet werden. Ist die chemische Wechselwirkung jedoch hauptsächlich in der Grenzflächenschicht vorhanden, so treten im Verlauf der Grenzflächenspannungsisothermen noch größere negative Abweichungen von der Additivität zutage, als sie bereits für ein ideales System vorliegen (siehe Abb. 6.2.).

Das dargestellte einfache Beispiel zeigt anschaulich den Einfluß der chemischen Wechselwirkung auf die Form der Grenzflächenspannungsisothermen (eine analoge Betrachtung wäre leicht auch für den Fall mehrerer Reaktionen vorzunehmen). Natürlich kann bei weitem nicht immer angenommen werden, daß sich das Gemisch der Aus-

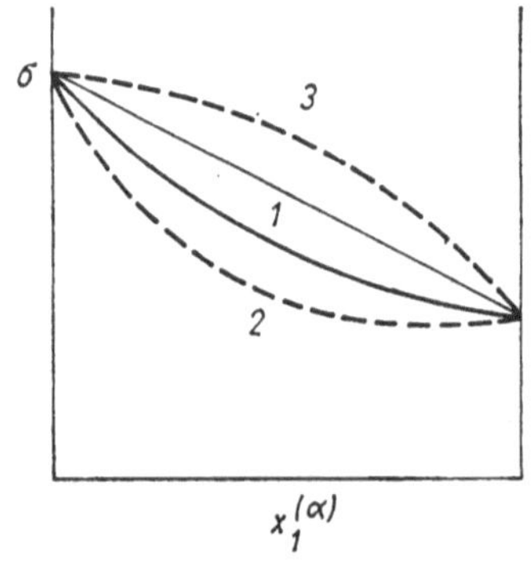

Abb. 6.2. Einfluß der Komponentenwechselwirkung auf die Form der Grenzflächenspannungsisothermen

1 — ideales System; *2* — System mit überwiegender Wechselwirkung in der Grenzflächenschicht; *3* — System mit überwiegender Wechselwirkung in der Raumphase

gangs- und Endprodukte einer Reaktion ideal verhalte. Wesentlich ist dabei jedoch, daß wir die Änderungen von Energie und Entropie sowie die Abweichung von der Idealität, die durch eine chemische Reaktion hervorgerufen werden, nicht eingeschränkt haben, was den gezogenen Schlußfolgerungen ausreichende Breite verleiht. Selbstverständlich hat eine strenge Behandlung von Systemen mit chemischen Umwandlungen oder bevorzugten Wechselwirkungen zwischen einzelnen Systemkomponenten unter Berücksichtigung der Abweichungen von der Idealität im Gleichgewichtszustand zu erfolgen.

Eine Methode zur Berücksichtigung der Abweichungen von der Idealität bietet sich für schwach nichtideale Systeme in der Vorstellung von der regulären Lösung [14, 15] an, bei deren Bildung sich die molare Entropie der i-ten Komponente um den Betrag

$$\Delta s_i = -R \ln x_i + \Delta v_i \left(\frac{\partial P}{\partial T}\right)_V \tag{6.57}$$

ändert (Δv_i — Änderung des Molvolumens der i-ten Komponente). Für ein inkompressibles System ist die Änderung exakt gleich der entsprechenden Änderung für eine ideale Lösung, so daß in diesem Falle die Entropiewerte idealer und regulärer Lösungen übereinstimmen. Die statistische Theorie der Grenzflächenschichten regulärer Lösungen [3, 16] wie auch die der regulären Lösungen selbst basiert auf Gittermodellen. Dabei betrachtet die einfachste Variante eine monomolekulare Grenzflächenschicht [17]···[19]. In dieser Theorie sind die chemischen Potentiale eines binären Systems durch die folgenden Ausdrücke gegeben:

— für eine reguläre Lösung α:

$$\left.\begin{aligned} \mu_1 &= \mu_1^0(T, P) + RT \ln x_1^{(\alpha)} + \varepsilon z (x_2^{(\alpha)})^2 \\ \mu_2 &= \mu_2^0(T, P) + RT \ln x_2^{(\alpha)} + \varepsilon z (x_1^{(\alpha)})^2 \end{aligned}\right\} \tag{6.58}$$

— für eine reguläre monomolekulare Grenzflächenschicht (an der Phasengrenze „Lösung—Vakuum")

$$\left.\begin{aligned} \mu_1 &= \mu_1^0(T, P) - (\sigma - \sigma_1)\, a_{01} + RT \ln x_1^{(\sigma)} + \varepsilon z [l (x_2^{(\sigma)})^2 + m (x_2^{(\alpha)})^2] \\ \mu_2 &= \mu_2^0(T, P) - (\sigma - \sigma_2)\, a_{02} + RT \ln x_2^{(\sigma)} + \varepsilon z [l (x_1^{(\sigma)})^2 + m (x_2^{(\alpha)})^2]\,. \end{aligned}\right\} \tag{6.59}$$

Dabei verkörpern

$$\varepsilon \equiv \varepsilon_{12} - (\varepsilon_{11} + \varepsilon_{12})/2,$$

ε_{11}, ε_{22}, ε_{12} die potentiellen Energien (bezogen auf 1 Mol) der paarweisen Wechselwirkungen der in benachbarten Gitterzellen befindlichen Moleküle der Sorte 1, der Sorte 2 bzw. der Sorten 1 und 2 untereinander, z die Koordinationszahl; l, m die „Kontaktanteile" der Moleküle in der Grenzflächenschicht untereinander bzw. mit den Molekülen der angrenzenden Phase α, $a_{01} \approx a_{02}$. Die Größe ε drückt die bevorzugte Wechselwirkung irgendwelcher Molekülsorten untereinander aus und kennzeichnet die Abweichung des Systems von der Idealität. Für $\varepsilon = 0$ gehen die Gln. (6.58) und (6.59) in die für ein ideales System gültigen Beziehungen (2.197), (2.198) und (2.208) über.

Die Ausdrücke (6.58) und (6.59) liefern unmittelbar Gleichungen, die den Verlauf der Grenzflächenspannungs- bzw. Grenzflächenschichtzusammensetzungsisothermen charakterisieren [17]:

$$\left.\begin{aligned}\sigma &= \sigma_1 + \frac{RT}{a_{01}} \ln \frac{x_1^{(\sigma)}}{x_1^{(\alpha)}} + \frac{\varepsilon z l}{a_{01}} [(1 - x_1^{(\sigma)})^2 - (1 - x_1^{(\alpha)})^2] - \frac{\varepsilon z m}{a_{01}} (1 - x_1^{(\alpha)})^2 \\ \sigma &= \sigma_2 + \frac{RT}{a_{02}} \ln \frac{1 - x_1^{(\sigma)}}{1 - x_1^{(\alpha)}} + \frac{\varepsilon z l}{a_{02}} (x_1^{(\sigma)})^2 - (x_1^{(\alpha)})^2] - \frac{\varepsilon z m}{a_{02}} (x_1^{(\alpha)})^2 .\end{aligned}\right\} \tag{6.60}$$

Aus diesen Gleichungen folgt, daß bei Auftreten eines Extremums der Grenzflächenspannung einer regulären Lösung (in diesem Falle ist $x_1^{(\sigma)} = x_1^{(\alpha)}$) für $\varepsilon < 0$ ein Maximum bzw. für $\varepsilon > 0$ ein Minimum der Grenzflächenspannung beobachtet wird.

Gemäß Gl. (6.58) sind im ersten Fall negative bzw. im zweiten Fall positive Abweichungen vom Raoultschen Gesetz feststellbar [3, 17].

Betrachten wir jenen einfachen Fall, daß die Raumphase α als reguläre Lösung und die Grenzflächenschicht als ideal angesehen werden darf. Hierfür folgen aus Gl. (2.208) und (6.58) die Gleichungen

$$\left.\begin{aligned}\sigma &= \sigma_1 + \frac{RT}{a_{01}} \ln \frac{x_1^{(\sigma)}}{x_1^{(\alpha)}} - \frac{\varepsilon z}{a_{01}} (1 - x_1^{(\alpha)})^2 \\ \sigma &= \sigma_2 + \frac{RT}{a_{02}} \ln \frac{1 - x_1^{(\sigma)}}{1 - x_1^{(\alpha)}} - \frac{\varepsilon z}{a_{02}} (x_1^{(\alpha)})^2 .\end{aligned}\right\} \tag{6.61}$$

Für $a_{01} = a_{02}$ kann die Gleichung der Grenzflächenspannungsisothermen nach Eliminieren der Größe $x_1^{(\sigma)}$ in folgender Form geschrieben werden:

$$\sigma = \sigma_2 - \frac{\varepsilon z}{a_{01}} (x_1^{(\alpha)})^2 - \frac{RT}{a_{01}} \ln [1 + (kB - 1) x_1^{(\alpha)}] \tag{6.62}$$

mit

$$B \equiv \exp \left[\frac{\varepsilon z}{RT} (1 - 2x_1^{(\alpha)})\right], \tag{6.63}$$

k ist durch den Ausdruck (6.48) definiert. Aus einem Vergleich der Beziehungen (6.62) und (6.49) folgt der Zusammenhang:

$$\sigma - \sigma_{\text{id}} = - \frac{RT}{a_{01}} \ln \frac{1 + (kB - 1) x_1^{(\alpha)}}{1 + (k - 1) x_1^{(\alpha)}} - \frac{\varepsilon z}{a_{01}} (x_1^{(\alpha)})^2 . \tag{6.64}$$

Dieser zeigt, daß bei einer bevorzugten Wechselwirkung verschiedenartiger Moleküle ($\varepsilon < 0$) die Grenzflächenspannungsisotherme einer regulären Lösung mit einer idealen Grenzflächenschicht über positive Abweichungen von der entsprechenden Isothermen einer idealen Lösung verfügt; überwiegt die bevorzugte Wechselwirkung gleichartiger Moleküle ($\varepsilon > 0$), so sind diese Abweichungen negativ. Mithin entsprechen im vorliegenden Falle negativen Abweichungen vom Raoultschen Gesetz positive bzw. positiven Abweichungen vom Raoultschen Gesetz negative Abweichungen der Grenzflächenspannung von der Idealität.

6.5. Isobare der Grenzflächenspannung eines binären Systems

Die Isobarengleichung der Grenzflächenspannung eines binären Systems ist als Sonderfall von Gl. (6.2) erhältlich und hat folgendes Aussehen:

$$a\left(\frac{d\sigma}{dx_1^{(\alpha)}}\right)_P = \left[(x_1^{(\beta)} - x_1^{(\alpha)})\,\frac{s_{\alpha\sigma}}{s_{\alpha\beta}} - (x_1^{(\sigma)} - x_1^{(\alpha)})\right] g_{11}^{(\alpha)}. \tag{6.65}$$

Gl. (6.65) ist ähnlich Gl. (6.6) strukturiert, in ihr figurieren lediglich anstelle der Volumeneffekte die entropischen Effekte. Daher kann die Analyse dieser Gleichung analog jener für Gl. (6.6) erfolgen. Ähnlich wie für Gl. (6.6) können drei Hauptfälle für die Verteilung der Komponenten zwischen den koexistierenden Phasen und der Grenzflächenschicht betrachtet werden (Fälle A, B und C in Abschn. 6.2.). Für den Fall A gelangen wir bei $x_1^{(\alpha)} \gg x_1^{(\beta)}, x_1^{(\sigma)}$ zu den Bedingungen

$$\left(\frac{d\sigma}{dx_1^{(\alpha)}}\right)_P \gtrless 0, \quad \text{wenn} \quad \frac{s_{\alpha\sigma}}{s_{\alpha\beta}} \lessgtr 1. \tag{6.66}$$

Fall B führt bei $x_1^{(\beta)} \gg x_1^{(\alpha)}, x_1^{(\sigma)}$ zu den Bedingungen

$$\left(\frac{d\sigma}{dx_1^{(\alpha)}}\right)_P \gtrless 0, \quad \text{wenn} \quad s_{\alpha\sigma} \gtrless 0. \tag{6.67}$$

Schließlich führt jener Fall, daß Komponente (1) ein grenzflächenaktiver Stoff ist, zu der Ungleichung

$$\left(\frac{d\sigma}{dx_1^{(\alpha)}}\right)_P < 0.$$

Die aus Gl. (6.65) folgende notwendige Bedingung für das Auftreten eines Extremums der Grenzflächenspannung lautet

$$(x_1^{(\beta)} - x_1^{(\alpha)})\,\frac{s_{\alpha\sigma}}{s_{\alpha\beta}} = x_1^{(\sigma)} - x_1^{(\alpha)}. \tag{6.68}$$

Bedingung (6.68) kann in zwei Fällen erfüllt sein. Zunächst sei jener Fall genannt, daß die Zusammensetzungen beider koexistierenden Phasen und der Grenzflächenschicht gleich sind. Hier tritt ein Extremwert der Grenzflächenspannung gemeinsam mit einem Temperaturextremum auf. Und zweitens ist Gl. (6.68) dann erfüllt, wenn die Zusammensetzungen der koexistierenden Phasen und der Grenzflächenschicht zwar verschieden voneinander sind, doch der folgende Zusammenhang gegeben ist:

$$\frac{s_{\alpha\sigma}}{s_{\alpha\beta}} = \frac{x_1^{(\sigma)} - x_1^{(\alpha)}}{x_1^{(\beta)} - x_1^{(\alpha)}}. \tag{6.69}$$

Letzterer kann auch als

$$\frac{s^{(\sigma)} - s^{(\alpha)}}{s^{(\beta)} - s^{(\alpha)}} = \frac{x_1^{(\sigma)} - x_1^{(\alpha)}}{x_1^{(\beta)} - x_1^{(\alpha)}} \tag{6.70}$$

formuliert werden. In diesem Fall wird das Extremum der Grenzflächenspannung nicht von einem Temperaturextremum begleitet.

6.6. Isotherme—Isobare der Grenzflächenspannung eines ternären Systems

Im Falle ternärer Systeme entspricht den isothermen oder isobaren Bedingungen jene thermodynamische Fläche der Grenzflächenspannung, deren Form durch die Vorgabe von Isolinien der Grenzflächenspannung im Konzentrationsdreieck in jener analogen Weise charakterisiert werden kann, wie die Form der isothermen Fläche durch Vorgabe von Isothermen oder aber die Form der Gleichgewichtsdruck-Fläche durch die Vorgabe von Isobaren gekennzeichnet wird. Da die Zusammensetzungsabhängigkeit der Grenzflächenspannung durch die Variablen einer beliebigen Phase ausgedrückt werden darf, besteht die Möglichkeit, anhand von Daten für die Phasenzusammensetzungen zwei Flächen sowie zwei Gruppen von Isolinien der Grenzflächenspannung zu konstruieren. Als Beispiele mögen die isothermen Diagramme der Grenzflächenspannung in den Variablen der flüssigen Lösung (siehe Abb. 6.3.*a*) bzw. der Dampfphase (siehe Abb. 6.3.*b*) für das System n-Hexan—Aceton—Chloroform dienen. Eine analoge Fläche der Grenzflächenspannung kann weiterhin als Funktion der Konzentrationen der Grenzflächenschicht konstruiert werden.

Eine Zusammensetzungsänderung in einem binären Zweiphasensystem wird stets von einer Druck- oder Temperaturveränderung begleitet, die ihrerseits auch den Wert der Grenzflächenspannung beeinflußt. Für ein binäres System besteht keine Möglichkeit, die Abhängigkeit der Grenzflächenspannung von der Zusammensetzung „in reiner Form“ zu erhalten. Für ternäre Systeme ist es jedoch möglich, Druck und Temperatur konstant zu halten und die Abhängigkeit der Grenzflächenspannung allein von der Zusammensetzung des ternären Gemisches zu untersuchen. Eine univariante Zusammensetzungsänderung entspricht hierbei einer Bewegung entlang der isotherm-isobaren

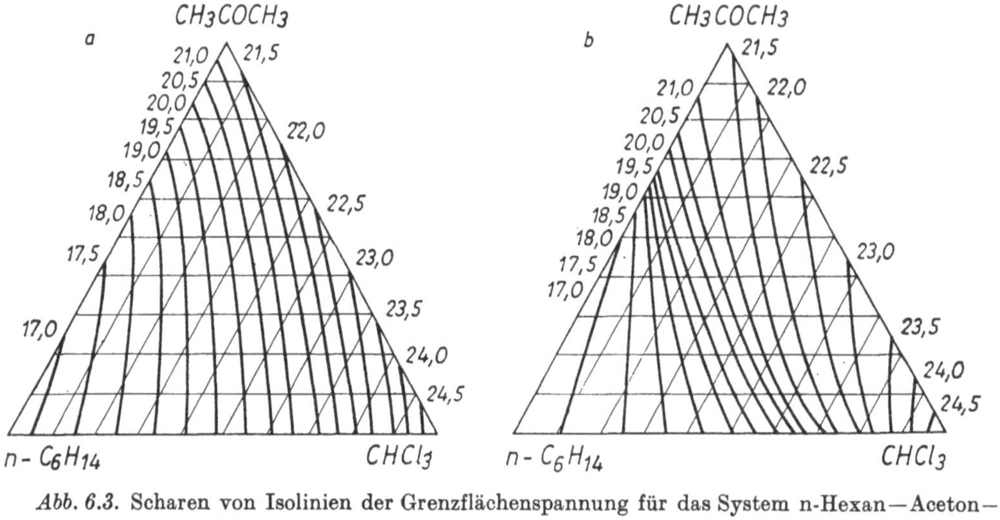

Abb. 6.3. Scharen von Isolinien der Grenzflächenspannung für das System n-Hexan—Aceton—Chloroform bei 35 °C [20]

a) in den Zusammensetzungsvariablen der Lösung;

b) in den Zusammensetzungsvariablen des Dampfes

(Angaben der Zusammensetzung in Mol-%)

Koexistenzkurve der Phasen im Konzentrationsdreieck. Die entsprechende Kurve, welche die Abhängigkeit der Grenzflächenspannung von der Zusammensetzung beschreibt, verläuft auf der isothermen Fläche der Grenzflächenspannung.

Die Gleichung für die Isotherme—Isobare der Grenzflächenspannung eines ternären Systems ist der einfachste Sonderfall von Gl. (6.5) und besitzt folgendes Aussehen:

$$a\left(\frac{d\sigma}{dx_1^{(\alpha)}}\right)_{T,P} = \frac{1}{\varphi_2^{(\alpha\beta)}}\left(\varphi_1^{(\alpha\beta)}\varphi_2^{(\alpha\sigma)} - \varphi_1^{(\alpha\sigma)}\varphi_2^{(\alpha\beta)}\right). \tag{6.71}$$

Dabei bedeuten:

$$\left.\begin{aligned}
\varphi_1^{(\alpha\beta)} &= (x_1^{(\beta)} - x_1^{(\alpha)})\, g_{11}^{(\alpha)} + (x_2^{(\beta)} - x_2^{(\alpha)})\, g_{12}^{(\alpha)}\\
\varphi_2^{(\alpha\beta)} &= (x_1^{(\beta)} - x_1^{(\alpha)})\, g_{12}^{(\alpha)} + (x_2^{(\beta)} - x_2^{(\alpha)})\, g_{22}^{(\alpha)}\\
\varphi_1^{(\alpha\sigma)} &= (x_1^{(\sigma)} - x_1^{(\alpha)})\, g_{11}^{(\alpha)} + (x_2^{(\sigma)} - x_2^{(\alpha)})\, g_{12}^{(\alpha)}\\
\varphi_2^{(\alpha\sigma)} &= (x_1^{(\sigma)} - x_1^{(\alpha)})\, g_{12}^{(\alpha)} - (x_2^{(\sigma)} - x_2^{(\alpha)})\, g_{22}^{(\alpha)}.
\end{aligned}\right\} \tag{6.72}$$

Unter Benutzung der Ausdrücke (6.72) kann Gl. (6.71) zu

$$a\left(\frac{d\sigma}{dx_1^{(\alpha)}}\right)_{T,P} = \frac{\Delta\, |g_{ik}|_2^{(\alpha)}}{\varphi_2^{(\alpha\beta)}} \tag{6.73}$$

umgeformt werden; hier stellt Δ die Konzentrationsdeterminante (4.31) sowie $|g_{ik}|_2^{(\alpha)}$ die Determinante (4.30) dar (in Übereinstimmung mit den Stabilitätsbedingungen ist die letztere stets positiv).

Eine Analyse von Gl. (6.73) beginnen wir mit der Behandlung jenes einfachen Falles, daß die Konzentration von Komponente (2) in Phase α und Grenzflächenschicht sehr klein sei ($x_2^{(\alpha)}, x_2^{(\sigma)} \ll x_2^{(\beta)}$). Bei $x_2^{(\alpha)} \to 0$ strebt die Größe $g_{22}^{(\alpha)}$ gegen den Wert ∞, und Gl. (6.73) nimmt die folgende Form an:

$$a\left(\frac{d\sigma}{dx_1^{(\alpha)}}\right)_{T,P} \approx (x_1^{(\alpha)} - x_1^{(\sigma)})\, g_{11}^{(\alpha)}. \tag{6.74}$$

In Anwendung auf das Gleichgewicht zwischen einer flüssigen Lösung α und der Gasphase β, die ein schwachlösliches und schlechtadsorbierbares Gas enthält, stimmt Gl. (6.74) mit der Gleichung für die Grenzflächenspannungsisotherme (6.7) in einem binären System an der Phasengrenze „flüssige Lösung—Dampf" bei weiter Entfernung vom kritischen Zustand überein. Hieraus folgt, daß die Anwesenheit eines schwachlöslichen und schlechtadsorbierbaren Gases praktisch keinen Einfluß auf die Grenzflächenspannungsisotherme ausübt. Die Abhängigkeit der Grenzflächenspannung von der Lösungszusammensetzung ist die gleiche wie für ein einzeln betrachtetes binäres System im Gleichgewichtszustand zwischen Lösung und Dampf. Dieser Umstand ist für das Experiment von wesentlicher Bedeutung, da er die Durchführung von Messungen der Grenzflächenspannung in Anwesenheit von Fremdgasen, z. B. Luft (für nichtoxydierende Systeme), erlaubt.

Nunmehr wollen wir den Einfluß geringer Zusätze eines Fremdstoffes auf die Grenzflächenspannung eines binären Systems untersuchen. Die Konzentration von Komponente (1) im gesamten ternären System sei sehr klein, so daß die Bedingung

$$\varphi_2^{(\alpha\beta)} \approx g_{22}^{(\alpha)}(x_2^{(\beta)} - x_2^{(\alpha)}) \tag{6.75}$$

erfüllt ist, und Gl. (6.73) als

$$a\left(\frac{d\sigma}{dx_1^{(\alpha)}}\right)_{T,P} \approx \frac{\Delta}{(x_2^{(\beta)} - x_2^{(\alpha)})} \cdot \frac{|g_{ik}|_2^{(\alpha)}}{g_{22}^{(\alpha)}} \tag{6.76}$$

geschrieben werden kann.

Die Größen $g_{22}^{(\alpha)}$ und $|g_{ik}|_2^{(\alpha)}$ sind infolge der Stabilitätsbedingungen positiv. Daher wird das Vorzeichen der Ableitung $(d\sigma/dx_1^{(\alpha)})_{T,P}$ durch das Vorzeichen des rechtsseitig in (6.76) bei $|g_{ik}|_2^{(\alpha)}/g_{22}^{(\alpha)}$ stehenden Konzentrationsfaktors bestimmt. Es ist darauf zu verweisen, daß — obwohl die in Δ auftretenden Differenzen $(x_1^{(\alpha)} - x_1^{(\sigma)})$ und $(x_1^{(\beta)} - x_1^{(\sigma)})$ sehr kleine absolute Werte annehmen — die Ableitung $(d\sigma/dx_1^{(\alpha)})_{T,P}$ über einen hohen Wert verfügen kann. Der Grund hierfür besteht darin, daß kleinen $x_1^{(\alpha)}$-Werten ein großer Wert der Determinanten $|g_{ik}|_2^{(\alpha)}$ entspricht (für eine grobe Abschätzung der Größe $|g_{ik}|_2^{(\alpha)}$ kann Ausdruck (2.214) verwendet werden). Das Vorzeichen des Konzentrationsfaktors auf der rechten Seite von Gl. (6.76) hängt von der Wahl der Komponentenverteilung des ternären Gemisches zwischen den koexistierenden Phasen und der Grenzflächenschicht ab. Übersteigt z. B. der Gehalt der Phase α an Komponente (1) jenen der Phase β und der Grenzflächenschicht um ein Vielfaches, so führt Gl. (6.76) zu

$$a\left(\frac{d\sigma}{dx_1^{(\alpha)}}\right)_{T,P} \approx \frac{x_1^{(\alpha)}(x_2^{(\beta)} - x_2^{(\sigma)})}{x_2^{(\beta)} - x_2^{(\alpha)}} \cdot \frac{|g_{ik}|_2^{(\alpha)}}{g_{22}^{(\alpha)}}. \tag{6.77}$$

Der Charakter der Zusammensetzungsabhängigkeit der Grenzflächenspannung wird in diesem Fall durch die Verteilung der Komponente (2) zwischen den koexistierenden Phasen und der Grenzflächenschicht bestimmt:

$$\left(\frac{d\sigma}{dx_1^{(\alpha)}}\right)_{T,P} \gtrless 0, \quad \text{wenn} \quad \frac{x_2^{(\beta)} - x_2^{(\sigma)}}{x_2^{(\beta)} - x_2^{(\alpha)}} \gtrless 0. \tag{6.78}$$

Jetzt wollen wir voraussetzen, daß Komponente (1) ein grenzflächenaktiver Stoff sei, und seine Konzentration in der Grenzflächenschicht jene in beiden Raumphasen um ein Vielfaches übertreffe. In diesem Fall läßt sich Gl. (6.76) zu der folgenden Beziehung umformen:

$$a\left(\frac{d\sigma}{dx_1^{(\alpha)}}\right)_{T,P} \approx -x_1^{(\sigma)} \frac{|g_{ik}|_2^{(\alpha)}}{g_{22}^{(\alpha)}}. \tag{6.79}$$

Diese liefert das eindeutige Ergebnis

$$\left(\frac{d\sigma}{dx_1^{(\alpha)}}\right)_{T,P} < 0,$$

welches besagt, daß das Versetzen eines binären Systems mit einer geringen Menge eines grenzflächenaktiven Stoffes stets eine Verringerung der Grenzflächenspannung hervorruft. Dies erfolgt unabhängig von der Verteilung der Komponenten zwischen den koexistierenden Phasen und der Grenzflächenschicht.

Im Falle hoher Konzentration von Komponente (1) läßt sich Gl. (6.73) dann wesentlich vereinfachen, wenn Komponente (1) zu etwa gleichen Teilen zwischen den koexistierenden Phasen verteilt ist, d. h. $x_1^{(\alpha)} \approx x_1^{(\beta)}$. Dann ist neben Bedingung (6.75) auch die Bedingung

$$\Delta \approx (x_1^{(\alpha)} - x_1^{(\sigma)})\,(x_2^{(\beta)} - x_2^{(\alpha)}) \tag{6.80}$$

erfüllt, und Gl. (6.73) nimmt die folgende Form an:

$$a\left(\frac{d\sigma}{dx_1^{(\alpha)}}\right)_{T,P} \approx (x_1^{(\alpha)} - x_1^{(\sigma)})\,\frac{|g_{ik}|_2^{(\alpha)}}{g_{22}^{(\alpha)}}. \tag{6.81}$$

Hieraus ergeben sich die Ungleichungen

$$\left(\frac{d\sigma}{dx_1^{(\alpha)}}\right)_{T,P} \gtrless 0, \qquad \text{wenn} \qquad x_1^{(\alpha)} \gtrless x_1^{(\sigma)}. \tag{6.82}$$

Darf Phase α als ideal angesehen werden, so läßt sich Gl. (6.73) gemäß den Formeln (2.214) folgendermaßen modifizieren:

$$a\left(\frac{d\sigma}{dx_1^{(\alpha)}}\right)_{T,P} = \frac{RT}{x_1^{(\alpha)}}\cdot\frac{\Delta}{x_2^{(\beta)}(1 - x_1^{(\alpha)}) - x_2^{(\alpha)}(1 - x_1^{(\beta)})}. \tag{6.83}$$

Es muß unterstrichen werden, daß Gl. (6.83) unter der Voraussetzung hergeleitet worden ist, daß nur eine der Phasen ideal sei. Daher ist es erlaubt, diese Gleichung in der Praxis auf viele Fälle anzuwenden, z. B. auf die Untersuchung des Gleichgewichtes „flüssige Lösung—Dampf", wenn der Dampf in hinlänglicher Weise durch die idealen Gasgesetze beschreibbar ist. In diesem Falle darf Gl. (6.83) für das Studium der Grenzflächenspannung von Lösungen benutzt werden, dabei beziehen sich die Indizes α und β auf den Dampf bzw. die flüssige Lösung. Enthält der Dampf ein schwachlösliches und schlechtadsorbierbares Gas (es verkörpere die zweite Komponente), so läßt sich Gl. (6.83) in die folgende Beziehung umformen:

$$a\left(\frac{d\sigma}{dx_1^{(\alpha)}}\right)_{T,P} \approx \frac{RT(x_1^{(\beta)} - x_1^{(\sigma)})}{x_1'^{(\alpha)}(1 - x_1'^{(\alpha)})}, \tag{6.84}$$

wobei mit $x_1'^{(\alpha)} \equiv x_1^{(\alpha)}/(1 - x_2^{(\alpha)})$ der Molenbruch von Komponente (1) im Dampf unter Ausschluß des Fremdgases aus der Betrachtung bezeichnet wird. Gl. (6.84) läßt sich auch leicht aus Gl. (6.6) ableiten, wenn Phase α als ideales Gasgemisch angesehen wird.

Somit kann festgestellt werden, daß die Anwesenheit eines schwachlöslichen und schlechtadsorbierbaren Gases in einem idealen Gasgemisch praktisch ohne Einfluß auf die Grenzflächenspannungsisotherme — ausgedrückt als Funktion der Dampfzusammensetzung einer binären Lösung — ist.

Das Vorzeichen der Ableitung $(d\sigma/dx_1^{(\alpha)})_{T,P}$ wird in allen betrachteten Fällen von der jeweiligen Verteilung der Komponenten des ternären Systems zwischen den koexistierenden Phasen und der Grenzflächenschicht bestimmt. Zieht eine Zusammensetzungsänderung des ternären Systems eine andere Art der Komponentenverteilung nach sich, so kann sich das Vorzeichen der Ableitung $(d\sigma/dx_1^{(\alpha)})_{T,P}$ ebenfalls wandeln. Als Folge davon kann die Grenzflächenspannung einen Extremwert durchlaufen.

Analysieren wir nun die allgemeine Bedingung für das Auftreten eines Extremums der Grenzflächenspannung bei isotherm-isobarer Änderung der Zusammensetzung. Da ihrem physikalischen Sinn gemäß die Größe $\varphi_2^{(\alpha\beta)}$ i. a. endlich ist, muß die für das Auftreten eines Extremums der Grenzflächenspannung notwendige, sich aus Gl. (6.73) ergebende Bedingung folgendermaßen lauten:

$$\Delta \equiv \begin{vmatrix} x_1^{(\alpha)} - x_1^{(\sigma)}, & x_2^{(\alpha)} - x_2^{(\sigma)} \\ x_1^{(\beta)} - x_1^{(\sigma)}, & x_2^{(\beta)} - x_2^{(\sigma)} \end{vmatrix} = 0. \tag{6.85}$$

Wie leicht einzusehen ist, kann Bedingung (6.85) in vier Fällen erfüllt sein:

1. bei Gleichheit der Zusammensetzungen der koexistierenden Phasen und der Grenzflächenschicht;
2. bei Gleichheit der Zusammensetzungen der koexistierenden Phasen;
3. bei Gleichheit der Zusammensetzungen der Grenzflächenschicht und einer der koexistierenden Phasen;
4. wenn die Zusammensetzungen der drei betrachteten Körper (zwei koexistierende Phasen und eine Grenzflächenschicht) unterschiedlich sind, aber einer von ihnen durch Mischen der zwei anderen in bestimmten Verhältnissen erhältlich ist (in diesem Fall liegen die Figurativpunkte der Zusammensetzungen beider koexistierenden Phasen und der Grenzflächenschicht im Konzentrationsdiagramm auf einer Geraden).

Die Fälle 1. und 2. sind aus der Betrachtung auszuschließen, da sie infolge der identischen Zusammensetzung der koexistierenden Phasen Extremwerten der Temperatur (bei $P = \text{const}$) bzw. des Druckes (bei $T = \text{const}$) der Phasenkoexistenz entsprechen. In einem solchen Fall ist die isotherm-isobare Koexistenzkurve der Phasen im Konzentrationsdreieck durch einen Punkt gegeben, und jedwede Zusammensetzungsänderung zieht eine Störung des Zweiphasengleichgewichtes nach sich. Es ist einleuchtend, daß unter diesen Bedingungen die Betrachtung der Grenzflächenspannung sinnlos wird.

Für eine Erläuterung der genannten Fälle 3. und 4. wollen wir uns den isotherm-isobaren Diagrammen eines Zweiphasengleichgewichtes ternärer Systeme zuwenden. In Abb. 6.4. zeigen die Kurven AB, CD und MN jeweils eine Zusammensetzungsänderung unter Beibehaltung des Gleichgewichtes für die Phasen α, β und die Grenzflächenschicht bei Erhöhung der Konzentration von Komponente (1) im System. Die Zusammensetzungspunkte der koexistierenden Phasen sind durch Noden miteinander verbunden. Die punktierten Linien verbinden die Zusammensetzungspunkte der koexistierenden Phasen mit einem Zusammensetzungspunkt der Grenzflächenschicht. In Abb. 6.4.*a* schneidet die Kurve MN die Kurve AB im Punkt K. Folglich stimmen im Punkt K die Zusammensetzungen der Grenzflächenschicht und der Phase α überein. Daher kann bei Änderung der Zusammensetzung entlang der Kurve AB im Punkt K ein Extremum der Grenzflächenspannung beobachtet werden. Dem Punkt K entspricht auf der Kurve CD Punkt L, so daß beim Wandern entlang Kurve CD ein Extremum der Grenzflächenspannung im Punkt L festgestellt werden kann. Aus Abb. 6.4.*a* ist ersichtlich, daß sich im Punkt K die Verteilungsweise von Komponente (2) im System wandelt: Unterhalb des Punktes K ist die Grenzflächenschicht verglichen mit Phase α relativ arm an Komponente (2), oberhalb des Punktes K ist sie im Gegensatz hierzu reicher an Komponente (2).

In Abb. 6.4.*b* verläuft die Node *KL* durch einen Figurativpunkt der Grenzflächenschichtzusammensetzung. Daher kann bei Änderung der Zusammensetzung entlang Kurve *AB* im Punkt *K* (oder entlang Kurve *CD* im Punkt *L*) ein Extremum der Grenzflächenspannung beobachtet werden.

6.7. Pufferverhalten der Konzentrationsabhängigkeit der Grenzflächenspannung in ternären Systemen

Besteht ein ternäres System aus solchen Komponenten, daß in binären Systemen mit der dritten Komponente eine Komponente grenzflächenaktiv und die andere grenzflächeninaktiv ist, so besteht die Möglichkeit, daß beim Versetzen des Systems mit einer Komponente innerhalb eines gewissen Zusammensetzungsintervalls des ternären Systems keine Änderung der Grenzflächenspannung erfolgt. Derartige Puffereigenschaften der

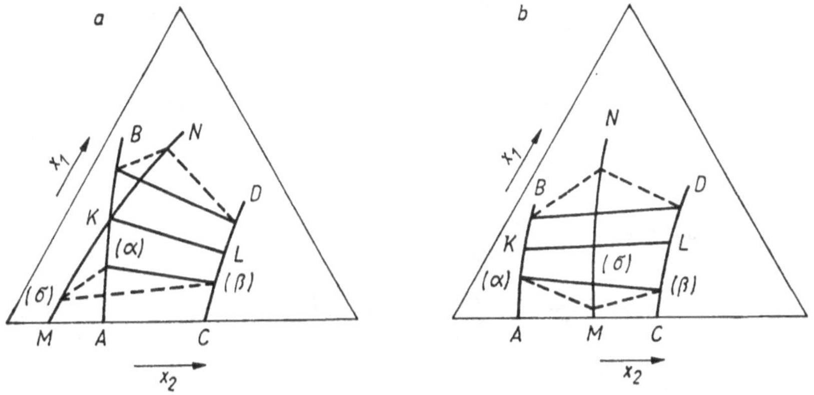

Abb. 6.4. Lage der Isothermen-Isobaren der koexistierenden Phasen (Kurven *AB* und *CD*) sowie der Grenzflächenschicht (Kurve *MN*) im Konzentrationsdiagramm

a) Auftreten eines Grenzflächenspannungsextremums bei Gleichheit der Zusammensetzungen einer der Phasen und der Grenzflächenschicht

b) Auftreten eines Grenzflächenspannungsextremums bei unterschiedlichen Zusammensetzungen der koexistierenden Phasen und der Grenzflächenschicht

Grenzflächenspannung treten häufig für Systeme des Typs „grenzflächenaktiver Stoff bezüglich Wasser — grenzflächeninaktiver Elektrolyt bezüglich Wasser — Wasser" beim Hinzufügen des Elektrolyten auf [22]···[43]. Am sorgfältigsten ist das System $CH_3OH-NaBr-H_2O$ untersucht worden [41]. Für dieses System ist die Existenz zweier Wasser-Alkohol-Lösungen festgestellt worden, deren Grenzflächenspannung an der Phasengrenze mit dem Dampf beim Zusatz von Natriumbromid keine Änderung erfährt. In dem zwischen beiden Lösungen gelegenen Konzentrationsgebiet führt der Zusatz von Natriumbromid zu einer Verringerung, außerhalb dieses Gebietes zu einer Erhöhung der Grenzflächenspannung.

Bei einer Diskussion dieser Erscheinung ist es vor allem notwendig, die thermodynamischen Bedingungen dieser Puffereigenschaften der Grenzflächenspannung festzustellen. Danach werden wir den Einfluß von Temperatur und Grenzflächenaktivität der Komponenten auf die Lage der Pufferpunkte im Konzentrationsdreieck untersuchen.

Wir wollen die Zusammensetzungsänderung eines ternären Gemisches nicht entlang der Isothermen-Isobaren — wie dies in vorstehenden Paragraphen geschehen ist —, sondern entlang der Sekanten des Konzentrationsdreiecks bei $T = \text{const}$ betrachten. Dies entspricht dem Versetzen des Systems mit einer der Komponenten. Daher kehren wir zu Gl. (6.1) zurück, die bei Anwendung auf ein ternäres System des Typs „flüssige Lösung α — Dampf β“ in weiter Entfernung vom kritischen Zustand (d. h. bei $|v_\alpha| \ll |v_{\alpha\beta}|$) in der folgenden Form geschrieben werden kann:

$$a\, d\sigma \approx -\sum_{i,k=1}^{2} (x_i^{(\sigma)} - x_i^{(\alpha)})\, g_{ik}^{(\alpha)}\, dx_k^{(\alpha)}. \tag{6.86}$$

Zur Definition legen wir die Numerierung

1 — grenzflächenaktive Komponente;

2 — Elektrolyt;

3 — Lösungsmittel

fest und betrachten die Zusammensetzungsänderung bei der Zugabe des Elektrolyten, d. h. entlang der Sekanten $x_1^{(\alpha)}/x_3^{(\alpha)} = \text{const}$. Führen wir diese Bedingung in Gl. (6.86) ein:

$$a\left(\frac{d\sigma}{dx_2^{(\alpha)}}\right)_{T,\frac{x_1^{(\alpha)}}{x_3^{(\alpha)}}} = (x_1^{(\alpha)} - x_1^{(\sigma)})\left(g_{12}^{(\alpha)} - \frac{x_1^{(\alpha)}}{1 - x_2^{(\alpha)}}\, g_{11}^{(\alpha)}\right) + (x_2^{(\alpha)} - x_2^{(\sigma)})\left(g_{22}^{(\alpha)} - \frac{x_1^{(\alpha)}}{1 - x_2^{(\alpha)}}\, g_{12}^{(\alpha)}\right). \tag{6.87}$$

Zur Berechnung der Größen $g_{ik}^{(\alpha)}$ nach Gl. (2.177) können für den Elektrolyten die folgenden Formeln benutzt werden:

$$\mu_2 = \mu_2^0(T, P, x_1^{(\alpha)}) + \nu RT \ln f_{2\pm}^{(\alpha)} x_{2\pm}^{(\alpha)} \tag{6.88}$$

$$\mu_2 = \mu_2^0(T, P) + \nu RT \ln f_{2\pm}^{*(\alpha)} c_{2\pm}^{(\alpha)} \tag{6.89}$$

mit ν als Gesamtzahl der bei der Dissoziation eines Moleküls entstehenden Ionen, $c_{2\pm}^{(\alpha)}$ der mittleren Ionenkonzentration (ihre Ausdrucksform beeinflußt die Definition des Aktivitätskoeffizienten), $\mu_2^0(T, P, x_1^{(\alpha)})$ und $f_{2\pm}^{(\alpha)}$ dem Standardanteil des chemischen Potentials bzw. mittleren Aktivitätskoeffizienten des Elektrolyten, sofern als Standardzustand die unendlich verdünnte Lösung im binären Lösungsmittel gewählt wird, und $f_{2\pm}^{*(\alpha)}$ dem Aktivitätskoeffizienten bei der Wahl der unendlich verdünnten Lösung des Elektrolyten in einem bestimmten Lösungsmittel (in der Regel Wasser) als Standardzustand.

Die Kopplung zwischen $f_{2\pm}^{(\alpha)}$ und $f_{2\pm}^{*(\alpha)}$ erfolgt mit Hilfe eines einheitlichen „nullten“ Aktivitätskoeffizienten $f_{2\pm}^{0(\alpha)}$ nach der Formel[1]

$$f_{2\pm}^{*(\alpha)} = f_{2\pm}^{0(\alpha)} \cdot f_{2\pm}^{(\alpha)}. \tag{6.90}$$

[1] Zur experimentellen Bestimmung dieses Aktivitätskoeffizienten siehe [44].

Wenden wir nunmehr Gl. (6.87) auf einen unendlich verdünnten Elektrolyten an. Zur Vereinfachung sei ein 1 — 1-wertiger Elektrolyt betrachtet. Benutzen wir die Grenzbeziehung

$$\ln f_{2\pm}^{(\alpha)} \approx -B(x_2{}^{(\alpha)})^n, \qquad (0 < n < 1) \tag{6.91}$$

in der B und n Konstanten darstellen (bekanntlich liefert die elektrostatische Theorie starker Elektrolyte den Wert $n = 0{,}5$). Unter Verwendung der Beziehungen (2.177) und (6.91) erhalten wir

$$a\left(\frac{d\sigma}{dx_2{}^{(\alpha)}}\right)_{T,\frac{x_1{}^{(\alpha)}}{x_3{}^{(\alpha)}},x_2{}^{(\alpha)}\to 0} \approx (x_1{}^{(\alpha)} - x_1{}^{(\sigma)})\left(\frac{\partial\mu_2}{\partial x_1{}^{(\alpha)}}\right)_{x_2{}^{(\alpha)}}$$
$$+ 2RT\left(1 - \frac{x_2{}^{(\sigma)}}{x_2{}^{(\alpha)}}\right) + x_2{}^{(\alpha)}\left(1 - \frac{x_2{}^{(\sigma)}}{x_2{}^{(\alpha)}}\right)\left(\frac{\partial\mu_3}{\partial x_3{}^{(\alpha)}}\right)_{x_1{}^{(\alpha)}}. \tag{6.92}$$

Mit Ausnahme der unmittelbaren Umgebung des Punktes $x_1{}^{(\alpha)} = 1$ im Konzentrationsdreieck kann das letzte Glied dieses Ausdrucks im gesamten Konzentrationsgebiet vernachlässigt werden. In Nähe von $x_1{}^{(\alpha)} = 1$ ist es infolge des ansteigenden dritten Faktors nicht definiert. Da dieser Punkt in bezug auf die Konzentrations-Puffereigenschaften der Grenzflächenspannung nicht von sonderlichem Interesse ist, schließen wir das letzte Glied aus der Betrachtung aus. Als Bedingung für die Konzentrations-Puffereigenschaften der Grenzflächenspannung bei Zusatz von Komponente (2) tritt die folgende Gleichung auf:

$$\left(\frac{d\sigma}{dx_2{}^{(\alpha)}}\right)_{T,\frac{x_1{}^{(\alpha)}}{x_3{}^{(\alpha)}}} = 0 \tag{6.93}$$

bzw. gemäß Gl. (6.92)

$$\left(\frac{\partial\mu_2}{\partial x_1{}^{(\alpha)}}\right)_{x_2{}^{(\alpha)}} \approx \frac{2RT\left(1 - \dfrac{x_2{}^{(\sigma)}}{x_1{}^{(\alpha)}}\right)}{x_1{}^{(\sigma)} - x_1{}^{(\alpha)}}. \tag{6.94}$$

Untersuchen wir, wie sich beide Seiten dieser Beziehung bei Veränderung des Verhältnisses zwischen den Komponenten (1) und (3) ändern. Links steht die Ableitung des chemischen Potentials des Elektrolyten nach dem Molenbruch des grenzflächenaktiven Stoffes. Diese Größe nimmt im gesamten Konzentrationsfeld einen endlichen Wert an; man kann ihre monotone Änderung voraussetzen. Die rechte Seite von (6.94) hängt von $x_1{}^{(\alpha)}$ hauptsächlich über die Differenz $x_1{}^{(\sigma)} - x_1{}^{(\alpha)}$ ab; in den Punkten $x_1{}^{(\alpha)} = 0$ und $x_1{}^{(\alpha)} = 1$ sind die Größen $x_1{}^{(\alpha)}$ und $x_1{}^{(\sigma)}$ identisch, und die rechte Seite strebt gegen Unendlich.

In Abb. 6.5. ist näherungsweise der Verlauf der linken und rechten Seiten von Gl. (6.94) in Abhängigkeit vom Konzentrationsverhältnis der Komponenten (1) und (3) im Ausgangsgemisch, das mit einem Elektrolyten versetzt wird, dargestellt. Gemäß Beziehung (6.94) haben die „Puffersekanten" im Konzentrationsdreieck in Nähe der Schnittpunkte der Kurven *1* und *2* von Abb. 6.5. zu verlaufen. Hieraus folgt, daß die Konzentrations-Puffereigenschaften der Grenzflächenspannung — sofern sie in irgendeinem System auftritt — auf zwei Sekanten lokalisiert ist. Eine dieser Puffersekanten kann nur in jenem wenig wahrscheinlichen Fall auftreten, daß die Kurven *1* und *2* einander berühren. Die Existenz von mehr als zwei Puffersekanten ist ebenfalls wenig wahrscheinlich.

Da die Bedingung (6.93) nicht nur auf den Fall konstanter Grenzflächenspannung, sondern auch auf deren eventuelle Extrema anwendbar ist, sei hier an den sogenannten JONES-RAY-Effekt erinnert. Als solcher wird ein in den Arbeiten [45, 46] beschriebener Befund bezeichnet, der darin besteht, daß ein Grenzflächenspannungsminimum auftritt, wenn verschiedene binäre Lösungsmittel mit einem Elektrolyten versetzt werden, welches in allen Fällen bei nahezu gleicher Elektrolytkonzentration (10^{-4} — normal) liegt.

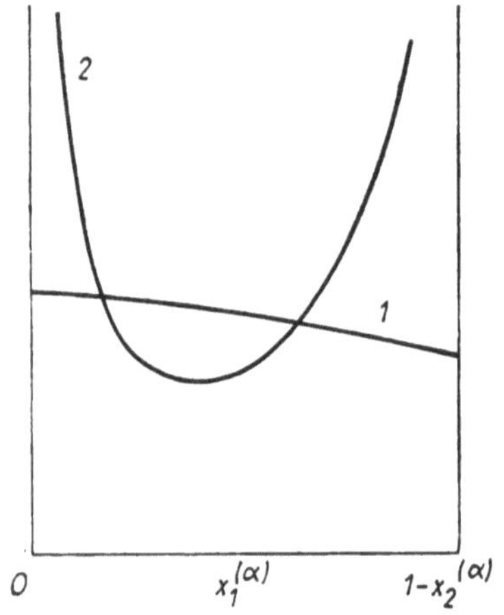

Abb. 6.5. Abhängigkeit der linken (*1*) bzw. rechten (*2*) Teile der Beziehung (6.94) vom Verhältnis zwischen den Konzentrationen der Komponenten (1) und (3)

Würde dieser Effekt für beliebige stark verdünnte Elektrolytlösungen und unabhängig von Natur und Zusammensetzung des Lösungsmittels auftreten, so würden in einem bestimmten Gebiet sehr kleiner Elektrolytkonzentrationen die Kurven *1* und *2* von Abb. 6.5. im gesamten Konzentrationsgebiet des binären Lösungsmittels sehr nahe beieinander verlaufen. Bei Berücksichtigung unserer Überlegungen zur Form dieser Kurven kann allerdings gesagt werden, daß ein solcher Fall nicht möglich ist. Somit schließen wir uns jenen Autoren an, die die Auffassung vertreten, daß der JONES-RAY-Effekt nicht echt, sondern methodisch bedingt sei [47, 48].

Untersuchen wir nunmehr, wie die Lage der Puffersekanten im Konzentrationsdreieck mit der Temperatur und der Grenzflächenspannung von Komponente (1) verbunden ist. Gl. (6.94) läßt sich in der folgenden Form darstellen:

$$\left(\frac{\partial \ln f_{2\pm}^{0(\alpha)}}{\partial x_1^{(\alpha)}}\right)_{x_2^{(\alpha)}} + \left(\frac{\partial \ln f_{2\pm}^{(\alpha)}}{\partial x_1^{(\alpha)}}\right)_{x_2^{(\alpha)}} = \frac{1 - \dfrac{x_2^{(\sigma)}}{x_2^{(\alpha)}}}{x_1^{(\sigma)} - x_1^{(\alpha)}}. \tag{6.95}$$

Der Wert der linken Seite dieser Beziehung wird (wie auch experimentelle Daten zeigen) im wesentlichen durch das erste Glied bestimmt (dieses gibt die Energieänderung des Elektrolyten bei Versetzen der Standardlösung, auf die sich der Koeffizient $f_{2\pm}^{(\alpha)}$ bezieht, mit der grenzflächenaktiven Komponente wieder). Werden jene experimentellen Daten berücksichtigt, die zeigen, daß die Dielektrizitätskonstante gemischter Lösungsmittel in ähnlicher Weise wie die des Wassers mit der Temperatur ansteigt, so folgt wegen des Ausdrucks für $f_{2\pm}^{0(\alpha)}$ [44]

$$\lg f_{2\pm}^{0(\alpha)} = \frac{e^2 N}{2{,}3RT\nu} \sum_i \frac{z_i^2}{r_i} \left(\frac{1}{D_M} - \frac{1}{D_{H_2O}}\right) + \frac{\sum_i \Delta U_i}{2{,}3RT\nu} \tag{6.96}$$

(e — Ladung des Protons, z_i — Wertigkeit des i-ten Ions, N — LOSCHMIDTsche Zahl, r_i — Radius des solvatierten Ions, D_{H_2O} und D_M — Dielektrizitätskonstanten in wäßriger bzw. nichtwäßriger Lösung, ΔU_i — Differenz der Ion-Dipol-Wechselwirkungsenergien in wäßriger bzw. gemischter Lösung) die Schlußfolgerung, daß sich das erste Glied der linken Seite von (6.95) bei Temperaturerhöhung verringern muß. Dabei dürfte sich das zweite Glied gemäß der DEBYE-HÜCKELschen Theorie geringfügig erhöhen. Seine Temperaturabhängigkeit ist jedoch schwächer als die des ersten Gliedes. Sogar bei Voraussetzung einer gleichen, doch mit umgekehrtem Vorzeichen versehenen Temperaturabhängigkeit beider Terme der linken Seite von (6.95) wird sich der Gesamtwert der linken Seite von (6.95) auf Grund des bedeutend größeren Gewichtes des ersten Gliedes mit Temperaturerhöhung verringern.

Betrachten wir nun, wie sich die rechte Seite von Gl. (6.95) mit der Temperatur ändert. Wird die des öfteren gebrauchte Näherung, daß der Elektrolyt bei niedrigen Konzentrationen in der Lösung nicht in der Grenzflächenschicht enthalten ist, angewendet, so führen einfache molekular-kinetische Überlegungen zu der Schlußfolgerung, daß die Ableitung der rechten Seite von (6.95) nach der Temperatur positiv ist. Es kann vorausgesetzt werden, daß die Temperaturabhängigkeit der Differenz zwischen den Konzentrationen eines grenzflächenaktiven Stoffes in der Grenzflächenschicht und der Lösung $x_1^{(\sigma)} - x_1^{(\alpha)}$ stärker ist als die für die entsprechende Differenz $x_2^{(\sigma)} - x_2^{(\alpha)}$ einer grenzflächeninaktiven Komponente. In allen Fällen, für welche dieses zutrifft, erhöht sich der Wert der rechten Seite von Gl. (6.95) mit steigender Temperatur.

Aus diesen Darlegungen folgt, daß sich bei Temperaturerhöhung Kurve *1* in Abb. 6.5. senkt und Kurve *2* ansteigt. Diese gegenseitige Verschiebung der Kurven sagt aus, daß sich die Pufferpunkte bei Temperaturerhöhung einander nähern müssen. Diese Schlußfolgerung steht mit Resultaten experimenteller Untersuchungen [41] im Einklang.

Wird die grenzflächenaktive Komponente gegen eine noch aktivere Komponente ausgetauscht, so sollte sich dies auf den in der rechten Seite von (6.94) stehenden Wert vor allem über die Vergrößerung der Differenz $x_1^{(\sigma)} - x_1^{(\alpha)}$ bemerkbar machen. Im Ergebnis dieser Substitution senkt sich die Kurve *2* in Abb. 6.5. Die Verschiebung von Kurve *1* hängt hauptsächlich von der Änderung des Aktivitätskoeffizienten $f_{2\pm}^{0(\alpha)}$ infolge des Austausches der grenzflächenaktiven Stoffe ab. Gemäß Formel (6.96) wird dies im wesentlichen über eine Änderung der Dielektrizitätskonstanten wirksam. So z. B. tritt in der homologen Reihe der n-Alkylalkohole eine Erhöhung der Größe $f_{2\pm}^{0(\alpha)}$ und der Grenzflächenspannung mit länger werdender Kohlenstoffkette auf [44]. Hieraus folgt, daß im System Alkohol—Elektrolyt—Wasser die Substitution des Alkohols durch einen seiner höheren Homologen dazu führt, daß die Puffersekanten auseinander laufen.

Leider bezieht sich die Mehrzahl der in der Literatur vorhandenen Werte nur auf eine der Puffersekanten des jeweiligen Systems. Nichtsdestoweniger folgt aus den Resultaten für Systeme der Art Alkohol—Elektrolyt—Wasser [36, 41], daß bei der Substitution des Alkohols durch einen seiner höheren Homologen der Pufferpunkt mit dem niedrigsten Alkoholgehalt in Richtung geringerer Alkoholkonzentrationen verschoben wird, was die getroffene Schlußfolgerung indirekt bestätigt.

Unsere Überlegungen erfolgten ausschließlich für eine reale Lösung und das Anfangsgebiet der Puffersekanten.

Wird Gl. (6.87) auf eine ideale Lösung angewendet, so ergibt sich unter Verwendung von Gl. (2.214) die Bedingung:

$$\left(\frac{d\sigma}{dx_2^{(\alpha)}}\right)_{T,\frac{x_1^{(\alpha)}}{x_3^{(\alpha)}}} \gtrless 0, \quad \text{wenn} \quad x_2^{(\sigma)} \lessgtr x_2^{(\alpha)}, \tag{6.97}$$

woraus für die Puffersekante $x_2^{(\sigma)} = x_2^{(\alpha)}$ folgt. In diesem Fall erlangt die Konzentrations-Puffereigenschaft der Grenzflächenspannung einen hinlänglich trivialen Sinn, indem sie lediglich von der Grenzflächenaktivität der eingeführten Komponente bestimmt wird.

6.8. Abhängigkeit der Grenzflächenspannung von der Zusammensetzung der Grenzflächenschicht

Eine generelle Gleichung für die Grenzflächenspannungsisotherme — ausgedrückt durch die Zusammensetzung der Grenzflächenschicht — läßt sich aus dem System (3.25) herleiten, sofern darin $dT = 0$ gesetzt und dP ausgeschlossen wird. Als Ergebnis erhalten wir:

$$\left\{a + \sum_{i=1}^{n-1} (x_i^{(\alpha)} - x_i^{(\sigma)}) \left(\frac{\partial a}{\partial x_i}\right)^{(\sigma)} - \frac{v_{\sigma\alpha}}{v_{\sigma\beta}} \left[a + \sum_{i=1}^{n-1} (x_i^{(\beta)} - x_i^{(\sigma)}) \left(\frac{\partial a}{\partial x_i}\right)^{(\sigma)}\right]\right\} d\sigma$$
$$= \sum_{i,k=1}^{n-1} \left[x_i^{(\alpha)} - x_i^{(\sigma)} - \frac{v_{\sigma\alpha}}{v_{\sigma\beta}} (x_i^{(\beta)} - x_i^{(\sigma)})\right] g_{ik}^{(\sigma)}\, dx_k^{(\sigma)}. \tag{6.98}$$

In analoger Weise folgt bei $dP = 0$ und Eliminierung von dT die Gleichung für die Grenzflächenspannungsisobare als Funktion der Grenzflächenschicht-Zusammensetzung:

$$\left\{a + \sum_{i=1}^{n-1} (x_i^{(\alpha)} - x_i^{(\sigma)}) \left(\frac{\partial a}{\partial x_i}\right)^{(\sigma)} - \frac{s_{\sigma\alpha}}{s_{\sigma\beta}} \left[a + \sum_{i=1}^{n-1} (x_i^{(\beta)} - x_i^{(\sigma)}) \left(\frac{\partial a}{\partial x_i}\right)^{(\sigma)}\right]\right\} d\sigma$$
$$= \sum_{i,k=1}^{n-1} \left[x_i^{(\alpha)} - x_i^{(\sigma)} - \frac{s_{\sigma\alpha}}{s_{\sigma\beta}} (x_i^{(\beta)} - x_i^{(\sigma)})\right] g_{ik}^{(\sigma)}\, dx_k^{(\sigma)}. \tag{6.99}$$

Bei der Anwendung von Gl. (6.98) auf Systeme „flüssige Lösung α — Dampf β" in weiter Entfernung vom kritischen Zustand kann sie folgendermaßen vereinfacht werden:

$$\left[a + \sum_{i=1}^{n-1} (x_i^{(\alpha)} - x_i^{(\sigma)}) \left(\frac{\partial a}{\partial x_i}\right)^{(\sigma)}\right] d\sigma \approx \sum_{i,k=1}^{n-1} (x_i^{(\alpha)} - x_i^{(\sigma)})\, g_{ik}^{(\sigma)}\, dx_k^{(\sigma)}. \tag{6.100}$$

Ihre einfachste Form nimmt sie für ein binäres System ($n = 2$) an:

$$\left(\frac{d\sigma}{dx_i^{(\sigma)}}\right)_T \approx \frac{(x_1^{(\alpha)} - x_1^{(\sigma)})\, g_{11}^{(\sigma)}}{a + (x_1^{(\alpha)} - x_1^{(\sigma)}) \left(\frac{\partial a}{\partial x_1}\right)^{(\sigma)}}. \tag{6.101}$$

Wird zu einem betrachteten System eine weitere $(n+1)$-te schwachlösliche und schlechtadsorbierbare Komponente (z. B. Luft unter Atmosphärendruck für nichtoxydierende Systeme) hinzugeführt, so können die Beziehungen (6.100) und (6.101) als Gleichungen der Isothermen-Isobaren angesehen werden. Eine Diskussion von Gl. (6.101) kann analog jener für Gl. (6.7) erfolgen. Für eine unendlich verdünnte oder ideale Grenzflächenschicht erhalten wir nach Formel (2.213)

$$g_{11}^{(\sigma)} = \frac{RT}{x_1^{(\sigma)}(1 - x_1^{(\sigma)})}. \tag{6.102}$$

Bei Benutzung dieses Zusammenhanges für das Anfangsgebiet der Grenzflächenspannungsisothermen, in dem die Zusammensetzungen der Grenzflächenschicht und der Lösung linear miteinander verknüpft sind (siehe Gl. (6.29)), folgt

$$\sigma = \sigma_2 - \left(1 - \frac{1}{k}\right) \frac{RTx_1^{(\sigma)}}{a_{02}}, \tag{6.103}$$

d. h. eine gleichfalls aus (6.29) und (6.32) folgende Beziehung.

Berücksichtigen wir, daß $x_1^{(\sigma)}$ sehr klein ist, läßt sich a_{02} durch a ersetzen, wonach unter Benutzung der Definitionen von $x_1^{(\sigma)}$ und a Gl. (6.103) als

$$\sigma = \sigma_2 - \left(1 - \frac{1}{k}\right) \frac{RTm_1^{(\sigma)}}{A} \tag{6.104}$$

geschrieben werden kann. Interessant ist die Schreibweise von (6.104) bei Verwendung der Überschußgrößen. Zu diesem Zweck benutzen wir Ausdruck (1.45) für die relative Adsorption in bezug auf das Gleichgewicht „Flüssigkeit—Dampf“:

$$\Gamma_{1(2)} = \Gamma_1 - \Gamma_2 \frac{\varrho_1^{(\alpha)}}{\varrho_2^{(\alpha)}} = \Gamma_1 - \Gamma_2 \frac{x_1^{(\alpha)}}{x_2^{(\alpha)}}. \tag{6.105}$$

Wie bereits vermerkt, ist dieser Ausdruck hinsichtlich der Lage der Trennfläche invariant, so daß diese willkürlich festgelegt werden darf. Wählt man sie dergestalt, daß sie mit der unteren Grenze der Grenzflächenschicht koinzident ist, so läßt sich (6.105) folgendermaßen umformen:

$$\Gamma_{1(2)} = \frac{m_1^{(\sigma)}}{A} - \frac{m_2^{(\sigma)}}{A} \cdot \frac{x_1^{(\alpha)}}{x_2^{(\alpha)}} = \frac{m_1^{(\sigma)}}{A} \left(1 - \frac{x_2^{(\sigma)} x_1^{(\alpha)}}{x_1^{(\sigma)} x_2^{(\alpha)}}\right). \tag{6.106}$$

Bei Beachtung der Kleinheit von $x_1^{(\sigma)}$ und $x_1^{(\alpha)}$ erhalten wir

$$\Gamma_{1(2)} \approx \frac{m_1^{(\sigma)}}{A} \left(1 - \frac{1}{k}\right). \tag{6.107}$$

Nunmehr ergibt sich aus einer Gegenüberstellung von (6.104) und (6.107)

$$\sigma = \sigma_2 - \Gamma_{1(2)} RT. \tag{6.108}$$

Ist Komponente (1) sehr schlecht löslich und fast ausschließlich in der Grenzflächenschicht konzentriert, so folgt $k \gg 1$, und Gl. (6.108) kann in der bekannten Form

$$\pi A \approx m_1^{(\sigma)} RT \qquad (6.109)$$

geschrieben werden; hier ist $\pi \equiv \sigma_2 - \sigma$. In Übereinstimmung mit der Definition der Grenzflächenspannung (1.12) kann unter isobaren Bedingungen die Verringerung der Grenzflächenspannung nur infolge eines Anwachsens der mittleren Tangentialdruckkomponente erfolgen. Letzteres wird im vorliegenden Falle durch die Moleküle des grenzflächenaktiven Stoffes bewirkt. Dieser Anstieg des mittleren Tangentialdruckes, der dem Betrag π gleich ist, wird vereinbarungsgemäß Oberflächen- oder Grenzflächenspannung genannt. Gl. (6.109) selbst ist ein zweidimensionales Analogon der VAN'T HOFFschen Gleichung für den osmotischen Druck einer Lösung. Das hier erhaltene Ergebnis zeigt, daß diese Gleichung — strenggenommen — nur auf unlösliche grenzflächenaktive Stoffe anwendbar ist. Ähnliches wäre über weitere Zustandsgleichungen für die Grenzflächenschicht zu sagen (z. B. die VOLMER-Gleichung, die das Eigenvolumen der Moleküle berücksichtigt), sofern diese zweidimensionale Analoga von dreidimensionalen Zustandsgleichungen darstellen. Für den Fall geringer Konzentrationen löslicher grenzflächenaktiver Stoffe wäre es exakter, anstelle von Gl. (6.109) die Gl. (6.108) zu benutzen.

Für eine starre ideale Grenzflächenschicht und eine ideale Lösung wird die Grenzflächenspannungsisotherme als Funktion der Grenzflächenschichtzusammensetzung vollständig durch (6.46) und (6.47) bestimmt. Eliminiert man aus diesen die Größe $x_1^{(\alpha)}$ bei $\gamma = 1$, so folgt

$$\sigma = \sigma_2 + \frac{RT}{a_{01}} \ln \left[1 + \left(\frac{1}{k} - 1\right) x_1^{(\sigma)}\right], \qquad (6.110)$$

wobei k durch den Ausdruck (6.48) gegeben ist.

Nach dieser Gleichung treten auf der Kurve für die Abhängigkeit der Grenzflächenspannung von der Zusammensetzung der Grenzflächenschicht positive Abweichungen von der Additivität auf. Ein Vergleich der Korrelationen (6.110) und (6.49) zeigt, daß die Grenzflächenspannungsisothermen als Funktion der Zusammensetzungen von Lösung bzw. Grenzflächenschicht Krümmungen mit entgegengesetzten Vorzeichen aufweisen. Die Isotherme ist als Funktion der Lösungszusammensetzung konvex bzw. der Grenzflächenschicht-Zusammensetzung konkav zur Konzentrationsachse gekrümmt (siehe Abb. 6.6.).

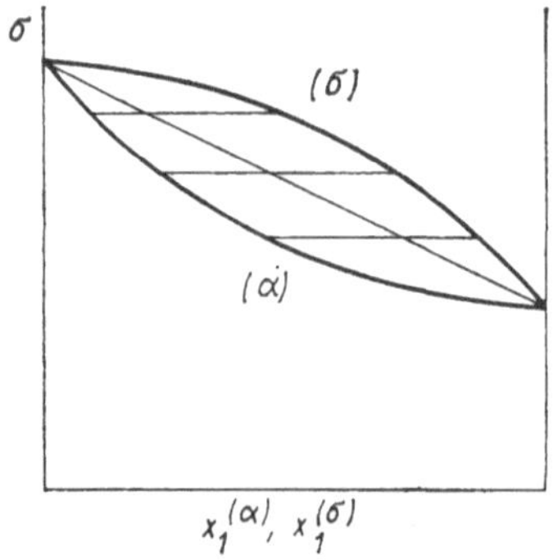

Abb. 6.6. Diagramm für die Grenzflächenspannung eines idealen binären Systems:

Isothermen in den Zusammensetzungsvariablen der Lösung α bzw. der Grenzflächenschicht σ

Bei $k \simeq 1$ nähert sich Gl. (6.110) einer linearen Abhängigkeit

$$\sigma = \sigma_2 + (\sigma_1 - \sigma_2)\, x_1^{(\sigma)}. \tag{6.111}$$

In diesem Falle können die Isothermen der Grenzflächenspannung in beiden Ausdrucksformen der Zusammensetzung mit gleichem Recht als nahezu linear angesehen werden. Streng linear und identisch werden sie für $\gamma = 1$ allerdings nur bei $\sigma_1 = \sigma_2$ und $k = 1$.

6.9. Beziehungen für den kritischen Punkt

In binären Systemen wird eine Zusammensetzungsänderung stets von einer Änderung der Temperatur oder des Druckes begleitet. Daher können für die Bestimmung der Abhängigkeit der Grenzflächenspannung von der Zusammensetzung eines binären Systems in Nähe des kritischen Punktes die folgenden Beziehungen benutzt werden:

$$\left.\begin{aligned} \left(\frac{d\sigma}{dx_1^{(\alpha)}}\right)_P &= \left(\frac{d\sigma}{dT}\right)_P \left(\frac{dT}{dx_1^{(\alpha)}}\right)_P \\ \left(\frac{d\sigma}{dx_1^{(\alpha)}}\right)_T &= \left(\frac{d\sigma}{dP}\right)_T \left(\frac{dP}{dx_1^{(\alpha)}}\right)_T . \end{aligned}\right\} \tag{6.112}$$

Berücksichtigen wir, daß im kritischen Punkt eines binären Systems die Bedingungen

$$\left.\begin{aligned} \left(\frac{dT}{dx_1^{(\alpha)}}\right)_P^{(k)} &= 0 \\ \left(\frac{dP}{dx_1^{(\alpha)}}\right)_T^{(k)} &= 0 \end{aligned}\right\} \tag{6.113}$$

erfüllt und weiterhin die Bedingungen (4.73) und (5.29) zu beachten sind, erhalten wir aus (6.112) folgende, die Zusammensetzungsabhängigkeit der Grenzflächenspannung in und um den kritischen Punkt kennzeichnende Beziehungen:

$$\left.\begin{aligned} \left(\frac{d\sigma}{dx_1^{(\alpha)}}\right)_P^{(k)} &= 0 \\ \left(\frac{d^2\sigma}{d(x_1^{(\alpha)})^2}\right)_P^{(k)} &= 0 \end{aligned}\right\} \tag{6.114}$$

$$\left.\begin{aligned} \left(\frac{d\sigma}{dx_1^{(\alpha)}}\right)_T^{(k)} &= 0 \\ \left(\frac{d^2\sigma}{d(x_1^{(\alpha)})^2}\right)_T^{(k)} &= 0 \end{aligned}\right\} \tag{6.115}$$

Unter der Annahme, daß die Differenz der Molenbrüche in binären koexistierenden Phasen den gleichen kritischen Index wie die Dichtedifferenz eines Einkomponenten-Systems besitzt (im Rahmen der klassischen Theorie ist dies in [50] gezeigt worden), d. h.

$$|x_1^{(k)} - x_1^{(\alpha)}| \sim |T_k - T|^{\beta}, \tag{6.116}$$

läßt sich aus (6.116) und (4.76) die Beziehung

$$\sigma \sim |x_1^{(k)} - x_1^{(\alpha)}|^{\mu'/\beta} \tag{6.117}$$

herleiten. Im Rahmen der klassischen VAN DER WAALSschen Theorie sind $\mu' = 1{,}5$ sowie $\beta = 1/2$, so daß $\mu'/\beta = 3$. Im gegenwärtig akzeptierten „nichtklassischen" System der kritischen Indizes sind $\mu' \approx 4/3$ und $\beta \approx 1/3$, so daß sich $\mu'/\beta \approx 4$ ergibt. Es sei darauf hingewiesen, daß innerhalb des klassischen Systems der Indizes auch die Kombination $\mu' \approx 4/3$ (siehe Formel (4.79)) und $\beta = 1/2$ möglich ist, was zu $\mu'/\beta = 8/3$ führt. Jeder dieser hier aufgeführten drei Werte für μ'/β genügt der Bedingung (6.114).

Der Hinweis darauf dürfte von Interesse sein, daß die Bedingungen (6.114) und (6.115) auch dann in Kraft bleiben, wenn nicht das Gesamtsystem sondern lediglich eine der Phasen in den kritischen Zustand übergeht. Dies ist z. B. der Fall, wenn die Grenzflächenspannungsisotherme einer flüssigen Lösung an der Phasengrenze „Flüssigkeit—Dampf" auch den kritischen Entmischungspunkt der flüssigen Lösung einschließt. In diesem Falle lassen sich die Beziehungen (6.114) sowie (6.115) unmittelbar aus den Gln. (6.65) und (6.6) herleiten, und Bedingung (6.115) ergibt sich sogar aus Gl. (6.7). Ein derartiges Resultat besagt, daß bei Annäherung an die Entmischungstemperatur der Lösung die Grenzflächenspannungsisotherme einen Wendepunkt durchlaufen muß. Dabei sollte für die kritische Lösung die Tangente an den Wendepunkt horizontal verlaufen. Als Illustration lassen sich Angaben zur Grenzflächenspannung des Systems Mesitylen—Methanol [51] anführen (siehe Abb. 6.7.).

Zwecks Herleitung von Beziehungen für die Abhängigkeit der Grenzflächenspannung von der Zusammensetzung in und um den kritischen Punkt eines ternären Systems unter isotherm-isobaren Bedingungen kehren wir zu Gl. (6.71) zurück. Aus der verallgemeinerten VAN DER WAALSschen Differentialgleichung (3.33) folgt, daß die isotherm-isobare Koexistenzkurve zweier Phasen in einem ternären System durch die folgende Gleichung beschrieben wird:

$$\left(\frac{dx_2}{dx_1}\right)_{T,P}^{(\alpha)} = -\frac{\varphi_1^{(\alpha\beta)}}{\varphi_2^{(\alpha\beta)}}. \tag{6.118}$$

Daher können wir Gl. (6.71) folgendermaßen umformen:

$$a\left(\frac{d\sigma}{dx_1^{(\alpha)}}\right)_{T,P} = -\varphi_1^{(\alpha\sigma)} - \varphi_2^{(\alpha\sigma)}\left(\frac{dx_2}{dx_1}\right)_{T,P}^{(\alpha)}. \tag{6.119}$$

Beim Übergang zum kritischen Punkt streben die Größen $\varphi_1^{(\sigma\sigma)}$ und $\varphi_2^{(\alpha\sigma)}$ gegen Null. Die Ableitung $(dx_2/dx_1)_{T,P}^{(\alpha)}$ nimmt i. a. im kritischen Punkt einen endlichen Wert an. Demzufolge erhalten wir aus Gl. (6.119) die Bedingung

$$\left(\frac{d\sigma}{dx_1^{(\alpha)}}\right)_{T,P}^{(k)} = 0. \tag{6.120}$$

Nach einer Differentiation von Gl. (6.119) nach $x_1^{(\alpha)}$ entlang der Koexistenzkurve überzeugt man sich davon, daß die rechte Seite weiterhin gleich Null ist [52]. Dies liefert eine zweite Bedingung, welche die Isotherme-Isobare der Grenzflächenspannung im kritischen Punkt beschreibt:

$$\left(\frac{da}{dx_1^{(\alpha)}}\right)_{T,P}^{(k)} \left(\frac{d\sigma}{dx_1^{(\alpha)}}\right)_{T,P}^{(k)} + a\left(\frac{d^2\sigma}{d(x_1^{(\alpha)})^2}\right)_{T,P}^{(k)} = 0. \tag{6.121}$$

Die erste der linksstehenden Ableitungen steht mit einer Dickeänderung der Grenzflächenschicht bei einer Änderung der Zusammensetzung in und um den kritischen Punkt im Zusammenhang. Diese Abhängigkeit ist bisher nicht untersucht worden, daher kann Bedingung (6.121) nicht weiter präzisiert werden.

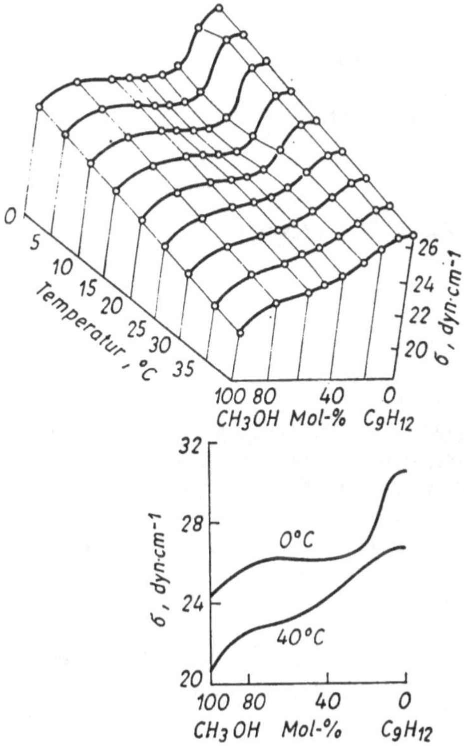

Abb. 6.7. Änderung des Aussehens der Grenzflächenspannungsisothermen bei Annäherung an die kritische Entmischungstemperatur für das System Mesitylen—Methanol [51]

Literatur

[1] H. Freundlich: „*Kapillarchemie*", Leipzig 1930

[2] J. Timmermans: „*Physico-chemical constants of binary systems*", vol. 2, p. 846, New York 1959

[3] R. Defay, I. Prigogine, A. Bellemans: „*Surface Tension and Adsorption*", p. 181, Longmans 1966

[4] И. Д. Ван дер Ваальс, Ф. Констамм: „Курс термостатики", т. 1, изд. ОНТИ, 1936 („Lehrbuch der Thermodynamik"; Leipzig, Amsterdam; Leipzig: Barth, 1908—12; Amsterdam: Maas & van Suchtelen)

[5] R. P. Worley: J. Chem. Soc. **105**, 273 (1914)

[6] N. A. Janick, R. K. Sharma, M. C. Bharadwaj: J. Indian Chem. Soc. **3**, 63 (1926)

[7] A. A. Жуховицкий: ЖФХ **18**, 214 (1944)

[8] Н. А. Трифонов, Р. В. Мерцлин: Изв. сект. физ.-хим. анал. **12**, 139 (1940)
[9] J. Langmuir: J. Am. Chem. Soc. **39**, 1848 (1917)
[10] A. Frumkin: Z. phys. Chem. **116**, 502 (1925)
[11] J. Langmuir: Phys. Rev. **8**, 149 (1916)
[12] B. A. Szyszkowski: Z. phys. Chem. **64**, 385 (1908)
[13] J. Maréchal: Trans. Faraday Soc. **48**, 601 (1952); Bull. Soc. Chim. Belg. **61**, 149 (1952)
[14] J. H. Hildebrand: J. Am. Chem. Soc. **51**, 66 (1929)
[15] J. H. Hildebrand, R. L. Scott: „*Regular Solutions*", Prentice-Hall 1962
[16] С. Оно, С. Кондо: „*Молекулярная теория поверхностного натяжения в жидкостях*" (russ.; „Molekulare Theorie der Oberflächenspannung in Flüssigkeiten") Verlag für ausländische Literatur, 1963
[17] А. А. Жуховицкий: ЖФХ **19**, 337 (1945)
[18] E. A. Guggenheim: Trans. Faraday Soc. **41**, 150 (1945)
[19] R. Defay, I. Prigogine: Trans. Faraday Soc. **46**, 199 (1950)
[20] А. И. Русанов, С. А. Левичев: Колл. ж. **30**, 112 (1968)
[21] А. И. Русанов, С. А. Левичев: Колл. ж. **27**, 749 (1965)
[22] J. Traube: J. prakt. Chem. **31**, 177 (1885)
[23] R. P. Worley: J. Chem. Soc. **105**, 263 (1914)
[24] L. Berczeller: Biochem. Z. **66**, 173 (1914)
[25] G. Wiegner, J. Magasanik, A. J. Virtanen: Koll. Z. **28**, 51 (1921)
[26] S. Akamatsu: Koll. Z. **31**, 209 (1922)
[27] W. Seith: Z. phys. Chem. **117**, 257 (1925)
[28] A. K. Goard, E. K. Rideal: J. Chem. Soc. **127**, 1668 (1925)
[29] H. Freundlich, A. Schnell: Z. phys. Chem. **133**, 151 (1928)
[30] W. Herz, E. Knaebel: Z. phys. Chem. **131**, 398 (1928)
[31] P. P. Kosakewitsch: Z. phys. Chem. **136**, 195 (1928)
[32] S. Pahlitzsch: Z. phys. Chem. **A 138**, 379 (1928); **A 145**, 978 (1929); **A 147**, 51 (1930)
[33] J. A. V. Butler, A. D. Lees: J. Chem. Soc. **1932**, 2097
[34] В. К. Семенченко, Е. Д. Давыдовская: ЖФХ **6**, 35 (1935)
[35] В. К. Семенченко, А. Ф. Грачева: ЖФХ **6**, 45 (1935)
[36] В. К. Семенченко, А. Ф. Грачева, Е. Д. Давыдовская: Колл. ж. **1**, 367 (1935)
[37] J. W. Belton: Trans. Faraday Soc. **31**, 1420 (1935); **33**, 440 (1937)
[38] В. К. Семенченко, Х. Рустамов: ЖФХ **8**, 383 (1936)
[39] В. К. Семенченко: Изв. сект. физ.-хим. анал. **21**, 14 (1952)
[40] Б. П. Лазарев, В. К. Семенченко: Изв. АН СССР, отд. хим. н., № **11**, 2089 (1962)
[41] А. И. Русанов, С. А. Левичев, Х.-И. Дердулла: ЖФХ **43**, 344 (1969)
[42] А. И. Русанов, Х.-И. Дердулла: ЖФХ **43**, 350 (1969)
[43] А. И. Русанов, Х.-И. Дердулла: ЖФХ **44**, 1195 (1970)
[44] G. Jones, W. A. Ray: J. Am. Chem. Soc. **59**, 187 (1937); **63**, 288 (1941)
[45] M. Dole, J. A. Swartout: J. Am. Chem. Soc. **62**, 3039 (1940)
[46] K. J. Schäfer, A. P. Masia, H. Jüntgen: Z. Elektrochem. **59**, 425 (1955)
[47] G. Passoth: Z. phys. Chem. [Leipzig] **24**, 129 (1959)
[48] Н. А. Измайлов: „*Электрохимия растворов*" (russ.; „Elektrochemie der Lösungen"), Verlag der Universität, Charkow 1959
[49] D. Atack, O. K. Rice: Disc. Faraday Soc. **15**, 210 (1953)
[50] J. W. Cahn, J. E. Hilliard: J. Chem. Phys. **28**, 258 (1958)
[51] Б. Я. Тейтельбаум: Докл. АН СССР **65**, 303 (1949)
[52] А. И. Русанов: „*Термодинамика поверхностных явлений*" (russ.; „Thermodynamik der Grenzflächenerscheinungen"), изд. ЛГУ, Ленинград 1960

7. Abhängigkeit der Grenzflächenspannung von den Hauptzustandsparametern

7.1. Grundlegende thermodynamische Beziehungen

Für die vollständige Beschreibung eines Adsorptionsvorganges sind Gleichungen notwendig, welche die Abhängigkeit der Grenzflächenschichtdicke von Temperatur, Druck, Grenzflächenspannung und Zusammensetzung der koexistierenden Phasen wiedergeben. Wählen wir als Hauptvariable die Größen T, P, σ, $x_1^{(\sigma)}, \ldots, x_{n-1}^{\sigma}, x_1^{(\alpha)}, \ldots, x_{n-1}^{\alpha}$, so sind bei einer Zahl der Freiheiten, die der Komponentenzahl entspricht, $(n + 1)$-Gleichungen erforderlich, um den Zusammenhang zwischen den Änderungen dieser Größen auszudrücken. Die Gleichungen für die Kopplung zwischen den Zusammensetzungen der Grenzflächenschicht und der koexistierenden Phasen können leicht aus den Gleichgewichtsbedingungen (3.13) hergeleitet werden. So erhält man beispielsweise durch Einsetzen der Ausdrücke (3.19) und (3.20) in die Gleichheit

$$d\left(\frac{\partial g}{\partial x_i}\right)^{(\sigma)} = d\left(\frac{\partial g}{\partial x_i}\right)^{(\alpha)} \qquad (i = 1, 2, \ldots, n-1) \tag{7.1}$$

$(n - 1)$ Gleichungen für den Zusammenhang zwischen den Zusammensetzungen von Grenzflächenschicht und Phase α.

Für eine vollständige Beschreibung des Adsorptionsvorganges muß Gl. (7.1) durch zwei weitere unabhängige Gleichungen ergänzt werden. Als solche können günstigerweise eine aus dem Gleichungssystem (3.21) gemeinsam mit der verallgemeinerten van der Waalsschen Gleichung dienen. Das somit erhaltene Gleichungssystem nimmt die folgende Gestalt an:

$$\left.\begin{aligned}
&\left(\frac{\partial a}{\partial x_i}\right)^{(\sigma)} d\sigma + \left[\left(\frac{\partial s}{\partial x_i}\right)^{(\sigma)} - \left(\frac{\partial s}{\partial x_i}\right)^{(\alpha)}\right] dT - \left[\left(\frac{\partial v}{\partial x_i}\right)^{(\sigma)} - \left(\frac{\partial v}{\partial x_i}\right)^{(\alpha)}\right] dP \\
&- \sum_{k=1}^{n-1} g_{ik}^{(\sigma)}\, dx_k^{(\sigma)} + \sum_{k=1}^{n-1} g_{ik}^{(\alpha)}\, dx_k^{(\alpha)} = 0 \qquad (i = 1, 2, \ldots, n-1) \\
&a\, d\sigma + s_{\alpha\sigma}\, dT - v_{\alpha\sigma}\, dP + \sum_{j,k=1}^{n-1} (x_j^{(\sigma)} - x_j^{(\alpha)})\, g_{jk}^{(\alpha)}\, dx_k^{(\alpha)} = 0 \\
&s_{\alpha\beta}\, dT - v_{\alpha\beta}\, dP + \sum_{j,k=1}^{n-1} (x_j^{(\beta)} - x_j^{(\alpha)})\, g_{jk}^{(\alpha)}\, dx_k^{(\alpha)} = 0.
\end{aligned}\right\} \tag{7.2}$$

Die partiellen Ableitungen nach x_i werden für die Grenzflächenschicht bei der Bedingung der Konstanz von T, P, σ, $x_1^{(\sigma)}, \ldots, x_{i-1}^{(\sigma)}, x_{i+1}^{(\sigma)}, \ldots, x_{n-1}^{(\sigma)}$ bzw. für Phase α unter der Bedingung konstanter Werte für $T, P, x_1^{(\alpha)}, \ldots, x_{i-1}^{(\alpha)}, x_{i+1}^{(\alpha)}, \ldots, x_{n-1}^{(\alpha)}$ gebildet. Das System (7.2) liefert die Kopplung zwischen den Zusammensetzungsvariablen der Grenzflächenschicht und der Phase α. In analoger Weise kann ein Gleichungssystem hergeleitet werden, das die Zusammensetzungen von Grenzflächenschicht und Phase β miteinander verknüpft. Dieses wird wie Gleichungssystem (7.2) formuliert, wobei lediglich die Indizes α und β ihre Plätze tauschen. Da die Numerierung der Phasen willkürlich ist, werden wir dieses zweite Gleichungssystem nicht näher betrachten und uns mit einer Analyse des Systems (7.2) begnügen.

Aus den Gleichgewichtsbedingungen (3.13) lassen sich des weiteren Gleichungen für die Kopplung der Zusammensetzung einer der Phasen mit der Brutto-Zusammensetzung des Zweiphasensystems insgesamt herleiten. Da Ausdruck (3.20) für die Grenzflächenschicht und das Gesamtsystem gleiches Aussehen annimmt, stimmt die Form des sich für Phase α ergebenden Gleichungssystems mit jener des Systems (7.2) überein. Es unterscheidet sich von jenem nur dadurch, daß anstelle der Größen, die sich auf die Grenzflächenschicht beziehen, die Bruttogrößen für das Gesamtsystem stehen (ohne hochgestellte Indizes):

$$\left.\begin{aligned}
&\frac{\partial a_0}{\partial x_i}\,d\sigma + \left[\frac{\partial s}{\partial x_i} - \left(\frac{\partial s}{\partial x_i}\right)^{(\alpha)}\right] dT - \left[\frac{\partial v}{\partial x_i} - \left(\frac{\partial v}{\partial x_i}\right)^{(\alpha)}\right] dP \\
&\quad - \sum_{k=1}^{n-1} g_{ik}\,dx_k + \sum_{k=1}^{n-1} g_{ik}^{(\alpha)}\,dx_k = 0 \qquad (i = 1, 2, \ldots, n-1) \\
&a_0\,d\sigma + s_{\alpha 0}\,dT - v_{\alpha 0}\,dP + \sum_{j,k=1}^{n-1} (x_j - x_j^{(\alpha)})\,g_{jk}^{(\alpha)}\,dx_k^{(\alpha)} = 0 \\
&s_{\alpha\beta}\,dT - v_{\alpha\beta}\,dP + \sum_{j,k=1}^{n-1} (x_j^{(\beta)} - x_j^{(\alpha)})\,g_{jk}^{(\alpha)}\,dx_k^{(\alpha)} = 0.
\end{aligned}\right\} \tag{7.3}$$

Die Bedeutung der Größen a_0, $s_{\alpha 0}$, $v_{\alpha 0}$ stimmt hier mit jener in den Gln. (3.27) überein. Da die Gln. (7.2) und (7.3) ein übereinstimmendes Aussehen haben, können alle weiteren Ausführungen zu Gl. (7.2) auch auf Gl. (7.3) ausgedehnt werden.

Über die Eliminierung der Differentiale dieser oder jener Größen können aus dem System (7.2) verschiedene Beziehungen hergeleitet werden, die den Prozeß der Adsorption aus Phase α charakterisieren. Von diesen Beziehungen sind auf Grund ihrer praktischen Bedeutung jene von größter Bedeutung, die die Abhängigkeit

$$x_i^{(\sigma)} = x_i^{(\sigma)}(x_i^{(\alpha)}, \ldots, x_{n-1}^{(\alpha)}, T) \qquad (i = 1, 2, \ldots, n-1) \tag{7.4}$$

beschreiben. Sie lassen sich aus (7.2) über den Ausschluß von $d\sigma$ und dP gewinnen. Bei $T = \text{const}$ beschreibt die Gl. (7.4) die räumliche Isotherme der Grenzflächenschichtzusammensetzung eines Vielkomponentensystems, bzw. bei konstanter Zusammensetzung der Phase α die Abhängigkeit der Grenzflächenschichtzusammensetzung von der Temperatur.

Gehen wir zu binären Systemen über, so verringert sich die Anzahl der in das System (7.2) eingehenden Gleichungen auf drei, wobei sich die Gleichungen selbst auch wesentlich vereinfachen:

$$\left.\begin{aligned}
&\left(\frac{\partial a}{\partial x_1}\right)^{(\sigma)} d\sigma + \left[\left(\frac{\partial s}{\partial x_1}\right)^{(\sigma)} - \left(\frac{\partial s}{\partial x_1}\right)^{\alpha}\right] dT \\
&- \left[\left(\frac{\partial v}{\partial x_1}\right)^{(\sigma)} - \left(\frac{\partial v}{\partial x_1}\right)^{(\alpha)}\right] dP - g_{11}^{(\sigma)}\, dx_1{}^{(\sigma)} + g_{11}^{(\alpha)}\, dx_1{}^{(\alpha)} = 0 \\
&a\, d\sigma + s_{\alpha\sigma}\, dT - v_{\alpha\sigma}\, dP + (x_1{}^{(\sigma)} - x_1{}^{(\alpha)})\, g_{11}^{(\alpha)}\, dx_1{}^{(\alpha)} = 0 \\
&s_{\alpha\beta}\, dT - v_{\alpha\beta}\, dP + (x_1{}^{(\beta)} - x_1{}^{(\alpha)})\, g_{11}^{(\alpha)}\, dx_1{}^{(\alpha)} = 0\,.
\end{aligned}\right\} \tag{7.5}$$

Im weiteren werden wir die sich aus Gleichungssystem (7.5) ergebenden Grundbeziehungen betrachten. Außerdem sollen einige Spezialfälle des Adsorptionsgleichgewichtes in ternären Systemen diskutiert werden.

7.2. Abhängigkeit der Grenzflächenschichtzusammensetzung von der Temperatur

Für ein binäres System erhalten wir durch Ausschluß von $d\sigma$ und dP aus (7.5) die Gleichung

$$\begin{aligned}
&\left\{\left(\frac{\partial s}{\partial x_1}\right)^{(\sigma)} - \left(\frac{\partial s}{\partial x_1}\right)^{(\alpha)} - \frac{s_{\alpha\sigma}}{a}\left(\frac{\partial a}{\partial x_1}\right)^{(\sigma)} - \frac{s_{\alpha\beta}}{v_{\alpha\beta}}\left[\left(\frac{\partial v}{\partial x_1}\right)^{(\sigma)} - \left(\frac{\partial v}{\partial x_1}\right)^{(\alpha)} - \frac{v_{\alpha\sigma}}{a}\left(\frac{\partial a}{\partial x_1}\right)^{(\sigma)}\right]\right\} dT \\
&\quad - g_{11}^{(\sigma)}\, dx_1{}^{(\sigma)} + g_{11}^{(\alpha)}\left\{1 - \frac{x_1{}^{(\sigma)} - x_1{}^{(\alpha)}}{a}\left(\frac{\partial a}{\partial x_1}\right)^{(\sigma)}\right. \\
&\quad \left. - \frac{x_1{}^{(\beta)} - x_1{}^{(\alpha)}}{v_{\alpha\beta}}\left[\left(\frac{\partial v}{\partial x_1}\right)^{(\sigma)} - \left(\frac{\partial v}{\partial x_1}\right)^{\alpha} - \frac{v_{\alpha\sigma}}{a}\left(\frac{\partial a}{\partial x_1}\right)^{(\sigma)}\right]\right\} dx_1{}^{(\alpha)} = 0
\end{aligned} \tag{7.6}$$

Diese läßt sich vorteilhaft über die partiellen molaren Größen ausdrücken.

Aus der Thermodynamik der Lösungen ist bekannt, daß eine beliebige molare Größe b und die auf sie bezogenen partiellen molaren Größen b_i im allgemeinen Fall eines Systems mit n Komponenten über die Beziehungen

$$b = \sum_{i=1}^{n} b_i x_i\,, \qquad \frac{\partial b}{\partial x_i} = b_i - b_n \tag{7.7}$$

miteinander verbunden sind.

Unter Benutzung der Definition (2.52) für die partiellen molaren Größen einer Grenzflächenschicht bleiben die Beziehungen (7.7) auch für Grenzflächenschichten gültig. Für den betrachteten Fall eines binären Systems erhalten wir die folgenden Korrelationen:

$$\left.\begin{aligned}
&s^{(\alpha)} = s_1{}^{(\alpha)} x_1{}^{(\alpha)} + s_2{}^{(\alpha)}(1 - x_1{}^{(\alpha)})\,, && \left(\frac{\partial s}{\partial x_1}\right)^{(\alpha)} = s_1{}^{(\alpha)} - s_2{}^{(\alpha)} \\
&v^{(\alpha)} = v_1{}^{(\alpha)} x_1{}^{(\alpha)} + v_2{}^{(\alpha)}(1 - x_1{}^{(\alpha)})\,, && \left(\frac{\partial v}{\partial x_1}\right)^{(\alpha)} = v_1{}^{(\alpha)} - v_2{}^{(\alpha)}
\end{aligned}\right\} \tag{7.8}$$

$$\left.\begin{aligned} s^{(\sigma)} &= s_1{}^{(\sigma)} x_1{}^{(\sigma)} + s_2{}^{(\sigma)}(1 - x_1{}^{(\sigma)}), & \left(\frac{\partial s}{\partial x_1}\right)^{(\sigma)} &= s_1{}^{(\sigma)} - s_2{}^{(\sigma)} \\ v^{(\sigma)} &= v_1{}^{(\sigma)} x_1{}^{(\sigma)} + v_2{}^{(\sigma)}(1 - x_1{}^{(\sigma)}), & \left(\frac{\partial v}{\partial x_1}\right)^{(\sigma)} &= v_1{}^{(\sigma)} - v_2{}^{(\sigma)} \\ a &= a_1 x_1{}^{(\sigma)} + a_2(1 - x_1{}^{(\sigma)}), & \left(\frac{\partial a}{\partial x_1}\right)^{(\sigma)} &= a_1 - a_2 . \end{aligned}\right\} \tag{7.8}$$

Hier stellen $s_i{}^{(\alpha)}$ und $s_i{}^{(\sigma)}$ die partiellen molaren Entropien, $v_i{}^{(\alpha)}$ und $v_i{}^{(\sigma)}$ die partiellen Molvolumina der i-ten Komponente in Phase α bzw. der Grenzflächenschicht dar, a_i ist die partielle Molfläche der i-ten Komponente in der Grenzflächenschicht. Im weiteren erhalten wir über die partiellen molaren Adsorptionswärmen q_1 und q_2 der einzelnen Komponenten

$$\left.\begin{aligned} q_1 &= T(s_1{}^{(\sigma)} - s_1{}^{(\alpha)}) \\ q_2 &= T(s_2{}^{(\sigma)} - s_2{}^{(\alpha)}) \end{aligned}\right\} \tag{7.9}$$

sowie die mit der Adsorption verbundenen partiellen molaren Volumeneffekte

$$\left.\begin{aligned} \Delta v_1 &= v_1{}^{(\sigma)} - v_1{}^{(\alpha)} \\ \Delta v_2 &= v_2{}^{(\sigma)} - v_2{}^{(\alpha)} \end{aligned}\right\} \tag{7.10}$$

die Beziehungen

$$Q_{\alpha\sigma} = T s_{\alpha\sigma} = q_2 + (q_1 - q_2)\, x_1{}^{(\sigma)} \tag{7.11}$$

$$v_{\alpha\sigma} = \Delta v_2 + (\Delta v_1 - \Delta v_2)\, x_1{}^{(\sigma)} \tag{7.12}$$

mit $Q_{\alpha\sigma}$ als differentieller molarer Adsorptionswärme für die Adsorption aus Phase α. Nach Einsetzen der Ausdrücke (7.8) bis (7.12) in (7.6) erhalten wir die Gleichung

$$\begin{aligned} &\frac{a_2}{a}\left[q_1 - \gamma q_2 - \frac{Q_{\alpha\beta}}{v_{\alpha\beta}}(\Delta v_1 - \gamma\, \Delta v_2)\right]\frac{dT}{T} - g_{11}^{(\sigma)}\, dx_1{}^{(\sigma)} \\ &+ \frac{a_2 g_{11}^{(\alpha)}}{a}\left[1 + (\gamma - 1)\, x_1{}^{(\alpha)} - \frac{x_1{}^{(\beta)} - x_1{}^{(\alpha)}}{v_{\alpha\beta}}(\Delta v_1 - \gamma\, \Delta v_2)\right] dx_1{}^{(\alpha)} = 0 . \end{aligned} \tag{7.13}$$

Bei der Analyse von Gl. (7.13) sind zwei Fälle zu unterscheiden.

I. Die Zusammensetzung von Phase α bleibt unverändert. In diesem Fall erhalten wir aus (7.13) eine Gleichung, welche die Abhängigkeit der Grenzflächenschichtzusammensetzung von der Temperatur beschreibt:

$$\left(\frac{dx_1{}^{(\sigma)}}{dT}\right)_{x_1{}^{(\alpha)}} = \frac{a_2}{a T g_{11}^{(\sigma)}}\left[q_1 - \gamma q_2 - \frac{Q_{\alpha\beta}}{v_{\alpha\beta}}(\Delta v_1 - \gamma\, \Delta v_2)\right]. \tag{7.14}$$

Für Systeme „flüssige Lösung α—Dampf β“ sind in weiter Entfernung vom kritischen Punkt die Absolutwerte der Quotienten Δv_1 bzw. Δv_2 zu $v_{\alpha\beta}$ viel kleiner als 1, so daß

Gl. (7.14) durch die Näherungsbeziehung

$$\left(\frac{dx_1^{(\sigma)}}{dT}\right)_{x_1^{(\alpha)}} \approx \frac{a_2}{aTg_{11}^{(\sigma)}} (q_1 - \gamma q_2) \tag{7.15}$$

ersetzt werden kann. Aus dieser folgen die Ungleichungen

$$\left(\frac{dx_1^{(\sigma)}}{dT}\right)_{x_1^{(\alpha)}} \gtrless 0, \qquad \text{wenn} \qquad \frac{q_1}{a_1} \gtrless \frac{q_2}{a_2}. \tag{7.16}$$

Der Quotient q_i/a_i verkörpert die partielle Adsorptionswärme der i-ten Komponente pro Flächeneinheit. Somit kann die sich aus Ungleichung (7.16) ergebende thermodynamische Regel folgendermaßen formuliert werden:

Bei Temperaturerhöhung wird in der Grenzflächenschicht die Komponente mit der höheren partiellen Adsorptionswärme pro Flächeneinheit angereichert.

Eine Gegenüberstellung der Thermodynamik der Grenzflächenerscheinungen mit jener der Lösungen zeigt, daß diese Regel ein Analogon des ersten Vrevskischen Gesetzes ist [1].

II. Die Zusammensetzung der Grenzflächenschicht bleibt konstant. In diesem Falle folgt aus (7.13) eine Gleichung, welche die Temperaturabhängigkeit der Zusammensetzung von Phase α beschreibt (Isosterengleichung):

$$\left(\frac{dx_1^{(\alpha)}}{dT}\right)_{x_1^{(\sigma)}} = -\frac{q_1 - \gamma q_2 - \dfrac{Q_{\alpha\beta}}{v_{\alpha\beta}} (\Delta v_1 - \gamma\, \Delta v_2)}{Tg_{11}^{(\alpha)} \left[1 + (\gamma - 1)\, x_1^{(\alpha)} - \dfrac{x_1^{(\beta)} - x_1^{(\alpha)}}{v_{\alpha\beta}} (\Delta v_1 - \gamma\, \Delta v_2)\right]}. \tag{7.17}$$

Für Systeme des Typs „flüssige Lösung α—Dampf β" in weiter Entfernung vom kritischen Punkt (oder bei $\gamma = \Delta v_1/\Delta v_2$) geht Gl. (7.17) in die Näherungsbeziehung

$$\left(\frac{dx_1^{(\alpha)}}{dT}\right)_{x_1^{(\sigma)}} \approx -\frac{q_1 - \gamma q_2}{Tg_{11}^{(\alpha)}[1 + (\gamma - 1)\, x_1^{(\alpha)}]} \tag{7.18}$$

über. Daraus folgt, daß im vorliegenden Falle eine Verschiebung der Lösungszusammensetzung bei Temperaturänderung in der entgegengesetzten Richtung zu der nach Regel (7.16) erfolgenden Zusammensetzungsänderung der Grenzflächenschicht stattfindet.

Verhält sich die Lösung ideal, so kann mit Hilfe von (2.213) Ausdruck (7.18) in die Form einer Berechnungsformel gebracht werden:

$$q_1 - \gamma q_2 = R \left(1 + \frac{x_1^{(\alpha)}}{x_2^{(\alpha)}} \gamma\right) \left[\frac{d \ln x_1^{(\alpha)}}{d(1/T)}\right]_{x_1^{(\sigma)}}. \tag{7.19}$$

Diese Formel ist von A. V. Kiselev für die Berechnung isosterer Adsorptionswärmen vorgeschlagen worden [2].

Zum Abschluß sei vermerkt, daß die Änderung der Temperatur, welche für die Herleitung von (7.6) vorausgesetzt worden war, stets von einer Druckänderung im System begleitet wird:

$$\left(\frac{dP}{dT}\right)_{x_1^{(\alpha)}} = \frac{s_{\alpha\beta}}{v_{\alpha\beta}}. \tag{7.20}$$

7.3. Isotherme und Isobare der Grenzflächenschichtzusammensetzung eines binären Systems

Die Isothermengleichung für die Grenzflächenschichtzusammensetzung eines binären Systems erhalten wir aus Gl. (7.6) oder (7.13) unter der Bedingung $dT = 0$:

$$\left(\frac{dx_1^{(\sigma)}}{dx_1^{(\alpha)}}\right)_T = \frac{g_{11}^{(\alpha)}}{g_{11}^{(\sigma)}}\left\{1 - \frac{1}{a}\left(\frac{\partial a}{\partial x_1}\right)^{(\sigma)}(x_1^{(\sigma)} - x_1^{(\alpha)}) - \left[\left(\frac{\partial v}{\partial x_1}\right)^{(\sigma)} - \left(\frac{\partial v}{\partial x_1}\right)^{(\alpha)} - \frac{1}{a}\left(\frac{\partial a}{\partial x_1}\right)^{(\sigma)} v_{\alpha\sigma}\right]\frac{x_1^{(\beta)} - x_1^{(\alpha)}}{v_{\alpha\beta}}\right\}. \tag{7.21}$$

Die Isobarengleichung für die Grenzflächenschichtzusammensetzung erhalten wir aus dem System (7.5), indem $dP = 0$ gesetzt und $d\sigma$ sowie dT eliminiert werden:

$$\left(\frac{dx_1^{(\sigma)}}{dx_1^{(\alpha)}}\right)_P = \frac{g_{11}^{(\alpha)}}{g_{11}^{(\sigma)}}\left\{1 - \frac{1}{a}\left(\frac{\partial a}{\partial x_1}\right)^{(\sigma)}(x_1^{(\sigma)} - x_1^{(\alpha)}) - \left[\left(\frac{\partial s}{\partial x_1}\right)^{(\sigma)} - \left(\frac{\partial s}{\partial x_1}\right)^{(\alpha)} - \frac{1}{a}\left(\frac{\partial a}{\partial x_1}\right)^{(\sigma)} s_{\alpha\sigma}\right]\frac{x_1^{(\beta)} - x_1^{(\alpha)}}{s_{\alpha\beta}}\right\}. \tag{7.22}$$

Bei der Analyse der Gln. (7.21) und (7.22) ist zunächst zu klären, ob sich die Zusammensetzungen von Grenzflächenschicht und Phase α stets symbat ändern. Das analoge Problem für Gleichgewichtszustände von Raumphasen wird bekanntlich durch das dritte Konovalovsche Gesetz gelöst. Diesem zufolge ändern sich die Zusammensetzungen von flüssiger Lösung und Dampf in weiter Entfernung vom kritischen Punkt in gleicher Richtung. Aus den Gln. (7.21) und (7.22) ist sofort ersichtlich, daß eine symbate Änderung der Zusammensetzungen von Grenzflächenschicht und Phase α sowohl dann, wenn die Molenbrüche $x_1^{(\alpha)}$, $x_1^{(\beta)}$ und $x_1^{(\sigma)}$ klein sowie nahe dem Wert Eins sind, d. h. in den Anfangs- und Endabschnitten der Isothermen und Isobaren, als auch in jenem Falle, wenn die Zusammensetzungen der koexistierenden Phasen und der Grenzflächenschicht ausreichend nahe beieinander liegen, erfolgt. In beiden Fällen können die Gln. (7.21) und (7.22) zu der Form

$$\frac{dx_1^{(\sigma)}}{dx_1^{(\alpha)}} \approx \frac{g_{11}^{(\alpha)}}{g_{11}^{(\sigma)}} \tag{7.23}$$

vereinfacht werden; die Größen $g_{11}^{(\alpha)}$ und $g_{11}^{(\sigma)}$ sind gemäß den Stabilitätsbedingungen positiv. Es kann weiterhin für den allgemeinen Fall gezeigt werden (siehe Abschn. 7.5.), daß die Änderung der Größen $x_1^{(\sigma)}$ und $x_1^{(\alpha)}$ in weiter Entfernung vom kritischen Punkt symbat verläuft. Anders verhält sich das System jedoch bei Annäherung an den kritischen Zustand. Allein bereits auf Grund der Unwirksamkeit des dritten Konovalovschen Gesetzes in Nähe des kritischen Punktes, d. h. der hier erfolgenden antibaten Änderung der Zusammensetzungen der koexistierenden Phasen, folgt, daß sich die Zusammensetzung der Grenzflächenschicht bezüglich der Zusammensetzungsänderung einer der Raumphasen antibat ändert.

Eine weitere thermodynamische Gesetzmäßigkeit charakterisiert jene Situation, in der nicht das Gesamtsystem sondern nur eine der Phasen in den kritischen Zustand übergeht. In diesem Falle ist $g_{11}^{(\alpha)} = 0$ und $g_{11}^{(\sigma)} \neq 0$, weshalb gemäß Gln. (7.21) und (7.22) für Systeme beliebigen Typs die folgenden Gleichheiten erfüllt sein müssen:

$$\left(\frac{dx_1{}^{(\sigma)}}{dx_1{}^{(\alpha)}}\right)_T^{(k)} = \left(\frac{dx_1{}^{(\sigma)}}{dx_1{}^{(\alpha)}}\right)_P^{(k)} = 0. \tag{7.24}$$

Bedingung (7.24) spricht das Auftreten eines Wendepunktes mit horizontaler Tangente auf der die Zusammensetzung der Grenzflächenschicht kennzeichnenden Kurve aus (Abb. 7.1.). Bei Druck- oder Temperaturänderung sowie Entfernung vom kritischen Zustand wird Bedingung (7.24) wirkungslos, obwohl ein Wendepunkt auf der Zusammensetzungskurve der Grenzflächenschicht noch weiterhin in breiten Druck- und Temperaturintervallen erhalten bleiben kann. Isotherme und Isobare der Grenzflächenschichtzusammensetzung bewahren in diesem Falle ihr S-förmiges Aussehen (siehe Abb. 7.1.).

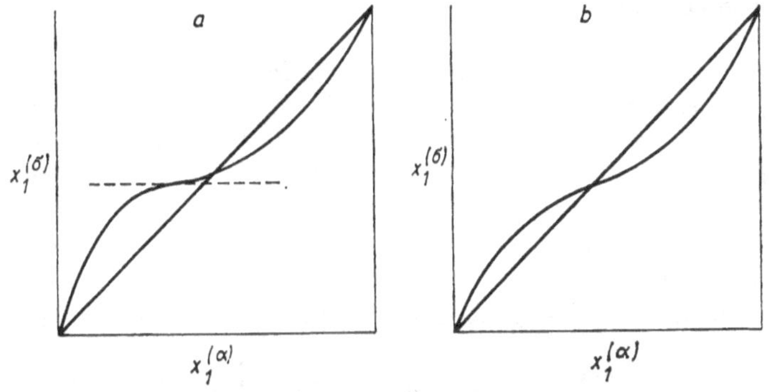

Abb. 7.1. Abhängigkeit der Grenzflächenschichtzusammensetzung von der Zusammensetzung der Phase α in einem binären System
a) bei dem Übergang von Phase α in den kritischen Zustand;
b) bei dem Entfernen aus dem kritischen Zustand

Wenden wir uns nunmehr Gl. (7.23) zu und untersuchen die Anfangsgebiete von Isotherme und Isobare der Grenzflächenschichtzusammensetzung näher. Die Benutzung des Ausdrucks (2.213) für unendlich verdünnte Lösungen und Grenzflächenschichten erlaubt, den Grenzfall von Gl. (7.23) für sehr kleine $x_1{}^{(\alpha)}$- und $x_1{}^{(\sigma)}$-Werte herzuleiten:

$$\frac{dx_1{}^{(\sigma)}}{dx_1{}^{(\alpha)}} \approx \frac{x_1{}^{(\sigma)}}{x_1{}^{(\alpha)}}. \tag{7.25}$$

Die Integration von Beziehung (7.25) führt zu der linearen Abhängigkeit (6.29), die wir bereits oben verwendet haben. Wir dürfen mithin feststellen, daß die Form von Isotherme und Isobare der Grenzflächenschicht für Systeme beliebigen Typs im Gebiet kleiner Konzentrationen geradlinig ist.

Die behandelten Beziehungen sind auf Systeme beliebigen Typs anwendbar. Bezogen auf Systeme der Art „flüssige Lösung α—Dampf β" in weiter Entfernung vom kritischen Zustand läßt sich Gl. (7.21) stark vereinfachen. In diesem Falle ist der Volumeneffekt der Verdampfung $v_{\alpha\beta}$ um ein Vielfaches größer als $(\partial v/\partial x_1)^{(\sigma)}$, $(\partial v/\partial x_1)^{(\alpha)}$ und $v_{\alpha\sigma}$, so daß die Isothermengleichung für die Zusammensetzung der Grenzflächenschicht der flüssigen

Lösung an ihrer Phasengrenze mit dem Dampf folgenderweise geschrieben werden kann:

$$\left(\frac{dx_1^{(\sigma)}}{dx_1^{(\alpha)}}\right)_T \approx \frac{g_{11}^{(\alpha)}}{g_{11}^{(\sigma)}}\left[1 - \frac{1}{a}\left(\frac{\partial a}{\partial x_1}\right)^{(\sigma)} (x_1^{(\sigma)} - x_1^{(\alpha)})\right]. \tag{7.26}$$

Verhalten sich Lösung und Grenzflächenschicht ideal, so nimmt diese Gleichung das folgende Aussehen an:

$$\left(\frac{dx_1^{(\sigma)}}{dx_1^{(\alpha)}}\right)_T \approx \frac{x_1^{(\sigma)}(1 - x_1^{(\sigma)})}{x_1^{(\alpha)}(1 - x_1^{(\alpha)})}\left[1 - \frac{1}{a}\left(\frac{\partial a}{\partial x_1}\right)^{(\sigma)} (x_1^{(\sigma)} - x_1^{(\alpha)})\right]. \tag{7.27}$$

7.4. Isotherme-Isobare der Grenzflächenschichtzusammensetzung im ternären System. Adsorption aus einer binären Lösung an der Phasengrenze mit einem schwachlöslichen Gas

Die experimentelle Untersuchung von Adsorptionsprozessen erfolgt häufig unter isotherm-isobaren Bedingungen (bei atmosphärischem Druck). Da die Zahl der Freiheiten eines Zweiphasensystems mit n Komponenten unter Berücksichtigung der Diskontinuitätsfläche gleich n ist, kann die Untersuchung von isotherm-isobaren Gleichgewichten unter Variation der Konzentration für Systeme mit mindestens drei Komponenten erfolgen. Im vorliegenden Paragraphen werden wir den einfachsten Fall — ein Dreikomponentensystem — untersuchen.

Bei $n = 3$ und $T, P = \text{const}$ wird das Gleichungssystem (7.2) wie folgt geschrieben:

$$\left.\begin{aligned}
\left(\frac{\partial a}{\partial x_1}\right)^{(\sigma)} d\sigma - g_{11}^{(\sigma)}\, dx_1^{(\sigma)} - g_{12}^{(\sigma)}\, dx_2^{(\sigma)} + g_{11}^{(\alpha)}\, dx_1^{(\alpha)} + g_{12}^{(\alpha)}\, dx_2^{(\alpha)} &= 0\\
\left(\frac{\partial a}{\partial x_2}\right)^{(\sigma)} d\sigma - g_{12}^{(\sigma)}\, dx_1^{(\sigma)} - g_{22}^{(\sigma)}\, dx_2^{(\sigma)} + g_{12}^{(\alpha)}\, dx_1^{(\alpha)} + g_{22}^{(\alpha)}\, dx_2^{(\alpha)} &= 0\\
a\, d\sigma + \varphi_1^{(\alpha\sigma)}\, dx_1^{(\alpha)} + \varphi_2^{(\alpha\sigma)}\, dx_2^{(\alpha)} &= 0\\
\varphi_1^{(\alpha\beta)}\, dx_1^{(\alpha)} + \varphi_2^{(\alpha\beta)}\, dx_2^{(\alpha)} &= 0.
\end{aligned}\right\} \tag{7.28}$$

Die in (7.28) stehenden Größen $\varphi_1^{(\alpha\sigma)}$, $\varphi_2^{(\alpha\sigma)}$, $\varphi_1^{(\alpha\beta)}$ und $\varphi_2^{(\alpha\beta)}$ sind durch die Ausdrücke (6.72) definiert. Wählen wir als unabhängige Variable $x_1^{(\alpha)}$, so können die Zusammensetzungsänderungen der Phase α und der Grenzflächenschicht durch die Vorgabe von drei Gleichungen, die die Abhängigkeit der Größen $x_1^{(\sigma)}$, $x_2^{(\sigma)}$ und $x_2^{(\alpha)}$ von $x_1^{(\alpha)}$ wiedergeben, vollständig bestimmt werden. Diese Gleichungen können leicht aus dem System (7.28) durch Eliminierung von $d\sigma$ erhalten werden; nach einigen Umformungen lassen sie sich wie folgt schreiben:

$$\begin{aligned}
\left(\frac{dx_1^{(\sigma)}}{dx_1^{(\alpha)}}\right)_{T,P} = \frac{1}{|g_{ik}|_2^{(\sigma)}}\begin{vmatrix} g_{11}^{(\alpha)}, & g_{12}^{(\sigma)}\\ g_{12}^{(\alpha)}, & g_{22}^{(\sigma)}\end{vmatrix} + \frac{\varphi_1^{(\alpha\beta)}}{\varphi_2^{(\alpha\beta)}\,|g_{ik}|_2^{(\sigma)}}\begin{vmatrix} g_{12}^{(\sigma)}, & g_{12}^{(\alpha)}\\ g_{22}^{(\sigma)}, & g_{22}^{(\alpha)}\end{vmatrix}\\
+ \frac{\Delta\, |g_{ik}|_2^{(\alpha)}}{a\varphi_2^{(\alpha\beta)}\,|g_{ik}|_2^{(\sigma)}}\begin{vmatrix} \left(\frac{\partial a}{\partial x_1}\right)^{(\sigma)}, & g_{12}^{(\sigma)}\\ \left(\frac{\partial a}{\partial x_2}\right)^{(\sigma)}, & g_{22}^{(\sigma)}\end{vmatrix}
\end{aligned} \tag{7.29}$$

$$\left(\frac{dx_2^{(\sigma)}}{dx_1^{(\alpha)}}\right)_{T,P} = \frac{1}{|g_{ik}|_2^{(\sigma)}} \begin{vmatrix} g_{11}^{(\sigma)}, & g_{11}^{(\alpha)} \\ g_{12}^{(\sigma)}, & g_{12}^{(\alpha)} \end{vmatrix} + \frac{\varphi_1^{(\alpha\beta)}}{\varphi_2^{(\alpha\beta)} |g_{ik}|_2^{(\sigma)}} \begin{vmatrix} g_{12}^{(\alpha)}, & g_{11}^{(\sigma)} \\ g_{22}^{(\alpha)}, & g_{12}^{(\sigma)} \end{vmatrix}$$

$$+ \frac{\Delta\, |g_{ik}|_2^{(\alpha)}}{a\varphi_2^{(\alpha\beta)} |g_{ik}|_2^{(\sigma)}} \begin{vmatrix} g_{11}^{(\sigma)}, & \left(\dfrac{\partial a}{\partial x_1}\right)^{(\sigma)} \\ g_{12}^{(\sigma)}, & \left(\dfrac{\partial a}{\partial x_2}\right)^{(\sigma)} \end{vmatrix} \tag{7.30}$$

$$\left(\frac{dx_2^{(\alpha)}}{dx_1^{(\alpha)}}\right)_{T,P} = -\frac{\varphi_1^{(\alpha\beta)}}{\varphi_2^{(\alpha\beta)}}. \tag{7.31}$$

Hier stellen dar: $|g_{ik}|_2^{(\alpha)}$ die Determinante (4.30), $|g_{ik}|_2^{(\sigma)}$ die analoge Determinante zweiter Ordnung für die Grenzflächenschicht, Δ die Konzentrationsdeterminante (4.31).

Die Determinanten $|g_{ik}|_2^{(\alpha)}$ und $|g_{ik}|_2^{(\sigma)}$ nehmen infolge der Stabilitätsbedingungen positive Werte an.

Als Beispiel untersuchen wir die Adsorption aus einer binären flüssigen Lösung an ihrer Phasengrenze mit Luft oder einem beliebigen anderen Gemisch schlechtlöslicher und mit der Lösung nicht reagierender Gase. Wird zur Vereinfachung festgelegt, daß dieses Gasgemisch eine der Komponenten (z. B. Komponente (2)) des ternären Systems verkörpert, so können für die Beschreibung des Zustandes dieses Systems unter isotherm-isobaren Bedingungen die Gln. (7.29)···(7.31) angewendet werden. Auf Grund der schwachen Löslichkeit von Gasen in flüssigen Lösungen unter nicht allzu hohen Drücken bestimmt die Vorgabe der Größen $x_1^{(\sigma)}$ und $x_1^{(\alpha)}$ die Zusammensetzungen von Grenzflächenschicht und Flüssigphase. Infolgedessen kann der Adsorptionsprozeß aus einer Lösung durch Gl. (7.29) beschrieben werden. Diese wiederum läßt sich für den gegebenen konkreten Fall stark vereinfachen. Bei geringer Konzentration der Gase in Lösung und Grenzflächenschicht sind die Größen $x_1^{(\alpha)}$ und $x_1^{(\sigma)}$ sehr klein sowie die Größen $g_{22}^{(\alpha)}$ und $g_{22}^{(\sigma)}$ sehr groß. Daher können für die in (7.29) eingehenden Größen die folgenden Näherungsbeziehungen geschrieben werden:

$$|g_{ik}|_2^{(\alpha)} \approx g_{11}^{(\alpha)} g_{22}^{(\alpha)}$$

$$|g_{ik}|_2^{(\sigma)} \approx g_{11}^{(\sigma)} g_{22}^{(\sigma)}$$

$$\varphi_2^{(\alpha\beta)} \approx x_2^{(\beta)} g_{22}^{(\alpha)}$$

$$\Delta \approx -(x_1^{(\sigma)} - x_1^{(\alpha)})\, x_2^{(\beta)}$$

$$\begin{vmatrix} g_{11}^{(\alpha)}, & g_{12}^{(\sigma)} \\ g_{12}^{(\alpha)}, & g_{22}^{(\sigma)} \end{vmatrix} \approx g_{11}^{(\alpha)} g_{22}^{(\sigma)}$$

$$\begin{vmatrix} \left(\dfrac{\partial a}{\partial x_1}\right)^{(\sigma)}, & g_{12}^{(\sigma)} \\ \left(\dfrac{\partial a}{\partial x_2}\right)^{(\sigma)}, & g_{22}^{(\sigma)} \end{vmatrix} \approx \left(\frac{\partial a}{\partial x_1}\right)^{(\sigma)} g_{22}^{(\sigma)}.$$

Das Einsetzen dieser Beziehungen in (7.29) führt bei Berücksichtigung der Kleinheit von $1/g_{22}^{(\alpha)}$ und $1/g_{22}^{(\sigma)}$ zu der Gleichung

$$\left(\frac{dx_1^{(\sigma)}}{dx_1^{(\alpha)}}\right)_{T,P} \approx \frac{g_{11}^{(\alpha)}}{g_{11}^{(\sigma)}} \left[1 - \frac{1}{a} \left(\frac{\partial a}{\partial x_1}\right)^{(\sigma)} (x_1^{(\sigma)} - x_1^{(\alpha)})\right]. \tag{7.32}$$

Gl. (7.32) charakterisiert die Zusammensetzungsisotherme der Grenzflächenschicht einer binären Lösung an der Phasengrenze mit einem Fremdgas (z. B. Luft) und dem gesättigten Dampf der Lösung. Es ist von Interesse, daß diese unter isotherm-isobaren Bedingungen hergeleitete Gleichung mit Gl. (7.26) identisch ist. Letztere beschreibt den Verlauf der Grenzflächenschichtzusammensetzung einer binären Lösung an der Phasengrenze mit ihrem Dampf unter isothermen Bedingungen. Somit folgt, daß das Einführen eines schwachlöslichen und schlechtadsorbierenden Gases in ein binäres System Lösung—Dampf unter konstantem Druck keinen merklichen Einfluß auf den Verlauf der Zusammensetzungsisothermen der Grenzflächenschicht nach sich zieht.

7.5. Zusammenhang zwischen den Isothermen der Grenzflächenspannung und Grenzflächenschichtzusammensetzung und dem Elastizitätsmodul der Grenzflächenschicht. Abschätzung der Mindestdicke der Grenzflächenschicht

Der durch Ausdruck (2.183) definierte Elastizitätsmodul der Grenzflächenschicht kennzeichnet die Stabilität von Grenzflächenschichten hinsichtlich ihrer Schichtdicke. Daher ist es wesentlich, den Zusammenhang dieser Größe mit den Isothermen der Grenzflächenspannung und der Grenzflächenschichtzusammensetzung zu untersuchen. Hierfür benutzen wir die Gln. (6.74) und (7.32). Diese werden dabei als exakte isotherm-isobare Gleichungen für eine flüssige binäre Lösung, die mit einem unlöslichen und nichtadsorbierbaren Fremdgas im Kontakt steht, angesehen. Des weiteren stützen wir uns auf die trivialen Beziehungen

$$\left(\frac{\partial \sigma}{\partial a}\right)_{x_1^{(\sigma)}} \left(\frac{\partial a}{\partial x_1^{(\sigma)}}\right)_{\sigma} \left(\frac{\partial x_1^{(\sigma)}}{\partial \sigma}\right)_{a} = -1, \tag{7.33}$$

$$\frac{d\sigma}{dx_1^{(\sigma)}} = \left(\frac{\partial \sigma}{\partial x_1^{(\sigma)}}\right)_{a} + \left(\frac{\partial \sigma}{\partial a}\right)_{x_1^{(\sigma)}} \frac{da}{dx_1^{(\sigma)}}, \tag{7.34}$$

in denen alle Ableitungen — wie auch stets im weiteren — bei Konstanz der Temperatur und des Druckes gebildet werden; die totalen Differentiale entsprechen einer Bewegung entlang der Isothermen. Aus (2.183), (6.74), (7.32)···(7.34) erhalten wir eine Beziehung, die den Elastizitätsmodul mit den Verläufen der Grenzflächenspannungs- sowie Grenzflächenschichtzusammensetzungsisothermen und der Molfläche verknüpft:

$$E = \frac{a\left(\dfrac{d\sigma}{dx_1^{(\alpha)}}\right)^2}{\left(\dfrac{da}{dx_1^{(\sigma)}} \cdot \dfrac{d\sigma}{dx_1^{(\alpha)}} + g_{11}^{(\alpha)} - g_{11}^{(\sigma)} \dfrac{dx_1^{(\sigma)}}{dx_1^{(\alpha)}}\right) \dfrac{dx_1^{(\sigma)}}{dx_1^{(\alpha)}}}. \tag{7.35}$$

Aus Beziehung (7.35) folgt, daß eine Vorzeichenänderung der Ableitung $dx_1^{(\sigma)}/dx_1^{(\alpha)}$ auch eine Änderung des Vorzeichens der Größe E nach sich zieht. Letztere ist jedoch auf Grund der Stabilitätsbedingungen stets positiv, so daß angenommen werden muß, daß die Ableitung $dx_1^{(\sigma)}/dx_1^{(\alpha)}$ entlang der gesamten Isothermen nur positive Werte annehmen kann. Somit können wir feststellen, daß die Änderungen der Zusammensetzungen von Grenzflächenschicht und koexistierenden Phasen in weiter Entfernung vom kritischen Zustand (d. h. bei Gültigkeit der Gln. (6.74) und (7.32)) symbat verlaufen. Unter diesen Bedingungen können auf der Zusammensetzungsisothermen keine Extrema auftreten. Gl. (7.32) kann für die Isotherme der Grenzflächenschichtzusammensetzung unter Berücksichtigung der Ausdrücke (7.33) und (7.34) folgendes Aussehen annehmen:

$$\frac{dx_1^{(\sigma)}}{dx_1^{(\alpha)}} = \frac{g_{11}^{(\alpha)}}{g_{11}^{(\sigma)}} \left[1 - \frac{1}{a} \frac{da}{dx_1^{(\sigma)}} (x_1^{(\sigma)} - x_1^{(\alpha)}) + \frac{1}{E} \frac{d\sigma}{dx_1^{(\sigma)}} (x_1^{(\sigma)} - x_1^{(\alpha)})\right]. \tag{7.36}$$

Für eine ideale Lösung und eine ideale Grenzflächenschicht ergibt sich entsprechend Ausdruck (2.213)

$$\frac{dx_1^{(\sigma)}}{dx_1^{(\alpha)}} = \frac{x_1^{(\sigma)}(1 - x_1^{(\sigma)})}{x_1^{(\alpha)}(1 - x_1^{(\alpha)})} \left[1 - \frac{1}{a} \frac{da}{dx_1^{(\sigma)}} (x_1^{(\sigma)} - x_1^{(\alpha)}) + \frac{1}{E} \frac{d\sigma}{dx_1^{(\sigma)}} (x_1^{(\sigma)} - x_1^{(\alpha)})\right]. \tag{7.37}$$

Hieraus folgt, daß der Einfluß des Elastizitätsmoduls auf den Isothermenverlauf nur bei ausreichend kleinen E-Werten (etwa $\gtrsim 1$ dyn cm^{-1}) dominiert. So zieht z. B. bei $da/a\, dx_1^{(\sigma)} = 0{,}5$, $x_1^{(\sigma)} - x_1^{(\alpha)} = 0{,}5$ und $d\sigma/dx_1^{(\sigma)} = 20$ dyn cm^{-1} eine Veränderung des E-Wertes von ∞ auf 20 eine Änderung des Wertes der Ableitung $dx_1^{(\sigma)}/dx_1^{(\alpha)}$ von lediglich 15% nach sich. Im Falle einer starren Grenzflächenschicht ist $E = \infty$, und die Integration von Gl. (7.37) führt unter Benutzung der Additivitätsformel für die Molflächen (2.206) zu der Beziehung (6.47), die bereits oben analysiert worden ist.

Für ein ideales oder unendlich verdünntes System kann die Korrelation (7.35) in die folgende Form gebracht werden:

$$E = \frac{a(d\sigma/dx_1^{(\alpha)})^2 \, [1 + x_1^{(\alpha)}(1 - x_1^{(\alpha)})\, b/RT]^2 \, (1 - c + cx_1^{(\alpha)})\, (1 + cx_1^{(\alpha)})}{\left[(1 - c + cx_1^{(\alpha)})\,(1 + cx_1^{(\alpha)}) \left(2b + \dfrac{x_1^{(\alpha)}(1 - x_1^{(\alpha)})\, b^2}{RT}\right) - c^2RT + a\, \dfrac{d^2\sigma}{d(x_1^{(\alpha)})^2}\right]}$$
$$\times \left[1 + c(2x_1^{(\alpha)} - 1) - \frac{a x_1^{(\alpha)}(1 - x_1^{(\alpha)})}{RT} \cdot \frac{d^2\sigma}{d(x_1^{(\alpha)})^2}\right]. \tag{7.38}$$

Zur Verkürzung der Schreibweise sind hier die folgenden Bezeichnungen eingeführt worden:

$$b \equiv \left(\frac{d\sigma}{dx_1^{(\alpha)}}\right) \left(\frac{da}{dx_1^{(\alpha)}}\right)$$

$$c \equiv a \left(\frac{d\sigma}{dx_1^{(\alpha)}}\right) \frac{1}{RT}.$$

Als Ergebnis der Übergänge $x_1 \to 0$ bzw. $x_1 \to 1$ erhält man aus (7.38) Ausdrücke für den Elastizitätsmodul der Grenzflächenschichten der reinen Flüssigkeiten, welche als Komponenten der betrachteten Lösung auftreten:

$$E_{x_1=0} = \frac{a_{02}\left(\frac{d\sigma}{dx_1^{(\alpha)}}\right)^2_{x_1=0}}{\left[2b_{x_1=0}(1-c_{02}) - RTc_{02}^2 + a_{02}\left(\frac{d^2\sigma}{d(x_1^{(\alpha)})^2}\right)_{x_1=1}\right]} \tag{7.39}$$

$$E_{x_1=1} = \frac{a_{01}\left(\frac{d\sigma}{dx_1^{(\alpha)}}\right)^2_{x_1=0}}{\left[2b_{x_1=1}(1+c_{01}) - RTc_{01}^2 + a_{01}\left(\frac{d^2\sigma}{d(x_1^{(\alpha)})^2}\right)_{x_1=1}\right]} \tag{7.40}$$

mit

$$c_{01} \equiv \frac{a_{01}}{RT}\left(\frac{d\sigma}{dx_1^{(\alpha)}}\right)_{x_1=1} \quad \text{und} \quad c_{02} \equiv \frac{a_{02}}{RT}\left(\frac{d\sigma}{dx_1^{(\alpha)}}\right)_{x_1=0},$$

die tiefgestellten Indizes $x_1 = 0$ und $x_1 = 1$ kennzeichnen die Grenzwerte bei den Übergängen $x_1 \to 0$ bzw. $x_1 \to 1$.

In den Nennern der rechten Seiten von (7.39) und (7.40) steht ein eindeutig negativer Term, weshalb für die Erfüllung von Bedingung (2.183) Vorzeichen und numerischer Wert der Größen b sowie der zweiten Ableitung der Grenzflächenspannung nach der Lösungszusammensetzung von besonderer Bedeutung sind. Das Vorzeichen von b hängt von der Beziehung zwischen der Grenzflächenaktivität der Moleküle und ihrem Platzbedarf in der Grenzflächenschicht ab: ist der Stoff mit den größeren Molekülen im Vergleich mit der anderen Komponente der Lösung grenzflächenaktiv, so ist $b < 0$; ist jedoch der Stoff mit den kleineren Molekülen grenzflächenaktiv, so wird $b > 0$. Für den in der Praxis häufig anzutreffenden Fall $b < 0$ kann Bedingung (2.183) nur bei positivem Vorzeichen der Ableitung $d^2\sigma/d(x_1^{(\alpha)})^2$ erfüllt sein, was besagt, daß die Grenzflächenspannungsisotherme in diesem Fall — zumindest im Anfangsgebiet — eine konkave Form hat.

Der vereinbarte Elastizitätsmodul ist gemäß (7.35), (7.38)···(7.40) vom Wert der Molfläche abhängig und damit auch von der vorgegebenen Grenzflächenschichtdicke. Es kann der Fall eintreten, daß einem bestimmten Schichtdickenintervall (z. B. einer monomolekularen Schicht) negative Werte des Elastizitätsmoduls entsprechen, was auf die Instabilität solcher Schichten hinweist. Die Größe $E = \pm\infty$ kennzeichnet einen zwischen negativen und positiven Werten gelegenen Fall. Daher kann über die Vorgabe dieses Wertes die extremal mögliche Grenzflächenschichtdicke berechnet werden. Diese ergibt sich als Zahl der Monoschichten nach der Formel

$$n = \frac{a_M}{a}, \tag{7.41}$$

in der a die aus dem Nenner der rechten Seite von (7.35), wenn er gleich Null gesetzt wird, erhältliche Größe und a_M den Wert der Molfläche für die Monoschicht darstellen. Bei der Lösung dieser Aufgabe wird die Molfläche als additiv angesehen.

Für reine Flüssigkeiten erhalten wir bei $E = \pm\infty$ aus den Beziehungen (7.39) und (7.40) für die Molflächen die folgenden Ausdrücke:

$$a_{02} = \frac{RT\left[2(\gamma - 1)\left(\frac{d\sigma}{dx_1^{(\alpha)}}\right)_{x_1=0} + \left(\frac{d^2\sigma}{d(x_1^{(\alpha)})^2}\right)_{x_1=0}\right]}{(2\gamma - 1)\left(\frac{d\sigma}{dx_1^{(\alpha)}}\right)^2_{x_1=0}} \tag{7.42}$$

$$a_{01} = \frac{RT\left[2\left(1 - \frac{1}{\gamma}\right)\left(\frac{d\sigma}{dx_1^{(\alpha)}}\right)_{x_1=1} + \left(\frac{d^2\sigma}{d(x_1^{(\alpha)})^2}\right)_{x_1=1}\right]}{\left(\frac{2}{\gamma} - 1\right)\left(\frac{d\sigma}{dx_1^{(\alpha)}}\right)^2_{x_1=1}} \tag{7.43}$$

mit $\gamma \equiv a_{01}/a_{02}$. In Verbindung mit (7.41) erlauben diese Ausdrücke, aus der Änderung der Grenzflächenspannung beim Versetzen einer Flüssigkeit mit einer zweiten Komponente die extremal mögliche Grenzflächenschichtdicke dieser Flüssigkeit zu berechnen.

Zur Illustration der Verwendung dieser Beziehungen wollen wir die lineare Grenzflächenspannungsisotherme einer binären Lösung betrachten. In diesem Fall ist die zweite Ableitung der Grenzflächenspannung nach der Zusammensetzung gleich Null, und aus den Beziehungen (7.39), (7.40) und (2.183) folgt

$$b \equiv \frac{da}{dx_1^{(\sigma)}} \cdot \frac{d\sigma}{dx_1^{(\alpha)}} > 0\,. \tag{7.44}$$

Ungleichung (7.44) besagt, daß als grenzflächenaktive Komponente jene mit der geringeren Molekülgröße in der Grenzflächenschicht auftritt. Nach Angaben der Arbeit [3] ist die Form der Grenzflächenspannungsisothermen des Systems Benzol—Biphenyl bei 70 °C nahezu linear. Der Unterschied in den Grenzflächenspannungen beträgt 13,15 dyn cm^{-1}. Der grenzflächenaktive Stoff Benzol verfügt tatsächlich über die kleineren Moleküle. Somit sind alle Bedingungen für Gl. (7.44) erfüllt. Wird für Benzol das von Taubman [4] bei 20 °C gefundene Verhältnis zwischen Molekülfläche und Molekülhöhe zu 37,5 Å^2 : 3,9 Å angenommen und vorausgesetzt, daß die Moleküle beider Komponenten planar in der Grenzflächenschicht liegen, so erhalten wir aus den Dichtewerten bei 70 °C (für Benzol 0,8248 bzw. Biphenyl 0,9939 g cm^{-3}) die folgenden Werte für die Molekülflächen der Komponenten:

Benzol	38,9 Å^2
Biphenyl	63,7 Å^2

Die Umrechnung auf eine Monoschicht liefert für die Molflächen:

$234 \cdot 10^7$ cm^2 mol^{-1} für Benzol,
$384 \cdot 10^7$ cm^2 mol^{-1} für Biphenyl.

Hieraus ergibt sich der Wert $\gamma = 0{,}61$. Nach den Gln. (7.43) und (7.41) bestimmen wir für das reine Benzol die folgenden Werte: $a_{01} = 121{,}5 \cdot 10^7$ cm^2 mol^{-1} und $n = 1{,}93$. Unter Benutzung der Beziehung (7.40), die für eine lineare Grenzflächenspannungsisotherme in der Form

$$E_{x_1=1} = \frac{\dfrac{d\sigma}{dx_1{}^{(\alpha)}}}{\left[2\left(1 - \dfrac{1}{\gamma} + \dfrac{1}{a_{01}} \dfrac{d\Delta a}{dx_1{}^{(\sigma)}}\right)(1 + c_{01}) - c_{01}\right]} \tag{7.45}$$

darstellbar ist, überzeugen wir uns leicht davon, daß sich mit wachsendem Wert von n der Elastizitätsmodul verringert. Dies besagt, daß der auf der Grundlage von Gl. (7.43) erhaltene n-Wert, der dem Wert $E = \pm\infty$ entspricht, die minimal mögliche Grenzflächenschichtdicke des reinen Benzols kennzeichnet. Dieser Wert ist einer bimolekularen Schichtdicke sehr nahe.

Werden für die Molekülfläche des Benzols die in der Literatur angegebenen niedrigeren Werte (z. B. 36,0 Å²; 31,4 Å² bei 20 °C [4]) benutzt, so wird n etwas kleiner (im zweiten Fall verringert sich sein Wert auf 1,6), bleibt jedoch in der Nähe des Wertes 2, woraus die Schlußfolgerung zu ziehen ist, daß auf Benzol das Modell der monomolekularen Schicht nicht anwendbar ist.

7.6. Berechnung der Zusammensetzung von Grenzflächenschichten aus experimentellen Daten

In diesem Abschnitt werden wir ein Berechnungsschema für die Zusammensetzung von Grenzflächenschichten binärer und ternärer flüssiger Lösungen an der Grenze zu ihren Dampfphasen (sowie einem Fremdgas, sollte dieses im System zugegen sein) in weiter Entfernung vom kritischen Zustand bei Benutzung experimenteller Daten zur Abhängigkeit der Grenzflächenspannung von der Lösungszusammensetzung entwerfen. Die Indizes α und β mögen sich auf die Lösung bzw. den Dampf beziehen.

Für eine binäre Lösung wird die Abhängigkeit der Grenzflächenspannungsisothermen von der Zusammensetzung der Lösung und des Dampfes (wobei der Dampf als ideal angesehen wird) durch die Gln. (6.74) bzw. (6.84) beschrieben. Sie enthalten die unbekannte Funktion $a = a(x_1{}^{(\sigma)})$. Da $a = v^{(\sigma)}/\tau$ ist, wird das Verhalten der Molfläche von der Zusammensetzungsabhängigkeit des Molvolumens und der Grenzflächenschichtdicke bestimmt. Erfolgt die Berechnung unter Vorgabe der Schichtdicke, so ist lediglich die Kenntnis der Funktion $v^{(\sigma)} = v^{(\sigma)}(x_1{}^{(\sigma)})$ erforderlich. Wir werden diese Funktion in der Form (4.46) ansetzen.

In erster Näherung kann bei der Berechnung der Grenzflächenschichtzusammensetzung die Abweichung des Molvolumens von der Additivität vernachlässigt werden. Dies führt über die Kombination von Gl. (6.74) oder (6.84) (in der letzten sind hierfür die Indizes α und β zu vertauschen) mit Gl. (4.46) bei $\Delta v = 0$ zu den Berechnungsformeln

$$x_1{}^{(\sigma)} = \frac{\tau x_1{}^{(\alpha)} g_{11}^{(\alpha)} - v_{02}\left(\dfrac{d\sigma}{dx_1{}^{(\alpha)}}\right)_{T,P}}{(v_{01} - v_{02})\left(\dfrac{d\sigma}{dx_1{}^{(\alpha)}}\right)_{T,P} + \tau g_{11}^{(\alpha)}} \tag{7.46}$$

bzw.

$$x_1^{(\sigma)} = \frac{\dfrac{\tau x_1^{(\alpha)} RT}{x_1'^{(\beta)}(1 - x_1'^{(\beta)})} - v_{02}\left(\dfrac{d\sigma}{dx_1'^{(\beta)}}\right)_{T,P}}{(v_{01} - v_{02})\left(\dfrac{d\sigma}{dx_1'^{(\beta)}}\right)_{T,P} + \dfrac{\tau RT}{x_1'^{(\beta)}(1 - x_1'^{(\beta)})}}. \tag{7.47}$$

Aus prinzipieller Sicht sind beide Formeln vollkommen gleichwertig. Die vorzugsweise Benutzung dieser oder jener von ihnen wird im konkreten Fall durch praktische Überlegungen bestimmt, z. B. die relative Schwierigkeit, die Kurven $\sigma - x_1^{(\alpha)}$ und $\sigma - x_1'^{(\beta)}$ zu differenzieren, die Verfügbarkeit von Werten für die Aktivitätskoeffizienten der Lösung oder für Zusammensetzung und Zustand des Dampfes.

Die Größe $g_{11}^{(\alpha)}$ ist mit den Aktivitätskoeffizienten der Lösungskomponenten $f_1^{(\alpha)}$ und $f_2^{(\alpha)}$ folgendermaßen verknüpft:

$$g_{11}^{(\alpha)} = RT\left[\frac{1}{x_1^{(\alpha)}(1 - x_1^{(\alpha)})} + \frac{d\ln(f_1^{(\alpha)}/f_2^{(\alpha)})}{dx_1^{(\alpha)}}\right] = \frac{RT}{(1 - x_1^{(\alpha)})}\left[\frac{1}{x_1^{(\alpha)}} + \frac{d\ln f_1^{(\alpha)}}{dx_1^{(\alpha)}}\right]. \tag{7.48}$$

Sie kann stets bestimmt werden, wenn die Abhängigkeit der Aktivitätskoeffizienten von der Lösungszusammensetzung vorliegt. Sind Druck und Zusammensetzung der Dampfphase bekannt, so können für die Berechnung von $g_{11}^{(\alpha)}$ die folgenden Beziehungen empfohlen werden

$$g_{11}^{(\alpha)} = RT\left(\frac{d\ln(P_1/P_2)}{dx_1^{(\alpha)}}\right)_T = RT\left(\frac{d\ln[x_1^{(\beta)}/(1 - x_1^{(\beta)})]}{dx_1^{(\alpha)}}\right)_T \tag{7.49}$$

$$g_{11}^{(\alpha)} = \frac{RT}{P_1 - Px_1^{(\alpha)}}\left(\frac{dP}{dx_1^{(\alpha)}}\right)_T \tag{7.50}$$

$$g_{11}^{(\alpha)} = RT\left[\frac{1}{x_1^{(\alpha)}(1 - x_1^{(\alpha)})} - \left(\frac{\partial\ln y}{\partial x_1^{(\alpha)}}\right)_T\right]. \tag{7.51}$$

Dabei stellen dar: P die Summe der Partialdrücke der Lösungskomponenten (d. h. Gesamtdampfdruck in Abwesenheit eines Fremdgases), P_i den Partialdruck der i-ten Komponente, $y \equiv \dfrac{x_1^{(\alpha)}x_2^{(\beta)}}{x_2^{(\alpha)}x_1^{(\beta)}}$ die relative Flüchtigkeit.

Die Formeln (7.46) und (7.47) beruhen auf der Voraussetzung der Additivität des Molvolumens.

Die Korrektur der berechneten $x_1^{(\sigma)}$-Werte kann aus der Abhängigkeit des molaren Mischungsvolumens Δv von der Lösungszusammensetzung gefunden werden (hierbei wird angenommen, daß diese Abhängigkeit für Lösung und Grenzflächenschicht etwa die gleiche ist). Zu diesem Zweck wird anhand des gefundenen $x_1^{(\sigma)}$-Wertes der entsprechende Δv-Wert aufgesucht. Dieser wird in den Ausdruck (4.46) eingesetzt, wonach anhand des auf diesem Wege gefundenen Wertes für das Molvolumen unmittelbar mit Hilfe der Gln. (6.74) und (6.84) die Zusammensetzung der Grenzflächenschicht in zweiter Näherung berechnet werden kann. Dieses Vorgehen kann wiederholt werden, jedoch ist in der Regel die Korrektur zur zweiten Näherung bereits geringer als die durch andere Gründe hervorgerufene Schwankungsbreite. Für viele kondensierte

Systeme sind in weiter Entfernung vom kritischen Zustand die Abweichungen des Molvolumens von der Additivität gering, so daß die Berechnung der Grenzflächenschichtzusammensetzung nach den Gln. (7.46) und (7.47) von der Wirklichkeit nur wenig abweichende Resultate liefert.

Der Wert für die Grenzflächenschichtdicke wird unter Berücksichtigung ihrer Struktur gewählt. So erfolgt die Berechnung für eine Monoschicht bei Beachtung von Größe und möglicher Orientierung der Moleküle. Stehen derartige Angaben nicht zur Verfügung, so sind mehrere Berechnungsvarianten zu berücksichtigen. Analyse und Vergleich dieser Wege können für die Untersuchung der Grenzflächenschicht und die Prüfung von Strukturmodellen nützlich sein.

Das dargelegte Rechenschema operiert von Beginn an mit den thermodynamischen Gleichungen für die Grenzfläche mit endlicher Schichtdicke. Es kann auch ein allgemeines Schema eingesetzt werden, in dessen Rahmen zunächst die Adsorption und danach die Zusammensetzung der Grenzflächenschicht berechnet wird. Im Falle beliebiger Phasen α und β kann die Berechnung für ein binäres System nach den Gln. (6.21) und (1.63) oder (6.20) und (1.64) erfolgen.

Am einfachsten gelingt die Berechnung für ein System Flüssigkeit—Dampf, deren Weg wir hier als Beispiel anführen wollen. In diesem Fall wird die Adsorption nach den Gln. (6.23) und (6.22) berechnet:

$$\Gamma_1^{(N)} = -\frac{1}{g_{11}^{(\alpha)}} \left(\frac{d\sigma}{dx_1^{(\alpha)}}\right)_T \tag{7.52}$$

$$\Gamma_{2(1)} = \frac{1}{x_1^{(\alpha)} g_{11}^{(\alpha)}} \left(\frac{d\sigma}{dx_1^{(\alpha)}}\right)_T . \tag{7.53}$$

Weiterhin erhalten wir aus (7.53) und (1.54)

$$\Gamma_{1(2)} = -\frac{1}{(1 - x_1^{(\alpha)})\, g_{11}^{(\alpha)}} \left(\frac{d\sigma}{dx_1^{(\alpha)}}\right)_T . \tag{7.54}$$

Die Kopplung zwischen Adsorption und Zusammensetzung kann leicht aus den Gln. (1.65) und (1.66) erhalten werden, indem diese auf die Grenzflächenschicht angewendet werden. Schreiben wir sie in der folgenden Form nieder:

$$x_1^{(\sigma)} = x_1^{(\alpha)} + \frac{\Gamma_1^{(N)} v^{(\sigma)}}{\tau} \tag{7.55}$$

$$x_1^{(\sigma)} = x_1^{(\alpha)} + \frac{\Gamma_{1(2)}(1 - x_1^{(\alpha)})\, v^{(\sigma)}}{\tau} . \tag{7.56}$$

Für die Größe $v^{(\sigma)}$ benutzen wir die Additivitätsformel (4.46), wonach wir aus (7.55) und (7.56) die folgenden Berechnungsgleichungen erhalten:

$$x_1^{(\sigma)} = \frac{x_1^{(\alpha)} + \dfrac{\Gamma_1^{(N)} v_{02}}{\tau}}{1 - \dfrac{\Gamma_1^{(N)}(v_{01} - v_{02})}{\tau}} \tag{7.57}$$

$$x_1^{(\sigma)} = \frac{x_1^{(\alpha)} + \dfrac{\Gamma_{1(2)}(1 - x_1^{(\alpha)})\, v_{02}}{\tau}}{1 - \dfrac{\Gamma_{1(2)}(1 - x_2^{(\alpha)})\,(v_{01} - v_{02})}{\tau}} \tag{7.58}$$

oder

$$x_1^{(\sigma)} = x_1^{(\alpha)} + \frac{\Gamma_1^{(N)} v^{(\alpha)}}{\tau - \Gamma_1^{(N)}(v_{01} - v_{02})} \tag{7.59}$$

$$x_1^{(\sigma)} = x_1^{(\alpha)} + \frac{\Gamma_{1(2)}(1 - x_1^{(\alpha)})\, v^{(\alpha)}}{\tau - \Gamma_{1(2)}(1 - x_1^{(\alpha)})\,(v_{01} - v_{02})} \tag{7.60}$$

mit $v^{(\alpha)} \equiv v_{02} + (v_{01} - v_{02})\, x_1^{(\alpha)}$ als additivem Molvolumen der Flüssigphase.

Als Beispiel wollen wir berechnete Werte für die Grenzflächenschichtzusammensetzung des Systems n-Hexan—Aceton betrachten. Die Berechnungen erfolgten mit Hilfe von Daten für die Grenzflächenspannung und die Dampfzusammensetzung [5, 6]. Die Gln. (7.59) bzw. (7.60) können als

$$x_1^{(\sigma)} = x_1^{(\alpha)} + \frac{b}{\tau - c} \tag{7.61}$$

dargestellt werden, wobei b und c Funktionen von Temperatur und Konzentration der Lösung sind, die nicht von der vorausgesetzten Dicke τ der Grenzflächenschicht abhängen. Die Größen b und c wurden für verschiedene Temperaturen und Zusammensetzungen unmittelbar aus experimentellen Daten gewonnen (ausführliche Tabelle siehe [7]). Anschließend erfolgte mit Hilfe von Formel (7.61) die Berechnung der Grenzflächenschichtzusammensetzung bei verschiedenen τ-Werten für einen jeden Satz der Werte $x_1^{(\alpha)}$, b und c. In Abb. 7.2. ist die Abhängigkeit der $x_1^{(\sigma)}$-Werte von $x_1^{(\alpha)}$ und τ bei 55 °C dargestellt.

Aus Abb. 7.2. ist ersichtlich, daß in einem bestimmten Intervall der Konzentrationen und Schichtdicken antibate Zusammensetzungsänderungen von Grenzflächenschicht und Lösung beobachtet werden, so daß auf den Isothermen der Grenzflächenschichtzusammensetzung sowohl ein Maximum als auch ein Minimum des n-Hexan-Molenbruchs auftreten (mit Temperaturerhöhung tritt diese Besonderheit der Isothermen stärker hervor). Nach den Schlußfolgerungen des vorstehenden Abschnitts widerspricht ein derartiger Verlauf der Zusammensetzungsisothermen den Prinzipien der Thermodynamik; er entspräche einer instabilen, sich selbständig verdickenden Grenzflächenschicht. Tatsächlich aber führt eine Berechnung bei Berücksichtigung dickerer Schichten zu einem Verschwinden der Extrema auf der Zusammensetzungsisothermen der Grenzflächenschicht. Als Grenzfall figuriert die Isotherme mit einem Wendepunkt. Der ihr entsprechende τ-Wert kann als minimale Grenzflächenschichtdicke $\tau_{\min}$ angesehen werden. Im betrachteten Fall ist sie mit $\tau_{\min} = 7$ Å größer als die Monoschichtdicke.

Isothermen für die Grenzflächenschichtzusammensetzung der beschriebenen Art sind erstmalig für die Systeme Äthanol—Wasser [8] und Propanol—Wasser [9] beschrieben worden. Für ihre Deutung war ein Zweischichten-Modell der Grenzfläche mit einer sprunghaften Änderung der Schichtzusammensetzung vorgeschlagen worden. Allerdings sind für diese Systeme die Gebiete der antibaten Zusammensetzungsänderung von Grenzflächenschicht und Lösung sehr klein. Daher sind sie in [10] anders gedeutet worden. Diese Deutung beruht auf der Berücksichtigung der Abweichungen der Molfläche von der Additivität im Rahmen der Monoschicht. Für das analysierte System n-Hexan—Aceton sind die Abschnitte der antibaten Änderungen entlang der Zusammensetzungsisothermen der Grenzflächenschicht ausreichend groß, so daß für ihre Deutung im Sinne der Arbeit [10] vorauszusetzen wäre, daß die Molfläche negative Abweichungen von der Additivität um 20—30% zeigte. Unter Berücksichtigung dessen, daß der Mischungsvolumeneffekt dieses Systems gering und außerdem positiv ist, wäre es nur möglich,

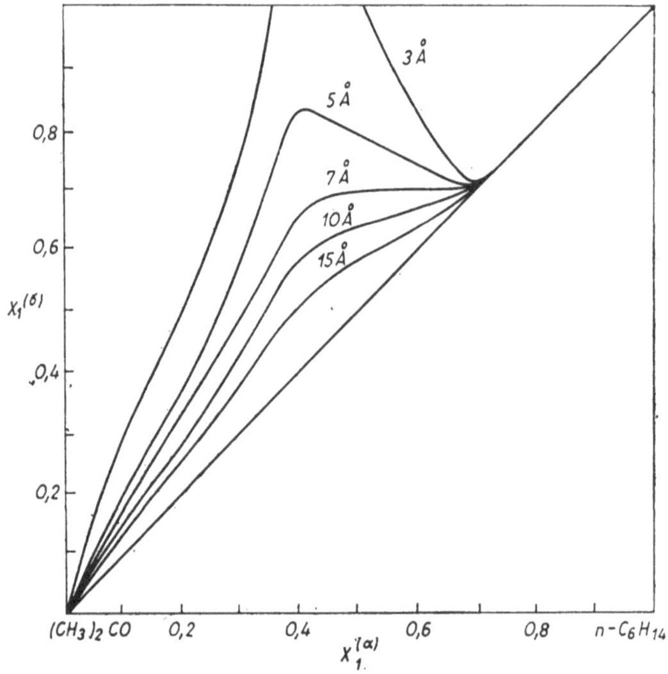

Abb. 7.2. Einfluß des τ-Wertes auf die Form der Zusammensetzungsisothermen der Grenzflächenschicht im System n-Hexan—Aceton bei 55 °C

eine derartige Verringerung der Molfläche durch eine Umorientierung der n-Hexan-Moleküle in eine zur Oberfläche vertikal orientierte Lage zu erklären. Dabei wäre vorauszusetzen, daß die vertikale Orientierung der Moleküle mit der Temperatur zunimmt. Diese Voraussetzung wäre sehr willkürlich, zumal sie zu der Schlußfolgerung führte, daß dies mit einem gleichzeitigen Wachsen der Grenzflächenschichtdicke verbunden sei, da im Falle einer vertikalen Orientierung der gestreckten n-Hexan-Moleküle die Dicke der Monoschicht selbst stark zunehmen würde. Somit ist die Vorstellung von einer polymolekularen Schicht die einzige logische Erklärung für die erhaltenen Zusammensetzungsisothermen der Grenzflächenschicht.

Gehen wir nun zu ternären Systemen über. Die Berechnung der Grenzflächenschichtzusammensetzung einer ternären Lösung an ihrer Phasengrenze mit Dampf in weiter

Entfernung vom kritischen Zustand kann mit Hilfe einer vereinfachten Isothermengleichung für die Grenzflächenspannung erfolgen. Diese folgt aus Gl. (6.1) und nimmt bei $|v_{\alpha\sigma}| \ll |v_{\alpha\beta}|$ sowie $n = 3$ die folgende Form an:

$$a\, d\sigma \approx -\varphi_1^{(\alpha\sigma)}\, dx_1^{(\alpha)} - \varphi_2^{(\alpha\sigma)}\, dx_2^{(\alpha)}. \tag{7.62}$$

Die Größen $\varphi_1^{(\alpha\sigma)}$ und $\varphi_2^{(\alpha\sigma)}$ sind durch die Gl. (6.72) definiert.

Die gleiche Beziehung ist auch auf das Gleichgewicht einer dreikomponentigen Lösung mit ihrem Dampf in Anwesenheit eines schwachlöslichen und schlechtadsorbierbaren Fremdgases bei konstantem Gesamtdruck anwendbar. Die Molfläche ist als Funktion der Zusammensetzung durch den folgenden Ausdruck formulierbar:

$$a = \frac{v_{01}x_1^{(\sigma)} + v_{02}x_2^{(\sigma)} + v_{03}x_3^{(\sigma)} + \Delta v}{\tau}. \tag{7.63}$$

In diesem Zusammenhang haben alle Größen den gleichen Sinn wie in (4.46), sie werden analog bestimmt.

Gl. (7.62) kennzeichnet die geometrische Fläche der Grenzflächenspannung als Funktion der Lösungszusammensetzung. Für einen jeden Punkt können wir durch Vorgabe zweier unterschiedlicher Arten der Zusammensetzungsänderung $x_2^{(\alpha)} = f(x_1^{(\alpha)})$ und $x_2^{(\alpha)} = \varphi(x_1^{(\alpha)})$ zwei unabhängige Gleichungen erhalten, welche die experimentell bestimmbaren Ableitungen der Grenzflächenspannung nach diesen Richtungen mit anderen thermodynamischen Größen verknüpfen und Gelegenheit geben, in Verbindung mit Ausdruck (7.63) die Molenbrüche $x_1^{(\sigma)}$ und $x_2^{(\sigma)}$ zu berechnen. Untersuchen wir die zu diesem Zweck vorteilhaftesten Arten einer Änderung der Lösungszusammensetzung.

A. Die Lösungszusammensetzung ändert sich entlang von Linien, die zu den Seiten des Konzentrationsdreiecks parallel verlaufen ($x_1^{(\alpha)} = \text{const}$, $x_2^{(\alpha)} = \text{const}$)

Dieses Verfahren gewährleistet eine gleichmäßige Untersuchung des gesamten Zusammensetzungsgebietes und erlaubt, die Veränderung der Isothermenform der Grenzflächenschichtzusammensetzung eines binären Systems bei Konzentrationserhöhung der dritten Komponente zu verfolgen. Aus Gl. (7.59) erhalten wir zwei unabhängige Beziehungen:

$$a\left(\frac{d\sigma}{dx_1^{(\alpha)}}\right)_{T,x_2^{(\alpha)}} \approx (x_1^{(\alpha)} - x_1^{(\sigma)})\, g_{11}^{(\alpha)} + (x_2^{(\alpha)} - x_2^{(\sigma)})\, g_{12}^{(\alpha)} \tag{7.64}$$

$$a\left(\frac{d\sigma}{dx_2^{(\alpha)}}\right)_{T,x_1^{(\alpha)}} \approx (x_1^{(\alpha)} - x_1^{(\sigma)})\, g_{12}^{(\alpha)} + (x_2^{(\alpha)} - x_2^{(\sigma)})\, g_{22}^{(\alpha)}, \tag{7.65}$$

die in Verbindung mit Ausdruck (7.63) bei $\Delta v = 0$ die Berechnungsformeln der ersten Näherung liefern:

$$x_1^{(\sigma)} \approx \frac{\tau x_1^{(\alpha)}\, |g_{ik}|_2^{(\alpha)} - C[v_{03} + (v_{02} - v_{03})\, x_2^{(\alpha)}] - Bx_1^{(\alpha)}(v_{02} - v_{03})}{\tau\, |g_{ik}|_2^{(\alpha)} - B(v_{02} - v_{03}) + C(v_{01} - v_{03})} \tag{7.66}$$

$$x_2^{(\sigma)} \approx \frac{\tau x_2^{(\alpha)}\, |g_{ik}|_2^{(\alpha)} + B[v_{03} + (v_{01} - v_{03})\, x_1^{(\alpha)}] + Cx_2^{(\alpha)}(v_{01} - v_{03})}{\tau\, |g_{ik}|_2^{(\alpha)} - B(v_{02} - v_{03}) + C(v_{01} - v_{03})} \tag{7.67}$$

mit

$$B \equiv \left(\frac{d\sigma}{dx_1{}^{(\alpha)}}\right)_{T,x_3{}^{(\alpha)}} g_{12}^{(\alpha)} - \left(\frac{d\sigma}{dx_2{}^{(\alpha)}}\right)_{T,x_1{}^{(\alpha)}} g_{11}^{(\alpha)} \tag{7.68}$$

$$C \equiv \left(\frac{d\sigma}{dx_1{}^{(\alpha)}}\right)_{T,x_3{}^{(\alpha)}} g_{22}^{(\alpha)} - \left(\frac{d\sigma}{dx_2{}^{(\alpha)}}\right)_{T,x_1{}^{(\alpha)}} g_{12}^{(\alpha)} \tag{7.69}$$

und $|g_{ik}|_2{}^{(\alpha)}$ als Determinante (4.30).

B. Die Lösungszusammensetzung ändert sich entlang den Sekanten des Konzentrationsdreiecks

Diese Variante der Zusammensetzungsänderung entspricht der Konzentrationszunahme oder -abnahme einer der Gemischkomponenten und ist durch die folgenden Bedingungen gekennzeichnet:

- für Komponente (1):
  $x_3{}^{(\alpha)}/x_2{}^{(\alpha)} = k_1$,
- für Komponente (2):
  $x_3{}^{(\alpha)}/x_1{}^{(\alpha)} = k_2$,
- für Komponente (3):
  $x_1{}^{(\alpha)}/x_2{}^{(\alpha)} = k_3$

mit den Konstanten k_1, k_2 und k_3, welche die Sekantenneigungen charakterisieren.

Bestimmen wir z. B. die Änderung der Grenzflächenspannung eines vorliegenden Systems bei Hinzufügen der Komponenten (1) und (3), so erhalten wir unter Benutzung dieser Bedingungen aus Gl. (7.62) zwei unabhängige Gleichungen:

$$a\left(\frac{d\sigma}{dx_1{}^{(\alpha)}}\right)_{T,\frac{x_3^{(\alpha)}}{x_2^{(\alpha)}}} \approx -\varphi_1{}^{(\alpha\sigma)} + \frac{\varphi_2{}^{(\alpha\sigma)}}{k_1 + 1}, \tag{7.70}$$

$$a(k_3 + 1)\left(\frac{d\sigma}{dx_3{}^{(\alpha)}}\right)_{T,\frac{x_1^{(\alpha)}}{x_2^{(\alpha)}}} \approx k_3\varphi_1{}^{(\alpha\sigma)} + \varphi_2{}^{(\alpha\sigma)}, \tag{7.71}$$

die gemeinsam mit Ausdruck (7.63) bei $\Delta v = 0$ die Möglichkeit geben, in erster Näherung die Zusammensetzung der Grenzflächenschicht zu berechnen.

C. Die Zusammensetzung der Lösung ändert sich entlang der isotherm-isobaren Linien

Im Falle einer Zusammensetzungsänderung entlang der isotherm-isobaren Koexistenzlinie zweier Phasen wird die entsprechende Änderung der Grenzflächenspannung durch Gl. (6.73) oder — falls die Isotherme in Abhängigkeit von der Dampfzusammensetzung dargestellt wird — durch Gl. (6.83) beschrieben. Bei gleichzeitiger Betrachtung einer dieser Gleichungen mit einer beliebigen der Gln. (7.64), (7.65), (7.70), (7.71) sowie dem Ausdruck (7.63) kann ebenfalls die Zusammensetzung der Grenzflächenschicht jener Lösung berechnet werden, deren Figurativpunkt im Schnittpunkt der Isothermen-Isobaren mit dem entsprechenden Schnitt im Konzentrationsdreieck liegt (siehe Abb. 7.3.).

Die in allen Berechnungsformeln stehende Größe $g_{ik}^{(\alpha)}$ wird gemäß Ausdruck

$$g_{ik}^{(\alpha)} = RT \left[\frac{\partial \ln (x_i^{(\alpha)}/x_3^{(\alpha)})}{\partial x_k^{(\alpha)}} + \frac{\partial \ln (f_i^{(\alpha)}/f_3^{(\alpha)})}{\partial x_k^{(\alpha)}} \right] \tag{7.72}$$

$(i,\, k = 1, 2)$

anhand der Abhängigkeit der Aktivitätskoeffizienten $f_i^{(\alpha)}$ in der Lösung von der Zusammensetzung ermittelt. Die Korrekturen zur ersten Näherung werden in gleicher Weise wie für binäre Lösungen bestimmt.

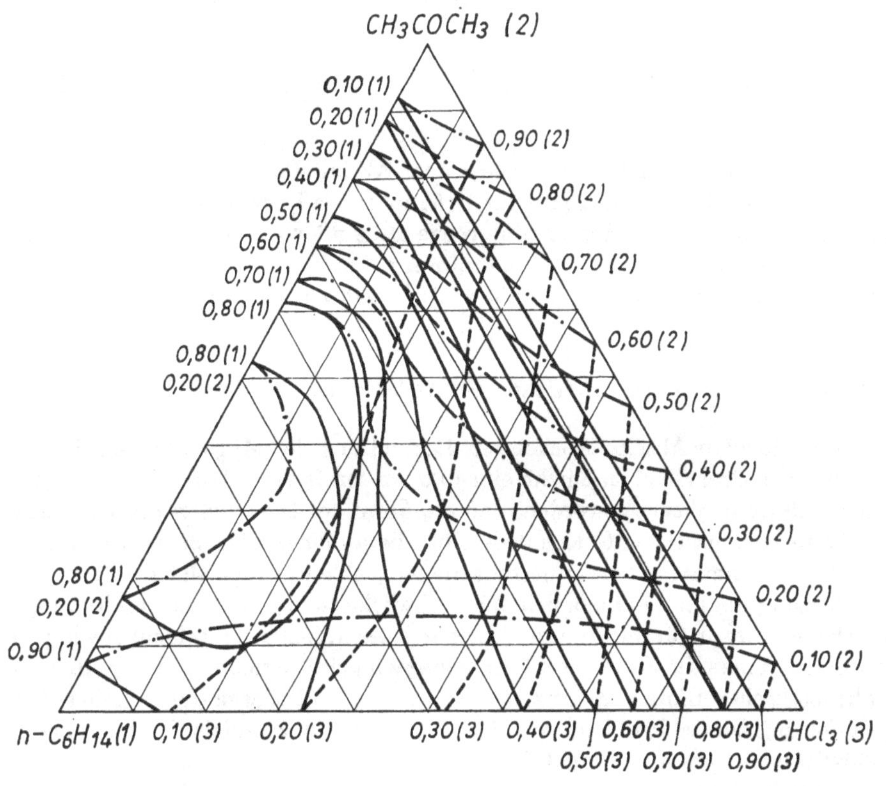

Abb. 7.3. Linien für konstante Konzentration von n-Hexan (ausgezogen), Aceton (strich-punktiert) bzw. Chloroform (unterbrochen) in der Grenzflächen-Monoschicht der ternären Lösung [11]

Als Beispiel führen wir die Zusammensetzung der Grenzflächenschicht der ternären Lösung n-Hexan—Aceton—Chloroform bei 35 °C an, die für eine monomolekulare Grenzflächenschicht aus Angaben für die Grenzflächenspannung und die Dampfzusammensetzung nach den Gln. (7.66) und (7.67) berechnet worden ist [11].

Die Werte für die Zusammensetzung der Grenzflächenschicht einer ternären Lösung können im Konzentrationsdreieck der Lösung als Linien konstanter Konzentration einer jeden Komponente in der Grenzflächenschicht dargestellt werden. In Abb. 7.3. sind entsprechend Linienscharen für n-Hexan, Aceton und Chloroform gegeben; sie kennzeichnen definierte Konzentrationen dieser Komponenten in der Grenzflächenschicht. Aus Abb. 7.3. ist zu ersehen, daß sich beim Hinzufügen von Chloroform zur Lösung der Bereich der antibaten Konzentrationsänderung von n-Hexan in Grenzflächenschicht und Lösung in jenen Schnitten, die zu der Seite n-Hexan—Aceton parallel verlaufen, stetig verengt und schließlich verschwindet.

Hat man die Zusammensetzung der Grenzflächenschicht bestimmt, so können mit Hilfe der Gln. (2.209)···(2.212) die Aktivitätskoeffizienten in der Grenzflächenschicht berechnet werden. Am einfachsten läßt sich die Berechnung mittels Gl. (2.212) vornehmen. In diesem Falle läßt sich durch Gleichsetzen der chemischen Potentiale in Grenzflächenschicht und Raumphase α für den Aktivitätskoeffizienten $f_i^{(\sigma)}$ der i-ten Komponente in der Grenzflächenschicht der folgende Ausdruck herleiten:

$$f_i^{(\sigma)} = \frac{f_i^{(\alpha)} x_i^{(\alpha)}}{x_i^{(\sigma)}} \exp \frac{(\sigma - \sigma_i) a_{0i}}{RT}. \tag{7.73}$$

Die ersten Berechnungen von Grenzflächenschicht-Aktivitätskoeffizienten nach dieser Gleichung wurden von Žuchovicki [12] für Äthanol in wäßriger Lösung bzw. Aceton im Gemisch mit Chloroform an der Phasengrenze mit Luft vorgenommen. Die Aktivitätskoeffizienten des Alkohols bzw. von Chloroform nahmen in der Grenzflächenschicht im Gegensatz zur Lösung Werte, die dem Wert Eins näher liegen, an.

7.7. Abschätzung der minimal möglichen Grenzflächenschichtdicke

Bei der im vorstehenden Abschnitt erfolgten Behandlung der Möglichkeiten, die Zusammensetzung der Grenzflächenschicht eines konkreten Systems zu berechnen, sind wir auf jenen Fall aufmerksam geworden, daß die Form der Isothermen für die Grenzflächenschichtzusammensetzung Gelegenheit gibt, die minimal mögliche Grenzflächenschichtdicke zu bestimmen. Offenbar besteht die Möglichkeit, einige allgemeine Regeln für die Abschätzung der minimal möglichen Schichtdicke zu formulieren. Als Grundlage hierfür dienen die Formeln für die Zusammensetzung der Grenzflächenschicht sowie jene Einschränkungen, denen die Form der Zusammensetzungsisothermen unterliegt und die aus dem physikalischen Sinn der verwendeten Größen und thermodynamischen Ungleichungen folgen. Dieses Problem sei hier anhand eines Beispiels für ein binäres System „Flüssigkeit—Dampf" betrachtet.

Zunächst betrachten wir die Bedingung

$$0 \leqq x_1^{(\sigma)} \leqq 1, \tag{7.74}$$

die aus der Definition des Molenbruches folgt. Wird hier der Ausdruck (7.57) eingesetzt, so erhalten wir die Ungleichung

$$0 \leqq \frac{x_1^{(\alpha)} + \dfrac{\Gamma_1^{(N)} v_{02}}{\tau}}{1 - \dfrac{\Gamma_1^{(N)}(v_{01} - v_{02})}{\tau}} \leqq 1. \tag{7.75}$$

Formal sind diese Ungleichungen in zwei Fällen erfüllt:

1. Sind Zähler und Nenner positiv, so erhalten wir aus (7.75) die Bedingung

$$0 \leqq x_1^{(\alpha)} + \frac{\Gamma_1^{(N)} v_{02}}{\tau} \leqq 1 - \frac{\Gamma_1^{(N)}(v_{01} - v_{02})}{\tau} \tag{7.76}$$

oder

$$\tau \geqq \frac{\Gamma_1^{(N)} v_{01}}{1 - x_1^{(\alpha)}} \tag{7.77}$$

$$\tau \geqq -\frac{\Gamma_1^{(N)} v_{02}}{x_1^{(\alpha)}}. \tag{7.78}$$

2. Sind Zähler und Nenner in Gl. (7.75) negativ (was nur für den Fall der negativen Adsorption von Komponente (1) denkbar ist), so erhalten wir aus (7.75) die Bedingung

$$0 \geqq x_1^{(\alpha)} + \frac{\Gamma_1^{(N)} v_{02}}{\tau} \geqq 1 - \frac{\Gamma_1^{(N)}(v_{01} - v_{02})}{\tau} \tag{7.79}$$

oder

$$\tau \leqq \frac{\Gamma_1^{(N)} v_{01}}{1 - x_1^{(\alpha)}} \tag{7.80}$$

$$\tau \leqq -\frac{\Gamma_1^{(N)} v_{02}}{x_1^{(\alpha)}}. \tag{7.81}$$

Da hier $\Gamma_1^{(N)} < 0$ ist, entspricht Ungleichung (7.80) negativen τ-Werten. Infolgedessen kann der 2. Fall in der Praxis nicht auftreten.

Somit sind lediglich die Ungleichungen (7.77) und (7.78) einer weiteren Betrachtung zu unterziehen. Da definitionsgemäß $\Gamma_1^{(N)} = -\Gamma_2^{(N)}$ gilt, sind diese Ungleichungen einander äquivalent (eine kann aus der anderen durch Änderung der Komponentennumerierung erhalten werden) und drücken eine einzige Bedingung — und zwar die durch (7.74) gegebene — aus. Es sei bemerkt, daß für eine jede konkrete Zusammensetzung des Systems lediglich eine der Ungleichungen — für positive Adsorption ist es (7.77), für negative (7.78) — in Kraft tritt. Die Aussage der zweiten Ungleichung ist dabei trivial.

Unter Benutzung von (1.56) können wir die Ungleichungen über die relative Adsorption formulieren:

$$\tau \geqq \Gamma_{1(2)} v_{01} \tag{7.82}$$

$$\tau \geqq \Gamma_{2(1)} v_{02}. \tag{7.83}$$

Dabei tritt deutlich der sehr einfache physikalische Sinn der über die Bedingung (7.74) definierten minimal möglichen Schichtdicke zutage: Würde die Grenzflächenschicht nur aus entweder Komponente (1) oder Komponente (2) bestehen und wäre die Lösung absolut inkompressibel, so wäre die Grenzflächenschichtdicke exakt durch die rechte

Seite von Gl. (7.82) bzw. (7.83) gegeben. In praxi ist die Grenzflächenschicht jedoch stets kompressibel (obwohl die Kompressibilitätskorrektur unbedeutend ist) und enthält beide Komponenten, so daß die Schichtdicke größer als die rechte Seite von (7.82) oder (7.83) ist.

Mit Hilfe von (6.23) und (7.48) können (7.77) und (7.78) auch in den Formen für grenzflächenaktive bzw. -inaktive Komponenten geschrieben werden:

$$\tau \geqq -\frac{(d\sigma/dx_1^{(\alpha)})_T\, v_{01}}{(1 - x_1^{(\alpha)})\, g_{11}^{(\alpha)}} = -\frac{(d\sigma/dx_1^{(\alpha)})_T\, v_{01}}{\dfrac{RT}{x_1^{(\alpha)}}\left[1 + \left(\dfrac{d \ln f_1^{(\alpha)}}{d \ln x_1^{(\alpha)}}\right)_{T,P}\right]} \tag{7.84}$$

$$\tau \geqq \frac{(d\sigma/dx_1^{(\alpha)})_T\, v_{02}}{x_1^{(\alpha)} g_{11}^{(\alpha)}} = -\frac{(d\sigma/dx_1^{(\alpha)})_T\, v_{02}}{\dfrac{RT}{(1 - x_1^{(\alpha)})}\left[1 + \left(\dfrac{d \ln f_1^{(\alpha)}}{d \ln x_1^{(\alpha)}}\right)_{T,P}\right]}. \tag{7.85}$$

Hieraus ist ersichtlich, daß die minimal mögliche Schichtdicke einerseits von der Grenzflächenaktivität der Komponenten und andererseits vom Verhalten der Aktivitätskoeffizienten in der Raumphase bestimmt wird.

Die hergeleiteten Ungleichungen erlauben, jene Werte für die Schichtdicken zu erkennen und zu verwerfen, für die der Molenbruch $x_1^{(\sigma)}$ physikalisch irreale Werte annimmt, z. B. negative Werte oder solche größer Eins (aus Abb. 7.2. folgt, daß solche Werte tatsächlich bei Berechnungen auftreten können). Als Kriterium für die Abschätzung der Schichtdiche sind diese Ungleichungen allerdings zu grob und geben in einer Reihe von Fällen keine Information über die Grenzflächenschichtdicke. So erhalten wir z. B. für den Extrempunkt der Grenzflächenspannung aus Gl. (7.84) und (7.85) nur die offensichtliche Bedingung $\tau \geqq 0$. Daher ist ein anderes, feinere Entscheidungen zulassendes Kriterium von Interesse, dem die Bedingung

$$\left(\frac{dx_1^{(\sigma)}}{dx_1^{(\alpha)}}\right)_T > 0 \tag{7.86}$$

zugrunde liegt.

Bedingung (7.86) drückt jene thermodynamische Gesetzmäßigkeit aus, die aus der Stabilitätsbedingung der Grenzflächenschicht hinsichtlich ihrer Dicke (siehe Abschn. 7.5.) folgt. Sie ist ein Analogon des dritten Konovalovschen Gesetzes aus der Thermodynamik der Lösungen. Wie das Konovalovsche Gesetz ist auch Ungleichung (7.86) nur in weiter Entfernung vom kritischen Punkt gültig. Durch Einsetzen von (7.57) in (7.86) erhalten wir die Bedingung

$$\tau > \Gamma_1^{(N)}(v_{01} - v_{02}) - \frac{d\Gamma_1^{(N)}}{dx_1^{(\alpha)}}\, v^{(\alpha)} \tag{7.87}$$

oder

$$\tau > \Gamma_{1(2)} v_{01} - \frac{d\Gamma_{1(2)}}{dx_1^{(\alpha)}}\, (1 - x_1^{(\alpha)})\, v^{(\alpha)}. \tag{7.88}$$

Ein Vergleich von (7.88) und (7.82) zeigt, daß bei $d\Gamma_{1(2)}/dx_1^{(\alpha)} = 0$ beide Ungleichungen übereinstimmende Werte für $\tau_{\min}$ liefern. Bei $d\Gamma_{1(2)}/dx_1^{(\alpha)} > 0$ bzw. $d\Gamma_{1(2)}/dx_1^{(\alpha)} < 0$ gibt Ungleichung (7.88) einen geringeren bzw. höheren $\tau_{\min}$-Wert als Ungleichung (7.82).

Untersuchen wir nunmehr den Sinn der aus den Ungleichungen (7.87) bzw. (7.88) bestimmten Größe $\tau_{\min}$.

Bei der Differentiation von (7.57) nach $x_1^{(\alpha)}$ ist die Größe τ als Konstante behandelt worden. Dies ist mit jener Annahme gleichbedeutend, daß für das gesamte Zusammensetzungsintervall ein einziger τ-Wert gesucht wird. Der Wert für die Schichtdicke, der für eine beliebige vorgegebene Zusammensetzung dem Wert der rechten Seite von (7.88) gleich ist, entspricht der Bedingung $dx_1^{(\sigma)}/dx_1^{(\alpha)} = 0$ für eben diese Zusammensetzung. Dies bedeutet, daß bei Vorgabe eines Wertes für die Grenzflächenschichtdicke, der mit dem der rechten Seite von (7.88) identisch ist — z. B. bei $x_1^{(\alpha)} = x_0$ — und anschließender Konstruktion der Zusammensetzungsisothermen der Grenzflächenschicht, diese Isotherme einen Wendepunkt bei $x_1^{(\alpha)} = x_0$ aufweist. Der maximale aller möglichen Werte für die rechte Seite von (7.88), welcher der Bedingung

$$\frac{d^2\Gamma_{1(2)}}{dx_1^{(\alpha)2}} = \frac{2}{1 - x_1^{(\alpha)}} \cdot \frac{d\Gamma_{1(2)}}{dx_1^{(\alpha)}} \qquad (7.89)$$

genügt, stellt den für alle Zusammensetzungen einheitlichen minimal möglichen Wert der Schichtdicke $\tau_{\min}$ dar.

Es sei ergänzt, daß die Bedingung $x_1^{(\sigma)} = 1$, welche beim Aufsuchen des $\tau_{\min}$-Wertes nach Kriterium (7.82) benutzt wurde, offensichtlich auch fordert, daß die Ableitung $dx_1^{(\sigma)}/dx_1^{(\alpha)}$ zu Null wird (da $x_1^{(\sigma)} = \text{const}$). In diesem Falle jedoch ist die Bedingung $dx_1^{(\sigma)}/dx_1^{(\alpha)} = 0$ nicht für irgendeinen einzelnen Punkt, sondern für das gesamte Zusammensetzungsintervall gültig. Doch die Größe $\tau_{\min}$ wird in Form einer Zusammensetzungsfunktion $\tau_{\min}(x_1^{(\alpha)})$ gesucht, die der Bedingung $x_1^{(\sigma)} = 1$ genügt. Infolgedessen entspricht bei Anwendung der Bedingung (7.82) einer jeden Zusammensetzung der Lösung eine eigene minimal mögliche Dicke der Grenzflächenschicht. Die gleiche Funktion $\tau_{\min}(x_1^{(\alpha)})$ kann auch ausgehend von Bedingung $dx_1^{(\sigma)}/dx_1^{(\alpha)} = 0$ gefunden werden, wenn beim Einsetzen des Ausdruckes (7.58) in diese die Größe τ als von $x_1^{(\alpha)}$ abhängig angesehen wird.

Die Abhängigkeit der minimal möglichen Grenzflächenschichtdicke von der Lösungszusammensetzung kann auch graphisch bestimmt werden. Dies sei am Beispiel des Systems n-Hexan—Nitrobenzol bei 45 °C [13] betrachtet. Für dieses System treten die Extrema auf der Zusammensetzungsisothermen der Grenzflächenschicht stärker als für das System n-Hexan—Aceton hervor, und die minimal mögliche Grenzflächenschichtdicke verfügt über höhere Werte (siehe Abb. 7.4.). Offensichtlich entspricht der Wert für die minimal mögliche Schichtdicke im Falle einer Isothermen mit Wendepunkt unmittelbar der Zusammensetzung im Wendepunkt. Für andere Zusammensetzungen können geringere Werte angenommen werden. Diese können z. B. folgendermaßen bestimmt werden. Zur Bestimmung der minimal möglichen Schichtdicke-Werte für Zusammensetzungen, die links vom Wendepunkt gelegen sind, wird aus dem letzteren eine Horizontale verlegt, welche die gesamte Isothermenschar mit unterschiedlichen τ-Werten bei gegegeber Temperatur schneidet (Abb. 7.4.). Einem jeden Schnittpunkt entsprechen eigene $x_1^{(\alpha)}$- und τ-Werte, so daß einer jeden Zusammensetzung ihre eigene minimal mögliche Grenzflächenschichtdicke zugeordnet werden kann. Die Werte der minimal möglichen Schichtdicke für rechts vom Wendepunkt gelegene Zusammensetzungen können gefunden werden, wenn man eine Zuordnung der $x_1^{(\alpha)}$- und τ-Werte für die Punkte des Minimums auf den Zusammensetzungsisothermen der Grenzflächenschicht vornimmt. Nunmehr ist es möglich, entlang der Schnittpunkte mit der genannten Horizontalen und den Punkten der Minima eine Zusammensetzungsisotherme der Grenzflächenschicht mit veränderlicher Schichtdicke zu verlegen, die über ihren gesamten Verlauf den Forderungen der Thermodynamik entspricht. Entsprechend wird die Abhängigkeit der minimal möglichen Grenzflächenschichtdicke von der Lösungszusammensetzung konstruiert. Als Beispiel sind in Abb. 7.5. die Isothermen der minimal möglichen Grenzflächenschichtdicken für die Systeme n-Hexan—Methanol bei 45 °C, n-Hexan—Äthanol bei 35 °C sowie n-Hexan—Propanol bei 35 °C [14] gezeigt. Für einen Vergleich sind des weiteren die experimentellen Isothermen der Elliptizitätskoeffizienten

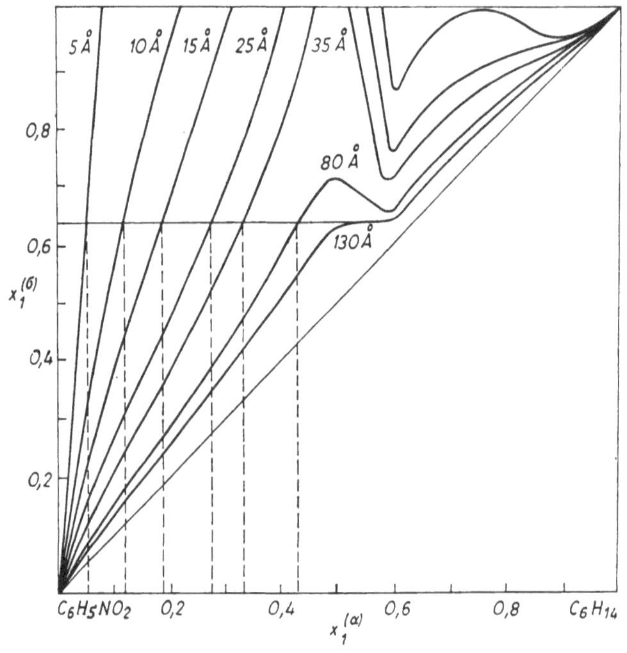

Abb. 7.4. Bestimmung der Abhängigkeit der minimal möglichen Dicke der Grenzflächenschicht von der Zusammensetzung für das System n-Hexan-Nitrobenzol bei 45 °C [13]

des reflektierten Lichtes [15] dargestellt, die die Änderungen der realen Dicke und Struktur der Grenzflächenschicht widerspiegeln. Aus Abb. 7.5. folgt, daß eine Variation der minimal möglichen Schichtdicke in beträchtlichem Maße die realen Änderungen der Grenzflächenschichtdicke wiedergibt. Analoge Feststellungen konnten auch für andere Systeme getroffen werden [7, 15, 16]. Aus Abb. 7.5. ist weiterhin ersichtlich, daß in der homologen Reihe der aliphatischen Alkohole die minimal mögliche Grenzflächenschicht beim Übergang von höheren zu niederen Homologen dicker wird. In gleicher Richtung werden die positiven Abweichungen vom Raoultschen Gesetz größer und verstärkt sich die Entmischungstendenz binärer Systeme. In Verbindung damit ist eine Zunahme der effektiven Grenzflächenschichtdicke auf Grund des wachsenden molekularen Korrelationsradius zu erwarten. Es ist interessant, daß in binären Systemen der gleichen homologen Reihe mit Wasser eine Zunahme der positiven Abweichungen vom Raoultschen Gesetz in entgegengesetzter Richtung (d. h. von niederen zu höheren Homologen) auftritt; in dieser Richtung ändert sich auch die minimal mögliche Schichtdicke [15].

Berechnungen der minimal möglichen Grenzflächenschichtdicke sich entmischender Systeme [13, 15] führten zu der bisher unbekannten Feststellung, daß die Dicke der Grenzflächenschicht zwischen Lösung und Dampf in Nähe des kritischen Entmischungspunktes stark anwächst; dieser Befund konnte durch optische Untersuchungen bestätigt werden [16]···[18].

Somit erweist sich eine Bestimmung der minimal möglichen Grenzflächenschichtdicke als sehr nützlich, da sie in vielen Fällen orientierende Angaben zum Verhalten der effektiven Schichtdicke ermöglicht. Nichtsdestoweniger bleiben die minimal mögliche bzw. die effektive Schichtdicke verschiedene Begriffe; sie unterscheiden sich sowohl in

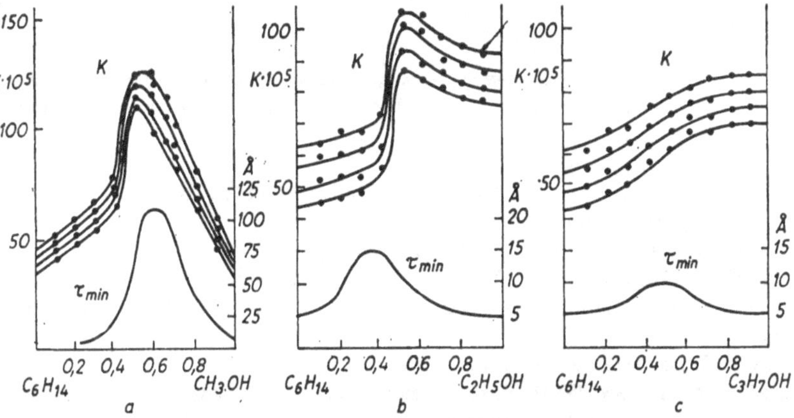

Abb. 7.5. Isothermen der minimal möglichen Dicke der Grenzflächenschicht [14] und des Elliptizitätskoeffizienten des reflektierten Lichtes [15] für die Systeme

a) n-Hexan—Methanol bei 45 °C
b) n-Hexan—Äthanol bei 35 °C
c) n-Hexan—Propanol bei 35 °C

ihrem Sinn als auch in ihren Zahlenwerten voneinander. Die effektive Dicke einer Grenzflächenschicht kann mit den Mitteln der Thermodynamik nicht gefunden werden, da hierfür die Kenntnis des Profils einer lokalen Eigenschaft in der Übergangszone erforderlich ist (siehe Abschn. 1.5.). Die minimal mögliche Schichtdicke ist ein thermodynamischer Begriff im Rahmen des Modells der Grenzflächenschicht endlicher Dicke. Sie gibt die mögliche untere Grenze für die Schichtdicke an, außerhalb derer das Modell selbst thermodynamisch inkonsistent wird. Es ist offenkundig, daß mit wachsender realer Grenzflächenschichtdicke auch diese noch mögliche untere Grenze bei höheren Werten liegt, so daß infolgedessen auch eine Änderung der minimal möglichen Schichtdicke reale Änderungen der Grenzflächenschichtdicke widerzuspiegeln vermag. Dies konnte durch eine Reihe experimenteller Resultate bestätigt werden.

Abschließend sei festgestellt, daß die für die Herleitung aller Beziehungen in diesem Abschnitt benutzte Additivität des Molvolumens keine prinzipiell notwendige Bedingung ist. Infolge der sehr geringen Kompressibilität der Flüssigkeiten sind die vorgeschlagenen

Formeln ausreichend exakt und (wegen der Vernachlässigung der Kompressibilität) sehr einfach. Da das Molvolumen eines Stoffes in der Grenzflächenschicht etwas größer als jenes für die flüssige Raumphase ist (siehe Tab. 5.1.), sind die Größen v_{01} und v_{02} in allen unseren Formeln etwas zu niedrig (um 3—10%). Dies aber verstärkt alle niedergeschriebenen Ungleichungen. Die Abweichungen des Molvolumens $v^{(\sigma)}$ von der Additivität lassen sich über den Mischungsvolumeneffekt befriedigend erklären. Dieser ist, wie bereits betont wurde, sehr klein. Notwendigenfalls läßt sich die Berechnung der Grenzflächenschichtzusammensetzung auch unter Berücksichtigung der Abweichungen von der Additivität vornehmen. Danach kann mit Hilfe der beschriebenen graphischen Methode (siehe Abb. 7.4.) die Abhängigkeit der minimal möglichen Grenzflächenschichtdicke von der Lösungszusammensetzung aufgesucht werden.

Literatur

[1] A. A. Сторонкин: „*Термодинамика гетерогенных систем*" (russ.; „Thermodynamik heterogener Systeme"), Teile I und II, Verlag der Leningrader Staatlichen Universität, 1967, S. 169
[2] A. B. Киселев: Усп. хим. **15**, 456 (1946)
[3] J. Maréchal: Trans. Faraday Soc. **48**, 601 (1952); Bull. Soc. Chim. Belg. **61**, 149 (1952)
[4] A. B. Taubman: Acta physicochim. URSS **5**, 355 (1936)
[5] A. И. Русанов, С. А. Левичев: Колл. ж. **27**, 749 (1965)
[6] A. И. Русанов, С. А. Левичев, В. Я. Тюшин: Вестн. ЛГУ № 22, 121 (1966)
[7] A. I. Rusanov: in „*Progress in Surface and Membrane Science*", vol. **4**, p. **57**, Academic Press, New York 1971
[8] J. A. V. Butler, A. Wightman: J. Chem. Soc. **1932**, 2089
[9] J. A. V. Butler, A. Wightman, W. H. Maclennan: J. Chem. Soc. **1934**, 528
[10] E. A. Guggenheim, N. K. Adam: Proc. Roy. Soc. **A 139**, 218 (1933)
[11] A. И. Русанов, С. А. Левичев: Колл. ж. **30**, 112 (1968)
[12] A. A. Жуховицкий: ЖФХ **19**, 337 (1945)
[13] A. И. Русанов, С. А. Левичев, О. Н. Михаленько: ЖФХ **43**, 2636 (1969)
[14] A. И. Русанов, С. А. Левичев: Вестн. ЛГУ № 16, 124 (1967)
[15] A. И. Русанов, В. И. Пшеницын, В. А. Зонов: Вестн. ЛГУ № 10, 95 (1971)
[16] A. И. Русанов, В. И. Пшеницын: Докл. АН СССР **187**, 619 (1969)
[17] В. И. Пшеницын, А. И. Русанов: ЖФХ **46**, 1039 (1972)
[18] В. И. Пшеницын, А. И. Русанов: Вестн. ЛГУ № 10, 77 (1971)

8. Thermodynamik der Stofftrennung durch Anreicherung an Phasengrenzen

Der Unterschied in den Zusammensetzungen von Grenzflächenschicht und Raumphase kann in der Praxis für eine vollständige oder teilweise Trennung der Komponenten eines Vielkomponenten-Gemisches sowie für die Reinigung von Stoffen und Gemischen von grenzflächenaktiven Beimengungen genutzt werden. Trennprozesse, die auf Unterschieden der Zusammensetzungen von Grenzflächenschicht und Raumphase beruhen, wollen wir als Stofftrennprozesse durch Anreicherung an Phasengrenzen (oder kurz als Stofftrennung an Grenzflächen) bezeichnen. Diese Prozesse finden in jüngerer Zeit eine breite Anwendung für die Trennung komplizierter Gemische. Neben der Adsorptionschromatographie haben während der letzten drei Jahrzehnte auch andere Methoden der Trennung an Grenzflächen eine bedeutende Entwicklung erfahren, speziell wären hier die Methoden der Schaumtrennung zu nennen (siehe z. B. [1]···[4]).

In diesem Kapitel wollen wir uns auf die Untersuchung der kontinuierlichen und im Gleichgewicht ablaufenden Prozesse der Trennung an Grenzflächen beschränken [5]···[10]. Gleichgewichts- oder quasistationäre Prozesse zeichnen sich durch eine maximale Effektivität aus, sie liefern im Vergleich mit den unter endlicher Geschwindigkeit ablaufenden Prozessen den höchsten Effekt der Komponententrennung. Daher erlaubt die Untersuchung von Gleichgewichtsprozessen, den maximal möglichen und experimentell beobachtbaren Effekt festzustellen. Die Hauptaufmerksamkeit werden wir dem einmaligen Trennprozeß an Grenzflächen widmen. Seine Theorie kann völlig analog zu jener der offenen Verdampfung (Destillation), die im Rahmen der modernen chemischen Thermodynamik gut ausgearbeitet ist [11, 12], entwickelt werden.

8.1. Differentialgleichungen für die Trennlinien der einmaligen Trennung an Grenzflächen

Unter einmaliger Trennung werden wir die Stofftrennung im Prozeß einer kontinuierlichen Abtrennung unendlich kleiner Mengen der Grenzflächenschicht vom Gleichgewichtssystem „Lösung — Grenzflächenschicht" verstehen.

Betrachten wir das Beispiel eines solchen Prozesses. Eine große Masse einer Lösung möge über eine kleine offene Grenzfläche gegenüber ihrem gesättigten Dampf verfügen. Mit Hilfe irgendeiner Vorrichtung werden von dieser geringen offenen Grenzfläche Schichten gleicher Dicke abgetrennt. Die Dicke sollte ausreichend dafür sein, daß diese Schichten den Hauptteil der heterogenen Diskontinuitätsfläche zwischen Flüssigkeit und Dampf umfassen. Dies ist stets unter weit vom kritischen Zustand entfernten

Bedingungen möglich, da unter solchen die Eigenschaftsänderungen im wesentlichen über Entfernungen, die einige zwischenmolekulare Abstände nicht überschreiten, vonstatten gehen. Die abgetrennten Proben der Lösung werden wir im weiteren als Grenzflächenschichten sowie die verbleibende Lösung einschließlich ihrer Grenze zum Dampf als System bezeichnen. Offensichtlich kann bei genügender Kleinheit der offenen Grenzfläche die Zusammensetzungsänderung des Systems als kontinuierlich angesehen werden.

Verändert sich beim Entfernen von $\Delta m^{(\sigma)}$ Molen der Grenzflächenschicht mit der Zusammensetzung $x_i^{(\sigma)}$ $(i = 1, 2, \ldots, n)$ der Molenbruch der i-ten Komponente im System von x_i auf x_i' sowie die Masse des Systems von m auf $m + \Delta m$, so kann die Bedingung der Massenbilanz aller Komponenten folgendermaßen formuliert werden:

$$(m + \Delta m)\, x_i' - m x_i = \Delta m^{(\sigma)} x_i^{(\sigma)} \qquad (i = 1, 2, \ldots, n) \tag{8.1}$$

oder, da $\Delta m^{(\sigma)} = -\Delta m$,

$$m\, \Delta x_i / \Delta m = x_i^{(\sigma)} - x_i \qquad (i = 1, 2, \ldots, n) \tag{8.2}$$

wobei $\Delta x_i \equiv x_i' - x_i$ sowie n die Anzahl der Komponenten ist. Strebt Δm gegen Null, d. h. geht man zum kontinuierlichen Prozeß über, so erhalten wir aus Gl. (8.2) das folgende Differentialgleichungssystem:

$$\frac{dx_i}{d \ln m} = x_i^{(\sigma)} - x_i \qquad (i = 1, 2, \ldots, n). \tag{8.3}$$

Dieses beschreibt die Variation von Brutto-Zusammensetzung und Masse des Systems im Prozeß der Trennung an Grenzflächen. Gl. (8.3) beschreibt im speziellen die Zusammensetzungsänderung des Systems während des Prozesses der kontinuierlichen Bildung und Entfernung eines Schaumes (wobei die Größen $x_i^{(\sigma)}$ die Schaumzusammensetzung charakterisieren) sowie auch die Zusammensetzungsänderung der ersten Portion eines Gemisches, das eine chromatographische Kolonne passiert.

Unter Benutzung der Beziehungen

$$x_i m = x_i^{(\sigma)} m^{(\sigma)} + x_i^{(\alpha)} m^{(\alpha)}; \qquad m = m^{(\alpha)} + m^{(\sigma)}, \tag{8.4}$$

kann das Gleichungssystem (8.3) auch in der Form

$$m^{(\alpha)}\, dx_i^{(\alpha)} + m^{(\sigma)}\, dx_i^{(\sigma)} = (x_i^{(\sigma)} - x_i^{(\alpha)})\, dm^{(\alpha)} \qquad (i = 1, 2, \ldots) \tag{8.5}$$

geschrieben werden.

Gilt $m^{(\alpha)} \gg m^{(\sigma)}$, so können die Gln. (8.5) durch die Näherungsbeziehungen

$$\frac{dx_i^{(\alpha)}}{d \ln m^{(\alpha)}} \approx x_i^{(\sigma)} - x_i^{(\alpha)} \qquad (\mathrm{i} = 1, 2, \ldots) \tag{8.6}$$

ersetzt werden; letztere stimmen ihrem Aussehen nach mit den Gln. (8.3), die anstelle der Brutto-Größen jene für die Lösung enthalten, überein.

Das Gleichungssystem (8.3) enthält nur $(n - 1)$ unabhängige Gleichungen. Eliminieren wir aus ihm die Masse m des Systems, so folgt

$$\frac{dx_i}{dx_k} = \frac{x_i^{(\sigma)} - x_i}{x_k^{(\sigma)} - x_k} \qquad (i = 1, 2, \ldots, k-1, k+1, \ldots, n). \tag{8.7}$$

Die Gln. (8.3) und (8.7) sind lediglich eine Konsequenz der Massenbilanz und infolgedessen in ihrer Form den Gleichungen der offenen Verdampfung oder irgendeines anderen offenen Phasenüberganges [11] analog. Das Spezifische des behandelten Falles besteht darin, daß nicht eine Phase, die mit der Lösung im Gleichgewicht steht, entfernt wird, sondern der heterogene Teil des Ausgangssystems, der die Diskontinuitätsfläche umfaßt.

Die Lösungen des Gleichungssystems (8.7) sind Gleichungen jener Linien im Zusammensetzungssimplex einer n-komponentigen Lösung, entlang derer sich die Zusammensetzung des Systems im Prozeß einer einmaligen Trennung an der Grenzfläche ändert. Diese Linien wollen wir als Trennlinien bezeichnen. Als Node bezeichnen wir den Abschnitt, der die Punkte der System- und Grenzflächenschicht-Zusammensetzung im Simplex der Systemzusammensetzungen verbindet. Es sei darauf hingewiesen, daß es in einer Reihe von Fällen sinnvoll ist, die Node als einen auf den Punkt der Grenzflächenschichtzusammensetzung gerichteten Vektor anzusehen. So können die Trennlinien als integrale Trajektorien für das vektorielle Nodenfeld betrachtet werden. Die Analyse der Trennlinien im Zusammensetzungssimplex spielt eine wesentliche Rolle in der Theorie der Trennung an Grenzflächen und erlaubt speziell die Frage nach dem möglichen Grad einer Stoffseparation nach einmaliger Trennung zu beantworten.

Für eine Integration der Gln. (8.7) ist die Kenntnis der expliziten Abhängigkeit $x_i^{(\sigma)}$ von x_i $(i = 1, 2, \ldots)$ erforderlich. Diese kann unmittelbar experimentell bestimmt oder mit Hilfe der Methoden der statistischen Mechanik berechnet werden. Ist die Masse der Raumphase im Vergleich mit jener der Grenzflächenschicht sehr groß, so kann — wie aus (8.6) ersichtlich ist — die Größe x_i durch $x_i^{(\alpha)}$ ersetzt werden. Somit ist es für eine Integration der Gln. (8.7) notwendig, die Zusammensetzungsisotherme der Grenzflächenschicht zu kennen. Wie im vorstehenden Kapitel gezeigt wurde, verläuft die Zusammensetzungsisotherme bei kleinen Konzentrationen linear, so daß für diesen Fall die Gln. (8.7) leicht integriert werden können. Unten soll dieser Fall am Beispiel eines Vierkomponentensystems betrachtet werden.

Betrachten wir zuerst den Fall der Reinigung einer Komponente A_4 von geringen Beimengungen der Komponenten A_1, A_2 und A_3 mit Hilfe eines Grenzflächenprozesses. In Nähe der Spitze für die Komponente A_4 im Konzentrationstetraeder kann die Abhängigkeit der Zusammensetzung der Grenzflächenschicht von der Zusammensetzung des Systems bei Konstanz von Temperatur und Druck in der Form

$$x_i^{(\sigma)} = k_i x_i \qquad (i = 1, 2, 3) \tag{8.8}$$

dargestellt werden, wobei k_i den Wert der Ableitung $\partial x_i^{(\sigma)}/\partial x_i$ im Punkt $x_4 = 1$ verkörpert. Die Bedingung $k_i \gtrless 1$ entspricht für ein binäres System $A_i - A_4$ jenem Fall, daß bei kleinen x_i-Werten $x_i^{(\sigma)} \gtrless x_i$ oder $\partial\sigma/\partial x_i \lessgtr 0$ gilt, was gleichbedeutend damit ist, daß die i-te Komponente bei $k_i > 1$ grenzflächenaktiv bzw. bei $k_i < 1$ grenzflächeninaktiv ist.

Nach Einsetzen der Beziehungen (8.8) in das System (8.3) und Integration erhalten wir

$$x_i = x_i^0 \left(\frac{m}{m_0}\right)^{k_i - 1} \qquad (i = 1, 2, 3) \tag{8.9}$$

mit x_i^0 als Molenbruch der Komponente A_i im Ausgangssystem bzw. m_0 als Anfangsmasse des Systems. Die Gln. (8.9) beschreiben den Verlauf der Linien für die Stoffreinigung an Grenzflächen im Konzentrationstetraeder, entlang derer sich die Zusammensetzung des Systems ändert.

Untersuchen wir die bei der Analyse des Gleichungssystems (8.9) möglichen Fälle näher.

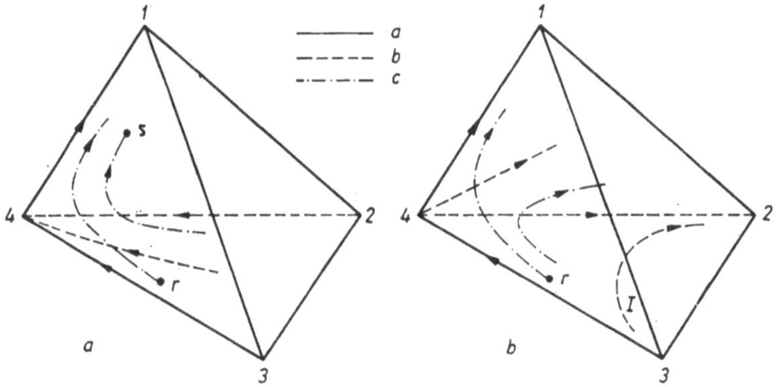

Abb. 8.1. Trennlinien für die Reinigung an Grenzflächen im Konzentrationstetraeder

a) Linien entlang der Kanten 1—4, 3—4

b) Linien in den Flächen

c) Linien im Inneren des Konzentrationstetraeders

(die Pfeile geben die Richtung für die Verschiebung der Systemzusammensetzung an)

Fall 1: $k_1 > 1$, $k_2 > 1$, $k_3 > 1$. Bei Verringerung von m im Verlauf des Prozesses verringert sich die Konzentration einer jeden Beimengung und kann im Prinzip beliebig klein werden. Bei höheren k_i-Werten läuft der Reinigungsprozeß mit Hilfe von Grenzflächen effektiver ab.

Fall 2: $k_1 < 1$, $k_2 > 1$, $k_3 > 1$. In Übereinstimmung mit den Gln. (8.9) verlaufen die Linien für den Reinigungsprozeß nahe der Spitze für die Komponente A_4 in der aus Abb. 8.1.*a* ersichtlichen Weise. In diesem Fall verläuft die Abtrennung der Beimengungen komplizierter. Entspricht z. B. Punkt r (Abb. 8.1.*a*) der Ausgangszusammensetzung, so können wir zwar eine Reinigung mit Hilfe des Grenzflächenprozesses vornehmen, die Konzentrationen der Komponenten A_2 und A_3 können dabei jedoch nicht unbegrenzt verringert werden, da nach Erreichen eines gewissen m-Wertes die Konzentration der Beimengung A_1 schnell zu wachsen beginnt. Dieses Beispiel zeigt, daß — sofern die Anzahl der Beimengungen und deren Eigenschaften nicht exakt bekannt sind — die sorgfältige Durchführung einer Reinigung mit Hilfe von Grenzflächen-Prozessen sogar schädlich sein kann. Es ist nämlich offensichtlich, daß — läge für die Lösung r (Abb. 8.1.a) keine Information über die Anwesenheit der Beimengung A_1 vor — eine allzu sorgfältige Reinigung des Stoffes A_4 von den Nebenkomponenten A_2 und A_3 zu einer Verunreinigung von A_4 mit A_1 führen würde. Somit ist eine weitere Anwendung des Reinigungsprozesses auf Systeme mit der Zusammensetzung s (siehe Abb. 8.1.a) unzweckmäßig.

Fall 3: $k_1 < 1$, $k_2 < 1$, $k_3 > 1$. Die Linien für die Reinigung an Grenzflächen verlaufen in der in Abb. 8.1.b gezeigten Weise. Für Systeme mit der Zusammensetzung r kann die Konzentration der Beimengung A_3 begrenzt verringert werden.

Fall 4: $k_1 < 1$, $k_2 < 1$, $k_3 < 1$. Nach den Gln. (8.9) führt die Anwendung des betrachteten Reinigungsprozesses nur zu einer weiteren Verschmutzung der Lösung mit den Beimengungen.

Die Analyse der behandelten Fälle führt zu den folgenden Schlußfolgerungen: Enthält das System nur grenzflächenaktive Beimengungen, so können alle mit Hilfe einer Reinigung an Grenzflächen abgetrennt werden. Liegen im System sowohl grenzflächenaktive als auch -inaktive Beimengungen vor, so kann die Konzentration der grenzflächenaktiven Beimengungen mit Hilfe des betrachteten Reinigungsprinzips nur bis zu einem bestimmten Grenzwert herabgesetzt werden.

Neben dem untersuchten Problem der Abtrennung von Beimengungen kann in der Praxis die gegenseitige Auftrennung von Stoffen, die einem System beigemengt sind, erforderlich sein. Die Lösung dieser Aufgabe ist in den Fällen 1. und 4. nicht möglich, da hier im Ergebnis des Grenzflächen-Reinigungsprozesses alle Beimengungen in die Grenzflächenschicht übergehen bzw. in der Lösung angereichert werden. Im Gegensatz hierzu kann in den Fällen 2. und 3. mit Hilfe einer Reinigung an Grenzflächen die Abtrennung der Beimengungen voneinander erreicht werden. So ist es z. B. für Systeme der Zusammensetzungen r in Abb. 8.1.a bzw. 8.1.b möglich, die Beimengungen A_1 von A_2 und A_3 bzw. die Beimengungen A_1 und A_2 von A_3 zu trennen.

Die Möglichkeit, Verunreinigungen mit Hilfe eines Reinigungsprozesses an Grenzflächen aus einem System zu beseitigen, bahnt den Weg einer allgemeinen Stofftrennung nach den Methoden der Trennung an Grenzflächen. So möge z. B. die Trennung eines Gemisches der nichtflüchtigen Komponenten A_1, A_2 und A_3 notwendig sein. Dieses Gemisch lösen wir zunächst in einer ausreichenden Menge eines flüchtigen Lösungsmittels A_4; letzteres wird in der Weise gewählt, daß die Bedingungen $\partial\sigma/\partial x_1 > 0$, $\partial\sigma/\partial x_2 < 0$ sowie $\partial\sigma/\partial x_3 < 0$ gewahrt sind. Aus den Überlegungen für Fall 2. folgt, daß z. B. während des Prozesses der Schaumtrennung die Konzentration der Komponente A_1 in der Lösung steigt, während die Komponenten A_2 und A_3 allmählich mit dem Schaum abgetrennt werden. Wird sodann das Lösungsmittel von dem Schaumgemisch abdestilliert, so kann für das zurückbleibende System A_2—A_3 ein neues Lösungsmittel A_4', das den Bedingungen $\partial\sigma/\partial x_2 > 0$, $\partial\sigma/\partial x_3 < 0$ genügt, ausgewählt werden. Der erneute Trennprozeß — jetzt im Lösungsmittel A_4' — führt zur Auftrennung der Komponenten A_2 und A_3 (siehe Abb. 8.1.b; Kurve *1* in der Fläche 2—3—4). Die Lösungsmittel A_4 und A_4' können als Trennagentien bezeichnet werden. Ihre Auswahl unterliegt folgender Regel: Der Zusatz des von einem Gemisch zu trennenden und in der entstehenden Lösung zu konzentrierenden Stoffes zum Trennagens soll dessen Grenzflächenspannung erhöhen, der Zusatz der übrigen Gemischkomponenten soll sie verringern.

8.2. Änderung der Grenzflächenspannung im Prozeß der einmaligen Trennung an Grenzflächen

Die im vorangegangenen Abschnitt aufgeführten Gleichungen folgen aus der Massenbilanz, widerspiegeln aber noch nicht die Spezifik des betrachteten Prozesses. Für die Berücksichtigung des Charakteristischen einer Trennung an Grenzflächen ist die Betrachtung jener thermodynamischen Gleichungen notwendig, in denen neben den Hauptzustandsparametern auch die oben eingeführten Größen figurieren. Den Gln. (8.6) entsprechen thermodynamische Beziehungen, die die Zusammensetzungen von Lösung und Grenzflächenschicht miteinander sowie auch mit der Temperatur T, dem Druck P und der Grenzflächenspannung σ verknüpfen (Gl. (3.21), (7.2)). Diese Beziehungen sind für Grenzflächenschichten endlicher Dicke erhalten worden, doch fehlt in ihnen jede Annahme eines konkreten Wertes für die Schichtdicke. Daher bewahren sie ihre Gültigkeit auch im betrachteten Fall, für den die Begriffe Grenzflächenschicht und Schichtdicke in Abhängigkeit vom jeweiligen Verfahren zur Abtrennung des Grenzflächenteiles vom System definiert werden. Besteht beispielsweise diese Prozedur im „Abschneiden“ eines Grenzflächengebietes des Systems (das natürlich auch die tatsächliche Grenzflächenschicht enthält) bis zu einer bestimmten Tiefe h, so tritt diese Größe h in den thermodynamischen Gleichungen als Grenzflächenschichtdicke auf.

Bei der Untersuchung der Gln. (8.3) ist es in Ergänzung der genannten thermodynamischen Beziehungen notwendig, Gleichungen herzuleiten, welche als Variablen auch die Zusammensetzungen der Grenzflächenschicht und des Gesamtsystems enthalten. Zu diesem Zweck schreiben wir die Fundamentalgleichung der Grenzflächenschicht in der Form

$$a\,d\sigma = -s^{(\sigma)}\,dT + v^{(\sigma)}\,dP - \sum_{i=1}^{n-1} x_1^{(\sigma)}\,d(\mu_i - \mu_n) - d\mu_n \tag{8.10}$$

bzw. die analoge Gleichung als

$$a_0\,d\sigma = -s\,dT + v\,dP - \sum_{i=1}^{n-1} x_i\,d(\mu_i - \mu_n) - d\mu_n\,, \tag{8.11}$$

in welcher sich die Größen a_0, s und v auf das Gesamtsystem beziehen. Unter Benutzung der thermodynamischen Beziehung (3.20)

$$d(\mu_i - \mu_n) = d\left(\frac{\partial g}{\partial x_i}\right) = -\frac{\partial s}{\partial x_i}\,dT + \frac{\partial v}{\partial x_i}\,dP - \frac{\partial a_0}{\partial x_i}\,d\sigma + \sum_{k=1}^{n-1} g_{ik}\,dx_k\,, \tag{8.12}$$

in der g das molare Gibbssche thermodynamische Potential ist, ergibt sich nach Subtraktion der Gl. (8.11) von Gl. (8.10) die Gleichung

$$\left[a - a_0 - \sum_{i=1}^{n-1} (x_i^{(\sigma)} - x_i)\,\frac{\partial a_0}{\partial x_i}\right] d\sigma = -\left[s^{(\sigma)} - s - \sum_{i=1}^{n-1} (x_i^{(\sigma)} - x_i)\,\frac{\partial s}{\partial x_i}\right] dT$$
$$+ \left[v^{(\sigma)} - v - \sum_{i=1}^{n-1} (x_i^{(\sigma)} - x_i)\,\frac{\partial v}{\partial x_i}\right] dP - \sum_{i,k=1}^{n-1} (x_i^{(\sigma)} - x_i)\,g_{ik}\,dx_k\,. \tag{8.13}$$

Die in Gl. (8.13) bei den Differentialen $d\sigma$, $-dT$ und dP stehenden Koeffizienten verkörpern die entsprechenden differentiellen molaren Effekte für den Übergang aus dem betrachteten Gesamtsystem in die Grenzflächenschicht. Gl. (8.13) kann durch die thermodynamischen Beziehungen. welche die Molenbrüche x_i und $x_i^{(\sigma)}$ verknüpfen, ergänzt werden. Diese folgen aus der Gleichgewichtsbedingung

$$d\left(\frac{\partial g}{\partial x_i}\right) = d\left(\frac{\partial g}{\partial x_i}\right)^{(\sigma)}, \qquad (i = 1, 2, \ldots, n-1) \tag{8.14}$$

wenn in diese (8.12) sowie die für die Grenzflächenschicht analoge Beziehung eingesetzt werden. Nach den in den Gln. (8.13) und (8.14) stehenden Variablen entsprechen sie der Gl. (8.3). Die Gesamtheit dieser Gleichungen bildet die Grundlage einer thermodynamischen Theorie der Trennprozesse an Grenzflächen.

Untersuchen wir nun, wie sich die Grenzflächenspannung im Verlaufe eines Trennprozesses an Grenzflächen verändert. Es wird vorausgesetzt, daß die Masse des Systems vergleichsweise mit der der Grenzflächenschicht sehr groß sei. Daher entspricht die Brutto-Zusammensetzung des Systems praktisch der Lösungszusammensetzung. Weiterhin folgt $a_0 \ll a$, und die Gleichung für die Isotherme-Isobare der Grenzflächenspannung nimmt die Form

$$a\, d\sigma \approx -\sum_{i,k=1}^{n-1} (x_k^{(\sigma)} - x_k)\, g_{ik}\, dx_i \tag{8.15}$$

an. Über das Einsetzen der nach Gl. (8.3) folgenden Molenbruch-Differentiale in Gl. (8.15) erhält man den nachstehenden Ausdruck:

$$a\frac{d\sigma}{d\ln m} = -\sum_{i,k=1}^{n-1} (x_i^{(\sigma)} - x_i)(x_k^{(\sigma)} - x_k)\, g_{ik}. \tag{8.16}$$

Rechtsseitig tritt in Gl. (8.16) eine quadratische Form von Molenbruchdifferenzen auf. Die von den Größen g_{ik} gebildete Matrize dieser Form genügt nach den Stabilitätsbedingungen (2.176) dem Kriterium von Sylvester für positiv definite quadratische Formen. Demzufolge ist die gesamte rechte Seite von (8.16) negativ, und für den isotherm-isobaren Prozeß der einmaligen Trennung erhalten wir die Bedingung

$$\left(\frac{d\sigma}{d\ln m}\right)_{P,T} < 0. \tag{8.17}$$

Da sich während des Prozesses der Trennung an Grenzflächen die Masse des Systems verringert, wächst die Grenzflächenspannung während dieses Prozesses stets an. Das erhaltene Ergebnis zeigt den engen Zusammenhang zwischen den Diagrammen für Grenzflächenspannung und Trennung an Grenzflächen, mithin unterstreicht es die große Bedeutung, welche die Grenzflächenspannungsdiagramme für Grenzflächen-Trennprozesse haben.

Der Zusammenhang zwischen den Linien der einmaligen Trennung an Grenzflächen und den Linien konstanter Grenzflächenspannung ist von beträchtlichem Interesse, da es in der Praxis relativ unproblematisch ist, die Konzentrationsabhängigkeit der Grenzflächenspannung von Lösungen und somit den Verlauf der Isolinien der Grenzflächenspannung im Zusammensetzungssimplex zu bestimmen. Wird danach anhand des Diagrammes der Linien konstanter Grenzflächenspannung das Diagramm der Trennlinien für einfache Trennung konstruiert, so ist es auf diese Weise möglich, den Verlauf des Trennprozesses an Grenzflächen vorauszusagen. Aus Ungleichung (8.17) geht hervor, daß die Trennlinien weder koinzident sein, noch einander berühren können, da im Berührungspunkt die Gleichheit $d\sigma = 0$ erfüllt sein muß. Dies ist jedoch nur an der Stabilitätsgrenze, z. B. im kritischen Punkt, der Fall. Infolgedessen können für stabile Systeme die Trennlinien die Linien konstanter Grenzflächenspannung nur schneiden. Des weiteren können die Trennlinien einander selbst nicht schneiden, wovon allein die singulären Punkte ausgenommen sind. Infolgedessen kann durch jeden Punkt des Zusammensetzungssimplexes nur eine einzige solche Linie verlaufen. Eine Verletzung dieser Bedingung ist gleichbedeutend mit der Existenz zweier oder mehrerer unterschiedlicher Grenzflächenschichten über der Lösung mit konstanter Zusammensetzung, was physikalisch sinnlos ist.

Die Bedingung des gegenseitigen Kreuzens von Trennlinien und Linien konstanter Grenzflächenspannung erlaubt, den Verlauf eines einmaligen Trennvorganges anhand des Konzentrationsdiagrammes der Grenzflächenspannung qualitativ darzustellen.

8.3. Verlauf der Trennlinien in der Umgebung singulärer Punkte

Die Gesetzmäßigkeiten, welche das Verhalten der Trennlinien im Konzentrationssimplex beschreiben, können in zwei Gruppen aufgeteilt werden: lokale und nichtlokale. Unter lokalen Gesetzmäßigkeiten sind jene zu verstehen, die sich auf die Umgebung einzelner Punkte des Zustandsdiagrammes oder Zusammensetzungssimplexes beziehen. Die nichtlokalen Gesetzmäßigkeiten beziehen sich auf das gesamte Zustandsdiagramm oder Zusammensetzungssimplex und erlauben, die Zusammenhänge zwischen den einzelnen Teilen des Grenzflächentrenndiagrammes zu charakterisieren.

Jene Punkte des Zusammensetzungsdiagrammes, in denen Grenzflächenschicht und Gemisch gleiche Zusammensetzungen haben, sind singuläre Punkte der Differentialgleichungen (8.3) und (8.7). Dabei wird die rechte Seite der Gln. (8.3) gleich Null bzw. der Gln. (8.7) unbestimmt. Speziell die Punkte für reine Komponenten sind singuläre Punkte. Die Untersuchung des Verhaltens der Trennlinien in der Umgebung singulärer Punkte ist von sowohl grundsätzlicher als auch praktischer Bedeutung; letzteres insbesondere deshalb, weil Trennprozesse an Grenzflächen häufig für die Abtrennung von Beimengungen verwendet werden. Offensichtlich verlaufen hierbei alle Erscheinungen in der Umgebung jener Spitze des Zusammensetzungssimplexes, die der im Überschuß vorhandenen Komponente entspricht. Die grundsätzliche Bedeutung der Analyse des Verhaltens von Trennlinien beruht darauf, daß erstens dieses Verhalten in der Umgebung singulärer Punkte am kompliziertesten ist, und zweitens seine Kenntnis für die Umgebung lediglich der singulären Punkte eine qualitative Voraussage des gesamten Grenzflächen-Trenndiagramms erlaubt.

Für die Untersuchung der lokalen Gesetzmäßigkeiten des Verhaltens der Trennlinien benutzen wir eine Methode aus der qualitativen Theorie der Differentialgleichungen (siehe z. B. [13]). Wir wollen ein Differentialgleichungssystem aufstellen, das die gleichen qualitativen Eigenschaften wie System (8.3) besitzt, doch einfacher ist. Danach leiten wir auf seiner Grundlage die qualitativen Eigenschaften der Lösungen des Systems (8.3

d. h. der Linien für die Trennung an Grenzflächen in der Umgebung ihrer singulären Punkte, her.

Nachdem wir gemäß

$$\begin{aligned} u_i &= x_i - x_{io} \\ & \qquad (i = 1, 2, \ldots, n) \\ v_i &= x_i^{(\sigma)} - x_{io}^{(\sigma)} \end{aligned} \tag{8.18}$$

neue Veränderliche eingeführt haben, wobei mit dem Index O die Koordinaten des singulären Punktes bezeichnet sind, werden wir einen jeden singulären Punkt als Koordinatenursprung betrachten. Da im Koordinatenursprung $u_i = O$ und $v_i = O$ gelten, kann der vollständige Zuwachs der Funktion $u_i - v_i$ ausgehend vom Koordinatenursprung in der Form

$$\left.\begin{aligned} u_1 - v_1 &= B_{11}u_1 + B_{12}u_2 + \cdots + B_{1n-1}u_{n-1} + O_1(r) \\ u_2 - v_2 &= B_{21}u_1 + B_{22}u_2 + \cdots + B_{2n-1}u_{n-1} + O_2(r) \\ &\cdots\cdots\cdots\cdots\cdots\cdots\cdots\cdots\cdots \\ u_{n-1} - v_{n-1} &= B_{n-11}u_1 + B_{n-12}u_2 + \cdots + B_{n-1n-1}u_{n-1} + O_{n-1}(r) \end{aligned}\right\} \tag{8.19}$$

dargestellt werden, wobei $O_i(r)$ unendlich kleine Größen der Ordnung höher als $r = (v_1^2 + v_2^2 + v_3^2 + \cdots + v_{n-1}^2)^{1/2}$ sowie B_{ik} die im singulären Punkt berechneten Werte der Ableitung

$$B_{ik} \equiv \partial(x_i^{(\sigma)} - x_i)/\partial x_k \tag{8.20}$$

darstellen. Bei Vernachlässigung der Größen $O_i(r)$ kann das Gleichungssystem (8.3) als

$$\left.\begin{aligned} du_1/d \ln m &= B_{11}u_1 + B_{12}u_2 + \cdots + B_{1n-1}u_{n-1} \\ du_2/d \ln m &= B_{21}u_1 + B_{22}u_2 + \cdots + B_{2n-1}u_{n-1} \\ &\cdots\cdots\cdots\cdots\cdots\cdots\cdots\cdots \\ du_{n-1}/d \ln m &= B_{n-11}u_1 + B_{n-12}u_2 + \cdots + B_{n-1n-1}u_{n-1} \end{aligned}\right\} \tag{8.21}$$

geschrieben werden.

Das Gleichungssystem (8.21) ist ein homogenes lineares Differentialgleichungssystem mit konstanten Koeffizienten. Die Methoden zur Integration dieser Systeme sind gut bekannt, so daß seine Analyse auf keine prinzipiellen Schwierigkeiten stößt.

Unter Benutzung der Fundamentalgleichung (8.15) sowie der Stabilitätsbedingung kann gezeigt werden, daß die Gleichungssysteme (8.21) und (8.3) im Sinne des Verhaltens ihrer Trajektorien in der Umgebung des Koordinatenursprunges, d. h. der singulären Punkte, äquivalent sind. Dabei ermöglicht die Benutzung dieser thermodynamischen Grundsätze den Nachweis, daß die Wurzeln der charakteristischen Gleichung

$$\begin{vmatrix} B_{11} - \lambda & B_{12} \cdots B_{1n-1} \\ B_{21} & B_{22} - \lambda \cdots B_{2n-1} \\ \cdots\cdots & \cdots\cdots\cdots \\ B_{n-11} & B_{n-12} \cdots B_{n-1n-1} - \lambda \end{vmatrix} = 0 \tag{8.22}$$

nur reelle und vom Wert Null verschiedene Zahlen sein können. Dies bedeutet, daß die singulären Punkte der Gleichungssysteme (8.3) und (8.21) nur von zweierlei Art sein können:

- haben alle Größen λ_i das gleiche Vorzeichen, so ist der singuläre Punkt ein Knoten;
- sind unter den Größen λ_i solche mit unterschiedlichen Vorzeichen, so ist der singuläre Punkt ein generalisierter Sattel erster Art.

Die Knotenpunkte werden in zwei Typen gegliedert: stabile und instabile. Ein Knotenpunkt ist stabil, wenn $\lambda_i > 0$. In diesem Falle schmiegen sich die Trennlinien bei $\ln m \to -\infty$ an den singulären Punkt an, und die Zusammensetzung des Gemisches nach dem Trennprozeß entspricht der Zusammensetzung im singulären Punkt. Ein Knotenpunkt ist instabil, wenn $\lambda_i < 0$. In diesem Falle schließen sich die Grenzflächen-Trennlinien an den singulären Punkt bei $\ln m \to \infty$ an. Das bedeutet, daß der Grenzflächen-Trennprozeß zu einer Änderung der Gemischzusammensetzung führt, selbst wenn sich diese im ersten Moment sogar unwesentlich von der Zusammensetzung des singulären Punktes unterscheidet. Im ersten Fall weisen die Grenzflächen-Trennlinien in Richtung des singulären Punktes, im zweiten Fall haben sie die entgegengesetzte Richtung.

Sind k Wurzeln $\lambda_1, \lambda_2, \ldots, \lambda_k$ negativ und $(n - 1 - k)$ Wurzeln $\lambda_{k+1}, \lambda_{k+2}, \ldots, \lambda_{n-1}$ positiv, so existieren in der Umgebung des singulären Punktes zwei Hyperflächen, wobei die erste k-dimensional und die zweite $(n - 1 - k)$-dimensional ist. In der ersten Hyperfläche schmiegen sich die Trennlinien an den singulären Punkt an und sind in seine Richtung gerichtet, in der zweiten Hyperfläche schmiegen sie sich ebenfalls an, verlaufen jedoch in entgegengesetzter Richtung. Außerhalb dieser Flächen haben die Trennlinien das Aussehen sattelförmiger Kurven, d. h. sie gehen in den singulären Punkt aus keinem beliebigen Punkt des Konzentrationssimplexes in dessen Umgebung über.

Zur Veranschaulichung wollen wir das Verhalten der Trennlinien in einem Dreikomponenten-System betrachten. Die Zusammensetzungsänderung eines ternären Gemisches infolge einer Grenzflächen-Trennung wird durch nachstehendes System zweier Differentialgleichungen beschrieben:

$$\left.\begin{aligned} dx_1/d \ln m &= x_1^{(\sigma)} - x_1 \\ dx_2/d \ln m &= x_2^{(\sigma)} - x_2 . \end{aligned}\right\} \qquad (8.23)$$

Im gegebenen Fall nimmt das Gleichungssystem (8.21) die folgende Form an:

$$\left.\begin{aligned} du_1/d \ln m &= B_{11} u_1 + B_{12} u_2 \\ du_2/d \ln m &= B_{21} u_1 + B_{22} u_2 . \end{aligned}\right\} \qquad (8.24)$$

Hierbei lautet die charakteristische Gleichung (8.22)

$$\begin{vmatrix} B_{11} - \lambda & B_{12} \\ B_{21} & B_{22} - \lambda \end{vmatrix} = 0. \qquad (8.25)$$

Untersuchen wir nun das Verhalten der Trennlinien in der Umgebung eines jeden Typs der singulären Punkte, wobei diese in den Spitzen, auf den Seiten und innerhalb des Konzentrationsdreiecks liegen.

1. Der singuläre Punkt befindet sich in einer Spitze des Konzentrationsdreiecks. Dieser Fall ist von größtem praktischen Interesse, da die Prozesse der Stofftrennung an Grenzflächen häufig zur Reinigung oder Gewinnung von Beimengungen angewendet werden. Betrachten wir konkret die der Komponente (3) entsprechende Spitze des Konzentrationsdreiecks (die Komponenten (1) und (2) mögen Beimengungen verkörpern), so gilt für den singulären Punkt:

$$x_1^{(\sigma)} = x_1 = x_2^{(\sigma)} = x_2 = 0$$

$$x_3^{(\sigma)} = x_3 = 1.$$

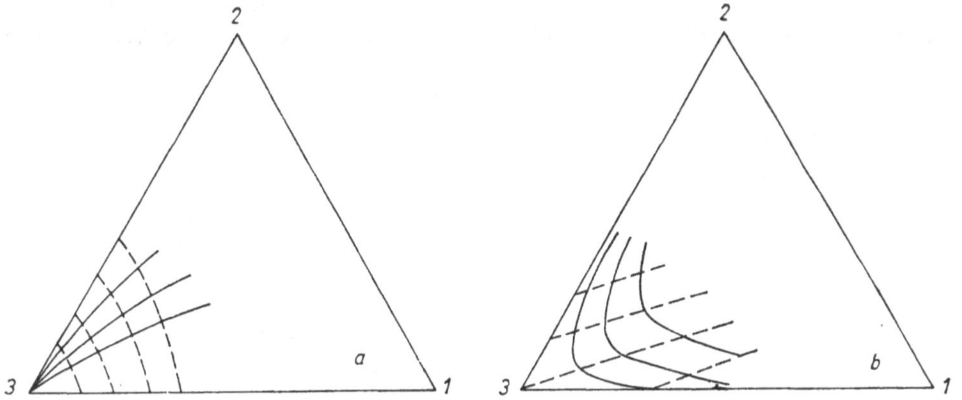

Abb. 8.2. Linien für die Stofftrennung an Grenzflächen (ausgezogen) und Isolinien der Grenzflächenspannung (gestrichelt) in der Umgebung einer Spitze des Konzentrationsdreiecks

In diesem Fall ist gemäß Definition (8.20) $B_{12} = B_{21} = 0$ und, folglich, $\lambda_1 = B_{11}$, $\lambda_2 = B_{22}$. Der Verlauf der Trennlinien wird vom Vorzeichen des Quotienten λ_1/λ_2 bestimmt. Haben λ_1 und λ_2 gleiches Vorzeichen, so ist $\lambda_1/\lambda_2 > 0$, und die Spitze ist ein Knoten, d. h. die Trennlinien verlaufen durch sie (Abb. 8.2.*a*). Im entgegengesetzten Fall ist $\lambda_1/\lambda_2 < 0$, und die Spitze ist ein Sattel, d. h. die Trennlinien meiden sie (Abb. 8.2.*b*). In diesem Fall ist eine vollständige Abtrennung der Beimengungen nicht möglich. Entsprechend Ungleichung (8.17) wird der Verlauf des Reinigungsprozesses von den Eigenschaften der Grenzflächenspannungsfläche vorgegeben. Verfügt Komponente (3) in Nähe der Spitze im Vergleich mit den Lösungen über die höhere Grenzflächenspannung, so sind die Grenzflächen-Trennlinien in die Spitze gerichtet, und die Beimengungen werden vollständig abgetrennt. Im Rückstand bleibt die reine Komponente (3). Ist andererseits die Grenzflächenspannung von Komponente (3) geringer als die beliebiger Lösungen in der Umgebung der Spitze, so entspringen die Trennlinien in der dritten Spitze des Konzentrationsdreiecks. Im Verlaufe des Trennprozesses reichern sich die Beimengungen in der Lösung an, und die reine Komponente (3) wird abgetrennt. In einem zwischen diesen beiden Fällen gelegenen Fall wird die betrachtete Spitze zu einem Sattel.

2. Der singuläre Punkt befindet sich auf einer Seite des Konzentrationsdreiecks. Dieser Fall kann dann auftreten, wenn in irgendeinem binären System, z. B. in einem von

den Komponenten (2) und (3) gebildeten, auf der Grenzflächenspannungsisothermen ein Extremum vorliegt. In einem solchen Punkt sind

$$x_2^{(\sigma)} = x_2,$$

$$x_3^{(\sigma)} = x_3,$$

$$x_1^{(\sigma)} = x_1 = 0,$$

$$B_{12} = 0.$$

Die charakteristischen Wurzeln sind gleich B_{11} bzw. B_{22}. Die Art des singulären Punktes wird durch das Vorzeichen des Quotienten λ_1/λ_2 bestimmt. Ist $\lambda_1/\lambda_2 > 0$, so liegt ein Knoten vor (Abb. 8.3.*a*), bei $\lambda_1/\lambda_2 < 0$ ist es ein Sattel (Abb. 8.3.*b*). Im ersten

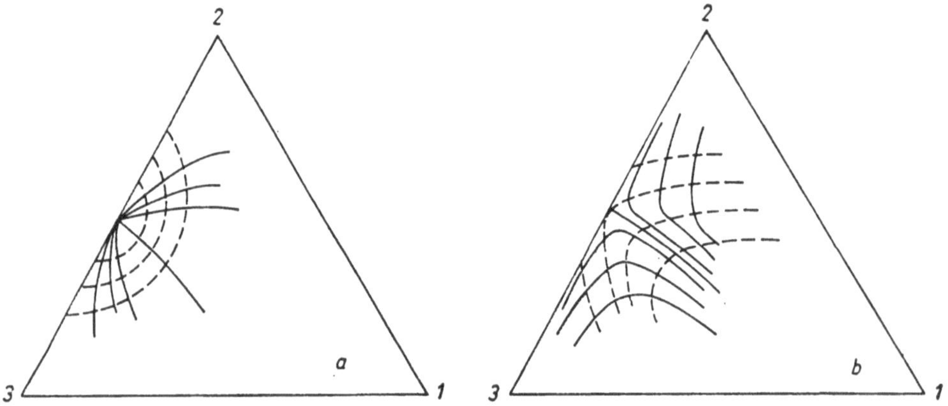

Abb. 8.3. Linien für die Stofftrennung an Grenzflächen (ausgezogen) und Isolinien der Grenzflächenspannung (gestrichelt) in der Umgebung eines singulären Punktes an einer Seite des Konzentrationsdreiecks

Fall verlaufen die Trennlinien durch den singulären Punkt, im zweiten umgehen sie diesen, wobei drei Linien eine Ausnahme machen (zwei sind die Kanten des Konzentrationsdreiecks, die dritte — sogenannte Trennlinie — verläuft innerhalb des Dreiecks). Gemäß Ungleichung (8.17) gilt für einen Knoten, daß die Grenzflächen-Trennlinien vom Knoten ausgehen, wenn beim Hinzufügen von Komponente (1) die Grenzflächenspannung wächst, bzw. im Knoten enden, wenn das Hinzufügen von Komponente (1) zu einer Verringerung der Grenzflächenspannung führt. Komponente (1) wird im Prozeß der Trennung an Grenzflächen im ersten Fall im System bzw. im zweiten Fall in der Grenzflächenschicht angereichert.

3. Der singuläre Punkt befindet sich im Inneren des Konzentrationsdreiecks. Die Analyse der Gln. (8.24) zeigt für den Fall innerhalb des Konzentrationsdreiecks gelegener singulärer Punkte:

   a) Haben λ_1 und λ_2 gleiche Vorzeichen, so schmiegen sich die Grenzflächen-Trennlinien an den singulären Punkt an und sind durch zwei sich kreuzende Geraden in vier Gruppen aufgeteilt (Abb. 8.4.*a*).

b) Haben λ_1 und λ_2 unterschiedliche Vorzeichen, so umgehen die Trennlinien den singulären Punkt, ohne diesen zu berühren, und sind ebenfalls durch zwei sich kreuzende Linien in vier Gruppen aufgetrennt (Abb. 8.4.*b*).

In Abb. 8.4. sind die Linien konstanter Grenzflächenspannung in der Umgebung des singulären Punktes gestrichelt dargestellt. Fall 1. entspricht einem Extremum der Grenzflächenspannung, Fall 2. einem Sattel auf der isotherm-isobaren Fläche der Grenzflächenspannung. Gemäß Ungleichung (8.17) liegen für Fall 1. in Abhängigkeit von der Art des Extremums unterschiedliche Trennlinien vor: entweder sie entspringen im singulären Punkt (Minimum der Grenzflächenspannung) oder sie enden in diesem (Maximum der Grenzflächenspannung). Im 2. Falle haben die Trennlinien i. a. keinen Kontakt mit dem singulären Punkt.

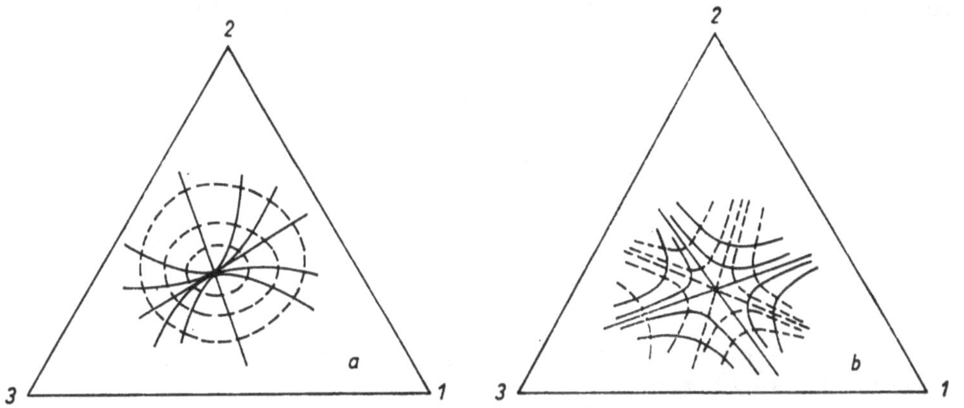

Abb. 8.4. Linien für die Stofftrennung an Grenzflächen (ausgezogen) und Isolinien der Grenzflächenspannung (gestrichelt) in der Umgebung eines singulären Punktes im Inneren des Konzentrationsdreiecks

8.4. Nichtlokale Gesetzmäßigkeiten der Trenndiagramme

Die nichtlokalen Gesetzmäßigkeiten liefern den Zusammenhang zwischen der Anzahl der singulären Punkte unterschiedlicher Art im Konzentrationssimplex. Damit erlauben sie, das Grenzflächen-Trenndiagramm als Ganzes darzustellen. Treffen diese Gesetzmäßigkeiten zu, so kann die Widerspruchsfreiheit zwischen den experimentellen Ergebnissen und strengen thermodynamischen Gesetzen geprüft werden. In Einzelfällen ist es möglich, mit ihrer Hilfe anhand unvollständiger experimenteller Daten das gesamte Grenzflächen-Trenndiagramm aufzustellen oder zumindest die Anzahl der möglichen Varianten zu begrenzen.

Für das Auffinden nichtlokaler Gesetzmäßigkeiten wurde eine allgemeine thermodynamisch-topologische Methode der Untersuchung von Grenzflächen-Trenndiagrammen angewendet [7]. Diese Methode beruht auf den oben betrachteten Grundlagen der thermodynamischen Theorie der Trennprozesse an Grenzflächen sowie auf jenem Teil der Theorie mehrdimensionaler Vektorfelder, der die Indizes singulärer Punkte eines Vektorfeldes sowie die Eigenschaften von Vektorfeldern, die durch Mannigfaltigkeiten ohne Kontakt begrenzt werden, behandelt.

Als Resultat einer derartigen Untersuchung ergibt sich eine Gleichung, die die Anzahl der singulären Punkte unterschiedlicher Art im Konzentrationssimplex eines n-Komponenten-Systems verknüpft:

$$\sum_{k=1}^{n} 2^k(N_k^+ + C_k^+ - N_k^- - C_k^-) = (-1)^{n-1} + 1 \tag{8.26}$$

mit $(N_k^+$ (N_k^-) als Anzahl der k-komponentigen Knoten im Konzentrationssimplex, die den Index $+1$ (-1) haben $(N_k^+, N_k^- \ldots$ Anzahl der stabilen bzw. instabilen Knoten), sowie C_k^+ (C_k^-) als Anzahl der Sättel im Konzentrationssimplex, die von k-komponentigen singulären Punkten gebildet werden und den Index $+1$ (-1) haben.

Die Begriffe des stabilen (Index $+1$) und instabilen (Index -1) Knotens sowie des positiven (Index $+1$) und negativen (Index -1) Sattels werden in Abb. 8.5. illustrativ

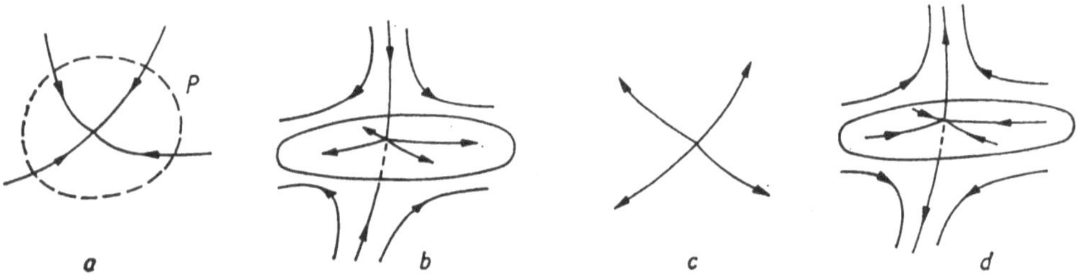

Abb. 8.5. Verhalten der Linien für die Stofftrennung an Grenzflächen in der Umgebung singulärer Punkte im Inneren des Tetraeders

a) stabiler Knoten *c*) instabiler Knoten
b) positiver Sattel *d*) negativer Sattel

(die Pfeile geben die Richtung für die Verschiebung der Lösungszusammensetzung während des Trennprozesses an der Grenzfläche an)

erläutert. Hier sind die möglichen Typen der singulären Punkte innerhalb des Konzentrationstetraeders eines Vierkomponentensystems dargestellt. Die Trennlinien treten in den stabilen Knoten ein bzw. aus dem instabilen Knoten heraus. In derselben Weise unterscheiden sich der positive und negative Sattel durch die Richtung des Verlaufes der Trennlinien voneinander.

Gl. (8.26) zeigt, daß in den Zustandsdiagrammen realer Systeme ein definiter Zusammenhang zwischen den Anzahlen unterschiedlicher singulärer Punkte der Trennlinien gewahrt sein muß. Diese Formel drückt die oben als nichtlokal bezeichneten Gesetzmäßigkeiten aus. Es sei vermerkt, daß Gl. (8.26) sowohl auf die Diagramme der Trennlinien als auch auf die isotherm-isobaren Diagramme für die Abhängigkeit der Grenzflächenspannung von der Lösungszusammensetzung angewendet werden darf. Die Erklärung hierfür ist in der Existenz einer eindeutigen gegenseitigen Kopplung zwischen dem Verhalten der Trennlinien und der Lage der Flächen konstanter Grenzflächenspannung zu suchen.

Wir wollen den Sonderfall von Gl. (8.26) für Dreikomponentensysteme näher untersuchen. In diesem Fall vereinfacht sich Gl. (8.26) stark, da in ternären Systemen singuläre Punkte lediglich zweier Arten auftreten können: entweder Knoten oder

Sättel, wobei der Knotenindex gleich +1 und der Sattelindex gleich −1 ist. Dementsprechend nimmt Formel (8.26) die folgende Form an:

$$2(N_1^+ - C_1^-) + 4(N_2^+ - C_2^-) + 8(N_3^+ - C_3^-) = 2. \tag{8.27}$$

Wird weiterhin berücksichtigt, daß das Konzentrationsdreieck drei Spitzen besitzt, d. h. $N_1^+ + C_1^- = 3$, so kann die Beziehung (8.27) zu

$$N_1^+ + N_2^+ + 2N_3^+ = 2 + C_2^- + 2C_3^- \tag{8.28}$$

umgeformt werden. Es sei darauf hingewiesen, daß Beziehung (8.28) exakt mit jener Formel identisch ist, welche die für Destillationsliniendiagramme ternärer Systeme bekannte Azeotropie-Regel ausdrückt [14]. Diese Übereinstimmung wird dadurch hervorgerufen, daß — wie bereits oben vermerkt — zwischen den möglichen Varianten für das Verhalten der Destillationslinien sowie der Grenzflächen-Trennlinien völlige Analogie besteht.

Betrachten wir nunmehr die aus den Formeln für nichtlokale Gesetzmäßigkeiten folgenden Konsequenzen.

Zunächst soll das Gleichgewicht zwischen ternärer Lösung, Grenzflächenschicht und Dampf, wobei in letzterem außer den drei Komponenten noch ein unlösliches, nichtadsorbierbares inertes Gas enthalten sein soll, betrachtet werden. (In der Praxis werden Messungen von Grenzflächenspannungen häufig für derartige Systeme vorgenommen.) Anhand der Meßergebnisse für solche Systeme kann das Diagramm für die Abhängigkeit der Grenzflächenspannung von der Lösungszusammensetzung unter isotherm-isobaren Bedingungen konstruiert werden. Formel (8.28) erlaubt die Untersuchung einer Reihe von Gesetzmäßigkeiten in derartigen Diagrammen.

Zuerst wollen wir zeigen, daß Gl. (8.28) auf isotherm-isobare Grenzflächenspannungsdiagramme angewendet werden darf. Wie bereits gezeigt wurde, besteht zwischen dem Verhalten der Trennlinien und den Linien konstanter Grenzflächenspannung ein eindeutiger Zusammenhang, der in knapper Form folgendermaßen formulierbar ist. Bilden die Grenzflächen-Trennlinien in einem singulären Punkt einen Knoten, so ist der Grenzflächenspannungswert im singulären Punkt maximal oder minimal, wobei durch den singulären Punkt selbst nicht eine einzige Linie konstanter Grenzflächenspannung verläuft. Bilden die Isolinien der Grenzflächenspannung in einem singulären Punkt einen Sattel, so ist der Wert der Grenzflächenspannung im singulären Punkt nicht extremal, und durch den singulären Punkt verlaufen Linien konstanter Grenzflächenspannung (Abb. 8.6). In Übereinstimmung mit dem aufgezeigten Zusammenhang darf der Sinn der einzelnen Glieder von Gl. (8.28) verändert werden, so daß sie auf Grenzflächenspannungsdiagramme anwendbar wird. Hierbei nehmen die Größen von Gl. (8.28) den folgenden Sinn an: N_1^+, N_2^+, N_3^+, C_1^-, C_2^-, C_3^- ... jeweilige Anzahl der singulären Punkte der Typen *a*, *b*, *c*, *d*, *e*, *f* (siehe Abb. 8.6.).

Als Beispiel für die Anwendung von Gl. (8.28) wollen wir ternäre Systeme mit $N_2^+ = C_2^- = 0$ betrachten, d. h. solche, innerhalb derer von den möglichen binären Systemen keine ein Grenzflächenspannungsextremum zeigen. In diesem Falle erhalten wir

$$N_1^+ = 2 + 2(C_3^- - N_3^+), \tag{8.29}$$

wobei N_1^+ den Wert Zwei annimmt, da jeweils in einer der Spitzen des Konzentrationsdreiecks die Grenzflächenspannung einen Minimal- bzw. Maximalwert annimmt. Somit erhalten wir aus der Gleichheit (8.29)

$$C_3^- - N_3^- = 0.$$

Diese Bedingung sagt aus, daß in ternären Systemen des vorgegebenen Typs entweder keine oder eine geradzahlige Anzahl singulärer Punkte innerhalb des Konzentrationsdreiecks auftritt. Letzterenfalls gehört ein Teil der Punkte zu Typ *c*, der andere Teil zu Typ *f* (siehe Abb. 8.6.). Für kompliziertere Fälle können mit Hilfe von Gl. (8.28) auf

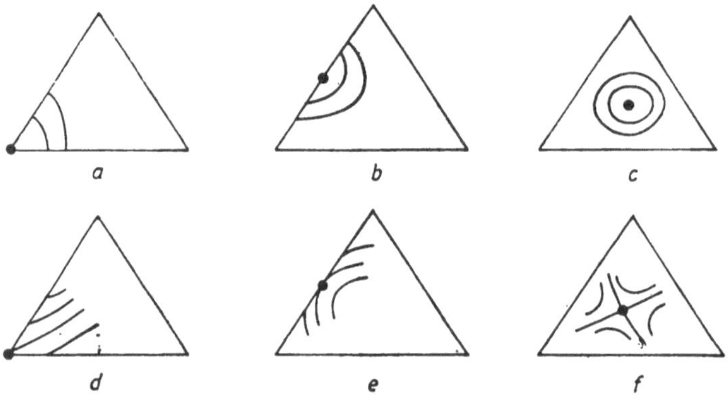

Abb. 8.6. Verhalten der Linien konstanter Grenzflächenspannung sowie der Trennlinien in der Umgebung singulärer Punkte unterschiedlicher Art

(Verhalten der Linien konstanter Grenzflächenspannung:

1 – in der Umgebung eines Knotenpunktes der Linien für die Stofftrennung an Grenzflächen

a) in der Spitze
b) auf einer Seite
c) im Inneren des Konzentrationsdreiecks

2 – in der Umgebung eines Sattelpunktes der Linien für die Stofftrennung an Grenzflächen

d) in der Spitze
e) auf einer Seite
f) im Inneren des Konzentrationsdreiecks)

der Grundlage der für die binären Systeme vorgegebenen Diagramme die möglichen Diagrammtypen für das ternäre System abgeleitet werden. Die Anzahl der dabei möglichen Varianten ist in der Regel stark eingeschränkt.

Verweilen wir bei einer weiteren Nutzungsmöglichkeit für Gl. (8.26). Offensichtlich enthält diese Formel Zahlen, welche den Typ des Grenzflächenspannungsdiagrammes qualitativ definieren. Infolgedessen besteht die Möglichkeit, vermittels Gl. (8.26) die möglichen qualitativ verschiedenen Diagrammtypen zu erkennen. Die Anzahl der möglichen Diagrammtypen steigt mit der Anzahl der Komponenten stark an. So kann in Analogie zu den Diagrammen der Destillationslinien z. B. die Schlußfolgerung gezogen werden, daß bereits für ternäre Systeme 38 verschiedene Diagrammtypen möglich sind.

Wir wollen jetzt einige Schlußfolgerungen betrachten, die sich aus Gl. (8.26) für quarternäre Systeme ergeben. Zunächst bringen wir (8.26) in die handlichere Form

$$\Delta_1 + 2\Delta_2 + 4\Delta_3 + 8\Delta_4 = 0 \tag{8.30}$$

mit

$$\Delta_k = N_k^+ + C_k^+ - N_k^- - C_k^-. \tag{8.31}$$

Beschränken wir uns auf Vierkomponentensysteme, die keine dreikomponentigen singulären Punkte enthalten, so daß sich $\Delta_3 = 0$ und

$$\Delta_1 + 2\Delta_2 + 8\Delta_4 = 0 \tag{8.32}$$

ergeben.

Gemäß der thermodynamischen Theorie [12] sind in vierkomponentigen Systemen die Typen der einkomponentigen und zweikomponentigen singulären Punkte — und folglich auch Δ_1, Δ_2 — durch die Daten für die ternären Systeme bestimmt. Mithin ist es in diesem Falle möglich, anhand von Daten für die ternären Systeme die Frage nach dem Vorhandensein eines vierkomponentigen singulären Punktes in einem quarternären System zu stellen.

Verweilen wir bei einigen speziellen Fällen. Die Gesamtzahl der zweikomponentigen singulären Punkte möge durch M_2 gegeben sein. Dann verfügt Gl. (8.32) in den Fällen

a) $M_2 = 0 \quad (\Delta_2 = 0)$

b) $M_2 = 1 \quad (\Delta_2 = \pm 1)$

c) $\Delta_1 = 0, \quad M_2 \leqq 3$

d) $\Delta_1 + 2\Delta_2 = 0, \quad M_2 \leqq 6$

nur über eine einzige ganzzahlige Lösung, für die

$$\Delta_4 = 0 \tag{8.33}$$

gilt.

Bedingung (8.33) besagt, daß entweder die Gesamtzahl der vierkomponentigen singulären Punkte M_4 gleich Null oder M_4 geradzahlig ist, da sich nämlich unter der Bedingung (8.33)

$$M_4 = N_4^+ + C_4^+ + N_4^- + C_4^- = 2(N_4^+ + C_4^+) \tag{8.34}$$

ergibt.

Abschließend sei festgestellt, daß im allgemeinen Fall mit Hilfe von Gl. (8.30) die möglichen Typen der Diagramme sowohl für die Grenzflächen-Trennlinien als auch die Grenzflächenspannung in einem Vierkomponentensystem bei vorgegebenen Diagrammen für die ternären Systeme bestimmt werden können.

8.5. Prozesse der mehrfachen Trennung an Grenzflächen. Schaumfraktionierung

Bisher haben wir die Prozesse der einfachen Trennung betrachtet. Dem Wesen nach ist ihr Verlauf den destillativen Trennprozessen analog. In der Praxis begegnet man auch den komplizierteren Prozessen der mehrfachen Trennung, die den Rektifikationsprozessen analog sind. Einer von diesen ist die Schaumfraktionierung, die in einer vielfachen Umverteilung der Stoffe zwischen einer Lösung und ihrer Grenzflächenschicht besteht [3]. Im vorliegenden Abschnitt wollen wir den Prozeß der Schaumfraktionierung behandeln, der in Anwesenheit eines Trennagens (Lösungsmittels) abläuft. Dies ist ein Beispiel für den Prozeß einer mehrfachen Trennung an Grenzflächen.

Die Behandlung erfolgt am Beispiel der Trennung ternärer Gemische fester oder flüssiger nichtionischer Stoffe A_1, A_2 und A_3. Ein vorgegebenes Gemisch möge in einem großen Volumen eines passenden Lösungsmittels A_4 gelöst sein. Wir bilden über der Lösung eine große Masse Grenzflächenschicht (z. B. durch Aufschäumen), danach trennen wir die Grenzflächenschicht ab und führen diese in eine neue Portion Lösungsmittel über. Die entstandene Lösung wird erneut all jenen Operationen wie im ersten Fall unterzogen, usw. Die technologische Realisierung des beschriebenen Prozesses kann verständlicherweise sehr vielfältig sein. Hierbei erinnert die Rolle des Lösungsmittels an jene des Trennagens in der extraktiven Rektifikation und besteht in der Schaffung bestimmter optimaler Bedingungen für die Trennung.

Betrachten wir jene Faktoren, die den Verlauf eines Schaumfraktionierungsprozesses bestimmen, näher. Nach den obigen Darlegungen läuft der Prozeß der Schaumfraktionierung unter starker Verdünnung mit dem Lösungsmittel A_4 ab. Infolgedessen kann im betrachteten Fall die Abhängigkeit der Zusammensetzung der Grenzflächenschicht von der Lösungszusammensetzung mit hinlänglicher Genauigkeit durch die Beziehung (8.8) beschrieben werden. Die Ableitungen k_i können aus den Isothermen der Grenzflächenspannung für die binären Systeme berechnet werden. In der Tat ist es leicht möglich, die Größe k_i, die die Grenzflächenaktivität der Komponente A_i in bezug auf das Lösungsmittel kennzeichnet, mit dem Wert für die Ableitung $d\sigma/dx_i$ im binären System $A_i - A_4$ zu koppeln. So z. B. erhalten wir gemäß (8.15) für isotherm-isobare Bedingungen

$$k_i = \lim_{x_i \to 0} \frac{x_i^{(\sigma)}}{x_i} = 1 - a^0 \left(\frac{d\sigma}{dx_i}\right)^0 \lim_{x_i \to 0} (x_i g_{ii})^{-1} = 1 - \frac{a^0}{RT} \left(\frac{d\sigma}{dx_i}\right)^0, \tag{8.35}$$

wobei mit dem hochgestellten Index „Null“ die auf den Punkt $x_4 = 1$ bezogenen Größen gekennzeichnet sind.

Die Trennung der Stoffe A_1, A_2, A_3 erfolgt in Anwesenheit des Lösungsmittels A_4. Daher sind die während des Trennprozesses auftretenden Veränderungen der Größen $x_i^{(\sigma)}$ und x_i von geringerem Interesse als die Änderungen der relativen Stoffkonzentrationen x_i' in der Lösung bzw. $x_i^{(\sigma)\prime}$ in der Grenzflächenschicht. Wie üblich definieren wir die relativen Konzentrationen als

$$x_i^{(\sigma)\prime} \equiv \frac{x_i^{(\sigma)}}{x_1^{(\sigma)} + x_2^{(\sigma)} + x_3^{(\sigma)}}; \qquad x_i' \equiv \frac{x_i}{x_1 + x_2 + x_3}; \qquad i = 1, 2, 3. \tag{8.36}$$

Die Kombination von Gl. (8.8) und Definition (8.36) führt zu

$$\frac{x_1^{(\sigma)\prime}}{x_3^{(\sigma)\prime}} = \frac{k_1}{k_3}\frac{x_1'}{x_3'}; \qquad \frac{x_2^{(\sigma)\prime}}{x_3^{(\sigma)\prime}} = \frac{k_2}{k_3}\frac{x_2'}{x_3'}; \qquad \frac{x_1^{(\sigma)\prime}}{x_2^{(\sigma)\prime}} = \frac{k_1}{k_2}\frac{x_1'}{x_2'}. \tag{8.37}$$

Die Gln. (8.37) drücken die Abhängigkeit der relativen Konzentrationen von A_1, A_2, A_3 in der Grenzflächenschicht von den relativen Konzentrationen dieser Stoffe in der Lösung aus. Diese Gleichungen zeigen, daß der einmalige Stoffübergang aus der Lösung in die Grenzflächenschicht (mit sich anschließendem Übergang in das Lösungsmittel) die Größe x_i'/x_r' um den Faktor k_i/k_r ändert, da der Lösungsvorgang der abgetrennten Grenzflächenschicht im Lösungsmittel A_4 keinen Einfluß auf die relativen Konzentrationen der Stoffe A_1, A_2, A_3 ausübt. Werden die beschriebenen Operationen n-mal wiederholt, so nehmen die relativen Konzentrationen x_{in}' der Stoffe A_i ($i = 1, 2, 3$) nach dem n-ten Schritt in der Lösung die folgenden Werte an:

$$\frac{x_{1n}'}{x_{3n}'} = \left(\frac{k_1}{k_3}\right)^n \frac{x_1'}{x_3'}; \qquad \frac{x_{2n}'}{x_{3n}'} = \left(\frac{k_2}{k_3}\right)^n \frac{x_2'}{x_3'}; \qquad \frac{x_{1n}'}{x_{2n}'} = \left(\frac{k_1}{k_2}\right)^n \frac{x_1'}{x_2'}. \tag{8.38}$$

Die Gln. (8.38) beschreiben den Verlauf der Schaumfraktionierung und erlauben die Berechnung der für das Erreichen einer vorgegebenen Trennschärfe notwendigen Trennstufenzahl.

Als Beispiel wollen wir einen der möglichen Fälle untersuchen, für den die folgenden Ungleichungen gültig sind:

$$\frac{k_1}{k_3} < 1; \qquad \frac{k_2}{k_3} < 1; \qquad \frac{k_1}{k_2} < 1. \tag{8.39}$$

Wird berücksichtigt, daß $\sum_{i=1}^{3} x_{in}' = 1$, so erhalten wir gemäß den Ungleichungen (8.39) und den Beziehungen (8.38) bei $n \to \infty$

$$x_{1n}' \to 0, \qquad x_{2n}' \to 0, \qquad x_{3n}' \to 1.$$

Infolgedessen nimmt während des Prozesses der Schaumfraktionierung die relative Konzentration des Stoffes A_3 in der Lösung zu, und bei ausreichend großem n wird er von den Stoffen A_1 und A_2 abgetrennt sein. Nach der Abtrennung von A_3 wird bei weiterer Fraktionierung A_2 abgesondert, da mit steigendem n aus der dritten Beziehung von (8.38) $x_{1n}' \to x_{2n}' \to 1$ folgt. Ist dies erfolgt, ist das ternäre Ausgangsgemisch vollständig in seine Komponenten aufgetrennt.

In gleicher Weise lassen sich beliebige andere analoge Fälle betrachten. Dabei zeigt es sich, daß die Schaumfraktionierung in all jenen Fällen, für die die Quotienten k_i/k_r ungleich Eins sind, einen Trenneffekt ergibt. Es ist somit prinzipiell möglich, Gemische von — bezogen auf das Lösungsmittel A_4 — sowohl grenzflächenaktiven als auch grenzflächeninaktiven Stoffen sowie auch Gemische dieser Stoffe untereinander mittels Schaumfraktionierung aufzutrennen.

Die Effektivität dieses Wirkprinzips wird durch den Wert des Quotienten k_i/k_r bestimmt. Daher hat die Auswahl des Trennagens so zu erfolgen, daß sich die Größen k_i/k_r nach Möglichkeit sehr stark von dem Wert Eins unterscheiden. Besteht die Aufgabe nicht in der Auftrennung der Stoffe, sondern in der Absonderung nur eines dieser, z. B. der Komponente A_3, aus dem Gemisch, so ist es zweckmäßig, das Trennagens unter Einhaltung der Bedingungen (8.39) auszuwählen. Dabei wird der Stoff A_3 in der ersten Fraktion abgeschieden. Es sei daran erinnert, daß die Werte der Größen k_i aus den Daten für die binären Systeme Trennagens—abzutrennende Gemischkomponente bestimmt werden können.

Zum Abschluß ist es notwendig, darauf hinzuweisen, daß es bei der Durchführung der Schaumfraktionierung in einer Reihe von Fällen sinnvoll ist, das Lösungsmittel mit einer geringen Menge eines Schaumbildners zu versetzen. Sofern die Konzentration des Schaumbildners im Lösungsmittel gering ist, besteht keine Notwendigkeit, den oben aufgeführten Formalismus zu korrigieren. Ist die Schaumfraktionierung abgeschlossen, so kann der Schaumbildner wieder abgetrennt werden, z. B. mit Hilfe eines Reinigungsverfahrens an Trennflächen.

Literatur

[1] J. J. Bikerman: „*Foams*", Springer, New York 1973

[2] Cassidy, H. G.: „*Technique of Organic Chemistry*", **10**, New York 1957

[3] Kishimoto, H.: Kolloid-Z. **192**, 66 (1963)

[4] „*Adsorptive Bubble Separation Techniques*", ed. by R. Lemlich, Academic Press, New York 1971

[5] А. И. Русанов, В. Т. Жаров, С. А. Левичев: Докл. АН СССР, **184**, 372 (1969)

[6] А. В. Сторонкин, А. И. Русанов, В. Т. Жаров, С. А. Левичев: Колл. ж., **31**, 290 (1969)

[7] В. Т. Жаров, А. И. Русанов, С. А. Левичев: Колл. ж., **30**, 819 (1968)

[8] В. Т. Жаров, А. И. Русанов, С. А. Левичев: Теор. основы хим. технол., **4**, 264 (1970)

[9] В. Т. Жаров, А. И. Русанов, С. А. Левичев: Колл. ж., **33**, 679 (1971)

[10] В. Т. Жаров, А. И. Русанов, С. А. Левичев: в сб. „*Кинетика и динамика физической адсорбции*" (russ.; „Kinetik und Dynamik der physikalischen Adsorption"), изд. Наука, Москва 1973, стр. 197

[11] А. В. Сторонкин: „*Термодинамика гетерогенных систем*", ч. 1 и 2, (russ.; „Thermodynamik heterogener Systeme", Teile 1 u. 2), изд. ЛГУ, 1967

[12] В. Т. Жаров, Л. А. Серафимов: „*Физико-химические основы дистилляции и ректификации*" (russ.; „Physikalisch-chemische Grundlagen der Destillation und Rektifikation"), изд. Химия, Ленинград 1975

[13] В. В. Немыцкий, В. В. Степанов: „*Качественная теория дифференциальных уравнений*" (russ.; „Qualitative Theorie der Differentialgleichungen"), Гостехиздат, Москва 1947, стр. 100, 108

[14] Ю. В. Гуриков: ЖФХ **32**, 1955 (1958)

9. Das Zweiphasengleichgewicht in Gegenwart einer gekrümmten Diskontinuitätsfläche

9.1. Übergang von ebenen zu gekrümmten Diskontinuitätsflächen

Beim Übergang zu gekrümmten Grenzflächen tritt gemäß Bedingung (1.29) eine Druckdifferenz zwischen den koexistierenden Phasen auf. Diese Differenz wächst mit zunehmender Krümmung der Diskontinuitätsfläche. Infolgedessen verlieren bei strenger Betrachtung jene unserer Schlußfolgerungen, die auf der Druckgleichheit zwischen den koexistierenden Phasen beruhen, beim Übergang zu gekrümmten Grenzflächen ihre Gültigkeit. Das Experiment zeigt allerdings, daß die Abhängigkeit der thermodynamischen Eigenschaften eines Systems von der Krümmung der Diskontinuitätsfläche erst bei sehr kleinen Krümmungsradien in Erscheinung tritt. So wird z. B. eine Abhängigkeit der Grenzflächenspannung vom Krümmungsradius der Grenzfläche erst bei $r < 10^{-5}$ cm festgestellt. Daher ist es erlaubt, bei nicht allzu kleinen Krümmungsradien der Grenzfläche, die Abhängigkeit der Grenzflächenspannung vom Krümmungsradius zu vernachlässigen und die für ebene Diskontinuitätsflächen hergeleiteten Gleichungen als Näherungsgleichungen mit hinlänglicher Genauigkeit zu benutzen. Nach GUGGENHEIM [1] ist dies möglich, so lange der absolute Wert des Krümmungsradius einer Grenzfläche den der Grenzflächenschichtdicke um ein Vielfaches übertrifft. Ist diese Bedingung erfüllt, so bleibt die Differenz zwischen den in den koexistierenden Phasen herrschenden Drücken vergleichsweise sehr klein, so daß es erlaubt ist, dem in Gl. (2.3) eingehenden Druck P_N den Druckwert einer beliebigen der koexistierenden Phasen oder irgendeinen zwischen diesen liegenden Wert zuzuschreiben. Analoges kann über die Gln. (3.21), (3.23), (3.25), (3.27), (3.29) und (3.31), die aus Gl. (2.3) hergeleitet worden sind, sowie auch über die Gln. (3.42), die sich nach Anwendung der GIBBSschen Methode ergeben haben, gesagt werden.

Aus diesen Ausführungen ergibt sich die folgende Schlußfolgerung: Die grundsätzlichen Differentialgleichungen (3.21), (3.23), (3.25), (3.27), (3.29), (3.31) und (3.42), die für ebene Grenzflächen hergeleitet worden sind, bewahren ihre Gültigkeit auch für gekrümmte Grenzflächen, wenn der Krümmungsradius der Diskontinuitätsfläche im Vergleich mit der Dicke der Grenzflächenschicht groß ist. Damit werden die Anwendungsgrenzen dieser Gleichungen bedeutend ausgedehnt.

Allerdings ist die Anwendung dieser Gleichungen auf gekrümmte Grenzflächen aus zweierlei Gründen nicht völlig zufriedenstellend. Erstens vermögen diese Gleichungen nicht, irgendeine Vorstellung über die Abhängigkeit der Grenzflächenspannung und anderer thermodynamischer Größen vom Krümmungsradius der Diskontinuitätsfläche zu liefern, da sie ja bei Vernachlässigung dieser Abhängigkeit hergeleitet worden sind. Andererseits ist aber gerade eine Kenntnis dieser Abhängigkeit — so geringfügig sie auch sein mag — von prinzipiellem theoretischem Interesse. Zweitens ist die Anwendbarkeit dieser Gleichungen auf gekrümmte Grenzflächen eingeschränkt. Bei der Betrachtung stark gekrümmter Grenzflächen verlieren die Gln. (3.21), (3.23), (3.25), (3.27), (3.29), (3.31) und (3.42) ihre Gültigkeit auch im Rahmen ihrer Eigenschaften als Näherungen.

Aus diesen Gründen wäre es wünschenswert, über die exakten thermodynamischen Gleichungen, welche den Zusammenhang zwischen Grenzflächenspannung, Temperatur Phasendrücken, Zusammensetzung einer Phase und Krümmungsradius der Diskontinuitätsfläche geben, zu verfügen.

Bevor wir mit der Behandlung einer solchen Abhängigkeit beginnen, ist es notwendig, die Lage der Trennfläche zu vereinbaren. Damit sollen jene bei der gedanklichen Verschiebung der Trennfläche auftretenden Variationen ausgeschlossen werden, die keinen physikalischen Sinn ergeben. Im weiteren werden wir als Trennfläche die GIBBSsche Spannungsfläche, deren Lage durch die Gln. (1.30) und (1.31) bestimmt wird, wählen. Es sei betont, daß diese Auswahl — obwohl sie bekanntermaßen auch über mathematische Vorteile verfügt — vor allem durch physikalische Überlegungen diktiert wird. In Abschn. 1.1. ist gezeigt worden, daß allein die Spannungsfläche ein mechanisches Äquivalent der realen gekrümmten Diskontinuitätsfläche darstellt. Gewichtige Argumente zugunsten einer Auswahl der Spannungsfläche liefert des weiteren eine Betrachtung der Energetik der Bildung neuer Phasen (siehe Kap. 18.). Die Feststellung dürfte ausreichend sein, daß für gekrümmte Grenzflächen nur die der Spannungsfläche zugehörige Grenzflächenspannung der Arbeit für die Bildung einer Grenzflächeneinheit gleich ist.

Für die Spannungsfläche vereinfachen sich alle differentiellen thermodynamischen Fundamentalgleichungen. Dies ist eine Folge der Abwesenheit jenes Terms, der die Abhängigkeit der Grenzflächenspannung von der Lage der Trennfläche wiedergibt. Im einzelnen nehmen die Gln. (2.8) und (2.14) das folgende Aussehen an[1]:

$$dU = T\,dS - P^{(\alpha)} dV_\alpha - P^{(\beta)} dV_\beta + \sigma\,dA + \sum_{i=1}^{n} \mu_i\,dm_i \tag{9.1}$$

$$A\,d\sigma = -S\,dT + V_\alpha\,dP^{(\alpha)} + V_\beta\,dP^{(\beta)} - \sum_{i=1}^{n} m_i\,d\mu_i \tag{9.2}$$

mit V_α und V_β als Volumina jener Teile der Grenzflächenschicht oder des Gesamtsystems, die beidseitig zur Spannungsfläche gelegen sind und an die Phasen α bzw. β angrenzen. Übereinstimmend mit Bedingung (1.29) soll im weiteren der Krümmungsradius der Spannungsfläche positiv sein, wenn sich die Phase α auf der konkaven sowie die Phase β auf der konvexen Seite der Fläche befinden. Ist die Grenzfläche geschlossen, so spielt Phase α die Rolle der inneren bzw. Phase β die der äußeren Phase.

---

[1] Zur Vereinfachung werden die auf die Spannungsfläche bezogenen Größen σ, A und r ohne Indizes verwendet.

9.2. Herleitung der Grundgleichungen für die Verschiebung des Zweiphasengleichgewichtes in Gegenwart einer gekrümmten Diskontinuitätsfläche

Für die Herleitung der Gleichungen, welche die Kopplung zwischen den Größen T, $P^{(\alpha)}$, $P^{(\beta)}$, σ und den Molenbrüchen geben, können wir einen dem in Abschn. 3.2. benutzten Schema analogen Weg beschreiten. Der Unterschied zu jenem besteht lediglich darin, daß wir die Differenz der Drücke in den koexistierenden Phasen berücksichtigen. Wir gehen von Gl. (9.2) aus, die sowohl auf die Grenzflächenschicht als auch auf das Zweiphasensystem insgesamt anwendbar ist. Wir beziehen sie zunächst auf die Grenzflächenschicht, wobei wir sie nach Division durch die Masse der Grenzflächenschicht $m^{(\sigma)}$ in der folgenden Form niederschreiben:

$$a\,d\sigma = -s^{(\sigma)}\,dT + v_\alpha{}^{(\sigma)}\,dP^{(\alpha)} + v_\beta{}^{(\sigma)}\,dP^{(\beta)} - \sum_{i=1}^{n} x_i{}^{(\sigma)}\,d\mu_i. \tag{9.3}$$

Die Größen $v_\alpha{}^{(\sigma)}$ sowie $v_\beta{}^{(\sigma)}$ sind durch die Beziehungen

$$v_\alpha{}^{(\sigma)} \equiv \frac{V_\alpha{}^{(\sigma)}}{m^{(\sigma)}}, \qquad v_\beta{}^{(\sigma)} \equiv \frac{V_\beta{}^{(\sigma)}}{m^{(\sigma)}} \tag{9.4}$$

definiert und stellen die komplementären Teile des mittleren Molvolumens der Grenzflächenschicht

$$v_\alpha{}^{(\sigma)} + v_\beta{}^{(\sigma)} = v^{(\sigma)} \tag{9.5}$$

dar. Die Korrelation zwischen diesen Größen, gleichfalls auch die zwischen $V_\alpha{}^{(\sigma)}$ und $V_\beta{}^{(\sigma)}$, wird durch die Lage der Trennfläche bestimmt.

Bezieht man die chamischen Potentiale in Gl. (9.3) nacheinander auf die Phasen α und β, so erhält man unter Benutzung der Transformation (3.16) zwei voneinander unabhängige Gleichungen:

$$\left.\begin{aligned} a\,d\sigma &= (s^{(\alpha)} - s^{(\sigma)})\,dT - (v^{(\alpha)} - v_\alpha{}^{(\sigma)})\,dP^{(\alpha)} + v_\beta{}^{(\sigma)}\,dP^{(\beta)} \\ &\quad + \sum_{i=1}^{n-1} (x_i{}^{(\alpha)} - x_i{}^{(\sigma)})\,d\left(\frac{\partial g}{\partial x_i}\right)^{(\alpha)} \\ a\,d\sigma &= (s^{(\beta)} - s^{(\sigma)})\,dT + v_\alpha{}^{(\sigma)}\,dP^{(\alpha)} - (v^{(\beta)} - v_\beta{}^{(\sigma)})\,dP^{(\beta)} \\ &\quad + \sum_{i=1}^{n-1} (x_i{}^{(\beta)} - x_i{}^{(\sigma)})\,d\left(\frac{\partial g}{\partial x_i}\right)^{(\beta)}. \end{aligned}\right\} \tag{9.6}$$

Gemäß Bedingungen (3.13) können die in den Gln. (9.6) rechts stehenden Größen dg/dx_i sowohl auf die koexistierenden Phasen als auch auf die Grenzflächenschicht bezogen werden. Beziehen wir sie zunächst auf Phase α, so erhalten wir bei Benutzung des Ausdruckes (3.19) unter $P = P^{(\alpha)}$ sowie Beachtung der Bedingung (9.5) das folgende

Gleichungssystem:

$$\left.\begin{aligned} a\,d\sigma &= -s_{\alpha\sigma}\,dT + (v_{\alpha\sigma} - v_\beta{}^{(\sigma)})\,dP^{(\alpha)} + v_\beta{}^{(\sigma)}\,dP^{(\beta)} \\ &\quad + \sum_{i,k=1}^{n-1} (x_i{}^{(\alpha)} - x_i{}^{(\sigma)})\,g_{ik}^{(\alpha)}\,dx_k{}^{(\alpha)} \\ a\,d\sigma &= (s_{\alpha\beta} - s_{\alpha\sigma})\,dT + (v_{\alpha\sigma} - v_{\alpha\beta} - v_\beta{}^{(\sigma)} + v^{(\beta)})\,dP^{(\alpha)} \\ &\quad + (v_\beta{}^{(\sigma)} - v^{(\beta)})\,dP^{(\beta)} + \sum_{i,k=1}^{n-1} (x_i{}^{(\beta)} - x_i{}^{(\sigma)})\,g_{ik}^{(\alpha)}\,dx_k{}^{(\alpha)}, \end{aligned}\right\} \tag{9.7}$$

in dem $s_{\alpha\sigma}$, $s_{\alpha\beta}$, $v_{\alpha\sigma}$ und $v_{\alpha\beta}$ den früheren Definitionen (3.22) entsprechen. Das Gleichungssystem (9.7) liefert den Zusammenhang zwischen den Änderungen der Größen σ, T, $P^{(\alpha)}$, $P^{(\beta)}$ und der Zusammensetzung von Phase α. In analoger Weise können jene Gleichungen erhalten werden, die die Änderungen von σ, T, $P^{(\alpha)}$, $P^{(\beta)}$ mit der Zusammensetzungsänderung von Phase β koppeln. Diese Gleichungen lauten

$$\left.\begin{aligned} a\,d\sigma &= -s_{\beta\sigma}\,dT + v_\alpha{}^{(\sigma)}\,dP^{(\alpha)} + (v_{\beta\sigma} - v_\alpha{}^{(\sigma)})\,dP^{(\beta)} \\ &\quad + \sum_{i,k=1}^{n-1} (x_i{}^{(\beta)} - x_i{}^{(\sigma)})\,g_{ik}^{(\beta)}\,dx_k{}^{(\beta)} \\ a\,d\sigma &= (s_{\beta\alpha} - s_{\beta\sigma})\,dT + (v_\alpha{}^{(\sigma)} - v^{(\alpha)})\,dP^{(\alpha)} \\ &\quad + (v_{\beta\sigma} - v_{\beta\alpha} - v_\alpha{}^{(\sigma)} + v^{(\alpha)})\,dP^{(\beta)} + \sum_{i,k=1}^{n-1} (x_i{}^{(\alpha)} - x_i{}^{(\sigma)})\,g_{ik}^{(\beta)}\,dx_k{}^{(\beta)}. \end{aligned}\right\} \tag{9.8}$$

Die Größen $s_{\beta\sigma}$, $s_{\beta\alpha}$, $v_{\beta\sigma}$, $v_{\beta\alpha}$ haben die gleiche Bedeutung wie die in Gl. (3.23) eingehenden analogen Größen und sind durch die Definitionen (3.24) gegeben.

Werden in den Gln. (9.6) die Größen dg/dx_i auf die Grenzflächenschicht bezogen, so ergibt sich unter Benutzung des Ausdrucks

$$d\left(\frac{\partial g}{\partial x_i}\right) = -\frac{\partial s}{\partial x_i}\,dT + \frac{\partial v_\alpha}{\partial x_i}\,dP^{(\alpha)} + \frac{\partial v_\beta}{\partial x_i}\,dP^{(\beta)} - \frac{\partial a}{\partial x_i}\,d\sigma + \sum_{k=1}^{n-1} g_{ik}\,dx_k \tag{9.9}$$

$(i = 1, 2, \ldots, n-1)$

(der aus Gl. (2.33) für die Spannungsfläche folgt und sowohl für die Grenzflächenschicht als auch das Zweiphasensystem insgesamt Gültigkeit besitzt) ein Differentialgleichungssystem, das Temperatur, Druck, Grenzflächenspannung und Zusammensetzung der Grenzflächenschicht miteinander verbindet:

$$\left.\begin{aligned} &\left[a + \sum_{i=1}^{n-1} (x_i{}^{(\alpha)} - x_i{}^{(\sigma)}) \left(\frac{\partial a}{\partial x_i}\right)^{(\sigma)}\right] d\sigma = s_{\sigma\alpha}\,dT \\ &- \left[v^{(\alpha)} - v_\alpha{}^{(\sigma)} - \sum_{i=1}^{n-1} (x_i{}^{(\alpha)} - x_i{}^{(\sigma)}) \left(\frac{\partial v_\alpha}{\partial x_i}\right)^{(\sigma)}\right] dP^{(\alpha)} \\ &+ \left[v_\beta{}^{(\sigma)} + \sum_{i=1}^{n-1} (x_i{}^{(\alpha)} - x_i{}^{(\sigma)}) \left(\frac{\partial v_\beta}{\partial x_i}\right)^{(\sigma)}\right] dP^{(\beta)} + \sum_{i,k=1}^{n-1} (x_i{}^{(\alpha)} - x_i{}^{(\sigma)})\,g_{ik}^{(\sigma)}\,dx_k{}^{(\sigma)} \end{aligned}\right\} \tag{9.10}$$

$$\left.\begin{aligned}
&\left[a + \sum_{i=1}^{n-1} (x_i^{(\beta)} - x_i^{(\sigma)}) \left(\frac{\partial a}{\partial x_i}\right)^{(\sigma)}\right] d\sigma = s_{\sigma\beta}\, dT \\
&+ \left[v_\alpha^{(\sigma)} + \sum_{i=1}^{n-1} (x_i^{(\beta)} - x_i^{(\sigma)}) \left(\frac{\partial v_\alpha}{\partial x_i}\right)^{(\sigma)}\right] dP^{(\alpha)} \\
&- \left[v^{(\beta)} - v_\beta^{(\sigma)} - \sum_{i=1}^{n-1} (x_i^{(\beta)} - x_i^{(\sigma)}) \left(\frac{\partial v_\beta}{\partial x_i}\right)^{(\sigma)}\right] dP^{(\beta)} + \sum_{i,k=1}^{n-1} (x_i^{(\beta)} - x_i^{(\sigma)})\, g_{ik}^{(\sigma)}\, dx_k^{(\sigma)}.
\end{aligned}\right\} \quad (9.10)$$

Die Größen $s_{\sigma\alpha}$ und $s_{\sigma\beta}$ sind durch die Definitionen (3.26) gegeben und haben die gleiche Bedeutung wie in den Gln (3.25).

Da die Ausgangsgleichung (9.2) nicht nur auf die Grenzflächenschicht, sondern auch auf das System insgesamt anwendbar ist, können die in den Gln. (9.7), (9.8) und (9.10) die Grenzflächenschicht kennzeichnenden Größen durch jene substituiert werden, die sich auf das gesamte Zweiphasensystem beziehen. Hierbei erhalten wir drei Gleichungssysteme, in denen jeweils die die koexistierenden Raumphasen bzw. das System insgesamt charakterisierenden Größen figurieren:

$$\left.\begin{aligned}
a_0\, d\sigma &= -s_{\alpha 0}\, dT + (v_{\alpha 0} - v_\beta)\, dP^{(\alpha)} + v_\beta\, dP^{(\beta)} + \sum_{i,k=1}^{n-1} (x_i^{(\alpha)} - x_i)\, g_{ik}^{(\alpha)}\, dx_k^{(\alpha)} \\
a_0\, d\sigma &= (s_{\alpha\beta} - s_{\alpha 0})\, dT + (v_{\alpha 0} - v_{\alpha\beta} - v_\beta + v^{(\beta)})\, dP^{(\alpha)} \\
&\quad + (v_\beta - v^{(\beta)})\, dP^{(\beta)} + \sum_{i,k=1}^{n-1} (x_i^{(\beta)} - x_i)\, g_{ik}^{(\alpha)}\, dx_k^{(\alpha)}
\end{aligned}\right\} \quad (9.11)$$

$$\left.\begin{aligned}
a_0\, d\sigma &= -s_{\beta 0}\, dT + v_\alpha\, dP^{(\alpha)} + (v_{\beta 0} - v_\alpha)\, dP^{(\beta)} + \sum_{i,k=1}^{n-1} (x_i^{(\beta)} - x_i)\, g_{ik}^{(\beta)}\, dx_k^{(\beta)} \\
a_0\, d\sigma &= (s_{\beta\alpha} - s_{\beta 0})\, dT + (v_\alpha - v^{(\alpha)})\, dP^{(\alpha)} \\
&\quad + (v_{\beta 0} - v_{\beta\alpha} - v_\alpha + v^{(\alpha)})\, dP^{(\beta)} + \sum_{i,k=1}^{n-1} (x_i^{(\alpha)} - x_i)\, g_{ik}^{(\beta)}\, dx_k^{(\beta)}
\end{aligned}\right\} \quad (9.12)$$

$$\left.\begin{aligned}
&\left[a_0 + \sum_{i=1}^{n-1} (x_i^{(\alpha)} - x_i) \left(\frac{\partial a_0}{\partial x_i}\right)\right] d\sigma = s_{0\alpha}\, dT \\
&- \left[v^{(\alpha)} - v_\alpha - \sum_{i=1}^{n-1} (x_i^{(\alpha)} - x_i) \left(\frac{\partial v_\alpha}{dx_i}\right)\right] dP^{(\alpha)} \\
&+ \left[v_{(\beta)} + \sum_{i=1}^{n-1} (x_i^{(\alpha)} - x_i) \left(\frac{\partial v_\beta}{\partial x_i}\right)\right] dP^{(\beta)} + \sum_{i,k=1}^{n-1} (x_i^{(\alpha)} - x_i)\, g_{ik}\, dx_k \\
&\left[a_0 + \sum_{i=1}^{n-1} (x_i^{(\beta)} - x_i) \left(\frac{\partial a_0}{\partial x_i}\right)\right] d\sigma = s_{0\beta}\, dT \\
&+ \left[v_\alpha + \sum_{i=1}^{n-1} (x_i^{(\beta)} - x_i) \left(\frac{\partial v_\alpha}{\partial x_i}\right)\right] dP^{(\alpha)} \\
&- \left[v^{(\beta)} - v_\beta - \sum_{i=1}^{n-1} (x_i^{(\beta)} - x_i) \left(\frac{\partial v_\beta}{\partial x_i}\right)\right] dP^{(\beta)} + \sum_{i,k=1}^{n-1} (x_i^{(\beta)} - x_i)\, g_{ik}\, dx_k.
\end{aligned}\right\} \quad (9.13)$$

Die Definitionen für die Größen v_α und v_β lauten

$$v_\alpha \equiv \frac{V_\alpha}{m} \quad \text{bzw.} \quad v_\beta \equiv \frac{V_\beta}{m}; \tag{9.14}$$

jene der Größen $s_{\alpha 0}$, $s_{\beta 0}$, $s_{0\alpha}$ und $s_{0\beta}$ sind durch die Beziehungen (3.28), (3.30) und (3.32) gegeben; die Größen a_0 und x_i haben die gleiche Bedeutung wie in den Gln. (3.18). Die Gln. (9.7), (9.8), (9.10)···(9.13) stellen Verallgemeinerungen der Gln. (3.21), (3.23), (3.25), (3.27), (3.29) und (3.31) für den Fall einer gekrümmten Grenzfläche dar und gehen in diese automatisch über, sobald der Druck in den koexistierenden Phasen identische Werte annimmt. Führen wir als weitere Variable den Krümmungsradius der Spannungsfläche ein, so sind die Gln. (9.7), (9.8), (9.10)···(9.13) gemeinsam mit Bedingung (1.29) zu betrachten. Diese lautet in differentieller Schreibweise folgendermaßen:

$$dP^{(\alpha)} = dP^{(\beta)} + \frac{2}{r}\, d\sigma - \frac{2\sigma}{r^2}\, dr. \tag{9.15}$$

Zur Bedeutung und Anwendbarkeit der Gln. (9.7), (9.8), (9.10)···(9.13) behalten die in Abschn. 3.2. jeweils für die Gln. (3.21), (3.23), (3.25), (3.27), (3.29) und (3.31) getroffenen Ausführungen ihre Gültigkeit. In den folgenden Kapiteln werden wir unsere Aufmerksamkeit auf das Gleichungssystem (9.7), das die Grenzflächenspannung mit der Temperatur, den Drücken und der Zusammensetzung einer der koexistierenden Phasen verbindet, konzentrieren. Durch gegenseitiges Vertauschen der Indizes α und β sowie gleichzeitiger Umkehrung des bei r stehenden Vorzeichens können aus Gl. (9.7) auch alle jene Beziehungen, die sich aus dem System (9.8) ergeben, hergeleitet werden.

9.3. Grundlegende thermodynamische Beziehungen, die aus den Gln. (9.7) und (9.15) folgen

Aus den Gln. (9.7) und (9.15) können durch Eliminierung dieser oder jener Größen zehn thermodynamische Grundgleichungen, die das Zweiphasengleichgewicht in Gegenwart einer gekrümmten Diskontinuitätsfläche beschreiben, hergeleitet werden. Diese Gleichungen geben den Zusammenhang zwischen den folgenden Größen wieder:

(I) $\sigma, T, P^{(\alpha)}, x_1^{(\alpha)}, \ldots, x_{n-1}^{(\alpha)}$

(II) $\sigma, T, P^{(\beta)}, x_1^{(\alpha)}, \ldots, x_{n-1}^{(\alpha)}$

(III) $\sigma, T, r, x_1^{(\alpha)}, \ldots, x_{n-1}^{(\alpha)}$

(IV) $\sigma, P^{(\alpha)}, r, x_1^{(\alpha)}, \ldots, x_{n-1}^{(\alpha)}$

(V) $\sigma, P^{(\beta)}, r, x_1^{(\alpha)}, \ldots, x_{n-1}^{(\alpha)}$

(VI) $\sigma, P^{(\alpha)}, P^{(\beta)}, x_1^{(\alpha)}, \ldots, x_{n-1}^{(\alpha)}$

(VII) $T, P^{(\alpha)}, P^{(\beta)}, x_1^{(\alpha)}, \ldots, x_{n-1}^{(\alpha)}$

(VIII) $T, P^{(\alpha)}, r, x_1^{(\alpha)}, \ldots, x_{n-1}^{(\alpha)}$

(IX) $T, P^{(\beta)}, r, x_1^{(\alpha)}, \ldots, x_{n-1}^{(\alpha)}$

(X) $P^{(\alpha)}, P^{(\beta)}, r, x_1^{(\alpha)}, \ldots, x_{n-1}^{(\alpha)}$.

Von allen diesen Gleichungen enthält lediglich eine einzige — nämlich die die Größen (VII) miteinander verknüpfende — keine sich auf die Grenzflächenschicht beziehenden Variablen. Diese Gleichung lautet:

$$(v_{\alpha\beta} - v^{(\beta)})\, dP^{(\alpha)} + v^{(\beta)}\, dP^{(\beta)} = s_{\alpha\beta}\, dT + \sum_{i,k=1}^{n-1} (x_i^{(\beta)} - x_i^{(\alpha)})\, g_{ik}^{(\alpha)}\, dx_k^{(\alpha)}. \tag{9.16}$$

Gl. (9.16) ist die Verallgemeinerung von Gl. (3.33) für den Fall einer gekrümmten Diskontinuitätsfläche. Bei $P^{(\alpha)} = P^{(\beta)}$ geht sie in die verallgemeinerte VAN DER WAALSsche Differentialgleichung, die den Grenzfall von Gl. (9.16) verkörpert, über. Somit läßt sich auf diesem Wege die Schlußfolgerung ziehen, daß für Systeme, die gekrümmte Diskontinuitätsflächen enthalten (z. B. für disperse Systeme), die verallgemeinerte VAN DER WAALSsche Differentialgleichung ihre Gültigkeit verliert und durch Gl. (9.16) zu ersetzen ist.

Die Gleichungen, welche die Größen (VIII)—(X) miteinander koppeln, haben folgendes Aussehen:

$$\begin{aligned} & s_{\alpha\beta}\left[a + \frac{2}{r}\left(v_\beta^{(\sigma)} - \frac{s_{\alpha\sigma}}{s_{\alpha\beta}}\, v^{(\beta)}\right)\right] dT - v_{\alpha\beta}\left[a + \frac{2}{r}\left(v_\beta^{(\sigma)} - \frac{v_{\alpha\sigma}}{v_{\alpha\beta}}\, v^{(\beta)}\right)\right] dP^{(\alpha)} \\ & - \frac{2\sigma v^{(\beta)} a}{r^2}\, dr + \sum_{i,k=1}^{n-1}\left[(x_i^{(\beta)} - x_i^{(\alpha)})\left(a + \frac{2}{r}\, v_\beta^{(\sigma)}\right) - \frac{2}{r}\,(x_i^{(\sigma)} - x_i^{(\alpha)})\, v^{(\beta)}\right] g_{ik}^{(\alpha)}\, dx_k^{(\alpha)} = 0 \end{aligned} \tag{9.17}$$

$$\begin{aligned} & s_{\alpha\beta}\left\{a + \frac{2}{r}\left[v_\beta^{(\sigma)} - v_{\alpha\sigma} - \frac{s_{\alpha\sigma}}{s_{\alpha\beta}}\,(v^{(\beta)} - v_{\alpha\beta})\right]\right\} dT \\ & - v_{\alpha\beta}\left[a + \frac{2}{r}\left(v_\beta^{(\sigma)} - \frac{v_{\alpha\sigma}}{v_{\alpha\beta}}\, v^{(\beta)}\right)\right] dP^{(\beta)} - \frac{2\sigma(v^{(\beta)} - v_{\alpha\beta})\, a}{r^2}\, dr \\ & + \sum_{i,k=1}^{n-1}\left\{(x_i^{(\beta)} - x_i^{(\alpha)})\left[a + \frac{2}{r}\,(v_\beta^{(\sigma)} - v_{\alpha\sigma})\right] - \frac{2}{r}\,(x_i^{(\sigma)} - x_i^{(\alpha)})\,(v^{(\beta)} - v_{\alpha\beta})\right\} g_{ik}^{(\alpha)}\, dx_k^{(\alpha)} = 0 \end{aligned} \tag{9.18}$$

$$\begin{aligned} & \left\{a + \frac{2}{r}\left[v_\beta^{(\sigma)} - v_{\alpha\sigma} - \frac{s_{\alpha\sigma}}{s_{\alpha\beta}}\,(v^{(\beta)} - v_{\alpha\beta})\right]\right\} dP^{(\alpha)} \\ & - \left[a + \frac{2}{r}\left(v_\beta^{(\sigma)} - \frac{s_{\alpha\sigma}}{s_{\alpha\beta}}\, v^{(\beta)}\right)\right] dP^{(\beta)} + \frac{2\sigma a}{r^2}\, dr \\ & - \frac{2}{r}\sum_{i,k=1}^{n-1}\left[(x_i^{(\beta)} - x_i^{(\alpha)})\,\frac{s_{\alpha\sigma}}{s_{\alpha\beta}} - (x_i^{(\sigma)} - x_i^{(\alpha)})\right] g_{ik}^{(\alpha)}\, dx_k^{(\alpha)} = 0. \end{aligned} \tag{9.19}$$

Gemeinsam mit Gl. (9.16) beschreiben diese Gleichungen den Einfluß, den die Krümmung der Diskontinuitätsfläche (z. B. bei Phasenzerkleinerung) auf den Zustand der koexistierenden Phasen ausübt. Infolgedessen sind diese Gleichungen von wesentlicher Bedeutung für die Thermodynamik heterogener Systeme in Anwesenheit gekrümmter Diskontinuitätsflächen, speziell in der Thermodynamik disperser Systeme. Einige sich aus diesen Gleichungen ergebende Schlußfolgerungen werden wir in Kap. 10. behandeln.

Die übrigen sechs Gleichungen geben die Abhängigkeit der Grenzflächenspannung von der Temperatur, den Drücken, der Zusammensetzung der koexistierenden Phasen sowie der Krümmung der Diskontinuitätsfläche wieder. Diese Gleichungen haben das folgende Aussehen:

$$a\,d\sigma = \left(s_{\alpha\beta}\,\frac{v_\beta^{(\sigma)}}{v^{(\beta)}} - s_{\alpha\sigma}\right) dT - \left(v_{\alpha\beta}\,\frac{v_\beta^{(\sigma)}}{v^{(\beta)}} - v_{\alpha\sigma}\right) dP^{(\alpha)}$$

$$+ \sum_{i,k=1}^{n-1} \left[(x_i^{(\beta)} - x_i^{(\alpha)})\,\frac{v_\beta^{(\sigma)}}{v^{(\beta)}} - (x_i^{(\sigma)} - x_i^{(\alpha)})\right] g_{ik}^{(\sigma)}\,dx_k^{(\alpha)} \tag{9.20}$$

$$a\,d\sigma = \left(s_{\alpha\beta}\,\frac{v_{\alpha\sigma} - v_\beta^{(\sigma)}}{v_{\alpha\beta} - v^{(\beta)}} - s_{\alpha\sigma}\right) dT + \left(v_\beta^{(\sigma)} - \frac{v_{\alpha\sigma} - v_\beta^{(\sigma)}}{v_{\alpha\beta} - v^{(\beta)}}\,v^{(\beta)}\right) dP^{(\beta)}$$

$$+ \sum_{i,k=1}^{n-1} \left[(x_i^{(\beta)} - x_i^{(\alpha)})\,\frac{v_{\alpha\sigma} - v_\beta^{(\sigma)}}{v_{\alpha\beta} - v^{(\beta)}} - (x_i^{(\sigma)} - x_i^{(\alpha)})\right] g_{ik}^{(\alpha)}\,dx_k^{(\alpha)} \tag{9.21}$$

$$\left[a + \frac{2}{r}\left(v_\beta^{(\sigma)} - \frac{v_{\alpha\sigma}}{v_{\alpha\beta}}\,v^{(\beta)}\right)\right] d\sigma = \left(s_{\alpha\beta}\,\frac{v_{\alpha\sigma}}{v_{\alpha\beta}} - s_{\alpha\sigma}\right) dT + \frac{2\sigma}{r^2}\left(v_\beta^{(\sigma)} - \frac{v_{\alpha\sigma}}{v_{\alpha\beta}}\,v^{(\beta)}\right) dr$$

$$+ \sum_{i,k=1}^{n-1} \left[(x_i^{(\beta)} - x_i^{(\alpha)})\,\frac{v_{\alpha\sigma}}{v_{\alpha\beta}} - (x_i^{(\sigma)} - x_i^{(\alpha)})\right] g_{ik}^{(\alpha)}\,dx_k^{(\alpha)} \tag{9.22}$$

$$\left[a + \frac{2}{r}\left(v_\beta^{(\sigma)} - \frac{s_{\alpha\sigma}}{s_{\alpha\beta}}\,v^{(\beta)}\right)\right] d\sigma = \left(v_{\alpha\sigma} - \frac{s_{\alpha\sigma}}{s_{\alpha\beta}}\,v_{\alpha\beta}\right) dP^{(\alpha)} + \frac{2\sigma}{r^2}\left(v_\beta^{(\sigma)} - \frac{s_{\alpha\sigma}}{s_{\alpha\beta}}\,v^{(\beta)}\right) dr$$

$$+ \sum_{i,k=1}^{n-1} \left[(x_i^{(\beta)} - x_i^{(\alpha)})\,\frac{s_{\alpha\sigma}}{s_{\alpha\beta}} - (x_i^{(\sigma)} - x_i^{(\alpha)})\right] g_{ik}^{(\alpha)}\,dx_k^{(\alpha)} \tag{9.23}$$

$$\left\{a + \frac{2}{r}\left[(v_{\alpha\beta} - v^{(\beta)})\,\frac{s_{\alpha\sigma}}{s_{\alpha\beta}} - (v_{\alpha\sigma} - v_\beta^{(\sigma)})\right]\right\} d\sigma = \left(v_{\alpha\sigma} - \frac{s_{\alpha\sigma}}{s_{\alpha\beta}}\,v_{\alpha\beta}\right) dP^{(\beta)}$$

$$+ \frac{2\sigma}{r^2}\left[(v_{\alpha\beta} - v^{(\beta)})\,\frac{s_{\alpha\sigma}}{s_{\alpha\beta}} - (v_{\alpha\sigma} - v_\beta^{(\sigma)})\right] dr$$

$$+ \sum_{i,k=1}^{n-1} \left[(x_i^{(\beta)} - x_i^{(\alpha)})\,\frac{s_{\alpha\sigma}}{s_{\alpha\beta}} - (x_i^{(\sigma)} - x_i^{(\alpha)})\right] g_{ik}^{(\alpha)}\,dx_k^{(\alpha)} \tag{9.24}$$

$$a\,d\sigma = \left[v_{\alpha\sigma} - v_\beta^{(\sigma)} - \frac{s_{\alpha\sigma}}{s_{\alpha\beta}}\,(v_{\alpha\beta} - v^{(\beta)})\right] dP^{(\alpha)} + \left(v_\beta^{(\sigma)} - \frac{s_{\alpha\sigma}}{s_{\alpha\beta}}\,v^{(\beta)}\right) dP^{(\beta)}$$

$$+ \sum_{i,k=1}^{n-1} \left[(x_i^{(\beta)} - x_i^{(\alpha)})\,\frac{s_{\alpha\sigma}}{s_{\alpha\beta}} - (x_i^{(\sigma)} - x_i^{(\alpha)})\right] g_{ik}^{(\alpha)}\,dx_k^{(\alpha)}. \tag{9.25}$$

Die Gln. (9.20)$\cdots$(9.25) können als Grundlage einer Thermodynamik der Grenzflächenerscheinungen bei Anwesenheit gekrümmter Diskontinuitätsflächen dienen. Wir werden diese Gleichungen im nächsten Kapitel ausführlicher diskutieren.

9.4. Nach der Methode von Gibbs hergeleitete Grundgleichungen für die Verschiebung eines Zweiphasengleichgewichtes in Anwesenheit einer gekrümmten Diskontinuitätsfläche

Im vorstehenden Abschnitt haben wir als Ausgangsbeziehung zur Herleitung der grundlegenden Differentialgleichungen für die Verschiebung eines Zweiphasengleichgewichtes in Anwesenheit einer gekrümmten Diskontinuitätsfläche die Fundamentalgleichung (9.2), die sich auf eine Grenzflächenschicht endlicher Dicke bezieht, benutzt.

Als Ausgangsbeziehung für ein derartiges Vorhaben kann aber auch die GIBBSsche Adsorptionsgleichung (2.68) dienen. Auf diese Gleichung können alle Überlegungen des vorstehenden Abschnitts angewendet werden, was zur Herleitung von Beziehungen, die (9.7), (9.8), (9.10)···(9.13) analog sind, führt. So entsprechen z. B. den Gln. (9.7) die folgenden Gleichungen:

$$\left.\begin{aligned} d\sigma = &\left[s^{(\alpha)}\Gamma + \sum_{i=1}^{n-1}(\Gamma_i - x_i^{(\alpha)}\Gamma)\left(\frac{\partial s}{\partial x_i}\right)^{(\alpha)} - \frac{\bar{S}}{A}\right] dT \\ &- \left[v^{(\alpha)}\Gamma + \sum_{i=1}^{n-1}(\Gamma_i - x_i^{(\alpha)}\Gamma)\left(\frac{\partial v}{\partial x_i}\right)^{(\alpha)}\right] dP^{(\alpha)} - \sum_{i,k=1}^{n-1}(\Gamma_i - x_i^{(\alpha)}\Gamma)\, g_{ik}^{(\alpha)}\, dx_k^{(\alpha)} \\ d\sigma = &\left[s^{(\beta)}\Gamma + \sum_{i=1}^{n-1}(\Gamma_i - x_i^{(\beta)}\Gamma)\left(\frac{\partial s}{\partial x_i}\right)^{(\alpha)} - \frac{\bar{S}}{A}\right] dT \\ &- \left[\sum_{i=1}^{n-1}(\Gamma_i - x_i^{(\beta)}\Gamma)\left(\frac{\partial v}{\partial x_i}\right)^{(\alpha)}\right] dP^{(\alpha)} - v^{(\beta)}\Gamma\, dP^{(\beta)} - \sum_{i,k=1}^{n-1}(\Gamma_i - x_i^{(\beta)}\Gamma)\, g_{ik}^{(\alpha)}\, dx_k^{(\alpha)}. \end{aligned}\right\} \quad (9.26)$$

Hier bedeutet Γ_i die Adsorption der i-ten Komponente, Γ die Adsorption aller Komponenten sowie $\bar{S}$ die auf die Spannungsfläche bezogene überschüssige Entropie. Wir wollen betonen, daß die Trennfläche hier bereits ausgewählt worden ist (in Form der Spannungsfläche) und es einen großen Fehler darstellen würde, versuchte man, Gl. (9.26) über eine Variation der Lage der Trennfläche zu vereinfachen.

Die zwei Gln. (9.26) stellen die Verallgemeinerung der Gln. (3.42) auf den Fall gekrümmter Diskontinuitätsflächen dar. Bei $P^{(\alpha)} = P^{(\beta)}$ gehen sie in (3.42) über. Das Gleichungssystem (9.26) ist vom prinzipiellen Aspekt her dem System (9.7) äquivalent und kann gemeinsam mit Gl. (9.15) als Grundlage einer Thermodynamik heterogener Systeme in Gegenwart gekrümmter Grenzflächen dienen. Bei gemeinsamer Betrachtung der Gln. (9.26) und (9.15) können in Analogie zu den Ausführungen des vorstehenden Paragraphen zehn thermodynamische Gleichungen grundsätzlicher Art erhalten werden, die das Zweiphasengleichgewicht in Gegenwart einer gekrümmten Diskontinuitätsfläche charakterisieren. Diese Gleichungen liefern den Zusammenhang zwischen den in Abschn. 9.3. aufgeführten Größen (I)—(X). Sie lassen sich am einfachsten herleiten, benutzt man den formalen, bereits in Abschn. 3.4. beschrittenen Weg, die molaren Grenzflächengrößen durch die Überschußgrößen der Grenzfläche zu ersetzen. Bei dieser Transformation verschwinden sowohl die Größen $v_\alpha^{(\sigma)}$ und $v_\beta^{(\sigma)}$ als auch $v^{(\sigma)}$.

Literatur

[1] E. A. GUGGENHEIM: Trans. Faraday Soc. **36**, 397 (1940)

10. Grenzflächenspannung gekrümmter Diskontinuitätsflächen

In diesem Kapitel werden wir einige sich aus den Gln. (9.20)···(9.25) ergebende Schlußfolgerungen, welche die Abhängigkeit der Grenzflächenspannung von der Temperatur, den Drücken, der Zusammensetzung der koexistierenden Phasen und der Krümmung der Diskontinuitätsfläche betreffen, untersuchen. Um nicht jenes Material, das bei der Behandlung ebener Grenzflächen dargelegt wurde, zu wiederholen, soll keine eingehende Analyse dieser Gleichungen vorgenommen werden. Wir werden die Aufmerksamkeit nur auf jene Besonderheiten lenken, die sich infolge des Überganges zu gekrümmten Grenzflächen ergeben.

10.1. Abhängigkeit der Grenzflächenspannung von der Temperatur bei Konstanz des Druckes und der Zusammensetzung einer Phase

Aus den Gln. (9.20) und (9.21) folgt, daß die Abhängigkeit der Grenzflächenspannung von der Temperatur bei Konstanz der Zusammensetzung von Phase α in bedeutendem Maße davon abhängt, welche der Größen $P^{(\alpha)}$ oder $P^{(\beta)}$ konstant gehalten wird. Da vereinbarungsgemäß mit $P^{(\alpha)}$ der Druck jener Phase, die auf der konkav gekrümmten Seite der Diskontinuitätsfläche gelegen ist, bezeichnet wird (entsprechend ist $P^{(\beta)}$ der Druck, der auf der konvex gekrümmten Seite der Diskontinuitätsfläche gelegenen Phase), entsprechen die Annahmen konstanter Werte der Größen $P^{(\alpha)}$ bzw. $P^{(\beta)}$ unterschiedlichen physikalischen Bedingungen des Prozeßverlaufes.

Aus den Gln. (9.20) und (9.21) ergeben sich die Beziehungen

$$a\left(\frac{d\sigma}{dT}\right)_{P^{(\alpha)}x_1{}^{(\alpha)},\ldots,x_{n-1}^{(\alpha)}} = s_{\alpha\beta}\,\frac{v_\beta{}^{(\sigma)}}{v^{(\beta)}} - s_{\alpha\sigma} \tag{10.1}$$

$$a\left(\frac{d\sigma}{dT}\right)_{P^{(\beta)},x_1{}^{(\alpha)},\ldots,x_{n-1}^{(\alpha)}} = s_{\alpha\beta}\,\frac{v_{\alpha\sigma} - v_\beta{}^{(\sigma)}}{v_{\alpha\beta} - v^{(\beta)}} - s_{\alpha\sigma}\,. \tag{10.2}$$

Für diese existieren in der Theorie ebener Grenzflächen keine Analoga, da die Bedingungen der Konstanz von Druck und Zusammensetzung einer Phase zum nonvarianten Zustand eines Zweiphasensystems mit ebener Diskontinuitätsfläche führen. Eine Temperaturänderung unter den in den Formeln (10.1) und (10.2) angezeigten Bedingungen wird stets von einer Änderung der Krümmung der Diskontinuitätsfläche begleitet.

Unter Benutzung der Beziehungen (4.7) nehmen die Gln. (10.1) und (10.2) für Einkomponentensysteme ihre einfachste Form an:

$$a\left(\frac{d\sigma}{dT}\right)_{P^{(\alpha)}} = \left(s^{(\beta)} - s^{(\alpha)}\right)\frac{v_\beta{}^{(\sigma)}}{v^{(\beta)}} - \left(s^{(\sigma)} - s^{(\alpha)}\right) \tag{10.3}$$

$$a\left(\frac{d\sigma}{dT}\right)_{P^{(\beta)}} = \left(s^{(\beta)} - s^{(\sigma)}\right) - \frac{v_\alpha{}^{(\sigma)}}{v^{(\alpha)}}\left(s^{(\beta)} - s^{(\alpha)}\right). \tag{10.4}$$

Ist der Zustand der Grenzflächenschicht ein gewisser mittlerer zwischen den Zuständen der koexistierenden Phasen, so verfügen alle Größen, die in den Klammerausdrücken der rechten Seiten von (10.3) und (10.4) stehen, über ein und dasselbe Vorzeichen. Die Gln. (10.3) und (10.4) können folgendermaßen geschrieben werden:

$$a\left(\frac{d\sigma}{dT}\right)_{P^{(\alpha)}} = \frac{Q_{\alpha\beta}}{T}\left(\frac{v_\beta{}^{(\sigma)}}{v^{(\beta)}} - \frac{Q_{\alpha\sigma}}{Q_{\alpha\beta}}\right), \tag{10.5}$$

$$a\left(\frac{d\sigma}{dT}\right)_{P^{(\beta)}} = \frac{Q_{\alpha\beta}}{T}\left(\frac{Q_{\sigma\beta}}{Q_{\alpha\beta}} - \frac{v_\alpha{}^{(\sigma)}}{v^{(\alpha)}}\right), \tag{10.6}$$

wobei $Q_{\alpha\beta} = T(s^{(\beta)} - s^{(\alpha)})$, $Q_{\alpha\sigma} = T(s^{(\sigma)} - s^{(\alpha)})$ und $Q_{\sigma\beta} = T(s^{(\beta)} - s^{(\sigma)})$ die Umwandlungswärmen für $\alpha \to \beta$, $\alpha \to \sigma$ bzw. $\sigma \to \beta$ sind. Aus diesen Gleichungen folgen Ungleichungen, welche die Vorzeichen der Ableitungen $(d\sigma/dT)_{P^{(\alpha)}}$ und $(d\sigma/dT)_{P^{(\beta)}}$ bestimmen. Bei $Q_{\alpha\beta} > 0$ haben die folgenden Bedingungen Gültigkeit:

$$\left(\frac{d\sigma}{dT}\right)_{P^{(\alpha)}} \gtrless 0, \quad \text{wenn} \quad \frac{v_\beta{}^{(\sigma)}}{v^{(\beta)}} \gtrless \frac{Q_{\alpha\sigma}}{Q_{\alpha\beta}} \tag{10.7}$$

$$\left(\frac{d\sigma}{dT}\right)_{P^{(\beta)}} \gtrless 0, \quad \text{wenn} \quad \frac{Q_{\sigma\beta}}{Q_{\alpha\beta}} \gtrless \frac{v_\alpha{}^{(\sigma)}}{v^{(\alpha)}}. \tag{10.8}$$

Ist die Wärme für den Phasenübergang $\alpha \to \beta$ negativ, so sind die umgekehrten Ungleichungen gültig.

10.2. Abhängigkeit der Grenzflächenspannung von Temperatur und Zusammensetzung einer Phase bei Konstanz des Krümmungsradius der Diskontinuitätsfläche

Die oben untersuchten ebenen Diskontinuitätsflächen verkörpern einen Spezialfall für die Bedingung eines konstanten Krümmungsradius der Diskontinuitätsfläche (nämlich den Fall $r = \infty$.) In diesem Abschnitt werden wir weitere Fälle, die konstanten, doch endlichen Werten des Krümmungsradius entsprechen, untersuchen. Die Behandlung der Bedingung „konstante Krümmung der Diskontinuitätsfläche" ist für die Thermodynamik disperser Systeme von wesentlichem Interesse, da die Größe des Krümmungsradius den Dispergierungsgrad eines Systems bestimmt.

Bei $r = \text{const}$ nimmt Gl. (9.22) folgendes Aussehen an:

$$\left[a + \frac{2}{r}\left(v_\beta{}^{(\sigma)} - \frac{v_{\alpha\sigma}}{v_{\alpha\beta}}\right) v^{(\beta)}\right] d\sigma = \left(s_{\alpha\beta}\frac{v_{\alpha\sigma}}{v_{\alpha\beta}} - s_{\alpha\sigma}\right) dT$$

$$+ \sum_{i,k=1}^{n-1}\left[(x_i{}^{(\beta)} - x_i{}^{(\alpha)})\frac{v_{\alpha\sigma}}{v_{\alpha\beta}} - (x_i{}^{(\sigma)} - x_i{}^{(\alpha)})\right] g_{ik}^{(\alpha)}\, dx_k{}^{(\alpha)}. \tag{10.9}$$

Ein Vergleich dieser Gleichung mit Gl. (3.34) zeigt, daß in beiden die rechten Seiten gleich sind und sich nur durch den bei $d\sigma$ stehenden Faktor unterscheiden. Bei $r = \infty$ geht Gl. (10.9) in Gl. (3.34) über. Bei der Analyse von Gl. (3.34) war vorausgesetzt worden, daß der bei $d\sigma$ stehende Faktor eine positive Größe sei. Ist der Krümmungsradius hinreichend groß und die Bedingung

$$a > \left|\frac{2}{r}\left(v_\beta{}^{(\sigma)} - \frac{v_{\alpha\sigma}}{v_{\alpha\beta}}\, v^{(\beta)}\right)\right| \tag{10.10}$$

erfüllt, so ist der in Gl. (10.9) bei $d\sigma$ stehende Faktor ebenfalls positiv. Infolgedessen bleiben alle aus Gl. (3.34) hergeleiteten qualitativen Schlußfolgerungen auch für gekrümmte Diskontinuitätsflächen bei hinreichend großen Krümmungsradien in Kraft. Bei sehr kleinen Krümmungsradien kann der Fall eintreten, daß die Bedingung (10.10) nicht mehr erfüllt ist. In diesem Fall wird das Vorzeichen bei $d\sigma$ in Gl. (10.9) vom Vorzeichen des in Ungleichung (10.10) rechts stehenden Ausdrucks festgelegt.

Betrachten wir als Beispiel das Gleichgewicht zwischen einem Tröpfchen einer reinen Flüssigkeit α und ihrem Dampf β in weiter Entfernung vom kritischen Zustand. Unter Berücksichtigung von (4.7) und (4.9) kann der in Gl. (10.9) bei $d\sigma$ stehende Faktor für große r-Werte als

$$a + \frac{2}{r}\left(v_\beta{}^{(\sigma)} - \frac{v_{\alpha\sigma}}{v_{\alpha\beta}}\, v^{(\beta)}\right) \approx a + \frac{2}{r}\,(v^{(\alpha)} - v_\alpha{}^{(\sigma)}) \tag{10.11}$$

geschrieben werden. Definitionsgemäß stellt $v_\alpha{}^{(\sigma)}$ einen gewissen Teil des mittleren Molvolumens der Grenzflächenschicht $v^{(\sigma)}$ dar. Seine Größe hängt von der Lage der Spannungsfläche und dem daraus resultierenden Verhältnis der Volumina $V_\alpha{}^{(\sigma)}$ und $V_\beta{}^{(\sigma)}$ ab. In Abschn. 1.5. haben wir gezeigt, daß sich die Hauptmasse einer ebenen Grenzflächenschicht in ihrem „flüssigen" Teil befindet, innerhalb dessen offensichtlich auch die Spannungsfläche liegen muß. Folglich liegt die Spannungsfläche unterhalb der Begrenzungsfläche, weshalb für ebene Grenzflächen die Ungleichung

$$v_\alpha{}^{(\sigma)} < v^{(\sigma)}\, \frac{\tau_\varrho{}^{(\alpha)}}{\tau_\varrho{}^{(\alpha)} + \tau_\varrho{}^{(\beta)}} \tag{10.12}$$

gültig ist. In dieser Ungleichung stellen $\tau_\varrho{}^{(\alpha)}$ und $\tau_\varrho{}^{(\beta)}$ die Dicken der auf beiden Seiten der Begrenzungsfläche gelegenen Teile der Grenzflächenschicht dar. Die Größe $v^{(\sigma)}$ ist zwar etwas größer als $v^{(\alpha)}$, doch wird sie mit einem Faktor, der bedeutend kleiner als Eins ist (siehe z. B. Gl. (1.79)), multipliziert, so daß schwerlich vorstellbar ist, daß die rechte Seite von (10.12) größer als $v^{(\alpha)}$ sei, weshalb $v_\alpha{}^{(\sigma)} < v^{(\alpha)}$ anzunehmen ist.

Somit darf festgestellt werden, daß der Übergang von einer ebenen Grenzfläche zu Flüssigkeitströpfchen zum Erscheinen eines positiven Summanden in dem bei $d\sigma$ in

Gl. (3.34) stehenden Koeffizienten führt. In analoger Weise kann die Bildung von Dampfbläschen in einer Flüssigkeit behandelt werden. In Ungleichung (10.12) führt dies zum Vorzeichenwechsel, so daß bei Krümmung der ebenen Grenzfläche im Koeffizienten bei $d\sigma$ ein negativer Summand erscheint.

Für Einkomponentensysteme läßt sich der in Gl. (10.9) bei $d\sigma$ stehende Koeffizient ohne Schwierigkeiten in der Terminologie der GIBBSschen Überschußgrößen interpretieren. Unter Berücksichtigung von (2.58), (4.9), (9.4) und (9.5) erhalten wir

$$v_\beta{}^{(\sigma)} - \frac{v_{\alpha\sigma}}{v_{\alpha\beta}} v^{(\beta)} = \frac{\overline{m}}{m^{(\sigma)}(\varrho^{(\alpha)} - \varrho^{(\beta)})} = \frac{\Gamma a}{\varrho^{(\alpha)} - \varrho^{(\beta)}} \tag{10.13}$$

mit Γ als der auf die Spannungsfläche bezogenen absoluten Adsorption. Der bei $d\sigma$ stehende Koeffizient lautet dann

$$a\left[1 + \frac{2\Gamma}{r(\varrho^{(\alpha)} - \varrho^{(\beta)})}\right]. \tag{10.14}$$

Hieraus folgt, daß für zwei beliebige Phasen der bei a stehende Faktor größer als Eins bei Krümmung der Grenzfläche in einer bestimmten Richtung bzw. kleiner als Eins bei ihrer Krümmung in entgegengesetzter Richtung wird. Da sich die Spannungsfläche innerhalb der Flüssigkeit erstreckt, gilt $\Gamma > 0$, und wir erhalten für ein Flüssigkeitströpfchen ($\varrho^{(\alpha)} > \varrho^{(\beta)}$) einen positiven bzw. für ein Dampfbläschen ($\varrho^{(\alpha)} < \varrho^{(\beta)}$) einen negativen Summanden zum Wert Eins.

Versuchen wir nunmehr zu bestimmen, bei welchen r-Werten ein merklicher quantitativer Unterschied zwischen den Gln. (10.9) und (3.34) auftritt. Zu diesem Zweck untersuchen wir die Vergleichbarkeitsbedingung beider Teile der Ungleichungen (10.10). Für ein Flüssigkeitströpfchen sind die Größen $v_{\alpha\beta}$ und $v_{\alpha\sigma}$ positiv. Vernachlässigen wir das zweite Glied in der rechten Seite von (10.10), so erhalten wir bei hinreichender Annäherung oder Gleichheit der linken und rechten Seiten eine Bedingung, die den maximalen Wert des Krümmungsradius begrenzt:

$$a < \frac{2}{r} v_\beta{}^{(\sigma)}. \tag{10.15}$$

Nach Multiplikation mit der Masse der Grenzflächenschicht kann diese Bedingung in der Form

$$A < \frac{2}{r} V_\beta{}^{(\sigma)} \tag{10.16}$$

geschrieben werden.

Für eine sphärische Grenzfläche ergibt sich

$$4\pi r^2 < \frac{8\pi}{3r} [(r + \tau')^3 - r^3] \tag{10.17}$$

mit τ' als Dicke der Grenzflächenschicht, deren Volumen $V_\beta{}^{(\sigma)}$ beträgt und die sich nur auf einen Teil der Grenzflächenschichtdicke τ beläuft. Aus (10.17) ergibt sich die Bedingung

$$r < 2{,}8\tau' < 2{,}8\tau. \tag{10.18}$$

Diese Abschätzung stellt zwar nur eine grobe Näherung dar, doch erlaubt sie die Feststellung, daß die durch Krümmung der Diskontinuitätsfläche hervorgerufenen Effekte erst bei Krümmungsradien, deren Werte mit denen für die Grenzflächenschichtdicke vergleichbar sind, bedeutsam werden.

10.3. Abhängigkeit der Grenzflächenspannung von den Drücken in den koexistierenden Phasen bei Konstanz der Temperatur und der Zusammensetzung einer Phase

Es ist möglich, aus den Gln. (9.20) und (9.21) Beziehungen herzuleiten, welche die Abhängigkeit der Grenzflächenspannung vom Druck in einer Phase bei konstanter Zusammensetzung der Phase wiedergeben. Diese Beziehungen lauten

$$a\left(\frac{d\sigma}{dP^{(\alpha)}}\right)_{T,x_1^{(\alpha)},\ldots,x_{n-1}^{(\alpha)}} = v_{\alpha\sigma} - \frac{v_\beta^{(\sigma)}}{v^{(\beta)}}\, v_{\alpha\beta} \tag{10.19}$$

$$a\left(\frac{d\sigma}{dP^{(\beta)}}\right)_{T,x_1^{(\alpha)},\ldots,x_{n-1}^{(\alpha)}} = v_\beta^{(\sigma)} - \frac{v_{\alpha\sigma} - v_\beta^{(\sigma)}}{v_{\alpha\beta} - v^{(\beta)}}\, v^{(\beta)}. \tag{10.20}$$

Dividieren wir die linke und die rechte Seite von Gl. (10.19) durch jene von Gl. (10.20), so erhalten wir eine weitere, den betrachteten Fall kennzeichnende Beziehung:

$$\left(\frac{dP^{(\beta)}}{dP^{(\alpha)}}\right)_{T,x_1^{(\alpha)},\ldots,x_{n-1}^{(\alpha)}} = 1 - \frac{v_{\alpha\beta}}{v^{(\beta)}} = \frac{v^{(\alpha)} + \sum\limits_{i=1}^{n-1} (x_i^{(\beta)} - x_i^{(\alpha)}) \left(\frac{\partial v}{\partial x_i}\right)^{(\alpha)}}{v^{(\beta)}}. \tag{10.21}$$

Diese Beziehung kann auch leicht aus Gl. (9.16) erhalten werden.

Die Gln. (10.19) und (10.20) verfügen für Einkomponentensysteme über ihre einfachste Form:

$$a\left(\frac{d\sigma}{dP^{(\alpha)}}\right)_T = \frac{(v^{(\sigma)} - v^{(\alpha)})\, v^{(\beta)} - (v^{(\beta)} - v^{(\alpha)})\, v_\beta^{(\sigma)}}{v^{(\beta)}} \tag{10.22}$$

$$a\left(\frac{d\sigma}{dP^{(\beta)}}\right)_T = \frac{(v^{(\sigma)} - v^{(\alpha)})\, v^{(\beta)} - (v^{(\beta)} - v^{(\alpha)})\, v_\beta^{(\sigma)}}{v^{(\alpha)}}. \tag{10.23}$$

Bei Anwendung dieser Gleichungen auf ein Flüssigkeitströpfchen α, das mit seinem Dampf β in weiter Entfernung vom kritischen Zustand im Gleichgewicht steht, lassen sie sich zu

$$a\left(\frac{d\sigma}{dP^{(\alpha)}}\right)_T \approx v_\alpha^{(\sigma)} - v^{(\alpha)} \tag{10.24}$$

$$a\left(\frac{d\sigma}{dP^{(\beta)}}\right)_T \approx \frac{v^{(\beta)}(v_\alpha^{(\sigma)} - v^{(\alpha)})}{v^{(\alpha)}} \tag{10.25}$$

umformen. Werden andererseits die Beziehungen (10.22) und (10.23) auf ein Bläschen des Dampfes α in der Flüssigkeits β angewendet, so erhalten wir

$$a\left(\frac{d\sigma}{dP^{(\alpha)}}\right)_T \approx \frac{v^{(\alpha)}(v_\beta{}^{(\sigma)} - v^{(\beta)})}{v^{(\beta)}} \tag{10.26}$$

$$a\left(\frac{d\sigma}{dP^{(\beta)}}\right)_T \approx v_\beta{}^{(\sigma)} - v^{(\beta)}. \tag{10.27}$$

Da die Indizierungen der Phasen in den Gln. (10.24), (10.25) bzw. (10.26), (10.27) entgegengesetzt sind (was davon herrührt, daß sich im ersten Fall die Flüssigkeit bzw. im zweiten Fall der Dampf auf der konkaven Seite der Grenzfläche befindet), verfügt für eine ebene Grenzfläche die Größe $v_\alpha{}^{(\sigma)} - v^{(\alpha)}$ in den Gln. (10.24) und (10.25) über den gleichen Sinn wie $v_\beta{}^{(\sigma)} - v^{(\beta)}$ in den Gln. (10.26) und (10.27). Im vorstehenden Abschnitt wurde gezeigt, daß diese Differenz negativ ist. Infolgedessen führt sowohl für Flüssigkeitströpfchen als auch für Dampfbläschen die Druckerhöhung zu einer Verringerung der Grenzflächenspannung.

10.4. Abhängigkeit der Grenzflächenspannung vom Druck in einer Phase bei Druckkonstanz in der zweiten Phase

Aus Gl. (10.25) können zwei weitere Beziehungen hergeleitet werden, welche die Abhängigkeit der Grenzflächenspannung vom Druck in einer Phase bei konstanter Zusammensetzung von Phase α wiedergegeben:

$$a\left(\frac{d\sigma}{dP^{(\alpha)}}\right)_{P^{(\beta)},x_1^{(\alpha)},\ldots,x_{n-1}^{(\alpha)}} = v_{\alpha\sigma} - v_\beta{}^{(\sigma)} - \frac{s_{\alpha\sigma}}{s_{\alpha\beta}}(v_{\alpha\beta} - v^{(\beta)}) \tag{10.28}$$

$$a\left(\frac{d\sigma}{dP^{(\beta)}}\right)_{P^{(\alpha)},x_1^{(\alpha)},\ldots,x_{n-1}^{(\alpha)}} = v_\beta{}^{(\sigma)} - \frac{s_{\alpha\sigma}}{s_{\alpha\beta}} v^{(\beta)}. \tag{10.29}$$

Bei einer Analyse der Gln. (10.28) und (10.29) ist zu beachten, daß die Änderung einer der Drücke unter den in den Gleichungen angegebenen Bedingungen stets von eines Temperaturänderung begleitet wird, anderenfalls würde eine Gleichgewichtsstörung eintreten. Infolgedessen sind die in den linken Teilen der Gln. (10.28) und (10.29) stehenden Ableitungen unmittelbar mit den entsprechenden Ableitungen der Grenzflächenspannung nach der Temperatur über die folgenden Beziehungen verknüpft:

$$\left(\frac{d\sigma}{dP^{(\alpha)}}\right)_{P^{(\beta)}} = \left(\frac{d\sigma}{dT}\right)_{P^{(\beta)}} \left(\frac{dT}{dP^{(\alpha)}}\right)_{P^{(\beta)}} \tag{10.30}$$

$$\left(\frac{d\sigma}{dP^{(\beta)}}\right)_{P^{(\alpha)}} = \left(\frac{d\sigma}{dT}\right)_{P^{(\alpha)}} \left(\frac{dT}{dP^{(\beta)}}\right)_{P^{(\alpha)}} \tag{10.31}$$

(in allen Ableitungen ist die Zusammensetzung von Phase α als konstant anzusehen). Die Ausdrücke für die Ableitungen $(dT/dP^{(\alpha)})_{P^{(\beta)}}$ und $(dT/dP^{(\beta)})_{P^{(\alpha)}}$ können leicht aus

Gl. (9.16) erhalten werden:

$$\left(\frac{dT}{dP^{(\alpha)}}\right)_{P^{(\beta)},x_1^{(\alpha)},\ldots,x_{n-1}^{(\alpha)}} = \frac{v_{\alpha\beta} - v^{(\beta)}}{s_{\alpha\beta}} \tag{10.32}$$

$$\left(\frac{dT}{dP^{(\beta)}}\right)_{P^{(\alpha)},x_1^{(\alpha)},\ldots,x_{n-1}^{(\alpha)}} = \frac{v^{(\beta)}}{s_{\alpha\beta}}. \tag{10.33}$$

Aus diesen Ausdrücken folgt, daß die Vorzeichen der Ableitungen $(dT/dP^{(\alpha)})_{P^{(\beta)}}$ und $(dT/dP^{(\beta)})_{P^{(\alpha)}}$ durch das Vorzeichen der Wärme für den Phasenübergang $\alpha \to \beta$ festgelegt werden. Ist diese Wärme positiv (dann $s_{\alpha\beta} > 0$), so sind die Ableitungen $(dT/dP^{(\alpha)})_{P^{(\beta)}}$, $(dT/dP^{(\beta)})_{P^{(\alpha)}}$ negativ bzw. positiv. In diesem Fall stimmen die Vorzeichen der Ableitungen $(d\sigma/dT)_{P^{(\alpha)}}$ und $(d\sigma/dP^{(\beta)})_{P^{(\alpha)}}$ überein, währenddessen die Ableitungen $(d\sigma/dT)_{P^{(\beta)}}$ und $(d\sigma/dP^{(\alpha)})_{P^{(\beta)}}$ stets entgegengesetzte Vorzeichen tragen. Ist aber andererseits $s_{\alpha\beta}$ negativ, so kehren sich diese Verhältnisse um.

Es kann somit festgestellt werden, daß die Vorzeichen der Ableitungen $(d\sigma/dP^{(\alpha)})_{P^{(\beta)}}$ und $(d\sigma/dP^{(\beta)})_{P^{(\alpha)}}$ stets bestimmt werden können, wenn die Vorzeichen der entsprechenden Ableitungen nach der Temperatur sowie der differentiellen molaren Wärme des Phasenüberganges bekannt sind.

10.5. Abhängigkeit der Grenzflächenspannung von Druck und Zusammensetzung einer Phase bei Konstanz des Krümmungsradius der Diskontinuitätsfläche

Bei $r = \text{const}$ nehmen die Gln. (9.23) und (9.24) das folgende Aussehen an:

$$\left[a + \frac{2}{r}\left(v_\beta{}^{(\sigma)} - \frac{s_{\alpha\sigma}}{s_{\alpha\beta}}\, v^{(\beta)}\right)\right] d\sigma = \left(v_{\alpha\sigma} - \frac{s_{\alpha\sigma}}{s_{\alpha\beta}}\, v_{\alpha\beta}\right) dP^{(\alpha)}$$
$$+ \sum_{i,k=1}^{n-1}\left[(x_i{}^{(\beta)} - x_i{}^{(\alpha)})\,\frac{s_{\alpha\sigma}}{s_{\alpha\beta}} - (x_i{}^{(\sigma)} - x_i{}^{(\alpha)})\right] g_{ik}^{(\alpha)}\, dx_k{}^{(\alpha)} \tag{10.34}$$

$$\left\{a + \frac{2}{r}\left[(v_{\alpha\beta} - v^{(\beta)})\,\frac{s_{\alpha\sigma}}{s_{\alpha\beta}} - (v_{\alpha\sigma} - v_\beta{}^{(\sigma)})\right]\right\} d\sigma = \left(v_{\alpha\sigma} - \frac{s_{\alpha\sigma}}{s_{\alpha\beta}}\, v_{\alpha\beta}\right) dP^{(\beta)}$$
$$+ \sum_{i,k=1}^{n-1}\left[(x_i{}^{(\beta)} - x_i{}^{(\alpha)})\,\frac{s_{\alpha\sigma}}{s_{\alpha\beta}} - (x_i{}^{(\sigma)} - x_i{}^{(\alpha)})\right] g_{ik}^{(\alpha)}\, dx_k{}^{(\alpha)}. \tag{10.35}$$

Aus dem Vergleich der Gln. (10.34) und (10.35) mit Gl. (3.35) folgt, daß sie sich lediglich durch die Größe des bei $d\sigma$ stehenden Koeffizienten voneinander unterscheiden. Mit wachsendem Krümmungsradius der Diskontinuitätsfläche nähert sich der in den Gln. (10.34) und (10.35) bei $d\sigma$ stehende Koeffizient mehr und mehr der Größe a an. Schließlich gehen bei $r = \infty$ alle drei Gleichungen ineinander über. Somit verkörpern die Gln. (10.34) und (10.35) die für gekrümmte Diskontinuitätsflächen verallgemeinerte Form von Gl. (3.35).

Übertreffen die Werte des Krümmungsradius jene der Grenzflächenschichtdicke um mehrere Größenordnungen, so stimmen die Gln. (10.34), (10.35) sowie (3.35) praktisch überein. Daher darf in solchen Fällen Gl. (3.35) als quantitative Beziehung auch für gekrümmte Diskontinuitätsflächen benutzt werden. Mit fortschreitender Verringerung des Krümmungsradius wachsen die Größen

$$\frac{2}{r}\left(v_\beta{}^{(\sigma)} - \frac{s_{\alpha\sigma}}{s_{\alpha\beta}}\,v^{(\beta)}\right) \tag{10.36}$$

und

$$\frac{2}{r}\left[(v_{\alpha\beta} - v^{(\beta)})\,\frac{s_{\alpha\sigma}}{s_{\alpha\beta}} - (v_{\alpha\sigma} - v_\beta{}^{(\sigma)})\right] \tag{10.37}$$

in Gl. (10.34) bzw. (10.35) an (und zwar bei großen r-Werten nahezu linear mit der Krümmung). Von einem gewissen Moment an beginnen die Gln. (10.34) und (10.35) sich von Gl. (3.35) zu unterscheiden. Allerdings bleiben alle qualitativen Schlußfolgerungen, die wir aus Gl. (3.35) gezogen haben, in Kraft, solange die absoluten Werte der Ausdrücke (10.36) und (10.37) nicht den der Molfläche übersteigen. Folglich können die Grenzen für die Anwendbarkeit der aus der Analyse von Gl. (3.35) herrührenden Schlußfolgerungen auf gekrümmte Diskontinuitätsflächen durch die nachstehend aufgeführten Gleichheiten ausgedrückt werden:

$$a = \left|\frac{2}{r}\left(v_\beta{}^{(\sigma)} - \frac{s_{\alpha\sigma}}{s_{\alpha\beta}}\,v^{(\beta)}\right)\right| \tag{10.38}$$

$$a = \left|\frac{2}{r}\left[(v_{\alpha\beta} - v^{(\beta)})\,\frac{s_{\alpha\sigma}}{s_{\alpha\beta}} - (v_{\alpha\sigma} - v_\beta{}^{(\sigma)})\right]\right|. \tag{10.39}$$

Für einige einfache Fälle lassen sich aus den Bedingungen (10.38) und (10.39) numerische Beziehungen zwischen dem Krümmungsradius der Diskontinuitätsfläche und der Grenzflächenschichtdicke herleiten. Sind beispielsweise die Größen (10.36), (10.37) und $v_{\alpha\sigma}$ positiv und haben $s_{\alpha\sigma}$ sowie $s_{\alpha\beta}$ gleiche Vorzeichen, so kann der Maximalwert des Krümmungsradius, der den Bedingungen (10.38) und (10.39) genügt, aus der zur Bedingung (10.19) führenden Beziehung (10.13) aufgesucht werden.

10.6. Abhängigkeit der Grenzflächenspannung von der Zusammensetzung einer Phase

Von den thermodynamischen Beziehungen, die den Einfluß einer Zusammensetzungsänderung auf die Grenzflächenspannung einer gekrümmten Diskontinuitätsfläche charakterisieren, beanspruchen die Gleichungen für isotherm-isobare Bedingungen das größte praktische Interesse. Diese Gleichungen können aus Gl. (9.20) und (9.21) erhalten werden und lauten folgendermaßen:

$$a\,d\sigma = \sum_{i,k=1}^{n-1}\left[(x_i{}^{(\beta)} - x_i{}^{(\alpha)})\,\frac{v_\beta{}^{(\sigma)}}{v^{(\beta)}} - (x_i{}^{(\sigma)} - x_i{}^{(\alpha)})\right] g_{ik}^{(\alpha)}\,dx_k{}^{(\alpha)} \quad (dT = 0,\ dP^{(\alpha)} = 0) \tag{10.40}$$

$$a\,d\sigma = \sum_{i,k=1}^{n-1}\left[(x_i{}^{(\beta)} - x_i{}^{(\alpha)})\,\frac{v_{\alpha\sigma} - v_\beta{}^{(\sigma)}}{v_{\alpha\beta} - v^{(\beta)}} - (x_i{}^{(\sigma)} - x_i{}^{(\alpha)})\right] g_{ik}^{(\alpha)}\,dx_k{}^{(\alpha)}$$

$$(dT = 0,\ dP^{(\beta)} = 0). \tag{10.41}$$

Die Form der Gln. (10.40) und (10.41) ist jener der Gl. (6.1) für die Grenzflächenspannungsisotherme sehr ähnlich. Sie unterscheiden sich nur in dem Wert des bei $(x_i^{(\beta)} - x_i^{(\alpha)})$ stehenden Koeffizienten. Daher kann die Analyse der Gln. (10.40) und (10.41) in analoger Weise zu jener der Gl. (6.1) erfolgen. Bei einer Betrachtung der unterschiedlichen Fälle der Komponentenverteilung in binären und ternären Systemen gelangen wir zu Ungleichungen, die aus den entsprechenden Ungleichungen des Kap. 6. über eine Substitution der Größen $v_{\alpha\sigma}/v_{\alpha\beta}$ entweder durch $v_\beta^{(\sigma)}/v^{(\beta)}$ oder $(v_{\alpha\sigma} - v_\beta^{(\sigma)})/(v_{\alpha\beta} - v^{(\beta)})$ dargestellt werden können.

Für Systeme der Art „Flüssigkeit α—Dampf β" haben alle drei Koeffizienten das gleiche Vorzeichen (plus). Hinsichtlich ihrer Größe läßt sich feststellen, daß $v_\beta^{(\sigma)}/v^{(\beta)}$ wie auch $v_{\alpha\sigma}/v_{\alpha\beta}$ für Systeme Flüssigkeit—Dampf sehr klein sind. Daher behalten bei Berücksichtigung der Kleinheit von $v_{\alpha\sigma}/v_{\alpha\beta}$ alle aus Gl. (6.1) hergeleiteten Schlußfolgerungen auch für Gl. (10.40) ihre Gültigkeit. Der für Systeme Flüssigkeit—Dampf in Gl. (10.41) bei $(x_i^{(\beta)} - x_i^{(\alpha)})$ stehende Koeffizient ist positiv und kleiner als Eins, doch besteht keine Sicherheit darüber, ob diese Größe auch sehr klein ist. Dieser Umstand ist bei einer Anwendung von Gl. (10.41) auf Systeme Flüssigkeit—Dampf zu berücksichtigen. Die allgemeine, sich aus der Behandlung der Gln. (10.40) und (10.41) ergebende Schlußfolgerung kann wie folgt formuliert werden: die wesentlichen qualitativen Gesetzmäßigkeiten, welche die Abhängigkeit der Grenzflächenspannung von der Zusammensetzung unter isothermen Bedingungen für ebene Diskontinuitätsflächen charakterisieren, bleiben unter isotherm-isobaren Bedingungen auch in Gegenwart gekrümmter Diskontinuitätsflächen in Kraft. Die Gleichungen für die Abhängigkeit der Grenzflächenspannung von der Zusammensetzung der Phase α bei konstantem Krümmungsradius der Diskontinuitätsfläche sind in den Abschn. 10.2. und 10.5. aufgeführt worden. Bezüglich der Gleichung für die Abhängigkeit der Grenzflächenspannung von der Zusammensetzung bei Konstanz der Drücke in beiden koexistierenden Phasen ist festzustellen, daß diese — wie aus Beziehung (9.25) folgt — exakt mit Gl. (6.2) für die Grenzflächenspannungsisobare übereinstimmt. Folglich sind alle bei der Analyse von Gl. (6.2) getroffenen Schlußfolgerungen auf gekrümmte Diskontinuitätsflächen übertragbar, wenn die Drücke in beiden koexistierenden Phasen konstant gehalten werden.

10.7. Abhängigkeit der Grenzflächenspannung vom Krümmungsradius der Diskontinuitätsfläche

Die Frage nach dem Einfluß einer Krümmung der Diskontinuitätsfläche auf die Grenzflächenspannung ist in der Theorie der gekrümmten Grenzflächen von zentraler Bedeutung. Der Behandlung dieses Problems ist eine Vielzahl von Arbeiten gewidmet worden, doch gingen die Meinungen der verschiedenen Autoren sogar in der qualitativen Kennzeichnung der Abhängigkeit der Grenzflächenspannung von der Krümmung der Diskontinuitätsfläche häufig auseinander. Gibbs hat die folgende Gleichung hergeleitet [1]

$$\frac{1}{\sigma}\left(\frac{d\sigma}{dr}\right)_{T,\mu_2,\ldots,\mu_n} = \frac{\dfrac{2}{r^2}\,\dfrac{\Gamma_1}{\varrho_1^{(\alpha)} - \varrho_1^{(\beta)}}}{1 + \dfrac{2}{r}\,\dfrac{\Gamma_1}{\varrho_1^{(\alpha)} - \varrho_1^{(\beta)}}} \tag{10.42}$$

und vorausgesetzt, daß sich Grenzflächenspannung und Krümmungsradius symbat verhalten. Ein entgegengesetztes Ergebnis ist in den Arbeiten [2]···[5] erhalten worden. BAKKER [6, 7] hat die Ansicht vertreten, daß keine Abhängigkeit der Grenzflächenspannung vom Krümmungsradius der Diskontinuitätsfläche existiere. Schließlich darf des weiteren die in der Literatur vertretene Auffassung nicht unerwähnt bleiben, daß bei Verringerung des Krümmungsradius der Diskontinuitätsfläche die Grenzflächenspannung ein Minimum durchlaufe [8, 9]. Einer solchen Vielfalt der Meinungen zu ein und demselben Gegenstand kamen zahlreiche Fehler im Verständnis der GIBBSschen Methode sowie auch die Unmöglichkeit einer direkten experimentellen Überprüfung der getroffenen Voraussetzungen entgegen. Die Abhängigkeit der Grenzflächenspannung von der Krümmung der Diskontinuitätsfläche beginnt nämlich erst bei außergewöhnlich kleinen Krümmungsradien praktisch meßbar zu werden. Es ist weiterhin zu vermerken, daß sich in einigen nichtthermodynamischen Arbeiten (z. B. [3, 5]) die Überlegungen auf die dynamische Grenzflächenspannung unter Nichtgleichgewichts-Bedingungen beziehen, deren Änderung anders verlaufen kann als unter Gleichgewichtsbedingungen (siehe Abschn. 15.4.).

Der erste Versuch einer detaillierten und strengen Behandlung der Abhängigkeit der Gleichgewichts-Grenzflächenspannung von der Krümmung der Diskontinuitätsfläche auf der Grundlage der GIBBSschen Methode erfolgte durch TOLMAN [10]. Ihm schlossen sich in einer Serie von Arbeiten KOENIG [11], HILL [12], BUFF [13, 14] und KONDO [15, 16] an. Von TOLMAN wurde die GIBBSsche Gl. (10.42) für Einkomponenten-Systeme in die folgende Form gebracht:

$$\frac{1}{\sigma}\left(\frac{d\sigma}{dr}\right)_T = \frac{\dfrac{2\delta}{r^2}\left[1 + \dfrac{\delta}{r} + \dfrac{1}{3}\left(\dfrac{\delta}{r}\right)^2\right]}{1 + \dfrac{2\delta}{r}\left[1 + \dfrac{\delta}{r} + \dfrac{1}{3}\left(\dfrac{\delta}{r}\right)^2\right]}, \tag{10.43}$$

wobei δ den Abstand zwischen der Spannungsfläche und der äquimolekularen Trennfläche, die der Bedingung $\Gamma = 0$ genügt, d. h.

$$\delta = r' - r \tag{10.44}$$

darstellt (r' — Radius der äquimolekularen Trennfläche). Zu der gleichen Beziehung gelangten BUFF und KONDO, währenddessen KOENIG diese auf Mehrkomponentensysteme verallgemeinerte. Für große r-Werte hat TOLMAN als erste Näherung (bei $\delta = \text{const}$ und $|\delta| \ll r$) die Gleichung

$$\frac{\sigma}{\sigma_\infty} \approx \frac{1}{1 + \dfrac{2\delta}{r}} \tag{10.45}$$

benutzt, in der mit σ_∞ die Grenzflächenspannung für die ebene Grenzfläche bezeichnet wird. Aus Gl. (10.45) folgt, daß das Vorzeichen der Ableitung $(d\sigma/dr)_T$ vom Vorzeichen der Größe δ festgelegt wird: ist $\delta > 0$, so verringert sich die Grenzflächenspannung mit wachsender Krümmung der Diskontinuitätsfläche; bei $\delta < 0$ gilt die umgekehrte Tendenz. Nach quasithermodynamischen Berechnungen von TOLMAN [17] sowie statistischen Berechnungen von KIRKWOOD und BUFF [18] für ebene Grenzflächen ist für Systeme „Flüssigkeit—Dampf" die Spannungsfläche näher zur Flüssigkeit bzw. die äquimolekulare Trennfläche näher zum Dampf hin lokalisiert. Hieraus wurde die Schlußfolgerung gezogen, daß sich die Grenzflächenspannung eines Flüssigkeitströpfchens mit seiner Größe zumindest bei großen Krümmungsradien verringert.

Untersuchen wir nunmehr die Abhängigkeit der Grenzflächenspannung vom Krümmungsradius der Diskontinuitätsfläche, die aus den Gln. (9.22)···(9.24) für Grenzflächenschichten endlicher Dicke folgen. Beginnen wir mit der isothermen Abhängigkeit, die auch im wesentlichen in der Literatur behandelt wird. Halten wir in Gl. (9.22) Temperatur und Zusammensetzung von Phase α konstant, so gelangen wir zu der Beziehung

$$\frac{1}{\sigma}\left(\frac{d\sigma}{dr}\right)_{T,x_1^{(\alpha)},\ldots,x_{n-1}^{(\alpha)}} = \frac{2\omega}{r^2}\Bigg/\left(a + \frac{2\omega}{r}\right), \tag{10.46}$$

in der aus Gründen der Übersichtlichkeit die Bezeichnung

$$\omega \equiv v_\beta^{(\sigma)} - \frac{v_{\alpha\sigma}}{v_{\alpha\beta}}\, v^{(\beta)} \tag{10.47}$$

gebraucht wird.

In der Terminologie der Überschußgrößen ergibt sich

$$\frac{\omega}{a} = \frac{v^{(\beta)}}{v_{\alpha\beta}}\left[\Gamma v^{(\alpha)} + \sum_{i=1}^{n-1} (\Gamma_i - \Gamma x_i^{(\alpha)}) \left(\frac{\partial v}{\partial x_i}\right)^{(\alpha)}\right], \tag{10.48}$$

woraus ersichtlich ist, daß für Einkomponentensysteme Gl. (10.46) mit den Gleichungen von Gibbs (10.42) und Tolman (10.43) übereinstimmt. Im allgemeinen Fall eines Mehrkomponentensystems unterscheidet sich Gl. (10.46), in der die Zusammensetzung von Phase α konstant gehalten wird, von der Gibbsschen Gleichung (10.42), für die die chemischen Potentiale von $n - 1$ Komponenten fixiert sind.

Für große Krümmungsradien erhalten wir die asymptotische Beziehung

$$\frac{\sigma}{\sigma_\infty} \approx \frac{1}{1 + \dfrac{2\omega}{ar}} \approx 1 - \frac{2\omega}{ar}, \tag{10.49}$$

die für Einkomponentensysteme der Tolman-Gleichung (10.45) äquivalent ist. Aus Gl. (10.49) folgt, daß bei großen r-Werten der qualitative Charakter der Abhängigkeit der Grenzflächenspannung vom Krümmungsradius der Diskontinuitätsfläche von dem bei der Größe ω stehenden Vorzeichen bestimmt wird: bei $\omega > 0$ ändern sich Grenzflächenspannung und Krümmungsradius symbat, bei $\omega < 0$ — antibat. Die Eigenschaften der Größe ω wurden bereits teilweise in Abschn. 10.2. behandelt. Im einzelnen war ausgeführt worden, daß bei dem Krümmungswechsel einer Grenzfläche auch ω das Vorzeichen wechselt (z. B. für Flüssigkeitströpfchen $\omega > 0$, für Dampfbläschen $\omega < 0$). Für Einkomponentensysteme läßt sich unschwer auch der quantitative Zusammenhang der beiden Abhängigkeiten für die Krümmung einer Grenzfläche in umgekehrte Richtungen formulieren. Wenn der Krümmung in einer Richtung die durch Ausdruck (10.47) definierte Größe ω bzw. der Krümmung in entgegengesetzter Richtung die Größe ω'

entspricht (letztere erhält man aus (10.47) durch gegenseitige Vertauschung der Indizes α und β),

$$\omega' \equiv v_\alpha{}^{(\sigma)} - \frac{v_{\beta\sigma}}{v_{\beta\alpha}} v^{(\sigma)}, \tag{10.50}$$

so ergibt sich durch Addition beider Größen unter Benutzung von (3.22) und (3.24) bei $n = 1$

$$\omega + \omega' = 0.$$

Dieses Ergebnis besagt, daß für ein Einkomponentensystem die Krümmung einer ursprünglichen ebenen Grenzfläche in die unterschiedlichen Richtungen Änderungen der Grenzflächenspannung nach sich zieht, deren absolute Werte gleich und deren Vorzeichen entgegengesetzt sind. So z. B. wird für Flüssigkeitströpfchen im Dampf eine Erniedrigung bzw. für Dampfbläschen in der Flüssigkeit eine Erhöhung der Grenzflächenspannung bei Verringerung ihrer Größe beobachtet. Geht man zu Mehrkomponentensystemen über, so bleibt die Gleichheit der absoluten Werte für ω und ω' nicht mehr gewahrt, wohl aber läßt sich für viele Fälle, z. B. auch für Systeme „flüssige Lösung—Dampf", Gegensätzlichkeit der Vorzeichen feststellen.

Daraus ergibt sich eine Schlußfolgerung für die Bildung disperser Systeme, die speziell für die Theorie der Emulsionen von besonderer Bedeutung ist. Nach Bestimmung des Vorzeichens der Größe ω für eine ebene Diskontinuitätsfläche läßt sich nämlich im voraus einschätzen, für welches der beiden möglichen dispersen Systeme entgegengesetzter Art die Grenzflächenenergie einen Minimalwert annimmt. Mit anderen Worten bedeutet dies die mögliche Voraussage, welche der Phasen unter der Bedingung des Minimalwertes der summaren Grenzflächenenergie als Dispersionsmedium bzw. disperse Phase fungiert. Von diesem Standpunkt her erscheint für Systeme „Flüssigkeit—Dampf" die Bildung von Nebeln energetisch vorteilhafter als die Bildung von Gasemulsionen.

Die sich aus Gl. (10.49) ergebenden Schlußfolgerungen besitzen — wie diese Gleichung selbst — nur für große Krümmungsradien Gültigkeit; hier ist die Abhängigkeit der Grenzflächenspannung von der Krümmung der Diskontinuitätsfläche sehr schwach ausgeprägt. Von nicht geringem Interesse ist die Betrachtung dieser Abhängigkeit im Gebiet kleiner Krümmungsradien, das am unzugänglichsten und nur wenig untersucht worden ist. Leider ist seitens der statistischen Theorie für die Abhängigkeit der Größen Γ, δ und ω von der Krümmung der Diskontinuitätsfläche noch kein Hinweis erfolgt, so daß für die Behandlung der Grenzflächenspannung stark gekrümmter Grenzflächen nur thermodynamische Gleichungen des Typs (10.46) in Verbindung mit Bedingung (1.29) und gewissen physikalischen Überlegungen zur Verfügung stehen. Doch bereits auf dieser Grundlage können bestimmte Aussagen getroffen werden.

Die Abhängigkeit der Grenzflächenspannung und anderer thermodynamischer Parameter vom Krümmungsradius der Spannungsfläche im Grenzfall $r \to 0$ ist leicht auffindbar, wenn auf die Gibbssche Voraussetzung von der Wahrung einer sehr kleinen, doch endlichen Heterogenität im Moment des Verschwindens der Spannungsfläche zurückgegriffen wird. In diesem Fall führt Gl. (10.46) zu einer linearen σ-r-Abhängigkeit [19]. Allerdings ist die Gibbssche Annahme nicht die einzig mögliche (so z. B. ist vorstellbar, daß mit Verringerung des Radius der Spannungsfläche die Heterogenität schwächer wird, aber ein größeres Gebiet umfaßt, so daß das System bei $r = 0$ im thermodynamischen Sinne homogen wird). Aus diesem Grunde werden wir unten eine allgemeinere, nicht an die genannte GIBBSsche Voraussetzung gebundene Behandlung vornehmen.

Der für $r = 0$ geltende Grenzwert der rechten Seite von Gl. (10.46) ist vom Grenzwert des Quotienten ω/a abhängig. Zur Vereinfachung nehmen wir bei kleinen r-Werten

$$\frac{\omega}{a} = \frac{C}{2} r^m \tag{10.51}$$

an, wobei C und m gewisse Konstanten, die positiv oder negativ sein können, darstellen. Wir wollen die wahrscheinlichsten Werte der Größe m bestimmen.

Bei $m > 1$ liefert Gl. (10.46) für kleine r-Werte die Abhängigkeit

$$\sigma = \sigma_0 \exp\left(\frac{C r^{m-1}}{m - 1}\right), \tag{10.52}$$

gemäß welcher für $r = 0$ die Grenzflächenspannung einen endlichen Wert σ_0 annimmt. Durch Einsetzen dieses Wertes in die Bedingung (1.29) gelangt man zu dem physikalisch irrealen Ergebnis, daß die Druckdifferenz einem unendlich großen Wert zustrebt. Es existiert eine weitere Überlegung, gemäß der ein Wert $m > 1$ weniger wahrscheinlich ist. Für Einkomponentensysteme läßt sich ω/a in der folgenden Form darstellen:

$$\frac{\omega}{a} = \frac{\Gamma}{\varrho^{(\alpha)} - \varrho^{(\beta)}} = \frac{\varrho^{(\beta)}(v^{(\beta)} - v_\beta{}^{(\sigma)})}{a(\varrho^{(\alpha)} - \varrho^{(\beta)})} - \frac{\varrho^{(\alpha)} V_\alpha{}^{(\sigma)}}{A(\varrho^{(\alpha)} - \varrho^{(\beta)})}. \tag{10.53}$$

Für sehr kleine r-Werte, wenn der gesamte innerhalb der Spannungsfläche befindliche Raum mit dem Stoff der Grenzflächenschicht ausgefüllt ist, stellt $V_\alpha{}^{(\sigma)}$ ein Kugelvolumen mit dem Radius r dar, und es ist $V_\alpha{}^{(\sigma)}/A \sim r$. Bei $r \to 0$ strebt die Differenz $(v^{(\beta)} - v_\beta{}^{(\sigma)})$ ebenfalls gegen Null, und das erste in Gl. (10.53) rechts stehende Glied wird von unbestimmter Größe, während das zweite Glied als kleine Größe erster Ordnung bezüglich r gegen Null strebt. Daher besteht wenig Wahrscheinlichkeit, daß der gesamte Ausdruck als kleine Größe höherer Ordnung gegen Null strebt.

Bei $m = 1$ liefert Gl. (10.46) die Abhängigkeit

$$\sigma = K r^{\frac{C}{1+C}}, \tag{10.54}$$

wobei K eine Konstante darstellt. Das Einsetzen dieses Wertes in Bedingung (1.29) führt bei $r \to 0$ und $C > -1$ zu einem unendlich großen Anwachsen der Druckdifferenz bzw. bei $r \to 0$ und $C < -1$ zu einem Verschwinden der Druckdifferenz. Beide Resultate entsprechen in keiner Weise dem physikalischen Sinn der Differenz $(P^{(\alpha)} - P^{(\beta)})$.

Somit bleibt die Annahme $m < 1$ (einschließlich negativer Werte) übrig. In diesem Falle führt die Integration der Gl. (10.46) unter den Bedingungen konstanter Temperatur und konstanter Zusammensetzung von Phase α für kleine r-Werte zu einer linearen Abhängigkeit der Form

$$\sigma = K r \tag{10.55}$$

mit K als einem Proportionalitätsfaktor, der sowohl von der Temperatur als auch von der Zusammensetzung der Phase α abhängt. Aus Gl. (10.55) folgt, daß sich im Gebiet kleiner Krümmungsradien unabhängig von den spezifischen Eigenschaften des Systems die Grenzflächenspannung stets mit kleiner werdendem Krümmungsradius verringert und den Wert Null annimmt, wenn der Krümmungsradius der Spannungsfläche gleich Null wird.

Gl. (10.55) bleibt natürlich auch bei $m = -2$ in Kraft, was dem Vorhandensein einer endlichen Heterogenität entspricht, bzw. bei $m = 0$ für endliche Werte der Adsorption. Doch diese beiden Bedingungen sind für die Herleitung von Gl. (10.55) nicht erforderlich. Speziell der Wert der Adsorption (positive oder negative) kann in einem Einkomponentensystem bei $0 < m < 1$ gegen Null gehen bzw. bei $m < 0$ unbegrenzt ansteigen.

Für mehrkomponentige disperse Systeme ist die Bedingung der konstanten Zusammensetzung von Phase α (disperse Phase) bei kleinen Krümmungsradien praktisch nicht realisierbar. Daher ist es wünschenswert, neben Gl. (10.46) eine weitere Beziehung, die die σ-r-Abhängigkeit bei konstanter Zusammensetzung des Dispersionsmediums beschreibt, in die Betrachtung einzubeziehen. Diese Beziehung ergibt sich aus den Gln. (9.8) und (9.15) und hat das folgende Aussehen:

$$\frac{1}{\sigma}\left(\frac{d\sigma}{dr}\right)_{T,x_1^{(\beta)},\ldots,x_{n-1}^{(\beta)}} = -\frac{\dfrac{2\omega'}{r^2}}{a - \dfrac{2\omega'}{r}}, \tag{10.56}$$

wobei ω' gemäß (10.50) definiert ist. Für Einkomponentensysteme sind die Gln. (10.46) und (10.56) infolge der Bedingung $\omega = -\omega'$ erwartungsgemäß identisch. Für Mehrkomponentensysteme unterscheiden sich diese Gleichungen voneinander. Setzen wir aber für ω und ω' unterschiedliche Vorzeichen voraus, so gelangen wir für große Krümmungsradien zu den gleichen qualitativen Schlußfolgerungen, zu welchen auch die Analyse von Gl. (10.46) führt. Für kleine Krümmungsradien führen sowohl Gl. (10.56) als auch Gl. (10.46) zu der Beziehung (10.55).

Vergleichen wir nunmehr die Schlußfolgerungen, zu denen wir für sehr große bzw. sehr kleine Krümmungsradien der Diskontinuitätsfläche gelangt sind, so können für die Abhängigkeit der Grenzflächenspannung vom Krümmungsradius der Diskontinuitätsfläche zwei Grundtypen formuliert werden. Der erste Typ entspricht einer monotonen Verringerung der Grenzflächenspannung mit zunehmender Krümmung der Diskontinuitätsfläche. Der zweite Typ beinhaltet ein schwaches Ansteigen der Grenzflächenspannung im Gebiet großer Krümmungsradien und eine Verringerung im Gebiet kleiner Krümmungsradien bei wachsender Krümmung der Diskontinuitätsfläche und zeichnet sich somit durch das Auftreten eines Maximums der Grenzflächenspannung im Gebiet mittlerer Krümmungsradien aus. Das Auftreten eines Minimums der Grenzflächenspannung sollte im Gebiet kleiner Krümmungsradien nicht möglich bzw. im Gebiet mittlerer Krümmungsradien wenig wahrscheinlich sein. Zumindest sollte bei Existenz eines solchen Minimums die Kurve für die σ-r-Abhängigkeit auch ein Maximum der Grenzflächenspannung durchlaufen.

Die betrachtete Gl. (10.46) ist unter isothermen Bedingungen gültig. Wir wollen jetzt zur Untersuchung weiterer Gleichungen schreiten. Aus den Gln. (9.23) und (9.24) folgen Beziehungen, welche die Abhängigkeit der Grenzflächenspannung von der Krümmung der Diskontinuitätsfläche unter der Bedingung der Druckkonstanz in einer der koexistierenden Phasen kennzeichnen. Diese Beziehungen lauten wie folgt:

$$\frac{1}{\sigma}\left(\frac{d\sigma}{dr}\right)_{P^{(\alpha)},x_1^{(\alpha)},\ldots,x_{n-1}^{(\alpha)}} = \frac{\frac{2}{r^2}\left(v_\beta{}^{(\sigma)} - \frac{s_{\alpha\sigma}}{s_{\alpha\beta}}\,v^{(\beta)}\right)}{a + \frac{2}{r}\left(v_\beta{}^{(\sigma)} - \frac{s_{\alpha\sigma}}{s_{\alpha\beta}}\,v^{(\beta)}\right)} \tag{10.57}$$

$$\frac{1}{\sigma}\left(\frac{d\sigma}{dr}\right)_{P^{(\beta)},x_1^{(\alpha)},\ldots,x_{n-1}^{(\alpha)}} = \frac{\frac{2}{r^2}\left[(v_{\alpha\beta} - v^{(\beta)})\,\frac{s_{\alpha\sigma}}{s_{\alpha\beta}} - (v_{\alpha\sigma} - v_\beta{}^{(\sigma)})\right]}{a + \frac{2}{r}\left[(v_{\alpha\beta} - v^{(\beta)})\,\frac{s_{\alpha\sigma}}{s_{\alpha\beta}} - (v_{\alpha\sigma} - v_\beta{}^{(\sigma)})\right]}\,. \tag{10.58}$$

Ein Vergleich der Gln. (10.57) und (10.58) mit Gl. (10.46) führt zu der Schlußfolgerung, daß sie zu ein und demselben Aussehen gebracht werden können, wenn mit ω in Gl. (10.57) die Größe

$$v_\beta{}^{(\sigma)} - \frac{s_{\alpha\sigma}}{s_{\alpha\beta}}\,v^{(\beta)} \tag{10.59}$$

bzw. in Gl. (10.58) die Größe

$$(v_{\alpha\beta} - v^{(\beta)})\,\frac{s_{\alpha\sigma}}{s_{\alpha\beta}} - (v_{\alpha\sigma} - v_\beta{}^{(\sigma)}) \tag{10.60}$$

bezeichnet wird. Eine Analyse der Gln. (10.57) und (10.58) führt zu der Schlußfolgerung, daß für Gl. (10.57) das Vorzeichen des Ausdrucks (10.59) bzw. für Gl. (10.58) das Vorzeichen des Ausdrucks (10.60) den Charakter der Abhängigkeit der Grenzflächenspannung von der Krümmung der Diskontinuitätsfläche bei großen Krümmungsradien festlegt. Für kleine Krümmungsradien gelangen wir — wie bereits im Falle von Gl. (10.45) — zu der linearen Abhängigkeit (10.55).

Somit sind wir für alle von uns untersuchten Bedingungen zu dem Ergebnis gekommen, daß sich die Grenzflächenspannung im Gebiet kleiner Krümmungsradien mit dem Krümmungsradius der Spannungsfläche verringert, wobei im Grenzfall beide Größen gleichzeitig den Wert Null annehmen.

10.8. Änderung der Grenzflächenspannung in Nähe des kritischen Punktes

Bei der bisherigen Behandlung kritischer Erscheinungen haben wir eine ebene Diskontinuitätsfläche zwischen den Phasen vorausgesetzt. Diese Voraussetzung entspricht allerdings nicht immer den experimentellen Bedingungen. Zumeist werden kritische Erscheinungen bei gegenseitiger Dispergierung der Phasen, d. h. in Gegenwart gekrümmter Diskontinuitätsflächen, beobachtet. Daher ist die Untersuchung kritischer Erscheinungen bei Vorliegen einer gekrümmten Diskontinuitätsfläche zwischen den Phasen von erheblichem praktischen Interesse.

Die Spezifik gekrümmter Diskontinuitätsflächen wird vor allem durch die Bedingung des mechanischen Gleichgewichts (1.29) ausgedrückt. Infolgedessen haben wir die

Betrachtung mit einer Analyse dieser Beziehung in der Umgebung des kritischen Punktes zu beginnen. Der kritische Zustand ist durch die Identität der koexistierenden Phasen gekennzeichnet. Daher müssen sich die Drücke in den koexistierenden Phasen mit fortschreitender Annäherung an den kritischen Punkt gegenseitig angleichen, und die linke Seite von Gl. (1.29) strebt gegen Null. Da die Grenzflächenspannung bei Annäherung an den kritischen Punkt ebenfalls gegen Null geht, wird Gl. (1.29) unabhängig vom Wert der Größe r im kritischen Punkt zu einer identischen Gleichheit. Infolgedessen ist der Übergang zum kritischen Zustand gemäß Gl. (1.29) mit keinerlei Bedingungen für die Größe r verbunden und kann bei beliebigen Werten für den Krümmungsradius einer Diskontinuitätsfläche vollzogen werden. In der Theorie ebener Grenzflächen haben wir einen der Fälle konstanter Krümmungsradien der Diskontinuitätsfläche beim Übergang zum kritischen Zustand, nämlich den Fall $r = \infty$, behandelt. Es sollte zu erwarten sein, daß sich bei der Betrachtung weiterer Fälle konstanter Krümmungsradien in der Umgebung des kritischen Punktes Resultate ergeben, die den bereits erhaltenen analog sind. Um dies zu zeigen, wenden wir auf die Gln. (10.9), (10.34) sowie (10.35) die Bedingungen (4.61), die den kritischen Zustand charakterisieren, an. Da die rechten Seiten der Gln. (10.9) und (3.34) sowie (10.34), (10.35) und (3.35) übereinstimmen, gelangen wir auf der rechten Seite der Beziehung für einen beliebigen univarianten Prozeß in Anwesenheit einer gekrümmten Diskontinuitätsfläche im kritischen Punkt zu dem gleichen Grenzwert, der sich auch bei der Behandlung der analogen Beziehung für eine ebene Grenzfläche ergibt. Der Übergang zum kritischen Zustand in den linken Teilen der Gln. (10.9), (10.34) und (10.35) gestaltet sich infolge des Auftretens der unbestimmten Ausdrücke $v_{\alpha\sigma}/v_{\alpha\beta}$ und $s_{\alpha\sigma}/s_{\alpha\beta}$ komplizierter. Unabhängig davon, wie diese unbestimmten Ausdrücke ausgewertet werden, bleiben unsere aus den Gln. (3.34) und (3.35) hergeleiteten Schlußfolgerungen auch für gekrümmte Diskontinuitätsflächen in Kraft. Tatsächlich, ob $v_{\alpha\sigma}/v_{\alpha\beta}$ und $s_{\alpha\sigma}/s_{\alpha\beta}$ gleich Null sind oder endliche Größen darstellen, die in den Gln. (10.9), (10.34) und (10.35) bei $d\sigma$ stehenden Koeffizienten bleiben auch im kritischen Punkt endlich, so daß eine völlige Analogie zu den Gln. (3.34) und (3.35) auftritt. Streben andererseits die Größen $v_{\alpha\sigma}/v_{\alpha\beta}$ und $s_{\alpha\sigma}/s_{\alpha\beta}$ im kritischen Punkt gegen Unendlich, so verstärkt dies nur die sich aus der Analyse von (3.34) und (3.35) ergebenden Schlußfolgerungen (in diesem Falle werden nicht nur die ersten, sondern auch die zweiten Ableitungen der Grenzflächenspannung nach der Temperatur bzw. dem Druck gleich Null usw.). Daher behalten alle Beziehungen für den kritischen Punkt, die aus den Gln. (3.34) und (3.35) hergeleitet worden waren, auch für gekrümmte Diskontinuitätsflächen ihre Gültigkeit, sofern zu den diese Beziehungen kennzeichnenden Bedingungen die Bedingung eines konstanten Krümmungsradius der Diskontinuitätsfläche hinzugefügt wird.

Wenden wir uns nunmehr einer Behandlung jener Gleichungen zu, die auch eine Änderung des Krümmungsradius der Diskontinuitätsfläche berücksichtigen. Die Anwendung der Bedingungen (4.61) auf die Gln. (10.1), (10.2), (10.20) und (10.21) führt zu den folgenden Zusammenhängen:

$$\left.\begin{aligned} &\left(\frac{d\sigma}{dT}\right)^{(k)}_{P^{(\alpha)},x_1^{(\alpha)},\dots,x_{n-1}^{(\alpha)}} = 0 \qquad &&\left(\frac{d\sigma}{dP^{(\alpha)}}\right)^{(k)}_{T,x_1^{(\alpha)},\dots,x_{n-1}^{(\alpha)}} = 0 \\ &\left(\frac{d\sigma}{dT}\right)^{(k)}_{P^{(\beta)},x_1^{(\alpha)},\dots,x_{n-1}^{(\alpha)}} = 0 \qquad &&\left(\frac{d\sigma}{dP^{(\beta)}}\right)^{(k)}_{T,x_1^{(\alpha)},\dots,x_{n-1}^{(\alpha)}} = 0. \end{aligned}\right\} \tag{10.61}$$

Aus Gl. (10.28) und (10.29) folgen die Bedingungen:

$$a\left(\frac{d\sigma}{dP^{(\alpha)}}\right)^{(k)}_{P^{(\beta)},x_1^{(\alpha)},\ldots,x_{n-1}^{(\alpha)}} = -v_\beta^{(k)} + v^{(k)}\left(\frac{s_{\alpha\sigma}}{s_{\alpha\beta}}\right)^{(k)} \tag{10.62}$$

$$a\left(\frac{d\sigma}{dP^{(\beta)}}\right)^{(k)}_{P^{(\alpha)},x_1^{(\alpha)},\ldots,x_{n-1}^{(\alpha)}} = v_\beta^{(k)} - v^{(k)}\left(\frac{s_{\alpha\sigma}}{s_{\alpha\beta}}\right)^{(k)} \tag{10.63}$$

Die in die Gln. (10.62) und (10.63) eingehende Größe $v_\beta^{(k)}$ stellt jenen Teil des Molvolumens der kritischen Phase dar, der durch die Beziehung

$$\frac{v_\beta^{(k)}}{v^{(k)}} = \lim_{v^{(\sigma)}\to v^{(k)}} \frac{v_\beta^{(\sigma)}}{v^{(\sigma)}} \tag{10.64}$$

definiert ist. Die rechten Seiten der Gln. (10.62) und (10.63) enthalten den unbestimmten Ausdruck $(s_{\alpha\sigma}/s_{\alpha\beta})^{(k)}$. Es kann allerdings unabhängig vom Wert dieses unbestimmten Ausdruckes festgestellt werden, daß die in den Gln. (10.62) und (10.63) linksseitig stehenden Ableitungen i. a. verschieden von Null sind. Aus Gl. (10.62) und (10.63) folgt des weiteren, daß die Absolutwerte dieser Ableitungen gleich sind, doch entgegengesetzte Vorzeichen tragen.

Die aus den Gln. (10.46), (10.57) und (10.58) folgende Abhängigkeit der Grenzflächenspannung vom Krümmungsradius der Diskontinuitätsfläche in der Umgebung des kritischen Punktes kann durch die folgende Beziehung gekennzeichnet werden:

$$\frac{1}{\sigma}\left(\frac{d\sigma}{dr}\right)^{(k)} = \frac{\dfrac{2\omega^{(k)}}{r^2}}{a + \dfrac{2\omega^{(k)}}{r}}, \tag{10.65}$$

wobei unter ω einer der Ausdrücke (10.47), (10.59) oder (10.60) verstanden werden kann. Aus Beziehung (10.65) läßt sich ersehen, daß ihre rechte Seite bei beliebigen $\omega^{(k)}$-Werten eine endliche Größe bleibt. Infolgedessen muß, wenn im kritischen Punkt die Grenzflächenspannung gleich Null wird, auch die Ableitung $d\sigma/dr$ gegen den Wert Null streben. Somit erhalten wir aus den Gln. (10.46), (10.57) und (10.58) die folgenden Bedingungen:

$$\left.\begin{aligned}
\left(\frac{d\sigma}{dr}\right)^{(k)}_{T,x_1^{(\alpha)},\ldots,x_{n-1}^{(\alpha)}} &= 0\\
\left(\frac{d\sigma}{dr}\right)^{(k)}_{P^{(\alpha)},x_1^{(\alpha)},\ldots,x_{n-1}^{(\alpha)}} &= 0\\
\left(\frac{d\sigma}{dr}\right)^{(k)}_{P^{(\beta)},x_1^{(\alpha)},\ldots,x_{n-1}^{(\alpha)}} &= 0.
\end{aligned}\right\} \tag{10.66}$$

Die Bedingungen (10.66) zeigen, daß die Krümmung der Diskontinuitätsfläche (z. B. bei Dispergierung eines Zweiphasensystems) in der Umgebung des kritischen Punktes nur einen sehr schwachen Einfluß auf den Wert der Grenzflächenspannung ausübt.

Literatur

[1] Дж. В. Гиббс: „*Термодинамические работы*“ (russ.; „Thermodynamische Studien“), Госхимиздат, Москва 1950, стр. 288—421
[2] В. Мартынов: ЖФХ, **23**, 278 (1949)
[3] С. В. Горбачев: Изв. АН СССР, сер. хим., **5**, 843 (1936)
[4] В. К. Семенченко: ЖФХ, **19**, 298 (1945)
[5] С. Н. Задумкин, Колл. ж., **20**, 170 (1958)
[6] G. Bakker: „*Kapillarität und Oberflächenspannung*“, „*Handbuch der experimentellen Physik*“, B. VI, Wien-Harms, Leipzig 1928
[7] G. Bakker: Z. phys. Chem., **80**, 129 (1912)
[8] J. J. Thompson, G. P. Thomson: „*Conduction of electricity through gases*“, Cambridge, 1928, p. 329
[9] Л. М. Щербаков, Колл. ж., **14**, 379 (1952)
[10] R. C. Tolman: J. Chem. Phys. **17**, 333 (1949)
[11] F. O. Koenig: J. Chem. Phys. **18**, 449 (1950)
[12] T. L. Hill: J. Phys. Chem. **56**, 526 (1952)
[13] F. P. Buff: J. Chem. Phys. **19**, 1591 (1951)
[14] F. P. Buff: J. Chem. Phys. **23**, 419 (1955)
[15] С. Оно, С. Кондо: „*Молекулярная теория поверхностного натяжения в жидкостях*“ (russ.; „Molekulare Theorie der Oberflächenspannung in Flüssigkeiten“), ИЛ, Москва 1963
[16] S. Kondo: J. Phys. Soc. Japan **10**, 381 (1955)
[17] R. C. Tolman: J. Chem. Phys. **17**, 118 (1949)
[18] J. G. Kirkwood, F. P. Buff: J. Chem. Phys. **17**, 338 (1949)
[19] А. И. Русанов: „*Термодинамика поверхностных явлений*“ (russ.; „Thermodynamik der Grenzflächenerscheinungen“,) изд. ЛГУ, Ленинград 1960

11. Einfluß der Krümmung der Diskontinuitätsfläche auf die Hauptparameter des thermodynamischen Gleichgewichtes

Im vorangegangenen Kapitel haben wir die Zustandsänderung einer Grenzflächenschicht bei der Krümmung der Diskontinuitätsfläche untersucht. Wie aus den Gln. (9.16)···(9.19) deutlich hervorgeht, beeinflußt eine Krümmung der Diskontinuitätsfläche nicht nur den Zustand der Grenzfläche selbst, sondern auch jenen der beiden koexistierenden Phasen. Für die vollständige thermodynamische Charakterisierung von Systemen mit gekrümmten Diskontinuitätsflächen benötigt man Formeln, welche die Abhängigkeit der Hauptparameter des Gleichgewichtes (Temperatur, Druck und Zusammensetzung) von der Krümmung der Diskontinuitätsfläche wiedergeben. Im weiteren sollen einige dieser Formeln, die aus den Gln. (9.17)···(9.19) erhältlich sind, untersucht werden.

11.1. Einfluß der Krümmung der Diskontinuitätsfläche auf die Temperatur der Phasenkoexistenz

Die Abhängigkeit der Temperatur vom Krümmungsradius der Diskontinuitätsfläche kann leicht aus den Gln. (9.17) und (9.18) hergeleitet werden, wenn in diesen die Zusammensetzung von Phase α sowie der Druck in einer der Phasen konstant gehalten werden. Selbstverständlich führen die Bedingungen der Druckkonstanz entweder für Phase α oder für Phase β und der Konstanz der Zusammensetzung von Phase α zu unterschiedlichen, die Abhängigkeit der Temperatur vom Krümmungsradius der Diskontinuitätsfläche widerspiegelnden Gleichungen. Diese haben das folgende Aussehen:

$$\left(\frac{dT}{dr}\right)_{p^{(\alpha)},x_1^{(\alpha)},\dots,x_{n-1}^{(\alpha)}} = \frac{2\sigma v^{(\beta)} a}{r^2 s_{\alpha\beta}\left[a + \frac{2}{r}\left(v_\beta^{(\sigma)} - \frac{s_{\alpha\sigma}}{s_{\alpha\beta}}\, v^{(\beta)}\right)\right]} \tag{11.1}$$

$$\left(\frac{dT}{dr}\right)_{p^{(\beta)},x_1^{(\alpha)},\dots,x_{n-1}^{(\alpha)}} = \frac{2\sigma (v^{(\beta)} - v_{\alpha\beta})\, a}{r^2 s_{\alpha\beta}\left\{a + \frac{2}{r}\left[v_\beta^{(\sigma)} - v_{\alpha\sigma} - \frac{s_{\alpha\sigma}}{s_{\alpha\beta}}\,(v^{(\beta)} - v_{\alpha\beta})\right]\right\}}. \tag{11.2}$$

Die Gln. (11.1) und (11.2) sind exakte Differentialgleichungen, die sowohl bei großen als auch bei beliebig kleinen Krümmungsradien gültig sind. Für hinreichend große Radien lassen sie sich stark vereinfachen und in die folgenden Näherungsformen bringen:

$$\left(\frac{dT}{dr}\right)_{p^{(\alpha)},x_1^{(\alpha)},\ldots,x_{n-1}^{(\alpha)}} \approx \frac{2\sigma v^{(\beta)}}{r^2 s_{\alpha\beta}} \tag{11.3}$$

$$\left(\frac{dT}{dr}\right)_{p^{(\beta)},x_1^{(\alpha)},\ldots,x_{n-1}^{(\alpha)}} \approx \frac{2\sigma(v^{(\beta)} - v_{\alpha\beta})}{r^2 s_{\alpha\beta}}. \tag{11.4}$$

Die rechtsseitig in (11.3) und (11.4) stehenden Größen σ und $v^{(\beta)}$ sind positiv. Der Differenzbetrag $(v^{(\beta)} - v_{\alpha\beta})$ ist in der Regel ebenfalls positiv. Daher werden die Vorzeichen der in den Gln. (11.3) und (11.4) links stehenden Ableitungen von dem Vorzeichen des Entropieeffektes $s_{\alpha\beta}$ oder dem Vorzeichen der molaren differentiellen Wärme $Q_{\alpha\beta} = Ts_{\alpha\beta}$ für die Phasenumwandlung festgelegt. Somit erhalten wir für große Krümmungsradien die folgenden Ungleichungen:

$$\left.\begin{aligned}\left(\frac{dT}{dr}\right)_{p^{(\alpha)},x_1^{(\alpha)},\ldots,x_{n-1}^{(\alpha)}} &\gtrless 0\\ \left(\frac{dT}{dr}\right)_{p^{(\beta)},x_1^{(\alpha)},\ldots,x_{n-1}^{(\alpha)}} &\gtrless 0\end{aligned}\right\} \quad \text{wenn} \quad Q_{\alpha\beta} \gtrless 0. \tag{11.5}$$

Wenden wir sie nun auf Systeme „flüssige Lösung—Dampf" an. Vereinbarungsgemäß wird Phase α von der konkaven bzw. Phase β von der konvexen Seite der Diskontinuitätsfläche begrenzt. Folglich ist die Größe $Q_{\alpha\beta}$ für ein Tröpfchen einer sich im Gleichgewicht mit ihrem Dampf befindlichen Lösung positiv, und gemäß (11.5) verringert sich die Siedetemperatur der Lösungströpfchen mit kleiner werdendem Tröpfchenradius. Andererseits ist für Dampfbläschen, die sich mit ihrer flüssigen Lösung im Gleichgewicht befinden, die Größe $Q_{\alpha\beta}$ negativ, und gemäß Gl. (11.5) erhöht sich die Kondensationstemperatur der Dampfbläschen bei ihrer Verkleinerung. Somit wird die Abhängigkeit der Temperatur eines Zweiphasengleichgewichtes vom Krümmungsradius der Grenzfläche in bedeutendem Maße davon bestimmt, in Richtung welcher Phase die Diskontinuitätsfläche gekrümmt ist.

Für Einkomponentensysteme lassen sich die Gln. (11.3) und (11.4) weiter zu

$$\left(\frac{dT}{dr}\right)_{p^{(\alpha)}} \approx \frac{2\sigma v^{(\beta)}}{r^2(s^{(\beta)} - s^{(\alpha)})} \tag{11.6}$$

$$\left(\frac{dT}{dr}\right)_{p^{(\beta)}} \approx \frac{2\sigma v^{(\alpha)}}{r^2(s^{(\beta)} - s^{(\alpha)})} \tag{11.7}$$

vereinfachen. Aus diesen Gleichungen folgt, daß das Verhältnis der in den linken Seiten von (11.6) und (11.7) stehenden Ableitungen gleich dem Verhältnis der Molvolumina der Phasen ist. Folglich können sich für Systeme „Flüssigkeit—Dampf" die Werte dieser Ableitungen stark voneinander unterscheiden. Die Gln. (11.6) und (11.7) sind nur für große Krümmungsradien ausreichend exakt, wenn nämlich die Größen σ, $v^{(\alpha)}$, $v^{(\beta)}$, $s^{(\alpha)}$, $s^{(\beta)}$ praktisch konstant sind. Integrieren wir diese Gleichungen zwischen der ebenen Grenzfläche und einem bestimmten r-Wert, so erhalten wir die folgenden Beziehungen für die Temperaturänderung des Phasenüberganges infolge einer Krümmung der ebenen Diskontinuitätsfläche:

$$(\Delta T)_{P^{(\alpha)}} \approx \frac{2\sigma v^{(\beta)}}{r(s^{(\alpha)} - s^{(\beta)})} = \frac{2\sigma v^{(\beta)} T}{r Q_{\beta\alpha}} \tag{11.8}$$

$$(\Delta T)_{P^{(\beta)}} \approx \frac{2\sigma v^{(\alpha)}}{r(s^{(\alpha)} - s^{(\beta)})} = \frac{2\sigma v^{(\alpha)} T}{r Q_{\beta\alpha}} \tag{11.9}$$

mit $Q_{\beta\alpha}$ als Wärme des Phasenüberganges.

Gl. (11.9) wird häufig als Thompson-Gleichung [1] bezeichnet. Sie ist von Epštein [2] auf anderem Wege hergeleitet worden. Harbury hat sie für die Anwendung auf die Schmelztemperatur von Kristallen empfohlen [3]. Eine analoge Beziehung wurde von Higuti [4] für die Depression des Erstarrungspunktes eines Sorbates in den Poren eines Adsorbenten erhalten.

Die Gln. (11.3), (11.4), (11.6), (11.9) sowie alle sich aus diesen ergebenden Schlußfolgerungen sind nur für hinreichend große Krümmungsradien gültig. Die Ungleichungen (11.5) folgen aus den Gln. (11.1) und (11.2) bei kleinen r-Werten nur dann, wenn die Bedingungen

$$\frac{v_\beta^{(\sigma)}}{v^{(\beta)}} > \frac{s_{\alpha\sigma}}{s_{\alpha\beta}} \tag{11.10}$$

$$\frac{v_\beta^{(\sigma)} - v_{\alpha\sigma}}{v^{(\beta)} - v_{\alpha\beta}} > \frac{s_{\alpha\sigma}}{s_{\alpha\beta}} \tag{11.11}$$

erfüllt sind. Dies wiederum kann mit der Kleinheit der Größe $s_{\alpha\sigma}$ oder unterschiedlichen Vorzeichen der Größen $s_{\alpha\sigma}$ und $s_{\alpha\beta}$ — was in Gegenwart einer spezifischen Adsorption an der Diskontinuitätsfläche möglich ist — verbunden sein.

11.2. Einfluß der Krümmung der Diskontinuitätsfläche auf den Druck in den koexistierenden Phasen

Die Abhängigkeit des Druckes der Phasen von der Krümmung der Diskontinuitätsfläche ist für Systeme „Flüssigkeit—Dampf" vielfach in der Literatur diskutiert worden. Von den erhaltenen Beziehungen ist die Kelvin-Gleichung [5] am bekanntesten:

$$\ln \frac{P_r}{P_\infty} = \frac{2\sigma v^{(\alpha)}}{rRT} \tag{11.12}$$

mit P_∞ und P_r als Dampfdruck über der ebenen bzw. gekrümmten Diskontinuitätsfläche sowie $v^{(\alpha)}$ als Molvolumen der flüssigen Phase. Die Größe P_r/P_∞ kennzeichnet die relative Übersättigung des Dampfes. Die Mehrzahl der bisher für diese Gleichung vorgeschlagenen Korrekturen trägt statistischen Charakter [6, 7] und spielt keine Rolle, solange die Anzahl der Flüssigkeitströpfchen gering ist. Eine Beziehung etwas anderer Form ist von Epštein [2] hergeleitet worden:

$$\Delta P = \frac{2\sigma v^{(\alpha)}}{r(v^{(\beta)} - v^{(\alpha)})} \tag{11.13}$$

mit $\Delta P = P_r - P_\infty$ als der absoluten Übersättigung und $v^{(\beta)}$ als Molvolumen des Dampfes.

Aus experimentellen Untersuchungen folgt eine gute Anwendbarkeit der KELVIN-Gleichung im Teilchengrößenbereich von 0,1—1 μm. Allerdings ist die Meßgenauigkeit sowohl für größere als auch kleinere Teilchen unzureichend, um das gesamte Gebiet der Teilchengrößen, in dem Gl. (11.12) gültig ist, zu bestimmen. Ihrem Sinn nach sollten die Beziehungen (11.12) und (11.13) nur bei großen Krümmungsradien, die die Grenzflächenschichtdicke um ein Vielfaches übertreffen, gültig sein (der oben genannte Teilchengrößenbereich genügt zumeist dieser Forderung). Dessenungeachtet werden in der Literatur häufig Schlußfolgerungen aus diesen Beziehungen für die Lösung einer Reihe von Problemen benutzt, die notwendigerweise die Betrachtung stark gekrümmter Diskontinuitätsflächen bei sehr kleinen r-Werten beinhalten (z. B. Übersättigungserscheinungen, Keimbildung neuer Phasen). In diesen Fällen ist die ungerechtfertigte Benutzung der Gln. (11.12) und (11.13) offenkundig. Deshalb ist die Behandlung der strengen thermodynamischen Beziehungen für die Abhängigkeit des Druckes von der Teilchengröße bei beliebigen Krümmungsradien der Diskontinuitätsfläche außerordentlich wichtig.

Aus den Gln. (9.17) und (9.18) lassen sich leicht Gleichungen für die Abhängigkeit der Drücke innerhalb beider koexistierender Phasen vom Krümmungsradius der Diskontinuitätsfläche unter Konstanz von Temperatur und Zusammensetzung der Phase α herleiten:

$$\left(\frac{dP^{(\alpha)}}{dr}\right)_{T,x_1^{(\alpha)},\ldots,x_{n-1}^{(\alpha)}} = -\frac{2\sigma v^{(\beta)}}{r^2 v_{\alpha\beta}\left(1 + \dfrac{2\omega}{ra}\right)} \tag{11.14}$$

$$\left(\frac{dP^{(\beta)}}{dr}\right)_{T,x_1^{(\alpha)},\ldots,x_{n-1}^{(\alpha)}} = -\frac{2\sigma[v^{(\beta)} - v_{\alpha\beta})}{r^2 v_{\alpha\beta}\left(1 + \dfrac{2\omega}{ra}\right)}. \tag{11.15}$$

Die Größe ω ist durch Ausdruck (10.47) oder (10.48) definiert.

Die Gln. (11.14) und (11.15) sind sowohl für große als auch für kleine Werte von r exakt. Setzen wir zunächst sehr große Krümmungsradien der Grenzfläche voraus, so können die Gln. (11.14) und (11.15) in die folgenden Näherungsformen gebracht werden:

$$\left(\frac{dP^{(\alpha)}}{dr}\right)_{T,x_1^{(\alpha)},\ldots,x_{n-1}^{(\alpha)}} \approx -\frac{2\sigma v^{(\beta)}}{r^2 v_{\alpha\beta}} \tag{11.16}$$

$$\left(\frac{dP^{(\beta)}}{dr}\right)_{T,x_1^{(\alpha)},\ldots,x_{n-1}^{(\alpha)}} \approx -\frac{2\sigma(v^{(\beta)} - v_{\alpha\beta})}{r^2 v_{\alpha\beta}}. \tag{11.17}$$

Aus Gl. (11.16) und (11.17) ergeben sich die Ungleichungen:

$$\left.\begin{aligned} \left(\frac{dP^{(\alpha)}}{dr}\right)_{T,x_1^{(\alpha)},\ldots,x_{n-1}^{(\alpha)}} &\gtrless 0 \\ \left(\frac{dP^{(\beta)}}{dr}\right)_{T,x_1^{(\alpha)},\ldots,x_{n-1}^{(\alpha)}} &\gtrless 0 \end{aligned}\right\} \quad \text{wenn} \quad v_{\alpha\beta} \lessgtr 0. \tag{11.18}$$

Diese Ungleichungen zeigen, daß die Abhängigkeit der Drücke in beiden Phasen von der Krümmung der Diskontinuitätsfläche durch das Vorzeichen des Volumeneffektes des Phasenüberganges festgelegt wird. Ist die Diskontinuitätsfläche mit ihrer konkaven Seite zur dichteren Phase gerichtet, so gilt $v_{\alpha\beta} > 0$, und die Drücke in beiden Phasen nehmen mit Verringerung des Krümmungsradius der Grenzfläche zu. Ist hingegen $v_{\alpha\beta} < 0$, so werden die Drücke in beiden Phasen mit abnehmendem Krümmungsradius der Diskontinuitätsfläche kleiner. Die Anwendung der Ungleichung (11.18) auf Systeme „flüssige Lösung—Dampf" führt zu der Schlußfolgerung, daß sich der Sättigungsdampfdruck flüssiger Tröpfchen mit kleiner werdendem Tröpfchendurchmesser erhöht. Demgegenüber verringert sich der Druck in Dampfbläschen, die mit ihrer flüssigen Lösung im Gleichgewicht stehen, mit kleiner werdendem Bläschendurchmesser.

Ein Vergleich zwischen (11.14) und (11.15) zeigt für flüssige Phasen eine wesentlich stärkere Abhängigkeit des Druckes vom Krümmungsradius der Diskontinuitätsfläche als für die entsprechenden Dämpfe. Dies folgt aus dem großen Dichteunterschied zwischen diesen Phasen. So beträgt z. B. der in Wassertröpfchen mit einem Radius von $\approx 10^{-5}$ cm herrschende Druck $\approx$ 14 at, währenddessen der Dampfdruck dieser Tröpfchen gegenüber dem Dampfdruck über der ebenen Grenzfläche des Wassers nur um $\approx 1\%$ wächst [11].

Behandeln wir nun den Fall, daß auf Grund eines sehr kleinen Krümmungsradius der Diskontinuitätsfläche die Gln. (11.16) und (11.17) ihre Gültigkeit verlieren. Bei $r = 0$ nimmt auch die Molfläche a den Wert Null an, so daß das Volumen der Grenzflächenschicht gleich $V_\beta^{(\sigma)}$ wird, was zu der Gleichheit $v^{(\sigma)} = v_\beta^{(\sigma)}$ führt. Daher können für r-Werte, die nahezu gleich Null sind, die Gln. (11.14) und (11.15) folgendermaßen geschrieben werden:

$$\left(\frac{dP^{(\alpha)}}{dr}\right)_{T,x_1^{(\alpha)},\ldots,x_{n-1}^{(\alpha)}} \approx -\frac{\sigma v^{(\beta)} a}{r(v^{(\sigma)} v_{\alpha\beta} - v^{(\beta)} v_{\alpha\sigma})} \tag{11.19}$$

$$\left(\frac{dP^{(\beta)}}{dr}\right)_{T,x_1^{(\alpha)},\ldots,x_{n-1}^{(\alpha)}} \approx -\frac{\sigma(v^{(\beta)} - v_{\alpha\beta})\, a}{r(v^{(\sigma)} v_{\alpha\beta} - v^{(\beta)} v_{\alpha\sigma})}. \tag{11.20}$$

Diese Gleichungen zeigen, daß die Abhängigkeit der Drücke vom Krümmungsradius der Diskontinuitätsfläche bei kleinen Radien nicht mehr vom Vorzeichen des Volumeneffektes des Phasenüberganges bestimmt wird; anstelle der in den Ungleichungen (11.18) stehenden Größe $v_{\alpha\beta}$ tritt der in den Nennern der rechten Seite von (11.19) und (11.20) stehende Klammerausdruck auf. Für Einkomponentensysteme stellt dieser Ausdruck das Produkt aus Molvolumen von Phase α und Differenz der Molvolumina von Phase β und Grenzflächenschicht dar, was die Gln. (11.19) und (11.20) folgendermaßen zu schreiben erlaubt:

$$\left(\frac{dP^{(\alpha)}}{dr}\right)_T \approx -\frac{\sigma v^{(\beta)} a}{r v^{(\alpha)}(v^{(\beta)} - v^{(\sigma)})} \tag{11.21}$$

$$\left(\frac{dP^{(\beta)}}{dr}\right)_T \approx -\frac{\sigma a}{r(v^{(\beta)} - v^{(\sigma)})}. \tag{11.22}$$

Aus den Gln. (11.21) und (11.22) ergeben sich die Ungleichungen

$$\left.\begin{array}{l}\left(\dfrac{dP^{(\alpha)}}{dr}\right)_T \gtrless 0 \\ \left(\dfrac{dP^{(\beta)}}{dr}\right)_T \gtrless 0\end{array}\right\} \quad \text{wenn} \quad v^{(\sigma)} \gtrless v^{(\beta)}. \tag{11.23}$$

Während somit für große Krümmungsradien die Abhängigkeit der Drücke vom Krümmungsradius durch das Vorzeichen des Volumeneffektes des Phasenüberganges festgelegt ist, wird diese Abhängigkeit für kleine Krümmungsradien von der relativen Größe der Molvolumina der makroskopischen Phase und der Grenzflächenschicht bestimmt. Dieses Ergebnis unterstreicht die steigende Bedeutung von Grenzflächenerscheinungen bei kleiner werdendem Krümmungsradius der Diskontinuitätsfläche. Sind die Ableitungen $(\partial v/\partial x_i)^{(\alpha)}$ hinreichend klein, so bleiben die Ungleichungen (11.23) auch für Mehrkomponentensysteme in Kraft.

Die Ungleichungen (11.23) sind für derartig kleine Krümmungsradien hergeleitet worden, daß praktisch die gesamte Mikroheterogenität innerhalb der Phase β aus der Grenzflächenschicht besteht. Da beim Wachstum dieser Heterogenität Phase α entstehen muß, darf angenommen werden, daß sich diese Heterogenität in allen ihren Eigenschaften, darunter auch in der Dichte, in qualitativ gleicher Richtung wie Phase α von Phase β unterscheiden muß. Infolgedessen sind die Bedingungen (11.18) und (11.23) nicht als einander ausschließende, sondern ergänzende Bedingungen anzusehen. So ist als Voraussetzung für einen Kondensationsprozeß die Annahme natürlich, daß die Keime der flüssigen Phase dichter als der sie umgebende Dampf sind. In diesem Falle führen die Ungleichungen (11.23) zu der Folgerung, daß der Dampfdruck der Flüssigphasenkeime mit Verringerung ihrer Größe ansteigt, wie dies auch für große Krümmungsradien der Fall ist.

Befassen wir uns nunmehr mit der Analyse eines Einkomponentensystems vom Typ „Flüssigkeit—Dampf" und untersuchen die KELVIN-Gleichung sowie ihren Anwendungsbereich näher. Wir vereinbaren, mit α und β die Flüssigkeit bzw. den Dampf zu kennzeichnen. Die Gln. (11.14) und (11.15) geben wir in einer Niederschrift mit doppeltem Vorzeichen wieder, wobei sich das obere auf eine konvexe und das untere auf eine konkave Flüssigkeitsgrenzfläche beziehen. Die resultierende Gleichung lautet in der Terminologie der Überschußgrößen wie folgt:

$$\left(\frac{dP^{(\beta)}}{dr}\right)_T = \pm \frac{2\sigma}{r^2} \bigg/ \left(\frac{\varrho^{(\alpha)}}{\varrho^{(\beta)}} - 1\right)\left(1 \pm \frac{2\Gamma}{r(\varrho^{(\alpha)} - \varrho^{(\beta)})}\right). \tag{11.24}$$

Alle in Gl. (11.24) rechts stehenden Größen hängen von r ab. Die Abhängigkeit $\sigma(r)$ ist durch Gl. (10.42) gegeben (die Größe r trägt für konvexe oder konkave Flüssigkeitsgrenzflächen das Vorzeichen plus bzw. minus). Die Abhängigkeit $\varrho^{(\beta)}$ von $P^{(\beta)}$ kann entweder experimentell bestimmt oder mit Hilfe einer Gaszustandsgleichung berechnet werden. Die Abhängigkeit $\varrho^{(\alpha)}$ von $P^{(\beta)}$ läßt sich leicht durch die isotherme Kompressibilität $\chi^{(\alpha)}$ der Flüssigkeit ausdrücken:

$$\frac{d\varrho^{(\alpha)}}{dP^{(\beta)}} = \left(\frac{d\varrho^{(\alpha)}}{dP^{(\alpha)}}\right)\left(\frac{dP^{(\alpha)}}{dP^{(\beta)}}\right) = \frac{\chi^{(\alpha)}\varrho^{(\alpha)2}}{\varrho^{(\beta)}}. \tag{11.25}$$

Folglich tritt im rechten Teil von (11.24) nur eine einzige Funktion auf, deren Verlauf noch nicht aufgeklärt ist. Es ist die Funktion $\Gamma(r)$.

Für große r-Werte können folgende asymptotische Näherungen benutzt werden (der Ausdruck für $\varrho^{(\alpha)}$ folgt aus (11.25) und (11.24)):

$$\sigma = \sigma_\infty \left(1 \pm \frac{2\Gamma_\infty}{r(\varrho_\infty{}^{(\alpha)} - \varrho_\infty{}^{(\beta)})}\right) \tag{11.26}$$

$$\varrho^{(\alpha)} = \varrho_\infty{}^{(\alpha)} \left(1 \pm \frac{2\sigma_\infty \chi_\infty{}^{(\alpha)} \varrho_\infty{}^{(\alpha)}}{r(\varrho_\infty{}^{(\alpha)} - \varrho_\infty{}^{(\beta)})}\right). \tag{11.27}$$

Nach Einsetzen dieser Ausdrücke in (11.24) und Integration unter Voraussetzung eines idealen Verhaltens des Dampfes $\left(\varrho^{(\alpha)} \gg \varrho^{(\beta)} = \dfrac{P^{(\beta)}}{RT}\right)$ erhalten wir

$$\ln \frac{P^{(\beta)}}{P_\infty{}^{(\beta)}} = \pm \frac{2\sigma_\infty}{rRT\varrho_\infty{}^{(\alpha)}} \left[1 \mp \left(\sigma_\infty \chi_\infty{}^{(\alpha)} + \frac{2\Gamma_\infty}{\varrho_\infty{}^{(\alpha)}}\right) \frac{1}{r}\right]. \tag{11.28}$$

Die rechte Seite von Gl. (11.28) stellt die strenge Entwicklung der Funktion $\ln (P^{(\beta)}/P_\infty{}^{(\beta)})$ nach Potenzen der Krümmung unter Berücksichtigung der kleinen Größen zweiter Ordnung dar. Erfolgt diese Zerlegung nur bis zu kleinen Größen erster Ordnung, so geht Gl. (11.28) in die KELVIN-Gleichung über. Ein strenger asymptotischer Ausdruck bei Berücksichtigung lediglich der kleinen Größen erster Ordnung kann ebenfalls in der Form

$$P^{(\beta)} = P_\infty{}^{(\beta)}(1 \pm 2\sigma_\infty/rRT\varrho_\infty{}^{(\alpha)}) \tag{11.29}$$

geschrieben werden, was mit Gl. (11.13) übereinstimmt.

In Gegenwart des Haupt- und Korrekturgliedes können mit Hilfe der asymptotischen Näherung (11.29) nach dem üblichen Vorgehen eines Koeffizientenvergleichs die Anwendbarkeitsgrenzen der KELVIN-Gleichung abgeschätzt werden. Aus (11.28) folgt Gleichheit des Haupt- und Korrekturgliedes, wenn r den Wert des in runden Klammern stehenden Ausdrucks annimmt. Dieser Wert ist sehr klein. Tatsächlich beläuft sich der Wert des Quotienten $\Gamma_\infty/\varrho_\infty{}^{(\alpha)}$ auf den Abstand zwischen Spannungsfläche und äquimolekularer Trennfläche, der nach [12, 13] innerhalb des Intervalls 1 ÷ 4 Å liegt. Die Größe $\sigma_\infty \chi_\infty{}^{(\alpha)}$ ist unter den üblichen Bedingungen noch kleiner (für Tetrachlorkohlenstoff finden wir bei 20 °C einen Wert von ≈ 0,2 Å). Infolgedessen beträgt der gesuchte r-Wert lediglich einige Å, so daß bei mehreren Dutzend Å das Korrekturglied zur KELVIN-Gleichung nicht zu berücksichtigen ist.

Stellen wir (11.28) in Form einer Entwicklung von $P^{(\beta)}/P_\infty{}^{(\beta)}$ dar:

$$\frac{P^{(\beta)}}{P_\infty{}^{(\beta)}} = 1 \pm \frac{2\sigma_\infty}{rRT\varrho_\infty{}^{(\alpha)}} \left[1 \mp \left((\sigma_\infty \chi_\infty{}^{(\alpha)} + \frac{2\Gamma_\infty}{\varrho_\infty{}^{(\alpha)}}\right) \frac{1}{r} \pm \frac{\sigma_\infty}{rRT\varrho_\infty{}^{(\alpha)}}\right]. \tag{11.30}$$

In den quadratischen Klammern tritt ein weiteres Glied der Art $\frac{1}{r}$ auf, dessen Koeffizient vom betrachteten Stoff und den Zustandsparametern abhängig ist (z. B. erhalten wir für Wasser und Tetrachlorkohlenstoff bei 20 °C 5,4 bzw. 10,2 Å). Wesentlich ist das entgegengesetzte Vorzeichen dieses Gliedes, was Kompensationseffekte in Aussicht stellt (so daß Gl. (11.29) doch eine hinlänglich korrekte Beziehung verkörpert). Andererseits darf festgestellt werden, daß bei merklich größeren absoluten Werten dieses Gliedes — verglichen mit jenen des in den eckigen Klammern voranstehenden — die KELVIN-Gleichung wesentlich exakter als Gl. (11.29) sein kann. In diesem Falle ist die Verwendung der KELVIN-Gleichung der Benutzung sowohl des asymptotischen Haupt- als auch Korrekturgliedes von Gl. (11.30) äquivalent.

Kehren wir nun zu der exakten Beziehung (11.24) zurück und behandeln den Spezialfall einer konkaven Grenzfläche. Das Verhalten des in (11.24) rechts stehenden Ausdruckes wird wesentlich durch die Funktion

$$f(r) = \sigma/[1 - 2\Gamma/r(\varrho^{(\alpha)} - \varrho^{(\beta)})] \tag{11.31}$$

geprägt. Bei Berücksichtigung der Schlußfolgerungen aus Abschn. 10.7. ist das Verhalten von $f(r)$ qualitativ vorstellbar. Offensichtlich ist $f(r) = \sigma_\infty$ bei $r = \infty$ mit schwachem Anstieg bei Verringerung von r. Danach durchläuft $f(r)$ ein Maximum (darin ist $\Gamma = 0$ und somit $f(r) = \sigma$) und anschließend — bei weiterer stetiger Verringerung — den Wert σ_∞. Mithin nimmt $f(r)$ zweimal den Wert σ_∞ an, und im Bereich zwischen diesen Punkten liegt ein ganzes Gebiet von r-Werten, für welches die Differenz zwischen $f(r)$ und σ_∞ relativ gering ist. Wird in diesem Gebiet die Funktion $f(r)$ durch den Wert σ_∞ approximiert, so folgt hierfür aus (11.24) die KELVIN-Gleichung (hier ist sie keine asymptotische Beziehung, so daß die Entwicklung (11.30) nicht angewendet werden kann). Allerdings können die exakten Grenzen dieses Gebietes nicht angegeben werden. Wenn aber die Gültigkeitsgrenze r^* der asymptotischen Formeln einige Dutzend Å beträgt, so muß die Koordinate r_{max} des Maximums der Funktion $f(r)$ im Intervall $0 < r_{max} < r^*$ liegen, wobei die Größen r_{max} und r^* nicht nahe beieinander liegen können. Andererseits muß die Koordinate r' des Punktes $f(r) = \sigma_\infty$ innerhalb des Intervalls $0 < r' < r_{max}$, d. h. bei noch kleineren r-Werten, liegen. All dies führt zu der Schlußfolgerung, daß für konkave Flüssigkeitsgrenzflächen die KELVIN-Gleichung manchmal auch bei Krümmungsradien, die sich den Molekülabmessungen nähern, anwendbar ist.

Es ist notwendig, auf eine für die Praxis wesentliche Besonderheit konkaver Flüssigkeitsgrenzflächen hinzuweisen. Für ebene Grenzflächen ist die Spannungsfläche innerhalb der Flüssigkeit lokalisiert, für konkave verschiebt sie sich mit zunehmender Krümmung in Richtung der realen Grenzfläche. Im Maximum σ und $f(r)$ fallen Spannungsfläche und äquimolekulare Trennfläche zusammen. Daher kann angenommen werden, daß im Falle konkaver Grenzflächen bei kleinen r-Werten diese in unmittelbarer Nähe des Krümmungsradius der realen Flüssigkeitsgrenzfläche liegen.

Abschließend wollen wir anhand von Gl. (11.14) und (11.15) das Grenzverhalten der Drücke bei $r \to 0$ untersuchen. Die Eigenschaften der Größen σ und ω/a wurden bereits in Abschn. 10.7. unter der Voraussetzung endlicher Unterschiede zwischen den Drücken der koexistierenden Phasen betrachtet. Nunmehr ist eine Konsistenzprüfung zwischen den Grenzbeziehungen für die Drücke und Grenzflächenspannung erforderlich. Bei Anwendung der Beziehungen (10.51) und (10.55) auf die Gln. (11.14) und (11.15) und anschließender Integration erhalten wir die Grenzbeziehungen für kleine r-Werte:

$$P^{(\alpha)} \approx P_0^{(\alpha)} - \frac{bv^{(\beta)}}{v_{\alpha\beta}} r^{1-m} \tag{11.32}$$

$$P^{(\beta)} \approx P_0^{(\beta)} - \frac{b(v^{(\beta)} - v_{\alpha\beta})}{v_{\alpha\beta}} r^{1-m}. \tag{11.33}$$

Darin sind b und m Konstanten ($m < 1$) sowie $P_0^{(\alpha)}$ und $P_0^{(\beta)}$ die Integrationskonstanten. Aus diesen Formeln folgt, daß der Druck in jeder Phase bei $r \to 0$ einem endlichen Grenzwert zustrebt. Des weiteren kann trotz gegenwärtig noch ungenügender Kenntnis des exakten Verlaufes dieser Abhängigkeit bei kleinen r-Werten festgestellt werden, daß — beginnend mit gewissen kleinen, der Grenzflächenschichtdicke vergleichbaren Radius-Werten — die den tatsächlichen Dampfdruckverlauf wiedergebende Kurve von der durch die KELVIN-Gleichung beschriebenen stark abweicht. Die Größen $P_0^{(\beta)}/P_\infty^{(\beta)}$ und $P_0^{(\beta)} - P_\infty^{(\beta)}$ kennzeichnen die im Grenzfall theoretisch mögliche Übersättigung von Phase β. Folglich darf behauptet werden, daß die Übersättigungsgrenze der Phasen ebenfalls bei einem endlichen Wert liegt.[1]

11.3. Einfluß der Krümmung der Diskontinuitätsfläche auf die Zusammensetzung der koexistierenden Phasen

Das Problem der Löslichkeit kleiner Teilchen wie auch der Verdampfung kleiner Tröpfchen ist in der Literatur vielfach behandelt worden [1, 3] [14]···[18]. Von den auf diesem Gebiet erhaltenen Beziehungen ist die OSTWALD-FREUNDLICH-Gleichung[2] am bekanntesten. Nach dieser Gleichung nimmt die Löslichkeit von Teilchen mit ihrer Verkleinerung zu. Allerdings ist die OSTWALD-FREUNDLICH-Gleichung ebenso wie die KELVIN-Gleichung eine Näherungsbeziehung, die nur für große Krümmungsradien gültig ist. Daher ist die strenge Behandlung des Problems unter Einbeziehung auch kleiner Krümmungsradien von bedeutendem theoretischen und praktischen Interesse.

Aus den Gln. (9.17) und (9.18) können leicht Beziehungen für den Zusammenhang zwischen der Zusammensetzung von Phase α und dem Krümmungsradius der Diskontinuitätsfläche unter isotherm-isobaren Bedingungen erhalten werden. Zwecks Vereinfachung beschränken wir unsere Betrachtung auf binäre Systeme. Hierfür lauten diese Beziehungen folgendermaßen:

$$\left(\frac{dx_1^{(\alpha)}}{dr}\right)_{T,P^{(\alpha)}} = \frac{2\sigma v^{(\beta)} a}{r^2 \left[(x_1^{(\beta)} - x_1^{(\alpha)}) \left(a + \frac{2}{r} v_\beta^{(\sigma)}\right) - \frac{2}{r} (x_1^{(\sigma)} - x_1^{(\alpha)})\, v^{(\beta)}\right] g_{11}^{(\alpha)}} \tag{11.34}$$

$$\left(\frac{dx_1^{(\alpha)}}{dr}\right)_{T,P^{(\beta)}} = \frac{2\sigma(v^{(\beta)} - v_{\alpha\beta})\, a}{r^2 \left\{(x_1^{(\beta)} - x_1^{(\alpha)}) \left[a + \frac{2}{r} (v_\beta^{(\sigma)} - v_{\alpha\sigma})\right] - \frac{2}{r} (x_1^{(\sigma)} - x_1^{(\alpha)})\, (v^{(\beta)} - v_{\alpha\beta})\right\} g_{11}^{(\alpha)}}. \tag{11.35}$$

[1] Siehe hierzu ausführlich Abschn. 18.5.

[2] Nach Meinung einiger Autoren [16, 17] wäre es richtiger, diese Gleichung mit dem Namen GIBBS zu verbinden.

Die Gleichungen für die Abhängigkeit der Phasenzusammensetzung β vom Krümmungsradius der Diskontinuitätsfläche lauten analog. Sie lassen sich durch gegenseitiges Vertauschen der Indizes α und β sowie Ersetzen von r durch $-r$ erhalten:

$$\left(\frac{dx_1{}^{(\beta)}}{dr}\right)_{T,P^{(\beta)}} = \frac{2\sigma v^{(\alpha)} a}{r^2\left[(x_1{}^{(\beta)} - x_1{}^{(\alpha)})\left(a - \frac{2}{r} v_\alpha{}^{(\sigma)}\right) - \frac{2}{r}(x_1{}^{(\sigma)} - x_1{}^{(\beta)})\, v^{(\alpha)}\right] g_{11}^{(\beta)}} \tag{11.36}$$

$$\left(\frac{dx_1{}^{(\beta)}}{dr}\right)_{T,P^{(\alpha)}} = \frac{2\sigma(v^{(\alpha)} - v_{\beta\alpha})\, a}{r^2\left\{(x_1{}^{(\beta)} - x_1{}^{(\alpha)})\left[a - \frac{2}{r}(v_\alpha{}^{(\sigma)} - v_{\beta\sigma})\right] - \frac{2}{r}(x_1{}^{(\sigma)} - x_1{}^{(\beta)})\,(v^{(\alpha)} - v_{\beta\alpha})\right\} g_{11}^{(\beta)}}. \tag{11.37}$$

Die Gln. (11.34)···(11.37) sind strenge thermodynamische Beziehungen für die Abhängigkeit der Zusammensetzung beider Phasen vom Krümmungsradius der Diskontinuitätsfläche bei Konstanz von Temperatur und Druck in einer der Phasen. Diese Gleichungen haben für beliebige Krümmungsradien bis hin zum Wert $r = 0$ Gültigkeit.

Bei sehr großen Krümmungsradien der Diskontinuitätsfläche lassen sich die Beziehungen (11.34)···(11.37) in die folgenden Näherungsgleichungen überführen:

$$\left(\frac{dx_1{}^{(\alpha)}}{dr}\right)_{T,P^{(\alpha)}} \approx \frac{2\sigma v^{(\beta)}}{r^2(x_1{}^{(\beta)} - x_1{}^{(\alpha)})\, g_{11}^{(\alpha)}} \tag{11.38}$$

$$\left(\frac{dx_1{}^{(\alpha)}}{dr}\right)_{T,P^{(\beta)}} \approx \frac{2\sigma(v^{(\beta)} - v_{\alpha\beta})}{r^2(x_1{}^{(\beta)} - x_1{}^{(\alpha)})\, g_{11}^{(\alpha)}} \tag{11.39}$$

$$\left(\frac{dx_1{}^{(\beta)}}{dr}\right)_{T,P^{(\beta)}} \approx \frac{2\sigma v^{(\alpha)}}{r^2(x_1{}^{(\beta)} - x_1{}^{(\alpha)})\, g_{11}^{(\beta)}} \tag{11.40}$$

$$\left(\frac{dx_1{}^{(\beta)}}{dr}\right)_{T,P^{(\alpha)}} \approx \frac{2\sigma(v^{(\alpha)} - v_{\beta\alpha})}{r^2(x_1{}^{(\beta)} - x_1{}^{(\alpha)})\, g_{11}^{(\beta)}}. \tag{11.41}$$

Da die Größen σ, $g_{11}^{(\alpha)}$ und $g_{11}^{(\beta)}$ nach den Stabilitätsbedingungen positiv sind und auch die Differenzen $(v^{(\alpha)} - v_{\beta\alpha})$ sowie $(v^{(\beta)} - v_{\alpha\beta})$ zumeist positive Werte annehmen, können aus den Gln. (11.38)···(11.41) die folgenden Ungleichungen hergeleitet werden:

$$\left.\begin{aligned}
&\left(\frac{dx_1{}^{(\alpha)}}{dr}\right)_{T,P^{(\alpha)}} \gtrless 0\\
&\left(\frac{dx_1{}^{(\alpha)}}{dr}\right)_{T,P^{(\beta)}} \gtrless 0\\
&\left(\frac{dx_1{}^{(\beta)}}{dr}\right)_{T,P^{(\beta)}} \gtrless 0\\
&\left(\frac{dx_1{}^{(\beta)}}{dr}\right)_{T,P^{(\alpha)}} \gtrless 0
\end{aligned}\right\} \quad \text{wenn } x_1{}^{(\beta)} \gtrless x_1{}^{(\alpha)}. \tag{11.42}$$

Diese Ungleichungen besagen:

Ist die Diskontinuitätsfläche mit ihrer konkaven Seite jener Phase, in der die betrachtete Komponente angereichert ist, zugewendet, so wird mit wachsender Krümmung der Grenzfläche bei Konstanz von Temperatur und Druck in einer der Phasen die Konzentration dieser Komponente in beiden Phasen größer.

Werden z. B. Teilchen der reinen Komponente (1) einer Lösung zugesetzt, so gilt wegen $x_1^{(\alpha)} = 1$ die Bedingung $x_1^{(\beta)} < x_1^{(\alpha)}$. Aus den Ungleichungen (11.42) folgt, daß sich die Löslichkeit dieser Teilchen mit Verringerung ihrer Größe erhöht. Sind andererseits die Teilchen der Lösung in der reinen Komponente (1) verteilt, so gilt $x_1^{(\beta)} = 1$, und die Bedingung $x_1^{(\beta)} > x_1^{(\alpha)}$ ist stets erfüllt. In diesem Falle verringert sich die Löslichkeit von Komponente (1) mit kleiner werdenden Abmessungen der Lösungströpfchen.

Falls eine der Phasen von der reinen Komponente (1) verkörpert wird und die andere eine ideale Lösung darstellt, lassen sich die Gln. (11.38)···(11.41) leicht integrieren. Zunächst werden in (11.38) und (11.39) $x_1^{(\beta)} = 1$ und $g_{11}^{(\alpha)}$ gemäß (2.213) sowie in (11.40) und (11.41) $x_1^{(\alpha)} = 1$ und $g_{11}^{(\beta)}$ gleichfalls gemäß (2.213) eingesetzt, wonach diese Gleichungen bei Konstanz von σ, $v^{(\alpha)}$, $v^{(\beta)}$, $v_{\alpha\beta}$, $v_{\beta\alpha}$ in den Grenzen zwischen $r = \infty$ und einem endlichen r-Wert integriert werden, was schließlich zu den folgenden Beziehungen führt:

$$\Delta(\ln x_1^{(\alpha)})_{T,P^{(\alpha)}} \approx -\frac{2\sigma v^{(\beta)}}{rRT} \tag{11.43}$$

$$\Delta(\ln x_1^{(\alpha)})_{T,P^{(\beta)}} \approx -\frac{2\sigma(v^{(\beta)} - v_{\alpha\beta})}{rRT} \tag{11.44}$$

$$\Delta(\ln x_1^{(\beta)})_{T,P^{(\beta)}} \approx \frac{2\sigma v^{(\alpha)}}{rRT} \tag{11.45}$$

$$\Delta(\ln x_1^{(\beta)})_{T,P^{(\alpha)}} \approx \frac{2\sigma(v^{(\alpha)} - v_{\beta\alpha})}{rRT}. \tag{11.46}$$

Das Zeichen Δ gibt den Zuwachs der entsprechenden Größe bei Krümmung der ebenen Diskontinuitätsfläche unter den durch die Indizes gekennzeichneten Bedingungen wieder. Gl. (11.45) ist mit der bekannten Ostwald-Freundlich-Gleichung, die häufig zur Beschreibung der Löslichkeit kleiner Kristalle verwendet wird, identisch. Aus der voranstehenden Schlußfolgerung ist ersichtlich, daß diese wie auch die übrigen Formeln (11.43)···(11.46) in Genauigkeit und Allgemeingültigkeit den Gln. (11.38)···(11.41) nachstehen, obwohl auch letztere nur im Gebiet großer Krümmungsradien anwendbar sind.

Anhand der Gln. (11.34)···(11.37) wollen wir nun den Fall sehr kleiner Krümmungsradien der Diskontinuitätsfläche analysieren. Dieser Fall entspricht der Anwesenheit kleinster Keime einer neuen Phase in einer Lösung und ist von großem praktischem Interesse. Infolge der extrem kleinen Teilchengröße für die neue Phase ist die Bedingung der Druckkonstanz in diesen Teilchen (d. h. $P^{(\alpha)} = \text{const}$) praktisch nicht realisierbar. Daher sollen die Gln. (11.34) und (11.37) nicht analysiert werden. Wir beschränken uns auf die Behandlung der Gln. (11.35) und (11.36), in denen der Prozeß bei Konstanz der Temperatur und des äußeren Druckes $P^{(\beta)}$ betrachtet wird.

Zunächst soll die wichtigste Gl. (11.36) untersucht werden. Es sei ein endliches System mit sphärischer Spannungsfläche vorausgesetzt. Offensichtlich streben bei $r \to 0$ der in der Sphäre eingeschlossene Volumenanteil $V_\alpha^{(\sigma)}$ der Grenzflächenschicht sowie die Oberfläche der Sphäre gegen Null. Gemäß den Ausführungen von Abschn. 10.7. strebt die Grenzflächenspannung gleichfalls gegen Null (als kleine Größe erster Ordnung bezüglich r). Bei $r = 0$ gelangt Phase β in den Zustand der Grenzübersättigung und erreicht die Stabilitätsgrenzen[1], weshalb auch die Größe $g_{11}^{(\beta)}$ gleich Null wird. Des weiteren kann infolge möglicher völliger Homogenisierung des Systems bei $r = 0$ auch die Differenz $x_1^{(\sigma)} - x_1^{(\beta)}$ gegen Null streben. Somit gehen bei $r \to 0$ die in der Gl. (11.36) auftretenden Größen σ, a, $v_\alpha^{(\sigma)}$, $g_{11}^{(\beta)}$ und möglicherweise auch $x_1^{(\sigma)} - x_1^{(\beta)}$ gegen Null.

Für ein endliches System streben a und $v_\alpha^{(\sigma)}$ als kleine Größen zweiter bzw. dritter Ordnung bezüglich r gegen Null. Zum Verhalten der Größen $x_1^{(\sigma)} - x_1^{(\beta)}$ und $g_{11}^{(\beta)}$ können keine weiteren Ausführungen getroffen werden. Es ist allerdings die Annahme berechtigt, daß die Differenz $x_1^{(\sigma)} - x_1^{(\beta)}$ eine kleine Größe der Ordnung kleiner als Drei ist. Anderenfalls wäre der in Gl. (11.36) rechts stehende Nenner eine kleine Größe höherer als vierter Ordnung, was angesichts der diesbezüglich dritten Ordnung des Zählers von Gl. (11.36) zu einem gegen $+\infty$ wachsenden Molenbruch $x_1^{(\beta)}$ bei $r \to 0$ führen würde und absurd wäre. Daher darf angenommen werden, daß bei kleinen r-Werten das erste Glied in den quadratischen Klammern des in Gl. (11.36) rechts stehenden Nenners eine kleine Größe höherer als zweiter Ordnung ist und vernachlässigt werden kann. Demzufolge läßt sich Gl. (11.36) zu

$$\left(\frac{dx_1^{(\beta)}}{dr}\right)_{T,P^{(\beta)}} \approx \frac{4\pi\sigma r}{m^{(\sigma)}(x_1^{(\beta)} - x_1^{(\sigma)})\, g_{11}^{(\beta)}} \tag{11.47}$$

vereinfachen. Aus Gl. (11.47) ergeben sich die Ungleichungen

$$\left(\frac{dx_1^{(\beta)}}{dr}\right)_{T,P^{(\beta)}} \gtrless 0, \quad \text{wenn} \quad x_1^{(\beta)} \gtrless x_1^{(\sigma)}. \tag{11.48}$$

Der Unterschied zwischen den Ungleichungen (11.48) und (11.42) besteht darin, daß in ersteren anstelle der Zusammensetzung von Phase α die Zusammensetzung der Grenzflächenschicht auftritt. Dieses Ergebnis ist physikalisch logisch, da es die wachsende und schließlich überwiegende Rolle der Grenzflächenerscheinungen mit steigendem Dispersitätsgrad widerspiegelt. Bei gegen Null strebenden r-Werten verfügt die Mikroheterogenität noch nicht über die Eigenschaften einer Phase und kann als völlig aus Grenzflächenschicht mit der Zusammensetzung $x_1^{(\sigma)}$ bestehend angesehen werden. Mit zunehmender Größe der Heterogenität beginnt sich in ihrem Inneren die neue Phase zu bilden. Solange sie jedoch klein ist, werden ihre Eigenschaften von der Grenzflächenschicht bestimmt.

Gl. (11.35) geht für kleine r-Werte in folgenden Näherungsausdruck über:

$$\left(\frac{dx_1^{(\alpha)}}{dr}\right)_{T,P^{(\beta)}} \approx \frac{4\pi\sigma r(v^{(\beta)} - v_{\alpha\beta})}{m^{(\sigma)}[(x_1^{(\beta)} - x_1^{(\alpha)})\,(v^{(\sigma)} - v_{\alpha\sigma}) - (x_1^{(\sigma)} - x_1^{(\alpha)})\,(v^{(\beta)} - v_{\alpha\beta})]\, g_{11}^{(\alpha)}}. \tag{11.49}$$

[1] Ausführlicher hierzu siehe Abschn. 18.1.

Die Größen $(v^{(\beta)} - v_{\alpha\beta})$ und $(v^{(\sigma)} - v_{\alpha\sigma})$ können als

$$\left.\begin{aligned} v^{(\beta)} - v_{\alpha\beta} &= v^{(\alpha)} + (x_1{}^{(\beta)} - x_1{}^{(\alpha)}) \left(\frac{\partial v}{\partial x_1}\right)^{(\alpha)} \\ v^{(\sigma)} - v_{\alpha\sigma} &= v^{(\alpha)} + (x_1{}^{(\sigma)} - x_1{}^{(\alpha)}) \left(\frac{\partial v}{\partial x_1}\right)^{(\alpha)} \end{aligned}\right\} \tag{11.50}$$

dargestellt werden. Durch Einsetzen von (11.50) in (11.49) erhalten wir

$$\left(\frac{dx_1{}^{(\alpha)}}{dr}\right)_{T,P^{(\beta)}} \approx \frac{4\pi\sigma r(v^{(\beta)} - v_{\alpha\beta})}{m^{(\sigma)}v^{(\alpha)}(x_1{}^{(\beta)} - x_1{}^{(\sigma)})\, g_{11}^{(\alpha)}}. \tag{11.51}$$

Es sei darauf hingewiesen, daß Gl. (11.51) unter Voraussetzung eines außerordentlich kleinen Krümmungsradius der Diskontinuitätsfläche hergeleitet worden ist. Andererseits ist die linke Seite dieser Gleichung nur dann physikalisch sinnvoll, wenn Phase α als solche bereits existiert. Infolgedessen ist Gl. (11.51) nur bei Vereinbarkeit beider Bedingungen gültig.

Aus Gl. (11.51) ergeben sich die Ungleichungen

$$\left(\frac{dx_1{}^{(\alpha)}}{dr}\right)_{T,P^{(\beta)}} \gtrless 0, \quad \text{wenn} \quad x_1{}^{(\beta)} \gtrless x_1{}^{(\sigma)}. \tag{11.52}$$

Diese drücken wie (11.48) die dominierende Rolle der Grenzflächenerscheinungen bei kleinen Krümmungsradien aus.

11.4. Abhängigkeit der Temperatur und des Druckes von der Zusammensetzung der koexistierenden Phasen in Gegenwart einer gekrümmten Diskontinuitätsfläche

Die Abhängigkeit der Temperatur und des Druckes von der Zusammensetzung einer der Phasen wird für ebene Diskontinuitätsflächen durch die verallgemeinerte van der Waalssche Differentialgleichung (3.33) ausgedrückt. Gekrümmte Diskontinuitätsflächen zeichnen sich durch unterschiedliche Drücke in den koexistierenden Phasen aus, die auch in voneinander verschiedener Weise von den Zustandsparametern des Systems abhängen. Infolgedessen wird der Druck in jeder Phase durch eine eigene Gleichung, die ihn mit der Temperatur und der Zusammensetzung einer der Phasen verknüpft, beschrieben. Unter Voraussetzung eines konstanten Krümmungsradius der Diskontinuitätsfläche (was für disperse Systeme einem konstanten Dispersitätsgrad entspricht) erhalten wir aus Gl. (9.17) und (9.18) die folgenden Gleichungen:

$$\begin{aligned} &s_{\alpha\beta}\left[a + \frac{2}{r}\left(v_\beta{}^{(\sigma)} - \frac{s_{\alpha\sigma}}{s_{\alpha\beta}}\, v^{(\beta)}\right)\right] dT - v_{\alpha\beta}\left[a + \frac{2}{r}\left(v_\beta{}^{(\sigma)} - \frac{v_{\alpha\sigma}}{v_{\alpha\beta}}\, v^{(\beta)}\right)\right] dP^{(\alpha)} \\ &+ \sum_{i,k=1}^{n-1}\left[(x_1{}^{(\beta)} - x_i{}^{(\alpha)})\left(a + \frac{2}{r}\, v_\beta{}^{(\sigma)}\right) - \frac{2}{r}\,(x_i{}^{(\sigma)} - x_1{}^{(\alpha)})\, v^{(\beta)}\right] g_{ik}^{(\alpha)}\, dx_k{}^{(\alpha)} = 0 \end{aligned} \tag{11.53}$$

$$s_{\alpha\beta}\left\{a+\frac{2}{r}\left[v_\beta^{(\sigma)}-v_{\alpha\sigma}-\frac{s_{\alpha\sigma}}{s_{\alpha\beta}}\left(v^{(\beta)}-v_{\alpha\beta}\right)\right]\right\}dT$$

$$-\,v_{\alpha\beta}\left[a+\frac{2}{r}\left(v_\beta^{(\sigma)}-\frac{v_{\alpha\sigma}}{v_{\alpha\beta}}v^{(\beta)}\right)\right]dP^{(\beta)}+\sum_{i,k=1}^{n-1}\left\{(x_1^{(\beta)}-x_1^{(\alpha)})\left[a+\frac{2}{r}\left(v_\beta^{(\sigma)}-v_{\alpha\sigma}\right)\right]\right.$$

$$\left.-\,\frac{2}{r}\left(x_i^{(\sigma)}-x_i^{(\alpha)}\right)\left(v^{(\beta)}-v_{\alpha\beta}\right)\right\}g_{ik}^{(\alpha)}\,dx_k^{(\alpha)}=0. \qquad (11.54)$$

Diese Gleichungen geben für einen vorgegebenen Krümmungsradius der Diskontinuitätsfläche (vorgegebenen Dispersitätsgrad) die Abhängigkeit des Druckes in einer der koexistierenden Phasen von Temperatur und Zusammensetzung der Phase (disperse Phase, sofern disperse Systeme betrachtet werden) wieder. Die Herleitung der analogen Gleichungen zur Verknüpfung von Temperatur, Druck und Zusammensetzung der Phase β (Dispersionsmedium, sofern disperse Systeme betrachtet werden) erfolgt in der im vorstehenden Paragraphen benutzten formalen Weise über gegenseitige Vertauschung der Indizes α und β sowie Versehen der Größe r mit dem entgegengesetzten Vorzeichen. Die sich ergebenden Gleichungen haben folgendes Aussehen:

$$s_{\beta\alpha}\left[a-\frac{2}{r}\left(v_\alpha^{(\sigma)}-\frac{s_{\beta\sigma}}{s_{\beta\alpha}}v^{(\alpha)}\right)\right]dT-v_{\beta\alpha}\left[a-\frac{2}{r}\left(v_\alpha^{(\sigma)}-\frac{v_{\beta\sigma}}{v_{\beta\alpha}}v^{(\alpha)}\right)\right]dP^{(\beta)}$$

$$+\sum_{i,k=1}^{n-1}\left[\left(x_i^{(\alpha)}-x_i^{(\beta)}\right)\left(a-\frac{2}{r}v_\alpha^{(\sigma)}\right)+\frac{2}{r}\left(x_i^{(\sigma)}-x_i^{(\beta)}\right)v^{(\alpha)}\right]g_{ik}^{(\beta)}\,dx_k^{(\beta)}=0 \qquad (11.55)$$

$$s_{\beta\alpha}\left\{a-\frac{2}{r}\left[v_\alpha^{(\sigma)}-v_{\beta\sigma}-\frac{s_{\beta\sigma}}{s_{\beta\alpha}}\left(v^{(\alpha)}-v_{\beta\alpha}\right)\right]\right\}dT$$

$$-\,v_{\beta\alpha}\left[a-\frac{2}{r}\left(v_\alpha^{(\sigma)}-\frac{v_{\beta\sigma}}{v_{\beta\alpha}}v^{(\alpha)}\right)\right]dP^{(\alpha)}+\sum_{i,k=1}^{n-1}\left\{(x_i^{(\alpha)}-x_i^{(\beta)})\left[a-\frac{2}{r}\left(v_\alpha^{(\sigma)}-v_{\beta\sigma}\right)\right]\right.$$

$$\left.+\,\frac{2}{r}\left(x_i^{(\sigma)}-x_i^{(\beta)}\right)\left(v^{(\alpha)}-v_{\beta\alpha}\right)\right\}g_{ik}^{(\beta)}\,dx_k^{(\beta)}=0. \qquad (11.56)$$

Für große r-Werte nähern sich die Gln. (11.53) und (11.54) allmählich der verallgemeinerten VAN DER WAALSschen Differentialgleichung in Variablen der Phase α an (Analoges kann über die Gln. (11.55) und (11.56) für Phase β ausgesagt werden). Somit bleiben alle bei der Analyse der verallgemeinerten VAN DER WAALSschen Differentialgleichung hergeleiteten Schlußfolgerungen auch in Anwesenheit gekrümmter Grenzflächen erhalten, sofern nur der Krümmungsradius hinreichend groß ist.

Gl. (11.55) verfügt über die vergleichsweise größte praktische Bedeutung bei der Behandlung des gesamten, auch sehr kleine Werte umfassenden Gebietes der Krümmungsradien. Dies ist auf die relativ leichte experimentelle Bestimmbarkeit aller unter dem Zeichen des Differentials stehenden Größen zurückzuführen. Beschränken wir uns daher auf eine Analyse nur dieser Gleichung, wobei zur Vereinfachung ein Zweikomponentensystem vorausgesetzt wird. Die aus Gl. (11.55) für $n = 2$ erhältlichen Abhängigkeiten der Temperatur bzw. des Druckes von der Zusammensetzung der Phase β lauten:

$$\left(\frac{dT}{dx_1^{(\beta)}}\right)_{P^{(\beta)},r} = -\frac{\left[(x_1^{(\alpha)} - x_1^{(\beta)})\left(a - \frac{2}{r}\,v_\alpha^{(\sigma)}\right) + \frac{2}{r}\,(x_1^{(\sigma)} - x_1^{(\beta)})\,v^{(\alpha)}\right] g_{11}^{(\beta)}}{s_{\beta\alpha}\left[a - \frac{2}{r}\left(v_\alpha^{(\sigma)} - \frac{s_{\beta\sigma}}{s_{\beta\alpha}}\,v^{(\alpha)}\right)\right]} \tag{11.57}$$

$$\left(\frac{dP^{(\beta)}}{dx_1^{(\beta)}}\right)_{T,r} = \frac{\left[(x_1^{(\alpha)} - x_1^{(\beta)})\left(a - \frac{2}{r}\,v_\alpha^{(\sigma)}\right) + (x_1^{(\sigma)} - x_1^{(\beta)})\,\frac{2}{r}\,v^{(\alpha)}\right] g_{11}^{(\beta)}}{v_{\beta\alpha}\left[a - \frac{2}{r}\left(v_\alpha^{(\sigma)} - \frac{v_{\beta\sigma}}{v_{\beta\alpha}}\,v^{(\alpha)}\right)\right]}. \tag{11.58}$$

Bei großen Krümmungsradien ergeben sich aus Gl. (11.57) und (11.58) die folgenden Näherungsbeziehungen:

$$\left(\frac{dT}{dx_1^{(\beta)}}\right)_{P^{(\beta)},r} \approx \frac{(x_1^{(\beta)} - x_1^{(\alpha)})\,g_{11}^{(\beta)}}{s_{\beta\alpha}} \tag{11.59}$$

$$\left(\frac{dP^{(\beta)}}{dx_1^{(\beta)}}\right)_{T,r} \approx -\frac{(x_1^{(\beta)} - x_1^{(\alpha)})\,g_{11}^{(\beta)}}{v_{\alpha\beta}}. \tag{11.60}$$

Gln. (11.59) und (11.60) sind aus der Theorie binärer Systeme gut bekannte Beziehungen. Aus ihnen folgen die Konovalovschen Gesetze. Ein Vergleich der Gln. (11.57) und (11.58) mit (11.59) und (11.60) zeigt, daß im allgemeinen Fall beliebiger Krümmungsradien diese die Temperatur, den Druck und die Phasenzusammensetzung verknüpfenden Gesetzmäßigkeiten komplizierter als die Konovalovschen Gesetze sind. Aus den gemeinsamen Merkmalen der Gln. (11.57), (11.58) sowie (11.59), (11.60) ist der Zusammenhang der Extrema von Temperatur und Druck zu erwähnen. Diese Extrema sind durch ein und dieselbe notwendige Bedingung gekennzeichnet: der im Zähler der rechten Seite von Gl. (11.57) bzw. (11.58) bei $g_{11}^{(\beta)}$ stehende Faktor muß gleich Null sein. Daher treten Extremwerte der Temperatur (bei konstantem Druck) bzw. des Druckes (bei konstanter Temperatur) stets gemeinsam auf.

Aus den Gln. (11.57) und (11.58) ist ersichtlich, daß die Gleichheit der Zusammensetzungen der koexistierenden Phasen noch nicht ausreichend dafür ist, daß die Ableitungen $(dT/dx_1^{(\beta)})_{P^{(\beta)},r}$ und $(dP^{(\beta)}/dx_1^{(\beta)})_{T,r}$ gleich Null werden. Hierfür ist notwendig, daß auch die Zusammensetzung der Grenzflächenschicht über die gleiche Eigenschaft verfügt. Eine der möglichen Bedingungen für das Auftreten von Extremwerten der Temperatur und des Druckes in Systemen mit gekrümmten Diskontinuitätsflächen lautet somit:

$$x_1^{(\alpha)} = x_1^{(\beta)} = x_1^{(\sigma)}. \tag{11.61}$$

Setzen wir nunmehr voraus, daß der Krümmungsradius der Diskontinuitätsfläche sehr klein sei. Wie im vorstehenden Abschnitt gezeigt wurde, ist in diesem Falle die Differenz $a - \frac{2}{r}\,v_\alpha^{(\sigma)}$ eine kleine Größe zweiter Ordnung bezüglich r. Die Beachtung dieser Eigenschaft erlaubt, die Gln. (11.57) und (11.58) in eine andere Näherungsform zu bringen:

$$\left(\frac{dT}{dx_1^{(\beta)}}\right)_{P^{(\beta)},r} \approx \frac{(x_1^{(\beta)} - x_1^{(\sigma)})\, g_{11}^{(\beta)}}{s_{\beta\sigma}} \tag{11.62}$$

$$\left(\frac{dP^{(\beta)}}{dx_1^{(\beta)}}\right)_{T,r} \approx -\frac{(x_1^{(\beta)} - x_1^{(\sigma)})\, g_{11}^{(\beta)}}{s_{\beta\sigma}}. \tag{11.63}$$

Die Gln. (11.62) und (11.63) unterscheiden sich von (11.59) und (11.60) nur darin, daß in ihnen anstelle der Größen für Phase α analoge Größen für die Grenzflächenschicht figurieren. Dies unterstreicht die wachsende Bedeutung der Grenzflächenerscheinungen bei kleineren Krümmungsradien der Diskontinuitätsfläche.

Aus den Gln. (11.62) und (11.63) kann für mikrodisperse Systeme eine dem ersten KONOVALOVschen Gesetz analoge Schlußfolgerung gezogen werden. Betrachten wir als Beispiel den Kondensationsprozeß eines Dampfes. Sehr kleine Keime einer Flüssigphase, die noch nicht in hinlänglich großer Masse über die Eigenschaften dieser Phase verfügen, können als Stoff der Grenzflächenschicht mit der Zusammensetzung $x_1^{(\sigma)}$ angesehen werden. Da diese Flüssigphasenkeime dichter als der sie umgebende Dampf sind, sind die Größen $v_{\beta\sigma}$ und $s_{\beta\sigma}$ negativ. Die Gln. (11.62) und (11.63) führen daher zu den Ungleichungen

$$\left.\begin{aligned} \left(\frac{dT}{dx_1^{(\beta)}}\right)_{P^{(\beta)},r} &\lesseqgtr 0 \\ \left(\frac{dP^{(\beta)}}{dx_1^{(\beta)}}\right)_{T,r} &\gtreqless 0 \end{aligned}\right\} \quad \text{wenn} \quad x_1^{(\beta)} \gtreqless x_1^{(\sigma)}. \tag{11.64}$$

Verbal lauten diese Ungleichungen folgendermaßen:

Ist der Dampf im Vergleich zur Grenzflächenschicht mit einer Komponente angereichert, so führt das Hinzufügen dieser Komponente zu dem System, das aus kleinsten Teilchen einer im Gleichgewicht mit ihrem Dampf befindlichen Flüssigphase besteht, zur Erhöhung des Dampfdruckes und Erniedrigung der Siedetemperatur der Flüssigphaseteilchen mit Ausgangsgröße.

Besteht das System aus einer Flüssigphase, die kleinste Dampfbläschen als Keime einer dampfförmigen Phase enthält, so sollten die Größen $v_{\beta\sigma}$ und $s_{\beta\sigma}$ positive Werte annehmen. Aus den Gln. (11.62) und (11.63) ergeben sich dann die Ungleichungen

$$\left.\begin{aligned} \left(\frac{dT}{dx_1^{(\beta)}}\right)_{P^{(\beta)},r} &\gtreqless 0 \\ \left(\frac{dP^{(\beta)}}{dx_1^{(\beta)}}\right)_{T,r} &\lesseqgtr 0 \end{aligned}\right\} \quad \text{wenn} \quad x_1^{(\beta)} \gtreqless x_1^{(\sigma)}. \tag{11.65}$$

Das erhaltene Resultat läßt sich wie folgt formulieren:

Ist die flüssige Lösung im Vergleich zur Grenzflächenschicht mit einer Komponente angereichert, so führt das Hinzufügen dieser Komponente zur Lösung, die kleinste Dampfbläschen enthält, unter Beibehaltung der ursprünglichen Bläschengröße zu einer Erhöhung der Gleichgewichtstemperatur und Verringerung des Gleichgewichtsdruckes der Flüssigphase.

Aus den Gln. (11.34)···(11.37) können ohne Schwierigkeiten Beziehungen erhalten werden, die unter isotherm-isobaren Bedingungen die Verknüpfung zwischen den Zusammensetzungen der durch eine gekrümmte Diskontinuitätsfläche getrennten koexistierenden Phasen wiedergeben. Die Gleichheit der Quotienten der linken und rechten Gleichungsteile von (11.37) und (11.34) führt nach einigen Umformungen zu der Beziehung

$$\left(\frac{dx_1{}^{(\beta)}}{dx_1{}^{(\alpha)}}\right)_{T,P^{(\alpha)}} = \frac{g_{11}^{(\alpha)}}{g_{11}^{(\beta)}} \cdot \frac{v^{(\alpha)} - v_{\beta\alpha}}{v^{(\beta)}}. \tag{11.66}$$

In analoger Weise folgt aus den Gln. (11.36) und (11.35) die Beziehung

$$\left(\frac{dx_1{}^{(\beta)}}{dx_1{}^{(\alpha)}}\right)_{T,P^{(\beta)}} = \frac{g_{11}^{(\alpha)}}{g_{11}^{(\beta)}} \cdot \frac{v^{(\alpha)}}{v^{(\beta)} - v_{\alpha\beta}}. \tag{11.67}$$

Die in (11.66) und (11.67) eingehenden Größen $g_{11}^{(\alpha)}$ und $g_{11}^{(\beta)}$ sind auf Grund der Stabilitätsbeziehungen positiv. Sind die absoluten Werte der partiellen Ableitungen $(\partial v/\partial x_1)^{(\alpha)}$ und $(\partial v/\partial x_1)^{(\beta)}$ nicht sehr groß, so sind auch die Differenzen $(v^{(\alpha)} - v_{\beta\alpha})$ und $(v^{(\beta)} - v_{\alpha\beta})$ positiv. Die letzte Bedingung ist z. B. für Systeme „flüssige Lösung—Dampf" in weiter Entfernung vom kritischen Zustand erfüllt. Wegen der positiven rechten Seiten von (11.66) und (11.67) sind die Zusammensetzungsänderungen der koexistierenden Phasen symbat. Somit bleibt das dritte Konovalovsche Gesetz für Systeme „flüssige Lösung—Dampf" weiterhin in Kraft (wobei für Systeme mit gekrümmten Diskontinuitätsflächen die gleichen Einschränkungen wie im Falle ebener Diskontinuitätsflächen [19] gelten).

11.5. Einfluß der Krümmung der Diskontinuitätsfläche auf die Hauptparameter eines Dreiphasengleichgewichtes

Die Gleichungen zur vollständigen Charakterisierung eines Zweiphasengleichgewichtes zeigen den Weg für die Behandlung von Mehrphasensystemen. Dieser besteht in der Zerlegung eines beliebigen Mehrphasensystems in mehrere Zweiphasensysteme und der gemeinsamen Betrachtung der für diese geltenden Gleichungen. Folglich besteht keine Veranlassung für eine allgemeine Untersuchung des Problems der Mehrphasensysteme. Wir beschränken uns auf die Behandlung einiger praktisch wichtiger Beispiele. Da disperse Zweiphasensysteme häufig im Gleichgewicht mit einer dritten Phase (z. B. mit einem Dampf) stehen, ist der Einfluß der Dispergierung einer Phase auf die Gleichgewichtsparameter von Interesse. Diese Frage ist in den Arbeiten von Strebejko [20] und Hanszen [21] für das Schmelzen fester Teilchen in Gegenwart des Dampfes und der Verschiebung des ternären Punktes berührt worden.

Betrachten wir das Gleichgewicht dreier Phasen (α, β und γ). Die Phasen α und β seien durch eine gekrümmte sowie die Phasen β und γ durch eine ebene Grenzfläche voneinander getrennt (was speziell dem Fall der Dispergierung von Phase a in Phase β entspricht). Wir wollen erkennen, welchen Einfluß die Krümmung der Diskontinuitätsfläche zwischen den Phasen α und β auf die Temperatur, den äußeren Druck und die

Zusammensetzung von Phase β ausübt. Zu diesem Zweck ist Gl. (3.33) in den Variablen der Phase β auf das Gleichgewicht $\beta - \gamma$ anzuwenden und gemeinsam mit einer der Gl. (9.17) analogen und in Variablen der Phase β ausgedrückten Beziehung für das Gleichgewicht $\alpha - \beta$ zu betrachten (letztere erhält man leicht aus Gl. (9.17) durch gegenseitiges Vertauschen der Indizes α und β sowie Vorzeichenwechsel bei allen r). Es ergibt sich das folgende Gleichungssystem:

$$\left.\begin{aligned}
&s_{\beta\gamma}\, dT - v_{\beta\gamma}\, dP + \sum_{i,k=1}^{n-1} (x_i^{(\gamma)} - x_i^{(\beta)})\, g_{ik}^{(\beta)}\, dx_k^{(\beta)} = 0 \\
&s_{\beta\alpha}\left[a - \frac{2}{r}\left(v_\alpha^{(\sigma)} - \frac{s_{\beta\sigma}}{s_{\beta\alpha}}\, v^{(\alpha)}\right)\right] dT \\
&- v_{\beta\alpha}\left[a - \frac{2}{r}\left(v_\alpha^{(\sigma)} - \frac{v_{\beta\sigma}}{v_{\beta\alpha}}\, v^{(\alpha)}\right)\right] dP \\
&+ \frac{2\sigma v^{(\alpha)} a}{r^2}\, dr + \sum_{i,k=1}^{n-1}\left[(x_i^{(\alpha)} - x_i^{(\beta)})\left(a - \frac{2}{r}\, v_\alpha^{(\sigma)}\right)\right. \\
&\left. + \frac{2}{r}\,(x_i^{(\sigma)} - x_i^{(\beta)})\, v^{(\alpha)}\right] g_{ik}^{(\beta)}\, dx_k^{(\beta)} = 0,
\end{aligned}\right\} \tag{11.68}$$

in dem sich die Größen $P \equiv P^{(\beta)} = P^{(\gamma)}$, σ und a auf die gekrümmte Grenzfläche beziehen.

Betrachten wir nunmehr einzelne sich aus dem System (11.68) ergebende Beziehungen. Der Einfluß der Dispergierung von Phase a auf die Temperatur des Dreiphasengleichgewichtes bei konstanter Zusammensetzung von Phase β ist durch den folgenden Ausdruck gegeben:

$$\left(\frac{dT}{dr}\right)_{x_1^{(\beta)},\ldots,x_{n-1}^{(\beta)}} = - \frac{2\sigma v^{(\alpha)} a}{r^2\left\{s_{\beta\alpha}\left[a - \frac{2}{r}\left(v_\alpha^{(\sigma)} - \frac{s_{\beta\sigma}}{s_{\beta\alpha}} v^{(\alpha)}\right)\right] - s_{\beta\gamma}\left[a - \frac{2}{r}\left(v_\alpha^{(\sigma)} - \frac{v_{\beta\sigma}}{v_{\beta\alpha}}\, v^{(\alpha)}\right)\right]\frac{v_{\beta\alpha}}{v_{\beta\gamma}}\right\}}. \tag{11.69}$$

Für Einkomponentensysteme beschreibt diese Beziehung die Verschiebung des Tripelpunktes. Die entsprechende Druckänderung läßt sich leicht anhand der ersten Gl. (11.68) auffinden. Für große Krümmungsradien darf die Beziehung (11.69) wie folgt geschrieben werden:

$$\left(\frac{dT}{dr}\right)_{x_1^{(\beta)},\ldots,x_{n-1}^{(\beta)}} \approx \frac{2\sigma v^{(\alpha)}}{r^2\left(s_{\beta\gamma}\,\frac{v_{\beta\alpha}}{v_{\beta\gamma}} - s_{\beta\alpha}\right)} = \frac{2\sigma v^{(\alpha)} T}{r^2\left(Q_{\beta\gamma}\,\frac{v_{\beta\alpha}}{v_{\beta\gamma}} - Q_{\beta\alpha}\right)}. \tag{11.70}$$

Als integrale Form ergibt sich

$$T - T_\infty \approx \frac{2\sigma v^{(\alpha)} T_\infty}{r\left(Q_{\beta\alpha} - Q_{\beta\gamma}\,\dfrac{v_{\beta\alpha}}{v_{\beta\gamma}}\right)} \tag{11.71}$$

mit $Q_{\beta\gamma} = T_\infty s_{\beta\gamma}$ und $Q_{\beta\alpha} = T_\infty s_{\beta\alpha}$ als den differentiellen molaren Wärmen der Phasenumwandlungen $\beta \to \gamma$ bzw. $\beta \to \alpha$ und T_∞ als Gleichgewichtstemperatur für die ebene Grenzfläche. Entsprechend (11.70) und (11.71) wird die Abhängigkeit der Gleichgewichtstemperatur vom Dispersitätsgrad der Phase α qualitativ durch die Absolutwerte sowie relative Größe der Wärme- und Volumeneffekte für die Umwandlungen der Phase β in die Phasen α bzw. γ festgelegt. Ist Phase γ ein Gasgemisch, so ist der Absolutwert des Quotienten der Volumeneffekte $v_{\beta\alpha}/v_{\beta\gamma}$ sehr niedrig, so daß bei einem nicht allzu kleinen $Q_{\beta\alpha}$-Wert Beziehung (11.71) als

$$T - T_\infty \approx \frac{2\sigma v^{(\alpha)} T_\infty}{r Q_{\beta\alpha}} \tag{11.72}$$

geschrieben werden kann. Hieraus nun folgen die Ungleichungen

$$T \gtrless T_\infty, \quad \text{wenn} \quad Q_{\beta\alpha} \gtrless 0. \tag{11.73}$$

Sind α und β feste bzw. flüssige Phasen, so ist $Q_{\beta\alpha} < 0$. Folglich wird bei Dispergierung einer festen in einer flüssigen Phase in Anwesenheit des Dampfes die Temperatur des Dreiphasengleichgewichtes herabgesetzt.

Stellt Phase β ein Gasgemisch dar, so ist $v_{\beta\alpha} \approx v_{\beta\gamma}$, und Beziehung (11.71) nimmt folgende Form an:

$$T - T_\infty \approx \frac{2\sigma v^{(\alpha)} T_\infty}{r(Q_{\beta\alpha} - Q_{\beta\gamma})}, \tag{11.74}$$

woraus sich die Ungleichungen

$$T \gtrless T_\infty, \quad \text{wenn} \quad Q_{\beta\alpha} - Q_{\beta\gamma} \gtrless 0 \tag{11.75}$$

ergeben. Für ein Einkomponentensystem ist $Q_{\beta\alpha} - Q_{\beta\gamma} = Q_{\gamma\alpha}$ und somit

$$T - T_\infty \approx \frac{2\sigma v^{(\alpha)} T_\infty}{r Q_{\gamma\alpha}} \tag{11.76}$$

$$T \gtrless T_\infty, \quad \text{wenn} \quad Q_{\gamma\alpha} \gtrless 0. \tag{11.77}$$

Ist die feste Phase α in einem Gas dispergiert und Phase γ eine Flüssigkeit, so ist $Q_{\gamma\alpha} < 0$, und die Gleichgewichtstemperatur wird herabgesetzt. Demgegenüber gilt bei Dispergierung der Flüssigphase im Gas, während Phase γ fest ist, $Q_{\gamma\alpha} > 0$, so daß die Gleichgewichtstemperatur steigt.

Schließlich betrachten wir den Fall einer gasförmigen dispersen Phase α. Hier ist $|v_{\beta\alpha}| \gg |v_{\beta\gamma}|$, so daß man bei nicht allzu kleinen Wärmen $Q_{\beta\gamma}$ aus (11.71) die folgende Beziehung erhält:

$$T - T_\infty \approx - \frac{2\sigma T_\infty v_{\beta\gamma}}{r Q_{\beta\gamma}} \tag{11.78}$$

$$T \gtrless T_\infty, \quad \text{wenn} \quad v_{\beta\gamma}/Q_{\beta\sigma} \lessgtr 0. \tag{11.79}$$

Für die überwiegende Zahl der Stoffe und ihrer Gemische ist $v_{\beta\gamma}/Q_{\beta\gamma} > 0$, so daß die Gleichgewichtstemperatur mit Verringerung der Bläschengröße sinkt. Für Wasser und einige andere Stoffe sind Gleichgewichte kondensierter Phasen mit $v_{\beta\gamma}/Q_{\beta\gamma} < 0$ möglich, so daß sich hier die Gleichgewichtstemperatur mit kleiner werdender Bläschengröße erhöht.

In bezug auf die Verschiebung des Tripelpunktes eines Einkomponentensystems können diese Ausführungen wie folgt zusammengefaßt werden:

Die Dispergierung einer festen Phase in einer Flüssigkeit oder einem Gas setzt die Temperatur des Tripelpunktes herab, währenddessen die Dispergierung einer Flüssigkeit in einem Gas diese Temperatur erhöht; bei der Bildung einer Gasemulsion wird bei gleichen Vorzeichen des Volumeneffektes und der Schmelzwärme die Gleichgewichtstemperatur verringert bzw. bei entgegengesetzten Vorzeichen erhöht.

Aus dem Gleichungssystem (11.68) können des weiteren Beziehungen für den Krümmungseinfluß der zwischen den Phasen α und β gelegenen Diskontinuitätsfläche auf die Zusammensetzung von Phase β in Gegenwart von Phase γ bei $T = \text{const}$ hergeleitet werden. Diese Beziehung nimmt für ein binäres System das folgende Aussehen an:

$$\Bigg\{(x_1{}^{(\alpha)} - x_1{}^{(\beta)}) \left(a - \frac{2}{r}\, v_\alpha{}^{(\sigma)}\right) + \frac{2}{r}\,(x_1{}^{(\sigma)} - x_1{}^{(\beta)})\, v^{(\alpha)} - \frac{v_{\beta\alpha}}{v_{\beta\gamma}} \left[a - \frac{2}{r}\left(v_\alpha{}^{(\sigma)} - \frac{v_{\beta\sigma}}{v_{\beta\alpha}}\, v^{(\alpha)}\right)\right]$$

$$\times\, (x_1{}^{(\gamma)} - x_1{}^{(\beta)})\Bigg\}\, g_{11}^{(\beta)}\, dx_1{}^{(\beta)} = - \frac{2\sigma v^{(\alpha)} a}{r^2}\, dr. \tag{11.80}$$

Die entsprechende Druckänderung kann leicht mit Hilfe der ersten Gl. (11.68) gefunden werden. Für große r-Werte folgt aus Beziehung (11.80) der Ausdruck

$$\left(\frac{dx_1{}^{(\beta)}}{dr}\right)_T \approx - \frac{2\sigma v^{(\alpha)}}{r^2 \left[x_1{}^{(\alpha)} - x_1{}^{(\beta)} - \dfrac{v_{\beta\alpha}}{v_{\beta\gamma}}\,(x_1{}^{(\gamma)} - x_1{}^{(\beta)})\right] g_{11}^{(\beta)}}. \tag{11.81}$$

Ist eine der Phasen gasförmig, so kann Beziehung (11.81) weiter vereinfacht werden. Stellt Phase γ das Gas dar und ist die Differenz $x_1{}^{(\alpha)} - x_1{}^{(\beta)}$ nicht allzu klein, so erhalten wir

$$\left(\frac{dx_1{}^{(\beta)}}{dr}\right)_T \approx - \frac{2\sigma v^{(\alpha)}}{r^2 (x_1{}^{(\alpha)} - x_1{}^{(\beta)})\, g_{11}^{(\beta)}}, \tag{11.82}$$

eine mit der unter isotherm-isobaren Bedingungen in Abwesenheit von Phase γ hergeleiteten Gl. (11.40) identische Beziehung. Die sich aus dieser Gleichung ergebenden Konsequenzen wurden in Abschn. 11.3. besprochen.

Ist Phase β gasförmig, so nimmt (11.81) folgendes Aussehen an:

$$\left(\frac{dx_1^{(\beta)}}{dr}\right)_T \approx -\frac{2\sigma v^{(\alpha)}}{r^2(x_1^{(\alpha)} - x_1^{(\gamma)})\, g_{11}^{(\beta)}}. \tag{11.83}$$

Daraus ergeben sich die Ungleichungen

$$\left(\frac{dx_1^{(\beta)}}{dr}\right)_T \gtrless 0, \quad \text{wenn} \quad x_1^{(\alpha)} \lessgtr x_1^{(\gamma)}. \tag{11.84}$$

Wenn die disperse Phase α aus einem reinen Stoff besteht, so ist $x_1^{(\alpha)} = 1 > x_1^{(\gamma)}$, und gemäß (11.84) und (11.82) erhöht sich die Löslichkeit dieses Stoffes in einem Gas bzw. einer Flüssigkeit mit Verringerung der Teilchengröße.

Schließlich erhalten wir aus Gl. (11.81) für den Fall, daß die disperse Phase selbst gasförmig ist und sich die Zusammensetzungen der Phasen β und γ merklich voneinander unterscheiden, die Beziehung

$$\left(\frac{dx_1^{(\beta)}}{dr}\right)_T \approx \frac{2\sigma v_{\beta\gamma}}{r^2(x_1^{(\gamma)} - x_1^{(\beta)})\, g_{11}^{(\beta)}}. \tag{11.85}$$

Hier wird das Vorzeichen der links stehenden Ableitung nicht nur von den Zusammensetzungen der Phasen β und γ relativ zueinander, sondern auch durch das Vorzeichen des Volumeneffektes bei gegenseitiger Umwandlung dieser Phasen bestimmt.

11.6. Gleichgewicht zwischen zwei dispersen Phasen

Im vorstehenden Abschnitt haben wir das Dreiphasengleichgewicht in Gegenwart von jeweils einer ebenen und einer gekrümmten Grenzfläche behandelt. Als weiteres Beispiel für Mehrphasengleichgewichte werden wir das Dreiphasengleichgewicht in Gegenwart von zwei gekrümmten Grenzflächen betrachten. In diesem Abschnitt soll dies unter Voraussetzung entgegengesetzter Vorzeichen der Grenzflächenkrümmungen geschehen. Dieser Fall ist z. B. bei Anwesenheit von zwei dispersen Phasen in einem Medium gegeben. Das gemeinsame Auftreten von Grenzflächen mit gleichgerichteten Krümmungen tritt bei der Behandlung gekrümmter Filme auf (siehe Kap. 14.).

Nach Gl. (2.120) bleibt eine Variation der Anzahl der dispersen Phasen ohne Einfluß auf die Anzahl der Freiheiten eines dispersen Systems, solange die Einführung einer neuen dispersen Phase nicht von einer zusätzlichen Bedingung (z. B. Größenbegrenzung) begleitet wird. Folglich bleiben alle in den Abschn. 11.1. bis 11.4. untersuchten Beziehungen auch bei Erhöhung der Anzahl der dispersen Phasen unverändert erhalten. Gleichzeitig erfolgt eine gegenseitige Verknüpfung der Größe aller dispersen Phasen durch weitere Zustandsparameter.

Es möge Phase β das Dispersionsmedium, in dem die Phasen α und γ dispergiert sind, verkörpern. Das Gleichgewicht zwischen den Phasen α und β wird durch die zweite der Gln. (11.68) beschrieben, eine analoge Beziehung gilt für das Zweiphasengleichgewicht $\beta - \gamma$. Vereinen wir beide zu einem System:

$$\left.\begin{aligned}
&s_{\beta\alpha}\left[a^{(\alpha\beta)} - \frac{2}{r^{(\alpha\beta)}}\left(v_\alpha^{(\sigma)} - \frac{s_{\beta\sigma}}{s_{\beta\alpha}}\, v^{(\alpha)}\right)\right] dT \\
&- v_{\beta\alpha}\left[a^{(\alpha\beta)} - \frac{2}{r^{(\alpha\beta)}}\left(v_\alpha^{(\sigma)} - \frac{v_{\beta\sigma}}{v_{\beta\alpha}}\, v^{(\alpha)}\right)\right] dP^{(\beta)} + \frac{2\sigma^{(\alpha\beta)} v^{(\alpha)} a^{(\alpha\beta)}}{(r^{(\alpha\beta)})^2}\, dr^{(\alpha\beta)} \\
&+ \sum_{i,k=1}^{n-1}\left[(x_i^{(\alpha)} - x_i^{(\beta)})\left(a^{(\alpha\beta)} - \frac{2v_\alpha^{(\sigma)}}{r^{(\alpha\beta)}}\right) + (x_i^{(\sigma)} - x_i^{(\beta)})\,\frac{2v^{(\alpha)}}{r^{(\alpha\beta)}}\right] g_{ik}^{(\beta)}\, dx_k^{(\beta)} = 0 \\
&s_{\beta\gamma}\left[a^{(\beta\gamma)} - \frac{2}{r^{(\beta\gamma)}}\left(v_\gamma^{(\sigma)} - \frac{s_{\beta\sigma}}{s_{\beta\gamma}}\, v^{(\gamma)}\right)\right] dT \\
&- v_{\beta\gamma}\left[a^{(\beta\gamma)} - \frac{2}{r^{(\beta\gamma)}}\left(v_\gamma^{(\sigma)} - \frac{v_{\beta\sigma}}{v_{\beta\gamma}}\, v^{(\gamma)}\right)\right] dP^{(\beta)} + \frac{2\sigma^{(\beta\gamma)} v^{(\gamma)} a^{(\beta\gamma)}}{(r^{(\beta\gamma)})^2}\, dr^{(\beta\gamma)} \\
&+ \sum_{i,k=1}^{n-1}\left[(x_i^{(\gamma)} - x_i^{(\beta)})\left(a^{(\beta\gamma)} - \frac{2v_\gamma^{(\sigma)}}{r^{(\beta\gamma)}}\right) + (x_i^{(\sigma)} - x_i^{(\beta)})\,\frac{2v^{(\gamma)}}{r^{(\beta\gamma)}}\right] g_{ik}^{(\beta)}\, dx_k^{(\beta)} = 0.
\end{aligned}\right\} \quad (11.86)$$

Die zweite Gleichung des Systems (11.86) ist aus der ersten durch Ersetzen aller Indizes α durch γ erhältlich, wobei alle in diesen Gleichungen stehenden analogen Größen einen analogen physikalischen Sinn haben. Die Indizes $\alpha\beta$ und $\beta\gamma$ beziehen sich auf die Grenzflächen zwischen den Phasen α und β bzw. β und γ.

Im allgemeinen erlegt keine der Gln. (11.86) der anderen irgendeine Einschränkung auf, da eine jede eine neue Variable enthält (den Krümmungsradius einer der Grenzflächen). Daher können autonom aus jeder Gleichung die früher analysierten Beziehungen für eine der dispersen Phasen hergeleitet werden. Sobald aber die Größe einer dispersen Phase festgelegt wird, folgt aus einer der Gleichungen eine Einschränkung für die andere. So stimmt z. B. unter $r^{(\beta\gamma)} = \text{const}$ bei hinreichend großen $r^{(\beta\gamma)}$-Werten das System (11.86) praktisch mit dem System (11.68) überein.

Aus dem System (11.86) lassen sich Beziehungen für die Verknüpfung der Größen der dispersen Phasen bei Änderung der Zustandsparameter ableiten. Untersuchen wir z. B. die folgende isotherm-isobare Abhängigkeit eines binären Systems:

$$\left(\frac{dr^{(\alpha\beta)}}{dr^{(\beta\gamma)}}\right)_{T,P^{(\beta)}} = \frac{(r^{(\alpha\beta)})^2\,\sigma^{(\beta\gamma)} v^{(\gamma)} a^{(\beta\gamma)}\left[(x_1^{(\alpha)} - x_1^{(\beta)})\left(a^{(\alpha\beta)} - \frac{2v_\alpha^{(\sigma)}}{r^{(\alpha\beta)}}\right) + (x_1^{(\sigma)} - x_1^{(\beta)})\,\frac{2v^{(\alpha)}}{r^{(\alpha\beta)}}\right]}{(r^{(\beta\gamma)})^2\,\sigma^{(\alpha\beta)} v^{(\alpha)} a^{(\alpha\beta)}\left[(x_1^{(\gamma)} - x_1^{(\beta)})\left(a^{(\beta\gamma)} - \frac{2v_\gamma^{(\sigma)}}{r^{(\beta\gamma)}}\right) + (x_1^{(\sigma)} - x_1^{(\beta)})\,\frac{2v^{(\gamma)}}{r^{(\beta\gamma)}}\right]}. \quad (11.87)$$

Für große r-Werte gilt nachstehende Näherungsbeziehung:

$$\left(\frac{dr^{(\alpha\beta)}}{dr^{(\beta\gamma)}}\right)_{T,P^{(\beta)}} \approx \frac{(r^{(\alpha\beta)})^2\,\sigma^{(\beta\gamma)}v^{(\gamma)}(x_1{}^{(\alpha)} - x_1{}^{(\beta)})}{(r^{(\beta\gamma)})^2\,\sigma^{(\alpha\beta)}v^{(\alpha)}(x_1{}^{(\gamma)} - x_1{}^{(\beta)})}, \tag{11.88}$$

aus der sich die Ungleichungen

$$\left(\frac{dr^{(\alpha\beta)}}{dr^{(\beta\gamma)}}\right)_{T,P^{(\beta)}} \gtrless 0, \quad \text{wenn} \quad \frac{x_1{}^{(\alpha)} - x_1{}^{(\beta)}}{x_1{}^{(\gamma)} - x_1{}^{(\beta)}} \gtrless 0 \tag{11.89}$$

ergeben. Die Gln. (11.87), (11.88) und Ungleichung (11.89) beschreiben jene Fälle, für die die Anwesenheit von Teilchen oder Tröpfchen zweier Stoffe im Gemisch ihrer Dämpfe, Teilchen zweier Stoffe in ihrer Lösung, Bläschen und fester Teilchen in einer Lösung usw. charakteristisch ist. Bestehen die dispersen Phasen α und γ aus reinen Stoffen ($x_1{}^{(\alpha)} = 1$, $x_1{}^{(\gamma)} = 0$ oder $x_1{}^{(\alpha)} = 0$, $x_1{}^{(\gamma)} = 1$), so wird gemäß Ungleichung (11.89) das Wachstum der einen dispersen Phase stets von einer Verkleinerung der anderen begleitet. Liegen z. B. in einer wäßrigen Salzlösung sowohl Eis- als auch Salzteilchen vor, so ist bei Wahrung des Gleichgewichtes die Verkleinerung der Salzkristalle mit einer Vergrößerung der Eisteilchen gekoppelt. Die analoge Erscheinung tritt für einen aus Tröpfchen zweier reiner Flüssigkeiten bestehenden Nebel auf. Aus Gl. (11.87) kann abgelesen werden, daß die Stärke der wechselseitigen Abhängigkeit der Größen zweier disperser Phasen gleichfalls von den Relationen zwischen ihren Molvolumina oder Dichten abhängig ist. Aus diesem Grunde bleibt in weiter Entfernung vom kritischen Punkt eine Größenänderung der zweiten dispersen Phase fast ohne Einfluß auf die Größe der Gasbläschen, sofern solche im System zugegen sind.

Literatur

[1] J. J. Thompson: „*Application of Dynamics to Physics and Chemistry*“, London — New York, 1888

[2] П. С. Эпштейн: „Курс термодинамики“ (russ.; „Kursus der Thermodynamik“), Госхимиздат, Москва 1948

[3] L. Harbury: J. Phys. Chem. **50**, 190 (1946)

[4] I. Higuti, J. Iwagami: J. Phys. Chem. **56**, 921 (1952)

[5] W. Thompson: Phil. Mag., (4) **42**, 448 (1871)

[6] W. H. Rodebush: Proc. Natl. Acad. Sci., U. S., **40**, 789 (1954)

[7] F. Kuhrt: Naturwiss. **38**, 281 (1951)

[8] R. S. De Gall, V. K. La Mer: An. Inst. geofis. Univ. nac. autonoma Mexico **1**, 49 (1955)

[9] V. K. La Mer, R. Gruen: Trans. Faraday Soc. **48**, 410 (1952)

[10] K. S. Ljalikov: Acta physicochim. URSS, **12**, 43 (1940)

[11] J. A. V. Butler: „*Chemical thermodynamics*“, London 1949

[12] R. C. Tolman: J. Chem. Phys., **17**, 118 (1949)

[13] J. G. Kirkwood, F. P. Buff: J. Chem. Phys., **17**, 338 (1949)

[14] J. W. Gibbs: „*Scientific Papers*“, **I**, New York 1906

[15] W. Ostwald: Z. phys. Chem. **A 34**, 495 (1900)

[16] M. L. Dundon, E. Mack: J. Am. Chem. Soc. **45**, 2479 (1923)

[17] R. S. Bradley: Trans. Faraday Soc. **36**, 392 (1940)

[18] B. S. Srikantan: J. Indian Chem. Soc. **22**, 55 (1945)

[19] А. В. Сторонкин: „*О выводах и границах применимости законов* М. С. Вревского“, в книге М. С. Вревский: „*Работы по теории растворов*“
(russ.; „Über Schlußfolgerungen und Anwendbarkeitsgrenzen der Gesetze von M. S. Vrevski“ im Buch M. S. Vvrevski: „Arbeiten zur Theorie der Lösungen“), Изд. АН СССР, Москва 1953
[20] П. Е. Стребейко: Тр. Краснодарского хим.-технол. ин-та жировой промышленности, вып. 8, 1940, стр. 3
[21] K. J. Hanszen: Z. Phys. **157**, 523 (1960)

12. Zusammensetzung gekrümmter Grenzflächenschichten

12.1. Allgemeine thermodynamische Beziehungen

Die in Kap. 7. für ebene Diskontinuitätsflächen erhaltenen Gleichungen können als Näherungsbeziehungen auch auf gekrümmte Grenzflächen angewendet werden, wenn ihr Krümmungsradius hinreichend groß ist. Allerdings genügen die experimentell beobachteten Fälle nicht immer dieser Bedingung. Für die Untersuchung der Adsorption in dispersen und Kapillarsystemen sowie an heterogenen Grenzflächen ist die Kenntnis von Gleichungen, die den Einfluß der Krümmung der Diskontinuitätsfläche auf die Hauptparameter des Adsorptionsgleichgewichtes berücksichtigen, vorteilhaft. Im Rahmen dieses Abschnittes sollen die Beziehungen für die Abhängigkeit der Zusammensetzung einer Grenzflächenschicht von Temperatur, Grenzflächenspannung, den Drükken und Zusammensetzungen der koexistierenden Phasen sowie dem Krümmungsradius der Diskontinuitätsfläche (genauer Spannungsfläche) hergeleitet werden.

Betrachten wir ein aus n Komponenten bestehendes Zweiphasensystem mit gekrümmter Diskontinuitätsfläche. Als Hauptgrößen zur Charakterisierung eines Adsorptionsprozesses aus Phase α sollen die folgenden angesehen werden: T, $P^{(\alpha)}$, $P^{(\beta)}$, σ, r, $x_1^{(\alpha)}, \ldots, x_{n-1}^{(\alpha)}$, $x_1^{(\sigma)}, \ldots, x_{n-1}^{(\sigma)}$; für eine Adsorption aus Phase β seien es die Größen T, $P^{(\alpha)}$ $P^{(\beta)}$, σ, r, $x_1^{(\beta)}, \ldots, x_{n-1}^{(\beta)}$, $x_1^{(\sigma)}, \ldots, x_{n-1}^{(\sigma)}$.

Gemäß Gl. (2.121) ist die Anzahl der Freiheiten eines offenen Systems gleich $(n + 1)$, weshalb $(n + 2)$ unabhängige Gleichungen für die Verknüpfung der Veränderungen aller Größen dieser beiden Gruppen erforderlich sind. Die Herleitung dieser Gleichungen kann analog zu jener für ebene Grenzflächen erfolgen. Ihr liegt die Gleichheit der chemischen Potentiale oder partiellen Ableitungen des GIBBSschen thermodynamischen Potentials nach der Zusammensetzung für die Grenzflächenschicht und koexistierenden Phasen zugrunde.

Unter Benutzung der Gleichheit (7.1), des für die Anwendung auf Phase α modifizierten Ausdruckes (3.19) sowie der Beziehung (9.9) erhalten wir

$$- \left(\frac{\partial s}{\partial x_i}\right)^{(\sigma)} dT + \left(\frac{\partial v_\alpha}{\partial x_i}\right)^{(\sigma)} dP^{(\alpha)} + \left(\frac{\partial v_\beta}{\partial x_i}\right)^{(\sigma)} dP^{(\beta)} - \left(\frac{\partial a}{\partial x_i}\right)^{(\sigma)} d\sigma + \sum_{k=1}^{n-1} g_{ik}^{(\sigma)}\, dx_k^{(\sigma)}$$

$$= - \left(\frac{\partial s}{\partial x_i}\right)^{(\alpha)} dT + \left(\frac{\partial v}{\partial x_i}\right)^{(\alpha)} dP^{(\alpha)} + \sum_{k=1}^{n-1} g_{ik}^{(\alpha)}\, dx_k^{(\alpha)}. \tag{12.1}$$

$(i = 1, 2, \ldots, n - 1)$

Die partiellen Ableitungen nach x_i werden in Gl. (12.1) für die Grenzflächenschicht bei Konstanz der Größen T, $P^{(\alpha)}$, $P^{(\beta)}$, σ, $x_1^{(\sigma)}, \ldots, x_{i-1}^{(\sigma)}, x_{i+1}^{(\sigma)}, \ldots, x_{n-1}^{(\sigma)}$ bzw. für die Phase α bei Konstanz der Größen T, $P^{(\alpha)}$, $x_1^{(\alpha)}. \ldots, x_{i-1}^{(\alpha)}, x_{i+1}^{(\alpha)}, \ldots, x_{n-1}^{(\alpha)}$ gebildet.

Für die vollständige Beschreibung eines Adsorptionsprozesses muß Gl. (12.1) durch drei weitere unabhängige Gleichungen ergänzt werden. Als solche können die Gln. (9.7) und (9.15) dienen. Günstiger ist allerdings die gemeinsame Benutzung einer der Gln. (9.7) sowie (9.15) und (9.16). Das resultierende Gleichungssystem nimmt schließlich die folgende Form an:

$$\left.\begin{aligned}
&\left(\frac{\partial a}{\partial x_i}\right)^{(\sigma)} d\sigma + \left[\left(\frac{\partial s}{\partial x_i}\right)^{(\sigma)} - \left(\frac{\partial s}{\partial x_i}\right)^{(\alpha)}\right] dT - \left[\left(\frac{\partial v_\alpha}{\partial x_i}\right)^{(\sigma)} - \left(\frac{\partial v}{\partial x_i}\right)^{(\alpha)}\right] dP^{(\alpha)} \\
&\qquad - \left(\frac{\partial v_\beta}{\partial x_i}\right)^{(\sigma)} dP^{(\beta)} - \sum_{k=1}^{n-1} g_{ik}^{(\sigma)}\, dx_k^{(\sigma)} + \sum_{k=1}^{n-1} g_{ik}^{(\alpha)}\, dx_k^{(\alpha)} = 0 \\
&(\mathrm{i} = 1, 2, \ldots, n-1) \\
&a\, d\sigma + s_{\alpha\sigma}\, dT - (v_{\alpha\sigma} - v_\beta{}^{(\sigma)})\, dP^{(\alpha)} - v_\beta{}^{(\sigma)}\, dP^{(\beta)} + \sum_{j,k=1}^{n-1} (x_j{}^{(\sigma)} - x_j{}^{(\alpha)})\, g_{jk}^{(\alpha)}\, dx_k{}^{(\alpha)} = 0 \\
&s_{\alpha\beta}\, dT - (v_{\alpha\beta} - v^{(\beta)})\, dP^{(\alpha)} - v^{(\beta)}\, dP^{(\beta)} + \sum_{j,k=1}^{n-1} (x_j{}^{(\beta)} - x_j{}^{(\alpha)})\, g_{jk}^{(\alpha)}\, dx_k{}^{(\alpha)} = 0 \\
&\frac{2}{r}\, d\sigma - dP^{(\alpha)} + dP^{(\beta)} - \frac{2\sigma}{r^2}\, dr = 0.
\end{aligned}\right\} \quad (12.2)$$

Das Gleichungssystem (12.2) stellt die Verallgemeinerung des Systems (7.2) für gekrümmte Diskontinuitätsflächen dar. Bei $r = \infty$ und $P^{(\alpha)} = P^{(\beta)}$ gehen beide Systeme ineinander über.

Die Gln. (12.2) drücken den Zusammenhang zwischen den Veränderungen der Zusammensetzungen von Grenzflächenschicht und Phase α aus. Gemäß oben getroffener Vereinbarung wird letztere von der konkaven Seite der Diskontinuitätsfläche begrenzt (für den Fall disperser Systeme verkörpert Phase α die disperse Phase). Auf analogem Wege können die Gleichungen für den Zusammenhang zwischen den Veränderungen der Zusammensetzungen von Grenzflächenschicht und Phase β, die auf der konvexen Seite der Diskontinuitätsfläche gelegen ist (in dispersen Systemen ist dies das Dispersionsmedium), hergeleitet werden.

Diese Gleichungen lauten:

$$\left.\begin{aligned}
&\left(\frac{\partial a}{\partial x_i}\right)^{(\sigma)} d\sigma + \left[\left(\frac{\partial s}{\partial x_i}\right)^{(\sigma)} - \left(\frac{\partial s}{\partial x_i}\right)^{(\beta)}\right] dT - \left[\left(\frac{\partial v_\beta}{\partial x_i}\right)^{(\sigma)} - \left(\frac{\partial v}{\partial x_i}\right)^{(\beta)}\right] dP^{(\beta)} \\
&\qquad - \left(\frac{\partial v_\alpha}{\partial x_i}\right)^{(\sigma)} dP^{(\alpha)} - \sum_{k=1}^{n-1} g_{ik}^{(\sigma)}\, dx_k{}^{(\sigma)} + \sum_{k=1}^{n-1} g_{ik}^{(\beta)}\, dx_k{}^{(\beta)} = 0 \\
&(\mathrm{i} = 1, 2, \ldots, n-1) \\
&a\, d\sigma + s_{\beta\sigma}\, dT - v_\alpha{}^{(\sigma)}\, dP^{(\alpha)} - (v_{\beta\sigma} - v_\alpha{}^{(\sigma)})\, dP^{(\beta)} \\
&\qquad + \sum_{j,k=1}^{n-1} (x_j{}^{(\sigma)} - x_j{}^{(\beta)})\, g_{jk}^{(\beta)}\, dx_k{}^{(\beta)} = 0 \\
&s_{\beta\alpha}\, dT - v^{(\alpha)}\, dP^{(\alpha)} - (v_{\beta\alpha} - v^{(\alpha)})\, dP^{(\beta)} + \sum_{j,k=1}^{n-1} (x_j{}^{(\alpha)} - x_j{}^{(\beta)})\, g_{jk}^{(\beta)}\, dx_k{}^{(\beta)} = 0 \\
&\frac{2}{r}\, d\sigma - dP^{(\alpha)} + dP^{(\beta)} - \frac{2\sigma}{r^2}\, dr = 0.
\end{aligned}\right\} \quad (12.3)$$

Die Systeme (12.2) und (12.3) beschreiben das Adsorptionsgleichgewicht eines n-komponentigen Zweiphasensystems in Gegenwart einer gekrümmten Diskontinuitätsfläche vollständig. Auf der Grundlage dieses Systems sind verschiedene spezielle Beziehungen für die Beschreibung des Einflusses von Temperatur, Druck und anderen thermodynamischen Parametern auf die Zusammensetzung von Grenzflächenschichten herleitbar. Unten sollen einige dieser Beziehungen für binäre Systeme analysiert werden.

12.2. Isotherme der Zusammensetzung einer gekrümmten Grenzflächenschicht im binären System

Die Anzahl der Freiheiten eines binären Zweiphasensystems mit gekrümmter Diskontinuitätsfläche ist drei. Daher führt die Temperaturkonstanz nicht zu einem univarianten Prozeß, wie dies für ebene Grenzflächen zu beobachten ist, und kann durch eine zweite Bedingung ergänzt werden. Im Rahmen dieses Abschnittes beschränken wir uns auf die Behandlung der Zusammensetzungsisotherme der Grenzflächenschicht unter den Bedingungen $P^{(\beta)} = \text{const}$ oder $r = \text{const}$.

Die erste dieser Bedingungen stellt bei Anwendung auf disperse Systeme die Konstanz von Temperatur und Außendruck dar, was in der Praxis häufig anzutreffen ist. Die diesem Fall entsprechenden Isothermengleichungen können aus den Gln. (12.2) und (12.3) unter den Bedingungen $dT = 0$, $dP^{(\beta)} = 0$ und $n = 2$ hergeleitet werden. Wir formulieren sie wie folgt:

$$\left(\frac{dx_1^{(\sigma)}}{dx_1^{(\alpha)}}\right)_{T,P^{(\beta)}} = \frac{g_{11}^{(\alpha)}}{g_{11}^{(\sigma)}} \left\{1 - \frac{1}{a}\left(\frac{\partial a}{\partial x_1}\right)^{(\sigma)} (x_1^{(\sigma)} - x_1^{(\alpha)}) - \left[\left(\frac{\partial v}{\partial x_1}\right)^{(\sigma)} - \left(\frac{\partial v}{\partial x_1}\right)^{(\alpha)} - \frac{v_{\alpha\sigma} - v_\beta^{(\sigma)}}{a}\left(\frac{\partial a}{\partial x_1}\right)^{(\sigma)}\right] \frac{x_1^{(\beta)} - x_1^{(\alpha)}}{v_{\alpha\beta} - v^{(\beta)}}\right\} \tag{12.4}$$

$$\left(\frac{dx_1^{(\sigma)}}{dx_1^{(\beta)}}\right)_{T,P^{(\beta)}} = \frac{g_{11}^{(\beta)}}{g_{11}^{(\sigma)}} \left\{1 - \frac{1}{a}\left(\frac{\partial a}{\partial x_1}\right)^{(\sigma)} (x_1^{(\sigma)} - x_1^{(\beta)}) + \left[\left(\frac{\partial v_\alpha}{\partial x_1}\right)^{(\sigma)} - \frac{v_\alpha^{(\sigma)}}{a}\left(\frac{\partial a}{\partial x_1}\right)^{(\sigma)}\right] \frac{x_1^{(\beta)} - x_1^{(\alpha)}}{v^{(\alpha)}}\right\}. \tag{12.5}$$

Ein von den Gln. (12.4) und (12.5) beschriebener Gleichgewichtsprozeß wird von einer Krümmungsänderung der Diskontinuitätsfläche begleitet. Für den Fall konstanter Krümmung erhalten wir aus Gl. (12.2) bei Beachtung von $dr = 0$, $dT = 0$ und $n = 2$:

$$\left(\frac{dx_1^{(\sigma)}}{dx_1^{(\alpha)}}\right)_{T,r} = \frac{g_{11}^{(\alpha)} a}{g_{11}^{(\sigma)}\left(a + \frac{2\omega}{r}\right)} \left\{1 - \frac{1}{a}\left(\frac{\partial a}{\partial x_1}\right)^{(\sigma)} (x_1^{(\sigma)} - x_1^{(\alpha)}) - \Omega_1(x_1^{(\beta)} - x_1^{(\alpha)}) + \frac{2}{ra}\left[\omega - \Omega_2(x_1^{(\sigma)} - x_1^{(\alpha)}) - \Omega_3(x_1^{(\beta)} - x_1^{(\alpha)})\right]\right\} \tag{12.6}$$

mit

$$\Omega_1 \equiv \frac{1}{v_{\alpha\beta}}\left[\left(\frac{\partial v}{\partial x_1}\right)^{(\sigma)} - \left(\frac{\partial v}{\partial x_1}\right)^{(\alpha)} - \frac{1}{a}\left(\frac{\partial a}{\partial x_1}\right)^{(\sigma)} v_{\alpha\sigma}\right] \tag{12.7}$$

$$\Omega_2 \equiv \left(\frac{\partial v_\beta}{dx_1}\right)^{(\sigma)} - \frac{v^{(\beta)}}{v_{\alpha\beta}}\left[\left(\frac{\partial v}{\partial x_1}\right)^{(\sigma)} - \left(\frac{\partial v}{\partial x_1}\right)^{(\alpha)}\right] \tag{12.8}$$

$$\Omega_3 \equiv \frac{1}{v_{\alpha\beta}}\left\{\left[\left(\frac{\partial v}{\partial x_1}\right)^{(\sigma)} - \left(\frac{\partial v}{\partial x_1}\right)^{(\alpha)}\right] v_\beta{}^{(\sigma)} - \left(\frac{\partial v_\beta}{\partial x_1}\right)^{(\sigma)} v_{\alpha\sigma}\right\}. \tag{12.9}$$

Die Größe ω ist durch Ausdruck (10.47) definiert.

Gl. (12.6) ist die unmittelbare Verallgemeinerung von Gl. (7.14) für eine gekrümmte Diskontinuitätsfläche. In beiden Gleichungen erfolgt eine Konstanthaltung des Krümmungsradius der Diskontinuitätsfläche, und bei $r = \infty$ geht Gl. (12.6) in Gl. (7.14) über. Bei hinreichend großen r-Werten stimmen Gl. (7.14) und (12.6) praktisch überein. Daher bleiben — sofern die Grenzflächenkrümmung nicht allzu groß ist — auch für gekrümmte Diskontinuitätsflächen alle bei der Analyse von Gl. (7.14) in Abschn. 7.3. hergeleiteten Schlußfolgerungen in Kraft.

Beziehung (12.6) kennzeichnet das Adsorptionsgleichgewicht einer Grenzflächenschicht mit Phase α bei Konstanz von T und r. Aus dem System (12.3) ergibt sich unter gleichen Bedingungen die folgende Beziehung für das Adsorptionsgleichgewicht zwischen Grenzschicht und Phase β:

$$\left(\frac{dx_1{}^{(\sigma)}}{dx_1{}^{(\beta)}}\right)_{T,r} = \frac{g_{11}^{(\beta)} a}{g_{11}^{(\sigma)}\left(a - \dfrac{2\omega'}{r}\right)}\left\{1 - \frac{1}{a}\left(\frac{\partial a}{\partial x_1}\right)^{(\sigma)}(x_1{}^{(\sigma)} - x_1{}^{(\beta)}) - \Omega_1'(x_1{}^{(\alpha)} - x_1{}^{(\beta)})\right.$$
$$\left. - \frac{2}{ra}\left[\omega' - \Omega_2'(x_1{}^{(\sigma)} - x_1{}^{(\beta)}) - \Omega_3'(x_1{}^{(\alpha)} - x_1{}^{(\beta)})\right]\right\} \tag{12.10}$$

mit

$$\Omega_1' \equiv \frac{1}{v_{\beta\alpha}}\left[\left(\frac{\partial v}{\partial x_1}\right)^{(\sigma)} - \left(\frac{\partial v}{\partial x_1}\right)^{(\beta)} - \frac{1}{a}\left(\frac{\partial a}{\partial x_1}\right)^{(\sigma)} v_{\beta\sigma}\right] \tag{12.11}$$

$$\Omega_2' \equiv \left(\frac{\partial v_\alpha}{\partial x_1}\right)^{(\sigma)} - \frac{v^{(\alpha)}}{v_{\beta\alpha}}\left[\left(\frac{\partial v}{\partial x_1}\right)^{(\sigma)} - \left(\frac{\partial v}{\partial x_1}\right)^{(\beta)}\right] \tag{12.12}$$

$$\Omega_3' \equiv \frac{1}{v_{\beta\alpha}}\left\{\left[\left(\frac{\partial v}{\partial x_1}\right)^{(\sigma)} - \left(\frac{\partial v}{\partial x_1}\right)^{(\beta)}\right] v_\alpha{}^{(\sigma)} - \left(\frac{\partial v_\alpha}{\partial x_1}\right)^{(\sigma)} v_{\beta\sigma}\right\}. \tag{12.13}$$

Die Größe ω' ist durch Ausdruck (10.49) definiert.

Die Gln. (12.4), (12.5), (12.6) und (12.10) zeichnen sich — ungeachtet ihrer Kompliziertheit vergleichsweise zu den Beziehungen für ebene Grenzflächen — durch viele gemeinsame Eigenschaften mit jenen Beziehungen aus. Für kleine oder nahe beieinander liegende Werte der Größen $x_1{}^{(\alpha)}$, $x_1{}^{(\beta)}$, $x_1{}^{(\sigma)}$ können die rechten Teile der Gln. (12.4), (12.5), (12.6) und (12.10) durch die Quotienten $g_{11}^{(\alpha)}/g_{11}^{(\sigma)}$ oder $g_{11}^{(\beta)}/g_{11}^{(\sigma)}$ substituiert werden. Letztere sind gemäß Stabilitätsbedingungen stets positiv. Hieraus folgen symbate Zusammensetzungsänderungen für die koexistierenden Phasen und die Grenzflächenschicht sowohl in den Anfangs- und Endgebieten der Isothermen als auch allgemein bei wenig differierenden Zusammensetzungen. Aus den Gln. (12.4), (12.5), (12.6) und (12.10) folgt weiterhin, daß für den Fall einer Adsorption aus Phasen im kritischen Zustand die in den linken Teilen dieser Gleichungen stehenden Ableitungen gleich Null werden. Dies verursacht das Auftreten eines Wendepunktes mit horizontaler Tangente an der Zusammensetzungsisothermen der Grenzflächenschicht. Somit bleiben die wesentlichen thermodynamischen Gesetzmäßigkeiten des Verhaltens der Zusammensetzungsisothermen für die Grenzflächenschicht auch im Falle gekrümmter Grenzflächen erhalten.

12.3. Abhängigkeit der Zusammensetzung einer Grenzflächenschicht vom Krümmungsradius der Diskontinuitätsfläche im binären System

Aus den Gln. (12.2) und (12.3) lassen sich Beziehungen für die Abhängigkeit der Zusammensetzung einer Grenzflächenschicht vom Krümmungsradius der Diskontinuitätsfläche für unterschiedliche spezielle Bedingungen herleiten. In diesem Abschnitt beschränken wir uns auf die Betrachtung dieser Beziehungen bei Konstanz von Temperatur und Zusammensetzung einer der Phasen im binären System.

Aus dem Gleichungssystem (12.2) folgt für $dT = 0$, $dx_1^{(\alpha)} = 0$ und $n = 2$ die Beziehung

$$\left(\frac{dx_1^{(\sigma)}}{dr}\right)_{T,x_1^{(\alpha)}} = \frac{2\sigma\left[\omega\left(\frac{\partial a}{\partial x_1}\right)^{(\sigma)} - a\Omega_2\right]}{g_{11}^{(\sigma)} r^2 \left(a + \frac{2\omega}{r}\right)}. \tag{12.14}$$

Die Größen ω und Ω_2 sind durch die Beziehungen (10.47) bzw. (12.8) definiert. Diese Gleichung beschreibt den Einfluß der Diskontinuitätsflächenkrümmung auf die Zusammensetzung der Grenzflächenschicht unter der Bedingung einer konstanten Zusammensetzung von Phase α (disperse Phase bei Behandlung disperser Systeme). Aus dem System (12.3) kann eine analoge Gleichung für die Abhängigkeit der Größe $x_1^{(\sigma)}$ vom Krümmungsradius unter der Bedingung einer konstanten Zusammensetzung von Phase β (Dispersionsmedium) hergeleitet werden:

$$\left(\frac{dx_1^{(\sigma)}}{dr}\right)_{T,x_1^{(\beta)}} = \frac{2\sigma\left[a\Omega_2' - \omega'\left(\frac{\partial a}{\partial x_1}\right)^{(\sigma)}\right]}{g_{11}^{(\sigma)} r^2 \left(a - \frac{2\omega'}{r}\right)}. \tag{12.15}$$

Die Größen ω' und Ω' sind über die Ausdrücke (10.49) bzw. (12.12) definiert.

Als Beispiel für die Benutzung der erhaltenen Beziehungen untersuchen wir das Gleichgewicht zwischen den Tröpfchen einer flüssigen Lösung α und ihrem Dampf β in einem binären System bei konstanter Dampfzusammensetzung. Diesem Fall begegnet man häufig in der Praxis, wenn die Lösungströpfchen ein nichtflüchtiges Salz enthalten. Unter der Voraussetzung, daß Lösung und Dampf weit vom kritischen Zustand entfernt sind ($v^{(\beta)} \gg v^{(\alpha)}, v^{(\sigma)}$), läßt sich Gl. (12.15) bei Verwendung der Definitionen von $v_\alpha^{(\sigma)}$ und a in die folgende Form bringen:

$$\left(\frac{dx_1^{(\sigma)}}{dr}\right)_{T,x_1^{(\beta)}} \approx \frac{2\sigma a\left[\frac{\partial V_\alpha^{(\sigma)}}{\partial x_1^{(\sigma)}} - v^{(\alpha)}\frac{\partial m^{(\sigma)}}{\partial x_1^{(\sigma)}}\right]}{m^{(\sigma)} g_{11}^{(\sigma)} r^2 \left[a + \frac{2(v_\alpha - v_\alpha^{(\sigma)})}{r}\right]}. \tag{12.16}$$

Es sei daran erinnert, daß die partiellen Ableitungen nach $x_1^{(\sigma)}$ bei konstanten T, $P^{(\alpha)}$, $P^{(\beta)}$ und σ, mithin bei konstantem Krümmungsradius der Spannungsfläche, gebildet werden. Diese Ableitungen charakterisieren die Veränderung von Masse und Struktur der Grenzflächenschicht infolge einer Konzentrationsänderung von Komponente (1). Führt ein Versetzen mit Komponente (1) im wesentlichen zu einer Verdickung des äußeren Teiles der Grenzflächenschicht (bezogen auf die Spannungsfläche), so wird die rechte Seite von Gl. (12.16) negativ. In diesem Falle sollte die Konzentration von Komponente (1) in der Grenzflächenschicht mit zunehmender Grenzflächenkrümmung ansteigen. Wird speziell die wäßrige Lösung eines grenzflächeninaktiven Salzes betrachtet, so verkörpert das Wasser die Komponente (1), und es ist anzunehmen, daß eine weitere Krümmung der Lösungsgrenzfläche (Tröpfchenbildung) zu einer zusätzlichen Salzdesorption in Richtung des Lösungsinneren vonstatten geht.

In den Arbeiten [1]···[3] erfolgte mit Hilfe von Methoden der statistischen Mechanik eine Untersuchung der Abhängigkeit der lokalen Zusammensetzung einer gekrümmten Grenzflächenschicht von Raumkoordinaten und Krümmung der Grenzfläche für den Fall VAN DER WAALSscher Kräfte. Ebenso wie in den oben behandelten thermodynamischen Formeln für mittlere Zusammensetzungen folgt das Ergebnis einer linearen Abhängigkeit der lokalen Zusammensetzung von der Grenzflächenkrümmung bei großen Krümmungsradien, wobei die Krümmung einer ursprünglich ebenen Grenzfläche in unterschiedliche Richtungen zu Effekten mit entgegengesetzten Vorzeichen führt.

Literatur

[1] Ф. М. Куни, А. И. Русанов: *Расширенные тезисы докладов на 2ои Всесоюзной Конференции по теоретическим вопросам адсорбции*, вып. 2, изд. Наука, Москва 1969, стр. 81; в сб. „*Физическая адсорбция из многокомпонентных фаз*", изд. Наука, Москва 1972, стр. 182
(russ.; im Sammelband „Physikalische Adsorption aus Mehrkomponenten-Phasen")

[2] Е. Н. Бродская, Ф. М. Куни, А. И. Русанов: Колл. ж. **32**, 836 (1970)

[3] А. И. Русанов, Ф. М. Куни: ЖФХ **46**, 728 (1972)

13. Besondere Beispiele für Gleichgewichte mit unvollständiger Komponentenverteilung. Gleichgewichte in Ionensystemen

13.1. Anwendung thermodynamischer Gleichungen auf Ionensysteme

Für die Herleitung der grundlegenden Differentialgleichungen eines Zweiphasengleichgewichtes haben wir vorausgesetzt (siehe Kap. 3. und 9.), daß jede Komponente sowohl in der Grenzflächenschicht als auch in einer beliebigen der koexistierenden Phasen zugegen ist. Somit war die Gegenwart semipermeabler Membranen oder irgendwelcher anderer Beschränkungen des Stoffaustausches ausgeschlossen. Obwohl keinerlei Annahmen bezüglich der Ladungen der Komponenten getroffen worden waren, sind die erhaltenen Gleichungen in gleicher Weise sowohl auf nichtionische als auch auf ionische Systeme anwendbar, da im Falle einer unbeschränkten Verteilung der Stoffe die Zusammensetzung einer jeden Phase und der Grenzflächenschicht durch einen Satz einer definierten Anzahl neutraler Komponenten vorgegeben werden kann.

Veranschaulichen wir dies am Beispiel der Grenzflächenspannungsisothermen der wäßrigen Lösung eines starken 1-1-Elektrolyten (KA). Wird die partielle Dissoziation der Wassermoleküle berücksichtigt, so darf für die Lösung neben den Wassermolekülen die Anwesenheit von vier Ionenarten angenommen werden: K^+, A^-, H^+ und OH^-. Mithin läßt sich Gl. (3.3) folgendermaßen schreiben:

$$A\,d\sigma = V^{(\sigma)}\,dP - m_{K^+}^{(\sigma)}\,d\bar{\mu}_{K^+} - m_{A^-}^{(\sigma)}\,d\bar{\mu}_{A^-} - m_{H^+}^{(\sigma)}\,d\bar{\mu}_{H^+} - m_{OH^-}^{(\sigma)}\,d\bar{\mu}_{OH^-} - m_{H_2O}^{(\sigma)}\,d\mu_{H_2O}, \tag{13.1}$$

wobei $\bar{\mu}_i$ das elektrochemische Potential der Ionen verkörpert (siehe Gl. (2.102)). Die Elektroneutralitätsbedingung liefert für die Grenzflächenschicht

$$m_{K^+}^{(\sigma)} + m_{H^+}^{(\sigma)} = m_{A^-}^{(\sigma)} + m_{OH^-}^{(\sigma)}. \tag{13.2}$$

Gl. (13.1) ist neben der Berücksichtigung der Bedingungen für das Phasengleichgewicht im Zusammenhang mit der GIBBSschen Bedingung für das chemische Gleichgewicht für den Fall der Wasserdissoziation

$$\mu_{H_2O} = \bar{\mu}_{H^+} + \bar{\mu}_{OH^-} \tag{13.3}$$

zu betrachten.

In Analogie zu (13.3) ist es erlaubt, auch die chemischen Potentiale der anderen neutralen Stoffe, die — obgleich sie real abwesend sind — mögliche Komponenten des vorliegenden Systems sind, in die Betrachtung einzubeziehen:

$$\left.\begin{aligned} \mu_{KA} &= \bar{\mu}_{K^+} + \bar{\mu}_{A^-} \\ \mu_{HA} &= \bar{\mu}_{H^+} + \bar{\mu}_{A^-} \\ \mu_{KOH} &= \bar{\mu}_{K^+} + \bar{\mu}_{OH^-}. \end{aligned}\right\} \tag{13.4}$$

Aus Gl. (13.3) und (13.4) folgt des weiteren die Bedingung

$$\mu_{KA} + \mu_{H_2O} = \mu_{HA} + \mu_{KOH}. \tag{13.5}$$

Sie zeigt, daß nur drei Gleichheiten aus (13.3) sowie (13.4) unabhängig sind. Die Benutzung von Gl. (13.3) und der ersten zwei Gleichheiten aus (13.4) sowie der Bedingung (13.2) erlaubt, Gl. (13.1) folgendermaßen zu schreiben:

$$A\,d\sigma = V^{(\sigma)}\,dP - (m_{A^-}^{(\sigma)} - m_{K^+}^{(\sigma)})\,d\mu_{HA} - m_{K^+}^{(\sigma)}\,d\mu_{KA} - (m_{OH^-}^{(\sigma)} + m_{H_2O}^{(\sigma)})\,d\mu_{H_2O}. \tag{13.6}$$

Für den vorliegenden Fall lautet die entsprechende GIBBSsche Adsorptionsgleichung

$$d\sigma = -(\Gamma_{A^-} - \Gamma_{K^+})\,d\mu_{HA} - \Gamma_{K^+}\,d\mu_{KA} - (\Gamma_{OH^-} + \Gamma_{H_2O})\,d\mu_{H_2O}. \tag{13.7}$$

Der in den Gln. (13.6) und (13.7) bei $d\mu_{HA}$ stehende Koeffizient drückt aus, daß die Adsorption von Kation bzw. Anion des gelösten Elektrolyten nicht äquivalent erfolgt. Aus Definitionsgründen wollen wir eine stärkere Adsorption des Anions voraussetzen: $m_{A^-}^{(\sigma)} > m_{K^+}^{(\sigma)}$. Dann kann in Übereinstimmung mit der Stöchiometrie der im betrachteten System ablaufenden Dissoziationsreaktionen angenommen werden, daß in der Grenzflächenschicht $m_{K^+}^{(\sigma)}$ Mole des Stoffes KA, $(m_{A^-}^{(\sigma)} - m_{K^+}^{(\sigma)})$ Mole des Stoffes HA sowie $(m_{OH^-}^{(\sigma)} + m_{H_2O}^{(\sigma)})$ Wassermole enthalten sind. Demzufolge dürfen die Gln. (13.6) und (13.7) wie folgt geschrieben werden:

$$A\,d\sigma = V^{(\sigma)}\,dP - m_{HA}^{(\sigma)}\,d\mu_{HA} - m_{KA}^{(\sigma)}\,d\mu_{KA} - m_{H_2O}^{(\sigma)}\,d\mu_{H_2O} \tag{13.8}$$

$$d\sigma = -\Gamma_{HA}\,d\mu_{HA} - \Gamma_{KA}\,d\mu_{KA} - \Gamma_{H_2O}\,d\mu_{H_2O}. \tag{13.9}$$

Für praktisch äquivalente Adsorption von Kation und Anion des gelösten Stoffes verschwindet das Glied mit $d\mu_{HA}$, und die Gleichungen nehmen das gleiche Aussehen wie bei nicht erfolgender Dissoziation der betrachteten Stoffe an:

$$A\,d\sigma = V^{(\sigma)}\,dP - m_{KA}^{(\sigma)}\,d\mu_{KA} - m_{H_2O}^{(\sigma)}\,d\mu_{H_2O} \tag{13.10}$$

$$d\sigma = -\Gamma_{KA}\,d\mu_{KA} - \Gamma_{H_2O}\,d\mu_{H_2O}. \tag{13.11}$$

Die Äquivalenz der Ionenadsorption des gelösten Stoffes kann über einen Vergleich der freien Energien für die Hydratation der Ionen sowie der mit diesen in Adsorptionskonkurrenz stehenden Wasserionen (H^+ oder OH^-) geprüft werden. Diesbezügliche Abschätzungen zeigen, daß die Adsorptionsäquivalenzbedingung für Kation und Anion für eine große Anzahl wäßriger Salzsysteme hinreichend gut erfüllt ist [1], so daß die Gln. (13.10) und (13.11) in der Praxis angewendet werden dürfen.

Wie aus den Gln. (13.8) und (13.9) ersichtlich ist, können im allgemeinen Fall die thermodynamischen Gleichungen für die Grenzflächenschicht auch für die neutralen Komponenten formuliert werden, wobei allerdings die Anzahl der letzteren i. a. größer als die für die Zubereitung der Lösung verwendeten neutralen Stoffe ist. Somit ist der Nachweis erbracht, daß die in den Kap. 3. und 9. hergeleiteten Gleichungen ohne Einschränkung auf Ionensysteme angewendet werden dürfen.

Die in den Kap. 3. und 9. formulierten Gleichungen können auch für den einfachsten Fall eines Membrangleichgewichtes Anwendung finden. Dieser sei dadurch gekennzeichnet, daß eine der Phasen neben weiteren Stoffen auch alle Komponenten der zweiten Phase enthält. Allerdings verlieren diese Gleichungen im allgemeinen Fall, wenn jede Phase neben weiteren Stoffen auch Komponenten, die nicht in der anderen Phase zugegen sind, enthält, ihre Gültigkeit und müssen durch andere thermodynamische Beziehungen ersetzt werden. Das Aussehen dieser Beziehungen wird maßgeblich davon bestimmt, ob sie sich auf ionische oder nichtionische Systeme beziehen. Infolgedessen erfordern Gleichgewichte in Ionensystemen mit unvollständiger Komponentenverteilung eine spezielle Erörterung. Ionische Zweiphasensysteme mit unvollständiger Verteilung von ladungstragenden Teilchen werden als Elektroden bezeichnet. Ihr Zustand erfährt durch das Auftreten eines Sprunges des Elektrodenpotentials sowie einer Ladung an der Diskontinuitätsfläche eine zusätzliche Charakterisierung.

Im vorliegenden Kapitel sollen die wesentlichen Typen von Gleichgewichten mit unvollständiger Komponentenverteilung untersucht werden. Hinsichtlich des Realisierungsmechanismus dieser Gleichgewichte sollen keinerlei Voraussetzungen getroffen werden, so daß auch die Schlußfolgerungen nicht an die tatsächliche Existenz einer die Lösungen teilenden Membran gebunden sind. Sollte letzteres jedoch zutreffen, so kann der membranbildende Stoff als in beiden Phasen löslich (wenn auch beliebig schwach) betrachtet und in die Gesamtzahl n der Systemkomponenten einbezogen werden. Dabei sollte der membranbildende Stoff als n-te Komponente, deren Molenbruch nicht in die Endbeziehungen eingeht, angesehen werden.

Gleichfalls sollen keinerlei Voraussetzungen zur Struktur und Verteilung der Komponenten in der Grenzflächenschicht formuliert werden. Die qualitative Zusammensetzung der Grenzflächenschicht sollte sich beim Übergang von einer Phase zur anderen in komplizierter Weise verändern dürfen. Es sei lediglich die Annahme getroffen, daß in der Grenzflächenschicht alle Komponenten des Systems enthalten sind.

Den Grenzfall einer unvollständigen Komponentenverteilung in Ionensystemen stellt die ideal polarisierbare Elektrode dar, in der kein Stoffaustausch zwischen den sich berührenden Phasen vonstatten geht. Mit ihr wollen wir die Diskussion besonderer Gleichgewichte beginnen.

13.2. Ideal polarisierbare Elektrode

Einer thermodynamischen Behandlung der Grenzflächenerscheinungen der ideal polarisierbaren Elektrode ist in Verbindung mit den Erscheinungen der Elektrokapillarität eine umfangreiche Literatur gewidmet (siehe z. B. [2]···[4]). Im vorliegenden Abschnitt werden wir uns an die Arbeiten [5, 6] anlehnen, in denen die Grenzflächenschicht mit endlicher Schichtdicke zugrunde gelegt wurde. Zur Vereinfachung sollen zunächst die thermodynamischen Beziehungen für die ideal polarisierbare Elektrode mit ebener Diskontinuitätsfläche betrachtet werden. Danach soll ihre Verallgemeinerung für den Fall der gekrümmten Diskontinuitätsfläche erfolgen.

Untersuchen wir ein Ionensystem, das aus zwei durch eine ebene Grenzfläche getrennte Phasen besteht. Auf Grund der Elektroneutralitätsbedingung darf die Zusammensetzung einer jeden Phase durch einen Satz neutraler Komponenten, der sowohl die Elektrolyten als auch die nicht in Ionen dissoziierbaren Stoffe umfassen kann, charakterisiert werden. Die Phasen α und β mögen c bzw. l neutrale Komponenten enthalten. Für den Fall einer ideal polarisierbaren Elektrode sind die aneinander grenzenden Phasen nicht zum Stoffaustausch fähig, doch darf angenommen werden, daß die Diskontinuitätsfläche zwischen den Phasen alle Komponenten des Systems enthält. Jener Teil der Komponenten, der nur in Phase α übergehen kann, sei durch die Indizes j und f gekennzeichnet. Der andere Teil der Komponenten, der nur in Phase β übergehen kann, sei durch die Indizes r und t bezeichnet (die zweiten Indizes werden für Doppeloperationen benötigt). In diesem Falle können wir eine aus zwei Teilen bestehende Grenzflächenschicht betrachten, wobei sich ein jeder Teil in einem dynamischen Gleichgewicht mit der angrenzenden Phase befindet. Obwohl die Grenzflächenschicht insgesamt elektroneutral ist, können diese Einzelteile jeweils für sich elektrische Ladungen tragen. Infolgedessen ist es nicht möglich, die Zusammensetzungen dieser Teile durch alleinige Vorgabe neutraler Komponenten zu definieren.

Am einfachsten ist die Annahme, daß in dem an Phase α grenzenden Teil der Grenzflächenschicht neben c neutralen Komponenten, die die Phasenzusammensetzung festlegen, eine $(c + 1)$-te Komponente im Überschuß zugegen sei, die die Ladung dieses Grenzflächenteiles bestimmt. In gleicher Weise sei auch die Ladung des anderen Grenzflächenschichtteiles durch die Anwesenheit einer $(l + 1)$-ten ladungstragenden Komponente im Überschuß bedingt. Auf Grund der Elektroneutralitätsbedingung folgt, daß die Molzahlen $m_{c+1}^{(\sigma)}$ und $m_{l+1}^{(\sigma)}$ der $(c + 1)$-ten bzw. $(l + 1)$-ten Komponenten in der Grenzflächenschicht über die folgende Beziehung miteinander verknüpft sind:

$$m_{c+1}^{(\sigma)} z_{c+1} F = -m_{l+1}^{(\sigma)} z_{l+1} F = \Theta, \tag{13.12}$$

wobei z_{c+1} und z_{l+1} die Ionenvalenz der $(c + 1)$-ten bzw. $(l + 1)$-ten Komponenten, F die FARADAYsche Zahl und Θ den Ladungswert der Grenzfläche von Phase α darstellt.

Wenden wir Gl. (2.13) auf das behandelte System an. Gemäß den Ausführungen von Abschn. 2.4. sind in allen Fundamentalgleichungen für Ionensysteme nicht die chemischen, sondern die elektrochemischen Potentiale $\bar{\mu}_i$ der Komponenten zu verwenden. Diese sind durch Gl. (2.102) definiert. Im Gleichgewicht besteht Gleichheit zwischen den elektrochemischen Potentialen der Komponenten in den verschiedenen Phasen. Für ladungsfreie Komponenten stimmen die elektrochemischen und chemischen Potentiale überein, weshalb Gl. (2.13) in die folgende Form gebracht werden kann:

$$A\, d\sigma = -S^{(\sigma)}\, dT + V^{(\sigma)}\, dP_N - \sum_{j=1}^{c} m_j^{(\sigma)}\, d\mu_j - \sum_{r=1}^{l} m_r^{(\sigma)}\, d\mu_r - m_{c+1}^{(\sigma)}\, d\bar{\mu}_{c+1} - m_{l+1}^{(\sigma)}\, d\bar{\mu}_{l+1} \tag{13.13}$$

bzw. bei Berücksichtigung von (13.12)

$$A\, d\sigma = -S^{(\sigma)}\, dT + V^{(\sigma)}\, dP_N - \sum_{j=1}^{c} m_j^{(\sigma)}\, d\mu_j - \sum_{r=1}^{l} m_r^{(\sigma)}\, d\mu_r - \frac{\Theta}{F}\, d\left(\frac{\bar{\mu}_{c+1}}{z_{c+1}} - \frac{\bar{\mu}_{l+1}}{z_{l+1}}\right). \tag{13.14}$$

Zur Vereinfachung eines Vergleiches mit experimentellen Ergebnissen ist es sinnvoll, den Klammerausdruck wie folgt [5] zu schreiben:

$$\frac{\bar{\mu}_{c+1}}{z_{c+1}} - \frac{\bar{\mu}_{l+1}}{z_{l+1}} = F(E + K). \tag{13.15}$$

Hierin stellt E die elektromotorische Kraft eines durch Kopplung der ideal polarisierbaren Elektrode mit einer reversiblen Bezugselektrode gebildeten Elementes dar, wobei auf Grund der Auswahl der Bezugselektrode die Größe K lediglich eine Funktion von Temperatur und Druck ist. Erläutern wir den physikalischen Sinn der Größe K anhand eines konkreten Beispiels. Es mögen in der Kette

$$\overset{(\alpha)}{\mathrm{Hg}} \overset{(\sigma)}{\mid} \mathrm{BaCl_2}, \overset{(\beta)}{\mathrm{HCl}}, \mathrm{H_2O} \mid \underset{\text{(gesättigt)}}{\overset{(\gamma)}{\mathrm{Hg_2Cl_2}}} \mid \overset{(\delta)}{\mathrm{Hg}}$$

die metallische Phase α, die Lösung β sowie auch die Diskontinuitätsfläche σ zwischen ihnen ein ideal polarisiertes System bilden, wobei sich der an Phase α grenzende Teil der Grenzflächenschicht durch das Vorhandensein eines Überschusses positiv geladener Quecksilberionen sowie der an die Lösung grenzende Teil durch einen entsprechenden Überschuß von Chlorionen auszeichnet. Unter Benutzung der Gleichgewichtsbedingungen und von Gl. (2.102) erhalten wir:

$$\bar{\mu}_{c+1} \equiv \bar{\mu}^{(\alpha)}_{\mathrm{Hg}_2^{2+}} = \mu^{(\alpha)}_{\mathrm{Hg}_2^{2+}} + 2F\Psi^{(\alpha)}$$

$$\bar{\mu}_{l+1} \equiv \bar{\mu}^{(\beta)}_{\mathrm{Cl}^-} = \bar{\mu}^{(\gamma)}_{\mathrm{Cl}^-} = \frac{1}{2}\,\mu^{(\gamma)}_{\mathrm{Hg_2Cl_2}} - \frac{1}{2}\,\bar{\mu}^{(\gamma)}_{\mathrm{Hg}_2^{2+}} = \frac{1}{2}\,\mu^{(\gamma)}_{\mathrm{Hg_2Cl_2}} - \frac{1}{2}\,\bar{\mu}^{(\delta)}_{\mathrm{Hg}_2^{2+}}$$

$$= \frac{1}{2}\,\mu^{(\gamma)}_{\mathrm{Hg_2Cl_2}} - \frac{1}{2}\,\mu^{(\delta)}_{\mathrm{Hg}_2^{2+}} - F\Psi^{(\delta)}$$

mit $\Psi^{(j)}$ als Elektrodenpotential der Phase j. Hieraus ergibt sich

$$\frac{\bar{\mu}_{c+1}}{z_{c+1}} - \frac{\bar{\mu}_{l+1}}{z_{l+1}} = F(\Psi^{(\alpha)} - \Psi^{(\delta)}) + \frac{1}{2}\,\mu^{(\gamma)}_{\mathrm{Hg_2Cl_2}}$$

und gemäß (13.15)

$$K = \frac{\mu^{(\gamma)}_{\mathrm{Hg_2Cl_2}}}{2F}.$$

Da $\mu^{(\gamma)}_{\mathrm{Hg_2Cl_2}}$ nur von Druck und Temperatur abhängt, trifft gleiches auch für die Größe K zu. Im allgemeinen Falle ist K eine Funktion der chemischen Potentiale eines oder mehrerer neutraler Stoffe.

Unter Beachtung von (13.15) nimmt Gl. (13.14) das folgende Aussehen an:

$$A\, d\sigma + \Theta\, d(E + K)$$
$$= -S^{(\sigma)}\, dT + V^{(\sigma)}\, dP_N - \sum_{j=1}^{c} m_j^{(\sigma)}\, d\mu_j - \sum_{r=1}^{l} m_r^{(\sigma)}\, d\mu_r. \tag{13.16}$$

Ihrer Herkunft nach sind die chemischen Potentiale μ_j und μ_r in Gl. (13.16) auf die Diskontinuitätsfläche bezogen, doch bei Benutzung der Gleichgewichtsbedingungen lassen sich μ_j und μ_r den Phasen α bzw. β zuschreiben. Die resultierende Gleichung verknüpft die Variablen der Grenzflächenschicht und der koexistierenden Phasen:

$$A\,d\sigma + \Theta\,d(E+K) = -S^{(\sigma)}\,dT + V^{(\sigma)}\,dP_N - \sum_{j=1}^{c} m_j^{(\sigma)}\,d\mu_j^{(\alpha)} - \sum_{r=1}^{l} m_r^{(\sigma)}\,d\mu_r^{(\beta)}. \tag{13.17}$$

Anschließend kann mit Hilfe der Beziehungen (3.16) und (3.19) der Übergang von den chemischen Potentialen zu den Molenbrüchen vollzogen werden. Neben den Molenbrüchen der neutralen Komponenten in den koexistierenden Phasen $x_j^{(\sigma)}$ und $x_r^{(\sigma)}$ ist es zweckmäßig, die durch die folgenden identischen Gleichheiten definierten Größen $x_j^{(\sigma)}$ und $x_r^{(\sigma)}$ in die Betrachtung einzubeziehen:

$$x_j^{(\sigma)} \equiv \frac{m_j^{(\sigma)}}{m_{0c}^{(\sigma)}}; \qquad x_r^{(\sigma)} \equiv \frac{m_r^{(\sigma)}}{m_{0l}^{(\sigma)}}, \tag{13.18}$$

wobei $m_{0c}^{(\sigma)}$ und $m_{0l}^{(\sigma)}$ die in der Grenzflächenschicht vorhandenen Gesamtmengen der neutralen Stoffe, die in die Phasen α bzw. β überzugehen in der Lage sind, darstellen:

$$m_{0c}^{(\sigma)} \equiv \sum_{j=1}^{c} m_j^{(\sigma)}; \qquad m_{0l}^{(\sigma)} \equiv \sum_{r=1}^{l} m_r^{(\sigma)}. \tag{13.19}$$

Die Relation zwischen den Größen $x_j^{(\sigma)}$ und $x_j^{(\alpha)}$ legt das Vorzeichen für die Adsorption der Komponente j aus Phase α fest: bei $x_j^{(\sigma)} > x_j^{(\alpha)}$ ist die Adsorption positiv, bei $x_j^{(\sigma)} < x_j^{(\alpha)}$ ist sie negativ. In völlig analoger Weise bestimmt die Relation zwischen den Größen $x_r^{(\sigma)}$ und $x_r^{(\beta)}$ das Vorzeichen für die Adsorption der Komponente r aus Phase β.

Unter Benutzung von (3.16), (3.19), (13.18) und (13.19) gestalten wir Gl. (13.17) zu dem folgenden Ausdruck um [6]:

$$\left.\begin{aligned} A\,d\sigma + \Theta\,d(E+K) = &-\Bigg\{S^{(\sigma)} - m_{0c}^{(\sigma)}\left[s^{(\alpha)} + \sum_{j=1}^{c-1}(x_j^{(\sigma)} - x_j^{(\alpha)})\left(\frac{\partial s}{\partial x_j}\right)^{(\alpha)}\right] \\ &- m_{0l}^{(\sigma)}\left[s^{(\beta)} + \sum_{r=1}^{l-1}(x_r^{(\sigma)} - x_r^{(\beta)})\left(\frac{\partial s}{\partial x_r}\right)^{(\beta)}\right]\Bigg\}\,dT \\ &+ \Bigg\{V^{(\sigma)} - m_{0c}^{(\sigma)}\left[v^{(\alpha)} + \sum_{j=1}^{c-1}(x_j^{(\sigma)} - x_j^{(\alpha)})\left(\frac{\partial v}{\partial x_j}\right)^{(\alpha)}\right] \\ &- m_{0c}^{(\sigma)}\left[v^{(\beta)} + \sum_{r=1}^{l-1}(x_r^{(\sigma)} - x_r^{(\beta)})\left(\frac{\partial r}{\partial x_r}\right)^{(\beta)}\right]\Bigg\}\,dP \\ &- m_{0c}^{(\sigma)}\sum_{j,f=1}^{c-1}(x_j^{(\sigma)} - x_j^{(\alpha)})\,g_{jf}^{(\alpha)}\,dx_f^{(\alpha)} - m_{0l}^{(\sigma)}\sum_{r,t=1}^{l-1}(x_r^{(\sigma)} - x_r^{(\beta)})\,g_{rt}^{(\beta)}\,dx_t^{(\beta)}. \end{aligned}\right\} \tag{13.20}$$

Die erhaltene Gleichung beschreibt die Abhängigkeit der Grenzflächenspannung und elektromotorischen Kraft eines Systems mit ideal polarisierbarer Elektrode von der Temperatur, dem Druck und der Zusammensetzung der die ideal polarisierbare Elektrode bildenden Phasen. Bei Betrachtung ebener Diskontinuitätsflächen kann diese Gleichung als Grundlage einer Thermodynamik der Elektrokapillaritätserscheinungen dienen.

Es sei daran erinnert, daß sich alle in Gl. (13.20) enthaltenen extensiven Größen für die Diskontinuitätsfläche auf die Grenzflächenschicht insgesamt beziehen; die Größen für die koexistierenden Phasen sind molare Größen. Die Größe E in der linken Seite von Gl. (13.20) kann durch den Wert der mit einem negativen Vorzeichen versehenen angelegten Spannung substituiert werden.

Wir wollen die einfachsten der sich aus Gl. (13.20) ergebenden Sonderfälle untersuchen.

1. Bei Konstanz von Temperatur, Druck und Zusammensetzung der Phasen ist die Größe K eine Konstante, und Gl. (13.20) geht in die LIPPMANN-Gleichung [7] über:

$$\frac{d\sigma}{dE} = -\frac{\Theta}{A}. \tag{13.21}$$

Die LIPPMANN-Gleichung sagt aus, daß für den Fall der ideal polarisierbaren Elektrode eine Zustandsänderung der Diskontinuitätsfläche ohne Zustandsänderung der Phasen erfolgen kann.

2. Es seien $c = 1$, $l = 1$, d. h. jede Phase bestehe aus einer neutralen Komponente (z. B. einem Metall in Berührung mit einem reinen Elektrolyten). In diesem Falle hängen σ und E nur von Temperatur und Druck ab. Bringt man K auf die rechte Seite, so kann Gl. (13.20) bei $c = 1$ und $l = 1$ in folgender Weise geschrieben werden:

$$A\,d\sigma + \Theta\,dE = -\left[S^{(\sigma)} - m_{0c}^{(\sigma)} s^{(\alpha)} - m_{0l}^{(\sigma)} s^{(\beta)} + \Theta\left(\frac{\partial K}{\partial T}\right)_P\right] dT + \left[V^{(\sigma)} - m_{0c}^{(\sigma)} v^{(\alpha)} - m_{0l}^{(\sigma)} v^{(\beta)} - \Theta\left(\frac{\partial K}{\partial T}\right)_T\right] dP. \tag{13.22}$$

Wie bereits ausgeführt wurde, ist die Größe K mit den chemischen Potentialen der Phasen konstanter Zusammensetzung gekoppelt, und ihre Abhängigkeit von T bzw. P kann in jedem konkreten Falle bestimmt werden. Gl. (13.22) zeigt, daß die Abhängigkeit der Größen σ und E von Temperatur und Druck mit dem Wert der Ladung an der Phasengrenzfläche verknüpft ist.

3. Es seien $c = 1$, $l = 2$, $T = \text{const}$, $P = \text{const}$ (z. B. ein Metall in Berührung mit der Lösung eines Elektrolyten). In diesem Falle nimmt Gl. (13.20) die folgende Form an:

$$A\,d\sigma + \Theta\,dE = -m_{0l}^{(\sigma)}(x_r^{(\sigma)} - x_r^{(\beta)})\, g_{rr}^{(\beta)}\, dx_r^{(\beta)}, \tag{13.23}$$

woraus

$$\left(\frac{d\sigma}{dx_r^{(\beta)}}\right)_{T,P,E} = -\frac{m_{0l}^{(\sigma)}}{A}(x_r^{(\sigma)} - x_r^{(\beta)})\, g_{rr}^{(\beta)}, \tag{13.24}$$

$$\left(\frac{dE}{dx_r^{(\beta)}}\right)_{T,P,\sigma} = -\frac{m_{0l}^{(\sigma)}}{\Theta}(x_r^{(\sigma)} - x_r^{(\beta)})\, g_{rr}^{(\beta)} \tag{13.25}$$

folgen. Infolge des gemäß den Stabilitätsbedingungen positiven Wertes der Ableitung $g_{rr}^{(\beta)}$ ergeben sich aus Gl. (13.24) und (13.25) die Ungleichungen

$$\left(\frac{d\sigma}{dx_r^{(\beta)}}\right)_{T,P,E} \gtrless 0, \qquad \text{wenn} \qquad x_r^{(\sigma)} \lesseqgtr x_r^{(\beta)} \tag{13.26}$$

$$\left(\frac{d\sigma}{dx_r^{(\beta)}}\right)_{T,P,\sigma} \gtrless 0, \qquad \text{wenn} \qquad \frac{x_r^{(\sigma)} - x_r^{(\beta)}}{\Theta} \lesseqgtr 0. \tag{13.27}$$

Diese Ungleichungen zeigen, daß die Abhängigkeit der Grenzflächenspannung und elektromotorischen Kraft von der Zusammensetzung einer Phase durch die Verteilung der Komponenten zwischen Grenzflächenschicht und Phase festgelegt wird. Ist die Adsorption von Komponente r positiv, so führt ihre Konzentrationserhöhung zu einer Verringerung von Grenzflächenspannung sowie elektromotorischer Kraft, und umgekehrt.

4. Es seien $c = 2$, $l = z$, $T = \text{const}$, $P = \text{const}$. In diesem Falle besteht das ideal polarisierte System aus zwei binären Phasen (z. B. einer Legierung oder einem Amalgam sowie der Lösung eines Elektrolyten) und wird durch die folgende Gleichung beschrieben:

$$A\,d\sigma + \Theta\,dE = -m_{oc}^{(\sigma)}(x_j^{(\sigma)} - x_j^{(\alpha)})\,g_{jj}^{(\alpha)}\,dx_j^{(\alpha)} - m_{ol}^{(\sigma)}(x_r^{(\sigma)} - x_r^{(\beta)})\,g_{rr}^{(\beta)}\,dx_r^{(\beta)}. \tag{13.28}$$

Bei konstanter Zusammensetzung einer der Phasen verfügen σ und E über die gleiche Abhängigkeit von der Zusammensetzung der zweiten Phase wie im vorstehenden Falle. Legen wir jetzt die Größen σ und E fest, so erhalten wir die Beziehung

$$\left(\frac{dx_j^{(\alpha)}}{dx_r^{(\beta)}}\right)_{T,P,E,\sigma} = -\frac{m_{ol}^{(\sigma)}(x_r^{(\sigma)} - x_r^{(\beta)})\,g_{rr}^{(\beta)}}{m_{oc}^{(\sigma)}(x_j^{(\sigma)} - x_j^{(\alpha)})\,g_{jj}^{(\alpha)}}. \tag{13.29}$$

Sie zeigt, daß eine durch Änderung der Zusammensetzung einer Phase hervorgerufene Erhöhung oder Herabsetzung von σ und E durch eine Zusammensetzungsänderung der anderen Phase kompensiert werden kann. Hierfür muß, wenn beide Komponenten j und r entweder positiv oder negativ adsorbiert werden, die Konzentrationserhöhung für die eine Komponente von einer Konzentrationssenkung für die andere begleitet sein.

Die hergeleiteten Gleichungen beziehen sich auf eine Elektrode mit ebener Grenzfläche. Nunmehr soll ihre Verallgemeinerung für gekrümmte Grenzflächen erörtert werden. Diesem Fall begegnet man häufig in der Praxis bei der Untersuchung von Elektrokapillaritätserscheinungen (z. B. bei der Verwendung des Kapillarelektrometers). Als Trennfläche soll wie stets die Spannungsfläche benutzt werden. Gl. (13.17) wird in Anwendung auf gekrümmte Grenzflächen wie folgt modifiziert:

$$\begin{aligned} &A\,d\sigma + \Theta\,d(E + K) \\ &= -S^{(\sigma)}\,dT + V_\alpha^{(\sigma)}\,dP^{(\alpha)} + V_\beta^{(\sigma)}\,dP^{(\beta)} - \sum_{j=1}^{c} m_j^{(\sigma)}\,d\mu_j - \sum_{r=1}^{l} m_r^{(\sigma)}\,d\mu_r. \end{aligned} \tag{13.30}$$

Die Größen $V_\alpha^{(\sigma)}$ und $V_\beta^{(\sigma)}$ haben die gleiche Bedeutung wie in Gl. (9.2).

Bei Benutzung der Gleichgewichtsbedingung können wir wie bei ebenen Grenzflächen die chemischen Potentiale μ_j und μ_r auf Phase α bzw. β beziehen und anschließend mit Hilfe der Ausdrücke (3.16) und (3.19) von den chemischen Potentialen zu den Molenbrüchen der Komponenten übergehen. Unter Verwendung der durch (13.18) und (13.19) definierten Größen läßt sich Gl. (13.30) nach notwendigen Umformungen in die nachstehend aufgeführte Form [6] bringen:

$$\left.\begin{aligned} A\,d\sigma + \Theta\,d(E+K) = &-\Bigg\{S^{(\sigma)} - m_{0c}^{(\sigma)}\left[s^{(\alpha)} + \sum_{j=1}^{c-1}(x_j^{(\sigma)} - x_j^{(\alpha)})\left(\frac{\partial s}{\partial x_j}\right)^{(\alpha)}\right] \\ &- m_{0l}^{(\sigma)}\left[s^{(\beta)} + \sum_{r=1}^{l-1}(x_r^{(\sigma)} - x_r^{(\beta)})\left(\frac{\partial s}{\partial x_r}\right)^{(\beta)}\right]\Bigg\}\,dT \\ &+ \left\{V_\alpha^{(\sigma)} - m_{0c}^{(\alpha)}\left[v^{(\alpha)} + \sum_{j=1}^{c-1}(x_j^{(\sigma)} - x_j^{(\alpha)})\left(\frac{\partial v}{\partial x_j}\right)^{(\alpha)}\right]\right\} dP^{(\alpha)} \\ &+ \left\{V_\beta^{(\sigma)} - m_{0l}^{(\sigma)}\left[v^{(\beta)} + \sum_{r=1}^{l-1}(x_r^{(\sigma)} - x_r^{(\beta)})\left(\frac{\partial v}{\partial x_r}\right)^{(\beta)}\right]\right\} dP^{(\beta)} \\ &- m_{0c}^{(\sigma)}\sum_{j,f=1}^{c-1}(x_j^{(\sigma)} - x_j^{(\alpha)})\,g_{jf}^{(\alpha)}\,dx_f^{(\alpha)} - m_{0l}^{(\sigma)}\sum_{r,t=1}^{l-1}(x_r^{(\sigma)} - x_r^{(\beta)})\,g_{rt}^{(\beta)}\,dx_t^{(\beta)}. \end{aligned}\right\} \quad (13.31)$$

Die erhaltene Gleichung charakterisiert die gegenseitige Abhängigkeit von Grenzflächenspannung, elektromotorischer Kraft, Temperatur, Drücken und Zusammensetzungen beider Phasen einer ideal polarisierbaren Elektrode. Sie verkörpert die Verallgemeinerung von Gl. (13.20) auf gekrümmte Grenzflächen und kann einer Thermodynamik der Elektrokapillaritätserscheinungen bei Vorliegen einer gekrümmten Grenzfläche der Elektrode zugrunde gelegt werden. Vermittels Beziehung (9.15) kann leicht der Krümmungsradius in Gl. (13.31) eingeführt werden.

Aus den Gln. (13.31) und (9.15) folgt eine Reihe spezieller Zusammenhänge zur Charakterisierung des Zustandes der ideal polarisierbaren Elektrode. Es läßt sich leicht feststellen, daß bei konstanten und hinreichend großen r-Werten diese Beziehungen mit den analogen für die ebene Grenzfläche praktisch übereinstimmen.

Von besonderem Interesse sind die Beziehungen für die Abhängigkeit der Zustandsparameter eines Systems vom Krümmungsradius der Diskontinuitätsfläche. In der Regel wird diese Abhängigkeit in der Theorie der Elektrokapillaritätserscheinungen nicht berücksichtigt. Untersuchen wir z. B. die Abhängigkeit der Größen σ und E von r unter den Bedingungen konstanter Temperatur, konstanten äußeren Druckes und konstanter Zusammensetzungen beider Phasen (die zuletzt genannte Bedingung wollen wir der Kürze wegen nur durch den Index x ausdrücken). Diese Bedingungen werden in der Praxis bei der Arbeit eines Kapillarelektrometers realisiert. Für diesen Fall erhalten wir aus Gl. (13.31) und (9.15)

$$\left(\frac{d\sigma}{dr}\right)_{T,P^{(\beta)},E,x} = -\frac{2\sigma b}{r^2\left(A - \frac{2b}{r}\right)} \quad (13.32)$$

$$\left(\frac{dE}{dr}\right)_{T,P^{(\beta)},\sigma,x} = -\frac{2\sigma b}{r^2\Theta}, \quad (13.33)$$

wobei b den in Gl. (13.31) bei $dP^{(\alpha)}$ stehenden Koeffizienten verkörpert. Aus den Gln. (13.32) und (13.33) ist ersichtlich, daß für große r-Werte die Abhängigkeit der Größen σ und E von r sehr schwach ausgeprägt ist. Bei $A > 2b/r$ (diese Bedingung ist erfüllt, sofern der Krümmungsradius im Vergleich mit der Grenzflächenschichtdicke hinreichend groß ist) ergeben sich aus Gl. (13.32) die Ungleichungen

$$\left(\frac{d\sigma}{dr}\right)_{T,P^{(\beta)},E,x} \gtrless 0, \qquad \text{wenn} \qquad b \lessgtr 0. \tag{13.34}$$

Aus Gl. (13.33) folgen für beliebige r-Werte die Ungleichungen

$$\left(\frac{dE}{dr}\right)_{T,P^{(\beta)},\sigma,x} \gtrless 0, \qquad \text{wenn} \qquad \frac{b}{\Theta} \lessgtr 0. \tag{13.35}$$

Die Ungleichungen (13.34) und (13.35) sagen aus, daß der qualitative Charakter der Abhängigkeit σ und E von r vom Vorzeichen der Größe b, die eine gewisse Volumenrelation wiedergibt, festgelegt wird. Enthält Phase α nur eine neutrale Komponente j, so ist b durch die Differenz der Volumina jenes Teiles der Grenzflächenschicht, das an Phase α angrenzt, sowie des Teiles von Phase α, das der in der Grenzflächenschicht befindlichen Gesamtmenge der neutralen Komponente j entspräche, gegeben:

$$b \equiv V_\alpha^{(\sigma)} - m_j^{(\sigma)} v^{(\alpha)}. \tag{13.36}$$

Nehmen wir aus Definitionsgründen an, Phase α bestehe aus reinem Quecksilber und trage eine positive Ladung. Dabei enthält die Grenzflächenschicht also positive Quecksilberionen und neutrale -atome. Verläuft die Spannungsfläche in Nähe jener Grenze, die den „metallischen" vom „nichtmetallischen" Teil der Grenzflächenschicht trennt, so darf angenommen werden, daß sich die Gesamtmenge des in der Grenzflächenschicht enthaltenen Quecksilbers im Volumenanteil $V_\alpha^{(\sigma)}$ konzentriert. Unter diesen Bedingungen wird b eine positive Größe, wenn sich das mittlere auf ein Quecksilberatom oder -ion bezogene Volumen bei der Adsorption erhöht, konstant bleibt oder geringfügig verringert, so daß $V_\alpha^{(\sigma)} > m_j^{(\sigma)} v^{(\alpha)}$. In allen diesen Fällen führt eine Krümmung der Grenzfläche zum Anwachsen der Größe σ. Die Möglichkeit einer Verringerung von σ besteht allenfalls dann, wenn die Adsorption der Quecksilberionen oder -atome von einer bedeutenden Kompression begleitet wird.

Es ist zu betonen, daß die gekennzeichnete Lage der Spannungsfläche nur als Beispiel zu betrachten und keinesfalls obligatorisch vorhanden ist. Das tatsächlich in der Praxis auftretende Bild der Komponentenverteilung zwischen den Volumina $V_\alpha^{(\sigma)}$ und $V_\beta^{(\sigma)}$ ist komplizierter. Des weiteren ist es notwendig, die gesetzmäßige Verlagerung der Spannungsfläche in der Grenzflächenschicht mit Krümmungsänderung zu berücksichtigen. Die Spannungsfläche erhöht nämlich ihre Krümmung schneller als die Grenzflächenschicht insgesamt. Dies führt zu einer relativen Verringerung von $V_\alpha^{(\sigma)}$. Daher wird die Größe b bei hinreichend kleinen r-Werten negativ, und die Grenzflächenspannung wird mit kleiner werdendem Krümmungsradius der Grenzfläche ebenfalls kleiner.

13.3. Nichtosmotisches Membrangleichgewicht

Wir wollen nun den allgemeineren Fall eines Gleichgewichtes erörtern, wenn neben Komponenten, die nur in einer Phase zugegen sein können, auch solche, die frei zwischen den Phasen zu wechseln vermögen, anwesend sind. Dies ist der Fall eines Membrangleichgewichtes. In diesem Abschnitt wird vorausgesetzt, daß die Bedingung des mechanischen Gleichgewichtes zwischen den Phasen durch Gl. (1.29) ausgedrückt sei. Für ebene Grenzflächen führt dies zur Gleichheit der Drücke in den benachbarten Phasen. Andererseits besagt diese Annahme, daß eine ungleichmäßige Verteilung der Komponenten zwischen den Phasen nicht zum Auftreten einer spezifischen Druckdifferenz führt. Ein derartiges Membrangleichgewicht wird im Gegensatz zum osmotischen Membrangleichgewicht, das sich durch das Auftreten eines zusätzlichen (osmotischen) Druckes auszeichnet, als nichtosmotisch bezeichnet.

Sind in einem Zweiphasensystem neben den Komponenten c und l, die nur in den Phasen α bzw. β auftreten, auch n Komponenten (die wir mit dem Index i bezeichnen) zugegen, die in beiden Phasen anwesend sind, so tritt in Gl. (13.16) für eine ebene Grenzfläche eine weitere Summe auf:

$$A\,d\sigma + \Theta\,d(E+K) = -S^{(\sigma)}\,dT + V^{(\sigma)}\,dP_N - \sum_{j=1}^{c} m_j^{(\sigma)}\,d\mu_j - \sum_{r=1}^{l} m_r^{(\sigma)}\,d\mu_r - \sum_{i=1}^{n} m_i^{(\sigma)}\,d\mu_i. \tag{13.37}$$

Benutzen wir wie oben die Gleichgewichtsbedingung, so können die Größen μ_j und μ_r auf die Phasen α bzw. β bezogen werden. Die Größen μ_i können mit gleicher Berechtigung auf eine beliebige Phase bezogen sein. Unter Berücksichtigung der Abhängigkeit der Größen μ_i von Temperatur, Druck und Phasenzusammensetzung lassen sich die zwei folgenden unabhängigen Gleichungen herleiten:

$$\left.\begin{aligned} &A\,d\sigma + \Theta\,d(E+K)\\ &= -S^{(\sigma)}\,dT + V^{(\sigma)}\,dP_N - \sum_{j=1}^{c} m_j^{(\sigma)}\,d\mu_j^{(\alpha)} - \sum_{r=1}^{l} m_r^{(\sigma)}\,d\mu_r^{(\beta)} - \sum_{i=1}^{n} m_i^{(\sigma)}\,d\mu_i^{(\alpha)}\\ &A\,d\sigma + \Theta\,d(E+K)\\ &= -S^{(\sigma)}\,dT + V^{(\sigma)}\,dP_N - \sum_{j=1}^{c} m_j^{(\sigma)}\,d\mu_j^{(\alpha)} - \sum_{r=1}^{l} m_r^{(\sigma)}\,d\mu_r^{(\beta)} - \sum_{i=1}^{n} m_i^{(\sigma)}\,d\mu_i^{(\beta)}. \end{aligned}\right\} \tag{13.38}$$

Die Zusammensetzungen der Phasen α und β können durch Vorgabe von $(c + n - 1)$ bzw. $(l + n - 1)$ unabhängigen Molenbrüchen charakterisiert werden. Klammern wir aus der Behandlung den Molenbruch einer derjenigen Komponenten, die in beiden Phasen zugegen sind, aus, so können mit Hilfe der Beziehungen (3.16), (3.19) und (13.18) die Gln. (13.38) in die folgende Form gebracht werden [6]:

$$\begin{aligned} &A\,d\sigma + \Theta\,d(E+K)\\ &= -\Bigg\{S^{(\sigma)} - (m_{0c}^{(\sigma)} + m_{0n}^{(\sigma)})\,s^{(\alpha)} - m_{0l}^{(\sigma)} s^{(\beta)}\\ &\quad - \sum_{j=1}^{c} [m_j^{(\sigma)} - (m_{0c}^{(\sigma)} + m_{0n}^{(\sigma)})\,x_j^{(\alpha)}] \left(\frac{\partial s}{\partial x_j}\right)^{(\alpha)} - \sum_{r=1}^{l} [m_r^{(\sigma)} - m_{0l}^{(\sigma)} x_r^{(\beta)}] \left(\frac{\partial s}{\partial x_r}\right)^{(\beta)}\\ &\quad - \sum_{i=1}^{n-1} [m_i^{(\sigma)} - (m_{0c}^{(\sigma)} + m_{0n}^{(\sigma)})\,x_i^{(\alpha)} - m_{0l}^{(\sigma)} x_i^{(\beta)}] \left(\frac{\partial s}{\partial x_i}\right)^{(\alpha)}\Bigg\}\,dT\\ &\quad + \Bigg\{V^{(\sigma)} - (m_{0c}^{(\sigma)} + m_{0n}^{(\sigma)})\,v^{(\alpha)} - m_{0l}^{(\sigma)} v^{(\beta)}\\ &\quad - \sum_{j=1}^{c} [m_j^{(\sigma)} - (m_{0c}^{(\sigma)} + m_{0n}^{(\sigma)})\,x_j^{(\alpha)}] \left(\frac{\partial v}{\partial x_j}\right)^{(\alpha)} - \sum_{r=1}^{l} [m_r^{(\sigma)} - m_{0l}^{(\sigma)} x_r^{(\beta)}] \left(\frac{\partial v}{\partial x_r}\right)^{(\beta)} \end{aligned}$$

$$-\sum_{i=1}^{n-1}[m_i{}^{(\sigma)}-(m_{0c}^{(\sigma)}+m_{0n}^{(\sigma)})\,x_i{}^{(\alpha)}-m_{0l}^{(\sigma)}x_i{}^{(\beta)}]\left(\frac{\partial v}{\partial x_i}\right)^{(\alpha)}\Bigg\}\,dP$$

$$-\sum_{j=1}^{c}\sum_{k=1}^{c+n-1}[m_j{}^{(\sigma)}-(m_{0c}^{(\sigma)}+m_{0n}^{(\sigma)})\,x_j{}^{(\alpha)}]\,g_{jk}^{(\alpha)}\,dx_k{}^{(\alpha)}-\sum_{r=1}^{l}\sum_{k=1}^{l+n-1}[m_r{}^{(\sigma)}-m_{0l}^{(\sigma)}x_r{}^{(\beta)}]\,g_{rk}^{(\beta)}\,dx_k{}^{(\beta)}$$

$$-\sum_{i=1}^{n-1}\sum_{k=1}^{c+n-1}[m_i{}^{(\sigma)}-(m_{0c}^{(\sigma)}+m_{0n}^{(\sigma)})\,x_i{}^{(\alpha)}-m_{0l}^{(\sigma)}x_i{}^{(\beta)}]\,g_{ik}^{(\alpha)}\,dx_k{}^{(\alpha)}$$

$$A\,d\sigma+\Theta\,d(E+K)$$

$$=-\Bigg\{S^{(\sigma)}-m_{0c}^{(\sigma)}s^{(\alpha)}-(m_{0l}^{(\sigma)}+m_{0n}^{(\sigma)})\,s^{(\beta)}$$

$$-\sum_{j=1}^{c}[m_j{}^{(\sigma)}-m_{0c}^{(\sigma)}x_j{}^{(\sigma)}]\left(\frac{\partial s}{\partial x_j}\right)^{(\alpha)}-\sum_{r=1}^{l}[m_r{}^{(\sigma)}-(m_{0l}^{(\sigma)}+m_{0n}^{(\sigma)})\,x_r{}^{(\beta)}]\left(\frac{\partial s}{\partial x_r}\right)^{(\beta)}$$

$$-\sum_{i=1}^{n-1}[m_i{}^{(\sigma)}-m_{0c}^{(\sigma)}x_i{}^{(\alpha)}-(m_{0l}^{(\sigma)}+m_{0n}^{(\sigma)})\,x_i{}^{(\beta)}]\left(\frac{\partial s}{\partial x_i}\right)^{(\alpha)}\Bigg\}\,dT$$

$$+\Bigg\{V^{(\sigma)}-m_{0c}^{(\sigma)}v^{(\alpha)}-(m_{0l}^{(\sigma)}+m_{0n}^{(\sigma)})\,v^{(\beta)}$$

$$-\sum_{j=1}^{c}[m_j{}^{(\sigma)}-m_{0c}^{(\sigma)}x_j{}^{(\alpha)}]\left(\frac{\partial v}{\partial x_j}\right)^{(\alpha)}-\sum_{r=1}^{l}[m_r{}^{(\sigma)}-(m_{0l}^{(\sigma)}+m_{0n}^{(\sigma)})\,x_r{}^{(\beta)}]\left(\frac{\partial v}{\partial x_r}\right)^{(\beta)}$$

$$-\sum_{i=1}^{n-1}[m_i{}^{(\sigma)}-m_{0c}^{(\sigma)}x_i{}^{(\alpha)}-(m_{0l}^{(\sigma)}+m_{0n}^{(\sigma)})\,x_i{}^{(\beta)}]\left(\frac{\partial v}{\partial x_i}\right)^{(\alpha)}\Bigg\}\,dP$$

$$-\sum_{j=1}^{c}\sum_{k=1}^{c+n-1}[m_j{}^{(\sigma)}-m_{0c}^{(\sigma)}x_j{}^{(\alpha)}]\,g_{jk}^{(\alpha)}\,dx_k{}^{(\alpha)}-\sum_{r=1}^{l}\sum_{k=1}^{l+n-1}[m_r{}^{(\sigma)}-(m_{0l}^{(\sigma)}+m_{0n}^{(\sigma)})\,x_r{}^{(\beta)}]\,g_{rk}^{(\beta)}\,dx_k{}^{(\beta)}$$

$$-\sum_{i=1}^{n-1}\sum_{k=1}^{c+n-1}[m_i{}^{(\sigma)}-m_{0c}^{(\sigma)}x_i{}^{(\alpha)}-(m_{0l}^{(\sigma)}+m_{0n}^{(\sigma)})\,x_i{}^{(\beta)}]\,g_{ik}^{(\alpha)}\,dx_k{}^{(\alpha)}. \qquad (13.39)$$

Es bedeuten hier $m_{0n}^{(\sigma)}\equiv\sum_{i=1}^{n}m_i{}^{(\sigma)}$; die Größen $m_{0c}^{(\sigma)}$ und $m_{0l}^{(\sigma)}$ sind über die Ausdrücke (13.19) definiert.

Gemäß Phasenregel ist die Zahl f der Freiheiten eines Zweiphasensystems gleich der Komponentenzahl. Wird dies auf den betrachteten Fall angewendet, so erhalten wir $f=c+l+n+1$ ($c+l+n$ neutrale Komponenten sowie eine unabhängige geladene Komponente in der Grenzflächenschicht). Die Gln. (13.39) liefern die Verknüpfung zwischen den Änderungen von $(c+l+2n+2)$ Größen. Folglich müssen weitere $(n-1)$ zusätzliche unabhängige Gleichungen existieren. Werden die Phasenzusammensetzungen durch die Molenbrüche der Komponenten ausgedrückt, so ist es vorteilhaft, als derartige Gleichungen die Beziehungen

$$d\left(\frac{\partial g}{\partial x_i}\right)^{(\alpha)}=d\left(\frac{\partial g}{\partial x_i}\right)^{(\beta)}\qquad(i=1,2,\ldots,n-1)\qquad(13.40)$$

zu benutzen. In entwickelter Form lauten diese folgendermaßen:

$$\left[\left(\frac{\partial s}{\partial x_i}\right)^{(\beta)} - \left(\frac{\partial s}{\partial x_i}\right)^{(\alpha)}\right] dT - \left[\left(\frac{\partial v}{\partial x_i}\right)^{(\beta)} - \left(\frac{\partial v}{\partial x_i}\right)^{(\alpha)}\right] dP$$
$$+ \sum_{k=1}^{c+n-1} g_{ik}^{(\alpha)}\, dx_k{}^{(\alpha)} - \sum_{k=1}^{l+n-1} g_{ik}^{(\beta)}\, dx_k{}^{(\beta)} = 0 \qquad (i = 1, 2, \ldots, n-1). \tag{13.41}$$

Diese Beziehungen verkörpern ebenso wie die Gleichheiten der chemischen Potentiale der Komponenten die Bedingung des chemischen Gleichgewichtes zwischen den Phasen.

Die unter der Bedingung gleicher Drücke in den koexistierenden Phasen hergeleiteten Gln. (13.39) und (13.41) charakterisieren vollständig das nichtosmotische Membrangleichgewicht in Ionensystemen in den Variablen σ, E, T, P und der Zusammensetzung der koexistierenden Phasen bei Anwesenheit einer ebenen Diskontinuitätsfläche. Auf dem Wege des Ausschlusses jeweils einer der unter dem Zeichen des Differentials stehenden Größen ist es möglich, verschiedene spezielle thermodynamische Gleichungen für die Beschreibung des nichtosmotischen Membrangleichgewichtes herzuleiten. Eine dieser Gleichungen ist durch Gleichsetzung der rechten Seiten von (13.39) erhältlich. Sie zeichnet sich dadurch aus, daß sie keine auf die Diskontinuitätsfläche bezogenen Größen enthält:

$$\left\{s^{(\beta)} - s^{(\alpha)} + \sum_{j=1}^{c} x_j{}^{(\alpha)} \left(\frac{\partial s}{\partial x_j}\right)^{(\alpha)} - \sum_{r=1}^{l} x_r{}^{(\beta)} \left(\frac{\partial s}{\partial x_r}\right)^{(\beta)} - \sum_{i=1}^{n-1} (x_i{}^{(\beta)} - x_i{}^{(\alpha)}) \left(\frac{\partial s}{\partial x_i}\right)^{(\alpha)}\right\} dT$$
$$-\left\{v^{(\beta)} - v^{(\alpha)} + \sum_{j=1}^{c} x_j{}^{(\alpha)} \left(\frac{\partial v}{\partial x_j}\right)^{(\alpha)} - \sum_{r=1}^{l} x_r{}^{(\beta)} \left(\frac{\partial v}{\partial x_r}\right)^{(\beta)}\right.$$
$$\left. - \sum_{i=1}^{n-1} (x_i{}^{(\beta)} - x_i{}^{(\alpha)}) \left(\frac{\partial v}{\partial x_i}\right)^{(\alpha)}\right\} dP + \sum_{j=1}^{c} \sum_{k=1}^{c+n-1} x_j{}^{(\alpha)} g_{jk}^{(\alpha)}\, dx_k{}^{(\alpha)}$$
$$- \sum_{r=1}^{l} \sum_{k=1}^{l+n-1} x_r{}^{(\beta)} g_{rk}^{(\beta)}\, dx_k{}^{(\beta)} - \sum_{i=1}^{n-1} \sum_{k=1}^{c+n-1} (x_i{}^{(\beta)} - x_i{}^{(\alpha)})\, g_{ik}^{(\alpha)}\, dx_k{}^{(\alpha)} = 0. \tag{13.42}$$

Gl. (13.42) beschreibt die Zustandsänderung der koexistierenden Phasen bei einem nichtosmotischen Membrangleichgewicht für den Fall einer ebenen Grenzfläche. Diese Gleichung ist von den Eigenschaften der Phasengrenzfläche unabhängig und kann auch ohne die Berücksichtigung von Grenzflächenerscheinungen aus den Bedingungen des Zweiphasengleichgewichtes hergeleitet werden. Gl. (13.42) ist ein Analogon der verallgemeinerten van der Waalsschen Differentialgleichung für nichtosmotische Membrangleichgewichte. Bei $c = 0$ und $l = 0$ geht sie in die verallgemeinerte van der Waalssche Differentialgleichung für jenen Fall über, daß alle Komponenten in beiden Phasen enthalten sind; bei $l = 0$ in die analoge Gleichung für jenen Fall, daß ein Teil der Komponenten in einer Phase nicht vertreten ist. Im Unterschied zur verallgemeinerten van der Waalsschen Differentialgleichung enthält Gl. (13.42) die Zusammensetzungsvariablen beider Phasen und ist bei $n > 1$ gemeinsam mit Gl. (13.41) zu betrachten. Bei $n = 1$ wird die Anzahl der Gln. (13.41) gleich Null, und die Beziehung (13.42) kann ebenso wie das System (13.39) als selbständige thermodynamische Beziehung angesehen werden.

Als Beispiel wollen wir den einfachsten Fall $c = 1, l = 1, n = 1, T = \text{const}, P = \text{const}$ behandeln. Für ein binäres System erhalten wir unter Berücksichtigung von $dx_j^{(\alpha)} = -dx_i^{(\alpha)}$ die folgenden Ausdrücke für die Abhängigkeit der Größen σ und E von der Zusammensetzung einer Phase:

$$\left(\frac{d\sigma}{dx_i^{(\alpha)}}\right)_{T,P,E} = \frac{g_{jj}^{(\alpha)}\delta}{Ax_r^{(\beta)}} \tag{13.43}$$

$$\left(\frac{dE}{dx_i^{(\alpha)}}\right)_{T,P,\sigma} = \frac{g_{jj}^{(\alpha)}\delta}{\Theta x_r^{(\beta)}} \tag{13.44}$$

mit

$$\delta \equiv m_r^{(\sigma)}x_j^{(\alpha)}(1 - x_r^{(\beta)}) + m_j^{(\sigma)}x_r^{(\beta)}(1 - x_j^{(\alpha)}) - m_i^{(\sigma)}x_j^{(\alpha)}x_r^{(\beta)}.$$

Aus den Gln. (13.43) und (13.44) folgt, daß die Vorzeichen der Ableitungen $d\sigma/dx_i^{(\alpha)}$ und $dE/dx_i^{(\alpha)}$ vom Vorzeichen der Größe δ festgelegt werden. Diese Größe ist mit der Komponentenverteilung zwischen Grenzflächenschicht und koexistierenden Phasen verbunden. Zur Veranschaulichung dieses Sachverhaltes sei angenommen, daß die Grenzflächenschicht aus zwei Teilen V_1 und V_2 bestehe, von denen jeweils eine aus den neutralen Komponenten i und j bzw. i und r bestehe. Die Masse der Komponente i in der Grenzflächenschicht $m_i^{(\sigma)}$ sei so verteilt, daß in dem an die Phase α grenzenden Teil der Schicht V_1 die Masse $m_i^{(V_1)}$ bzw. in dem Teil V_2 die Masse $m_i^{(V_2)}$ vorliege. Dann kann der Ausdruck für δ folgendermaßen geschrieben werden:

$$\delta = B_r x_j^{(\alpha)} + B_j x_r^{(\beta)}$$

$$B_r \equiv m_r^{(V_2)} - (m_r^{(V_2)} + m_i^{(V_2)})\, x_r^{(\beta)}$$

$$B_j \equiv m_j^{(V_1)} - (m_j^{(V_1)} + m_i^{(V_1)})\, x_j^{(\alpha)}.$$

Die Größen B_r und B_j kennzeichnen den infolge Adsorption vonstatten gehenden Übergang der Komponenten r und j aus den koexistierenden Phasen in den an die jeweilige Phase grenzenden Teil der Grenzflächenschicht. Ist z. B. $B_r > 0$, so ist in Teil V_2 der Grenzflächenschicht die Komponente r vergleichweise zu Phase β angereichert, d. h. die Adsorption von Komponente r ist positiv u. s. f. Ist die Adsorption von Komponente i aus beiden Phasen positiv, dann sind $B_r < 0$, $B_j < 0$ sowie $\delta < 0$, und gemäß (13.43) sowie (13.44) führt die Konzentrationserhöhung von Komponente i zur Verringerung von Grenzflächenspannung und elektromotorischer Kraft des Systems (bei $\Theta > 0$). Umgekehrt tritt bei negativer Adsorption von Komponente i aus beiden Phasen infolge ihrer Konzentrationserhöhung eine Zunahme von Grenzflächenspannung und elektromotorischer Kraft (bei $\Theta > 0$) in Erscheinung. Es kann allerdings auch jener Fall eintreten, daß die Adsorption von Komponente i aus beiden Phasen über umgekehrte Vorzeichen verfügt, was häufig mit einem qualitativen Unterschied in den Phasenzusammensetzungen verbunden ist. Dann haben auch B_r und B_j unterschiedliche Vorzeichen, und das der Größe δ wird von der relativen Größe ihrer Absolutwerte festgelegt.

Bei $c = 1$, $l = 1$ und $n = 1$ verfügt Gl. (13.42) über folgendes Aussehen:

$$\left[s^{(\beta)} - s^{(\alpha)} + x_j^{(\alpha)} \left(\frac{\partial s}{\partial x_j}\right)^{(\alpha)} - x_r^{(\beta)} \left(\frac{\partial s}{\partial x_r}\right)^{(\beta)}\right] dT$$
$$- \left[v^{(\beta)} - v^{(\alpha)} + x_j^{(\alpha)} \left(\frac{\partial v}{\partial x_j}\right)^{(\alpha)} - x_r^{(\beta)} \left(\frac{\partial v}{\partial x_r}\right)^{(\beta)}\right] dP$$
$$+ x_j^{(\alpha)} g_{jj}^{(\alpha)}\, dx_j^{(\alpha)} + x_r^{(\beta)} g_{rr}^{(\beta)}\, dx_r^{(\beta)} = 0. \tag{13.45}$$

Die in Gl. (13.45) enthaltenen Größen $g_{jj}^{(\alpha)}$ und $g_{rr}^{(\beta)}$ sind für stabile Zustände stets positiv und können lediglich im kritischen Punkt gleich Null werden. Daher kann bei endlicher Größe der bei dT und dP stehenden Koeffizienten die Zusammensetzungsänderung einer Phase bei konstantem Druck (Temperatur) und konstanter Zusammensetzung der zweiten Phase nicht von einem Extremwert der Temperatur (des Druckes) begleitet sein. Die Änderung der Phasenzusammensetzungen bei $T, P = \text{const}$ wird durch folgende eine symbate Abhängigkeit ausdrückende Gleichung beschrieben:

$$\frac{dx_j^{(\alpha)}}{dx_r^{(\beta)}} = \frac{dx_i^{(\alpha)}}{dx_i^{(\beta)}} = \frac{x_r^{(\beta)} g_{rr}^{(\beta)}}{x_j^{(\alpha)} g_{jj}^{(\alpha)}} > 0. \tag{13.46}$$

Im Falle idealer Lösungen, für die $g_{jj}^{(\alpha)} = RT/x_j^{(\alpha)} x_i^{(\alpha)}$ und $g_{rr}^{(\beta)} = RT/x_r^{(\beta)} x_i^{(\beta)}$ gelten, führt eine einfache Integration von Gl. (13.46) zu dem Resultat

$$\frac{1 - x_j^{(\alpha)}}{1 - x_r^{(\beta)}} = \frac{x_i^{(\alpha)}}{x_i^{(\beta)}} = k(T, P), \tag{13.47}$$

wobei $k(T, P)$ die von Temperatur und Druck abhängige Integrationskonstante darstellt.

Die betrachteten Beziehungen sind für ebene Diskontinuitätsflächen gültig. Führen wir nunmehr die analogen Zusammenhänge für das nichtosmotische Membrangleichgewicht in Gegenwart einer gekrümmten Grenzfläche auf. Gl. (13.37) nimmt für gekrümmte Grenzflächen die folgende Form an:

$$A\, d\sigma + \Theta\, d(E + K)$$
$$= -S^{(\alpha)}\, dT + V_\alpha^{(\sigma)}\, dP^{(\alpha)} + V_\beta^{(\sigma)}\, dP^{(\beta)}$$
$$- \sum_{j=1}^{c} m_j^{(\sigma)}\, d\mu_j - \sum_{r=1}^{l} m_r^{(\sigma)}\, d\mu_r - \sum_{i=1}^{n} m_i^{(\sigma)}\, d\mu_i. \tag{13.48}$$

Diese Gleichung kann in analoger Weise wie Gl. (13.37) umgeformt werden. Als Resultat erhalten wir das folgende Gleichungssystem [6]:

$$A\, d\sigma + \Theta\, d(E + K)$$
$$= -\Big\{S^{(\sigma)} - (m_{0c}^{(\sigma)} + m_{0n}^{(\sigma)})\, s^{(\alpha)} - m_{0l}^{(\sigma)}\, s^{(\beta)} - \sum_{j=1}^{c} [m_j^{(\sigma)} - (m_{0c}^{(\sigma)} + m_{0n}^{(\sigma)})\, x_j^{(\alpha)}] \left(\frac{\partial s}{\partial x_j}\right)^{(\alpha)}$$
$$- \sum_{r=1}^{l} [m_r^{(\sigma)} - m_{0l}^{(\sigma)} x_r^{(\beta)}] \left(\frac{\partial s}{\partial x_r}\right)^{(\beta)} - \sum_{i=1}^{n-1} [m_i^{(\sigma)} - (m_{0c}^{(\sigma)} + m_{0n}^{(\sigma)})\, x_i^{(\alpha)}$$

$$
\begin{aligned}
&- m_{0l}^{(\sigma)} x_i^{(\beta)}] \left(\frac{\partial s}{\partial x_i}\right)^{(\alpha)} \Bigg\} dT + \Bigg\{ V_\alpha^{(\sigma)} - (m_{0c}^{(\sigma)} + m_{0n}^{(\sigma)})\, v^{(\sigma)} \\
&- \sum_{j=1}^{c} [m_j^{(\sigma)} - (m_{0c}^{(\sigma)} + m_{0n}^{(\sigma)})\, x_j^{(\alpha)}] \left(\frac{\partial v}{\partial x_j}\right)^{(\alpha)} \\
&- \sum_{i=1}^{n-1} [m_i^{(\sigma)} - (m_{0c}^{(\sigma)} + m_{0n}^{(\sigma)})\, x_i^{(\alpha)} - m_{0l}^{(\sigma)} x_i^{(\beta)}] \left(\frac{\partial v}{\partial x_i}\right)^{(\alpha)} \Bigg\} dP^{(\alpha)} \\
&+ \Bigg\{ V_\beta^{(\sigma)} - m_{0l}^{(\sigma)} v^{(\beta)} - \sum_{r=1}^{l} [m_r^{(\sigma)} - m_{0l}^{(\sigma)} x_r^{(\beta)}] \left(\frac{\partial v}{\partial x_r}\right)^{(\beta)} \Bigg\} dP^{(\beta)} \\
&- \sum_{j=1}^{c} \sum_{k=1}^{c+n-1} [m_j^{(\sigma)} - (m_{0c}^{(\sigma)} + m_{0n}^{(\sigma)})\, x_j^{(\alpha)}]\, g_{jk}^{(\alpha)}\, dx_k^{(\alpha)} - \sum_{r=1}^{l} \sum_{k=1}^{l+n-1} [m_r^{(\sigma)} - m_{0l}^{(\sigma)} x_r^{(\beta)}]\, g_{rk}^{(\beta)}\, dx_k^{(\beta)} \\
&- \sum_{i=1}^{n-1} \sum_{k=1}^{c+n-1} [m_i^{(\sigma)} - (m_{0c}^{(\sigma)} + m_{0n}^{(\sigma)})\, x_i^{(\alpha)} - m_{0l}^{(\sigma)} x_i^{(\beta)}]\, g_{ik}^{(\alpha)}\, dx_k^{(\alpha)}
\end{aligned}
$$

$$
\begin{aligned}
&A\, d\sigma + \Theta\, d(E + K) \\
&= - \Bigg\{ S^{(\sigma)} - m_{0c}^{(\sigma)} s^{(\alpha)} - (m_{0l}^{(\sigma)} + m_{0n}^{(\sigma)})\, s^{(\beta)} \\
&\quad - \sum_{j=1}^{c} [m_j^{(\sigma)} - m_{0c}^{(\sigma)} x_j^{(\alpha)}] \left(\frac{\partial s}{\partial x_j}\right)^{(\alpha)} - \sum_{r=1}^{l} [m_r^{(\sigma)} - (m_{0l}^{(\sigma)} + m_{0n}^{(\sigma)})\, x_r^{(\beta)}] \left(\frac{\partial s}{\partial x_r}\right)^{(\beta)} \\
&\quad - \sum_{i=1}^{n-1} [m_i^{(\sigma)} - m_{0c}^{(\sigma)} x_i^{(\alpha)} - (m_{0l}^{(\sigma)} + m_{0n}^{(\sigma)})\, x_i^{(\beta)}] \left(\frac{\partial s}{\partial x_i}\right)^{(\alpha)} \Bigg\} dT \\
&\quad + \Bigg\{ V_\alpha^{(\sigma)} - m_{0c}^{(\sigma)} v^{(\alpha)} - \sum_{j=1}^{c} [m_j^{(\sigma)} - m_{0c}^{(\sigma)} x_j^{(\alpha)}] \left(\frac{\partial v}{\partial x_j}\right)^{(\alpha)} \\
&\quad - \sum_{i=1}^{n-1} [m_i^{(\sigma)} - m_{0c}^{(\sigma)} x_i^{(\alpha)} - (m_{0l}^{(\sigma)} + m_{0n}^{(\sigma)})\, x_i^{(\beta)}] \left(\frac{\partial v}{\partial x_i}\right)^{(\alpha)} \Bigg\} dP^{(\alpha)} \\
&\quad + \Bigg\{ V_\beta^{(\sigma)} - (m_{0l}^{(\sigma)} + m_{0n}^{(\sigma)})\, v^{(\beta)} \\
&\quad - \sum_{r=1}^{l} [m_r^{(\sigma)} - (m_{0l}^{(\sigma)} + m_{0n}^{(\sigma)})\, x_r^{(\beta)}] \left(\frac{\partial v}{\partial x_r}\right)^{(\beta)} \Bigg\} dP^{(\beta)} \\
&\quad - \sum_{j=1}^{c} \sum_{k=1}^{c+n-1} [m_j^{(\sigma)} - m_{0c}^{(\sigma)} x_j^{(\alpha)}]\, g_{jk}^{(\alpha)}\, dx_k^{(\alpha)} - \sum_{r=1}^{l} \sum_{k=1}^{l+n-1} [m_r^{(\sigma)} - (m_{0l}^{(\sigma)} + m_{0n}^{(\sigma)})\, x_r^{(\beta)}]\, g_{rk}^{(\beta)}\, dx_k^{(\beta)} \\
&\quad - \sum_{i=1}^{n-1} \sum_{k=1}^{c+n-1} [m_i^{(\sigma)} - m_{0c}^{(\sigma)} x_i^{(\alpha)} - (m_{0l}^{(\sigma)} + m_{0n}^{(\sigma)})\, x_i^{(\beta)}]\, g_{ik}^{(\alpha)}\, dx_k^{(\alpha)}. \qquad (13.49)
\end{aligned}
$$

Neben den Gln. (13.49) sind wie im Falle ebener Grenzflächen die aus den Bedingungen des chemischen Gleichgewichtes (13.40) folgenden Bindungsgleichungen zu berücksichtigen:

$$
\begin{aligned}
&\left[\left(\frac{\partial s}{\partial x_i}\right)^{(\beta)} - \left(\frac{\partial s}{\partial x_i}\right)^{(\sigma)}\right] dT + \left(\frac{\partial v}{\partial x_i}\right)^{(\alpha)} dP^{(\alpha)} - \left(\frac{\partial v}{\partial x_i}\right)^{(\beta)} dP^{(\beta)} \\
&+ \sum_{k=1}^{c+n-1} g_{ik}^{(\alpha)}\, dx_k^{(\alpha)} - \sum_{k=1}^{l+n-1} g_{ik}^{(\beta)}\, dx_k^{(\beta)} = 0. \qquad (i = 1, 2, \ldots, n-1) \qquad (13.50)
\end{aligned}
$$

Die gemeinsame Betrachtung der Gl. (13.49) und (13.50) charakterisiert das Membrangleichgewicht eines Ionensystems bei dargelegter Auswahl der Variablen vollständig. Sollte es als wünschenswert erscheinen, auch den Krümmungsradius der Grenzfläche als Variable einzuführen, so kann dies mit Hilfe von Gl. (9.15) leicht geschehen.

Aus den Gln. (13.49), (13.50) und (9.15) können verschiedene spezielle thermodynamische Beziehungen hergeleitet werden, die das Membrangleichgewicht eines Ionensystems in Gegenwart einer gekrümmten Diskontinuitätsfläche charakterisieren. Es ist ersichtlich, daß sich die entsprechenden für $r = \text{const}$ erhaltenen Beziehungen mit größer werdendem r-Wert allmählich den analogen Gleichungen für ebene Grenzflächen nähern. Andererseits besteht im Falle der für konstante E- und K-Werte hergeleiteten Beziehungen sowie jener, die sich nur auf den Zustand der Phasen beziehen und keinerlei Variablen der Grenzflächenschicht berücksichtigen, eine völlige Übereinstimmung mit den thermodynamischen Gleichungen für das Membrangleichgewicht ohne Beachtung der für Ionensysteme spezifischen Eigenheiten.

Die Gleichsetzung der jeweils rechten Seiten der Gln. (13.49) führt zu einer Beziehung, die keine auf die Diskontinuitätsfläche bezogenen Größen mehr enthält:

$$\begin{aligned}
&\left[s^{(\beta)} - s^{(\alpha)} + \sum_{j=1}^{c} x_j^{(\alpha)} \left(\frac{\partial s}{\partial x_j}\right)^{(\alpha)} - \sum_{r=1}^{l} x_r^{(\beta)} \left(\frac{\partial s}{\partial x_r}\right)^{(\beta)} - \sum_{i=1}^{n-1} (x_i^{(\beta)} - x_i^{(\alpha)}) \left(\frac{\partial s}{\partial x_i}\right)^{(\alpha)}\right] dT \\
&+ \left[v^{(\alpha)} - \sum_{j=1}^{c} x_j^{(\alpha)} \left(\frac{\partial v}{\partial x_j}\right)^{(\alpha)} + \sum_{i=1}^{n-1} (x_i^{(\beta)} - x_i^{(\alpha)}) \left(\frac{\partial v}{\partial x_i}\right)^{(\alpha)}\right] dP^{(\alpha)} \\
&- \left[v^{(\beta)} - \sum_{r=1}^{l} x_r^{(\beta)} \left(\frac{\partial v}{\partial x_r}\right)^{(\beta)}\right] dP^{(\beta)} + \sum_{j=1}^{c} \sum_{k=1}^{c+n-1} x_j^{(\alpha)} g_{jk}^{(\alpha)}\, dx_k^{(\alpha)} \\
&- \sum_{r=1}^{l} \sum_{k=1}^{l+n-1} x_r^{(\beta)} g_{rk}^{(\beta)}\, dx_k^{(\beta)} - \sum_{i=1}^{n-1} \sum_{k=1}^{c+n-1} (x_i^{(\beta)} - x_i^{(\alpha)})\, g_{ik}^{(\alpha)}\, dx_k^{(\alpha)} = 0. \qquad (13.51)
\end{aligned}$$

Diese Gleichung ist die Verallgemeinerung von Gl. (13.42) für gekrümmte Diskontinuitätsflächen und stellt ein Analogon der verallgemeinerten VAN DER WAALSschen Differentialgleichung für den Fall des Membrangleichgewichtes in Gegenwart einer gekrümmten Diskontinuitätsfläche dar. In Analogie zu (13.42) kann auch Gl. (13.51) aus den Bedingungen des Phasengleichgewichtes ohne Berücksichtigung der Diskontinuitätsfläche hergeleitet werden; sie ist im Zusammenhang mit den Bedingungen (13.50) zu betrachten.

Als Beispiel wollen wir den Fall $c = 1$, $l = 1$, $n = 1$, $T = \text{const}$, $P^{(\beta)} = \text{const}$, $x_r^{(\beta)} = \text{const}$ analysieren. Befindet sich die Bezugselektrode auf der äußeren (konvexen) Seite der Grenzfläche, so ist des weiteren $K = \text{const}$. Für diesen Fall erhalten wir aus den Gln. (13.49) und (9.15)

$$\left(\frac{d\sigma}{dr}\right)_{T,P^{(\beta)},E,x_r^{(\beta)}} = -\frac{2\sigma b}{r^2\left(\mathrm{A} - \dfrac{2b}{r}\right)} \qquad (13.52)$$

$$\left(\frac{dE}{dr}\right)_{T,P^{(\beta)},\sigma,x_r^{(\beta)}} = -\frac{2\sigma b}{r^2\Theta} \qquad (13.53)$$

mit $\quad b \equiv V_a^{(\sigma)} - \dfrac{m_j^{(\sigma)} v^{(\alpha)}}{x_j^{(\alpha)}}.$

Aus Gl. (13.52) folgt, daß der qualitative Charakter der σ-r-Abhängigkeit bei großen r-Werten vom Vorzeichen der Größe b festgelegt wird. Gemäß Gl. (13.53) wird der Charakter der E-r-Abhängigkeit für beliebige r-Werte vom Vorzeichen der Größe b/Θ bestimmt. Die Größe b hat den gleichen physikalischen Sinn wie die analoge durch Ausdruck (13.36) definierte Größe: sie verkörpert die Differenz zwischen dem Volumen $V_\alpha^{(\sigma)}$ und jenem Volumen der Phase α, das $m_j^{(\sigma)}$ Mole der j-ten Komponente enthält.

Alle innerhalb dieses Abschnittes für Ionensysteme erhaltenen Beziehungen können ohne Schwierigkeiten auf Systeme mit neutralen Komponenten übertragen werden, hierfür ist lediglich $\Theta = 0$ zu setzen.

Der einzige Unterschied zwischen den Gleichungssystemen für Ionen- und Nichtionensysteme besteht darin, daß für Ionensysteme das zusätzliche Glied $\Theta d(E + K)$ auftritt, für Nichtionensysteme verschwindet es. Hinsichtlich der Gln. (13.41), (13.42), (13.50) und (13.51) für die Charakterisierung der Zustandsänderungen der koexistierenden Phasen ist festzustellen, daß sie sowohl für Ionen- als auch für Nichtionensysteme über ein gleichartiges Aussehen verfügen, da in diesen Gleichungen lediglich die Molenbrüche der neutralen Komponenten auftreten.

Infolgedessen sind die in diesem Abschnitt hergeleiteten thermodynamischen Beziehungen auf ein beliebiges nichtosmotisches Membrangleichgewicht anwendbar.

13.4. Osmotisches Membrangleichgewicht

Ein nichtosmotisches Membrangleichgewicht wird im Falle einer ebenen Grenzfläche durch die Gleichheit der Drücke in den aneinander grenzenden Phasen sowie im Falle einer gekrümmten Grenzfläche durch die Bedingung (1.29) oder die allgemeinere Bedingung (1.28) charakterisiert. Für ein osmotisches Membrangleichgewicht verlieren diese Bedingungen ihre Gültigkeit, des weiteren tritt sogar für eine ebene Grenzfläche eine Druckdifferenz zwischen den Phasen auf. Allerdings läßt sich leicht zeigen, daß das für gekrümmte Diskontinuitätsflächen hergeleitete Gleichungssystem (13.49) auch für die Beschreibung des osmotischen Membrangleichgewichtes — und zwar unabhängig davon, ob die Diskontinuitätsfläche eben oder gekrümmt ist — verwendet werden kann.

Für die Herleitung des Systems (13.49) sind wir von der den Zustand einer gekrümmten Grenzflächenschicht beschreibenden Fundamentalgleichung (9.2) ausgegangen. Es ist festzustellen, daß eben diese Gleichung keineswegs mit irgendeiner Form der Grenzfläche verknüpft ist, wohl aber die Voraussetzung einer Druckdifferenz zwischen den koexistierenden Phasen enthält. In diesem Sinne ist das osmotische Membrangleichgewicht an einer ebenen Diskontinuitätsfläche einem beliebigen Phasengleichgewicht an einer gekrümmten Grenzfläche völlig analog.

Es ist bekannt, daß die Unabhängigkeit der Grenzflächenspannung von der Lage der Trennfläche im Falle ebener Diskontinuitätsflächen aus der Druckgleichheit zwischen den koexistierenden Phasen folgt. Sind die Drücke in den Phasen unterschiedlich, so hängt auch für ebene Grenzflächen die Grenzflächenspannung von der Lage der Trennfläche ab. Die Vorstellung von der Existenz einer Trennfläche ist auch hier gleichermaßen wie für gekrümmte Grenzflächen notwendig. Infolgedessen ist die sich auf Gl. (9.2) gründende Betrachtungsweise für Grenzflächen auch auf das osmotische Membrangleichgewicht — und zwar unabhängig von der Grenzflächenform — anwendbar.

Die aus Gl. (13.48) und den Bedingungen für das Phasengleichgewicht folgenden

Gln. (13.49) sowie die Gln. (13.50) sind nicht von den Beziehungen (1.28) und (1.29) abhängig. Daher können die Gln. (13.49) und (13.50) gemeinsam für die Beschreibung des osmotischen Membrangleichgewichtes in Gegenwart sowohl ebener als auch gekrümmter Diskontinuitätsflächen dienen.

Literatur

[1] А. И. Русанов, Э. А. Фактор: Усп. хим., в печати
[2] A. Frumkin: Ergebnisse exakt. Naturwiss. **7**, 235 (1928)
[3] F. O. Koenig: Z. phys. Chem. **154 A**, 421 (1931); J. Phys. Chem. **38**, 111, 339 (1934)
[4] J. A. V. Butler: „*Electrocapillarity. The chemistry and physics of electrodes and other charged surfaces*", Methuen, London 1940
[5] R. Parsons: J. Canad. Chem. **37**, 308 (1959)
[6] А. И. Русанов: ЖФХ **36**, 549, 690 (1962)
[7] M. Lippmann: Ann. Chim. Phys. **5**, 494 (1875)

14. Thermodynamik der Filme

14.1. Dicke und dünne Filme

Zunächst ist zu vereinbaren, was unter den Bezeichnungen „dicker Film“ bzw. „dünner Film“ zu verstehen ist. Betrachten wir ein Dreiphasengleichgewicht α—β—γ (Abb. 14.1) und setzen voraus, daß die zwischen den Phasen α und β gelegene Phase in der zur Diskontinuitätsfläche vertikalen Richtung über eine weitaus geringere Ausdehnung als in den beiden anderen Richtungen verfügt; wir setzen des weiteren einen parallelen Verlauf der Diskontinuitätsflächen $\alpha\gamma$ und $\beta\gamma$ voraus. Somit besteht das betrachtete Gesamtsystem aus drei Phasen α, β und γ sowie zwei Diskontinuitätsflächen $\alpha\gamma$ und $\beta\gamma$.

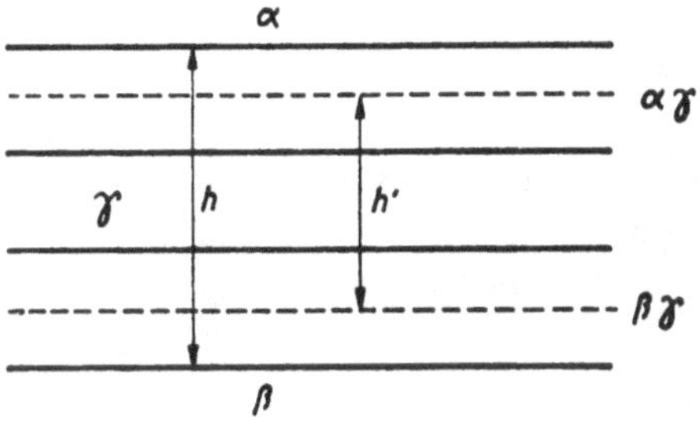

Abb. 14.1. Schematische Darstellung eines dicken Filmes

h – Filmdicke; h' – Abstand zwischen den Trennflächen

Als dicken Film werden wir die aus Phase γ und den Diskontinuitätsflächen $\alpha\gamma$ und $\beta\gamma$ bestehende Gesamtheit bezeichnen. Offensichtlich ist die Dicke eines solchen Filmes entweder durch die Summe h der Dicken von Phase γ und den Grenzflächenschichten $\alpha\gamma$ und $\beta\gamma$ — sofern letztere über endliche Schichtdicken verfügen — oder durch den Abstand h' zwischen den Trennflächen, wenn für die Betrachtung der Diskontinuitätsflächen die Gibbssche Methode benutzt wird, gegeben. Für hinreichend dicke Filme gilt $h' \approx h$. In Gegenwart ausgeprägter Begrenzungsflächen ist es erlaubt, als Maß für die Filmdicke auch den Abstand zwischen diesen zu wählen.

Für einen dicken Film ist charakteristisch, daß sich jede seiner extensiven Eigenschaften additiv aus ihren Werten für die innere Phase γ und die Grenzflächenschichten ergeben. Dies bedeutet hinreichend große Werte für die Filmdicke, so daß die Einflüsse der Phasen α und β auf die Grenzflächenschichten $\beta\gamma$ bzw. $\alpha\gamma$ vernachlässigt werden können. Bei Verringerung der Filmdicke und gegenseitiger Annäherung der Grenzflächenschichten setzt eine Störung dieser Bedingung ein; es tritt eine potentielle Energie für die Wechselwirkung der Grenzflächenschichten auf, die keiner Schicht allein zugesprochen werden kann. Einen solchen Film, für den die Additivität der Energie nicht mehr zutrifft, wollen wir als dünnen Film bezeichnen. Mithin besteht der Unterschied zwischen dicken und dünnen Filmen darin, daß bei einem dicken Film beide Grenzflächen als unabhängig betrachtet werden können, währenddessen für einen dünnen Film eine solche Auftrennung nicht möglich ist.

Die allgemeinste Definition eines Filmes ist mit jener für die Diskontinuitätsfläche identisch: ein Film ist das heterogene Gebiet zwischen zwei Phasen α und β. Allerdings verfügt ein Film über verschiedene spezifische Besonderheiten: in der Regel ist er dicker als eine Grenzflächenschicht, er kann sowohl ein homogenes Gebiet einschließen als auch Komponenten, die in den angrenzenden Phasen nicht vertreten sind, enthalten. Im Unterschied zur Diskontinuitätsfläche kann ein Film auch dann existieren, wenn die Phasen a und β identisch sind.

Die thermodynamische Behandlung von Filmen kann auf zweierlei Wegen erfolgen. Die erste Betrachtungsweise bezieht sich auf den Film insgesamt und erfolgt mit Hilfe der für die Diskontinuitätsfläche entwickelten Methoden und Ansätze. Der gesamte Film wird durch einen einzigen Spannungswert γ charakterisiert, der wie die Grenzflächenspannung gemäß Beziehung (1.12) definiert ist (τ bedeutet hier die Filmdicke). Dieses Vorgehen erlaubt die Anwendung aller oben für Grenzflächenschichten hergeleiteten Beziehungen auch auf Filme, wobei in ihnen lediglich die Grenzflächenspannung σ durch die Filmspannung γ zu substituieren wäre. So z. B. lautet die Fundamentalgleichung für die Energie in bezug auf einen ebenen Film folgendermaßen:

$$dU^{(f)} = T\,dS^{(f)} - P_N\,dV^{(f)} + \gamma\,dA + \sum_{i=1}^{n} \mu_i\,dm_i^{(f)}, \tag{14.1}$$

wobei mit hochgestelltem f die Zugehörigkeit der indizierten Größe zum gesamten Film gekennzeichnet wird. Weiterhin enthalten die Stabilitätsbedingungen und das reduzierte Prinzip von Le Chatelier und Braun u. a. auch die folgenden Ungleichungen:

$$\begin{aligned} &\left(\frac{d\gamma}{dA}\right)_{S^{(f)},V^{(f)},m_1^{(f)},\ldots,m_n^{(f)}} \geqq \left(\frac{d\gamma}{dA}\right)_{T,V^{(f)},m_1^{(f)},\ldots,m_n^{(f)}} \\ &\geqq \left(\frac{d\gamma}{dA}\right)_{T,P,m_1^{(f)},\ldots,m_n^{(f)}} \geqq \left(\frac{d\gamma}{dA}\right)_{T,P,\mu_1^{(f)},m_2^{(f)},\ldots,m_n^{(f)}} \geqq \cdots \geqq 0, \end{aligned} \tag{14.2}$$

die einen Sonderfall der Ungleichungen (2.189) verkörpern.

Die zweite Betrachtungsweise gründet sich auf einer Behandlung der Filmgrenzflächen und ihrer Grenzflächenspannungen an den Phasengrenzen mit α und β. Für einen dicken Film führt dies zu der Behandlung eines Dreiphasengleichgewichtes mit zwei Diskontinuitätsflächen, für einen dünnen Film zu der Berücksichtigung der Wechselwirkungen zwischen seinen Grenzflächenschichten. Beide Betrachtungsweisen sind sowohl streng als auch allgemein und verfügen über ihre spezifischen Vorteile. Die zweite Methode ist detaillierter und liefert Raum für Modellrechnungen. Sie steht der ersten allerdings an Handlichkeit nach und erreicht die Grenzen ihrer Anwendbarkeit, wenn der Abstand zwischen den Trennflächen gleich Null wird.

Die Anwendung beider Betrachtungsweisen auf einen dicken Film führt zu den bereits früher untersuchten Beziehungen. Die einzige neue aus dem Vergleich beider Betrachtungsweisen erhältliche Information besteht darin, daß sich die Filmspannung additiv aus den Grenzflächenspannungen an seinen Grenzen ergibt:

$$\gamma = \sigma^{(\alpha\gamma)} + \sigma^{(\beta\gamma)}. \tag{14.3}$$

Die gleiche Aussage folgt auch aus der Definition (1.12).

Daher werden wir unsere Aufmerksamkeit im wesentlichen auf eine interessante Eigenschaft flüssiger dicker Mehrkomponentenfilme, und zwar auf ihre Elastizität, richten.

14.2. Gibbssche Elastizität dicker Filme

Die Fähigkeit der Filme, bei Dehnung ihre Spannung zu erhöhen, wird als Filmelastizität bezeichnet. Diese Eigenschaft wird durch den Filmelastizitätsmodul E gekennzeichnet, der durch die identische Gleichheit

$$E \equiv A \frac{d\gamma}{dA} \tag{14.4}$$

definiert ist. Gewöhnlich werden Gleichgewichts- und Nichtgleichgewichtselastizität unterschieden. Die erste entspricht nur dem thermodynamischen Gleichgewichtszustand des den Film enthaltenden Gesamtsystems. Die Nichtgleichgewichtselastizität ist sowohl bei völliger Abwesenheit eines Gleichgewichtes im genannten Film als Folge einer Raumphasen- oder Grenzflächenviskosität oder in Abwesenheit eines Gleichgewichtes zwischen einzelnen sich im Gleichgewichtszustand befindlichen Teilen des Filmes (z. B. seiner Grenzflächenschichten) oder dem Film selbst und dem übrigen System zu beobachten. Im zweiten Falle kann die Nichtgleichgewichtselastizität in erster Näherung mit Hilfe der Methoden der Gleichgewichts-Thermodynamik behandelt werden, sofern der sich im Gleichgewicht befindliche Teil des Systems als selbständiges geschlossenes System betrachtet werden darf. Als Maß für das Nichtgleichgewicht dient hier das Volumen des geschlossenen Systems, welches sich bei Annäherung an den Gleichgewichtszustand vergrößert.

Die Gleichgewichtselastizität dicker flüssiger Mehrkomponentenfilme ist zuerst von GIBBS [1] erklärt worden. Er hat darauf hingewiesen, daß jedwede Dehnung eines Filmes zu einer Verarmung seines inneren Teiles an grenzflächenaktiven Stoffen führt. Dies setzt folglich auch die Konzentration der grenzflächenaktiven Stoffe sowohl im Volumen als auch an der Grenzfläche des Filmes herab. In Verbindung damit vergrößert sich bei Filmdehnung die Spannungsfläche an jeder Grenzfläche und somit auch die Filmspannung. In diesem Fall ist das Erscheinen der Elastizität mit einer Umverteilung der Komponenten zwischen Raum- und Grenzflächenteilen des Systems infolge seiner Deformation verbunden. Diese Art der Elastizität wird als GIBBSsche Elastizität bezeichnet.

GIBBS hat neben der allgemeinen Deutung, auf die wir hingewiesen haben, auch eine thermodynamische Theorie der Filmelastizität formuliert, die jedoch nicht als gelungen bezeichnet werden darf und keine Anwendung gefunden hat (ausführlicher hierzu siehe [2]). Ein möglicher Grund hierfür besteht darin, daß GIBBS die Vorstellungen der von ihm entwickelten Thermodynamik offener Systeme benutzt hat, währenddessen elastische Filme notwendigerweise zu den geschlossenen oder partiell offenen Systemen zu zählen sind. Erst in jüngerer Zeit ist in Verbindung mit dem Beginn direkter experimenteller Untersuchungen [3]···[12] der Elastizität flüssiger Filme, die für Schaumbildungsvorgänge von großer Bedeutung sind, der GIBBSsche Effekt einer erneuten Erörterung unterzogen worden [2], [13]···[19]. Im vorliegenden Abschnitt werden wir die allgemeine Theorie dieses Effektes darlegen. Sie beruht auf der Vorstellung von

Grenzflächenschichten endlicher Dicke. Weiterhin wollen wir den Einfluß einer partiellen Isolation auf die Filmelastizität diskutieren [2].

Verweilen wir zunächst bei der Aufgabenstellung. Jede Dilatation oder Kompression eines Filmes wird von einer Änderung seiner Grenzfläche und damit von Raum-Grenzflächen-Phasenprozessen begleitet. Die letzteren ziehen Massenänderungen der Raum- und Grenzflächenphasen nach sich. Hierbei tritt die Filmelastizität in Erscheinung, wenn diese Prozesse von einer Änderung der Grenzflächenspannung begleitet werden. Dies wiederum ist nur dann möglich, wenn die Varianz f und volle Varianz F des Systems identische Werte annehmen. Diese Bedingung ist in geschlossenen und partiell offenen Systemen erfüllt, wenn die Zahl der immobilen Komponenten gleich oder größer als die Gesamtzahl der Raumphasen und Grenzflächen ist (siehe Abschn. 2.5.). Hieraus ergibt sich, daß ein Film, der beidseitig von ein und derselben Phase begrenzt wird, dann Elastizität zeigt, wenn er nicht weniger als zwei immobile Komponenten enthält. Ein zwischen zwei unterschiedlichen Phasen befindlicher Film muß hierfür mindestens drei immobile Komponenten beherbergen. Es ist ersichtlich, daß die thermodynamische Theorie der Elastizität dicker Filme einen Teil der Thermodynamik geschlossener Systeme bildet und auf der Grundlage einer gemeinsamen Betrachtung der Bedingungen des Gleichgewichtes sowie der partiellen Isolation entwickelt wird.

Zu Beginn soll bei $T, P =$ const ein n-komponentiger geschlossener, aus einer Raumphase und zwei identischen Grenzflächen bestehender Film behandelt werden. Praktisch bedeutet dies, daß Verdampfung oder Auflösung des Filmes sehr langsam ablaufen, so daß das den Film beidseitig umschließende äußere Medium mit diesem im Zustand lediglich des Wärme- und mechanischen Gleichgewichtes steht. Bei $n \geqq r + l$ (r — Zahl der Raumphasen, l — Zahl der Grenzflächenarten) ist die Zahl der Freiheiten des Systems durch Gl. (2.135) gegeben. In unserem Falle sind $r = 1$, $l = 1$, $n \geqq 2$ sowie $f = F = 1$. Daher ist die Dilatation oder Kompression dieses Filmes ein univarianter Prozeß, mit dem eine Änderung der Grenzflächenspannung einhergeht. Es bleiben lediglich das Vorzeichen dieser Änderung und die Bedingungen, unter denen der Elastizitätsmodul des Filmes positive Werte annimmt, offen.

Die Gleichgewichtsbedingung für die Grenzflächenschicht des Filmes und seine innere Phase γ kann durch nur eine der Gln. (3.21) ausgedrückt werden. Schreiben wir sie für konstante Temperatur und konstanten Druck als

$$A\, d\sigma = -m^{(\sigma)} \sum_{i,k=1}^{n-1} (x_i^{(\sigma)} - x_i^{(\gamma)})\, g_{ik}^{(\gamma)}\, dx_k^{(\gamma)}. \tag{14.5}$$

Neben dieser Gleichung berücksichtigen wir die Massenkonstanz der den Film bildenden Komponenten:

$$m_k = m_k^{(\gamma)} + 2m_k^{(\sigma)} = m^{(\gamma)}x_k^{(\gamma)} + 2m^{(\sigma)}x_k^{(\sigma)} = \text{const} \qquad (k = 1, 2, \ldots, n) \tag{14.6}$$

mit $m^{(\gamma)}$ als Masse der inneren Phase. Nach Differentiation von Gl. (14.6) und Eliminierung des Differentials $dm^{(\gamma)}$ erhalten wir

$$m^{(\gamma)}\, dx_k^{(\gamma)} + 2m^{(\sigma)}\, dx_k^{(\sigma)} + 2(x_k^{(\sigma)} - x_k^{(\gamma)})\, dm^{(\sigma)} = 0. \tag{14.7}$$

$(k = 1, 2, \ldots, n - 1)$

Schließlich läßt sich aus Gl. (14.5) und (14.7) ein allgemeiner Ausdruck für den Elastizitätsmodul eines Mehrkomponentenfilmes herleiten:

$$E \equiv 2A \frac{d\sigma}{dA} = 2 \frac{dm^{(\sigma)}}{dA} \sum_{i,k=1}^{n-1} \frac{(x_i^{(\sigma)} - x_i^{(\gamma)})(x_k^{(\sigma)} - x_k^{(\gamma)})\, g_{ik}^{(\gamma)}}{b_k} \tag{14.8}$$

mit

$$b_k \equiv \frac{m^{(\gamma)}}{2m^{(\sigma)}} + \frac{dx_k^{(\sigma)}}{dx_k^{(\gamma)}}.$$

Die Ableitungen $dx_k^{(\sigma)}/dx_k^{(\gamma)}$ kennzeichnen den Verlauf der Zusammensetzungsisothermen der Grenzflächenschicht und nehmen i. a. für verschiedene k unterschiedliche Werte an. Liegen sie allerdings hinreichend nahe beieinander oder ist der Film ausreichend dick, so daß die Werte dieser Ableitungen vergleichsweise zu $m^{(\gamma)}/2m^{(\sigma)}$ klein sind, so haben alle im Ausdruck (14.8) rechts stehenden Summanden den gemeinsamen Nenner $b \approx b_k$ $(k = 1, 2, \ldots, n-1)$. In diesem Falle steht im Zähler eine quadratische Form bezüglich der Molenbruchdifferenzen der jeweiligen Komponenten in Grenzflächenschicht und Raumphase. Die Determinante der quadratischen Form, gebildet aus den Elementen $g_{ik}^{(\gamma)}$, sowie ihre Hauptunterdeterminanten sind gemäß der allgemeinen Stabilitätsbedingung für Raumphasen positiv. Infolgedessen sind sowohl die quadratische Form selbst und mit ihr auch der Elastizitätsmodul positive Größen. Mithin kann aus dem Ausdruck (14.8) die folgende Schlußfolgerung gezogen werden:

Ein beliebiger hinreichend dicker geschlossener Mehrkomponentenfilm ist elastisch.

Der gleiche Ausdruck erlaubt eine Reihe anderer wichtiger Schlußfolgerungen, die zum Zwecke besserer Anschaulichkeit am Beispiel eines binären Systems erörtert werden sollen.

Bei $n = 2$ nimmt Ausdruck (14.8) das folgende Aussehen an:

$$E = 2 \frac{dm^{(\sigma)}}{dA} \cdot \frac{(x_1^{(\sigma)} - x_1^{(\gamma)})^2\, g_{11}^{(\gamma)}}{\frac{m^{(\gamma)}}{2m^{(\sigma)}} + \frac{dx_1^{(\sigma)}}{dx_1^{(\gamma)}}}. \tag{14.9}$$

Formel (14.9) verknüpft den Elastizitätsmodul mit dem Verlauf der Isothermen für die Grenzflächenspannung und Grenzflächenschichtzusammensetzung. Tatsächlich kann Ausdruck (14.9) bei Verwendung der Gl. (14.5) für die Isotherme-Isobare der Grenzflächenspannung wie folgt geschrieben werden:

$$E = \frac{2 \frac{dm^{(\sigma)}}{dA} a^2 \left(\frac{d\sigma}{dx_1^{(\gamma)}}\right)^2}{g_{11}^{(\gamma)} \left(\frac{m^{(\gamma)}}{2m^{(\sigma)}} + \frac{dx_1^{(\sigma)}}{dx_1^{(\gamma)}}\right)}. \tag{14.10}$$

Die den Verlauf der Zusammensetzungsisothermen bestimmende Ableitung $dx_1^{(\sigma)}/dx_1^{(\gamma)}$ ist nach der Stabilitätsbedingung für Grenzflächenschichten bezüglich ihrer Dicke positiv (siehe Abschn. 7.5.). Die Größe $g_{11}^{(\gamma)}$ ist gemäß den Stabilitätsbedingungen für Raumphasen positiv. Auch die weiteren in den Ausdrücken (14.9) und (14.10) rechts stehenden Größen sind positiv, so daß infolgedessen der Elastizitätsmodul eines binären Filmes stets eine positive Größe ist.

Eine Reihe anderer sich aus den Ausdrücken (14.9) und (14.10) ergebender Schlußfolgerungen widerspiegeln alle wesentlichen Verhaltensmerkmale elastischer Filme. Vor allem folgt aus diesen Ausdrücken, daß der Elastizitätsmodul eines Filmes desto größer ist, je stärker sich die Grenzflächenaktivität einer Komponente von jener der anderen unterscheidet. Diese Abhängigkeit ist relativ stark ausgeprägt, da im Ausdruck (14.10) die Ableitung $d\sigma/dx_1^{(\gamma)}$ in zweiter Potenz auftritt. Des weiteren ist bei konstanter Zusammensetzung der Elastizitätsmodul desto größer, je geringer die Filmdicke (d. h. je geringer der Quotient $m^{(\gamma)}/2m^{(\sigma)}$) ist. Bei unbegrenztem Wachstum der Filmdicke strebt der Elastizitätsmodul asymptotisch gegen Null. Schließlich folgt aus den Gln. (14.9) und (14.10), daß bei hinreichender Verdünnung einer Lösung der Elastizitätsmodul des Filmes mit zunehmender Verdünnung abnimmt und bei völligem Verschwinden einer Komponente gleich Null wird (bei $x_1 \to 0$ $g_{11}^{(\gamma)} \to RT/x_1^{(\gamma)} (1 - x_1^{(\gamma)}) \to \infty$ und $E \to 0$). Dieses Resultat ist gleichbedeutend damit, daß ein dicker Einkomponentenfilm keine Elastizität besitzt.

Die letzte Schlußfolgerung führt dazu, daß bei vollständiger Mischbarkeit der Komponenten die aus einem Vergleich der Filmelastizitäten von Lösungen unterschiedlicher Konzentration resultierende Abhängigkeit $E = E(x_1^{(\gamma)})$ durch ein Maximum verlaufen muß. Gleichermaßen kann sie das Auftreten eines Maximums der Größe E auf der Isothermen für die Filmdilatation nach sich ziehen. Dieses Maximum kommt zustande, wenn die durch Dickenverringerung verursachte anfängliche Zunahme des Elastizitätsmoduls von seiner Verringerung abgelöst wird, wobei letztere infolge der durch Filmdilatation bewirkten Herabsetzung der Konzentration des grenzflächenaktiven Stoffes im Filminneren vonstatten geht. Die Möglichkeit des Auftretens eines derartigen Maximums ist von Kitchener [13] anhand experimenteller Daten zur Grenzflächenspannung von Natriumdodecylsulfat-Lösungen gezeigt worden. Es sei darauf hingewiesen, daß sich die Schlußfolgerung von der Existenz eines Elastizitätsmaximums auf der Isothermen der Filmdilatation lediglich im Rahmen der Theorie dicker Filme ergibt und daß sie ihre Gültigkeit verliert, sobald die Gesetze für dünne Filme in Kraft treten.

Wie bereits vermerkt worden ist, nimmt die Filmelastizität gemäß den Gln. (14.8) und (14.9) mit kleiner werdendem Quotienten $m^{(\gamma)}/2m^{(\sigma)}$ zu. Stellen wir uns vor, daß Dilatation oder Kompression eines Filmes dermaßen schnell vonstatten gehen, daß sich das Gleichgewicht zwischen Grenzflächenschicht und Raumphase nicht über die gesamte Filmdicke, sondern nur bis zu einer gewissen Tiefe h einzustellen vermag. Solchenfalls ist der in allen hergeleiteten Beziehungen auftretende Index γ nicht auf die gesamte Raumphase, sondern lediglich auf ihre sich mit den Grenzflächenschichten im Gleichgewicht befindlichen Zonen zu beziehen. Es ist augenscheinlich, daß, je schneller der Prozeß abläuft, desto kleinere Werte die Größen h und $m^{(\gamma)}$ annehmen, und somit die Elastizität des Filmes größer wird. Dieses Wachstum der Elastizität unter dynamischen Bedingungen ist als Marangoni-Effekt bekannt.

Schließlich tritt der Fall $h = 0$ ein, und das Gleichgewicht zwischen Grenzflächenschicht und Raumphase ist vollständig aufgehoben. Wenn unter diesen Bedingungen die Elastizität der Raumphase weiterhin gleich Null ist, so liegt die Eigenelastizität der Grenzflächenschichten des Filmes vor. Ein Vergleich dieser Größe mit der Elastizität dicker Filme ist von Interesse. Der Elastizitätsmodul E' der Grenzflächenschicht einer binären Lösung ist bei Konstanz der Temperatur und des Druckes durch den Ausdruck

(7.35) gegeben. Aus den Gln. (14.10) und (7.35) ergibt sich, daß auf den Quotienten E/E' mit einer Ausnahme alle jene für die Größe E oben formulierten Schlußfolgerungen übertragbar sind. Die Ausnahme betrifft den Einfluß der Grenzflächenaktivität. Speziell kann festgestellt werden, daß der Quotient E/E' für hinreichend dicke oder dünne Filme kleine Werte annimmt.

Für die Herleitung der Beziehung (14.8) wurde die Voraussetzung getroffen, daß sich die Grenzflächenschichten lediglich mit dem inneren Teil des Filmes im Gleichgewicht befinden. Ist das Gesamtsystem geschlossen, so kann eine analoge Behandlung für einen mit der äußeren Phase im Gleichgewicht befindlichen Film erfolgen. In diesem Falle sind die Bedingungen konstanter Massen der Komponenten, die analog (14.6) und (14.7) lauten, gemeinsam mit Gl. (14.5) und einer analogen Gleichung für die zweite Phase zu betrachten. Dabei ist gemäß Gl. (2.135) der Freiheitsgrad bei Konstanz von Temperatur und Druck weiterhin gleich Eins, und die Zahl der Komponenten beträgt nicht weniger als Drei. Es kann aber auch in anderer Weise vorgegangen werden. Bekanntlich haben die Fundamentalgleichungen für die Gesamtheit eines heterogenen Systems (ohne Berücksichtigung von Grenzflächenerscheinungen) das gleiche Aussehen wie für eine homogene Phase, so daß der Index γ in Gl. (14.5) auf eine beliebige Gesamtheit sich im Gleichgewicht befindlicher Raumphasen bezogen werden kann. Mithin darf Gl. (14.8) auch bei Gegenwart zweier Raumphasen im System angewendet werden, wenn unter $x_i^{(\gamma)}$ der mittlere Molenbruch der i-ten Komponente in beiden Raumphasen und unter $m^{(\gamma)}$ die Gesamtmasse der Raumphasen verstanden wird. Für das Gleichgewicht zwischen flüssigem Film und Dampf in weiter Entfernung vom kritischen Zustand sind die Größen $x_i^{(\gamma)}$ praktisch gleich den Molenbrüchen des Filmes. Offensichtlich bewahren alle aus Beziehung (14.8) hergeleiteten Schlußfolgerungen auch bei Vorhandensein zweier Phasen ihre Gültigkeit: die Elastizität des Filmes ist desto größer, je höher die Grenzflächenaktivität bzw. je kleiner die Gesamtmasse der Raumphasen ist.

Die obigen Ausführungen beziehen sich auf geschlossene Filme. Nunmehr wollen wir einen in beiden Richtungen unbehinderten Übergang von k Komponenten zwischen Film und umgebendem Medium voraussetzen. Weiterhin soll hinsichtlich dieser Komponenten (mobile Komponenten) die Einstellung eines chemischen Gleichgewichtes zwischen Film und umgebendem Medium möglich sein. Gleichzeitig wird angenommen, die Zahl der immobilen Komponenten betrage weiterhin nicht weniger als Zwei. Damit ergibt sich gemäß Gl. (2.131) für die Zahl der Freiheiten des Systems

$$f = F = k + l + 2. \tag{14.11}$$

Werden über äußere Bedingungen die chemischen Potentiale der mobilen Komponenten konstant gehalten, so treten k Zusatzbedingungen auf, was die Zahl der Freiheiten auf $l + 2$ reduziert. Ein beidseitig von ein und derselben Phase umgebener Film besitzt wie der oben betrachtete geschlossene Film bei $T, P =$ const eine Freiheit.

Für die Bestimmung des Elastizitätsmoduls eines solchen partiell offenen Filmes sind die Bedingungen

$$d\mu_i = \sum_{j=1}^{n-1} \frac{\partial \mu_i}{\partial x_j^{(\gamma)}}\, dx_j^{(\gamma)} = 0 \qquad (i = 1, 2, \ldots, k) \tag{14.12}$$

im Zusammenhang mit Gl. (14.5) und den Bedingungen (14.6) in differentieller Form für $n - k$ immobile Komponenten zu betrachten. Die Bedingungen (14.12) können auch in der Form

$$d\mu_i = \sum_{j=1}^{n-1} \left[g_{ij}^{(\gamma)} - \sum_{t=1}^{n-1} x_t^{(\gamma)} g_{jt}^{(\gamma)} \, dx_j^{(\gamma)} \right] = 0 \tag{14.13}$$

geschrieben werden, was ihre gemeinsame Behandlung mit Gl. (14.5) vereinfacht.

Erörtern wir den Fall eines partiell offenen Dreikomponenten-Filmes bei $T, P = \text{const}$. Von den Komponenten seien zwei immobil (Komponenten (1) und (3)) sowie eine mobil (Komponente (2)).

Aus den Gln. (14.5), (14.6) und (14.13) finden wir

$$E = \frac{2dm^{(\sigma)}}{dA} \times \frac{(x_1^{(\sigma)} x_3^{(\gamma)} - x_3^{(\sigma)} x_1^{(\gamma)}) \, [g_{11}^{(\gamma)} g_{22}^{(\gamma)} - (g_{12}^{(\gamma)})^2]}{b_1(1 - x_2^{(\gamma)}) \, [g_{22}^{(\gamma)}(1 - x_2^{(\gamma)}) - g_{12}^{(\gamma)} x_1^{(\gamma)}] - b_2 x_1^{(\gamma)} [g_{12}^{(\gamma)}(1 - x_2^{(\gamma)}) - g_{11}^{(\gamma)} x_1^{(\gamma)}]}, \tag{14.14}$$

wobei b_k die gleiche Bedeutung wie in Gl. (14.8) hat. Nehmen die Größen b_k nahe beieinander liegende Werte an, was stets für einen hinreichend dicken Film zutrifft, so nimmt der Nenner des Ausdruckes (14.14) eine quadratische Form bezüglich $x_1^{(\gamma)}$ und $1 - x_2^{(\gamma)}$ an, deren Determinante im Zähler des gleichen Ausdruckes auftritt. Wie bereits ausgeführt wurde, sind diese Determinante und die Elemente ihrer Hauptdiagonalen positiv, so daß auch der Elastizitätsmodul des Filmes eine positive Größe ist. Somit beweist Gl. (14.14) das Auftreten von Elastizität für partiell offene dicke Filme.

Aus der Beziehung (14.14) folgt, daß der Elastizitätsmodul bei $x_1 = 0$ oder $x_3 = 0$ gleich Null wird. Dies ist mit der Aussage gleichbedeutend, daß ein partiell offener Film mindestens zwei immobile Komponenten enthalten muß, soll er über Elastizität verfügen. Wird hingegen $x_2 = 0$, so geht Gl. (14.14) in Gl. (14.9) über, und die Filmelastizität bleibt erhalten.

Weiterhin ist eine Erörterung des Einflusses der partiellen Isolation von Filmen auf ihre Elastizität von Interesse. Zu diesem Zweck sollen die Elastizitätsmoduln zweier Dreikomponentenfilme mit gleicher Zusammensetzung verglichen werden: eines geschlossenen und eines partiell offenen mit jeweils zwei immobilen und einer mobilen Komponente. Die Elastizität des ersten Filmes wird durch Gl. (14.8) bei $n = 3$ beschrieben, die des zweiten durch Ausdruck (14.14); ihre gegenseitige Subtraktion führt zur Lösung der Aufgabe. Zwecks Vereinfachung sei angenommen, die Ableitung $dm^{(\sigma)}/dA$ verfüge in beiden Fällen über ein und denselben Wert, und alle Größen b_k seien etwa gleich groß. Das Resultat läßt sich wie folgt darstellen:

$$E_{\text{geschl.}} - E_{\text{part.off.}} = 2 \, \frac{dm^{(\sigma)}}{dA} \times \frac{\left[(x_1^{(\sigma)} - x_1^{(\gamma)}) \dfrac{\partial \mu_2}{\partial x_1^{(\gamma)}} + (x_2^{(\sigma)} - x_2^{(\gamma)}) \dfrac{\partial \mu_2}{\partial x_2^{(\gamma)}} \right]^2}{b \left[(1 - x_1^{(\gamma)}) \dfrac{\partial \mu_2}{\partial x_2^{(\gamma)}} - x_1^{(\gamma)} \dfrac{\partial \mu_2}{\partial x_1^{(\gamma)}} \right]}. \tag{14.15}$$

Die Nenner der Gln. (14.14) und (14.15) sind identisch, so daß die gesamte rechte Seite von (14.15) eine positive Größe ist. Mithin ergibt sich aus (14.15), daß die Elastizität eines geschlossenen Filmes stets größer als die eines partiell offenen Filmes mit gleicher Zusammensetzung ist. Dieses Ergebnis steht mit dem reduzierten Prinzip von LE CHATELIER und BRAUN (Gl. (14.2)) im Einklang. Im betrachteten Falle bedeutet der Übergang von einem geschlossenen zu einem partiell offenen System, daß eine Komponente des Filmes in ein Gleichgewicht mit der Umgebung tritt, welches während der Elastizitätsprüfung des Filmes keine Störung erfährt. Die Konstanz des chemischen Potentials der mobilen Komponente wird durch Änderung ihrer Gesamtmasse im Film während der Dilatation bzw. Kompression, die einen zusätzlichen, eben durch Gl. (14.15) beschriebenen Einfluß auf die Elastizität ausübt, aufrecht erhalten.

In der Praxis können mit hinlänglicher Exaktheit jene Filme als geschlossen angesehen werden, die ausreichend langsam verdampfen oder sich auflösen. Für experimentelle Untersuchungen der durch die aufgeführten Formeln beschreibbaren Elastizität muß das Verfahren hinreichend schnell — damit der Film noch weit vom Zustand des Gleichgewichtes mit dem umgebenden Medium entfernt ist — und gleichzeitig hinreichend langsam — damit sich das innere Gleichgewicht des Filmes einstellen kann — sein. Des weiteren hat der Film über die notwendige Dicke zu verfügen, um das Auftreten der Gesetze dünner Filme zu vermeiden. Die Filmdicke ist allerdings zwecks Fixier- und Meßbarkeit der Elastizität ebenfalls begrenzt.

Wie Experimente mit wäßrigen Lösungen von Natriumdodecylsulfat und Cetyltrimethylammoniumbromid gezeigt haben [9]···[12], läuft die Elastizität bei Filmdicken von 1—10 μm vollständig nach dem GIBBSschen Mechanismus ab. Für diesen Dickebereich konnte völlige Übereinstimmung zwischen Theorie und Experiment festgestellt werden.

Es sei darauf hingewiesen, daß GIBBSsche Elastizität nicht nur in Filmen, sondern auch in flüssigen Objekten beliebiger Form auftreten kann [18, 19]. Im allgemeinen Fall wird die Grenzflächenelastizität durch die Ableitung $d\sigma/d \ln A$ gekennzeichnet, wobei A die gesamte freie Grenzfläche des Objektes darstellt. Der Ausdruck für diese Ableitung ist mit (14.8) gegeben. Vollständigkeitshalber wollen wir einen solchen auch in der Terminologie der Überschußgrößen geben. Die Bedingungen (14.6) für n immobile Komponenten schreiben wir nunmehr als

$$m_k = \varrho_k^{(\gamma)} V + \Gamma_k A = \text{const} \qquad (k = 1, 2, \ldots, n) \tag{14.16}$$

oder

$$m_k = \frac{\varrho_k^{(\gamma)}}{\varrho_n^{(\gamma)}} m_n + \Gamma_{k(n)} A = \text{const} \qquad (k = 1, 2, \ldots, n-1). \tag{14.17}$$

In den Bedingungen treten bereits die Größen der relativen Adsorption auf. Es ist zweckmäßig, als n-te Komponente das Lösungsmittel (für verdünnte Systeme) oder einen grenzflächeninaktiven Stoff zu wählen. Aus (14.17) folgt

$$d \ln A = -\frac{1}{\Gamma_{k(n)}} \left[\frac{m_n}{A} d \left(\frac{\varrho_k^{(\gamma)}}{\varrho_n^{(\gamma)}} \right) + d\Gamma_{k(n)} \right], \tag{14.18}$$

woraus sich

$$\frac{d\sigma}{d\ln A} = -\frac{\Gamma_{k(n)}\dfrac{d\sigma}{d\varrho_k^{(\gamma)}}}{\dfrac{m_n}{A\varrho_n^{(\gamma)}}\left(1-\dfrac{d\ln\varrho_n^{(\gamma)}}{d\ln\varrho_k^{(\gamma)}}+\dfrac{d\Gamma_{k(n)}}{d\varrho_k^{(\gamma)}}\right)} \tag{14.19}$$

ergibt. Enthält das System auch mobile Komponenten, und werden ihre chemischen Potentiale konstant gehalten, so bleiben in der GIBBSschen Adsorptionsgleichung nur auf immobile Komponenten bezogene Glieder übrig. Sie hat dann das folgende Aussehen:

$$d\sigma = -RT\sum_{k=1}^{n-1}\Gamma_{k(n)}\,d\ln f_k^{(\gamma)}\varrho_k^{(\gamma)}. \tag{14.20}$$

Aus (14.19) und (14.20) ergibt sich die Beziehung

$$\frac{d\sigma}{d\ln A} = RT\sum_{k=1}^{n-1}\frac{\dfrac{\Gamma_{k(n)}^2}{\varrho_k^{(\gamma)}}\left(1+\dfrac{d\ln f_k^{(\gamma)}}{d\ln f_k^{(\gamma)}}\right)}{\dfrac{m_n}{A\varrho_n^{(\gamma)}}\left(1-\dfrac{d\ln\varrho_n^{(\gamma)}}{d\ln\varrho_k^{(\gamma)}}\right)+\dfrac{d\Gamma_{k(n)}}{d\varrho_k^{(\gamma)}}}, \tag{14.21}$$

welche sowohl auf geschlossene als auch partiell offene Systeme beliebiger geometrischer Form anwendbar ist.

Für einen planparallelen symmetrischen Film gilt $E = 2d\sigma/d\ln A$ und weiterhin:

$$\frac{m_n}{A\varrho_n^{(\gamma)}} = \frac{h}{2}+\frac{\Gamma_n}{\varrho_n^{(\gamma)}} = \frac{h}{2}-\frac{\Gamma_{k(n)}-\Gamma_k}{\varrho_k^{(\gamma)}} = \frac{h}{2}-\Delta h \tag{14.22}$$

mit h als wahrer Filmdicke (Abstand zwischen den Begrenzungen der Grenzflächen) sowie Δh als Abstand zwischen der Begrenzungsfläche und der mit $\Gamma_n = 0$ gekennzeichneten Trennfläche. Bei Berücksichtigung von (14.19) und (14.22) erhalten wir die folgende Formel für einen planparallelen dicken Film:

$$E = -\frac{4\Gamma_{k(n)}\dfrac{d\sigma}{d\varrho_k^{(\gamma)}}}{(h-2\Delta h)\left(1-\dfrac{d\ln\varrho_n^{(\gamma)}}{d\ln\varrho_k^{(\gamma)}}\right)+2\dfrac{d\Gamma_{k(n)}}{d\varrho_k^{(\gamma)}}} \tag{14.23}$$

bzw. nach Berücksichtigung von (14.20):

$$E = 4RT\sum_{k=1}^{n-1}\frac{\dfrac{\Gamma_{k(n)}^2}{\varrho_k^{(\gamma)}}\left(1+\dfrac{d\ln f_k^{(\gamma)}}{d\ln\varrho_k^{(\gamma)}}\right)}{(h-2\Delta h)\left(1-\dfrac{d\ln\varrho_n^{(\gamma)}}{d\ln\varrho_k^{(\gamma)}}\right)+2\dfrac{d\Gamma_{k(n)}}{d\varrho_k^{(\gamma)}}}. \tag{14.24}$$

Obwohl die Größe Δh ihrer Herkunft nach nicht mit der Filmdicke verbunden ist, ist ihre Rolle — wie die Gln. (14.23) und (14.24) zeigen — wesentlich von der Filmdicke abhängig. Bei großen Filmdicken ist $\Delta h \ll h$. Im Falle einer inkompressiblen Lösung, für die die Beziehungen

$$\left.\begin{aligned} V &= \sum_{k=1}^{n} m_k v_{0k} = \text{const} \\ \sum_{k=1}^{n} \varrho_k^{(\gamma)} v_{0k} &= 1 \\ \sum_{k=1}^{n} \Gamma_k v_{0k} &= 0 \end{aligned}\right\} \tag{14.25}$$

gültig sind, ergibt sich bei geringer Konzentration der gelösten Stoffe

$$\Delta h = -\frac{\Gamma_n}{\varrho_n^{(\gamma)}} \approx \sum_{k=1}^{n-1} \Gamma_{k(n)} v_{0k}. \tag{14.26}$$

Mit Hilfe der Beziehung (14.26) kann das Korrekturglied Δh aus experimentellen Daten bestimmt werden.

Der Wert des in den Gln. (14.23) und (14.24) stehenden Faktors $1 - d \ln \varrho_n^{(\gamma)}/d \ln \varrho_k^{(\gamma)}$ wird von der relativen Konzentrationsänderung festgelegt und ist dann nahe Eins, wenn die Konzentration der n-ten Komponente (des Lösungsmittels) vergleichsweise zu den Konzentrationen der anderen Komponenten groß ist. Für eine binäre inkompressible Lösung ist dieser Faktor gleich dem reziproken Volumenbruch $1/\varrho_2^{(\gamma)} v_{02}$ des Lösungsmittels.

Die erhaltenen Ausdrücke für den Modul der GIBBSschen Elastizität sind für die Theorie der Stabilität von Filmen, Schäumen und anderen flüssigen Objekten von wesentlicher Bedeutung, da sie die Möglichkeit einer Abschätzung der Rolle, welche die GIBBSsche Elastizität unter den vorgegebenen Bedingungen der Existenz eines Systems spielt, gibt. Das Verhalten realer Filme und Schäume wird durch mehrere Faktoren bestimmt (siehe z. B. [20]···[24]), unter denen die GIBBSsche Elastizität einen definierten Einfluß ausübt, der besonders im Frühstadium des Auftretens von Filmen und Schäumen wichtig ist.

14.3. Verwendung des Gibbsschen Elastizitätsmoduls für die Berechnung von Adsorption und Aktivitätskoeffizienten gelöster Stoffe

Die im vorstehenden Abschnitt hergeleiteten Beziehungen sind des weiteren für thermodynamische Berechnungen von praktischer Bedeutung. Wir wollen hier die Ermittlung der Werte für Adsorption und Aktivitätskoeffizienten der Komponenten einer Lösung aus experimentellen Daten für den Elastizitätsmodul dicker Filme [11, 12, 18] behandeln. Zur Vereinfachung beschränken wir uns auf den Fall eines binären Systems, so daß Gl. (14.23) wie folgt lautet:

$$\frac{d\Gamma_{1(2)}}{d\varrho_1^{(\gamma)}} + \frac{2}{E}\frac{d\sigma}{d\varrho_1^{(\gamma)}}\Gamma_{1(2)} + \left(\frac{h}{2} - \Delta h\right)\left(1 - \frac{d \ln \varrho_2^{(\gamma)}}{d \ln \varrho_1^{(\gamma)}}\right) = 0. \tag{14.27}$$

Es sei darauf hingewiesen, daß in dieser Beziehung weder die GIBBSsche Adsorptionsgleichung (14.20) noch irgendeine andere die Größen σ und $\Gamma_{1(2)}$ verknüpfende Beziehung enthalten ist. Daher kann (14.27) als lineare Differentialgleichung erster Ordnung bezüglich $\Gamma_{1(2)}$ betrachtet werden. Sind aus experimentellen Untersuchungen die Abhängigkeiten E von Filmdicke und -zusammensetzung bzw. σ von $\varrho_1^{(\gamma)}$ bekannt, so kann aus Gl. (14.27) die Größe $\Gamma_{1(2)}$ als Funktion der Raumphasenkonzentration aufgesucht werden. In dem für die Praxis wichtigen Fall eines dicken Filmes ($\Delta h \ll h$) bei geringer Konzentration der grenzflächenaktiven Komponente ($\varrho_1^{(\gamma)} \ll \varrho_2^{(\gamma)}$) wird das in Gl. (14.27) stehende freie Glied praktisch gleich $h/2$, und die Integration in den Grenzen von $\varrho_1^{(\gamma)0}$ bis $\varrho_1^{(\gamma)}$ führt zu

$$\Gamma_{1(2)} = \left[\Gamma^0_{1(2)} - \frac{h}{2} \int\limits_{\varrho_1^{(\gamma)0}}^{\varrho_1^{(\gamma)}} \exp\left(2 \int\limits_{\varrho_1^{(\gamma)0}}^{\varrho_1^{(\gamma)}} \frac{1}{E} \frac{d\sigma}{d\varrho_1^{(\gamma)}}\, d\varrho_1^{(\gamma)}\right) d\varrho_1^{(\gamma)}\right] \exp\left(-2 \int\limits_{\varrho_1^{(\gamma)0}}^{\varrho_1^{(\gamma)}} \frac{1}{E} \frac{d\sigma}{d\varrho_1^{(\gamma)}}\, d\varrho_1^{(\gamma)}\right). \tag{14.28}$$

Zur vollständigen Bestimmung der gesuchten Funktion ist die Kenntnis der Größe $\Gamma^0_{1(2)}$ für die Konzentration $\varrho_1^{(\gamma)0}$ erforderlich. Die letztere kann beliebig klein gewählt werden, so daß wir in einen Bereich gelangen, für den die Lösung ideales Verhalten zeigen sollte. Hier aber ist der Zusammenhang zwischen $\Gamma^0_{1(2)}$ und $\varrho_1^{(\gamma)0}$ gut bekannt, z. B. über die Gibbssche Adsorptionsgleichung für ein ideales System.

Das dargestellte Schema zur Berechnung der Adsorption zeichnet sich in vorteilhafter Weise gegenüber dem auf der Verwendung der Gibbsschen Adsorptionsgleichung beruhenden dadurch aus, daß die Kenntnis des Aktivitätskoeffizienten der grenzflächenaktiven Komponente in der Lösung nicht erforderlich ist.

Im Falle grenzflächenaktiver Stoffe, die zur Bildung von Mizellen neigen, treten infolge von Molekül- oder Ionenaggregation bereits bei sehr kleinen Konzentrationen, für welche eine direkte experimentelle Bestimmung der Aktivitätskoeffizienten auf große Schwierigkeiten stößt, Abweichungen vom idealen Verhalten der Lösung auf. Ist aber die Bestimmung der Adsorption ohne Verwendung der Gibbsschen Adsorptionsgleichung erfolgt, so kann letztere für die Ermittlung des Aktivitätskoeffizienten der grenzflächenaktiven Komponente in der Lösung herangezogen werden. Bei Integration von (14.20) für ein binäres System erhalten wir

$$f_1^{(\gamma)} = \frac{f_1^{(\gamma)0} \varrho_1^{(\gamma)0}}{\varrho_1^{(\gamma)}} \exp\left(-\frac{1}{RT} \int\limits_{\varrho_1^{(\gamma)0}}^{\varrho_1^{(\gamma)}} \frac{1}{\Gamma_{1(2)}} \frac{d\sigma}{d\varrho_1^{(\gamma)}}\, d\varrho_1^{(\gamma)}\right). \tag{14.29}$$

Erfolgt die Auswahl der Raumkonzentration $\varrho_1^{(\gamma)0}$ des grenzflächenaktiven Stoffes im Gebiet des idealen Verhaltens der Lösung, so gilt $f_1^{(\gamma)0} = 1$. Für einen ionischen grenzflächenaktiven Stoff ist in der Regel der mittlere Aktivitätskoeffizient $f_\pm^{(\gamma)}$ von Interesse. Er ist gleichfalls über Formel (14.29) zugänglich, wofür lediglich RT mit dem Faktor ν (siehe Gl. (6.89)) zu versehen ist. Dieser Faktor zeigt die Anzahl Ionen, die bei der Dissoziation eines Moleküls des grenzflächenaktiven Stoffes entstehen, an. Gl. (14.29) kann in eine gleichermaßen für ionische und nichtionische Stoffe gültige Form gebracht werden:

$$f_1^{(\gamma)} = \frac{\varrho_1^{(\gamma)0}}{\varrho_1^{(\gamma)}} \exp\left(\int\limits_{\varrho_1^{(\gamma)0}}^{\varrho_1^{(\gamma)}} \frac{\Gamma^{\text{id}}_{1(2)}}{\Gamma_{1(2)}}\, d\ln \varrho_1^{(\gamma)}\right), \tag{14.30}$$

worin $\Gamma^{\text{id}}_{1(2)}$ die unter der Voraussetzung $f_1^{(\gamma)} = 1$ nach der GIBBSschen Adsorptionsgleichung (14.20) berechnete Adsorption verkörpert.

Es wurde bereits darauf hingewiesen, daß die in verdünnten Lösungen grenzflächenaktiver Stoffe auftretenden Abweichungen des Aktivitätskoeffizienten vom Wert Eins in der Hauptsache auf Molekül- und Ionenaggregation zurückzuführen sind. In diesem Falle kann ohne Schwierigkeiten die Konzentration ϱ_1' der nichtaggregierten Moleküle oder Ionen mit Hilfe der Beziehung

$$\varrho_1' \approx \varrho_1^{(\gamma)} f_1^{(\gamma)} \tag{14.31}$$

berechnet werden, womit auch der Anteil der aggregierten Moleküle oder Ionen bekannt ist.

Das in diesem Abschnitt beschriebene Schema zur Berechnung von Adsorption, Aktivitätskoeffizienten und Aggregationsgrad ist auf das System Cetyltrimethylammoniumbromid—Wasser angewendet worden. Dem gingen experimentelle Bestimmungen der Grenzflächenspannungsisothermen und des GIBBSschen Elastizitätsmoduls für 1—10 μm dicke Filme voraus [11, 12]. Als Ergebnis wurde festgestellt, daß Aggregationsvorgänge in der Lösung des grenzflächenaktiven Stoffes auch bei Konzentrationen unterhalb der kritischen Konzentration für die Mizellbildung vonstatten gehen. Infolge der hohen Empfindlichkeit der unmittelbaren Messung der Elastizität dicker Filme konnten die Berechnungen ebenfalls mit großer Exaktheit durchgeführt werden.

14.4. Fundamentalgleichungen und Spaltdruck ebener dünner Filme

Es wurde bereits festgestellt, daß die Gesamtheit eines dünnen Filmes durch einen einzigen Wert für die Filmspannung und somit durch Gl. (14.1) gekennzeichnet werden kann. Dies erlaubt sofort die Übertragung aller für Grenzflächenschichten behandelten Gleichungen auf dünne Filme.

Gehen wir zu Überschußgrößen über, so bieten sich zwei Betrachtungsweisen an. Einerseits besteht die Möglichkeit, eine einheitliche Trennfläche einzuführen und alle Überschüsse seitens der Phasen α und β, zwischen denen sich der Film befindet, auf diese zu beziehen. Die resultierenden Gleichungen unterscheiden sich in keiner Weise von den analogen Gleichungen der GIBBSschen Thermodynamik für die Diskontinuitätsfläche.

Andererseits können zwei Trennflächen betrachtet werden (dies ist besonders dann zu empfehlen, wenn der Film über deutliche Begrenzungen verfügt). In diesem Falle kann — der GIBBSschen Methode folgend — der reale Film durch das nachstehende imaginäre System ersetzt werden: es bestehe aus drei Raumphasen α, β, γ und zwei Trennflächen $\alpha\gamma$, $\beta\gamma$ mit den Spannungen $\sigma^{(\alpha\gamma)}$ und $\sigma^{(\beta\gamma)}$ (die Phase γ befinde sich zwischen den Phasen a und β). Als die Phasen α und β sehen wir jene Phasen an, zwischen denen sich der betrachtete dünne Film befindet. Als Phase γ wollen wir jene Phase auswählen, die innerhalb des Filmes bei hinreichender Verdickung (Übergang zu einem dicken Film) entsteht und sich mit dem betrachteten dünnen Film im Gleichgewicht befindet.

Es ist offensichtlich, daß bei gleichbleibenden Werten für die Temperatur und die chemischen Potentiale die homogene Raumphase γ nicht über jenen Druck verfügt, der mit dem Wert der Normaldruckkomponente P_N in dem vollständig heterogenen dünnen Film übereinstimmen würde. Es besteht mithin eine gewisse Differenz zwischen den Drücken $P^{(\gamma)}$ und P_N. Diese Differenz zwischen der Normaldruckkomponente P_N eines dünnen Filmes und dem Druck in einer Raumphase gleicher Natur bei ein und denselben Werten für die Temperatur und die chemischen Potentiale wird als Spaltdruck des Filmes bezeichnet (und mit dem Symbol Π gekennzeichnet).

Auf Grund der Gleichgewichtsbedingungen $P_N = P^{(\alpha)} = P^{(\beta)}$ kann die Definition des Spaltdruckes wie folgt geschrieben werden:

$$\Pi \equiv P_N - P^{(\gamma)} = P^{(\alpha)} - P^{(\gamma)} = P^{(\beta)} - P^{(\gamma)}. \tag{14.32}$$

Der Begriff des Spaltdruckes ist von DERJAGUIN eingeführt worden [25], dem auch die ersten Untersuchungen dieser wichtigen Eigenschaft gehören. Zu ihrer Erörterung werden wir noch zurückkehren.

Nach Vollziehen des erwähnten Überganges zu den Überschußgrößen für zwei Trennflächen geht Gl. (14.1) bei Berücksichtigung von (14.32) in folgende Beziehung über:

$$d\bar{U}^{(\alpha\gamma,\beta\gamma)} = T\, d\bar{S}^{(\alpha\gamma,\beta\gamma)} - \Pi\, d(hA) + \gamma\, dA + \sum_i \mu_i\, d\bar{m}_i^{(\alpha\gamma,\beta\gamma)}. \tag{14.33}$$

Es bedeuten $\bar{U}^{(\alpha\gamma,\beta\gamma)}$, $\bar{S}^{(\alpha\gamma,\beta\gamma)}$ und $\bar{m}_i^{(\alpha\gamma,\beta\gamma)}$ die für beide Trennflächen gemeinsamen Überschußwerte der inneren Energie, Entropie und Masse der i-ten Komponente sowie h den Abstand zwischen den Trennflächen. Es ist zu bemerken, daß für jede einzelne Trennfläche gesondert die jeweiligen Überschußgrößen nicht gebildet werden können, weshalb in Gl. (14.33) stets nur die für beide Trennflächen summaren Größen figurieren. Die Filmspannung γ hat in diesem Falle die Bedeutung einer Summe der Grenzflächenspannungen $\sigma^{(\alpha\gamma)}$ und $\sigma^{(\beta\gamma)}$, die im einzelnen ebenfalls nicht definit sind. Somit bleibt (14.3) formal in Kraft.

Gl. (14.33) ist für beliebige Lagen der Trennfläche gültig. Sie spielt für dünne Filme die Rolle einer Fundamentalgleichung, aus der eine Vielzahl anderer thermodynamischer Beziehungen erhältlich ist. Für den Spaltdruck erhalten wir den Ausdruck

$$\Pi = -\frac{1}{A}\left(\frac{d\bar{U}^{(\alpha\gamma,\beta\gamma)}}{dh}\right)_{\bar{S}^{(\alpha\gamma,\beta\gamma)},A,\bar{m}_i^{(\alpha\gamma,\beta\gamma)}} = -\left[\frac{d\bar{U}^{(\alpha\gamma,\beta\gamma)}/A}{dh}\right]_{\frac{\bar{S}^{(\alpha\gamma,\beta\gamma)}}{A}\,\Gamma_i^{(\alpha\gamma,\beta\gamma)}} \tag{14.34}$$

mit $\Gamma_i^{(\alpha\gamma,\beta\gamma)}$ als der summaren absoluten Adsorption der i-ten Komponente an beiden Trennflächen. In analoger Weise kann der Spaltdruck durch die überschüssige freie Energie $\bar{F}^{(\alpha\gamma,\beta\gamma)}$ des Systems ausgedrückt werden:

$$\Pi = -\frac{1}{A}\left(\frac{d\bar{F}^{(\alpha\gamma,\beta\gamma)}}{dh}\right)_{T,A,\bar{m}_i^{(\alpha\gamma,\beta\gamma)}} = -\left[\frac{d(\bar{F}^{(\alpha\gamma,\beta\gamma)}/A}{dh}\right]_{T,\Gamma_i^{(\alpha\gamma,\beta\gamma)}}. \tag{14.35}$$

Die Beziehungen (14.34) und (14.35) können als weitere Definitionen des Spaltdruckes angesehen werden. Da die in Gl. (14.34) rechts stehende Ableitung unter der Bedingung konstanter Adsorption und überschüssiger Entropie, mithin bei gleichbleibender Struktur der Grenzflächenschichten, gebildet wird, kann eine Änderung der überschüssigen Energie des Systems infolge einer physikalischen Änderung der Größe h (d. h. bei Änderung des Abstandes zwischen den realen Begrenzungen) nur von einer Änderung der potentiellen Energie der Wechselwirkung zwischen einzelnen Systemteilen (Phasen α, β und Film) untereinander hervorgerufen werden. Entsprechend stellt die Ableitung der überschüssigen Energie nach dem Abstand die numerisch mit dem Spaltdruck übereinstimmende Wechselwirkungskraft pro Grenzflächeneinheit dar. In Gegenwart von Attraktionskräften (Ableitung größer als Null) ist der Spaltdruck negativ, in Gegenwart von Repulsionskräften (Ableitung kleiner als Null) ist er positiv.

Aus Gl. (14.33) folgen zwei weitere Fundamentalgleichungen:

$$\overline{U}^{(\alpha\gamma,\beta\gamma)} = T\overline{S}^{(\alpha\gamma,\beta\gamma)} - \Pi hA + \gamma A + \sum_i \mu_i \overline{m}_i^{(\alpha\gamma,\beta\gamma)} \tag{14.36}$$

$$d\gamma = -\frac{\overline{S}^{(\alpha\gamma,\beta\gamma)}}{A} dT + h\, d\Pi - \sum_i \Gamma_i^{(\alpha\gamma,\beta\gamma)} d\mu_i . \tag{14.37}$$

Gl. (14.37) verkörpert ähnlich wie die GIBBSsche Adsorptionsgleichung (2.68) für absolute Werte der Adsorption noch keine selbständige thermodynamische Beziehung. Für die Herleitung irgendwelcher physikalischer Gesetzmäßigkeiten muß sie gemeinsam mit den analogen Fundamentalgleichungen für die Raumphasen

$$dP^{(l)} = s_v^{(l)}\, dT + \sum_i \varrho_i^{(l)}\, d\mu_i \qquad (l = \alpha, \beta, \gamma) \tag{14.38}$$

betrachtet werden. Bei Berücksichtigung von (14.33) können wir diese drei Gln. (14.38) durch die beiden folgenden ersetzen:

$$\left.\begin{aligned} d\Pi &= (s_v^{(\alpha)} - s_v^{(\gamma)})\, dT + \sum_i (\varrho_i^{(\alpha)} - \varrho_i^{(\gamma)})\, d\mu_i \\ d\Pi &= (s_v^{(\beta)} - s_v^{(\gamma)})\, dT + \sum_i (\varrho_i^{(\beta)} - \varrho_i^{(\gamma)})\, d\mu_i . \end{aligned}\right\} \tag{14.39}$$

Jetzt bilden (14.37) und (14.39) ein aus drei Gleichungen bestehendes System mit den Variablen γ, Π, T und μ_i ($i = 1, 2, \ldots$). Aus diesem System können zwei beliebige Variable eliminiert werden. Werden z. B. die chemischen Potentiale μ_j und μ_k zweier Komponenten ausgeschlossen, so erhalten wir eine neue Gleichung:

$$d\gamma = -\frac{\overline{S}_{(j,k)}^{(\alpha\gamma,\beta\gamma)}}{A} dT + h_{(j,k)}\, d\Pi - \sum_{i \neq j,k} \Gamma_{i(j,k)}^{(\alpha\gamma,\beta\gamma)}\, d\mu_i \tag{14.40}$$

mit

$$\frac{\overline{S}_{j,k}^{(\alpha\gamma,\beta\gamma)}}{A} \equiv \frac{\overline{S}^{(\alpha\gamma,\beta\gamma)}}{A} - \Gamma_j^{(\alpha\gamma,\beta\gamma)} \frac{(s_v^{(\alpha)} - s_v^{(\gamma)})(\varrho_k^{(\beta)} - \varrho_k^{(\gamma)}) - (s_v^{(\beta)} - s_v^{(\gamma)})(\varrho_k^{(\alpha)} - \varrho_k^{(\gamma)})}{\Delta}$$

$$+ \Gamma_k^{(\alpha\gamma,\beta\gamma)} \frac{(s_v^{(\alpha)} - s_v^{(\gamma)})(\varrho_j^{(\beta)} - \varrho_j^{(\gamma)}) - (s_v^{(\beta)} - s_v^{(\gamma)})(\varrho_j^{(\alpha)} - \varrho_j^{(\gamma)})}{\Delta} \tag{14.41}$$

$$h_{(j,k)} \equiv h - \frac{\Gamma_j^{(\alpha\gamma,\beta\gamma)}(\varrho_k^{(\beta)} - \varrho_k^{(\alpha)}) - \Gamma_k^{(\alpha\gamma,\beta\gamma)}(\varrho_j^{(\beta)} - \varrho_j^{(\alpha)})}{\Delta} \tag{14.42}$$

$$\Gamma_{i(j,k)}^{(\alpha\gamma,\beta\gamma)} \equiv \Gamma_i^{(\alpha\gamma,\beta\gamma)} - \Gamma_j^{(\alpha\gamma,\beta\gamma)} \frac{(\varrho_i^{(\alpha)} - \varrho_i^{(\gamma)})(\varrho_k^{(\beta)} - \varrho_k^{(\gamma)}) - (\varrho_i^{(\beta)} - \varrho_i^{(\gamma)})(\varrho_k^{(\alpha)} - \varrho_k^{(\gamma)})}{\Delta}$$

$$+ \Gamma_k^{(\alpha\gamma,\beta\gamma)} \frac{(\varrho_i^{(\alpha)} - \varrho_i^{(\gamma)})(\varrho_j^{(\beta)} - \varrho_j^{(\gamma)}) - (\varrho_i^{(\beta)} - \varrho_i^{(\gamma)})(\varrho_j^{(\alpha)} - \varrho_j^{(\gamma)})}{\Delta} \tag{14.43}$$

$$\Delta \equiv (\varrho_j^{(\alpha)} - \varrho_j^{(\gamma)})(\varrho_k^{(\beta)} - \varrho_k^{(\gamma)}) - (\varrho_j^{(\beta)} - \varrho_j^{(\gamma)})(\varrho_k^{(\alpha)} - \varrho_k^{(\gamma)}). \tag{14.44}$$

Die gemäß Gl. (14.41) und (14.43) definierten Überschußgrößen finden eine sehr bildhafte geometrische Deutung: sie sind auf eine solche Lage der zwei Trennflächen zu beziehen, bei der die summaren Werte der absoluten Adsorption der Komponenten j und k für diese Flächen gleich Null werden. Die Bedingungen $\Gamma_j^{(\alpha\gamma,\beta\gamma)} = 0$ und $\Gamma_k^{(\alpha\gamma,\beta\gamma)} = 0$ sind in einem solchen Fall Gleichungen, welche die räumliche Lage beider Trennflächen vollständig festlegen; die Größe $h_{(j,k)}$ verkörpert den Abstand zwischen den Trennflächen (da zwei Trennflächen auftreten, wäre lediglich eine dieser Bedingungen für die Lokalisierung beider Flächen unzureichend).

Die Größe $\Gamma_{i(j,k)}^{(\alpha\gamma,\beta\gamma)}$ ist ein Analogon der relativen Gibbsschen Adsorption, wie auch Gl. (14.40) selbst ein Analogon der Gibbsschen Adsorptionsgleichung (2.71) für die relative Adsorption ist.

Aus Gl. (14.40) können spezielle thermodynamische Beziehungen für reale physikalische Prozesse hergeleitet werden. Eine davon lautet wie folgt:

$$\left(\frac{d\gamma}{d\Pi}\right)_{T,\mu_{i \neq j,k}} = h_{(j,k)}. \tag{14.45}$$

Sie stellt die Verknüpfung zwischen den Differentialen von Filmspannung und Spaltdruck dar. Die für diese Änderungen formulierten Bedingungen sind in der Praxis häufig gegeben. Setzen wir beispielsweise den Prozeß einer gegenseitigen Annäherung der Grenzflächen zweier unlöslicher Einkomponentenkörper α und β in einem flüssigen Mehrkomponentenmedium (siehe Abb. 14.2.) voraus. Hierbei wird sich der in dem Spalt

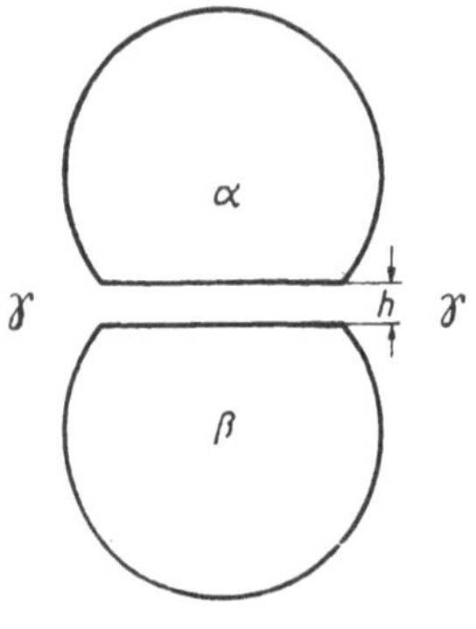

Abb. 14.2. Bildung eines Filmes bei gegenseitiger Annäherung der Phasen α und β in Phase γ

zwischen den Körpern α und β befindliche dünne Film im Gleichgewicht mit der Raumphase γ befinden, weshalb die chemischen Potentiale aller Komponenten des Filmes, die auch in der Phase γ enthalten sind, unverändert bleiben. Demgegenüber tritt eine Änderung der chemischen Potentiale der Körper α (Komponente j) und β (Komponente k) auf. In diesem Falle ist Komponente j lediglich in Phase α zugegen, so daß ihre Adsorption nur auf die Trennfläche $\alpha\gamma$ zu beziehen ist:

$$\varrho_j^{(\beta)} = 0; \quad \varrho_j^{(\gamma)} = 0; \quad \Gamma_j^{(\alpha\gamma,\beta\gamma)} = \Gamma_j^{(\alpha\gamma)}. \tag{14.46}$$

In Analogie hierzu gilt für Komponente k in Phase β die Bedingung

$$\varrho_k^{(\alpha)} = 0; \quad \varrho_k^{(\gamma)} = 0; \quad \Gamma_k^{(\alpha\gamma,\beta\gamma)} = \Gamma_k^{(\beta\gamma)}. \tag{14.47}$$

Unter diesen Bedingungen vereinfacht sich Beziehung (14.42) für die Größe $h_{(j,k)}$ wesentlich, so daß Gl. (14.45) die folgende Form annimmt:

$$\left(\frac{d\gamma}{d\Pi}\right)_{T,\mu_{i\neq j,k}} = h - \frac{\Gamma_j^{(\alpha\gamma)}}{\varrho_j^{(\alpha)}} - \frac{\Gamma_k^{(\beta\gamma)}}{\varrho_k^{(\beta)}}. \tag{14.48}$$

Werden als Trennflächen die wohldefinierbaren Begrenzungsflächen der Körper α und β gewählt, so werden die Adsorptionswerte $\Gamma_j^{(\alpha\gamma)}$ und $\Gamma_k^{(\beta\gamma)}$ nur von der Kompressibilität der Phasen α und β bestimmt. Für nur geringfügig kompressible kondensierte Körper sind die Adsorptionswerte $\Gamma_j^{(\alpha\gamma)}$ und $\Gamma_k^{(\beta\gamma)}$ sehr klein, und Gl. (14.48) nimmt die folgende Näherungsform an:

$$\left(\frac{d\gamma}{d\Pi}\right)_{T,\mu_{i\neq j,k}} \approx h. \tag{14.49}$$

Hier stellt h die Dicke der flüssigen Schicht im Spalt zwischen den Körpern α und β dar. Ist die Π-h-Abhänggikeit bekannt, läßt sich somit die γ-h-Abhängigkeit (und vice versa) leicht bestimmen.

Gegenwärtig liegt bereits eine große Anzahl von Arbeiten zur theoretischen und experimentellen Untersuchung des Spaltdruckes und anderer Eigenschaften dünner Filme vor (siehe z. B. [15,] [20]···[23], [31]···[39]). Neben Arbeiten von allgemeinem thermodynamischem Charakter [40]···[46] sind viele Arbeiten der unmittelbaren theoretischen Berechnung des Spaltdruckes gewidmet. Erstmalig ist eine solche Aufgabe von DERJAGUIN [47] für den Fall eines dünnen Filmes einer Elektrolytlösung gelöst worden, wobei für die elektrostatische Komponente des Spaltdruckes der folgende Ausdruck hergeleitet worden ist (siehe auch [18, 48]):

$$\Pi = \frac{D\varphi_0^2\varkappa^2}{8\pi ch^2(h\varkappa/2)}. \tag{14.50}$$

Es stellt D die Dielektrizitätskonstante, φ_0 das elektrostatische Potential in Filmmitte (das klein sei) und $\varkappa$ den reziproken DEBYE-HÜCKEL-Parameter (Dicke der Raumladungswolke an der ebenen Grenzschicht) dar. Die gegenseitige Abstoßung der elektrischen Doppelschichten des Filmes ($\Pi > 0$) ist als Beitrag zur Theorie der Kolloidstabilität betrachtet worden [49, 50].

Auch in neueren Arbeiten (siehe z. B. [31, 34, 35, 38,] [51···61]) erfolgt eine Weiterentwicklung der Theorie elektrolytischer Filme.

Erst kürzlich konnte gezeigt werden, daß die elektrostatische Komponente des Spaltdruckes eines Elektrolytfilmes auch bei Nulladung der Grenzfläche auftritt [62]···[64]; bei großen h-Werten fällt sie mit der dritten Potenz der Filmdicke asymptotisch ab.

Die molekulare Komponente des Spaltdruckes (für VAN DER WAALSsche Kräfte) ist sowohl auf der Basis der makroskopischen Theorie als auch mit den Methoden der statistischen Mechanik berechnet worden (letztere sind in der Theorie der Elektrolytfilme weit verbreitet).

Die zuerst von LIFSCHITZ [36, 65] formulierte makroskopische Theorie verfügt über den Vorteil, daß sie automatisch die Effekte der Nichtadditivität zwischenmolekularer Wechselwirkungen in kondensierten Körpern berücksichtigt. In jüngster Zeit erfolgt eine intensive Entwicklung einzelner Aspekte dieser Theorie, ihrer Anwendung sowie der aus ihr hergeleiteten Berechnungsverfahren (siehe z. B. [39], [66]···[89]). Die Anwendung der statistischen Mechanik für die Berechnung des Spaltdruckes molekularer Filme [90]···[96] beruht auf dem Modell additiver paarweiser Wechselwirkungen. Die damit verbundene Unzulänglichkeit hebt man allerdings weitgehend durch Einführen eines effektiven Potentials für die paarweisen Wechselwirkungen [97] auf; dieses hängt von den Eigenschaften des betrachteten Mediums ab. Der Vorteil der statistischen Methode besteht in der Möglichkeit, Mikroheterogenitäten des Filmes und speziell vorliegende sehr dünne Adsorptionsschichten, die den Wert des Spaltdruckes beeinflussen [92]···[96], zu berücksichtigen.

Die asymptotische Formel für den molekularen Spaltdruck bei großen h-Werten lautet:

$$\Pi = \frac{B}{h^n} + \frac{C}{h^{n+1}}. \tag{14.51}$$

Die Konstanten B und C hängen von Natur und Zustand des Filmes sowie dem Exponenten n ab. Für übliche VAN DER WAALSsche Kräfte ist $n = 3$, für retardierende VAN DER WAALSsche Kräfte $n = 4$. Das asymptotische Hauptglied von Gl. (14.51), welches bereits von HAMAKER berechnet worden war [98], entspricht der Wechselwirkung homogener Phasen und des Filmes untereinander. Das Korrekturglied beschreibt die Wechselwirkung homogener Phasen mit Grenzflächenschichten [92]···[94]. Die Abhängigkeit des Spaltdruckes von der Filmdicke, die durch Gl. (14.51) im asymptotischen Hauptglied in Gegenwart oder bei Abwesenheit von Retardation beschrieben wird, ist direkten experimentellen Bestimmungen unterzogen worden [28, 29], [99]···[109].

Der Übergang von nichtretardierender zu retardierender Wechselwirkung geht in den verschiedenen Untersuchungen in einem Intervall von $\approx$ 100—200 Å bis 1000 Å vonstatten. Für Wechselwirkung im Vakuum ist $B < 0$, und bei großen Abständen tritt Attraktion auf. Analog gilt $B < 0$ für einen freien Film im Vakuum und in jedem Falle für einen beliebigen symmetrischen Film. Ein solcher Film ist folglich bei großen h-Werten instabil. Gleichzeitig kann aber für einen Mehrkomponentenfilm in Gegenwart dichter Adsorptionsschichten das Vorzeichen des Koeffizienten C positiv sein [94]. Infolgedessen können bei hinreichend kleinen h-Werten, wenn das Korrekturglied in (14.51) nicht mehr zu vernachlässigende Werte annimmt, auch die molekularen Kräfte einen gewissen Beitrag zur Filmstabilität leisten.

Für unsymmetrische Filme ist der Fall $B > 0$ möglich, so daß die molekularen Kräfte zur Repulsion der wechselwirkenden Körper führen. Auch diese kann wie die Attraktion unmittelbar experimentell beobachtet werden (siehe z. B. [110]).

Die in dem vorliegenden Rahmen lediglich zur Illustration aufgeführten Gln. (14.50) und (14.51) schöpfen keineswegs alle Verhaltensvarianten des Spaltdruckes aus. Es stehen allgemeinere theoretische Beziehungen für die Beschreibung sowohl ionischer als auch molekularer Filme zur Verfügung, doch auch sie umfassen keineswegs alle experimentell untersuchten Fälle (siehe z. B. [111]). Die aufgeführten Gleichungen zeigen allerdings anschaulich die Möglichkeit eines gleichzeitigen Auftretens von Attraktions- und Repulsionskräften in Mehrphasensystemen mit dünnen Filmen.

Dies ist für die Erklärung von Stabilität oder Instabilität (Koagulation) disperser Systeme und die Bildung und Entwicklung kolloidaler Strukturen wesentlich [112]. Es sei darauf hingewiesen, daß in der Theorie disperser Systeme den molekularen Kräften üblicherweise lediglich die Rolle der Attraktionskräfte zugedacht wird (bei der Wechselwirkung gleichartiger Teilchen), was dem asymptotischen Hauptglied in Gl. (14.51) entspricht. Das Auftreten des Korrekturgliedes in (14.51) erlaubt allerdings eine etwas andere Deutung. Diese Erweiterung besteht in einem möglichen Beitrag (bei kleinen Entfernungen) der molekularen Kräfte zur Stabilität disperser Systeme in Gegenwart von Adsorptionsschichten.

14.5. Zweiphasengleichgewichte unter Mitwirkung von Filmen

Es wurde bereits festgestellt, daß für die Behandlung der Gesamtheit eines Filmes alle Beziehungen für Grenzflächenschichten anwendbar sind. Daher können auch alle thermodynamischen Gleichungen, die in den Kap. 3. und 9. für Zweiphasengleichgewichte unter Berücksichtigung von Grenzflächenerscheinungen hergeleitet worden sind, auf Zweiphasengleichgewichte unter Mitwirkung von Filmen angewendet werden. Hierfür ist es ausreichend, wenn in diesen Gleichungen die Grenzflächenspannung durch die Filmspannung sowie das Symbol σ durch das Symbol f ersetzt werden. Im Gegensatz zur Grenzflächenschichtzusammensetzung ist die Filmzusammensetzung in vielen Fällen experimentell kontrollierbar, so daß jene Beziehungen besonders wertvoll werden, in denen die Filmzusammensetzung unmittelbar figuriert. Die allgemeinsten von diesen sind die Gln. (9.10), die bei Anwendung auf das Gleichgewicht der Phasen α und β in Gegenwart eines zwischen diesen befindlichen Filmes folgendermaßen geschrieben werden können:

$$\left.\begin{aligned}
&\left[a + \sum_{i=1}^{n-1} (x_i^{(\alpha)} - x_i^{(f)}) \left(\frac{\partial a}{\partial x_i}\right)^{(f)}\right] d\gamma \\
&= s_{f\alpha}\, dT - \left[v^{(\alpha)} - v_\alpha^{(f)} - \sum_{i=1}^{n-1} (x_i^{(\alpha)} - x_i^{(f)}) \left(\frac{\partial v_\alpha}{\partial x_i}\right)^{(f)}\right] dP^{(\alpha)} \\
&\quad + \left[v_\beta^{(f)} + \sum_{i=1}^{n-1} (x_i^{(\alpha)} - x_i^{(f)}) \left(\frac{\partial v_\beta}{\partial x_i}\right)^{(f)}\right] dP^{(\beta)} + \sum_{i,k=1}^{n-1} (x_i^{(\alpha)} - x_i^{(f)})\, g_{ik}^{(f)}\, dx_k^{(f)} \\
&\left[a + \sum_{i=1}^{n-1} (x_i^{(\beta)} - x_i^{(f)}) \left(\frac{\partial a}{\partial x_i}\right)^{(f)}\right] d\gamma \\
&= s_{f\beta}\, dT + \left[v_\alpha^{(f)} + \sum_{i=1}^{n-1} (x_i^{(\beta)} - x_i^{(f)}) \left(\frac{\partial v_\alpha}{\partial x_i}\right)^{(f)}\right] dP^{(\alpha)} \\
&\quad - \left[v^{(\beta)} - v_\beta^{(f)} - \sum_{i=1}^{n-1} (x_i^{(\beta)} - x_i^{(f)}) \left(\frac{\partial v_\beta}{\partial x_i}\right)^{(f)}\right] dP^{(\beta)} \\
&\quad + \sum_{i,k=1}^{n-1} (x_i^{(\beta)} - x_i^{(f)})\, g_{ik}^{(f)}\, dx_k^{(f)}.
\end{aligned}\right\} \quad (14.52)$$

Hierin stellen die Größen $s_{f\alpha}$ und $s_{f\beta}$ die differentiellen molaren Entropieeffekte für die Übergänge aus dem Film in Phase α bzw. β dar (siehe Gl. (3.26)). Ihre Multiplikation mit der Temperatur führt zu den entsprechenden Wärmeeffekten.

Das Gleichungssystem (14.52) kennzeichnet die gegenseitige Verknüpfung der Hauptzustandsparameter des Filmes: Spannung, Temperatur, Drücke beidseitig des Filmes,

Zusammensetzung. Als weitere Variable kann der Krümmungsradius des Filmes eingeführt werden, wozu die Gleichgewichtsbedingung (9.15)

$$dP^{(\alpha)} - dP^{(\beta)} = \frac{2}{r}\, d\gamma - \frac{2\gamma}{r^2}\, dr \tag{14.53}$$

geeignet ist. Die Gln. (14.52) und (14.53) bleiben auch dann in Kraft, wenn der gekrümmte Film von beiden Seiten durch ein und dieselbe Phase umgeben ist, da die durch den Film getrennten Teile der Phase unterschiedliche Drücke haben.

Für einen ebenen Film mit gleichen Drücken in beiden Phasen nimmt das Gleichungssystem (14.52) folgendes Aussehen an:

$$\left.\begin{aligned}
&\left[a + \sum_{i=1}^{n-1} (x_i^{(\alpha)} - x_i^{(f)}) \left(\frac{\partial a}{\partial x_i}\right)^{(f)}\right] d\gamma \\
&= s_{f\alpha}\, dT - v_{f\alpha}\, dP + \sum_{i,k=1}^{n-1} (x_i^{(\alpha)} - x_i^{(f)})\, g_{ik}^{(f)}\, dx_k^{(f)} \\
&\left[a + \sum_{i=1}^{n-1} (x_i^{(\beta)} - x_i^{(f)}) \left(\frac{\partial a}{\partial x_i}\right)^{(f)}\right] d\gamma \\
&= s_{f\beta}\, dT - v_{f\beta}\, dP + \sum_{i,k=1}^{n-1} (x_i^{(\beta)} - x_i^{(f)})\, g_{ik}^{(f)}\, dx_k^{(f)}.
\end{aligned}\right\} \tag{14.54}$$

Hierin stellen die Größen $v_{f\alpha}$ und $v_{f\beta}$ die differentiellen molaren Volumeneffekte für die Übergänge aus dem Film in Phase α bzw. β dar (siehe (3.26)). Ist außerdem der Film beidseitig von ein und derselben Phase α umgeben, so sind beide Gln. (14.54) identisch gleich. Für diesen Fall wird somit nur eine einzige Gleichung für die Verknüpfung der Änderungen von Temperatur, Druck, Spannung und Zusammensetzung des Filmes benötigt:

$$\begin{aligned}
&\left[a + \sum_{i=1}^{n-1} (x_i^{(\alpha)} - x_i^{(f)}) \left(\frac{\partial a}{\partial x_i}\right)^{(f)}\right] d\gamma \\
&= s_{f\alpha}\, dT - v_{f\alpha}\, dP + \sum_{i,k=1}^{n-1} (x_i^{(\alpha)} - x_i^{(f)})\, g_{ik}^{(f)}\, dx_k^{(f)}.
\end{aligned} \tag{14.55}$$

Eörtern wir nunmehr die wesentlichen Schlußfolgerungen aus Gl. (14.55).

A. Abhängigkeit der Filmspannung von der Temperatur

Aus Gl. (14.55) folgt eine Beziehung zwischen Gleichgewichtstemperatur und Filmspannung bei vorgegebener Zusammensetzung und konstantem Druck:

$$\left(\frac{d\gamma}{dT}\right)_{P, x_1^{(f)}, \ldots, x_{n-1}^{(f)}} = \frac{s_{f\alpha}}{a + \sum_{i=1}^{n-1} (x_i^{(\alpha)} - x_i^{(f)}) \left(\frac{\partial a}{\partial x_i}\right)^{(f)}}. \tag{14.56}$$

Ist die Entropie der den Film umgebenden Phase viel größer als die Entropie des Filmes, was z. B. im Falle eines Gleichgewichtes zwischen flüssigem Film und Dampf auftritt, so ist die Größe $s_{f\alpha}$ positiv. Der im Nenner der rechten Seite von Gl. (14.56) stehende Ausdruck ist ebenfalls positiv, sofern die Werte der Ableitungen $\partial a/\partial x_i$ nicht allzu groß sind. Somit folgt aus Gl. (14.56) für diesen Fall eine Zunahme der Filmspannung mit steigender Temperatur. Für ein Einkomponentensystem nimmt Beziehung (14.56) die einfache Form

$$\left(\frac{d\gamma}{dT}\right)_P = \frac{s^{(\alpha)} - s^{(f)}}{a} \tag{14.57}$$

an. Hieraus folgt, daß die Filmspannung einer sich mit ihrem Dampf im Gleichgewicht befindlichen Flüssigkeit mit Temperaturerhöhung stets wächst. Steht andererseits ein reiner Flüssigkeitsfilm mit einer über eine geringere Entropie verfügenden Phase (z. B. einem Festkörper) im Kontakt, so wird eine Temperaturerhöhung von einer Spannungssenkung begleitet.

B. Abhängigkeit der Filmspannung vom Außendruck

Bei konstanter Temperatur und Filmzusammensetzung ist die Abhängigkeit der Spannung vom Außendruck durch den folgenden Zusammenhang gegeben:

$$\left(\frac{d\gamma}{dP}\right)_{T,x_1^{(f)},\ldots,x_{n-1}^{(f)}} = -\frac{v_{f\alpha}}{a + \sum\limits_{i=1}^{n-1} (x_i^{(\alpha)} - x_i^{(f)}) \left(\dfrac{\partial a}{\partial x_i}\right)^{(f)}}. \tag{14.58}$$

Verfügt das den Film umgebende Medium über eine wesentlich geringere Dichte als der Film selbst, wie dies z. B. für das Gleichgewicht zwischen Film und Dampf der Fall ist, so ist die Größe $v_{f\alpha}$ positiv. Bei nicht allzu großen Werten der Ableitungen $\partial a/\partial x_i$ ist der in der rechten Seite von (14.58) stehende Nenner ebenfalls positiv. Unter diesen Bedingungen führt gemäß Gl. (14.58) eine Erhöhung des Außendruckes zu einer Abnahme der Filmspannung.

Für ein Einkomponentensystem vereinfacht sich Beziehung (14.58) zu folgendem Ausdruck:

$$\left(\frac{d\gamma}{dP}\right)_T = \frac{v^{(f)} - v^{(\alpha)}}{a}. \tag{14.59}$$

Dieser Ausdruck zeigt, daß die Abhängigkeit der Filmspannung vom Außendruck ausschließlich von dem Größenverhältnis zwischen den Molvolumina oder Dichten des Filmes und des diesen umgebenden Mediums festgelegt wird. Besitzt der Film eine höhere Dichte, so verringert sich die Spannung mit Druckerhöhung bzw. erhöht sich mit Druckerhöhung bei geringerer Dichte des Filmes verglichen mit jener des äußeren Mediums.

C. Abhängigkeit der Filmspannung von der Filmzusammensetzung

Bei Konstanz von Temperatur und Außendruck ist der Zusammenhang zwischen Filmspannung und -zusammensetzung durch nachstehende Gleichung gegeben:

$$\left[a + \sum_{i=1}^{n-1} (x_i^{(\alpha)} - x_i^{(f)}) \left(\frac{\partial a}{\partial x_i}\right)^{(f)}\right] d\gamma = \sum_{i,k=1}^{n-1} (x_i^{(\alpha)} - x_i^{(f)})\, g_{ik}^{(f)}\, dx_k^{(f)}. \tag{14.60}$$

Für den einfachsten Fall eines binären Systems lautet sie wie folgt:

$$\left(\frac{d\gamma}{dx_i^{(f)}}\right)_{T,P} = \frac{(x_1^{(\alpha)} - x_1^{(f)})\, g_{11}^{(f)}}{a + (x_1^{(\alpha)} - x_1^{(f)}) \left(\frac{\partial a}{\partial x_1}\right)^{(f)}}. \tag{14.61}$$

Gemäß den Stabilitätsbedingungen ist die Größe $g_{11}^{(f)}$ positiv, mithin wird das Vorzeichen des in Gl. (14.61) rechts stehenden Nenners ausschließlich durch das Größenverhältnis der Konzentrationen von Komponente (1) im Film bzw. umgebenden Medium bestimmt. Ist dieser Nenner positiv, so führt eine Konzentrationserhöhung der im Film verglichen mit dem umgebenden Medium bevorzugt enthaltenen Komponente zu einer Verringerung der Filmspannung. In diesem Falle liegt völlige Analogie zur Wirkung grenzflächenaktiver Stoffe auf die Grenzflächenspannung von Gemischen vor.

Für die Erörterung der Beziehungen (14.56), (14.58) und (14.61) wurde vorausgesetzt, daß als unabhängige Parameter Temperatur, Druck bzw. Zusammensetzung des Filmes figurieren, doch im Experiment kann auch die Filmspannung als kontrollierbare Größe auftreten. In einem solchen Falle beschreiben die Beziehungen (14.56), (14.58) und (14.61) den Einfluß der Filmspannungsänderung auf die Gleichgewichtswerte von Temperatur, Druck und Zusammensetzung des Filmes. Unter den Bedingungen des Auftretens von Filmelastizität (z. B. in geschlossenen Systemen) wird eine Zunahme der Filmspannung von Dilatation des Filmes und von Verringerung der Filmdicke begleitet, so daß die analysierten Beziehungen auch auf die Prozesse der Filmdilatation und -kompression anwendbar sind. So z. B. folgt aus den Beziehungen (14.56) und (14.58), daß sich mit Verringerung der Dicke stabiler Filme auch ihr Gleichgewichtsdampfdruck verringert bzw. ihre Gleichgewichtstemperatur erhöht.

B e z i e h u n g e n f ü r d ü n n e F i l m e. Die oben aufgeführten Beziehungen sind auf Filme mit beliebiger Dicke anwendbar. Betrachten wir jetzt einige Ausdrücke, die die spezifischen Eigenschaften dünner Filme besonders berücksichtigen.

Es möge ein ebener dünner Film beidseitig von Phase α umgeben sein, während Phase β mit jener Phase identisch sei, die sich innerhalb des Filmes bei hinreichender Verdickung bildet. Phase β kann sich mit dem betrachteten dünnen Film im Gleichgewicht befinden, indem sie entweder unmittelbar mit dem Film (von seiner Stirnseite her) oder mit Phase α im Kontakt steht. Aus den Gleichgewichtsbedingungen folgen unterschiedliche Druckwerte für die Phasen α und β; berühren sich diese Phasen, so sind sie über eine gekrümmte Grenzfläche voneinander getrennt. Offensichtlich bleiben Gl. (9.16) sowie die analoge Beziehung in den Zusammensetzungsvariablen von Phase β auch für diesen Fall unverändert in Kraft. Die Druckdifferenz für die Phasen α und β ist gleich dem Spaltdruck des dünnen Filmes, der unmittelbar in diese Gleichungen eingeführt werden kann:

$$v_{\alpha\beta}\, dP^{(\alpha)} - v^{(\beta)}\, d\Pi = s_{\alpha\beta}\, dT + \sum_{i,k=1}^{n-1} (x_i^{(\beta)} - x_i^{(\alpha)})\, g_{ik}^{(\alpha)}\, dx_k^{(\alpha)} \tag{14.62}$$

$$v_{\beta\alpha}\, dP^{(\alpha)} - (v_{\beta\alpha} - v^{(\alpha)})\, d\Pi = s_{\beta\alpha}\, dT + \sum_{i,k=1}^{n-1} (x_i^{(\alpha)} - x_i^{(\beta)})\, g_{ik}^{(\beta)}\, dx_k^{(\beta)} \tag{14.63}$$

mit

$$\Pi \equiv P^{(\alpha)} - P^{(\beta)}.$$

Diese Gleichungen beschreiben die Abhängigkeit des Spaltdruckes des Filmes von Temperatur, Außendruck und Zusammensetzung von Phase α und β vollständig. Im Falle eines Einkomponentensystems gehen beide Gleichungen ineinander über und führen zu folgenden Beziehungen:

$$\left(\frac{d\Pi}{dP^{(\alpha)}}\right)_T = 1 - \frac{v^{(\alpha)}}{v^{(\beta)}} \tag{14.64}$$

$$\left(\frac{d\Pi}{dT}\right)_{P^{(\alpha)}} = \frac{s^{(\alpha)} - s^{(\beta)}}{v^{(\beta)}} = \frac{Q_{\beta\alpha}}{Tv^{(\beta)}} \tag{14.65}$$

mit $Q_{\beta\alpha}$ als Wärme des Phasenüberganges $\beta \to \alpha$.

Für das Gleichgewicht zwischen flüssigem Film und idealem Dampf kann Gl. (14.64) in folgende Näherungsform gebracht werden:

$$P^{(\alpha)} \approx P_0^{(\alpha)} \exp\left(-\frac{v^{(\beta)}\Pi}{RT}\right) \tag{14.66}$$

mit $P_0^{(\alpha)}$ als Dampfdruck des dicken Filmes (bei $\Pi = 0$) und $P^{(\alpha)}$ als Dampfdruck des dünnen Filmes.

Für Mehrkomponentensysteme stehen anstelle von (14.64) und (14.65) die folgenden komplizierteren Beziehungen:

$$\left(\frac{d\Pi}{dP^{(\alpha)}}\right)_{T,x_1^{(\alpha)},\ldots,x_{n-1}^{(\alpha)}} = \frac{v_{\alpha\beta}}{v^{(\beta)}} \tag{14.67}$$

$$\left(\frac{d\Pi}{dP^{(\alpha)}}\right)_{T,x_1^{(\beta)},\ldots,x_{n-1}^{(\beta)}} = \frac{v_{\beta\alpha}}{v_{\beta\alpha} - v^{(\alpha)}} \tag{14.68}$$

$$\left(\frac{d\Pi}{dT}\right)_{P^{(\alpha)},x_1^{(\alpha)},\ldots,x_{n-1}^{(\alpha)}} = -\frac{s_{\alpha\beta}}{v^{(\beta)}} = -\frac{Q_{\alpha\beta}}{Tv^{(\beta)}} \tag{14.69}$$

$$\left(\frac{d\Pi}{dT}\right)_{P^{(\alpha)},x_1^{(\beta)},\ldots,x_{n-1}^{(\beta)}} = \frac{s_{\beta\alpha}}{v^{(\alpha)} - v_{\beta\alpha}} = \frac{Q_{\beta\alpha}}{T(v^{(\alpha)} - v_{\beta\alpha})} \tag{14.70}$$

mit $Q_{\alpha\beta}$ und $Q_{\beta\alpha}$ als den differentiellen molaren Wärmen der Phasenübergänge $\alpha \to \beta$ bzw. $\beta \to \alpha$. Aus den Gln. (14.67) und (14.69) ist ersichtlich, daß der qualitative Charakter des Einflusses von Temperatur und Außendruck auf den Spaltdruck bei konstanter Zusammensetzung von Phase α von den Vorzeichen des Wärme- bzw. Volumeneffektes für den Phasenübergang festgelegt wird. Sind z. B. $v_{\alpha\beta}$ und $Q_{\alpha\beta}$ negativ (z. B. bei Verdampfung flüssiger Filme), so führen Erhöhungen des Außendruckes bzw. der Temperatur zur Verringerung bzw. Erhöhung des Spaltdruckes. Diese Einflüsse werden in gleicher Richtung auch bei konstanter Zusammensetzung von Phase β wirksam, wenn das Molvolumen dieser Phase nur wenig von der Zusammensetzung abhängt. Bei Anwendung von Gl. (14.67) auf das Gleichgewicht zwischen flüssigem Film und Dampf erhält man erneut Beziehung (14.66), sofern der Dampf als ideales Gemisch angesehen werden kann. Analoges folgt für Gl. (14.68), wenn des weiteren das Molvolumen von Phase β nur wenig von ihrer Zusammensetzung beeinflußt wird.

Den Einfluß der Zusammensetzung auf den Spaltdruck eines Filmes wollen wir am Beispiel eines binären Systems untersuchen. Bei $n = 2$ erhalten wir aus (14.62) und (14.63) die Beziehungen

$$\left(\frac{d\Pi}{dx_1^{(\alpha)}}\right)_{T,P^{(\alpha)}} = \frac{(x_1^{(\alpha)} - x_1^{(\beta)})\, g_{11}^{(\alpha)}}{v^{(\beta)}} \tag{14.71}$$

$$\left(\frac{d\Pi}{dx_1^{(\beta)}}\right)_{T,P^{(\alpha)}} = \frac{(x_1^{(\alpha)} - x_1^{(\beta)})\, g_{11}^{(\beta)}}{v^{(\alpha)} - v_{\beta\alpha}}. \tag{14.72}$$

Gemäß Stabilitätsbedingungen sind die Größen $g_{11}^{(\alpha)}$ und $g_{11}^{(\beta)}$ positiv. Infolgedessen werden die Vorzeichen der rechten Seiten von (14.71) und (14.72) durch das Größenverhältnis der Zusammensetzungen beider Phasen festgelegt. Aus Gl. (14.71) und (14.72) ergibt sich folgende Regel:

Ist eine Komponente in Phase β bevorzugt enthalten, so führt ihr weiterer Zusatz zu einer Verringerung des Spaltdruckes; ist diese Komponente jedoch in Phase α bevorzugt enthalten, so zieht ihr weiterer Zusatz eine Erhöhung des Spaltdruckes nach sich.

14.6. Dreiphasengleichgewichte unter Mitwirkung von Filmen

Im allgemeinen ist eine Filmbildung mit der Anwesenheit von drei Raumphasen im System verbunden: den Phasen α und β, zwischen welchen sich der Film befindet, und der Phase γ, die im Falle dicker Filme im Filminneren vorliegt bzw. im Falle dünner Filme mit den Stirnseiten einen solchen berühren kann (eine entsprechende Situation ist z. B. bei gegenseitiger Annäherung der Körper α und β in Phase γ gegeben (siehe Abb. 14.2.). Folglich hat im Rahmen der Thermodynamik von Filmen auch eine Erörterung des Dreiphasengleichgewichtes unter Teilnahme des Filmes zu erfolgen.

Für die Beschreibung dieses Gleichgewichtes können die Temperatur T, die Drücke $P^{(\alpha)}$, $P^{(\beta)}$ und $P^{(\gamma)}$, die Filmspannung γ (für den Gesamtfilm) und die Zusammensetzungsvariablen einer Phase oder des Filmes insgesamt benutzt werden. Dies führt zu vier Gruppen thermodynamischer Gleichungen. Sie können leicht erhalten werden, fügt man den Beziehungen für die Zweiphasengleichgewichte unter Teilnahme von Filmen jene Gleichungen hinzu, die das Gleichgewicht einer dritten Phase mit dem Film oder einer der Raumphasen charakterisieren. Dies ist ein gültiges Verfahren, da ein beliebiges kompliziertes Gleichgewicht als aus einer Reihe binärer Gleichgewichte bestehend betrachtet werden darf.

Bislang haben wir die Gleichgewichtsbedingungen einer Grenzflächenschicht oder eines zwischen den Phasen α und β befindlichen Filmes nur über die Zusammensetzungsvariablen dieser Phasen, der Grenzflächenschicht bzw. des Filmes ausgedrückt. Dieses Vorgehen wurde auch für die Betrachtung des Dreiphasengleichgewichtes in den Abschn. 11.5. und 11.6. benutzt. Nunmehr benötigen wir Gleichungen, welche das Gleichgewicht einer Grenzflächenschicht oder eines Filmes, die sich zwischen den Phasen α und β befinden, mit Phase γ in den Variablen der Zusammensetzung dieser Phase und entweder der Grenzflächenschicht oder des Filmes charakterisieren (die Gestalt dieser Gleichungen ist natürlich davon unabhängig, ob Phase γ den Film an seinen Stirnseiten berührt oder von ihm durch irgendeine andere Phase getrennt ist).

Für die Herleitung dieser Gleichungen wenden wir uns Gl. (9.2) zu, die für einen Film das folgende Aussehen annimmt:

$$A\,d\gamma = -S^{(f)}\,dT + V_\alpha^{(f)}\,dP^{(\alpha)} + V_\beta^{(f)}\,dP^{(\beta)} - \sum_{i=1}^{n} m_i^{(f)}\,d\mu_i. \tag{14.73}$$

Die in Gl. (14.73) stehenden chemischen Potentiale wollen wir auf Phase γ beziehen. Unter Verwendung der Transformation (3.16) erhalten wir für das Gleichgewicht eines Filmes mit Phase γ die folgende Gleichung:

$$a\,d\gamma = (s^{(\gamma)} - s^{(f)})\,dT - v^{(\gamma)}\,dP^{(\gamma)} + v_\alpha^{(f)}\,dP^{(\alpha)} + v_\beta^{(f)}\,dP^{(\beta)} + \sum_{i=1}^{n-1} (x_i^{(\gamma)} - x_i^{(f)})\,d\left(\frac{\partial g}{\partial x_i}\right). \tag{14.74}$$

In Übereinstimmung mit den Stabilitätsbedingungen können die Größen $\partial g/\partial x_i$ sowohl Phase γ als auch dem Film insgesamt zugeordnet werden. Dementsprechend können unter Benutzung der Ausdrücke (3.19) und (9.9) aus Gl. (14.74) die zwei folgenden Formen gebildet werden:

$$a\,d\gamma = -s_{\gamma f}\,dT - \left[v^{(\gamma)} + \sum_{i=1}^{n-1} (x_i^{(f)} - x_i^{(\gamma)}) \left(\frac{\partial v}{\partial x_i}\right)^{(\gamma)}\right] dP^{(\gamma)} + v_\alpha^{(f)}\,dP^{(\alpha)} + v_\beta^{(f)}\,dP^{(\beta)} - \sum_{i,k=1}^{n-1} (x_i^{(f)} - x_i^{(\gamma)})\,g_{ik}^{(\gamma)}\,dx_k^{(\gamma)} \tag{14.75}$$

$$\left[a + \sum_{i=1}^{n-1} (x_i^{(\gamma)} - x_i^{(f)}) \left(\frac{\partial a}{\partial x_i}\right)^{(f)}\right] d\gamma = s_{f\gamma}\,dT - v^{(\gamma)}\,dP^{(\gamma)} + \left[v_\alpha^{(f)} + \sum_{i=1}^{n-1} (x_i^{(\gamma)} - x_i^{(f)}) \left(\frac{\partial v_\alpha}{\partial x_i}\right)^{(f)}\right] dP^{(\alpha)} + \left[v_\beta^{(f)} + \sum_{i=1}^{n-1} (x_i^{(\gamma)} - x_i^{(f)}) \left(\frac{\partial v_\beta}{\partial x_i}\right)^{(f)}\right] dP^{(\beta)} + \sum_{i,k=1}^{n-1} (x_i^{(\gamma)} - x_i^{(f)})\,g_{ik}^{(f)}\,dx_k^{(f)} \tag{14.76}$$

mit $s_{\gamma f}$ und $s_{f\gamma}$ als den differentiellen molaren Entropieeffekten für die Übergänge $\gamma \to f$ bzw. $f \to \gamma$.

Die Gln. (14.75) und (14.76) stellen die gesuchten Gleichungen für das Gleichgewicht zwischen Film und Phase in den Zusammensetzungsvariablen der Phase γ und des Filmes dar. Für eine vollständige Beschreibung des Dreiphasengleichgewichtes unter Teilnahme eines Filmes ist Gl. (14.76) gemeinsam mit den Gln. (14.52) für die Gleichgewichte zwischen dem Film mit den Phasen α und β zu betrachten, was zu folgendem Gleichungssystem führt:

$$\left.\begin{aligned} \left[a + \sum_{i=1}^{n-1} (x_i^{(\gamma)} - x_i^{(f)}) \left(\frac{\partial a}{\partial x_i}\right)^{(f)}\right] d\gamma &= s_{f\gamma}\,dT - v^{(\gamma)}\,dP^{(\gamma)} \\ &+ \left[v_\alpha^{(f)} + \sum_{i=1}^{n-1} (x_i^{(\gamma)} - x_i^{(f)}) \left(\frac{\partial v_\alpha}{\partial x_i}\right)^{(f)}\right] dP^{(\alpha)} \\ &+ \left[v_\beta^{(f)} + \sum_{i=1}^{n-1} (x_i^{(\gamma)} - x_i^{(f)}) \left(\frac{\partial v_\beta}{\partial x_i}\right)^{(f)}\right] dP^{(\beta)} \end{aligned}\right\} \tag{14.77}$$

$$\left.\begin{aligned}
&+\sum_{i,k=1}^{n-1}(x_i{}^{(\gamma)}-x_i{}^{(f)})\,g_{ik}^{(f)}\,dx_k{}^{(f)}\\
&\left[a+\sum_{i=1}^{n-1}(x_i{}^{(\alpha)}-x_i{}^{(f)})\left(\frac{\partial a}{\partial x_i}\right)^{(f)}\right]d\gamma = s_{f\alpha}\,dT\\
&\quad-\left[v^{(\alpha)}-v_\alpha{}^{(f)}-\sum_{i=1}^{n-1}(x_i{}^{(\alpha)}-x_i{}^{(f)})\left(\frac{\partial v_\alpha}{\partial x_i}\right)^{(f)}\right]dP^{(\alpha)}\\
&\quad+\left[v_\beta{}^{(f)}+\sum_{i=1}^{n-1}(x_i{}^{(\alpha)}-x_i{}^{(f)})\left(\frac{\partial v_\beta}{\partial x_i}\right)^{(f)}\right]dP^{(\beta)}\\
&\quad+\sum_{i,k=1}^{n-1}(x_i{}^{(\alpha)}-x_i{}^{(f)})\,g_{ik}^{(f)}\,dx_k{}^{(f)}\\
&\left[a+\sum_{i=1}^{n-1}(x_i{}^{(\beta)}-x_i{}^{(f)})\left(\frac{\partial a}{\partial x_i}\right)^{(f)}\right]d\gamma = s_{f\beta}\,dT\\
&\quad+\left[v_\alpha{}^{(f)}+\sum_{i=1}^{n-1}(x_i{}^{(\beta)}-x_i{}^{(f)})\left(\frac{\partial v_\alpha}{\partial x_i}\right)^{(f)}\right]dP^{(\alpha)}\\
&\quad-\left[v_\beta-v_\beta{}^{(f)}-\sum_{i=1}^{n-1}(x_i{}^{(\beta)}-x_i{}^{(f)})\left(\frac{\partial v_\beta}{\partial x_i}\right)^{(f)}\right]dP^{(\beta)}\\
&\quad+\sum_{i,k=1}^{n-1}(x_i{}^{(\beta)}-x_i{}^{(f)})\,g_{ik}^{(f)}\,dx_k{}^{(f)}.
\end{aligned}\right\}\qquad(14.77)$$

Gleichungssystem (14.77) beschreibt das Dreiphasengleichgewicht unter Teilnahme eines Filmes in den Zusammensetzungsvariablen des Filmes. Für die Beschreibung des gleichen Gleichgewichtes in den Zusammensetzungsvariablen von Phase γ ist die gemeinsame Betrachtung von Gl. (14.75) und Gleichungen der Form (9.16) für die Zweiphasengleichgewichte $\alpha - \gamma$ und $\beta - \gamma$ in den Zusammensetzungsvariablen von Phase γ zu empfehlen, was schließlich zu folgendem Gleichungssystem führt:

$$\left.\begin{aligned}
&a\,d\gamma = -s_{\gamma f}\,dT-\left[v^{(\gamma)}+\sum_{i=1}^{n-1}(x_i{}^{(f)}-x_i{}^{(\gamma)})\left(\frac{\partial v}{\partial x_i}\right)^{(\gamma)}\right]dP^{(\gamma)}\\
&\qquad+v_\alpha{}^{(f)}\,dP^{(\alpha)}+v_\beta{}^{(f)}\,dP^{(\beta)}-\sum_{i,k=1}^{n-1}(x_i{}^{(f)}-x_i{}^{(\gamma)})\,g_{ik}^{(\gamma)}\,dx_k{}^{(\gamma)}\\
&v^{(\alpha)}\,dP^{(\alpha)}+(v_{\gamma\alpha}-v^{(\alpha)})\,dP^{(\gamma)} = s_{\gamma\alpha}\,dT+\sum_{i,k=1}^{n-1}(x_i{}^{(\alpha)}-x_i{}^{(\gamma)})\,g_{ik}^{(\gamma)}\,dx_k{}^{(\gamma)}\\
&v^{(\beta)}\,dP^{(\beta)}+(v_{\gamma\beta}-v^{(\beta)})\,dP^{(\gamma)} = s_{\gamma\beta}\,dT+\sum_{i,k=1}^{n-1}(x_i{}^{(\beta)}-x_i{}^{(\gamma)})\,g_{ik}^{(\gamma)}\,dx_k{}^{(\gamma)}.
\end{aligned}\right\}\qquad(14.78)$$

Analoge Gleichungssysteme können für die Fälle, daß das Gleichgewicht über die Zusammensetzungsvariablen der Phasen α bzw. β ausgedrückt wird, hergeleitet werden.

Die Gln. (14.77) und (14.78), welche die Verschiebung eines Dreiphasengleichgewichtes unter Teilnahme gekrümmter Filme beschreiben, sind sowohl für dicke als auch für dünne Filme gültig. Für die Herleitung der Beziehungen für ebene Filme ist in diese Gleichungen lediglich die Bedingung der Druckgleichheit in den Phasen α und β einzuführen. Bezüglich des Druckes in Phase γ kann festgestellt werden, daß er für einen dicken Film gleich den Drücken in Phase α und β ist und sich für einen dünnen Film von den Drücken in den Phasen α und β um den Wert des Spaltdruckes Π unterscheidet. Der Spaltdruck als weiteres thermodynamisches Charakteristikum eines dünnen Filmes kann offensichtlich in die Gln. (14.77) und (14.78) eingeführt werden.

Zur Verdeutlichung der hergeleiteten Gleichungen wollen wir einige für die Praxis wichtige Beispiele und aus Gleichungssystem (14.78) ableitbare thermodynamische Beziehungen für dünne Filme erörtern. Setzen wir zunächst einen ebenen Film, der von den flüssigen oder gasförmigen Phasen α und β begrenzt sei, voraus. Zur weiteren Vereinfachung mögen die Phasen α und β identisch sein. Ein solches Beispiel wird bei der Bildung eines dünnen Filmes zwischen gleich großen Tröpfchen oder Bläschen im Inneren von Phase γ verkörpert (Abb. 14.2.). Der Spaltdruck derartiger Filme ist von Derjaguin und Titijevskaja experimentell untersucht worden [30]. Nehmen wir des weiteren an, daß Temperatur und Druck in Phase γ konstant seien, weswegen sich eine Änderung des Spaltdruckes aus einer Druckänderung in den Phasen α und β ergibt. Somit erhält Gl. (14.78) das folgende Aussehen:

$$\left.\begin{aligned} a\,d\gamma &= v^{(f)}\,d\Pi - \sum_{i,k=1}^{n-1} (x_i^{(f)} - x_i^{(\gamma)})\, g_{ik}^{(\gamma)}\, dx_k^{(\gamma)} \\ v^{(\alpha)}\,d\Pi &= \sum_{i,k=1}^{n-1} (x_i^{(\alpha)} - x_i^{(\gamma)})\, g_{ik}^{(\gamma)}\, dx_k^{(\gamma)} \end{aligned}\right\} \qquad (14.79)$$

mit $\Pi \equiv P^{(\alpha)} - P^{(\gamma)}$.

Hieraus ergibt sich die folgende Beziehung für die Abhängigkeit der Filmspannung von der Zusammensetzung der Phase γ:

$$a\,d\gamma = -\sum_{i,k=1}^{n-1} \left[x_i^{(f)} - x_i^{(\gamma)} - \frac{v^{(f)}}{v^{(\alpha)}} (x_i^{(\alpha)} - x_i^{(\gamma)})\right] g_{ik}^{(\gamma)}\, dx_k^{(\gamma)}. \qquad (14.80)$$

Für ein binäres System ($n = 2$) erhalten wir aus Gl. (14.79) und (14.80) die nachstehend aufgeführten Ausdrücke:

$$\left(\frac{d\Pi}{dx_i^{(\gamma)}}\right)_{T,P^{(\gamma)}} = \frac{(x_1^{(\alpha)} - x_1^{(\gamma)})\, g_{11}^{(\gamma)}}{v^{(\alpha)}} \qquad (14.81)$$

$$\frac{1}{\tau}\left(\frac{d\gamma}{dx_1^{(\gamma)}}\right)_{T,P^{(\gamma)}} = \left[\frac{x_1^{(\alpha)} - x_1^{(\gamma)}}{v^{(\alpha)}} - \frac{x_1^{(f)} - x_1^{(\gamma)}}{v^{(f)}}\right] g_{11}^{(\gamma)} \qquad (14.82)$$

$$\frac{1}{\tau}\left(\frac{d\gamma}{d\Pi}\right)_{T,P^{(\gamma)}} = 1 - \frac{v^{(\alpha)}}{v^{(f)}} \cdot \frac{x_1^{(f)} - x_1^{(\gamma)}}{x_1^{(\alpha)} - x_1^{(\gamma)}} \qquad (14.83)$$

mit $\tau = v^{(f)}/a$ als Filmdicke.

Aus den Beziehungen (14.81)···(14.83) ist ersichtlich, daß der Einfluß der Zusammensetzung auf den Spaltdruck, die Filmspannung und die gegenseitige Verknüpfung dieser Größen eng mit der Komponentenverteilung im System verbunden ist. So lassen sich für einen an Dampf grenzenden flüssigen Film aus diesen Beziehungen die folgenden Regeln herleiten:

a) **Hinzufügen der flüchtigeren Komponente führt zur Erhöhung, Hinzufügen der weniger flüchtigen Komponenten zur Herabsetzung des Spaltdruckes des Filmes.**
b) **Ist in einem Film — verglichen mit Phase γ — die weniger flüchtige Komponente angereichert, so führt ihre weitere Zugabe zu einer Senkung bzw. ihre Entfernung zu einer Erhöhung der Filmspannung.**

Des weiteren ist aus Beziehung (14.83) ersichtlich, daß sich Spannung und Spaltdruck nicht in jedem Falle symbat ändern.

Für einen mit seinem eigenen Dampf in Kontakt stehenden flüssigen Film gilt $v^{(\alpha)} \gg v^{(f)}$, so daß sich Gl. (14.82) und (14.83) wie folgt vereinfachen lassen:

$$\frac{1}{\tau}\left(\frac{d\gamma}{dx_1^{(\gamma)}}\right)_{T,P(\gamma)} \approx -\frac{x_1^{(f)} - x_1^{(\gamma)})\, g_{11}^{(\gamma)}}{v^{(f)}} \tag{14.84}$$

$$\frac{1}{\tau}\left(\frac{d\gamma}{d\sqcap}\right)_{T,P(\gamma)} \approx -\frac{v^{(\alpha)}}{v^{(f)}}\cdot\frac{x_1^{(f)} - x_1^{(\gamma)}}{x_1^{(\alpha)} - x_1^{(\gamma)}}. \tag{14.85}$$

Ist der Film nicht von eigenem Dampf, sondern einem schwachlöslichen Fremdgas umgeben (wenn sich der Film z. B. in einer Flüssigkeit zwischen zwei Luftblasen befindet), so nehmen diese Beziehungen eine andere Näherungsform an:

$$\left(\frac{d\sqcap}{dx_1^{(\gamma)}}\right)_{T,P(\gamma)} \approx \frac{1}{\tau}\left(\frac{d\gamma}{dx_1^{(\gamma)}}\right)_{T,P(\gamma)} \approx \frac{x_1^{(\alpha)} g_{11}^{(\gamma)}}{v^{(\alpha)}} \tag{14.86}$$

$$\left(\frac{d\gamma}{d\sqcap}\right)_{T,P(\gamma)} \approx \tau. \tag{14.87}$$

Des weiteren ist der Zusammenhang zwischen Filmspannung und Form der Bläschen oder Tröpfchen, zwischen denen sich der Film bildet (Abb. 14.2.), von Interesse. Hierfür benutzen wir die Beziehung $\sqcap = 2\sigma/r$ mit σ und r als Grenzflächenspannung bzw. Krümmungsradius der Phasengrenze zwischen α und γ. Einfachheitshalber beschränken wir uns auf ein binäres System und setzen diesen Ausdruck in Gl. (14.83) ein, was zu

$$\left(\frac{d\gamma}{dr}\right)_{T,P(\gamma)} = \frac{2\tau}{r}\left[\left(\frac{d\sigma}{dr}\right)_{T,P(\gamma)} - \frac{\sigma}{r}\right]\left(1 - \frac{v^{(\alpha)}}{v^{(f)}}\cdot\frac{x_1^{(f)} - x_1^{(\gamma)}}{x_1^{(\alpha)} - x_1^{(\gamma)}}\right) \tag{14.88}$$

führt. Für große r-Werte kann die Abhängigkeit der Grenzflächenspannung vom Krümmungsradius vernachlässigt werden, und Gl. (14.88) lautet wie folgt:

$$\left(\frac{d\gamma}{dr}\right)_{T,P(\gamma)} \approx -\frac{2\sigma\tau}{r^2}\left(1 - \frac{v^{(\alpha)}}{v^{(f)}}\cdot\frac{x_1^{(f)} - x_1^{(\gamma)}}{x_1^{(\alpha)} - x_1^{(\gamma)}}\right) = -\frac{\sqcap\tau}{r}\left(1 - \frac{v^{(\alpha)}}{v^{(f)}}\cdot\frac{x_1^{(f)} - x_1^{(\gamma)}}{x_1^{(\alpha)} - x_1^{(\gamma)}}\right). \tag{14.89}$$

Betrachten wir einen flüssigen Film zwischen den Bläschen eines schwachlöslichen Gases oder einen beliebigen anderen Fall schlechter Löslichkeit von Phase α im Film oder in Phase γ, so treten die Gln. (14.86) und (14.87) in Kraft, was zu einer weiteren Vereinfachung von Beziehung (14.89) führt:

$$\left(\frac{d\gamma}{dr}\right)_{T,P(\gamma)} \approx -\frac{2\sigma\tau}{r^2} = -\frac{\sqcap\tau}{r}. \tag{14.90}$$

Erörtern wir nunmehr den Fall jenes Gleichgewichtes, zu dem speziell auch die Hafterscheinungen von Tröpfchen und Bläschen zu zählen sind. Möge Phase a weiterhin ein Tröpfchen oder Bläschen verkörpern und Phase β einen in den Phasen α und γ unlöslichen Körper mit ebener Grenzfläche darstellen (siehe Abb. 14.3.). Losgelöst von ihrer wirklichen Zusammensetzung kann Phase β als einkomponentig angesehen werden,

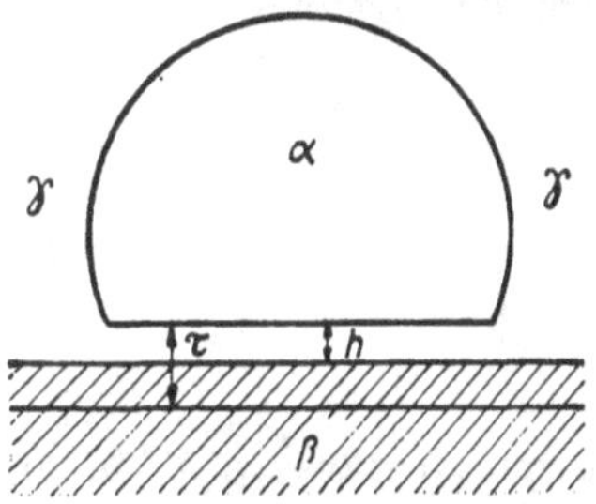

Abb. 14.3. Bildung eines Filmes an der Grenzfläche eines Festkörpers

τ — Filmdicke; h — Dicke der Flüssigkeitsschicht

was — sofern die Phasen a und γ aus n Komponenten bestehen — zum Vorhandensein von $(n + 1)$ Komponenten im System führt. Der Zustand von Phase β wird durch die Gleichung

$$d\mu_{n+1} = v^{(\beta)}\, dP - s^{(\beta)}\, dT \tag{14.91}$$

beschrieben, in der $v^{(\beta)}$ und $s^{(\beta)}$ das Molvolumen bzw. die molare Entropie von Phase β verkörpern. Offensichtlich enthält der zwischen den Phasen a und β befindliche ebene Film alle $(n + 1)$ Komponenten des Systems. Hierbei liegt die $(n + 1)$-te Komponente in der im Film enthaltenen Grenzflächenschicht von Phase β vor, während die anderen n Komponenten im übrigen Teil des Filmes zugegen sind. Der Zustand des Filmes insgesamt kann erneut mit Gl. (14.73) beschrieben werden (in Anwendung auf den ebenen Film), wenn ihre rechte Seite durch das Glied $m_{n+1}^{(f)}\, d\mu_{n+1}$ ergänzt wird. Unter gleichzeitiger Benutzung von (14.91) ergibt sich die resultierende Gleichung als

$$A\, d\gamma = -(S^{(f)} - s^{(\beta)} m_{n+1}^{(f)})\, dT + (V^{(f)} - m_{n+1}^{(f)} v^{(\beta)})\, dP - \sum_{i=1}^{n} m_i^{(f)}\, d\mu_i . \tag{14.92}$$

Kann die zusätzliche Deformation von Phase β in der Grenzflächenschicht vernachlässigt werden, so stellt der in Gl. (14.92) bei dP stehende Koeffizient das sich nach Subtraktion der Grenzflächenschicht von Phase β ergebende Filmvolumen dar (wird z. B. ein an der Grenzfläche eines Festkörpers innerhalb einer Flüssigkeit haftendes Bläschen betrachtet, so ist der bei dP stehende Koeffizient gleich dem Volumen des flüssigen Filmteiles). In diesem Falle sind die Gln. (14.73) (angewendet auf einen ebenen Film) und (14.92) bei konstanter Temperatur identisch. Infolgedessen sind die aus Gl. (14.73) hergeleiteten Beziehungen (14.79)···(14.90) auf das betrachtete Gleichgewicht ohne Einschränkung anwendbar, wenn unter $v^{(f)}$ das Molvolumen des sich nach Subtraktion der in den Film eingehenden Schicht von Phase β ergebenden Filmteiles verstanden wird (häufig wird dieser Teil des Filmes einfach als Film auf der Grenzfläche von Phase β bezeichnet, obwohl er nicht vollständig beide Diskontinuitätsflächen umfaßt). Dementsprechend ist auch die Filmdicke durch die Dicke h dieses Filmteiles zu ersetzen (Abb. 14.3.), so daß z. B. Formel (14.87) das folgende Aussehen annimmt:

$$\left(\frac{d\gamma}{d\Pi}\right)_{T,P(\gamma)} \approx h. \tag{14.93}$$

In Anwendung auf das Haften eines Bläschens an der Grenzfläche eines Festkörpers stellt h die Dicke der Flüssigkeitsschicht zwischen Bläschen und Festkörper dar. Eine analoge Formel ist für diesen Fall auch von FRUMKIN angegeben worden [113].

Jetzt wollen wir zum Gleichungssystem (14.78) zurückkehren und einige allgemeine Beziehungen für den Spaltdruck dünner Filme angeben. Bei ihrer Anwendung auf einen ebenen dünnen Film nehmen die zweite und dritte Gleichung des Systems (14.78) die folgende Gestalt an:

$$\left.\begin{aligned} v_{\gamma\alpha}\, dP^{(\gamma)} + v^{(\alpha)}\, d\Pi &= s_{\gamma\alpha}\, dT + \sum_{i,k=1}^{n-1} (x_i^{(\alpha)} - x_i^{(\gamma)})\, g_{ik}^{(\gamma)}\, dx_k^{(\gamma)} \\ v_{\gamma\beta}\, dP^{(\gamma)} + v^{(\beta)}\, d\Pi &= s_{\gamma\beta}\, dT + \sum_{i,k=1}^{n-1} (x_i^{(\beta)} - x_i^{(\gamma)})\, g_{ik}^{(\gamma)}\, dx_k^{(\gamma)}. \end{aligned}\right\} \qquad (14.94)$$

Gleichungssystem (14.94) beschreibt die Abhängigkeit des Spaltdruckes eines dünnen Filmes von Temperatur, Druck und Zusammensetzung von Phase γ. Durch einfaches Vertauschen der Symbole in Gl. (14.78) können auch die Gleichungen für die entsprechenden Abhängigkeiten in den Zusammensetzungsvariablen der Phasen α und β erhalten werden. So gelangen wir durch Umstellen der Symbole α und γ zu einem Gleichungssystem für die Abhängigkeit des Spaltdruckes von der Temperatur, dem Druck in Phase α und der Zusammensetzung von Phase α:

$$\left.\begin{aligned} v_{\alpha\gamma}\, dP^{(\alpha)} - v^{(\gamma)}\, d\Pi &= s_{\alpha\gamma}\, dT + \sum_{i,k=1}^{n-1} (x_i^{(\gamma)} - x_i^{(\alpha)})\, g_{ik}^{(\alpha)}\, dx_k^{(\alpha)} \\ v_{\alpha\beta}\, dP^{(\alpha)} &= s_{\alpha\beta}\, dT + \sum_{i,k=1}^{n-1} (x_i^{(\beta)} - x_i^{(\alpha)})\, g_{ik}^{(\alpha)}\, dx_k^{(\alpha)}. \end{aligned}\right\} \qquad (14.95)$$

Betrachten wir als Beispiel die Beziehungen für die Abhängigkeit des Spaltdruckes eines Filmes von Temperatur und Außendruck für ein binäres System. In diesem Fall erhalten wir nach Eliminieren der Größe $g_{11}^{(\alpha)}\, dx_1^{(\alpha)}$ aus den Gln. (14.95) die Beziehung:

$$\left[v_{\alpha\gamma} - v_{\alpha\beta}\frac{x_1^{(\gamma)} - x_1^{(\alpha)}}{x_1^{(\beta)} - x_1^{(\alpha)}}\right] dP^{(\alpha)} - v^{(\gamma)}\, d\Pi = \left[s_{\alpha\gamma} - s_{\alpha\beta}\frac{x_1^{(\gamma)} - x_1^{(\alpha)}}{x_1^{(\beta)} - x_1^{(\alpha)}}\right] dT, \qquad (14.96)$$

aus der sich nachstehende Zusammenhänge ergeben:

$$\left(\frac{d\Pi}{dP^{(\alpha)}}\right)_T = 1 - \frac{v^{(\alpha)}}{v^{(\gamma)}} - \frac{v^{(\beta)} - v^{(\alpha)}}{v^{(\gamma)}} \cdot \frac{x_1^{(\gamma)} - x_1^{(\alpha)}}{x_1^{(\beta)} - x_1^{(\alpha)}} \qquad (14.97)$$

$$\left(\frac{d\Pi}{dT}\right)_{P(\alpha)} = \frac{s^{(\alpha)} - s^{(\gamma)}}{v^{(\gamma)}} + \frac{s^{(\beta)} - s^{(\alpha)}}{v^{(\gamma)}} \cdot \frac{x_1^{(\gamma)} - x_1^{(\alpha)}}{x_1^{(\beta)} - x_1^{(\alpha)}}. \qquad (14.98)$$

Für einen Film, der sich an der Grenzfläche zwischen einer flüssigen oder festen Lösung β und einem Dampf α befindet, nimmt Gl. (14.97) in weiter Entfernung vom kritischen Zustand die folgende Gestalt an:

$$\left(\frac{d\Pi}{dP^{(\alpha)}}\right)_T \approx 1 - \frac{v^{(\alpha)}}{v^{(\gamma)}} \cdot \frac{x_1^{(\beta)} - x_1^{(\gamma)}}{x_1^{(\beta)} - x_1^{(\alpha)}}. \qquad (14.99)$$

Hieraus ist zu ersehen, daß der Einfluß des Dampfdruckes auf den Spaltdruck eines Filmes von der Verteilung der Komponente mit der höchsten Flüchtigkeit zwischen den Phasen abhängt: eine Dampfdruckerhöhung führt zu einem Anwachsen des Spaltdruckes, wenn die Konzentration der Komponente mit der höchsten Flüchtigkeit in Phase γ geringer als in Phase β ist.

14.7. Dünne Filme in Elektrokapillaritätserscheinungen

Die wesentlichen Grundsätze der Thermodynamik dünner Filme bzw. Elektrokapillaritätserscheinungen sind in diesem und dem voranstehenden Kapitel formuliert worden. Nunmehr soll eine zusätzliche Erörterung jener Probleme stattfinden, die diese beiden Gebiete der Thermodynamik miteinander verbinden. Untersuchen wir zunächst, wie die grundlegenden Gleichungen der Thermodynamik von Elektrokapillaritätserscheinungen in Gegenwart dünner Filme zu formulieren sind. Daran soll sich eine Betrachtung des Einflusses eines äußeren Elektrodenpotentials auf die spezifischen Eigenschaften dünner Filme anschließen.

Die Bildung eines dünnen Filmes zwischen den Phasen α und β ist in Abb. 14.2. schematisch dargestellt. Der Film kann sich im Gleichgewicht mit Phase γ (aus der er gebildet ist) befinden, weshalb ein Dreiphasensystem in Betracht zu ziehen ist. In Gegenwart eines ebenen Filmes sind die Drücke in den Phasen α und β gleich, sie unterscheiden sich jedoch von dem Druck in Phase γ um den Wert des Spaltdruckes des Filmes. Es sollen zwei Fälle der Bildung eines dünnen Filmes erörtert werden.

Fall 1: Die Phasen α und β mögen neben anderen Komponenten Elektrolyte enthalten, der Film sei impermeabel bezüglich aller Komponenten beider Phasen. In diesem Falle wird die Gesamtheit der Phasen α und β einer ideal polarisierbaren Elektrode, für deren Beschreibung die Anwesenheit des dünnen Filmes und der Phase γ zu berücksichtigen ist, analog. Die Gleichung des Filmes (unter Berücksichtigung der Grenzflächenschichten der Phasen α und β) schreiben wir wie folgt:

$$A\,d\gamma = -S^{(f)}\,dT + V^{(f)}\,dP^{(\alpha)} - \sum_{j=1}^{c} m_j^{(f)}\,d\mu_j^{(\alpha)} - \sum_{r=1}^{l} m_r^{(f)}\,d\mu_r^{(\beta)}$$

$$- \sum_{i=1}^{n} m_i^{(f)}\,d\mu_i^{(\gamma)} - m_{c+1}^{(f)}\,d\bar{\mu}_{c+1}^{(\alpha)} - m_{l+1}^{(f)}\,d\bar{\mu}_{l+1}^{(\beta)}. \tag{14.100}$$

In dieser Gleichung bedeutet $\bar{\mu}$ das elektrochemische Potential; c, l, n die jeweilige Zahl der neutralen Komponenten in den Phasen α, β bzw. γ. Die Indizes haben den folgenden Bezug: j, r, i auf die neutralen Komponenten der Phasen α, β bzw. γ; $c + 1$ und $l + 1$ auf die geladenen Komponenten, die im Überschuß seitens Phase α bzw. Phase β vorliegen.

Benutzen wir die Elektroneutralitätsbedingung (13.12) und die Transformation (13.15), die auch auf den betrachteten Fall anwendbar ist. Definitionsgemäß ist E gleich der Potentialdifferenz zwischen Phase α und einer gewissen anderen Phase der gleichen Natur. Im besonderen stellt die Größe E, wenn die betrachteten Phasen α und β über eine identische chemische Zusammensetzung verfügen, nichts anderes als die Potentialdifferenz zwischen beiden Phasen dar. Unter Berücksichtigung von (13.12) und (13.15) bringen wir (14.100) in die Form

$$A\,d\gamma + \Theta\,d(E+K) = -S^{(f)}\,dT + V^{(f)}\,dP^{(\alpha)} - \sum_{j=1}^{c} m_j{}^{(f)}\,d\mu_j{}^{(\alpha)} - \sum_{r=1}^{l} m_r{}^{(f)}\,d\mu_r{}^{(\beta)} - \sum_{i=1}^{n} m_i{}^{(f)}\,d\mu_i{}^{(\gamma)}. \tag{14.101}$$

Es ist zu beachten, daß in diesem Falle K von T und $P^{(\alpha)}$ abhängt.

Aus praktischen Gründen drücken wir die chemischen Potentiale durch die Zusammensetzungsvariablen der koexistierenden Phasen mit Hilfe einer thermodynamischen Transformation aus; für Phase α lautet sie z. B. wie folgt:

$$\sum_{=1}^{c} m_j{}^{(f)}\,d\mu_j{}^{(\alpha)} = -\sum_{j=1}^{c} m_j{}^{(f)} s_j{}^{(\alpha)}\,dT + \sum_{j=1}^{c} m_j{}^{(f)}\,v_j{}^{(\alpha)}\,dP^{(\alpha)} + m_{0c}^{(f)} \sum_{j,s=1}^{c-1} (x_j{}^{(f)} - x_j{}^{(\alpha)})\,g_{js}^{(\alpha)}\,dx_s{}^{(\alpha)}. \tag{14.102}$$

In dieser Beziehung bedeuten s_j und v_j die partielle molare Entropie bzw. das partielle Molvolumen der Komponente j, $m_{0c} \equiv \sum_{j=1}^{c} m_j{}^{(f)}$, g die molaren GIBBSschen thermodynamischen Potentiale, x den Molenbruch (speziell ist $x_j{}^{(f)} \equiv m_j{}^{(f)}/m_{0c}^{(f)}$), $g_{js} \equiv \partial^2 g/\partial x_j\,\partial x_s$. Unter Benutzung von (14.102) sowie der analogen Ausdrücke für die Phasen β und γ und beachtend, daß $P^{(\alpha)} = P^{(\beta)} \neq P^{(\gamma)}$, erhalten wir aus (14.101) endgültig:

$$\begin{aligned} A\,d\gamma + \Theta\,d(E+K) = &-\left(S^{(f)} - \sum_{j=1}^{c} m_j{}^{(f)} s_j{}^{(\alpha)} - \sum_{r=1}^{l} m_r{}^{(f)} s_r{}^{(\beta)} - \sum_{i=1}^{n} m_i{}^{(f)} s_i{}^{(\gamma)}\right) dT \\ &+ \left((V^{(f)} - \sum_{j=1}^{c} m_j{}^{(f)} v_j{}^{(\alpha)} - \sum_{r=1}^{l} m_r{}^{(f)} v_r{}^{(\beta)}\right) dP^{(\alpha)} \\ &- \sum_{i=1}^{n} m_i{}^{(f)} v_i{}^{(\gamma)}\,dP^{(\gamma)} - m_{0c}^{(f)} \sum_{j,s=1}^{c-1} (x_j{}^{(f)} - x_j{}^{(\alpha)})\,g_{js}^{(\alpha)}\,dx_s{}^{(\alpha)} \\ &- m_{0l}^{(f)} \sum_{r,t=1}^{l-1} (x_r{}^{(f)} - x_r{}^{(\beta)})\,g_{rt}^{(\beta)}\,dx_t{}^{(\beta)} - m_{0n}^{(f)} \sum_{i,k=1}^{n-1} (x_i{}^{(f)} - x_i{}^{(\gamma)})\,g_{ik}^{(\gamma)}\,dx_k{}^{(\gamma)}. \end{aligned} \tag{14.103}$$

Über die Beziehung $\Pi = P^{(\alpha)} - P^{(\gamma)}$ läßt sich der Spaltdruck Π leicht in Gl. (14.103) einführen.

Gl. (14.103) erlaubt eine vollständige Beschreibung des betrachteten Falles. Sie läßt sich auf eine Vielzahl spezieller Beziehungen reduzieren, deren einfachste wir als Beispiele erörtern wollen. Werden z. B. Temperatur, Drücke und Phasenzusammensetzungen konstant gehalten, so liefert Gl. (14.103) den folgenden Ausdruck

$$\frac{d\gamma}{dE} = -\frac{\Theta}{A}. \tag{14.104}$$

Diese frappierend einfache Beziehung entspricht der LIPPMANN-Gleichung (13.21) in der Thermodynamik der Elektrokapillaritätserscheinungen. Bei Einführen der Kapazität C (bezogen auf die Flächeneinheit) und nachfolgender Integration von (14.104) unter der Bedingung $C = \text{const}$ folgt die Gleichung

$$\gamma = \gamma_0 - \frac{1}{2} CE^2, \tag{14.105}$$

welche aussagt, daß die Filmspannung mit dem Quadrat der Potentialdifferenz abfällt. Eine derartige Abhängigkeit konnte kürzlich auch experimentell festgestellt werden [114].

Besteht Phase γ aus einer Komponente (bei sonst gleichbleibenden Bedingungen), so führt eine in ihr ablaufende Druckänderung zu

$$A\, d\gamma + \Theta\, dE = m_i^{(f)} v^{(\gamma)}\, d\Pi. \tag{14.106}$$

Hieraus ergeben sich

$$\left(\frac{d\gamma}{d\Pi}\right)_E = m_i^{(f)} v^{(\gamma)}/A = h(v^{(\gamma)}/v^{(f)}) \tag{14.107}$$

$$\left(\frac{d\Pi}{dE}\right)_\gamma = \frac{\Theta}{m_i^{(f)} v^{(\gamma)}} = (\Theta/Ah)\,(v^{(f)}/v^{(\gamma)}) \tag{14.108}$$

mit h als Abstand zwischen den Begrenzungsflächen (Abb. 14.1.) und v als Molvolumen. Für Flüssigkeiten nimmt der Quotient $v^{(\gamma)}/v^{(f)}$ Werte nahe Eins an, so daß der in Gl. (14.107) rechts stehende Ausdruck praktisch gleich der Flüssigkeitsdicke h zwischen den Phasen α und β ist.

Fall 2: Es sei der Fall erörtert, daß sowohl Phase α als auch Phase β mit Phase γ jeweils ein ideal polarisierbare Elektrode bilden, so daß sich der dünne Film bei gegenseitiger Annäherung zweier ideal polarisierbarer Elektroden auf den Abstand h bildet (Abb. 14.2.). Anstelle der Beziehungen (14.100), (13.12) und (13.15) verfügen wir über die folgenden Zusammenhänge:

$$\begin{aligned} A\, d\gamma = {} & -S^{(f)}\, dT + V^{(f)}\, dP^{(\alpha)} - \sum_{j=1}^{c} m_j^{(f)}\, d\mu_j^{(\alpha)} - \sum_{r=1}^{l} m_r^{(f)}\, d\mu_r^{(\beta)} - \sum_{i=1}^{n} m_i^{(f)}\, d\mu_i^{(\gamma)} \\ & - m_{c+1}^{(f)}\, d\bar{\mu}_{c+1}^{(\alpha)} - m_{l+1}^{(f)}\, d\bar{\mu}_{l+1}^{(\beta)} - m_{n+1}^{(f)}\, d\bar{\mu}_{n+1}^{(\gamma)} \end{aligned} \tag{14.109}$$

$$m_{c+1}^{(f)} z_{c+1} F + m_{l+1}^{(f)} z_{l+1} F + m_{n+1}^{(f)} z_{n+1} F = 0 \quad (m_{c+1}^{(f)} z_{c+1} F \equiv \Theta^{(\alpha)},\ m_{l+1}^{(f)} z_{l+1} F \equiv \Theta^{(\beta)}) \tag{14.110}$$

$$\frac{\bar{\mu}_{c+1}}{z_{c+1}} - \frac{\bar{\mu}_{n+1}}{z_{n+1}} = F(E_1 + K_1), \qquad \frac{\bar{\mu}_{l+1}}{z_{l+1}} - \frac{\bar{\mu}_{n+1}}{z_{n+1}} = F(E_2 + K_2). \tag{14.111}$$

Ein weiterer Unterschied besteht darin, daß jetzt sowohl in Phase γ als auch im Film Ionen zugegen sind, deren eine Sorte — und zwar die im Überschuß vorhandene $(n + 1)$-te Komponente — bei der Ladungskompensation an der Phasengrenze der zwei Elektroden mitwirkt. Einer jeden ideal polarisierbaren Elektrode kann jetzt ihre eigene Bezugselektrode zugeordnet werden, was das Auftreten zweier Paare der Größen E und K nach sich zieht, wobei die Größen K_1 und K_2 von T und $P^{(\gamma)}$ abhängen. Nach

Einsetzen von (14.110) und (14.111) in (14.109) erhalten wir

$$A\,d\gamma + \Theta^{(\alpha)}\,d(E_1 + K_1) + \Theta^{(\beta)}\,d(E_2 + K_2) = -S^{(f)}\,dT + V^{(f)}\,dP^{(\alpha)} - \sum_{j=1}^{c} m_j{}^{(f)}\,d\mu_j{}^{(\alpha)}$$
$$- \sum_{r=1}^{l} m_r{}^{(f)}\,d\mu_r{}^{(\beta)} - \sum_{i=1}^{n} m_i{}^{(f)}\,d\mu_i{}^{(\gamma)}, \qquad (14.112)$$

wonach die Transformation (14.102) angewendet werden kann. Da die rechten Seiten von Gl. (14.101) und (14.112) übereinstimmen, unterscheidet sich die resultierende Gleichung von (14.103) nur darin, daß $\Theta\,d(E + K)$ durch $\Theta^{(\alpha)}\,d(E_1 + K_1) + \Theta^{(\beta)}\,d(E_2 + K_2)$ substituiert wird. Untersuchen wir einfachste Spezialfälle dieser Gleichung. Vor allem sei Identität der Phasen α und β vorausgesetzt (beispielsweise seien die Phasen α und β zwei Quecksilberelektroden und Phase α eine Elektrolytlösung). Dabei folgt

$$\Theta^{(\alpha)}\,d(E_1 + K_1) + \Theta^{(\beta)}\,d(E_2 + K_2) = 2\Theta\,d(E + K). \qquad (14.113)$$

Sind Temperatur, Drücke und Zusammensetzungen der Phasen konstant, so erhalten wir die Gleichung

$$\frac{d\gamma}{dE} = -\frac{2\Theta}{A}. \qquad (14.114)$$

Nunmehr möge eine Druckänderung in Phase α eintreten ($P^{(\gamma)} = \text{const}$); diese Phase enthalte weiterhin eine Komponente, während alle übrigen Bedingungen beibehalten werden. Als Folge davon ergibt sich die Gleichung

$$A\,d\gamma + 2\Theta\,dE = (V^{(f)} - 2m_j{}^{(f)}v^{(\alpha)})\,d\Pi, \qquad (14.115)$$

die zu den Beziehungen

$$\left(\frac{d\gamma}{d\Pi}\right)_E = (V^{(f)} - 2m_j{}^{(f)}v^{(\alpha)})/A, \qquad (14.116)$$

$$\left(\frac{d\Pi}{dE}\right)_\gamma = \frac{2\Theta}{V^{(f)} - 2m_j{}^{(f)}v^{(\alpha)}} \qquad (14.117)$$

führt.

Alle oben hergeleiteten Gleichungen können leicht in der Terminologie der Gibbsschen Methode formuliert werden. Zu diesem Zwecke sind alle mit f indizierten Größen durch die auf das Volumen Ah bezogenen Überschußgrößen zu ersetzen. Hierbei werden die Größen $m_{0c}^{(f)}$ und $m_{0l}^{(f)}$ durch $A \sum_{j=1}^{c} \Gamma_j$ bzw. $A \sum_{r=1}^{l} \Gamma_r$ sowie die Größen $x_j{}^{(f)}$ und $x_r{}^{(f)}$ durch $\Gamma_j / \sum_{j=1}^{c} \Gamma_j$ bzw. $\Gamma_r / \sum_{r=1}^{l} \Gamma_r$ substituiert; dabei bleiben die Größen $m_{0n}^{(f)}$ und $x_i{}^{(f)}$ unverändert. Im einzelnen nimmt Gl. (14.116) die folgende Gestalt an:

$$\left(\frac{d\gamma}{d\Pi}\right)_E = h - 2\Gamma_j v^{(\alpha)}. \qquad (14.118)$$

In diesem Abschnitt haben wir uns auf die Analyse ideal polarisierbarer Systeme beschränkt. In analoger Weise kann der allgemeinere Fall des Membrangleichgewichtes betrachtet werden, wenn ein Teil der Komponenten beiden Phasen angehört. Die chemischen Potentiale dieser Komponenten in Gl. (14.101) und (14.112) können nacheinander auf alle Phasen bezogen werden, was nach Transformationen vom Typ (14.102) zu einem System dreier Gleichungen der Art (14.103) führt. Dieses Gleichungssystem erlaubt eine vollständige Beschreibung des Membrangleichgewichtes.

14.8. Phasengleichgewichte in dünnen Filmen

Bisher haben wir vorausgesetzt, daß der betrachtete dünne Film aus einer Phase bestehe, d. h. seine Eigenschaften in jedem Flächenelement identisch seien. Nunmehr wollen wir die Erörterung auf jenen Fall erweitern, daß in dem dünnen Film eine Phasenumwandlung stattfindet, so daß in Wirklichkeit zwei dünne Filme, die sich stirnseitig berühren und deren Flächen deutlich voneinander getrennt sind, vorliegen. Als Beispiel mag die Kapillarkondensation eines Dampfes in einem engen planparallelen Spalt zwischen zwei fixierten Festkörpern dienen, wenn also ein Gas- und ein Flüssigkeitsfilm koexistieren.

Es möge in einem dünnen Film ein Zweiphasengleichgewicht vorliegen. Wir wollen die Filmphasen einfach und doppelt gestrichen indizieren, beide sollen über gleiche Dicke verfügen (dieses stellt keine Einschränkung dar, da Filmbegrenzungen oder Lage der Trennflächen stets so ausgewählt werden können, daß beide Phasen über gleiche Dicken verfügen). Offensichtlich besteht die Bedingung des mechanischen Gleichgewichtes dieser Phasen in der Konstanz der summaren Tangentialkraft. Über die Spannung γ und die Normalkomponente des Druckes kann diese Bedingung in der Form

$$\gamma' - P_N'h = \gamma'' - P_N''h \tag{14.119}$$

geschrieben werden. Hieraus folgt, daß sich bei Gleichheit der Normalkomponenten des Druckes die Bedingung des mechanischen Gleichgewichtes auf Spannungsgleichheit reduziert (ein solches Gleichgewicht wird zweidimensional genannt, wir untersuchen es in Kap. 19. näher). Liegt völliges thermodynamisches Gleichgewicht vor, ist mit (14.119) auch die Bedingung gleicher Temperatur und gleicher chemischer Potentiale in allen Filmteilen gewahrt.

Differenzieren wir (14.119) und setzen die Beziehungen für Filme mit endlichen Dicken ein, so ergeben sich

$$\left.\begin{aligned} d\gamma' &= -\frac{S'}{A}\,dT + h\,dP_N' - \sum_i \frac{m_i'}{A}\,d\mu_i \\ d\gamma'' &= -\frac{S''}{A}\,dT + h\,dP_N'' - \sum_i \frac{m_i''}{A}\,d\mu_i \end{aligned}\right\} \tag{14.120}$$

(wobei auf Index f der Kürze wegen verzichtet wird). Wir erhalten folgende Gleichung für das Zweiphasengleichgewicht im dünnen Film:

$$\frac{S' - S''}{A}\,dT + (P_N' - P_N'')\,dh + \sum_i \frac{m_i' - m_i''}{A}\,d\mu_i = 0. \tag{14.121}$$

Bei erneuter Benutzung von (14.119) läßt sich Gl. (14.121) auch als

$$\frac{S' - S''}{A}\, dT + (\gamma' - \gamma'')\, d\ln h + \sum_i \frac{m_i' - m_i''}{A}\, d\mu_i = 0 \tag{14.122}$$

darstellen.

Die Gln. (14.121) und (14.122) beschreiben die Verschiebung der Zustandsparameter unter Beibehaltung des Zweiphasengleichgewichtes im dünnen Film. Die Bildung der einfach und doppelt gestrichen indizierten Filmphasen möge bei Streckung der Raumphasen γ bzw. δ vonstatten gehen. Es darf geschrieben werden:

$$\frac{S' - S''}{A} = (s_v^{(\gamma)} - s_v^{(\delta)})\, h + \bar{s}' - \bar{s}'' \tag{14.123}$$

$$\frac{m_i' - m_i''}{A} = (\varrho_i^{(\gamma)} - \varrho_i^{(\delta)})\, h + \Gamma_i' - \Gamma_i''. \tag{14.124}$$

Hierin bedeuten $\bar{s}$ und Γ_i die je Flächeneinheit bezogene Überschußentropie bzw. -molzahl der i-ten Komponente im Film, verglichen mit der entsprechenden Raumphase (befindet sich der Film zwischen den Phasen α und β, so folgt in Übereinstimmung mit unseren früheren Bezeichnungen (siehe Abschn. 14.4), daß

$$\Gamma_i' \equiv \Gamma_i^{(\alpha\gamma,\beta\gamma)}; \qquad \Gamma_i'' \equiv \Gamma_i^{(\alpha\delta,\beta\delta)}; \qquad \bar{s}' \equiv S^{(\alpha\gamma,\beta\gamma)}/A; \qquad \bar{s}'' \equiv S^{(\alpha\delta,\beta\delta)}/A.$$

Aus (14.122) ergeben sich somit die folgenden Beziehungen:

$$\left(\frac{dT}{d\mu_i}\right)_{\mu_{j\neq i},h} = -\frac{m_i' - m_i''}{S' - S''} = -\frac{(\varrho_i^{(\gamma)} - \varrho_i^{(\delta)})\, h + \Gamma_i' - \Gamma_i''}{(s_v^{(\gamma)} - s_v^{(\delta)})\, h + \bar{s}' - \bar{s}''} \tag{14.125}$$

$$\left(\frac{dT}{d\ln h}\right)_{\mu_i} = -\frac{(\gamma' - \gamma'')A}{S' - S''} = -\frac{\gamma' - \gamma''}{(s_v^{(\gamma)} - s_v^{(\delta)})\, h + \bar{s}' - \bar{s}''} \tag{14.126}$$

$$\left(\frac{d\mu_i}{d\ln h}\right)_{T,\mu_{j\neq i}} = -\frac{(\gamma' - \gamma'')\, A}{m_i' - m_i''} = -\frac{\gamma' - \gamma''}{(\varrho_i^{(\gamma)} - \varrho_i^{(\delta)})\, h + \Gamma_i' - \Gamma_i''}. \tag{14.127}$$

Diese Beziehungen beschreiben den Einfluß der chemischen Potentiale und Filmdicke auf die Temperatur des Phasenüberganges sowie die Verknüpfung zwischen chemischen Potentialen und Dicke des zweiphasigen Filmes unter isothermen Bedingungen.

Die betrachteten Phasen des dünnen Filmes können gleichfalls mit den Raumphasen (α, β, γ und δ) im Gleichgewicht stehen, was neben der Berücksichtigung des Gleichgewichtes zwischen den Filmphasen in die Erwägungen einzubeziehen ist.

Wie in Abschn. 14.4. gezeigt wurde, reduziert sich de Berücksichtigung des Gleichgewichtes eines Filmes mit den ihn umgebenden Phasen α und β auf die Auswahl solcher Trennflächen, für welche die Überschußgrößen beider Komponenten gleich Null werden. Anstelle der realen Filmdicke figuriert der Abstand zwischen den Trennflächen, der für die koexistierenden Phasen des dünnen Filmes unterschiedliche Werte annahmen kann. Stellen allerdings die Phasen α und β im Film unlösliche einkomponentige Körper, deren Eigenadsorption vernachlässigbar ist, dar, so bleiben die Gln. (14.121), (14.122) und die Beziehungen (14.125)$\cdots$(14.127) in Kraft, wenn unter der Größe h der Abstand zwischen den Begrenzungsflächen der Festkörper α und β verstanden wird und die chemischen Potentiale der Festkörper von der Betrachtung ausgenommen werden.

Eine Berücksichtigung des Gleichgewichtes zwischen dünnem Film und den Phasen γ und δ bleibt ohne Einfluß auf die genannten Beziehungen, da eine jede dieser Phasen über ihren eigenen Druck ($P^{(\gamma)}$ oder $P^{(\delta)}$) verfügt, und somit mit dem Auftreten einer neuen Gleichung vom Typ (14.38) auch eine neue Variable erscheint, so daß zu den Gln. (14.121), (14.122) keine Bindungsgleichung gebildet wird. Diese Situation ändert sich jedoch, sobald der Druck irgendeiner dieser Phasen konstant gehalten wird. Erfolgt dies für Phase γ, so entsteht aus (14.38) die Bindungsgleichung

$$s_v^{(\gamma)}\,dT + \sum_i \varrho_i^{(\gamma)}\,d\mu_i = 0. \tag{14.128}$$

Durch Ausschluß von $d\mu_j$ aus (14.22) und (14.128) erhalten wir

$$(\gamma' - \gamma'')\,d\ln h + \frac{1}{A}\left[S' - S'' - \frac{s_v^{(\gamma)}}{\varrho_j^{(\gamma)}}(m_j' - m_j'')\right]dT$$
$$+ \sum_{i\neq j}\frac{1}{A}\left[m_i' - m_i'' - \frac{\varrho_i^{(\gamma)}}{\varrho_j^{(\gamma)}}(m_j' - m_j'')\right]d\mu_i = 0. \qquad (P^{(\gamma)} = \mathrm{const}) \tag{14.129}$$

Hieraus folgt die Beziehung

$$\left(\frac{dT}{d\ln h}\right)_{\mu_{i\neq j},P^{(\gamma)}} = -\frac{(\gamma' - \gamma'')\,A}{S' - S'' - \dfrac{s_v^{(\gamma)}}{\varrho_j^{(\gamma)}}(m_j' - m_j'')}, \tag{14.130}$$

die für den vorliegenden Fall den Einfluß der Filmdicke auf die Temperatur des Phasenüberganges beschreibt.

Jede der erhaltenen Beziehungen kann ohne Schwierigkeiten mit dem Spaltdruck verknüpft werden. So erhalten wir aus Gl. (14.45):

$$\left.\begin{aligned}\gamma' &= \sigma^{(\alpha\gamma)} + \sigma^{(\beta\gamma)} + \Pi' h - \int_\infty^h \Pi'\,dh\\ \gamma'' &= \sigma^{(\alpha\delta)} + \sigma^{(\beta\delta)} + \Pi'' h - \int_\infty^h \Pi''\,dh.\end{aligned}\right\} \tag{14.131}$$

In Analogie hierzu folgen aus Gl. (14.40):

$$\left.\begin{aligned}\bar{s}' &= \frac{\bar{S}^{(\alpha\gamma)} + \bar{S}^{(\beta\gamma)}}{A} + \int_\infty^h \left(\frac{d\Pi'}{dT}\right)_{\mu_i,h} dh\\ s'' &= \frac{\bar{S}^{(\alpha\delta)} + \bar{S}^{(\beta\delta)}}{A} + \int_\infty^h \left(\frac{d\Pi''}{dT}\right)_{\mu_i,h} dh\end{aligned}\right\} \tag{14.132}$$

$$\left.\begin{aligned}\Gamma_i' &= \Gamma_i^{(\alpha\gamma)} + \Gamma_i^{(\beta\gamma)} + \int_\infty^h \left(\frac{d\Pi'}{d\mu_i}\right)_{T,\mu_{j\neq i},h} dh\\ \Gamma_i'' &= \Gamma_i^{(\alpha\delta)} + \Gamma_i^{(\beta\delta)} + \int_\infty^h \left(\frac{d\Pi''}{d\mu_i}\right)_{T,\mu_{j\neq i},h} dh.\end{aligned}\right\} \tag{14.133}$$

Hier beziehen sich die in den rechten Seiten stehenden Überschußgrößen $\bar{S}$ und Γ_i auf die entsprechenden Begrenzungsflächen bei $h = \infty$, die Integration erfolgt bei Konstanz der Temperatur und der chemischen Potentiale.

Nach Einsetzen von (14.131)···(14.133) sind die Beziehungen (14.125)···(14.127) und (14.130) Ausdrücke des Spaltdruckes. Mithin kann der Spaltdruck für Berechnungen von Zweiphasengleichgewichten in dünnen Filmen benutzt werden. Ein Beispiel hierfür ist die Herleitung asymptotischer thermodynamischer Beziehungen (bei $h \to \infty$) mit Hilfe der asymptotischen Formel (14.51). Aus (14.125)···(14.127), (14.130)···(14.133) und (14.51) erhalten wir die folgenden Zusammenhänge (wobei wir uns einfachheitshalber auf den Fall eines Einkomponentenfilmes beschränken):

$$\left(\frac{dT}{d\mu}\right)_h = -\frac{(\varrho^{(\gamma)} - \varrho^{(\delta)})\,h + \Gamma^{(\alpha\gamma)} + \Gamma^{(\beta\gamma)} - \Gamma^{(\alpha\delta)} - \Gamma^{(\beta\delta)} - \dfrac{\partial(B' - B'')/\partial\mu}{(n-1)\,h^{n-1}} - \dfrac{\partial(C' - C'')/\partial\mu}{nh^n}}{(s_v{}^{(\gamma)} - s_v{}^{(\delta)})\,h + \dfrac{\bar{S}^{(\alpha\gamma)} + \bar{S}^{(\beta\gamma)} - \bar{S}^{(\alpha\delta)} - \bar{S}^{(\beta\delta)}}{A} - \dfrac{\partial(B' - B'')/\partial T}{(n-1)\,h^{n-1}} - \dfrac{\partial(C' - C'')/\partial T}{nh^n}} \tag{14.134}$$

$$\left(\frac{dT}{d\ln h}\right)_\mu = -\frac{\sigma^{(\alpha\gamma)} + \sigma^{(\beta\gamma)} - \sigma^{(\alpha\delta)} - \sigma^{(\beta\delta)} + \dfrac{(B' - B'')\,n}{(n-1)\,h^{n-1}} + \dfrac{(C' - C'')\,(n+1)}{nh^n}}{(s_v{}^{(\gamma)} - s_v{}^{(\delta)})\,h + \dfrac{\bar{S}^{(\alpha\gamma)} + \bar{S}^{(\beta\gamma)} - \bar{S}^{(\alpha\delta)} - \bar{S}^{(\beta\delta)}}{A} - \dfrac{\partial(B' - B'')/\partial T}{(n-1)\,h^{n-1}} - \dfrac{\partial(C' - C'')/\partial T}{nh^n}} \tag{14.135}$$

$$\left(\frac{d\mu}{d\ln h}\right)_T = -\frac{\sigma^{(\alpha\gamma)} + \sigma^{(\beta\gamma)} - \sigma^{(\alpha\delta)} - \sigma^{(\beta\delta)} + \dfrac{(B' - B'')\,n}{(n-1)\,h^{n-1}} + \dfrac{(C' - C'')\,(n+1)}{nh^n}}{(\varrho^{(\gamma)} - \varrho^{(\delta)})\,h + \Gamma^{(\alpha\gamma)} + \Gamma^{(\beta\gamma)} - \Gamma^{(\alpha\delta)} - \Gamma^{(\beta\delta)} - \dfrac{\partial(B' - B'')/\partial\mu}{(n-1)\,h^{n-1}} - \dfrac{\partial(C' - C'')/\partial\mu}{nh^n}} \tag{14.136}$$

$$\begin{aligned}\left(\frac{dT}{d\ln h}\right)_{p^{(\gamma)}} &= -\left[\sigma^{(\alpha\gamma)} + \sigma^{(\beta\gamma)} - \sigma^{(\alpha\delta)} - \sigma^{(\beta\delta)} + \frac{(B' - B'')\,n}{(n-1)\,h^{n-1}} + \frac{(C' - C'')\,(n+1)}{nh^n}\right] \Big/ \\ &\Bigg[(s^{(\gamma)} - s^{(\delta)})\,\varrho^{(\delta)}h + \frac{\bar{S}^{(\alpha\gamma)} + \bar{S}^{(\beta\gamma)} - \bar{S}^{(\alpha\delta)} - \bar{S}^{(\beta\delta)}}{A} - s^{(\gamma)}(\Gamma^{(\alpha\gamma)} + \Gamma^{(\beta\gamma)} - \Gamma^{(\alpha\delta)} - \Gamma^{(\beta\delta)}) \\ &- \frac{1}{(n-1)\,h^{n-1}}\left(\frac{\partial(B' - B'')}{\partial T} - s^{(\gamma)}\,\frac{\partial(B' - B'')}{\partial\mu}\right) \\ &- \frac{1}{nh^n}\left(\frac{\partial(C' - C'')}{\partial T} - s^{(\gamma)}\,\frac{\partial(C' - C'')}{\partial\mu}\right)\Bigg].\end{aligned} \tag{14.137}$$

Hier stellen $s^{(\gamma)} \equiv s_v^{(\gamma)}/\varrho^{(\gamma)}$ und $s^{(\delta)} \equiv s_v^{(\delta)}/\varrho^{(\delta)}$ die molaren Entropien in den Phasen γ bzw. δ dar.

Mit Ausnahme von A und n sind alle in den Gln. (14.135)$\cdots$(14.137) rechts stehenden Größen eindeutige Funktionen der Temperatur und der chemischen Potentiale bei $h = \infty$. Die Art dieser Funktionen hängt mit der Existenz eines dünnen Filmes zusammen und kann experimentell in Abwesenheit eines solchen bestimmt werden.

Bei vorgegebenen $\sigma(T, \mu)$, $\varrho(T, \mu)$, $\Gamma(T, \mu)$, $s_v(T, \mu)$, $\bar{S}(T, \mu)$, $B(T, \mu)$ und $C(T, \mu)$ gehen die Beziehungen (14.135)$\cdots$(14.137) in Differentialgleichungen für die Funktionen $T(h)$ und $\mu(h)$ über, so daß diese Funktionen durch Lösung der Differentialgleichungen gefunden werden können.

Andererseits können die rechten Seiten der Gln. (14.134)$\cdots$(14.137) als Potenzreihen bezüglich $1/h$ entwickelt werden. Untersuchen wir z. B. eine derartige Reihenentwicklung für die Abhängigkeit des chemischen Potentials von der Filmdicke für den Fall gewöhnlicher VAN DER WAALSscher Kräfte ($n = 3$). Hierfür stellen wir Gl. (14.136) zunächst in folgender Form dar:

$$\left(\frac{d\mu}{d\ln h}\right)_T = -\frac{\sigma^{(\alpha\gamma)} + \sigma^{(\beta\gamma)} - \sigma^{(\alpha\delta)} - \sigma^{(\beta\delta)}}{(\varrho^{(\gamma)} - \varrho^{(\delta)})\,h}\left\{1 - \frac{\Gamma^{(\alpha\gamma)} + \Gamma^{(\beta\gamma)} - \Gamma^{(\alpha\delta)} - \Gamma^{(\beta\delta)}}{(\varrho^{(\gamma)} - \varrho^{(\delta)})\,h}\right.$$
$$\left. + \frac{1}{h^2}\left[\left(\frac{\Gamma^{(\alpha\gamma)} + \Gamma^{(\beta\gamma)} - \Gamma^{(\alpha\delta)} - \Gamma^{(\beta\delta)}}{\varrho^{(\gamma)} - \varrho^{(\delta)}}\right)^2 + \frac{3(B' - B'')}{2(\sigma^{(\alpha\gamma)} + \sigma^{(\beta\gamma)} - \sigma^{(\alpha\delta)} - \sigma^{(\beta\delta)})}\right] + \cdots\right\} \tag{14.138}$$

Anschließend entwickeln wir die Größen o, ϱ und Γ als Reihen bezüglich $\Delta\mu = \mu - \mu_0$, wobei μ_0 den Wert des chemischen Potentials für das Gleichgewicht zwischen den Raumphasen γ und δ bei vorgegebener Temperatur T und in Gegenwart einer ebenen Diskontinuitätsfläche verkörpert:

$$\sigma = \sigma_0 + \left(\frac{d\sigma}{d\mu}\right)_0 \Delta\mu + \frac{1}{2}\left(\frac{d^2\sigma}{d\mu^2}\right)_0 \Delta\mu^2 + \cdots = \sigma_0 - \Gamma_0\,\Delta\mu - \frac{1}{2}\left(\frac{d\Gamma}{d\mu}\right)_0 (\Delta\mu)^2 + \cdots \tag{14.139}$$

$$\varrho = \varrho_0 + \left(\frac{d\varrho}{d\mu}\right)\Delta\mu + \frac{1}{2}\left(\frac{d^2\varrho}{d\mu^2}\right)_0 (\Delta\mu)^2 + \cdots$$
$$= \varrho_0 + \varrho_0{}^2\chi_0\,\Delta\mu + \varrho_2{}^2\left[\varrho_0\chi_0{}^2 + \frac{1}{2}\left(\frac{d\chi}{d\mu}\right)_0\right](\Delta\mu)^2 + \cdots \tag{14.140}$$

$$\Gamma = \Gamma_0 + \left(\frac{d\Gamma}{d\mu}\right)_0 \Delta\mu + \cdots. \tag{14.141}$$

Darin kennzeichnet χ die isotherme Kompressibilität der Raumphase sowie Index Null jene Größen, die sich auf den Punkt des Zweiphasengleichgewichtes $\gamma - \delta$ beziehen.

Nunmehr erhalten wir aus (14.138)$\cdots$(14.141) die Beziehung:

$$\Delta\mu = \frac{\sigma_0{}^{(\alpha\gamma)} + \sigma_0{}^{(\beta\gamma)} - \sigma_0{}^{(\alpha\delta)} - \sigma_0{}^{(\beta\delta)}}{(\varrho_0{}^{(\gamma)} - \varrho_0{}^{(\delta)})\,h}\left\{1 + \frac{a}{h} + \frac{b}{h^2} + \cdots\right\} \tag{14.142}$$

mit

$$a \equiv -\frac{\Gamma_0{}^{(\alpha\gamma)} + \Gamma_0{}^{(\beta\gamma)} - \Gamma_0{}^{(\alpha\delta)} - \Gamma_0{}^{(\beta\delta)}}{\varrho_0{}^{(\gamma)} - \varrho_0{}^{(\delta)}}$$

$$-\frac{(\sigma_0{}^{(\alpha\gamma)} + \sigma_0{}^{(\beta\gamma)} - \sigma_0{}^{(\alpha\delta)} - \sigma^{(\beta\delta)})\,(\varrho_0{}^{(\gamma)2}\chi_0{}^{(\gamma)} - \varrho_0{}^{(\delta)2}\chi_0{}^{(\delta)}}{2(\varrho_0{}^{(\gamma)} - \varrho_0{}^{(\delta)})} \tag{14.143}$$

$$b \equiv \left(\frac{\Gamma_0{}^{(\alpha\gamma)} + \Gamma_0{}^{(\beta\gamma)} - \Gamma_0{}^{(\alpha\delta)} - \Gamma_0{}^{(\beta\delta)}}{\varrho_0{}^{(\gamma)} - \varrho_0{}^{(\delta)}}\right)^2$$

$$-\frac{\sigma_0{}^{(\alpha\gamma)} + \sigma_0{}^{(\beta\gamma)} - \sigma_0{}^{(\alpha\delta)} - \sigma_0{}^{(\beta\delta)}}{6(\varrho_0{}^{(\gamma)} - \varrho_0{}^{(\delta)})^2}\left\{3\left[\frac{d(\Gamma^{(\alpha\gamma)} + \Gamma^{(\beta\gamma)} - \Gamma^{(\alpha\delta)} - \Gamma^{(\beta\delta)}}{d\mu}\right]_0\right.$$

$$-\frac{9(\Gamma_0{}^{(\alpha\gamma)} + \Gamma_0{}^{(\beta\gamma)} - \Gamma_0{}^{(\alpha\delta)} - \Gamma_0{}^{(\beta\delta)})\,(\varrho_0{}^{(\gamma)2}\chi_0{}^{(\gamma)} - \varrho_0{}^{(\delta)2}\chi_0{}^{(\delta)})}{\varrho_0{}^{(\gamma)} - \varrho_0{}^{(\delta)}}$$

$$-\left(\frac{\varrho_0{}^{(\gamma)2}\chi_0{}^{(\gamma)} - \varrho_0{}^{(\delta)2}\chi_0{}^{(\delta)}}{\varrho_0{}^{(\gamma)} - \varrho_0{}^{(\delta)}}\right)^2 - 2\varrho_0{}^{(\gamma)}\varrho_0{}^{(\delta)}\left(\frac{\varrho_0{}^{(\gamma)}\chi_0{}^{(\gamma)} - \varrho_0{}^{(\delta)}\chi_0{}^{(\delta)}}{\varrho_0{}^{(\gamma)} - \varrho_0{}^{(\delta)}}\right)^2$$

$$\left.+\frac{1}{\varrho_0{}^{(\gamma)} - \varrho_0{}^{(\delta)}}\left[\varrho_0{}^{(\gamma)2}\left(\frac{d\chi^{(\gamma)}}{d\mu}\right)_0 - \varrho_0{}^{(\delta)2}\left(\frac{d\chi^{(\delta)}}{d\mu}\right)_0\right]\right\}$$

$$+\frac{B' - B''}{2(\sigma_0{}^{(\alpha\gamma)} + \sigma_0{}^{(\beta\gamma)} - \sigma_0{}^{(\alpha\delta)} - \sigma_0{}^{(\beta\delta)})}. \tag{14.144}$$

Notwendigenfalls lassen sich auch die nächsthöheren Glieder der Reihenentwicklung berechnen. Mithin liefert die Entwicklung von (14.142) die asymptotische μ-h-Abhängigkeit in expliziter Form mit hoher Genauigkeit. Es sei darauf hingewiesen, daß als Ausgangszustand dieser Entwicklung der Gleichgewichtszustand zwischen den makroskopischen Phasen γ und δ gewählt wurde. Führt dies aber zu einer mathematischen Besonderheit, so wird die gewählte Entwicklung unvorteilhaft. Speziell ist sie nicht für den Fall der polymolekularen Adsorption bei $\Gamma_0 = \infty$ und $(d\Gamma/d\varrho)_0 = \infty$ geeignet. Dieser macht eine Rückkehr zu Gl. (14.136), die als Differentialgleichung zu lösen ist, erforderlich. Hierfür können aber auch andere Reihenentwicklungen angewendet werden.

Jetzt wollen wir die erhaltene Entwicklung auf das Gleichgewicht zwischen Gas- und Flüssigfilmen anwenden. Der Gasfilm sei einfach, der Flüssigfilm doppelt gestrichen indiziert. Die Indizes γ und δ sollen entsprechend auf die Raumphase des Gases bzw. der Flüssigkeit verwendet werden. In weiter Entfernung vom kritischen Punkt sind $\varrho_0{}^{(\gamma)} \ll \varrho_0{}^{(\delta)}$, $\varrho_0{}^{(\gamma)}\chi_0{}^{(\gamma)} \gg \varrho_0{}^{(\delta)}\chi_0{}^{(\delta)}$, $\chi^{(\delta)} \approx$ const. Das Gas verhalte sich ideal. Somit ergeben sich:

$$\Delta\mu = RT \ln \frac{P^{(\gamma)}}{P_0}; \qquad \chi^{(\gamma)} = \frac{1}{RT\varrho^{(\gamma)}} = \frac{1}{P^{(\gamma)}}. \tag{14.145}$$

Gl. (14.142) kann wie folgt geschrieben werden:

$$\ln \frac{P^{(\gamma)}}{P_0} = -\frac{\sigma_0{}^{(\alpha\gamma)} + \sigma_0{}^{(\beta\gamma)} - \sigma_0{}^{(\alpha\delta)} - \sigma_0{}^{(\beta\delta)}}{RT\varrho_0{}^{(\delta)}h}\left\{1 + \frac{a}{h} + \frac{b}{h^2} + \cdots\right\}, \tag{14.146}$$

wobei sich die Koeffizienten der Reihenentwicklung vereinfachen.

Aus der YOUNGschen Gleichung (2.115) folgt

$$\sigma_0^{(\alpha\gamma)} + \sigma_0^{(\beta\gamma)} - \sigma_0^{(\alpha\delta)} - \sigma_0^{(\beta\delta)} = \sigma^{(\gamma\delta)}(\cos\theta^{(\alpha)} + \cos\theta^{(\beta)}) \tag{14.147}$$

mit $\theta^{(\alpha)}$ und $\theta^{(\beta)}$ als Randwinkel an der Dreiphasengrenze bei $h \to \infty$ (siehe Abb. 14.4.). Des weiteren verfügen wir über die geometrische Beziehung

$$\cos\theta^{(\alpha)} + \cos\theta^{(\beta)} = \frac{h}{r}, \tag{14.148}$$

in der r den Radius der zylindrischen Grenzfläche (Spannungsfläche) zwischen den Phasen γ und δ bei $h \to \infty$ darstellt (siehe Abb. 14.4.); hierbei wird der Einfluß des Schwerefeldes vernachlässigt.

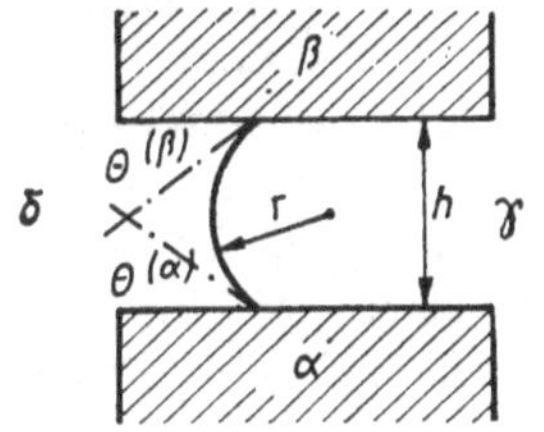

Abb. 14.4. Gleichgewicht zwischen zwei Phasen in einem Film bei $h \to \infty$ in Gegenwart endlicher Werte für die Randwinkel

Aus Gl. (14.146)···(14.148) ist zu sehen, daß das erste Glied der Reihenentwicklung (14.146) exakt die KELVIN-Gleichung (11.12) für zylindrische Grenzflächen entspricht. Mithin haben wir ein weiteres Mal die KELVIN-Gleichung — und zwar allein im Rahmen der Thermodynamik dünner Filme ohne Benutzung der Thermodynamik gekrümmter Grenzflächen — hergeleitet. Der Wert der in der Entwicklung (14.146) enthaltenen Korrekturglieder hängt von den Eigenschaften der jeweils betrachteten Stoffe ab. Bei hinreichend guter Adsorbierbarkeit des Gases ist $\Gamma_0^{(\alpha\gamma)} + \Gamma_0^{(\beta\gamma)} \gg |\Gamma_0^{(\alpha\delta)} + \Gamma_0^{(\beta\delta)}|$ (die rechte Seite der Ungleichung ist wegen der geringen Flüssigkeitskompressibilität ohnehin sehr klein), und das erste in (14.143) rechts stehende Glied wird positiv. Der Wert des zweiten Gliedes kann mit Hilfe von (14.147) abgeschätzt werden, wobei sich sehr geringe numerische Werte ergeben (z. B. beträgt es für Tetrachlorkohlenstoff bei 20 °C weniger als 0,4 Å). Bei Vernachlässigung des zweiten Gliedes erhalten wir für den betrachteten Fall aus Gl. (14.143)

$$a \approx \frac{\Gamma_0^{(\alpha\gamma)} + \Gamma_0^{(\beta\gamma)}}{\varrho_0^{(\delta)}} > 0. \tag{14.149}$$

Dieses Ergebnis sagt aus, daß die Gegenwart des Korrekturgliedes den von der KELVIN-Gleichung vorhergesagten Effekt verstärkt. In gleicher Näherung nimmt Gl. (14.144) die folgende Form an:

$$b \approx \left(\frac{\Gamma_0^{(\alpha\gamma)} + \Gamma_0^{(\beta\gamma)}}{\varrho_0^{(\delta)}}\right)^2 - \frac{\sigma^{(\gamma\delta)}(\cos\theta^{(\alpha)} + \cos\theta^{(\beta)})\,\varrho^{(\gamma)}}{2RT\varrho^{(\sigma)2}}\left[\frac{d(\Gamma^{(\alpha\gamma)} + \Gamma^{(\beta\gamma)})}{d\varrho^{(\gamma)}}\right]_0 + \frac{B' - B''}{2\sigma^{(\gamma\delta)}(\cos\theta^{(\alpha)} + \cos\theta^{(\beta)})}. \tag{14.150}$$

Der Koeffizient b zieht wegen des Auftretens des Spaltdruckes, der sich in der Differenz $B' - B''$ verkörpert, die Aufmerksamkeit auf sich. Für einen symmetrischen Film sind $B' < 0$ und $B'' < 0$, aber $|B'| > |B''|$, da infolge des Überganges vom Gas- zum Flüssigkeitsfilm die Wechselwirkung zwischen den Festkörpern stets geschwächt wird. Infolgedessen nimmt das dritte Glied in (14.150) einen negativen Wert an. Dies besagt, daß der Einfluß des Spaltdruckes den von der KELVIN-Gleichung vorhergesagten Effekt abschwächt. Das endgültige Vorzeichen der Größe b hängt somit von der relativen Größe unterschiedlicher Glieder ab, die nicht nur von dem Spaltdruck, sondern auch den Adsorptionswerten und der im Grenzfall vorliegenden Neigung $[d(\Gamma^{(\alpha\gamma)} + \Gamma^{(\beta\gamma)})/d\varrho^{(\gamma)}]_0$ der Gasadsorptionsisothermen bestimmt wird.

Das erörterte Beispiel zeigt die Möglichkeit, bei einer thermodynamischen Behandlung von Filmen allgemeine thermodynamische Gleichungen, die in der Regel im Rahmen der Thermodynamik gekrümmter Grenzflächen auftreten, herzuleiten. In völliger Analogie hierzu kann auch eine Reihenentwicklung für Gl. (14.135) vorgenommen werden, deren erstes Glied der THOMPSON-Gleichung (11.9) entspricht, u. a. m.

Es sei darauf verwiesen, daß eine unmittelbare Benutzung der Thermodynamik gekrümmter Grenzflächen für einen Phasenübergang in einem dünnen Film mit Schwierigkeiten verbunden ist, da infolge der Anwesenheit der Phasen α und β die Form der Spannungsfläche stark verzerrt werden kann. Folglich ist die hier dargelegte Methode zu bevorzugen. Erstmalig war eine analoge Methode von DERJAGUIN [115, 116] für die Behandlung der Kapillarkondensation benetzender Flüssigkeiten vorgeschlagen worden (es wurde der Fall eines dünnen Flüssigkeitsfilmes bei der Benetzung einer mit Gas im Kontakt stehenden Festkörpergrenzfläche analysiert).

Die hier vorgeschlagene Methode ist gleichermaßen auf benetzende und nichtbenetzende Flüssigkeiten anwendbar.

Literatur

[1] Дж. В. ГИББС: „*Термодинамические работы*" (russ.; „Thermodynamische Studien"), Госхимиздат, 1950, стр. 288–421

[2] А. И. РУСАНОВ: Колл. ж. **28**, 566 (1966)

[3] K. J. MYSELS, M. C. COX, J. D. SKEWIS: J. Phys. Chem. **65**, 1107 (1961)

[4] J. M. CORKILL,: Proc. Roy. Soc. **A 273**, 84 (1963)

[5] R. J. GRABENSTETTER, J. M. CORKILL: J. Coll. Sci. **18**, 401 (1963)

[6] A. PRINS, C. ARCURI, M. VAN DEN TEMPEL: J. Coll. Interface Sci. **24**, 84 (1967)

[7] R. I. RAZOUK, K. J. MYSELS: J. Am. Oil Chem. Soc. **45**, 381 (1968)

[8] В. В. КРОТОВ, А. И. РУСАНОВ: Докл. АН СССР **191**, 866 (1970)

[9] В. В. КРОТОВ, А. И. РУСАНОВ: Колл. ж. **34**, 297 (1972)

[10] В. В. КРОТОВ, А. И. РУСАНОВ, Н. А. ОВРУЦКАЯ: Колл. ж. **34**, 528 (1972)

[11] В. В. КРОТОВ, А. И. РУСАНОВ, Н. Д. РЯЗАНОВА: Колл. ж. **34**, 534 (1972)

[12] A. I. RUSANOV, V. V. KROTOV: im Sammelband „*Chemie, Physikalische Chemie und Anwendungstechnik der grenzflächenaktiven Stoffe*" (Ber. d. VI. Intern. Kongr. f. grenzflächenaktive Stoffe), Bd. II/2, S. 795, Carl Hauser Verlag, München 1973

[13] J. A. KITCHENER: Nature, **194**, 676 (1962); **195**, 1094 (1962)

[14] M. VAN DEN TEMPEL, J. LUCASSEN, E. H. LUCASSEN-REYNDERS: J. Phys. Chem. **69**, 1798 (1965)

[15] A. SHELUDKO: „*Colloid Chemistry*", Elsevier, Amsterdam 1966

[16] M. J. ROSEN: J. Coll. Interface Sci. **24**, 279 (1967)

[17] E. H. Lucassen-Reynders, J. Lucassen, M. van den Tempel: J. Coll. Interface Sci. **28**, 339 (1968)

[18] В. В. Кротов, А. И. Русанов, в сб. „*Вопросы термодинамики гетерогенных систем и теории поверхностных явлений*“ (russ.; „Fragen der Thermodynamik heterogener Systeme und der Theorie von Grenzflächenerscheinungen“), вып. I, Изд. ЛГУ, Ленинград 1971, стр. 157

[19] В. В. Кротов, А. И. Русанов: Колл. ж. **34**, 81 (1972)

[20] J. A. Kitchener, G. F. Cooper: Quart. Rev. **1**, 71 (1959)

[21] K. J. Mysels, K. Shinoda, S. Frankel: „*Soap Films, Studies of Their Thinning and Bibliography*“, Pergamon Press, New York 1959

[22] J. A. Kitchener: in „*Recent Progress in Surface Science*“, vol. 1, p. 51, Academic Press, New York 1964

[23] J. S. Clunie, J. F. Goodman, B. T. Ingram: in „*Surface and Colloid Science*“, vol. 3, Wiley, New York 1971

[24] J. J. Bikerman: „*Foams*“, Springer, New York 1973

[25] Б. В. Дерягин: Колл. ж., **17**, 207 (1955)

[26] Б. В. Дерягин, Е. Обухов: Acta physicochim. URSS, **5**, 1 (1936)

[27] Б. В. Дерягин, М. Кусаков: Изв. АН СССР, сер. хим., **5**, 741 (1936); 1119 (1937)

[28] Б. В. Дерягин, И. И. Абрикосова: Докл. АН СССР, **108**, 214 (1956)

[29] Б. В. Дерягин, И. И. Абрикосова: ЖФХ, **32**, 442 (1958).

[30] Б. В. Дерягин, А. С. Титиевская: Докл. АН СССР, **89**, 1041 (1953)

[31] Сб. „*Исследования в области поверхностных сил*“ (russ.; „Untersuchungen auf dem Gebiet der Grenzflächenkräfte“), изд. Наука; т. 1, 1961; т. 2, 1964; т. 3, 1967

[32] A. Sheludko: Adv. Coll. Interface Sci. **1**, 391 (1967)

[33] А. Шелудко: Годишник Софийския унив., хим. фак., **62** (1967/1968); **47** (1969)

[34] Сб. „*Поверхностные силы в тонких пленках и дисперсных системах*“ (russ.; „Grenzflächenkräfte in dünnen Filmen und dispersen Systemen“), изд. Наука, 1972

[35] Сб. „*Поверхностные силы в тонких пленках и устойчивость коллоидов*“ (russ.; „Grenzflächenkräfte in dünnen Filmen und Stabilität von Kolloiden“), изд. Наука, 1974

[36] И. Е. Дзялошинский, Е. М. Лифшиц, Л. П. Питаевский: Усп. физ. наук, **73**, 381 (1961)

[37] J. Gregory: Adv. Coll. Interface Sci. **2**, 396 (1970)

[38] H. Sonntag, K. Strenge: „*Koagulation und Stabilität disperser Systeme*“, VEB Deutscher Verlag der Wissenschaften, Berlin 1970

[39] B. W. Ninham, J. Mahanti: „*Dispersion Forces*“, Academic Press, New York 1976

[40] Г. А. Мартынов, Б. В. Дерягин: Колл. ж., **24**, 480 (1962)

[41] Б. В. Дерягин, Г. А. Мартынов, Ю. В. Гутоп: Колл. ж., **27**, 357 (1965)

[42] Б. В. Дерягин, Ю. В. Гутоп: Колл. ж., **27**, 674 (1965)

[43] А. И. Русанов: Колл. ж., **28**, 718 (1966); **29**, 141, 148, 237 (1967)

[44] A. Sheludko, B. Radoev, T. Kolarov: Trans. Faraday Soc. **64**, 2213 (1968)

[45] А. И. Русанов: Докл. АН СССР, **203**, 387 (1972)

[46] S. G. Ash, D. H. Everett, C. Radke: J. Chem. Soc., Faraday Trans. II, **69**, 1256 (1973)

[47] Б. В. Дерягин: Изв. АН СССР, № 5, 1153, 1937; Acta physicochim. URSS, **10**, 333 (1939)

[48] Б. В. Дерягин, Ю. В. Гутоп: в сб. „*Исследования в области поверхностных сил*“ (russ.; „Untersuchungen auf dem Gebiet von Grenzflächenkräften“), изд. Наука, Москва 1967, стр. 141

[49] B. V. Derjagiun, L. D. Landau: Acta physicochim. URSS, **14**, 633 (1941)

[50] E. J. Verwey, J. T. G. Overbeck: „*Theory of the Stability of Lyophobic Colloids*“, Amsterdam 1948

[51] G. M. Bell, S. Levine: J. Chem. Phys. **49**, 4584 (1968)
[52] S. Levine, J. E. Jones: Koll. Z. u. Z. Polym. **230**, 306 (1969)
[53] L. N. McCartney, S. Levine: J. Coll. Interface Sci. **30**, 345 (1969)
[54] A. Sanfeld, C. Devillez, P. Terlinek: J. Coll. Interface Sci. **32**, 33 (1970)
[55] G. M. Bell, S. Levine, L. N. McCartney: J. Coll. Interface Sci. **33**, 335 (1970)
[56] E. P. Honig, P. M. Mul: J. Coll. Interface Sci. **36**, 258 (1971)
[57] G. M. Bell, G. G. Peterson: J. Coll. Interface Sci. **41**, 542 (1972)
[58] C. S. Chen, S. Levine: J. Coll. Interface Sci. **43**, 599 (1973)
[59] N. F. H. Ho, H. Toguchi, W. Higuchi: J. Pharm. Sci. **62**, 851 (1973)
[60] G. Kar, S. Chander, T. S. Mika: J. Coll. Interface Sci. **44**, 347 (1973)
[61] H. Ohshima: Koll. Z. u. Z. Polym. **252**, 158, 257 (1974)
[62] В. П. Смилга, В. Н. Горелкин: в сб. „*Исследования в области поверхностных сил*" (russ.; „Untersuchungen auf dem Gebiet von Grenzflächenkräften"), изд. Наука, Москва 1967, стр. 174
[63] В. Н. Горелкин, В. П. Смилга: Докл. АН СССР, **208**, 635 (1973)
[64] В. Н. Горелкин, В. П. Смилга: в сб. „*Поверхностные силы в тонких пленках и устойчивость коллоидов*" (russ.; „Grenzflächenkräfte in dünnen Filmen und Stabilität von Kolloiden"), изд. Наука, Москва 1974, стр. 206
[65] Е. М. Лифшиц: ЖЭТФ, **29**, 94 (1955)
[66] B. W. Ninham, V. A. Parsegian: J. Chem. Phys. **53**, 3398 (1970)
[67] B. W. Ninham, V. A. Parsegian, G. H. Weiss: J. Statist. Phys. **2**, 323 (1970)
[68] D. Langbein: J. Adhes. **3**, 213 (1972); **6**, 1 (1974)
[69] B. Davies, B. W. Ninham: J. Chem. Phys. **56**, 5797 (1972)
[70] H. Krugy, W. Sihntbel, G. Walter: J. Coll. Interface Sci. **39**, 421 (1972)
[71] V. A. Parsegian, G. H. Weiss: J. Coll. Interface Sci. **40**, 35 (1972)
[72] P. Richmond, B. W. Ninham: J. Coll. Interface Sci. **40**, 406 (1972)
[73] Н. В. Чураев: Колл. ж., **34**, 959 (1972)
[74] E. Barouch, J. W. Perram, E. R. Smith: Chem. Phys. Lett. **19**, 131 (1973)
[75] B. Bechar: J. Coll. Interface Sci. **42**, 645 (1973)
[76] H. Imura, K. Okamo: J. Chem. Phys. **58**, 2763 (1973)
[77] D. Langbein: J. Chem. Phys. **58**, 4476 (1973)
[78] E. Barouch, J. W. Perram, E. R. Smith: Stud. Appl. Math. **52**, 175 (1973)
[79] E. Barouch, J. W. Perram, E. R. Smith: Proc. Roy. Soc. (London), **A 334**, 49, 59 (1973)
[80] D. J. Mitchell, B. W. Ninham: J. Chem. Phys. **59**, 1246 (1973)
[81] P. Richmond, B. W. Ninham, R. H. Ottewill: J. Coll. Interface Sci. **45**, 69 (1973)
[82] E. R. Smith, D. J. Mitchell, B. W. Ninham: J. Coll. Interface Sci. **45**, 55 (1973)
[83] G. H. Weiss, J. E. Kiefer, V. A. Parsegian: J. Coll. Interface Sci. **45**, 615 (1973)
[84] D. J. Mitchell, P. A. Richmond: J. Coll. Interface Sci. **46**, 118 (1974)
[85] Н. В. Чураев: Колл. ж., **36**, 318, 322 (1974); J. I. Rosenfeld, D. T. Wasan: J. Coll. Interface Sci. **47**, 27 (1974)
[86] R. G. Barrera, E. Gerlach: Chem. Phys. Lett. **25**, 443 (1974)
[87] В. М. Муллер, Н. В. Чураев: Колл. ж., **36**, 492 (1974)
[88] V. A. Parsegian, G. H. Weiss: J. Chem. Phys. **60**, 3080 (1974)
[89] V. A. Parsegian: Mol. Phys. **27**, 1503 (1974)
[90] Б. В. Дерягин, Г. А. Мартынов: Докл. АН СССР, **144**, 825 (1962)
[91] А. И. Русанов, Ф. М. Куни: в сб. „*Исследования в области поверхностных сил*" (russ.; „Untersuchungen auf dem Gebiet von Grenzflächenkräften"), изд. Наука, Москва 1967, стр. 129
[92] F. M. Kuni, A. I. Rusanov: Phys. Letters **26 A**, 577 (1968)
[93] Е. Н. Трофимова, Ф. М. Куни, А. И. Русанов: Колл. ж. **31**, 578 (1969)
[94] Ф. М. Куни, А. И. Русанов, Е. Н. Бродская: Колл. ж., **31**, 860 (1969)

[95] Ф. М. Куни, А. И. Русанов: Колл. ж., **32**, 232 (1970)
[96] А. И. Русанов, Ф. М. Куни: Колл. ж., **33**, 121 (1971)
[97] O. Sinanoğlu: in „*Modern Quantum Chemistry*", vol. 2, Academic Press, New York 1965
[98] H. C. Hamaker: Physica **4**, 1058 (1937)
[99] A. Sheludko, D. Platikanov, E. Manev: Disc. Faraday Soc. **39–40**, 253, 282 (1965)
[100] E. Manev, M. Bouleva: Abhandl. der Dtsch. Akad. Wiss. Berlin **66**, 557 (1966)
[101] D. Tabor, R. H. S. Wintertou: "Diamond Res., 1969", London, Industr. Diam. Inform. Bur., s. a., 13–15
[102] D. Tabor: J. Coll. Interface Sci. **31**, 364 (1969)
[103] G. C. J. Rouweler: Chem. Phys. Lett. **8**, 275 (1971)
[104] D. Tabor: Chem. and Ind. N 25, 969 (1971)
[105] G. C. J. Rouweler, J. T. G. Overbeck: Trans. Faraday Soc. **67**, 2117 (1971)
[106] F. Wittmann, H. Splittgerber, K. Ebert: Z. Phys. **245**, 354 (1971)
[107] H. G. Bruil, J. Lyklema: J. Electroanal. Chem. **37**, 31 (1972);
M. Van den Tempel: Adv. Coll. Interface Sci. **3**, 137 (1972)
[108] D. Bargeman, F. van Voorst Vader: J. Electroanal. Chem. **37**, 45 (1972)
[109] A. J. Bailey, H. Daniels: J. Phys. Chem. **77**, 501 (1973)
[110] H. Sonntag, N. Buske, H. Fruhner: Koll. Z. u. Z. Polym. **250**, 330 (1972)
[111] G. Peschel, K. H. Adlfinger: Z. Naturforsch. **26a**, 707 (1971)
[112] И. Ф. Ефремов: „*Периодические коллоидные структуры*" (russ.; „Periodische Kolloidstrukturen"), изд. Химия, Ленинград 1971
[113] А. Н. Фрумкин: ЖФХ, **12**, 337 (1938)
[114] Ю. Г. Ровин, П. М. Кругляков, А. Ф. Корецкий: Изв. СО АН СССР, сер. хим. наук № **14**, 136 (1970)
[115] B. V. Derjaguin: Acta physicochim. URSS, **12**, 181 (1940)
[116] B. V. Derjaguin: J. Coll. Interface Sci. **24**, 357 (1967)

15. Grenzflächenerscheinungen in Festkörpern

15.1. Der Spannungstensor

Spannungs- und Deformationszustand können in einem Festkörper wesentlich komplizierter als in einer Flüssigkeit sein. Wir beginnen daher mit einer Erörterung der Deformationsarbeit und prüfen, in welcher Weise für Festkörper der Begriff Grenzflächenspannung eingeführt werden kann.

Es möge in einem Volumen V ein aus zwei Raumphasen α und β bestehendes anisotropes System mit ebener Diskontinuitätsfläche vorliegen, wobei die Phasen bezüglich ihres Deformationszustandes homogen seien. Im Zustand des mechanischen Gleichgewichtes hat bei Abwesenheit eines äußeren Feldes der lokale Drucktensor des Systems $\hat{P}(x, y, z)$ Bedingung (1.2) zu genügen. Für die Raumphasen nimmt er die konstanten Werte $\hat{P}^{(\alpha)}$ und $\hat{P}^{(\beta)}$ an; in der Grenzflächenschicht ist er lediglich eine Funktion von Koordinate z (die Achse z ist von Phase α zu Phase β normal zur Diskontinuitätsfläche gerichtet), was aus den Symmetriebedingungen folgt. Bei Beachtung der Bedingung des mechanischen Gleichgewichtes ist leicht vorstellbar, daß die Differenzen $\hat{P}(z) - \hat{P}^{(\alpha)}$ und $\hat{P}(z) - \hat{P}^{(\beta)}$ zweidimensionale Tensoren darstellen.

Wenden wir uns dem allgemeinen Ausdruck (1.7) für die Deformationsarbeit zu. Zwecks Vereinfachung der Schreibweise drücken wir den Integranden als Skalarprodukt der Tensoren $\hat{P}$ und $\delta\hat{e}$ aus:

$$\delta W = -\iiint\limits_{(V)} (\hat{P} : \delta\hat{e})\, dV. \tag{15.1}$$

Führen wir eine willkürliche, das Volumen V in die Teile V_α und V_β trennende Fläche mit der Koordinate z_0 ein, so läßt sich Ausdruck (15.1) wie folgt darstellen:

$$\begin{aligned}\delta W = &-\iiint\limits_{(V_\alpha)} (\hat{P}^{(\alpha)} : \delta\hat{e})\, dV + \iiint\limits_{(V_\alpha)} [(\hat{P}^{(\alpha)} - \hat{P}) : \delta\hat{e}]\, dV \\ &-\iiint\limits_{(V_\beta)} (\hat{P}^{(\beta)} : \delta\hat{e})\, dV + \iiint\limits_{(V_\beta)} [(\hat{P}^{(\alpha)} - \hat{P}) : \delta\hat{e}]\, dV.\end{aligned} \tag{15.2}$$

Für eine homogene Deformation nimmt (15.2) die folgende Form an:

$$\delta W = -(\hat{P}^{(\alpha)} : \delta\hat{e})\, V_\alpha - (\hat{P}^{(\beta)} : \delta\hat{e})\, V_\beta + \left\{\left[\int\limits_{\infty}^{z_0} (\hat{P}^{(\alpha)} - \hat{P})\, dz + \int\limits_{z_0}^{\infty} (\hat{P}^{(\beta)} - \hat{P})\, dz\right] : \delta\hat{e}\right\} A, \tag{15.3}$$

worin A der Flächeninhalt der Trennfläche ist. Führen wir den neuen zweidimensionalen Tensor $\not{p}$ mit den Komponenten

$$\gamma_{ik} \equiv \int_{-\infty}^{z_0} (P_{ik}^{(\alpha)} - P_{ik})\, dz + \int_{z_0}^{\infty} (P_{ik}^{(\beta)} - P_{ik})\, dz \tag{15.4}$$

ein, so kann Ausdruck (15.3) folgendermaßen geschrieben werden:

$$\delta W = -\left(\hat{P}^{(\alpha)} : \delta\hat{e}^{(\alpha)}\right) V_\alpha - \left(\hat{P}^{(\beta)} : \delta\hat{e}^{(\alpha)}\right) V_\beta + \left(\not{p} : \delta\hat{e}^{(\sigma)}\right) A\,. \tag{15.5}$$

Der Tensor $\not{p}$ wird als Tensor der überschüssigen Grenzflächenelastizität oder Grenzflächenspannungstensor bezeichnet. Formel (15.4) stellt eine Verallgemeinerung der Bakker-Gleichung (1.12) dar; Gl. (15.5) ist die Verallgemeinerung des Ausdrucks (1.13) für Systeme mit Druckanisotropie. Da der im dritten Glied der rechten Seite von Gl. (15.5) auftretende Deformationstensor $\hat{e}$ als zweidimensionaler Grenzflächentensor wirkt, haben wir ihn im Unterschied zu den die Indizes α und β tragenden dreidimensionalen Tensoren mit dem hochgestellten Index σ gekennzeichnet.

Aus Gl. (15.4) ist ersichtlich, daß selbst für eine ebene Grenzfläche der Grenzflächenspannungstensor des betrachteten Systems von der Lage der Trennfläche abhängig ist. Tatsächlich führt eine Differentiation von (15.4) nach z_0 zu

$$\frac{d\gamma_{ik}}{dz_0} = P_{ik}^{(\alpha)} - P_{ik}^{(\beta)}\,. \tag{15.6}$$

Nur für den Fall, daß beide Phasen isotrop sind

$$(P_{ik}^{(\alpha)} = P^{(\alpha)}\delta_{ik},\ P_{ik}^{(\beta)} = P^{(\beta)}\delta_{ik},\ \gamma_{ik} = \gamma\delta_{ik}),$$

ist entsprechend den Bedingungen des mechanischen Gleichgewichtes $P^{(\alpha)} = P^{(\beta)}$ und $d\sigma/dz_0 = 0$.

Von den in Gl. (15.5) rechts stehenden Koeffizienten bei den Größen V_α, V_β und A lassen sich die isotropen Anteile separieren. Die Separierung des isotropen Druckes ist eine in der Kontinuumsmechanik verbreitete Operation. Der Druck P ist in der Regel als dritter Teil der Spur des Drucktensors definiert:

$$P \equiv \frac{1}{3}\left(\hat{P} : \hat{1}\right) = \frac{1}{3}\left(P_{xx} + P_{yy} + P_{zz}\right) \tag{15.7}$$

(mit $\hat{1}$ als dreidimensionalem Einheitstensor, dessen Komponenten durch das Kroneckersche Deltasymbol δ_{ik} gegeben sind). Bekanntlich ist die Spur eines Tensors bezüglich der Wahl des Koordinatensystems invariant. Der vollständige Drucktensor kann auch als Summe dargestellt werden:

$$\hat{P} \equiv P\hat{1} + \hat{P}^* \tag{15.8}$$

mit $\hat{P}^*$ als Deviationstensor, der durch die identische Gleichheit (15.8) definiert ist.

Völlig analog zu Gl. (15.7) läßt sich auch die mittlere überschüssige Grenzflächenelastizität als halbe Spur des Tensors der überschüssigen Grenzflächenelastizitäten definieren [1]:

$$\gamma \equiv \frac{1}{2}\left(\not{p} : \hat{1}\right) = \frac{1}{2}\left(\gamma_{xx} + \gamma_{yy}\right) \tag{15.9}$$

mit $\hat{1}$ als zweidimensionalem Einheitstensor. Der Grenzflächenspannungstensor kann als

$$\hat{\gamma} \equiv \gamma \hat{1} + \hat{\gamma}^* \tag{15.10}$$

dargestellt werden, wobei $\hat{\gamma}^*$ den durch die identische Gleichheit (15.10) definierten Deviationstensor verkörpert. Es sei darauf hingewiesen, daß sowohl die Größe γ als auch der Tensor $\hat{\gamma}$ von der Lage der Trennfläche abhängig sind.

Die Größe γ nennt man Grenzflächenelastizität [1]···[7] oder Grenzflächenspannung [8]···[13], was sinngemäß gleiches bedeutet, da die Spannung eine überschüssige Elastizität darstellt.

Werden nunmehr unter Berücksichtigung der trivialen Beziehungen

$$(\delta e_{xx} + \delta e_{yy} + \delta e_{zz})\, V = \delta V \tag{15.11}$$

$$(\delta e_{xx} + \delta e_{yy})\, A = \delta A \tag{15.12}$$

(15.8) und (15.10) in (15.5) eingesetzt, so nimmt letztere Beziehung das folgende Aussehen an:

$$\begin{aligned} \delta W = &-P^{(\alpha)}\delta V_\alpha - (\hat{P}^{*(\alpha)} : \delta\hat{e}^{(\alpha)})\, V_\alpha - P^{(\beta)}\delta V_\beta \\ &- (\hat{P}^{*(\beta)} : \delta\hat{e}^{(\beta)})\, V_\beta + \gamma\delta A + (\hat{\gamma}^* : \delta\hat{e}^{(\sigma)})\, A\,. \end{aligned} \tag{15.13}$$

Dieser Ausdruck kann in etwas anderer Form geschrieben werden, wenn die Variationen der Deformationstensoren für Volumen und Grenzfläche wie folgt formuliert werden:

$$\delta\hat{e} = \frac{1}{3}\,(\delta\hat{e} : \hat{1})\,\hat{1} + \delta\hat{e}^* = \frac{1}{3}\,(\delta e_{xx} + \delta e_{yy} + \delta e_{zz})\,\hat{1} + \delta\hat{e}^* \tag{15.14}$$

$$\delta\hat{e}^{(\sigma)} = \frac{1}{2}\,(\delta\hat{e}^{(\sigma)} : \hat{1})\,\hat{1} + \delta\hat{e}^{*(\sigma)} = \frac{1}{2}\,(\delta e_{xx}^{(\sigma)} + \delta e_{yy}^{(\sigma)} + \delta e_{zz}^{(\sigma)})\,\hat{1} + \delta\hat{e}^{*(\sigma)}\,. \tag{15.15}$$

Hierin charakterisieren die durch die Ausdrücke (15.14) und (15.15) definierten Deviationstensoren $\delta\hat{e}^*$ und $\delta\hat{e}^{*(\sigma)}$ die Schubdeformation. Nach Einsetzen von Gl. (15.14) und (15.15) in (15.5) und Berücksichtigung der Definitionen (15.7) und (15.9) erhalten wir die Beziehung

$$\begin{aligned} \delta W = &-P^{(\alpha)}\delta V_\alpha - (\hat{P}^{(\alpha)} : \delta\hat{e}^{*(\alpha)})\, V_\alpha - P^{(\beta)}\delta V_\beta \\ &- (\hat{P}^{(\beta)} : \delta\hat{e}^{*(\sigma)})\, V_\beta + \gamma\delta A + (\hat{\gamma} : \delta\hat{e}^{*(\sigma)})\, A\,. \end{aligned} \tag{15.16}$$

Das zweite, vierte und sechste Glied der rechten Seite von Gl. (15.16) stellen Beiträge zur Schubdeformation dar. Es ist bekannt, daß für Kristalle von ausreichend hoher Symmetrie (z. B. kubische Kristalle) das zweite und vierte Glied (Volumenglieder) gleich Null werden. Das sechste Glied wird in Gegenwart einer perpendikular zur Diskontinuitätsfläche gerichteten Symmetrieachse dritter oder höherer Ordnung ebenfalls gleich Null. Infolgedessen nimmt Gl. (15.16) für hinreichend symmetrische Körper die folgende Form an:

$$\delta W = -P^{(\alpha)}\delta V_\alpha - P^{(\beta)}\delta V_\beta + \gamma\delta A\,. \tag{15.17}$$

Diese Gleichung stimmt mit dem analogen Ausdruck für isotrope Phasen, bei Vorliegen einer Druckdifferenz zwischen ihnen, überein (siehe z. B. (1.37)). In diesem Falle stellt $P^{(\alpha)}$ oder $P^{(\beta)}$ eine beliebige Diagonalkomponente des Drucktensors in einem diesen Tensor diagonalisierenden Koordinatensystem dar. Entsprechend ist γ eine beliebige Diagonalkomponente des Tensors der überschüssigen Grenzflächenelastizitäten im ebenen Koordinatensystem, das den Tensor der überschüssigen Grenzflächenelastizitäten diagonalisiert.

15.2. Fundamentalgleichungen

Herleitung und Interpretation von Fundamentalgleichungen für die Raumphase eines Festkörpers sind in einer ganzen Reihe von Arbeiten enthalten (siehe z. B. [14]···[29]). Allerdings ist das in der Literatur vorliegende Material sehr widersprüchlich. Insbesondere gehen die Auffassungen hinsichtlich der Interpretation des chemischen Potentials und der Phasengleichgewichte auseinander. Der Grund hierfür besteht im wesentlichen in der Kompliziertheit des Spannungszustandes eines Festkörpers und der außerordentlichen Verzögerung bei der Einstellung von Diffusionsgleichgewichten. Bei realer Betrachtung gelangt man zu der Schlußfolgerung, daß Fundamentalgleichungen nur für bestimmte Festkörpermodelle herleitbar sind, von denen ein jedes nur über begrenzte Anwendbarkeit für reale Festkörper verfügt.

Eines dieser Modelle, und zwar das für den ideal elastischen Festkörper, ist ausführlich von Gibbs behandelt worden [14]. Im Rahmen dieses Modells ist ein beliebiger Deformationszustand ein reversibler Gleichgewichtszustand unter völligem Ausschluß viskoser Fließvorgänge. Alle Komponenten des Festkörpers sind in zwei Gruppen aufgeteilt:

1. immobile Komponenten, die ein stabiles, die elastischen Eigenschaften des Körpers gewährleistendes Gerüst bilden, und
2. mobile Komponenten, die innerhalb des Gerüstes eine freie Beweglichkeit besitzen (Gibbs qualifizierte die letzteren als vom Festkörper absorbierte Flüssigkeiten).

Die immobilen Komponenten sind fest mit dem Gerüst gekoppelt, so daß sie innerhalb des Gerüstes nicht frei beweglich sind. Infolgedessen ist auch für diese Komponenten selbst in einem Elementarvolumen ein Diffusionsgleichgewicht prinzipiell unmöglich. Als Folge hiervon kann das Gerüst in bezug auf Struktur und Zusammensetzung heterogen bleiben und seine Masse lediglich durch Wachstum oder Verringerung der Festkörpermenge an seiner Grenzfläche verändern. Dieses Verhalten der immobilen Komponenten erschwert eine Definition ihrer chemischen Potentiale zumindest in dem Sinne, wie dies für Flüssigkeiten oder Gase üblich ist bzw. macht sie überflüssig. Daher sollte es nicht verwundern, wenn der Begriff des chemischen Potentials für immobile Festkörperkomponenten in der Gibbsschen Theorie fehlt. Demgegenüber ist das Verhalten der mobilen Komponenten, obwohl sie sich in einer anisotropen Phase befinden, flüssigkeits- bzw. gasähnlich: sie diffundieren frei im gesamten Volumen des Festkörpers und erreichen den Zustand des Diffusionsgleichgewichtes, der durch die Konstanz ihrer chemischen Potentiale, die in der üblichen Weise als partielle Ableitungen der Energie nach den Massen definiert sind, gekennzeichnet wird.

Die Gibbssche Fundamentalgleichung für die innere Energie der Raumphase eines Festkörpers lautet bei Konstanz der Massen der immobilen Komponenten und in Abwesenheit eines äußeren Feldes folgendermaßen:

$$dU = T\,dS - (\hat{P} : d\hat{e})\,V + \sum_i \mu_i\,dm_i, \tag{15.18}$$

wobei die Summation über alle mobilen Komponenten erfolgt. Hier wird eine homogene Deformation des Festkörpers vorausgesetzt. Die innere Energie des Festkörpers hängt außerdem von der Quantität der immobilen Komponenten ab und ist daher keine homogene Funktion der in Gl. (15.18) auftretenden Variablen. Infolgedessen kann aus Gl. (15.18) nicht unmittelbar ein integraler Ausdruck für die innere Energie erhalten werden. Erfährt ein Festkörper an seiner Grenzfläche mit dem Flächeninhalt A einen Phasenübergang, so lautet die als Folge davon auftretende Energieänderung des Körpers

$$dU = u_v A\,dN, \tag{15.19}$$

worin u_v die auf das Volumen bezogene Energiedichte und N die zur Grenzfläche des Körpers gerichtete Normale darstellt. Stellen wir uns nunmehr vor, daß der betrachtete Festkörper den Phasenübergang während seines Kontaktes mit irgendeinem anderen hypothetischen Festkörper, in bezug auf welchen alle Komponenten (auch die immobilen) des betrachteten Festkörpers mobil seien, erfährt. Unternehmen wir den Versuch, ausgehend vom Gibbsschen Gleichgewichtsprinzip (2.6) die Phasengleichgewichtsbedingungen zu formulieren. Die Energieänderung des zweiten Körpers ist durch Gl. (15.18) gegeben, in der jetzt die Summation über ausnahmslos alle Komponenten des betrachteten Körpers zu erfolgen hat. Wird berücksichtigt, daß die summaren Werte für Entropie, Volumina und Mengen aller Komponenten für beide Körper konstant sind, so läßt sich Gl. (15.18) wie folgt schreiben:

$$dU' = \left(-Ts_v + P_N - \sum_i \mu_i\varrho_i - \sum_j \mu_j'\varrho_j\right) A\,dN \tag{15.20}$$

mit $s_v \equiv S'/V$ und $\varrho_i \equiv m_i/V$. P_N ist die Normalkomponente des Druckes an der Phasengrenze beider Körper, der Index j bezieht sich auf die immobilen Komponenten des betrachteten Körpers, hochgestellt gestrichen sind alle Größen, die sich auf den zweiten Körper beziehen (wobei auf die Striche für T, P_N und μ_i verzichtet wird, da diese Größen nach den Bedingungen für das thermische, mechanische und Diffusionsgleichgewicht für beide Körper gleich sind).

Werden nun die Gln. (15.19) und (15.20) gliedweise addiert und das Resultat gleich Null gesetzt, so erhalten wir die Gleichgewichtsbedingung für das Phasengleichgewicht des betrachteten Festkörpers:

$$u_v = Ts_v - P_N + \sum_i \mu_i\varrho_i + \sum_j \mu_j'\varrho_j. \tag{15.21}$$

Wird (15.21) mit dem Volumen V des betrachteten Festkörpers multipliziert und die Normalkomponente P_N des Druckes durch den Drucktensor ausgedrückt, so führt dies zu

$$U = TS - \left((\hat{P}\vec{\nu})\,\vec{\nu}\right) V + \sum_i \mu_i m_i + \sum_j \mu_j' m_j \tag{15.22}$$

mit $\vec{\nu}$ als dem Einheitsvektor entlang der Normalen zur Festkörperfläche. Ausdruck (15.22) ist eine zweite Fundamentalgleichung für den ideal elastischen Festkörper. Die Besonderheit dieser Gleichung besteht darin, daß in ihr die Eigenschaften der immobilen

Komponenten durch die chemischen Potentiale dieser Komponenten in einer hypothetischen koexistierenden Phase ausgedrückt werden.

Gl. (15.22) behält ihre Gültigkeit für beliebige Orientierungen der Grenzfläche: einem jeden von dem Vektor $\vec{\nu}$ vorgegebenen Schnitt durch den Festkörper entsprechen eigene Werte der Normalkomponenten des Druckes sowie der chemischen Potentiale μ_j'. Nimmt der Vektor $\vec{\nu}$ die Richtung einer Hauptachse des Drucktensors an, so verschwinden die Tangentialspannungen an der Festkörpergrenzfläche, und als koexistierende Phase kann die den betrachteten Festkörper lösende Flüssig- oder Gasphase angesehen werden (eben dieser einfache Fall ist von GIBBS behandelt worden). Für diesen Fall lautet Gl. (15.22) wie folgt:

$$U = TS - P_k{}^0 V + \sum_i \mu_i m_i + \sum_j \mu'_{j(k)} m_j . \qquad (k = 1, 2, 3) \tag{15.23}$$

Hierin stellt $P_k{}^0$ den Hauptwert des Drucktensors dar, der gleich dem isotropen Druck in jener koexistierenden Phase, auf die sich die chemischen Potentiale $\mu'_{j(k)}$ beziehen, ist. Durch Summation der Gl. (15.23) für die drei Hauptrichtungen erhalten wir die symmetrische Beziehung

$$U = TS - PV + \sum_i \mu_i m_i + \sum_j m_j{}^* m_j \tag{15.24}$$

mit $P \equiv \frac{1}{3} \sum_k P_k{}^0$, was der Definition (15.7) entspricht, bzw. $\mu_j{}^* \equiv \frac{1}{3} \sum_k \mu'_{j(k)}$. Da P nach (15.7) von der Orientierung der Koordinatenachsen unabhängig ist, müssen die Größen $\mu_j{}^*$ über die gleiche Eigenschaft verfügen. Folglich ist der Gesamtausdruck (15.24) bezüglich der gewählten Orientierung dreier zueinander perpendikularer Richtungen invariant. Die numerischen Werte der Größen $\mu_j{}^*$ stimmen mit jenen für die chemischen Potentiale μ_j' in einem solchen hypothetischen Festkörper überein, der mit dem betrachteten Festkörper über eine Oktaederfläche im Koordinatensystem, dessen Achsen mit den Hauptrichtungen übereinstimmen, im Kontakt steht (eben für diese Fläche ist $P_N = P$).

Nach Differentiation von (15.23) bei konstanter Masse der immobilen Komponenten und Vergleich des Resultates mit (15.18) erhalten wir eine weitere Beziehung:

$$S\,dT - V\,dP_k{}^0 + [(\hat{P} - P_k{}^0\,\hat{1}) : d\hat{e}]\,V + \sum_i m_i\,d\mu_i + \sum_j m_j\,d\mu'_{j(k)} = 0 . \tag{15.25}$$

$(k = 1, 2, 3)$

Diese Beziehung spielt die Rolle einer der GIBBS-DUHEMschen Gleichung analogen Fundamentalgleichung. Besonders geeignet ist sie für die Erörterung der Löslichkeit von Festkörpern, wenn die Größen $\mu'_{j(k)}$ experimentell zugänglich sind. In analoger Weise erhalten wir aus den Gln. (15.18) und (15.24) den folgenden Zusammenhang:

$$S\,dT - V\,dP + (\hat{P}^* : \delta\hat{e})\,V + \sum_i m_i\,d\mu_i + \sum_j m_j\,d\mu_j{}^* = 0 . \tag{15.26}$$

Für einen Festkörper im isotropen Zustand stimmen die Gln. (15.25) und (15.26) überein.

Die bisher in diesem Abschnitt dargestellten Gleichungen beziehen sich auf die Raumphase des Festkörpers. Unschwer lassen sie sich auf Zweiphasensysteme mit Druckanisotropie erweitern. Wird Ausdruck (15.5) für die Deformationsarbeit bei Abwesenheit eines äußeren Feldes in die thermodynamische Gl. (2.1) eingesetzt, so erhalten wir eine Fundamentalgleichung für die innere Energie eines im Gleichgewicht befindlichen anisotropen Systems mit ebener Diskontinuitätsfläche:

$$dU = T\,dS - (\hat{P}^{(\alpha)} : d\hat{e}^{(\alpha)})\,V_\alpha - (\hat{P}^{(\beta)} : d\hat{e}^{(\beta)})\,V_\beta + (\hat{p} : d\hat{e}^{(\sigma)})\,A + \sum_i \mu_i\,dm_i, \tag{15.27}$$

wobei die Summation über alle mobilen Komponenten des Zweiphasensystems erfolgt. Gl. (15.27) ist auf Gleichgewichte zwischen zwei festen Phasen oder zwischen einer festen und einer flüssigen Phase anwendbar. Sie ist die Verallgemeinerung von Gl. (2.7) für anisotrope Systeme.

Wenden wir nunmehr die in Variablen der Phase α ausgedrückte Gl. (15.18) auf das Teilvolumen V_α (ohne Grenzflächenzone mit der Dicke τ_∞) an und subtrahieren die resultierende Gleichung von (15.27). Subtrahieren wir des weiteren von Gl. (15.27) die analoge Gl. (15.18), ausgedrückt in den Variablen der Phase β für das Teilvolumen V_β (ohne Grenzflächenzone mit der Dicke τ_β), so ergibt sich eine Fundamentalgleichung für die Grenzflächenschicht endlicher Dicke:

$$d\overline{U}^{(\sigma)} = T\,d\overline{S}^{(\sigma)} - (\hat{P}^{(\alpha)} : d\hat{e}^{(\alpha)})\,A\tau_\alpha - (\hat{P}^{(\beta)} : d\hat{e}^{(\beta)})\,A\tau_\beta + (\hat{p} : d\hat{e}^{(\sigma)})\,A + \sum_i \mu_i\,d\overline{m}_i^{(\sigma)}, \tag{15.28}$$

in der alle quer gestrichenen Größen die jeweiligen Summen aus den realen Größen für die Grenzflächenschicht mit der Dicke $\tau = \tau_\alpha + \tau_\beta$ und den Überschußgrößen seitens der beiden Raumphasen darstellen. Gl. (15.28) bleibt bei beliebigen τ-Werten in Kraft. Bei τ-Werten, die gleich oder größer als die effektive Grenzflächenschichtdicke sind, sind die Überschußgrößen seitens der Raumphasen vernachlässigbar, und Gl. (15.28) kann als Fundamentalgleichung für die Grenzflächenschicht endlicher Dicke geschrieben werden:

$$dU^{(\sigma)} = T\,dS^{(\sigma)} - (\hat{P}^{(\alpha)} : d\hat{e}^{(\alpha)})\,V^{(\sigma)} - (\hat{P}^{(\beta)} : d\hat{e}^{(\beta)})\,V_\beta^{(\sigma)} + (\hat{p} : d\hat{e}^{(\sigma)})\,A + \sum_i \mu_i\,dm_i^{(\sigma)}. \tag{15.29}$$

Werden jedoch die Werte $\tau_\alpha = \tau_\beta = 0$ gewählt, so kann Gl. (15.28) über die Gibbsschen Überschußgrößen wie folgt geschrieben werden:

$$d\overline{U} = T\,d\overline{S} + (\hat{p} : d\hat{e}^{(\sigma)})\,A + \sum_i \mu_i\,d\overline{m}_i. \tag{15.30}$$

Zwecks Herleitung einer entsprechenden integralen Beziehung wenden wir uns Gl. (15.22) zu und betrachten diese als lokale Beziehung innerhalb der Grenzflächenschicht. Wählen wir die Richtung $\vec{\nu}$ aus, die mit einer der Hauptrichtungen des Tangentialdruckes in der Grenzflächenschicht identisch sei, und gehen wir zu den überschüssigen Größen für eine beliebige Trennfläche über:

$$\overline{U} = T\overline{S} + \gamma_1{}^0 A + \sum_i \mu_i \overline{m}_i + \sum_j \overline{\mu'_{j(1)} m_j}. \tag{15.31}$$

Analog hierzu folgt für eine andere Hauptrichtung:

$$\overline{U} = T\overline{S} + \gamma_2{}^0 A + \sum_i \mu_i \overline{m}_i + \sum_j \overline{\mu'_{j(2)} m_j}; \tag{15.32}$$

γ_1^0 und γ_2^0 sind die Hauptwerte des Tensors γ. Es sei darauf hingewiesen, daß im letzten Glied der Beziehungen (15.31) und (15.32) nicht die Überschußmasse, sondern der Überschuß des Produktes von chemischem Potential und Masse steht, da selbst im Gleichgewichtszustand die Größe μ_j' im Inneren der Grenzflächenschicht von der Koordinate z abhängt (hierin äußert sich ein prinzipieller Unterschied zwischen einem ideal elastischen Festkörper und einer Flüssigkeit).

Durch Summation von (15.31) und (15.32) sowie Benutzung von (15.9) erhalten wir den symmetrischen Ausdruck

$$\overline{U} = T\overline{S} + \gamma A + \sum_i \mu_i \overline{m}_i + \sum_j \frac{1}{2} \overline{(\mu'_{j(1)} + \mu'_{j(2)})\, m_j}, \tag{15.33}$$

der in gleicher Weise wie ein beliebiger der Ausdrücke (15.31) und (15.32) als integrale Fundamentalgleichung für die überschüssige Grenzflächenenergie angesehen werden kann.

Es sei darauf verwiesen, daß die Größen

$$\overline{g}_{j(1)} \equiv \sum_j \frac{\overline{\mu'_{j(1)} m_j}}{A}; \tag{15.34}$$

$$\overline{g}_{j(2)} \equiv \sum_j \frac{\overline{\mu'_{j(2)} m_j}}{A}; \tag{15.35}$$

$$\overline{g}_j \equiv \sum_j \frac{\overline{(\mu'_{j(1)} + \mu'_{j(2)})\, m_j}}{2A} \tag{15.36}$$

von der Lage der Trennfläche abhängig sind. Folglich kann eine beliebige dieser Größen durch einfache Auswahl der Trennflächenlage gleich Null werden. Solchenfalls nimmt die entsprechende Fundamentalgleichung die gleiche äußere Form wie für Flüssigkeiten an.

Wenden wir uns nun der Herleitung von Fundamentalgleichungen einer dritten Gruppe zu; diese sind der Gibbs-Duhemschen Gleichung analog. Über Differentiation von (15.31) oder (15.32) und Vergleich mit Gl. (15.30) erhalten wir

$$\overline{S}\, dT + A\, d\gamma_k^0 - [(\hat{p} - \gamma_k^0\, \hat{1}) : d\hat{e}^{(\sigma)}]\, A + \sum_i \overline{m}_i\, d\mu_i + d \sum_j \overline{\mu'_{j(k)} m_j} = 0. \tag{15.37}$$

$(k = 1, 2)$

Analog erhalten wir aus (15.30) und (15.33) die Gleichung

$$\overline{S}\, dT + A\, d\gamma - [\hat{p}^* : d\hat{e}^{(\sigma)}]\, A + \sum_i \overline{m}_i\, d\mu_i + d \sum_j \frac{1}{2} \overline{(\mu'_{j(1)} + \mu'_{j(2)}]\, m_j} = 0. \tag{15.38}$$

Unter Verwendung der Bezeichnungen (15.34) und (15.36) können diese Gleichungen folgendermaßen geschrieben werden:

$$\overline{S}\, dT + A\, d\gamma_k^0 - [(\hat{p} - \gamma_k^0\, \hat{1} - \overline{g}_{j(k)}\, \hat{1}) : d\hat{e}^{(\sigma)}]\, A + \sum_i \overline{m}_i\, d\mu_i + A\, d\overline{g}_{j(k)} = 0; \tag{15.39}$$

$$\overline{S}\, dT + A\, d\gamma - [(\hat{p}^* - \overline{g}_j\, \hat{1}) : d\hat{e}^{(\sigma)}]\, A + \sum_i \overline{m}_i\, d\mu_i + A\, d\overline{g}_j = 0. \tag{15.40}$$

In trivialer Weise lassen sich aus den Gln. (15.31)⋯(15.33), (15.37)⋯(15.40) die entsprechenden Gleichungen für die Grenzflächenschicht endlicher Dicke herleiten: Man stelle sich das Volumen $V_\alpha^{(\sigma)} = A\tau_\alpha$ mit Stoff der Phase α bzw. $V_\beta^{(\sigma)} = A\tau_\beta$ mit Stoff der Phase β angefüllt vor und benutze sodann die Gln. (15.22)⋯(15.26) für die Raumphasen.

Somit haben wir einen vollständigen Satz von Fundamentalgleichungen für die innere Energie hergeleitet. Hieraus lassen sich leicht auch die Fundamentalgleichungen für die anderen thermodynamischen Funktionen, die freie Energie, Enthalpie, das Gibbssche thermodynamische Potential und das große thermodynamische Potential, die durch die identischen Gleichheiten (2.16)⋯(2.19) oder deren Analoga definiert sind, herleiten. So z. B. verfügen wir für die freie Energie über Gleichungen für die Raumphase

$$F \equiv U - TS = -P_k{}^0 V + \sum_i \mu_i m_i + \sum_j \mu'_{j(k)} m_j = -PV + \sum_i \mu_i m_i + \sum_j \mu_j{}^* m_j, \tag{15.41}$$

$$dF = -S\,dT - (\hat{P} : d\hat{e})\,V + \sum_i \mu_i\,dm_i, \tag{15.42}$$

bzw. für die Grenzfläche

$$\bar{F} = \bar{U} - T\bar{S} = \gamma^0_{(k)} A + \sum_i \mu_i \bar{m}_i + \bar{g}_{j(k)} A = \gamma A + \sum_i \bar{m}_i \mu_i + \bar{g}_j A \tag{15.43}$$

$$d\bar{F} = -\bar{S}\,dT + (\hat{p} : d\hat{e}^{(\sigma)})\,A + \sum_i \mu_i\,d\bar{m}_i. \tag{15.44}$$

Die behandelten Fundamentalgleichungen beziehen sich auf die Gesamtheit des Festkörpers unter der Bedingung, daß dieser homogen sei und sich im Gleichgewichtszustand befinde. Im Rahmen des betrachteten Modells kann allerdings der Festkörper über beträchtliche Heterogenität hinsichtlich Zusammensetzung und Struktur bei vorgegebener ungleichmäßiger Verteilung der immobilen Komponenten über sein Volumen verfügen. Da die immobilen Komponenten nicht diffundieren können, werden vorhandene Heterogenitäten dieser Art bei einer Deformation des Festkörpers niemals verschwinden, sondern nur gewisse Änderungen erfahren. Infolgedessen ist die Kenntnis lokaler thermodynamischer Gleichungen erforderlich, die auf hinreichend kleine Systemteile anwendbar sind. In der Regel werden sie über die spezifischen Größen formuliert. Nachstehend werden derartige lokale Gleichungen für die freie Energie untersucht.

Führen wir zunächst die lokalen Beziehungen für die Volumen- und Grenzflächendichte der freien Energie f_v bzw. $\bar{f}$ an; diese entsprechen den Gln. (15.41) bzw. (15.42). Wird die erste durch das Volumen V bzw. die zweite durch die Fläche A dividiert, so erhalten wir

$$f_v = -P_k{}^0 + \sum_i \mu_i \varrho_i + \sum_j \mu'_{j(k)} \varrho_j = -P + \sum_i \mu_i \varrho_i + \sum_j \mu_j{}^* \varrho_j \tag{15.45}$$

$$\bar{f} = \gamma_k{}^0 + \sum_i \mu_i \Gamma_i + \bar{g}_{j(k)} = \gamma + \sum_i \mu_i \Gamma_i + \bar{g}_j. \tag{15.46}$$

Aus Gl. (15.46) ist zu ersehen, daß die Grenzflächenspannung in Abwesenheit mobiler Komponenten gleich der spezifischen überschüssigen freien Grenzflächenenergie nur für jene Lage der Trennflächen ist, für welche $\bar{g}_j = 0$ gilt.

Für die Herleitung der grundlegenden lokalen Differentialgleichungen erfolgt eine Transformation der Gln. (15.42) und (15.44) mit Hilfe folgender Ausdrücke

$$dF = V\,df_v + f_v\,dV = V[df_v + f_v(de_{xx} + de_{yy} + de_{zz})]; \tag{15.47}$$

$$dm_i = V\,d\varrho_i + \varrho_i\,dV = V[d\varrho_i + \varrho_i(de_{xx} + de_{yy} + de_{zz})]; \tag{15.48}$$

$$d\bar{F} = A\,d\bar{f} + \bar{f}\,dA = A[d\bar{f} + \bar{f}(de_{xx}^{(\sigma)} + de_{yy}^{(\sigma)})]; \tag{15.49}$$

$$d\bar{m}_i = A\,d\Gamma_i + \Gamma_i\,dA = A[d\Gamma_i + \Gamma_i(de_{xx}^{(\sigma)} + de_{yy}^{(\sigma)})]; \tag{15.50}$$

wonach (15.42) durch V bzw. (15.44) durch A dividiert wird. Damit ergeben sich aus den Gln. (15.42) bzw. (15.44) die folgenden Beziehungen:

$$df_{(v)} = -s_v\,dT - \left[\hat{P} + \left(f_v - \sum_i \mu_i\varrho_i\right)\hat{1}\right] : d\hat{e} + \sum_i \mu_i\,d\varrho_i \tag{15.51}$$

$$d\bar{f} = -\bar{s}\,dT + \left[\hat{\gamma} - \left(\bar{f} - \sum_i \mu_i\Gamma_i\right)\hat{1}\right] : d\hat{e}^{(\sigma)} + \sum_i \mu_i\,d\Gamma_i \tag{15.52}$$

mit $\bar{s} \equiv \bar{S}/A$ als Grenzflächendichte der überschüssigen Entropie.

Bei Abwesenheit mobiler Komponenten nehmen (15.51) und (15.52) die folgende Form an:

$$df_v = -s_v\,dT - [\hat{P} + f_v\,\hat{1}] : d\hat{e}\,; \tag{15.53}$$

$$d\bar{f} = -\bar{s}\,dT + [\hat{\gamma} - \bar{f}\,\hat{1}] : d\hat{e}^{(\sigma)}, \tag{15.54}$$

woraus sich bei $T = \text{const}$ die folgenden Beziehungen ergeben:

$$\frac{\partial f_v}{\partial e_{ik}} = -P_{ik} - f_v\delta_{ik} \tag{15.55}$$

$$\frac{\partial \bar{f}}{\partial e_{ik}^{(\sigma)}} = \gamma_{ik} - \bar{f}\delta_{ik}. \tag{15.56}$$

Für den speziellen Fall eines isotropen Festkörpers folgen hieraus:

$$\left(\frac{df_v}{d\ln V}\right)_T = P - f_v \tag{15.57}$$

$$\left(\frac{d\bar{f}}{d\ln A}\right)_T = \gamma - \bar{f}. \tag{15.58}$$

Die Beziehung (15.56) wurde zuerst von Herring [1, 2] durch Verallgemeinerung des früher von Shuttleworth [8] erhaltenen einfacheren Ausdruckes (15.58) hergeleitet. Wir stellen fest, daß beide Beziehungen nur in Abwesenheit mobiler Komponenten Gültigkeit besitzen.

Es sei daran erinnert, daß sich in unseren Erörterungen alle Überschußgrößen auf eine willkürliche Trennfläche beziehen, für welche die Adsorption der immobilen Komponente gleich Null ist. Wenn wir die Trennfläche unter der Bedingung $\bar{g}_j = 0$ wählen, so ist für diese Trennfläche in Abwesenheit mobiler Komponenten $\bar{f} = \gamma$, dies folgt aus Gl. (15.46), weshalb Beziehung (15.56) wie folgt geschrieben werden kann:

$$\frac{\partial \gamma}{\partial e_{ik}^{(\sigma)}} = \gamma_{ik} - \gamma \delta_{ik}, \tag{15.59}$$

und sich aus (15.58)

$$\left(\frac{d\bar{f}}{d \ln A}\right)_T = \left(\frac{d\gamma}{d \ln A}\right)_T = 0 \tag{15.60}$$

ergibt.

Vollständigkeitshalber seien die Fundamentalgleichungen (15.25), (15.26), (15.39) und (15.40) gleichfalls für spezifische Größen gegeben (hierfür werden die zwei ersten durch das Volumen und die übrigen durch die Fläche dividiert):

$$dP_k{}^0 = s_v\, dT + (\hat{P} - P_k{}^0\, \hat{1}) : d\hat{e} + \sum_i \varrho_i\, d\mu_i + \sum_j \varrho_j\, d\mu'_{j(k)}; \tag{15.61}$$

$$dP \;\; = s_v\, dT + \hat{P}^* : d\hat{e} + \sum_i \varrho_i\, d\mu_i + \sum_j \varrho_j\, d\mu_j{}^*; \tag{15.62}$$

$$d\gamma_k{}^0 \;\; = -\bar{s}\, dT + (\hat{\gamma} - \gamma_k{}^0\, \hat{1} - \bar{g}_{j(k)}\, \hat{1}) : d\hat{e}^{(\sigma)} - \sum_i \Gamma_i\, d\mu_i - d\bar{g}_{j(k)} \tag{15.63}$$

$$d\gamma \;\; = -\bar{s}\, dT + (\hat{\gamma}^* - \bar{g}_j\, \hat{1}) : d\hat{e}^{(\sigma)} - \sum_i \Gamma_i\, d\mu_i - d\bar{g}_j. \tag{15.64}$$

Gl. (15.64) ist die für den Festkörper verallgemeinerte Gibbssche Adsorptionsgleichung. Der Vorteil des erörterten Modells eines ideal elastischen Festkörpers besteht in der Möglichkeit, eine strenge thermodynamische Theorie zu entwickeln. Allerdings ist dieses Modell nur mit Einschränkungen auf reale Festkörper anwendbar, da in seinem Rahmen wichtige Erscheinungen wie Selbstdiffusion und Plastizität nicht berücksichtigt werden. Strenggenommen existieren auch in einem Festkörper keine immobilen Komponenten; selbst in einem gut ausgebildeten Kristall verläßt infolge Wärmebewegung ein Teil der Moleküle (oder Ionen) seine Gitterplätze, was zu Defektbildung und merklicher Beschleunigung von Diffusionsprozessen führt. Reale Festkörper verfügen über Plastizität (die durch vorhandene Dislokationen gefördert wird); unter dem Einfluß angreifender Spannungen transformieren sie sich dergestalt, daß die Druckanisotropie verringert wird. Ein plastischer Festkörper im strengen Gleichgewichtszustand darf keine Druckanisotropie zeigen; folglich kann der Zustand dieses Körpers durch die Thermodynamik der Flüssigkeiten beschrieben werden (allerdings kann ein solcher Gleichgewichtszustand in der Praxis unerreichbar bleiben). Somit stellen die Thermodynamik des ideal elastischen Festkörpers und die Thermodynamik der Flüssigkeiten zwei Grenzfälle einer strengen thermodynamischen Beschreibung realer Festkörper dar.

Des öfteren begegnet man in der Literatur (z. B. [20, 21], [28]···[30]) bei der thermodynamischen Behandlung von Festkörpern Fundamentalgleichungen, die keinem der genannten Grenzfälle, sondern einem gewissen dritten Modell angehören, in dessen Rahmen alle Festkörperkomponenten als mobil angesehen werden. Bevor wir auf den Sinn dieses Modells eingehen, wollen wir untersuchen, wie in seinem Rahmen die Fundamentalgleichungen hergeleitet werden. Wenden wir uns hierfür zunächst Gl. (15.18) zu, die offenbar auch für den Fall, daß alle Komponenten mobil seien, in Kraft bleibt. In diesem einfachen Fall kann ein integraler Ausdruck für die Energie unmittelbar aus Gl. (15.18) erhalten werden. Wir wählen als Koordinatenrichtungen die Hauptrichtungen des Drucktensors und stellen das Volumen V als Volumen eines rechtwinkligen Parallelepipeds mit den parallel zu den Koordinatenachsen verlaufenden Kanten l_x, l_y, l_z dar (diese Wahl beeinträchtigt keineswegs die Allgemeingültigkeit des Resultates). Damit ergibt sich $V = l_x l_y l_z$, und Gl. (15.18) kann als

$$dU = T\,dS - P_{xx} l_y l_z\,dl_x - P_{yy} l_x l_z\,dl_y - P_{zz} l_x l_y\,dl_z + \sum_i \mu_i\,dm_i \tag{15.65}$$

geschrieben werden. Ändert sich lediglich die Menge der Raumphase bei vorgegebenem Zustand, so sind Energie, Entropie und Masse einer jeden ihrer Komponenten homogene Funktionen dritter Ordnung bezüglich der linearen Ausmaße der Phase. Daher erhalten wir nach dem EULERschen Theorem aus (15.65) die folgende integrale Beziehung:

$$U = 3TS - (P_{xx} + P_{yy} + P_{zz})\,l_x l_y l_z + 3 \sum_i \mu_i m_i\,, \tag{15.66}$$

welche bei Benutzung der Definition (15.7) zu

$$U = TS - PV + \sum_i \mu_i m_i \tag{15.67}$$

führt.

Auf völlig analogem Wege erhalten wir aus Gl. (15.30), wenn alle Komponenten als mobil betrachtet werden, eine integrale Fundamentalgleichung für die überschüssige Grenzflächenenergie:

$$\overline{U} = T\overline{S} + \gamma A + \sum_i \mu_i \overline{m}_i\,, \tag{15.68}$$

wobei γ gemäß (15.9) definiert ist. Es sei betont, daß sich Gl. (15.68) auf eine beliebige Trennfläche bezieht.

Über Differentiation von (15.67) und Vergleich mit (15.18) erhalten wir eine weitere Fundamentalgleichung für die Raumphase des Festkörpers:

$$S\,dT - V\,dP + (\hat{P}^* : d\hat{e})\,V + \sum_i m_i\,d\mu_i = 0\,. \tag{15.69}$$

Sie beschreibt die gegenseitige Abhängigkeit von Temperatur, Druck, Schubdeformation und chemischen Potentialen. In analoger Weise liefern Differentiation von (15.68) und Vergleich mit (15.30) eine zusätzliche Fundamentalgleichung für die Grenzfläche des Festkörpers:

$$\overline{S}\,dT + A\,d\gamma - (\hat{\mathfrak{p}}^* : d\hat{e}^{(\sigma)})\,A + \sum_i \overline{m}_i\,d\mu_i = 0\,. \tag{15.70}$$

Diese ist das Analogon von Gl. (15.69) für die Grenzfläche und spiegelt die gegenseitige Verknüpfung von Temperatur, Grenzflächenspannung, Grenzflächenschubdeformation und chemischen Potentialen unter Gleichgewichtsbedingungen wider.

Aus den Gln. (15.18), (15.30), (15.67)···(15.70) können auch alle weiteren Beziehungen der Thermodynamik von Grenzflächenerscheinungen für das betrachtete Modell erhalten werden. Hierbei haben die Gleichungen für die Grenzflächengrößen die gleiche äußere Gestalt wie jene für das Modell des ideal elastischen Festkörpers (wenn die Zahl der immobilen Komponenten gleich Null ist). So haben wir anstelle von Gl. (15.45) und (15.46)

$$f_v = -P + \sum_i \mu_i \varrho_i, \tag{15.71}$$

$$\bar{f} = \gamma + \sum_i \mu_i \Gamma_i, \tag{15.72}$$

und die Gln. (15.51) sowie (15.52) lassen sich bei Berücksichtigung von (15.71) und (15.72) zu

$$df_v = -s_v\, dT - \hat{P}^* : d\hat{e} + \sum_i \mu_i\, d\varrho_i, \tag{15.73}$$

$$d\bar{f} = -\bar{s}\, dT + \hat{\sigma}^* : d\hat{e}^{(\sigma)} + \sum_i \mu_i\, d\Gamma_i \tag{15.74}$$

transformieren. Hieraus ergeben sich die Beziehungen

$$\frac{\partial f_v}{\partial e_{ik}} = -P_{ik} + P\delta_{ik} \qquad (T, \varrho_i = \text{const}) \tag{15.75}$$

$$\frac{\partial \bar{f}}{\partial e_{ik}^{(\sigma)}} = \gamma_{ik} - \gamma\delta_{ik} \qquad (T, \Gamma_i = \text{const}). \tag{15.76}$$

Für ein Einkomponentensystem ist bei äquimolekularer Trennfläche gemäß (15.72) $\bar{f} = \gamma$.

Erörtern wir nunmehr die Besonderheiten jenes Modells, dem die Gln. (15.67)···(15.76) angehören. In seinem Rahmen wird vorausgesetzt, alle Komponenten seien mobil, so daß die Einstellung zumindest eines lokalen Diffusionsgleichgewichtes in jedem Punkt des Systems möglich ist. Für eine jede Komponente wird der Begriff des chemischen Potentials eingeführt.

In dieser Beziehung kommt das vorliegende Modell einer Flüssigkeit nahe. Andererseits wird wie für einen ideal elastischen Festkörper Druckanisotropie vorausgesetzt. Somit stellt das betrachtete Modell eine Zwischenform zwischen ideal elastischem Festkörper und Flüssigkeit dar. Man sieht leicht, daß dieses Modell nicht widerspruchsfrei ist: sind alle Komponenten eines Systems mobil, so darf im Zustand des völligen Gleichgewichtes keine Druckanisotropie auftreten. Daher kann hier nur von einem Quasigleichgewichts- und Näherungsmodell gesprochen werden, dessen Anwendbarkeit von praktischen Erwägungen bestimmt wird. Im wesentlichen wird vorausgesetzt, daß die Einstellzeit t_1 des isotropen Druckes im Volumenelement L^3 des Festkörpers viel größer als die Einstellzeit t_2 des Diffusionsgleichgewichtes ist. Letztere kann näherungsweise mit $t_2 \sim L^2/D_i$ angesetzt werden, wobei D_i den Diffusionskoeffizienten der i-ten Komponente verkörpert. Eine Abschätzung der Größe t_1 ist für reale Festkörper schwierig. Es kann der Fall, daß sich der Festkörper unter den Bedingungen einer vorgegebenen Druckanisotropie und einer konstanten Druckdifferenz $\Delta P = P_{xx} - P_{yy} = P_{xx} - P_{zz}$ befindet, betrachtet werden. Der Körper muß dann in Richtung des geringeren Druckes auseinanderfließen. Betrachtet man ihn mithin als viskose Flüssigkeit, so wird für einen solchen Vorgang das Verhältnis $\eta/\Delta P$ (η — Viskosität) die charakteristische Zeit verkörpern. Offensichtlich ist die Anwendbarkeit des Quasigleichgewichtsmodells an den verzögerten Ablauf dieses Prozesses gemäß Bedingung $\eta/\Delta P \gg L^2/D_i$ gebunden. Diese Bedingung ist prinzipiell erfüllbar, da ihre rechte Seite von der Abmessung L des betrachteten Gebietes abhängt bzw. eine solche Abhängigkeit für die linke Seite nicht vorliegt. Die Größe L hat aber der makroskopischen Abmessung zu entsprechen, weshalb der Fall eintreten kann, daß für reale η- und D_i-Werte die Größe ΔP zu klein sein muß. Dies aber stellt tatsächlich einen Übergang zum isotropen Zustand dar.

15.3. Einfluß der Deformation auf die charakteristischen Grenzflächengrößen eines Festkörpers

Bei der Erörterung der im vorstehenden Abschnitt aufgeführten Fundamentalgleichungen sind die für Festkörper charakteristischen Effekte von besonderem Interesse. Einer dieser Effekte ist der Einfluß der Deformation auf die charakteristischen Größen der Festkörpergrenzfläche.

In diesem Abschnitt betrachten wir drei charakteristische Größen: die Grenzflächenspannung γ, die spezifische freie Grenzflächenenergie $\bar{f}$ und die von Gibbs eingeführte Größe

$$\sigma = \bar{f} - \sum_i \mu_i \Gamma_i, \tag{15.77}$$

die häufig als Grenzflächenspannung bezeichnet wird, obwohl i. a. $\sigma \neq \gamma$ ist. Mit σ wird faktisch die überschüssige spezifische Größe des thermodynamischen Potentials

$$\tilde{\Omega} = F - \sum_i \mu_i m_i, \tag{15.78}$$

welches keine spezielle Bezeichnung trägt, bezeichnet. In bezug auf mobile Komponenten verfügt dieses Potential über die Eigenschaften des großen thermodynamischen Potentials, bezüglich immobiler Komponenten über jene der freien Energie.

Betrachten wir zunächst die thermodynamischen Beziehungen für $\bar{f}$ und σ. Die Änderung der spezifischen freien Grenzflächenenergie bei Deformation ist durch Gl. (15.52) gekennzeichnet, diese läßt sich unter isothermen Bedingungen und unter Berücksichtigung von Gl. (15.77) als

$$d\bar{f} = [\hat{\gamma} - \sigma\,\hat{1}] : d\hat{e}^{(\sigma)} + \sum_i \mu_i\, d\Gamma_i \tag{15.79}$$

schreiben. Wird Gl. (15.77) eingesetzt, so folgt

$$d\sigma = [\hat{\gamma} - \sigma\,\hat{1}] : d\hat{e}^{(\sigma)} - \sum_i \Gamma_i\, d\mu_i . \tag{15.80}$$

Da σ das thermodynamische Analogon der Grenzflächenspannung von Flüssigkeiten ist, erweist sich Gl. (15.80) als Analogon der Gibbsschen Adsorptionsisotherme. Für den isotropen Fall ist diese Gleichung in [12] hergeleitet worden.

Aus Gl. (15.79) und (15.80) folgt der Zusammenhang

$$\left(\frac{\partial \bar{f}}{\partial e_{ik}^{(\sigma)}}\right)_{T,\Gamma_i} = \left(\frac{\partial \sigma}{\partial e_{ik}^{(\sigma)}}\right)_{T,\mu_i} = \gamma_{ik} - \sigma\delta_{ik} . \tag{15.81}$$

Im einzelnen ergibt sich für die Hauptrichtungen

$$\left(\frac{\partial \bar{f}}{\partial e_k^{0(\sigma)}}\right)_{T,\Gamma_i} = \left(\frac{\partial \sigma}{\partial e_k^{0(\sigma)}}\right)_{T,\mu_i} = \gamma_k^0 - \sigma. \tag{15.82}$$

Für den isotropen Fall nehmen die Beziehungen (15.81)···(15.82) die folgende Form an:

$$\left(\frac{d\bar{f}}{d \ln A}\right)_{T,\Gamma_i} = \left(\frac{d\sigma}{d \ln A}\right)_{T,\mu_i} = \gamma - \sigma. \tag{15.83}$$

Unter Berücksichtigung der Gl. (15.46) können die Beziehungen (15.82) und (15.83) über die Größen $\bar{g}_{j(k)}$ und $\bar{g}_j$ formuliert werden:

$$\left(\frac{\partial \bar{f}}{\partial e_k^{0(\sigma)}}\right)_{T,\Gamma_i} = \left(\frac{\partial \sigma}{\partial e_k^{0(\sigma)}}\right)_{T,\mu_i} = -\bar{g}_{j(k)} \tag{15.84}$$

$$\left(\frac{\partial \bar{f}}{\partial \ln A}\right)_{T,\Gamma_i} = \left(\frac{\partial \sigma}{\partial \ln A}\right)_{T,\mu_i} = -\bar{g}_j. \tag{15.85}$$

Wenden wir uns nunmehr den Beziehungen für den Grenzflächenspannungstensor $\hat{\gamma}$ zu. Bei Konstanz von Temperatur und chemischen Potentialen der mobilen Komponenten (oder in Abwesenheit mobiler Komponenten) nehmen die Gln. (15.63) und (15.64) die folgende Form an:

$$d\gamma_k^0 = (\hat{\gamma} - \gamma_k^0 \,\hat{1} - \bar{g}_{j(k)} \,\hat{1}) : de^{(\sigma)} - d\bar{g}_{j(k)} \tag{15.86}$$

$$d\gamma = (\hat{\gamma}^* - \bar{g}_j \,\hat{1}) : d\hat{e}^{(\sigma)} - d\bar{g}_j. \tag{15.87}$$

Hieraus ergeben sich die Beziehungen

$$\left(\frac{\partial \gamma_k^0}{\partial e_k^{0(\sigma)}}\right)_{T,\mu_i} = -\bar{g}_{j(k)} - \left(\frac{\partial \bar{g}_{j(k)}}{\partial e_k^{0(\sigma)}}\right)_{T,\mu_i} \tag{15.88}$$

$$\left(\frac{\partial \gamma}{\partial e_{ik}^{(\sigma)}}\right)_{T,\mu_i} = \gamma_{ik} - \gamma\delta_{ik} - \bar{g}_j\delta_{ik} - \left(\frac{\partial \bar{g}_j}{\partial e_{ik}^{(\sigma)}}\right)_{T,\mu_i}. \tag{15.89}$$

Im speziellen Fall des isotropen Zustandes lassen sich diese Zusammenhänge als

$$\left(\frac{d\gamma}{d \ln A}\right)_{T,\mu_i} = -\bar{g}_j - \left(\frac{d\bar{g}_j}{d \ln A}\right)_{T,\mu_i} \tag{15.90}$$

wiedergeben.

Aus den Beziehungen (15.84)···(15.90) ist ersichtlich, daß die Abhängigkeiten der betrachteten charakteristischen Grenzflächengrößen eng mit den über die identischen Gleichheiten (15.34)···(15.36) definierten Größen $\bar{g}_{j(k)}$ und $\bar{g}_j$ verknüpft sind. Diese Größen verkörpern die Überschüsse des Produktes von chemischem Potential und Masse und werden somit einerseits von der Verteilung des lokalen chemischen Potentials sowie andererseits von der Verteilung der lokalen Dichte des Festkörpers in der Grenzflächenschicht bestimmt. Eine Vereinfachung erfolgt, sobald wenigstens eine dieser Verteilungen bekannt ist. Dies ist z. B. für den absoluten Festkörper mit konstanter lokaler Dichte in allen seinen Teilen der Fall.

Betrachten wir die Bildung einer neuen Grenzfläche durch gedankenexperimentelles Zerschneiden eines Festkörpers in zwei Teile im Vakuum in Abwesenheit oder unter Konstanz der auf den Körper wirkenden äußeren Kräfte sowie bei $T = \text{const.}$ Der lokale Drucktensor kann als Summe des kinetischen Druckes $kT\varrho$ (k — BOLTZMANN-Konstante, ϱ — Anzahl der Moleküle pro Volumeneinheit) und des molekularen Druckes K dargestellt werden (letzterer kennzeichnet die mittlere Kraft der molekularen Wechselwirkung durch die Einheitsfläche):

$$\hat{P} = kT\varrho\,\hat{1} + \hat{K}\,. \tag{15.91}$$

Gewöhnlich ist $\hat{K} < 0$, und $\hat{P}$ stellt die Differenz sehr großer Größen dar. Folglich müssen im ersten Moment nach dem Zerschneiden sowohl Normal- als auch Tangentialkomponente des Drucktensors an der frischen Fläche stark ansteigen (für die Begrenzungsfläche ist die Bedingung $\hat{K} = 0$ erfüllt, bei der Bewegung in tiefere Schichten nähert sich $\hat{K}$ seinem Raumwert an). Dies führt zur Deformation der Grenzflächenschicht (sie ist für den absoluten Körper unendlich klein und wirkt sich nur auf die lokale Dichte aus), und es stellt sich der Zustand des mechanischen Gleichgewichtes ein, d. h. der Normaldruck nimmt seinen ursprünglichen Wert (vor dem Zerschneiden) an. Der Überschuß des Tangentialdruckes an der Grenzfläche wird durch die Spannungen der darunterliegenden Schichten kompensiert. Da der überschüssige Tangentialdruck einer negativen Spannung äquivalent ist, kann die resultierende Grenzflächenspannung der neuen Gleichgewichtsgrenzfläche auch negativ sein ($\gamma_k^0 < 0$, $\gamma < 0$). Dies ist über direkte Berechnungen für Kristallgitter unterschiedlicher Typen bestätigt worden [1, 15].

Das Zerschneiden führt des weiteren zu einer Änderung der chemischen Potentiale für die immobilen Komponenten an der neugebildeten Festkörpergrenzfläche. Das Verschwinden eines Teiles des Festkörpers ist gleichbedeutend mit einer Aufhebung eines äußeren Feldes, in welchem sich zuvor die Moleküle der Grenzflächenzone befunden hatten. Infolgedessen führt dies zu einer Erhöhung ihres chemischen Potentials. Somit tritt anfänglich an der Grenzfläche ein positiver Überschuß des chemischen Potentials zutage. Dieser Wert verringert sich im weiteren während des Überganges in den Gleichgewichtszustand. Für den absoluten Festkörper mit seiner unveränderlichen lokalen Dichte bedeutet der positive Überschuß des chemischen Potentials auch positive Werte der Größen $\bar{g}_{j(k)}$ und $\bar{g}_j$. Andererseits wird für den deformierbaren Festkörper stets eine Verringerung der lokalen Dichte an der freien Grenzfläche (im Vakuum) beobachtet. Folglich tritt in diesem Fall ein negativer Masseüberschuß auf (was von einer Verringerung des chemischen Potentials begleitet wird). Eine Festlegung des Vorzeichens von $\bar{g}_{j(k)}$ und $\bar{g}_j$ ist in diesem Falle erschwert. Es kann lediglich behauptet werden, daß im Grenzfall, wenn das chemische Potential praktisch konstant ist und sich die lokale Dichte im Inneren der Grenzflächenschicht ändert, die Größen $\bar{g}_{j(k)}$ und $\bar{g}_j$ negativ sind.

Unsere Analyse zeigt, daß selbst im Falle der Begrenzung des Festkörpers durch Vakuum die Größen $\bar{g}_{j(k)}$ und $\bar{g}_j$ im Prinzip ein beliebiges Vorzeichen tragen können. Dies bedeutet, daß unterschiedliche Typen der Abhängigkeit $\bar{f}$, σ und γ vom Deformationszustand in Übereinstimmung mit den Beziehungen (15.84), (15.85), (15.88) bis (15.90) möglich sind.

15.4. Gleichgewichtsform gekrümmter Festkörpergrenzflächen. WULFFscher Satz

Die oben aufgeführten thermodynamischen Gleichungen beziehen sich auf ebene Festkörpergrenzflächen. Offensichtlich werden sie als lokale Beziehungen auch für gekrümmte Grenzflächen — sofern ihre Krümmung hinreichend klein ist — näherungsweise gültig bleiben. Jedoch vermögen diese Beziehungen auch für schwach gekrümmte Grenzflächen nicht, auf zwei wesentliche Fragen Antwort zu geben:

1. Welcher Art ist die Gleichgewichtsform einer gekrümmten Grenzfläche?
2. Welchen Einfluß übt eine Grenzflächenkrümmung auf den thermodynamischen Zustand der Raum- und Grenzflächenphasen eines Festkörpers aus?

Zunächst soll eine Erörterung dieser Probleme erfolgen. Jeder endliche Körper besitzt eine geschlossene, mithin gekrümmte Grenzfläche. Des weiteren kann eine zusätzliche Krümmung mit dem Auftreten äußerer Deformationskräfte (Schubkräfte) verbunden sein. Dieser zweite Grund ist rein mechanischer Natur, weshalb er aus der Erörterung ausgeschlossen wird. Folglich nehmen wir an, der Festkörper befinde sich in einem isotropen Medium mit dem Druck $P^{(\beta)}$. Vereinbaren wir nunmehr, was als Raum- und Grenzflächenphasen des Festkörpers anzusehen ist. Wie aus den in Abschn. 15.2. behandelten Gleichgewichtsbedingungen folgt, ist es bei vorgegebenem Zustand eines Mediums (d. h. bei Vorgabe von Temperatur und chemischen Potentialen der Festkörperkomponenten im Medium) durchaus möglich, einen gewissen isotropen Zustand der makroskopischen Phase eines Festkörpers der betrachteten Art, der dem chemischen und Wärmegleichgewicht mit dem Medium entspricht, zu definieren. Hierbei ist i. a. die Bedingung des mechanischen Gleichgewichtes mit dem Medium (d. h. Druckgleichheit) nicht erfüllt, so daß eine solche makroskopische Phase nur in Gegenwart einer Membran in ein reales Gleichgewicht mit dem Medium gebracht werden kann. Die derartig gekennzeichnete makroskopische Phase werden wir als Raumphase des endlichen Festkörpers ansehen (dies steht in völliger Analogie zu der Einführung einer Raumphase in einem Flüssigkeitströpfchen in Form einer solchen makroskopischen Flüssigphase, die über die gleichen Werte der Temperatur und chemischen Potentiale, wie sie im Tröpfchen vorliegen, verfügt). Sofern die Abmessungen des Festkörpers hinreichend groß sind, ist diese makroskopische Phase im Festkörpervolumen real zugegen (hierbei ist auch die Bedingung des mechanischen Gleichgewichtes mit dem Medium erfüllt). Sind andererseits die Abmessungen des Körpers sehr klein und mit der Grenzflächenschichtdicke vergleichbar, so kann sich der reale Zustand im Festkörperinneren wesentlich von jenem der gekennzeichneten makroskopischen Phase unterscheiden. Letztere wird bei der Einführung der Grenzflächengrößen als Bezugsphase gewählt.

Betrachten wir jetzt die Änderung der Festkörperform bei unverändertem Zustand des umgebenden Mediums und unverändertem Volumen des Gesamtsystems. Da der Zustand des Mediums vorgegeben ist, läuft der Prozeß bei Konstanz der Temperatur und chemischen Potentiale der mobilen Komponenten, einschließlich der Festkörperkomponenten, ab. Unter diesen Bedingungen entspricht die Gleichgewichtsform des Körpers dem Minimalwert des Analogons des großen thermodynamischen Potentials $\tilde{\Omega}$ (siehe Gl. (15.78)):

$$\tilde{\Omega} = \tilde{\Omega}^{(\alpha)} - P^{(\beta)} V_\beta + \int \sigma \, dA . \tag{15.92}$$

Die Integration in Gl. (15.92) erfolgt über die gesamte Grenzfläche (hier berücksichtigen wir, daß verschiedene Grenzflächenabschnitte über unterschiedliche Werte der Grenzflächenspannung verfügen[1]).

Wie oben vereinbart wurde, ist bei vorgegebenem Zustand des Mediums auch der Zustand von Raumphase α definiert. Daher sind die Größen $\tilde{\Omega}^{(\alpha)}/V^{(\alpha)}$ und $P^{(\beta)}$ während der Formänderung des Festkörpers konstant. Da die Summe $V_\alpha + V_\beta$ ebenfalls konstant ist, kann die Bedingung für das Minimum von $\tilde{\Omega}$ wie folgt geschrieben werden:

$$(P^{(\beta)} - \tilde{\Omega}^{(\alpha)}/V^{(\alpha)})\,\delta V_\alpha + \delta \int \sigma\, dA = 0. \tag{15.93}$$

Einen Spezialfall dieser Gleichheit stellt der GIBBS-CURIEsche Satz

$$\delta \int \sigma\, dA = 0 \qquad (V_\alpha = \text{const}) \tag{15.94}$$

dar, der häufig für die Betrachtung von Grenzflächenerscheinungen in Festkörpern benutzt wird.

Auf der Grundlage dieses Prinzips läßt sich der WULFFsche Satz von der Gleichgewichtsform eines Monokristalls ([32], S. 103) beweisen. Die erste strenge Herleitung des WULFFschen Satzes erfolgte durch HILTON [33] (diese ist von WULFF selbst in einer seiner späteren Arbeiten ([32], S. 196) empfohlen worden). Später ist eine Beweisführung dieses Satzes in unterschiedlichen Varianten wiederholt und verallgemeinert worden [2], [32]···[45]. Wesentliche Schritte waren der Beweis einer Kristallpolyeder-Konfiguration [36], die Herleitung des WULFFschen Satzes für Kristalle an unterschiedlichen Phasengrenzen [37], einen zweidimensionalen Kristall [38], einen Kristall mit Schraubenversetzungen [44, 45] sowie die Berücksichtigung der Kristallkantenenergie [39, 40]. Später werden wir den DINGHASschen Beweis [36] (siehe auch [2]) darstellen, der wegen seines hohen Verallgemeinerungsgrades Interesse verdient (keine Voraussetzung einer polyedrischen Kristallform) und die Verallgemeinerung des WULFFschen Satzes unter Berücksichtigung der Kristallkantenenergie vornehmen.

In anisotropen Festkörpern hängt die Grenzflächenspannung σ von der Orientierung der Diskontinuitätsfläche in bezug auf die Hauptrichtungen des Körpers ab (siehe z. B. [46]). Diese Abhängigkeit läßt sich in Polarkoordinaten als $\sigma(\vec{\nu})$-Diagramm darstellen (siehe Abb. 15.1.), dessen Radiusvektor in jeder Richtung des Einheitsvektors $\vec{\nu}$ über eine Länge verfügt, die der Größe σ für die zu $\vec{\nu}$ normal gerichtete Ebene proportional ist. An die Enden der Radiusvektoren legen wir lotrecht zu ihnen Ebenen und fixieren auf diesen den geometrischen Ort jener Punkte, die vom Koordinatenursprung aus ohne Schneiden irgendeiner dieser Ebenen erreichbar sind (Abb. 15.1.). Den geometrischen Ort dieser Punkte bezeichnen wir als WULFFsche Konstruktion. Diese stellt

---

[1]) Der Leser dürfte zu Recht verwundert sein, daß wir jetzt diesen Ausdruck für die Größe σ gebrauchen. Wie wir im weiteren erkennen werden (und wie es bereits von GIBBS gezeigt worden war), sind die Bedingungen für das mechanische Gleichgewicht eines Festkörpers auf der gekrümmten Grenzfläche von der Art, als befände sich zwischen homogenen Phasen ein gespannter Film mit der Spannung σ (dies rührt daher, daß der Effekt der Inhomogenität des chemischen Potentials in σ einbezogen wird); eben in diesem Sinne darf die Größe σ als Grenzflächenspannung bezeichnet werden. Zum Zwecke einer terminologischen Unterscheidung der Größen γ und σ sollte γ als wahre Grenzflächenspannung und σ als bedingte Grenzflächenspannung eines Festkörpers bezeichnet werden. In der Mehrzahl der Fälle dürfte es zur Vermeidung von Irrtümern ausreichend sein, die unterschiedlichen Symbole γ und σ zu benutzen.

offensichtlich einen konvexen Polyeder dar, für den die Bedingungen

$$\frac{\sigma_j}{h_j} = \text{const} \qquad (j = 1, 2, \ldots) \tag{15.95}$$

erfüllt sind. Die Größen σ_j und h_j kennzeichnen die Grenzflächenspannung bzw. lotrechte Zentraldistanz der j-ten Fläche vom Zentrum der WULFFschen Konstruktion aus. Für einen isotropen Körper geht die WIULFFsche Konstruktion in eine Kugel über.

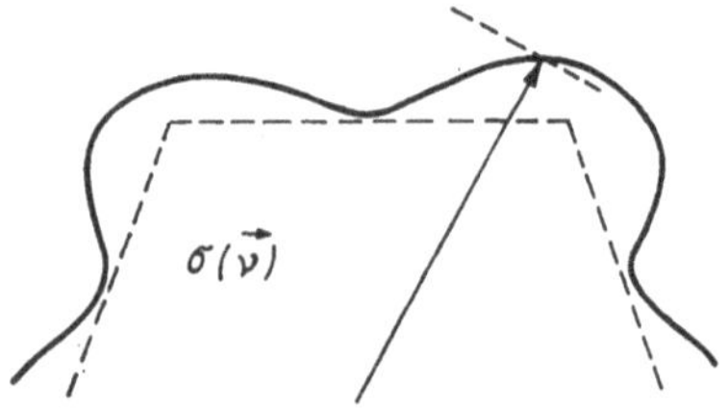

Abb. 15.1. Polardiagramm und WULFFsche Konstruktion

Wir wollen zeigen, daß die WULFFsche Konstruktion im Vergleich mit beliebigen anderen (und nicht unbedingt polyedrischen) Formen dem Minimalwert der Größe $\int \sigma \, dA$ und folglich der Gleichgewichtsform einer gekrümmten Festkörpergrenzfläche entspricht. Ein Festkörper mit vorgegebenem Volumen V_1 möge über eine beliebige Form verfügen. Wird jedes Grenzflächenelement in Normalrichtung um den Betrag $\lambda\sigma(\vec{\nu})$ nach außen verschoben, so wird auch das Körpervolumen vergrößert und den Wert V_λ annehmen. Wie man leicht sieht, gilt

$$\lim_{\lambda \to 0} \frac{V_\lambda - V_1}{\lambda} = \int \sigma \, dA\,. \tag{15.96}$$

Denken wir uns nunmehr das Zentrum einer WULFFschen Konstruktion mit dem Volumen $V_2 = \lambda^3 V_W$ nacheinander in alle Grenzflächenpunkte des betrachteten Körpers mit dem Volumen V_1 bei gleichbleibender Orientierung beider Körper gebracht. Dabei bilden der betrachtete Körper und die WULFFsche Konstruktion über alle Lagen der letzteren einen neuen Körper mit dem Volumen $\overline{V}_\lambda$, wobei

$$\lim_{\lambda \to 0} \frac{V_\lambda - V_1}{\lambda} \geqq \lim_{\lambda \to 0} \frac{\overline{V}_\lambda - V_1}{\lambda} \tag{15.97}$$

gilt. Tatsächlich ist bei vorgegebenem Polardiagramm und unveränderter Orientierung beider Körper in jedem Grenzflächenelement der Beitrag zur Größe $V_\lambda - V_1$ dem Betrag von $\sigma(\vec{\nu})$ proportional (bei kleinen λ-Werten); der Beitrag zur Größe $\overline{V}_\lambda - V_1$ ist entweder gleich groß oder kleiner, was davon abhängig ist, wie die WULFFsche Konstruktion im Polardiagramm angeordnet wird.

Die Größen $\overline{V}_\lambda$, V_1 und V_2 haben der MINKOWSKIschen Ungleichung zu genügen:

$$\overline{V}_\lambda \geqq (V_1^{1/3} + V_2^{1/3})^3. \tag{15.98}$$

Wir erhalten aus (15.96)···(15.98):

$$\int \sigma \, dA \geqq \lim_{\lambda \to 0} \frac{(V_1^{1/3} + \lambda V_W^{1/3})^3 - V_1}{\lambda} = 3 V_1^{2/3} V_W^{1/3}. \tag{15.99}$$

Das Gleichheitszeichen in (15.99) gilt nur dann, wenn der betrachtete Körper selbst eine WULFFsche Konstruktion darstellt. Hieraus folgt, daß bei vorgegebenem Volumen V_1 der Minimalwert von $\int \sigma\, dA$ der WULFFschen Konstruktion entspricht. Dies selbst ist der Inhalt des WULFFschen Satzes.

Der angeführte Beweis erlaubt zu verstehen, weshalb die gekrümmte Grenzfläche eines anisotropen Festkörpers trotz stetiger Abhängigkeit der Grenzflächenspannung von der Flächenorientierung polyedrisch ist. Allerdings liegt diesem Beweis die Voraussetzung zugrunde, daß die Vorgabe der Flächenorientierung einen einheitlichen Wert der Größe σ für alle Punkte der Fläche nach sich zieht. Tatsächlich aber ändert sich die Grenzflächenspannung bei Annäherung an die Kanten. Daher ist es notwendig — sofern wir $\sigma = \text{const}$ für die gesamte Fläche setzen — eine überschüssige lineare Kantenspannung einzuführen. Analog ändern sich die linearen Kantenspannungen in Nähe der Ecken, so daß auf diese Weise eine überschüssige „Punktspannung" der Ecken in Erscheinung tritt. Bei einer derartigen Betrachtung ist das überschüssige thermodynamische Grenzflächenpotential $\bar{\Omega}$ anstelle von $\int \sigma\, dA$ durch den Ausdruck

$$\bar{\Omega} = \sum_j \sigma_j A_j + \sum_k \varkappa_k L_k + \varepsilon \tag{15.100}$$

gegeben, worin σ_j und A_j Grenzflächenspannung und Inhalt der j-ten Fläche, $\varkappa_k$ und L_k lineare Kantenspannung und Länge der k-ten Kante sowie ε die Summe aller Punktspannungen der Ecken darstellen. Für einen hinreichend großen Kristall können die Beiträge der Kanten und Ecken für die Größe $\bar{\Omega}$ vernachlässigt werden; in eben dieser Näherung läßt sich der WULFFsche Satz beweisen.

Somit ist der WULFFsche Satz in seiner traditionellen Formulierung (15.95) nur für hinreichend große Kristalle gültig. Doch das Bestreben eines Kristalls, seine Gleichgewichtsform anzunehmen, verringert sich mit wachsender Kristallgröße. Daher ist die praktische Bedeutung des WULFFschen Satzes auf kleine Kristalle beschränkt (ihre Größe sollte nach VOLMER [47] $\approx 10^{-4}$ cm nicht überschreiten). Nähert sich die Kristallgröße der effektiven Grenzflächenschichtdicke, so ist der Einfluß der Kristallkanten und -ecken auf die Größe $\bar{\Omega}$ zu berücksichtigen. Weiterhin sind die Größen σ_j, $\varkappa_k$ und ε für einen solchen Kristall nicht mehr konstant, sondern hängen von der Kristallgröße ab (dies folgt besonders anschaulich bei der Bestimmung dieser Größen aus der für die Abtrennung eines kleinen Kristalls von der großen Kristallmasse aufzuwendenden Arbeit [41]). Daher ist eine Verallgemeinerung des WULFFschen Satzes für kleine Kristalle interessant.

Die allgemeinste Formulierung der Bedingungen für die Gleichgewichtsform eines Kristalls läßt sich wie folgt herleiten.

Unter Benutzung von (15.100) bringen wir das GIBBS-CURIEsche Prinzip in die Form

$$\left.\begin{aligned} \sum_j \frac{\partial \bar{\Omega}}{\partial h_j}\, dh_j &= 0 \\ \sum_j A_j\, dh_j &= 0 \end{aligned}\right\}, \tag{15.101}$$

worin sich zunächst die Abstände h_j auf einen beliebigen Punkt im Kristallinneren beziehen. Die Größen $\partial \bar{\Omega} / \partial h_j$ sind durch Natur und Zustand des Kristalls sowie die Lage der Trennfläche vollständig bestimmt. Die Differentiale dh_j beziehen sich sowohl auf mögliche Parallelverschiebungen der Kristallfläche als auch auf eine einfache räumliche Verschiebung des Gesamtkristalls ohne Formänderung. Um letztere ausschließen, d. h. dh_j nur mit einer Änderung der Kristallform koppeln zu können, fixieren wir die Lage dreier benachbarter (sich in einer Ecke berührender) Flächen:

$$dh_1 = 0, \quad dh_2 = 0, \quad dh_3 = 0.$$

Solchenfalls erhalten wir aus (15.101) die Bedingung:

$$\sum_{j \geq 5} \left(\frac{\partial \bar{\Omega}}{\partial h_j} - \frac{A_j}{A_4} \frac{\partial \bar{\Omega}}{\partial h_4} \right) dh_j = 0, \tag{15.102}$$

in der alle dh_j unabhängige Differentiale sind. Die bei ihnen stehenden Koeffizienten können nacheinander gleich Null gesetzt werden. Dies führt zu

$$\frac{1}{A_j} \frac{\partial \bar{\Omega}}{\partial h_j} = \frac{1}{A_4} \frac{\partial \bar{\Omega}}{\partial h_4}. \tag{15.103}$$

$(j = 5, 6, \ldots)$

Bedingung (15.103) ist für alle Punkte eines Gleichgewichtskristalls, d. h. einer dreidimensionalen Punkte-Vielfalt, erfüllt. Offensichtlich wird sich, ergänzt man die Gleichheitskette (15.103) durch eine analoge Bedingung für die dritte Kristallfläche, im Kristallinneren eine zweidimensionale Punkte-Vielfalt (Fläche) finden, für welche diese Bedingung ebenfalls gültig ist. Die sukzessive Einführung einer analogen Bedingung für die zweite bzw. erste Fläche hebt aus der zweidimensionalen Punkte-Vielfalt eine Linie bzw. aus dieser wiederum einen Punkt hervor. Infolgedessen wird die Gleichgewichtsform eines Kristalls durch die Existenz eines einzigen Punktes im Kristallinneren gekennzeichnet, dessen Abstände zu den Flächen der Bedingung

$$\frac{1}{A_j} \frac{\partial \bar{\Omega}}{\partial h_j} = \text{const} \qquad (j = 1, 2, \ldots) \tag{15.104}$$

genügen. Offensichtlich hat $A_j\, \partial h_j$ die Bedeutung des Kristallvolumenzuwachses infolge des Wachstums seitens der j-ten Fläche. Da mit einer Exaktheit bis zu unendlich kleinen Größen zweiter Ordnung $A_j\, \partial h_j = 1/2\, h_j \partial A_j$ gilt, läßt sich Bedingung (15.104) auch als

$$\frac{1}{h_j} \frac{\partial \bar{\Omega}}{\partial A_j} = \text{const} \qquad (j = 1, 2, \ldots) \tag{15.105}$$

schreiben.

Die als (15.104) oder (15.105) gegebene Bedingung ist die strenge Formulierung der thermodynamischen Gesetzmäßigkeit für die Definition der Gleichgewichtsform eines Monokristalls. Für einen hinreichend großen Kristall, d. h. bei $\bar{\Omega} \approx \sum_j \sigma_j A_j$ und Unabhängigkeit der Größen σ_j von h_j, geht (15.105) in den Wulffschen Satz (15.95) über. Bei Berücksichtigung des Beitrages der Kanten und unter der Annahme, daß die Größen σ_j, $\varkappa_k$ sowie ε in Gl. (15.100) konstant sind, geht (15.105) in die folgende Bedingung über:

$$\frac{1}{h_j} \left(\sigma_j + \sum_k \varkappa_k \frac{\partial L_k}{\partial A_j} \right) = \text{const}. \tag{15.106}$$

So nimmt z. B. Bedingung (15.106) für ein rechtwinkliges Parallelepiped mit den Kanten L_1, L_2 und L_3 nachstehende Form an (die Numerierung der Fläche stimmt mit jener für die zu ihr normal gerichteten Kante überein):

$$\frac{2}{L_1}\left(\sigma_1 - \frac{\varkappa_1 L_1}{L_2 L_3} + \frac{\varkappa_2}{L_3} + \frac{\varkappa_3}{L_2}\right) = \frac{2}{L_2}\left(\sigma_2 - \frac{\varkappa_2 L_2}{L_1 L_3} + \frac{\varkappa_1}{L_3} + \frac{\varkappa_3}{L_1}\right)$$
$$= \frac{2}{L_3}\left(\sigma_3 - \frac{\varkappa_3 L_3}{L_1 L_2} + \frac{\varkappa_1}{L_2} + \frac{\varkappa_2}{L_1}\right). \tag{15.107}$$

Bei vorgegebenen σ_j und $\varkappa_k$ liegen zwei Gleichungen mit den drei Unbekannten L_1, L_2 und L_3 vor, woraus eine die Gleichgewichtsform des Parallelepipeds bestimmende Beziehung zwischen diesen Größen gefunden werden kann.

15.5. Bedingungen des Phasengleichgewichtes eines Festkörpers mit gekrümmter Grenzfläche. Mittlere Grenzflächenspannung eines Monokristalls

Untersuchen wir zunächst die Bedingung des mechanischen Gleichgewichtes eines Festkörpers mit seiner Umgebung, die als isotropes Medium (Flüssigkeit oder Gas) den Festkörper vollständig umhüllt. In diesem Falle läßt sich zweckmäßigerweise eine mittlere Grenzflächenspannung $\bar{\sigma}$ des Festkörpers als

$$\bar{\sigma} \equiv \frac{\bar{\Omega}}{A} \quad \text{mit} \quad A \equiv \sum_j A_j \tag{15.108}$$

einführen. Für einen hinreichend großen Monokristall, für den die Beiträge der Kanten und Ecken auf die Größe $\bar{\Omega}$ vernachlässigbar sind, läßt sich die mittlere Grenzflächenspannung mit den Grenzflächenspannungen der Einzelflächen über den WULFFschen Satz nach der Beziehung

$$\bar{\sigma} = \frac{3V_\alpha}{A} \cdot \frac{\sigma_j}{h_j} \tag{15.109}$$

verknüpfen.

Bei Benutzung von (15.108) kann (15.92) wie folgt geschrieben werden:

$$\tilde{\Omega} - \sum_j \mu_j' m_j^{(\alpha)} = -P^{(\alpha)} V_\alpha - P^{(\beta)} V_\beta + \bar{\sigma} A\,. \tag{15.110}$$

Diese Beziehung ist äußerlich mit Ausdruck (2.34) für Flüssigkeiten identisch. Ausdruck (15.110) erlaubt sofort eine Reihe wichtiger Schlußfolgerungen. Vor allem ist ersichtlich, daß die mittlere Grenzflächenspannung von der Lage der Trennfläche abhängt. In der Tat gilt für eine gedankenexperimentelle Verschiebung der geschlossenen Trennfläche unter Beibehaltung ihrer Gleichgewichtsform

$$(P^{(\beta)} - P^{(\alpha)})\, dV_\alpha + \bar{\sigma}\, dA + A\, d\bar{\sigma} = 0 \tag{15.111}$$

sowie

$$\frac{dV_\alpha}{3V_\alpha} = \frac{dA}{2A} = \frac{dr}{r} \tag{15.112}$$

mit r als einer beliebigen die lineare Abmessung des Festkörpers kennzeichnenden Größe. Hieraus folgt

$$\frac{d\bar{\sigma}}{dr} = (P^{(\alpha)} - P^{(\beta)}) \frac{3V_\alpha}{Ar} - \frac{2\bar{\sigma}}{r}. \tag{15.113}$$

Definieren wir r als

$$r \equiv \frac{3V_\alpha}{A}, \tag{15.114}$$

so geht (15.113) in die Kondo-Gleichung (1.28) über, und wir erhalten vollständige Übereinstimmung mit der Theorie flüssiger Grenzflächen. Die Abhängigkeit $\bar{\sigma}(r)$ verläuft ähnlich wie die in Abb. 1.2. gezeigte Kurve (siehe Kap. 1), und für die mittlere Grenzflächenspannung läßt sich eine solche Lage der Trennfläche (Spannungsfläche) finden, für die Gl. (15.113) in

$$P^{(\alpha)} - P^{(\beta)} = \frac{2\bar{\sigma}}{r} \tag{15.115}$$

übergeht. Die Gleichheiten (15.113) und (15.115) können für den betrachteten Fall als Bedingung des mechanischen Gleichgewichtes zwischen den Phasen angesehen werden.

Es ist offensichtlich, daß die mittlere Grenzflächenspannung eines Monokristalls nicht nur von der Lage der Trennfläche, sondern auch von der realen Kristallgröße bei fixierter Lage der Trennfläche abhängig ist. Die zuletzt genannte Abhängigkeit läßt sich zurückführen auf

1. die Änderung des relativen Beitrages der Kanten und Ecken für die Größe $\bar{\Omega}$;
2. die Änderung der Größen σ_j, $\varkappa_k$ und ε bei Änderung der Kristallgröße.

Wenn wir voraussetzen, daß nur der erste Grund wirke, so erhalten wir bei Konstanz von σ_j, $\varkappa_k$ und ε aus Gl. (15.100), (15.108) und (15.112) die Beziehung

$$\frac{d\bar{\sigma}}{dr} = -\frac{\sum_k \varkappa_k L_k + 2\varepsilon}{Ar}. \tag{15.116}$$

Im Falle positiver Werte der Größen $\varkappa_k$ und ε folgt aus Gl. (15.116) ein Ansteigen der mittleren Grenzflächenspannung bei Verringerung der Kristallgröße. Dieses Resultat ist nicht an die Voraussetzung gebunden, daß die Kanten und Ecken gegenüber den Flächen eines Kristalle über eine höhere überschüssige Grenzflächenenergie verfügen. Gl. (15.116) ist keine thermodynamische Beziehung, da für ihre Herleitung lediglich die Definition (15.108) und keinerlei thermodynamische Zusammenhänge benutzt worden waren. Infolgedessen ist es nicht verwunderlich, daß sie zu einem Ergebnis führt, welches der aus der thermodynamischen Behandlung flüssiger Phasen (siehe

Abschn. 10.7.) folgenden Schlußfolgerung über die Verringerung der Grenzflächenspannung mit kleiner werdendem Krümmungsradius widerspricht. Offenbar wird dieser Widerspruch dadurch beseitigt, daß in der Realität die Grenzflächenspannung einer jeden Fläche, die lineare Spannung jeder Kante und die Punktspannung jeder Ecke von der Größe des Monokristalls abhängt. Höchstwahrscheinlich bestimmt gerade diese Abhängigkeit das Verhalten der mittleren Grenzflächenspannung eines Monokristalls bei kleinen r-Werten unter Gleichgewichtsbedingungen.

Die Krümmungsabhängigkeit der Grenzflächenspannung ist in allen Fundamentalgleichungen in Differentialschreibweise (siehe Abschn. 15.2.) bei ihrer Erweiterung auf gekrümmte Grenzflächen unter Gleichgewichtsbedingungen zu berücksichtigen. So tritt anstelle (15.52) die folgende Beziehung auf:

$$d\bar{f} = -\bar{s}\,dT + [\hat{p} - \sigma\,\hat{1}] : d\hat{e}^{(\sigma)} + \sum_i \mu_i\,d\Gamma_i + \frac{\partial \bar{f}}{\partial r}\,dr. \tag{15.117}$$

Wird in diese Gleichung (15.77) eingesetzt, so erhalten wir

$$d\sigma = -\bar{s}\,dT + [\hat{p} - \sigma\,\hat{1}] : d\hat{e}^{(\sigma)} - \sum_i \Gamma_i\,d\mu_i + \frac{\partial \bar{f}}{\partial r}\,dr. \tag{15.118}$$

Demgegenüber bleibt das Aussehen der integralen Fundamentalgleichungen auch für gekrümmte Grenzflächen erhalten. Allerdings ist bei dem Übergang von den lokalen Beziehungen dieses Typs zu den Beziehungen für die gesamte Grenzfläche eines Körpers die Grenzflächenspannung durch eine mittlere Grenzflächenspannung zu ersetzen und die Möglichkeit einer inhomogenen Deformation an unterschiedlichen Grenzflächenabschnitten zu berücksichtigen.

Wenden wir uns nunmehr der Herleitung der Phasengleichgewichtsbedingung zwischen einem Festkörper und einer isotropen (flüssigen oder gasförmigen) Phase zu. Dieses Problem ist zuerst von Gibbs für den ideal elastischen Festkörper behandelt worden [2]. Dabei sind die Fälle des isotropen bzw. anisotropen Festkörpers gesondert betrachtet worden. Nachstehend geben wir eine analoge Herleitung in allgemeiner Form wieder.

Wir setzen voraus, daß die feste Phase α auf Kosten der mit ihr in Kontakt stehenden Phase β bei Konstanz von Temperatur, Gesamtvolumen, chemischen Potentialen μ_i der mobilen Komponenten und Masse der immobilen Komponente größer oder kleiner wird. Infolge einer Verlagerung der Trennfläche (bei Wahrung ihrer Gleichgewichtsform) erfährt das Volumen von Phase α den Zuwachs $dV_\alpha = -dV_\beta$, Inhalt und Radius der Trennfläche (letzterer definiert gemäß (15.114)) ändern sich um die Beträge dA bzw. dr. Die Änderung des thermodynamischen Potentials $\tilde{\Omega}$ von Phase α ist durch den nachstehenden Ausdruck gegeben:

$$d\tilde{\Omega}^{(\alpha)} = \Big(f_v - \sum_i \mu_i^{(\beta)} \varrho_i^{(\alpha)}\Big)\,dV_\alpha. \tag{15.119}$$

Die Änderungen von Volumen und Masse der immobilen Komponente stimmen für Phase β zahlenmäßig mit den entsprechenden summaren Änderungen für Phase α und die Grenzfläche überein, tragen jedoch das entgegengesetzte Vorzeichen.

Daher gilt

$$d\tilde{\Omega}^{(\beta)} = (P^{(\beta)} - \mu_j^{(\beta)} \varrho_j^{(\alpha)})\,dV_\alpha - \mu_j^{(\beta)}\,d\overline{m}_j. \tag{15.120}$$

Nunmehr erhalten wir aus (15.119)···(15.120) einen Ausdruck für die Änderung der freien Energie des Gesamtsystems, der nach dem GIBBSschen Gleichgewichtsprinzip gleich Null zu sein hat:

$$d\tilde{\Omega}^{(\alpha)} + d\tilde{\Omega}^{(\beta)} + d\bar{\Omega} = \left(f_v^{(\alpha)} - \sum_i \mu_i^{(\beta)}\varrho_i^{(\alpha)} - \mu_j^{(\beta)}\varrho_j^{(\alpha)} + P^{(\beta)}\right) dV_\alpha + d\bar{\Omega} - \mu_j^{(\beta)}\, d\bar{m}_j = 0. \tag{15.121}$$

Wird als Trennfläche die äquimolekulare Fläche für die immobile Festkörperkomponente gewählt, so kann die Gleichgewichtsbedingung (15.121) als

$$f_v^{(\alpha)} = \sum_i \mu_i^{(\beta)}\varrho_i^{(\alpha)} - \mu_j^{(\beta)}\varrho_i^{(\alpha)} - P^{(\beta)} - \frac{d\bar{\Omega}}{dV_\alpha} \tag{15.122}$$

geschrieben werden. Ein Vergleich dieser Beziehung mit (15.45) und (15.111) zeigt, daß eine jede dieser drei Beziehungen aus den übrigen zwei hergeleitet werden kann.

Gl. (15.122) stellt eine verallgemeinerte Fassung der Phasengleichgewichtsbedingung für einen Festkörper mit einer flüssigen oder gasförmigen Phase dar. Die in ihr auftretende Ableitung kann wie folgt dargestellt werden:

$$\frac{d\bar{\Omega}}{dV_\alpha} = \bar{\sigma}\,\frac{dA}{dV_\alpha} + \frac{d\bar{\sigma}}{dr}. \tag{15.123}$$

Ist der Körper hinreichend groß, so daß die Größe $\bar{\sigma}$ als konstant angesehen werden darf, so geht (15.123) in

$$\frac{d\bar{\Omega}}{dV_\alpha} = \bar{\sigma}\,\frac{dA}{dV_\alpha} \tag{15.124}$$

über. Für einen amorphen Festkörper folgt daraus

$$\frac{d\bar{\Omega}}{dV_\alpha} = \bar{\sigma}\,(C_1 + C_2) \tag{15.125}$$

mit C_1 und C_2 als Hauptkrümmungen (da ein großer Körper indifferent gegenüber seiner Grenzflächenform ist, ist hier die Voraussetzung von der Gleichgewichtsform der Grenzfläche nicht erforderlich). Wird (15.125) in (15.122) eingesetzt, so folgt die GIBBSsche Formel für isotrope Festkörper.

Um von (15.122) zur GIBBSschen Formel für einen kristallinen Körper überzugehen, ist der Einfluß von Kanten und Ecken auf die Größe $\bar{\Omega}$ zu vernachlässigen und sind die Grenzflächenspannungen der Flächen als konstante Größen zu betrachten. Dann erhält man

$$\bar{\Omega} = \sum_i \sigma_i A_i$$

$$\frac{d\bar{\Omega}}{dV_\alpha} = \frac{\sum_k (\sigma_i \operatorname{ctg} \omega_k + \sigma_k \operatorname{cosec} \omega_k)\, L_k}{A_i}. \tag{15.126}$$

Hier sind σ_i und A_i die Grenzflächenspannung bzw. der Flächeninhalt jener Fläche, von deren Seite her der Kristall wächst (bzw. sich auflöst); σ_k, L_k und ω_k sind Grenzflächenspannung sowie Kante bzw. Winkel zwischen i-ter und k-ter Fläche. Die Summation erfolgt über alle angrenzenden Flächen.

Literatur

[1] C. HERRING: in „*The Physics of Powder Metallurgy*" (W. E. KINGSTON, Ed.) McGraw-Hill, New York 1951
[2] C. HERRING: in „*Structure and Properties of Solid Surfaces*" (R. GOMER and C. S. SMITH, Eds.), Univ. of Chicago Press, Chicago 1953, p. 5
[3] W. W. MULLINS: in „*Metal Surfaces. Structure, Energetics, and Kinetics*", Amer. Soc. Metals, Metals Park, Ohio 1963, p. 17
[4] A. W. ADAMSON: „*Physical Chemistry of Surfaces*", Wiley, New York 1967
[5] J. S. VERMAAK; C. W. MAYS, D. KUHLMAN-WILSDORF: Surface Sci. **12**, 128 (1968)
[6] R. G. LINFORD: Chem. Soc. Rev. **1**, 445 (1972)
[7] R. G. LINFORD: in „*Solid State Surface Science*", Vol. 2 (M. GREEN, Ed.), Dekker, New York 1973, p. 1
[8] R. SHUTTLEWORTH: Proc. Phys. Soc. (London), **A 63**, 444 (1950)
[9] Я. Е. ГЕГУЗИН, Н. Н. ОВЧАРЕНКО: Усп. Физ. наук, **76**, 283 (1962)
[10] M. C. INMAN, H. R. TIPLER: Metallurg. Rev. **8**, 105 (1963)
[11] G. C. BENSON, K. S. YUN: in „*The Solid-Gas Interface*" (E. A. FLOOD, Ed.), Arnold, London 1967, p. 203
[12] J. C. ERIKSSON: Surface Sci. **14**, 221 (1969)
[13] А. И. ТЕМРОКОВ, С. Н. ЗАДУМКИН: в сб. ,,*Смачиваемость и поверхностные свойства расплавов и твердых тел*'', Наукова Думка, Киев 1972, стр. 151
[14] J. W. GIBBS: Trans. Connecticut Acad., III, 343 (1878)
[15] E. RIECKE: Ann. Physik, **54**, 731 (1895)
[16] P. W. BRIDGMAN: Phys. Rev. **10**, 7, 215 (1916)
[17] E. D. WILLIAMSON: Phys. Rev. **10**, 275 (1917)
[18] R. W. GORANSON: Carnegie Inst. Wash. Pub. 408, 1930; Bull. Geol. Soc. Amer. **51**, 1023 (1940)
[19] J. RICE: in „*A Commentary to the Scientific Writings of J. W.* GIBBS", Vol. 1, New Haven, 1936, p. 395
[20] J. VERHOOGEN: Trans. Amer. Geophys. Union, **32**, 251 (1951)
[21] G. J. F. MCDONALD: Amer. J. Sci. **255**, 266 (1957); Geol. Soc. Amer. Mem. **79**, (1960); J. Geophys. Res. **66**, 2599 (1961)
[22] W. KAMB: J. Geol. **67**, 153 (1959); J. Geophys. Res. **66**, 259, 3985 (1961)
[23] В. Я. ХАИМОВ-МАЛЬКОВ: в сб. ,,*Рост кристаллов*'', т. 2, АН СССР, Москва 1959
[24] M. KUMAZAWA: J. Geophys. Res. **66**, 3981, 1961; J. Earth Sci., Nagoya Univ., **11**, No 2 (1963)
[25] K. ITO: J. Faculty Sci., Univ. Tokyo, **16**, 347 (1966)
[26] A. G. MCLELLAN: J. Geophys. Res. **71**, 4341 (1966); Proc. Roy. Soc. **A 307**, 1 (1968)
[27] Y. IDA: J. Geophys. Res. **74**, 3208 (1969)
[28] Г. Т. ОСТАПЕНКО: Геохимия, № 5, 575 (1970); № 10, 1244, (1971)
[29] Г. Т. ОСТАПЕНКО: в сб. ,,*Физико-химические проблемы гидротермальных и магматических процессов*'', Наука, Москва 1975, стр. 195
[30] N. CABRERA: Surface Sci. **2**, 320 (1964)
[31] R. DEFAY, I. PRIGOGINE, A. BELLEMANS: „*Surface Tension and Adsorption*", Longmans, London 1966

[32] Ю. В. Вульф: „*Избранные работы по кристаллофизике и кристаллографии*“ (russ.; „Ausgewählte Werke zur Kristallphysik und Kristallographie“), Гостехиздат, 1952
[33] H. Hilton: Zentralblatt für Mineralogie, Geologie und Paläeontologie, 1901, S. 753
[34] H. Liebmann: Z. Kristallogr. **53**, 171 (1914)
[35] M. von Laue: Z. Kristallogr. **105**, 124 (1943)
[36] A. Dinghas: Z. Kristallogr. **105**, 304 (1944)
[37] Р. Каишев: Изв. Болг. АН, отд. физ.-мат. и техн. наук, сер. физ. **2**, 191 (1951) (publ. 1952)
[38] Р. Каишев: Изв. Болг. АН, отд. физ.-мат. и техн. наук, сер. физ. **4**, 85 (1954)
[39] А. И. Русанов: Вестник Ленингр. ун-та, № **16**, 82 (1962)
[40] Д. Ненов: Изв. ин-т физикохимия Бълг. АН, **5**, II, 1965; Phys. stat. sol. **17**, 575 (1966)
[41] Р. Каишев, Д. Ненов: Изв. ин-та физикохимия Бълг. АН, **5**, 5 (1965)
[42] D. Nenow: Surface Sci. **8**, 449 (1967)
[43] D. Nenow, S. Stoyanow, D. Kashchiew: Surface Sci. **9**, 268 (1968)
[44] D. Nenow: Phys. stat. sol. **3**, 654 (1963)
[45] Р. Каишев, Д, Ненов: Изв. ин-та физикохимия Бълг. АН, **4**, 5 (1964); в сб. „*Рост кристаллов*“, т. 5, Наука, Москва 1965, стр. 59
[46] Л. Д. Ландау: В сб., посв. 70-летию А. Ф. Иоффе, изд. АН СССР (1950), стр. 44 (russ.; im Sammelband zum 70jährigen Jubiläum von A. F. Ioffe)
[47] M. Volmer: „*Kinetik der Phasenbildung*“, Dresden—Leipzig 1939

16. Adsorptionsfilme

16.1. Besonderheiten von Adsorptionsfilmen

Die in Kap. 14. untersuchten Filme gehören zu den sogenannten „autonomen“ oder „freien“ Filmen. Diese Filme können selbständig existieren; ihr Zustand läßt sich durch Variable, die allein den Film kennzeichnen, beschreiben. Zu einer anderen Gruppe — den „nichtautonomen“ Filmen — gehören die Adsorptionsfilme an den Grenzflächen fester und flüssiger Adsorbentien. Die Adsorptionsfilme sind infolge ihrer Instabilität nach Abtrennung vom Adsorbens nicht autonom.

Zusammensetzung und Struktur der Adsorptionsfilme werden vom Kraftfeld des Adsorbens bestimmt, folglich kann ihr Zustand nicht ohne Berücksichtigung des äußeren Feldes gekennzeichnet werden. Ein Adsorptionsfilm stellt nur einen Teil der Grenzflächenschicht zwischen zwei aneinander grenzenden Phasen dar. Daher sind auf ihn die oben behandelten Fundamentalgleichungen und Stabilitätsbedingungen für Grenzflächenschichten ohne Beachtung des äußeren Feldes nicht anwendbar. So kann z. B. die Spannung eines Adsorptionsfilmes negativ sein, obwohl die Grenzflächenspannung der gesamten Grenzflächenschicht gemäß Stabilitätsbedingungen positiv ist.

Eine weitere Besonderheit der Adsorptionsfilme besteht in der Beschränkung des Komponentenaustausches auf nur eine der aneinander grenzenden Phasen. Ein Adsorptionsprozeß kann an der Grenze solcher Phasen ablaufen, die zum Stoffaustausch keinen nennenswerten Beitrag leisten, wobei eine Phasenumwandlung ausgeschlossen ist (z. B. an der Grenzfläche zwischen einem unlöslichen Festkörper und einer Lösung). Daher sind die Gleichgewichte mit Beteiligung von Adsorptionsfilmen Gleichgewichte mit unvollständiger Komponentenverteilung. Ihre Behandlung hat mit Hilfe der für diese Fälle in Kap. 13. erhaltenen Beziehungen zu erfolgen.

Die thermodynamische Behandlung von Adsorptionsfilmen kann in zwei Richtungen erfolgen. Zunächst ist es möglich, zu den Gln. (2.3) und (2.4) zurückzukehren und den Zustand des Filmes nicht nur durch seine inneren Parameter, sondern auch durch ein Wechselwirkungspotential zwischen Film und Adsorbens zu kennzeichnen (in diesem Falle wird das Adsorbens als äußerer Körper angesehen, wobei die Änderung der potentiellen Energie der Wechselwirkung durch die Glieder $\sum_j Y_i \, dy_i$ gegeben ist). Bei einer Bestimmung des Wechselwirkungspotentials mit den Methoden der statistischen Physik ist die Berücksichtigung des wechselseitigen Einflusses zwischen Adsorptionsfilm und Grenzflächenschicht des Adsorbens äußerst kompliziert [1, 2]. Das Problem läßt sich stark vereinfachen, wenn Zusammensetzung und Struktur der Grenzflächenschicht des Adsorbens als unveränderlich angesehen werden. Wird z. B. die Annahme getroffen, daß die Festkörperteilchen an den vorgeschriebenen Gitterpunkten fixiert sind, so ist das Wechselwirkungspotential zwischen Absorbatmolekül und Adsorbens über das zwischenmolekulare Potential auf dem Wege einer Integration oder Summation über das gesamte Adsorbensvolumen zugänglich (siehe z. B. [3]). Hierbei tritt ein gewisser Fehler auf, der auf die Nichtadditivität der molekularen Kräfte zurückzuführen ist. In jüngster Zeit sind Versuche unternommen worden [4, 5], eine makroskopische Theorie [6] für die Berechnung des Adsorptionspotentials zu benutzen. Hierbei sind allerdings korrekte Beziehungen nur schwer erhältlich.

Für eine Formulierung des Adsorptionspotentials ist es notwendig, die gesetzmäßige Änderung der äußeren Koordinaten und die damit verbundene Änderung der potentiellen Energie bei einer Änderung von Masse und Dicke des Adsorptionsfilmes zu berücksichtigen. In einfachster Form erfolgt dies z. B. in den molekularen Theorien der Vielschichtenadsorption von Gasen (z. B. BET-Theorie, siehe z. B. [7, 8]). Lediglich bei einer solchen Änderung der Zustandsparameter, bei der die Änderung der äußeren Koordinaten vernachlässigbar ist, nehmen die Gln. (2.3) und (2.4) sowie die aus ihnen folgenden Differentialgleichungen die gleiche Form wie für Grenzflächenschichten an, wobei sich die in ihnen enthaltenen Größen (darunter auch die Spannung) nur auf den Adsorptionsfilm beziehen. Es sei daran erinnert, daß die in den Gln. (2.3) und (2.4) stehenden Größen $\bar{\mu}_i$ die vollständigen chemischen Potentiale unter Berücksichtigung des äußeren Feldes (hier des Adsorbenskraftfeldes) verkörpern. In Analogie zur Berücksichtigung des Gravitations- bzw. elektrischen Feldes (siehe Gln. (2.101) und (2.102)) kann für die Größe $\bar{\mu}_i$ eine Aufspaltung in zwei Teilgrößen vereinbart werden: das chemische und das Adsorptionspotential. Somit wird das Adsorptionspotential in die thermodynamischen Beziehungen eingeführt (siehe z. B. [9]).

Im Rahmen des zweiten Weges der thermodynamischen Behandlung eines Adsorptionsfilmes wird dieser als Teil der Grenzflächenschicht zwischen zwei aneinander grenzenden Phasen angesehen. Es werden die Beziehungen für die gesamte Diskontinuitätsfläche einschließlich die Grenzflächenschicht des Adsorbens benutzt, wobei sich ein Übergang zu den Größen, welche nur den Adsorptionsfilm charakterisieren, anschließt. Diese Art der Behandlung stellt eine Anwendung der Thermodynamik der Grenzflächenschichten auf den speziellen Fall des Adsorptionsgleichgewichtes dar. Daher soll sie hier näher beschrieben werden.

16.2. Chemische Potentiale und Aktivitätskoeffizienten eines Adsorptionsfilmes

Leiten wir zunächst die Ausdrücke für die chemischen Potentiale eines Adsorptionsfilmes her. Die Fundamentalgleichung für die gesamte Übergangsschicht zwischen den Phasen α und β lautet:

$$S\,dT - V\,dP + A\,d\sigma + \sum_j m_j\,d\mu_j + \sum_i m_i\,d\mu_i = 0. \qquad (16.1)$$

Es bedeuten S, V und A die Entropie, das Volumen bzw. die Fläche der Übergangsschicht, T die Temperatur, P den Druck, σ die Grenzflächenspannung, μ das chemische Potential sowie m die Molzahl. Die Indizes j und i kennzeichnen die Komponenten des Adsorbens bzw. des Adsorptionsfilmes. Sind Temperatur, Druck, Grenzflächenspannung und chemische Potentiale des Adsorbens fixiert, so erhalten wir aus (16.1) die Gibbs-Duhemsche Gleichung für den Adsorptionsfilm (zur Vereinfachung sei angenommen, daß der Film zwei Komponenten enthalte):

$$m_1\, d\mu_1 + m_2\, d\mu_2 = 0 \tag{15.2}$$

oder

$$\frac{x_1\, d\mu_1}{dx_1} = \frac{x_2\, d\mu_2}{dx_2} \tag{16.3}$$

mit x_i als Molenbruch der Komponente i im Adsorptionsfilm. Hieraus erhalten wir im Ergebnis des Grenzüberganges $x_1 \to 0$, $x_2 \to 1$ einen Ausdruck für die chemischen Potentiale des unendlich verdünnten Adsorptionsfilmes:

$$\mu_i = \mu_i^*(T, P, \sigma, \mu_j) + RT \ln x_i\,, \tag{16.4}$$

in dem μ_i^* die von der Temperatur, dem Druck, der Grenzflächenspannung und den chemischen Potentialen des Adsorbens abhängende Integrationskonstante verkörpert (der Faktor RT wurde in Analogie zu dem Ausdruck für die chemischen Potentiale der Raumphase eingeführt).

Die Abhängigkeit der Größe μ_i^* von σ kann mit Hilfe der Gleichung

$$dZ = -S\, dT + V\, dP - A\, d\sigma - \sum_j m_j\, d\mu_j + \sum_i m_i\, d\mu_i \tag{16.5}$$

verdeutlicht werden, in der Z eine durch diese Gleichung definierte charakteristische Funktion ist. Es folgt

$$\frac{\partial \mu_i}{\partial \sigma} = -\frac{\partial A}{\partial m_i} \equiv -a_i \tag{16.6}$$

sowie

$$\mu_i = \mu_i^{**}(T, P, \mu_j, m_i) - \int a_i\, d\sigma \tag{16.7}$$

mit a_i als partieller Molfläche der Komponente i im Adsorptionsfilm und μ_i^{**} als Integrationskonstante. Aus (16.4) und (16.7) erhalten wir

$$\mu_i = \mu_i^{***}(T, P, \mu_j) - \int a_i\, d\sigma + RT \ln x_i\,, \tag{16.8}$$

wobei μ_i^{***} eine neue Konstante darstellt, die von der Temperatur, dem Druck und den chemischen Potentialen des Adsorbens abhängt. Für einen hinreichend dichten Adsorptionsfilm kann die $a_i - \sigma$-Abhängigkeit vernachlässigt werden, so daß der Ausdruck (16.8) die folgende Form annimmt:

$$\mu_i = \mu_i^{***}(T, P, \mu_j) - a_{0i}\sigma + RT \ln x_i\,. \tag{16.9}$$

Ein Adsorptionsfilm kann als ideal bezeichnet werden, wenn Ausdruck (16.8) oder (16.9) im gesamten Konzentrationsbereich gültig ist. Ist das Adsorbens im thermodynamischen Sinne einkomponentig, so wird sein thermodynamisches Potential durch Temperatur und Druck eindeutig festgelegt. Für einen idealen Adsorptionsfilm und ein einkomponentiges Adsorbens kann Gl. (16.9) in der folgenden Form geschrieben werden:

$$\mu_i = \mu_i^0(T, P) + a_{0i}(\sigma_i - \sigma) + RT \ln x_i\,. \tag{16.10}$$

Es bedeutet σ_i die Grenzflächenspannung an der Grenze des Adsorbens mit der reinen Komponente i sowie μ_i^0 das chemische Potential der reinen Komponente i in der Raumphase.

Dem Aussehen nach stimmt Gl. (16.10) mit dem analogen Ausdruck (2.208) für die chemischen Potentiale der idealen Grenzflächenschicht überein, in ihr figuriert jedoch der Molenbruch von Komponente i in dem Adsorptionsfilm und nicht für die gesamte Übergangsschicht. Der Einfluß des Adsorbens wird durch die Größe σ, der Spannung der gesamten Übergangsschicht, berücksichtigt. Es sei darauf hingewiesen, daß für die Herleitung von Gl. (16.10) die Dicke des Adsorptionsfilmes keine Einschränkung erfuhr. Wir haben nicht vorausgesetzt, daß der Adsorptionsfilm monomolekular sei. Gleichzeitig wurden folgende zwei Annahmen getroffen:

1. Die Adsorbensgrenzfläche sei eben. (Für eine gekrümmte Grenzfläche wären die Integrationskonstanten komplizierte Größen.)
2. Zwischen Grenzflächen- und Volumenbereichen des Adsorbens bestehe Gleichgewicht.

Diese Annahmen vereinfachen die Betrachtung der Adsorption sehr; allerdings ist — wie wir im weiteren erkennen werden — auch bei Gültigkeit dieser Annahmen eine Interpretation vieler erhaltener Größen nur unter Vorsicht möglich.

Nach Herleitung des Ausdruckes für die chemischen Potentiale des Adsorptionsfilmes läßt sich in diese für den allgemeinen Fall die Aktivität anstelle der Konzentration einführen. Somit geht Gl. (16.10) für einen realen Adsorptionsfilm in die folgende Form über:

$$\mu_i = \mu_i^0(T, P) + a_{0i}(\sigma_i - \sigma) + RT \ln f_i x_i. \tag{16.11}$$

(f_i — Aktivitätskoeffizient der Komponente i)

Hieraus läßt sich durch Gleichsetzen der chemischen Potentiale im Adsorptionsfilm (mit f indiziert) und in der Raumphase β ein Ausdruck für die Aktivitätskoeffizienten der Komponenten eines im Gleichgewicht befindlichen Adsorptionsfilmes gewinnen:

$$f_i^{(f)} = \frac{f_i^{(\beta)} x_i^{(\beta)}}{x_i^{(f)}} \exp\left[(\sigma - \sigma_i)\, a_{0i}/RT\right], \tag{16.12}$$

$x_i^{(\beta)}$ und $f_i^{(\beta)}$ bedeuten Molenbruch bzw. Aktivitätskoeffizient von Komponente i in Phase β.

Wir erkennen, daß die Einführung von Aktivitätskoeffizienten des Adsorptionsfilmes logisch gerechtfertigt ist, da auf thermodynamischem Wege strenge Ausdrücke für die chemischen Potentiale eines unendlich verdünnten bzw. idealen Adsorptionsfilmes erhältlich und als Bezugsgrößen verwendbar sind. Gleichzeitig ist zu betonen, daß die Aktivitätskoeffizienten eines Adsorptionsfilmes — verglichen mit jenen für Raumphasen — wesentlich kompliziertere Größen sind. Bei ihrer Interpretation ist eine Reihe zusätzlicher Faktoren zu berücksichtigen.

Ein Adsorptionsfilm stellt ein heterogenes Objekt dar, dessen lokale Zusammensetzung bei Entfernung von der Adsorbensoberfläche eine stetige Änderung erfährt. Der im Ausdruck (16.12) auftretende Molenbruch $x_i^{(f)}$ ist eine mittlere Größe für den Adsorptionsfilm insgesamt. Mithin ist auch $f_i^{(f)}$ ein mittlerer Aktivitätskoeffizient für den gesamten Adsorptionsfilm. Weiterhin erweisen sich die in (16.12) eingehenden Größen $x_i^{(f)}$ und a_{0i}

bei ihrer Berechnung aus experimentellen Daten als stark von dem vorausgesetzten Dickenwert des Adsorptionsfilmes abhängig, was auf die numerischen Werte der Aktivitätskoeffizienten einen unmittelbaren Einfluß ausübt (siehe Abschn. 16.5.).

16.3. Thermodynamische Gleichungen für die Beschreibung von Adsorptionsgleichgewichtsverschiebungen

Wir betrachten ein System, das aus einer n-Komponenten-Phase (flüssige Lösung oder Gasgemisch), die im Kontakt mit einem Adsorbens steht, gebildet wird. Die Grenzfläche des Adsorbens sei hinsichtlich aller ihrer Eigenschaften homogen. Es sei weiterhin vorausgesetzt, daß das Adsorbens aus einem Stoff bestehe, der nicht in die andere Phase überzugehen vermag, in gleicher Weise sollen Teilchen dieser Phase nicht in die Raumphase des Adsorbens eindringen können. Somit besteht das betrachtete System aus $n + 1$ Komponenten und zwei Phasen.

Da die Zusammensetzung der aneinander grenzenden Phasen qualitativ unterschiedlich ist, können ihre Teilchen nur an der Begrenzungsfläche, die das behandelte System in zwei Subsysteme trennt, in Wechselwirkung treten. Das erste Subsystem bestehe aus dem Raumteil und der Grenzflächenschicht des Adsorbens, das zweite aus dem Adsorptionsfilm im Gleichgewicht mit Lösung oder Gasgemisch. Beide Subsysteme stehen miteinander im Zustand des Wärme- und des mechanischen Gleichgewichtes, jedoch bestehe zwischen ihnen kein Stoffaustausch. Eine analoge Situation ist in Abschn. 13.2. für die ideal polarisierbare Elektrode behandelt worden. Die hierfür erhaltenen Beziehungen lassen sich auch für den vorliegenden Fall benutzen, sofern die Ladung der Grenzfläche einer jeden Phase gleich Null gesetzt wird.

Gl. (13.20) läßt sich bei Anwendung auf das betrachtete System wie folgt variieren:

$$\begin{aligned} A\,d\sigma = &-\left\{S^{(\sigma)} - m_{n+1}^{(\sigma)} s^{(\alpha)} - m^{(f)}\left[s^{(\beta)} + \sum_{i=1}^{n-1}\left(x_i^{(f)} - x_i^{(\beta)}\right)\left(\frac{\partial s}{\partial x_i}\right)^{(\beta)}\right]\right\} dT \\ &+\left\{V^{(\sigma)} - m_{n+1}^{(\sigma)} v^{(\alpha)} - m^{(f)}\left[v^{(\beta)} + \sum_{i=1}^{n-1}\left(x_i^{(f)} - x_i^{(\beta)}\right)\left(\frac{\partial v}{\partial x_i}\right)^{(\beta)}\right]\right\} dP \\ &- m^{(f)} \sum_{i,k=1}^{n-1}\left(x_i^{(f)} - x_i^{(\beta)}\right) g_{ik}^{(\beta)}\, dx_k^{(\beta)}. \end{aligned} \tag{16.13}$$

Hier bedeutet $m^{(f)}$ die Gesamtmasse des Adsorptionsfilmes, $x_i^{(f)}$ den Molenbruch der i-ten Komponente im Adsorptionsfilm. Die verwendeten Indizes kennzeichnen: $n + 1$ Stoff des Adsorbens, α die Raumphase des Adsorbens, β die flüssige Lösung oder das Gasgemisch, f den Adsorptionsfilm und σ die Grenzflächenschicht insgesamt (Adsorptionsfilm und Grenzflächenschicht des Adsorbens eingezogen).

Ist die Dichteänderung des Adsorbens in der Grenzflächenschicht vernachlässigbar, so ist die Differenz $V^{(\sigma)} - m_{n+1}^{(\sigma)} v^{(\alpha)}$ gleich dem Volumen des Adsorptionsfilmes. Somit läßt sich Gl. (16.13) bei Division durch die Masse des Adsorptionsfilmes in die folgende Form bringen:

$$\begin{aligned} A\,d\sigma = &-\left[\frac{S^{(\sigma)} - m_{n+1}^{(\sigma)} s^{(\alpha)}}{m^{(f)}} - s^{(\beta)} - \sum_{i=1}^{n-1}\left(x_i^{(f)} - x_i^{(\beta)}\right)\left(\frac{\partial s}{\partial x_i}\right)^{(\beta)}\right] dT \\ &+ v_{\beta f}\, dP - \sum_{i,k=1}^{n-1}\left(x_i^{(f)} - x_i^{(\beta)}\right) g_{ik}^{(\beta)}\, dx_k^{(\beta)} \end{aligned} \tag{16.14}$$

mit $a \equiv A/m^{(f)}$ als der von einem Mol Adsorptionsfilm eingenommenen Fläche sowie $v_{\beta f}$ als dem differentiellen molaren Volumeneffekt bei der Adsorption.

Die in Gl. (16.14) bei $d\sigma$, dP und $dx_k^{(\beta)}$ stehenden Koeffizienten haben das gleiche Aussehen wie jene der ersten Gleichung des Systems (3.23), doch beziehen sie sich nicht auf die gesamte Grenzflächenschicht, sondern nur auf den Adsorptionsfilm. Hieraus folgt, daß die Beziehungen, welche das Gleichgewicht der Grenzflächenschicht mit einer der Phasen beschreiben, unter isothermen Bedingungen auch auf einen Adsorptionsfilm an der Grenzfläche eines praktisch inkompressiblen Adsorbens anwendbar sind. Die Benutzung der gleichen Beziehungen unter polythermen Bedingungen ist eine gröbere Näherung, da in diesem Falle die zusätzliche Beziehung

$$s^{(f)} = \frac{S^{(\sigma)} - m_{n+1}^{(\sigma)} s^{(\alpha)}}{m^{(f)}} \tag{16.15}$$

angesetzt wird. Diese besagt, daß sich die Entropie der gesamten Grenzflächenschicht additiv aus den Entropiewerten des Grenzflächenteiles des Adsorbens und des Adsorptionsfilmes ergibt, wobei die molare Entropie im Grenzflächenteil des Adsorbens gleich der für die Adsorbens-Raumphase gesetzt wird.

Die Gln. (16.13) und (16.14) bleiben auch dann in Kraft, wenn die Größen für die Grenzflächenschicht durch die analogen Größen für das System insgesamt ersetzt werden (bzw. die Größen für den Adsorptionsfilm durch jene für das Subsystem „Adsorptionsfilm—Phase β"). Gl. (16.14) nimmt in diesem Fall das folgende Aussehen an:

$$a_0\, d\sigma = -\left[\frac{S - m_{n+1} s^{(\alpha)}}{m} - s^{(\beta)} - \sum_{i=1}^{n-1} (x_i - x_i^{(\beta)}) \left(\frac{\partial s}{\partial x_i}\right)^{(\beta)}\right] dT$$

$$+ v_{\beta 0}\, dP - \sum_{i,k=1}^{n-1} (x_i - x_i^{(\beta)})\, g_{ik}^{(\beta)}\, dx_k^{(\beta)}. \tag{16.16}$$

Hierin bedeutet $a_0 \equiv A/m$ die Adsorbensoberfläche je 1 Mol Lösung oder Gasgemisch, m_{n+1} die Adsorbensmasse, m die Masse der Lösung oder des Gasgemisches, S die Entropie des Gesamtsystems, x_i, $x_i^{(\beta)}$ den Molenbruch der i-ten Komponente in der Lösung oder im Gasgemisch vor Beginn der Adsorption bzw. nach Einstellung des Adsorptionsgleichgewichtes, $v_{\beta 0}$ ist über die identische Gleichheit (3.30) definiert, in der v und $v^{(\beta)}$ das Molvolumen der Lösung oder des Gasgemisches vor Beginn der Adsorption bzw. nach Einstellung des Adsorptionsgleichgewichtes darstellen.

Es sind noch weitere Varianten der Gln. (16.13) und (16.14) möglich. Beispielsweise können die Größen für die Grenzflächenschicht des Adsorbens durch die Größen für das Adsorbens insgesamt oder die Größen für den Adsorptionsfilm durch die Brutto-Größen für das Subsystem „Film—Phase β" ersetzt werden, ohne daß die übrigen Größen eine Änderung erfahren.

Neben jenen Beziehungen, die die Änderung der Grenzflächenspannung bei einer Verschiebung des Adsorptionsgleichgewichtes beschreiben, werden weitere Beziehungen benötigt, welche die Zusammensetzungen von Adsorptionsfilm und Phase β verknüpfen, da eben diese Zusammensetzungen und ihre wechselweitige Abhängigkeit am häufigsten experimentell untersucht werden. In Analogie zu dem Vorgehen für Grenzflächenschichten können diese Beziehungen aus der Gleichheit der chemischen Potentiale oder

der partiellen Ableitungen des GIBBSschen thermodynamischen Potentials nach den Zusammensetzungen von Adsorptionsfilm bzw. Phase β hergeleitet werden.

Wir wollen Gl. (2.25) auf die gesamte Diskontinuitätsfläche im behandelten System oder die Gesamtheit Adsorbens—Adsorptionsfilm anwenden. Hierbei soll die Masse $m_{n+1}^{(\sigma)}$ der Grenzflächenschicht des Adsorbens (bzw. für den zweiten Fall die Adsorbensmasse) konstant sein. Von Gl. (2.25) soll die auf $m_{n+1}^{(\sigma)}$ Mol (bzw. für den zweiten Fall auf die Gesamtmasse des Adsorbens) der Raumphase des Adsorbens α bezogene Gl. (2.41) gliedweise subtrahiert werden (das dritte Glied der rechten Seite von Gl. (2.41) verschwindet bei $m_{n+1}^{(\sigma)} = \text{const}$). Das auf 1 Mol Adsorptionsfilm bezogene Ergebnis lautet:

$$d\bar{g}^{(f)} = -\bar{s}^{(f)}\, dT + \bar{v}^{(f)}\, dP_N - a\, d\sigma + \sum_{i=1}^{n-1} (\mu_i - \mu_n)\, dx_i^{(f)}, \tag{16.17}$$

wobei aus Platzgründen die folgenden Größen eingeführt wurden:

$$\bar{g}^{(f)} \equiv \frac{G^{(\sigma)} - m_{n+1}^{(\sigma)} g^{(\alpha)}}{m^{(f)}} \tag{16.18}$$

$$\bar{s}^{(f)} \equiv \frac{S^{(\sigma)} - m_{n+1}^{(\sigma)} s^{(\alpha)}}{m^{(f)}} \tag{16.19}$$

$$\bar{v}^{(f)} \equiv \frac{V^{(\sigma)} - m_{n+1}^{(\sigma)} v^{(\alpha)}}{m^{(f)}}. \tag{16.20}$$

Für ein nur geringfügig kompressibles Adsorbens gilt $\bar{v}^{(f)} \approx v^{(f)}$. Die Größe $\bar{g}^{(f)}$ ist gleich dem molaren GIBBSschen thermodynamischen Potential für den Adsorptionsfilm, sofern das Adsorbens bis hin zu seiner Begrenzungsfläche homogen ist und seine Wechselwirkung mit dem Adsorptionsfilm vernachlässigt werden darf. Da aber die Größe $\bar{g}^{(f)}$ im Differential steht, ist ihr Austausch gegen $g^{(f)}$ auch dann möglich, wenn die Wechselwirkungsenergie zwischen Adsorbens und Adsorptionsfilm groß ist, sich aber bei Verschiebung der Gleichgewichtsparameter nur wenig ändert.

Aus Gl. (16.17) ergibt sich die Beziehung

$$\left(\frac{\partial \bar{g}}{\partial x_i}\right)^{(f)} = \mu_i - \mu_n, \qquad (i = 1, 2, \ldots, n-1) \tag{16.21}$$

aus welcher folgt, daß die Gleichheiten der chemischen Potentiale im Adsorptionsfilm und in Phase β durch die Beziehungen

$$\left(\frac{\partial \bar{g}}{\partial x_i}\right)^{(f)} = \left(\frac{\partial g}{\partial x_i}\right)^{(\beta)} \qquad (i = 1, 2, \ldots, n-1) \tag{16.22}$$

ersetzt werden können.

Bei Verschiebung des Gleichgewichtes müssen die folgenden Bedingungen gewahrt bleiben:

$$d\left(\frac{\partial \bar{g}}{\partial x_i}\right)^{(f)} = d\left(\frac{\partial g}{\partial x_i}\right)^{(\beta)} \qquad (i = 1, 2, \ldots, n = 1) - 1) \tag{16.23}$$

bzw. in entfalteter Form:

$$\sum_{k=1}^{n-1} \bar{g}_{ik}^{(f)}\, dx_k^{(f)} = \left[\left(\frac{\partial \bar{s}}{\partial x_i}\right)^{(f)} - \left(\frac{\partial s}{\partial x_i}\right)^{(\beta)}\right] dT - \left[\left(\frac{\partial \bar{v}}{\partial x_i}\right)^{(f)} - \left(\frac{\partial v}{\partial x_i}\right)^{(\beta)}\right] dP$$

$$+ \left(\frac{\partial a}{\partial x_i}\right)^{(f)} d\sigma + \sum_{k=1}^{n-1} g_{ik}^{(\beta)}\, dx_k^{(\beta)}. \qquad (i = 1, 2, \ldots, n-1) \qquad (16.24)$$

Die Größe $\bar{g}_{ik}^{(f)}$ kann durch Differentiation des Ausdruckes (16.21) nach dem Molenbruch der k-ten Komponente im Adsorptionsfilm gefunden werden. Ein Vergleich der Beziehungen (16.24) und (7.1) zeigt, daß die Bedingungen für das Gleichgewicht zwischen Grenzflächenschicht und Raumphasen auch auf das Gleichgewicht zwischen Adsorptionsfilm und Lösung oder Gasgemisch angewendet werden können, wenn die Größen $g^{(f)}$, $s^{(f)}$ und $v^{(f)}$ gemäß den identischen Gleichheiten (16.18)···(16.20) verstanden werden.

Gl. (16.13) läßt sich bei Verwendung der gleichen Abhängigkeiten kompakter formulieren:

$$a\, d\sigma = -\tilde{Q}_{\beta f}\, d \ln T + \tilde{v}_{\beta f}\, dP - \sum_{i,k=1}^{n-1} (x_i^{(f)} - x_i^{(\beta)})\, g_{ik}^{(\beta)}\, dx_k^{(\beta)}, \qquad (16.25)$$

wobei $\tilde{Q}_{\beta f}$ und $\tilde{v}_{\beta f}$ die differentiellen molaren Wärme- bzw. Volumeneffekte infolge der Adsorption darstellen.

Diese sind wie folgt definiert:

$$\frac{\tilde{Q}_{\beta f}}{T} \equiv \bar{s}^{(f)} - s^{(\beta)} - \sum_{j=1}^{n-1} (x_j^{(f)} - x_j^{(\beta)}) \left(\frac{\partial s}{\partial x_j}\right)^{(\beta)} \qquad (16.26)$$

$$\tilde{v}_{\beta f} \equiv \bar{v}^{(f)} - v^{(\beta)} - \sum_{j=1}^{n-1} (x_j^{(f)} - x_j^{(\beta)}) \left(\frac{\partial v}{\partial x_j}\right)^{(\beta)}. \qquad (16.27)$$

Für inkompressible Adsorbentien gelten $\bar{v}^{(f)} = v^{(f)}$ sowie $\tilde{v}_{\beta f} = v_{\beta f}$, was unseren früheren Kennzeichnungen (3.22) entspricht.

Betrachten wir nunmehr die Gln. (16.24) und (16.25) gemeinsam und eliminieren aus diesen $d\sigma$. Als Ergebnis dieser Operation erhalten wie die Gleichung

$$\sum_{k=1}^{n-1} \bar{g}_{ik}^{(f)}\, dx_k^{(f)} = \left\{\left(\frac{\partial \bar{s}}{\partial x_i}\right)^{(f)} - \left(\frac{\partial s}{\partial x_i}\right)^{(\beta)} - \frac{1}{a}\left(\frac{\partial a}{\partial x_i}\right)^{(f)} \cdot \frac{\tilde{Q}_{\beta f}}{T}\right\} dT$$

$$- \left[\left(\frac{\partial v}{\partial x_i}\right)^{(f)} - \left(\frac{\partial v}{\partial x_i}\right)^{(\beta)} - \frac{1}{a}\left(\frac{\partial a}{\partial x_i}\right)^{(f)} v_{\beta f}\right] dP$$

$$+ \sum_{k=1}^{n-1} \left[g_{ik}^{(\beta)} - \frac{1}{a}\left(\frac{\partial a}{\partial x_i}\right)^{(f)} \sum_{j=1}^{n-1} (x_j^{(f)} - x_j^{(\beta)})\, g_{jk}^{(\beta)}\right] dx_k^{(\beta)}. \qquad (16.28)$$

$(i = 1, 2, \ldots, n-1)$

Diese Gleichung beschreibt die Verschiebung des Adsorptionsgleichgewichtes bei der Adsorption an einer ebenen Adsorbensoberfläche.

Die Gln. (16.25) und (16.28) lassen sich auch über die partiellen molaren Größen ausdrücken. Analog zu Abschn. 7.2. führen wir die folgenden Beziehungen ein:

$$\tilde{Q}_{\beta f} = \sum_{j=1}^{n} q_j x_j^{(f)} = q_n + \sum_{j=1}^{n-1} (q_j - q_n)\, x_j^{(f)} \tag{16.29}$$

$$\tilde{v}_{\beta f} = \sum_{j=1}^{n} \Delta v_j x_j^{(f)} = \Delta v_n + \sum_{j=1}^{n-1} (\Delta v_j - \Delta v_n)\, x_j^{(f)} \tag{16.30}$$

mit q_j und Δv_j als partielle molare Wärme- bzw. Volumeneffekte für die Adsorption der j-ten Komponente. Unter Benutzung der weiteren Beziehungen für die partiellen molaren Größen (siehe Abschn. 7.2.) läßt sich Gl. (16.28) in die folgende Form bringen:

$$\sum_{k=1}^{n-1} \tilde{g}_{ik}^{(f)}\, dx_k^{(f)} = \left[q_i - q_n - \frac{a_i - a_n}{a} \tilde{Q}_{\beta f}\right] d \ln T - \left[\Delta v_i - \Delta v_n - \frac{a_i - a_n}{a} \tilde{v}_{\beta f}\right] dP$$
$$+ \sum_{k=1}^{n-1} \left[g_{ik}^{(\beta)} - \frac{a_i - a_n}{a} \sum_{j=1}^{n-1} (x_j^{(f)} - x_j^{(\beta)})\, g_{jk}^{(\beta)}\right] dx_k^{(\beta)}.$$
$$(i = 1, 2, \ldots, n-1) \tag{16.31}$$

Die Größe a_i gibt die partielle Molfläche der i-ten Komponente im Adsorptionsfilm wieder. Wird das Gleichungssystem (16.31) nach $dx_k^{(f)}$ $(k = 1, 2, \ldots, n-1)$ aufgelöst, so läßt sich die Abhängigkeit eines jeden Molenbruchs in der Adsorptionsphase von T, P und der Zusammensetzung der Raumphase finden.

Bei Verwendung der Gln. (16.28) und (16.31) tritt als einfachster Fall der binäre Adsorptionsfilm auf. Für diesen erhalten wir eine einzige Gleichung:

$$a\tilde{g}_{11}^{(f)}\, dx_1^{(f)} = (q_1 a_2 - q_2 a_1)\, d \ln T - (\Delta v_1 a_2 - \Delta v_2 a_1)\, dP$$
$$+ g_{11}^{(\beta)} [a_2 + (a_1 - a_2)\, x_1^{(\beta)}]\, dx_1^{(\beta)}. \tag{16.32}$$

Hieraus ergibt sich die Gleichung für die Isotherme-Isobare der Zusammensetzung des Adsorptionsfilmes:

$$\left(\frac{dx_1^{(f)}}{dx_1^{(\beta)}}\right)_{T,P} = \frac{g_{11}^{(\beta)}[a_2 + (a_1 - a_2)\, x_1^{(\beta)}]}{\tilde{g}_{11}^{(f)} a} = \frac{g_{11}^{(\beta)}}{\tilde{g}_{11}^{(f)}} \left[1 - \frac{1}{a} \left(\frac{\partial a}{\partial x_1}\right)^{(f)} (x_1^{(f)} - x_1^{(\beta)})\right]. \tag{15.33}$$

Diese Gleichung stimmt der Form nach mit den Gln. (7.26) und (7.32) überein. Daher können die wesentlichen thermodynamischen Schlußfolgerungen, die in Kap. 7. für die Zusammensetzungsisothermen binärer Grenzflächenschichten erhalten worden sind, auch auf binäre Adsorptionsfilme übertragen werden. Demzufolge hat eine symbate Änderung der Zusammensetzungen von Adsorptionsfilm und Phase β, aus der adsorbiert wird, zu erfolgen. Diese Zusammensetzungen sollten im Anfangsbereich der Adsorptionsisothermen-Isobaren linear miteinander gekoppelt sein. Bei Adsorption aus einer kritischen Phase, d. h. wenn $g_{11}^{(\beta)} = 0$, muß auf der Isothermen-Isobaren ein Wendepunkt mit horizontaler Tangente auftreten. In diesem Fall verfügt die Isotherme-Isobare über ein S-förmiges Aussehen. S-förmige Zusammensetzungsisobaren von Adsorptionsfilmen sind experimentell für sich entmischende Lösungen beobachtet worden (siehe z. B. [10] bis [12]). Sie können aber auch im Falle hinreichend großer Abweichungen von der

Idealität bei der Adsorption aus nichtkritischen homogenen Gemischen beobachtet werden. Letzterenfalls fordert die Thermodynamik, daß die Tangente im Wendepunkt der Isothermen-Isobaren über einen positiven Anstieg verfügt. S-förmige Kurven dieses Typs werden z. B. bei der Adsorption der binären Gemische Wasser—Äthanol sowie Wasser—Aceton an Kieselgel gefunden [13].

Gl. (16.33) kann für den Fall einer inkompressiblen flüssigen Lösung mit Hilfe der Beziehung $v_i = \tau a_i$, wobei τ die Dicke des Adsorptionsfilmes darstellt, sowie der Additivitätsbedingung für das Molvolumen folgendermaßen geschrieben werden:

$$\left(\frac{dx_1^{(f)}}{dx_1^{(\beta)}}\right)_{T,P} = \frac{g_{11}^{(\beta)} v^{(\beta)}}{\bar{g}_{11}^{(f)} v^{(f)}}. \tag{16.34}$$

Aus Gl. (16.33) folgt des weiteren eine Beziehung für die Temperaturabhängigkeit der Zusammensetzung des Adsorptionsfilmes bei vorgegebenen Werten von Druck und Zusammensetzung der Raumphase:

$$\left(\frac{dx_1^{(f)}}{d\ln T}\right)_{P,x_1^{(\beta)}} = \frac{q_1 a_2 - q_2 a_1}{\bar{g}_{11}^{(f)} a}. \tag{16.35}$$

Werden Druck und Zusammensetzung des Adsorptionsfilmes konstant gehalten, so geht Gl. (16.33) in die Gleichung für die Adsorptionsisostere über:

$$\left(\frac{dx_1^{(\beta)}}{d\ln T}\right)_{P,x_1^{(f)}} = -\frac{q_1 a_2 - q_2 a_1}{g_{11}^{(\beta)}[a_2 + (a_1 - a_2)\, x_1^{(\beta)}]}. \tag{16.36}$$

Diese Gleichungen stimmen ebenfalls mit den entsprechenden Beziehungen aus Abschn. 7.2. überein, wo jene auch im Detail besprochen worden sind.

16.4. Adsorption eines Einzelstoffes

Natürlich können die Gln. (16.28), deren Anzahl um eins niedriger als die Zahl der Komponenten des Adsorptionsfilmes ist, nicht für die Betrachtung der Adsorption eines Einzelstoffes (z. B. Gases) verwendet werden, in deren Ergebnis die Abhängigkeit der Masse des Adsorptionsfilmes von Druck und Temperatur gefunden werden soll. Für diesen Zweck ist es am einfachsten, die Gleichheit der chemischen Potentiale des Adsorptivs in der Raumphase bzw. dem Adsorptionsfilm im Zusammenhang mit Gl. (16.13) zu benutzen.

Wir wollen ein Adsorptionsgleichgewicht betrachten, wobei das Adsorptiv als Komponente (1) und das Adsorbens als Komponente (2) angesehen werden. Die Phase, aus der adsorbiert wird, sei mit β indiziert. Mit dem Index σ wollen wir entweder die Grenzflächenschicht (einschließlich Grenzflächenteil des Adsorbens) oder die Gesamtheit von Adsorbens und Adsorptionsfilm bezeichnen. Letzteres ist für viele praktische Fälle bequemer, da Volumen und Masse des Grenzflächenteiles eines Adsorbens in der Regel experimentell nicht kontrollierbar sind. Gemäß Gleichgewichtsbedingungen gilt

$$d\mu_1^{(\sigma)} = d\mu_1^{(\beta)} \tag{16.37}$$

bzw. in entwickelter Form

$$\left(\frac{\partial \mu_1}{\partial T}\right)^{(\sigma)} dT + \left(\frac{\partial \mu_1}{\partial P}\right)^{(\sigma)} dP + \left(\frac{\partial \mu_1}{\partial \sigma}\right)^{(\sigma)} d\sigma + \left(\frac{\partial \mu_1}{\partial m_1}\right)^{(\sigma)} dm_1{}^{(\sigma)} + \left(\frac{\partial \mu_1}{\partial m_2}\right)^{(\sigma)} dm_2{}^{(\sigma)}$$

$$= \left(\frac{\partial \mu_1}{\partial T}\right)^{(\beta)} dT + \left(\frac{\partial \mu_1}{\partial P}\right)^{(\beta)} dP. \tag{16.38}$$

Bei Benutzung der aus den Gln. (2.25) und (2.41) folgenden Gegenseitigkeitsbeziehung läßt sich diese Bedingung unter der Annahme $m_2{}^{(\sigma)} = \text{const}$ folgendermaßen schreiben:

$$\left(\frac{\partial \mu_1}{\partial m_1}\right)^{(\sigma)} dm_1{}^{(\sigma)} = -(s^{(\beta)} - s_1{}^{(\sigma)})\, dT + (v^{(\beta)} - v_1{}^{(\sigma)})\, dP + a_1\, d\sigma, \tag{16.39}$$

wobei $s_1{}^{(\sigma)}$, $v_1{}^{(\sigma)}$ und a_1 die partiellen molaren Werte für Entropie, Volumen bzw. Fläche des Adsorbates in der Grenzflächenschicht verkörpern. Auf den betrachteten Fall angewendet, nimmt Gl. (16.13) das folgende Aussehen an:

$$a\, d\sigma = -[s^{(\sigma)} - x_1{}^{(\sigma)} s^{(\beta)} - (1 - x_1{}^{(\sigma)})\, s^{(\alpha)}]\, dT + [v^{(\sigma)} - x_1{}^{(\sigma)} v^{(\beta)} - (1 - x_1{}^{(\sigma)})\, v^{(\alpha)}]\, dP. \tag{16.40}$$

Dabei werden für die molaren Größen der Grenzflächenschicht oder der Gesamtheit Adsorbens—Adsorptionsfilm die nachstehenden Kurzschreibweisen verwendet:

$$a \equiv A/(m_1{}^{(\sigma)} + m_2{}^{(\sigma)});$$

$$s^{(\sigma)} \equiv S^{(\sigma)}/(m_1{}^{(\sigma)} + m_2{}^{(\sigma)});$$

$$v^{(\sigma)} \equiv V^{(\sigma)}/(m_1{}^{(\sigma)} + m_2{}^{(\sigma)}).$$

Wird nunmehr $d\sigma$ aus den Gln. (16.39) und (16.40) eliminiert, so erhalten wir die gesuchte Beziehung

$$\left(\frac{\partial \mu_1}{\partial m_1}\right)^{(\sigma)} dm_1{}^{(\sigma)} = -\left\{s^{(\beta)} - s_1{}^{(\sigma)} + \frac{a_1}{a}[s^{(\sigma)} - x_1{}^{(\sigma)} s^{(\beta)} - (1 - x_1{}^{(\sigma)})\, s^{(\alpha)}]\right\} dT$$

$$+ \left\{v^{(\beta)} - v_1{}^{(\sigma)} + \frac{a_1}{a}[v^{(\sigma)} - x_1{}^{(\sigma)} v^{(\beta)} - (1 - x_1{}^{(\sigma)})\, v^{(\alpha)}]\right\} dP. \tag{16.41}$$

Diese Beziehung kennzeichnet die Abhängigkeit der adsorbierten Stoffmenge von Temperatur und Druck. Die Adsorptionsisobare bzw. -isotherme werden durch die folgenden Einzelbeziehungen beschrieben:

$$\left(\frac{dm_1{}^{(\sigma)}}{dT}\right)_P = -\left\{s^{(\beta)} - s_1{}^{(\sigma)} + \frac{a_1}{a}[s^{(\sigma)} - x_1{}^{(\sigma)} s^{(\beta)} - (1 - x_1{}^{(\sigma)})\, s^{(\alpha)}]\right\} \Big/ \left(\frac{\partial \mu_1}{\partial m_1}\right)^{(\sigma)} \tag{16.42}$$

$$\left(\frac{dm_1{}^{(\sigma)}}{dP}\right)_T = \left\{v^{(\beta)} - v_1{}^{(\sigma)} + \frac{a_1}{a}[v^{(\sigma)} - x_1{}^{(\sigma)} v^{(\beta)} - (1 - x_1{}^{(\sigma)})\, v^{(\alpha)}]\right\} \Big/ \left(\frac{\partial \mu_1}{\partial m_1}\right)^{(\alpha)}. \tag{16.43}$$

Gemäß Stabilitätsbedingung (2.170) ist der Nenner der rechten Seiten von (16.42) und (16.43) positiv, währenddessen die Vorzeichen der Zähler von den Werten der molaren Entropien bzw. Molvolumina abhängen. Molare Entropie und Molvolumen eines weit vom kritischen Punkt entfernten Gases übertreffen die analogen Größen für das Adsorbens bzw. die Grenzflächenschicht um ein Vielfaches. In diesem Fall wird die Adsorption gemäß den Beziehungen (16.42) und (16.43) in der Regel mit fallender Temperatur und steigendem Druck zunehmen.

Betrachten wir nun die für sehr kleine Werte von $m_1^{(\sigma)}$ bzw. $x_1^{(\sigma)}$ gültigen Grenzbeziehungen. In diesem Falle sind $\partial\mu_1/\partial m_1^{(\sigma)} \approx RT/m_1^{(\sigma)}$ sowie $a_1/a \approx a_1/a_2$. Die Beziehungen (16.42) und (16.43) nehmen das folgende Aussehen an:

$$\left(\frac{d \ln m_1^{(\sigma)}}{dT}\right)_P \approx -\left[s^{(\beta)} - s_1^{(\alpha)} + \frac{a_1}{a_2}\,(s^{(\sigma)} - s^{(\alpha)})\right]\Big/RT \tag{16.44}$$

$$\left(\frac{d \ln m_1^{(\sigma)}}{dP}\right)_T \approx \left[v^{(\beta)} - v_1^{(\sigma)} + \frac{a_1}{a_2}\,(v^{(\sigma)} - v^{(\alpha)})\right]\Big/RT\,. \tag{16.45}$$

Im Falle eines hinreichend verdünnten Gases übertreffen dessen molare Entropie (wegen des Auftretens von $-R \ln P$ im Ausdruck für die Gasentropie) und Molvolumen die übrigen in den eckigen Klammern der rechten Seiten von (16.44) und (16.45) stehenden Größen um ein Vielfaches. Bei weit vom absoluten Nullpunkt entfernten Temperaturen ändert sich unter isobaren Bedingungen der Zähler der rechten Seite von (16.44) wesentlich langsamer als der Nenner. Daher beschreibt Gl. (16.44) in grober Näherung die Abhängigkeit

$$m_1^{(\sigma)} \sim \frac{1}{T^b} \tag{16.46}$$

mit b als Koeffizient bei $-1/T$ in der rechten Seite von (16.44) ($b \approx \ln P$ bei hinreichend kleinen P). Aus Gl. (16.45) erhalten wir — in den eckigen Klammern lediglich die Größe $v^{(\beta)} = RT/P$ belassend — die bekannte Beziehung

$$m_1^{(\sigma)} \approx kP\,, \tag{16.47}$$

aus der die Linearität des Anfangsteiles der Adsorptionsisothermen folgt (k — Integrationskonstante). Wird Gl. (16.14) auf die Adsorptionsisotherme eines Gases angewendet, so erhalten wir

$$A\,d\sigma \approx -m_1^{(\sigma)}v^{(\beta)}\,dP = -(m_1^{(\sigma)}RT/P)\,dP\,. \tag{16.48}$$

Die Integration dieser Gleichung in den Grenzen von 0 bis P führt unter Berücksichtigung der Abhängigkeit (16.47) für den Anfangsabschnitt der Isothermen zu der Beziehung

$$A(\sigma - \sigma_0) \approx -m_1^{(\sigma)}\,RT\,, \tag{16.49}$$

in der σ_0 die Grenzflächenspannung des reinen Adsorbens an seiner Grenze zum Vakuum darstellt. Nach Einführen des Grenzflächendruckes des Adsorptionsfilmes $\pi \equiv \sigma_0 - \sigma$ kann die Beziehung (16.49) in Form einer Zustandsgleichung für ein ideales zweidimensionales Gas geschrieben werden:

$$A\pi \approx m_1^{(\sigma)}\,RT\,. \tag{16.50}$$

In allen Beziehungen kennzeichnet die Größe $m_1^{(\sigma)}$ den Adsorptionsfilm. Somit ist Gl. (16.50) die im Grenzfall erhältliche Zustandsgleichung eines Adsorptionsfilmes bei geringen adsorbierten Mengen.

16.5. Berechnung der Grundgrößen für die Kennzeichnung von Adsorptionsfilmen aus experimentellen Daten

Ungeachtet der Ähnlichkeit zwischen den oben dargestellten thermodynamischen Beziehungen für Adsorptionsfilme bzw. Grenzflächenschichten treten wesentliche Unterschiede zwischen ihnen auf, sobald sie für die Bearbeitung experimenteller Daten verwendet werden. Der Grund hierfür besteht darin, daß bei der Adsorption an festen Adsorbentien nicht — wie im Falle flüssiger Grenzflächenschichten — die experimentelle Bestimmung der Grenzflächenspannung, sondern jene der Masse sowie des relativen Anteiles der adsorbierten Stoffe erfolgt. Die Änderung der Grenzflächenspannung und einer Reihe anderer Größen müssen in diesem Falle mit Hilfe thermodynamischer Formeln berechnet werden. Nachstehend wollen wir einige Berechnungsformeln für Grundgrößen von Adsorptionsfilmen betrachten.

A. Berechnung der Zusammensetzung eines Adsorptionsfilmes

In der Regel wird bei Untersuchungen der Adsorption in Mehrkomponentensystemen die Änderung der Gemischzusammensetzung nach Kontakt mit dem Adsorbens und Einstellung des Adsorptionsgleichgewichtes bestimmt. Es möge m die Gesamtzahl der Mole im Ausgangsgemisch, x_i den Molenbruch der i-ten Komponente im Ausgangsgemisch sowie $x_i^{(\beta)}$ den Molenbruch der i-ten Komponente nach Einstellung des Adsorptionsgleichgewichtes bedeuten. Es kann leicht gezeigt werden, daß das Produkt $m(x_i - x_i^{(\beta)})$ die überschüssige Molzahl der i-ten Komponente für die äquimolekulare Trennfläche — bezogen auf die Komponenten der Phase β — liefert. In der Tat folgt dies, wenn die genannte Trennfläche das Volumen des Systems in zwei Teile V_α und V_β trennt, so daß der Überschuß von Komponente i durch den Ausdruck

$$\overline{m}_i \equiv m_i - \varrho_i^{(\alpha)} V_\alpha - \varrho_i^{(\beta)} V_\beta = m_i - \varrho_i^{(\beta)} V_\beta \tag{16.51}$$

gegeben ist (ϱ — Zahl der Mole pro Volumeneinheit; $\varrho_i^{(\alpha)} = 0$, da vereinbarungsgemäß die Komponenten von Phase β nicht in die Adsorbensphase α einzudringen vermögen). Definitionsgemäß gilt für die äquimolekulare Trennfläche

$$\sum_i (m_i - \varrho_i^{(\beta)}) V_\beta = 0, \tag{16.52}$$

woraus

$$V_\beta = \frac{m}{\sum_i \varrho_i^{(\beta)}} \tag{16.53}$$

und

$$\overline{m}_i = m_i - \frac{m\varrho_i^{(\beta)}}{\sum_i \varrho_i^{(\beta)}} = m_i - m x_i^{(\beta)} = m(x_i - x_i^{(\beta)}) \tag{16.54}$$

folgen, was zu beweisen war. Entsprechend ergibt das Verhältnis von (16.54) zum Wert A für die Adsorbensoberfläche die adsorbierte Menge $\Gamma_i^{(N)}$ für die äquimolekulare Trennfläche:

$$\Gamma_i^{(N)} = \frac{m(x_i - x_i^{(\beta)})}{A} = \frac{m(x_i - x_i^{(\beta)})}{A_0 p}, \tag{16.55}$$

wobei p die Masse bzw. A_0 die spezifische Oberfläche des Adsorbens ist.

Wird die Änderung der Gemischzusammensetzung auf die Masseneinheit des Adsorbens bezogen, so wird experimentell unmittelbar das Produkt $\Gamma_i^{(N)} A_0$, bzw. bei bekannter spezifischer Oberfläche auch die adsorbierte Menge $\Gamma_i^{(N)}$ bestimmt. Es sei darauf hingewiesen, daß i. a. die äquimolekulare Trennfläche nicht mit der Begrenzungsfläche des Adsorbens identisch ist.

Im Gleichgewichtszustand geht das Ausgangsstoffgemisch in die Gesamtheit von Adsorptionsfilm (f) und Phase β über. Aus der Bedingung für die Stoffbilanz

$$m x_i = (m - m^{(f)})\, x_i^{(f)} + m^{(f)} x_i^{(f)} \qquad (i = 1, 2, \ldots) \tag{16.56}$$

folgt die Beziehung

$$x_i^{(f)} = x_i^{(\beta)} + \frac{m(x_i - x_i^{(\beta)})}{m^{(f)}} = x_i^{(\beta)} + \frac{\Gamma_i^{(N)} A}{m^{(f)}} = x_i^{(\beta)} + \frac{\Gamma_i^{(N)} v^{(f)}}{\tau}. \qquad (i = 1, 2, \ldots) \tag{16.57}$$

Hieraus wird offenbar, daß für einen Übergang von der adsorbierten Menge $\Gamma_i^{(N)}$ zu dem Molenbruch der i-ten Komponente im Adsorptionsfilm die Kenntnis der Gesamtmolzahl $m^{(f)}$ im Adsorptionsfilm erforderlich ist. Im Falle der Adsorption aus einem Gasgemisch wird die Masse des Adsorptionsfilmes häufig experimentell bestimmt, demgegenüber bereitet für die Adsorption aus einer flüssigen Lösung die experimentelle Bestimmung von Masse und Dicke τ des Adsorptionsfilmes große Schwierigkeiten. Daher ist es erforderlich, bei Berechnungen der Zusammensetzung des mit einer flüssigen Lösung in Kontakt stehenden Adsorptionsfilmes einen Wert für die Adsorptionsfilmdicke zu postulieren.

Als Beispiel wollen wir die Berechnung der Zusammensetzung eines Adsorptionsfilmes an der Grenze zwischen einem Adsorbens und einer binären flüssigen Lösung unter den Voraussetzungen der Inkompressibilität der Lösung bzw. Additivität des Molvolumens betrachten. Es sei vermerkt, daß Gl. (16.57) exakt mit Gl. (7.55) für die Zusammensetzung der Grenzflächenschicht zwischen einer Lösung und ihrem Dampf übereinstimmt. Dies ist darauf zurückzuführen, daß wir die Dampfdichte vernachlässigt und eigentlich das System flüssige Lösung—Vakuum betrachtet haben. Im vorliegenden Beispiel nimmt das Adsorbens den Platz des Vakuums ein, beteiligt sich aber in keiner Weise am Komponentenaustausch zwischen flüssiger Lösung und Adsorptionsfilm. Somit wird klar, daß die lediglich auf der Massenbilanz basierende Gl. (7.55) auch hier gültig ist (erhalten bleibt lediglich die Form der Beziehung, nicht aber die Bedeutung der in ihr auftretenden Größen). Offensichtlich sind auch weitere in Abschn. 7.6. betrachtete Beziehungen auf den behandelten Fall anwendbar. Ein Analogon zu (7.57) ist die Berechnungsformel

$$x_i^{(f)} = \frac{x_1^{(\beta)} + \dfrac{\Gamma_1^{(N)} v_2}{\tau}}{1 - \dfrac{\Gamma_1^{(N)}(v_1 - v_2)}{\tau}} \tag{16.58}$$

mit v_1 und v_2 als Molvolumina der Lösungskomponenten. Die Größe τ ausgenommen, werden alle weiteren in (16.58) rechts stehenden Größen experimentell bestimmt. Somit zeigt Gl. (16.58) sehr anschaulich, wie die berechnete Zusammensetzung des Adsorptionsfilmes vom vorgegebenen Wert für seine Dicke abhängt. Es ist ersichtlich, daß sich die berechnete Zusammensetzung des Adsorptionsfilmes mit wachsender Filmdicke der Raumphasenzusammensetzung asymptotisch nähert. Hierbei verringert sich die Konzentration der bevorzugt adsorbierten Komponente monoton, ebenfalls monoton steigt die Konzentration der zweiten Komponente. Wächst τ von 0 bis ∞, so ändert sich der Molenbruch der ersten Komponente von $v_2/(v_2 - v_1)$ bis zu seinem Raumphasenwert $x_1^{(\beta)}$.

Gl. (16.58) kann wie folgt dargestellt werden:

$$x_1^{(f)} = \frac{x_1^{(\beta)} + \dfrac{(x_1 - x_1^{(\beta)})\, m a_{02}}{A}}{1 - \dfrac{m(x_1 - x_1^{(\beta)})\,(a_{01} - a_{02})}{A}} \tag{16.59}$$

mit a_{0i} als Molfläche der reinen flüssigen Komponente i.

Als erster hat ELTON [14] diese Formel für einen monomolekularen Adsorptionsfilm erhalten. Ihre Anwendung kann sich etwas von jener für Gl. (16.58) unterscheiden, da bei der Betrachtung einer Monoschicht die Größen a_{01} und a_{02} unter Berücksichtigung der Molekülorientation im Adsorptionsfilm vorgegeben werden können. In einem solchen Falle kann die Dicke des Adsorptionsfilmes für unterschiedliche Moleküle verschiedene Werte annehmen, was natürlich einen Nachteil dieses Ansatzes darstellt.

B. Abschätzung der Dicke von Adsorptionsfilmen

Gegenwärtig sind mehrere Methoden für die Bestimmung der Dicke von Adsorptionsfilmen bekannt.

Die Grundlage der Methode von SCHAY und NAGY [15]···[18] ist die von diesen Autoren beobachtete Erscheinung, daß auf einigen Adsorptionsisothermen ein mehr oder weniger ausgedehnter linearer Abschnitt existiert. So kann z. B. angenommen werden, daß ein derartiger Abschnitt — wenn auch mit geringer Ausdehnung — in Nähe des Wendepunktes einer S-förmigen Isothermen vorliegt. Der lineare Bereich der Adsorptionsisothermen eines binären Systems kann durch die Gleichung

$$\Gamma_1^{(N)} A = a' - b' x_1^{(\beta)} \tag{16.60}$$

beschrieben werden (a' und b' seien empirische Konstanten).

Für diese Gleichung argumentieren SCHAY und NAGY wie folgt [17]. Mit Hilfe der Beziehung für die Stoffbilanz

$$m = m_1^{(\beta)} + m_2^{(\beta)} + m_1^{(f)} + m_2^{(f)} = m^{(\beta)} + m^{(f)} \tag{16.61}$$

und der trivialen Zusammenhänge

$$\left.\begin{aligned} x_1 &= \frac{m_1^{(\beta)} + m_1^{(f)}}{m} \\ x_1^{(\beta)} &= \frac{m_1^{(\beta)}}{m_1^{(\beta)} + m_2^{(\beta)}} \end{aligned}\right\} \tag{16.62}$$

läßt sich der folgende Ausdruck schreiben:

$$\Gamma_1^{(N)}A = m(x_1 - x_1^{(\beta)}) = m_1^{(f)} - m^{(f)}x_1^{(\beta)}. \tag{16.63}$$

Dieser Ausdruck ist Gl. (16.60) unter den Bedingungen $a' \equiv m_1^{(f)}$ und $b' = m^{(f)}$ analog. SSHAY und NAGY nehmen an, daß die linearen Abschnitte der Isothermen durch die Konstanz der Größen $m_1^{(f)}$ und $m_2^{(f)}$, d. h. durch die Konstanz der Zusammensetzung des Adsorptionsfilmes innerhalb eines gewissen Konzentrationsbereiches der Lösung verursacht werden (bei strenger Betrachtung widerspricht diese Voraussetzung den Stabilitätsbedingungen, so daß anstelle einer Konstanz besser eine schwache Änderung angenommen werden sollte).

Diese Zusammensetzung läßt sich durch Extrapolation des linearen Isothermenabschnittes auf die Ordinatenachsen bestimmen (siehe Abb. 16.1.). Als Ergebnis dessen

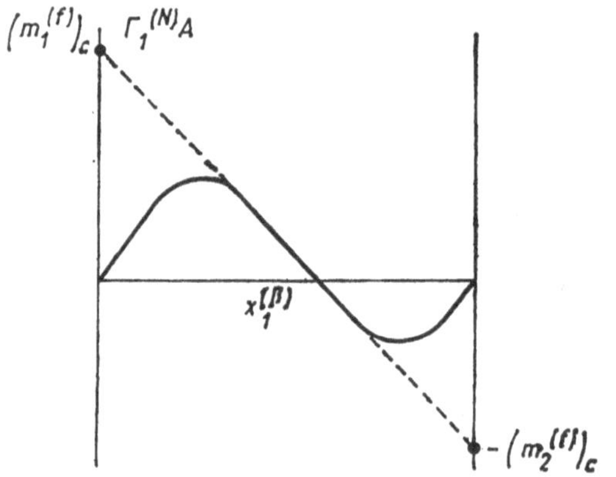

Abb. 16.1. Abschätzung der Dicke eines Adsorptionsfilmes nach SCHAY und NAGY

erhält man Werte für $(m_1^{(f)})_c$ bei $x_1^{(\beta)} = 0$ sowie $-(m_2^{(f)})_c$ bei $x_1^{(\beta)} = 1$. Schließlich liefert — im Rahmen des Monoschichtmodells — der Quotient von $(m_i^{(f)})_c$ zu $m_i^{(f)}$ die Dicke des Adsorptionsfilmes (die Anzahl der Monoschichten). Wenn die Ordinatenabschnitte gleich den Molzahlen im Adsorptionsfilm sind, verfügen wir über die Beziehungen:

$$\left.\begin{aligned} -\frac{d(\Gamma_1^{(N)}A)}{dx_1^{(\beta)}}\, x_1^{(\beta)} &= m_1^{(f)} \\ -\frac{d(\Gamma_1^{(N)}A)}{dx_1^{(\beta)}}\, (1 - x_1^{(\beta)}) &= m_2^{(f)}. \end{aligned}\right\} \tag{16.64}$$

Die Dicke τ des Adsorptionsfilmes ist nach Gleichung

$$\tau = \frac{m_1^{(f)}v_1 + m_2^{(f)}v_2}{A} \tag{16.65}$$

zugänglich, aus der nach Einsetzen der Beziehungen (16.64) der Ausdruck

$$\tau = -[x_1^{(\beta)}v_1 - (1 - x_1^{(\beta)})\, v_2]\, \frac{d\Gamma_1^{(N)}}{dx_1^{(\beta)}} = -\, v^{(\beta)}\, \frac{d\Gamma_1^{(N)}}{dx_1^{(\beta)}} \tag{16.66}$$

folgt ($v^{(\beta)}$ — additives Molvolumen von Phase β).

Nach SCHAY und NAGY entspricht der höchste Wert von $\Gamma_1^{(N)}$ im Rahmen des Monoschichtmodells einer vollständigen Bedeckung der Oberfläche mit Komponente (1) bei Abwesenheit von Komponente (2) im Adsorptionsfilm. Hierfür nimmt Gl. (16.63) die folgende Form an:

$$\Gamma_1^{(N)}A = (m_1^{(f)})_{\max}\, (1 - x_1^{(\beta)})\,. \tag{16.67}$$

Infolgedessen kann, wenn für irgendeinen Wert von $x_1^{(\beta)}$ die Größe $\Gamma_1^{(N)}A$ den durch (16.67) gegebenen Wert überschreitet, die Adsorptionsisotherme von vornherein nicht im Rahmen des Monoschichtmodells erhalten werden. Beispiele für solche Systeme sind Äthanol—n-Dodekan/Aktivkohle [19] sowie Methanol—Benzol/graphitierter Ruß [20].

Auf der Grundlage der Arbeiten von SCHAY und NAGY hat KIPLING [21] die folgende Beziehung für die Berechnung der Adsorptionsfilmdicke vorgeschlagen:

$$\tau = \frac{(m_1^{(f)})_e}{(m_1^{(f)})_{\max}} + \frac{(m_2^{(f)})_e}{(m_2^{(f)})_{\max}}\,. \tag{16.68}$$

(τ wird über die Anzahl der Monoschichten ausgedrückt.)

Nach EVERETT [22] läßt sich die Dicke eines binären Adsorptionsfilmes abschätzen, wenn man von der Monoschichtkapazität und dem nach

$$\alpha \equiv \frac{x_1^{(f)}(1 - x_1^{(\beta)})}{x_1^{(\beta)}(1 - x_1^{(f)})} \tag{16.69}$$

definierten Trennfaktor α ausgeht. Aus (16.63) und (16.69) erhält man die Beziehung

$$\frac{(1 - x_1^{(\beta)})\, x_1^{(\beta)}}{\Gamma_1^{(N)}A} = \frac{1}{m^{(f)}} \left(x_1^{(\beta)} + \frac{1}{\alpha - 1} \right). \tag{16.70}$$

Stimmen die Molflächen beider Komponenten praktisch überein, so ist $m^{(f)}$ für die Monoschicht eine konstante Größe, und bei $\alpha = \text{const}$ hängt der in (16.70) links stehende Ausdruck linear von $x_1^{(\beta)}$ ab. Aus dem Anstieg der Geraden kann die Größe $m^{(f)}$ bestimmt werden. Vergleicht man diese mit der Monoschichtkapazität, so erhält man eine Information darüber, in welchem Maße die Dicke des Adsorptionsfilmes mit der Monoschichtdicke übereinstimmt.

Aus Gl. (16.70) läßt sich leicht eine allgemeinere Gleichung herleiten, indem die Größe $\gamma \equiv a_{01}/a_{02}$, welche gleich dem Verhältnis der Molflächen beider Komponenten in der

Monoschicht ist, eingeführt wird:

$$\frac{x_1^{(\beta)}(1 - x_1^{(\beta)})}{\Gamma_1^{(N)}A} = \frac{1}{(m_1^{(f)})_{\max}} \left(\frac{1}{\gamma(\alpha - 1)} + \frac{\alpha - 1/\gamma}{\alpha - 1} x_1^{(\beta)}\right). \tag{16.71}$$

Es bedeutet $(m_1^{(f)})_{\max}$ die Monoschichtkapazität, bezogen auf Komponente (1). Aus (16.71) ist ersichtlich, daß $x_1^{(\beta)}(1 - x_1^{(\beta)})/\Gamma_1^{(N)}A$ auch bei $\alpha \neq \text{const}$ praktisch linear von $x_1^{(\beta)}$ abhängt, sofern der Trennfaktor α ausreichend groß dafür ist, daß das erste Glied des in (16.71) rechts stehenden Klammerausdruckes vernachlässigt werden darf (der in den Klammern bei $x_1^{(\beta)}$ stehende Faktor nimmt hierbei praktisch den Wert Eins an).

Ohne Zweifel sind die behandelten Methoden von praktischer Bedeutung für das Erkennen von polymolekularen Adsorptionsfilmen. Ihr gemeinsamer Nachteil besteht darin, daß sie nicht mit der Thermodynamik gekoppelt sind und im wesentlichen auf zufälligen Erscheinungen basieren:

- die SCHAY-NAGY-Methode beruht auf dem Auftreten eines linearen Abschnittes der Adsorptionsisothermen,
- die EVERETT-Methode auf der Konstanz oder einem großen Wert des Trennfaktors.

Infolgedessen sind diese Methoden nicht universell und nur auf eine bestimmte Gruppe von Systemen anwendbar.

Allgemeine thermodynamische Bedingungen, die die Dicke eines binären Adsorptionsfilmes beschränken, lassen sich aus den Ungleichungen

$$0 \leqq x_1^{(f)} \leqq 1, \tag{16.72}$$

$$\frac{dx_1^{(f)}}{dx_1^{(\beta)}} > 0, \tag{16.73}$$

wenn diese auf Gl. (16.58) angewendet werden, ableiten. Als Ergebnis erhalten wir die gleichen Ungleichungen wie für Grenzflächenschichten (siehe Abschn. 7.7.):

$$\left.\begin{aligned} \tau &\geqq \frac{\Gamma_1^{(N)}v_1}{1 - x_1^{(\beta)}} \quad (\Gamma_1^{(N)} > 0) \\ \tau &\geqq -\frac{\Gamma_1^{(N)}v_2}{x_1^{(\beta)}} \quad (\Gamma_1^{(N)} < 0) \end{aligned}\right\} \tag{16.74}$$

$$\tau > (v_1 - v_2)\, \Gamma_1^{(N)} - v^{(\beta)} \frac{d\Gamma_1^{(N)}}{dx_1^{(\beta)}}. \tag{16.75}$$

Bedingung (16.74) ist graphisch leicht anwendbar. Hierfür ist es ausreichend, anhand experimenteller Daten die Abhängigkeit $\Gamma_1^{(N)}A_0$ von $x_1^{(\beta)}$ zu konstruieren. Die aus dem Punkt für die Einzelkomponente (1) an die experimentelle Kurve gelegte Tangente fixiert sodann auf der Ordinatenachse den Wert $A_0\tau_{\min}/v_1$, der dem maximalen Wert der minimal möglichen Dicke $\tau_{\min}$ des Adsorptionsfilmes entspricht (siehe Abb. 16.2.).

Der Wert $\tau_{\min}$ kann graphisch für jeden Punkt der Adsorptionsisothermen bestimmt werden. Hierfür ist es ausreichend, den einer ausgewählten Zusammensetzung $x_1^{(\beta)}$ entsprechenden Punkt auf der Isothermen (Punkt c in Abb. 16.2.) mit dem Punkt der reinen Komponente (1) oder (2) (in Abhängigkeit von der Größe $x_1^{(\beta)}$ und der Isothermenform) zu verbinden und diese Linie bis zur Ordinatenachse zu extrapolieren. Der fixierte Ordinatenabschnitt entspricht der minimal möglichen Schichtdicke für die betrachtete Zusammensetzung (Abb. 16.2.).

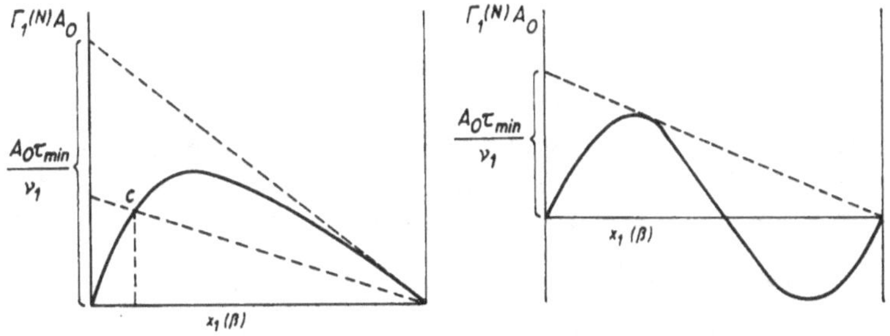

Abb. 16.2. Bestimmung der minimal möglichen Dicke eines Adsorptionsfilmes nach dem Kriterium (16.74) für U- bzw. S-förmige Isothermen

Nicht immer liefert Bedingung (16.74) eine Information über die Dicke des Adsorptionsfilmes. So erhalten wir für den Schnittpunkt einer S-förmigen Isothermen mit der Abszissenachse, wenn also $\Gamma_1^{(N)} = 0$, lediglich die Bedingung $\tau > 0$. Daher ist es stets nützlich auch Ungleichung (16.75) zu betrachten. Im Isothermenpunkt $\Gamma_1^{(N)}A_0$, der dem Maximalwert der rechten Seite von Ungleichung (16.74) entspricht, stimmen die Kriterien (16.74) und (16.75) miteinander überein. Tatsächlich ist in diesem Punkt (Berührungspunkt *i* in Abb. 16.2.) die Bedingung

$$\Gamma_1^{(N)} + (1 - x_1^{(\beta)}) \frac{d\Gamma_1^{(N)}}{dx_1^{(\beta)}} = 0$$

erfüllt. Wird diese in (16.75) eingesetzt, so erhalten wir (16.74). Für den Schnittpunkt der S-förmigen Isothermen $\Gamma_1^{(N)}A_0$ mit der Abszissenachse nimmt Ungleichung (16.75) folgendes Aussehen an:

$$\tau > -v^{(\beta)} \frac{d\Gamma_1^{(N)}}{dx_1^{(\beta)}}. \qquad (16.76)$$

Es ist von Interesse, daß die nach dieser Gleichung bestimmte minimal mögliche Dicke des Adsorptionsfilmes mit der gemäß (16.66) nach Schay und Nagy zugänglichen Filmdicke übereinstimmt. Bedingung (16.76) ist allerdings nur dann gerechtfertigt, wenn der Wendepunkt auf der Abszissenachse liegt.

In einzelnen Fällen (z. B. für Gemische von Molekülen sehr verschiedener Größe) ist es bequemer, die Zusammensetzung nicht über Molenbrüche, sondern über Volumenbrüche zu kennzeichnen. Daher ist es nützlich, die Isothermengleichung für die Adsorptionsfilmzusammensetzung und die entsprechenden Ungleichungen für die Abschätzung der minimal möglichen Filmdicke auch unter Benutzung der Volumenbrüche zu untersuchen. Die Bedingung für die Massenbilanz kann in diesem Falle folgendermaßen geschrieben werden:

$$V^{(f)}\Phi_i^{(f)}/v_i^{(f)} + (V - V^{(f)})\,\Phi_i^{(\beta)}/v_i^{(\beta)} = V\Phi_i/v_i. \qquad (16.77)$$

Hierin bedeuten Φ_i, $\Phi_i^{(f)}$ und $\Phi_i^{(\beta)}$ den Volumenbruch sowie v_i, $v_i^{(f)}$ und $v_i^{(\beta)}$ das partielle Molvolumen der Komponente i im Ausgangsgemisch, in der Adsorptionsphase bzw. in Phase β, V das Gemischvolumen nach Gleichgewichtseinstellung und $V^{(f)}$ das Volumen des Adsorptionsfilmes.

Führen wir die Definitionen $\xi_i \equiv \Phi_i/v_i$ und $\Gamma_i^{\xi} \equiv (\xi_i - \xi_i^{(\beta)})\, V/A$ ein, so erhalten wir die Gleichung

$$\xi^{(f)} = \xi_i^{(\beta)} + \Gamma_i^{(\beta)}/\tau. \tag{16.78}$$

Die Größe Γ_i^{ξ} ist ein Analogon von $\Gamma_i^{(N)}$ und verkörpert die Adsorption der Komponente i in bezug auf irgendeine Trennfläche. Für eine inkompressible Lösung ist $\Gamma_i^{\xi} = \Gamma_i^{v}$, wobei Γ_i^{v} die Adsorption in bezug auf die Trennfläche, für welche $\sum_i v_i \Gamma_i^{v} = 0$ gilt, darstellt [20]. Gl. (16.78) nimmt in diesem Falle das folgende Aussehen an:

$$\Phi_i^{(f)} = \Phi_i^{(\beta)} + v_i \Gamma_i^{v}/\tau. \tag{16.79}$$

Die Größe $v_i \Gamma_i^{v} = (\Phi_i - \Phi_i^{(\beta)})\, V/A$ wird ebenso wie $\Phi_i^{(\beta)}$ unmittelbar experimentell bestimmt. Bei vorgegebenem Wert dieser Größen zeigt Gl. (16.79) eine sehr einfache Abhängigkeit der Volumenbrüche im Adsorptionsfilm von dessen Dicke. Es folgt des weiteren die Bedingung

$$\tau = v_i \Gamma_i^{v}/(\Phi_i^{(f)} - \Phi_i^{(\beta)}) > v_i \Gamma_i^{v}/(1 - \Phi_i^{(\beta)}), \tag{16.80}$$

welche die Adsorptionsfilmdicke analog Ungleichung (16.74) beschränkt. Für ein binäres Gemisch erhalten wir aus der Bedingung

$$\frac{d\Phi_1^{(f)}}{d\Phi_1^{(\beta)}} > 0, \tag{16.81}$$

die im Falle einer inkompressiblen Lösung der Bedingung (16.73) äquivalent, jedoch i. a. weniger streng ist, eine zweite Ungleichung für die Bestimmung der minimal möglichen Adsorptionsfilmdicke:

$$\tau > -\frac{d(v_1 \Gamma_1^{v})}{d\Phi_1^{(\beta)}}. \tag{16.82}$$

Diese Ungleichung ist der Bedingung (16.75) analog.

Es ist zu erwarten, daß es die aufgeführten Ungleichungen in einer Reihe von Fällen ermöglichen, den Effekt einer zunehmenden Adsorptionsfilmdicke zu beobachten, speziell dann, wenn dieser nicht unbedeutend ist (z. B. bei Annäherung an den kritischen Entmischungspunkt einer flüssigen Lösung oder bei der Entmischung einer Lösung in Grenzflächennähe). Allerdings können diese Ungleichungen nicht für die Abschätzung der wahren (effektiven) Adsorptionsfilmdicke eingesetzt werden. Speziell sind sie nicht geeignet, stützende Aussagen für den monomolekularen Charakter eines Adsorptionsfilmes herzuleiten.

In Verbindung damit ist die Entwicklung theoretischer [2] und experimenteller Methoden für die Bestimmung der effektiven Dicke von Adsorptionsfilmen von großer Bedeutung. Ein interessanter Weg zur Bestimmung der effektiven Adsorptionsfilmdicke von binären flüssigen Lösungen ist von BERING vorgeschlagen worden [23]. Diesem liegen die Untersuchung der polymolekularen Adsorption des gleichen jedoch im gasförmigen Zustand befindlichen Stoffgemisches (bei Druckänderung) und die Analyse der wechselseitigen Abhängigkeiten der adsorbierten Menge beider Komponenten bei vorgegebener Dampfzusammensetzung zugrunde.

C. Berechnung der infolge Adsorption auftretenden Änderung der Grenzflächenspannung

Die experimentelle Untersuchung der Adsorptionsisothermen eines reinen gasförmigen Stoffes führt zu der Abhängigkeit der Masse $m_1^{(f)}$ des Adsorptionsfilmes vom Druck. Die Änderung der Grenzflächenspannung läßt sich leicht durch graphische Integration der Gl. (16.48) finden:

$$\sigma - \sigma_0 = -\frac{RT}{A} \int_0^P \frac{m_1^{(f)}}{P} dP. \tag{16.83}$$

Bei der Untersuchung der Isothermen-Isobaren für die Adsorption eines beliebigen Gemisches wird in den meisten Fällen die Differenz in den Gemischzusammensetzungen vor Beginn des Adsorptionsvorganges und nach Einstellung des Adsorptionsgleichgewichtes bestimmt. Eben diese Zusammensetzungsdifferenz geht in Gl. (16.16) ein, so daß die graphische Integration dieser Gleichung bei Konstanz von Temperatur und Druck die Grenzflächenspannungsänderung liefert. Für ein binäres Gemisch erhalten wir z. B. die Gleichung

$$\sigma - \sigma_2 = \int_0^{x_1^{(\beta)}} \frac{(x_1^{(\beta)} - x_1)\, g_{11}^{(\beta)}}{a_0}\, dx_1^{(\beta)} = -\int_0^{x_1^{(\beta)}} \Gamma_1^{(N)} g_{11}^{(\beta)}\, dx_1^{(\beta)} \tag{16.84}$$

mit σ_2 als Grenzflächenspannung an der Grenze zwischen Adsorbens und reiner Komponente (2) des Gemisches. Da a_0 das Verhältnis von Adsorbensoberfläche und Gesamtmenge des binären Gemisches darstellt, kann diese Größe im Experiment leicht konstant gehalten werden. In einem solchen Fall nimmt Gl. (16.84) das folgende Aussehen an:

$$\sigma - \sigma_2 = \frac{1}{a_0} \int_0^{x_1^{(\beta)}} (x_1^{(\beta)} - x_1)\, g_{11}^{(\beta)}\, dx_1^{(\beta)}. \tag{16.85}$$

Die Größe $g_{11}^{(\beta)}$ wird nach den Gln. (7.48)···(7.51) berechnet. Wird z. B. Gl. (7.49) benutzt, so kann Beziehung (16.85) schließlich wie folgt geschrieben werden:

$$\sigma - \sigma_2 = \frac{RT}{a_0} \int_0^{P_1/P_2} (x_1^{(\beta)} - x_1)\, \frac{P_2}{P_1}\, d\left(\frac{P_1}{P_2}\right) \tag{16.86}$$

mit P_i als Partialdruck der i-ten Komponente. Bei graphischer Integration wird der Wert des Integranden im Ursprung ($x_1 = 0, P_1 = 0$) entweder extrapolativ oder anhand der zu Beginn linearen Abhängigkeit der Differenz $x_1^{(\beta)} - x_1$ von P_1 bestimmt.

In analoger Weise läßt sich der folgende Ausdruck formulieren:

$$\sigma - \sigma_1 = \frac{RT}{a_0} \int_0^{P_2/P_1} (x_1 - x_1^{(\beta)}) \frac{P_1}{P_2} \, d\left(\frac{P_2}{P_1}\right), \tag{16.87}$$

in dem σ_1 die Grenzflächenspannung an der Grenze zwischen Adsorbens und reiner Komponente (1) des Gemisches darstellt. Auch diese Formel ist für graphische Integrationen geeignet.

Wird die Adsorption an der Grenzfläche eines flüssigen Adsorbens untersucht und ist die Grenzflächenspannung ebenfalls experimentell zu finden, so werden beide Teile der Gln. (16.84)···(16.87) in voneinander unabhängigen Versuchen bestimmt. Bei hinreichender Meßgenauigkeit gibt dies die Möglichkeit, das GIBBSsche Adsorptionstheorem in Anwendung auf die Bildung von Adsorptionsfilmen zu überprüfen. Für feste Adsorbentien ist es in vielen Fällen möglich, die Spannungsänderung des Adsorbensgrenzflächenteiles bei Änderung der Adsorptionsfilmzusammensetzung zu vernachlässigen. In einem solchen Falle kann die berechnete Änderung der Grenzflächenspannung mit der Änderung der Spannung oder des Spreitungsdruckes des Adsorptionsfilmes selbst gleichgesetzt werden.

D. Berechnung von Aktivitätskoeffizienten für die Komponenten von Adsorptionsfilmen

Aus Gl. (16.12) ist ersichtlich, daß einer Berechnung von Aktivitätskoeffizienten für die Komponenten eines Adsorptionsfilmes die oben beschriebenen Berechnungen der Zusammensetzung des Adsorptionsfilmes und der Änderung der Grenzflächenspannung bei der Adsorption voranzugehen haben. Für eine Reihe von Systemen sind die Ergebnisse der Berechnungen nach Gl. (16.12) in den Arbeiten [24]···[26] aufgeführt.

Werden die Gl. (16.58) und die Beziehung $a_{0i} = v_{0i}/\tau$ in Ausdruck (16.12) eingesetzt, so erhalten wir auch eine explizite Abhängigkeit für die Aktivitätskoeffizienten des Adsorptionsfilmes von der vorausgesetzten wahrscheinlichen Filmdicke. In Analogie zur Adsorptionsfilmzusammensetzung nähern sich auch die Aktivitätskoeffizienten bei unbegrenztem Wachsen der Filmdicke den entsprechenden Raumphasenwerten asymptotisch an, allerdings ist diese Abhängigkeit komplizierter. Zumeist streben präexponentieller Faktor und Exponent im Ausdruck (16.12) ihren Grenzwerten bei $\tau \to \infty$ von verschiedenen Seiten her zu (beispielsweise, wenn Komponente (1) bevorzugt adsorbiert wird und die Grenzflächenspannungsisotherme keine Extremwerte durchläuft, strebt der Quotient $x_1^{(\beta)}/x_1^{(f)}$ von der Seite kleinerer bzw. der Exponent von der Seite größerer Werte gegen den Wert Eins). Daher ist im allgemeinen Fall die Abhängigkeit $f_i^{(f)}$ von τ keineswegs monoton; und es kann im voraus keine Aussage darüber getroffen werden, in welcher Richtung man sich bei der Berechnung von Aktivitätskoeffizienten für einen vorgegebenen Dickenwert des Adsorptionsfilmes (z. B. für die Monoschicht) irrt.

In der Regel verfolgen die im Schrifttum vorliegenden Berechnungen des Aktivitätskoeffizienten das Ziel, festzustellen, ob in dem Adsorptionsfilm vergleichsweise zur Raumphase die Abweichungen von der Idealität kleiner oder größer werden. Wie aus unseren Ausführungen ersichtlich ist, ist hierfür die Kenntnis der effektiven Dicke des Adsorptionsfilmes erforderlich. Infolgedessen sind alle für Monoschichten berechneten Aktivitätskoeffizienten nur von eingeschränktem Wert und können ohne zusätzliche Beweisführungen nicht als physikalisches Ergebnis angesehen werden.

Um dies zu illustrieren, wollen wir die nach Daten aus den Arbeiten [24, 27] berechnete Abhängigkeit des Aktivitätskoeffizienten und des Molenbruchs von Benzol im Adsorptionsfilm von der vorgegebenen Filmdicke für die binäre Lösung Benzol—Cyclohexan an der Grenzfläche von Ruß angeben (Abb. 16.3.). Beide Kurven entsprechen lediglich einem einzigen Punkt auf der Adsorptionsisothermen, jenem eines 10%igen Benzolgehaltes der Lösung. Die Adsorptionsfilmdicke ist durch die Anzahl der Monoschichten gegeben. In der Arbeit [24] wurde in bezug auf die Monoschicht ($n = 1$) für $x_1^{(\beta)} = 0{,}1$ und $f_1^{(\beta)} = 1{,}66$ der Wert $f_1^{(f)} = 1{,}12$ berechnet. Wie allerdings aus Abb. 16.3. ersichtlich ist, führt bereits die unwesentliche Erhöhung der Schichtdicke auf $n = 1{,}5$ zu einer Verringerung des Aktivitätskoeffizienten auf einen Wert nahe Eins. Im Gebiet $1{,}5 < n < 2$ liegt ein flaches Minimum vor, und bei $n > 2$ tritt eine Zunahme des Aktivitätskoeffizienten in Erscheinung.

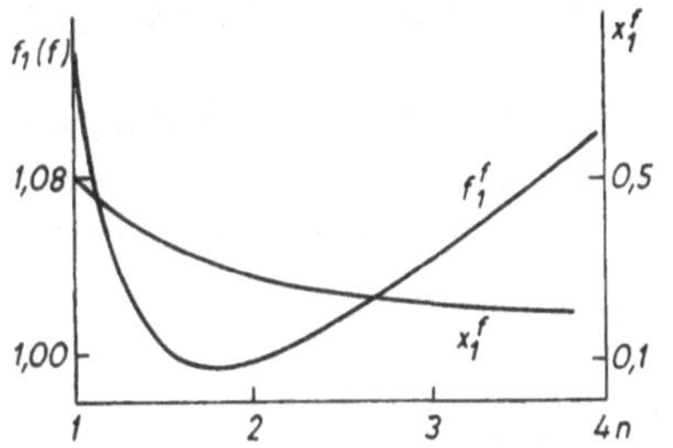

Abb. 16.3. Abhängigkeit des Aktivitätskoeffizienten und Molenbruches von Benzol im Adsorptionsfilm von der Filmdicke für das System Benzol—Cyclohexan/Ruß bei 25 °C

n – Anzahl der Monoschichten

Mithin ist der „Grad der Abweichung eines Adsorptionsfilmes von der Idealität" vom vorgegebenen Wert für die Filmdicke abhängig. Es muß hinzugefügt werden, daß sich infolge einer ungleichartigen $f_i^{(f)}$-τ-Abhängigkeit für unterschiedliche Zusammensetzungen bei Variation der Filmdicke nicht nur die Lage, sondern auch die Form der Konzentrationskurven des Aktivitätskoeffizienten eines Adsorptionsfilmes verändert.

E. Entropieberechnung

Nach Berechnung der Grenzflächenspannungsänderung bei unterschiedlichen Temperaturen sowie der Adsorptionsfilmzusammensetzung kann die Berechnung der Entropie vorgenommen werden. Aus den Gl. (16.16) und (16.13) erhalten wir bei konstanten Druck- und Zusammensetzungswerten der Phase β die folgenden Beziehungen:

$$S = m_{n+1} s^{(\alpha)} + m \left[s^{(\beta)} + \sum_{i=1}^{n-1} (x_i - x_i^{(\beta)}) \left(\frac{\partial s}{\partial x_i} \right)^{(\beta)} \right] - A \left(\frac{d\sigma}{dT} \right)_{P, x_1^{(\beta)}, \ldots, x_{n-1}^{(\beta)}} \tag{16.88}$$

$$\bar{s}^{(f)} = s^{(\beta)} + \sum_{i=1}^{n-1} (x_i^{(f)} - x_i^{(\beta)}) \left(\frac{\partial s}{\partial x_i} \right)^{(\beta)} - \left(\frac{d\sigma}{dT} \right)_{P, x_1^{(\beta)}, \ldots, x_{n-1}^{(\beta)}} . \tag{16.89}$$

Die erste Beziehung erlaubt die Berechnung der Entropie des Gesamtsystems „Adsorbens—Phase β", die zweite die der Größe $\bar{s}^{(f)}$, welche in allen Beziehungen als Entropie des Adsorptionsfilmes auftritt. Aus Beziehung (16.89) ist zu ersehen, daß die Berechnung dieser Größe vom Wert a für die Molfläche des Adsorptionsfilmes, und folglich von der Filmdicke, abhängt. Selbstverständlich ist für die Filmdicke bei Benutzung der Beziehung (16.89) der gleiche Wert wie für die Berechnung der Zusammensetzung des Adsorptionsfilmes anzusetzen.

16.6. Einfluß der Grenzflächenkrümmung auf das Adsorptionsgleichgewicht

Die bereits behandelten Beziehungen für das Adsorptionsgleichgewicht an einer ebenen Grenzfläche können mit hinlänglicher Exaktheit auch auf gekrümmte Grenzflächen angewendet werden, sofern deren Krümmungsradius einen bedeutend größeren Wert als den der Adsorptionsfilmdicke annimmt. Bei sehr kleinen Krümmungsradien (z. B. für kleine Adsorbensteilchen) sind entsprechende Korrekturen erforderlich. Daher wird im vorliegenden Abschnitt eine Verallgemeinerung der früher betrachteten Beziehungen auf gekrümmte Grenzflächen vorgenommen.

In Anwendung auf das Gleichgewicht zwischen einem n-komponentigen Adsorptionsfilm an der gekrümmten Grenzfläche eines unlöslichen und nichtflüchtigen Adsorbens von konstanter Zusammensetzung und einer flüssigen Lösung oder einem Gasgemisch erhalten wir aus Gl. (13.31) die folgende Beziehung:

$$\begin{aligned} A\,d\sigma = & -\left\{S^{(\sigma)} - m_{n+1}^{(\sigma)} s^{(\alpha)} - m^{(f)}\left[s^{(\beta)} + \sum_{i=1}^{n-1} (x_i^{(f)} - x_i^{(\beta)}) \left(\frac{\partial s}{\partial x_i}\right)^{(\beta)}\right]\right\} dT \\ & + (V_\alpha^{(\sigma)} - m_{n+1}^{(\sigma)} v^{(\alpha)})\,dP^{(\alpha)} + \left\{V_\beta^{(\sigma)} - m^{(f)}\left[v^{(\beta)} + \sum_{i=1}^{n-1} (x_i^{(f)} - x_i^{(\beta)}) \left(\frac{\partial v}{\partial x_i}\right)^{(\beta)}\right]\right\} dP^{(\beta)} \\ & - m^{(f)} \sum_{i,k=1}^{n-1} (x_i^{(f)} - x_i^{(\beta)})\, g_{ik}^{\beta}\, dx_k^{(\beta)}. \end{aligned} \tag{16.90}$$

In dieser Beziehung kennzeichnen $V_\alpha^{(\sigma)}$ und $V_\beta^{(\sigma)}$ die Volumina jener Grenzflächenschichtteile (einschließlich der Grenzflächenschicht des Adsorbens), die an die konkave bzw. konvexe Seite der Spannungsfläche grenzen; die weiteren Indizierungen entsprechen jenen für Gl. (16.13).

Gl. (16.90) ist die Verallgemeinerung von Gl. (16.13) auf eine gekrümmte Grenzfläche. Es ist festzustellen, daß infolge des Überganges von der ebenen zur gekrümmten Grenzfläche die bei $d\sigma$, dT und $dx_k^{(\beta)}$ stehenden Koeffizienten keine Änderung erfahren. Wie Gl. (16.13) kann auch Gl. (16.90) in drei weiteren Formen geschrieben werden: die mit (σ) indizierten Größen können 1. auf das Gesamtsystem, auf die 2. Gesamtheit Adsorbens—Adsorptionsfilm bzw. 3. auf die Gesamtheit Grenzflächenschicht—Phase β bezogen werden. In den Fällen 1. und 2. wird für das Adsorbens keine Trennung auf Raum- und Grenzflächenteile vorgenommen, es wird als ein einheitliches Ganzes betrachtet. In den Fällen 1. und 3. bezieht sich der Index (f) auf die Gesamtheit von Adsorptionsfilm und Phase β.

Wird von Gl. (2.33) die auf $m_{n+1}^{(\sigma)}$ Adsorbensmole bezogene Gl. (2.41) unter der Voraussetzung $m_{n+1}^{(\sigma)} = \text{const}$ gliedweise subtrahiert, so erhalten wir die folgende auf 1 Mol Adsorptionsfilm bezogene Gleichung:

$$d\bar{g}^{(f)} = -\bar{s}^{(f)}\,dT + \bar{v}_\alpha^{(f)}\,dP^{(\alpha)} + \bar{v}_\beta^{(f)}\,dP^{(\beta)} - a\,d\sigma + \sum_{i=1}^{n-1} (\mu_i - \mu_n)\,dx_i^{(f)}. \tag{16.91}$$

Diese Gleichung stellt die Verallgemeinerung von Gl. (16.17) auf den Fall der gekrümmten Grenzfläche dar. Es sind

$$\left.\begin{aligned} \bar{v}_\alpha^{(f)} &\equiv \frac{V_\alpha^{(\sigma)} - m_{n+1}^{(\sigma)} v^{(\alpha)}}{m^{(f)}} \\ \bar{v}_\beta^{(f)} &\equiv \frac{V_\beta^{(\sigma)}}{m^{(f)}}. \end{aligned}\right\} \tag{16.92}$$

Die Größen $\bar{g}^{(f)}$ und $\bar{s}^{(f)}$ sind durch die Ausdrücke (16.18) und (16.19) definiert. Ist die Dichte des Adsorbens ortsunabhängig und die Spannungsfläche innerhalb des Adsorptionsfilmes gelegen, so haben die Größen $\bar{v}_\alpha^{(f)}$ und $\bar{v}_\beta^{(f)}$ für den Adsorptionsfilm die gleiche Bedeutung wie die Größen $v_\alpha^{(\sigma)}$ und $v_\beta^{(\sigma)}$ in der Theorie der gekrümmten Grenzflächenschichten: sie sind die einander ergänzenden Teile des mittleren Molvolumens $v^{(f)}$ des Adsorptionsfilmes, ihr Größenverhältnis stimmt mit dem der durch die Spannungsfläche voneinander getrennten Volumenteile $V_\alpha^{(f)}$ und $V_\beta^{(f)}$ des Adsorptionsfilmes überein. Im allgemeinen jedoch ist für ein wenig kompressibles Adsorbens

$$\bar{v}_\alpha^{(f)} + \bar{v}_\beta^{(f)} \approx v^{(f)}, \tag{16.93}$$

unabhängig von der Lage der Spannungsfläche.

Aus Gl. (16.91) ist ersichtlich, daß die Beziehungen (16.23) auch für gekrümmte Grenzflächen in Kraft bleiben. Schreiben wir sie in entfalteter Form:

$$\begin{aligned} \sum_{k=1}^{n-1} \bar{g}_{ik}^{(f)}\, dx_k^{(f)} = {} & \left[\left(\frac{\partial \bar{s}}{\partial x_i}\right)^{(f)} - \left(\frac{\partial s}{\partial x_i}\right)^{(\beta)}\right] dT - \left(\frac{\partial \bar{v}_\alpha}{\partial x_i}\right)^{(f)} dP^{(\alpha)} \\ & - \left[\left(\frac{\partial \bar{v}_\beta}{\partial x_i}\right)^{(f)} - \left(\frac{\partial v}{\partial x_i}\right)^{(\beta)}\right] dP^{(\beta)} + \left(\frac{\partial a}{\partial x_i}\right)^{(f)} d\sigma + \sum_{k=1}^{n-1} g_{ik}^{(\beta)}\, dx_k^{(\beta)}. \end{aligned} \tag{16.94}$$

Die Gln. (16.90) und (16.94) sind für die vollständige Beschreibung des Adsorptionsgleichgewichtes an einer gekrümmten Grenzfläche ausreichend. Der Krümmungsradius kann in diese Gleichungen mit Hilfe der Beziehung (9.15) eingeführt werden.

Durch Ausschluß von $d\sigma$ und $dP^{(\alpha)}$ aus Gl. (16.90), (16.94) und (9.15) erhalten wir Beziehungen für die Abhängigkeit der Adsorptionsfilmzusammensetzung von den Hauptzustandsparametern:

$$\begin{aligned} & \sum_{k=1}^{n-1} \bar{g}_{ik}^{(f)}\, dx_k^{(f)} \\ & = \left\{\left(\frac{\partial \bar{s}}{\partial x_i}\right)^{(f)} - \left(\frac{\partial s}{\partial x_i}\right)^{(\beta)} - \frac{\left(\frac{\partial a}{\partial x_i}\right)^{(f)} - \frac{2}{r}\left(\frac{\partial \bar{v}_\alpha}{\partial x_i}\right)^{(f)}}{a - \frac{2}{r}\bar{v}_\alpha^{(f)}}\left[\bar{s}^{(f)} - s^{(\beta)} - \sum_{j=1}^{n-1}\left(x_j^{(f)} - x_j^{(\beta)}\right)\left(\frac{\partial s}{\partial x_j}\right)^{(\beta)}\right]\right\} dT \\ & - \left\{\left(\frac{\partial v}{\partial x_i}\right)^{(f)} - \left(\frac{\partial v}{\partial x_i}\right)^{(\beta)} - \frac{v_{\beta f}}{a - \frac{2}{r}\bar{v}_\alpha^{(f)}}\left[\left(\frac{\partial a}{\partial x_i}\right)^{(f)} - \frac{2}{r}\left(\frac{\partial \bar{v}_\alpha}{\partial x_i}\right)^{(f)}\right]\right\} dP^{(\beta)} \end{aligned}$$

$$+\frac{2\sigma}{r^2\left(a-\frac{2}{r}\tilde{v}_\alpha^{(f)}\right)}\left[a\left(\frac{\partial\tilde{v}_\alpha}{\partial x_i}\right)^{(f)}-\tilde{v}_\alpha^{(f)}\left(\frac{\partial a}{\partial x_i}\right)^{(f)}\right]dr$$

$$+\sum_{k=1}^{n-1}\left[g_{ik}^{(\beta)}-\frac{\left(\frac{\partial a}{\partial x_i}\right)^{(f)}-\frac{2}{r}\left(\frac{\partial\tilde{v}_\alpha}{\partial x_i}\right)^{(f)}}{a-\frac{2}{r}\tilde{v}_\alpha^{(\sigma)}}\sum_{j=1}^{n-1}(x_j^{(f)}-x_j^{(\beta)})\,g_{jk}^{(\beta)}\right]dx_k^{(\beta)}.$$

$$(i=1,2,\ldots,n-1) \tag{16.95}$$

Bei positiven oder negativen r-Werten kennzeichnen diese Gleichungen die Adsorption an einer konvexen bzw. konkaven Adsorbensgrenzfläche. Der in den Gl. (16.95) bei $dP^{(\beta)}$ stehende Koeffizient ist für jenen Fall formuliert, daß die Änderungen von Molvolumen und Dichte des Adsorptionsfilmes vernachlässigt werden können ($v_{\beta f}$ verkörpert den differentiellen molaren Volumeneffekt infolge des Adsorptionsvorganges). Dies ist natürlich nicht gleichbedeutend damit, daß ein unveränderlicher Adsorbenszustand vorausgesetzt wird. Bekanntermaßen kann Adsorption zu einer merklichen Deformation (sowohl Dilatation als auch Kompression) der porösen Adsorbensfestkörper führen, was von der thermodynamischen Theorie in unterschiedlicher Weise berücksichtigt werden kann (siehe z. B. [28]). Darf eine gleichmäßige Deformation des festen Adsorbens über sein ganzes Volumen vorausgesetzt werden, so kann Gl. (16.95) in reduzierter Form angewendet werden. Bei einer strengeren Behandlung, die eine zusätzliche Deformation in der Grenzflächenschicht des Adsorbens berücksichtigt, ist das in dem bei $dP^{(\beta)}$ stehenden Koeffizienten auftretende Molvolumen $v^{(f)}$ des Adsorptionsfilmes durch die über Ausdruck (16.20) definierte Größe $\tilde{v}^{(f)}$ zu ersetzen.

Untersuchen wir zur Illustration einige aus den Gln. (16.95) für die Adsorption eines binären Gemisches folgende Beziehungen. In der Mehrzahl der Fälle darf die während des Adsorptionsvorganges auftretende Änderung der Grenzflächenkrümmung vernachlässigt werden. Dann nimmt die Isotherme-Isobare des Adsorptionsgleichgewichtes die folgende Form an:

$$\left(\frac{dx_1^{(f)}}{dx_1^{(\beta)}}\right)_{T,P^{(\beta)},r}=\frac{g_{11}^{(\beta)}}{\tilde{g}_{11}^{(f)}}\left\{1-\frac{x_1^{(f)}-x_1^{(\beta)}}{a-\frac{2}{r}\tilde{v}_\alpha^{(f)}}\left[\left(\frac{\partial a}{\partial x_1}\right)^{(f)}-\frac{2}{r}\left(\frac{\partial\tilde{v}_\alpha}{\partial x_1}\right)^{(f)}\right]\right\}. \tag{16.96}$$

Gl. (16.96) ist die Verallgemeinerung von Gl. (16.33); bei $r \to \infty$ sind beide identisch. Wie man leicht sieht, bleiben die wesentlichen aus Gl. (16.33) folgenden qualitativen Besonderheiten der Adsorptionsgleichgewichtsisothermen auch bei einem Übergang zu gekrümmten Grenzflächen in Kraft. So z. B. geht Gl. (16.96) bei sehr kleinen Werten von $x_1^{(f)}$ und $x_1^{(\beta)}$ in Gl. (16.33) über, so daß infolgedessen der lineare Anfangsabschnitt der Zusammensetzungsisothermen des Adsorptionsfilmes auch für die gekrümmte Grenzfläche in Erscheinung tritt. Geht Phase β in den kritischen Zustand über, so wird auch für die Adsorption an einer gekrümmten Grenzfläche die S-Form der Isothermen mit horizontaler Tangente im kritischen Punkt beobachtet.

Bei der Behandlung der Gln. (16.95) stellt die Abhängigkeit der Adsorptionsfilmzusammensetzung von der Grenzflächenkrümmung bei einer Konstanz der Temperatur, des Druckes und der Zusammensetzung von Phase β bedeutendes Interesse dar. Diese erlaubt eine vergleichende Betrachtung der Adsorption an Grenzflächen mit unterschiedlicher Krümmung (z. B. an Festkörperteilchen unterschiedlicher Größe) unter ein und denselben Bedingungen. Für ein binäres Gemisch ist diese Abhängigkeit durch die folgende Beziehung gegeben:

$$\left(\frac{dx_1^{(f)}}{dr}\right)_{T,P^{(\beta)},x_1^{(\beta)}} = \frac{2\sigma\left[a\left(\frac{\partial \bar{v}_\alpha}{\partial x_1}\right)^{(f)} - \bar{v}_\alpha^{(f)}\left(\frac{\partial a}{\partial x_1}\right)^{(f)}\right]}{r^2\left(a - \frac{2}{r}\,\bar{v}_\alpha^{(f)}\right)\bar{g}_{11}^{(f)}}. \qquad (16.97)$$

Unter Benutzung der Definitionsbeziehungen für die Größen $\bar{v}_\alpha^{(f)}$ und a lassen sich für die Ableitungen $(\partial\bar{v}_\alpha/\partial x_1)^{(f)}$ und $(\partial a/\partial x_1)^{(f)}$ die folgenden Ausdrücke niederschreiben:

$$\left(\frac{\partial \bar{v}_\alpha}{\partial x_1}\right)^{(f)} = \frac{1}{m^{(f)}}\,\frac{\partial(V_\alpha^{(\sigma)} - m_{n+1}^{(\sigma)}v^{(\alpha)})}{\partial x_i^{(f)}} - \frac{\bar{v}_\alpha^{(f)}}{m^{(f)}}\left(\frac{\partial m}{\partial x_1}\right)^{(f)} \qquad (16.98)$$

$$\left(\frac{\partial a}{\partial x_1}\right)^{(f)} = -\frac{a}{m^{(f)}}\left(\frac{\partial m}{\partial x_1}\right). \qquad (16.99)$$

Werden (16.98) und (16.99) in (16.97) eingesetzt, so erhalten wir:

$$\left(\frac{\partial x_1^{(f)}}{\partial r}\right)_{T,P^{(\beta)},x_1^{(\beta)}} = \frac{2\sigma a\,\frac{\partial(V_\alpha^{(\sigma)} - m_{n+1}^{(\sigma)}v^{(\alpha)})}{\partial x_1^{(f)}}}{r^2\left[A - \frac{2}{r}(V_\alpha^{(\sigma)} - m_{n+1}^{(\sigma)}v^{(\alpha)})\right]\bar{g}_{11}^{(f)}}. \qquad (16.100)$$

Wie bereits vermerkt wurde, kann sich der Index (σ) auch auf die Gesamtheit „Adsorbens—Adsorptionsfilm" beziehen. Es sei vorausgesetzt, daß ein Adsorbensteilchen mit der Masse $m_{n+1}^{(\sigma)}$ über eine sphärische Form verfüge. Somit gelten $A = 4\pi r^2$ und $V_\alpha^{(\sigma)} = 4/3\pi r^3$. Die in Gl. (16.100) rechts stehende partielle Ableitung wird bei konstanten T, $P^{(\alpha)}$, $P^{(\beta)}$ sowie σ und somit auch bei konstantem Krümmungsradius r der Spannungsfläche gebildet (Radius der Begrenzungsfläche und Masse des Adsorbens sind nicht fixiert). Infolgedessen kann Beziehung (16.100) in die folgende Form gebracht werden:

$$\left(\frac{dx_1^{(f)}}{dr}\right)_{T,P^{(\beta)},x_1^{(\beta)}} = -\frac{4\pi\sigma v^{(\alpha)}\,\frac{\partial m_{n+1}^{(\sigma)}}{\partial x_1^{(f)}}}{m^{(f)}\left[\frac{2}{3}\pi r^2 + \frac{1}{r}\,m_{n+1}^{(\sigma)}v^{(\alpha)}\right]\bar{g}_{11}^{(f)}}. \qquad (16.101)$$

Die Größe $\bar{g}_{11}^{(f)}$ ist gemäß Stabilitätsbedingungen positiv, so daß die Ableitungen $dx_1^{(f)}/dr$ und $\partial m_{n+1}^{(\sigma)}/\partial x_1^{(f)}$ stets unterschiedliche Vorzeichen tragen. Ein negatives Vorzeichen der Ableitung $\partial m_{n+1}^{(\sigma)}/\partial x_1^{(f)}$ besagt, daß bei einer Erhöhung der Konzentration von Komponente (1) im System für die Aufrechterhaltung eines gleichbleibenden Wertes σ der Grenzflächenspannung und der Lage der Spannungsfläche die Adsorbensteilchen kleiner werden müssen. Die Begrenzungsfläche des Adsorbens wird hierbei in Richtung Teilchenzentrum verlagert, so daß die Spannungsfläche — auch wenn sie sich anfänglich innerhalb des Adsorbens befunden hat — früher oder später durch das Adsorbat verläuft. Wäre im umgekehrten Falle die Begrenzungsfläche fixiert ($m_{n+1}^{(\sigma)} = \text{const}$), so führte ein Hinzufügen von Komponente (1) zu einer Verlagerung der Spannungsfläche in Richtung Phase β (in diesem Falle wäre $\partial V_\alpha^{(\sigma)}/\partial x_1^{(f)} > 0$). Mithin spielt im betrachteten Falle Komponente (1) eine aktive Rolle beim Aufbau der Adsorptionsfilmstruktur; das Versetzen mit dieser Komponente ruft eine Verdickung des Adsorptionsfilmes hervor. Aus (16.101) folgt, daß für eine solche Komponente $dx_1^{(f)}/dr > 0$ ist; mithin geht eine Verringerung der Adsorbens-Teilchengröße auch mit einer Verminderung des Gehaltes dieser Komponente im Adsorptionsfilm einher. Für eine konkave Adsorbensgrenzfläche ergibt sich ein entgegengesetzt lautendes Resultat. Hieraus folgt, daß sich im Ergebnis des Überganges von einer ebenen zu einer konvexen Adsorbensgrenzfläche die Selektivität der Adsorption verringert, während der Übergang zu einer konkaven Grenzfläche die Adsorptionsselektivität erhöht. Die Untersuchung der lokalen Struktur schwach gekrümmter Adsorptionsfilme mit Hilfe von Methoden der statistischen Mechanik [1, 2, 29] bestätigt diese Schlußfolgerungen und zeigt des weiteren, daß sich bei einem Übergang zu einer konkaven Adsorbensgrenzfläche die effektive Dicke des Adsorptionsfilmes ebenfalls erhöht (infolge des Überganges zu einer konvexen Grenzfläche verringert sie sich).

16.7. Adsorption in Poren

Im Falle der Adsorption in den Poren eines Adsorbens ist nicht nur die Krümmung der Adsorbensgrenzfläche, sondern auch die gegenseitige Überlappung der Adsorptionsschichten an den einander gegenüberliegenden Porenwänden von Bedeutung. Daher ist der im Rahmen der Thermodynamik dünner Filme entwickelte Weg auch für die Behandlung der Adsorption in Poren sehr nützlich. In diesem Abschnitt wollen wir als Beispiele die Fälle der spaltförmigen bzw. zylindrischen Pore [30] untersuchen.

A. Spaltförmige Pore

Wie bereits in Abschn. 14.4. gezeigt wurde, kann die Fundamentalgleichung eines zwischen zwei unlöslichen und nichtflüchtigen Festkörpern befindlichen dünnen Filmes in Form eines Ausdruckes, in den die chemischen Potentiale des Festkörpers nicht eingehen (Gl. (14.40)), geschrieben werden. Stellen wir Gl. (14.40) noch einmal, und zwar für den jetzt behandelten Fall identischer Festkörper, dar ($j \equiv k$; die hochgestellten Indizes fallen weg):

$$d\gamma = -\frac{\bar{S}_{(j,j)}}{A}\,dT + h_{(j,j)}\,d\Pi - \sum_i \Gamma_{i(j,j)}\,d\mu_i\,. \tag{16.102}$$

Der Doppelindex (j, j) zeigt an, daß sich die Größe auf die Gesamtheit zweier Trennflächen, an denen die Adsorption des Adsorbens selbst (Γ_j) gleich Null wird, bezieht. Kann das Adsorbens als absoluter Festkörper angesehen werden, so gehen diese Trennflächen in die Festkörperbegrenzungsflächen über, d. h. sie werden mit den Porenwänden identisch ($h_{jj} = h$).

Aus (16.102) erhalten wir sofort für den Wert der Adsorption in der Pore:

$$\Gamma_{i(j,j)} = -\left(\frac{d\gamma}{d\mu_i}\right)_{T,\Pi,\mu_{k \neq i,j}}. \tag{16.103}$$

Wird anstelle des Spaltdruckes Π die Porenweite h festgelegt, so folgt aus (16.102) die Beziehung

$$\Gamma_{i(j,j)} = h_{(j,j)} \left(\frac{d\Pi}{d\mu_i}\right)_{T,h,\mu_{k+i,j}} - \left(\frac{d\gamma}{d\mu_i}\right)_{T,h,\mu_{k+i,j}}. \tag{16.104}$$

Diese Beziehung ist für Berechnungen geeigneter als (16.103). Aus (16.103) und (16.104) folgt, daß bei Kenntnis der Abhängigkeit der Größen γ und Π von h auch die Abhängigkeit $\Gamma_{i(j,j)}$ von h bekannt ist.

Untersuchen wir als Beispiel, wie ausgehend von Gl. (16.104) und einer durch Formel (14.51) gegebenen Änderung des Spaltdruckes die asymptotische Abhängigkeit der Adsorption von der Porenweite lautet. Zur Vereinfachung begnügen wir uns mit einem einkomponentigen Adsorbat und einem inkompressiblen Adsorbens. Aus (14.51) und (14.49) erhalten wir für die Spannung die folgende asymptotische Formel:

$$\gamma = 2\sigma + \frac{Bn}{(n-1)\,h^{n-1}} + \frac{C(n+1)}{nh^n}, \tag{16.105}$$

in der σ die übliche Grenzflächenspannung an der Grenze zwischen Adsorbens und Adsorptiv-Raumphase bedeutet. Nach Einsetzen von (14.51) und (16.105) in (16.104) erhalten wir die asymptotische Formel für die Adsorption:

$$\Gamma_{(j,j)} = 2\Gamma - \frac{\partial B/\partial\mu}{(n-1)\,h^{n-1}} - \frac{\partial C/\partial\mu}{nh^n}. \tag{16.106}$$

Hierin bedeutet $\Gamma \equiv -\partial\sigma/\partial\mu$ die Adsorption an der ebenen Adsorbensgrenzfläche bei ihrem Kontakt mit der Adsorptiv-Raumphase. Die Größen σ und Γ sind von h unabhängige Größen. Wenden wir Formel (16.106) auf ein Gas an und benutzen hierfür die von der statistischen Mechanik gegebenen Ausdrücke für B und C [30]:

$$B = \frac{2\pi}{n(n+1)} (2\varrho\varrho_j A_{0j} - \varrho^2 A_0 - \varrho_j^2 A_j) \tag{16.107}$$

$$C \approx \frac{4\pi}{n+1} \Gamma_\infty(\varrho A_0 - \varrho_j A_{0j}). \tag{16.108}$$

Es bedeuten ϱ_j die Adsorbensdichte (ϱ und ϱ_j werden als Molekülzahl pro Volumeneinheit ausgedrückt); A_0, A_j, A_{0j} die Konstanten der effektiven paarweisen Potentiale der molekularen Wechselwirkungen Adsorbat—Adsorbat, Adsorbens—Adsorbens bzw. Adsorbat—Adsorbens für große Entfernungen.

Für ein maximal verdünntes Gas gelten $\varrho A_0 \ll \varrho_j A_{0j}$, $\partial\varrho/\partial\mu = \varrho/kT$ und $\Gamma_\infty = K\varrho$ (K — Henrysche Adsorptionskonstante). Für diesen einfachsten Fall nimmt Gl. (16.106) die folgende Form an:

$$2\Gamma = 2\Gamma_\infty - \frac{4\pi\varrho\varrho_1 A_{01}}{n(n+1)\,kTH^{n-1}} \left(\frac{1}{n-1} - \frac{K}{h}\right). \tag{16.109}$$

Aus Gl. (16.109) ist ersichtlich, daß sich für den Grenzfall großer H-Werte ($h \gg K$) die Gasadsorption in einer spaltförmigen Pore mit der Porenweite verringert (für gewöhnliche van der Waalssche Kräfte ist sie umgekehrt proportional zum Quadrat der Porenweite). Dies ist offenbar mit der Verringerung des dem Adsorbat zugänglichen Adsorptionsraumes verbunden. Bei positiver Gasadsorption ($K > 0$) tragen das asymptotische Haupt- und Korrekturglied in (16.107) umgekehrte Vorzeichen. Dies ist gleichbedeutend damit, daß sich bei hinreichend kleinen h-Werten (für die üblichen van der Waalsschen Kräfte bei $h < 2K$) der qualitative Charakter der Abhängigkeit unbedingt umkehrt, also anstelle einer Verringerung eine Zunahme der Adsorption bei weiterer Verringerung der Porenweite in Erscheinung tritt, was in der Regel experimentell auch beobachtet wird. Der Einfluß der Porenweite auf die Adsorption ist desto größer, je stärker die Adsorbens—Adsorbat-Wechselwirkung und je tiefer die Temperatur ist.

B. Zylindrische Pore

Die Diskussion des Falles einer zylinderförmigen Pore kann in analoger Weise erfolgen. Zunächst ist eine der Gln. (14.40) analoge Fundamentalgleichung herzuleiten. Hierfür wollen wir von der folgenden allgemeinen thermodynamischen Gleichung ausgehen:

$$dU = T\,dS + \delta W + \sum_i \mu_i\,dm_i + \mu_j\,dm_j, \tag{16.110}$$

wobei δW die Deformationsarbeit darstellt und sich der Index j auf das Adsorbens bezieht. Für ein beliebiges sich im Gleichgewicht befindliches System mit zylindrischer Symmetrie gilt

$$\delta W = -\iiint [P_{rr} r\,d\varphi\,dz\,\delta\,dr + P_{\varphi\varphi}\,dr\,dz\,\delta(r\,d\varphi) + P_{zz} r\,dr\,d\varphi\,\delta\,dz], \tag{16.111}$$

wobei P_{rr}, $P_{\varphi\varphi}$ und P_{zz} die Diagonalkomponenten des Drucktensors sowie r, φ und z die Zylinderkoordinaten sind. Unter Benutzung der Gleichgewichtsbedingung (siehe Gl. (1.5))

$$P_{\varphi\varphi} = P_{rr} + r\,\partial P_{rr}/\partial r \tag{16.112}$$

kann (16.111) in die folgende Form gebracht werden:

$$\delta W = -P_N\,\delta V + \delta L \int_0^{r_0} (P_N - P_{zz})\,2\pi r\,dr \equiv -P_N\,\delta V + \varkappa\,\delta L. \tag{16.113}$$

Hierin bedeutet P_N den Wert der Normalkomponente des Druckes P_{rr} an der Grenze des zylindrischen Systems (bei $r = r_0$), V und L Volumen und Linearabmessung (entlang der z-Achse) des zylindrischen Systems sowie $\varkappa$ die lineare Spannung des zylindrischen Systems.

Ist das Adsorbens eine isotrope Phase mit dem Druck P', so gilt $P_N = P'$, und Gl. (16.110) kann folgendermaßen geschrieben werden:

$$dU = T\,dS - P'\,dV + \varkappa\,dL + \sum_i \mu_i\,dm_i + \mu_j\,dm_j. \tag{16.114}$$

Hieraus folgen nachstehende Gleichungen:

$$U = TS - P'V + \varkappa L + \sum_i \mu_i m_i + \mu_j m_j \tag{16.115}$$

$$L\,d\varkappa = -S\,dT + V\,dP' - \sum_i m_i\,d\mu_i - m_j\,d\mu_j. \tag{16.116}$$

Trennen wir nun das eigentliche Porenvolumen $V = \pi R^2 L$ (R — Porenradius) ab und gehen zu den überschüssigen Größen von Seiten des Adsorbens über. Unter isothermen Bedingungen und Vernachlässigung der Eigenadsorption des Adsorbens an der Porenoberfläche erhalten wir aus (16.116)

$$d\varkappa = \pi R^2\, dP' - \sum_i (m_i/L)\, d\mu_i \tag{16.117}$$

mit m_i/L als Adsorbatmasse pro Längeneinheit der Pore. Führen wir schließlich die Überschüsse seitens des Adsorbates ein, so erhalten wir eine Gleichung, die ein Analogon von (14.40) ist:

$$d\varkappa = \pi R^2\, d(P' - P) - \sum_i \overline{m}_i\, d\mu_i \tag{16.118}$$

mit $\overline{m}_i$ als Massenüberschuß der i-ten Adsorbatkomponente (vergleichsweise zu ihrer Raumphase) pro Längeneinheit der Pore. Daraus folgen

$$[d\varkappa/d(P' - P)]_{T,\mu_i} = \pi R^2 \tag{16.119}$$

$$\overline{m}_i = \pi R^2 [d(P' - P)/d\mu_i]_{T,R,\mu_{k \neq i,j}} - [d\varkappa/d\mu_i]_{T,R,\mu_{k \neq i,j}} \tag{16.120}$$

bzw., wenn die linke und rechte Seite von (16.120) durch $2\pi R$ dividiert werden:

$$\Gamma_{i(j,j)} = \frac{R}{2}\left[\frac{\partial(P' - P)}{\partial\mu_i}\right]_{T,R,\mu_{k \neq i,j}} - \frac{1}{2\pi R}\left(\frac{d\varkappa}{d\mu_i}\right)_{T,R,\mu_{k \neq i,j}}. \tag{16.121}$$

Die Differenz $P - P'$ verkörpert den Kapillardruck, so daß eine asymptotische Entwicklung der Art

$$P - P' = \frac{\sigma}{R} + \frac{b}{R^2} + \frac{c}{R^3} \tag{16.122}$$

benutzt werden kann. In dieser bedeuten σ die Grenzflächenspannung für die ebene Grenzfläche Adsorbens—Adsorbat sowie b und c Konstanten, welche den Änderungen der Grenzflächenspannung infolge Krümmung der ebenen Grenzfläche bzw. Überlappung der Grenzflächenschichten von einander gegenüberliegenden Porenwänden entsprechen.

Aus (16.119) erhalten wir einen Ausdruck für $\varkappa$, welcher der Beziehung (16.122) entspricht:

$$\varkappa = \pi \int R^2 \left(\frac{\sigma}{R^2} + \frac{2b}{R^3} + \frac{3c}{R^4}\right) dR = \pi\sigma R + 2\pi b \ln R - \frac{3\pi c}{R}. \tag{16.123}$$

Werden nunmehr (16.122) und (16.123) in (16.121) eingesetzt und die Ableitung $\partial\sigma/\partial\mu$ gemäß der Gibbsschen Adsorptionsgleichung durch $-\Gamma$ substituiert, so erhalten wir das folgende endgültige Ergebnis:

$$\Gamma_{i(j,j)} = \Gamma_i - \frac{b'}{R}\left(\ln R + \frac{1}{2}\right) + \frac{c'}{R^2} \tag{16.124}$$

mit $b' \equiv \partial b/\partial\mu$ und $c' \equiv \partial c/\partial\mu$. Verfahren für die exakte Berechnung der Koeffizienten b und c sind bis zum gegenwärtigen Zeitpunkt noch nicht erarbeitet worden, so daß die Koeffizienten b' und c' in Gl. (16.124) unbekannt bleiben. Dessenungeachtet zeigt (16.124) in expliziter Form die asymptotische Abhängigkeit der Adsorption von der Weite einer zylindrischen Pore.

Die hier aufgeführten expliziten Abhängigkeiten (16.109) und (16.124) sind asymptotischer Art und auf solche Poren anzuwenden, deren Abmessungen bedeutend größer als die molekularen Abmessungen sind. Daher werden bei der Betrachtung der Adsorption in Poren mit Abmessungen, die mit den molekularen vergleichbar sind, in der Regel andere Methoden benutzt. Diese zeichnen sich dadurch aus, daß sie nicht die Einzelpore, sondern das gesamte mikroporöse Adsorbens mit seinem gemittelten Adsorptionspotential der Betrachtung unterziehen. Hier ist vor allem die Theorie der Volumenausfüllung der Mikroporen von DUBININ (siehe z. B. die Übersicht [32]) zu nennen, deren Voraussagen in guter Übereinstimmung mit den experimentellen Resultaten stehen. Als interessante Entwicklungsrichtung ist weiterhin die Anwendung von Methoden der Lösungsthermodynamik auf Systeme Adsorbat—mikroporöses Adsorbens anzusehen [33]···[35].

16.8. Energetik der Adsorption

Dieser Teil der Adsorptionsthermodynamik umfaßt die Bestimmung der Änderungen der thermodynamischen Potentiale (innere Energie, freie Energie, Enthalpie, GIBBSsches thermodynamisches Potential u. a.) während des Adsorptionsvorganges. Es wird vorausgesetzt, daß nur Anfangs- und Endzustand Gleichgewichtszustände sind, doch für eine Gleichsetzung der gefundenen Änderung des thermodynamischen Potentials mit der bei diesem Prozeß geleisteten Arbeit ist der Prozeß selbst als Gleichgewichtsprozeß aufzufassen. Für einen Nichtgleichgewichtsprozeß ist der gefundene Wert kleiner als die am System geleistete Arbeit.

Jedwede thermodynamische Funktion wird zu einem Potential, sobald ihre charakteristischen Variablen konstant gehalten werden. Folglich wird die Zweckmäßigkeit der Verwendung dieser oder jener Funktion für die Berechnung der Adsorptionsarbeit von den Bedingungen des Prozeßablaufes diktiert. Als Beispiel sei die Adsorption unter den Bedingungen der Konstanz von Temperatur, Volumen und Systemmasse betrachtet. In diesem Falle wird die Arbeit des Gleichgewichtsprozesses von der Änderung der freien Energie bestimmt. Zur Vereinfachung seien eine sphärische Form der Adsorbensteilchen und eine isotrope Raumphase α vorausgesetzt.

Beim Einführen eines Teilchens des einkomponentigen Adsorbens mit der Molzahl m in die Phase β ist die Änderung der freien Energie F (gemäß Definition der freien Energie und bei Berücksichtigung der Bedingungen des mechanischen Gleichgewichtes) durch den folgenden Ausdruck gegeben [36]:

$$\Delta F = -V\,\Delta P^{(\beta)} + \frac{1}{3}\,\Delta(\sigma A) + \sum_j \Delta(\sigma_j A_j) + m\,\Delta\mu^{(\alpha)} + \sum_i m_i\,\Delta\mu_i^{(\beta)}, \tag{16.125}$$

wobei das Symbol Δ die Änderung der entsprechenden Größe infolge des Adsorptionsprozesses kennzeichnet. Das erste rechtsstehende Glied berücksichtigt die Druckänderung bei vorgegebenem Systemvolumen V (diese Änderung ist besonders merklich bei der Adsorption eines Gasgemisches). Das zweite Glied ist mit der Änderung der Grenzflächenspannung und der Grenzfläche (korrekter ausgedrückt, mit dem Flächeninhalt der Spannungsfläche) verbunden, das dritte Glied mit den Änderungen der analogen Größen für andere im System vorhandene Flächen (z. B. für die Wandungen des Gefäßes, welches das System beherbergt). Das vierte und fünfte Glied sind mit der Änderung der chemischen Potentiale von Adsorbens bzw. Phase β gekoppelt.

Wird nicht ein einziges Teilchen, sondern eine Vielzahl solcher (und zwar mit unterschiedlichen Abmessungen) in das System eingebracht, so werden für das zweite und vierte in der rechten Seite von (16.125) stehende Glied Summationen über alle Adsorbensteilchen vorgenommen. Somit folgt

$$\Delta F = -V\Delta P^{(\beta)} + \sum_t \left[m_t\, \Delta\mu_t^{(\alpha)} + \frac{1}{3}\,\Delta(\sigma_t A_t)\right] + \sum_j \Delta(\sigma_j A_j) + \sum_i m_i\, \Delta\mu_i^{(\beta)} \qquad (16.126)$$

mit t als laufender Nummer der Adsorbensteilchen. Natürlich verfügen die kleinen Adsorbensteilchen unterschiedlicher Größe über verschiedene Werte für das chemische Potential; sie vermögen nur unter der Bedingung, daß die Löslichkeit des Adsorbens während der Versuchsdauer vernachlässigbar ist, zu koexistieren. Es können die Änderung des chemischen Potentials $\Delta\mu_t$ eines Adsorbensteilchens über die Druckänderung in Phase α oder — kraft der Bedingungen des mechanischen Gleichgewichtes — über die Druckänderung in Phase β sowie die Änderungen der Grenzflächenspannung und des Krümmungsradius der Spannungsfläche im Ergebnis des Adsorptionsprozesses berechnet werden:

$$\Delta\mu_t = \int v^{(\alpha)}\, dP^{(\alpha)} = \int v^{(\alpha)}\, dP^{(\beta)} + 2\int v^{(\alpha)}\, d\left(\frac{\sigma}{r}\right). \qquad (16.127)$$

Hierin bedeuten $v^{(\alpha)}$ das Molvolumen von Phase α, r den Radius der Spannungsfläche (die Integration erfolgt zwischen Ausgangs- und Endzustand des Adsorbensteilchens t). Die Radiusänderung der Spannungsfläche während des Adsorptionsprozesses tritt infolge einer Deformation der Adsorbensteilchen, einer Verdickung des Adsorptionsfilmes sowie einer Änderung des Spannungszustandes in der Übergangsschicht auf. Für hinreichend große Teilchen eines inkompressiblen Adsorbens (d. h. im Grenzzustand bei $r \to \infty$ sowie $dv^{(\alpha)}/dP^{(\alpha)} \to 0$) nimmt Gl. (16.127) das folgende Aussehen an:

$$\Delta\mu_t = v^{(\alpha)}\, \Delta P^{(\beta)} + 2v^{(\alpha)}\, \Delta\sigma/r_t, \qquad (16.128)$$

und Ausdruck (16.126) kann als

$$\Delta F = -V'\, \Delta P^{(\beta)} + A\, \Delta\sigma + \sum_j \Delta(\sigma_j A_j) + \sum_i m_i\, \Delta\mu_i^{(\beta)} \qquad (16.129)$$

geschrieben werden. In dieser Gleichung verkörpert V' das Systemvolumen unter Abzug des Adsorbensvolumens sowie A die Gesamtfläche aller Adsorbensteilchen. Die Größe $\Delta P^{(\beta)}$ und damit das erste in (16.129) rechts stehende Glied wird experimentell bestimmt; $\Delta\sigma$ kann wie üblich (analog zur ebenen Grenzfläche) aus Adsorptionsdaten berechnet werden; die Änderungen der chemischen Potentiale $\Delta\mu_i^{(\beta)}$ werden ebenfalls experimentell gefunden (z. B. anhand der Partialdruckänderungen der Gleichgewichtsgasphase). Für die Adsorption aus einem idealen Gasgemisch gilt

$$\Delta\mu_i^{(\beta)} = RT\, \Delta \ln \left(x_i^{(\beta)} P^{(\beta)}\right).$$

Auch für die anderen thermodynamischen Funktionen können Ausdrücke, die der Beziehung (16.126) analog sind, formuliert werden (siehe z. B. [3]). Die Anwendung derartiger Funktionen ist für die Untersuchung der Struktur und Dicke von Adsorptionsfilmen von Nutzen [37]. Es sei abschließend darauf hingewiesen, daß die getroffenen Annahmen bezüglich Isotropie und sphärischer Form der Adsorbensteilchen eher für ein flüssiges als ein festes Adsorbens zutreffen. Die strenge Berechnung für ein festes Adsorbens ist komplizierter und hat für jeden konkreten Fall gesondert zu erfolgen, da spezifische Angaben über Teilchenform und -anisotropie erforderlich sind.

Literatur

[1] А. И. Русанов, Ф. М. Куни: в сб. ,,*Основные проблемы фицической адсорбции*'' (russ., im Sammelband „Grundprobleme der physikalischen Adsorption"); изд. Наука, Москва 1970, стр. 355
[2] Ф. М. Куни, А. И. Русанов: в сб. ,,*Физическая адсорбция из многокомпонентных фаз*'' (russ.; im Sammelband „Physikalische Adsorption aus Mehrkomponenten-Phasen"); изд. Наука, Москва 1972, стр. 182
[3] Н. Н. Авгуль, А. В. Киселёв, Д. П. Пощкус: ,,*Адсорбция газов и паров на однородных поверхностях*'' (russ.; „Adsorption von Gasen und Dämpfen an homogenen Oberflächen"); изд. Химия, Москва 1975
[4] J. Mahanty, B. W. Ninham: JCS. Faraday Trans. II **70**, 637 (1974)
[5] V. A. Parsegian: Mol. Phys. **27**, 1503 (1974)
[6] И. Е. Дзялошинский, Е. М. Лифшиц, Л. П. Питаевский: Усп. физ. наук **73**, 381 (1961); Adv. Phys. **10**, 165 (1961)
[7] S. Brunauer: „*The Adsorption of Gases and Vapours*", Clarendon Press 1945
[8] J. de Boer: „*The Dynamical Character of Adsorption*", Clarendon Press 1968
[9] M. Šišková, E. Erdös: Coll. Czechoslov. Chem. Commun. **25**, 1729, 2599 (1960); **26**, 3086 (1961)
[10] А. В. Киселёв, К. Г. Красильников: Докл. АН СССР **69**, 817 (1949)
[11] А. В. Киселёв, В. В. Куличенко: Докл. АН СССР, **82**, 89 (1952)
[12] Н. Н. Грязев, А. В. Киселёв: ЖФХ **33**, 1581 (1959)
[13] D. C. Jones, G. S. Mill: J. Chem. Soc., **1957**, 213
[14] G. A. H. Elton: J. Chem. Soc. **2958** (1951)
[15] G. Schay, L. Nagy: Periodica Polytechnica, Chem. Eng., **6**, N 2 (1962)
[16] G. Schay, L. Nagy: Acta Chim. Hung., **50**, 207 (1966)
[17] G. Schay: in „*Surface and Colloid Science*", vol. 2 (ed. E. Matijevič), Wiley, New York 1969, p. 408
[18] Г. Шай, Л. Г. Надь: в сб. ,,*Физическая адсорбция из многокомпонентных фаз*'' (russ.; im Sammelband „Physikalische Adsorption aus Mehrkomponenten-Phasen"); изд. Наука, Москва 1972, стр. 96
[19] R. S. Hansen, R. D. Hansen: J. Phys. Chem. **59**, 496 (1955)
[20] E. A. Guggenheim, N. K. Adam: Proc. Roy. Soc., **A 139**, 218 (1933)
[21] J. J. Kipling: „*Adsorption from Solutions of Non-electrolytes*", Academic Press, New York 1965
[22] D. H. Everett: Trans. Faraday Soc. **60**, 1803 (1964)
[23] Б. П. Беринг: в сб. ,,*Физическая адсорбция из многокомпонентных фаз*'' (russ.; im Sammelband „Physikalische Adsorption aus Mehrkomponenten-Phasen"); изд. Наука, Москва 1972, стр. 106
(auch A. I. Rusanov: in „*Progress in Surface and Membrane Science*", vol. 4, Academic Press, New York 1971, p. 57)

[24] G. Schay, L. G. Nagy, T. Szekrenyesy: Periodica Polytechnica, Chem. Eng. **6**, N 2, 91 (1962)
[25] L. G. Nagy: Periodica Polytechnica, Chem. Eng. **7**, N 2, 75 (1963)
[26] L. G. Nagy, G. Schay: Acta Chim. Hung., **39**, 365 (1963)
[27] A. Blackburn, J. J. Kipling, D. A. Tester: J. Chem. Soc. **1957**, 2373
[28] E. A. Flood, F. M. Farhan: Canad. J. Chem., **41**, 1703 (1963)
[29] А. И. Русанов, Ф. М. Куни: ЖФХ **46**, 728 (1972)
[30] А. И. Русанов: Докл. АН СССР **218**, 882 (1974)
[31] Е. Н. Трофимова, Ф. М. Куни, А. И. Русанов: Колл. ж. **31**, 578 (1969)
[32] M. M. Dubinin: in „*Progress in Surface and Membrane Science*“, vol. 9, Academic Press, New York 1975, p. 1
[33] R. M. Barrer, J. M. Galabova: in „*Molecular Sieves*“ (III^{d} Internat. Conference, Zurich), Washington 1973, p. 356
[34] Б. П. Беринг, В. В. Серпинский: Изв. АН СССР, сер. хим., 2427 (1974)
[35] B. P. Bering, V. V. Serpinski: im Sammelband „*Physical Adsorption*“ (Proc. IInd Czechoslovak. Conf. Phys. Adsorption) Liblice **1975**, p. 9
[36] Ю. Я. Голгер, А. И. Русанов, В. И. Классен: Докл. АН СССР **179**, 617 (1968)
[37] O. G. Larionov: im Sammelband „*Physical Adsorption*“ (Proc. IInd Czechoslovak. Conf. Phys. Adsorption), Liblice 1975, p. 43

17. Benetzung und Dispergierung

17.1. Unvollständige Benetzung. Begriff des Randwinkels

Wird ein Flüssigkeitströpfchen auf eine Festkörperoberfläche gebracht, so fließt es entweder völlig auseinander oder nimmt eine bestimmte Gleichgewichtsform an. Im ersten Fall spricht man von einer vollständigen, im zweiten von einer unvollständigen Benetzung des Festkörpers durch die betrachtete Flüssigkeit. Der Fall einer unvollständigen Benetzung ist komplizierter, da hierbei die Behandlung eines Dreiphasensystems und von Kontaktlinien zwischen drei Phasen unumgänglich ist.

Das Realprofil eines Flüssigkeitströpfchens im Kontaktgebiet dreier Phasen ist relativ kompliziert und schwer zu beschreiben. Daher wird gewöhnlich für die Kennzeichnung der Gleichgewichtsform eines Tröpfchens der vergleichsweise einfache Begriff des Randwinkels verwendet. Wie bereits der Begriff Trennfläche, stellt auch der Begriff Randwinkel eine geometrische Abstraktion (anschauliche geometrische Gestalt) dar, welche die reale physikalische Gestalt ersetzt. Für die strenge Herleitung des Begriffes Randwinkel ist es zunächst notwendig, die Auswahl der Trennflächen für die drei physikalischen Grenzflächen, die einander im Dreiphasen-Kontaktfeld begegnen, zu vereinbaren. Es sei bemerkt, daß diese Auswahl nicht unbedingt einheitlich zu treffen ist. So kann z. B. für die Grenze Flüssigkeit—Gas (oder Flüssigkeit—Flüssigkeit) als Trennfläche die Spannungsfläche sowie für die Grenze des Festkörpers mit den anderen Phasen die Begrenzungsfläche des Festkörpers gewählt werden. Auch andere Varianten sind möglich. Nach Festlegung der Trennflächen sind diese bis zur gegenseitigen Überschneidung weiterzuführen. Dies hat zu erfolgen, ohne daß das Vorhandensein des Dreiphasen-Kontaktgebietes einen Einfluß auf ihre Form ausübt. Hierfür ist die Untersuchung jeder der Trennflächenformen in weiter Entfernung vom Dreiphasen-Kontaktgebiet erforderlich, wonach die Flächen in Richtung des Dreiphasenkontaktes bis zum gegenseitigen Schneiden zu extrapolieren sind. Werden die Trennflächen derartig ausgewählt, daß sie sich auf einer Linie treffen, so tritt der Begriff der Trennlinie eines Dreiphasenkontaktes als geometrische Gestalt des physikalischen Dreiphasen-Kontaktgebietes auf. Der auf der Trennlinie des Dreiphasenkontaktes gebildete Winkel zwischen den Trennflächen für die Grenze Flüssigkeit—Gas (oder Flüssigkeit—Flüssigkeit) einerseits und die Grenze Festkörper—Flüssigkeit andererseits wird als Benetzungsrandwinkel bezeichnet (siehe Abb. 17.1.).

Mithin ist die strenge Definition des Randwinkels mit der Einführung von Trennflächen und einer Trennlinie verbunden. Die letztere wird — ebenso wie die Trennflächen — durch eine Reihe überschüssiger thermodynamischer Größen (hier „linearer" Größen) charakterisiert. Ihr Vorhandensein wird dadurch hervorgerufen, daß die thermodynamischen Eigenschaften der Grenzflächen beim Eintritt in das Dreiphasen-

Kontaktgebiet eine Störung erfahren. Ist z. B. die Grenzflächenspannung über die gesamte Trennfläche konstant oder ändert sie sich nach einem bestimmten Gesetz (das nicht mit der Erscheinung des Dreiphasenkontaktes verbunden ist), so ändert sich ihr Verhalten bei Annäherung an die Linien des ternären Kontaktes. Letzteres kann über die Einführung einer linearen Spannung unter Beibehaltung des vorherigen Verhaltens der Grenzflächenspannung berücksichtigt werden. Analog hierzu lassen sich auch die anderen linearen thermodynamischen Größen einführen (ausführlicher hierzu siehe Kap. 19.).

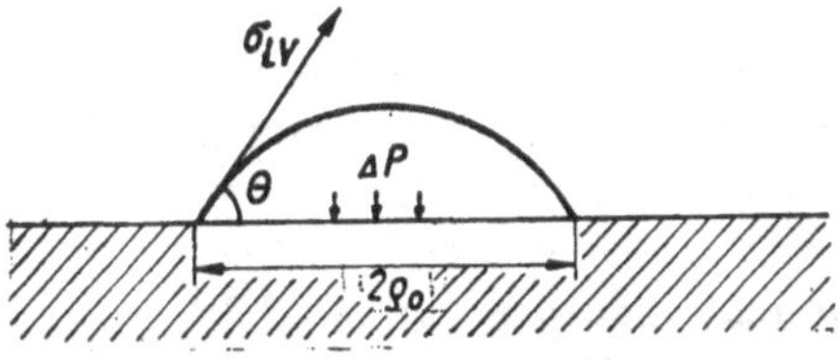

Abb. 17.1. Benetzungswinkel auf einer ebenen Grenzfläche (θ ... Randwinkel)

Es sei darauf hingewiesen, daß der Querschnitt des Dreiphasen-Kontaktgebietes in der Regel sehr klein ist (in der Größenordnung der Grenzflächenschichtdicke). Des weiteren sei vermerkt, daß — sofern wir von der Trennflächenform oder der Grenzflächenspannung in weiter Entfernung vom Dreiphasen-Kontaktgebiet sprechen — tatsächlich nur sehr geringe Entfernungen von der Trennlinie gemeint sind. Somit berücksichtigen wir nur Effekte, die mit dem Einfluß von Grenzflächenerscheinungen im Gebiet des Dreiphasenkontaktes verbunden sind. Weiterhin sei vermerkt, daß die Notwendigkeit, die Trennflächen zu extrapolieren, in bedeutendem Maße darauf zurückzuführen ist, daß wir ihre exakte Lage nicht kennen. Ist aber die exakte Lage irgendeiner Trennfläche bekannt, so kann diese anstelle der extrapolierten verwendet werden. Ist z. B. die Form der Begrenzungsfläche eines Festkörpers im Dreiphasen-Kontaktgebiet vorgegeben, so kann der Randwinkel als Winkel zwischen dieser Fläche und der extrapolierten Spannungsfläche für die Grenze Flüssigkeit—Gas (oder Flüssigkeit—Flüssigkeit) am Schnittpunkt definiert werden.

Aus den getroffenen Ausführungen folgt, daß der Randwinkel nicht eindeutig definiert ist und von der Lage der Trennfläche abhängt. Allerdings hat in vielen Fällen diese nur mit mikroskopischen Abständen verknüpfte Mehrdeutigkeit keine praktische Bedeutung und keinerlei Folgen für die experimentelle Bestimmung des Randwinkels. So kann der Randwinkel im Falle eines Festkörpers, dessen Eigenschaften jenen eines absoluten Festkörpers nahe kommen, experimentell leicht bestimmt werden. Etwas schwieriger ist dieses Vorhaben bei einem leicht deformierbaren Festkörper, da selbst ein Flüssigkeitströpfchen zu einer Deformation seiner Grenzfläche führt. Tatsächlich wirken seitens des Tröpfchens auf den Festkörper zwei Kräfte: die Grenzflächenspannung σ_{LV} an der Grenze Flüssigkeit—Gas (oder Flüssigkeit—Flüssigkeit) und der überschüssige Druck ΔP innerhalb des Tröpfchens. Bei Abwesenheit eines Schwerefeldes ist der überschüssige Druck ΔP dem Kapillardruck gleich:

$$\Delta P = \frac{2\sigma_{LV}}{r} = \frac{2\sigma_{LV}\sin\theta}{\varrho_0} \tag{17.1}$$

mit θ als Randwinkel sowie ϱ_0 als Radius der Trennlinie des Dreiphasenkontaktes. In Gegenwart eines Schwerefeldes kann die Größe ΔP über den Krümmungsradius R des

Tröpfchens in seiner Spitze sowie die Tröpfchenhöhe h ausgedrückt werden:

$$\Delta P = \frac{2\sigma_{LV}}{R} + hg(d_L - d_V). \tag{17.2}$$

Es bedeuten g die Schwerkraftbeschleunigung, d_L und d_V die Massedichten von Flüssigkeit und Gas. Der Druck ΔP bewirkt eine Kompressionskraft in Richtung der Normalen mit dem Betrag $\pi\varrho_0^2\,\Delta P$, die an der Tröpfchengrundfläche auf die Festkörpergrenzfläche wirkt.

Die Grenzflächenspannung σ_{LV} ist an die Dreiphasenkontaktlinie des Tröpfchens unter dem Winkel θ zur Festkörpergrenzfläche gelegt und verursacht eine Dehnungskraft in Richtung der Normalen mit dem Betrag $2\pi\varrho_0\sigma_{LV}\sin\theta$ (in Abwesenheit eines Schwerefeldes ist diese exakt dem Betrag der Normalkompressionskraft gleich). Des weiteren tritt die Tangentialkomponente $\sigma_{LV}\cos\theta$ der Grenzflächenspannung auf, die partiell oder vollständig durch die Differenz $\gamma_{SV} - \gamma_{SL}$ der wahren Grenzflächenspannungen an den Grenzen Festkörper—Gas (anstelle des Gases kann auch eine zweite Flüssigkeit auftreten) und Festkörper—Flüssigkeit kompensiert wird. Mithin wirkt auf die Einheit der Dreiphasenkontaktlinie die Kraft[1]

$$\sigma_{LV}\cos\theta - \sigma_{SV} + \sigma_{SL} \equiv \sigma_{LV}(\cos\theta - \cos\theta_0) \equiv \sigma_{LV}\Delta\cos\theta, \tag{17.3}$$

welche eine Tangentialdeformation des Festkörpers hervorruft. Bei einem sehr kleinen Tröpfchen ist zusätzlich eine Kompressionskraft, die von der linearen Spannung an der Dreiphasenkontaktlinie herrührt, zu berücksichtigen.

Das Vorhandensein dieser unterschiedlichen Kräfte führt zu einer Verschiebung der verschiedenen Grenzflächenpunkte und Veränderung der Grenzflächenform des Festkörpers. Für einen ideal elastischen Körper kann diese Grenzflächenverschiebung im Rahmen der Elastizitätstheorie berechnet werden. Auf diese Weise erhält man das Radialprofil der Festkörpergrenzfläche in Gegenwart eines auf ihm befindlichen Flüssigkeitströpfchens. Diese Aufgabe ist in den Arbeiten [1, 2] untersucht worden; ihre vollständige Lösung für einen makroskopischen Tropfen bei geringer Deformation ist in [2] beschrieben worden. Unter der Voraussetzung, daß die durch die Grenzflächenspannung σ_{LV} hervorgerufene äußere Kraft über einen schmalen Kreisring der Breite $t = \tau/\sin\theta$ (τ — effektive Grenzflächenschichtdicke an der Grenze Flüssigkeit—Gas) im Intervall $a \leqq \varrho \leqq a + t$ „verschmiert" ist (ϱ — Polarkoordinate auf der nichtdeformierten ebenen Festkörpergrenzfläche, vom Zentrum der Tröpfchenbasisfläche aus gezählt), ist die Abhängigkeit des Verschiebungsvektors $\vec{U}$ von der Punktlage auf der Grenzfläche des isotropen Festkörpers durch die folgenden Formeln gegeben [2]:

$$U_Z(\varrho) = \frac{4(1-\nu^2)}{\pi E}\left\{\Delta P a E\left(\frac{\varrho}{a}\right) + \frac{\sigma_{LV}\sin\theta}{t}\left[aE\left(\frac{\varrho}{a}\right) - (a+t)\,E\left(\frac{\varrho}{a+t}\right)\right]\right.$$
$$\left. + \frac{\pi(1-2\nu)}{4(1-\nu)}\,\sigma_{LV}\Delta\cos\theta\right\}, \quad \varrho \leqq a; \tag{17.4}$$

---

[1] Wird die Lage der Trennflächen so ausgewählt, daß $\gamma_{SV} = \sigma_{SV}$ sowie $\gamma_{SL} = \sigma_{SL}$, so verkörpert θ_1 den der Youngschen Gleichung entsprechenden Winkel.

$$U_Z(\varrho) = \frac{4(1-\nu^2)}{\pi E}\left\{\Delta P \varrho G\left(\frac{a}{\varrho}\right) + \frac{\sigma_{LV}\sin\theta}{t}\left[\varrho G\left(\frac{a}{\varrho}\right) - (a+t)\,E\left(\frac{\varrho}{a+t}\right)\right]\right.$$
$$\left. + \frac{\pi(1-2\nu)}{4(1-\nu)}\,\frac{\sigma_{LV}\,\Delta\cos\theta}{t}\,(a+t-\varrho)\right\},\quad a \leqq \varrho \leqq a+t; \tag{17.5}$$

$$U_Z(\varrho) = \frac{4(1-\nu^2)}{\pi E}\left\{\Delta P \varrho G\left(\frac{a}{\varrho}\right) + \frac{\sigma_{LV}\sin\theta}{t}\,\varrho\left[G\left(\frac{a}{\varrho}\right) - G\left(\frac{a+t}{\varrho}\right)\right]\right\},$$
$$\varrho \geqq a+t; \tag{17.6}$$

$$U_\varrho(\varrho) = -\frac{4(1-\nu^2)\,\varrho}{\pi E}\left\{\frac{\varrho\sigma_{LV}\,\Delta\cos\theta}{3at\left[1+0\left(\frac{t}{a}\right)\right]}\left[\frac{a+t}{\varrho}H\left(\frac{\varrho}{a+t}\right) - \frac{a}{\varrho}H\left(\frac{\varrho}{a}\right)\right]\right.$$
$$\left. + \frac{\pi(1-2\nu)}{8(1-\nu)}\,\Delta P\right\},\quad \varrho \leqq a; \tag{17.7}$$

$$U_\varrho(\varrho) = -\frac{4(1-\nu^2)\,\varrho}{\pi E}\left\{\frac{\varrho\sigma_{LV}\,\Delta\cos\theta}{3at\left[1+0\left(\frac{t}{a}\right)\right]}\left[\frac{a+t}{\varrho}H\left(\frac{\varrho}{a+t}\right) - 2G\left(\frac{a}{\varrho}\right)\right.\right.$$
$$\left.\left. + \frac{a^2}{\varrho^2}E\left(\frac{a}{\varrho}\right)\right] + \frac{\pi(1-2\nu)}{8(1-\nu)}\left[\Delta P\,\frac{a^2}{\varrho^2} - \frac{\sigma_{LV}\sin\theta}{t}\left(1-\frac{a^2}{\varrho^2}\right)\right]\right\},$$
$$a \leqq \varrho \leqq a+t; \tag{17.8}$$

$$U_\varrho(\varrho) = -\frac{4(1-\nu^2)\,\varrho}{\pi E}\left\{\frac{\varrho\sigma_{LV}\cos\theta}{3at\left[1+0\left(\frac{t}{a}\right)\right]}\left[2G\left(\frac{a+t}{\varrho}\right)\right.\right.$$
$$\left. - \frac{(a+t)^2}{\varrho^2}E\left(\frac{a+t}{\varrho}\right) - 2G\left(\frac{a}{\varrho}\right) + \frac{a^2}{\varrho^2}E\left(\frac{a}{\varrho}\right)\right]$$
$$\left. + \frac{\pi(1-2\nu)}{8(1-\nu)}\left[\Delta P\,\frac{a^2}{\varrho^2} - \sigma_{LV}\sin\theta\,\frac{2a+t}{\varrho^2}\right]\right\},\quad \varrho \geqq a+t. \tag{17.9}$$

Hierin bedeuten U_Z und U_ϱ die Normal- (z-Achse in das Festkörperinnere gerichtet) bzw. Tangential-(Radial-)Komponente des Verschiebungsvektors, E den YOUNGschen Modul, ν den POISSONschen Koeffizienten, $G(k) \equiv E(k) - (1-k^2)\,K(k)$ und $E(k)$, $H(k) \equiv (2 - 1/k^2)\,E(k) - (1 - 1/k^2)\,K(k)$, $K(k)$ und $E(k)$ die vollständigen normalen elliptischen Integrale erster bzw. zweiter Gattung in LEGENDREscher Form, $0(t/a)$ kennzeichnet kleine Größen der Ordnung t/a sowie höherer Ordnung.

Das ungefähre Aussehen des Radialprofils einer durch die Gln. (17.4)···(17.9) beschriebenen deformierten Grenzfläche ist in Abb. 17.2. dargestellt. Die Festkörpergrenzfläche ist dort, wo sich der zentrale Teil des Tropfens befindet, durchbogen; auch bildet sich im Gebiet des Dreiphasenkontaktes ein konvexer Rand. Für den Wert dieser Durchbiegung im Zentralteil erhalten wir aus Gl. (17.4)

$$U_Z(0) = \frac{2(1-\nu^2)}{E}\left[\Delta Pa - \sigma_{LV}\sin\theta + \frac{1-2\nu}{2(1-\nu)}\sigma_{LV}\cos\theta\right]. \tag{17.10}$$

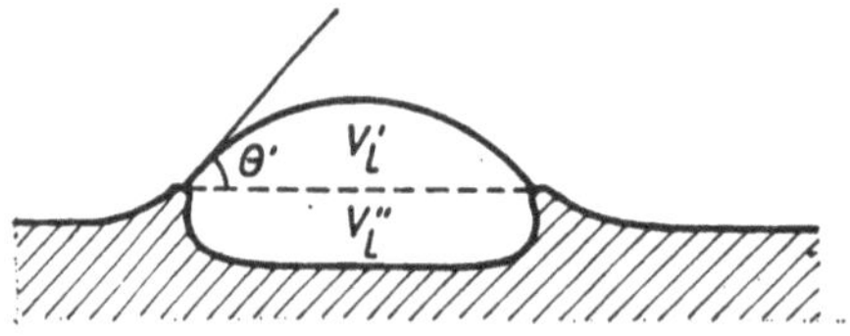

Abb. 17.2 Form einer deformierten Grenzfläche und beobachtbarer Randwinkel

In Abwesenheit eines Schwerefeldes kann die Größe ΔPa unter Annahme von $\varrho_0 \approx a$ aus (17.1) bestimmt werden.

Dabei führt Gl. (17.10) zu der Schlußfolgerung, daß die Verschiebung des Zentralpunktes von der Tröpfchengröße unabhängig ist und σ_{LV}/E größenordnungsmäßig nicht übersteigt. In Gegenwart eines Schwerefeldes hängt der Wert für die Verschiebung von der Tröpfchengröße ab. Im Falle eines hinreichend großen Tropfens kann unter Wirkung seines Gewichtes eine merkbare Durchbiegung der Festkörpergrenzfläche auftreten.

Die Randhöhe des Dreiphasenkontaktgebietes sowie der Betrag seiner Tangentialverschiebung können über die Ausdrücke (17.5) und (17.8) bestimmt werden. Diese lassen sich bei $t/a \ll 1$ stark vereinfachen. Für den in der Praxis wichtigen Fall $\nu = 1/2$ liegt der Extremwert von ϱ etwa in der Mitte des Intervalls $a \leqq \varrho \leqq a + t$, Höhe und Tangentialverschiebung des Randes sind hier über die folgenden Beziehungen gegeben:

$$U_Z{}^0 \approx \frac{3}{2\pi E}\left\{2\,\Delta Pa - \sigma_{LV}\sin\theta\left[1 + 4\ln 2 - \ln\frac{t}{a}\right]\right\} \tag{17.11}$$

$$U_\varrho{}^0 \approx -\frac{3\sigma_{LV}\,\Delta\cos\theta}{2\pi E}\left((4\ln 2 - 1 - \ln\frac{t}{a}\right). \tag{17.12}$$

Bei Abwesenheit eines Schwerefeldes ist auch hier die Verschiebung dem Quotienten σ_{LV}/E proportional. Unter Annahme von $\sigma < 10^3$ dyn/cm und $E > 10^5$ dyn/cm² kann gezeigt werden, daß für Körper mit hohen Werten des Elastizitätsmoduls (etwa 10^{11} bis 10^{12} dyn/cm²) die Deformation der Festkörpergrenzfläche infolge eines auf ihr lastenden Flüssigkeitstropfens verschwindend klein ist.[1] Andererseits kann für Körper mit niedrigen Werten des Elastizitätsmoduls, z. B. für Gele, Elastomere u. ä. ($E \approx 10^5$ bis 10^6 dyn/cm²) deutliche Deformation beobachtet werden (in den Arbeiten [5]···[7] ist z. B. über die experimentelle Beobachtung solcher Deformationen berichtet worden). Aus den Gln. (17.6) und (17.9) folgt, daß die Deformation einer Festkörpergrenzfläche eine lokale Eigenschaft ist, sie ist in unmittelbarer Tröpfchennähe bedeutend, doch bereits in einer mit dem Tröpfchenausmaß vergleichbaren Entfernung verschwindend klein.

[1] In der Praxis wird eine Randbildung entlang der Dreiphasenkontaktlinie auch für diese Körper beobachtet (siehe z. B. [3, 4]), sie erfolgt jedoch nach einem anderen, und zwar einem Diffusionsmechanismus: der Angriff einer Dehnungskraft an die Dreiphasenkontaktlinie wird von einer lokalen Verringerung des chemischen Potentials begleitet, was zu einer Stoffmigration in Richtung des Angriffspunktes dieser Kraft führt. Dieser Fall ist leicht anhand der relativ niedrigen Geschwindigkeit der Randbildung sowie ihrer Temperaturabhängigkeit zu erkennen.

Bei Auftreten einer Deformation der Festkörpergrenzfläche ist zwischen dem beobachteten und dem wahren Randwinkel zu unterscheiden. Dies zieht Schwierigkeiten für die experimentelle Bestimmung des letzteren nach sich. Der beobachtete Randwinkel ist als der Neigungswinkel zwischen der Grenzfläche Flüssigkeit—Gas und der Horizontalen auf der ternären Kontaktlinie bestimmt (anstelle der Horizontalen sollte exakter die Ebene, welche der nichtdeformierten Festkörpergrenzfläche parallel ist, verstanden werden; siehe Abb. 17.2.). Demgegenüber ist — wie bereits festgestellt worden war — der wahre Randwinkel jener Winkel zwischen den Trennflächen auf der Linie des Dreiphasenkontaktes. Wird als Lage dieser Trennflächen diejenige für den Zustand der nichtdeformierten Festkörpergrenzfläche ausgewählt (als solche tritt sie auch in großen Entfernungen vom Tropfen auf), so kann in Gegenwart einer relativ großen Deformation der wahre Randwinkel nur über eine Extrapolation der Grenzfläche Flüssigkeit—Gas über makroskopische Entfernungen erhalten werden (keinesfalls über mikroskopische Entfernungen, wie dies in der Regel bei der Randwinkelbestimmung erfolgt). Wird andererseits als Lage der Trennflächen jene der realen deformierten Festkörpergrenzfläche gewählt, so treten bei der Bestimmung des wahren Randwinkels Schwierigkeiten auf, die mit der großen Krümmung der Festkörpergrenzfläche im Dreiphasen-Kontaktgebiet verbunden sind [8]. Die kleinste Verschiebung in diesem Gebiet (selbst eine um ein Vielfaches geringere als die Grenzflächenschichtdicke) zieht eine Randwinkeländerung nach sich, so daß der wahre Randwinkel zu einem praktisch nicht faßbaren Parameter, der nicht nur experimentell nicht bestimmbar, sondern auch nur sehr schwer zu berechnen ist, wird. Gleichzeitig ist der beobachtete Randwinkel von der Lage der Trennfläche praktisch unabhängig und experimentell unmittelbar bestimmbar.

Ein auf einer Festkörpergrenzfläche befindlicher Flüssigkeitstropfen führt nicht nur zu einer Änderung des Deformationszustandes, sondern auch zu einer solchen des Spannungszustandes des Festkörpers. Wie die Deformation, so ist auch die Spannungsänderung eine lokale Größe, die sich bei fortschreitender Entfernung vom Tropfen sowohl entlang der Grenzfläche als auch in Richtung des Festkörperinneren verringert. Daher kann im Falle eines derartigen Bedarfes diese Änderung auf Grenzflächeneffekte zurückgeführt werden, obwohl sie in Wirklichkeit die Reaktion des gesamten Festkörpers auf äußere Kräfte ist. So z. B. kann angenommen werden, daß die Änderung der Tangentialspannungen lediglich für die Grenzflächenspannung des Festkörpers einen Beitrag liefert, wobei der Zustand der Raumphase unverändert bleibt. In einem solchen Falle wird die Grenzflächenspannung zu einer Funktion des Grenzflächenortes und nähert sich ihrem Ausgangswert für die nichtdeformierte Grenzfläche in hinreichend großer Entfernung vom Tröpfchen. Andererseits kann aber auch angenommen werden, daß die Grenzflächenspannung für die gesamte Festkörpergrenzfläche einen konstanten Wert beibehält, und die gekennzeichnete Änderung der Grenzflächenspannung der linearen Spannung des Dreiphasen-Kontaktgebietes zugeschrieben wird. Bei einer solchen Betrachtung erlangt die lineare Spannung besondere Bedeutung und wird selbst für mikroskopische Tröpfchen Gegenstand der Betrachtung.

Aus diesen Darlegungen folgt, daß auf zwei Wegen in vorteilhafter Weise eine Theorie der unvollständigen Benetzung ausgearbeitet werden kann: einerseits wird die Vorstellung vom wahren Randwinkel benutzt, andererseits wird der beobachtete Randwinkel zugrunde gelegt. Die zweite Variante zeichnet sich durch eine Annäherung an das Experiment aus, allerdings ist hierbei die Deformation des Festkörpers zu berücksichtigen. Der erste Weg fordert letzteres ebensowenig (der Randwinkel wird durch Extrapolation auf die nichtdeformierte Grenzfläche gefunden) wie die Berücksichtigung der entsprechenden Änderung der Grenzflächenspannung des Festkörpers (die gesamten Schwierigkeiten werden in die Berechnung der linearen Spannung verlagert); dafür beruht dieser Weg aber auf Größen, die nicht in jedem Falle experimentell bestimmbar sind. Beide Wege sind für den absoluten Festkörper identisch, da für diesen der wahre gleich dem beobachteten Randwinkel ist. Mit diesem Fall wollen wir die Behandlung einer thermodynamischen Theorie für die unvollständige Benetzung beginnen.

17.2. Anwendung der Youngschen Gleichung auf den Benetzungsrandwinkel

Im Rahmen der Theorie der unvollständigen Benetzung wird der Interpretation des Gleichgewichtsrandwinkels und den Möglichkeiten einer diesbezüglichen Verwendung der Youngschen Gleichung (2.115) besondere Aufmerksamkeit gewidmet. Diese Möglichkeiten sind intensiv diskutiert worden [9]···[18], wobei Kräfte und energetische Größen der Grenzflächen behandelt wurden. Im Ergebnis dieser Untersuchungen konnte auf unterschiedlichen Wegen gezeigt werden, daß die Youngsche Gleichung sowohl bei Abwesenheit als auch in Gegenwart eines Schwerefeldes anwendbar ist; unter Berücksichtigung der linearen Spannung wurde eine verallgemeinerte Youngsche Gleichung formuliert. In der Mehrzahl der Arbeiten ist die Benetzung des absoluten Festkörpers betrachtet worden, und nur in wenigen [1, 2, 8], [19]···[23] wurde ein möglicher Einfluß der Deformation behandelt. Nachstehend soll eine einfache, doch hinreichend allgemeine Herleitung der Youngschen Gleichung unter Beachtung der linearen Spannung, eines äußeren (z. B. Schwere-) Feldes, einer beliebigen Grenzflächenform und einer beliebigen Spannungsverteilung gezeigt werden.

Die Bestimmung des Gleichgewichtsrandwinkels ist nur ein Teil eines allgemeinen Problems, dessen Gegenstand das Auffinden der Gleichgewichtsform eines auf einer Festkörpergrenzfläche ruhenden Flüssigkeitstropfens ist. Diese Aufgabe ist der Bestimmung der Gleichgewichtsform eines Kristalls völlig analog.

In Abwesenheit eines äußeren Feldes kann für ihre Behandlung das Gibbs-Curiesche Prinzip benutzt werden; die Gleichgewichtsform folgt aus der Bedingung des Minimums des überschüssigen großen thermodynamischen Potentials $\bar{\Omega}$. In Gegenwart eines äußeren Feldes ist das vollständige große thermodynamische Potential

$$\Omega = - \iiint P \, dV + \iint \sigma \, dA + \int \varkappa \, dL \tag{17.13}$$

zu benutzen, wobei $\varkappa$ und L die lineare Spannung bzw. die Länge der Trennlinie entlang der Dreiphasenkontaktlinie verkörpern. Die Integration erfolgt über das Gesamtvolumen des Systems, über alle Grenzflächen und linearen Begrenzungen (die Größen P, σ und $\varkappa$ sind Funktionen der Raumkoordinaten; für den Fall eines Schwerefeldes ist die Abhängigkeit der Größen P und σ von der Raumlage über (2.107) sowie (2.108) bestimmt.) Danach kann die Gleichgewichtsform des Tropfens unter der Bedingung eines Minimums von Ω bei Konstanz der Temperatur, des Systemvolumens und der vollständigen (siehe Gl. (2.101) und (2.102)) chemischen Potentiale gefunden werden.

Wir setzen voraus, daß Deformationszustand und Form der Festkörpergrenzfläche streng fixiert sind und während des Zerfließens des Tropfens keine Änderung erfahren. Bezüglich der Grenzflächenform führen wir ausschließlich zur mathematischen Vereinfachung das Vorhandensein einer Achsensymmetrie ein.

Das Radialprofil der Festkörpergrenzfläche sei durch die Funktion $Z_S(\varrho)$ vorgegeben, während das Profil der freien Tropfengrenzfläche durch eine noch unbekannte Funktion $Z(\varrho)$ beschrieben wird (die Achse Z stimmt mit der Rotationsachse und der Richtung des äußeren Feldes überein). Für virtuelle, mit einer Änderung der Tropfenform verbundene Verschiebungen ist der variierbare Anteil von Ω durch den folgenden Ausdruck gegeben:

$$\Omega = -\iiint \Delta P(Z)\, dV + \iint \sigma_{LV}(Z)\, dA_{LV} + \iint [\sigma_{SL}(\varrho) - \sigma_{SV}(\varrho)]\, dA_{SL} + \int \varkappa(\varrho_0)\, dL. \tag{17.14}$$

Hierbei stellt ΔP die kapillare Druckdifferenz zwischen Tropfen und umgebendem Medium dar; die Indizes S, L und V kennzeichnen die feste, flüssige bzw. gasförmige Phase (anstelle eines Gases kann eine weitere Flüssigkeit auftreten), ihre paarweisen Kombinationen beziehen sich auf die zwischen diesen Phasen gelegenen Grenzflächen. Da die betrachteten virtuellen Verschiebungen bei konstanter Temperatur und konstanten vollständigen chemischen Potentialen vonstatten gehen, sind ΔP und σ_{LV} bei Abwesenheit eines äußeren Feldes konstante Größen (außerhalb ihrer Abhängigkeit von der Tropfengröße). In Gegenwart eines entlang Achse Z gerichteten äußeren Feldes sind sie lediglich Funktionen von Z. Ist der Festkörper homogen und sein chemisches Potential vorgegeben, so sind die Größen σ_{SL} und σ_{SV} konstant. Ist andererseits der Festkörper heterogen, so sind σ_{SL} und σ_{SV} Funktionen des Grenzflächenortes (im gegebenen Falle Funktionen der Polarkoordinaten ϱ). Die Größe $\varkappa$ ist mit den Funktionen σ_{SL} und σ_{SV} verknüpft und folglich auch eine Variable. Wir werden des weiteren voraussetzen, daß im allgemeinen Falle auch eine explizite Abhängigkeit $\varkappa(\varrho_0)$ vorliegt.

Der Ausdruck (17.14) kann als

$$\Omega = 2\pi \int_0^{\varrho_0} \Psi(\varrho, Z, p)\, d\varrho \tag{17.15}$$

dargestellt werden, wobei

$$\Psi(\varrho, Z, p) \equiv \frac{\varrho^2}{2} \{\Delta P[Z(\varrho)]\, p - \Delta P[Z_S(\varrho)\, p_S\} + \sigma_{LV}[Z(\varrho)]\, \varrho \sqrt{1 + p^2} + [\sigma_{SL}(\varrho) - \sigma_{SV}(\varrho)]\, \varrho \sqrt{1 + p_S^2} + \varkappa(\varrho_0); \tag{17.16}$$

$$p \equiv dZ(\varrho)/d\varrho; \quad p_S \equiv dZ_S(\varrho)/d\varrho. \tag{17.17}$$

Aus den Beziehungen (17.15)$\cdots$(17.17) ist ersichtlich, daß Ω als Funktional der Größe $Z(\varrho)$ auftritt und somit die Bestimmung des Gleichgewichtsprofils $Z(\varrho)$ auf die Lösung einer Variationsaufgabe mit beweglichen Randpunkten zurückführbar ist. Im betrachteten Falle liegt lediglich ein beweglicher Randpunkt vor ($\varrho = \varrho_0$), für den die Transversalitätsbedingung

$$\Psi_{\varrho=\varrho_0} + \left(\frac{\partial \Psi}{\partial p}\right)_{\varrho=\varrho_0} (p_S - p)_{\varrho=\varrho_0} + \varrho_0 \frac{d\varkappa}{d\varrho_0} = 0 \tag{17.18}$$

erfüllt sein muß. Setzen wir in diesen Ausdruck (17.16) ein, so erhalten wir

$$\sigma_{LV} \frac{1 + p p_S}{\sqrt{1 + p^2}} + (\sigma_{SL} - \sigma_{SV}) \sqrt{1 + p_S^2} + \frac{\varkappa}{\varrho_0} + \frac{d\varkappa}{d\varrho_0} = 0, \tag{17.19}$$

wobei sich die Größen σ_{LV}, σ_{SL}, σ_{SV} und $\varkappa$ auf die Dreiphasenkontaktlinie beziehen. Offensichtlich ist

$$p = \operatorname{tg} \varphi, \quad p_S = \operatorname{tg} \varphi_S,$$

$$\frac{1}{\sqrt{1 + p^2}} = |\cos \varphi|, \qquad \frac{1}{\sqrt{1 + p_S^2}} = |\cos \varphi_S| \tag{17.20}$$

mit φ und φ_S als den Neigungswinkeln der Grenzflächen LV bzw. SL auf der Dreiphasenkontaktlinie. Dividieren wir Gl. (17.19) durch $\sqrt{1 + p_S^2}$ und benutzen (17.20), so nimmt der bei σ_{LV} stehende Koeffizient das folgende Aussehen an:

$$\cos (\varphi - \varphi_S) \frac{|\cos \varphi \cos \varphi_S|}{\cos \varphi \cos \varphi_S}. \tag{17.21}$$

Wie man leicht sieht, stellt dieser Ausdruck den Kosinus des Benetzungsrandwinkels θ dar (d. h. des Winkels zwischen den Flächen LV und SL seitens der Flüssigphase). Somit erlangt Bedingung (17.19) die folgende Form:

$$\sigma_{SV} = \sigma_{SL} + \sigma_{LV} \cos \theta + \left(\frac{\varkappa}{\varrho_0} + \frac{d\varkappa}{d\varrho_0}\right) |\cos \varphi_S| . \tag{17.22}$$

Die Gleichheit (17.22) bestimmt die Größe des Benetzungsrandwinkels im Gleichgewichtszustand. Sie stellt eine verallgemeinerte Form der YOUNGschen Gleichung unter Berücksichtigung der linearen Spannung bei beliebiger Form der Festkörpergrenzfläche dar. Es dürfte unschwer einzusehen sein, daß die vollzogene Herleitung ebenfalls für den Fall der Abwesenheit eines äußeren Feldes wiederholt werden kann, mithin behält Gleichheit (17.22) sowohl in Gegenwart als auch bei Abwesenheit eines äußeren Feldes ihre Gültigkeit. Für eine ebene Festkörpergrenzfläche ($\varphi_S = 0$) geht (17.22) in die folgende Beziehung über:

$$\sigma_{SV} = \sigma_{SL} + \sigma_{LV} \cos \theta + \frac{\varkappa}{\varrho_0} + \frac{d\varkappa}{d\varrho_0}, \tag{17.23}$$

aus der sich unter Vernachlässigung der linearen Spannung die YOUNGsche Gleichung

$$\sigma_{SV} = \sigma_{SL} + \sigma_{LV} \cos \theta \tag{17.24}$$

ergibt.

Es sei darauf hingewiesen, daß die Gleichgewichtsbedingung (17.22) allgemeiner Art ist und nicht von der durch uns benutzten Voraussetzung von der Radialsymmetrie des Systems abhängt. Im allgemeinen Fall ist Gleichheit (17.22) als lokale Beziehung anzusehen, in der die lokalen Werte der Grenzflächenspannungen, der linearen Spannung und des Krümmungsradius der Trennlinie eingehen. Nehmen an verschiedenen Abschnitten der Dreiphasenkontaktlinie irgendwelche dieser Größen unterschiedliche Werte an (unter Berücksichtigung der Einwirkung des Tropfens auf den Festkörper selbst), so treten auch unterschiedliche Werte des Randwinkels auf.

17.3. Beziehungen für den deformierten Festkörper

Die im voranstehenden Abschnitt gezogenen Schlußfolgerungen sind entweder auf den absoluten oder auf den deformierten Festkörper anwendbar, wobei für den letzteren die Bedingung gilt, daß der Randwinkel auf die nichtdeformierte Grenzfläche zu beziehen ist. Offensichtlich steht für den zweiten Fall die Größe der linearen Spannung unmittelbar mit der Deformationsarbeit im Zusammenhang. Aus diesem Grunde ist eine Untersuchung des Beitrages der Deformationsarbeit für die lineare Spannung von Interesse, wobei speziell quantitative Beziehungen angestrebt werden.

Wir setzen voraus, daß die Festkörpergrenzfläche im nichtdeformierten Zustand eben sei, diese benutzen wir als Trennfläche im deformierten Zustand. Offensichtlich entspricht einem jeden Wert des Randwinkels an der nichtdeformierten Grenzfläche eine definierte Deformationsarbeit für den Festkörper. Diese ist bei der Bestimmung des Gleichgewichtsrandwinkels zu berücksichtigen. Bestimmen wir das große thermodynamische Potential als charakteristische Funktion der Temperatur, des Volumens, der chemischen Potentiale der mobilen Komponenten und der Masse des Festkörpers und wählen die äquimolekulare Fläche als Trennfläche des Festkörpers aus. Diese Funktion ist als Summe der freien Energie des Festkörpers und des großen thermodynamischen Potentials für den übrigen Teil des Systems gegeben:

$$\tilde{\Omega} = F_S - \iiint P\,dV + \iint \sigma\,dA + \varkappa L. \tag{17.25}$$

Für den absoluten Festkörper ist F_S der nichtvariierbare Teil von $\tilde{\Omega}$ und braucht nicht berücksichtigt zu werden.

Im Falle eines deformierbaren Festkörpers kann sich die freie Energie F_S bei Variation der Tropfenform aus den zwei folgenden Gründen ändern:

1. infolge einer Festkörperdeformation, wobei die Änderung der freien Energie durch die Deformationsarbeit W gegeben ist;
2. infolge einer Änderung der Festkörperkonfiguration im äußeren Feld, sofern ein solches zugegen ist (speziell ist in Gegenwart eines Schwerefeldes die Änderung der Schwerpunktlage des Festkörpers während des Deformationsprozesses gemeint).

Daher kann der variierbare Teil von $\tilde{\Omega}$ als

$$\tilde{\Omega} = W + \int (\varrho_S - \varrho_V)\, U(Z)\, dV_S - \iiint \Delta P\, dV + \iint \sigma\, dA + \varkappa L \tag{17.26}$$

angesehen werden, wobei $U(Z)$ das Potential des äußeren Feldes verkörpert.

Eine Analyse des Ausdruckes (17.26) kann auf unterschiedlichen Wegen vorgenommen werden. Es können eine reale gekrümmte Festkörpergrenzfläche, reale (veränderte) Grenzflächenspannungswerte betrachtet und die Deformationsarbeit sowie die Energie des Systems im äußeren Feld in expliziter Form berücksichtigt werden (diese komplizierte Aufgabe ist in den Arbeiten [22, 23] analysiert worden). Andererseits kann, wie wir vereinbart hatten, die Trennfläche als eben und mit unveränderten Werten für σ_{SL} sowie σ_{SV} angesehen werden. In einem solchen Falle kann Gl. (17.26) auf (17.14) zurückgeführt werden, sofern die Größe $\varkappa$ über die nachstehende Beziehung neu definiert wird:

$$\begin{aligned}\varkappa(\varrho_0) &= \varkappa' + \frac{1}{L}\left[W + \int (\varrho_S - \varrho_V)\, U(Z)\, dV_S\right] \\ &= \varkappa' + \varkappa_W + \varkappa_g.\end{aligned} \tag{17.27}$$

Die Größen $\varkappa_W$ und $\varkappa_g$ verkörpern hier die Beiträge der Deformationsarbeit bzw. des äußeren Feldes für die lineare Spannung. In diesem Falle bleiben die Schlußfolgerungen des voranstehenden Abschnitts sowie die Gleichgewichtsbedingung (17.23) in Kraft; allerdings wird die gesamte Schwierigkeit der Theorie auf die Berechnung der linearen Spannung und vor allem auf die Berechnung der Deformationsarbeit verlagert.

Die Deformationsarbeit W kann als Summe der Deformationsarbeit W_S der Festkörper-Raumphase und der Grenzflächendeformationsarbeit W_{SL+SV} dargestellt werden:

$$W = W_S + W_{SL+SV}. \tag{17.28}$$

Für das im Abschnitt 17.1. betrachtete Modell kann die Größe W_S nach folgender Formel berechnet werden:

$$W_S = \frac{1}{2}\int_0^\infty (\vec{P}\vec{U})\, 2\pi\varrho\, d\varrho = \pi\int_0^\infty (P_Z U_Z + P_\varrho U_\varrho)\, \varrho\, d\varrho, \tag{17.29}$$

worin $\vec{P}$ den Vektor der an die Festkörpergrenzfläche angelegten Spannungen sowie $\vec{U}$ den Vektor der Festkörpergrenzflächenpunkt-Verschiebungen kennzeichnet. Im vorliegenden Falle gelten

$$\left.\begin{array}{l} P_Z = \Delta P_{Z=0}, \quad P_{,\varrho} = 0 \quad \text{bei} \quad \varrho \leqq a \\ P_Z = -\sigma_{LV} \sin\theta/t \quad P_\varrho = \sigma_{LV}\,\Delta \cos\theta/t \quad \text{bei} \quad a \leqq \varrho \leqq a + t \\ \vec{P} = 0 \quad \text{bei} \quad \varrho \geqq a + t, \end{array}\right\} \tag{17.30}$$

wobei die Funktionen $U_Z(\varrho, a, \theta)$ sowie $U_\varrho(\varrho, a, \theta)$ durch die Gln. (17.4)···(17.9) gegeben sind. Aus (17.30) ist ersichtlich, daß die Integration von (17.29) in den Grenzen $0 \leqq \varrho \leqq a + t$ erfolgt.

Die Berechnung von W_S gemäß Gl. (17.29) für einen ideal elastischen isotropen Körper führt zu dem Ausdruck [8]:

$$W_S = \frac{2(1-\nu^2)\,\varrho_0}{E}\left[\frac{4}{3}(\Delta P\varrho_0)^2 - 4\Delta P\varrho_0\sigma_{LV}\sin\theta + \sigma_{LV}^2\sin^2\theta\left(\frac{3}{2} + 3\ln 2 - \ln\frac{t}{\varrho_0}\right)\right.$$
$$\left. + \sigma_{LV}^2(\Delta\cos\theta)^2\left(3\ln 2 - \frac{1}{2} - \ln\frac{t}{\varrho_0}\right)\right]\left[1 + 0\left(\frac{t}{\varrho_0}\right)\right]. \tag{17.31}$$

Hieraus ist ersichtlich, daß die Deformationsarbeit wesentlich von den Parametrn ϱ_0 und θ, welche die Tropfenform bestimmen, abhängt. In Abwesenheit eines äußeren Feldes ist $\Delta P\varrho_0 = 2\sigma_{LV}\sin\theta$, und (17.31) nimmt das folgende Aussehen an:

$$W_S = \frac{2(1-\nu^2)\,\varrho_0\sigma_{LV}^2}{E}\left[\sin^2\theta\left(3\ln 2 - \frac{7}{6} + \ln\frac{\varrho_0\sin\theta}{\tau}\right)\right.$$
$$\left. + (\Delta\cos\theta)^2\left(3\ln 2 - \frac{1}{2} + \ln\frac{\varrho_0\sin\theta}{\tau}\right)\right]\left[1 + 0\left(\frac{t}{\varrho_0}\right)\right]. \tag{17.32}$$

In dieser Beziehung verkörpert die Größe $\tau = t\sin\theta$ die effektive Grenzflächenschichtdicke auf der freien Tropfengrenzfläche.

Die Arbeit W_{SL+SV} ist mit Änderungen der Flächeninhalte und Grenzflächenspannungen der Grenzflächen SL und SV verbunden. Ihre Berechnung bereitet die größten Schwierigkeiten, auch steht für sie kein handlicher analytischer Ausdruck zur Verfügung. Es kann allerdings gezeigt werden, daß in Abwesenheit eines äußeren Feldes W_{SL+SV} die gleiche Größenordnung wie W_S besitzt. Hieraus folgt, daß auch W über diese Größenordnung verfügt.

Ausdruck (17.23) kann wie folgt dargestellt werden:

$$\sigma_{LV}(\cos\theta - \cos\theta_0) + \frac{\varkappa}{\varrho_0} + \frac{d\varkappa}{d\varrho_0} = 0, \tag{17.33}$$

wobei $\cos\theta_0$ der Youngschen Gleichung (17.24) entspricht. Wird in diese Beziehung $\varkappa(\varrho_0)$ gemäß (17.27) in Abwesenheit eines äußeren Feldes ($\varkappa_g = 0$) und unter Vernachlässigung von $\varkappa'$ (für einen makroskopischen Tropfen) eingesetzt, so erhält man, allgemein ausgedrückt, eine gewisse Gleichung bezüglich $\Delta\cos\vartheta$. Die allgemeine Lösung dieser Gleichung ist unbekannt. Ist aber der Quotient $\sigma_{LV}/E\varrho_0$ klein, so spielen $\varkappa_W/\varrho_0$ und $d\varkappa_W/d\varrho_0$ die Rolle kleiner Korrekturen, und es ergibt sich $\cos\theta - \cos\theta_0 \sim \sigma_{LV}/E\varrho_0$. Der Wert von $\sigma_{LV}/E\varrho_0$ liegt in der Größenordnung des Quotienten von maximaler Deformation der Festkörpergrenzfläche zu linearem Ausmaß des Tropfens. Für einen Tropfen mit vorgegebenem Ausmaß verringert sich der Beitrag der linearen Spannung mit zunehmendem Elastizitätsmodul des Festkörpers; für einen absoluten Festkörper ist $\varkappa_W = 0$. Für einen gegebenen Festkörper und eine gegebene Flüssigkeit verringert sich der Beitrag der linearen Spannung mit größer werdenden Tropfenabmessungen:

$$\varkappa_W/\varrho_0 \to 0 \quad \text{bei} \quad \varrho_0 \to \infty .$$

Diese Schlußfolgerung bleibt auch in Gegenwart eines Schwerefeldes in Kraft, sofern die Tropfengröße viel kleiner als die Kapillarkonstante

$$k \equiv [2\sigma_{LV}/(d_L - d_V)\, g]^{1/2} \tag{17.34}$$

ist. Ist aber der Tropfen groß ($\varrho_0 \gg k$), so wird der mit dem Tropfengewicht gekoppelte Effekt bestimmend. In diesem Falle erhalten wir bei $R \to \infty$ aus (17.31) und (17.2) den folgenden Ausdruck:

$$W \approx \frac{32(1-\nu^2)\,\sigma_{LV}^2\, h^2\varrho_0^3}{3Ek^4} \approx \frac{16(1-\nu^2)\,\sigma_{LV}\,(d_L - d_V)\, g\varrho_0^3}{3E}\,(1 - \cos\theta) \tag{17.35}$$

Die entsprechende Größe $\varkappa_W$ liefert gemäß (17.31) einen Beitrag für (17.23), welcher der Tropfengröße proportional wäre. Diese jetzt betrachtete formale Methode, die Deformationsarbeit in eine lineare Spannung auf einer ebenen Trennfläche umzuwandeln, ist jedoch im vorliegenden Falle unnatürlich.

Wir hatten bereits erwähnt, daß die Theorie für deformierte Körper auf dem beobachteten Randwinkel aufgebaut werden kann. Die Transformation vom Randwinkel θ an einer nichtdeformierten ebenen Grenzfläche auf den beobachteten Randwinkel kann für geringe Deformationen leicht erfolgen, sofern die Näherungsbedingung von der Erhaltung des Tropfenvolumens im Prozeß der Festkörperdeformation benutzt wird. Bei Abwesenheit eines äußeren Feldes verfügt der Tropfen im Anfangsmoment (vor der Festkörperdeformation) über die Form eines Kugelabschnittes (siehe Abb. 17.1.), wobei sein Volumen durch den folgenden Ausdruck gegeben ist:

$$V_L = \frac{\pi \varrho_0^3 (1 - \cos\theta)^2 (2 + \cos\theta)}{3 \sin^2\theta}. \tag{17.36}$$

Nach der Deformation besteht das gleiche Volumen aus zwei Teilen: dem Teilvolumen V_L' oberhalb des Dreiphasenkontakt-Niveaus sowie dem Teilvolumen V_L'' unterhalb desselben (siehe Abb. 17.2.). Das Teilvolumen V_L' ist kugelabschnittsförmig; der Radius seiner Grundfläche beträgt $\varrho_0 + U_\varrho^0$ (siehe (17.12)), der Randwinkel sei mit θ' bezeichnet. In Analogie zu (17.36) gilt

$$V_L' = \frac{\pi(\varrho_0 + U_\varrho^0)^3 (1 - \cos\theta')^2 (2 + \cos\theta')}{3 \sin^3\theta'}. \tag{17.37}$$

Das Volumen V_L'' läßt sich mit Hilfe der Gln. (17.4)$\cdots$(17.9) berechnen. Für geringe Deformationen und $\nu = 1/2$ gilt

$$V_L'' \approx \pi \varrho_0^2 \left[-U_Z^0 + \frac{2}{\pi E} (2 \Delta P \varrho_0 - 5\sigma_{LV} \sin\theta \right], \tag{17.38}$$

wobei U_Z^0 und ΔP durch die Ausdrücke (17.11) bzw. (17.1) gegeben sind. Werden nur die linearen Glieder von $\sigma_{LV}/E\varrho_0$ berücksichtigt, so erhalten wir aus (17.36)$\cdots$(17.38) für geringe Deformationen in Abwesenheit eines äußeren Feldes die folgende Beziehung:

$$\cos\theta' = \cos\theta - \frac{3\sigma_{LV}(1 + \cos\theta)^2}{2\pi E \varrho_0} \left[\frac{\Delta \cos\theta (1 - \cos\theta)(2 + \cos\theta)}{1 + \cos\theta} \right.$$
$$\left. \times \left(4 \ln 2 - 1 + \ln \frac{\varrho_0 \sin\theta}{\tau}\right) - \sin^2\theta \left(4 \ln 2 - \frac{5}{3} + \ln \frac{\varrho_0 \sin\theta}{\tau}\right)\right]. \tag{17.39}$$

Diese Beziehung stellt den Zusammenhang zwischen dem beobachteten Randwinkel und dem ursprünglichen Randwinkel auf der ebenen Grenzfläche her. Sie ist für beliebige Werte von θ, somit auch für den Gleichgewichtsrandwinkel, gültig. Daher kann, wenn der Gleichgewichtswert $\cos\theta$ bekannt ist, gemäß Gl. (17.39) auch der Gleichgewichtswert $\cos\theta'$ berechnet werden. In Gegenwart eines Schwerefeldes ist das Volumen eines liegenden Tropfens (auf einer ebenen Grenzfläche) durch den folgenden Ausdruck gegeben [24]:

$$V_L = \pi \varrho_0^2 h - \pi \varrho_0 k^2 \sin\theta + \pi \varrho_0^2 k/R. \tag{17.40}$$

Für einen großen Tropfen ($\varrho_0 \gg k$) sind Randwinkel θ und Tropfenhöhe h wie folgt miteinander verknüpft:

$$\cos\theta = 1 - \frac{h^2}{k^2} + \frac{k}{3\varrho_0} \left[2^{3/2} - \left(2 - \frac{h^2}{k^2}\right)^{3/2} \right] + 0 \left(\frac{k^2}{\varrho_0^2}\right), \tag{17.41}$$

so daß (17.40) auch als

$$V_L = \pi \varrho_0^2 h \left[1 - \frac{k}{\varrho_0}\left(2 - \frac{h^2}{k^2}\right)^{1/2} + 0\left(\frac{k^2}{\varrho_0^2}\right)\right] \tag{17.42}$$

dargestellt werden kann. Das Teilvolumen V_L' ist über die gleiche Formel gegeben, wobei lediglich die Größen h und ϱ_0 durch h' bzw. ϱ_0' zu ersetzen wären (h' und ϱ_0' verkörpern Höhe bzw. Grundflächenradius des Tropfens oberhalb des Dreiphasenkontakt-Niveaus). Das Teilvolumen V_L'' wird durch Formel (17.38) unter Berücksichtigung von Gl. (17.2) ausgedrückt. Die Gleichsetzung von V_L mit $V_L' + V_L''$ führt für große Tropfen und geringe Deformationen zu der folgenden Beziehung:

$$\frac{h'}{h} \approx 1 - \frac{2\sigma_{LV}\varrho_0}{\pi E k^2} = 1 - \frac{(d_L - d_V)\, g\varrho_0}{\pi E}. \tag{17.43}$$

Obwohl $\varrho_0 \gg k$ ist, kann das in (17.42) stehende Korrekturglied infolge der sehr geringen Deformation ($\sigma_{LV}/E \ll k$ und $\sigma_{LV}/Ek \ll k/\varrho_0$) als sehr klein angesehen werden.

Aus (17.43) und (17.41) finden wir die Beziehung für den Übergang zu dem beobachteten Randwinkel θ':

$$\cos\theta'' \approx \cos\theta + \frac{4\sigma_{LV}\varrho_0\,(1 - \cos\theta)}{\pi E k^2} = \cos\theta + \frac{2(d_L - d_V)\, g\varrho_0(1 - \cos\theta)}{\pi E}. \tag{17.44}$$

Aus (17.43) und (17.44) ist ersichtlich, daß $h' < h$ und $\theta' < \theta$. Dieses Ergebnis ist offensichtlich, da die Durchbiegung der Festkörpergrenzfläche, welche für große Tropfen die wesentliche Deformationserscheinung ist, zu einer Verringerung sowohl der Tropfenhöhe als auch des Randwinkels — gemessen vom Dreiphasenkontakt-Niveau — führen muß. Die Beziehung (17.44) ist für beliebige θ-Werte gültig. Wird im Einzelfall der Randwinkel aus Gleichgewichtsbedingungen bestimmt, so gibt Beziehung (17.44) die Möglichkeit, den beobachteten Gleichgewichtsrandwinkel zu ermitteln. Dieses Problem wird in der Arbeit [23] ausführlich analysiert.

Bisher haben wir isotrope Festkörpergrenzflächen betrachtet. Untersuchen wir nunmehr, welche Folgen das Auftreten einer Anisotropie haben kann. Aus Gl. (17.31) ist vor allem ersichtlich, daß, sofern der Festkörper deformierbar und anisotrop ist, so daß der Elastizitätsmodul E für verschiedene Richtungen unterschiedliche Werte annimmt, unterschiedlichen Richtungen auf der Grenzfläche auch verschiedene Werte der linearen Spannung $\varkappa_W$ entsprechen. Als Folge hiervon kann eine Anisotropie des Benetzungsrandwinkels, d. h. unterschiedliche Randwinkel für unterschiedliche Richtungen, auftreten. Eine analoge Erscheinung kann — ebenfalls in Verbindung mit der Festkörperdeformation — für den beobachteten Randwinkel existieren. In Gegenwart eines Schwerefeldes tritt ein zusätzlicher Effekt auf. Dieser ist damit verbunden, daß — wie aus Gl. (17.41) folgt — in Gegenwart eines Schwerefeldes der Wert von $\cos\theta'$ durch die Höhe h' der freien Tropfengrenzfläche bestimmt wird, und die Größe h' mit der Deformation der Festkörpergrenzfläche in unmittelbarem Zusammenhang steht. Ist die Deformation in verschiedenen Richtungen unterschiedlich, so ändert sich das Dreiphasenkontaktlinien-Niveau in Abhängigkeit von der Richtung, womit sich wiederum der Wert für den beobachteten Randwinkel ändert. Es sei nochmals betont, daß diese beiden Effekte nur bei Festkörpern mit niedrigen Werten für den Elastizitätsmodul auftreten können.

17.4. Energetik der Benetzung. Benetzung durch Eintauchen. Verallgemeinerung der Dupréschen Regel

Im vorliegenden Abschnitt wollen wir uns der reversiblen Benetzungsarbeit oder — allgemeiner — der mit der Überführung irgendeines Körpers (in willkürlich wählbarem Aggregatzustand) zwischen zwei Medien verbundenen reversiblen Arbeit zuwenden. Für die Berechnung dieser Arbeit wird häufig die DUPRÉsche Regel [25]

$$W = A\,\Delta\sigma \tag{17.45}$$

verwendet (A — Flächeninhalt der Festkörpergrenzfläche, $\Delta\sigma$ — Änderung der Grenzflächenspannung). Diese Regel berücksichtigt allerdings nur die Adhäsionsarbeit. Demgegenüber kann jedoch im allgemeinen Falle die Übertragung eines Körpers zwischen zwei Medien von einer partiellen Phasenumwandlung dieses Körpers (Auflösung, Verdampfung u. a. m.) sowie Adsorption verschiedener Stoffe an seiner Grenzfläche begleitet werden. Daher sind für die Benetzungsarbeit allgemeinere Beziehungen zu betrachten. Damit einhergehend sollen der physikalische Inhalt der DUPRÉschen Regel und ihre Anwendbarkeitsgrenzen untersucht werden. Zunächst wollen wir den Fall einer vollständigen Überführung des betrachteten Körpers zwischen zwei Medien (Benetzung durch Eintauchen) behandeln [26, 27].

Zu Beginn unserer Erörterung sei bemerkt, daß je nach Bedingungen des Prozeßablaufes die dabei geleistete Arbeit über unterschiedliche Gleichungen und thermodynamische Beziehungen bestimmt wird: durch die innere Energie U bei $S, V =$ const, durch die Enthalpie H bei $S, P =$ const, durch die freie Energie F bei $T, V =$ const, durch die GIBBSsche freie Enthalpie G bei $T, P =$ const u. s. f. Beginnen wir mit der Bestimmung der Änderung der inneren Energie ΔU des heterogenen Systems bei einer Überführung eines Körpers γ aus Phase β in Phase α unter den Bedingungen $S, V =$ const. Beispielsweise sei Phase γ ein Festkörper, während die Phasen α und β eine Flüssigkeit bzw. ein Gas darstellen. In diesem Falle wird das Eintauchen des Festkörpers in die Flüssigkeit betrachtet. Die Energie dieses heterogenen Gleichgewichtssystems ist im Anfangsmoment durch

$$\begin{aligned} U_1 = T_1 S &- P_1{}^{(\alpha)} V_1{}^{(\alpha)} - P_1{}^{(\beta)} V_1{}^{(\beta)} - P_1{}^{(\gamma)} V_1{}^{(\gamma)} + \sigma_1{}^{(\alpha\beta)} A_1{}^{(\alpha\beta)} \\ &+ \sigma_1{}^{(\beta\gamma)} A_1{}^{(\beta\gamma)} + \sum_k \sigma_1{}^{(k)} A_1{}^{(k)} + \sum_i \mu_i' m_i \end{aligned} \tag{17.46}$$

gegeben, wobei die hochgestellten Indizes α, β und γ sowie die doppelten Indizes die Zugehörigkeit der jeweiligen Größen zu den entsprechenden Raumphasen bzw. den zwischen diesen liegenden Diskontinuitätsflächen kennzeichnen. Der Index k bezieht sich auf alle übrigen Flächen (z. B. auf die Gefäßwände), die im System zugegen sein können. Mit den Indizes 1 und ′ wird der Ausgangszustand bezeichnet.

Unter Benutzung der Bedingungen für das mechanische Gleichgewicht

$$P_1{}^{(\alpha)} = P_1{}^{(\beta)};$$

$$P_1{}^{(\gamma)} - P_1{}^{(\beta)} = \frac{2\sigma_1{}^{(\beta\gamma)}}{r_1{}^{(\beta\gamma)}} \tag{17.47}$$

sowie der geometrischen Beziehungen

$$\left.\begin{aligned} V &= V_1^{(\alpha)} + V_1^{(\beta)} + V_1^{(\gamma)}, \\ V_1^{(\gamma)} &= \frac{1}{3} A_1^{(\beta\gamma)} r_1^{(\beta\gamma)} \end{aligned}\right\} \tag{17.48}$$

bringen wir Ausdruck (17.46) in die folgende Form:

$$U_1 = T_1 S - P_1^{(\beta)} V + \sigma_1^{(\alpha\beta)} A_1^{(\alpha\beta)} + \frac{1}{3} \sigma_1^{(\beta\gamma)} A_1^{(\beta\gamma)} + \sum_k \sigma_1^{(k)} A_1^{(k)} + \sum_i \mu_i' m_i . \tag{17.49}$$

Die Energie des heterogenen Gleichgewichtssystems ist im Endzustand (nach Überführen der Phase γ aus Phase β in Phase α) durch den folgenden Ausdruck gegeben:

$$\begin{aligned} U_2 = {} & T_2 S - P_2^{(\alpha)} V_2^{(\alpha)} - P_2^{(\beta)} V_2^{(\beta)} - P_2^{(\gamma)} V_2^{(\gamma)} + \sigma_2^{(\alpha\gamma)} A_2^{(\alpha\gamma)} \\ & + \sigma_2^{(\alpha\beta)} A_2^{(\alpha\beta)} + \sum_k \sigma_2^{(k)} A_2^{(k)} + \sum_i \mu_i'' m_i . \end{aligned} \tag{17.50}$$

Unter Berücksichtigung der Bedingungen

$$P_2^{(\alpha)} = P_2^{(\beta)}; \qquad P_2^{(\gamma)} - P_2^{(\alpha)} = \frac{2\sigma_2^{(\alpha\gamma)}}{r_2^{(\alpha\gamma)}}; \tag{17.51}$$

$$V = V_2^{(\alpha)} + V_2^{(\beta)} + V_2^{(\gamma)}; \qquad V_2^{(\gamma)} = \frac{1}{3} A_2^{(\alpha\gamma)} r_2^{(\alpha\gamma)} \tag{17.52}$$

erhalten wir

$$\begin{aligned} U_2 = {} & T_2 S - P_2^{(\beta)} V + \frac{1}{3} \sigma_2^{(\alpha\gamma)} A_2^{(\alpha\gamma)} + \sigma_2^{(\alpha\beta)} A_2^{(\alpha\beta)} \\ & + \sum_k \sigma_2^{(k)} A_2^{(k)} + \sum_i \mu_i'' m_i . \end{aligned} \tag{17.53}$$

Nunmehr finden wir durch Subtraktion der Gl. (17.49) von Beziehung (17.53) für die Änderung der inneren Energie des Systems bei Benetzung durch Eintauchen den folgenden Ausdruck:

$$\begin{aligned} \Delta U \equiv U_2 - U_1 = {} & (T_2 - T_1) S - (P_2^{(\beta)} - P_1^{(\beta)}) V + \frac{1}{3} (\sigma_2^{(\alpha\gamma)} A_2^{(\alpha\gamma)} - \sigma_1^{(\beta\gamma)} A_1^{(\beta\gamma)}) \\ & + (\sigma_2^{(\alpha\beta)} A_2^{(\alpha\beta)} - \sigma_1^{(\alpha\beta)} A_1^{(\alpha\beta)}) \\ & + \sum_k (\sigma_2^{(k)} A_2^{(k)} - \sigma_1^{(k)} A_1^{(k)}) + \sum_i (\mu_i'' - \mu_i') m_i . \end{aligned} \tag{17.54}$$

Dieser läßt sich zur besseren Handlichkeit in eine kompakte Form bringen:

$$\Delta U = S \, \Delta T - V \, \Delta P^{(\beta)} + \frac{1}{3} \Delta(\sigma A) + \sum_k \Delta(\sigma^{(k)} A^{(k)}) + \sum_i m_i \, \Delta\mu_i . \tag{17.55}$$

Hierbei wurden jene Phasenindizierungen, die sich auf den überführten Körper und seine Grenzflächen beziehen, weggelassen; die Fläche $\alpha\beta$ wurde in die Gruppe der übrigen im System vertretenen Flächen einbezogen.

Durch analoges Vorgehen können weitere Beziehungen für die bei unterschiedlichen Bedingungen geleistete Arbeit hergeleitet werden:

— $S, P =$ const:

$$\Delta H = S\,\Delta T + \frac{1}{3}\,\Delta(\sigma A) + \sum_k \Delta(\sigma^{(k)}A^{(k)}) + \sum_i m_i\,\Delta\mu_i \tag{17.56}$$

— $T, V =$ const:

$$\Delta F = -V\,\Delta P^{(\beta)} + \frac{1}{3}\,\Delta(\sigma A) + \sum_k \Delta(\sigma^{(k)}A^{(k)}) + \sum_i m_i\,\Delta\mu_i \tag{17.57}$$

— $T, P =$ const:

$$\Delta G = \frac{1}{3}\,\Delta(\sigma A) + \sum_k \Delta(\sigma^{(k)}A^{(k)}) + \sum_i m_i\,\Delta\mu_i. \tag{17.58}$$

Jeder von diesen Prozessen läuft bei konstanter Masse jeder einzelnen Komponente ab. Wird aber ein Prozeß betrachtet, der bei Konstanz der Temperatur, des Außendruckes $P^{(\beta)}$ und der chemischen Potentiale aller Komponenten realisiert wird (ein solcher Prozeß geht stets mit einer partiellen Phasenumwandlung und einer Änderung der Körpergröße einher), so ist die Arbeit dieses Prozesses durch den folgenden Ausdruck gegeben:

$$\Delta(\Omega + P^{(\beta)}V) = \frac{1}{3}\,\Delta(\sigma A) + \sum_k \Delta(\sigma^{(k)}A^{(k)}). \tag{17.59}$$

Ein Vergleich der Gln. (17.45) und (17.59) zeigt anschaulich, daß die Dupréսche Regel nicht anwendbar ist, wenn der Überführungsvorgang eines Körpers zwischen zwei Phasen von einem Phasenumwandlungsprozeß begleitet wird. In diesem Falle führen auch die Gln. (17.55)···(17.58) zu anderen, als sich nach (17.45) ergebenden Resultaten. Mithin verkörpern die Gln. (17.55)···(17.59) eine verallgemeinerte Form der Dupréschen Regel.

Gehen wir auf Ausdruck (17.58) für den in der Praxis wichtigen Fall der isotherm-isobaren Bedingungen näher ein. Es sei jetzt völliger Ausschluß von Phasenprozessen vorausgesetzt; der überführte Körper möge mit dem ihm umgebenden Medium keinen Molekülaustausch unterhalten. Aus der Summe über alle Komponenten separieren wir jenen Teil, der sich auf die Komponenten des Körpers bezieht (diese mögen den Index j tragen). Beziehung (17.58) schreiben wir sodann als

$$\Delta G = \frac{1}{3}\,\Delta(\sigma A) + \sum_k \Delta(\sigma^{(k)}A^{(k)}) + \sum_j m_j\,\Delta\mu_j + \sum_i m_i\,\Delta\mu_i. \tag{17.60}$$

Wir wollen klären, zu welchem Resultat nun Gl. (17.60) führt. Stellen wir uns einen gewissen Nichtgleichgewichtsprozeß vor, in dessen Folge das ursprüngliche Umgebungsmedium durch ein anderes ersetzt wird. Dieser Vorgang laufe ohne Störung der Kugelsymmetrie des Körpers bzw. der Bedingung des mechanischen Gleichgewichtes ab. Übereinstimmend mit der Gibbsschen Methode setzen wir voraus, daß das von der Spannungsfläche begrenzte Volumen $V^{(\gamma)} = \frac{4}{3}\pi r^3$ von einer homogenen Gleichgewichtsphase mit dem Druck $P^{(\gamma)}$ gefüllt sei. Der Zustand dieser Phase wird unter isothermen Bedingungen durch die Fundamentalgleichung

$$V^{(\gamma)}\,dP^{(\gamma)} = \sum_j V^{(\gamma)}\varrho_j\,d\mu_j \tag{17.61}$$

beschrieben, in der ϱ_j die Molzahl der j-ten Komponente pro Volumeneinheit ausdrückt. Da jetzt der Körper als geschlossenes System betrachtet wird, berücksichtigen wir die Konstanz der Gesamtmolzahl einer jeden Komponente des Körpers:

$$m_j = V^{(\gamma)}\varrho_j + A\Gamma_j = \text{const} \tag{17.62}$$

mit Γ_j als der absoluten Adsorption der j-ten Komponente. Des weiteren sei die Beziehung

$$\int\limits_{(1)}^{(2)} V^{(\gamma)}\,dP^{(\gamma)} = \int\limits_{(1)}^{(2)} A\,d\sigma - \frac{1}{3}\,\Delta(\sigma A) \tag{17.63}$$

berücksichtigt (diese ergibt sich aus Bedingung (17.47) bei $P^{(\beta)} = \text{const}$; die Integration erfolgt vom Anfangs- zum Endzustand des Körpers).

Aus (17.61)···(17.63) folgt:

$$\frac{1}{3}\,\Delta(\sigma A) + \sum_j m_j\,\Delta\mu_j = \int\limits_{(1)}^{(2)} A\Big(d\sigma + \sum_j \Gamma_j\,d\mu_j\Big), \tag{17.64}$$

und Formel (17.60) nimmt folgendes Aussehen an:

$$\Delta G = \int\limits_{(1)}^{(2)} A\,d\sigma + \sum_j \int\limits_{(1)}^{(2)} A\Gamma_j\,d\mu_j + \sum_k \Delta(\sigma^{(k)}A^{(k)}) + \sum_i m_i\,\Delta\mu_i\,. \tag{17.65}$$

Das sich ergebende Resultat ist — allgemein betrachtet — von Gl. (17.45) verschieden. Allerdings geht (17.65) dann in (17.45) über, wenn $A = \text{const}$, $\Gamma_j = \text{const}$ und $\Delta\mu_i = 0$ (sind die Temperatur und die chemischen Potentiale der mobilen Komponenten konstant, so verschwindet auch ein von den Fremdflächen herrührender Effekt). Somit ist im behandelten Falle der isotherm-isobaren Bedingungen bei Abwesenheit von Phasenprozessen die Duprésche Regel praktisch erfüllt, sofern nur die Änderung des Wertes für die Spannungsfläche, die Adsorption der Komponenten des Körpers an dessen Grenzfläche und die Änderung der chemischen Potentiale beider Medien vernachlässigbar sind.

Stellen wir nun fest, in welchen Fällen die hergeleiteten Bedingungen für die Gültigkeit der Dupréschen Regel in der Praxis vorliegen können. Die Bedingung bezüglich des konstanten Wertes für die Spannungsfläche ist von relativ kompliziertem physikalischen Inhalt, da diese Größe nicht nur von den Abmessungen, sondern auch von der Zusammensetzung und der molekularen Struktur des Körpers abhängig ist. Doch ist offensichtlich, daß bei hoher Kompressibilität des Körpers die Änderung der Spannungsflächengröße einen bedeutenden Betrag annehmen kann. Damit ist eine Beschränkung auf wenigkompressible flüssige oder Festkörper unumgänglich. Wird weiterhin die Zahl der Körperkomponenten auf eins begrenzt, so folgt automatisch aus der Bedingung von der geringen Kompressibilität die Bedingung von der geringen Eigenadsorption dieses Stoffes an der Grenzfläche des Körpers. Für den Fall eines einkomponentigen Körpers läßt sich Gl. (17.60) als

$$\Delta G = \frac{1}{3}\,\Delta(\sigma A) + \sum_k \Delta(\sigma^{(k)} A^{(k)}) + m\,\Delta\mu + \sum_i m_i\,\Delta\mu_i \tag{17.66}$$

schreiben; m und μ beziehen sich hier auf den körperbildenden Stoff. Im weiteren benutzen wir die folgenden Beziehungen:

$$\Delta(\sigma A) = A_1\,\Delta\sigma\left[1 + 2\,\frac{\sigma_2}{\Delta\sigma}\cdot\frac{\Delta r}{r_1} + \frac{\sigma_2}{\Delta\sigma}\left(\frac{\Delta r}{r_1}\right)^2\right], \tag{17.67}$$

$$m\,\Delta\mu \approx V_1^{(\gamma)}\,\Delta P^{(\gamma)}\left(1 + \frac{3\Gamma_1}{r_1\varrho_1}\right)\left(1 - \frac{1}{2}\,\chi_1\,\Delta P^{(\gamma)}\right), \tag{17.68}$$

$$\Delta P^{(\gamma)} = 2\Delta\,\frac{\sigma}{r} = \frac{2\Delta\sigma}{r_1}\left(1 - \frac{\sigma_2}{\Delta\sigma}\cdot\frac{\Delta r}{r_2}\right), \tag{17.69}$$

$$V_1^{(\gamma)}\,\Delta P^{(\gamma)} = \frac{2}{3}\,A_1\,\Delta\sigma\left(1 - \frac{\sigma_2}{\Delta\sigma}\cdot\frac{\Delta r}{r_2}\right). \tag{17.70}$$

Mit χ wird die isotherme Kompressibilität des Körpers bezeichnet; die Indizes 1 und 2 kennzeichnen den Anfangs- bzw. Endzustand. Sowohl die aus (17.61), (17.62) folgende Beziehung (17.68) als auch die Entwicklungen der Dichte nach Potenzen der Druckdifferenz sind Näherungen (für kleine χ-Werte), alle weiteren Beziehungen sind exakt. In allen Ausdrücken (17.67)···(17.70) hängt der Einfluß der zusätzlich zu dem Wert Eins in den Klammern auftretenden Glieder von der Größe des Krümmungsradius r_1 ab. Bei $r_1 \to \infty$ (d. h. beim Übergang zur ebenen Grenzfläche) verschwinden diese Glieder gänzlich, bei hinreichend großen r_1-Werten treten sie als kleine Korrekturen auf. Für diesen Fall kann Gl. (17.66) nach Berücksichtigung der Beziehungen (17.67)···(17.70) in Form folgender Näherungsbeziehung geschrieben werden:

$$\Delta G \approx A_1\,\Delta\sigma\left[1 + \frac{\sigma_2}{\Delta\sigma}\left(\frac{\Delta r}{r_1}\right)^2 + \frac{2\Gamma_1}{r_1\varrho_1} - \frac{\chi\,\Delta\sigma}{r_1}\right] + \sum_i m_i\,\Delta\mu_i\,. \tag{17.71}$$

Eine Gegenüberstellung von (17.45) und (17.71) zeigt deutlich, daß für den betrachteten Fall zweierlei Typen von Korrekturen zu Gl. (17.45) vorliegen.[1] Die Korrekturen der ersten Art (sie werden durch die von den eckigen Klammern umschlossenen Größen bestimmt) hängen von der Körpergröße ab. Ihre Kleinheit wird durch folgende Bedingungen festgelegt:

$$\left(\frac{\Delta r}{r_1}\right)^2 \ll \frac{|\Delta\sigma|}{\sigma_2}\,; \quad \frac{2\,|\Gamma_1|}{r_1\varrho_1} \ll 1; \quad \frac{\chi_1\,|\Delta\sigma|}{r_1} \ll 1\,. \tag{17.72}$$

[1] Werden die Bedingungen $T, P = \text{const}$ (P — Außendruck) aufgehoben, so treten zusätzliche Korrekturen in Erscheinung.

Diese sind sowohl durch die ausreichende Größe des Körpers als auch durch seine geringe Kompressibilität gewährleistet. Praktisch sind diese Korrekturen auch für makroskopische Körper mit kleineren Abmessungen gering.

Die Korrekturen der zweiten Art sind mit den Größen $\Delta\mu_i$ verknüpft und werden von der Änderung der Zusammensetzung und der Struktur beider Medien bei Kontakt mit der Grenzfläche des überführten Körpers festgelegt. Die Größe einer jeden dieser Korrekturen hängt von der Masse des Mediums pro Grenzflächeneinheit des Körpers ab. Korrekturen dieser Art können bedeutend sein, sofern die spezifische Grenzfläche des Körpers groß und die Masse des Mediums ausreichend klein ist. Dies ist z. B. in Versuchen zur Adsorption von Stoffgemischen der Fall. Mit zunehmender Masse des Mediums verringert sich jedoch die Rolle dieser Korrekturen. Für ein einkomponentiges massives Medium gewährleistet die Konstanz von Temperatur und Druck automatisch auch die Konstanz des chemischen Potentials, so daß die Korrekturen der zweiten Art auch verschwinden.

Somit kann konstatiert werden, daß für einen schwachkompressiblen Körper und massive Medien unter isotherm-isobaren Bedingungen und bei Abwesenheit eines Phasenprozesses Gl. (17.45) auch im makroskopischen Grenzzustand Gültigkeit besitzt. Im Grenz-, d. h. asymptotischen Charakter der DUPRÉschen Regel besteht auch ihre praktische Bedeutung. Weiterhin ist offensichtlich, daß alle gefundenen Einschränkungen sowohl bei ihrer Formulierung als auch bei ihrer Benutzung zu berücksichtigen sind. Ist z. B. von der Benetzungsarbeit die Rede, so ist die DUPRÉsche Regel nur für den isotherm-isobaren Prozeß der Benetzung eines makroskopischen wenigkompressiblen und unlöslichen Körpers durch ein massives Medium gültig. Ebenfalls kann behauptet werden, daß die DUPRÉsche Regel auf die Benetzung eines makroskopischen wenigkompressiblen und unlöslichen Körpers anwendbar ist, wenn der Benetzungsprozeß bei Konstanz der Temperatur, des Druckes und der chemischen Potentiale des Mediums durchgeführt wird. Die Störung dieser Bedingungen führt dazu, daß die DUPRÉsche Regel nicht erfüllt ist. So treten z. B. beim Benetzen von Pulvern (selbst wenn diese wenigkompressibel und unlöslich sind) oder porösen Körpern durch flüssige Lösungen sowie bei der Benetzung von Grenzflächen mit dünnen flüssigen Filmen erhebliche Abweichungen von der DUPRÉschen Regel auf; ganz zu schweigen von solchen wegen des Einflusses der Löslichkeit. Gleichzeitig aber behalten in allen Fällen die allgemeinen Beziehungen (17.55)···(17.59) ihre Gültigkeit bei.

Schließlich wollen wir den Fall der unvollständigen Benetzung einer ebenen Grenzfläche des absoluten Festkörpers γ durch einen Tropfen α oder der Haftung eines Tropfens untersuchen. Es sei vorausgesetzt, daß im Endzustand die Fläche $\alpha\beta$ Teil jener Sphäre ist, welche die ebene Fläche $\beta\gamma$ unter dem Benetzungswinkel θ berührt.

Die Energie des Gesamtsystems vor Benetzung (wenn die Phasen γ und α einander nicht berühren) ist durch folgenden Ausdruck gegeben:

$$\begin{aligned} U_1 &= T_1 S - P_1^{(\alpha)} V_1^{(\alpha)} - P_1^{(\beta)} V_1^{(\beta)} - P_1^{(\gamma)} V_1^{(\gamma)} + \sigma_1^{(\alpha\beta)} A_1^{(\alpha\beta)} \\ &\quad + \sigma_1^{(\beta\gamma)} A_1^{(\beta\gamma)} + \sum_i \mu_i' m_i = T_1 S - P_1^{(\beta)} V + \frac{1}{3}\, \sigma_1^{(\alpha\beta)} A_1^{(\alpha\beta)} + \sigma_1^{(\beta\gamma)} A_1^{(\beta\gamma)} \\ &\quad + \sum_i \mu_i' m_i . \end{aligned} \tag{17.73}$$

Nach der Benetzung gilt:

$$U_2 = T_2S - P_2^{(\alpha)}V_2^{(\alpha)} - P_2^{(\beta)}V_2^{(\beta)} - P_2^{(\gamma)}V_2^{(\gamma)} + \sigma_2^{(\alpha\beta)}A_2^{(\alpha\beta)} + \sigma_2^{(\beta\gamma)}A_2^{(\beta\gamma)}$$
$$+ \sigma^{(\alpha\gamma)}A^{(\alpha\gamma)} + \sum_i \mu_i''m_i = T_2S - P_2^{(\beta)}V - \frac{2\sigma_2^{(\alpha\beta)}}{r_2^{(\alpha\beta)}} V_2^{(\alpha)}$$
$$+ \sigma_2^{(\alpha\beta)}A_2^{(\alpha\beta)} + \sigma_2^{(\beta\gamma)}A_2^{(\beta\gamma)} + \sigma^{(\alpha\gamma)}A^{(\alpha\gamma)} + \sum_i \mu_i''m_i. \quad (17.74)$$

Unter Benutzung der Beziehungen

$$V_2^{(\alpha)}/r_2^{(\alpha\beta)} = \frac{1}{3} A_2^{(\alpha\beta)} - \frac{1}{3} A^{(\alpha\gamma)} \cos\theta; \quad \sigma_2^{(\alpha\beta)} \cos\theta = \sigma_2^{(\beta\gamma)} - \sigma_2^{(\alpha\gamma)} \quad (17.75)$$

erhalten wir:

$$U_2 = T_2S - P_2^{(\beta)}V + \frac{1}{3} \sigma_2^{(\alpha\beta)}A_2^{(\alpha\beta)} + \frac{2}{3} A^{(\alpha\gamma)}(\sigma_2^{(\beta\gamma)} - \sigma^{(\alpha\gamma)})$$
$$+ \sigma_2^{(\beta\gamma)}A_2^{(\beta\gamma)} + \sigma^{(\alpha\gamma)}A^{(\alpha\gamma)} + \sum_i \mu_i''m_i = T_2S - P_2^{(\beta)}V$$
$$+ \frac{1}{3} (\sigma_2^{(\alpha\beta)}A_2^{(\alpha\beta)} + \sigma^{(\alpha\gamma)}A^{(\alpha\gamma)} - \sigma_2^{(\alpha\gamma)}A^{(\alpha\gamma)}) + \sigma_2^{(\beta\gamma)}A_1^{(\beta\gamma)} + \sum_i \mu_i''m_i. \quad (17.76)$$

Subtrahieren wir (17.73) aus (17.76), so finden wir für die Änderung der inneren Energie des Systems bei unvollständiger Benetzung der ebenen Grenzfläche $\beta\gamma$ durch Phase α

$$\Delta U \equiv U_2 - U_1 = (T_2 - T_1)\, S - (P_2^{(\beta)} - P_1^{(\beta)})\, V + \frac{1}{3} [\sigma_2^{(\alpha\beta)}A_2^{(\alpha\beta)}$$
$$- \sigma_1^{(\alpha\beta)}A_1^{(\alpha\beta)} + (\sigma^{(\alpha\gamma)} - \sigma_2^{(\beta\gamma)})\, A^{(\alpha\gamma)}] + (\sigma_2^{(\beta\gamma)} - \sigma_1^{(\beta\gamma)})\, A_1^{(\beta\gamma)}$$
$$+ \sum_i (\mu_i'' - \mu_i')\, m_i. \quad (17.77)$$

Analog ergeben sich die folgenden Beziehungen:

$$\Delta H = (T_2 - T_1)\, S + \frac{1}{3} [\sigma_2^{(\alpha\beta)}A_2^{(\alpha\beta)} - \sigma_1^{(\alpha\beta)}A_1^{(\alpha\beta)} + (\sigma^{(\alpha\gamma)} - \sigma_2^{(\beta\gamma)})\, A^{(\alpha\gamma)}$$
$$+ (\sigma_2^{(\beta\gamma)} - \sigma_1^{(\beta\gamma)})\, A_1^{(\beta\gamma)} + \sum_i (\mu_i'' - \mu_i')\, m_i; \quad (17.78)$$

$$\Delta F = -(P_2^{(\beta)} - P_1^{(\beta)})\, V + \frac{1}{3} [\sigma_2^{(\alpha\beta)}A_2^{(\alpha\beta)} - \sigma_1^{(\alpha\beta)}A_1^{(\alpha\beta)}$$
$$+ (\sigma^{(\alpha\gamma)} - \sigma_2^{(\beta\gamma)})\, A^{(\alpha\gamma)}] + (\sigma_2^{(\beta\gamma)} - \sigma_1^{(\beta\gamma)})\, A_1^{(\beta\gamma)} + \sum_i (\mu_i'' - \mu_i')\, m_i; \quad (17.79)$$

$$\Delta G = \frac{1}{3} [\sigma_2^{(\alpha\beta)}A_2^{(\alpha\beta)} - \sigma_1^{(\alpha\beta)}A_1^{(\alpha\beta)} + (\sigma^{(\alpha\gamma)} - \sigma_2^{(\beta\gamma)})\, A^{(\alpha\gamma)}]$$
$$+ (\sigma_2^{(\beta\gamma)} - \sigma_1^{(\beta\gamma)})\, A_1^{(\beta\gamma)} + \sum_i (\mu_i'' - \mu_i')\, m_i. \quad (17.80)$$

Alle hier aufgeführten Beziehungen sind für den Fall eines einzigen Teilchens von Phase γ hergeleitet worden. Durch einfache Summation über die Teilchenzahl kann dieses Resultat unschwer auf jenen Fall, daß sich Phase γ im dispergierten Zustand befindet, übertragen werden. Für kristalline Körper sind unter den Grenzflächenspannungen σ mittlere Grenzflächenspannungen sowie unter den Radien mittlere Radien zu verstehen.

17.5. Dispergierungsarbeit

Zwischen den Prozessen der Zerteilung bzw. Benetzung irgendeines Körpers bestehen viele Gemeinsamkeiten, in beiden tritt die Änderung der Grenzflächenenergie als dominierender Faktor in Erscheinung. Da wir bei der Behandlung der Benetzung auch die Möglichkeit einer Änderung der Grenzflächengröße des Körpers berücksichtigt haben, sind die allgemeinen Beziehungen (17.55)···(17.59) auch auf den Zerteilungsvorgang für einen sich während der gesamten Zeit in Phase β befindenden Körper anwendbar. Ein jeder dieser Ausdrücke liefert die Zerteilungsarbeit unter den jeweiligen äußeren Bedingungen. Allerdings treten Unterschiede in den aus Gl. (17.55)···(17.59) für Zerteilung bzw. Benetzung folgenden spezifischen Beziehungen auf. So tritt nicht Gl. (17.45), sondern die Beziehung

$$W \approx \sigma \Delta A \tag{17.81}$$

auf (hier bedeutet ΔA die Änderung des Grenzflächeninhalts infolge der Zerteilung des Körpers). Beziehung (17.81) folgt ebenfalls aus Ausdruck (17.58), und zwar für die Zerteilungsarbeit bei $T, P = \text{const}$. Die Anwendbarkeitsbedingungen sind für Gl. (17.81) die gleichen wie für die Duprésche Regel (siehe vorstehenden Abschnitt). Diese spezielle Gleichung gilt allerdings nur für die Zerteilung eines makroskopischen wenigkompressiblen und unlöslichen Körpers in eine nicht zu große Anzahl makroskopischer Teile in einem massiven Medium.

Bei der Bildung einer großen Anzahl kleiner Teilchen, wenn also von einem Dispergierungsprozeß die Rede ist, tritt neben der Berücksichtigung der thermodynamischen Korrekturen für Gl. (17.81) eine weitere Besonderheit auf. Diese besteht in der Notwendigkeit, die Brownsche Bewegung der Teilchen der dispersen Phase sowie ihren Beitrag für die Dispergierungsarbeit zu berücksichtigen. Eine erste Erörterung dieser Frage erfolgte in den Arbeiten [28, 29] in Verbindung mit dem Problem der selbsttätigen Dispergierung. Ihre Theorie ist in den Arbeiten [30]···[32] formuliert worden. Nachstehend werden einige Resultate dieser Theorie in bezug auf den Dispergierungsprozeß in einem monodispersen System mit einer einkomponentigen dispersen Phase dargestellt.

Die Berücksichtigung der Brownschen Bewegung der Teilchen der dispersen Phase erfolgte auf der Grundlage der klassischen statistischen Mechanik. Im unbewegten Koordinatensystem kann die Gesamtheit eines dispersen Systems in Analogie zu einem molekularen System, in dem die Rolle der Moleküle von den Teilchen der dispersen Phase übernommen wird, betrachtet werden. Ist das Koordinatensystem mit dem Massezentrum des beweglichen Teilchens verbunden, kann das letztere als kleines thermodynamisches System angesehen werden, das über eigene Grenzflächenspannung, chemische Potentiale und andere thermodynamische Parameter verfügt. Als Beispiel eines derartigen kleinen Systems kann ein Flüssigkeitstropfen mit ruhendem Massezentrum dienen. Die Molekülbewegung im Tropfeninneren gewährleistet sein Gleichgewicht; sein statistisches Integral und die thermodynamischen Parameter werden auf üblichem Wege berechnet. Für den Fall, daß die Teilchen der dispersen Phase noch als Ganzes rotieren können (charakteristisch für feste Teilchen), darf als kleines thermodynamisches System das gleiche Teilchen bei Abwesenheit der Rotation und mit ruhendem Massezentrum ausgewählt werden. Natürlich beeinflußt eine jede solche Einschränkung die Werte der thermodynamischen Parameter.

Der Ausdruck für die freie Energie eines monodispersen Systems — bestehend aus zur Rotation fähigen Teilchen — im Vakuum lautet folgendermaßen:

$$F = n\left(\frac{1}{3}\,\sigma A + \mu\nu\right) + nkT\left(\ln \frac{n}{VeQ_\nu^{\text{tr}}Q_\nu^{\text{rot}}} + B_2\,\frac{n}{V}\right). \tag{17.82}$$

Darin bedeutet n die Teilchenzahl der dispersen Phase, ν die Molekülzahl in einem Teilchen (Gesamtzahl der Moleküle: $N = n\nu$), σ, A und μ die Grenzflächenspannung, den Grenzflächeninhalt bzw. das molekulare chemische Potential für ein Einzelteilchen der dispersen Phase mit unbewegtem Massezentrum ohne Rotation, k die BOLTZMANNsche Konstante, T die Temperatur, V das Volumen des Gesamtsystems, Q_ν^{tr} und Q_ν^{rot} die translatorische bzw. rotatorische Komponente des statistischen Integrals für ein Einzelteilchen der dispersen Phase, B_2 den zweiten Virialkoeffizienten, welcher die Wechselwirkung der Teilchen der dispersen Phase untereinander charakterisiert (zur Vereinfachung wurden die höheren Virialkoeffizienten vernachlässigt). Ausdruck (17.82) ist für die Beschreibung disperser Systeme mit festen Teilchen geeignet; im Falle flüssiger Teilchen wird in der Regel die Rotationskomponente Q_ν^{rot} nicht gesondert hervorgehoben, der ihr entsprechende Beitrag wird in das erste Glied der rechten Seite von (17.82) (d. h. in die Werte für σ und μ) einbezogen.

Die Translationskomponente lautet

$$Q_\nu^{\text{tr}} = \left(\frac{2\pi m_\nu kT}{h^2}\right)^{3/2} \tag{17.83}$$

mit m_ν als Masse eines Einzelteilchens der dispersen Phase bzw. h als PLANCKschem Wirkungsquantum. Für kugelförmige Teilchen gilt in klassischer Näherung

$$Q_\nu^{\text{rot}} = \frac{8\pi^2}{\alpha}\left(\frac{2\pi kTI_\nu}{h^2}\right)^{3/2} \tag{17.84}$$

mit α und I_ν als Symmetriezahl bzw. Trägheitsmoment eines Teilchens der dispersen Phase. Unter Berücksichtigung der Ausdrücke $I_\nu = \frac{2}{5}\,m_\nu r^2$ bzw. $m_\nu = \frac{4}{3}\,\pi r^3\,d$, worin r den Teilchenradius sowie d die Dichte der dispersen Phase bedeutet, erhalten wir

$$Q_\nu^{\text{tr}}\,Q_\nu^{\text{rot}} = \frac{\pi^8}{\alpha}\left[\frac{16}{3}\left(\frac{2}{5}\right)^{1/2}\frac{kT\,dr^4}{h^2}\right]^3. \tag{17.85}$$

Wird dieser Ausdruck in Gl. (17.82) eingesetzt und unter Berücksichtigung der GIBBS-DUHEMschen Gleichung differenziert, so folgt eine Beziehung für die Charakterisierung des Dispergierungsvorganges in einem monodispersen System mit fester disperser Phase:

$$\left(\frac{dF}{dn}\right)_{T,V,N} = \frac{1}{3}\,\sigma A + kT\left\{4 + \ln\frac{n}{V}\,\frac{\alpha}{\pi^8}\left[\frac{16}{3}\left(\frac{2}{5}\right)^{1/2}\frac{kT\,dr^4}{h^2}\right]^{-3}\right.$$
$$\left. + \frac{n}{V}\left(2B_2 - v\,\frac{\partial B_2}{\partial v}\right)\right\}. \tag{17.86}$$

In der Arbeit [31] ist gezeigt worden, daß der Ausdruck für die Ableitung dF/dn ein und dasselbe Aussehen sowohl für die Dispergierung im Vakuum als auch für jene in einem beliebigen Medium besitzt. Daher bleibt Ausdruck (17.86) auch für den Fall eines beliebigen Dispersionsmediums in Kraft, wenn σ die Grenzflächenspannung an der Phasengrenze zu diesem Medium sowie B_2 den zweiten Virialkoeffizienten in seiner Gegenwart darstellt [31].

Die in (17.86) stehende Ableitung dF/dn kennzeichnet die Änderung der freien Energie während des Dispergierungsprozesses sowie die Dispergierungsarbeit unter isotherm-isochoren Bedingungen. Ist diese Ableitung positiv, so ist der Dispergierungsprozeß energetisch unvorteilhaft und läuft unter Aufwand von Arbeit ab (offensichtlich liegt ein solcher Fall bei der Zerteilung hinreichend großer Teile einer dispersen Phase vor). Verfügt die Ableitung über ein negatives Vorzeichen, so ist der Dispergierungsprozeß energetisch vorteilhaft und läuft selbsttätig ab. Nimmt die Ableitung dF/dn den Wert Null an, so ist ein Gleichgewichtszustand erreicht; im Falle eines Minimums von F ist das Gleichgewicht stabil, in anderen Fällen ist es instabil. Extremzustände der freien Energie sind nicht nur wegen der Kennzeichnung des Gleichgewichtes wichtig, sie sind des weiteren Zwischenzustände beim Übergang von der erzwungenen zur selbsttätigen Dispergierung. Daher ist eine Analyse der Extremzustände von besonderem Interesse.

Die Bedingung für das Auftreten eines Extremwertes der freien Energie erhält man, indem die rechte Seite von (17.86) gleich Null gesetzt wird. Unter Benutzung des Zusammenhanges $n/V = 3y/4\pi r^3$ (mit y als dem Volumenbruch der dispersen Phase) sowie der Näherungen $A = 4\pi r^2$ und $B_2 \sim v$ [31] fixieren wir diese Bedingung als

$$X - C - \ln X = 0, \tag{17.87}$$

wobei die folgenden dimensionslosen Größen auftreten:

$$X \equiv \frac{8\pi\sigma r^2}{45kT} \tag{17.88}$$

$$C \equiv \ln\frac{d^{2/5}(kT)^{7/5}}{(\alpha y)^{2/15}\,\sigma h^{4/5}} - \frac{8}{15} + \ln\left[\frac{45}{8}\left(\frac{16}{3}\right)^{2/5}\left(\frac{4}{3}\right)^{2/15}\left(\frac{2\pi}{5}\right)^{1/5}\right]$$
$$- B_2\,\frac{n}{V} \approx \ln\frac{d^{2/5}(kT)^{7/5}}{(\alpha y)^{2/15}\,\sigma h^{4/5}} + 1{,}9476 - B_2\,\frac{n}{V}. \tag{17.89}$$

Im Rahmen der gekennzeichneten Näherung hängt $B_2 n/V$ nicht von den Größen v und r ab.

Bei Vernachlässigung der Abhängigkeit $\sigma(r)$ gibt Gl. (17.87) die Möglichkeit, die Gleichgewichtswerte von X, mithin auch von r, bei vorgegebenen Zustandsparametern aufzusuchen. Die Lösungen der Gl. (17.87) lassen sich auf graphischem Wege aus einer Gegenüberstellung der Funktionen $X - C$ und $\ln X$ leicht finden. Bei $C < 1$ verfügt (17.87) über keine Lösung. Bei $C > 1$ existieren zwei Lösungen: $X_{\min} < 1$ und $X_{\max} > 1$. Die linke Seite von Gl. (17.87) ist bei $X < X_{\min}$ und $X > X_{\max}$ positiv, während sie im Intervall $X_{\min} < X < X_{\max}$ negative Werte annimmt. Da die Vorzeichen der linken Seite von Gl. (17.87) und des Ausdruckes (17.86) übereinstimmen, folgt für den Punkt $X = X_{\min}$ ein Minimum (stabiles Gleichgewicht) sowie für den Punkt $X = X_{\max}$ ein Maximum (instabiles Gleichgewicht) der freien Energie. Bei $C = 1$ gibt es die einzige Lösung $X = 1$, die dem Wendepunkt der Kurve $F(n)$ entspricht. In den Koordinaten $C - X$ werden alle diese möglichen Lösungen von Gl. (17.87) durch eine Kurve mit einem Minimum C im Punkt (1,1) und zwei asymptotischen Ästen beschrieben. Mit größer werdendem C wächst $X_{\max}$ und wird $X_{\min}$ kleiner (bei großen C-Werten ist $X_{\min} \approx e^{-C}$).

Ausdruck (17.89) kann als

$$C \approx \frac{2}{5} \ln \frac{dkTr^5}{(\alpha y)^{1/3} h^2} - \ln X + 1{,}3651 - \frac{2}{15} B_2 \frac{n}{V} \tag{17.90}$$

dargestellt werden, wonach sich aus Gl. (17.87)

$$\frac{2}{5} \ln \frac{dkTr^5}{(\alpha y)^{1/3} h^2} \approx X - 1{,}3651 + \frac{2}{15} B_2 \frac{n}{V} \tag{17.91}$$

ergibt. Hieraus ist ersichtlich, daß bei $X < 1$ (d. h. für alle $X_{\min}$) die folgende Bedingung erfüllt sein muß:

$$\frac{2}{5} \ln \frac{dkTr^5}{(\alpha y)^{1/3} h^2} < -0{,}3651 + \frac{2}{15} B_2 \frac{n}{V}. \tag{17.92}$$

Es ist leicht einzusehen, daß die Lösungen von (17.87) nur dann von praktischem Interesse sind, wenn sie r-Werten, die größer als die Molekülabmessungen sind, entsprechen. Wählen wir als Minimalwert $r = 5 \cdot 10^{-8}$ cm, so erhalten wir für ein ideales System ($B_2 = 0$) aus Bedingung (17.92) $dT/(\alpha y)^{1/3} < 0{,}42$ g grd cm^{-3}. Unter der Annahme $\alpha = 1$ (vom physikalischen Sinn her ist $y < 1$) kann aus der hergeleiteten Bedingung geschlußfolgert werden, daß dem Zustand des stabilen Gleichgewichtes in einem idealen monodispersen System nur ein kleines Temperaturintervall in Nähe des absoluten Nullpunktes entsprechen dürfte. Da aber in diesem Intervall eine klassische Behandlung nicht erlaubt ist, braucht diese Bedingung nicht näher analysiert zu werden.

Aus Bedingung (17.92) folgt, daß sich bei Erweiterung des Temperaturintervalls der stabilen Zustände die Größe r verringert. So wird z. B. für Temperaturen nahe Raumtemperatur die Größe r kleiner als die Molekülabmessungen. Somit folgt die Aussage, daß im Falle idealer disperser Systeme unter den üblichen Temperaturbedingungen ein Zustand des stabilen thermodynamischen Gleichgewichtes nicht realisierbar ist.

Gemäß (17.91) setzt bei einem Übergang zu den Werten $X > 1$ (d. h. für $X_{\max}$) und weiterer Erhöhung von X eine Erweiterung des Wertebereiches der Zustandsparameter ein. Folglich kann der Fall eines Maximums der freien Energie und eines Eintretens der selbsttätigen Dispergierung in einem idealen monodispersen System leicht realisiert werden.

Betrachten wir nunmehr den Einfluß der Abweichungen von der Idealität des Systems. Da wir uns in Ausdruck (17.82) auf das Glied mit dem zweiten Virialkoeffizienten beschränkt haben, ist — strenggesehen — $|B_2 n/V| \ll 1$ anzunehmen. Daher wird verständlich, daß das Vorhandensein der sehr kleinen Korrektur $\frac{2}{15}(B_2 n/V)$ im Ausdruck (17.91) praktisch ohne Einfluß auf die oben für ideale Systeme getroffenen Schlußfolgerungen bleibt. Das Auftreten dieser Korrektur ist allerdings in jenem Sinne von Interesse, daß sie die Möglichkeit einer qualitativen Abschätzung des Einflusses der Teilchenwechselwirkung in der dispersen Phase auf die Gleichgewichts-Zustandsparameter eines dispersen Systems erlaubt.

Aus Ausdruck (17.91) folgt, daß die Art des Einflusses der Teilchenwechselwirkung in der dispersen Phase auf die Lage des Extremwertes der freien Energie von dem Vorzeichen der Größe B_2 bestimmt wird. Ist $B_2 > 0$, so erweitert sich das Gebiet der möglichen r-Werte und der anderen Zustandsparameter, bei welchen ein Minimum der freien Energie auftritt; bei $B_2 < 0$ engt es sich ein. Im Rahmen der betrachteten Näherung stimmt das Vorzeichen von B_2 mit jenem für den zweiten molekularen Virialkoeffizienten überein. Letzterer ist bekanntlich für tiefe Temperaturen eine negative bzw. für hinreichend hohe Temperaturen eine positive Größe; der Vorzeichenwechsel geht im Boyleschen Punkt vonstatten. Daher kann die Schlußfolgerung gezogen werden, daß unterhalb der Boyleschen Temperatur die Berücksichtigung der schwachen Wechselwirkung zu einer Einengung des Existenzbereiches des Minimums der freien Energie und des stabilen Gleichgewichtes in einem monodispersen System führt. Oberhalb der Boyleschen Temperatur sollte der umgekehrte Effekt auftreten.

Aus Experimenten folgt, daß der Boylesche Punkt für Gase bei relativ hohen Temperaturen liegt (etwa bei dem 2,75fachen Wert der kritischen Temperatur). Somit führt bei einer Dispergierung im Vakuum die Berücksichtigung der schwachen Wechselwirkung lediglich zu einer Einengung des Existenzbereiches der stabilen Zustände. Andere Bedingungen treten im Falle einer Dispergierung im flüssigen Medium in Erscheinung. Das Vorhandensein des letzteren zieht eine wesentliche Abschwächung der van der Waalsschen Wechselwirkung der Teilchen der dispersen Phase über große Entfernungen nach sich [33], was zu einer merklichen Herabsetzung der Boyleschen Temperatur führt. Infolgedessen kann in einem flüssigen Dispersionsmedium auch eine Erweiterung des Existenzbereiches der stabilen Zustände bei Berücksichtigung der Wechselwirkung zwischen den Teilchen der dispersen Phase auftreten.

Wir haben den Dispergierungsprozeß für den Idealfall eines monodispersen Systems betrachtet. In Wirklichkeit ist dieser Prozeß komplizierter, da ein beliebiges reales System polydispers ist. Eine spezielle Klasse disperser Systeme sind die aggregativen Systeme, in denen ein intensiver Molekülaustausch zwischen den Teilchen der dispersen Phase abläuft (jedes Teilchen enthält nur mobile Komponenten), so daß sich schließlich eine Gleichgewichtsverteilung der Teilchen nach ihrer Größe einstellt. Das Auffinden dieser Verteilung ist eine der Hauptaufgaben der Theorie aggregativer Gleichgewichte und steht in einer unmittelbaren Beziehung zu dem Problem der Stabilität disperser Systeme. Diese Aufgabe ist in den Arbeiten [34, 35] ausführlich behandelt worden. Hinsichtlich der Dispergierungsarbeit zeigt die in diesem Abschnitt erfolgte Behandlung (sie könnte durch Einführung einer gewissen konstanten oder sich gesetzmäßig ändernden Verteilung vervollständigt werden) sehr anschaulich die während eines realen Prozesses möglichen Effekte.

Literatur

[1] G. R. Lester: J. Colloid Sci. **16**, 315 (1961)
[2] А. И. Русанов: Колл. ж. **37**, 678 (1975)
[3] В. В. Хлынов, О. А. Есин, А. Б. Кутьин: Докл. АН СССР **197**, 1116 (1971)
[4] В. В. Хлынов, Э. Л. Боксер, О. А. Есин: Докл. АН СССР **208**, 820 (1973)
[5] A. S. Michaels, S. W. Dean: J. Phys. Chem. **66**, 1790 (1962)
[6] J. J. Bikerman: „*Contributions to the Thermodynamics of Surfaces*", publ. by the Author (1961)
[7] J. J. Bikerman: „*Physical Surfaces*", Academic Press, New York 1970, p. 242
[8] А. И. Русанов: Колл. ж. **37**, 688 (1975)
[9] R. Shuttleworth, C. L. J. Bailey: Disc. Faraday Soc. Nr. 3, 16 (1948)
[10] B. A. Pethica, T. J. Pethica: Proc. 2nd Intern. Congress on Surface Activity, vol. III, London 1957, p. 131
[11] J. J. Bikerman: Proc. 2nd Intern. Congress on Surface Activity, vol. II, London 1957, p. 125; Koll.-Z. u. Z. Polym., **218**, 52 (1967)
[12] R. E. Johnson: J. Phys. Chem. **63**, 1655 (1959)
[13] R. E. Collins, C. E. Cooke: Trans. Faraday Soc. **55**, 1602 (1959)
[14] J. E. McNutt, G. M. Andes: J. Chem. Phys. **30**, 1300 (1959)
[15] T. Li: J. Chem. Phys. **36**, 2369 (1962)
[16] A. W. Adamson, I. Ling: in „*Contact Angles, Wettability and Adhesion*", Adv. Chem. Ser. **43**, 57 (1964)
[17] Л. М. Щербаков, П. П. Рязанцев: в сб. „*Исследования в области поверхностных сил*" (russ.; „Untersuchungen auf dem Gebiet der Grenzflächenkräfte"); изд. Наука, Москва 1964, стр. 26
[18] E. Orowan: Proc. Roy. Soc. [London], **A 316**, 473 (1970)
[19] G. R. Lester: Nature, **209** (5028), 1126 (1966)
[20] G. R. Lester: in „*Wetting*", S.C.J. Monograph Nr. 25, London 1967
[21] E. B. Brendo, E. W. Michailow, W. B. Tolstogusow: Z. phys. Chem. [Leipzig] **253**, 369 (1973)
[22] А. И. Русанов: Колл. ж. **37**, 695 (1975)
[23] А. И. Русанов: Колл. ж. **37**, 704 (1975)
[24] G. Bakker: „*Kapillarität und Oberflächenspannung*" in „*Handbuch der Eperimentalphysik*", Bd. 6, Akademische Verlagsgesellschaft, Leipzig 1928, S. 100
[25] A. Dupré: Ann. Chim. (4) **6**, 274 (1865); „*Mechanique de la chaleur*", Paris 1869
[26] Ю. Я. Голгер, А. И. Русанов, В. И. Классен: Докл. АН СССР **179**, 617 (1968)
[27] А. И. Русанов, Ю. Я. Голгер: Колл. ж. **32**, 616 (1970)
[28] Е. Д. Щукин, П. А. Ребиндер: Колл. ж. **20**, 645 (1958)
[29] В. И. Лихтмам, Е. Д. Щукин, П. А. Ребиндер: „*Физико-химическая механика металлов*" (russ.; „Physikalisch-chemische Mechanik der Metalle"), изд. АН СССР, Москва 1962
[30] А. И. Русанов, Е. Д. Щукин, П. А. Ребиндер: Колл. ж. **30**, 573 (1968)
[31] А. И. Русанов, Ф. М. Куни, Е. Д. Щукин, П. А. Ребиндер: Колл. ж. **30**, 735, 744 (1968)
[32] Ф. И. Клигман, А. И. Русанов: Колл. ж. **38**, 44 (1976)
[33] Ф. М. Куни, А. И. Русанов: Колл. ж. **32**, 232 (1970)
[34] А. И. Русанов, Ф. М. Куни: Докл. АН СССР **185**, 386 (1969)
[35] Ф. М. Куни, А. И. Русанов: Теорет. и мат. физика **2**, 265 (1970)

18. Energetik der Bildung neuer Phasen

Der theoretischen und experimentellen Untersuchung der Vorgänge, die zur Bildung neuer Phasen führen, sowie der mit ihnen verbundenen metastabilen Zustände ist eine große Anzahl von Arbeiten gewidmet worden. Eine umfassende Liste dieser Veröffentlichungen ist in mehreren Büchern, Übersichtsarbeiten und Sammelbänden [1]···[18] enthalten. Die überwiegende Mehrzahl dieser Arbeiten enthält Betrachtungen zur Kinetik der Phasenumwandlungen, doch in allen wird auch auf die Thermodynamik des Prozesses eingegangen. Sie wird in der Regel für die Abschätzung der Keimbildungsarbeit benutzt. Dieser Teil der Theorie wurde als relativ einfach angesehen und beruhte auf der Anwendung der Beziehungen von Gibbs und Kelvin, die in den Arbeiten von Volmer, Becker und Döring [19] keine Veränderung erfuhren.

Die in den fünfziger Jahren auf dem Gebiet der Thermodynamik mikroheterogener Systeme durchgeführten Arbeiten haben gezeigt, daß — ungeachtet der Übereinstimmung mit experimentellen Ergebnissen [8], [20]···[23] — in der Kinetik der Phasenumwandlungen ohne Berechtigung eine Reihe grober Annahmen enthalten ist. Sie bestehen speziell darin, daß die Besonderheiten derartig kleiner Objekte, wie sie Keime neuer Phasen darstellen, nicht berücksichtigt wurden. Die Unzulässigkeit, die Eigenschaften eines Keimes mit jenen der makroskopischen Phase zu identifizieren, war bereits seit langem von verschiedenen Autoren, darunter auch von Frenkel [24], betont worden. Jedoch auch sie haben Grenzflächenspannung und Dichte des Keimes als konstant angesehen. Nach Herleitung strenger thermodynamischer Gleichungen für die Abhängigkeit der Grenzflächenspannung von der Keimgröße [25] wurde versucht [8, 21], diese Abhängigkeit in der kinetischen Gleichung von Becker und Döring zu berücksichtigen. Es zeigte sich allerdings, daß das damit erhältliche Resultat zu einer schlechteren Übereinstimmung mit dem experimentellen Ergebnis, als die ursprüngliche Gleichung führt. Dies veranlaßte einige Autoren [8, 10, 26], auf die thermodynamischen Korrekturen zu verzichten und im Rahmen der „klassischen" Theorie zu bleiben.

Dieser Mißerfolg sollte jedoch nicht zu einer skeptischen Haltung gegenüber den strengen thermodynamischen Beziehungen führen. Bereits Buff und Kirkwood [27] haben darauf hingewiesen, daß die einseitige Berücksichtigung der Abhängigkeit der Grenzflächenspannung von der Grenzflächenkrümmung in solchen Gleichungen, die auf der Konstanz dieser Größe aufgebaut sind, nicht zur Verbesserung, sondern zur Verschlechterung der Theorie führt. Um ein richtiges Resultat zu erzielen, ist es erforderlich, eine konsequente Überarbeitung der gesamten Theorie bei Beachtung der Abhängigkeiten nicht nur der Grenzflächenspannung, sondern auch der anderen thermodynamischen Parameter (Dichte, Zusammensetzung u. a. m.) von der Keimgröße vorzunehmen.

Somit besteht für die Thermodynamik die Aufgabe, bei der Bildung neuer Phasen die strengen thermodynamischen Beziehungen für die Gleichgewichtseigenschaften kleiner Objekte zu berücksichtigen.

Eine weitere Aufgabe, die sich gleichermaßen aus den Erfolgen der Thermodynamik gekrümmter Grenzflächen ergibt, ist die sorgfältigere Berücksichtigung der physikalischen Bedingungen des Prozeßablaufes für die Berechnung der Keimbildungsarbeit. Das von Gibbs hergeleitete Resultat ist strenggenommen nur für ein unendlich großes System gültig, für welches die Bedingungen des Prozeßablaufes keine Bedeutung haben. Bei Anwendung auf reale endliche Systeme trägt dieses Resultat Näherungscharakter. Somit ist es erforderlich, Korrekturen in die Betrachtung einzubeziehen, deren Größe von den Bedingungen des Prozeßablaufes abhängig sind.

Diese beiden Aufgaben sollen im vorliegenden Kapitel bei der Behandlung der zur Bildung neuer Phasen führenden Vorgänge vertieft betrachtet werden.

18.1. Zwei thermodynamische Deutungen für metastabile Zustände

Wie bereits im Abschn. 2.6. ausgeführt worden ist, sind zwei Arten der Stabilität homogener Systeme zu untersuchen: die Stabilität bezüglich stetiger Änderungen einer vorliegenden Phase bzw. die Stabilität bezüglich der Bildung neuer Phasen (im makroskopischen Sinne). Im ersten Falle wird Bedingung (2.156) auf unendlich kleine, im zweiten Falle auf endliche Änderungen angewendet.

Phasen, die bezüglich unendlich kleiner Änderungen instabil sind, können nicht existieren. Daher wird in der Regel als stabiler Zustand ein solcher angesehen, der bezüglich stetiger Änderungen stabil ist und durch Bedingung (2.181) gekennzeichnet wird. Doch obwohl eine Phase von großer Abmessung bezüglich stetiger Änderungen völlig stabil sein und auch Ungleichung (2.181) genügen kann, kann sie sich hinsichtlich der Bildung einer anderen makroskopischen Phase aus ihr als instabil erweisen, so daß Ungleichung (2.156) für gewisse endliche Änderungen nicht erfüllt ist. Ist aber andererseits Bedingung (2.156) für beliebige endliche Änderungen erfüllt, so ist die Phase auch in bezug auf die Bildung neuer Phasen stabil. Im ersten Falle spricht man von einem metastabilen und im zweiten Falle von einem stabilen Phasenzustand.

Sind die Energien der Phasen gleich, so ist Bedingung (2.157) erfüllt, und es liegt ein indifferentes Gleichgewicht vor; dieses entspricht der Stabilitätsgrenze bezüglich endlicher Änderungen. Da derartige Phasen koexistieren können, ist die Kurve oder Fläche (Binodalkurve) des Zweiphasengleichgewichtes im Zustandsdiagramm des Systems jene Kurve oder Fläche, welche die stabilen von den metastabilen Zuständen abgrenzt (Kurve AKB in Abb. 18.1.).

Wird die linke Seite von Gl. (2.181) gleich Null, so ist die Stabilitätsgrenze bezüglich der stetigen Änderungen erreicht, und die dieser Bedingung entsprechende Kurve oder Fläche (Spinodalkurve) grenzt im Zustandsdiagramm des Systems die stabilen von den instabilen Zuständen ab (Kurve CKD in Abb. 18.1.). Im kritischen Punkt werden die Stabilitätsgrenzen beider Arten erreicht, Binodal- und Spinodalkurve berühren einander. Aus der thermodynamischen Theorie der kritischen Zustände [28, 29] folgt, daß im kritischen Punkt die Krümmung der Spinodalkurve größer als jene der Binodalkurve ist (für binäre und ternäre Systeme um den Faktor 3 bzw. 1—3), so daß die erste innerhalb der zweiten liegt. Bei einer derartigen gegenseitigen Anordnung der Binodal- und

Spinodalkurven entspricht das zwischen beiden eingeschlossene Gebiet gemäß ihrer eigentlichen Definition den metastabilen Zuständen.

Mithin folgt in logischer Weise aus der Thermodynamik makroskopischer Phasen die Existenz stabiler, metastabiler und instabiler Zustände, es wird die Lage des metastabilen Gebietes im Zustandsdiagramm des Systems festgelegt und die relative Rolle der metastabilen und instabilen Gebiete in Nähe des kritischen Punktes bestimmt. Im allgemeinen Falle liefert die Thermodynamik makroheterogener Systeme bei weiter Entfernung vom kritischen Punkt keine Information über die Breite des metastabilen Gebietes, es sei denn jene, daß dieses endlich ist.

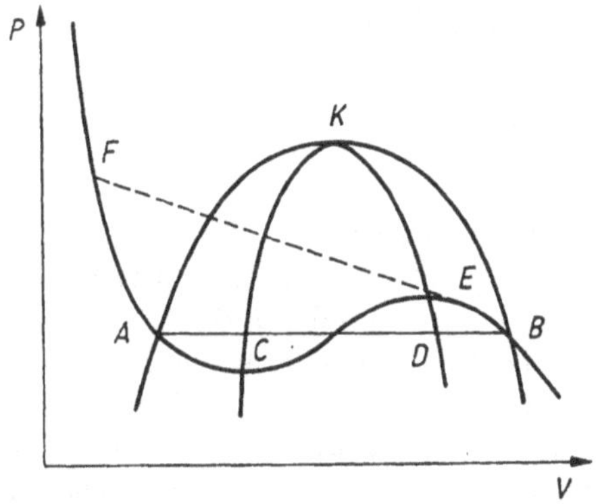

Abb. 18.1. Diagramm eines Zweiphasengleichgewichtes (die Phasen *A* und *B* koexistieren) in einem Einkomponentensystem

Als sehr nützlich hat sich hier ein anderes, aus der Thermodynamik mikroheterogener Systeme folgendes Herangehen erwiesen. Dank der Tatsache, daß sich die Gleichgewichtsbedingungen eines kleinzerteilten Stoffes, welche eine Berücksichtigung von Grenzflächenerscheinungen sowie der Grenzflächenkrümmung erforderlich machen, von den entsprechenden Bedingungen für makroskopische Phasen unterscheiden, darf vorausgesetzt werden, daß einem jeden metastabilen Zustand ein Gleichgewicht mit einem Teilchen definierter Größe der neuen Phase entspricht. Die Besonderheit eines solchen Gleichgewichtes besteht darin, daß sich eine Phase im metastabilen Gebiet und die andere Phase im stabilen Gebiet befindet, wohingegen im Falle eines Gleichgewichtes großer Massen die Phasen-Figurativpunkte auf der Binodalen liegen. So bildet sich z. B. bei der isothermen Kompression eines Gleichgewichtsdampfes (Punkt *B* in Abb. 18.1.) ein metastabiler Zustand *E*, der als mit einem kleinen Flüssigkeitströpfchen im Zustand *F* im Gleichgewicht befindlich angesehen werden kann, wobei das Tröpfchen über einen erhöhten Dampfdruck verfüge. Der Druck im Tröpfcheninneren muß größer als dieser Dampfdruck sein, weshalb auch die Node *FE* nicht mehr horizontal verläuft. Bei einer derartigen Deutung wird die Breite des metastabilen Gebietes von der Änderung der Größe (von Null bis zur makroskopischen Abmessung) des Gleichgewichtskeimes der neuen Phase sowie der entsprechenden Zunahme der Keimbildungsarbeit *W* bei der Bewegung von der Spinodal- zur Binodalkurve festgelegt. Dies entspricht einer völligen Übereinstimmung zwischen den Gleichgewichtstheorien der makro- und mikroheterogenen Systeme.

Die zu diesem Problem für binäre Systeme erhaltenen theoretischen Resultate sind recht widerspruchsvoll. Nach Becker [30] nimmt *W* bei Annäherung an die Binodalkurve stark zu, was einem Hinweis auf wachsende Stabilität des Systems gleichkommt und in Übereinstimmung mit der Thermodynamik von Makrophasen steht. Cahn und Hilliard [31] sind zu der Schlußfolgerung gelangt, daß W bei Erreichen der Spinodalkurve den Wert Null annimmt, haben dieses Ergebnis allerdings auch auf das instabile Gebiet ausgedehnt. Einige Autoren [8, 32] vermuten die Existenz einer Energiebarriere auf der Spinodalkurve, betrachten also W als von Null verschieden.

Im Abschn. 18.5. werden wir uns davon überzeugen, daß die Benutzung der strengen thermodynamischen Formeln zu einer vollständigen Übereinstimmung der Thermodynamik für mikroheterogene Systeme mit den allgemeinen thermodynamischen Prinzipien führt. Bevor wir jedoch zu der Behandlung dieser Frage schreiten, ist es erforderlich, daß wir die thermodynamischen Eigenschaften der Keime neuer Phasen sowie die Methoden zur Berechnung der Keimbildungsarbeit kennenlernen.

18.2. Begriff des Keimes einer neuen Phase

Von Volmer [1] stammen zwei Definitionen für den Keim einer neuen Phase. Gemäß der ersten dieser Definitionen wird als Keim jenes Gebiet einer neuen Phase bezeichnet, das sich in einem chemischen Gleichgewicht mit dem Medium befindet und infolgedessen der Bedingung von der Gleichheit der chemischen Potentiale von Keim und Medium genügt. Die zweite Definition, die von Volmer bei einer Betrachtung von Flüssigkeitströpfchen in einem Dampf gegeben wurde, verknüpft den Begriff vom Keim mit der maximalen Arbeit seiner Bildung aus den Molekülen der Ursprungsphase. Volmer nahm an, die Gleichgewichtsbedingung bestimme vollständig die Größe der neuen Phase; doch dies ist nicht stets der Fall. Beide Definitionen werden einander äquivalent, sofern unter einem Keim die minimale Zusammenballung der neuen Phase, die sich im Gleichgewicht mit dem Medium befindet, verstanden wird [33].

Aus den Definitionen von Volmer, die von der Mehrheit der Forscher akzeptiert werden, folgt, daß unter einem Keim eine Neubildung von definierter (kritischer) Größe zu verstehen wäre. Jedoch ein Teil der Autoren benutzt diesen Begriff — Frenkel [24] folgend — ein einem weiteren Sinne. Hier wird unter einem Keim ein beliebiges (und nicht unbedingt im Gleichgewicht befindliches) Gebilde in Richtung der neuen Phase verstanden. Der gleiche Begriff wird zuweilen [34] auch für die Kennzeichnung jener Gebiete neuer Phasen, die die kritische Größe noch nicht erreicht haben, verwendet. Aus diesem Grunde werden wir von „Gleichgewichtskeimen" sprechen, wenn das Wort Keim im Sinne von Gibbs und Volmer verwendet wird; sprechen wir einfach von „Keimen", so habe die Größe des Gebietes der neuen Phase keine prinzipielle Bedeutung.

Nach den Vereinbarungen zur Terminologie ist es erforderlich, solche auch für die Methode zur thermodynamischen Beschreibung der Gebiete neuer Phasen und vor allem für die Methode ihrer Größenbestimmung zu treffen. Da ein Keim sehr klein sein kann, ist es für eine korrekte Kennzeichnung seiner Größe erforderlich, eine geschlossene geometrische Fläche vorzugeben. Ihre Größe sollte sich mit der Änderung des physikalischen Zustandes des Systems unter Gleichgewichtsbedingungen gesetzmäßig ändern. Wie früher stets vorgegangen wurde, werden wir als derartige Fläche die Spannungsfläche benutzen.

Nach Vorgabe der geometrischen Fläche und gedanklicher Anlagerung einer äußeren Phase (siehe Abb. 18.2.) mit allen ihren makroskopischen Eigenschaften erhalten wir gewisse Überschüsse (seitens der äußeren Phase) der extensiven Eigenschaften und beziehen diese auf die Trennfläche. Verknüpfen wir nun die Trennfläche mit der gesamten von ihr umschlossenen Masse, so erhalten wir einen Komplex, der (im weiten Sinne) als Keim einer neuen Phase bezeichnet werden kann. Mithin besteht das Gedankenexperiment im Ersetzen eines realen, aus zwei Phasen und einer Grenzflächenschicht oder aus einer Grenzflächenschicht und einer äußeren Phase (wenn die innere Phase als solche nicht existiert) bestehenden Systems durch zwei Körper — Keim und Medium — mit exakt bestimmter und zwischen ihnen verlaufender Begrenzungslinie.

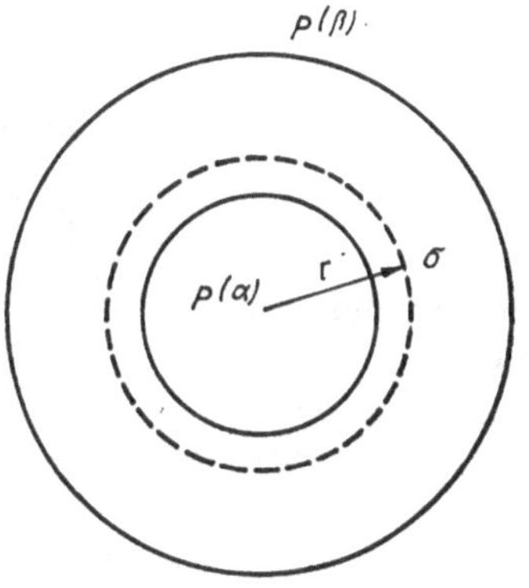

Abb. 18.2. Grenzflächenschicht und Spannungsfläche eines Keimes

Es wurde bereits festgestellt, daß ursprünglich einem Keim die Eigenschaften der makroskopischen Phasen zugeschrieben wurden. Zwar sagen wir uns von diesem mechanistischen Standpunkt los, doch behalten wir seinen rationellen Kern bei und nehmen an, der Keim befinde sich im inneren Gleichgewicht. Dies erlaubt die Benutzung (möglicherweise in einem quasithermodynamischen Sinne) der Fundamentalgleichung für die Kennzeichnung des inneren Gleichgewichtes des betrachteten Komplexes:

$$A\,d\sigma = -S^{(\alpha)}\,dT^{(\alpha)} + V^{(\alpha)}\,dP^{(\alpha)} - \sum_i m_i^{(\alpha)}\,d\mu_i^{(\alpha)} \tag{18.1}$$

mit A und $V^{(\alpha)}$ als auf die Spannungsfläche bezogene Größen, der Index α drücke die Zugehörigkeit der Größen zum Keim aus. Es sei daran erinnert, daß die Größen $S^{(\alpha)}$ und $m_i^{(\alpha)}$ definitionsgemäß nicht nur Entropie und Massen der Komponenten, die im Volumen $V^{(\alpha)}$ eingeschlossen sind, enthalten, sondern auch die Überschüsse dieser Größen seitens der äußeren Phase.

Gl. (18.1) enthält keine Voraussetzung bezüglich eines Gleichgewichtes zwischen Keim und Medium, sie kann für die Charakterisierung von Keimen beliebiger Größe benutzt werden. Für kristalline Keime sind die Größen σ und r im Sinne der Beziehungen (15.100), (15.108) und (15.114) zu verstehen.

18.3. Berechnung der Arbeit für die Bildung einer neuen Phase mit Hilfe thermodynamischer Potentiale

Die Berechnung der Arbeit für die Bildung neuer Phasen ist von außerordentlich großer Bedeutung in der Theorie der Phasenprozesse. Die Kenntnis dieser Größe ermöglicht einerseits Schlußfolgerungen zur statistischen Größenverteilung der auf dem Wege von

Fluktuationen entstandenen Keime:

$$n = n_0 e^{-\frac{W}{kT}} \tag{18.2}$$

mit n als Zahl der Keime vorgegebener Größe und n_0 als einer sich nur langsam ändernden Funktion von W. Andererseits ist die Kenntnis der maximalen Keimbildungsarbeit für die Bestimmung der Kinetik eines Phasenüberganges erforderlich. Diese Größe geht neben der Aktivierungsenergie Q des Diffusionsprozesses in die bekannte kinetische Gleichung ein:

$$I = N e^{-\frac{W_0+Q}{kT}} \tag{18.3}$$

mit I als Bildungsgeschwindigkeit der neuen Phase und N als einer sich relativ schwach ändernden Funktion der maximalen Arbeit W_0.

Die Größe der Arbeit für die Bildung einer neuen Phase ist vom Mechanismus und den Bedingungen des Prozeßablaufes abhängig. In der Regel werden zwei Mechanismen unterschieden: der homogene (spontane), bei welchem die Keimbildung der neuen Phase innerhalb der alten vonstatten geht, bzw. der heterogene, sofern dieser Prozeß an der Phasengrenze abläuft.

Thermodynamische Berechnungen haben gezeigt [35], daß die für die Bildung eines Gleichgewichtskeimes aufzuwendende Arbeit im Falle eines heterogenen Mechanismus kleiner als für einen homogenen Mechanismus ist. Darauf aufbauend hat VOLMER die Schlußfolgerung gezogen [1], daß die heterogenen Prozesse weit überwiegen. Vor allem hat sich erwiesen, daß nicht jedwede heterogene Beimengungen als Kondensations- oder Kristallisationszentren dienen [9, 23], womit die Gegenwart von Fremdteilchen in einem System noch nicht als Beweis für einen heterogenen Mechanismus der Phasenumwandlung angesehen werden darf.

Des weiteren haben Untersuchungen der Kristallisation kleiner Tröpfchen das Vorhandensein bedeutend höherer Übersättigungen als für große Massen nachgewiesen. So haben z. B. Wassertröpfchen von der Größe 1—20 μm Unterkühlungen bis zu —40 °C zugelassen [11], [36]···[40], während Unterkühlungen einer großen Wassermasse selbst —20 °C nicht erreichten. Höhere Übersättigungen konnten für organische Flüssigkeitströpfchen beobachtet werden [40], insbesondere aber für Metalle [8, 41, 42]. So z. B. erlauben Goldtröpfchen von der Größe 10—15 μm Unterkühlungen von $\Delta T = 230\,°C$, wohingegen die Unterkühlung einer großen Masse Goldes lediglich 2—3 °C beträgt. Für Platintröpfchen konnte eine Unterkühlung um $\Delta T = 370\,°C$ erreicht werden; diese Beispiele ließen sich fortsetzen. Auf der Grundlage derartiger Angaben ist die Schlußfolgerung gezogen worden, daß sich die Bildung neuer Phasen in feinverteilten Stoffen nach dem homogenen Mechanismus vollzieht [8, 11, 41, 43]. Somit ist festzustellen, daß beide Mechanismen der Phasenübergänge praktische Bedeutung haben und daher eine aufmerksame Untersuchung verdienen.

Eine sehr günstige (wenn auch nicht ausschließliche) Möglichkeit zur Bestimmung der für die Bildung neuer Phasen bei unterschiedlichen Bedingungen erforderlichen Arbeit besteht in der Benutzung der thermodynamischen Potentiale. Im Kap. 2. haben wir die innere Energie U, die Enthalpie H, die freie Energie F, das GIBBSsche thermodynamische Potential G und das große thermodynamische Potential Ω betrachtet. Für homogene Systeme liefert die Änderung eines jeden dieser Potentiale unter definierten

Bedingungen den Wert für die „nützliche" Arbeit W:

$$W = \Delta U \quad \text{bei konstanten } S, V, m_1, m_2, \ldots \tag{18.4}$$

$$W = \Delta H \quad \text{,,} \quad \text{,,} \quad S, P, m_1, m_2, \ldots \tag{18.5}$$

$$W = \Delta F \quad \text{,,} \quad \text{,,} \quad T, V, m_1, m_2, \ldots \tag{18.6}$$

$$W = \Delta G \quad \text{,,} \quad \text{,,} \quad T, P, m_1, m_2, \ldots \tag{18.7}$$

$$W = \Delta \Omega \quad \text{,,} \quad \text{,,} \quad T, V, \mu_1, \mu_2, \ldots \tag{18.8}$$

Da U, F und Ω für homogene und heterogene Systeme übereinstimmend definiert sind, können die Gln. (18.4), (18.6) und (18.8) ohne irgendwelche weitere Erläuterungen auch auf die Bildungsvorgänge neuer Phasen angewendet werden. Die Ausdrücke (18.5) und (18.7) sind unter der Bedingung konstanten Druckes im System gültig; diese ist für mikroheterogene Systeme von vornherein nicht gewahrt. Jedoch können auch diese Ausdrücke für eine Berechnung der Keimbildungsarbeit unter konstantem Außendruck benutzt werden, sofern die entsprechenden thermodynamischen Funktionen für heterogene Systeme in gleicher Weise wie für homogene Massen definiert werden. Dies bedeutet, daß die in den Gln. (18.5) und (18.7) stehenden Funktionen H und G durch die Funktionen $\tilde{H}$ bzw. $\tilde{G}$, welche über die identischen Gleichheiten (2.48) bzw. (2.50) definiert sind, zu ersetzen wären. Im Kap. 2. haben wir Ausdrücke für diese Funktionen in Anwendung auf den Fall eines Gleichgewichtes zwischen zwei Phasen gegeben, doch können die Funktionen $\tilde{H}$ und $\tilde{G}$ auch für den allgemeineren Fall, daß die Phasen zwar in einem inneren Gleichgewicht stehen, doch ein Gleichgewicht zwischen ihnen nicht existiert (ausführlicher hierzu siehe Abschn. 18.4.), definiert werden.

Von GIBBS [35] ist die Bildung eines Gleichgewichtskeimes in einem unendlichen System untersucht worden. Dabei konnte er zeigen, daß die hierfür erforderliche Arbeit gleich einem Drittel der Grenzflächenenergie des Keimes ist. Für den speziellen Fall eines homogenen Prozesses ergibt sich

$$W = \frac{1}{3} \sigma A . \tag{18.9}$$

Für ein unendliches System sind die Bedingungen des Prozeßablaufes ohne Bedeutung, und für eine Herleitung von (18.9) kann ein beliebiger der Ausdrücke (18.4) bis (18.8) Verwendung finden. Ein Unterschied tritt erst dann auf, wenn das System als endlich anzusehen ist. In der Praxis ist dies gleichbedeutend damit, daß Volumen und Masse pro Keim nicht allzu groß sein dürfen. Der Einfluß der Bedingungen des Prozeßablaufes auf die Bildungsarbeit einer neuen Phase ist vom Bildungsmechanismus nahezu unabhängig. Zunächst wollen wir diesen Einfluß am Beispiel homogener Prozesse untersuchen.

18.4. Bildung neuer Phasen unter isotherm-isobaren Bedingungen

Betrachten wir den speziellen Fall der homogenen Bildung einer neuen Phase unter den Bedingungen konstanten Außendruckes und konstanter Temperatur. Für die Berechnung der Arbeit dieses Prozesses gemäß Gl. (18.7) ist es notwendig, die Werte des GIBBSschen thermodynamischen Potentials sowohl für den Ausgangszustand, verkörpert durch eine homogene (metastabile oder instabile) Phase, als auch für den Endzustand, der sich durch die Gegenwart eines Keimes und einer metastabilen Phase β auszeichnet, die i. a. nicht im Gleichgewicht miteinander stehen, zu bestimmen. Die innere Energie beider Zustände wird über die folgenden Fundamentalgleichungen ausgedrückt:

$$U_{\text{hom}} = TS - PV + \sum_i \mu_i m_i \tag{18.10}$$

$$U_{\text{het}} = TS - P^{(\alpha)} V^{(\alpha)} - P^{(\beta)} V^{(\beta)} + \sigma A + \sum_i \mu_i^{(\alpha)} m_i^{(\alpha)} + \sum_i \mu_i^{(\beta)} m_i^{(\beta)}. \tag{18.11}$$

Das GIBBSsche thermodynamische Potential für den Ausgangszustand ist gemäß Definition (2.40) als

$$G_{\text{hom}} \equiv U_{\text{hom}} - TS + PV = \sum_i \mu_i m_i \tag{18.12}$$

gegeben. Völlig analog ist seine Formulierung auch für den Endzustand, wobei P dem Druck $P^{(\beta)}$ der äußeren Phase gleichzusetzen ist:

$$\begin{aligned} \tilde{G}_{\text{het}} &\equiv U_{\text{het}} - TS + P^{(\beta)} V \\ &= (P^{(\beta)} - P^{(\alpha)})\, V^{(\alpha)} + \sigma A + \sum_i \mu_i^{(\alpha)} m_i^{(\alpha)} + \sum_i \mu_i^{(\beta)} m_i^{(\beta)}. \end{aligned} \tag{18.13}$$

Für den Zustand des Gleichgewichtes sind die Größen $\mu_i^{(\alpha)}$ und $\mu_i^{(\beta)}$ gleich, doch beziehen sie sich in jedem Falle auf unterschiedliche Drücke $P^{(\alpha)}$ und $P^{(\beta)}$. Wird das chemische Potential $\mu^{(\alpha)}$ mit Hilfe der Formel

$$\mu_i^{(\alpha)}(P^{(\alpha)}) \approx \mu_i^{(\alpha)}(P^{(\beta)}) + v_i^{(\alpha)}(P^{(\alpha)} - P^{(\beta)}), \tag{18.14}$$

in der $v_i^{(\alpha)}$ das partielle Molvolumen der i-ten Komponente in der neuen Phase darstellt, durch seinen Wert bei $P = P^{(\beta)}$ ausgedrückt, so geht (18.13) in die folgende kürzere Form über:

$$\tilde{G}_{\text{het}} \approx \sigma A + \sum_i \mu_i^{(\alpha)}(P^{(\beta)})\, m_i^{(\alpha)} + \sum_i \mu_i^{(\beta)} m_i^{(\beta)}. \tag{18.15}$$

Diese Beziehung ist von FRENKEL [24] und vielen anderen Autoren verwendet worden. Ihre Nachteile liegen in ihrem Näherungscharakter und in dem Auftreten der postulierten Größe $\mu_i^{(\alpha)}(P^{(\beta)})$.

Durch Subtraktion von (18.12) aus (18.13) und Berücksichtigung der Massenkonstanz $(m_i^{(\alpha)} + m_i^{(\beta)} = m_i)$ erhalten wir die Keimbildungsarbeit unter isotherm-isobaren Bedingungen:

$$\Delta G = (P^{(\beta)} - P^{(\alpha)})\, V^{(\alpha)} + \sigma A + \sum_i (\mu_i^{(\alpha)} - \mu_i^{(\beta)})\, m_i^{(\alpha)} + \sum_i (\mu_i^{(\beta)} - \mu_i)\, m_i. \tag{18.16}$$

Zwecks Betrachtung der Abhängigkeit ΔG von der Keimgröße differenzieren wir diesen Ausdruck unter Berücksichtigung der Gln. (18.1) und (2.15):

$$d\,\Delta G = (P^{(\beta)} - P^{(\alpha)})\, dV^{(\alpha)} + \sigma\, dA + \sum_i (\mu_i^{(\alpha)} - \mu_i^{(\beta)})\, dm_i^{(\alpha)}. \tag{18.17}$$

Unter den Annahmen $V^{(\alpha)} = \frac{4}{3}\pi r^3$ und $A = 4\pi r^2$ überzeugt man sich leicht davon, daß das Einsetzen der Gleichgewichtsbedingungen (Gleichheiten der chemischen Potentiale) sowie der Bedingung (1.29) den Ausdruck (18.17) gleich Null werden läßt. Setzt man die gleichen Bedingungen in (18.16) ein, so führt dies zu jenem Extremwert von ΔG, der der Bildung eines im Gleichgewicht mit dem Medium stehenden Keimes entspricht:

$$\Delta G_0 = \frac{1}{3}\,\sigma A + \sum_i \left(\mu_i^{(\beta)} - \mu_i\right) m_i. \tag{18.18}$$

Die Differenz $\mu_i^{(\beta)} - \mu_i$ stellt die Änderung der chemischen Potentiale infolge des Keimbildungsprozesses dar.[1] Sie ist für ein unendliches System gleich Null, so daß Gl. (18.18) in die GIBBSsche Gleichung (18.9) übergeht.

Zur Feststellung der Art des Extremwertes ist der Ausdruck für das zweite Differential von ΔG zu bilden, wobei erneut (18.1) zu berücksichtigen wäre:

$$\begin{aligned}(d^2\Delta G)_0 = {} & -8\pi\sigma(dr)^2 \\ & + \left[d\sigma\, dA - dP^{(\alpha)}\, dV^{(\alpha)} + \sum_i d\mu_i^{(\alpha)}\, dm_i^{(\alpha)}\right] + \left[\sum_i d\mu_i^{(\beta)}\, dm_i^{(\beta)}\right].\end{aligned} \tag{18.19}$$

Allerdings führt das erhaltene Resultat nicht mit jener Selbstverständlichkeit, wie es in der Regel erwartet wird, zu einem Maximum. Infolge einer Berücksichtigung der individuellen Eigenschaften des Keimes und der Endlichkeit der Systemabmessungen enthält Ausdruck (18.19) neben einem ersten, deutlich negativen Term zwei weitere Glieder (diese sind in eckige Klammern eingeschlossen). Gemäß Bedingung (2.165) werden die Vorzeichen dieser Summanden von der Stabilität der Zustände festgelegt. Der dritte in Gl. (18.19) stehende Summand sollte offenbar stets positiv sein, da die im Gleichgewicht mit dem Keim stehende Phase stabil (metastabil) ist. In analoger Weise kennzeichnet das Vorzeichen des zweiten, ebenfalls von eckigen Klammern eingeschlossenen Summanden die innere Stabilität des Keimes: ist der Keim beständig, so ist der Summand positiv, im entgegengesetzten Falle trägt er ein negatives Vorzeichen.

Ist das System hinreichend groß, so daß die Bildung eines Keimes fast ohne Einfluß für den Zustand des Systems bleibt, so nimmt der zweite Term in (18.18) bzw. der dritte in (18.19) sehr kleine Werte an. Die Existenz eines Maximums der Größe ΔG folgt in diesem Falle unmittelbar aus (18.18), so daß Ausdruck (18.19) negativ sein muß und infolgedessen das in (18.19) stehende zweite Glied nicht — auch wenn es ein positives Vorzeichen tragen sollte — über einen größeren Absolutwert als das erste Glied verfügen darf. In diesem Falle steht der Gleichgewichtskeim in einem instabilen Gleichgewicht mit der metastabilen Phase.

Die Möglichkeit eines positiven Vorzeichens des Ausdruckes (18.19) und somit eines Minimums von ΔG, welches ein stabiles Gleichgewicht anzeigt, besteht nur dann, wenn der dritte Summand einen hinreichend großen Absolutwert annimmt. Dies ist erstens

[1] Gemäß Gl. (18.18) können im System vorhandene Verunreinigungen die Keimbildungsarbeit beeinflussen. Dies geht nicht nur infolge von Adsorptionsvorgängen und damit verbundenen Änderungen der Grenzflächenspannung (siehe hierzu z. B. [44]) vonstatten, sondern auch als Resultat einer Änderung der chemischen Potentiale der Verunreinigungen während des Keimbildungsprozesses (selbst wenn die Verunreinigungen nicht am Keimbildungsvorgang beteiligt sind).

für relativ kleine und zweitens nur für geschlossene Vielkomponenten-Systeme denkbar.

Im Falle eines Einkomponenten-Systems ist die Konstanz von Außendruck und Temperatur mit der Konstanz des chemischen Potentials des Stoffes in beiden Phasen gleichbedeutend, so daß (18.18) die einfachste aller möglichen Formen annimmt:

$$\Delta G_0 = \frac{1}{3}\sigma A . \tag{18.20}$$

Gemäß Gl. (18.20) ist die Arbeit für die Bildung eines Gleichgewichtskeimes stets positiv, sie wächst mit zunehmender Keimgröße. Die Größe ΔG_0 erreicht ihren Maximalwert bei vollständiger Umwandlung der Ausgangsphase in die neue Phase (damit hierbei die Größe σ ihren Sinn beibehält, darf vorausgesetzt werden, daß das entstehende Maximalgebiet der neuen Phase noch von einem für das Gleichgewicht erforderlichen Film der alten Phase umschlossen bleibt). Bei unendlicher Erstreckung des Systems existiert für ΔG_0 kein oberer Grenzwert (bei $r \to \infty$ gilt $\Delta G_0 \to \infty$). Bezüglich des unteren Grenzwertes ist festzustellen, daß er bei $A \to 0$ erreicht wird, mithin wird hierfür auch die Bildungsarbeit des Gleichgewichtskeimes gleich Null (bei $r \to 0$ gilt $\Delta G_0 \to 0$). Offensichtlich entspricht dies dem Zustand der Grenzübersättigung.

18.5. Grenzübersättigung

In der Literatur zur Phasenneubildung haben die Beziehungen von Kelvin (11.12), Thompson (11.9) sowie von Ostwald und Freundlich (11.45) breite Verwendung gefunden. Sie beschreiben das Gleichgewicht kleiner Teilchen mit dem sie umgebenden Medium.

Eine jede dieser drei Gleichungen wird bei der Behandlung der Kondensations- und Kristallisationserscheinungen für die Berechnung der Gleichgewichtskeimgröße bei vorgegebener Übersättigung und schließlich für die Berechnung der Keimbildungsarbeit benutzt. Aus den Gln. (11.9), (11.12) und (11.45) folgt, daß eine der Bedingung $r = 0$ entsprechende Grenzübersättigung unendlich, mithin unerreichbar ist. Diese Schlußfolgerung steht in krassem Widerspruch sowohl zu den allgemeinen thermodynamischen Vorstellungen von der endlichen Größe eines metastabilen Gebietes als auch zu jenen experimentellen Ergebnissen, nach welchen ein Phasenübergang nach Erreichen einer gewissen endlichen Übersättigung erfolgt.

Für die Überwindung dieses Widerspruchs sind verschiedene Varianten vorgeschlagen worden. Zunächst ist von Ostwald darauf hingewiesen worden, daß die im Experiment beobachtete kritische Übersättigung nicht der Grenzübersättigung, sondern einem Anwachsen der Geschwindigkeit des Phasenumwandlungsprozesses bis zu einem praktisch beobachtbaren Wert, welcher noch keinen Nachweis für die Endlichkeit der Grenzübersättigung darstellt, entspreche. Dessenungeachtet wird gegenwärtig angenommen, daß die Grenzübersättigung endlich sei. Einige Autoren vertreten die Auffassung, daß die Grenzübersättigung den minimal möglichen Abmessungen der neuen Phase entspreche (z. B. den Elementarkristalliten [45, 46], den minimalen Molekülassoziaten [24]) und berechnen — ausgehend von dieser Minimalgröße — den Wert für die Grenzübersättigung nach den Gln. (11.9), (11.12) und (11.45) [24, 47, 48]. Andererseits wird darauf hingewiesen, daß diese Gleichungen ihre Gültigkeit bei Erreichen derartig kleiner

r-Werte, für welche die thermodynamische Behandlung eines Objektes selbst ungerechtfertigt ist, einbüßen. Von diesem Standpunkt her wird als Grenze für die Anwendbarkeit der OSTWALD-FREUNDLICHschen Gleichung die Größe kolloidaler Teilchen ($5 \cdot 10^{-6}$ cm) gesetzt, dieser entspräche somit auch die Grenzübersättigung [49]. Nach RODEBUSH [50] sollte die KELVINsche Gleichung nur bei $r > 10^{-7}$ cm sinnvoll sein. Hierfür spreche einerseits, daß die Grenzflächenspannung für geringere Größen nicht konstant ist, und andererseits, daß bei kleineren Ausmaßen der Molekülaggregationen ein Dampfdruck von Tröpfchen als solcher nicht mehr existiert, da nämlich derartige kleine Zusammenballungen von Molekülen bereits selbst eine merkliche Rolle bei der Einstellung eines Gleichgewichtsdampfdruckes zu spielen beginnen.

Somit verbindet die Mehrzahl der Autoren die Grenzübersättigung mit einem endlichen Wert für r. Allerdings wird in einigen Fällen dieser Wert sehr niedrig angesetzt, auch kommt es vor, daß als Größe des kleinsten Keimes die Größe eines Moleküls angesehen wird [51]. Berechnungen nach den Gln. (11.9), (11.12) und (11.45) haben zu größeren r-Werten geführt, woraus gefolgert wurde, daß in einem Keim mehrere [47] oder mehrere Dutzend Moleküle [52, 53] enthalten sein sollten.

Obwohl die Schlußfolgerung von einem endlichen Grenzwert der Größe r im Widerspruch zu den allgemeinen thermodynamischen Vorstellungen von der Stabilitätsgrenze bezüglich stetiger Änderungen steht, erschien sie vom molekularen Standpunkt her als hinreichend plausibel. Weiterhin steht diese Schlußfolgerung im Einklang mit experimentellen Daten zum endlichen Betrag der Grenzübersättigung und widerspricht nicht prinzipiell den Gln. (11.9), (11.12) sowie (11.45). Es muß jedoch darauf hingewiesen werden, daß bei der Benutzung dieser Gleichungen in der Regel zweierlei Umstände außer acht gelassen werden.

Erstens sind die Gln. (11.9), (11.12) und (11.45) Näherungsbeziehungen, deren Gültigkeit auf große r-Werte beschränkt ist (strengbetrachtet nur für geringe Krümmungen einer ebenen Grenzfläche). Mit fortschreitender Grenzflächenkrümmung wird die Anwendbarkeitsgrenze für diese Gleichungen eher erreicht, als für die Thermodynamik im allgemeinen. Infolgedessen ist der Anwendungsbereich dieser Gleichungen nicht aus allgemein-molekularen Betrachtungen, sondern auf der Grundlage einer Analyse dieser Gleichungen selbst sowie der ihnen zugrunde liegenden Voraussetzungen herzuleiten.

Zweitens kennzeichnet die in die Gln. (11.9), (11.12) und (11.45) eingehende Größe r nicht die tatsächlichen räumlichen Maße der neuen Phase, sondern die Größe jener geometrischen Figur, welche allseitig von einer Spannungsfläche umschlossen wird. Für große r-Werte ist der Unterschied zwischen den Lagen der physikalischen und geometrischen Grenzflächen vergleichsweise zum Wert für den Krümmungsradius verschwindend klein. Für kleine r-Werte, welche mit der Grenzflächenschichtdicke vergleichbar sind, wird der reale Heterogenitätsbereich bedeutend größer als der Wert von r. Daher ist die Bedingung $r = 0$ durchaus denkbar und physikalisch real. Mithin haben die strengen thermodynamischen Gleichungen auch jenen Grenzfall zu beschreiben.

Wie in Kap. 11. ausgeführt wird, können für die exakten Gleichungen zur Beschreibung der Abhängigkeit der Parameter des thermodynamischen Gleichgewichtes von der Grenzflächenkrümmung zwei Grenzfälle untersucht werden: große bzw. kleine r-Werte. Für den zuerst genannten Fall ($r \to \infty$) gehen die exakten thermodynamischen Gleichungen in die Beziehungen von KELVIN, THOMPSON sowie OSTWALD und FREUNDLICH über. Im zweiten Fall ($r \to 0$) nehmen sie im Vergleich mit jenen eine völlig andere

Gestalt an und führen zu anderen Resultaten. So zeigt z. B. die Grenzbeziehung (11.33), daß bei $r \to 0$ der Sättigungsdampfdruck nicht — wie aus der KELVIN-Gleichung folgt — dem Wert Unendlich zustrebt, sondern einen definierten endlichen Grenzwert annimmt. In gleicher Weise verfügen Gleichgewichtstemperatur sowie Löslichkeit bei $r \to 0$ über bestimmte endliche Werte.

Somit führt die Thermodynamik bei richtiger Anwendung zu zwei grundsätzlichen Aussagen:

1. die theoretische Grenzübersättigung ist endlich;
2. für die Grenzübersättigung geht der Radius der Spannungsfläche gegen Null.

Die Anwendung dieser Schlußfolgerungen beseitigt die Widersprüche zwischen Theorie und Experiment sowie zwischen den Vorstellungen der Thermodynamik für makro- bzw. mikroheterogene Systeme, die zu einem einheitlichen logischen System vereinigt werden.

Gemäß der GIBBSschen Gleichung (18.9) wird für einen gleich Null werdenden Radius der Spannungsfläche auch die Arbeit für die Phasenneubildung gleich Null. Natürlich hängt der Wert für die Arbeit nicht davon ab, welche Lage für die Trennfläche gewählt wird; für eine beliebige andere Fläche wären wir zu dem gleichen Resultat gelangt.[1] Die Tatsache, daß die Keimbildungsarbeit mit dem Verschwinden der Spannungsfläche und nicht dem irgendeiner anderen Fläche den Wert Null annimmt, unterstreicht ein weiteres Mal den wichtigen physikalischen Sinn eben dieser Fläche.

18.6. Bildung neuer Phasen unter isotherm-isochoren Bedingungen

Die oben untersuchten isotherm-isobaren Bedingungen des Prozeßablaufes setzen voraus, daß die Bildung einer neuen Phase zu keiner Änderung des mechanischen Zustandes des umgebenden Mediums führt, obwohl sie aber von einer Zusammensetzungsänderung begleitet sein kann. Praktisch bedeutet dies, daß das Gesamtsystem unter einem konstanten Außendruck steht (z. B. mit der Atmosphäre kommuniziert) und des weiteren die Geschwindigkeit für die Einstellung des mechanischen Gleichgewichtes zwischen äußerem Teil des Systems und unmittelbarer Nähe des Keimes viel größer als die Geschwindigkeit der Keimbildung ist. Beide Bedingungen sind nicht stets erfüllt. Von FRENKEL ist darauf hingewiesen worden [24], daß die Bildung eines Flüssigkeitskeimes im Inneren eines Kristalls von einer Druckzunahme und wachsender Deformation des Kristalls in unmittelbarer Nähe des Keimes begleitet werden kann. Auch geht die Kondensation eines Dampfes in einem geschlossenen System mit einer Druckänderung einher.

Um die Änderung des mechanischen Zustandes eines Mediums bei der Bildung einer neuen Phase berücksichtigen zu können, soll wie oben vorausgesetzt werden, daß der Prozeß isotherm ablaufe. Gleichzeitig soll aber die Bedingung der Druckkonstanz (bei veränderlichem Volumen) durch die Bedingung der Volumenkonstanz (bei veränderlichem Druck) ersetzt werden. Die Arbeit für die Bildung der neuen Phase unter isotherm-isochoren Bedingungen erhalten wir gemäß Gl. (18.6) als Differenz der freien Energie für den End- bzw. Anfangszustand des Prozesses. Es gelten für den

---

[1] Hierzu siehe Abschn. 20.3.

Anfangszustand

$$F_{\mathrm{hom}} = -PV + \sum_i \mu_i m_i \tag{18.21}$$

bzw. für den Endzustand

$$F_{\mathrm{het}} = -P^{(\alpha)}V^{(\alpha)} - P^{(\beta)}V^{(\beta)} + \sigma A + \sum_i \mu_i^{(\alpha)} m_i^{(\alpha)} + \sum_i \mu_i^{(\beta)} m_i^{(\beta)}, \tag{18.22}$$

wobei $V^{(\alpha)} + V^{(\beta)} = V$ sowie $m_i^{(\alpha)} + m_i^{(\beta)} = m_i$ sind. Hieraus folgt

$$\begin{aligned} \Delta F = F_{\mathrm{het}} - F_{\mathrm{hom}} &= (P^{(\beta)} - P^{(\alpha)})\, V^{(\alpha)} + (P - P^{(\beta)})\, V + \sigma A \\ &+ \sum_i (\mu_i^{(\alpha)} - \mu_i^{(\beta)})\, m_i^{(\alpha)} + \sum_i (\mu_i^{(\beta)} - \mu_i)\, m_i . \end{aligned} \tag{18.23}$$

Von Interesse dürfte ein Vergleich der Arbeitswerte für einen isotherm-isobaren bzw. isotherm-isochoren Prozeß, die beide zu ein und demselben Endzustand führen, sein. Aus (18.16) und (18.23) erhalten wir

$$\Delta G - \Delta F = -(P - P^{(\beta)})\, V + \sum_i [\mu_i(P) - \mu_i(P^{(\beta)})]\, m_i . \tag{18.24}$$

Unter Benutzung der Entwicklung

$$\mu_i(P^{(\beta)}) = \mu_i(P) + v_i(P^{(\beta)} - P) + \frac{1}{2}\left(\frac{\partial v_i}{\partial P}\right)_T (P^{(\beta)} - P)^2 + \cdots, \tag{18.25}$$

wobei v_i das partielle Molvolumen der i-ten Komponente ist, läßt sich sodann (18.24) wie folgt schreiben:

$$\Delta G - \Delta F \approx -\frac{1}{2}\left(\frac{\partial V}{\partial P}\right)_T (P^{(\beta)} - P)^2 > 0. \tag{18.26}$$

Hieraus folgt, daß unabhängig vom Vorzeichen der Differenz $P^{(\beta)} - P$ stets $\Delta G > \Delta F$ ist. Folglich zieht eine Berücksichtigung der Änderung des mechanischen Gleichgewichtes des Mediums während des Keimbildungsprozesses für die neue Phase eine Verringerung der Keimbildungsarbeit bei vorgegebener Keimgröße nach sich.

Über eine Differentiation von (18.23) bei Berücksichtigung der Fundamentalgleichung (18.1) des Keimes kann man sich leicht davon überzeugen, daß den Gleichgewichtsbedingungen für Keim und Medium ein Extremwert von ΔF entspricht:

$$\Delta F_0 = \frac{1}{3}\sigma A + (P - P^{(\beta)})\, V + \sum_i (\mu_i^{(\beta)} - \mu_i)\, m_i . \tag{18.27}$$

Die Art des Extremwertes wird von dem Vorzeichen des Wertes für das zweite Differential festgelegt:

$$\begin{aligned} (d^2 \Delta F)_0 = -8\pi\sigma (dr)^2 &+ \Big[d\sigma\, dA - dP^{(\alpha)}\, dV^{(\alpha)} \\ &+ \sum_i d\mu_i^{(\alpha)}\, dm_i^{(\alpha)}\Big] + \Big[-dP^{(\beta)}\, dV^{(\beta)} + \sum_i d\mu_i^{(\beta)}\, dm_i^{(\beta)}\Big]. \end{aligned} \tag{18.28}$$

Wie bereits für isotherm-isobare Bedingungen enthält der Ausdruck für das zweite Differential der Bildungsarbeit einer neuen Phase neben einem ersten, deutlich negativen Glied zwei positive (in eckige Klammern eingeschlossene) Glieder. Das erste dieser Glieder charakterisiert die innere Stabilität des Keimes, das zweite die innere Stabilität des Mediums (der metastabilen Phase). Der Wert des zweiten, in eckigen Klammern stehenden Gliedes ist um so größer, je größere Zustandsänderungen des Mediums das Wachstum der neuen Phase hervorruft. Demzufolge kann unter bestimmten Bedingungen der gesamte Ausdruck (18.28) positiv werden, so daß die durch (18.27) gegebene Größe nicht einem Maximum, sondern einem Minimum von ΔF entspricht (auf die reale Möglichkeit eines solchen Falles wollen wir im folgenden Abschnitt am Beispiel der Dampfkondensation eingehen). Geht andererseits das Keimwachstum mit einer nur schwachen Änderung des Zustandes des Mediums einher, nimmt Gl. (18.28) einen negativen Wert an, und die Größe (18.27) entspricht einem maximalen Arbeitswert. Im ersten Fall wird ein stabiles, im zweiten Fall ein instabiles Gleichgewicht zwischen Keim und Medium beobachtet.

Im Gegensatz zu den isotherm-isobaren Bedingungen geht Ausdruck (18.27) für die Bildungsarbeit eines Gleichgewichtskeimes selbst für Einkomponenten-Systeme nicht in die GIBBSsche Gleichung über. Daher darf auf der Grundlage von Ausdruck (18.27) nicht behauptet werden, daß die Bildungsarbeit eines Gleichgewichtskeimes stets positiv sei und stets mit der Zunahme seiner Größe wachse. Nur für sehr große Gleichgewichtssysteme, für welche die Änderungen des Druckes und der chemischen Potentiale vernachlässigbar sind, nähert sich Ausdruck (18.27) der GIBBSschen Gleichung (18.9) an.

Somit erlaubt die Behandlung der isotherm-isochoren Bedingungen eines Phasenüberganges in allgemeiner Form, einige charakteristische Merkmale dieses Falles herzuleiten. Um diese näher zu erläutern, sollen sie im folgenden Abschnitt am Beispiel der Kondensation eines einkomponentigen Dampfes nochmals untersucht werden.

18.7. Isotherm-isochore Kondensation eines Dampfes

Eine Besonderheit des isotherm-isochoren Prozesses besteht darin, daß der gesamte für die Bildung eines heterogenen Systems des vorgegebenen Volumens notwendige Stoff von Beginn an in diesem Volumen als homogene Masse enthalten sein muß (für einen isobaren Prozeß tritt der Stoff in das vorgegebene Volumen in dem Maße, wie die neue Phase entsteht, ein). Daher kann sich der Anfangszustand des Prozesses durch eine derartig starke Übersättigung auszeichnen, daß das System aus dem metastabilen in das instabile Gebiet übergeht. Offensichtlich dürfen in diesem Falle die Gleichungen für ein ideales Gas bzw. eine ideale Lösung prinzipiell nicht benutzt werden; diese sind Beziehungen für stabile Phasen.

Hinsichtlich des Endzustandes des Prozesses ist festzustellen, daß das Medium stets metastabil ist und sich nicht unbedingt durch eine hohe Übersättigung auszeichnet. Hier besteht prinzipiell die Möglichkeit, die Gleichungen für ideale Phasen zu benutzen; von Korrekturen dürfte nur dann die Rede sein, wenn sie hinreichend große Werte annehmen.

Betrachten wir den konkreten Fall einer isotherm-isochoren Dampfkondensation. Zunächst ist der Wert des in Gl. (18.28) auftretenden dritten Gliedes abzuschätzen. Dieses kennzeichnet die Stabilität des (metastabilen) Endzustandes des Dampfes, der mit dem Flüssigkeitströpfchen im Gleichgewicht steht. Für die Lösung dieser Aufgabe soll der Dampf als ideal angesehen werden.

Für die isotherme Zustandsänderung eines einkomponentigen idealen Gases ist das dritte Glied als

$$-dP^{(\beta)}\,dV^{(\beta)} + d\mu^{(\beta)}\,dm^{(\beta)} = m^{(\beta)}RT(d\ln P^{(\beta)})^2 = m^{(\beta)}RT\left(\frac{d\ln P^{(\beta)}}{dr}\right)^2 (dr)^2 \tag{18.29}$$

gegeben. Die relative Bedeutung von (18.29) für (18.28) ist davon abhängig, wie sich der Idealgaszustand ändert, wenn aus diesem eine neue Phase entsteht. Unter Benutzung der Beziehungen $P^{(\beta)} = m^{(\beta)}RT/V^{(\beta)}$, $m = m^{(\alpha)} + m^{(\beta)}$ und $V = V^{(\alpha)} + V^{(\beta)}$ erhalten wir

$$m^{(\beta)}RT\left(\frac{d\ln P^{(\beta)}}{dr}\right)^2 = m^{(\beta)}\,RT\left(\frac{4\pi r^2}{V^{(\beta)}} - \frac{1}{m^{(\beta)}}\,\frac{dm^{(\alpha)}}{dr}\right)^2. \tag{18.30}$$

Die Größe r kann einen bestimmten Maximalwert r_{max}, welcher einem vollständigen Übergang der Masse in den Zustand der flüssigen Phase entspricht, nicht übersteigen. Offensichtlich strebt $m^{(\beta)}$ bei $r \to r_{max}$ gegen Null, weshalb der gesamte Ausdruck (18.30) unbegrenzt wächst (siehe Abb. 18.3.).

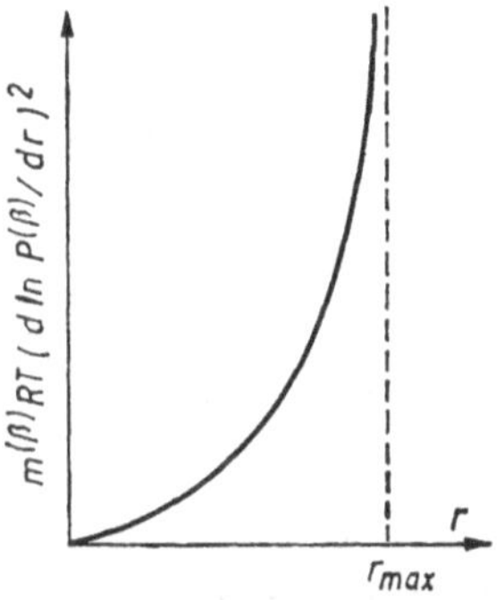

Abb. 18.3. Abhängigkeit des Wertes von Ausdruck (18.30) von der Abmessung der neuen Phase

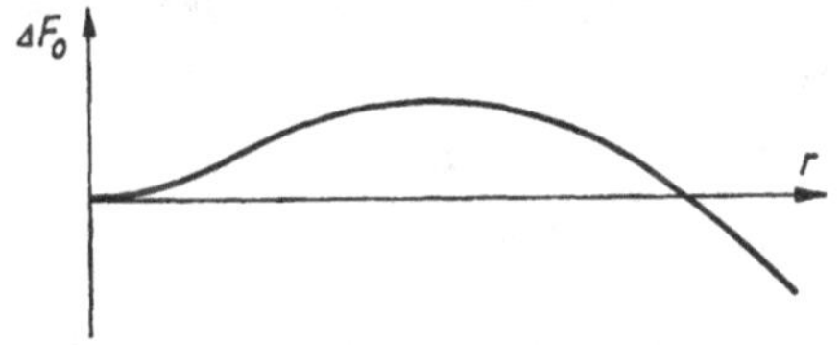

Abb. 18.4. Einfluß der Gleichgewichtsgröße der neuen Phase auf die Keimbildungsarbeit unter isotherm-isochoren Bedingungen

Dies bedeutet, daß mit wachsendem r-Wert der Einfluß der Tröpfchengröße auf den Zustand des Dampfes schnell zunimmt. Ist die neue Phase hinreichend groß, so beginnt der Wert von (18.30) jenen von $8\pi\sigma$ zu übersteigen, und es kann ein stabiles Gleichgewicht beobachtet werden.

Der Übergang vom instabilen zum stabilen Gleichgewicht zwischen Tröpfchen und Dampf hat mit einer Senkung der Bildungsarbeit für das Tröpfchen einherzugehen. Folglich sollte auf der ΔF_0-r-Abhängigkeit ein Maximum im Gebiet positiver ΔF_0-Werte auftreten (Abb. 18.4.). Die in Abb. 18.4. dargestellte Kurve ist nicht mit den in der Regel betrachteten Kurven (siehe Abb. 18.7.) für die Abhängigkeit der Bildungsarbeit eines Nichtgleichgewichtskeimes von seiner Größe zu verwechseln. Für die letzteren entspricht das Maximum der Bildung eines Gleichgewichtskeimes. Im vorliegenden Falle werden entlang der Koordinaten nur Gleichgewichtswerte aufgetragen.

Die in Abb. 18.4. gezeigte ΔF_0-r-Abhängigkeit kann ohne Schwierigkeiten über eine Anwendung der Idealgasgleichung auf Ausdruck (18.27) erhalten werden. Allerdings ist ein solches Vorgehen, wie bereits festgestellt worden ist, nicht erlaubt. Daher soll für die Erläuterung dieser Abhängigkeit eine einfache und anschauliche graphische Methode benutzt werden. Um in der graphischen Darstellung jene Punkte, die einem Gleichgewicht zwischen Tröpfchen und Dampf entsprechen, zu bestimmen, ist die Kenntnis zweier Abhängigkeiten erforderlich. Es sind dies die Abhängigkeit des Gleichgewichtsdampfdruckes von der Tröpfchengröße sowie die Abhängigkeit des Dampfdruckes von der Tröpfchengröße im vorliegenden System bei einer mechanischen Überführung des Stoffes aus dem Dampf in die Flüssigkeit. Die zweite dieser Abhängigkeiten hat keinerlei Bezug zum Gleichgewicht und ist damit verbunden, daß infolge der Konstanz vom Gesamtvolumen des Systems sowie der Dichtedifferenz zwischen den Phasen die Verringerung des auf den Dampf entfallenden Volumens $V^{(\beta)}$ bzw. der Dampfmasse $m^{(\beta)}$ bei einem Anwachsen der Flüssigphase mit unterschiedlichen Geschwindigkeiten ablaufen.

Es sei angenommen, daß ein der VAN DER WAALSschen Zustandsgleichung gehorchendes Gas ein gewisses Volumen V fülle. Im Verlaufe des Phasenüberganges Gas → Flüssig gehorcht die Druckänderung $P^{(\beta)}$ des Gases der folgenden Beziehung:

$$\frac{dP^{(\beta)}}{dr} = \left[-\frac{RT}{(v^{(\beta)} - b)^2} + \frac{2a}{(v^{(\beta)})^3}\right] \frac{dv^{(\beta)}}{dr}. \tag{18.31}$$

Hier sind a und b die Konstanten der VAN DER WAALSschen Gleichung, $v^{(\beta)}$ das Molvolumen des Dampfes (d. h. $v^{(\beta)} \equiv \frac{V^{(\beta)}}{m^{(\beta)}} = \frac{V - V^{(\alpha)}}{m - m^{(\alpha)}}$), welches ebenfalls von der Größe r abhängig ist:

$$\frac{dv^{(\beta)}}{dr} = -\frac{4\pi r^2}{m^{(\beta)}} + \frac{V^{(\beta)}}{(m^{(\beta)})^2} \frac{dm^{(\alpha)}}{dr}. \tag{18.32}$$

Für die Bestimmung des Kurvenverlaufes $P^{(\beta)}(r)$ ist die Betrachtung von zwei Grenzfällen ausreichend. Für den Grenzfall $r \to 0$ strebt die rechte Seite von Gl. (18.32) und damit auch die rechte Seite von (18.31) gegen Null. Dabei nimmt $P^{(\beta)}$ den Wert des Ausgangsdruckes P an. Der andere Grenzfall entspricht einer vollständigen Umwandlung des Dampfes in die Flüssigkeit. Hierbei nehmen $m^{(\alpha)}$, $V^{(\alpha)}$ und r ihre Maximalwerte an, während $m^{(\beta)}$ und $P^{(\beta)}$ gleich Null werden. In diesem Fall streben $v^{(\beta)}$ und die rechte Seite von (18.32) gegen ∞, während die rechte Seite von (18.31) einen endlichen negativen Wert annimmt. Hieraus folgt, daß die Kurve für die Druckänderung während des Stoffüberganges Dampf → Flüssigkeit konkav zur r-Achse gekrümmt ist (siehe Abb. 18.5.). Der Grenzwert für den Neigungswinkel φ dieser Kurve ist um so größer, je höher der Anfangsdruck ist.

Bezüglich der Kurve für die Abhängigkeit des Gleichgewichtsdampfdruckes von der Tröpfchengröße kann gemäß den in Abschn. 11.2. getroffenen Schlußfolgerungen festgestellt werden, daß sie im Gebiet großer r-Werte der KELVIN-Gleichung gehorcht, doch bei $r = 0$ auf die Druckachse stößt (bei $P^{(\beta)} = P_0$). Für die weiteren Erörterungen sind nur diese Besonderheiten des Dampfdruckverhaltens von Bedeutung. Daher können wir in Abb. 18.6. die Gleichgewichtsabhängigkeit $P^{(\beta)}(r)$ willkürlich durch die Kurve

P_0AB darstellen. Stehen uns diese Kurven sowie die in Abb. 18.5. wiedergegebene zur Verfügung, so können wir alle möglichen Gleichgewichtsfälle untersuchen, da sie in der Darstellung der $P^{(\beta)}$-r-Abhängigkeit als Schnittpunkte dieser Kurven bestimmt werden. In Abb. 18.6. sind Beispiele für ihre relative Lage angegeben.

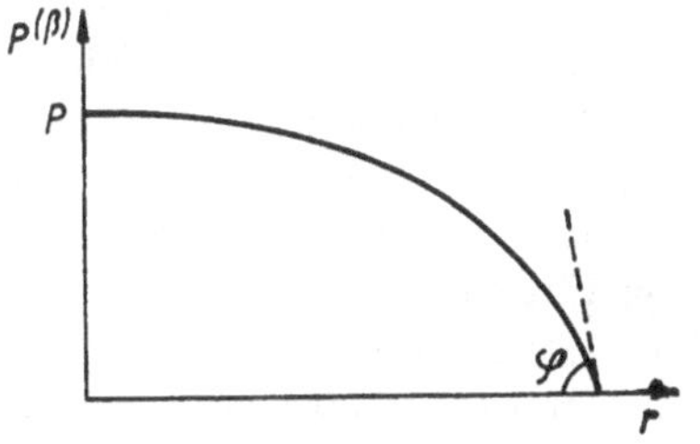

Abb. 18.5. Dampfdruckänderung beim Übergang des Stoffes aus dem Dampf in die kondensierte Phase unter isochoren Bedingungen

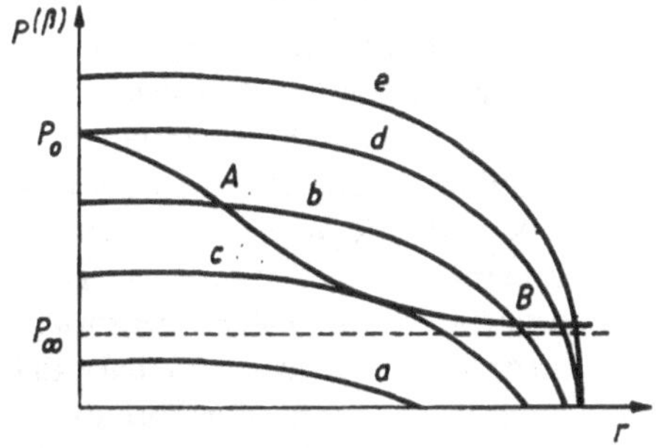

Abb. 18.6. Mögliche Fälle für das Gleichgewicht bei isotherm-isochorer Dampfkondensation

Fall a ($P \leqq P_\infty$) entspricht einem ungesättigten und gesättigten Dampf. Die Kurven schneiden einander nicht, und ein Gleichgewicht ist (sofern die Flüssigkeit als sphärisches Tröpfchen angesehen wird) nicht möglich.

Fall b ($P_0 > P > P_\infty$) entspricht einer anfänglichen Übersättigung des Dampfes, die das metastabile Gebiet nicht verläßt. Da die Kurve P_0AB auf dem größeren Abschnitt zur r-Achse konvex verläuft, während die in Abb. 18.5. dargestellte Kurve dieser Achse gegenüber konkav gekrümmt ist, schneiden sie sich unausweichlich in zwei Punkten (A und B). Man überzeugt sich leicht davon, daß dem Punkt A ein instabiles bzw. dem Punkt B ein stabiles Gleichgewicht entspricht. Nehmen wir hierfür an, der Radius des sich anfänglich im Zustand A befindlichen Tröpfchens habe sich zufällig vergrößert. Als Folge davon wird gemäß Kurve b (siehe Abb. 18.6.) der Gleichgewichtsdampfdruck des Tröpfchens kleiner als der Druck im umgebenden Medium. Dies hat ein weiteres Tröpfchenwachstum zur Folge. Andererseits wächst bei einer zufälligen Verringerung der Tröpfchengröße sein Gleichgewichtsdruck stärker als der Druck im umgebenden Medium. Somit verdampft das Tröpfchen, und das Gleichgewicht ist instabil. Im Gegensatz hierzu führt für Punkt B eine zufällige Veränderung der Tröpfchengröße zu einer solchen Relation zwischen Gleichgewichtsdampfdruck und Druck im umgebenden Medium, welche das Tröpfchen zwingt, seine Ausgangsgröße wieder anzunehmen. Mithin ist das Gleichgewicht stabil.

Infolgedessen existieren für einen vorgegebenen Druck P nicht ein, sondern zwei Gleichgewichtszustände: der erste davon ist instabil und entspricht den GIBBS-VOLMERschen Keimen, der zweite ist stabil und für Teile mit großen Abmessungen kennzeichnend.

Der Grenzfall zwischen den Fällen a und b ist Fall c: beide Kurven berühren lediglich einander. Das diesem Fall entsprechende Gleichgewicht ist stabil bezüglich Kondensation bzw. instabil bezüglich Verdampfung. Es ist von Interesse, daß bei einem Übergang von a zu c die Größe der GIBBS-VOLMERschen Keime bzw. der stabilen Neubildungen beliebig nahe Werte annehmen kann. Fall *b* zeichnet sich durch die maximale Bildungsarbeit des Gleichgewichtskeimes aus (Maximum in Abb. 18.4.). Mit zunehmender Anfangsübersättigung verringert sich die Bildungsarbeit sowohl für instabile als auch für stabile Tröpfchen.

Der in Abb. 18.6. dargestellte Fall *e* entspricht einer hohen Anfangsübersättigung, die den Dampf in einen instabilen Zustand überführt. Die Kurven schneiden einander ein einziges Mal, was der Ausbildung eines hinreichend großen und stabilen Tropfens entspricht. Bemerkenswert ist, daß sich mit dem Auftreten einer Instabilität des Ausgangszustandes die in Abb. 18.5. wiedergegebene Kurvenform im Anfangsgebiet (bei kleinen r-Werten) ändern kann. Dies sollte mit dem Auftreten eines Maximums für $P^{(\beta)}$ verbunden sein. Allerdings bleibt davon die Schlußfolgerung von einem einzigen und stabilen Endzustand unberührt. Die Bildungsarbeit für die neue Phase ist für Fall *e* negativ, und der Phasenübergangsprozeß läuft mit hoher Geschwindigkeit ab.

Der Grenzfall zwischen den Fällen *c* und *e* ist Fall *d*. Für diesen entspricht die Anfangsübersättigung des Dampfes der Stabilitätsgrenze bezüglich stetiger Änderungen. Größe des instabilen Gleichgewichtskeimes sowie dessen Bildungsarbeit sind hier gleich Null.

Die erfolgte Betrachtung bekräftigt die in Abb. 18.4. dargestellte Abhängigkeit. Um die Vorstellungen von der Änderung der Größe ΔF während des Bildungsprozesses für die neue Phase so weit wie möglich zu vervollständigen, ist eine Darstellung der Kurven für die Beschreibung des Bildungsprozesses von Nichtgleichgewichtskeimen und größeren Tropfen für unterschiedliche Anfangsbedingungen (siehe Abb. 18.7.) vorzunehmen. Aus Abb. 18.7. ist ebenso wie aus Abb. 18.4. zu ersehen, daß die Bildung stabiler Tropfen für einen gewissen Größenbereich unter Aufwendung von Arbeit erfolgt (analog zur Bildung instabiler Gleichgewichtskeime). Somit sind diese Tropfen in bezug auf den Ausgangszustand metastabil. Die Verdampfungswahrscheinlichkeit dieser Tropfen ist noch ausreichend groß. Den echten stabilen Zuständen entspricht eine höhere Übersättigung, die allerdings nicht unbedingt die Stabilitätsgrenzen erreichen muß.

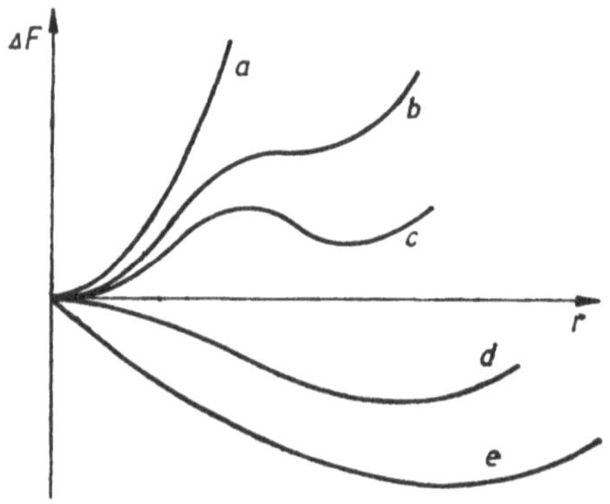

Abb. 18.7. Abhängigkeit der Größenänderung der neuen Phase bei unterschiedlichen Ausgangsübersättigungen

Die hier vollzogene qualitative Betrachtung kann ohne weiteres auch auf sublimierbare Kristalle erweitert werden. Hierfür wären die Beziehungen (15.108) und (15.114) in die Diskussion einzubeziehen. Da die Löslichkeitskurve über ein gleiches Aussehen wie Kurve P_0AB in Abb. 18.6. verfügt, sollte eine analoge Behandlung auch für die Prozesse der Bildung neuer Phasen aus flüssigen Lösungen möglich sein.

18.8. Bildung neuer Phasen unter isoentrop-isobaren Bedingungen

Bisher haben wir vorausgesetzt, daß der Bildungsvorgang neuer Phasen unter isothermen Bedingungen abläuft. In anderer Formulierung bedeutet dies, das Gesamtsystem sei von einem Thermostaten mit konstanter Temperatur umgeben, und die Geschwindigkeit der Einstellung des thermischen Gleichgewichtes zwischen System und Thermostat bzw. zwischen Keim und Medium ist um ein Vielfaches größer als die Geschwindigkeit für die Bildung der neuen Phase. Es darf keineswegs angenommen werden, daß diese Bedingungen stets erfüllt sind. Demzufolge ist eine Erörterung jener Veränderungen erforderlich, welche die thermodynamischen Formeln erfahren, wenn wir uns von diesen Bedingungen für endliche Systeme lossagen.

Ist das System thermisch isoliert, so läuft der Bildungsprozeß der neuen Phase adiabat ab. Vom Standpunkt der Thermodynamik ist aber die Behandlung eines isoentropen Prozesses bequemer. Sie erlaubt, für die Berechnung der Bildungsarbeit der neuen Phase die Gln. (18.4) und (18.5) zu benutzen. Beide Prozeßarten sind nur für reversible Änderungen gleich. Die Voraussetzung eines isoentropen Prozeßablaufes läßt i. a. einen gewissen Wärmeaustausch zwischen dem System und seiner Umgebung zu. Möglicherweise spiegelt diese Voraussetzung gar die realen Bedingungen besser wider als die Annahme einer vollständigen thermischen Isolation. Zwecks Ausschaltung zusätzlicher isochorer Effekte setzen wir innerhalb dieses Abschnittes voraus, daß die Bildung der neuen Phase unter Konstanz der Gesamtentropie S des Systems sowie des Außendruckes $P^{(\beta)}$ abläuft.

Die Bildungsarbeit der neuen Phase unter isoentrop-isobaren Bedingungen läßt sich nach Gl. (18.5) bestimmen. Für den homogenen Anfangszustand und den heterogenen Endzustand haben wir

$$H_{\text{hom}} = TS + \sum_i \mu_i m_i \tag{18.33}$$

bzw.

$$\begin{aligned}\tilde{H}_{\text{het}} &= T^{(\alpha)}S^{(\alpha)} + T^{(\beta)}S^{(\beta)} + (P^{(\beta)} - P^{(\alpha)})\, V^{(\alpha)} + \sigma A \\ &\quad + \sum_i \mu_i{}^{(\alpha)} m_i{}^{(\alpha)} + \sum_i \mu_i{}^{(\beta)} m_i{}^{(\beta)}\end{aligned} \tag{18.34}$$

mit T als der Anfangstemperatur des Systems sowie $T^{(\alpha)}$, $S^{(\alpha)}$ und $T^{(\beta)}$, $S^{(\beta)}$ als Endtemperaturen bzw. -entropien des Keimes bzw. seiner Umgebung.

Subtrahieren wir (18.33) von (18.34) und berücksichtigen, daß Gesamtentropie und -masse der Komponenten konstant sind, so erhalten wir

$$\begin{aligned}\Delta H &= (T^{(\alpha)} - T^{(\beta)})\, S^{(\alpha)} + (T^{(\beta)} - T)\, S + (P^{(\beta)} - P^{(\beta)})\, V^{(\alpha)} \\ &\quad + \sigma A + \sum_i (\mu_i{}^{(\alpha)} - \mu_i{}^{(\beta)})\, m_i{}^{(\alpha)} + \sum_i (\mu_i{}^{(\beta)} - \mu_i)\, m_i .\end{aligned} \tag{18.35}$$

Ausdruck (18.35) liefert die Bildungsarbeit der neuen Phase mit dem Volumen $V^{(\alpha)}$, den Komponentenmassen $m_i{}^{(\alpha)}$ und der Entropie $S^{(\alpha)}$ für den isoentrop-isobaren Prozeß. Setzt man die Gleichgewichtsbedingungen (Gleichheiten der Temperaturen, chemischen Potentiale sowie die Bedingungen (1.29)) ein, so wird, wie man leicht sieht, das erste Differential dieses Ausdruckes gleich Null. Die Berücksichtigung der gleichen Bedingungen für (18.35) führt zu dem Extremwert der Bildungsarbeit der neuen Phase:

$$\varDelta H_0 = \frac{1}{3}\,\sigma A + (T^{(\beta)} - T)\,S + \sum_i (\mu_i^{(\beta)} - \mu_i)\,m_i\,. \tag{18.36}$$

Der Unterschied zwischen der hergeleiteten Beziehung und der GIBBSschen Gleichung (18.9) liegt im Auftreten zusätzlicher Glieder, welche die Änderungen des thermischen und chemischen Zustandes des Systems während des Bildungsprozesses der neuen Phase berücksichtigen. Für sehr große Systeme werden diese Glieder klein, und beide Beziehungen gehen ineinander über.

Von Interesse dürfte sein, die Bildungsarbeiten eines Gleichgewichtskeimes von vorgegebener Größe für den isoentropen Prozeß bei Änderung der Systemtemperatur von T auf $T^{(\beta)}$ bzw. den isothermen Prozeß bei der Temperatur $T^{(\beta)}$ miteinander zu vergleichen. Aus (18.36) und (18.18) erhalten wir:

$$\varDelta H_0 - \varDelta G_0 = (T^{(\beta)} - T)\,S + \sum_i [\mu_i(T^{(\beta)}) - \mu_i(T)]\,m_i\,. \tag{18.37}$$

Benutzen wir die Entwicklung

$$\mu_i(T^{(\beta)}) = \mu_i(T) - s_i(T^{(\beta)} - T) - \frac{1}{2}\left(\frac{\partial s_i}{\partial T}\right)_P (T^{(\beta)} - T)^2 - \cdots \tag{18.38}$$

mit s_i als der partiellen molaren Entropie der i-ten Komponente im Ausgangszustand des Systems, so können wir (18.37) in die folgende Näherungsform bringen:

$$\varDelta H_0 - \varDelta G_0 \approx -\frac{1}{2}\left(\frac{\partial S}{\partial T}\right)_P (T^{(\beta)} - T)^2 < 0\,. \tag{18.39}$$

Ausdruck (18.39) zeigt, daß die Korrekturen sowohl für einen nichtisothermen als auch einen nichtisobaren Prozeßablauf zu einer Verringerung der Bildungsarbeit eines Gleichgewichtskeimes von vorgegebener Größe führen.

Für eine Untersuchung der Art des $\varDelta H$-Extremums, welches dem Gleichgewichtszustand der neuen Phase entspricht, haben wir bei Benutzung von Gl. (18.1) sowie der Gleichgewichtsbedingungen das zweite Differential von $\varDelta H$ zu bilden:

$$(d^2\,\varDelta H_0) = -8\pi\sigma(dr)^2 + \Big[dT^{(\alpha)}\,dS^{(\alpha)} - dP^{(\alpha)}\,dV^{(\alpha)} + d\sigma\,dA + \sum_i d\mu_i^{(\alpha)}\,dm_i^{(\alpha)}\Big] + \Big[dT^{(\beta)}\,dS^{(\beta)} + \sum_i d\mu_i^{(\beta)}\,dm_i^{(\beta)}\Big]. \tag{18.40}$$

Die erhaltene Beziehung unterscheidet sich von den analogen Gln. (18.19) und (18.28) durch das Auftreten der zusätzlichen Glieder $dT^{(\alpha)}\,dS^{(\alpha)}$ und $dT^{(\beta)}\,dS^{(\beta)}$, welche die Möglichkeit einer Änderung des thermischen Zustandes des Keimes und seiner Umgebung berücksichtigen. Das Glied $-dP^{(\beta)}\,dV^{(\beta)}$ fehlt hier ebenso wie im Falle von (18.19), da der Druck $P^{(\beta)}$ als konstant angesetzt wurde. Die rechte Seite von (18.40) haben wir in Form von drei Gliedern dargestellt. Das erste von diesen ist deutlich negativ, die zwei weiteren durch eckige Klammern umfaßten Glieder sind für stabile Zustände positiv. Das erste der zuletzt genannten Glieder kennzeichnet die innere Stabilität eines Keimes der neugebildeten Phase, während das zweite die innere Stabilität der metastabilen Phase charakterisiert. Übt das Keimwachstum keinen Einfluß auf den Zustand des Mediums aus, so nimmt das zweite in eckige Klammern eingeschlossene Glied den Wert Null an; analoges gilt für die zusätzlichen Glieder in der rechten Seite von Gl. (18.36). Infolgedessen wird die Bildung eines Gleichgewichtskeimes in völliger Übereinstimmung mit der VOLMERschen Theorie von einem ΔH-Maximum begleitet. Ist jedoch das Keimwachstum mit einer starken Zustandsänderung des Mediums verbunden, so kann das zweite der in eckige Klammern eingeschlossenen Glieder von (18.40) derartig große Werte annehmen, daß der gesamte in (18.40) rechts stehende Teil einen positiven Wert annimmt. Diesem Fall entspricht ein stabiles Gleichgewicht zwischen der neuen Phase und dem Medium, was von einem ΔH-Minimum gekennzeichnet ist.

Zur Illustration dieser Möglichkeit sei der Wert des zweiten in eckige Klammern eingeschlossenen Gliedes für den Fall eines idealen Gases abgeschätzt. Unter Benutzung der Ausdrücke für die Entropie und das chemische Potential eines einatomigen idealen Gases

$$S^{(\beta)} = \frac{5}{2} m^{(\beta)} R \ln T^{(\beta)} + m^{(\beta)} f(P^{(\beta)}) \tag{18.41}$$

$$\mu^{(\beta)} = \frac{5}{2} RT^{(\beta)} - \frac{5}{2} RT^{(\beta)} \ln T^{(\beta)} - T^{(\beta)} f(P^{(\beta)}) \tag{18.42}$$

erhalten wir

$$\begin{aligned} dT^{(\beta)}\, dS^{(\beta)} + d\mu^{(\beta)}\, dm^{(\beta)} &= \frac{5}{2} m^{(\beta)} RT^{(\beta)} (d \ln T^{(\beta)})^2 \\ &= \frac{5}{2} m^{(\beta)} RT^{(\beta)} \left(\frac{d \ln T^{(\beta)}}{dr}\right)^2 (dr)^2 . \end{aligned} \tag{18.43}$$

Im weiteren kann das erhaltene Resultat mit Hilfe der Idealgasgleichung $P^{(\beta)} V^{(\beta)} = m^{(\beta)} RT$ und der Bedingung für die Massenkonstanz des Systems $m^{(\alpha)} + m^{(\beta)} = m$ folgendermaßen ausgedrückt werden:

$$\frac{5}{2} m^{(\beta)} RT^{(\beta)} \left(\frac{d \ln T^{(\beta)}}{dr}\right)^2 = \frac{5}{2} m^{(\beta)} RT^{(\beta)} \left(\frac{d \ln V^{(\beta)}}{dr} + \frac{1}{m^{(\beta)}} \frac{dm^{(\alpha)}}{dr}\right)^2 . \tag{18.44}$$

Die Ableitung $d \ln V^{(\beta)}/dr$ haben wir nicht, wie dies für isotherm-isochore Bedingungen geschah (Gl. (18.30)), explizit ausgedrückt, da das Gesamtvolumen des Systems bei einer isobaren Änderung variiert. Gleichviel folgt aus (18.44) — ebenso wie aus (18.30) —, daß mit Verringerung von $m^{(\beta)}$ der Wert des gesamten Ausdruckes zunehmend größer wird (siehe Abb. 18.3.). Dieses Resultat ist auch physikalisch sinnvoll, da infolge einer relativen Zunahme der Masse der neuen Phase ihr Einfluß auf den Zustand des Mediums größer wird. Erreicht das Gebiet der neuen Phase bestimmte Abmessungen, so wird der Wert von (18.44) größer als $8\pi\sigma$, und das Gleichgewicht wird stabil.

Mithin folgen aus der Erörterung der isoentrop-isobaren Prozesse die gleichen qualitativen Gesetzmäßigkeiten wie für isotherm-isochore Prozesse: die Bildungsarbeit der neuen Phase ist kleiner als jene für isotherm-isobare Bedingungen; mit zunehmender Gleichgewichtsgröße der neuen Phase erhöht sich zunächst ihre Bildungsarbeit ΔH_0, anschließend verringert sie sich und wird negativ; relativ kleine Gebiete der neuen Phase (Keime) stehen mit dem Medium in einem instabilen Gleichgewicht, während für die großen Gebiete stabile Gleichgewichtszustände vorliegen.

18.9. Bildung neuer Phasen unter isoentrop-isochoren Bedingungen

Anstelle der isothermen und isobaren Bedingungen wollen wir voraussetzen, daß die neue Phase unter isoentrop-isochoren Bedingungen entsteht. Diese Voraussetzung zeichnet sich gegenüber allen bisher behandelten durch höchste Allgemeinheit aus, da sie während der Entstehung und des Wachstums der neuen Phase Änderungen des chemischen, thermischen und mechanischen Zustandes erlaubt.

Mit Hilfe von Gl. (18.4) läßt sich die Bildungsarbeit der neuen Phase unter isoentrop-isochoren Bedingungen herleiten; als thermodynamisches Potential wird dabei die vollständige innere Energie des Systems benutzt. Für den homogenen Anfangszustand und heterogenen Endzustand des Systems gelten:

$$U_{\text{hom}} = TS - PV + \sum_i \mu_i m_i \tag{18.45}$$

bzw.

$$U_{\text{het}} = T^{(\alpha)}S^{(\alpha)} + T^{(\beta)}S^{(\beta)} - P^{(\alpha)}V^{(\alpha)} - P^{(\beta)}V^{(\beta)} + \sigma A + \sum_i \mu_i{}^{(\alpha)} m_i{}^{(\alpha)} + \sum_i \mu_i{}^{(\beta)} m_i{}^{(\beta)}. \tag{18.46}$$

Unter Berücksichtigung konstanter Werte für die Gesamtentropie, das Gesamtvolumen und die Komponentenmassen erhalten wir aus (18.45) und (18.46) einen Ausdruck für die Bildungsarbeit der neuen Phase:

$$\Delta U = U_{\text{het}} - U_{\text{hom}} = (T^{(\alpha)} - T^{(\beta)})\, S^{(\alpha)} + (T^{(\beta)} - T)\, S + (P^{(\beta)} - P^{(\alpha)})\, V^{(\alpha)} + (P - P^{(\beta)})\, V + \sigma A + \sum_i (\mu_i{}^{(\alpha)} - \mu_i{}^{(\beta)})\, m_i{}^{(\alpha)} + \sum_i (\mu_i{}^{(\beta)} - \mu_i)\, m_i. \tag{18.47}$$

Für den Gleichgewichtszustand des heterogenen Systems ergibt sich:

$$\Delta U_0 = \frac{1}{3}\,\sigma A + (T^{(\beta)} - T)\, S + (P - P^{(\beta)})\, V + \sum_i (\mu_i{}^{(\beta)} - \mu_i)\, m_i. \tag{18.48}$$

Das hergeleitete Resultat unterscheidet sich von der Gibbsschen Gleichung (18.9) durch das Auftreten zusätzlicher Glieder, welche die Änderung des thermischen, mechanischen und chemischen Zustandes des Systems während der Bildung einer neuen Phase berücksichtigen. Für unendlich große Systeme werden diese Glieder gleich Null, und (18.48) geht in (18.49) über.

Eine gesonderte Berücksichtigung von Änderungen des thermischen bzw. mechanischen Systemzustandes während der Bildung einer neuen Phase ist in den Abschn. 18.8. und 18.6. erfolgt. Dabei haben wir erkannt, daß diese beiden Änderungen in ein und derselben Richtung wirken, sie verringern die Bildungsarbeit bei wachsender Ausdehnung der neuen Phase. Daher kann mit Sicherheit behauptet werden, daß gleichzeitige Änderungen des thermischen und mechanischen Systemzustandes in der gleichen Richtung wirken. Somit sollten auch für die Abhängigkeit ΔU_0 von der Größe der neuen

Phase die gleichen qualitativen Gesetzmäßigkeiten wirken wie für die entsprechenden Abhängigkeiten der Größen ΔF_0 und ΔH_0. Angesichts des gleichzeitigen Auftretens mehrerer Faktoren, welche die Bildungsarbeit der neuen Phase verringern, sollte die Größe ΔU_0 offensichtlich einen Minimalwert im Vergleich mit ΔG_0, ΔF_0 und ΔH_0 annehmen.

18.10. Heterogene Bildung neuer Phasen

Bisher haben wir bei der Betrachtung des Einflusses der Bedingungen des Prozeßablaufes auf die Bildungsarbeit der neuen Phase vorausgesetzt, daß die Bildung der neuen Phase nach einem homogenen Mechanismus abläuft. Nunmehr wollen wir den heterogenen Mechanismus dieses Prozesses untersuchen.

Für die Bildung einer linsenförmigen Gleichgewichtsphase α an einer ebenen Grenze zwischen zwei Phasen β und γ mit unendlicher Erstreckung (siehe Abb. 18.8.) hat Gibbs [3] den folgenden Ausdruck für die Bildungsarbeit hergeleitet:

$$W = \frac{1}{3}\left(\sigma^{(\alpha\beta)}A^{(\alpha\beta)} + \sigma^{(\alpha\gamma)}A^{(\alpha\gamma)} - \sigma^{(\beta\gamma)}A^{(\beta\gamma)}\right). \tag{18.49}$$

In dieser Gleichung bedeuten $\sigma^{(\alpha\beta)}$, $\sigma^{(\alpha\gamma)}$, $\sigma^{(\beta\gamma)}$ die Grenzflächenspannungen an den Phasengrenzen $\alpha - \beta$, $\alpha - \gamma$ bzw. $\beta - \gamma$, $A^{(\alpha\beta)}$ und $A^{(\alpha\gamma)}$ die Kontaktflächen der Linse mit den Phasen β bzw. γ, $A^{(\beta\gamma)}$ die im Ergebnis der Linsenbildung verschwundene

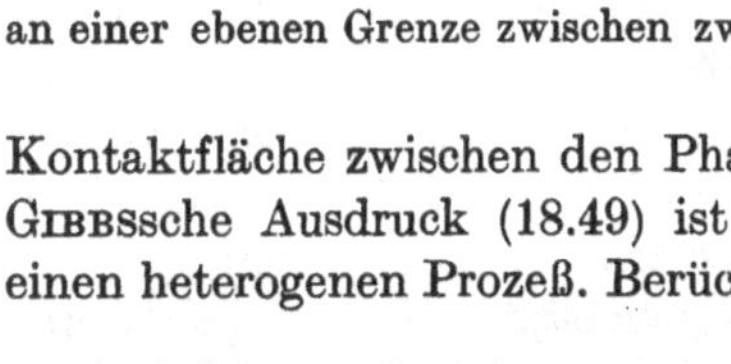

Abb. 18.8. Bildung einer linsenförmigen Phase an einer ebenen Grenze zwischen zwei Phasen

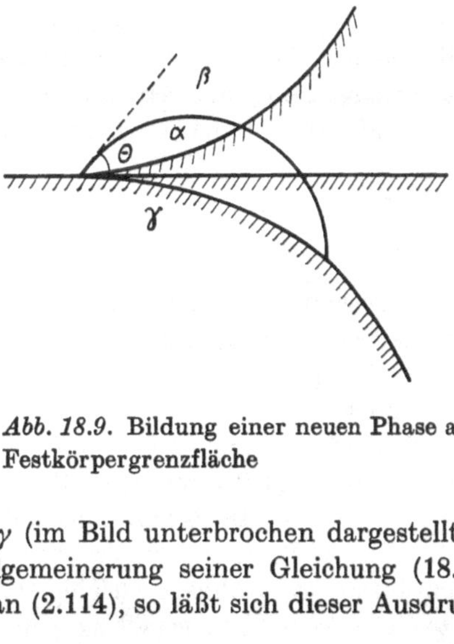

Abb. 18.9. Bildung einer neuen Phase an einer Festkörpergrenzfläche

Kontaktfläche zwischen den Phasen β und γ (im Bild unterbrochen dargestellt). Der Gibbssche Ausdruck (18.49) ist eine Verallgemeinerung seiner Gleichung (18.9) für einen heterogenen Prozeß. Berücksichtigt man (2.114), so läßt sich dieser Ausdruck als

$$W = \frac{\sigma^{(\alpha\beta)}V'}{r^{(\alpha\beta)}} + \frac{\sigma^{(\alpha\gamma)}V''}{r^{(\alpha\gamma)}} \tag{18.50}$$

schreiben, wobei V' und V'' die durch die neue Phase ($V' + V'' = V^{(\alpha)}$) verdrängten Teilvolumina der Phasen β und γ sowie $r^{(\alpha\beta)}$ und $r^{(\alpha\gamma)}$ die Krümmungsradien der Grenzflächen der linsenförmigen Masse sind.

Geht die Bildung der neuen Phase auf einer ebenen Festkörpergrenzfläche vonstatten (Abb. 18.9.), so verschwindet das zweite in Gl. (18.50) rechts stehende Glied, und die Arbeit läßt sich nach der Beziehung

$$W = \frac{\sigma^{(\alpha\beta)} V^{(\alpha)}}{r^{(\alpha\beta)}} \tag{18.51}$$

bestimmen.

Man kann sich leicht vorstellen, daß Gl. (18.9) in eine gleiche Form gebracht werden kann. Dann ist ein unmittelbarer Vergleich der Bildungsarbeiten für den heterogenen bzw. homogenen Prozeß bei vorgegebenen Werten für den Krümmungsradius bzw. das Volumen des Keimes möglich. Für Keime mit gleichen Krümmungsradien (die Grenzflächenspannungen sind in diesem Falle ebenfalls gleich) stellt bei Werten des Benetzungsrandwinkels von $\theta < 180°$ das Volumen des heterogenen Keimes nur einen Teil des Volumens vom homogenen Keim dar. Infolgedessen ist auch die Bildungsarbeit für den heterogenen Prozeß kleiner als für den homogenen Prozeß. Eine quantitative Beziehung für den Zusammenhang zwischen den Arbeiten für den heterogenen bzw. homogenen Prozeß ist in diesem Falle durch die bekannte VOLMERsche Gleichung gegeben:

$$\frac{W_{\text{het}}}{W_{\text{hom}}} = \frac{V_{\text{het}}^{(\alpha)}}{V_{\text{hom}}^{(\alpha)}} = \frac{1}{2} - \frac{3}{4}\cos\theta + \frac{1}{4}\cos^3\theta\,. \tag{18.52}$$

In dieser Gleichung entsprechen W_{het} und $V_{\text{het}}^{(\alpha)}$ Gl. (18.51) sowie W_{hom} und $V_{\text{hom}}^{(\alpha)}$ Gl. (18.9).

Bei einem Vergleich von Keimen gleichen Volumens tritt eine zusätzliche Schwierigkeit auf, die mit der notwendigen Berücksichtigung des Zusammenhanges zwischen Grenzflächenspannung und -krümmung verbunden ist. Für große r-Werte, bei welchen diese Abhängigkeit vernachlässigbar ist, erhalten wir aus den Gln. (18.51) und (18.9)

$$\frac{W_{\text{het}}}{W_{\text{hom}}} = \frac{r_{\text{hom}}^{(\alpha\beta)}}{r_{\text{het}}^{(\alpha\beta)}} \leqq 1\,. \tag{18.53}$$

Darin entsprechen $r_{\text{het}}^{(\alpha\beta)}$ und $r_{\text{hom}}^{(\alpha\beta)}$ den Gln. (18.51) bzw. (18.9). Zusätzlich verdient Beachtung, daß ein heterogener Prozeß mit geringerer Übersättigung verbunden ist, da stets $r_{\text{het}}^{(\alpha\beta)} > r_{\text{hom}}^{(\alpha\beta)}$ gilt, was wiederum die Wahrscheinlichkeit des Auftretens heterogener Prozesse erhöht.

Die Beziehungen (18.52) und (18.53) besitzen nur für hinreichend große Neubildungen Gültigkeit. Ein Vergleich der Gln. (18.9) und (18.51) für kleine Keime, deren Grenzflächenspannung von der -krümmung abhängt, führt zu einem anderen quantitativen Ergebnis. Wird z. B. angenommen, daß bei sehr kleinen r-Werten die Grenzflächenspannung linear von r abhängt (siehe Abschn. 10.7.), so tritt im Gebiet kleiner r- und großer θ-Werte kein Unterschied zwischen den Bildungsarbeiten des heterogenen und homogenen Prozesses auf. Allerdings ist, da bei gleichen Volumina der heterogene Keim über eine schwächere Krümmung verfügt, der heterogene Prozeß mit einer geringeren Übersättigung verbunden. Mit verbesserter Netzfähigkeit der Festkörpergrenzfläche verringert sich die Bildungsarbeit eines heterogenen Keimes. Bei θ-Werten nahe Null ist die Randenergie des nahezu zweidimensionalen Keimes zu berücksichtigen (siehe Abschn. 19.7.).

Bei vorgegebenen Werten des Benetzungsrandwinkels θ und der Keimkrümmung an der Grenze zu einer flüssigen oder gasförmigen Phase ist der Übergang von einer ebenen zu einer konvexen Festkörpergrenzfläche mit einer Zunahme bzw. von einer ebenen zu einer konkaven Grenzfläche mit einer Abnahme des Keimvolumens verknüpft (siehe Abb. 18.9.). Folglich kann auf der Basis von Ausdruck (18.51) (obwohl dieser hier nicht mehr streng gültig ist) die Schlußfolgerung gezogen werden, daß der Übergang von einer ebenen zu einer konvexen Grenzfläche eine Zunahme bzw. von einer ebenen zu einer konkaven Grenzfläche eine Abhahme der Arbeit für den heterogenen Bildungsprozeß einer neuen Phase bewirkt.

Die Gln. (18.49)$\cdots$(18.51) sind für endliche Systeme nur dann gültig, wenn der Bildungsprozeß der neuen Phase unter Konstanz des Druckes, der Temperatur sowie der chemischen Potentiale und somit auch der Grenzflächenspannung abläuft. Diese Formeln berücksichtigen keine Änderungen des thermischen, mechanischen und chemischen Zustandes des Systems während des Bildungsprozesses der neuen Phase. Es wird vorausgesetzt, daß diese Änderungen über die Einwirkung äußerer Körper kompensiert werden. Nicht stets entspricht dies realen Bedingungen. Daher ist es erforderlich, jene Korrekturen für Gl. (18.49) zu behandeln, welche bei der Betrachtung unterschiedlicher Bedingungen des Prozeßablaufes auftreten.

Wir wollen voraussetzen, daß die Entstehung einer neuen Phase auf einer ebenen Grenzfläche unter isoentrop-isochoren Bedingungen vonstatten geht. Die Besonderheit des Prozesses besteht darin, daß sowohl der Anfangs- als auch der Endzustand des Systems heterogen sind und beide über eine Grenzflächenenergie verfügen. Für den anfänglichen Gleichgewichtszustand gilt

$$U'_{\text{het}} = TS - PV + \sigma_1^{(\beta\gamma)} A_1^{(\beta\gamma)} + \sum_i \mu_i m_i \tag{18.54}$$

mit $\sigma_1^{(\beta\gamma)}$ und $A_1^{(\beta\gamma)}$ als Grenzflächenspannung bzw. Flächeninhalt der Phasengrenze $(\beta\gamma)$ im Anfangszustand (Abb. 18.8.). Für den Endzustand, der nicht unbedingt einem Gleichgewicht zwischen der neuen Phase und dem übrigen Teil des Systems entspricht, haben wir

$$\begin{aligned} U''_{\text{het}} = {} & T^{(\alpha)} S^{(\alpha)} + T^{(\beta)}(S - S^{(\alpha)}) - P^{(\alpha)} V^{(\alpha)} - P^{(\beta)}(V - V^{(\alpha)}) \\ & + \sigma^{(\alpha\beta)} A^{(\alpha\beta)} + \sigma^{(\alpha\gamma)} A^{(\alpha\gamma)} + \sigma_2^{(\beta\gamma)} A_2^{(\beta\gamma)} \\ & + \sum_i \mu_i^{(\alpha)} m_i^{(\alpha)} - \sum_i \mu_i^{(\beta)} (m_i + m_i^{(\alpha)}) . \end{aligned} \tag{18.55}$$

In dieser Beziehung verkörpern $\sigma_2^{(\beta\gamma)}$ und $A_2^{(\beta\gamma)}$ Grenzflächenspannung bzw. Flächeninhalt der Diskontinuitätsfläche zwischen den ursprünglichen Phasen im Endzustand. Definitionsgemäß ist $A^{(\beta\gamma)} = A_1^{(\beta\gamma)} - A_2^{(\beta\gamma)}$. Über die Subtraktion von (18.54) aus (18.55) erhalten wir

$$\begin{aligned} \Delta U = {} & (T^{(\alpha)} - T^{(\beta)})\, S^{(\alpha)} + (T^{(\beta)} - T)\, S + (P^{(\beta)} - P^{(\alpha)})\, V^{(\alpha)} + (P - P^{(\beta)})\, V \\ & + \sigma^{(\alpha\beta)} A^{(\alpha\beta)} + \sigma^{(\alpha\gamma)} A^{(\alpha\gamma)} + \sigma_2^{(\beta\gamma)} A_2^{(\beta\gamma)} - \sigma_1^{(\beta\gamma)} A_1^{(\beta\gamma)} \\ & + \sum_i (\mu_i^{(\alpha)} - \mu_i^{(\beta)})\, m_i^{(\alpha)} + \sum_i (\mu_i^{(\beta)} - \mu_i)\, m_i . \end{aligned} \tag{18.56}$$

Ausdruck (18.56) liefert die Bildungsarbeit einer neuen Phase an der Grenze zweier Phasen unter isoentrop-isochoren Bedingungen. Sein Vergleich mit Ausdruck (18.47) zeigt, daß die Korrekturen, welche infolge der Änderung von Temperatur, Druck sowie der chemischen Potentiale im System bei der Bildung der neuen Phase auftreten, von der gleichen Gestalt wie für den homogenen Prozeß sind.

Für den Gleichgewichtszustand nimmt Ausdruck (18.56) die folgende Form an:

$$\Delta U_0 = \frac{1}{3} (\sigma^{(\alpha\beta)} A^{(\alpha\beta)} + \sigma^{(\alpha\gamma)} A^{(\alpha\gamma)} - \sigma_2{}^{(\beta\gamma)} A^{(\beta\gamma)}) + (T^{(\beta)} - T) S + (P - P^{(\beta)}) V + (\sigma_2{}^{(\beta\gamma)} - \sigma_1{}^{(\beta\gamma)}) A_1{}^{(\beta\gamma)} + \sum_i (\mu_i{}^{(\beta)} - \mu_i) m_i . \quad (18.57)$$

Beziehung (18.57) verfügt im Vergleich zu der analogen Beziehung (18.48) für die Arbeit der homogenen Bildung einer neuen Phase über zwei Besonderheiten. Erstens wird bei einem Übergang von (18.48) zu (18.57) das erste Glied bedeutend komplizierter, was allerdings ohne Einfluß auf seinen physikalischen Sinn bleibt. Nach wie vor stellt es den dritten Teil der Arbeit für die Bildung bzw. das Verschwinden der Diskontinuitätsflächen dar. Zweitens tritt bei einem Übergang von (18.48) zu (18.57) ein neues Glied in Erscheinung: $(\sigma_2{}^{(\beta\gamma)} - \sigma_1{}^{(\beta\gamma)}) A_1{}^{(\beta\gamma)}$. Dieses Glied kennzeichnet die Änderung des Zustandes der ursprünglichen Diskontinuitätsfläche, welche unausweichlich bei einer Zustandsänderung der koexistierenden Phasen infolge Keimbildung eintritt. Dieses Zusatzglied ist von geringer Größe und darf im Vergleich mit den übrigen Korrekturen außer in jenem Falle, daß die Volumina der Phasen relativ klein sind (wenn die Keimbildung z. B. in Filmen abläuft), vernachlässigt werden.

Diese zwei Besonderheiten von Beziehung (18.57) müssen auch für die übrigen möglichen Bedingungen des Prozeßablaufes erhalten bleiben, so daß wir ohne Herleitung schreiben können:

$$\Delta H_0 = \frac{1}{3} (\sigma^{(\alpha\beta)} A^{(\alpha\beta)} + \sigma^{(\alpha\gamma)} A^{(\alpha\gamma)} - \sigma_2{}^{(\beta\gamma)} A^{(\beta\gamma)}) + (T^{(\beta)} - T) S + (\sigma_2{}^{(\beta\gamma)} - \sigma_1{}^{(\beta\gamma)}) A_1{}^{(\beta\gamma)} + \sum_i (\mu_i{}^{(\beta)} - \mu_i) m_i \quad (18.58)$$

$$\Delta F_0 = \frac{1}{3} (\sigma^{(\alpha\beta)} A^{(\alpha\beta)} + \sigma^{(\alpha\gamma)} A^{(\alpha\gamma)} - \sigma_2{}^{(\beta\gamma)} A^{(\beta\gamma)}) + (P - P^{(\gamma)}) V + (\sigma_2{}^{(\beta\gamma)} - \sigma_1{}^{(\beta\gamma)}) A_1{}^{(\beta\gamma)} + \sum_i (\mu_i{}^{(\beta)} - \mu_i) m_i \quad (18.59)$$

$$\Delta G_0 = \frac{1}{3} (\sigma^{(\alpha\beta)} A^{(\alpha\beta)} + \sigma^{(\alpha\gamma)} A^{(\alpha\gamma)} - \sigma_2{}^{(\beta\gamma)} A^{(\beta\gamma)}) + (\sigma_2{}^{(\beta\gamma)} - \sigma_1{}^{(\beta\gamma)}) A_1{}^{(\beta\gamma)} + \sum_i (\mu_i{}^{(\beta)} - \mu_i) m_i . \quad (18.60)$$

Die Korrekturen, welche die Beziehungen (18.57)···(18.60) von der Gibbsschen Gleichung (18.49) unterscheiden, stimmen mit Ausnahme der Korrektur für die Grenzflächenspannung, die in der Regel klein ist, mit jenen für homogene Prozesse überein. Somit bleiben die für homogene Prozesse erhaltenen Schlußfolgerungen zum Einfluß der Bedingungen des Prozeßablaufes auf die Bildungsarbeit der neuen Phase auch für heterogene Prozesse ohne Ausnahme in Kraft. Mithin besteht keine Notwendigkeit einer speziellen Analyse der Ausdrücke (18.57)···(18.60).

18.11. Keimbildung auf einem sphärischen Kern

Einen Sonderfall der heterogenen Prozesse stellt die Keimbildung in Form einer kugelförmigen Schicht auf einem sphärischen Kern dar. Die Betrachtung dieses Systems ist in Abhängigkeit davon, ob ein dicker oder dünner gekrümmter Film durch den Stoff der neuen Phase auf der Grenzfläche des Kernes gebildet wird, verschieden.

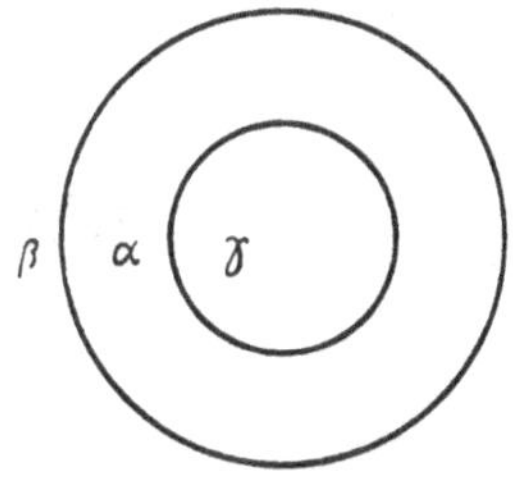

Abb. 18.10. Keimbildung auf einem sphärischen Kern

Bei der Bildung eines dicken Filmes von Phase α aus Phase β auf einem sphärischen Kern (siehe Abb. 18.10.) können beide Grenzflächen des Filmes unabhängig voneinander betrachtet werden. Die neue Phase möge unter isoentrop-isochoren Bedingungen entstehen. Im Ausgangszustand bei Abwesenheit von Phase α und Vorliegen eines Gleichgewichtes zwischen den Phasen β und γ ist

$$U'_{\text{het}} = TS - P_1^{(\gamma)} V_1^{(\gamma)} - P_1^{(\beta)}(V - V_1^{(\gamma)}) + \sigma^{(\beta\gamma)} A^{(\beta\gamma)} + \sum_i \mu_i m_i . \tag{18.61}$$

Hier bedeuten $P_1^{(\gamma)}$, $P_1^{(\beta)}$ und $V_1^{(\gamma)}$ die Drücke in den Phasen γ bzw. β sowie das Volumen von Phase γ im Anfangszustand.

Wir wollen voraussetzen, daß sich im Endzustand die Phasen α und γ im Gleichgewicht miteinander (diese Voraussetzung ist durch die Kleinheit dieser Phasen begründet) aber nicht unbedingt im Gleichgewicht mit Phase β befinden. Hierfür gilt:

$$\begin{aligned} U''_{\text{het}} = {} & T^{(\alpha)}(S^{(\alpha)} + S^{(\gamma)}) + T^{(\beta)}(S - S^{(\alpha)} - S^{(\gamma)}) - P^{(\alpha)} V^{(\alpha)} - P_2^{(\gamma)} V_2^{(\gamma)} \\ & - P_2^{(\beta)}(V - V^{(\alpha)} - V_2^{(\gamma)}) + \sigma^{(\alpha\beta)} A^{(\alpha\beta)} + \sigma^{(\alpha\gamma)} A^{(\alpha\gamma)} \\ & + \sum_i \mu_i^{(\alpha)}(m_i^{(\alpha)} + m_i^{(\gamma)}) + \sum_i \mu_i^{(\beta)}(m_i - m_i^{(\alpha)} - m_i^{(\gamma)}) . \end{aligned} \tag{18.62}$$

Die Größen $P_2^{(\gamma)}$, $P_2^{(\beta)}$ und $V_2^{(\gamma)}$ stellen die Werte für $P^{(\gamma)}$, $P^{(\beta)}$ bzw. $V^{(\gamma)}$ im Endzustand dar. Die Subtraktion von (18.61) aus (18.62) liefert

$$\begin{aligned} \Delta U = {} & (T^{(\alpha)} - T^{(\beta)})(S^{(\alpha)} + S^{(\gamma)}) + (T^{(\beta)} - T) S + (P_1^{(\gamma)} - P_1^{(\beta)}) V_1^{(\gamma)} \\ & - (P_2^{(\gamma)} - P_2^{(\beta)}) V_2^{(\gamma)} - (P^{(\alpha)} - P_2^{(\beta)}) V^{(\alpha)} \\ & + (P_1^{(\beta)} - P_2^{(\beta)}) V + \sigma^{(\alpha\beta)} A^{(\alpha\beta)} + \sigma^{(\alpha\gamma)} A^{(\alpha\gamma)} - \sigma^{(\beta\gamma)} A^{(\beta\gamma)} \\ & + \sum_i (\mu_i^{(\alpha)} - \mu_i^{(\beta)})(m_i^{(\alpha)} + m_i^{(\gamma)}) + \sum_i (\mu_i^{(\beta)} - \mu_i) m_i . \end{aligned} \tag{18.63}$$

Im weiteren wenden wir die Gleichgewichtsbedingungen (2.98), (2.99) und (1.29) auf jede der drei Phasen an. Im Ergebnis davon erhalten wir einen Ausdruck für die Bildungsarbeit des Gleichgewichtskeimes:

$$\Delta U_0 = \frac{1}{3} (\sigma^{(\alpha\beta)} A^{(\alpha\beta)} + \sigma^{(\alpha\gamma)} A^{(\alpha\gamma)} - \sigma^{(\beta\gamma)} A^{(\beta\gamma)}) + (T^{(\beta)} - T) S + (P_1^{(\beta)} - P_2^{(\beta)}) V + \sum_i (\mu_i^{(\beta)} - \mu_i) m_i . \tag{18.64}$$

Ein analoges Vorgehen führt zu den folgenden Ausdrücken:

$$\Delta H_0 = \frac{1}{3} (\sigma^{(\alpha\beta)} A^{(\alpha\beta)} + \sigma^{(\alpha\gamma)} A^{(\alpha\gamma)} - \sigma^{(\beta\gamma)} A^{(\beta\gamma)}) + (T^{(\beta)} - T) S + \sum_i (\mu_i^{(\beta)} - \mu_i) m_i \tag{18.65}$$

$$\Delta F_0 = \frac{1}{3} (\sigma^{(\alpha\beta)} A^{(\alpha\beta)} + \sigma^{(\alpha\gamma)} A^{(\alpha\gamma)} - \sigma^{(\beta\gamma)} A^{(\beta\gamma)}) + (P_1^{(\beta)} - P_2^{(\beta)}) V + \sum_i (\mu_i^{(\beta)} - \mu_i) m_i \tag{18.66}$$

$$\Delta G_0 = \frac{1}{3} (\sigma^{(\alpha\beta)} A^{(\alpha\beta)} + \sigma^{(\alpha\gamma)} A^{(\alpha\gamma)} - \sigma^{(\beta\gamma)} A^{(\beta\gamma)}) + \sum_i (\mu_i^{(\beta)} - \mu_i) m_i . \tag{18.67}$$

Diese Ausdrücke geben die Bildungsarbeit für isoentrop-isobare, isotherm-isochore bzw. isotherm-isobare Bedingungen wieder.

Das Ergebnis einer konkreten Rechnung nach den Formeln (18.64)···(18.67) hängt davon ab, ob der den Kern bildende Stoff löslich (flüchtig) ist oder nicht.

Für ein hinreichend großes System, in dem die Bildung der neuen Phase keinen merkbaren Einfluß auf Temperatur, Druck und chemische Potentiale in Phase β ausübt, gehen die Ausdrücke (18.64)···(18.67) in die Gibbssche Gleichung (18.49) über. Somit ist die Gibbssche Gleichung auch auf den Fall der Keimbildung in Form eines dicken Filmes auf einem kugelförmigen Kern anwendbar. Wird eine Positionsänderung der Trennfläche von Phase γ vernachlässigt, dann kann angenommen werden, daß $A^{(\alpha\gamma)} = A^{(\beta\gamma)}$ sowie $r^{(\alpha\gamma)} = r^{(\beta\gamma)}$ Gültigkeit haben. Als Folge davon und unter Benutzung von (2.115) nimmt die Gibbssche Formel (18.49) bzw. das erste Glied in den Ausdrücken (18.64)···(18.67) die Form

$$W = \frac{1}{3} [\sigma^{(\alpha\beta)} A^{(\alpha\beta)} + (\sigma^{(\alpha\gamma)} - \sigma^{(\beta\gamma)}) A^{(\alpha\gamma)}] = \frac{1}{3} \sigma^{(\alpha\beta)} (A^{(\alpha\beta)} - A^{(\alpha\gamma)} \cos \theta) \tag{18.68}$$

an. Eine Gegenüberstellung der Ausdrücke (18.68) und (18.9) führt zu

$$W_{\text{het}} - W_{\text{hom}} = -\frac{1}{3} \sigma^{(\alpha\beta)} A^{(\alpha\gamma)} \cos \theta . \tag{18.69}$$

Hieraus folgt, daß eine Aktivität der Kerne in den Bildungsprozessen der neuen Phasen nur bei Benetzung des Kernes durch die neue Phase ($0 < \theta < 90°$) gegeben ist.

Wenn der den Keim bildende Stoff allerdings unlöslich ist, so ist selbst in einem großen Gleichgewichtssystem das chemische Potential dieses Stoffes (wir wollen dieses mit μ_1 bezeichnen und den Index β für den Endzustand verwenden) nicht konstant. Daher tritt im Ausdruck für die Bildungsarbeit eines Gleichgewichtskeimes stets das Glied $m_1\,\Delta\mu_1$ auf:

$$W = \frac{1}{3}\,(\sigma^{(\alpha\beta)}A^{(\alpha\beta)} + \sigma^{(\alpha\gamma)}A^{(\alpha\gamma)} - \sigma^{(\beta\gamma)}A^{(\beta\gamma)}) + m_1\,\Delta\mu_1 \tag{18.70}$$

Dieser Ausdruck kann in völliger Analogie zu dem im Abschn. 17.4 beschriebenen Vorgehen umgeformt werden. Wird die Positionsänderung der Trennfläche für Phase γ vernachlässigt, so erhalten wir das folgende Ergebnis [55, 56]:

$$W = \frac{1}{3}\,\sigma^{(\alpha\beta)}A^{(\alpha\beta)} + \left(\sigma^{(\alpha\gamma)} - \sigma^{(\beta\gamma)} + \frac{2}{3}\,\sigma^{(\alpha\beta)}\,\frac{r^{(\alpha\gamma)}}{r^{(\alpha\beta)}}\right)A^{(\alpha\gamma)}. \tag{18.71}$$

Bei unvollständiger Benetzung nimmt Formel (18.71) das folgende Aussehen an:

$$W = \frac{1}{3}\,\sigma^{(\alpha\beta)}A^{(\alpha\beta)} + \sigma^{(\alpha\beta)}A^{(\alpha\gamma)}\left(\frac{2r^{(\alpha\gamma)}}{3r^{(\alpha\beta)}} - \cos\theta\right). \tag{18.72}$$

Hieraus folgt

$$W_{\text{het}} - W_{\text{hom}} = \sigma^{(\alpha\beta)}A^{(\alpha\gamma)}\left(\frac{2r^{(\alpha\gamma)}}{3r^{(\alpha\beta)}} - \cos\theta\right). \tag{18.73}$$

Aus Gl. (18.73) ergibt sich die Feststellung, daß unlösliche Kerne in den Prozessen der Phasenneubildung nur unter der Bedingung $\theta < \arccos\,(2r^{(\alpha\beta)}/3r^{(\alpha\beta)}) < 90°$ aktiv sind. Die Formeln (18.71)···(18.73) wurden zuerst von KRYSTANOV [55] hergeleitet.

Die getroffenen Ausführungen beziehen sich auf die Bildung eines dicken Filmes auf einem kugelförmigen Kern. Entsteht aber ein dünner Film (eine Behandlung der Gleichgewichte unter Beteiligung gekrümmter dünner Filme wird in Kap. 14. vorgenommen), so wird die Energie des Endzustandes mit Hilfe des folgenden Ausdrucks bestimmt:

$$\begin{aligned} U''_{\text{het}} &= T^{(\gamma)}S^{(\gamma)} + T^{(\beta)}(S - S^{(\gamma)}) - P_2{}^{(\gamma)}V_2{}^{(\gamma)} - P_2{}^{(\beta)}(V - V_2{}^{(\gamma)}) + \gamma A \\ &\quad + \sum_i \mu_i{}^{(\gamma)}m_i{}^{(\gamma)} + \sum_i \mu_i{}^{(\beta)}(m_i - m_i{}^{(\gamma)}). \end{aligned} \tag{18.74}$$

Die Symbole γ und A kennzeichnen hier Spannung und Flächeninhalt der Spannungsfläche des dünnen Filmes. Wird (18.61) von (18.74) subtrahiert, so erhalten wir einen Ausdruck für die Bildungsarbeit der in Form eines dünnen Filmes entstehenden neuen Phase unter isoentrop-isochoren Bedingungen:

$$\begin{aligned} \Delta U &= (T^{(\gamma)} - T^{(\beta)})\,S^{(\gamma)} + (T^{(\beta)} - T)\,S + (P_1{}^{(\gamma)} - P_1{}^{(\beta)})\,V_1{}^{(\gamma)} \\ &\quad + (P_1{}^{(\beta)} - P_2{}^{(\beta)})\,V - (P_2{}^{(\gamma)} - P_2{}^{(\beta)})\,V_2{}^{(\gamma)} + \gamma A \\ &\quad - \sigma^{(\beta\gamma)}A^{(\beta\gamma)} + \sum_i (\mu_i{}^{(\gamma)} - \mu_i{}^{(\beta)})\,m_i{}^{(\gamma)} + \sum_i (\mu_i{}^{(\beta)} - \mu_i)\,m_i. \end{aligned} \tag{18.75}$$

Im Gleichgewicht nimmt (18.75) die folgende Gestalt an:

$$\Delta U_0 = \frac{1}{3} (\gamma A - \sigma^{(\beta\gamma)} A^{(\beta\gamma)}) + (T^{(\beta)} - T) S$$
$$+ (P_1^{(\beta)} - P_2^{(\beta)}) V + \sum_i (\mu_i^{(\beta)} - \mu_i) m_i . \tag{18.76}$$

Analog erhalten wir die Ausdrücke:

$$\Delta H_0 = \frac{1}{3} (\gamma A - \sigma^{(\beta\gamma)} A^{(\beta\gamma)}) + (T^{(\beta)} - T) S + \sum_i (\mu_i^{(\beta)} - \mu_i) m_i \tag{18.77}$$

$$\Delta F_0 = \frac{1}{3} (\gamma A - \sigma^{(\beta\gamma)} A^{(\beta\gamma)}) + (P_1^{(\beta)} - P_2^{(\beta)}) V + \sum_i (\mu_i^{(\beta)} - \mu_i) m_i \tag{18.78}$$

$$\Delta G_0 = \frac{1}{3} (\gamma A - \sigma^{(\beta\gamma)} A^{(\beta\gamma)}) + \sum_i (\mu_i^{(\beta)} - \mu_i) m_i . \tag{18.79}$$

Diese Ausdrücke liefern die Bildungsarbeit des in Form eines dünnen Filmes auf einem sphärischen Kern entstehenden Keimes unter isoentrop-isobaren, isotherm-isochoren bzw. isotherm-isobaren Bedingungen.

18.12. Vergleich der erhaltenen Resultate mit der Gibbsschen Theorie

Aus obenstehenden Ausführungen folgt, daß die Bildungsarbeit neuer Phasen in realen Systemen über die Summe zweier Glieder ausgedrückt werden kann: der Gibbsschen Arbeit $W(r)$, welche in Abhängigkeit vom jeweiligen Mechanismus des Prozesses durch (18.9) oder (18.49) ausgedrückt wird, und des Korrekturgliedes $\Delta W(V)$, das von den Abmessungen des Systems und den Bedingungen des Prozeßablaufes abhängt:

$$W = W(r) + \Delta W(V). \tag{18.80}$$

Die Einführung des Korrekturgliedes $\Delta W(V)$ erlaubt, sowohl den eigentlichen Keimbildungsvorgang als auch das Wachstum der neuen Phase bis zu makroskopischen Abmessungen zu verfolgen. Von der praktischen Seite her ist dies vorteilhaft, da keine Notwendigkeit besteht, Untersuchungen zur Anwendbarkeit dieser oder jener Formel in Abhängigkeit von der Keimgröße vorzunehmen. Eine Benutzung der Beziehung (18.59) führt zu der Schlußfolgerung, daß während seines Wachstums ein Bläschen, Tröpfchen oder Kristallit einer neuen Phase zunächst den Zustand des instabilen Gleichgewichtes (Gibbs-Volmerscher Keim) durchläuft und anschließend — nach Erreichen einer hierfür hinlänglichen Größe — in den Zustand des stabilen Gleichgewichtes eintritt.

Es sei betont, daß die Schlußfolgerung über die Stabilität eines Zweiphasengleichgewichtes unter definierten Bedingungen Gültigkeit für ein solches System besitzt, das nur aus zwei Körpern, z. B. einem Tröpfchen und Dampf, besteht. Wird aber angenommen, daß in selbigem Volumen zwei Tröpfchen im Gleichgewicht stehen, so ändert sich die Situation radikal. Verringert nämlich ein Tröpfchen seine Größe, z. B. durch Verdampfen, so tritt ungeachtet dessen, daß der Dampfdruck im System stärker als der Gleichgewichtsdampfdruck dieses Tröpfchens wächst (Bedingung des stabilen Gleichgewichtes), Kondensation am größeren Tropfen ein, was schließlich zum Verschwinden eines der Tröpfchen führt. Folglich darf die Schlußfolgerung von der Stabilität des Endzustandes so lange nicht auf ein aus vielen Gebieten neuer Phasen bestehendes Gleichgewichtssystem übertragen werden, bis sich diese nicht in ein einziges entweder über einen Phasenübergang (durch den Dampf oder die Lösung) oder durch Verschmelzung bei Stoßvorgängen verwandelt haben. Dessenungeachtet trägt diese Schlußfolgerung zum Verständnis der Gründe für die scheinbare Stabilität solcher Systeme bei. Diese Stabilität ist ähnlich wie die Stabilität vieler disperser Systeme [57] auf die geringe Geschwindigkeit der Gleichgewichtseinstellung zwischen den einzelnen Gebieten der neuen Phasen zurückzuführen.

Die Einschätzung der Rolle, welche das Korrekturglied $\Delta W(V)$ für die Keime neuer Phasen spielt, ist von Interesse. Das in realen Systemen einem Keim in der Regel zur Verfügung stehende Volumen ist verglichen mit der Keimgröße hinreichend groß. Somit besteht kein Zweifel an der Richtigkeit der GIBBSschen Annahme von der Unendlichkeit des Systems (unter dem genannten Aspekt). Selbst wenn die Änderung der Grenzflächenspannung im Gebiet kleiner Krümmungsradien berücksichtigt und $W(r)$ als kleine Größe nicht zweiter, sondern dritter Ordnung angesehen wird, führen die Änderungen, welche die Bildung eines Keimes in dem auf diesen entfallenden Teilvolumen des Systems hervorruft, nur zu einem unbedeutenden Wert der Korrektur $\Delta W(V)$.

Allerdings setzen sowohl diese Überlegungen als auch die GIBBSsche Theorie voraus, daß sich das Gleichgewicht ungeachtet der beträchtlichen Größe des Systems in diesem praktisch augenblicklich einstellt, so daß das Gesamtsystem mit dem entstehenden Keim in Wechselwirkung steht. Dies ist nicht stets der Fall. In der Mehrheit der Fälle gelingt es einem Keim nur, mit seiner unmittelbaren Nachbarschaft in Wechselwirkung zu treten, so daß das tatsächliche Volumen des Systems Keim—Medium viel kleiner als das auf einen Keim bezogene Volumen des Gesamtsystems ist. Die Größe des Korrekturgliedes $\Delta W(V)$ wächst dabei stark an.

Das tatsächliche Volumen des Systems Keim—Medium und die Größe des Korrekturgliedes $\Delta W(V)$ hängen von der Keimbildungsgeschwindigkeit und einer Reihe von Faktoren, die die Geschwindigkeit der Gleichgewichtseinstellung bestimmen, ab. Zu diesen Faktoren sind die Koeffizienten der Diffusion und Selbstdiffusion, die Wärmeleitfähigkeit sowie die elastischen Eigenschaften des Mediums zu zählen. Die relative Bedeutung dieser Faktoren ist für unterschiedliche Prozesse verschieden. Die Diffusionsgeschwindigkeit z. B. spielt eine wesentliche Rolle für Kondensations- und Kristallisationsprozesse, insbesondere bei Gemischen. Für Schmelzvorgänge und die Bildung von Flüssigkeitströpfchen in Kristallen erlangt der mit der Kristalldeformation im Tröpfchen-Grenzgebiet im Zusammenhang stehende mechanische Faktor große Bedeutung. Der dabei auftretende Korrekturwert $\Delta W(V)$ kann hinreichend groß sein. Möglicherweise kann auf diesem Wege das Fehlen von Überhitzungszuständen während der Schmelzprozesse erklärt werden.

Abschließend sei eine weitere wichtige Bemerkung gemacht. Die durchgeführten Berechnungen zeigen, daß $\Delta W(V)$ negativ ist. Für ein richtiges Verstehen dieses Ergebnisses sei daran erinnert, daß es über einen Vergleich von Arbeiten, die zu ein und demselben Endzustand führen, erhalten worden ist. Für unendliche Systeme stimmen Anfangs- und Endübersättigung überein. Für endliche Systeme ist die Anfangsübersättigung stets größer als die Endübersättigung. Daher ist für die Bildung eines Gleichgewichtskeimes von vorgegebener Größe in einem endlichen System eine höhere Anfangsübersättigung als in einem unendlichen System erforderlich. Folglich läuft der Bildungsprozeß einer neuen Phase im endlichen System leichter, mit einem geringeren Aufwand an Arbeit, ab.

Werden andererseits Prozesse miteinander verglichen, die auf den gleichen Anfangszustand bezogen sind, so kann in endlichen Systemen eine höhere Aktivierungsenergie auftreten. Dies dürfte damit verbunden sein, daß für eine vorgegebene Anfangsübersättigung der Gleichgewichtskeim des endlichen Systems größer als jener des unendlichen Systems ist. Wird die Keimbildungsarbeit bei vorgegebener Anfangsübersättigung nach der GIBBSschen Formel berechnet, so ist die Korrektur Q für die Endlichkeit des Systems durch den Ausdruck

$$Q = W(r) + \Delta W(V) - W(r_0) \qquad (18.81)$$

gegeben. Die Werte r_0 und r lassen sich anhand der Gleichgewichtskurve (z. B. der Kurve P_0AB in Abb. 18.6.) für die Anfangs- bzw. Endübersättigung bestimmen. Bei kleinen Werten von $\Delta W(V)$ ist infolge $r > r_0$ die Größe Q stets positiv.

Somit führt die thermodynamische Behandlung der Bildungsprozesse neuer Phasen zu einer kinetischen Gleichung des Typs (18.3), in der Q nicht nur durch Diffusion, sondern auch durch Wärmeleitfähigkeit und die elastischen Eigenschaften des Mediums bestimmt wird.

Literatur

[1] M. VOLMER: „*Kinetik der Phasenbildung*", Dresden—Leipzig, 1939
[2] Н. ФУКС: Усп. физ. наук **15**, 496 (1935)
[3] И. СТРАНСКИЙ, Р. КАИШЕВ: Усп. физ. наук **21**, 408 (1939)
[4] N. E. DORSEY: Trans. Am. Phil. Soc. **38**, 247 (1948)
[5] Crystal growth. Disc. Faraday Soc. **5**, (1949)
[6] R. S. BRADLEY: Quart. Revs. [London] **5**, 315 (1951)
[7] Nucleation phenomena, Ind. Eng. Chem. **44**, 1270—1336 (1952)
[8] Д. Н. ХОЛЛОМОН, Д. ТАРНБАЛЛ: в сб. „*Успехи физики металлов*" (russ.: im Sammelband „Erfolge der Metallphysik"), т. 1, Металлургиздат 1956, стр. 304
[9] В. И. ДАНИЛОВ: „*Строение и кристаллизация жидкости*" (russ.; „Aufbau und Kristallisation einer Flüssigkeit"), Изд. АН УССР, 1956
[10] Б. Дж. МЕЙСОН: „*Физика облаков*", Гидрометиздат, 1961 (russ.: „Physik der Wolken")
[11] B. J. MASON: Advances in Physics **7**, 221 (1958)
[12] The physikal chemistry of aerosols. Disc. Faraday Soc. **30**, (1960)
[13] J. P. HIRTH, G. M. POUND: „*Condensation and Evaporation*", MacMillan, New York 1963
[14] L. DUFOUR, R. DEFAY: „*Thermodynamics of Clouds*", Academic Press, New York 1963
[15] А. Г. АМЕЛИН: „*Теоретические основы образования тумана при конденсации пара*" (russ.: „Theoretische Grundlagen der Nebelbildung bei der Dampfkondensation"), изд. Химия, Москва 1966
[16] G. M. POUND, K. NISHIOKA, J. LOTHE: in „*Surface Chemistry and Colloids*" (Physical Chemistry Series One, vol. 7) ed. M. KERKER, Butterworths, London 1972
[17] В. П. СКРИПОВ: „*Метастабильная жидкость*" (russ.: „Metastabile Flüssigkeit"); изд. Наука, Москва 1972
[18] F. F. ABRAHAM: in „*Adv. Theor. Chem.*", suppl. 1 (Homogeneous Nucleation Theory), Acad. Press, 1974

[19] R. Becker, M. Döring: Ann. Phys. **24**, 719 (1935)
[20] M. Volmer, H. Flood: Z. phys. Chem. **A 170**, 273 (1934)
[21] V. K. La Mer, G. M. Pound: J. Chem. Phys. **17**, 1337 (1949)
[22] F. J. M. Farley: Proc. Roy. Soc. **A 212**, 530 (1952)
[23] S. Twomey: J. Chem. Phys. **30**, 941 (1959)
[24] Я. И. Френкель: „*Кинетическая теория жидкостей*" (russ.: „Kinetische Theorie der Flüssigkeiten", deutsche Ausgabe bei VEB Deutscher Verlag der Wissenschaften, Berlin 1957); изд. АН СССР, Москва 1945
[25] R. C. Tolman: J. Chem. Phys. **17**, 333 (1949)
[26] B. J. Mason: Proc. Phys. Soc. **B 64**, 773 (1951)
[27] F. P. Buff, J. G. Kirkwood: J. Chem. Phys. **18**, 991 (1950)
[28] G. Rehage: Z. Naturforsch. **10a**, 300 (1955)
[29] А. В. Сторонкин, А. И. Русанов: ЖФХ **34**, 977 (1960)
[30] R. Becker: Ann. Phys. **32**, 128 (1938)
[31] J. W. Cahn, J. E. Hilliard: J. Chem. Phys. **31**, 688 (1959)
[32] G. Borelius: Arkiv Mat., Astron., Fysik **32 A**, 1 (1945)
[33] Л. Ландау, Е. Лифшиц: „*Статистическая Фицика*" (russ.: „Statistische Physik", Bd. 5 der deutschen Ausgabe des „Lehrbuches der theoretischen Physik", Akademie-Verlag, Berlin 1966); Гостехиздат, 1951, стр. 469
[34] M. Avrami: J. Chem. Phys. **7**, 1103 (1939); 8, 212 (1940); **9**, 177 (1941)
[35] Дж. В. Гиббс: „*Термодинамические работы*" (russ.: „Thermodynamische Studien"); Госхимиздат, 1950, стр. 288–421
[36] B. M. Cwilong: Nature (London) **155**, 361 (1945)
[37] V. J. Schaefer: Bull. Am. Meteor. Soc. **29**, 175 (1948)
[38] G. M. Pound, L. A. Madonna, S. L. Peake: J. Coll. Sci. 8, 187 (1953)
[39] J. A. Day: J. Meteorol. **15**, 226 (1958)
[40] D. G. Thomas, L. A. K. Staveley: J. Chem. Soc. **1952**, 4569
[41] D. Turnbull: J. Metals 188, Trans. 1144 (1950)
[42] D. Turnbull, R. E. Cech: J. Appl. Phys. **21**, 804 (1950)
[43] B. J. Mason: Disc. Faraday Soc. **30**, 20 (1960)
[44] Р. Каишев, Б. Мутафчиев: Изв. хим. ин-т Бълг. АН **7**, 145 (1960)
[45] F. W. Küster: Z. anorg. Chem. **33**, 363 (1903)
[46] В. Я. Никандров: Тр. Главной геофиз. обсерв. № 73, 3 (1958)
[47] А. Г. Быков, Е. Н. Теверовский: ЖЭТФ **19**, 328 (1949)
[48] A. C. Chatterji, A. N. Bose, R. P. Rastogi, R. Gopal: J. Indian Chem. Soc. **26**, 283 (1949)
[49] B. S. Srikantan: J. Indian Chem. Soc. **26**, 60 (1949)
[50] W. H. Rodebush: Chem. Revs. **44**, 269 (1949); Ind. Eng. Chem. **44**, 1289 (1952)
[51] R. F. Larson: Ind. Eng. Chem. **37**, 1010 (1945)
[52] A. C. Chatterji, A. N. Bose: J. Indian Chem. Soc. **26**, 94 (1949)
[53] R. Defay, I. Prigogine: „Tension superficielle et adsorption", Liége 1951
[54] С. В. Горбачев, А. В. Шлыков: ЖФХ **29**, 1777 (1955)
[55] L. Krystanov: IDÖJÁRÁS 61, 390 (1957)
[56] Р. Каишев, Б. Мутафчиев: Изв. хим. ин-т Бълг. АН **7**, 177 (1960)
[57] V. K. la mer: Ind. Eng. Chem. **44**, 1270 (1952)

19. Gleichgewichte zweidimensionaler Phasen

Es sei vereinbart, die Bezeichnung „zweidimensionale Phase“ in diesem Kapitel für eine Behandlung von Phasenumwandlungen in dünnen Schichten, die durch Eigenschaftsänderungen in Tangentialrichtung hervorgerufen werden, zu verwenden. Gegenwärtig liegen gewisse Ergebnisse von Untersuchungen zweidimensionaler Phasenübergänge in Adsorptionsfilmen, speziell in unlöslichen Monoschichten, vor. Da ein Adsorptionsfilm lediglich einen Teil der Grenzflächenschicht (in Normalrichtung zur Grenzfläche) umfaßt, welcher mit dem Grenzflächenteil des flüssigen oder festen Adsorbens eng verbunden ist, muß sich das Geschehen eines Phasenüberganges im Film auch auf den Zustand der gesamten Grenzflächenschicht auswirken. In diesem Sinne ist es möglich, von Phasenübergängen in Grenzflächen und Grenzflächenphasen zu sprechen.

Die grundlegenden Beziehungen für das Gleichgewicht zweidimensionaler Phasen sind jenen für dreidimensionale Phasen völlig analog. Daher ist hier ihre Herleitung nicht erforderlich. Im vorliegenden Kapitel werden wir lediglich die wichtigsten Beziehungen in gedrängter Form behandeln.

19.1. Lineare Spannung und Fundamentalgleichungen für die geradlinige Diskontinuitätslinie

Gleichgewichte zweidimensionaler Phasen können ebenso wie jene für dreidimensionale Phasen sowohl unter Berücksichtigung als auch Außerachtlassen der an der Phasengrenze ablaufenden Erscheinungen betrachtet werden. Wir haben von vornherein die allgemeinere Behandlung gewählt, so daß zunächst zu klären ist, über welche Eigenschaften die zwischen den Phasen verlaufende Grenze verfügt. Diese wollen wir in Analogie zu dem Begriff der Diskontinuitätsfläche als Diskontinuitätslinie bezeichnen. In Analogie zur Diskontinuitätsfläche ist auch die Diskontinuitätslinie ein realer physikalischer Körper.

Betrachten wir zunächst den Fall einer geradlinigen Grenze. Es mögen zwei in der x-y-Ebene gelegene zweidimensionale Phasen über eine Grenze mit der Fläche A, der Breite t und der Länge L in Richtung der x-Achse verfügen. Bestimmen wir die Deformationsarbeit der Diskontinuitätslinie. In Anwendung auf einen ausschließlich zweidimensionalen Fall nimmt Gl. (1.11) die folgende Form an:

$$\delta W = -P_N \delta A + \delta L \int_0^t (P_N - P_T)\, dy. \qquad (19.1)$$

Es bedeuten P_N und P_T den zweidimensionalen Normal- bzw. Tangentialdruck.

Ist das betrachtete System eine Schicht von der Dicke τ, so sind die Größen P_N und P_T in Übereinstimmung mit den Ausdrücken

$$P_N = \int_0^\tau P_{yy}\, dz \tag{19.2}$$

$$P_T = \int_0^\tau P_{xx}\, dz \tag{19.3}$$

zu interpretieren.

Ausdruck (19.1) kennzeichnet die Arbeit einer zweidimensionalen Deformation. Setzen wir voraus, daß die betrachtete Schicht unter dem Außendruck P stehe und fähig sei, ihre Dicke zu ändern, so ist in Ausdruck (19.1) das Glied $-PA\delta\tau$ einzubauen. Dieses Glied charakterisiert die Arbeit des Außendruckes. Man erhält somit bei Berücksichtigung von (19.2) und (19.3)

$$\begin{aligned}\delta W &= -PA\delta\tau - \delta A \int_0^\tau P_{yy}\, dz + \delta L \int_0^t \int_0^\tau (P_{yy} - P_{xx})\, dy\, dz \\ &= -P\delta V + \delta A \int_0^\tau (P - P_{yy})\, dz + \delta L \int_0^t \int_0^\tau (P_{yy} - P_{xx})\, dy\, dz \\ &= -P\delta V + \sigma\delta A + \varkappa\delta L \end{aligned} \tag{19.4}$$

mit

$$\varkappa \equiv \int_0^t \int_0^\tau (P_{yy} - P_{xx})\, dy\, dz\,. \tag{19.5}$$

Beziehung (19.4) zeigt, daß die Arbeit für die Deformation der Diskontinuitätslinie an der Grenze zwischen zwei zweidimensionalen Phasen über die Änderungen des Volumens bei dem Druck P, der Fläche mit der Spannung σ bzw. der Linienlänge mit der Spannung $\varkappa$ ausgedrückt werden kann. Die über Ausdruck (19.5) definierte Größe $\varkappa$ heißt lineare Spannung und bezieht sich auf eine definierte geometrische Linie, die in Analogie zu der Trennfläche als Trennlinie bezeichnet werden soll. Nach Einsetzen von (19.4) in (2.1) erhalten wir die Fundamentalgleichungen für eine geradlinige Trennlinie:

$$dU = T\, dS - P\, dV + \sigma\, dA + \varkappa\, dL + \sum_j Y_j\, dy_j + \sum_i \bar{\mu}_i\, dm_i \tag{19.6}$$

$$U = TS - PV + \sigma A + \varkappa L + \sum_i \bar{\mu}_i m_i \tag{19.7}$$

$$S\, dT - V\, dP + A\, d\sigma + L\, d\varkappa - \sum_j Y_j\, dy_j + \sum_i m_i\, d\bar{\mu}_i = 0\,. \tag{19.8}$$

Die gleichen Beziehungen sind im Falle eines Gleichgewichtes auf das zwei- oder dreidimensionale Gesamtsystem anwendbar.

19.2. Fundamentalgleichungen für die gekrümmte Diskontinuitätslinie. Abhängigkeit der linearen Spannung von der Lage der Trennlinie

Betrachten wir jetzt den allgemeinsten Fall: zwei zweidimensionale Phasen ω und ε seien durch eine gekrümmte Diskontinuitätslinie getrennt und befinden sich auf einer gekrümmten Grenzfläche zwischen den Phasen α und β. Zwecks Vereinfachung setzen wir voraus, daß die Trennlinie einen Ring mit dem Radius r bzw. die Trennfläche einen Teil der Sphäre mit dem Radius R darstellt (siehe Abb. 19.1.). Unter der Annahme,

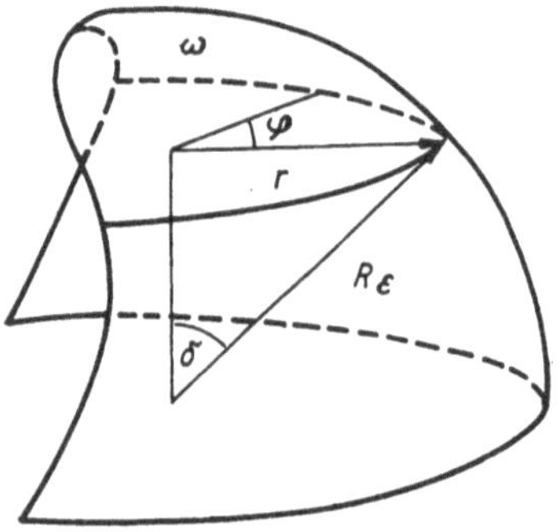

Abb. 19.1. Gleichgewicht zwischen zwei zweidimensionalen Phasen ω und ε an einer gekrümmten Grenzfläche

daß die lineare Spannung von der Lage der Trennlinie abhängt, können wir die Fundamentalgleichung für die innere Energie der gekrümmten Diskontinuitätslinie oder des Gesamtsystems in der folgenden Form schreiben:

$$dU = T\,dS - P^{(\alpha)}\,dV^{(\alpha)} - P^{(\beta)}\,dV^{(\beta)} + \sigma^{(\omega)}\,dA_\omega + \sigma^{(\varepsilon)}\,dA_\varepsilon + \varkappa\,dL + C\,dr + \sum_j Y_j\,dy_j + \sum_i \bar{\mu}_i\,dm_i\,. \tag{19.9}$$

Hier bedeuten A_ω und A_ε die Flächen jener Teile der Diskontinuitätslinie oder des Gesamtsystems, die durch die Trennlinien getrennt sind und sich an die Phasen ω bzw. ε schmiegen. Aus Gl. (19.9) ergeben sich die Beziehungen:

$$U = TS - P^{(\alpha)}V_\alpha - P^{(\beta)}V_\beta + \sigma^{(\omega)}A_\omega + \sigma^{(\varepsilon)}A_\varepsilon + \varkappa L + \sum_i \bar{\mu}_i m_i \tag{19.10}$$

$$S\,dT - V^{(\alpha)}\,dP^{(\alpha)} - V^{(\beta)}\,dP^{(\beta)} + A_\omega\,d\sigma^{(\omega)} + A_\omega\,d\sigma^{(\varepsilon)} + L\,d\varkappa - C\,dr - \sum_j Y_j\,dy_j + \sum_i m_i\,d\bar{\mu}_i = 0\,. \tag{19.11}$$

Die in den Gln. (19.9)···(19.11) auftretenden Größen $\sigma^{(\omega)}$, $\sigma^{(\varepsilon)}$, V_α und V_β sind für die Spannungsfläche gegeben. Die Lage der Trennlinie ist jedoch nicht fixiert. Daher erscheint in diesen Gleichungen das Glied $C\,dr$. Dieses erlaubt die Anwendung der Gleichungen sowohl auf den realen Krümmungsprozeß einer linearen Grenze als auch auf die gedankenexperimentelle Verschiebung der Trennlinie. Für den zweiten Fall erhalten wir aus Gl. (19.11) die Beziehung

$$\left(\frac{d\varkappa}{dr}\right)^* = \frac{C}{L}, \tag{19.12}$$

welche den Sinn der Größe C klärt. Das Sternchen als Index weist wie oben auf die Unveränderlichkeit des physikalischen Zustandes hin.

Um die Gleichungen für eine eindeutige Anwendung auf einen physikalischen Prozeß aufzubereiten, ist die Auswahl einer definierten Lage der Trennlinie erforderlich. Die Untersuchung der Abhängigkeit der linearen Spannung von der Lage der Trennlinie erlaubt dies in sinnvoller Weise. Zu diesem Zweck differenzieren wir die linke und rechte Seite der Beziehung (19.10) für einen fixierten physikalischen Zustand des Systems. Da in diesem Falle nur die Größen A_ω, A_ε, $\varkappa$ und L eine Änderung erfahren, erhalten wir als Ergebnis:

$$\sigma^{(\omega)}\,dA_\omega + \sigma^{(\varepsilon)}\,dA_\varepsilon + L\,d\varkappa + \varkappa\,dL = 0. \tag{19.13}$$

Unter der Voraussetzung, daß Phase ω innerhalb und Phase ε außerhalb der gekrümmten Linie liegen, wenden wir die geometrischen Beziehungen $dA_\omega = -dA_\varepsilon = LR\,d\delta$, $L = \varphi r$, $dL = \varphi\,dr$, $r = R \sin\delta$ an, wobei δ und φ die Winkel im Kugelkoordinatensystem darstellen (siehe Abb. 19.1), und bringen (19.13) in die folgende Form:

$$\left[\left(\frac{d\varkappa}{dr}\right)^* + \frac{\varkappa}{r}\right] \cos\delta = \sigma^{(\varepsilon)} - \sigma^{(\omega)} \tag{19.14}$$

oder

$$\left[\left(\frac{d\varkappa}{dr}\right)^* + \frac{\varkappa}{r}\right] \frac{\sqrt{R^2 - r^2}}{R} = \sigma^{(\varepsilon)} - \sigma^{(\omega)}. \tag{19.15}$$

Gln. (19.14)···(19.15) erlauben eine vollständige Charakterisierung der Abhängigkeit der linearen Spannung von der Lage der Trennlinien. Es folgt daraus, daß bei $\delta = 90°$ und $r = R$ die Bedingung $\sigma^{(\varepsilon)} = \sigma^{(\omega)}$ erfüllt ist. Für den Fall einer ebenen Grenzfläche ($R \to \infty$) geht Gl. (19.15) in die folgende Form über:

$$\left(\frac{d\varkappa}{dr}\right)^* + \frac{\varkappa}{r} = \sigma^{(\varepsilon)} - \sigma^{(\omega)}. \tag{19.16}$$

Diese Beziehung ist ein Analogon der Kondo-Gleichung (1.28) für den zweidimensionalen Fall. Die $\varkappa$-r-Abhängigkeit gemäß (19.16) zeichnet sich durch das Auftreten eines einzigen Minimums von $\varkappa$ aus, diesem entspricht die Spannungslinie, welche ein Analogon der Spannungsfläche ist. Diese besondere Lage der Spannungslinie werden wir im weiteren benutzen. Für eine ebene Grenzfläche und die Spannungslinie nehmen die Gln. (19.16), (19.9)···(19.11) das folgende Aussehen an:

$$\frac{\varkappa}{r} = \sigma^{(\varepsilon)} - \sigma^{(\omega)} \tag{19.17}$$

$$dU = T\,dS - P\,dV + \sigma^{(\omega)}\,dA_\omega + \sigma^{(\varepsilon)}\,dA_\varepsilon + \varkappa\,dL + \sum_j Y_j\,dy_j + \sum_i \bar{\mu}_i\,dm_i \tag{19.18}$$

$$U = TS - PV + \sigma^{(\omega)}A_\omega + \sigma^{(\varepsilon)}A_\varepsilon + \varkappa L + \sum_i \bar{\mu}_i m_i \tag{19.19}$$

$$S\,dT - V\,dP + A_\omega\,d\sigma^{(\omega)} + A_\varepsilon\,d\sigma^{(\varepsilon)} + L\,d\varkappa$$
$$- \sum_j Y_j\,dy_j + \sum_i m_i\,d\bar{\mu}_i = 0. \qquad (19.20)$$

Die Benutzung der Spannungslinie führt zu einer bedeutenden Vereinfachung der thermodynamischen Beziehungen und erlaubt, die Konzeption von der linearen Spannung auf gekrümmte Diskontinuitätslinien anzuwenden.

19.3. Gleichgewichts- und Stabilitätsbedingungen für zweidimensionale Phasen. Zweidimensionaler kritischer Zustand

Die allgemeinen Gleichgewichtsbedingungen (1.1), (2.98) und (2.100) sind gleichermaßen sowohl auf drei- als auch auf zweidimensionale Phasen anwendbar. Gewisse Unterschiede treten lediglich bei einer detaillierten Betrachtung der Bedingungen des mechanischen Gleichgewichtes auf. So folgt aus Beziehung (19.17), daß in Gegenwart nichtlinearer Grenzen Bedingung (2.96) für eine Mehrphasen-Grenzfläche nicht erfüllt ist. Die Gleichheit der Grenzflächenspannungen zweidimensionaler Phasen ist nur in Gegenwart geradliniger Diskontinuitätslinien realisierbar.

In analoger Weise erfährt die Bedingung für das Gleichgewicht mehrerer, sich entlang der gekrümmten Linie berührender Phasen eine Änderung. Aus den Vorstellungen von der linearen Spannung und der Spannungslinie folgt, daß in die NEUMANNsche Gleichung (2.114) der Vektor $(\overrightarrow{\varkappa/r})$ einzuführen ist; dieser ist in das Krümmungszentrum der Spannungslinie gerichtet. Es ergibt sich

$$\sum_k \vec{\sigma}_{0k} + \frac{\vec{\varkappa}}{r} = 0. \qquad (19.21)$$

Der Begriff lineare Spannung bleibt auch für einen zweidimensionalen Kristall in Kraft, dessen gesamte Thermodynamik in völliger Übereinstimmung mit dem dreidimensionalen Fall herleitbar ist. Hierbei ist es möglich, die linearen Kantenspannungen und die mittlere lineare Spannung des zweidimensionalen Kristalls zu betrachten. Letztere ist folgendermaßen definiert:

$$\bar{\varkappa} \equiv \frac{\sum_k \varkappa_k L_k + \varepsilon}{L} \quad (19.22); \qquad L \equiv \sum_k L_k. \quad (19.23)$$

Es bedeuten $\varkappa_k$ und L_k die lineare Spannung bzw. Länge der k-ten Kante, ε die summare überschüssige Eckenenergie sowie L den Umfang des zweidimensionalen Kristalls. Die Linearabmessung eines zweidimensionalen Kristalls kann durch den folgendenParameter gekennzeichnet werden:

$$r \equiv \frac{2A}{L}. \qquad (19.24)$$

KAIŠEV [2] hat gezeigt, daß auf einen zweidimensionalen Gleichgewichtskristall der WULFFsche Satz anwendbar ist. Demgemäß existiert ein solcher Punkt (WULFFscher Punkt), dessen Abstände h_k ($k = 1, 2, \ldots$) zu den Kristallkanten ihren linearen Spannungen proportional sind:

$$\frac{\varkappa_1}{h_1} = \frac{\varkappa_2}{h_2} = \frac{\varkappa_3}{h_3} = \cdots. \tag{19.25}$$

Wenden wir uns nunmehr den Stabilitätsbedingungen zu. Im Kap. 2 sind die Ungleichungen (2.165), (2.167), (2.169), (2.170), (2.172)···(2.176) für die Kennzeichnung der Stabilität von Grenzflächenphasen hergeleitet worden. Sie sind ohne Ausnahme auch auf zweidimensionale Phasen anwendbar, sofern für die Beschreibung ihres Zustandes die Grenzflächenspannung benutzt wird. Somit ist es allenfalls notwendig, die Bedingungen für die Stabilitätsgrenzen und den kritischen Zustand zu erörtern.

Die linken Seiten aller genannten Ungleichungen nehmen auf der Stabilitätsgrenze den Wert Null an. Die allgemeinste Form für die Gleichung der Stabilitätsgrenze erhalten wir aus Ungleichung (2.165):

$$\left[\frac{D(T, -P^{(\alpha)}, -P^{(\beta)}, \sigma, \mu_1, \ldots, \mu_{n-1})}{D(S, V_\alpha, V_\beta, A, m_1, \ldots, m_{n-1})}\right]_{m_n} = 0. \tag{19.26}$$

Gl. (19.26) ist sowohl auf die Zustände der Grenzübersättigung zweidimensionaler Phasen als auch auf den zweidimensionalen kritischen Zustand anwendbar. Allerdings ist sie für den kritischen Zustand nicht ausreichend, da dieser stabil ist und der Bedingung (2.163) genügen muß. Aus dieser Bedingung und Gl. (19.26) ergibt sich eine zweite Gleichung für die zweidimensionale kritische Phase

$$\left[\frac{D(X, -P^{(\alpha)}, -P^{(\beta)}, \sigma, \mu_1, \ldots, \mu_{n-1})}{D(S, V_\alpha, V_\beta, A, m_1, \ldots, m_{n-1})}\right]_{m_n} = 0 \tag{19.27}$$

sowie die Ungleichung

$$\left[\frac{D(Z, -P^{(\alpha)}, -P^{(\beta)}, \sigma, \mu_1, \ldots, \mu_{n-1})}{D(S, V_\alpha, V_\beta, A, m_1, \ldots, m_{n-1})}\right]_{m_n} \geqq 0. \tag{19.28}$$

X und Z sind die in den linken Seiten von (19.26) bzw. (19.27) stehenden Funktionaldeterminanten.

Z ist aus X über Substitution einer beliebigen intensiven Größe (wobei diese nicht — wie oben vollzogen — die Temperatur zu sein braucht) durch X erhältlich und kann beim Übergang zu (19.28) ebenfalls an die Stelle einer beliebigen intensiven Größe treten. Die gemeinsam betrachteten Gln. (19.26) und (19.27) kennzeichnen den zweidimensionalen kritischen Zustand, und Ungleichung (19.28) verkörpert die Stabilitätsbedingung für die kritische Phase. Für ein Einkomponentensystem erhalten wir aus den Gln. (19.26), (19.27) und der Ungleichung (19.28) die Beziehungen:

$$\left(\frac{\partial \sigma}{\partial A}\right)_{T, P^{(\alpha)}, p^{(\beta)}, m} = 0 \tag{19.29}$$

$$\left(\frac{\partial^2 \sigma}{\partial A^2}\right)_{T, P^{(\alpha)}, P^{(\beta)}, m} = 0 \tag{19.30}$$

$$\left(\frac{\partial^3 \sigma}{\partial A^3}\right)_{T, P^{(\alpha)}, P^{(\beta)}, m} \geqq 0. \tag{19.31}$$

Für ein binäres System folgen

$$\left(\frac{\partial \mu_1}{\partial m_1}\right)_{T,P^{(\alpha)},P^{(\beta)},\sigma,m_2} = 0 \qquad (19.32)$$

$$\left(\frac{\partial^2 \mu_1}{\partial m_1^2}\right)_{T,P^{(\alpha)},P^{(\beta)},\sigma,m_2} = 0 \qquad (19.33)$$

$$\left(\frac{\partial^3 \mu_1}{\partial m_1^3}\right)_{T,P^{(\alpha)},P^{(\beta)},\sigma,m_2} \geqq 0 \qquad (19.34)$$

oder

$$\left(\frac{\partial^2 g}{\partial x_1^2}\right)_{T,P^{(\alpha)},P^{(\beta)},\sigma} = 0 \qquad (19.35)$$

$$\left(\frac{\partial^2 g}{\partial x_1^3}\right)_{T,P^{(\alpha)},P^{(\beta)},\sigma} = 0 \qquad (19.36)$$

$$\left(\frac{\partial^4 g}{\partial x_1^4}\right)_{T,P^{(\alpha)},P^{(\beta)},\sigma} \geqq 0. \qquad (19.37)$$

Jede dieser Beziehungen ist auch für eine ebene zweidimensionale kritische Phase gültig.

19.4. Differentialgleichungen für die Verschiebung eines zweidimensionalen Zweiphasengleichgewichtes

Hier soll das Gleichgewicht zweier zweidimensionaler Phasen ω und ε, die sich auf einer ebenen Grenzfläche befinden und durch eine geradlinige oder gekrümmte Diskontinuitätslinie $\varkappa$ getrennt sind, betrachtet werden. Auf dem bereits für dreidimensionale Phasen benutzten Wege können aus den Fundamentalgleichungen (19.8) und (19.20) Differentialgleichungen für die Beschreibung einer Zweiphasengleichgewichtsverschiebung bei Berücksichtigung von Grenzflächenerscheinungen hergeleitet werden. Für den Fall mit geradliniger Diskontinuitätslinie erhalten wir das folgende Gleichungssystem:

$$\left.\begin{aligned} l\,d\varkappa &= -s_{\omega\varkappa}\,dT + v_{\omega\varkappa}\,dP - a_{\omega\varkappa}\,d\sigma + \sum_{i,k=1}^{n-1} (x_i^{(\omega)} - x_i^{(\varkappa)})\, g_{ik}^{(\omega)}\, dx_k^{(\omega)} \\ l\,d\varkappa &= (s_{\omega\varepsilon} - s_{\omega\varkappa})\,dT - (v_{\omega\varepsilon} - v_{\omega\varkappa})\,dP \\ &\quad + (a_{\omega\varepsilon} - a_{\omega\varkappa})\,d\sigma + \sum_{i,k=1}^{n-1} (x_i^{(\varepsilon)} - x_i^{(\varkappa)})\, g_{ik}^{(\omega)}\, dx_k^{(\omega)}. \end{aligned}\right\} \qquad (19.38)$$

Es bedeutet l die „Mollänge“ der Diskontinuitätslinie (ist $m^{(\varkappa)}$ die Masse der Diskontinuitätslinie, so ist $l \equiv L/m^{(\varkappa)}$); $s_{\omega\varepsilon}$, $v_{\omega\varepsilon}$ und $a_{\omega\varepsilon}$ sind die differentiellen molaren Effekte des zweidimensionalen Phasenüberganges $\omega \rightarrow \varepsilon$ für die Entropie, das Volumen bzw.

die Fläche, ihre Definitionen lauten:

$$\left.\begin{aligned} s_{\omega\varepsilon} &\equiv s^{(\varepsilon)} - s^{(\omega)} - \sum_{i=1}^{n-1} (x_i{}^{(\varepsilon)} - x_i{}^{(\omega)}) \left(\frac{\partial s}{\partial x_i}\right)^{(\omega)} \\ v_{\omega\varepsilon} &\equiv v^{(\varepsilon)} - v^{(\omega)} - \sum_{i=1}^{n-1} (x_i{}^{(\varepsilon)} - x_i{}^{(\omega)}) \left(\frac{\partial v}{\partial x_i}\right)^{(\omega)} \\ a_{\omega\varepsilon} &\equiv a^{(\varepsilon)} - a^{(\omega)} - \sum_{i=1}^{n-1} (x_i{}^{(\varepsilon)} - x_i{}^{(\omega)}) \left(\frac{\partial a}{\partial x_i}\right)^{(\omega)}. \end{aligned}\right\} \tag{19.39}$$

Die Größen $s_{\omega\varkappa}$, $v_{\omega\varkappa}$ und $a_{\omega\varkappa}$ sind die entsprechenden differentiellen molaren Effekte für den Übergang aus Phase ω in die Diskontinuitätslinie, ihre Definitionen lauten:

$$\left.\begin{aligned} s_{\omega\varkappa} &\equiv s^{(\varkappa)} - s^{(\omega)} - \sum_{i=1}^{n-1} (x_i{}^{(\varkappa)} - x_i{}^{(\omega)}) \left(\frac{\partial s}{\partial x_i}\right)^{(\omega)} \\ v_{\omega\varkappa} &\equiv v^{(\varkappa)} - v^{(\omega)} - \sum_{i=1}^{n-1} (x_i{}^{(\varkappa)} - x_i{}^{(\omega)}) \left(\frac{\partial v}{\partial x_i}\right)^{(\omega)} \\ a_{\omega\varkappa} &\equiv a^{(\varkappa)} - v^{(\omega)} - \sum_{i=1}^{n-1} (x_i{}^{(\varkappa)} - x_i{}^{(\omega)}) \left(\frac{\partial a}{\partial x_i}\right)^{(\omega)}. \end{aligned}\right\} \tag{19.40}$$

Die Indizes ω und ε beziehen sich stets auf die zweidimensionalen Phasen, der Index $\varkappa$ kennzeichnet die Diskontinuitätslinie.

Das Gleichungssystem (19.38) enthält als Variable die Molenbrüche in Phase ω und ist ein Analogon des Systems (3.21) für den zweidimensionalen Fall. Die analogen Gleichungssysteme in den Zusammensetzungsvariablen von Phase ε bzw. der Diskontinuitätslinie sollen hier nicht aufgeführt werden, sie können in Übereinstimmung mit den Gln. (3.23) und (3.25) geschrieben werden. Aus dem System (19.38) können zwei Gruppen von Beziehungen hergeleitet werden. Eine dieser Gruppen bezieht sich auf die Abhängigkeit der linearen Spannung von den Hauptzustandsparametern und stellt die Grundlage einer Thermodynamik für geradlinige Grenzflächenerscheinungen dar. Die andere Gruppe kennzeichnet die Zustandsänderungen der zweidimensionalen Phasen während des Phasenprozesses. Die allgemeine Gleichung für die Gleichgewichtsverschiebung in den Variablen der zweidimensionalen Phasen erhalten wir, indem von den Gleichungen des Systems (19.38) die erste von der zweiten subtrahiert wird:

$$s_{\omega\varepsilon}\, dT - v_{\omega\varepsilon}\, dP + a_{\omega\varepsilon}\, d\sigma + \sum_{i,k=1}^{n-1} (x_i{}^{(\varepsilon)} - x_i{}^{(\omega)})\, g_{ik}^{(\omega)}\, dx_k{}^{(\omega)} = 0. \tag{19.41}$$

Diese Gleichung enthält keinerlei auf die Diskontinuitätslinie bezogene Größen. Bei konstantem Außendruck P läßt sie sich wie folgt schreiben:

$$a_{\omega\varepsilon}\, d\pi = s_{\omega\varepsilon}\, dT + \sum_{i,k=1}^{n-1} (x_i{}^{(\varepsilon)} - x_i{}^{(\omega)})\, g_{ik}^{(\omega)}\, dx_k{}^{(\omega)} \tag{19.42}$$

mit π als zweidimensionalem Druck in den Phasen ω und ε. Gl. (19.42) tritt als zweidimensionales Analogon der verallgemeinerten VAN DER WAALSschen Differentialgleichung (3.33) auf. Für ein Einkomponentensystem geht sie in die CLAUSIUS-CLAPEYRONsche Gleichung für den zweidimensionalen Fall über

$$\frac{d\pi}{dT} = \frac{s^{(\varepsilon)} - s^{(\omega)}}{a^{(\varepsilon)} - a^{(\omega)}}. \tag{19.43}$$

Betrachten wir nunmehr jenen Fall, daß die zweidimensionalen Phasen ω und ε auf einer ebenen Grenzfläche durch eine gekrümmte Diskontinuitätslinie getrennt sind. Unter diesen Bedingungen ist das System (19.38) durch nachstehendes zu ersetzen:

$$\left.\begin{aligned} l\,d\varkappa &= -s_{\omega\varkappa}\,dT + v_{\omega\varkappa}\,dP - (a_{\omega\varkappa} - a_\varepsilon{}^{(\varkappa)})\,d\sigma^{(\omega)} \\ &\quad - a_\varepsilon{}^{(\varkappa)}\,d\sigma^{(\varepsilon)} + \sum_{i,k=1}^{n-1} (x_i{}^{(\omega)} - x_i{}^{(\varkappa)})\,g_{ik}^{(\omega)}\,dx_k{}^{(\omega)} \\ l\,d\varkappa &= (s_{\omega\varepsilon} - s_{\omega\varkappa})\,dT - (v_{\omega\varepsilon} - v_{\omega\varkappa})\,dP + (a_{\omega\varepsilon} - a_{\omega\varkappa} + a_\varepsilon{}^{(\varkappa)} - a^{(\varepsilon)})\,d\sigma^{(\omega)} \\ &\quad + (a^{(\varepsilon)} - a_\varepsilon{}^{(\varkappa)})\,d\sigma^{(\varepsilon)} + \sum_{i,k=1}^{n-1} (x_i{}^{(\varepsilon)} - x_i{}^{(\varkappa)})\,g_{ik}^{(\omega)}\,dx_k{}^{(\omega)}. \end{aligned}\right\} \tag{19.44}$$

Da in diesem Falle die zweidimensionalen Phasen nicht gleichberechtigt sind (es war vorausgesetzt worden, daß die Phasen ω und ε auf der konkaven bzw. konvexen Seite der Diskontinuitätslinie lokalisiert sind), sei auch das in den Variablen von Phase ε formulierte Gleichungssystem aufgeführt:

$$\left.\begin{aligned} l\,d\varkappa &= -s_{\varepsilon\varkappa}\,dT + v_{\varepsilon\varkappa}\,dP - (a_{\varepsilon\varkappa} - a_\omega{}^{(\varkappa)})\,d\sigma^{(\varepsilon)} - a_\omega{}^{(\varkappa)}\,d\sigma^{(\omega)} \\ &\quad + \sum_{i,k=1}^{n-1} (x_i{}^{(\varepsilon)} - x_i{}^{(\varkappa)})\,g_{ik}^{(\varepsilon)}\,dx_k{}^{(\varepsilon)} \\ l\,d\varkappa &= (s_{\varepsilon\omega} - s_{\varepsilon\varkappa})\,dT - (v_{\varepsilon\omega} - v_{\varepsilon\varkappa})\,dP + (a^{(\omega)} - a_\omega{}^{(\varkappa)})\,d\sigma^{(\varkappa)} \\ &+ (a_{\varepsilon\omega} - a_{\varepsilon\varkappa} + a_\omega{}^{(\varkappa)} - a^{(\omega)})\,d\sigma^{(\varepsilon)} + \sum_{i,k=1}^{n-1} (x_i{}^{(\omega)} - x_i{}^{(\varkappa)})\,g_{ik}^{(\varepsilon)}\,dx_k{}^{(\varepsilon)}. \end{aligned}\right\} \tag{19.45}$$

In diesen Systemen verkörpern die Größen $a^{(\omega)}$ und $a^{(\varepsilon)}$ die Molflächen der Phasen ω bzw. ε:

$$a_\omega{}^{(\varkappa)} \equiv \frac{A_\omega{}^{(\varkappa)}}{m^{(\varkappa)}}, \qquad a_\varepsilon{}^{(\varkappa)} \equiv \frac{A_\varepsilon{}^{(\varkappa)}}{m^{(\varkappa)}}, \tag{19.46}$$

wobei $m^{(\varkappa)}$ die Masse der Diskontinuitätslinie sowie $A_\omega{}^{(\varkappa)}$ und $A_\varepsilon{}^{(\varkappa)}$ die Flächeninhalte jener Teile der Diskontinuitätslinie, die von der Spannungslinie gestrennt sind und an die Phasen ω bzw. ε grenzen, darstellen.

Ein jedes der aufgeführten Gleichungssysteme kann gemeinsam mit Bedingung (19.17), die in differentieller Schreibweise

$$d\sigma^{(\varepsilon)} = d\sigma^{(\omega)} + \frac{d\varkappa}{r} - \frac{\varkappa}{r^2}\,dr \tag{19.47}$$

lautet, betrachtet werden. Über diese Prozedur kann in alle Beziehungen der Krümmungsradius der Trennlinie eingeführt werden. Bei konstantem Außendruck können die Größen $\sigma^{(\omega)}$ und $\sigma^{(\varepsilon)}$ durch die mit den entgegengesetzten Vorzeichen versehenen zweidimensionalen Drücke $\pi^{(\omega)}$ bzw. $\pi^{(\varepsilon)}$ ersetzt werden.

Die Gln. (19.44), (19.45) und (19.47) können einer Thermodynamik für zweidimensionale Phasengleichgewichte in Gegenwart gekrümmter Diskontinuitätslinien zugrunde gelegt werden. Aus diesen Gleichungen ergibt sich eine ganze Reihe spezieller Beziehungen, von denen jene das größte Interesse beanspruchen, welche den Einfluß der Diskontinuitätslinienkrümmung auf den Zustand der zweidimensionalen Phasen beschreiben. Im einzelnen sind diese Beziehungen für die Theorie der zweidimensionalen Keime neuer Phasen von Bedeutung. Einige der wichtigsten Formeln sollen aufgeführt werden.

Die isotherm-isobare Abhängigkeit des zweidimensionalen Druckes in Phase ε (des „äußeren“ zweidimensionalen Druckes) wird bei konstanter Zusammensetzung von Phase ω durch die folgende Gleichung beschrieben:

$$\left(\frac{d\pi^{(\varepsilon)}}{dr}\right)_{T,P,x_1^{(\omega)},\ldots,x_{n-1}^{(\omega)}} = -\frac{\varkappa l(a^{(\varepsilon)} - a_{\omega\varepsilon})}{r^2 a_{\omega\varepsilon}\left[l + \frac{1}{r}\left(a_\varepsilon^{(\varkappa)} - \frac{a_{\omega\varkappa}}{a_{\omega\varepsilon}}\, a^{(\varepsilon)}\right)\right]}. \tag{19.48}$$

Diese ist ein zweidimensionales Analogon von Gl. (11.15). Für große r-Werte nimmt Gl. (19.48) die folgende Form an:

$$\left(\frac{d\pi^{(\varepsilon)}}{dr}\right)_{T,P,x_1^{(\omega)},\ldots,x_{n-1}^{(\omega)}} \approx -\frac{\varkappa(a^{(\varepsilon)} - a_{\omega\varepsilon})}{r^2 a_{\omega\varepsilon}} \tag{19.49}$$

bzw. für ein Einkomponentensystem:

$$\left(\frac{d\pi^{(\varepsilon)}}{dr}\right)_{T,P} \approx -\frac{\varkappa a^{(\omega)}}{r^2(a^{(\varepsilon)} - a^{(\omega)})}. \tag{19.50}$$

Wenden wir diese Gleichung auf das Gleichgewicht zwischen einem zweidimensionalen kondensierten Gebiet und einem idealen zweidimensionalen Gas an, so erhalten wir das zweidimensionale Analogon der Kelvin-Gleichung (11.12):

$$\ln \frac{\pi_r^{(\varepsilon)}}{\pi_\infty^{(\varepsilon)}} = \frac{\varkappa a^{(\omega)}}{rRT}. \tag{19.51}$$

In dieser Gleichung sind $\pi_r^{(\varepsilon)}$ der zweidimensionale Dampfdruck des zweidimensionalen Gleichgewichtskeimes bzw. $\pi_\infty^{(\varepsilon)}$ der zweidimensionale Druck für die geradlinige Diskontinuitätslinie.

Im betrachteten Fall sind die Änderungen der zweidimensionalen Drücke in beiden Phasen über die Beziehung

$$\left(\frac{d\pi^{(\varepsilon)}}{d\pi^{(\omega)}}\right)_{T,P,x_1^{(\omega)},\ldots,x_{n-1}^{(\omega)}} = \frac{a^{(\varepsilon)} - a_{\omega\varepsilon}}{a^{(\varepsilon)}} \tag{19.52}$$

koppelt.

geAls zweites Beispiel wollen wir eine isotherm-isobare Zusammensetzungsänderung von Phase ε unter Beibehaltung eines konstanten Wertes für ihren zweidimensionalen

Druck bei Änderung der Diskontinuitätslinienkrümmung untersuchen. Für ein binäres System wird diese Abhängigkeit durch die folgende Gleichung beschrieben:

$$\left(\frac{dx_1^{(\varepsilon)}}{dr}\right)_{T,P,\pi^{(\varepsilon)}} = \frac{\varkappa a^{(\omega)} l}{r^2 \left\{ l(x_1^{(\varepsilon)} - x_1^{(\omega)}) - \frac{1}{r} \left[a_\omega^{(\varkappa)}(x_1^{(\varepsilon)} - x_1^{(\omega)}) + a^{(\omega)}(x_1^{(\varkappa)} - x_1^{(\varepsilon)})\right] g_{11}^{(\varepsilon)} \right.}, \tag{19.53}$$

die ein zweidimensionales Analogon von Gl. (11.36) ist. Für große r-Werte ergibt sich die Näherungsbeziehung

$$\left(\frac{dx_1^{(\varepsilon)}}{dr}\right)_{T,P,\pi^{(\varepsilon)}} \approx \frac{\varkappa a^{(\omega)}}{r^2 (x_1^{(\varepsilon)} - x_1^{(\omega)})\, g_{11}^{(\varepsilon)}}. \tag{19.54}$$

Hieraus folgt, daß die Konzentration von Komponente (1) in Phase ε mit zunehmender Krümmung der Diskontinuitätslinie wächst, sofern Phase ε an Komponente (1) ärmer als Phase ω ist. Speziell bedeutet dies, daß mit kleiner werdender Größe eines aus einem Einzelstoff bestehenden zweidimensionalen Teilchens seine zweidimensionale Löslichkeit zunimmt.

Integrieren wir Gl. (19.54) für jenen Fall, daß die Phasen ε und ω durch eine ideale Lösung bzw. einen reinen Stoff verkörpert werden, so erhalten wir das zweidimensionale Analogon der Ostwald-Freundlichschen Gleichung (11.45) für die Erhöhung der Löslichkeit kleiner Teilchen:

$$(\Delta \ln x_1^{(\varepsilon)})_{T,P,\pi^{(\varepsilon)}} \approx \frac{\varkappa a^{(\omega)}}{rRT}. \tag{19.55}$$

Schließlich soll die Abhängigkeit der linearen Spannung von der Diskontinuitätslinienkrümmung gezeigt werden. Diese spielt eine wesentliche Rolle bei der Untersuchung der Eigenschaften kleiner zweidimensionaler Keime. Aus dem System (19.44) und Gl. (19.47) folgt die Beziehung

$$\left(\frac{d\varkappa}{dr}\right)_{T,P,x_1^{(\omega)},\ldots,x_{n-1}^{(\omega)}} = \frac{\varkappa\left(a_\varepsilon^{(\varkappa)} - \frac{a_{\omega\varkappa}}{a_{\omega\varepsilon}}\, a^{(\varepsilon)}\right)}{r^2\left[l + \frac{1}{r}\left(a_\varepsilon^{(\varkappa)} - \frac{a_{\omega\varkappa}}{a_{\omega\varepsilon}}\, a^{(\varepsilon)}\right)\right]}, \tag{19.56}$$

die ein Analogon von Gl. (10.46) ist und zu qualitativ ähnlichen Resultaten wie diese führt. Der einzige Unterschied besteht darin, daß die Volumeneffekte durch Grenzflächeneffekte ersetzt werden. Speziell folgt aus Gl. (19.56), daß bei sehr kleinen Radien die lineare Spannung und der Spannungslinienradius über eine lineare Abhängigkeit miteinander verknüpft sind und gleichzeitig den Wert Null annehmen.

19.5. Gleichgewicht zwischen zwei Raum- und zwei Grenzflächenphasen

Im vorangegangenen Abschnitt haben wir einen zweidimensionalen Phasenübergang „reiner Art“, d. h. ohne direkte Beteiligung von Raumphasen, behandelt. Jetzt wollen wir annehmen, daß zwei zweidimensionale Phasen auf der Diskontinuitätsfläche zwischen zwei Raumphasen, mit welchen sie im Stoffaustausch und vollständigen Gleichgewicht stehen, gebildet werden. Die Möglichkeit des Auftretens eines Grenzflächen-Phasenüberganges an der Grenze von Phasen, die im gesamten Konzentrationsbereich nur aus mobilen (d. h. zwischen den Phasen und der Grenzflächenschicht frei wandernden) Komponenten bestehen, war Gegenstand einer Diskussion in der Fachliteratur [3]···[7]. Daher ist es erforderlich, die thermodynamischen Merkmale dieser Erscheinung zu erörtern. Des weiteren ist darauf hinzuweisen, daß für diesen Fall in den endlichen thermodynamischen Beziehungen (dies bezieht sich besonders auf die Beziehungen in den Zusammensetzungsvariablen der Grenzflächenphasen) für die Konzentration gewisser Komponenten in den Raumphasen ein Grenzübergang $x \to 0$ vollzogen werden kann. Dies führt zu einer Annäherung an den Fall der Phasenübergänge in Adsorptionsfilmen und unlöslichen Monoschichten.

Zwecks Vereinfachung sei vorausgesetzt, daß die Raumphasen α und β durch eine ebene Grenzfläche sowie die Grenzflächenphasen ω und ε durch eine geradlinige Diskontinuitätslinie getrennt seien. Die Beziehungen, welche die Verschiebung eines derartigen Vierphasengleichgewichtes beschreiben, können leicht hergeleitet werden, wenn die Gleichungen des Kap. 3. und des vorangegangenen Abschnittes gemeinsam betrachtet werden. Wir formulieren sie in den Zusammensetzungsvariablen einer der Raum- bzw. einer der Grenzflächenphasen.

Um diese Beziehungen in den Variablen von Phase α zu erhalten, genügt es, die folgenden Gleichungen aus Kap. 3 zu benutzen: die erste der Gln. (3.21) beziehen wir nacheinander auf die Gleichgewichte $\alpha-\omega$ und $\alpha-\varepsilon$, und das Gleichgewicht $\alpha-\beta$ beschreiben wir über Gl. (3.33). Im Ergebnis davon erhalten wir das folgende Gleichungssystem:

$$\left.\begin{aligned}
a^{(\omega)}\, d\sigma &= -s_{\alpha\omega}\, dT + v_{\alpha\omega}\, dP + \sum_{i,k=1}^{n-1} (x_i^{(\alpha)} - x_i^{(\omega)})\, g_{ik}^{(\alpha)}\, dx_k^{(\alpha)} \\
a^{(\varepsilon)}\, d\sigma &= -s_{\alpha\varepsilon}\, dT + v_{\alpha\varepsilon}\, dP + \sum_{i,k=1}^{n-1} (x_i^{(\alpha)} - x_i^{(\varepsilon)})\, g_{ik}^{(\alpha)}\, dx_k^{(\alpha)} \\
v_{\alpha\beta}\, dP &= s_{\alpha\beta}\, dT + \sum_{i,k=1}^{n-1} (x_i^{(\beta)} - x_i^{(\alpha)})\, g_{ik}^{(\alpha)}\, dx_k^{(\alpha)}.
\end{aligned}\right\} \tag{19.57}$$

In analoger Weise gehen wir bei der Herleitung des Gleichungssystems in den Zusammensetzungsvariablen von Phase ω vor. Wir benutzen die Gln. (3.25) für das Dreiphasengleichgewicht $\alpha-\omega-\beta$ und fügen Gl. (19.41) für das Gleichgewicht $\omega-\varepsilon$ hinzu:

$$\left.\begin{aligned}
&\left[a^{(\omega)} + \sum_{i=1}^{n-1} (x_i^{(\alpha)} - x_i^{(\omega)}) \left(\frac{\partial a}{\partial x_i}\right)^{(\omega)}\right] d\sigma \\
&= s_{\omega\alpha}\, dT - v_{\omega\alpha}\, dP + \sum_{i,k=1}^{n-1} (x_i^{(\alpha)} - x_i^{(\omega)})\, g_{ik}^{(\omega)}\, dx_k^{(\omega)} \\
&\left[a^{(\omega)} + \sum_{i=1}^{n-1} (x_i^{(\beta)} - x_i^{(\omega)}) \left(\frac{\partial a}{\partial x_i}\right)^{(\omega)}\right] d\sigma \\
&= s_{\omega\beta}\, dT - v_{\omega\beta}\, dP + \sum_{i,k=1}^{n-1} (x_i^{(\beta)} - x_i^{(\omega)})\, g_{ik}^{(\omega)}\, dx_k^{(\omega)} \\
&a_{\omega\varepsilon}\, d\sigma = -s_{\omega\varepsilon}\, dT + v_{\omega\varepsilon}\, dP - \sum_{i,k=1}^{n-1} (x_i^{(\varepsilon)} - x_i^{(\omega)})\, g_{ik}^{(\omega)}\, dx_k^{(\omega)}.
\end{aligned}\right\} \tag{19.58}$$

Gemäß Gl. (2.116) nimmt die Varianz des betrachteten Systems ($r_0 = 2$, $z = 1$, $p_0 = 2$, $y = 1$) den Wert $n - 1$ an. Die Gln. (19.57) und (19.58) genügen dieser Bedingung (drei Gleichungen verbinden $(n + 2)$ Variable) und sind infolgedessen sinnvoll für Systeme mit nicht weniger als zwei Komponenten. Untersuchen wir als einfachstes Beispiel ein binäres System.

Zunächst ist zu klären, wie die Gegenwart eines Grenzflächen-Phasenüberganges ihren Ausdruck in den Diagrammen für die Grenzflächenspannung und die Grenzflächenschicht-Zusammensetzung findet. Für ein Gleichgewicht zwischen zwei Raumphasen und eine Grenzflächenschicht ist die Anzahl der Freiheiten gleich n und damit um den Wert Eins größer als die Varianz des gleichen Systems in Gegenwart von zwei Grenzflächenphasen. Dies bedeutet, daß der Gleichgewichtszustand zweier Raumphasen und zweier Grenzflächenphasen auf den Kurven für die Abhängigkeit der Grenzflächenspannung von der Temperatur, dem Druck und beliebigen Zustandsparametern der Raumphasen durch einen einzigen Punkt dargestellt wird. Betrachten wir z. B. die durch Gl. (6.6) beschriebene Grenzflächenspannungsisotherme oder die nach Gl. (4.1) folgende Temperaturabhängigkeit der Grenzflächenspannung, so sind diese sinnvoll vor und nach dem Punkt für die Grenzflächen-Phasenumwandlung, die unter nonvarianten Bedingungen abläuft. Da der Grenzflächen-Phasenübergang zu einer qualitativen Änderung des Zustandes der Grenzflächenschicht führt, hat in den entsprechenden Kurven im Übergangspunkt ein Knick zu erscheinen. Schätzen wir dessen Wert nach den Gln. (6.6) und (4.1) ab.

Für die Grenzflächenspannungsisotherme eines binären Systems erhalten wir:

$$a^{(\omega)} \left(\frac{d\sigma}{dx_1{}^{(\alpha)}}\right)_T^{(\omega)} - a^{(\varepsilon)} \left(\frac{d\sigma}{dx_1{}^{(\alpha)}}\right)_T^{(\varepsilon)} = \left[(x_1{}^{(\beta)} - x_1{}^{(\alpha)}) \frac{v_{\alpha\omega} - v_{\alpha\varepsilon}}{v_{\alpha\beta}} - x_1{}^{(\omega)} - x_1{}^{(\varepsilon)})\right] g_{11}^{(\alpha)}. \tag{19.59}$$

Die linksstehenden Ableitungen werden für den Punkt des Grenzflächen-Phasenüberganges gebildet. Ist Phase β gasförmig, so läßt sich Gl. (19.59) näherungsweise wie folgt schreiben:

$$a^{(\omega)} \left(\frac{d\sigma}{dx_1{}^{(\alpha)}}\right)_T^{(\omega)} - a^{(\varepsilon)} \left(\frac{d\sigma}{dx_1{}^{(\alpha)}}\right)_T^{(\varepsilon)} \approx -\,(x_1{}^{(\omega)} - x_1{}^{(\varepsilon)})\, g_{11}^{(\alpha)}. \tag{19.60}$$

Hieraus folgen die Ungleichungen

$$a^{(\omega)} \left(\frac{d\sigma}{dx_1{}^{(\alpha)}}\right)_T^{(\omega)} \gtrless a^{(\varepsilon)} \left(\frac{d\sigma}{dx_1{}^{(\alpha)}}\right)_T^{(\varepsilon)}, \qquad \text{wenn} \qquad x_1{}^{(\omega)} \lesseqgtr x_1{}^{(\varepsilon)}. \tag{19.61}$$

Stellen wir uns vor, daß auf der Grenzfläche einer flüssigen Lösung eine aus Molekülen der Komponente (1) gebildete Monoschicht entsteht, die bei Erhöhung der Konzentration dieser Komponente im System einen zweidimensionalen Phasenübergang von einem weniger dichten Zustand ε zu einem dichteren Zustand ω durchläuft. Dann ist $x_1{}^{(\omega)} > x_1{}^{(\varepsilon)}$, $a^{(\omega)} < a^{(\varepsilon)}$, und aus der Bedingung (19.61) erhalten wir unter Berücksichtigung, daß die Ableitungen $d\sigma/dx_1{}^{(\alpha)}$ negativ sind, das folgende Ergebnis:

$$\frac{\left(\frac{d\sigma}{dx_1{}^{(\alpha)}}\right)_T^{(\omega)}}{\left(\frac{d\sigma}{dx_1{}^{(\alpha)}}\right)_T^{(\varepsilon)}} > \frac{a^{(\varepsilon)}}{a^{(\omega)}} > 1. \tag{19.62}$$

Die Art des dabei zu beobachtenden Knickes ist in Abb. 19.2. wiedergegeben. Bei der zweidimensionalen Kondensation einer gasförmigen Monoschicht ist $a^{(\varepsilon)} \gg a^{(\omega)}$, und der Knick auf der Grenzflächenspannungsisothermen ist am schärfsten.

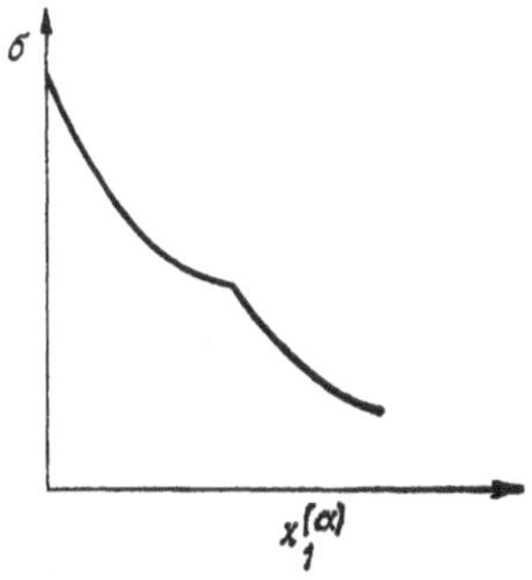

Abb. 19.2. Form der Grenzflächenspannungsisothermen in Gegenwart eines Grenzflächen-Phasenüberganges

Untersuchen wir nunmehr das Verhalten des Knickes auf der Grenzflächenspannungspolythermen in Gegenwart eines Grenzflächen-Phasenüberganges. Aus Gl. (4.1) erhalten wir

$$a^{(\omega)} \left(\frac{d\sigma}{dT}\right)^{(\omega)}_{x_1^{(\alpha)},\ldots,x_{(n-1)}^{(\alpha)}} - a^{(\varepsilon)} \left(\frac{d\sigma}{dT}\right)^{(\varepsilon)}_{x_1^{(\alpha)},\ldots,x_{(n-1)}^{(\alpha)}} = s_{\alpha\beta} \frac{v_{\alpha\omega} - v_{\alpha\varepsilon}}{v_{\alpha\beta}} - s_{\alpha\omega} + s_{\alpha\varepsilon}, \tag{19.63}$$

wobei die linksstehenden Ableitungen die Grenzwerte für den Knickpunkt verkörpern. Stellt Phase β ein Dampfgemisch dar, so folgt

$$a^{(\omega)} \left(\frac{d\sigma}{dT}\right)^{(\omega)}_{x_1^{(\alpha)},\ldots,x_{(n-1)}^{(\alpha)}} - a^{(\varepsilon)} \left(\frac{d\sigma}{dT}\right)^{(\varepsilon)}_{x_1^{(\alpha)},\ldots,x_{(n-1)}^{(\alpha)}} \approx -s_{\alpha\omega} + s_{\alpha\varepsilon}$$

$$= s^{(\varepsilon)} - s^{(\omega)} - \sum_{i=1}^{n-1} (x_i^{(\varepsilon)} - x_i^{(\omega)}) (\partial s/\partial x_i)^{(\alpha)}. \tag{19.64}$$

Wenden wir diese Beziehung auf das behandelte Beispiel, für welches Ungleichung (19.62) hergeleitet worden war, an. Es gilt $s^{(\varepsilon)} > s^{(\omega)}$, und unter der Annahme, daß die rechte Seite von (19.64) positiv sei, erhalten wir die Ungleichung

$$a^{(\omega)} \left(\frac{d\sigma}{dT}\right)^{(\omega)}_{x_1^{(\alpha)},\ldots,x_{(n-1)}^{(\alpha)}} > a^{(\varepsilon)} \left(\frac{d\sigma}{dT}\right)^{(\varepsilon)}_{x_1^{(\alpha)},\ldots,x_{(n-1)}^{(\alpha)}}. \tag{19.65}$$

Hieraus folgt, daß der Knick auf der Polythermen über unterschiedliches Aussehen verfügen kann. Es wird lediglich jener Fall ausgeschlossen, daß der Knickpunkt einen minimalen numerischen Wert annimmt.

Erörtern wir weiterhin, wie das Auftreten eines Grenzflächen-Phasenüberganges die Zusammensetzungsisotherme der Grenzflächenschicht und die Grenzflächenspannungsisotherme in den Zusammensetzungsvariablen der Grenzflächenschicht beeinflußt. Aus den Gln. (7.21) und (6.89) folgt, daß für einen zweidimensionalen kritischen Zustand kraft der Bedingung (19.35) die Abhängigkeit $x_1^{(\sigma)} = x_1^{(\sigma)} (x_1^{(\alpha)})$ einen Wendepunkt mit vertikaler Tangente aufweist. Die Abhängigkeit $\sigma = \sigma(x_1^{(\sigma)})$ verfügt gleichfalls über einen Wendepunkt, jedoch mit horizontaler Tangente. Dementsprechend hat in Gegenwart eines Grenzflächen-Phasenüberganges auf der Zusammensetzungsisothermen der Grenzflächenschicht ein vertikaler Abschnitt bzw. auf der Grenzflächenspannungsisothermen ein horizontaler Abschnitt aufzutreten (siehe Abb. 19.3.).

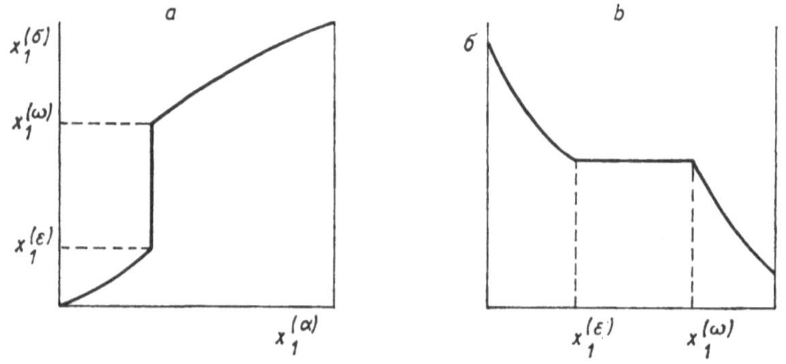

Abb. 19.3. Form der Zusammensetzungsisothermen der Grenzflächenschicht (*a*) bzw. der Grenzflächenspannungsisothermen in den Zusammensetzungsvariablen der Grenzflächenschicht (*b*) in Gegenwart eines Grenzflächen-Phasenüberganges

Nach Feststellen eines Knickes auf der Grenzflächenspannungsisothermen kann die Verschiebung des Knickpunktes infolge Temperaturänderung verfolgt werden. Ist der Knick auf das Vorhandensein eines Grenzflächen-Phasenüberganges zurückzuführen, so wird die Verschiebung durch die Gln. (19.57) und (19.58) beschrieben. Für ein binäres System haben wir es mit einem univarianten Prozeß zu tun, in dessen Verlauf alle Zustandsparameter eine Änderung erfahren. Folglich kann jedweder davon als unabhängiger Parameter ausgewählt werden. Wir wollen aus Zweckmäßigkeitsgründen die Temperatur als unabhängigen Parameter betrachten. Die Anwendung der Gl. (19.57) auf ein binäres System liefert:

$$\frac{d\sigma}{dT} = \frac{\begin{vmatrix} s_{\alpha\omega}, & v_{\alpha\omega}, & x_1^{(\alpha)} - x_1^{(\omega)} \\ s_{\alpha\varepsilon}, & v_{\alpha\varepsilon}, & x_1^{(\alpha)} - x_1^{(\varepsilon)} \\ s_{\alpha\beta}, & v_{\alpha\beta}, & x_1^{(\alpha)} - x_1^{(\beta)} \end{vmatrix}}{\begin{vmatrix} -a^{(\omega)}, & v_{\alpha\omega}, & x_1^{(\alpha)} - x_1^{(\omega)} \\ -a^{(\varepsilon)}, & v_{\alpha\varepsilon}, & x_1^{(\alpha)} - x_1^{(\varepsilon)} \\ 0, & v_{\alpha\beta}, & x_1^{(\alpha)} - x_1^{(\beta)} \end{vmatrix}}. \tag{19.66}$$

Ein Vergleich dieser Gleichung mit den Gln. (6.6) und (4.1) führt zu

$$\frac{d\sigma}{dT} = \frac{\left(\frac{d\sigma}{dx_1^{(\alpha)}}\right)_T^{(\varepsilon)} \left(\frac{d\sigma}{dT}\right)_{x_1^{(\alpha)}}^{(\omega)} - \left(\frac{d\sigma}{dx_1^{(\alpha)}}\right)_T^{(\omega)} \left(\frac{d\sigma}{dT}\right)_{x_1^{(\alpha)}}^{(\varepsilon)}}{\left(\frac{d\sigma}{dx_1^{(\alpha)}}\right)_T^{(\varepsilon)} - \left(\frac{d\sigma}{dx_1^{(\alpha)}}\right)_T^{(\omega)}}. \tag{19.67}$$

Die in Gl. (19.67) rechts stehenden Ableitungen (sie sind auch in den Beziehungen (19.59) und (19.63) zugegen) charakterisieren die Form des Knickes auf der Isothermen sowie Polythermen der Grenzflächenspannung. Die linksstehende Ableitung kennzeichnet die Verschiebung des Knickpunktes auf der Isothermen bei Temperaturänderung. Alle Ableitungen werden für ein und denselben Punkt gebildet. Die linke und rechte Seite der Beziehung (19.67) können unabhängig voneinander experimentell bestimmt werden. Somit kann die Prüfung dieser Beziehung bei einer hinreichend exakten Bestimmung der Ableitungen eine indirekte Bestätigung oder Verneinung des Vorliegens eines Grenzflächen-Phasenüberganges liefern (die Mehrzahl der Ableitungen ist wegen der unzureichenden Deutlichkeit der Knicke in den experimentellen Kurven extrapolativ zu bestimmen).

19.6. Phasenübergänge in Adsorptionsfilmen

Im vorangegangenen Abschnitt haben wir die Beziehungen für das Gleichgewicht zweier Raum- und zweier Grenzflächenphasen unter der Voraussetzung, daß alle Phasen offen seien, untersucht. Es wurde bereits auf die Möglichkeit hingewiesen, daß die Konzentration einiger der Stoffe in dieser oder jener Raumphase sehr klein sein kann, womit man sich der Betrachtung von Adsorptionsfilmen nähert. Auf diesem Wege besteht z. B. die Möglichkeit einer Behandlung von schwerlöslichen Monoschichten. Andererseits kann von Beginn an angenommen werden, daß ein Stoffaustausch zwischen den Raumphasen ausgeschlossen sei. Damit wäre die Möglichkeit gegeben, die im Kap. 16. hergeleiteten Beziehungen für die Erörterung von Phasenübergängen in Adsorptionsfilmen zu benutzen.

Es möge an einer Adsorbensgrenzfläche (das Adsorbens stelle Phase α dar) infolge eines Adsorptionsvorganges aus Phase β ein Adsorptionsfilm ω entstehen, welcher unter bestimmten Bedingungen in einen anderen zweidimensionalen Phasenzustand ε übergeht. Wird Gl. (16.1) oder (16.2) auf das Gleichgewicht von zunächst Phase ω und sodann Phase ε mit den Phasen α und β angewendet, so erhalten wir zwei unabhängige thermodynamische Gleichungen, die im Koexistenzpunkt aller vier Phasen gemeinsam zu betrachten sind. Schließlich führt dies zu dem Gleichungssystem:

$$\left.\begin{aligned} a^{(\omega)}\,d\sigma &= -\tilde{s}_{\beta\omega}\,dT + v_{\beta\omega}\,dP - \sum_{i,k=1}^{n-1} (x_i{}^{(\omega)} - x_i{}^{(\beta)})\, g_{ik}^{(\beta)}\, dx_k{}^{(\beta)} \\ a^{(\varepsilon)}\,d\sigma &= -\tilde{s}_{\beta\varepsilon}\,dT + v_{\beta\varepsilon}\,dP - \sum_{i,k=1}^{i-1} (x_i{}^{(\varepsilon)} - x_i{}^{(\beta)})\, g_{ik}^{(\beta)}\, dx_k{}^{(\beta)}. \end{aligned}\right\} \tag{19.68}$$

Mit den Symbolen $\tilde{s}_{\beta\omega}$ und $\tilde{s}_{\beta\varepsilon}$ ist der Kürze wegen der in Gl. (16.2) bei dT für die Übergänge $\beta \to \omega$ bzw. $\beta \to \varepsilon$ stehende Koeffizient gekennzeichnet.

Als Beispiel wollen wir einen Phasenübergang in einem einkomponentigen Adsorptionsfilm (z. B. bei der Adsorption eines Gases an einem festen Adsorbens) untersuchen. Die Betrachtung des Adsorptionsgleichgewichtes $\alpha - \beta - \omega$ nach der ersten Gleichung des Systems (19.68) sowie des Gleichgewichtes $\alpha - \beta - \varepsilon$ nach der zweiten dieser Gleichungen führt sodann für den Punkt des zweidimensionalen Phasenüberganges zu den folgenden Grenzbeziehungen:

$$\left.\begin{aligned} a^{(\omega)}\left(\frac{d\sigma}{dT}\right)_P^{(\omega)} &= -\tilde{s}_{\beta\omega}, \quad a^{(\omega)}\left(\frac{d\sigma}{dP}\right)_T^{(\omega)} = v_{\beta\omega} \\ a^{(\varepsilon)}\left(\frac{d\sigma}{dT}\right)_P^{(\varepsilon)} &= -\tilde{s}_{\beta\varepsilon}, \quad a^{(\varepsilon)}\left(\frac{d\sigma}{dP}\right)_T^{(\varepsilon)} = v_{\beta\varepsilon}. \end{aligned}\right\} \tag{19.69}$$

Hieraus finden wir die im Punkt des zweidimensionalen Phasenüberganges auftretenden Sprünge für die mit der Molfläche multiplizierten Ableitungen der Grenzflächenspannung nach der Temperatur bzw. dem Druck:

$$a^{(\omega)}\left(\frac{d\sigma}{dT}\right)_P^{(\omega)} - a^{(\varepsilon)}\left(\frac{d\sigma}{dT}\right)_P^{(\varepsilon)} = \tilde{s}^{(\varepsilon)} - \tilde{s}^{(\omega)} \tag{19.70}$$

$$a^{(\omega)}\left(\frac{d\sigma}{dP}\right)_T^{(\omega)} - a^{(\varepsilon)}\left(\frac{d\sigma}{dP}\right)_T^{(\varepsilon)} = v^{(\omega)} - v^{(\varepsilon)}. \tag{19.71}$$

Die Größen $\tilde{s}^{(\varepsilon)}$ und $\tilde{s}^{(\omega)}$ werden gemäß Gl. (16.19) bei Anwendung auf die Adsorptionsfilme ε bzw. ω bestimmt. Wird mit ω gegenüber ε die Phase mit höherer Dichte und größerer Ordnung bezeichnet, so sind $\tilde{s}^{(\varepsilon)} > \tilde{s}^{(\omega)}$ und $v^{(\varepsilon)} > v^{(\omega)}$, was zu den Ungleichungen

$$a^{(\omega)}\left(\frac{d\sigma}{dT}\right)_P^{(\omega)} > a^{(\varepsilon)}\left(\frac{d\sigma}{dT}\right)_P^{(\varepsilon)} \tag{19.72}$$

$$a^{(\omega)}\left(\frac{d\sigma}{dP}\right)_T^{(\omega)} < a^{(\varepsilon)}\left(\frac{d\sigma}{dP}\right)_T^{(\varepsilon)} \tag{19.73}$$

führt.

Aus Ungleichung (19.73) folgt, daß der Sprung in den Ableitungen $d\sigma/dP$ (diese mögen negative Werte annehmen) um so stärker ausgeprägt ist, je größer der Unterschied zwischen den Größen $v^{(\varepsilon)}$ und $v^{(\omega)}$ bzw. $a^{(\varepsilon)}$ und $a^{(\omega)}$ ist. Der deutlichste Sprung wird bei der Kondensation eines zweidimensionalen Gases in weiter Entfernung vom zweidimensionalen kritischen Punkt, d. h. unter den Bedingungen $v^{(\varepsilon)} \gg v^{(\omega)}$, $a^{(\varepsilon)} \gg a^{(\omega)}$, beobachtet.

Für die Verschiebung des Vierphasengleichgewichtspunktes $\alpha - \beta - \omega - \varepsilon$ erhalten wir aus dem System (19.68) bei $n = 1$ die Gleichung

$$\frac{d\sigma}{dT} = -\frac{\tilde{s}_{\beta\omega}v_{\beta\varepsilon} - \tilde{s}_{\beta\varepsilon}v_{\beta\omega}}{a^{(\omega)}v_{\beta\varepsilon} - a^{(\varepsilon)}v_{\beta\omega}}. \tag{19.74}$$

Sie kann unter Berücksichtigung von Gl. (19.69) wie folgt geschrieben werden:

$$\frac{d\sigma}{dT} = \frac{\left(\frac{d\sigma}{dT}\right)_P^{(\omega)}\left(\frac{d\sigma}{dP}\right)_T^{(\varepsilon)} - \left(\frac{d\sigma}{dT}\right)_P^{(\varepsilon)}\left(\frac{d\sigma}{dP}\right)_T^{(\omega)}}{\left(\frac{d\sigma}{dP}\right)_T^{(\varepsilon)} - \left(\frac{d\sigma}{dP}\right)_T^{(\omega)}}. \tag{19.75}$$

Die auf der linken Seite von Gl. (19.75) stehende Ableitung kennzeichnet die Verschiebung des dem zweidimensionalen Phasenübergang entsprechenden Knickpunktes auf der Grenzflächenspannungsisothermen mit Temperaturänderung. Die in der rechten Seite stehenden Ableitungen charakterisieren das Grenzverhalten der Isothermen und Isobaren im Knickpunkt. Folglich können die links- und rechtsstehenden Teile der Beziehung (19.75) unabhängig voneinander aus experimentellen Daten bestimmt werden (die Änderung der Grenzflächenspannung läßt sich nach Gl. (16.83) berechnen).

Die Beziehung (19.75) behält auch bei der Adsorption aus Mehrkomponenten-Gemischen ihr Aussehen bei und kann für eine Analyse entsprechender Phasenübergänge benutzt werden. In einem solchen Fall sind alle Ableitungen unter der zusätzlichen Bedingung einer konstanten Zusammensetzung von Phase β zu untersuchen.

19.7. Bildungsarbeit eines zweidimensionalen Keimes einer neuen Phase

Im Kap. 18. sind die Ausdrücke für die Bildungsarbeit von dreidimensionalen Keimen neuer Phasen erörtert worden. Nunmehr wollen wir die Bildung einer neuen Phase auf einer ebenen Grenzfläche unter Konstanz von Entropie und Masse des Systems, des Außendruckes sowie der Grenzflächengröße behandeln. Für einen zweidimensionalen homogenen Anfangszustand gilt

$$H_{\text{hom}} = TS + \sigma A + \sum_i \mu_i m_i, \tag{19.76}$$

und für den Endzustand

$$\begin{aligned} H_{\text{het}} = {} & T^{(\omega)} S^{(\omega)} + T^{(\varepsilon)}(S - S^{(\omega)}) + \sigma^{(\omega)} A^{(\omega)} + \sigma^{(\varepsilon)}(A - A^{(\omega)}) \\ & + \varkappa L + \sum_i \mu_i^{(\omega)} m_i^{(\omega)} + \sum_i \mu_i^{(\varepsilon)}(m_i - m_i^{(\omega)}). \end{aligned} \tag{19.77}$$

Es bedeuten $\varkappa$ und L die lineare Spannung bzw. den Umfang des zweidimensionalen Keimes; die Symbole ω und ε beziehen sich auf den zweidimensionalen Keim bzw. die übrige Grenzfläche. Die Subtraktion von (19.76) aus (19.77) führt zu dem folgenden Ausdruck für die Bildungsarbeit des zweidimensionalen Keimes:

$$\begin{aligned} \Delta H = {} & (T^{(\omega)} - T^{(\varepsilon)})\, S^{(\omega)} + (T^{(\varepsilon)} - T)\, S + (\sigma^{(\omega)} - \sigma^{(\varepsilon)})\, A^{(\omega)} + (\sigma^{(\varepsilon)} - \sigma)\, A + \varkappa L \\ & + \sum_i (\mu_i^{(\omega)} - \mu_i^{(\varepsilon)})\, m_i^{(\omega)} + \sum_i (\mu_i^{(\varepsilon)} - \mu_i)\, m_i. \end{aligned} \tag{19.78}$$

Stehen die Phasen ω und ε miteinander im Gleichgewicht, so nimmt Ausdruck (19.78) unter Berücksichtigung von (19.17) das folgende Aussehen an:

$$\Delta H_0 = \frac{1}{2} \varkappa L + (T^{(\varepsilon)} - T)\, S + (\sigma^{(\varepsilon)} - \sigma)\, A + \sum_i (\mu_i^{(\varepsilon)} - \mu_i)\, m_i. \tag{19.79}$$

Ein analoges Vorgehen führt zu dem Ausdruck für die Bildungsarbeit eines zweidimensionalen Gleichgewichtskeimes unter isotherm-isobaren Bedingungen:

$$\Delta G_0 = \frac{1}{2} \varkappa L + (\sigma^{(\varepsilon)} - \sigma)\, A + \sum (\mu_i^{(\varepsilon)} - \mu_i)\, m_i. \tag{19.80}$$

Im Falle einer sehr großen Grenzfläche, für welche die Änderungen von Temperatur, Grenzflächenspannung bzw. der chemischen Potentiale während des Keimbildungsprozesses vernachlässigt werden können, gehen die Ausdrücke (19.79) und (19.80) in die folgende Gleichung über:

$$W = \frac{1}{2} \varkappa L. \tag{19.81}$$

Diese ist das zweidimensionale Analogon der GIBBSschen Gleichung (18.9).

Die lineare Spannung ist nicht nur eine Eigenschaft von zweidimensionalen, sondern auch von dreidimensionalen Keimen, wenn diese in Form von Linsen auf der Diskontinuitätsfläche zwischen zwei Raumphasen entstehen. Daher erhebt sich bei strenger Betrachtung die Frage nach Berücksichtigung der linearen Spannung in allen Formeln für den heterogenen Mechanismus der Neubildung von Phasen. Wird darauf eingegangen, so ist in die Ausdrücke (18.56)···(18.60) für die Keimbildungsarbeit das Glied $\varkappa L$, welches die Bildungsarbeit der Diskontinuitätslinie berücksichtigt, einzufügen.

Literatur

[1] Л. М. ЩЕРБАКОВ, П. П. РЯЗАНЦЕВ: в сб. „*Исследования в одласти поверхностных сил*“ (russ.; Sammelband „Untersuchungen auf dem Gebiet der Grenzflächenkräfte“), изд. Наука, Москва **1964**, стр. 26
[2] F. P. BUFF: J. Chem. Phys. **19**, 1591 (1951)
[3] Б. Я. ТЕЙТЕЛЬБАУМ: Докл. АН СССР **65**, 303 (1949)
[4] Г. Л. СТАРОБИНЕЦ: Колл. ж. **13**, 397 (1951); **16**, 312 (1954)
[5] Г. Л. СТАРОБИНЕЦ, И. З. ФИШЕР, Н. Г. МИЛЬГИНА: Колл. ж. **15**, 219 (1953)
[6] Б. Я. ТЕЙТЕЛЬБАУМ: Колл. ж. **14**, 292 (1952); **16**, 309 (1954)
[7] Б. Я. ТЕЙТЕЛЬБАУМ, О. А. ОСИПОВ: Колл. ж. **17**, 57 (1955)

20. Methoden für die Behandlung kleiner Objekte und ihre Anwendbarkeitsgrenzen

Bei der bisherigen Behandlung gekrümmter Diskontinuitätsflächen haben wir uns streng an die Konzeption der Spannungsfläche gehalten. Dabei wurde diese Methode auch auf sehr kleine Objekte mit gegen Null strebendem Radius der Spannungsfläche angewendet. Natürlich ist diese Methode nicht die einzig denkbare, und es dürfte von Interesse sein, Möglichkeiten und Besonderheiten weiterer Verfahren zu erörtern. Im vorliegenden Kapitel wollen wir verschiedene Methoden für die Behandlung kleiner Objekte diskutieren und ihre Anwendbarkeitsgrenzen prüfen.

20.1. Anwendbarkeit der Thermodynamik auf kleine Objekte

Zunächst erhebt sich die Frage, ob die Thermodynamik prinzipiell auf kleine Objekte anwendbar ist. Bekanntlich operiert sie mit statistisch gemittelten Größen, welche die Realität unter der Bedingung einer hinreichend großen Molekülzahl im System und kleiner Fluktuationen gut widerspiegeln. Je kleiner das System und größer die Fluktuationen sind, um so schlechter stimmen die thermodynamischen Schlußfolgerungen mit dem experimentellen Ergebnis überein. Von dieser Seite her ist die Anwendbarkeit der Thermodynamik auf kleine Objekte eingeschränkt.

Es ist allerdings notwendig, bei der Anwendung dieser allgemeinen Aussage auf mikroheterogene Gleichgewichtssysteme eine Reihe zusätzlicher Aspekte zu beachten. Zunächst muß darauf hingewiesen werden, daß hier eine der Phasen (die disperse Phase) als kleines Objekt in Erscheinung tritt, währenddessen die andere Phase (Dispersionsmedium) von hinreichender Größe ist, so daß das betrachtete Gesamtsystem nicht als klein angesehen werden darf. Zweitens wird die Kleinheit eines Objektes (z. B. eines Tröpfchens, Bläschens oder Kristallits) in der thermodynamischen Theorie gekrümmter Grenzflächen von den Abmessungen der durch die Trennfläche begrenzten geometrischen Figur bestimmt, was bedeutet, daß ein „kleines" Objekt in Wirklichkeit hinreichend groß sein kann. Wählen wir als ein solches Objekt ein Inhomogenitätsgebiet innerhalb einer Raumphase und benutzen die Spannungsfläche, so kann bei $r \to 0$, wenn die äußere Phase die Stabilitätsgrenzen erreicht, die Größe des inhomogenen Gebietes mit Verringerung des Spannungsflächenradius sogar wachsen. Infolgedessen ist die oben vorgenommene thermodynamische Behandlung dieses Falles völlig gerechtfertigt.

20.2. Grenzflächen- und Raumphaseneigenschaften kleiner Objekte

Bei der Wahl einer Betrachtungsmethode für kleine Objekte erhebt sich des weiteren die Frage nach der Zweckmäßigkeit einer Unterscheidung zwischen Grenzflächen- bzw. Raumteilen des Objektes und damit auch nach dem Sinn aller Größen für die innere Phase α im Falle einer Anwendung der GIBBSschen Methode bzw. jener der endlichen Grenzflächenschichtdicke auf kleine Objekte, die insgesamt heterogen sind. Bekanntlich spielen bei Verkleinerung eines Objektes seine Grenzflächeneigenschaften eine immer größere Rolle. Daher tritt früher oder später jene Situation ein, daß das Gesamtobjekt inhomogen wird und anscheinend nur aus Grenzflächenschicht besteht. Dabei wird der Eindruck geweckt, daß in diesem Falle alle thermodynamischen Beziehungen, die Variablen der inneren Raumphase enthalten, ihren Sinn einbüßen. Dies ist allerdings nicht der Fall. Es muß betont werden, daß die mit einer Separierung zweier Raumphasen und einer Trennfläche verbundene Betrachtungsweise kleiner Objekte unabhängig vom tatsächlichen Vorhandensein einer inneren Raumphase streng ist. Die letztere wird für ein völlig inhomogenes Objekt nur als Bezugsphase bei der Einführung der Grenzflächenspannung benutzt. Diese Bezugsphase ist aus den folgenden Gründen eindeutig vorgegeben. Erstens wird angegeben, um welche Phase es sich konkret handelt (bei der Behandlung von Tröpfchen, Bläschen und dünnen Filmen haben wir angenommen, daß dies jene Raumphase sei, die sich im Inneren des kleinen Objektes bei seiner hinreichenden Vergrößerung bildet). Zweitens wird der Zustand dieser Phase durch Temperatur und chemische Potentiale der äußeren Phase eindeutig festgelegt.

Andererseits dürfte von Interesse sein, daß der Drucktensor im Inneren eines kugelsymmetrischen Objektes[1], z. B. eines Tröpfchens oder Bläschens, unabhängig von der Objektgröße in gleicher Weise wie in einer homogenen Phase symmetrisch ist. Dabei verschwindet die der Grenzflächenschicht eigene Anisotropie. Folglich treten im unendlich kleinen Zentralgebiet eines kleinen Objektes tatsächlich Bedingungen auf, die dieses gemäß ihren Eigenschaften einer homogenen Phase annähern. Sowohl die GIBBSsche Methode als auch die Methode der endlichen Grenzflächenschichtdicke, die auf der Betrachtung zweier Raumphasen und einer Diskontinuitätsfläche fußen, sind mit voller Berechtigung auch auf kleine Objekte anwendbar. Allerdings tritt in einer Reihe von Fällen bei der Bearbeitung experimenteller Daten mit Hilfe dieser Methoden jener Nachteil auf, daß eine direkte experimentelle Bestimmung der Parameter für die innere Phase schwierig oder unmöglich ist. Daher ist es in einigen Fällen sinnvoller, das kleine Objekt nicht in Grenzflächenschicht- und Raumteile aufzutrennen, sondern als einheitliches Ganzes zu behandeln.

Bei der Erörterung der Bedingungen für das Gleichgewicht bzw. der Gleichgewichtsverschiebungen in Gegenwart gekrümmter Grenzflächen haben wir stets eine Separierung des Systems in zwei Raumphasen und eine Grenzflächenschicht vorgenommen. Von Bedeutung hierfür waren die zwei folgenden Überlegungen. Erstens war die Herleitung von Beziehungen, die gleichermaßen sowohl für schwach als auch für stark gekrümmte Grenzflächen anwendbar sind, erforderlich. Zweitens verfügt eine detaillierte Behandlung im Vergleich mit einer weniger detaillierten stets über Vorteile, da aus der

---

[1] Es sei daran erinnert, daß einer Anwendung der Konzeption von der Spannungsfläche auf stark gekrümmte Grenzflächen stets die sphärische Form dieser Fläche zugrunde liegt.

ersteren die zweite hergeleitet werden kann; eine Umkehrung dieses Weges ist nicht möglich. Beispielsweise kann über eine einfache Summation der entsprechenden Fundamentalgleichungen für die Diskontinuitätsfläche und die Raumphase die Fundamentalgleichung für die Gesamtheit des kleinen Objektes erhalten werden. Diese Methode haben wir für die Untersuchung der Keime neuer Phasen im Kap. 18. benutzt. Es existieren aber auch andere Ansätze für die Behandlung der Gesamtheit eines kleinen Objektes (siehe Abschn. 20.5.).

20.3. Wahl der Lage für die Trennfläche

Bei einer Benutzung der Begriffe Trennfläche und Grenzflächenspannung ist im Falle eines kleinen Objektes die Wahl der Trennflächenlage von besonderer Bedeutung. Für die Herleitung der grundsätzlichen thermodynamischen Beziehungen für gekrümmte Grenzflächen haben wir stets die Spannungsfläche benutzt und keine weiteren speziellen Lagen der Trennfläche untersucht. Nunmehr sollen die Möglichkeiten einer Auswahl der Trennflächenlage für kleine Objekte im Detail erörtert werden. Dabei ist zu beachten, daß ein Ansatz, welcher die Spannungsfläche nicht verwendet, als eine mögliche Methode der Thermodynamik von Grenzflächenerscheinungen allgemeines Interesse beansprucht.

Die für eine beliebige Lage der Trennfläche gültigen allgemeinen Fundamentalgleichungen einer gekrümmten Diskontinuitätsfläche sind bereits in Kap. 1. dargelegt worden (Gl. (2.4), (2.8), (2.11), (2.14) u. a.). Diese Gleichungen können in ähnlicher Weise, wie es oben für die Spannungsfläche vollzogen wurde, zur Ausarbeitung eines detaillierten thermodynamischen Formalismus benutzt werden. Zwecks Vermeidung von Fehlern bei der Herleitung und Interpretation der einzelnen thermodynamischen Beziehungen sollten zwei Aspekte beachtet werden.

Zunächst sei daran erinnert, daß die genannten Gleichungen nicht nur physikalische Änderungen, sondern auch die gedankenexperimentelle Verschiebung der Trennfläche im Raum berücksichtigen. Daher ist es für die Herleitung eines eindeutigen physikalischen Ergebnisses erforderlich, diese Gleichungen gemeinsam mit einer zusätzlichen Bindungsgleichung, mit deren Hilfe eine definierte Lage der Trennfläche analytisch vorgegeben wird, zu betrachten. Am einfachsten läßt sich die Bindungsgleichung für die Spannungsfläche berücksichtigen: in diesem Falle ist es hinreichend, den in den Gln. (2.4), (2.8) und (2.14) bei dr stehenden Koeffizienten gleich Null zu setzen. Für die anderen Fälle sind kompliziertere Bindungsgleichungen zu benutzen.

Neben der Spannungsfläche ist für Einkomponentensysteme mit gekrümmter Diskontinuitätsfläche die äquimolekulare Trennfläche am ausführlichsten untersucht worden [1]···[4]. Sie ist von GIBBS eingeführt, doch von ihm im Falle von Flüssigkeiten nur für ebene Grenzflächen untersucht worden. Diese Fläche ist gemäß Bedingung

$$\Gamma = \left(\frac{\partial \sigma_x}{\partial \mu}\right)_{T, r_x} = 0 \qquad (20.1)$$

definiert (siehe Gl. (2.67)), welche auch als Bindungsgleichung bei der Auswahl von Temperatur, Druck, chemischem Potential, Grenzflächenspannung und Krümmungsradius als Hauptvariable auftritt. Im Falle eines Vielkomponentensystems, für welches sinnvollerweise nicht die chemischen Potentiale, sondern die Molenbrüche als Variable zu benutzen sind, erhalten wir eine wesentlich kompliziertere Bindungsgleichung. In differentieller Form lautet sie

$$\frac{\partial \Gamma_j}{\partial T} dT + \frac{\partial \Gamma_j}{\partial P^{(\alpha)}} dP^{(\alpha)} + \frac{\partial \Gamma_j}{\partial P^{(\beta)}} dP^{(\beta)} + \frac{\partial \Gamma_j}{\partial \sigma} d\sigma + \frac{\partial \Gamma_j}{\partial r_x} dr_x + \sum_i \frac{\partial \Gamma_j}{\partial x_i} dx_i = 0. \tag{20.2}$$

Die Größe Γ_j stellt hier die absolute Adsorption der j-ten Komponente dar, unter dem Summenzeichen stehen die partiellen Ableitungen nach der Zusammensetzung beider Phasen. Daraus folgt, daß die Benutzung der äquimolekularen Grenzfläche nur für ein Einkomponentensystem mathematische Vorteile bietet.

Der zweite Aspekt, welcher bei einer Benutzung der für eine beliebige Lage der Trennfläche gültigen thermodynamischen Beziehungen zu beachten ist, besteht darin, daß bei dem Übergang von einer geometrischen Fläche zur anderen und der entsprechenden Formeltransformation keine neuen physikalischen Ergebnisse erhalten werden. Bei der Verwendung einer beliebigen Trennfläche können keine zusätzlichen Aussagen, die über jene der auf der Benutzung der Spannungsfläche fußenden Theorie hinausgehen würden, hergeleitet werden.

Betrachten wir als Beispiel die Bildungsarbeit eines Gleichgewichtskeimes der neuen Phase in einem offenen System. Für die äquimolekulare Trennfläche hat BUFF den folgenden Ausdruck angegeben [2, 3]:

$$W = \frac{4}{3} \pi r_x^2 \left(\sigma_x - r_x \frac{\partial \sigma_x}{\partial r_x} \right). \tag{20.3}$$

Bei einem Vergleich mit Gl. (18.9) kann der Eindruck erweckt werden, als entspreche das in der rechten Seite von Gl. (20.3) stehende zusätzliche Glied einem gewissen neuen, von der GIBBSschen Theorie nicht berücksichtigten physikalischen Effekt für kleine Objekte. Dies wäre jedoch ein Irrtum. Der Unterschied ist darauf zurückzuführen, daß sich die GIBBSsche Gleichung auf die Spannungsfläche und Ausdruck (20.3) auf eine andere geometrische Fläche bezieht. Beide Beziehungen können leicht in eine übereinstimmende Form gebracht werden. Aus den Gln. (1.28) und (1.29) erhalten wir die Beziehung

$$\frac{\sigma_x}{\sigma_0} = \frac{1}{3} \left(\frac{r_0}{r_x} \right)^2 + \frac{2}{3} \frac{r_x}{r_0}, \tag{20.4}$$

welche die Größen r und σ für eine beliebige Trennfläche mit ihren Werten für die Spannungsfläche verknüpft. Des weiteren erhalten wir die Beziehung

$$\sigma_x - r_x \frac{\partial \sigma_x}{\partial r_x} = \frac{r_0^2 \sigma_0}{r_x^2}, \tag{20.5}$$

die, in Ausdruck (20.3) eingesetzt, zu der GIBBSschen Gleichung (18.9) führt. Somit stimmt Ausdruck (20.3) mit der GIBBSschen Gleichung überein. Allerdings ist sie sowohl in mathematischer als auch physikalischer Beziehung weniger vorteilhaft. Speziell ergeben sich Schwierigkeiten bei der Interpretation der Größe σ_x, die – wie aus Gl. (20.3) folgt – nicht mehr gleich der Bildungsarbeit einer Flächeneinheit der Grenzfläche ist.

Bei der Auswahl der Trennflächenlage für ein kleines Objekt sind weiterhin die Anwendbarkeitsgrenzen der benutzten Methode in Erwägung zu ziehen. Aus Abb. 1.2. ist ersichtlich, daß mit Verringerung des Krümmungsradius eine beliebige links von der Spannungsfläche gelegene Fläche eher, sowie eine beliebige rechts von der Spannungsfläche gelegene Fläche später als die Spannungsfläche selbst verschwindet. Von diesem Standpunkt her sollte zu erwarten sein, daß im Vergleich zur Spannungsfläche die Flächen mit einem geringeren Radius unvorteilhafter bzw. jene mit einem größeren Radius vorteilhafter wären. In diesen Überlegungen ist jedoch zu berücksichtigen, daß, sobald der Spannungsflächenradius gleich Null wird, auch die Bildungsarbeit der neuen Phase den Wert Null annimmt. Gleichzeitig erreicht die Ausgangsphase die Stabilitätsgrenzen bezüglich stetiger Änderungen. Infolgedessen verliert die Anwendung irgendeiner außerhalb des Existenzbereiches der Spannungsfläche gelegenen Fläche zur Beschreibung des Gleichgewichtszustandes ihren Sinn. Folglich ist die Benutzung der Spannungsfläche auch in bezug auf die Anwendbarkeitsgrenzen der unterschiedlichen Methoden bei der Behandlung kleiner Objekte am sinnvollsten.

Aus diesen Darlegungen kann die Schlußfolgerung gezogen werden, daß die Auswahl der Spannungsfläche als Trennfläche sowohl für große als auch für kleine Krümmungsradien die vorteilhafteste Variante verkörpert. Ihre Vorzüge seien noch einmal zusammengefaßt:

1. Die Spannungsfläche ist dem Wesen der Betrachtungsmethode für Grenzflächenerscheinungen mit Hilfe der Vorstellung vom zweidimensionalen gespannten Film adäquat; allein die auf die Spannungsfläche bezogene Grenzflächenspannung verfügt über den physikalischen Sinn einer Spannung gemäß Gl. (1.29).
2. Im Falle gekrümmter Grenzflächen ist die Grenzflächenspannung nur für die Spannungsfläche gleich der Bildungsarbeit pro Grenzflächeneinheit.
3. Die Benutzung der Spannungsfläche bringt die Vorstellungen der Thermodynamik für makro- und mikroheterogene Systeme in eine logische Übereinstimmung: das Gebiet der Krümmungsradiusänderungen der Spannungsfläche entspricht exakt dem Gebiet der metastabilen Zustände der Ausgangsphase; die Anwendbarkeitsgrenzen der Spannungsflächenmethode sind mit den Stabilitätsgrenzen identisch.
4. Die Anwendung der Spannungsfläche ist mathematisch am vorteilhaftesten und führt zu den einfachsten Formeln.

Somit ist die Benutzung der Spamnungsfläche als Hauptmethode für die Behandlung gekrümmter Grenzflächen großer und kleiner Objekte in der Theorie der Gleichgewichtsphasenprozesse zu empfehlen. Die Verwendung anderer geometrischer Flächen führt in der Regel zu einem komplizierteren thermodynamischen Apparat und erschwert die physikalische Interpretation der erhaltenen Resultate. Sie ist daher nur in Sonderfällen zu empfehlen.

20.4. Kapillareffekte und ihre Berücksichtigung in der thermodynamischen Theorie kleiner Objekte

Die Analyse von Gl. (20.3) sowie anderer Gleichungen der Thermodynamik kleiner Objekte wirft eine allgemeine Frage auf: in welcher Weise spiegelt die Thermodynamik die unterschiedlichen in dispersen und Kapillarsystemen auftretenden physikalischen Effekte wider? Bei einer Betrachtung der Gleichgewichte von Grenzflächenerscheinungen in heterogenen Systemen haben wir mit mindestens drei verschiedenen Kapillareffekten zu rechnen:

1. Vergrößerung der Grenzfläche infolge Phasenzerkleinerung;
2. Krümmung der Diskontinuitätsfläche;
3. Wechselwirkung der Grenzflächenschichten.

Der erste Effekt besteht darin, daß mit der Phasenzerkleinerung ein Raumphasen-Grenzflächen-Prozeß einhergeht, in dessen Ergebnis ein stetig wachsender Teil des Systems in den Zustand der Grenzflächenschicht übergeht. Die Größe dieses Effektes ist der spezifischen Grenzfläche des Systems proportional. Der zweite Effekt führt zu einer Zustandsänderung sowohl für die Grenzflächenschicht als auch für die Raumphasen, zu einer Änderung der Gleichgewichtsbedingungen zwischen ihnen. Seine Größe wird von der Spannungsflächenkrümmung bestimmt. Der dritte Effekt führt zu einer Änderung und wechselseitigen Abhängigkeit der Zustände für die in Wechselwirkung stehenden Grenzflächenschichten. In reiner Form kann er an dünnen Filmen beobachtet werden, wo er das Auftreten des Spaltdruckes bewirkt. Neben anderen Effekten tritt er aber auch an dreidimensionalen kleinen Objekten in Erscheinung. Die Rolle dieses Effektes wächst bei Verringerung des Abstandes zwischen den Grenzflächenschichten (der Filmdicke bzw. i. a. der Abmessung des kleinen Objektes).

All diese Effekte werden ohne Zweifel von der Thermodynamik berücksichtigt, da sie innerhalb ihrer Anwendbarkeitsgrenzen auf allgemeinsten Gesetzen fußt. Der erste Effekt spiegelt sich in der Grenzflächengröße, der zweite in einer Berücksichtigung der Abhängigkeit der thermodynamischen Parameter von der Diskontinuitätsflächenkrümmung und der dritte in der gemeinsamen Behandlung der Fundamentalgleichungen der wechselwirkenden Grenzflächenschichten wider. Gleichzeitig ist zu beachten, daß diese drei Effekte in dispersen Systemen gemeinsam auftreten und untereinander eng verbunden sind. Die thermodynamische Beziehung liefert hier das integrale Resultat ihrer gemeinsamen Wirkung. So bestimmt z. B. der Krümmungsradius eines kugelförmigen Objektes die Größe aller drei Effekte vollständig. Mithin ist die von der Thermodynamik gegebene Abhängigkeit der Zustandsparameter vom Krümmungsradius ihrer Herkunft nach kompliziert und von einer ganzen Reihe physikalischer Ursachen beeinflußt.

Es ist wichtig, die Aufmerksamkeit auch darauf zu lenken, daß der Einfluß dieses oder jenes physikalischen Effektes nicht unbedingt zu einer Änderung der Form einer thermodynamischen Formel führt. Die Möglichkeit besteht, daß dabei lediglich eine Änderung in den Werten der thermodynamischen Parameter auftritt. Dies ist z. B. im Abschn. 14.4. bei der Behandlung gekrümmter dünner Filme gezeigt worden. Es hat sich erwiesen, daß der Einfluß des dritten Kapillareffektes wohl zu einer Änderung der Zustandsparameter führt, aber die Form der grundlegenden thermodynamischen Beziehungen für gekrümmte Grenzflächen nicht ändert. Dieser Umstand ist bei einer physikalischen Interpretation der thermodynamischen Formeln für kleine Effekte zu berücksichtigen.

20.5. Methoden für die Behandlung kleiner Objekte ohne Berücksichtigung der Grenzflächenspannung

Bekanntlich ist die wachsende Rolle von Grenzflächenerscheinungen das charakteristische Merkmal eines kleinen Objektes. Daher sollten alle Methoden für die Behandlung von kleinen Objekten auf der Berücksichtigung von Grenzflächenerscheinungen aufbauen. Dies kann auf vielerlei Weise geschehen. Die oben benutzten Methoden gehen auf die Vorstellung von der Trennfläche und der Grenzflächenspannung zurück, doch kann die wachsende Bedeutung der Grenzflächenerscheinungen auch über andere Größen, z. B. den Dispersitätsgrad, die Zahl disperser Teilchen, die Molekülzahl in einem Teilchen der dispersen Phase u. a. m. gekennzeichnet werden. Daher stehen auch solche Methoden, welche die Begriffe Grenzfläche und Grenzflächenspannung gänzlich unbenutzt lassen, für die Behandlung kleiner Objekte zur Verfügung. Eine derartige Methode ist von Hill in aller Ausführlichkeit entwickelt worden [5, 6].

Es sei ein Ensemble betrachtet, welches aus n kleinen Objekten, von denen ein jedes N_i Moleküle der i-ten Sorte ($i = 1, 2, \ldots$) enthält, besteht. Offensichtlich ändert sich die Energie des Gesamtensembles bei vorgegebener Gesamtzahl der Moleküle mit Änderung der Zahl und Größe der kleinen Objekte und kann durch die folgende Fundamentalgleichung ausgedrückt werden:

$$d(nU) = T\,d(nS) - P\,d(nV) + \sum_i \mu_i\,d(nN_i) + W\,dn. \tag{20.6}$$

Hier bedeuten U, S und V die innere Energie, Entropie bzw. das Volumen eines jeden einzeln betrachteten kleinen Objektes, T die Temperatur, P den Außendruck, μ_i das chemische Potential der i-ten Komponente in bezug auf ein Molekül. In Gl. (20.6) tritt des weiteren eine neue Größe W, das „Zerkleinerungspotential", auf. Diese Größe gibt an, wie sich die Energie des Gesamtensembles bei Zerkleinerung oder Vergrößerung der kleinen Objekte ändert. Die Benutzung zweier Potentialtypen (μ_i und W) in Gl. (20.6) macht die Einführung der Grenzflächenspannung überflüssig.

Die Integration von Gl. (20.6) bei gleichbleibendem physikalsichem Zustand führt zu

$$nU = TnS - PnV + \sum_i \mu_i n N_i + Wn \tag{20.7}$$

oder

$$U = TS - PV + \sum_i \mu_i N_i + W. \tag{20.8}$$

Andererseits erhalten wir aus Gl. (20.6) bei Konstanz von n

$$dU = T\,dS - P\,dV + \sum_i \mu_i\,dN_i. \tag{20.9}$$

Aus einem Vergleich von (20.8) und (20.9) folgt

$$dW = -S\,dT + V\,dP - \sum_i N_i\,d\mu_i. \tag{20.10}$$

Die Gln. (20.8)···(20.10) stellen die grundlegenden Fundamentalgleichungen eines kleinen Objektes bei der ausgewählten Behandlungsmethode dar. In ihnen tritt die Grenzflächenspannung nicht auf, doch sie erinnern in Form und Eigenschaften an die analogen Gleichungen für heterogene Systeme unter Berücksichtigung von Grenzflächenerscheinungen. So zeigt ein Vergleich der Beziehungen (20.8) und (20.9), daß die innere Energie für ein kleines Objekt keine lineare homogene Funktion der extensiven Parameter, wie dies für makroskopische Systeme der Fall ist, mehr darstellt. Zu dem gleichen Ergebnis führt die Berücksichtigung der Grenzflächenerscheinungen in kleinen Objekten. Gl. (20.10) ist ein Analogon der Gibbsschen Adsorptionsgleichung.

Der Übergang von der behandelten Methode zu der mit dem Begriff Grenzflächenspannung operierenden läßt sich leicht vollziehen. Ein Vergleich von (20.9) und (20.8) mit den Gln. (2.8) bzw. (2.11), in denen die Größe σ auf die Spannungsfläche bzw. μ_i auf ein Molekül der i-ten Komponente bezogen ist, führt zu den Beziehungen:

$$-P\,dV = -P^{(\alpha)}\,dV_\alpha - P^{(\beta)}\,dV_\beta + \sigma\,dA \tag{20.11}$$

$$-PV + W = -P^{(\alpha)}V_\alpha - P^{(\beta)}V_\beta + \sigma A . \tag{20.12}$$

Mit Hilfe von Gl. (20.11) können wir uns unter Benutzung der Bedingungen (1.29) bzw. $V = V_\alpha + V_\beta$ davon überzeugen, daß die Größe P tatsächlich die Bedeutung des Außendruckes $P^{(\beta)}$ besitzt. Berücksichtigen wir dieses Resultat in (20.12), so erhalten wir

$$W = \frac{1}{3}\,\sigma A . \tag{20.13}$$

Daraus folgt, daß die Größe W exakt mit der von Gibbs gegebenen Formel für die Bildungsarbeit eines kleinen Objektes übereinstimmt.

Die miteinander verglichenen Methoden sind einander im Prinzip völlig äquivalent, doch besitzt eine jede ihre praktischen Vorzüge. Die von Grenzflächenspannung und geometrischen Vorstellungen freie Methode kann mit Erfolg auf kolloidale Systeme, in denen Dispersionsmedium und disperse Phase nicht zu einer wechselseitigen Phasenumwandlung fähig sind, angewendet werden.

In diesen Systemen sind Größe und Molekülzahl eines kolloidalen Teilchens leichter zugänglich. Allerdings büßt diese Methode ihre Vorteile bei einer Anwendung auf mikroheterogene Systeme mit wechselweitig umwandelbaren Phasen (z. B. Emulsionen im vorkritischen Zustand) ein. In derartigen Systemen sind die physikalischen Grenzen eines kleinen Objektes nicht exakt definiert.

Für einen solchen Fall ist die Benutzung geometrischer Vorstellungen, wie dies bei oben erfolgter Behandlung der Keimbildung neuer Phasen stattfindet, wünschenswert. Dies erlaubt eine strengere Formulierung des Problems und gibt Gelegenheit, das Gesamtzustandsgebiet eines kleinen Objektes zu erfassen.

Literatur

[1] И. Д. Ван дер Ваальс, Ф. Констамм: „*Курс термостатики*", т. 1, ОНТИ (1936) (deutsche Ausgabe: „Lehrbuch der Thermodynamik", Leipzig, Amsterdam 1908–1912)

[2] F. P. Buff: J. Chem. Phys. **19**, 1591 (1951)

[3] F. P. Buff, J. G. Kirkwood: J. Chem. Phys. **18**, 991 (1950)

[4] H. Köhler: Arkiv Geofys. **2**, 453 (1956)

[5] T. Hill: J. Chem. Phys. **36**, 3182 (1962)

[6] T. Hill: „*Thermodynamics of small systems*", New York–Amsterdam 1963

21. Sachregister

FSC
www.fsc.org
MIX
Papier | Fördert gute Waldnutzung
FSC® C083411

Kolibri 360 GmbH
Ferdinand-Jühlke-Straße 7
99095 Erfurt, Deutschland
produktsicherheit@kolibri360.de